地球博物学大図鑑 新訂版

THE NATURAL HISTORY BOOK

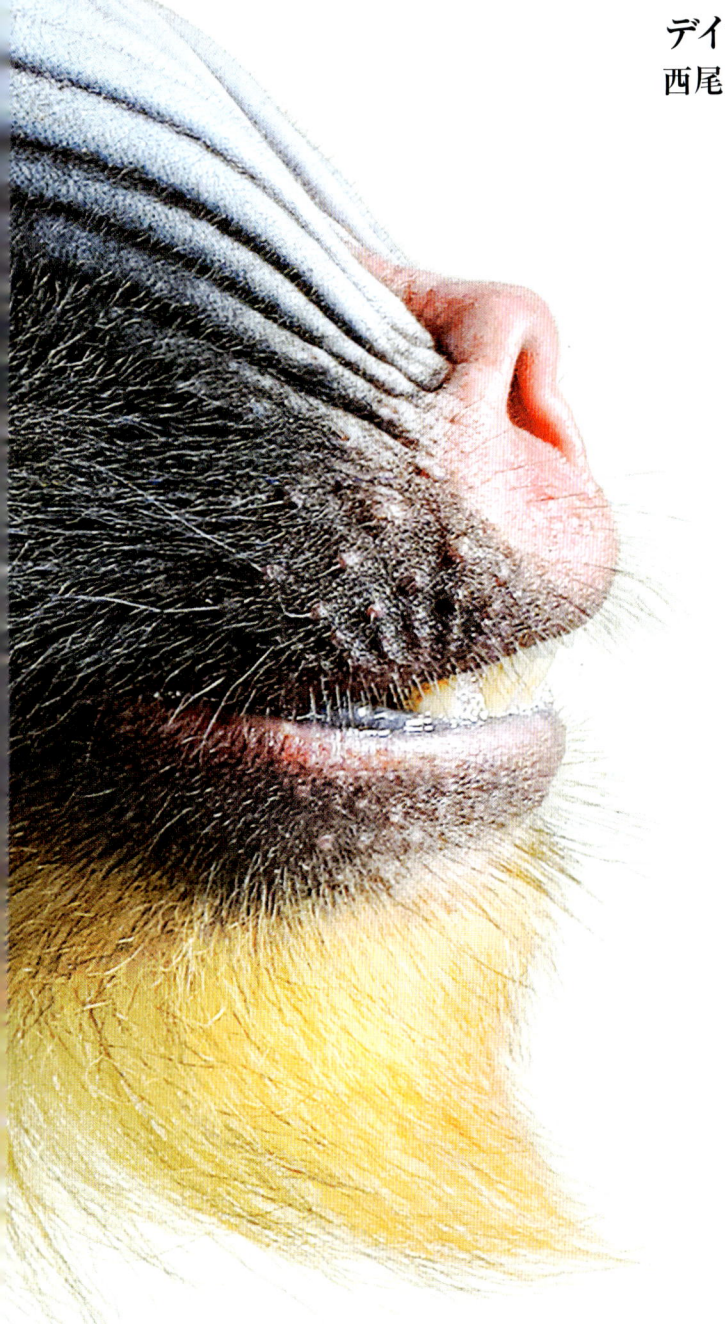

地球博物学大図鑑 新訂版

THE ULTIMATE VISUAL GUIDE TO EVERYTHING ON EARTH
THE NATURAL HISTORY BOOK

スミソニアン協会 監修

デイヴィッド・バーニー 顧問編集

西尾香苗・増田まもる・松倉真理 訳

東京書籍

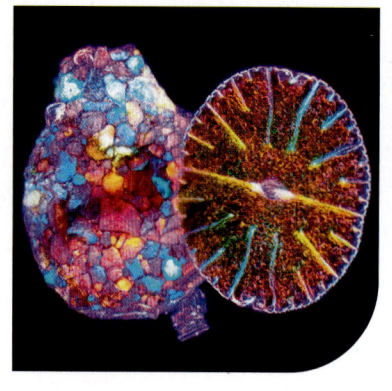

生きている地球

鉱物、岩石、化石

微生物

植物

CONTENTS

Original Title: The Natural History Book:
The Ultimate Visual Guide to Everything on Earth
(2nd edition)
Copyright © Dorling Kindersley Limited, 2010,
2021
A Penguin Random House Company

Japanese translation rights arranged with
Dorling Kindersley Limited,London
through Fortuna Co., Ltd. Tokyo.

For sale in Japanese territory only.

Printed and bound in China

www.dk.com

監修　スミソニアン協会　SMITHSONIAN INSTITUTION

1846年設立のスミソニアン協会は、19の博物館とギャラリー、国立動物公園を有する世界最大級の博物館群および研究機関複合体である。所蔵されている文化工芸品、美術品、標本の総数は推定1億5550万点にものぼり、その大半の1億2600万点以上がスミソニアン国立自然史博物館に収められている。世界有数の研究拠点であるスミソニアン協会は、学校教育、公的活動に広く貢献し、芸術・科学・歴史の分野で奨学金制度も設けている。

顧問編集　デイヴィッド・バーニー　David Burnie

英国生まれ。英国王立協会から優れた科学書に送られるAventis Prize 受賞者であり、DK 社の優れた動物書の編集者でもある。100 冊を超える書籍の執筆・寄稿をしてきている。ロンドン動物学協会の特別会員（フェロー）。

寄稿者

リチャード・ビーティ、エイミー－ジェイン・ビーア博士、チャールズ・ディーミング博士、キム・デニス－ブライアン博士、フランシス・ディッパー博士、クリス・ギブソン博士、デレック・ハーヴィ、ティム・ハリデイ教授、ロブ・ヒューム、ジョフリー・キビー、リチャード・カービー博士、ジョエル・レヴィ、クリス・マッティソン、フェリシティ・マックスウェル、ジョージ・C・マクギャヴィン博士、パット・モリス博士、ダグラス・パーマー博士、ケイティ・パーソンズ博士、クリス・ペラント、ヘレン・ペラント、マイケル・スコット、キャロル・アッシャー、マーク・ヴァイニー教授、デイヴィッド・J・ウォード博士、エリザベス・ウッド博士

日本語版監修者（内容掲載順）

宮脇律郎　みやわき りつろう
　　――鉱物　国立科学博物館 地学研究部 部長
横山一己　よこやま かずみ
　　――岩石　ミュージアムパーク茨城県自然博物館 館長
加藤太一　かとう たいち
　　――化石　ミュージアムパーク茨城県自然博物館 副主任学芸員
北山太樹　きたやま たいじゅ
　　――古細菌と細菌、原生生物（藻類）国立科学博物館
　　植物研究部 菌類・藻類研究グループ
辻　彰洋　つじ あきひろ
　　――原生生物　国立科学博物館
　　植物研究部 菌類・藻類研究グループ
永益英敏　ながます ひでとし
　　――植物　京都大学総合博物館 教授、同館館長
保坂健太郎　ほさか けんたろう
　　――担子菌類　国立科学博物館
　　植物研究部 菌類・藻類研究グループ
細矢　剛　ほそや つよし
　　――子嚢菌類　国立科学博物館 植物研究部 部長
大村嘉人　おおむら よしひと
　　――地衣類　国立科学博物館
　　植物研究部 菌類・藻類研究グループ
小松浩典　こまつ ひろのり
　　――環形動物、有爪動物、緩歩動物、
　　ウミグモ・カブトガニ・甲殻類
　　国立科学博物館 動物研究部
　　海生無脊椎動物研究グループ
丸山宗利　まるやま むねとし
　　――昆虫類　九州大学総合研究博物館 准教授

中坊徹次　なかぼう てつじ
　　――魚類　京都大学名誉教授
松井正文　まつい まさふみ
　　――両生類　京都大学名誉教授
疋田　努　ひきだ つとむ
　　――爬虫類　京都大学名誉教授
牛根 奈々　うしね なな
　　――鳥類　獣医師、鳥類標識調査員。
　　山口大学共同獣医学部 助教
本川雅治　もとかわ まさはる
　　――哺乳類　京都大学総合博物館 教授

翻訳者

西尾香苗　にしお かなえ
　　――巻頭解説、植物、菌類、動物 および 全体校閲
京都大学理学部卒業、同大学院理学研究科博士課程中退。生物系翻訳者。主訳書：ティム・フラナリー『Dr. フラナリーのいきもの観察入門図鑑』（東京書籍）、リチャード・C・フランシス『家畜化という進化』（白揚社）、ノーマン・I・プラトニック『世界のクモ』（グラフィック社）、ラメズ・ナム『超人類へ！』（インターシフト）。

増田まもる　ますだ まもる
　　――鉱物、岩石、化石 および 微生物
英米文学翻訳家。主訳書：ニール・F・カミンズ『もしも月がなかったら』『新訂版 信じられない現実の大図鑑』（東京書籍）、バラード『夢幻会社』『ミステリウム』（東京創元社）、マーチン『フィーヴァードリーム』、マコーマック『パラダイスモーテル』（東京創元社）、マクデヴィッド『ハリダンの紋章』、ケッセル『ミレニアム・ヘッドライン』（早川書房）ほか多数。

松倉真理　まつくら まり　　――鳥類
日本大学芸術学部卒。広告や雑誌、Web メディアでライター業に従事した後、英語とスペイン語の翻訳に携わる。訳書に『世界を変えた 50 の植物化石』（エクスナレッジ）、『ヘビ大全』（エムピージェー）。

地球博物学大図鑑 新訂版

2024年9月30日 第1刷発行　　2024年12月25日 第2刷発行

監　修　スミソニアン協会
顧問編集　デイヴィッド・バーニー
訳　者　西尾香苗、増田まもる、松倉真理

発行者　渡辺能理夫
発行所　東京書籍株式会社
　　　　東京都北区堀船2-17-1 〒114-8524
電　話　03-5390-7531（営業）／ 03-5390-7455（編集）

日本語版組版　山本幸男、株式会社明昌堂
日本語版編集　植草武士、小野寺美華、吉田智美
装　幀　柴原瑛美
翻訳協力　株式会社トランネット

Japanese edition and text copyright
©2024 Tokyo Shoseki Co.,Ltd.
All rights reserved.
ISBN 978-4-487-81607-1 C0640　NDC460
Printed and bound in China

出版情報 https://www.tokyo-shoseki.co.jp
禁無断転載。乱丁、落丁はお取替えいたします。
本体価格はカバーに表示してあります。

まえがき

　子どものころ、地元の公共図書館にでかけては、許されるかぎりの時間をかけ、科学の本や百科事典をよみふけったものです。とくに夢中になったのは、いま思えば本書の前身といってもいいような数々の書物でした。色分けされた模式図、珍しい生きものや遠く離れた土地の図や写真が、説明文とともに掲載されていました。その魅力にうたれ、わたしはこうして一生をかけて研究したり教えたりする道に進むことになりました。子どものわたしにとって、自分を取り巻く自然界は未知のもので、そのすべてについて知りたいと思いました。何かを知りたいというのは人間らしい欲求です。ですが、生物学のどの分野にいちばん惹かれるか、最初からわかっている人など誰もいません。わたしは生物のなかでは多様性がもっとも高い最大のグループ、つまり昆虫の研究に進むことになりました。どれだけがんばったとしても、昆虫について知るべき知識のすべてを得ることはできないでしょう。

　いま地球上にいる生物（現生生物）は、これまで地球上に登場したすべての生物のうちわずか100分の1にしかなりません。それでも、現生生物すべてに関する研究を1冊の本にまとめるのは不可能です。図書館1つを丸ごと埋め尽くすほどの分厚い書籍が必要になるでしょう。ものすごい量ですね。でも、いまあなたが手にしているこの本があれば、膨大な情報に埋もれてしまうことはありません。うだる熱さの熱帯雨林から凍てつく寒さの極地まで、山の頂から海の深みまで、迷うことなく旅していくことができるのです。数十億年にわたる進化の賜物をざっと見わたすこともできます。地球上にいま存在する幾千幾万もの生きものがどれほど多様な生き方をしているかを、垣間見せてくれるのです。

　どんなテーマでもそうですが、詳細な情報を長々と書きつらねるのはそう難しいことではありません。でも、そうやって書かれたものは専門家にとっては有用でしょうが、それ以外の人にとっては役に立たないでしょうし、生物の世界について研究してみたいと思うきっかけにもならないでしょう。本書が目指し、また本領を発揮するのはまさにその点です。数多の研究者たちが蓄積してきた自然の歴史に関する膨大な量の知見から、信頼のおける、かつ分かりやすい知識を抽出してできあがったのが本書なのです。

　人類が地球から飛び出して銀河系へ、さらにその先へも進出できるような時が、遠い将来にはやってくるかもしれません。わたしたちは、はるか遠く離れたゴツゴツした惑星上で、地球外生命体と遭遇するでしょうか？　その生命体は簡単な単細胞生物でしょうか、それとも人間やシロナガスクジラに匹敵するほど複雑な生きものでしょうか？　宇宙の広大さのなかで生命が誕生し進化してきたのは、取るに足らない惑星である地球だけ。天文学的な確率でこんなことが偶然起こった。そんなふうに想像することは、限りなくありえないように思えます。確かなのは、わたしたちが暮らすこの星が想像を絶するほどの複雑さと息をのむほどの美しさに満ちていること、そして常に変化し続けていることです。わたしたち人類は地球を支配する存在では決してなく、膨大な生物群集の単なる一員にすぎません。人間は他の生物たちと関係しあい頼りあいながら生きているのです。わたしたちは、この事実を早急に認識しなければなりません。

　自然史に興味を持ち始めた人は本書に心を奪われるでしょう。生命の樹のごく一部に没頭している専門家も、細部まで行き届いた本書の壮大な広がりから得るものはあるでしょう。もしわたしが人生をやり直せるならば、まず本書を読むところから始めたいものです。

ジョージ・マクギャヴィン博士

オックスフォード大学自然史博物館　名誉研究員

インペリアル・カレッジ・ロンドン　上級首席研究員

本書の構成

　本書『地球博物学大図鑑』は、まず生命の土台となる地球の構造、生命体の進化、生物の分類方法など、地球上の生命を総合的に紹介することから始まっている。これに続く5つの章は、鉱物から哺乳類まで広範囲にわたる、種や標本のカタログである。分類群ごとにさまざまな事実を盛り込んだ概説を設けてあり、さらに、めぼしい種をピックアップして詳細に紹介するページもある。

分類群の概説 >
各章は大分類群ごとにいくつかのセクションに分かれている。それぞれのセクションでは、そこで扱う分類群を定義する形質や行動にスポットライトをあて、さらに、進化の過程を論じている。

大きな分類群については、概説見開きの右ページに、その分類群に属する下位分類群を写真とともに一覧表示し、掲載ページを記して参照しやすくしている

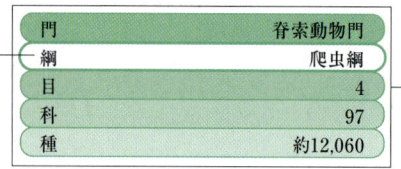

概説のページには分類の階層構造が示してある。白地の部分がそのセクションで扱う分類群に該当する

門	脊索動物門
綱	爬虫綱
目	4
科	97
種	約12,060

「論点」の欄では、科学的な論争や、新発見により引き起こされた分類学上の議論などが紹介されている

∧ 下位分類群の紹介
各セクションのなかには下位分類群の詳説もある。例えば「爬虫類」のセクションでは、爬虫綱の下位分類群である「トカゲ亜目」などについて詳説される。ここでは、分布、生息地、外部形態、生活環、行動、繁殖習性など、ポイントとなる特徴が説明されている。

それぞれの写真には、その種特有の情報が添えられている

種のカタログ >
動物・植物・鉱物など約5,000種が紹介され、個々の種の外見的な特徴がわかる。近縁の種を近くに並べてあるので、比較するのに便利である。解説文はそれぞれの生物のユニークで興味深い側面を紹介している。

データ・セットでは、寸法・生息地・分布・食性などのデータが一覧表になっていて、重要な特徴がひと目でわかる

体　長	1.4–2.9 m (4½–9½ ft)
生息地	森林、沼地、低木林、サバンナ、岩石地帯
分　布	インドから中国、シベリア、マレー半島、スマトラ
食　性	主にシカやブタなどの有蹄類。小型哺乳類や鳥を捕まえることもある

∨ 見開きの特集ページ

特集ページでは、見事な種を取りあげて見開きで紹介し、クローズアップ写真で細部まで見せながら詳細な解説を施している。

動物や植物、菌類の知られざる側面なども紹介する

上から順番に、

和名(太字)

英名(大文字)

学名(ラテン語/イタリック体)

科名(学名の右横に置く場合もある)

オウボウシインコ
ST VINCENT PARROT
Amazona guildingii インコ科

30 cm
12 in

サイズ・ボックスでは、それぞれの種の標準的な大きさが記されている。
(右の「寸法」の欄を参照のこと)

生きている地球

広大な宇宙で回転しつづける青い地球。生命体の存在が確認されている星は地球だけだ。40億年近く前、地球上で生物が誕生した。最初はごく単純なものだった生物は、その後の長い年月をかけて進化し続けてきた。その過程で誕生した種のほとんどが絶滅してしまったとはいうものの、生物は死に絶えることなく繁栄し、多様化に多様化をかさね、絶滅の危機に見舞われながらも復活してきた。現在、地球に驚くほど多様な生物が見られるのはその賜物である。科学者たちは多様な生物の類縁関係を研究し、地球の生命の歴史をひもとこうとしている。

| 編集部注 |

〈新訂版について〉
　この図鑑は、2012年6月に初版が発行された『地球博物学大図鑑』（原題：The Natural History Book／Dorling Kindersley／2010）の新訂版です。
　最新の研究と学説を取り入れ、500種類以上の鉱物、5,000種以上の生物を6,000点以上の写真で図解をしています。
　初版よりも28種が新たに加わり、2,370種の内容がアップデートされました。
　オリジナルの「生命の樹」（生物の系統樹）の写真系図は、初版を大幅に再編成しました。
　総頁数は、初版の656頁に対して、新訂版では672頁に及んでいます。

〈～類、～の仲間について〉
　この図鑑の分類では、「～類」とするものと、「～の仲間」とするものがあります。
原文が「～S」の場合は「～類」、
原文が「～AND RELATIVES」の場合には「～の仲間」
　とおおむね訳し分けました。
　ただし「生命の樹」のように、見やすさ、わかりやすさを重視して、「～類」や「～の仲間」をつけず、代表的な種名や分類群名のみを便宜的に記載している場合もあります。

〈和名について〉
　標準和名がないものについては、和名として広く使われている名称を用いたり、ラテン語である学名をカナ読みにして記載しました。
　また、よく用いられる和名が複数ある場合には、標準和名あるいは使用頻度の比較的高いほうを先に示し、それ以外の和名は、その後に（　）をつけて並記しました。
　巻末の和名索引では、標準和名もそれ以外の和名も、ともに見出しを立てています。

生きている惑星

地球では、陸上でも海中でも多様性豊かな生物たちが生活している。地球には生物の生存を可能にする条件がそろっている。太陽から光と熱が届き、水が十分にあり、大気によって保護され、岩石に由来する物質もある。地球生態系の基盤となるこういったものがなければ、生命は滅びてしまうだろう。

激動する地球

　太陽系のなかで地球は豊富な生命を支えるのに絶好の位置にある。太陽から数えて3番目の惑星である地球は、太陽の熱に近すぎることもなければ、遠すぎることもない。地球の外周には酸素やそれ以外の気体からなる大気があり、表面は水圏という豊富な水で覆われている。生命が繁栄できるのは、大気と水が一緒になって保護層が形成されているおかげである。これに反して、太陽系のほかの惑星では、熱すぎたり寒すぎたりし、また生命の存在を維持するのに必要な水と酸素の量が不足している。

　地球は多層構造になっている。中心部にある核(コア)には、超高温で固い金属質の内核と、溶けた金属からなる外核がある。核はケイ素からなる熱いマントルに囲まれ、その外側を冷たくてもろい地殻の層が薄く覆っている。核から伝わってくる熱がマントルを絶えず対流させ、海底では新たな地殻が生じてくる。地殻は複数の巨大な「プレート」に分かれている。地質学的な長い時間をかけて、地球のある部分では海洋が拡大して大陸が分かれて漂流し、また別の部分では海洋が縮小して古い冷えた地殻となり、マントルに沈んでいく。大陸が衝突すると山脈が生まれる。地球の環境は絶えず変化しており、生物はそうした変化に適応して今日まで生き延びてきたのだ。

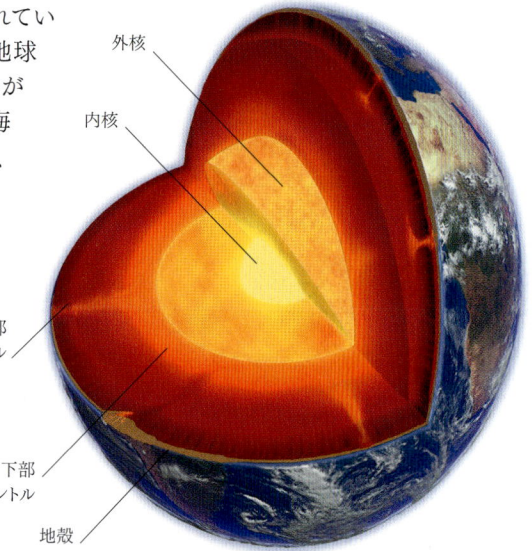

外核
内核
上部マントル
下部マントル
地殻

地球の構造 >
中心部の核から伝わる熱により、マントルは常に対流している。そのため地殻のプレートが動き、地震や火山の噴火が起きるのだ。

太陽と月

　太陽と月は地球上の生命に直接的な影響を及ぼしている。太陽からやってくる熱エネルギーや光エネルギーがなければ、生命は誕生しなかっただろう。太陽のエネルギーは地球の大気と海洋、陸地を温め、さまざまな気候・風土を作りだす。地球は地軸の傾きを一定の角度に保って太陽の周りを公転しているため、太陽の放射エネルギーは地球の表面に不均衡に分配される。その結果、光条件や温度条件など、植物や動物の分布に影響を及ぼす重要な要因が昼夜や季節によって変化することになる。例えば、熱帯でも昼と夜とでは著しい気温差がある。また、地球の衛星である月の軌道とその引力は地球の海に満潮と干潮を引き起こす。この干満のサイクルは特に海岸部に大きな影響を与えるため、生物はこの変化に適応しなければ海岸に生息することはできない。

∧　太陽フレア
太陽エネルギーは太陽の表面から劇的に解き放たれ、周期的な爆発を起こす。太陽の大気には高温によってイオン化された気体からなる太陽フレアができる。

もろい大気圏

　地球の大気圏の厚さは120kmほどである。大気圏はいくつかの層に分かれているが、層によって温度や気体の構成比は異なっている。気体の密度は高度が上がるにつれて低くなる。気体がきわめて希薄な状態になった最も外側の層をイオン圏（電離圏）と呼ぶ。それより低いところにはオゾン層があり、オゾン層は生物の細胞に損傷を与える紫外線など有害な放射を吸収し、生命を保護する重要な役割を果たしている。オゾン層が形成されるまで、生物は海中では紫外線の害からある程度守られていたものの、陸上に進出することはできなかった。

　気象活動が行われるのは「対流圏」という、大気圏を成す4つの層のうちいちばん低い層（地表から高度16kmまで）においてであり、ここでは水はほとんど水蒸気の状態にある。地表の水と大気圏の水蒸気との間には行き来がある。地表から蒸発した水は大気圏へと吸い上げられ、その後、雲になり、雨や雪として再び陸地や海洋に戻っていく。陸地に注がれた水は川となって海に流れ込むが、かなりの量の水は湖や氷、また地下水として、陸地の表面と内部に留め置かれる。

△ 青い惑星
地球の表面の3分の2は水で覆われており、膨大な量の多様な生命を支えている。

△ 大気圏の層
地球の周囲は薄い層状の大気に囲まれている。水蒸気や数種類の気体からなる大気は、太陽からのエネルギーを捕らえ、地表を暖めている。

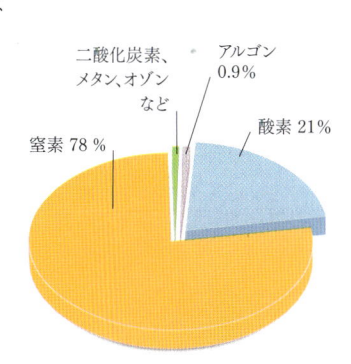

二酸化炭素、メタン、オゾンなど

アルゴン 0.9%

酸素 21%

窒素 78%

大気圏を構成する気体 >
地球の大気の99%以上は窒素と酸素である。それ以外は水蒸気、二酸化炭素や数種の気体であり、量としてはわずかだが重要な役割をもっている。

さまざまな岩石

　地球には約500種の岩石があって、それらは天然に生じた何千もの鉱物が組み合わされてできている。すべての岩石は固有の組成と性質をもち、大きく3種類に分類することができる。火成岩はもともと溶けていたものが冷えて固まったものである。堆積岩は地球の表面で堆積物が固結してできた。変成岩は地殻内部の岩石が変化してできたものだ。これらの岩石は隆起や、地殻の運動や、風化や浸食といった作用によって地表に露出する。浸食作用はまたさまざまな地形をつくり、同時に土壌や堆積物を生み出すが、そのなかには、生物の生存に欠くことのできない無機栄養が含まれている。

火成岩
溶けた岩石が冷えて固まると結晶質の火成岩ができる。組成や組織はさまざまで、急速に冷えると粒の細かい岩石になり、ゆっくり冷えると粒の粗い岩石になる。

玄武岩

変成岩
地殻内部の深いところにある岩石に熱と圧力が作用すると、その組織や鉱物組成が変化して、粘板岩や片岩や大理石のような変成岩ができる。

黒雲母片岩

堆積岩
沈殿物や動植物の遺骸は、流水や風の作用で堆積し層を成していく。時間が経つとともに古い層は圧力を受け押し固められて深く埋もれていき、化学的に変化して岩石になっていく。

砂岩

活動する地球

内部の熱エネルギーが引き起こすダイナミックな地質学的作用により、地球の表面は常に変化している。地球表面のもろいプレートは常に動いており、その動きにしたがって海洋や大陸の姿も変化している。

プレートテクトニクス

地球の表面を覆う地殻は地質学的な膨大な時間を通じ変化し、それに従って大陸や海の大きさや配置なども変わってきた。この変化はプレートテクトニクスによって引き起こされるもので、現在でも進行中である。地球の最外層のもろくて薄い地殻は、すぐ下のマントル（上部マントルの最外層）とともに半剛体となっている。これがテクトニックプレート（一般に「プレート」と呼ばれる）である。現在地球には7枚の大陸クラスの主要プレートと、それより小さなプレートが10枚ほどある。プレートは長い時間をかけて互いに押し合う。また、地殻の割れ目からは熱いマグマが上昇

して新たな地殻を形成し、割れ目から離れて広がっていく。これは「発散型境界」と呼ばれるもので、主に海底にできる。地球自体は膨張することができないので、新しい海洋地殻ができると、その分だけどこかの地殻が押し縮められることになる。この縮減作用が働く場所が「収束型境界」で、そこではひとつのプレートがほかのプレートの下に潜り込む「沈み込み」（サブダクション）という現象が見られたり、プレートの縁の部分が左右から強く圧縮されてたわみ、山脈が形成されたりする。

△ サンアンドレアス断層
カリフォルニア州内を全長1300kmにもわたって走る巨大な断層は、太平洋プレートと北米プレートの境界線上にできたトランスフォーム断層で、二つのプレートが互いに反対方向に移動（横ずれ）している。

新たなプレートが出現した場所に山脈ができる

引き離されるプレート

発散型境界
プレートが反対方向に引かれて伸び切り、さらにこれが割れると断層ができ、火山活動が活発な山脈が形成される。

各プレートは互いに逆方向に移動する

∨ プレート境界
この地図は地球表面の地殻が、主要プレートがジグソー・パズルのように組み合わさってできている様子を示している。地震の発生地を世界規模で研究した結果、これらのプレートが存在することがわかってきた。

地図のポイント
- 収束型境界
- 発散型境界
- 海溝
- 平行移動型境界（トランスフォーム断層）

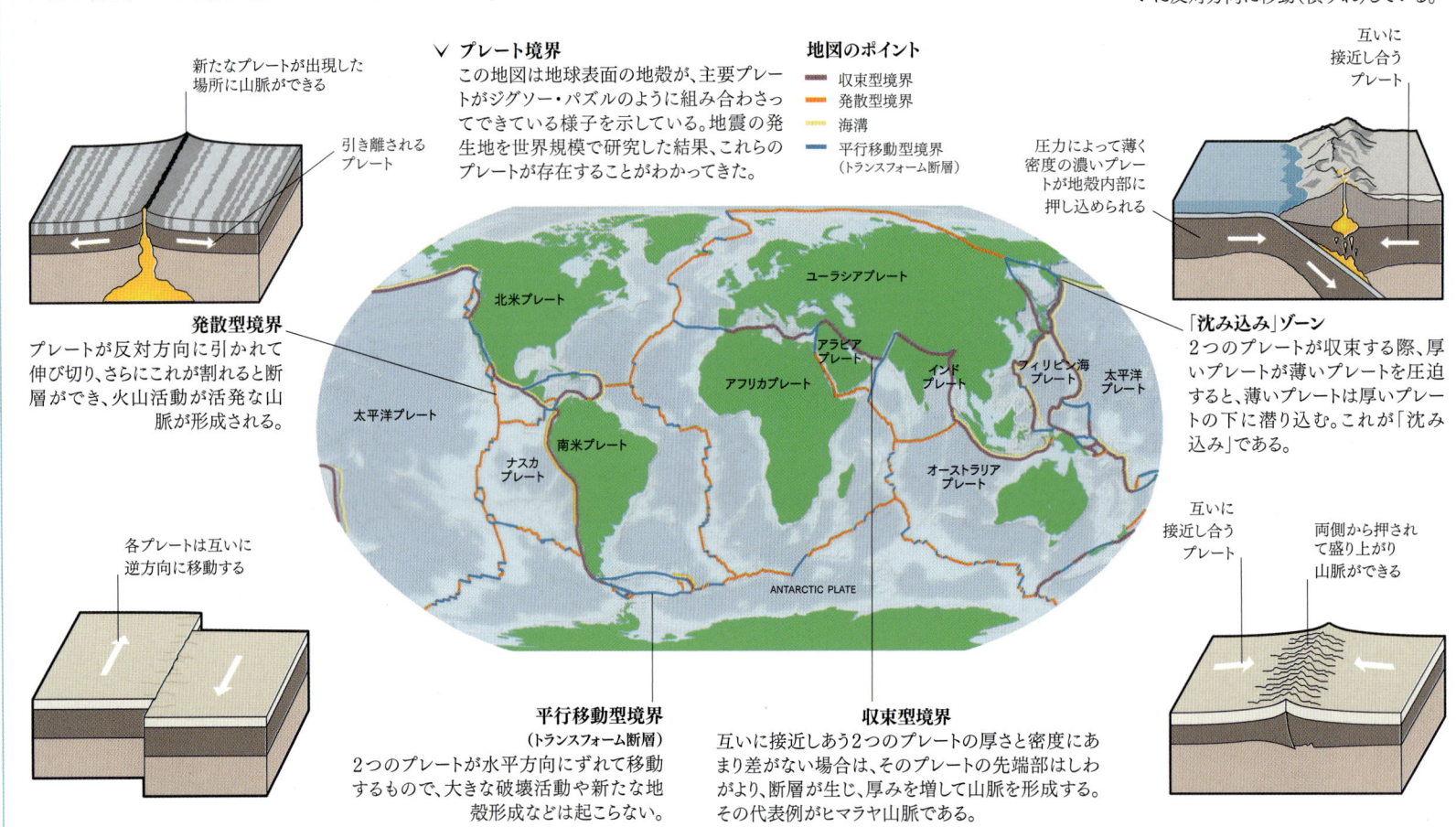

北米プレート
ユーラシアプレート
アラビアプレート
アフリカプレート
インドプレート
フィリピン海プレート
太平洋プレート
太平洋プレート
ナスカプレート
南米プレート
オーストラリアプレート
ANTARCTIC PLATE

互いに接近し合うプレート

圧力によって薄く密度の濃いプレートが地殻内部に押し込められる

「沈み込み」ゾーン
2つのプレートが収束する際、厚いプレートが薄いプレートを圧迫すると、薄いプレートは厚いプレートの下に潜り込む。これが「沈み込み」である。

互いに接近し合うプレート

両側から押されて盛り上がり山脈ができる

平行移動型境界
（トランスフォーム断層）
2つのプレートが水平方向にずれて移動するもので、大きな破壊活動や新たな地殻形成などは起こらない。

収束型境界
互いに接近しあう2つのプレートの厚さと密度にあまり差がない場合は、そのプレートの先端部はしわがより、断層が生じ、厚みを増して山脈を形成する。その代表例がヒマラヤ山脈である。

< 褶曲山脈
収束境界ではプレートの縁が強い圧力を受け、褶曲や断層が生じる。地殻の岩石層が厚くなって盛り上がり、山脈が形成されることもある。

活火山 >
火山の多くはプレートの縁に位置し、地中深くの岩石が溶けてマグマになり、これが上昇して地表で噴火する。休火山といえども、下のプレートが移動すれば、ある日突然噴火するかもしれないのである。

山脈と火山

地球上の生物の分布と移動を制限する最大の要因のひとつは変化に富んだ「地勢」（地表の姿）であり、そびえたつ高山や火山、さらには海中地形などがこれにあたる。陸地では山脈が野生の生物の移動を阻害するだけでなく、気象や気候、局地的な植生などを変え、動物の生活に大きな影響を及ぼしている。活火山が噴火して周囲に大きな変化を与えることもある。噴火時には周囲の生物相が破壊されるが、長期的には、風化作用と溶岩の噴出、さらに降灰によって新たな無機養分が与えられ、土地が肥沃になる。同様に、海中山脈や海中火山の噴火は、海水の動きや海の生物の移動、海水中の栄養分に大きな影響を及ぼす。

削り取られて
雨と風による風化によって岩は大きく浸食され、地上に自然の彫刻作品を出現させる。米国ユタ州のブライス・キャニオンではこのように劇的な風景がいたる所で見られる。

風化と浸食

　岩石の多くは地下で形成されるが、地殻の圧力で地表に押し上げられたり、あるいは海や川の水が引いて露出したりもする。そうすると、岩石と大気や水、生命活動とのあいだでさまざまな相互作用が起こる。岩や鉱物が大気による物理的・化学的作用を受けて変化する過程を「風化」と呼ぶ。岩石を構成する物質がもろくなったり溶けたりして、どこかへ運ばれる作用は「浸食」と呼ばれる。風化と浸食によって地表の岩石は削り取られ、すり減っていき、いくつもの層が形成される。山の頂上部の岩石の露頭や建物の外部は、例えば酸性雨など化学的作用の影響や、気温の変化、さらに溶けた氷の尖った部分で傷つくなど物理的作用の影響を受けやすい。露出した岩の表面は、風に乗って飛ばされる砂の粒子の衝突により削られていく。風化と浸食の相乗効果によって岩は削られ、より小さな破片へと細分化される。岩の破片がさらに細かく砕かれて、風や水や氷によって別の場所に運ばれていくにつれ、生じる堆積物は生物にとって利用しやすい状態になっていく。この堆積物は重要な無機養分を豊富に含み、また、生物が固着して生活するための新しい土台となるのである。

< **リオ・デ・ジャネイロの地すべり**
どれほど豊かに植物に覆われていても、急斜面の土地は集中豪雨による影響を大きく受ける。その結果、この写真のように、地形を大きく変えて住民の生命を脅かすような地すべりが起こることもある。

土のベッドで育つ植物

腐葉土を豊富に含む層

鉱物質を含むレゴリスの層

土台となる岩

気候の変動

暑く乾燥した夏、冷たく凍りつく冬。このような季節の特徴は地域によって異なっている。場所が違えば気候も変わり、時の経過とともに気候は変動し、またその変動の速さもさまざまである。生命は、気候条件の変化による強大な影響を絶え間なく受けながら進化してきたのだ。

気候とは何か？

気候とは、ある一定地域の長期にわたる平均的な天候のことだ。気温、降雨、風速、気圧など、大気に関する条件はいろいろあるが、それが全てからんで気候ができあがる。大気以外にも、人間活動による影響、標高や局所的な地形、海洋からの距離とそれに伴う卓越風や卓越流など、気候を部分的にコントロールする要因は多い。なかでも重要なのは緯度だ。太陽から受け取る光の照射量は、緯度によって、つまり赤道と極の間のどこに位置するかによって決まる。例えば、受け取る光と熱が最小の極地方と最大の熱帯地方とでは、気候は大きく異なっている。

< 植生の変化
標高が高くなると気温が低下するので、植生も変化し、広葉樹林から針葉樹林、さらに低木林へと移り変わっていく。

気候条件は変化する

世界各地の気候は、平均気温と平均降水量、さらにそれらが植物の成長に与える影響によって、大まかに分類されている。例えば現在の赤道地方は気温が高く、陸地よりも海が優勢なので湿度が高い。これに対し、砂漠は乾燥していて極地方は寒冷である。だが、それぞれの地域は昔からずっと今の気候だったわけではない。気象条件をコントロールする種々の要因が、地質時代を通じて地球全体の気候に影響を及ぼし続けており、その結果、氷河期が続いたり地球温暖化が起こったり、といったように気候は変動してきたのである。

夏毛のホッキョクギツネ

冬毛のホッキョクギツネ

∧ 季節変化に対する適応
年間を通した季節変化により、生活環境が激しく変化する場合もある。動物も植物もさまざまな手段でこの変化に適応している。例えば、ホッキョクギツネは冬は分厚い冬毛をまとい、夏はすっきりした夏毛に生え替わる。

砂漠で生きる生命
サボテンのような植物は、雨の極端に少ない環境に適応している。成長のスピードを抑え、葉を棘に変えて蒸散による水分の損失を防ぎ、水を保持する特殊な組織を進化させている。

< **気候変動の証拠**
極地で採取したアイスコアのサンプルの研究により、過去の気候変動の様子が詳しく解明されてきた。氷のなかには気泡が閉じ込められている。この気泡中の気体を化学的に分析すれば、その氷が形成された時のおおよその気温を推定できる。

< **アイスコアのサンプル**
アイスコアのサンプルの拡大写真。永久氷床で覆われている南極のボニー湖で採集されたもの。氷のなかに、気泡と湖底の堆積粒子が閉じ込められているのがわかる。

周期的な気候変動

地球の気候は時とともに激しく変動してきた。岩石や化石からその明確な証拠が得られている。気候の変動は生物の進化や分布に影響を及ぼし、絶滅した種も数限りない。気候変動を引き起こす要因は自然界に数多くある。例えば、火山活動が起こると、ガスやほこりが噴出して大気を汚染する。海流のルートが変化すると、海流により世界を巡って運ばれる熱の行き先も変化する。また、地球の公転軌道や自転軸は周期的に変化するので、地表に到達する太陽の放射量もそれに伴って変化し、気温に、さらに気候に影響が及ぶ。その結果、温室効果による温暖な時期と氷河期とが周期的に訪れることになる。

地理的な変化

大陸は、長い時間をかけて移動してきた。地球表層部を構成するプレートの移動により、海洋が拡大したり収縮したりするためだ。北半球から南半球へ、あるいはその逆へ移動していく途中で、大陸はさまざまな気候帯を通過していった。複数の大陸が超大陸を形成したこともある。この陸塊では、巨大であること自体が気候に影響を与えた。また、海洋の形が変わると水の循環ルートも変化する。そ

れがさらに上空の温度や湿度の変化を引き起こし、気候に影響が及んできたのである。

温室効果と氷河期

気候の変動を長い目で見ると、寒い時期（両極が長期間にわたり氷床で覆われた氷河期）と暖かい時期とに大きく分けることができる。暖かい時期には温室効果が高く、両極の氷の大部分が溶ける。これには、二酸化炭素など温室効果ガスの大気中への放出が関係している。温室効果ガスが熱を大気中に保持して逃がしにくくするのだ。過去、温室効果によって、巨大な浅い海洋、乾燥地帯、生い茂る森林が出現した。恐竜時代には、そうやって形成された森林が豊富な食物源となった。氷河期が何百万年も続いたことは、氷河が地形に残した影響から辿ることができる。氷河期とともに起こった急速な気候の変化は、地球規模で生物に多大な影響を与えた。化石にはその証拠が記されている。

科 学
気孔の研究

植物が成長するには、大気との間でガス交換をすることが必要だ。ガス交換は、葉にある気孔という特別な開口部を通して行われる。気孔の開閉により、光合成に必要な二酸化炭素が吸収され、余分な水や酸素が外界に排出される。二酸化炭素（温室効果にかかわる気体）の大気中濃度が高い時、植物は一般的に葉の表面の気孔を増やして適応する。ある種の植物の化石を調べて気孔密度の推移を調べれば、大気中の二酸化炭素濃度が時とともにどのように変わってきたのかが追跡できる。

ユーカリの気孔

∧ **デボン期のサンゴ礁**
ウェスタンオーストラリア州のキンバリー高原にある石灰岩の露頭。地球規模の気候変動があったことが、この露頭には明確に示されている。デボン期（4億年前）にはこの一帯は水中にあり、この崖はサンゴ礁だった。

∨ **二酸化炭素濃度と気温**
極地のアイスコアに閉じ込められていた気泡から、地球の気候の変動がわかる。アイスコアから検出された二酸化炭素濃度が高いほど、気温が高かったと考えられるのだ。

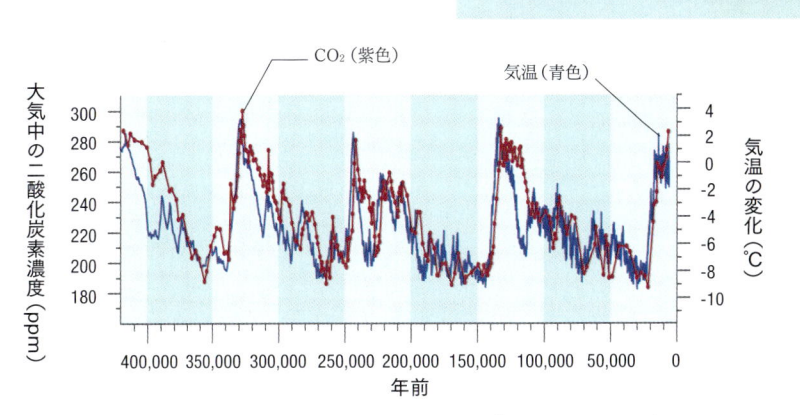

CO₂（紫色）　気温（青色）

大気中の二酸化炭素濃度（ppm）

気温の変化（℃）

400,000　350,000　300,000　250,000　200,000　150,000　100,000　50,000　0
年前

さまざまな生息環境

地球上にはさまざまな生息環境がある。とてつもなく深い海底から世界最高峰まで、そして乾燥した砂漠や草原から暖かく湿度の高い熱帯まで、特有の環境が、それぞれの多様性に満ちた豊かな動植物相を支えている。

どの生命形態にも、それに合った特有の生息環境というものがある。生物は、何千年あるいは何百万年もかけて特有の環境に適応してきたが、地球上にはさまざまな環境が存在し、同じ生息環境にも多種多様な動植物が見られる。生物多様性と呼ばれる現象だ。地質時代を通じ、生物は環境の変化、特に急速な気候変動に適応していかねばならなかったし、今でもそうである。適応できずに絶滅するものもあれば、新たな生息環境に進出するように進化するものもいる。先駆的な生物が生息地を広げると、その生物の存在によって、例えば土壌が形成されるなどして環境が変化していく。この変化がまた別の新しい生物の進出を誘うのである。

生息環境の違いには、海抜や赤道からの距離、地形（物理的な形）など、いろいろな要因がからんでいる。地球上には、動物相も植物相も豊かな生物多様性の「ホットスポット」がいくつかある。特に注目に値するのは熱帯のサンゴ礁や雨林だ。一方、もっと極端な環境条件下では限られた生物しか生息できないが、同一種の個体数がかなりなものになることも多い。

凡例

- 極地方
- 砂漠
- 草原
- 熱帯林
- 温帯林
- 針葉樹林
- 山岳地帯
- サンゴ礁
- 河川と湿地
- 海洋

北極海

グリーンランド

北極圏

北アメリカ

ヨーロ

北回帰線

大西洋

アフリカ

太平洋

赤道

南洋

南アメリカ

大西洋

南回帰線

南極圏

生物群系の分布
生物群系（バイオーム）とは、気候や土壌条件のよく似た地域で発達した生態系を、世界全体で大きくまとめたものである。生物群系は、生育する植物のタイプや気候、地理、地形など、さまざまな要因によって規定される。

科 学

生物の階層構造

単独の個体だけで存在する生物はほとんどいない。地球上の最も隔絶された地域であっても事情は変わらない。自然界には、個々の個体レベルから、同一地域に生息する生物全体と環境の総体である生態系まで、生物の相互作用による階層構造が存在している。

個体
個々の、通常は独立した生物個体。ある限られた地域に生息する個体は個体群の一員となる。

個体群
同一地域に生息し、互いに交雑可能な同種生物の集団。

群集
同一地域に自然分布する動物個体群と植物個体群の総体。

生態系
生物群集とそれを取り巻く環境とをまとめたもの。生物群集と環境とは互いに支え合っている。

草原
およそ2000万年前に起こった草本の進化と草食哺乳類の定着は、地球の風景を変容させた。温帯の草原には一般的に木本は生えず、土壌は極めて肥沃である。一方、熱帯のサバンナは、左の写真のように木本や低木が散在し、開けた森林に若干近い。

バイソン

砂漠

降雨や土壌が極端に少ないと植物が持続的に生育できず、砂漠が形成される。現在、地球の陸地のうちおよそ3分の1が砂漠だが、その割合は増加しつつある。最大の砂漠はアフリカのサハラ砂漠である。

ガラガラヘビ

熱帯林

赤道付近にあって地球上で最も暑い熱帯の森林は、陸上で最も生物相が豊かである。熱帯林に存在する数多くの生態系は、生物多様性のホットスポットとして重要だが、同時に不安定さが高まってもいる。

ストロベリーヤドクガエル

温帯林

温帯は熱帯と極地域の間に位置する。熱帯と極地の両方からの気団の影響を受けて広大な森林が形成され、生物多様性はかなり高い。だが、伐採により、面積は激しく縮小している。

アカシカ

針葉樹林

スギやヒノキ、マツなどの針葉樹は古いタイプの植物で、最高にタフな植物でもある。針葉樹は小さな葉の生える常緑樹で、ほかの植物がほとんど生育できないような寒冷な地方や山岳地帯でも生育できる。

ヒグマ

山岳地帯

最高で標高9,000mにも達する山岳地帯には、さまざまな生息環境が含まれる。標高が変わると気候も変わるので、山のふもとは温帯森林でも頂上は極地並の環境になることもある。

ハヤブサ

河川と湿地

河川や湖には、幅広い種類の動植物が生息している。水のたまる地形には、永続的あるいは季節的に湿地が形成され、開けた水域と植生の密な地域とが混在する。

トンボ

サンゴ礁

太陽に照らされた浅い熱帯海域に見られるサンゴ礁は、海の生物の骨格が集積して形成されたものだ。限りなく多様な生物が生息するサンゴ礁は、水中の熱帯雨林である。

キイロハギ

極地方

北極と南極の環境は季節によって極端に変化する。夏は24時間ずっと太陽が沈まず、冬は延々と夜が続く。極地の大部分は大量の雪や氷に覆われ、また乾燥した広大な極砂漠も存在するが、どちらも気候の変動にはきわめて脆弱である。

イワトビペンギン

海洋

日光のあたる水面から深い海淵まで、海洋にはどんな深度にも生物が存在する。地球の3分の2を占める海洋は、連続した生息環境としては世界で最も大きく、顕微鏡レベルの小さなプランクトンから最大の哺乳類であるシロナガスクジラまで、極めて多様な生物が生活している。

ロブスター

北極海

アジア

太平洋

インド洋

オーストラリア

南洋

南極

人間による衝撃

人口の急速な増加は地球の自然環境に衝撃を与え、気候にも、そして数え切れないほど多種の動植物にも影響を及ぼしてきた。人間が引き起こした変化のなかには、復元不可能なものもある。

環境の変化

地球には気候変動の長い歴史がある。全体的には温暖な時期のほうが長く、森林が広がり極地方に氷床がない「温室効果期」が、何回かの「氷河期」で分断されてきた。地球温暖化には、大気中に存在する高濃度の温室効果ガスが関係することが知られている。二酸化炭素やメタンなどの温室効果ガスは、太陽のエネルギーを捕まえて離さず、海洋や陸地、大気の温度を上昇させる。かつて、自然界で大気中の二酸化炭素量が増えても、陸上には森林が発達し海中には石灰質に富む堆積物が生成され、それが石炭や石灰岩になって過剰な二酸化炭素を保持し、うまくバランスがとれていた。ところが19世紀の産業革命以来、化石燃料の採掘と燃焼、森林の伐採、家畜の飼育など、人間の活動によって膨大な量の二酸化炭素やそのほかの温室効果ガスが大気中に放出されるようになったのである。

海洋

海洋が健全な状態にあることは、全生命にとって極めて重要である。海の生物は十分な酸素と栄養分とを含む海水が循環しなければ存続できない。プランクトンや貝類から始まりそれを食物にするほかの動物に至るまで、食物連鎖は海水の循環によって支えられているのだ。化石の記録により、過去、海洋環境の悪化が生物の絶滅を引き起こしたことがわかっている。今日、魚の乱獲や特にプラスチックによる水質汚染など、人間の活動が海洋環境に影響を及ぼしている。

大気

人間は数千年の昔から大気に影響を与えてきた。最初は、家での煮炊きや焼き畑で汚染物質を放出するぐらいだった。ローマ時代には、金属の精錬により汚染物質が大気中に放出された。産業による大気汚染の始まりだ。その痕跡は極地のアイスコアに残っている。過去200年間には、ガスや粒子による汚染が急激に進んだ。その結果、酸性雨やスモッグ、地球温暖化にかかわる温室効果ガスの濃度上昇、有害な紫外線から守ってくれるオゾン層の破壊が起こっている。

陸地

8,000年前に定住と農業が広まった頃から、人間は地形に影響を与えるようになり、その衝撃は大きくなるばかりである。世界全体で人口が増加し、居住や食料生産のために土地が利用され、人間の手が触れていない場所はごくわずかしか残っていない。近年、人間活動が環境に及ぼす影響について、ますます深く認識されるようになり、自然の生息環境を保全する努力が行われている。

∧ 地形に残る傷跡
産業の成長には原料の調達が必要だが、この銅鉱のように、採掘は地形を永久に変えてしまう。同様の傷跡は世界各地に見られる。

∧ 大気汚染
農地確保のために焼き畑式で森林を伐採すると、大気汚染物質が放出されるだけではなく、植物による二酸化炭素吸収量が減少することにもなる。

∨ 温室効果
大気中に余分に放出された温室効果ガスは、太陽のエネルギーの一部が宇宙空間に逃げていくのを妨げる。

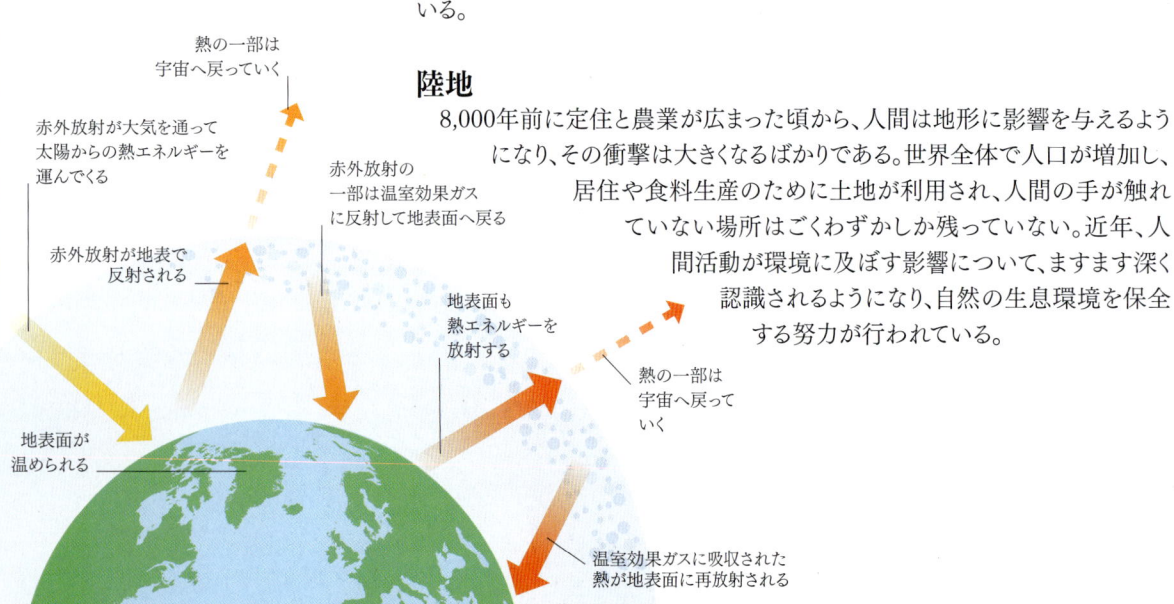

熱の一部は宇宙へ戻っていく

赤外放射が大気を通って太陽からの熱エネルギーを運んでくる

赤外放射の一部は温室効果ガスに反射して地表面へ戻る

赤外放射が地表で反射される

地表面も熱エネルギーを放射する

地表面が温められる

熱の一部は宇宙へ戻っていく

温室効果ガスに吸収された熱が地表面に再放射される

∨ 崩壊する極地の氷棚
気温の上昇が極地の氷棚の崩壊を引き起こしている。莫大な量の氷が溶けて海面が上昇し、海岸部が沈んでいく。

農業
アジア各地で見られる棚田のような集約農業は、自然の景観を激しく変貌させる。このような農法は多くの人口を支える。

絶滅

　過去、環境の変化に適応できずに数多くの生物が絶滅し、地質時代を通して生物相は大きく入れ替わってきた。事実、これまで自然が生み出してきた種のうち、ほとんどは既に絶滅している。生き残るのは環境に適応できるように変化したものだけだ。変化は徐々に進むのが普通だが、ある生物群が突然消滅してしまうこともある。例えば6,600万年前には巨大な隕石が地球に衝突し、それが発端となって連鎖的な出来事が起こり、陸上では恐竜が、海中ではアンモナイトなど多くの生物が死滅することになった。だが、それによって哺乳類が急速に進化することになり、ひいては人類誕生にもつながったのである。もっと最近の例でいえば、現生人類が世界各地に移住したことにより、特定の種が絶滅に追いやられた。ヨーロッパやアジアではケナガマンモスなどが絶滅した（右のコラム参照）。今日、人口増大につれ、トラをはじめとして数多くの生物が人間の活動により絶滅の危機に追いやられており、その傾向は加速するばかりである。

∧ トキの衰退
トキはかつてはアジアに広く分布していたが、狩猟や生息地の消失のため減少し、中国の小さな個体群だけが残った。飼育下で人工繁殖が行われ、日本に再導入できるまでになった。

＜ シフゾウ
東アジア産のシカの一種であるシフゾウは野生では絶滅し、1900年以降はイギリスで飼育下にある群れだけが残るのみだった。1980年代には中国に再導入され、現在では700頭を越える個体群となっている。

科　学
そしてマンモスはいなくなった

ケナガマンモスは寒冷な気候に適応したゾウの仲間で、氷河期を通じて、大きな群れでヨーロッパとアジア各地を移動していた。洞窟絵画などの考古学的な証拠によれば、約3万年前、人間は盛んにマンモスを狩っていた。11,000年前までにほとんどのケナガマンモスが絶滅したのは、それが一因だったのかもしれない。

ペシュメルル（フランス）の洞窟絵画

生命の起源

化石の記録により、地球上に最初の生命が出現したのは少なくとも37億年前であること、さらに、複雑な構造の生物も全てがこの最初の単純な生命形態から進化してきたことがわかっている。今日、地球上には、単細胞生物から解剖学的構造の複雑な哺乳類まで、多様な生命形態が存在している。

生命とは何だろうか？

生物はいくつかの特徴によって無生物と区別することができる。ただし、ウイルスの存在を考慮に入れれば、生物と無生物は明確に線引きできるものではないことがわかる。生物はエネルギーを取り込んで消費し、成長し、変化し、繁殖し、環境に適応する。さらに、ある程度複雑な生物にはコミュニケーション能力も備わっている。

生命の基本的単位は細胞だ。細胞は自己複製し、あらゆる生命過程を行う力をもっている。生物の個体は、どんなに小さくても少なくとも1個の細胞で構成されている。そして、全ての生物個体を構成するほとんどの細胞には、分子によるインストラクション（指示書・説明書）が1セットずつ備わっている。各細胞の内部には糸状の染色体があり、染色体には親から子へ代々伝えられてきた遺伝情

△ **光合成**
植物はクロロフィルという色素を用いて光エネルギーを捕らえ、水と二酸化炭素から糖と酸素を作り出す。ほかの生物は植物を食物とし、酸素を取り込んで、光合成の恩恵を受けている。

報、つまり遺伝子が含まれている。この遺伝子がその生物のインストラクションであり、遺伝子によって、ある生物1個体の固有の性質が決まってくるのだ。遺伝子の役割を担っているのは、主に、染色体の成分であるデオキシリボ核酸（DNA）という物質である。DNAにより、世代から世代へと情報が伝えられ、その結果、親から子へとある形質が受けつがれることになる。

∧ **生命のエネルギー**
生命を維持するには、外界からエネルギーを取り入れることが必要だ。ほとんどの場合、生態系は植物の光合成を土台とし、植物が取り込んだエネルギーが植食性動物に取り込まれ、さらに肉食性動物に取り込まれていく。細菌による化学合成が土台となる場合もある。

科　学
ウイルス

ウイルスは地球上で最も豊富に存在する生物学的存在であり、生物と無生物の境界線上に位置している。生物と共通する性質（遺伝物質をもち、タンパク質のコートで守られているという点）もある。だが、ウイルスは寄生者的な存在であり、生きた細胞内でしか増殖できない。ウイルスは自己複製する化学物質を含む小さなパックでしかなく、真の意味で生きているとは言えないのだ。

SARS-CoV-2（新型コロナウイルス）。COVID-19（新型コロナウイルス感染症）の病原体である

生命を区分する

地球上に誕生した膨大な種類の生物は、アーキア（古細菌）、バクテリア（細菌）、真核生物（原生生物、植物、菌類、動物）という3つのドメイン（超界）に大別される。アーキアとバクテリアは原始的な単細胞生物で、おそらく地球に最初に現れた生命形態である。真核生物はこれよりも構造が複雑で、遺伝物質であるDNAが核膜で包まれているという点でアーキアやバクテリアと区別される。真核生物は形もサイズも途方もなく多様で、単細胞生物から複雑な多細胞の植物や動物まで、幅広い範囲の生物を含む。

〈 **成長**
成長し、自己修復する能力は、生物の重要な特徴のひとつだ。単純な菌類から哺乳類に至るまで、生物は主に細胞分裂によって成長するが、細胞1つ1つのサイズ拡大による成長も行われる。

最初の生命

地球最初の生命は海で誕生した。その主な証拠は、現生の原始的な生物と化石の記録という2つの方面から得られている。現存する生物で最も原始的なのはアーキアとバクテリアである。高温や酸性下などの極限環境でも生存可能なものを含むこれらの生物は、太古の地球の苛酷な環境で最初に出現した生命とよく似ているのかもしれない。

初期の生命の存在を示す化石の証拠については議論がある。グリーンランド西部の約37億年前の地層から生物由来の炭素が見出されている。生物の痕跡を示す化学的な証拠である。最も有力な太古の生命の記録は、層状構造の発達したマウンド状のストロマトライトである（右ページ）。

あふれる生命
最初に地球上に出現して以来、生命は海で繁栄して進化を続け、その結果、日光を受けて生息する現生のサンゴ礁が誕生した。サンゴ礁は生物多様性のホットスポットであり、生息する生物の多様性と密度は、雨林を除けばどの生息環境にも負けない。

< **ストロマトライト**
この塊に見られる層状の構造は、熱帯の浅海で、シアノバクテリア（ラン藻）などの微生物と堆積物が交互に層を重ね、数十億年をかけて形成されてきたものだ。

∧ **バージェス頁岩**
カナダのバージェス頁岩の化石は、カンブリア紀に生物が海で急速に多様化し、海綿動物や節足動物から脊椎動物までが出現したことを示す。

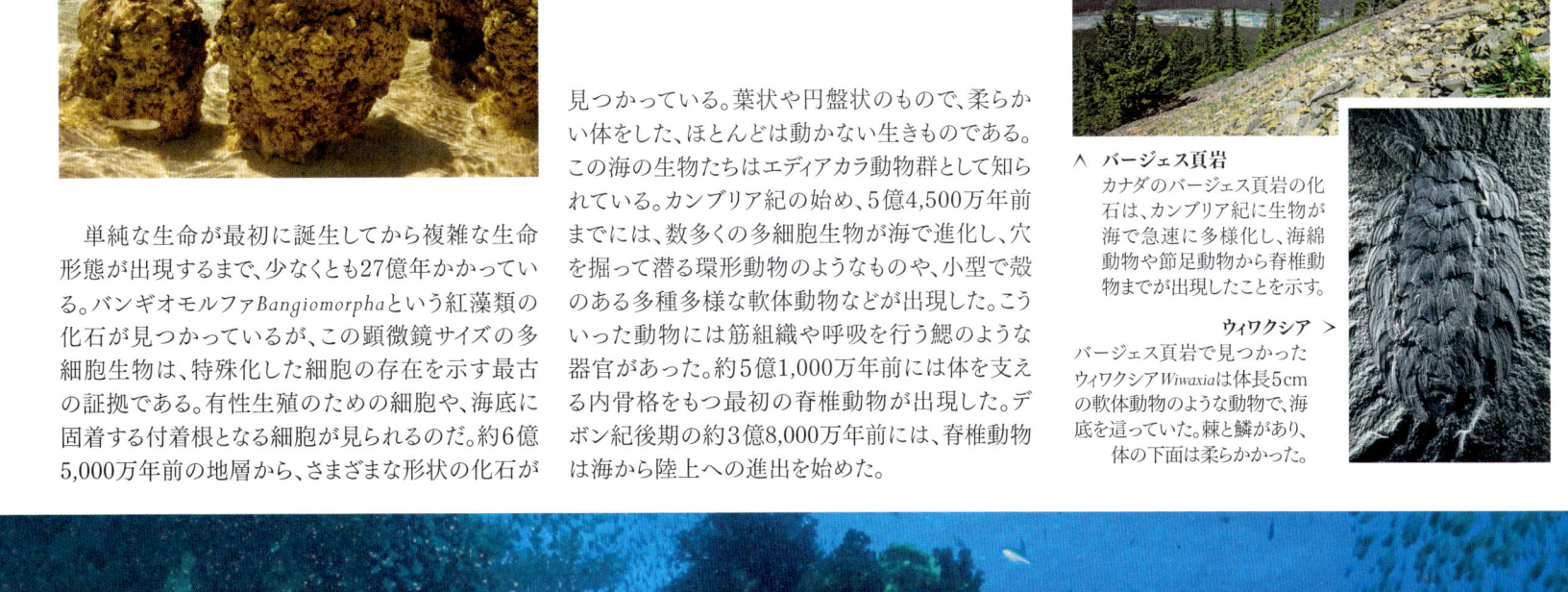

ウィワクシア ＞
バージェス頁岩で見つかったウィワクシア*Wiwaxia*は体長5cmの軟体動物のような動物で、海底を這っていた。棘と鱗があり、体の下面は柔らかかった。

単純な生命が最初に誕生してから複雑な生命形態が出現するまで、少なくとも27億年かかっている。バンギオモルファ*Bangiomorpha*という紅藻類の化石が見つかっているが、この顕微鏡サイズの多細胞生物は、特殊化した細胞の存在を示す最古の証拠である。有性生殖のための細胞や、海底に固着する付着根となる細胞が見られるのだ。約6億5,000万年前の地層から、さまざまな形状の化石が見つかっている。葉状や円盤状のもので、柔らかい体をした、ほとんどは動かない生きものである。この海の生物たちはエディアカラ動物群として知られている。カンブリア紀の始め、5億4,500万年前までには、数多くの多細胞生物が海で進化し、穴を掘って潜る環形動物のようなものや、小型で殻のある多種多様な軟体動物などが出現した。こういった動物には筋組織や呼吸を行う鰓のような器官があった。約5億1,000万年前には体を支える内骨格をもつ最初の脊椎動物が出現した。デボン紀後期の約3億8,000万年前には、脊椎動物は海から陸上への進出を始めた。

進化と多様性

いったいどうやって、これほどの驚くべき多様な生命形態が地球上に発生したのだろうか？ これについて数多くの理論が提案され始めたのは19世紀に入ってからだ。19世紀以前もそれについて語られてはいたが、思索の域を出るものではなかった。今日、進化と多様化を説明する理論は、大陸移動の証拠とともに、この地球上で常に変化を続ける生命について、興味深い洞察を与えてくれる。

時間をかけて変化する

どんな生きものでも変化して環境に適応する能力をもっている。ある世代から次の世代へと受け渡される変化はわずかなもので、ほとんどそれとわからないほどだが、時がたつにつれて生物の外見や行動は変化していく。この過程が進化である。進化は漸進的なものではなく、時に大量絶滅や爆発的な多様化が起きることもある。

化石を研究して生命の歴史を明らかにしようという試みは、チャールズ・ダーウィンの時代にはまだ始まったばかりだったが、それ以来、進化論を支持する膨大な量の情報が得られてきた。今では、生命はおよそ37億年前に海で出現したこと、そしてその初期の簡単な生命形態を元にして、植物、菌類、動物などを含め、現在地球上にいる生物全てが進化してきたのだということがわかっている。

生命形態は次第に複雑さを増し、海から陸上へと進出し、最初の森林と陸生の無脊椎動物が出現した。2億5,200万年前から始まった中生代には植物と動物の進化がさらに続き、爬虫類の恐竜が支配的になり、その子孫である鳥類も現れた。6,600万年前には大量絶滅が起こり、新生代の幕開けとなった。海でも陸でも爬虫類のほとんどが哺乳類に取って替わられ、また、陸上では被子植物とその花粉を媒介する昆虫が繁栄して多様化を始めた。

< オオサンショウウオ
オオサンショウウオ属*Andrias*の極めて貴重な化石。当初は、聖書にある洪水で犠牲になった人の骨格だと間違って考えられたが、1812年にフランスの解剖学者ジョルジュ・キュビエが同定し、両生類の一種であることがわかった。

進化の証拠

いろいろな脊椎動物について、肢の骨の解剖学的構造を比較すると、外見や機能が異なっているにもかかわらず、同一の基本的な発生プランと同一の遺伝子を元にして派生してきたことがわかる。

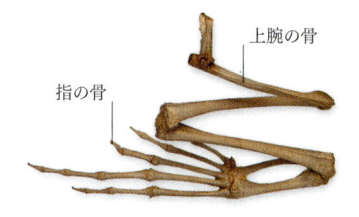

カエル
下肢と腕や指の骨は泳ぐために特殊化している。筋肉が発達して遠くまでジャンプし、獲物を捕まえたり捕食者から逃げたりできる。

上腕の骨
指の骨

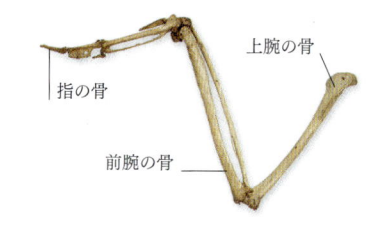

フクロウ
鳥類の翼は、上腕と手首の骨に付着した飛行筋によって動く。手の骨は大幅に変形し、指の骨は長く伸びている。

上腕の骨
指の骨
前腕の骨

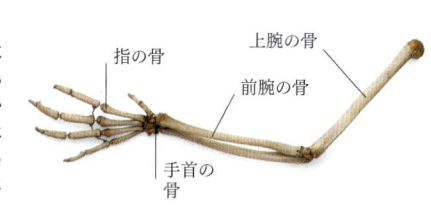

チンパンジー
チンパンジーの腕は解剖学的に人間のものと極めてよく似ている。親指が短くでほかの指は長めであるなど、比率がわずかに異なるだけだ。

指の骨
上腕の骨
前腕の骨
手首の骨

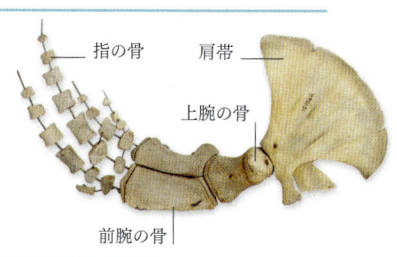

イルカ
クジラやイルカの腕はフリッパーになっている。腕の骨は短くて平たく、頑丈で、第2指と第3指が長く伸びている。

指の骨
肩帯
上腕の骨
前腕の骨

先駆者ラマルク

18世紀フランスの生物学者ジャン・バティスト・ラマルクは、高等生物は単純な生物から「進化」してきたのだと考えた。進化を包括的に論じたのはこのラマルクが初めてだった。ラマルクは、特に無脊椎動物について幅広く行った研究に基づき、生物は、食物や隠れ場所、配偶相手を手に入れたいと欲求することにより、必要な形質を一生の間に獲得することがあり、必要とされない形質は失われることがあるのだ、と論じた。この「獲得形質の遺伝」理論が誤りであることは現代遺伝学によって証明されている。だが、ラマルクの提示した「進化」という概念こそが極めて重要な出発点となったのである。スコットランドの解剖学者ロバート・グラントがそれを発展させた。グラントはエジンバラ大学でチャールズ・ダーウィンの師であった。ダーウィン自身はラマルク的なメカニズムを完全に排除したわけではなく、自然選択を補う可能性があると考えていた。

< ∧ 内的欲求
ラマルクは、進化は「内的欲求」という過程によって起こると考えた。キリンは木の葉に届こうとして首が長くなり、サギは水中を歩こうとして肢が長くなったというのである。

∧ **ガラパゴスフィンチ**
ダーウィンは、航海中に立ち寄ったガラパゴス島で、多数の異なるフィンチの標本を採集し、それらが単一の共通祖先に由来するものだと考えた。

チョウの翅

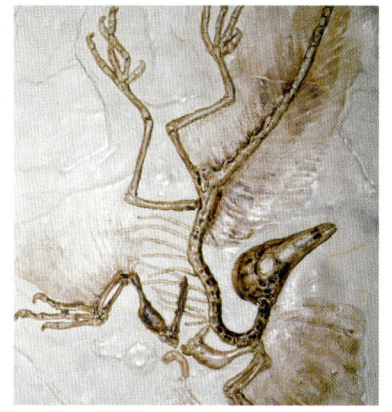

∧ **標本箱**
ダーウィンもウォレスも、昆虫の多様性に心をひかれ、なかでも熱帯で見られるものに魅了され、熱心に採集した。

ダーウィンとウォレス

19世紀半ば、イギリスのナチュラリスト(博物学者)であるチャールズ・ダーウィンとアルフレッド・ラッセル・ウォレスは、それぞれ独自に、自然選択による進化論を考えだした。2人はどちらも熱帯のフィールドワークの経験をもつ。熱帯は高い生物多様性を誇り、資源を巡る争いが目につき、少し離れた場所に生息する生物の違いが際立つ環境である。ダーウィンもウォレスも、いったいどのようにして、そしてなぜ、自然界にはこのような現象が見られるのだろうか、と不思議に思った。研究用と販売用に標本を収集しながら旅をしていたウォレスは、マレー半島滞在中に生物の地理的分布を説明する理論(生物地理学)を構築し、自然選択が進化において果たす役割を認識したのだった。一方ダーウィンは、英国海軍の帆船ビーグル号にナチュラリストとして乗り込み、5年にわたる南半球の航海中に多くの経験をし、自らの進化理論を形成するに至った。1858年、ウォレスとダーウィンは共同で自然選択について発表し、翌年、ダーウィンはその理論を拡張し、有名かつ大きな影響力を及ぼすものとなる『種の起源』を出版した。

キノグナートゥス
三畳紀の
獣弓類の化石

アフリカ

インド

リストロサウルス
三畳紀の獣弓類の化石

< **生物地理学**
ある種の爬虫類や獣弓類、植物の化石は、南方にある複数の大陸にまたがって分布している。これは、それらの大陸がかつてはゴンドワナ大陸と呼ばれる超大陸として1つにまとまっていたことを示すものだ。

南アメリカ

メソサウルス
ペルム紀の
爬虫類の化石

オーストラリア

南極

グロッソプテリス
ペルム紀の
植物化石

∧ **初期の鳥類**
1861年に始祖鳥*Archaeopteryx*の化石が発見され、その特徴により、爬虫類と鳥類という大きな2つのグループが進化の過程でつながっていることが示された。

進化は今も進行中

ダーウィンとウォレスによって自然選択説が提唱されたが、選択が働くメカニズムについて科学的に考察されるようになったのは、しばらく後に遺伝子が発見されてからのことだ。それ以来、遺伝子を理解することが進化を理解するための鍵となったのである。

自然選択

進化の鍵を握るメカニズムである自然選択は、適者生存を促進する。つまり、その時点で環境に最も適応した形質をもっている個体のほうが、生き残って繁殖し次世代にその望ましい形質を伝える可能性が高いのだ。自然界では、同種の個体間にも遺伝的変異があり、サイズや形、色などの形質に差が生じる。そのうちのどれかは生き残りに役立つかもしれない。例えば、特定の体色がほかの色よりも高いカムフラージュ効果を発揮するとしよう。その体色をまとった個体が捕食者の目を逃れて生き残り、そして繁殖すれば、改良型の体色が子孫の一部に受けつがれることになる。時が経って環境が変化したら、また別の体色が有利になるかもしれないが、その場合はまた自然選択が働いて、有利な形質の個体が選ばれるわけだ。地理的な障壁が生じて集

∧ **個体変異**
一腹の子ネコには、体色や模様の異なる個体が混じっていることが多い。特に両親の体色が異なる場合、その傾向が強い。

団が2つに分断され、それぞれの集団がわずかに異なる条件に適応していくということも起こりうる。その結果、もとは単一の種であったのが2種に分かれる可能性もある。これは種分化と呼ばれる過程である。

< ∨ **性的二型**
多くの種では、雌雄に明瞭な差異が認められる。グンカンドリの雄は、喉袋を膨らまして雌を引きつける。

遺伝子はどのように受けつがれるか

ある形質が親から子へ受けつがれるのは、遺伝子が受け渡されるからだ。遺伝子はDNAに暗号として書き込まれていて、細胞を維持したり複製したりするのに必要な情報はその中に全て保持されている。この遺伝子が親から子へ渡されて、形質が受けつがれる。細胞には糸のような染色体が入っているが、その1本1本にDNAの長い鎖が含まれ、そこに多数の遺伝子が存在する。有性生殖の際、精子と卵細胞が融合して、遺伝子を含む染色体が各2本ずつそろう。1本は父親から、もう1本は母親から受けついだものだ。

森林火災により、あるチョウの個体が大部分死んでしまう

∨ **遺伝子と偶然**
ある個体がたまたま消滅することもある。そうすると、その個体がもっていた遺伝子は次世代に受け渡されない。

偶然、黄色の個体が多く生き残る

生き残った個体の遺伝子だけが次世代に受けつがれる

次世代では紫色の個体はかなり少なくなる

偶然の出来事により、紫の個体が全くいなくなることもある

極端な環境への適応
コフラミンゴは、非常に特殊なニッチ（生態的地位）を埋めるように進化している。アフリカにある極度のアルカリ性の湖で藻類を食べるのだ。競争者がいないため、多数の個体が生息可能である。

島の進化

　隔離された島は自然の実験室であり、通常、進化のスピードが速い。限られた資源をめぐって競争が起こり、種分化が速く起こるのである。1835年、ダーウィンはガラパゴス諸島を訪れ、特にフィンチ類（ヒワ類）を中心に、鳥類の標本を多数採集することができた。ダーウィンは島によって標本が微妙に異なることに気がつき、また、ゾウガメも島ごとに異なるということを耳にした。その後、太平洋のほかの島を訪れた際に、共通の祖先から新しい複数の種が進化することがあるのではないか、と考えるに至った。鳥類学者のジョン・グールドは、ダーウィンの採集したフィンチを同定し、同種内の変異ではなく12の新種からなる新しいグループであると結論づけた。ダーウィンはこの結果を受けて、隔離された島の場合など、ある条件下では種は変化しうるのだという確信を得た。島の野生生物は、現代の進化生物学者にとっても重要な研究領域である。

＜ **飛べない島**
ニュージーランド島では、キーウィのような飛べない鳥が多く進化した。人間がやってくるまで、この島には強力な捕食者がいなかったのだ。

人為選択

　数千年間にわたり、イヌやウシから果樹や穀類に至るまで、人間はさまざまな動物を家畜化し種々の植物を栽培してきた。遺伝子が発見されるまでは、望ましい形質をもつ個体（走るのが速いものや果汁が多いものなど）を選び出して交配するという単純な方法が採られていた。何世代も選択的交配を繰り返すことで、その形質が優勢になるのである。今日、バイオテクノロジーによって遺伝子を直接扱えるようになったため、もっと短期間で同じ結果を得ることができる。有益な形質を増強するのも問題となる形質を取り除くのもどちらも可能である。

∧ **遺伝子組み換え**
生物の遺伝情報に手を加えることで、望ましくない形質を取り除き、さらに病気に対する耐性などの有益な形質を加えることができる。

∧ **クローン生物**
成体の細胞由来の核（遺伝情報が含まれている）を宿主となる卵細胞に移植することで、遺伝的に同一な個体を作り出すことができる。

分類

地球上には多様な生物がいる。1,000万〜10億種が存在すると見積もられている。既に記載されているのは200万種にも満たないが、年々、多数の新種が報告されている。発見された新種は250年以上前に考案された体系に従って命名され分類される。

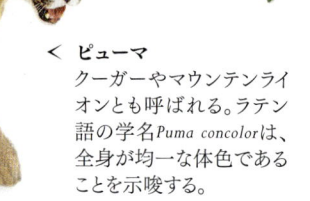

> **イヌノイバラ**
> イヌノイバラには、ドッグローズ、ワイルドブライアー、ウィッチズブライアー、ドッグベリー、ヒップツリーなど、さまざまな呼び名がある。だがラテン語による学名はただ1つだけで、*Rosa canina*と命名されている。学名は全世界共通である。

< **ピューマ**
クーガーやマウンテンライオンとも呼ばれる。ラテン語の学名*Puma concolor*は、全身が均一な体色であることを示唆する。

自然界の研究は何世紀も昔から行われてきた。初めは、その地方で見つかる生物を調べるだけで、あとは旅行者の報告に頼るしかなかった。標本を保存して遠くに運ぶことができなかったためだ。後に旅行がしやすくなってくると、探検家を雇って動植物の標本を採集してもらうようになった。船に乗り込んでいた画家が絵を描くこともあった。1600年代の始めには、ヨーロッパに蓄積された博物学コレクションは相当な量になり、多数の標本が記載された。だが、標本の作製やその記載方法について、特に決まった形式や約束事はなく、蓄積はしたものの、決して利用しやすいものではなかった。

初期の分類学者の目的は単純なもので、神の創造計画を反映するように生物を整理するだけだった。だが17世紀後半、イギリスのジョン・レイは、形態的（構造的）な類似点をもとにグループ分けを行い、植物、昆虫、鳥類、魚類、哺乳類についての著作を出版した（1660年から1713年にかけて。死後に出版されたものも含む）。今日、形態学は、行動学や近代遺伝学などほかの分野とともに、分類の土台となっている。1758年には『自然の体系』の第10版が出版された。著者はスウェーデンの植物学者カール・フォン・リンネである。リンネと友人のペーター・アルテディは、自然界に存在する全生物を、いくつかのグループに分けたうえで分類しようと考えた。アルテディは彼の著書が完成する前に死亡したが、リンネがその研究を完成させ、自著とともに出版した。

ラテン語による学名

全ての生物には、それぞれの種に特有の学名がラテン語で与えられている。例えばライオンは*Panthera leo*だ。種を表す学名は、大文字で始まる属名と、説明を加える種小名という2つの名称からなる。この方式を二名法という。さまざまな生物を同定するために、それ以前に存在していた恣意的な記載方法に替わるものとして、リンネが考案したものだ。それまで、複数の種に同じ名前が与えられたり、単一の種に複数の名前が付けられたりしていたが、この新しい方式によって混乱に終止符が打たれた。

同一種であるが、異なる生息地の個体群間にはっきりと違いが認められる場合もある。これを亜種と呼ぶ。1800年代に、エリオット・カウズとウォルター・ロスチャイルドが三名法を導入し、亜種も表現できるようにした。種や亜種を命名するこの取り決めが現在も使われているのである。.

伝統的な分類

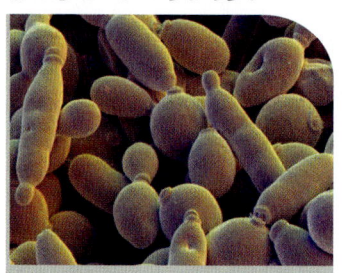

超界（ドメイン）
真核生物超界　Eukaryota
最も新しく設定された分類階級がドメイン（超界）である。ドメインは、細胞に核という構造体がある真核生物（原生生物、植物、菌類、動物）か、核という構造体のない原核生物（アーキア、バクテリア）かをベースにした区分である。

界
動物界　Animalia
以前、生物は大きく植物と動物とに分けられていたが、近年はさらに細かく分けられている。現在、動物界に含まれるのは、多細胞生物でかつほかの生物を食べて生きるものだけだ。

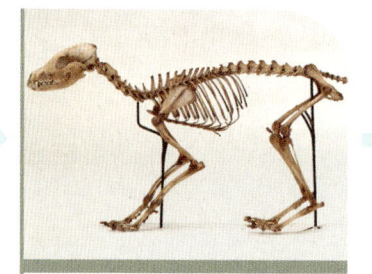

門
脊索動物門　Chordata
界のすぐ下の階層が門である。門は1つないし複数の綱からなり、ある綱に含まれる生物は何らかの特徴を共有している。脊索動物門の動物は脊索（脊椎の前駆的な存在）を有する。

綱
哺乳綱　Mammalia
綱はカール・フォン・リンネが設定した階層で、1つないし複数の目からなる。哺乳綱に含まれる動物は内温性で、毛皮に包まれ、下顎は単一の骨からなり、子どもを母乳で育てる。

> **分類学への貢献**
長年、科学者たちは自然界を秩序立ててまとめようと試みてきた。既存の知見を新しい研究と結びつけ、得られたものを蓄積して、上に示したような伝統的な分類体系にまとめあげ、二名法あるいは三名法を用いてラテン語の名前（学名）を与えてきた。特に影響力が大きく分類学に目覚ましく貢献した科学者もいる。

動物と植物

初めて生物を分類したのはアリストテレスで、genosという語を導入した。ラテン語のgenus（属）である。彼は動物を血液のあるものとないものに分けたが、血液が必ずしも赤いわけではないことは認識していなかった。この分類法は現代の脊椎動物と無脊椎動物の分類に非常に近い。

アリストテレス（紀元前384〜322年）

混沌から秩序を

ジョン・レイは、体の一部だけを見るのではなくて、全体の形態に基づいて生物を分類した。この方式によって、種と種の関係が見定めやすくなり、うまくグループ化することができるようになった。顕花植物を単子葉類と双子葉類に分類したのもレイである。

ジョン・レイ（1627〜1705）

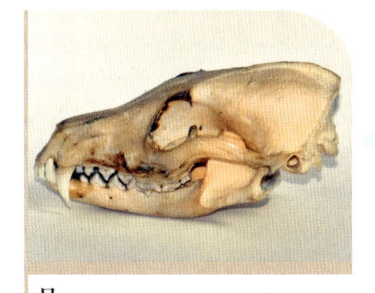

目
食肉目（ネコ目） Carnivora
目はリンネが設定した階層構造のうち綱の下の階層で、1つないし複数の科からなる。食肉目では白歯が裂肉歯に変化し、犬歯はかみついて引き裂くように特殊化し、よく発達している。

科
イヌ科 Canidae
目の下の階層は科で、これは属に分かれ、属には複数の種が含まれる。イヌ科には35の現生種が含まれる。いずれもカギ爪を引っ込めることはできず、手首の2本の骨は融合している。1種を除いて、尾は長くふさふさしている。

属
キツネ属 Vulpes
属という分類階層を最初に用いたのは古代ギリシャのアリストテレスである。属は科のすぐ下の階層で、キツネ属*Vulpes*はイヌ科の属のひとつである。どのキツネも直立した大きな三角形の耳を備え、口吻は細長く尖っている。

種
キツネ Vulpes vulpes
種は分類学の基本的な単位である。種とは互いに交配可能なよく似た生物集団のことだ。*Vulpes vulpes*は明るい赤毛の毛皮で知られるヨーロッパ産のアカギツネのことで、アカギツネはアカギツネとしか繁殖しない。

動物、植物、鉱物

リンネは自然界を動物界、植物界、鉱物界という3つの界に分け、綱、目、科、属、種という段階からなる階層分類体系を考案した。また、ラテン語を用いた二名法を確立した。

カール・フォン・リンネ（1707〜1778）

新しい界

過去、生物は動物と植物に二分されてきたが、1866年、エルンスト・ヘッケルは、微生物はそれとは別のグループに属するとしてプロティスタ（現在のプロトクティスタ）と呼んだ。これで生物の界は動物界、植物界、プロティスタ界の3つになった。

エルンスト・ヘッケル（1834〜1919）

アーキアの分離と超界の導入

1977年、カール・ウースとジョージ・フォックスによってアーキアの存在が認識されるようになった。アーキアは極端な環境に生息する微生物である。もともとはバクテリアと一緒のグループに入れられていたが、遺伝情報に特性があるため、バクテリアから分離して、生物を3つの超界（ドメイン）に分類するシステムが導入された。

カール・ウース（1928〜2012）

動物の血縁

**1950年代に、生物分類の革新的な手法が提案された。分岐分類学という
この手法では、生物をクレードと呼ばれるグループにまとめて階層化し、種
間の進化的関係が吟味できるようになった。**

分岐分類学は昆虫学者ヴィリ・ヘニッヒ（1913〜1976）
の理論に基づく。ヘニッヒは、同じ形態的形質をもつ生物
はその形質をもたないものに比べて類縁関係が近いは
ずだと考えた。ということは、これらの生物は進化の過程
を共有しており、比較的最近に共通祖先から分かれたこ
とになる。従来のリンネ式の分類と同じく、この分類法も
階層的だが、かかわるデータ量が膨大になるため、系統
樹（分岐分類学では分岐図と呼ばれる）を作成するには
コンピュータが使用される。

分岐分析で形態的形質を用いる場合、いわゆる「原
始的」な祖先状態と「派生的」な子孫状態が区別できる
ものが使われる。例えば、右ページの分岐図に示したよ
うに、ほとんどの食肉類の肢と足は原始的なものとみ
なされ、それに対し、アザラシと、オットセイ及びアシカの
フリッパーは派生的な形質とされる。この派生形質は少
なくとも2つの分類グループで共有され（＝共有派生形
質）、それらのグループがフリッパーのないほかのグループ
よりも近縁であることを示すため、この分岐図の作成に
利用できる。ある1つのグループ特有の形質（固有派生
形質）は、そのグループの認識には有効だが、グループ間の

類縁関係については手がかりにならない。そのため、分
岐分析は共有派生形質の同定を土台にして行われるの
である。

系統の理解

派生形質を多く共有していればしているほど、グループ
間の類縁関係は近いと考えられる。例えば、兄弟姉妹は
そうでない子どもたちよりも互いに似ている。目の色が同
じだったり、ほほの感じが似通っていたり、といった具合
だ。これは、兄弟姉妹が同一の親という共通祖先をもち、
ほかの人からは離れているからだ。

現在の分岐分類学は（化石を対象とした研究を除き）
遺伝子データをベースにしており、思いがけない系統関
係を顕わにすることもある。例えば、驚くべきことに、クジ
ラに最も近縁なのは陸生のカバであることが判明してい
る。リンネもびっくりの類縁関係である。

分岐分析を行う場合、まず最初にする
ことは、対象となる分類群に近縁で、そ
れよりも原始的な種ないし分類群を外
群として選択することだ。これにより、原
始的な祖先形質と派生形質とを区別
することができる。例えば、鳥類の系統
樹を作成する場合は、ワニ類が外群と
して適当だと考えられる。鳥類とワニ類
は共に祖竜類というクレードに属して
いるからである。

鳥類に近縁で鳥類よりも原始的なワニ

∨ **近縁な関係**
キリンとクーズーはどちらも偶蹄類であり、
この2種は奇蹄類のシマウマよりも互い
に近縁だ。さらに、キリン、クーズー、シマウ
マは毛皮に包まれた哺乳類であり、この
3種は周囲を飛んでいる鳥類よりも互い
に類縁関係が近い。

分岐図の検討

　分岐分析を行う場合、ある一群の形質について、異なる生物群がそれぞれ原始的か派生的かを判断し、下のような表にまとめる。その結果は必ずしもわかりやすいものとは限らない。たいていの場合、表に基づいて何通りもの分岐図が作成可能となり、その中からどれかを選択しなくてはならない。その際、最大節約の原理が採用される。対象となる生物群間の関係を説明するのに、形質の変化が起きた回数が最少となる分岐図を選択するのである。

< **母乳で育つ**
哺乳類は全て乳腺を備えている。この形質は哺乳綱特有のものであり、綱レベルの共有派生形質である。哺乳綱に含まれる各科の類縁関係を見出すためには、科レベルの共有派生形質が用いられる。

形質	イヌ科	クマ科	アザラシ科	アシカ科	セイウチ科
母乳で子どもを育てる	1	1	1	1	1
短い尾	0	1	1	1	1
前肢がフリッパーに変化	0	0	1	1	1
極めてしなやかな脊椎	0	0	1	1	1
後肢が胴体の下で前方を向く	0	0	0	1	1
牙がある	0	0	0	0	1

< **形質一覧**
現代的な分岐図のほとんどは遺伝子データ、即ちDNA の塩基配列をベースにしている。下の分岐図も元々は塩基配列を用いて作成されたものだが、ここではわかりやすい形態的な特徴を手がかりに置き換えた上で、左の表にまとめている。「母乳で子どもを育てる」のはここに登場する動物全ての共有形質である。「短い尾」などは一部の動物の共有形質である。また、「牙がある」のはセイウチ科固有の形質である。

∨ **分岐図**
　この分岐図ではイヌ科が最も原始的なグループ、つまり外群として扱われている。最も派生的なのはセイウチ科だ。分岐図の線上にプロットされた形質（1～5）はいずれも、それより右側のグループに共有されている。例えば、1の「短い尾」は、クマ科、アザラシ科、アシカ科、セイウチ科の共有形質である。

凡例

0	祖先形質
1	派生形質

イヌ科　クマ科　アザラシ科　アシカ科　セイウチ科

外群は形質1を共有しない

クマ科に対して、アザラシ科、アシカ科、セイウチ科は、2つの形質で区別される

アシカ科とセイウチ科だけが形質4を共有する

セイウチ科はこの分岐図中、最も派生したグループである

① 短い尾
クマ科、アザラシ科、アシカ科、セイウチ科は全て尾が短い（形質1）。だがイヌ科動物の尾は、長くふさふさした原始的な状態である。すなわち形質1は、ここに示された食肉類のうち、イヌ科を除く全ての科の共有形質である。

② フリッパー
食肉類のなかで、アザラシ科、アシカ科、セイウチ科だけが変化した四肢をもつ。つまり形質2（前肢がフリッパーに変化）はこの段階での共有派生形質であり、この3群同士はクマ科よりも近縁であることを示唆している。

③ 柔軟な脊椎
形質3（柔軟な脊椎）は形質2と同じ段階に関係し、フリッパーという共有派生形質が示唆する近縁性を支持している。ある段階にかかわる共有派生形質が多ければ多いほど、提案される類縁関係は確かなものとなる。

④ 体を支える四肢
アシカ科とセイウチ科では、骨盤が回転するので、陸上で後肢を使って移動することができる。これは、この2科が、陸上での運動性の低いアザラシ科との分岐点よりも近い時点で祖先を共有していることを示す。

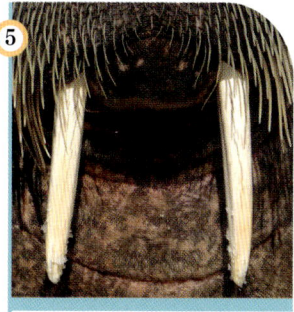

⑤ 牙
これはセイウチ科に特有の派生形質であり、ほかの科との関係の手がかりにはならない。また「子どもを母乳で育てる」という形質は全ての科に共通し、これもまた相互の関係の手がかりにならない。というわけで、牙と母乳は分岐図にプロットされない。

生命の樹（生物の系統樹）

枝分かれする樹木を用いて生命の多様性を示そうと最初に試みたのは、ドイツの博物学者ペーター・パラスで、1766年のことだった。それ以来、数多くの系統樹が描かれてきた。最初はまさに樹木の形で枝や葉までついていたが、後に図式化が進み、また進化論が考慮されるようにもなった。現代では系統樹はコンピュータで作成され、生物間の関係についてさまざまな見解を表している。

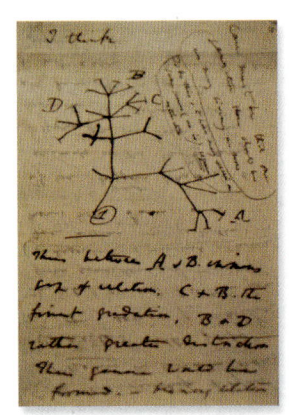

ダーウィンが最初に描いた系統樹

進化の概念を反映させた系統樹を初めて描いたのは、チャールズ・ダーウィンである。1837年に描いた10枚がダーウィンの系統樹の始まりである。最初は簡単な枝分かれの図だったが、それを発展させたものを1859年に『種の起源』に掲載した。文字の書き込まれた枝を見れば、自分が理論化したメカニズムがどう作動したかを彼が考えていたことがわかる。ある生物と祖先（左の図中、番号1で示されている）との間に分岐点が多ければ多いほど、それだけ大きく変化しているのだ。1879年にはエルンスト・ヘッケルがこのアイデアを発展させ、単細胞の生物から動物が進化してきたことを示す系統樹を描いた。今日、形態だけではなくDNAとタンパク質の分析データも加えて系統樹が作成され、生物間の遺伝的な類縁関係が明らかにされつつある。膨大な量のデータを扱うため、作成はコンピュータに頼り、新種が発見されたり新しい情報が得られたりするたびに改訂されていく。

脊椎動物の系統関係が古くからよく研究されていた一方で、微生物であるアーキアや細菌、原生生物（植物、動物、菌類以外の真核生物）の系統関係には不明なことが多かった。しかし、ゲノム情報を用いた近年の研究により、細菌のなかや、真核生物のなかでも初期に現れ系統樹の根元のほうに位置する原生生物には、途方もない多様性があり、複雑な類縁関係があることが明らかになってきた。

大量絶滅

これまで存在した生物を全て系統樹に盛り込むのは難しい。長い時間のうちに全生物のうち95％以上の種が絶滅しているからだ。多数の生物が同時に死に絶えることを大量絶滅という。過去、5回の大量絶滅が起こった。最も有名なのは、白亜紀の終わりに恐竜が絶滅した時のものだ。この絶滅には隕石の衝突と火山活動が関係していると考えられている。現在、人間による生息地の破壊が急速に進行しているため、この先、6回目の大量絶滅が起こる恐れがある。

絶滅の歴史

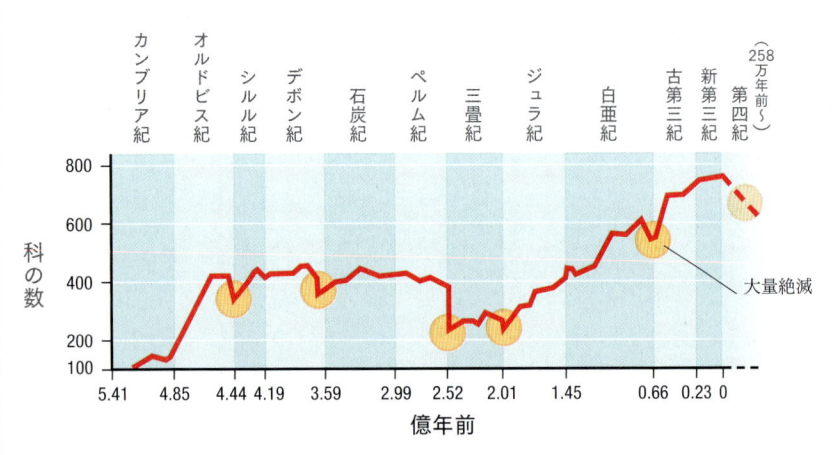

系統樹を読む

この図は、アーキア（約34億年前に出現）のような単純な生物から動物（6億5,000万年前に出現）のような複雑な生命形態まで、生物がどのように進化してきたのかを表したものだ。特に脊椎動物（p.34〜35）については、ほかの生物群よりもかなり詳細に表示し、多様性がわかるようにした。線上の白丸は、2つあるいはそれ以上のグループが同時に共通祖先から分岐したことを表している。ここに示したのは現生の生物のみであり、恐竜など絶滅したグループは省略されている。
※〈〜類、〜の仲間〉については、p.11の「編集部注」を参照。

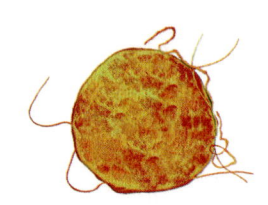

生物の誕生

アーキア（古細菌）ドメイン

バクテリア（細菌）ドメイン

生物の分類

全生物はアーキア（古細菌）ドメイン、バクテリア（細菌）ドメイン、真核生物ドメインの3グループに分けられる。アーキアとバクテリアは単細胞で核という構造体がなく、両者は原核生物としてまとめられる。真核生物には多細胞のものが多く、細胞には核という構造体があり、DNAは核内に収められている。この図では3つのドメインを示したうえで、真核生物ドメインを4つの界に分けている。外見からはわかりにくいが、実はアーキアとバクテリアのほうが真核生物よりも大きなドメイングループであり、明確に特定されているのは約2万種だけだが、実際には400万種以上が存在すると見積もられている。真核生物のなかでは、原生生物のグループや無脊椎動物のグループは、種数ではどちらも脊椎動物を遥かに上回る大きなグループである。

アーキア（古細菌）ドメイン	真核生物ドメイン
バクテリア（細菌）ドメイン	原生生物界

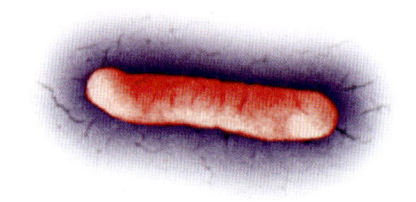

植物界
蘚類
苔類
ツノゴケ類
小葉植物
シダ植物とその仲間
ソテツ類、イチョウ類、グネツム類
球果植物
被子植物

菌界
担子菌類
子嚢菌類
地衣類

動物界
無脊椎動物
脊索動物

シアノバクテリア（ラン藻）

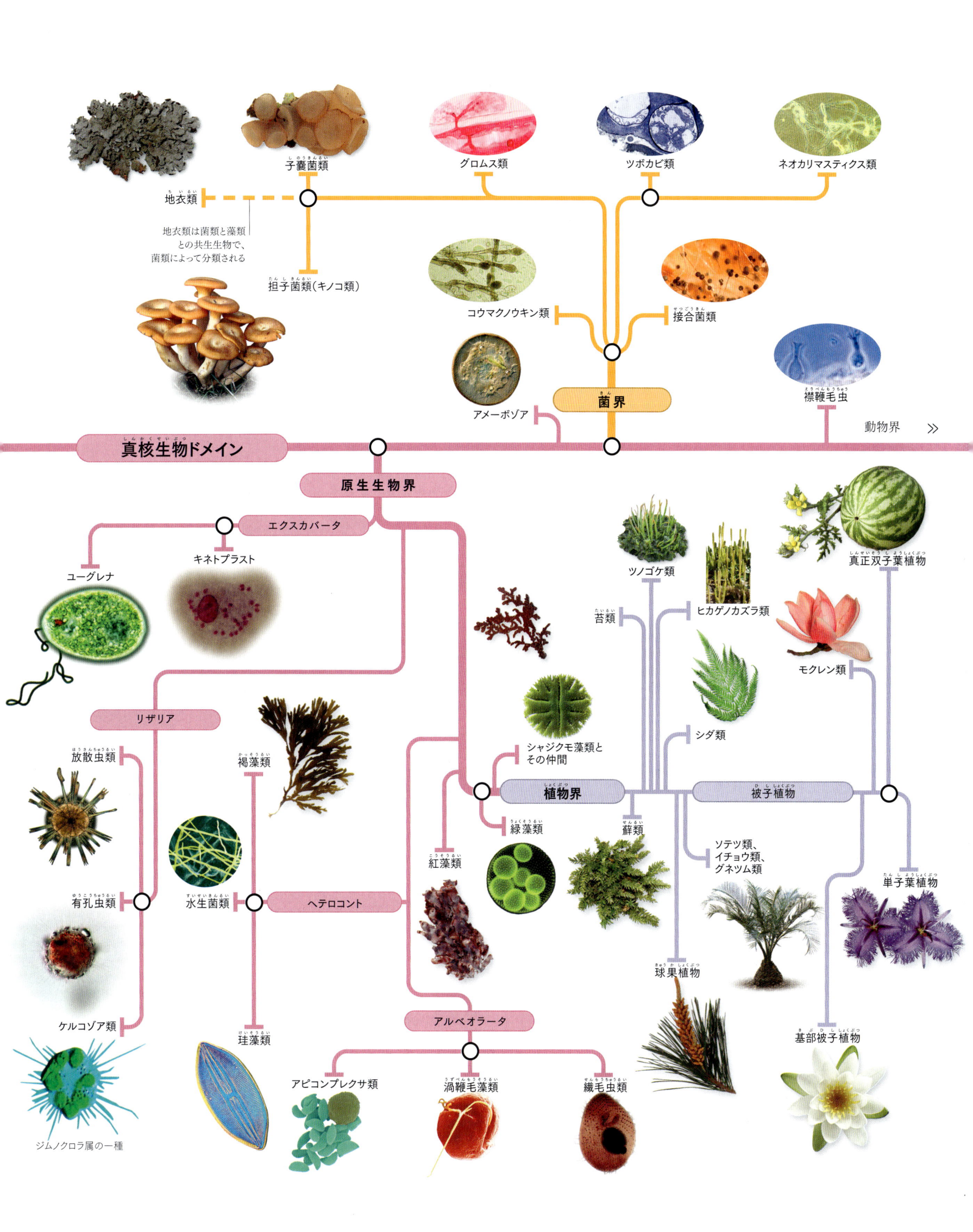

子嚢菌類

グロムス類

ツボカビ類

ネオカリマスティクス類

地衣類

地衣類は菌類と藻類との共生生物で、菌類によって分類される

担子菌類（キノコ類）

コウマクノウキン類

接合菌類

菌界

アメーボゾア

襟鞭毛虫

動物界 »

真核生物ドメイン

原生生物界

エクスカバータ

ユーグレナ

キネトプラスト

ツノゴケ類

真正双子葉植物

ヒカゲノカズラ類

苔類

モクレン類

リザリア

シャジクモ藻類とその仲間

シダ類

放散虫類

褐藻類

植物界

被子植物

緑藻類

蘚類

ソテツ類、イチョウ類、グネツム類

有孔虫類

水生菌類

ヘテロコント

紅藻類

単子葉植物

ケルコゾア類

珪藻類

アルベオラータ

球果植物

基部被子植物

ジムノクロラ属の一種

アピコンプレクサ類

渦鞭毛藻類

繊毛虫類

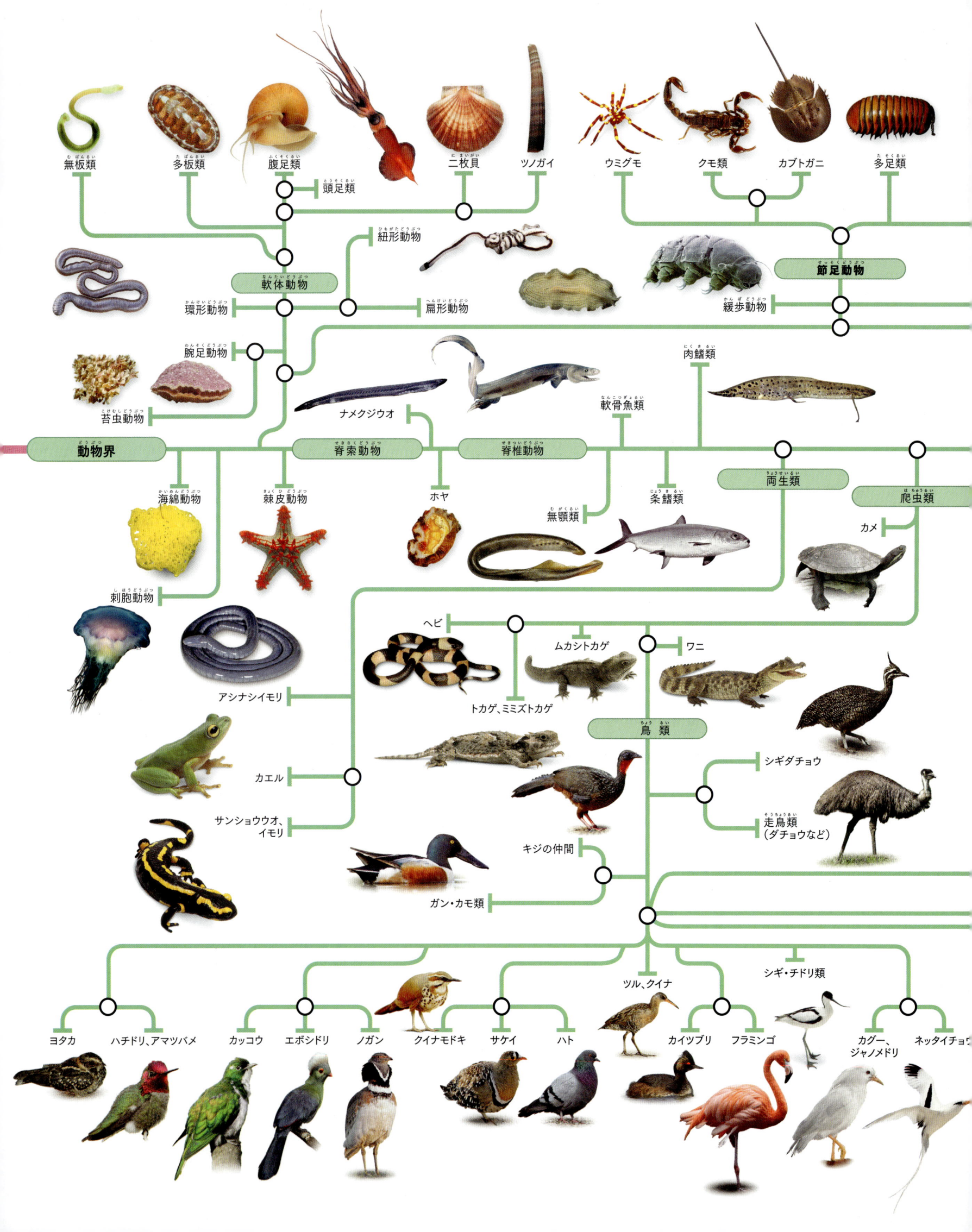

無板類

多板類

腹足類

頭足類

二枚貝

ツノガイ

ウミグモ

クモ類

カブトガニ

多足類

紐形動物

節足動物

軟体動物

環形動物

扁形動物

緩歩動物

腕足動物

肉鰭類

苔虫動物

ナメクジウオ

軟骨魚類

動物界

脊索動物

脊椎動物

海綿動物

棘皮動物

ホヤ

無顎類

条鰭類

両生類

爬虫類

刺胞動物

カメ

ヘビ

ムカシトカゲ

ワニ

アシナシイモリ

トカゲ、ミミズトカゲ

鳥類

カエル

シギダチョウ

サンショウウオ、
イモリ

走鳥類
（ダチョウなど）

キジの仲間

ガン・カモ類

ヨタカ

ハチドリ、アマツバメ

カッコウ

エボシドリ

ノガン

クイナモドキ

サケイ

ハト

ツル、クイナ

カイツブリ

フラミンゴ

シギ・チドリ類

カグー、
ジャノメドリ

ネッタイチョウ

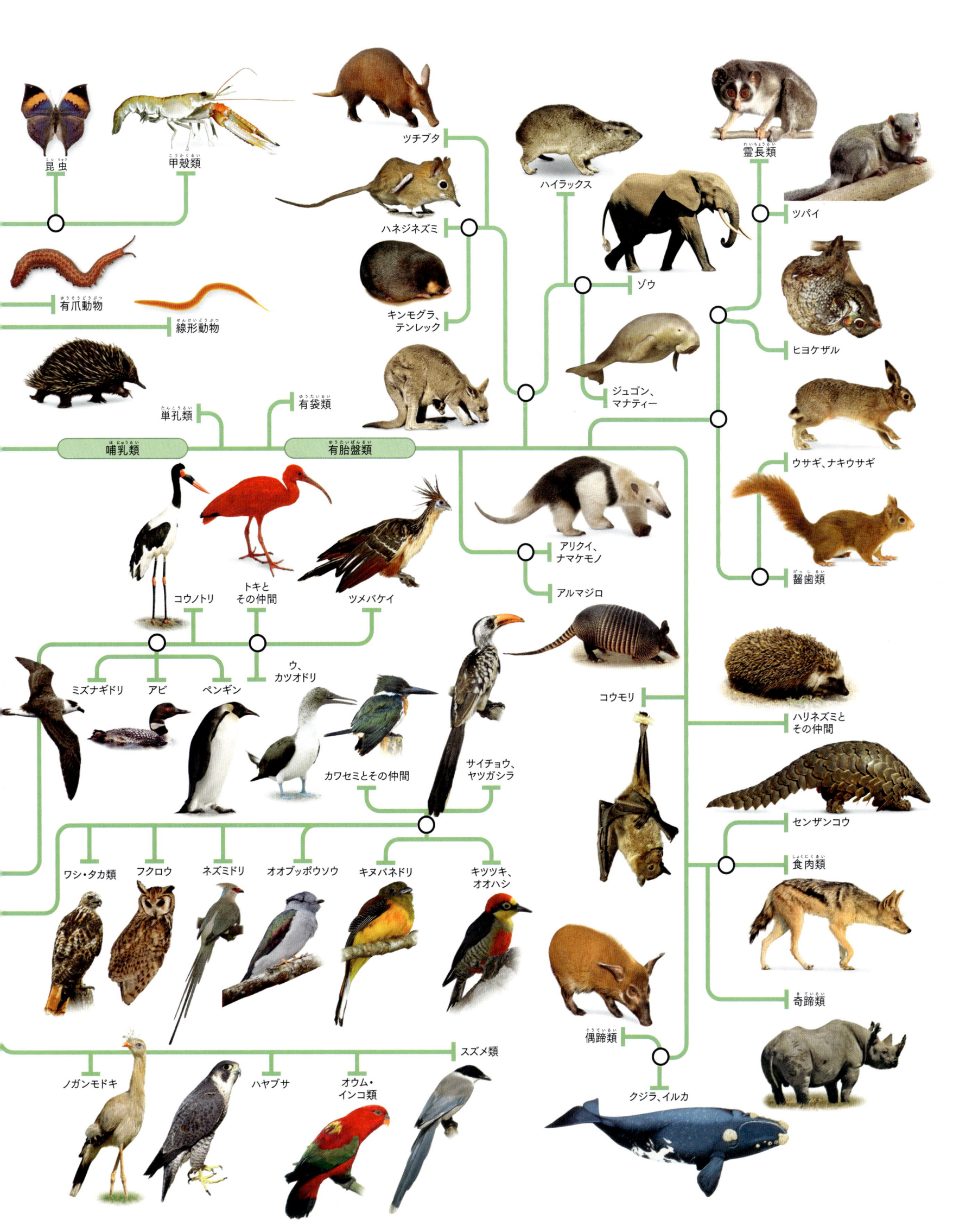

昆虫

甲殻類

有爪動物

線形動物

ツチブタ

ハネジネズミ

キンモグラ、テンレック

単孔類

有袋類

哺乳類

有胎盤類

ハイラックス

ゾウ

ジュゴン、マナティー

霊長類

ツパイ

ヒヨケザル

ウサギ、ナキウサギ

齧歯類

コウノトリ

トキとその仲間

ツメバケイ

アリクイ、ナマケモノ

アルマジロ

ミズナギドリ　アビ　ペンギン　ウ、カツオドリ

カワセミとその仲間

サイチョウ、ヤツガシラ

コウモリ

ハリネズミとその仲間

センザンコウ

食肉類

ワシ・タカ類　フクロウ　ネズミドリ　オオブッポウソウ　キヌバネドリ　キツツキ、オオハシ

奇蹄類

スズメ類

ノガンモドキ　ハヤブサ　オウム・インコ類

偶蹄類

クジラ、イルカ

鉱物 岩石 化石

地球上での生活は、私たちの足の下の岩石によって支えられている。さまざまな鉱物の組み合わせからできた岩石は、風景や植生や土壌に非常に大きな影響を及ぼす。これらの岩石の内部に保存された化石は、過去の詳細な記録として、何億年にもわたる進化の道筋を教えてくれる。

≫ 38
鉱物
岩石の構成要素である鉱物は、一般的に結晶構造を持っている。地球の地殻には数千種類の鉱物が存在するが、一般的で広く分布しているのは50種類に満たない。

≫ 62
岩石
でき方の違いによって分類される岩石は、たえず砕かれてまたつくられる。最古の岩石は40億年前にさかのぼるが、そのころ地球の地殻が固まった。

≫ 74
化石
ほとんどの化石は歯や骨のような生物の固い部分が保存されたものであるが、足跡や生物によって代謝された炭素分子のようなものでも化石になり、それによって過去の生物の存在が明らかになる。

鉱物

鉱物は岩石を形作る素材である。6,000種以上の鉱物が知られているが、それぞれが固有の化学組成を
もち、地球上で自然にみいだすことができる。多くの鉱物は固い結晶で、ごくありふれたものもあるが、
ダイヤモンドをはじめきわめて希少で貴重なものもある。

自然銅はしばしば樹木のように枝分かれした樹枝状の形をとる。経済的に非常に重要な鉱物である。

孔雀石（マラカイト）は小さな丸い形の房状か、はっきりとした形のない大きなかたまりになる。

紅鉛鉱はクロム酸鉛で、しばしば細長い柱状の結晶になる。

鉱物は経済的に非常に重要である。金属から工業用触媒まで、私たちに無数の有用な原料を提供してくれるだけでなく、とりわけ宝石としてカットされ研磨されると、すぐれた美しさをもつものになる。しかし、さらに大きな意味で、鉱物は生命そのものに不可欠である。土壌や水の中で、可溶性の鉱物は植物そのほかの生物が成長するのに必要な化学的栄養分の安定した流れをつくりだしている。この流れがなければ、世界の生態系は働かなくなる。

鉱物は化学組成によって分類される。金や銀や硫黄などいくつかの鉱物は1種の元素だけが主成分の天然の単体として存在する。ほかのすべての鉱物は化合物である。例えば石英は、ケイ素と酸素という2種の元素でできており、互いに非常にしっかり結合しているので、とりわけ固くて丈夫である。シュツルンツ分類法のもとでは、石英（二酸化ケイ素）は玉髄やオパールとおなじように酸化物に分類されるが、本書で採用しているデーナ分類法のもとでは、ケイ酸塩鉱物にふくまれる。最大の鉱物級（クラス）であるケイ酸塩鉱物は地殻の約75％を構成している。ほかの代表的な鉱物級には、硫化物、酸化物、炭酸塩、ヒ酸塩、ハロゲン化物などがある。

鉱物の見分け方

経験を積めば、多くの鉱物は外見だけで特定できる。重要な手掛かりとしては、色、鉱物の表面からの光の反射の仕方である光沢、そしてなにより、結晶の形とその癖がある。結晶は、その対称性によって6つの結晶系に分類される（下図参照）。鉱物は必ずしも整った平面で囲われた自形結晶になるわけではなく、さまざまな形をとることがある。例えば、枝分かれした樹枝状や、粒状のものが集まった葡萄状である。

鉱物の密度、あるいは同体積の水と比べた重さである比重、そして硬度もさまざまである。モース硬度は、滑石の硬度を1、最も硬い鉱物であるダイヤモンドの硬度を10と、10種の指標鉱物を用いたものである。人間の爪（硬度2½）、銅貨（硬度3½）、鋼刃（硬度5½）はみな硬度を調べる便利な目安となる。驚くべきことに、大きさは役に立つ手掛かりではない。例えば、石膏の結晶の長さはふつう1cm未満だが、これまで発見された最大の標本は2階建ての家ほどの大きさがある。

火山性鉱物 ＞
エチオピアのダナキル沙漠にあるダロール低地には火山性の噴出孔が点在し、元素鉱物の硫黄に覆われている。

結晶系

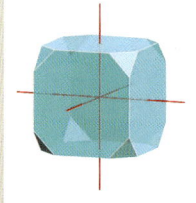

立方晶系は比較的ありふれていて、たやすく識別できる。この結晶はたがいに直交する等しい3本の結晶軸をもち、立方体や八面体の外形をしている。

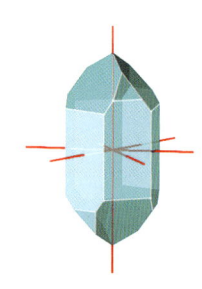

六方晶系と三方晶系は、4本の結晶軸があって、とてもよく似ている。その結晶はしばしば六角柱をしており、左図のように両端は錐体状に尖っている。

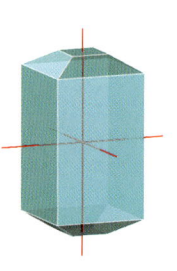

正方晶系はたがいに直交する3本の結晶軸をもち、そのうち2本は長さが等しい。左図のような細長い角柱状の結晶や、平らな板状の結晶が特徴的だ。

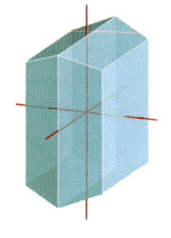

単斜晶系は長さのちがう3本の結晶軸をもち、2本だけが直交している。左図のような板状のものもあれば、角柱状のものが多い。

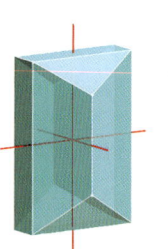

直方晶系は単斜晶系に似ているが、3本の結晶軸がすべて直交している。左図のような角柱状か板状のものがふつうである。

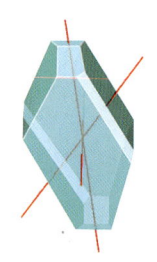

三斜晶系は3本の結晶軸のすべての長さが異なり、どれも直交しないので、対称性が低い。角柱形が一般的である。

元素鉱物 NATIVE ELEMENTS

多数の自然元素のうち、ほかの元素と結合していない自然物としてみつかるのは約30種類だけである。元素鉱物は3つのグループに分類される。金属元素はごくまれに明瞭な結晶の形をとり、比重が高い傾向があり、比較的軟質である。アンチモンやヒ素のような半金属は、丸みを帯びたかたまりになるのがふつうである。イオウや炭素などの非金属は、しばしば結晶の形をとる。

自然アンチモン
ANTIMONY
三方晶系
硬度3–3½・比重6.6–6.7
この希少な半金属は熱水鉱脈で、しばしばヒ素や銀の鉱物とともに産する。銀灰色のかたまりは酸化すると表面が白くなる。

石墨（グラファイト）
GRAPHITE
六方晶系・硬度1–2・比重2.1–2.2
変成岩中にふつうに見られる純粋な炭素である石墨は、色が黒くて軟らかくすべすべし、鉛筆の芯に最適である。

自然銅

自然銅
COPPER
立方晶系・硬度2½–3・比重8.9
自然銅は主に不規則な塊状、樹枝状、または針金状の形をとる。とりわけ玄武岩質溶岩に伴うことが多い。銅は導電性が高く、電気産業で広く使われている。

針鉄鉱のかたまりにはりついた自然銅

樹枝状の形

はっきり分離したダイヤモンドの結晶

ダイヤモンド
DIAMOND
立方晶系・硬度10・比重3.5
すべての鉱物のなかで最も硬いダイヤモンドは、地下深くのマグマの通り道、すなわち火山性パイプでできるキンバーライトとよばれる火成岩に含まれる。炭素でも価値の高い形態である。

岩石の石基

樹脂光沢

でこぼこの表面

自然砒
ARSENIC
三方晶系・硬度3½・比重5.6–5.7
猛毒のヒ素は熱水鉱脈で淡灰色の丸みを帯びたかたまりの形をしているのがふつうである。加熱すると、ニンニクのにおいがする。

自然硫黄
SULFUR
直方晶系・硬度1½–2½・比重2.1
自然硫黄は火山性の噴出孔の周囲で鮮烈な黄色の結晶や粉状の被膜を成す。硫酸、染料、殺虫剤、肥料の原料として採掘されていた。

プラチナのかたまり

自然白金
PLATINUM
立方晶系・硬度4–4½・比重18.0–21.4
希少な金属であるプラチナは自然白金として鱗片状、細粒状あるいは小塊状を成し、火成岩や漂砂にみつかる。触媒など工業製品に広く利用されている。

自然白金

石英中の自然金

自然金塊
（ナゲット）

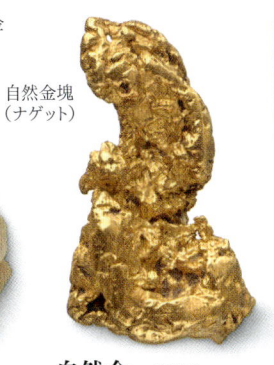

自然金　GOLD
立方晶系・硬度2½–3・比重14.7–19.3
その色と加工しやすさから珍重
される金は、熱水鉱脈に生成
するが、風化によって分離され、
しばしば川砂中に金塊や
砂金として見つかる。

硫化物　SULPHIDES

イオウが1種または複数種の金属と化合した硫
化物は、大きな鉱物級（クラス）を形成している。
多くの硫化物は比重が大きく、金属光沢を有し
ている。整った結晶外形をもつものが多い。さま
ざまな地質学的状況で産出するが、熱水鉱脈
で生じる場合が多い。この級には、経済的に重
要な金属の鉱石鉱物の多くが含まれている。

辰砂　CINNABAR
三方晶系
硬度2–2½・比重8.2
赤色の硫化水銀は
何世紀にもわたって
水銀の主要資源である。
温泉や火山性噴出孔
の周囲に産出する。

輝コバルト鉱　COBALTITE
直方晶系・硬度5½・比重6.3
輝コバルト鉱は、アンチモンとコバルトの
珍しい硫化物である。それは重要な
コバルト鉱石で、スウェーデンと
ノルウェーに主な産地がある。

細長く湾曲した結晶は
刀や剣に似ている

輝安鉱　STIBNITE
斜方晶系・硬度2・比重4.6
アンチモンの硫化物である、この暗灰色の鉱物
は、アンチモンの主要な鉱石である。大規模な
鉱床は、アメリカ西部や中国にある。

斑銅鉱の
結晶

一粒ずつは見分け
のつかない小さな
結晶が多数で
大きな塊を形成
している

塊状の斑銅鉱

斑銅鉱　BORNITE
直方晶系・硬度3・比重5.1
この銅と鉄の硫化物は、赤銅
色で、変色すると紫色や青色の
きらめきを帯びる。これは重要
な銅の鉱石である。

自然鉄　IRON
立方晶系・硬度4½・比重7.3–7.9
地表近くではほかの元素とたやすく
化合してしまうため、自然鉄の大部分は
地球中心部の核（コア）にある。

自然蒼鉛　BISMUTH
三方晶系
硬度2–2½・比重9.7–9.8
自然蒼鉛は比較的希少
である。はっきりとした
結晶の形でみつかること
はほとんどなく、粒状か
樹枝状をしているのが
ふつうである。

方鉛鉱　GALENA
立方晶系・硬度2½・比重7.6
この鉛の硫化物は、非常に豊富で
世界各地で採れる硫化物鉱物の
ひとつである。鉛の鉱石として大規
模に採掘されている。

一般的な塊状の
黄銅鉱

岩石の空洞に
たまった水銀
の球体

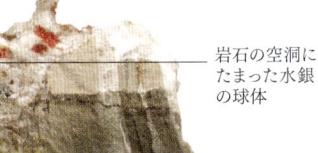

自然水銀　MERCURY
三方晶系
硬度 液体のため測定不能・比重13.6
これは室温で液体となる唯一の金属で
ある。液体になっているとき、水銀は
銀色の球体として出現する。

硫カドミウム鉱　GREENOCKITE
六方晶系・硬度3–3½・比重4.8–4.9
学名はスコットランドの貴族
グリーノックの領地で1840年に
発見されたことに因み、グリーノ
カイトと命名された。この希少
なカドミウムの硫化物は、黄色、
赤色、あるいはオレンジ色を
している。

黄銅鉱　CHALCOPYRITE
正方晶系
硬度3½–4・比重4.1–4.3
銅と鉄の硫化物である黄銅鉱
は、真鍮のような濃い黄色を
している。銅の鉱石としてとても
重要である。

黄銅鉱の結晶

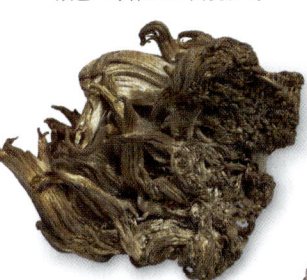

自然銀　Silver
立方晶系・硬度2½–3・比重10.5
広く分布しているが産出量は比較的少ない
自然銀は、主によじれた針金状や鱗片状
あるいは樹枝状のかたまりをしている。

閃亜鉛鉱の一般
的な結晶の形

塊状の閃亜鉛鉱

閃亜鉛鉱　SPHALERITE
立方晶系・硬度3½–4・比重3.9–4.1
亜鉛の硫化物である閃亜鉛鉱は、
多少の鉄を含み、亜鉛の鉱石と
して集中的に採掘されている。

針銀鉱　ACANTHITE
単斜晶系
硬度2–2½・比重7.2–7.4
黒っぽく、金属光沢があり、
ときに先端のとがった
結晶になることのある
針銀鉱は、銀の
主要な鉱石
である。

≫ 硫化物

雄黄（石黄）
ORPIMENT
単斜晶系
硬度1½–2・比重3.5
ラテン語の「金色の塗料」に由来するこのヒ素の硫化物は、温泉の周囲で、葉状あるいは柱状のかたまりとなって産出する。

鶏冠石
REALGAR
単斜晶系・硬度1½–2・比重3.6
鮮やかな朱色をしたヒ素の硫化物である鶏冠石は、光を浴びると黄色に変質する。

グローコドート鉱
GLAUCODOT
直方晶系・硬度5・比重6.1
このコバルトと鉄とヒ素の硫化物は、銀白色のピラミッド状の結晶やもろいかたまりとして産出する。

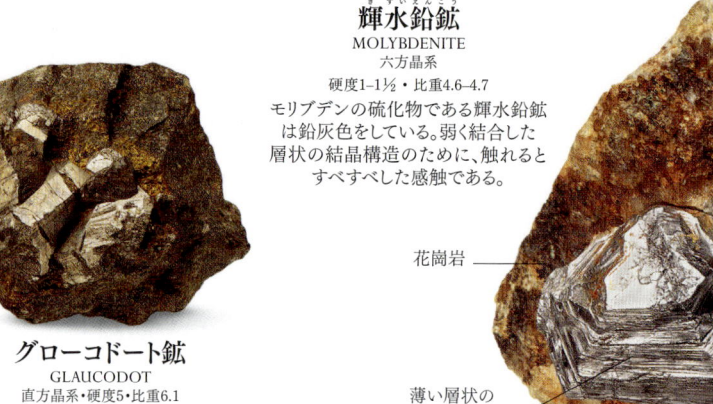

輝水鉛鉱
MOLYBDENITE
六方晶系
硬度1–1½・比重4.6–4.7
モリブデンの硫化物である輝水鉛鉱は鉛灰色をしている。弱く結合した層状の結晶構造のために、触れるとすべすべした感触である。

花崗岩

薄い層状の六角形の結晶

白鉄鉱
MARCASITE
直方晶系
硬度6–6½・比重4.9
白鉄鉱は同じ鉄の硫化物の黄鉄鉱よりも軽くてもろい。しばしば鶏冠や槍の穂先のような形の双晶となる。

藍色の銅藍

銅藍（コベリン）
COVELLITE
六方晶系・硬度1½–2・比重4.6–4.8
銅藍は希少であるが、ありふれた銅の硫化物である。その輝く藍色は多くの鉱物収集家をひきつけてやまない。

細長い柱状の結晶

ハウエル鉱
HAUERITE
立方晶系・硬度4・比重3.4–3.5
ハウエル鉱はきわめて希少なマンガンの硫化物である。岩塩ドームの頂部である種の鉱物が変質すると、八面体の結晶ができる。

硫砒鉄鉱
ARSENOPYRITE
単斜晶系
硬度5½–6・比重6.1
銀白色の硫ヒ鉄鉱は、ヒ素と鉄の硫化物である。ほぼ50%のヒ素が含まれているので、人間にとって有毒であるヒ素の代表的鉱石になっている。

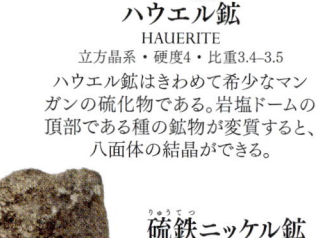

黄錫鉱
STANNITE
正方晶系・硬度4・比重4.3–4.5
黄錫鉱はスズと銅と鉄の硫化物で、スズを得るために採掘されている。学名はラテン語の「スズ」（stannum）に由来する。

硫鉄ニッケル鉱
PENTLANDITE
立方晶系
硬度3½–4・比重4.6–5.0
このニッケルと鉄の硫化物は、塩基性火成岩に見られる。ニッケルの重要な資源である。

方解石の石基

針ニッケル鉱
MILLERITE
三方晶系
硬度3–3½・比重5.3–5.5
このニッケルの硫化物は石灰岩や超苦鉄質岩で生じる。ニッケルの鉱石として需要がある。

黄鉄鉱
PYRITE
立方晶系
硬度6–6½・比重4.8–5.0
明るい金色をしているために「愚者の金」という綽名がある。この鉄の硫化物は、すべての硫化物のなかで最も普遍である。

磁硫鉄鉱
PYRRHOTITE
単斜晶系・硬度3½–4½・比重4.6–4.7
鉄の含有量が変動する硫化物である磁硫鉄鉱には磁性があり、鉄の含有量が少なくなるほど磁力は増す。

輝銅鉱
CHALCOCITE
単斜晶系・硬度2½–3・比重5.5–5.8
暗灰色から黒色の銅の硫化物である輝銅鉱は、何世紀にもわたって採掘されてきた。最も収益性の高い銅鉱石のひとつである。

輝蒼鉛鉱
BISMUTHINITE
直方晶系・硬度2・比重6.8
このビスマスの硫化物は重要な鉱石である。取り出されたビスマスの多くは医薬品や化粧品に使われる。

硫塩 SULPHOSALTS

硫塩は、約250種類が知られ、硫塩亜級（サブクラス）を成す。標準的な硫化物と構造的に関連があり、多くの同じ性質をもっている。
これらの化合物で、イオウは、金属元素（主に銀、銅、鉛、鉄など）や、半金属元素（アンチモン、ヒ素など）と結合している。硫塩鉱はしばしば熱水鉱脈に産するが、一般にその量は少ない。

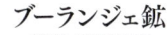

濃紅銀鉱
PYRARGYRITE
三方晶系
硬度2½・比重5.8–5.9
暗赤色の銀とアンチモンの硫塩は、薄い細片ではルビーのような赤色を呈し、ルビー・シルバーともよばれる。

雑銀鉱
POLYBASITE
単斜晶系
硬度2½–3・比重6.1
比較的珍しい雑銀鉱は、銀と銅とアンチモンとヒ素の硫塩である。地域によっては採算が取れるだけの銀を含むこともある。

ブーランジェ鉱
BOULANGERITE
単斜晶系
硬度2½–3・比重 6.2
青灰色の鉛とアンチモンの硫塩であるブーランジェ鉱は、髪の毛のように細い結晶をつくりだす数少ない硫塩のひとつである。

脆銀鉱
STEPHANITE
直方晶系
硬度2–2½・比重6.3
脆銀鉱は、不透明で黒色の銀とアンチモンの硫塩である。ネバダ州では、脆銀鉱は重要な銀鉱石になっている。

筋（条線）のある柱状の結晶

毛鉱
JAMESONITE 単斜晶系・硬度2½・比 5.6–5.7
鉛と鉄とアンチモンの硫塩である毛鉱の暗灰色の結晶は、髪の毛のように細いものもあれば、大きな柱状のものもある。

淡紅銀鉱
PROUSTITE
三方晶系・硬度2–2½・比重5.6
この銀とヒ素の硫塩もライト・ルビー・シルバーとよばれている。透明な結晶は鮮やかな紅色である。

ジンケン鉱
ZINKENITE
六方晶系・硬度3–3½・比重5.3–5.4
ジンケン鉱は鉛とアンチモンの硫塩である。鋼鉄灰色の毛髪状か針状の結晶となる。

安四面銅鉱
TETRAHEDRITE
立方晶系
硬度3–4½・比重4.6–5.1
この銅とアンチモンの硫塩の亜族は、さらに鉄、亜鉛、カドミウム、マンガン、ニッケルなどの金属を含むそれぞれの種から成る。4つの三角面から成る四面体の形をした結晶にちなんで名づけられた。

輝く金属光沢

放射状に広がる針状の結晶

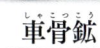

砒四面銅鉱
TENNANTITE
立方晶系・硬度3–4½・比重4.6–4.8
銅とヒ素の硫塩の亜族である砒四面銅鉱には、さらに鉄、亜鉛、カドミウム、マンガン、ニッケルなどの金属を含むそれぞれの種が知られ、暗灰色か黒色である。安四面銅鉱と併せて四面銅鉱族を成す。

硫砒銅鉱
ENARGITE
直方晶系・硬度3・比重4.4–4.5
鋼鉄灰色をした銅とヒ素の硫塩である硫砒銅鉱は、金属光沢がある。結晶はふつう小さな板状か柱状である。

車骨鉱
BOURNONITE
直方晶系・硬度2½–3・比重5.8
黒色か鋼鉄灰色の車骨鉱は、鉛と銅とアンチモンの硫塩である。結晶は板状か柱状である。

酸化物 OXIDES

酸鉱物は酸素とほかの元素との化合物である。多くの酸化物は非常に硬く、比重の高いものもあり、鮮やかな色をしているものは宝石として珍重される。この鉱物級（クラス）には、鉄、マンガン、アルミニウム、スズ、クロムの主要な鉱石が含まれる。宝石として珍重される酸化物もある。酸化物は熱水鉱脈、火成岩、変成岩中に見られ、風化作用や運搬作用に耐久性があるので、砂や礫の層の中にも存在する。

赤銅鉱
CUPRITE
立方晶系・硬度3½−4・比重6.1
さまざまな色調の赤色をした赤銅鉱は、銅鉱物の酸化によって地表近くで形成される。

灰チタン石（ペロブスキー石）
PEROVSKITE
直方晶系・硬度5½・比重4.0−4.3
1839年にロシアで発見された、この暗色のカルシウムとチタンの酸化物は、火成岩や変成岩中で形成される。

フランクリン石
FRANKLINITE
立方晶系
硬度5½−6・比重5.1−5.2
この黒色か茶色の亜鉛と鉄の酸化物は、変成した石灰岩に見られるが、とりわけニュージャージー州フランクリンが有名な産地である。

フランクリン石の八面体結晶

チタン鉄鉱（イルメナイト）
ILMENITE
三方晶系・硬度5−6・比重4.7−4.8
鉄とチタンの酸化物は、主要なチタン鉱石である。チタンは強度が高くて密度の低い金属として、航空機やロケットの建造に使われている。

閃ウラン鉱
URANINITE
立方晶系・硬度5−6・比重10.6−11.0
この非常に放射性の高い黒色か茶色をしたウランの酸化物は、ウランの主要な鉱石である。ウランは原子炉で発電に使われ、また核兵器の製造にも使われる。

錫石
CASSITERITE
正方晶系・硬度6−7・比重7.0
スズのほとんど世界唯一の原料である、このスズの酸化物は、主に熱水鉱脈やペグマタイトから、ときには川砂利の小さな粒として産出する。

筋のある結晶面

ガラス光沢

サマルスキー石
SAMARSKITE
単斜晶系
硬度5−6・比重5.0−7.0
鉄、ニオブ及びイットリウムやイッテルビウムなどの希土類元素の酸化物の鉱物族で放射性である。火成岩や漂砂に産する。

亜鉛尖晶石（ガーナイト）
GAHNITE
立方晶系・硬度7½−8・比重3.4−4.6
希少なアルミニウムと亜鉛の酸化物は、主に変成岩に見つかる。亜鉛尖晶石は暗緑色か濃青色、または黒色の結晶を成す。

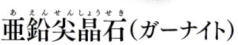

コランダム（鋼玉）
CORUNDUM
三方晶系
硬度9・比重4.0−4.1
コランダムはアルミニウムの酸化物で、ダイヤモンドの次に硬度が高い。赤色のコランダムはルビー、青色のコランダムはサファイアとして知られている。

クロム鉄鉱
CHROMITE
立方晶系・硬度5½・比重4.5−4.8
この鉄とクロムの酸化物は、唯一の重要なクロムの鉱石である。クロムはクロム鋼やステンレス鋼の製造に使われる。

鮮やかな
金属光沢

赤鉄鉱（ヘマタイト）
HEMATITE
三方晶系・硬度5–6・比重5.3
広汎で豊富な鉄の酸化物である赤鉄鉱は、鉄鉱石として大規模に採掘されている。色は産状によって、黒から銀灰色、赤土色と、さまざまである。

フェルグソン石
FERGUSONITE
正方晶系
硬度5½–6½・比重4.2–5.8
フェルグソン石はイットリウム、ランタン、セリウムなどの希土類元素とニオブなどの酸化物の鉱物族の総称である。

柱状結晶

軟マンガン鉱
PYROLUSITE
正方晶系
硬度2–6½・比重5.1–5.2
軟マンガン鉱は普通にみられるマンガンの酸化物であり、鉄鋼の生産に不可欠な元素であるマンガンの主要な鉱石である。

金紅石（ルチル）
RUTILE
正方晶系・硬度6–6½・比重4.2
このチタンの酸化物は、チタンの鉱石である。石英の結晶中に、半透明の細い針のような結晶となって現れることもある。

金緑石
CHRYSOBERYL
直方晶系・硬度8½・比重3.7–3.8
金緑石はベリリウムとアルミニウムの酸化物で、その破格の硬度と黄金色の美しさから、宝石の原石として珍重されている。

紅亜鉛鉱
ZINCITE
六方晶系・硬度4・比重5.6–5.7
紅亜鉛鉱は亜鉛の希少な酸化物である。合衆国における唯一の鉱山は掘りつくされてしまった。

水酸化物　HYDROXIDES
水酸化物は金属イオンと水酸化物イオン（OH）⁻との化合物である。ふつうに見られる鉱物であり、初生の酸化物と地殻にしみこんだ水を多く含む流体との化学反応によってつくられる。水酸化物は熱水鉱脈の変質帯や変成岩で生じる。

黄安華
STIBICONITE
立方晶系・硬度5½–7・比重3.5–5.5
黄安華は白または黄褐色のアンチモンの水酸化物で、ほかのアンチモン鉱物、とりわけ輝安鉱が変質して生じる。

ギブス石
GIBBSITE
単斜晶系
硬度2½–3・比重2.4
ギブサイトはアルミニウム鉱石ボーキサイトの基幹的な3種のアルミニウム水酸化物のひとつである。熱水鉱脈で生じる。

鱗鉄鉱
LEPIDOCROCITE
直方晶系・硬度5・比重4.1
この比較的希少な鉄の水酸化物は針鉄鉱とともに産する。赤褐色で、不規則な形や繊維状の形をとる。

ダイアスポア
DIASPORE
直方晶系・硬度6½–7・比重3.2–3.5
ダイアスポアとは、ボーキサイトに含まれるアルミニウム水酸化物の1種である。ダイアスポアは大理石や変質した火成岩にも産する。

塊状のロマネシュ鉱

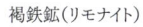
褐鉄鉱（リモナイト）

ロマネシュ鉱
ROMANÈCHITE
単斜晶系・硬度5–6・比重4.7–4.9
黒っぽくて不透明の、このバリウムを含むマンガンの酸化物は、集合体か塊状としてみつかるのがふつうである。結晶はめったにない。

ブドウの房状の針鉄鉱

針鉄鉱（ゲーサイト）
GOETHITE
直方晶系・硬度5–5½・比重4.3
針鉄鉱はありふれた鉄の水酸化物である。リモナイトは針鉄鉱や鱗鉄鉱などの鉄の水酸化物の混合物集合体で鉄鉱石ともなる。

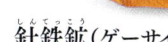

水滑石（ブルース石）
BRUCITE
三方晶系・硬度2½–3・比重2.4
水滑石はマグネシウムの水酸化物で、その色は白色、灰色、青色、または緑色である。変成岩中に産する。

ボーキサイト
BAUXITE
非晶質の混合物
主要なアルミニウムの鉱石であるボーキサイトは、単一の鉱物ではなく、アルミニウム水酸化物と酸化鉄、水酸化鉄の集まりである。

ハロゲン化物 HALIDES

金属元素がヨウ素、フッ素、塩素、臭素などのハロゲンと化合すると、ハロゲン化物を成す。ハロゲン化物は通常非常に軟らかく、比重も小さくて、しばしば立方晶系に分類される結晶をつくる。岩塩やカリ岩塩のようなハロゲン化物の多くが、塩類を含む水の乾燥による蒸発残留岩の結果として生じる。一方、蛍石のようなハロゲン化物は、熱水鉱脈に産する。

黄色の蛍石

紫色の蛍石

立方体の結晶

蛍石（ほたるいし）
FLUORITE
立方晶系・硬度4・比重3.2–3.5
このフッ化カルシウムはしばしばさまざまな色の透明または半透明の結晶を形成する。大量の蛍石がフッ酸をつくるのに使われている。

緑色の蛍石

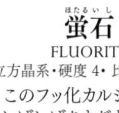

カリ岩塩（がんえん）
SYLVITE
立方晶系・硬度2・比重2.0
カリ岩塩は塩化カリウムで、岩塩に似た塩である。岩塩と同じように蒸発残留岩内部で生じる。カリ岩塩はカリウム肥料をつくるのに使われる。

粒状カーナル石

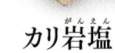

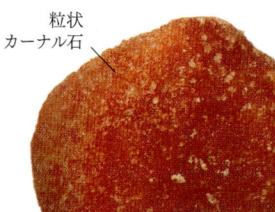

カーナル石
CARNALLITE
直方晶系・硬度2½・比重1.6
カーナル石はマグネシウムとカリウムの水和塩化物で、塩類を含む水の蒸発によって生まれる。化学肥料の製造に重要である。

ガラス光沢

透明な立方体結晶

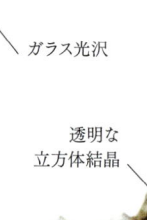

オレンジ色の岩塩

ダイアボレオ石
DIABOLEITE
正方晶系・硬度2½・比重5.4
鉛と銅の水酸化塩化物で、明から暗までの青色をしている。ダイアボレオ石は、ほかの鉱物の変質によって生じる。

ボレオ石
BOLEITE
立方晶系・硬度3–3½・比重5.1
濃青色のボレオ石は鉛と銀と銅の希少な水酸化塩化物である。鉛と銅の鉱床が変質して生じる。

岩塩（ハライト）
HALITE
立方晶系・硬度2・比重2.2
いわゆる食塩、すなわち塩化ナトリウムは、海水の蒸発によってできた広大な鉱床に産する。有色のものもあれば、無色のものもある。

岩塩の結晶

ジャーライト
JARLITE
単斜晶系・硬度4–4½・比重3.8-3.9
通常白色のジャーライトは、火成岩の中でみつかる。希少なナトリウムとストロンチウムとマグネシウムとアルミニウムの水酸化フッ化物である。

角銀鉱の外皮

角銀鉱（塩化銀鉱）
CHLORARGYRITE
立方晶系・硬度2½・比重5.6
この塩化銀は典型的な薄片状か、板状、あるいは塊状で、ワックスに似ている。銀の鉱床が変質した場所に産する。

アタカマ石の濃緑色の板状の結晶

アタカマ石
ATACAMITE
直方晶系・硬度3–3½・比重3.8
緑色のアタカマ石は銅の水酸化塩化物で、酸化された銅の鉱床に産する。少なからず銅の鉱石として利用されている。

カロメル（角水銀鉱）
CALOMEL
正方晶系
硬度1½–2・比重7.2
めったにみつからない、この塩化水銀は、白色から灰色または褐色と光源によって色合いが変わる。光に当たるとカロメル［甘汞・塩化水銀（Ⅰ）］から昇汞［塩化水銀（Ⅱ）］に変化する。

氷晶石
CRYOLITE
単斜晶系・硬度2½・比重3.0
希少なナトリウムとアルミニウムのフッ化物である氷晶石は、しばしば氷のような外観を示す。花崗岩ペグマタイトや花崗岩に産出する。

炭酸塩　CARBONATES

炭酸塩鉱物は金属や半金属の陽イオンと炭酸イオン$(CO_3)^{2-}$が結合してできた化合物である。70以上の炭酸塩鉱物が知られているが、方解石、ドロマイト、菱鉄鉱が、地殻の炭酸塩鉱物の大部分を占める。炭酸塩鉱物は一般に規則的な形をした「良好な」結晶をつくり、異物が含まれることはない。多くの炭酸塩は色が薄いが、菱マンガン鉱や菱亜鉛鉱や孔雀石は、鮮やかな色をしている。

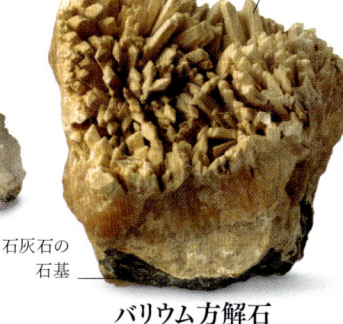

菱亜鉛鉱
SMITHSONITE
三方晶系
硬度4–4½・比重4.4
亜鉛鉱床上部の酸化帯でみつかる亜鉛の炭酸塩である菱亜鉛鉱は、亜鉛鉱石としても採掘されている。

柱状結晶

釘頭状結晶

犬牙状結晶

方解石
CALCITE
三方晶系・硬度3・比重2.7
最も豊富な鉱物のひとつである方解石
カルシウムの炭酸塩のほとんどは、石灰岩や大理石として産する。巨晶をつくることもある。

石灰石の石基

バリウム方解石
BARYTOCALCITE
単斜晶系・硬度4・比重3.7
このバリウムとカルシウムの炭酸塩は、白色か黄色を帯びていて、しばしば石灰岩中の熱水鉱脈に見られる。

湾曲した結晶面

ドロマイト（苦灰石）
DOLOMITE
三方晶系
硬度3½–4・比重2.8-2.9
ドロマイトはカルシウムとマグネシウムの炭酸塩で、変質した石灰岩中に広く見られる。巨大なドロマイトだけでできた苦灰岩は、建材として使われる。

トロナ
TRONA
単斜晶系・硬度2½・比重2.1
重炭酸ソーダ石ともよばれるトロナは水和ナトリウム炭酸塩で、灰色か淡黄色か褐色である。地上、とりわけ塩分を含んだ砂漠環境でつくられる。

毒重土石
WITHERITE
直方晶系・硬度3–3½・比重4.3
かなり珍しい、このバリウムの炭酸塩は、ふつう白色か灰色で、熱水鉱脈に産する。

菱苦土石（マグネサイト）
MAGNESITE
三方晶系・硬度3½–4½・比重3.0
マグネシウムの炭酸塩である菱苦土鉱は、ふつう白色か褐色の高密度のかたまりになる。火炉の煉瓦やマグネシアセメントに加工される。

ストロンチアン石
STRONTIANITE
直方晶系・硬度3½・比重3.8
このストロンチウムの炭酸塩は、熱水鉱脈や石灰岩中に見られる。ストロンチウムは砂糖の精製や花火に使われる。

≫ 炭酸塩

フロス・フェリ
（「鉄の花」和名：山サンゴ）
霰石

霰石の双晶

霰石
ARAGONITE
直方晶系・硬度3½−4・比重2.9−3.0
霰石は炭酸カルシウムで、
化学的には方解石と同じもので
あるが、結晶構造が異なり、
産出量はずっと少ない。

ブドウの房状の菱鉄鉱

菱鉄鉱
SIDERITE
三方晶系・硬度3½−4½・比重4.0
褐色をした炭酸鉄の学名は、鉄を意味する
ギリシア語のシデロスにちなんで名づけ
られた。菱鉄鉱はさまざまな形をとる。

菱面体晶の
菱鉄鉱

短柱状の
結晶

角鉛鉱
PHOSGENITE
正方晶系・硬度2−3・比重6.1
この希少な塩化炭酸鉛は、地表近くで、
鉛に富む鉱物が水と反応してできる。

アルチニ石
ARTINITE
単斜晶系・硬度2½・比重2.0
マグネシウムの含水水酸化炭酸塩で
あるアルチニ石は、白い針状か毛状
の結晶が放射状に集まった、特徴の
ある形になる。蛇紋岩の中で生じる。

水亜鉛土
HYDROZINCITE
単斜晶系・硬度2−2½・比重3.5−4.0
水酸化炭酸亜鉛である水亜
鉛土は、淡灰色、白色、桃色、
黄色などを呈する。紫外線の
下で青白色の蛍光を発する。

境界をふちどる
緑色の孔雀石

褐鉄鉱の母岩

藍銅鉱
AZURITE
単斜晶系・硬度3½−4・比重3.8
藍銅鉱は水酸化炭酸銅である。深い青色
で、しばしば緑色の孔雀石と熱水鉱脈で
共生することが特徴である。

ブドウの
房状の結晶

レッドヒル石
LEADHILLITE
単斜晶系・硬度2½−3・比重6.6
この硫酸炭酸水酸化鉛は、鉛鉱床の酸化帯
で、整った結晶として産出することが多い。

白鉛鉱
CERUSSITE
直方晶系・硬度3～3½・比重6.5～6.6
炭酸鉛の白鉛鉱は鉛を含む鉱脈が変質してできる。
方鉛鉱に次いで最も一般的な鉛の鉱石である。

双晶の集まり

白鉛鉱の結晶

ホウ酸塩 BORATES

ホウ酸塩は金属元素がホウ酸イオン$(BO_3)^{3-}$
と化合して生じる。150種以上のホウ酸塩鉱物
が知られ、最も一般的なのは硼砂、カーン石、
曹灰硼石（ウレキサイト）、コールマン石である。
ホウ酸塩鉱物は色が薄く、比較的軟らかで、
比重が低い傾向にある。塩類を含む水が
蒸発によって干上がり、鉱物が堆積岩の層に
析出して生ずることが多い。

カーン石
KERNITE
単斜晶系・硬度2½・比重1.9
無色か白色の含水水酸化ホウ酸
ナトリウムであるカーン石は、硼砂
ほど水分を含まない。この2種の
鉱物はしばしば伴って産する。

方硼石
BORACITE
直方晶系・硬度7～7½・比重2.9～3.1
マグネシウムの塩化ホウ酸塩で
ある方硼石の結晶は淡緑色か
白色でガラス光沢があり、
非常に硬い。方硼石は
岩塩鉱床で生じる。

菱面体結晶

半透明な
柱状結晶

アンケル石
ANKERITE
三方晶系
硬度3½～4・比重2.9～3.1
アンケル石は、カルシウムと鉄の
炭酸塩で、少量のマグネシウム
やマンガンを含む。金を含む
石英脈でみつかることもある。

コールマン石
COLEMANITE
単斜晶系・硬度4½・比重2.4
この含水水酸化ホウ酸カルシウムは塩類を含む水が
蒸発するときにできる。カーン石が発見されるまで、
主要なホウ素鉱石だった。

曹灰硼石（ウレキサイト）
ULEXITE
三斜晶系・硬度2½・比重1.9～2.0
ナトリウムとカルシウムの含水水酸化
ホウ酸塩である曹灰硼石の白い
繊維状の結晶は、ガラス繊維の
ように光を通す。硼砂と同じ
用途がある。

菱マンガン鉱
RHODOCHROSITE
三方晶系・硬度3½～4・比重3.7
炭酸マンガンである菱マンガン鉱は鮮やか
なローズピンクの宝石品質の結晶が、
アメリカ合衆国、南アフリカ、ペルーで
産出する。

水亜鉛銅鉱
の結晶

水亜鉛銅鉱
AURICHALCITE
単斜晶系・硬度1～2・比重3.96
青色か緑色の亜鉛と銅の水酸
化炭酸塩である水亜鉛銅鉱は、
銅亜鉛の鉱床の酸化帯で
生じる。

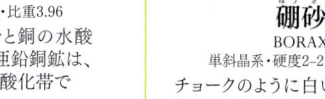

硼砂
BORAX
単斜晶系・硬度2～2½・比重1.7
チョークのように白いナトリウムの
水酸化ホウ酸塩である硼砂には、
医薬品、洗濯洗剤、ガラス、
織物など多くの用途がある。

ハウ石
HOWLITE
単斜晶系・硬度3½～6½・比重2.6
ハウ石は水酸化ホウケイ酸カルシウム
である。一般にチョークのような粉状で
丸みを帯びたかたまりになる。

特徴的
な緑色

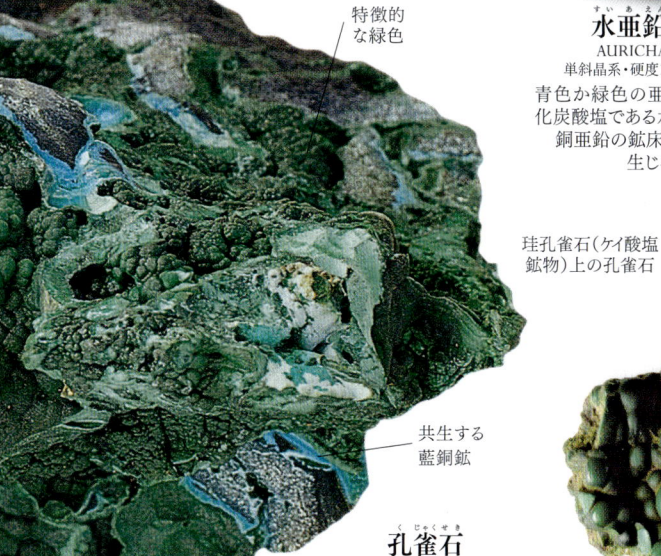

珪孔雀石（ケイ酸塩
鉱物）上の孔雀石

共生する
藍銅鉱

硝酸塩 NITRATES

硝酸塩は金属元素と硝酸イオン
$(NO_3)^-$が結びついた化合物で
小鉱物級（クラス）を形成する。
これらの鉱物はふつうとても
軟らかくて比重も低い。多くは
水溶性で、大粒の結晶として
産することはまれである。一般に
乾燥地帯に認められ、地表の
広範囲で薄い被膜を形成する。
商業的には、硝酸塩鉱物は
肥料や爆薬に使われる。

孔雀石
MALACHITE
単斜晶系・硬度3½～4・比重3.6～4.1
この印象的な緑色の水酸化炭酸銅は
しばしばブドウの房状の集合体として
産出する。装飾品や銅の資源として
利用されている。

ブドウの房状の
孔雀石

チリ硝石 NITRATINE
三方晶系・硬度1½～2・比重2.2～2.3
この硝酸ナトリウムは通常、とりわけチリのような
乾燥地帯の地表で皮膜状に生じる。
色は、白色、灰色、褐色、または黄色である。

鉱物・硝酸塩

硫酸塩 SULPHATES

硫酸塩は金属元素と硫酸イオン$(SO_4)^{2-}$が結びついた化合物である。約500種の硫酸塩鉱物が知られ、そのほとんどが希少である。石膏に代表される多くの硫酸塩鉱物は、干上がっていく塩類を含む水から複数の鉱物が析出した蒸発岩中に生じる。ほかのものは風化の産物として、あるいは熱水鉱脈の一次（初生）鉱物として形成される。多くのものが経済的に重要である——重晶石は油田掘削装置のドリルの潤滑に使われている。

繊維石膏

石膏 GYPSUM
単斜晶系・硬度2・比重2.3
世界中に広く分布する含水硫酸カルシウム、すなわち石膏は、加熱すると焼石膏の粉になり、さらにこれに水を加えると、いわゆるギプスとして固まる。

放射状の石膏

テナルド石 THÉNARDITE
斜方晶系
硬度2½–3・比重2.7
淡灰色か褐色がかった鉱物のテナルド石は硫酸ナトリウムである。溶岩流や塩湖周囲で見つかる。

柱状結晶

方鉛鉱

硫酸鉛鉱 ANGLESITE
直方晶系・硬度2½–3・比重6.3–6.4
この硫酸鉛はさまざまな色や形に富む。方鉛鉱が変質した鉱物で、主要な鉛の鉱石である。

胆礬の結晶

胆礬 CHALCANTHITE
三斜晶系
硬度2½・比重2.3
濃い青色や緑色の胆礬は、含水硫酸銅である。黄銅鉱やそのほかの硫酸銅鉱物が酸化してできる。

青鉛鉱 LINARITE
単斜晶系
硬度2½・比重5.3–5.4
鮮やかな青色の青鉛鉱は、銅と鉛の水酸化硫酸塩である。銅と鉛の鉱床の酸化帯で生じる。

プロシャン銅鉱の針状結晶の放射状集合体

放射状の毛のような結晶

石基

青針銅鉱 CYANOTRICHITE 単斜晶系・硬度1–3・比重2.7–2.9
この銅とアルミニウムの水酸化硫酸塩は「青」と「毛」を意味するギリシア語にちなんで名づけられたが、その名のとおり細くて青い結晶の集まりである。

グラウベル石 GLAUBERITE
単斜晶系・硬度2½–3・比重2.8–2.9
グラウベル石はナトリウムとカルシウムの硫酸塩である。無色、灰色、あるいは黄色味を帯び、結晶は塩類を含む水が蒸発するところで生じる。

明礬石 ALUNITE
三方晶系・硬度3½–4・比重2.6–2.9
カリウムとアルミニウムの水酸化硫酸塩である明礬石は火山の噴出孔で岩石がイオウの蒸気によって変質するところに産出する。

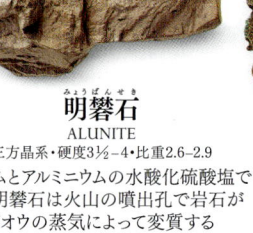

クロム酸塩 CHROMATES

クロム酸塩は金属元素にクロム酸塩イオン$(CrO_4)^{2-}$が結びついた化合物である。希産の鉱物で、知名度が高いのは紅鉛鉱だけである。クロム酸塩鉱物は一般に鮮やかな色をしていて、鉱物収集家の垂涎の的である。クロム酸塩鉱物は熱水鉱脈が液体により変質されたときにしばしば生じる。

赤い紅鉛鉱

筋（条線）のある細長い結晶

橙色の紅鉛鉱

紅鉛鉱 CROCOITE
単斜晶系・硬度2½–3・比重6.0
橙色や赤色のクロム酸鉛は鉛の鉱床の酸化帯で生まれる。良質の標本はオーストラリアで採集される。

緑礬
りょくばん
MELANTERITE
単斜晶系・硬度2・比重1.9
白色、緑色、青色の緑礬は含水酸化鉄である。上水道の浄化や肥料に利用されている。

舎利塩
しゃりえん
EPSOMITE
直方晶系・硬度2–2½・比重1.7
この含水硫酸マグネシウムは乾燥帯と石灰岩洞窟の壁面に生じる。エプソム塩の原料である。

鉄明礬石
てつみょうばんせき
JAROSITE
三方晶系
硬度2½–3½・比重2.9–3.3
鉄明礬石はカリウムと鉄の水酸化硫酸塩で、黄鉄鉱などの鉄鉱物の表面に褐色の被覆となって生じる。

柱状結晶

天青石
てんせいせき
CELESTINE
直方晶系・硬度3–3½・比重4.0
硫酸ストロンチウムの天青石は、ストロンチウムの原料としてだけでなく、その美しく透明な淡い色の結晶として珍重されている。

コピアポ石
COPIAPITE
三斜晶系・硬度2½–3・比重2.1–2.2
黄色や緑色の含水硫酸鉄のコピアポ石はチリのコピアポから発見、記載された。黄鉄鉱などが変質して生成する。

雑鹵石（ポリハライト）
ざつろせき
POLYHALITE
三方晶系・硬度2½–3½・比重2.8
雑鹵石はカリウム、カルシウムとマグネシウムの含水硫酸塩である。無色、白色、桃色や赤色の雑鹵石は海塩の鉱床に広く見られる。

酸化鉄の石基

ブロシャン銅鉱
BROCHANTITE
単斜晶系・硬度3½–4・比重4.0–4.1
銅の水酸化硫酸塩であるブロシャン銅鉱はエメラルドグリーンの結晶や薄い皮膜状あるいは塊状になる。

硬石膏
こうせっこう
ANHYDRITE
直方晶系・硬度3–3½・比重3.0
硫酸カルシウムでできた硬石膏は石膏に伴って産出するが量は少ない。湿った環境に置かれると石膏に変質する。

重晶石
じゅうしょうせき
BARYTE
直方晶系・硬度3・比重4.5
最もありふれたバリウム鉱物である硫酸バリウムは、色の薄い鉱物としては特異的に重い。

モリブデン酸塩　MOLYBDATES

モリブデン酸塩は金属元素がモリブデン酸イオン$(MoO_4)^{2-}$と結びついてできる。これらの鉱物は希少で、密度が高く、鮮やかな色をしている傾向がある。モリブデン酸塩鉱物は循環する水によって変質した鉱脈で生じる。水鉛鉛鉱は最も知られたモリブデン酸塩鉱物である。水鉛鉛鉱は整った形とまばゆいオレンジや黄色の結晶のために貴重である。

薄い平板状のモリブデン鉛鉱の結晶

水鉛鉛鉱（黄鉛鉱）
すいえんえんこう
WULFENITE
正方晶系・硬度2½–3・比重6.5–7.5
このモリブデン酸鉛は鉛とモリブデンの鉱床の酸化帯で産出する。モリブデンの鉱石として利用されている。

タングステン酸塩　TUNGSTATES

タングステン酸塩は金属元素とタングステン酸イオン$(WO_4)^{2-}$が結びついた化合物である。これらの鉱物は希少で、一般に比重が高い。きれいな結晶をつくるものもある。タングステン酸塩鉱物は、流体が岩石に充満する熱水鉱脈や非常に大粒の花崗岩などであるペグマタイトで生じる。

灰重石
かいじゅうせき
SCHEELITE
正方晶系・硬度4½–5・比重6.1
このタングステン酸カルシウムは、熱水鉱脈、変成岩、火成岩、漂砂から産出し、タングステンの鉱石として採掘される。

両錐形の灰重石の結晶

マンガン重石
じゅうせき
HÜBNERITE
単斜晶系・硬度4–4½・比重7.1–7.2
このマンガンのタングステン酸塩は、鋼鉄、研磨剤、電球などに使われるタングステンの主要な鉱石である。

石英

マンガン重石の結晶

鉄重石
てつじゅうせき
FERBERITE
単斜晶系・硬度4–4½・比重7.6
不透明で黒い鉄重石は熱水鉱脈や花崗岩質ペグマタイトで産出する。これはタングステン酸鉄でタングステンの資源として採掘されている。

リン酸塩 PHOSPHATES

金属元素がリン酸イオン（PO₄)$^{3-}$と結びつくと、リン酸塩ができる。リン酸塩鉱物級（クラス）には700種ほどの鉱物が属するが、その多くは非常に希少である。この鉱物級の鉱物のいくつかは鮮やかな色をしている。いく種ものリン酸塩が放射性である。

水酸ヘルデル石
すいさん
HYDROXYLHERDERITE
単斜晶系・硬度5-5½・比重2.9-3.0

水酸ヘルデル石はカルシウムとベリリウムの水酸化リン酸塩である。花崗岩のペグマタイトから、淡い黄色か緑色の結晶として産出し、ガラス光沢がある。

デュフレン石
DUFRÉNITE
単斜晶系・硬度3½-4½・比重3.1-3.3

この鉄とカルシウムの水酸化リン酸塩は、変質した鉱脈や鉄鉱床内に、緑色から黒色の塊か皮膜となって産出する。

ゼノタイムの結晶の集合体

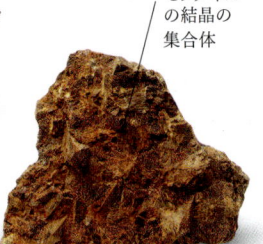

ゼノタイム
XENOTIME-(Y)
正方晶系・硬度4-5・比重4.4-5.1

世界中に分布するリン酸イットリウムのゼノタイムは、黄褐色、灰色、緑色で、火成岩や変成岩で生成する。

燐灰ウラン石
りんかい
AUTUNITE
直方晶系
硬度2-2½・比重3.1-3.2

放射性の燐灰ウラン石は、レモンイエローか淡緑色の含水リン酸ウラニルカルシウムである。ウラン鉱物が変質した場所で生じる。

トルコ石
TURQUOISE
三斜晶系・硬度5-6・比重2.6-2.8

何千年間も宝石とされてきた、この銅とアルミニウムの水酸化リン酸塩は、変質した火成岩から産出する。

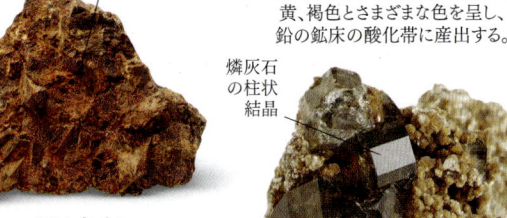

緑鉛鉱
りょくえんこう
PYROMORPHITE
六方晶系・硬度3½-4・比重7.0-7.1

塩化リン酸鉛の緑鉛鉱は、緑、橙、黄、褐色とさまざまな色を呈し、鉛の鉱床の酸化帯に産出する。

燐灰石の柱状結晶

燐灰石
りんかいせき
APATITE
六方晶系・硬度5・比重3.1-3.2

燐灰石は、フッ素燐灰石、塩素燐灰石、水酸燐灰石などのリン酸カルシウムや緑鉛鉱、褐鉛鉱、ミメット鉱など同じ結晶構造をもつ鉱物の族（グループ）名である。

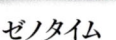

燐銅ウラン鉱の板状結晶

燐銅ウラン石
りんどう
TORBERNITE
正方晶系・硬度2-2½・比重3.2

この含水リン酸ウラニル銅は燐灰ウラン石と類縁で、同じような地質環境で生じる。これも放射性鉱物である。

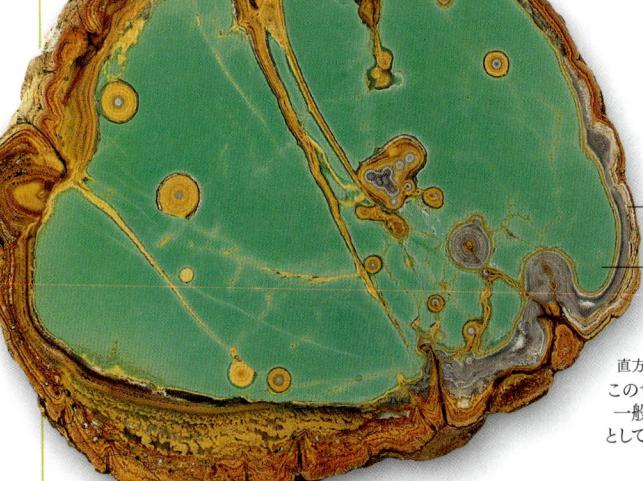

団塊の切断面

油脂光沢

バリシア石
VARISCITE
直方晶系・硬度3½-4½・比重2.6

この含水リン酸アルミニウムは、一般に緑色の細粒の集合体として、団塊や岩脈に、あるいは外殻として産する。

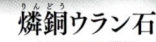

トリプル石
TRIPLITE
単斜晶系・硬度5-5½・比重3.5-3.9

トリプル石はときに鉄を含むフッ化リン酸マンガンである。花崗岩ペグマタイトに生成する。

銀星石
ぎんせいせき
WAVELLITE
直方晶系・硬度3½-4・比重2.4

銀星石は希少なアルミニウムの含水水酸化リン酸塩である。無色、灰色、あるいは淡い緑色で、ガラス光沢の針状結晶が、変質した岩石の内部に放射状に集合体を成す。

アンブリゴ石
AMBLYGONITE
三斜晶系・硬度5½-6・比重3.0-3.1

希少なリチウム、アルミニウムのフッ化リン酸塩で、主に塊状で産出するが、ジンバブウェとブラジルでは結晶も産出する。

藍鉄鉱
VIVIANITE
単斜晶系・硬度1½–2・比重2.7
藍鉄鉱は含水リン酸鉄である。ふつう変質した鉄鉱床で暗色の柱状結晶の集合を形成する。

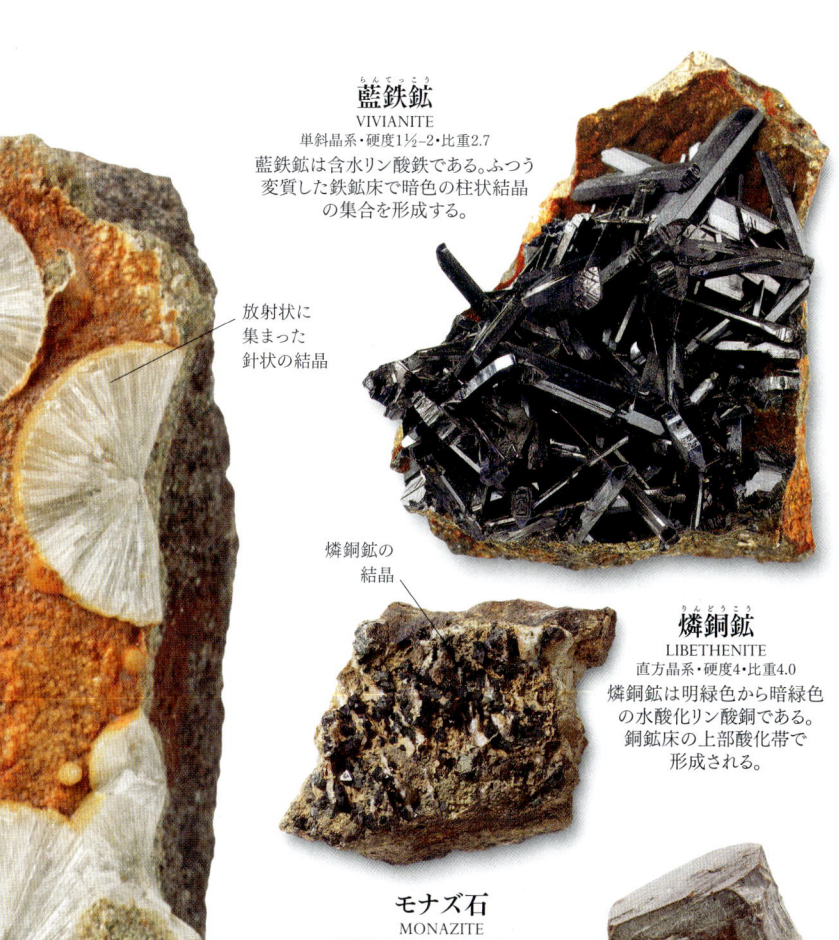

放射状に集まった針状の結晶

燐銅鉱の結晶

燐銅鉱
LIBETHENITE
直方晶系・硬度4・比重4.0
燐銅鉱は明緑色から暗緑色の水酸化リン酸銅である。銅鉱床の上部酸化帯で形成される。

モナズ石
MONAZITE
単斜晶系・硬度5–5½・比重5.0–5.5
モナズ石は、セリウム、ランタン、ネオジムなどの希土類元素のリン酸塩鉱物である。

ブラジル石
BRAZILIANITE
単斜晶系・硬度5½・比重3.0
最初にブラジルで発見された、このナトリウムとアルミニウムの水酸化リン酸塩は、淡黄色か淡緑色で、花崗岩ペグマタイトの晶洞に生成する。

天藍石
LAZULITE
単斜晶系・硬度5½–6・比重3.1–3.2
このマグネシウムとアルミニウムの水酸化リン酸塩は、変成岩や火成岩の中でできる比較的希少な青い準宝石である。

両錐結晶

バナジン酸塩 VANADATES

バナジン酸塩鉱物は金属元素とバナジン酸イオン（VO$_4$）$^{3-}$が結合してできる。この鉱物級（クラス）には多くの希少な鉱物が含まれるが、それらは密度が高く鮮やかな色をしている傾向がある。バナジン酸塩鉱物は、熱水鉱脈が充満した流体によって変質したときにしばしば生じる。バナジン酸塩鉱物の大部分は経済的価値がないが、カルノー石は重要なウランの鉱石である。

砂岩にはりついた粉状の皮膜

カルノー石
CARNOTITE
単斜晶系・硬度2・比重4.7–4.9
一般にウラン鉱床で粉状の黄色い外皮を形成する、放射性のカルノー石は、カリウムとウランの含水バナジン酸塩である。

ツヤムン石
TYUYAMUNITE
直方晶系・硬度1½–2・比重3.6–4.4
この希少なカルシウムとウランの含水バナジン酸塩は、カルノー石に似ており、同じように変質したウラン鉱床で生じる。

ヒ酸塩 ARSENATES

ヒ酸塩鉱物は金属元素とヒ酸イオン（AsO$_4$）$^{3-}$が結合した鉱物で、大部分が希少である。一般に硬度は低い。黄色や緑色のアダム鉱、緑色や青色の斜開銅鉱のように多くのヒ酸塩鉱物が鮮やかな色をしている。この鉱物級（クラス）の鉱物はさまざまな地質で生成するが、多くのヒ酸塩鉱物は変質した金属鉱床に産する。

アダム鉱
ADAMITE
直方晶系・硬度3½・比重4.3–4.5
この水酸化ヒ酸亜鉛は変質したヒ素と亜鉛の鉱床に産する。格別な結晶に成長することもある。

コバルト華
ERYTHRITE
単斜晶系・硬度1½–2½・比重3.1
この含水ヒ酸コバルトは赤紫色の結晶か皮膜になる。すばらしい標本はカナダやモロッコで産出する。

斜開銅鉱結晶の放射状集合体

ベイルドン石
BAYLDONITE
単斜晶系・硬度4½・比重5.2–5.7
この銅と亜鉛の水酸化ヒ酸塩は、ふつう緑色か黄色の皮膜となって、変質した熱水鉱脈に生じる。

オリーブ銅鉱の結晶

オリーブ銅鉱
OLIVENITE
単斜晶系・硬度3・比重4.5
オリーブ銅鉱は水酸化ヒ酸銅である。オリーブグリーン、褐色、黄色、灰色で、変質した銅の鉱床でできる。

石英

斜開銅鉱
CLINOCLASE
単斜晶系・硬度2½–3・比重4.4
斜開銅鉱は暗い青緑色の水酸化ヒ酸銅で、さまざまな形をしており、ヒ素に富んだ金属鉱床の酸化帯に変質物として生成する。

ミメット鉱
MIMETITE
六方晶系・硬度3½–4・比重7.3
さまざまな形の中でもビア樽状の結晶は、この塩化ヒ酸鉛の鉱物に特徴的なものである。ミメット鉱は変質した鉛の鉱床でできる。

葉銅鉱
CHALCOPHYLLITE
三方晶系・硬度2・比重2.7
鮮やかな青緑色の葉銅鉱は、銅とアルミニウムの含水水酸化ヒ酸硫酸塩である。酸化した銅の鉱床でできる。

ケイ酸塩 SILICATES

ケイ酸塩は最も一般的で最大の鉱物級（クラス）である。基本的な構成単位はケイ素と酸素の四面体（SiO₄）で、それにほかの元素が結びついている。ケイ酸塩鉱物はこの四面体の配置に基づいて6つの鉱物亜級（サブクラス）に分類される。孤立した四面体をもつもの（ネソケイ酸塩）、2個の四面体が連なったもの（ソロケイ酸塩）、3次元に拡がる四面体の骨格を成すもの（テクトケイ酸塩）、四面体が鎖状に連なったもの（イノケイ酸塩）、四面体が層状に連なったもの（フィロケイ酸塩）、四面体が環状になったもの（シクロケイ酸塩）である。

ネソケイ酸塩 NESOSILICATES

ヒューム石 HUMITE
直方晶系・硬度6・比重3.2–3.3
フッ化ケイ酸マグネシウムであるヒューム石は、ふつう黄色から橙色がかった粒状のかたまりとして、変成した石灰岩やドロマイトの中に産する。

ノルベルグ石 NORBERGITE
直方晶系・硬度6–6½・比重3.2
フッ化ケイ酸マグネシウムであるノルベルグ石は、おもに黄褐色、白色、桃色の粒状のかたまりとして、変成岩の中で生じる。

ダトー石 DATOLITE
単斜晶系・硬度5–5½・比重3.0
ダトー石はカルシウムとホウ素の水酸化ケイ酸塩である。特に普遍的ではないが、火成岩の岩脈や空洞で産出する。

灰鉄石榴石 ANDRADITE
立方晶系・硬度6½–7・比重3.8–3.9
黄緑色、褐色、または黒色の灰鉄石榴石は、カルシウムと鉄のケイ酸塩である。宝石にカットすると光分散が著しく、白色光が虹色に分光する。

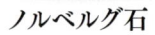

ユークレース EUCLASE
単斜晶系・硬度7½・比重3.9–3.1
ユークレースはベリリウムとアルミニウムの水酸化ケイ酸塩である。無色、白色、緑色、または青色の筋のある柱状結晶をつくることがある。

デュモルチ石 DUMORTIERITE
直方晶系・硬度7–8・比重3.21–3.41
デュモルチ石はアルミニウム、鉄、ホウ素のネソケイ酸塩である。繊維状の結晶が放射状に集合体を形作るが、塊状になることもある。

塊状のデュモルチ石

苦礬石榴石 PYROPE
立方晶系・硬度7–7½・比重3.6
苦礬石榴石は、暗赤色のマグネシウムとアルミニウムのケイ酸塩である。変成岩や火成岩の中で高圧下で形成される。

藍晶石 KYANITE
三斜晶系・硬度5½–7・比重3.5–3.7
藍晶石はケイ酸アルミニウムである。片岩や片麻岩中の薄く平らな結晶は、地球内部の高圧によって生じる。

鉄礬石榴石 ALMANDINE
立方晶系・硬度7–7½・比重4.3
最も一般的な石榴石で、桃色がかった赤色の鉄礬石榴石は、鉄とアルミニウムのケイ酸塩である。宝石として広く使われている。

菱形の結晶面

バナジウムによる緑色

ガラス光沢

鉄による赤色

灰礬石榴石 GROSSULAR
立方晶系・硬度6½–7・比重3.6
灰礬石榴石はカルシウムとアルミニウムのケイ酸塩で、ときどき大理石の中でできる。色はじつにさまざまである。

緑色の灰礬石榴石

赤色の灰礬石榴石

橄欖石 OLIVINE
直方晶系・硬度7・比重3.3–4.4

火成岩中にふつうに見られる、ケイ酸マグネシウム（苦土橄欖石）やケイ酸鉄（鉄橄欖石）など連続的に組成が変化するネソケイ酸鉱物の仲間をまとめて橄欖石という。

半透明

典型的な緑色

桃色がかった褐色のトパーズ

トパーズ（黄玉） TOPAZ
直方晶系・硬度8・比重3.4–3.6

トパーズはのフッ化ケイ酸アルミニウムである。結晶の大きさは一般に小さいが、重さが271Kgの巨晶がブラジルで発見されている。

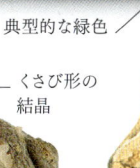

くさび形の結晶

チタン石の双晶

母岩中の結晶

チタン石 TITANITE
単斜晶系・硬度5–5½・比重3.5–3.6

さまざまな色をしたチタン石はカルシウムとチタンのケイ酸塩である。ダイヤモンド以上の光分散性（プリズム効果）を有する。

硬緑泥石（クロリトイド） CHLORITOID
単斜晶系・硬度6½・比重3.4–3.8

変成岩や火成岩中に広く分布している硬緑泥石は、濃緑色か黒色の鉄、マグネシウム、マンガンを含む含水ケイ酸アルミニウムである。

柱状結晶

紅柱石 ANDALUSITE
直方晶系・硬度6½–7½・比重3.13–3.21

紅柱石はケイ酸アルミニウムである。低度変成岩中に正方形の断面を持った粗い柱状結晶として産出する。

ジルコン ZIRCON
正方晶系・硬度7½・比重4.6–4.7

ジルコン、すなわちケイ酸ジルコニウムは、宝石として広く使われている。また、原子炉で使われる金属ジルコニウムの主原料である。

珪亜鉛鉱の短い柱状結晶

珪亜鉛鉱 WILLEMITE
三方晶系
硬度5½・比重3.9–4.2

珪亜鉛鉱はケイ酸亜鉛である。白色、緑色、黄色または赤色で、ふつう塊状をしており、変質した亜鉛鉱床や変成した石灰岩から産出する。

長く平行な繊維状結晶

珪線石 SILLIMANITE
直方晶系・硬度6½–7½・比重3.2–3.3

珪線石はケイ酸アルミニウムで細長い結晶が特徴である。成分は紅柱石とまったく同じであるが、より高温・高圧な環境で生じる。

ソロケイ酸塩 SOROSILICATES

緑廉石 EPIDOTE
単斜晶系・硬度6・比重3.4–3.5

緑廉石はありふれた鉱物である。このカルシウム、アルミニウム、鉄から成る水酸化ケイ酸塩の結晶は、柱状か板状で、緑色ですだれのような筋（条線）がある。

斧石 AXINITE
三斜晶系・硬度6½–7・比重3.2–3.4

斧石はカルシウム、アルミニウム、ホウ素に加え鉄やマンガンなどを含む水酸化ケイ酸塩の鉱物族（グループ）で、結晶はまさに斧頭のような形をしている。

結晶の球状集合体

異極鉱 HEMIMORPHITE
直方晶系・硬度4½–5・比重3.5

この含水水酸化ケイ酸亜鉛は変質した亜鉛鉱床に産出する。色も形もさまざまである。

ダンブリ石 DANBURITE
直方晶系・硬度7–7½・比重2.9–3.0

ダンブリ石はカルシウムとホウ素のケイ酸塩である。さまざまな色の結晶はトパーズに似ているが、粒状にもなる。

ベスブ石 VESUVIANITE
正方晶系・硬度6½・比重3.3–3.4

アイドクレーズとしても知られるベスブ石はカルシウム、ナトリウム、マグネシウム、鉄、アルミニウムの水酸化ケイ酸塩。大理石や火成岩内に産出する。

シクロケイ酸塩
CYCLOSILICATES

ベニト石
BENITOITE
六方晶系・硬度6〜6½・比重3.6〜3.7
このバリウムとチタンのケイ酸塩は、ふつうは青く、蛇紋岩や片岩の鉱脈に産する。宝石品質の結晶はカリフォルニア州で産出する。

六角柱状結晶

電気石(トルマリン)
TOURMALINE
三方晶系
硬度7・比重2.9〜3.3
電気石は結晶構造が同じで化学組成の異なる39種のホウ素ケイ酸鉱物の総称である。

柱状結晶

アクアマリン

エメラルド

緑柱石
BERYL
六方晶系・硬度7½〜8・比重2.6〜3.0
ベリリウムとアルミニウムのケイ酸塩はベリリウムの鉱石であり宝石でもある。宝石の緑柱石は色によってエメラルド(緑色)、アクアマリン(水色)とよばれている。

緑柱石(モルガナイト)
MORGANITE
六方晶系・硬度7½〜8・比重2.6〜3.0
モルガナイトは桃石の緑柱石の宝石名で、発色は含まれるセシウムやマンガンによる。ペグマタイト中で板状の結晶を成す。

杉石
SUGILITE
六方晶系・硬度6〜6½・比重2.7〜2.8
この希少な、カリウム、ナトリウム、鉄、リチウムのケイ酸塩鉱物は、変成岩中に産する。

六角柱状の結晶

緑柱石(ヘリオドール)
HELIODOR
六方晶系・硬度7½〜8・比重2.6〜3.0
ギリシア語の「太陽」にちなんで名付けられたヘリオドールは黄色の緑柱石である。良質なものがロシアに産する。

母岩

イノケイ酸塩
INOSILICATES

透閃石　TREMOLITE
単斜晶系・硬度5〜6・比重3.0
世界中に分布する角閃石で、このカルシウムとマグネシウムの水酸化ケイ酸塩鉱物は、変成岩中で生まれる。極細の繊維状結晶がアスベストとして利用された。

ソーダ珪灰石　PECTOLITE
三斜晶系・硬度4½〜5・比重2.8〜2.9
このナトリウムとカルシウムの水酸化ケイ酸塩は、玄武岩の空洞でできる。アメリカ、カナダ、イギリスでは普遍的な鉱物。

普通角閃石
HORNBLENDE
単斜晶系・硬度5〜6・比重3.3〜3.4
変成岩や火成岩にふつうに見られる暗色のカルシウム角閃石亜族の別称。カルシウムに加え、マグネシウム、鉄とアルミニウムなどを含む水酸化ケイ酸塩である。

繊維状のかたまり

珪灰石　WOLLASTONITE
三斜晶系・硬度4½〜5・比重2.9〜3.1
このケイ酸カルシウムは大理石やそのほかの変成岩中に見られ、窯業原料、塗料として利用されている。アスベストにもなる。。

緑閃石
ACTINOLITE
単斜晶系・硬度5〜6・比重3.0〜3.2
緑閃石は透閃石より鉄を多く含み、色が濃い角閃石である。極細の繊維状結晶の集合体はアスベストとして使われた。

ガラス光沢

ネフライト　NEPHRITE
単斜晶系・硬度5〜6・比重3.0〜3.2
硬くてクリーム色から濃緑色をした透閃石—緑閃石系列の角閃石。緻密な集合体は、一般にジェード(ただし翡翠ではなく軟玉)として知られている。

エジリン輝石(錐輝石)
AEGIRINE
単斜晶系・硬度6・比重3.5〜3.6
この褐色、緑色、または黒色の輝石はナトリウムと鉄のケイ酸塩である。エジリン輝石は変成岩や暗色の火成岩の内部で生成する。

長い柱状結晶

薔薇輝石
RHODONITE
三斜晶系
硬度5½〜6½・比重3.6〜3.8
深紅か桃色の薔薇輝石はマンガンとカルシウムのケイ酸塩で、結晶や細粒の塊として産出する。宝飾品として使われている。

細長い
柱状結晶

リヒター閃石
の結晶

リチア輝石
SPODUMENE
単斜晶系・硬度6½–7・比重3.1–3.2
この輝石はリチウムとアルミニウムのケイ酸塩である。
これまでに巨大な結晶がいくつもみつかっており、
最大のものは重さがほぼ100トンに達する。

透輝石の
柱状結晶

石英

透輝石
DIOPSIDE
単斜晶系・硬度5½–6½・比重3.2–3.4
一般に緑色のこの輝石はカルシウムと
マグネシウムのケイ酸塩である。変成岩や
火成岩の中でできる。

リヒター閃石
RICHTERITE
単斜晶系・硬度5–6・比重3.1
角閃石のリヒター閃石は、
ナトリウム、カルシウム、
マグネシウムの水酸化ケイ酸塩
である。変成した石灰岩や
火成岩の中に産出する。

ピジョン輝石
PIGEONITE
単斜晶系・硬度6・比重3.3–3.5
この褐色から黒紫色の
珍しい輝石は、マグネ
シウム、鉄、カルシウムの
ケイ酸塩である。火成岩
や変成岩の中で
生じる。

普通輝石
AUGITE
単斜晶系・硬度5½–6・比重3.2–3.6
普通輝石は、一般的な輝石である。
このカルシウム、マグネシウム、鉄の
ケイ酸塩は、火成岩や変成岩の
中で生じる。

星葉石
ASTROPHYLLITE
三方晶系・硬度3・比重3.2–3.4
このカリウム、ナトリウム、鉄、
チタンの複雑な水酸化フッ化
ケイ酸塩は、片麻岩の中や、
火成岩の空洞の中に産する。

長い
柱状結晶

ひすい輝石

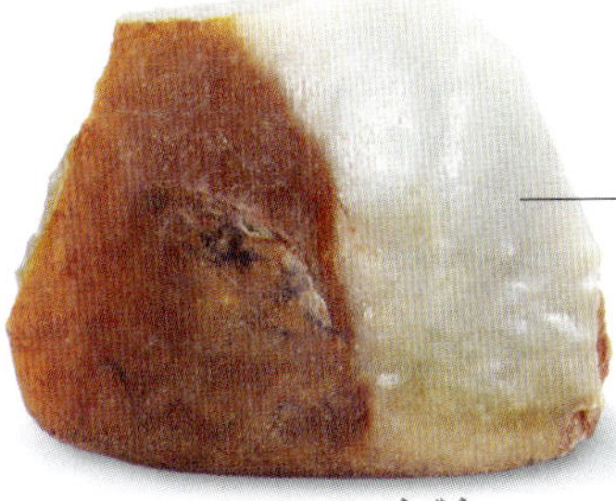

ひすい輝石
JADEITE
単斜晶系・硬度6・比重3.2–3.4
翡翠（硬玉）の主体成分である
ひすい輝石は、ナトリウムとアルミ
ニウムのケイ酸塩である。細粒の
結晶が緻密に絡み、半透明で
割れにくい翡翠（硬玉）を
構成している。

母岩

長い筋の
ある結晶

リーベック閃石
RIEBECKITE
単斜晶系・硬度5–5½・比重3.3–3.4
この角閃石はナトリウム、鉄の
水酸化ケイ酸塩で、火成岩中で生じる。
極細繊維状のリーベック閃石が
青石綿（クロシドライト）で、変成した
鉄鉱石中に産する。

フィロケイ酸塩 PHYLLOSILICATES

放射状に集合した
結晶の球形の
かたまり

葡萄石
PREHNITE
直方晶系・硬度6–6½・比重2.8–3.0
葡萄石はカルシウム、アルミニウム
の水酸化ケイ酸塩で、玄武岩の
空洞に産する。

オーケン石
OKENITE
三斜晶系・硬度4½–5・比重2.3
この含水ケイ酸カルシウムは繊維状または短冊
状の結晶をつくる。色は白色で、青色や黄色を
帯びることもある。玄武岩の中に産する。

クリノクロア
CLINOCHLORE
単斜晶系・硬度2–2½・比重2.6–3.0
このマグネシウムとアルミニウムの
水酸化ケイ酸塩は、緑色の板状の
結晶になる。さまざまな
種類の岩石の内部に産する。

板状結晶

結晶の放射状
の集まり

白雲母
MUSCOVITE
単斜晶系・硬度2½・比重2.8–2.9
白雲母はカリウムとアルミニウムの
水酸化アルミノケイ酸塩でフッ素を
含むこともある。変成岩や花崗岩
にはごくふつうに見られる。

柱状
結晶

ペタル石（葉長石）
PETALITE
単斜晶系
硬度6½・比重2.4
ペタル石はリチウムとアル
ミニウムのケイ酸塩である。
結晶はふつう灰白色で、
集合体をなす。リチウムの
鉱石として採掘されている。

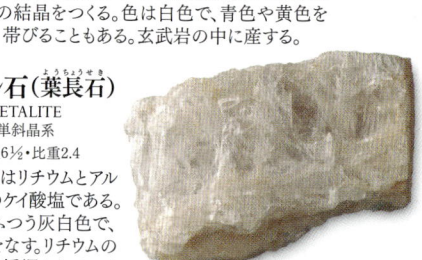

金雲母
PHLOGOPITE
単斜晶系
硬度2–3・比重2.8–2.9
無色か黄色か褐色の
金雲母は、カリウムと
マグネシウムの水酸化
アルミノケイ酸塩である。

結晶の
球状集合体

カバンシ石
CAVANSITE
直方晶系・硬度3–4・比重2.2–2.3
カバンシ石はカルシウムとバナジウム
の含水ケイ酸塩で、名は組成に
由来する。青色か緑青色で、
玄武岩の空洞に産する。

板状のリチア
雲母の結晶

セピオ石（海泡石）
SEPIOLITE 直方晶系・硬度2・比重2.0–2.2
この淡い色をした粘土鉱物は、含水水酸化
ケイ酸マグネシウムで、ふつう変質した岩石の
中に、土のようなかたまりとなって生じる。
彫刻して装飾品に使われる。

典型的な
青色の結晶

リチア雲母（鱗雲母）
LEPIDOLITE
単斜晶系・硬度2½–3½・比重2.8–2.9
リチア雲母はカリウム、リチウム、アル
ミニウムのフッ化アルミノケイ酸塩である
トリリチオ雲母—ポリリチオ雲母の
系列名である。

テクトケイ酸塩 TECTOSILICATES

柱状結晶

石英（煙水晶）
SMOKY QUARTZ
三方晶系・硬度7・比重2.7
煙水晶は褐色がかった石英で、
二酸化ケイ素の結晶である。
火成岩や熱水鉱脈に産する。

石英（紅水晶）
ROSE QUARTZ
三方晶系・硬度7・比重2.7
紅水晶はピンクがかった石英で、宝飾品と
して珍重される。良質な結晶は希少で、
ふつうは塊状の集合体として産出する。

石英（乳水晶）
MILKY QUARTZ
三方晶系
硬度7・比重2.7
このごくありふれた乳白色の
石英は、あらゆる種類の岩石や
熱水鉱脈でできる。

石英（黄水晶）
CITRINE
三方晶系
硬度7・比重2.7
黄水晶は黄色から褐色
がかった石英である。
トパーズに似ており、
しばしば宝石として
使われる。

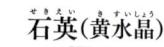
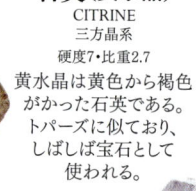

石英（紫水晶）
AMETHYST
三方晶系
硬度7・比重2.7
紫水晶は紫がかった石英
で、古代から宝石として珍
重されてきた。熱水鉱脈や
溶岩の空洞でできる。

細長い
結晶

チンワルド雲母
ZINNWALDITE
単斜晶系・硬度3½−4・比重3.1
この褐色、灰色、または緑色の
カリウム、リチウム、鉄、アルミニウムの
フッ化アルミノケイ酸塩は、鉄葉雲母
とポリリシオ雲母の系列である。

珪孔雀石
CHRYSOCOLLA
斜方晶系
硬度2½−3½・比重1.9−2.4
この銅とアルミニウムの
含水水酸化ケイ酸塩は、
変質した銅鉱床で生成
する。結晶は育たない。

苦土蛭石
VERMICULITE
単斜晶系・硬度1½・比重2.4−2.7
この緑色か黄色の粘土鉱物は、
雲母が変質したところでしばしば
生じる。これはマグネシウム、鉄と
アルミニウムの含水水酸化ケイ酸塩
である。

黒雲母の
板状結晶

海緑石
GLAUCONITE
単斜晶系・硬度2・比重2.4−3.0
海緑石という名前の雲母は、カリウム、
ナトリウム、マグネシウム、アルミニウム、
鉄の水酸化アルミノケイ酸塩である。
海洋堆積岩の中に生じる。

クリソタイル
CHRYSOTILE
単斜晶系・硬度2½・比重2.7−2.9
クリソタイルは水酸化ケイ酸マグネシウム
である。蛇紋岩中に繊維状で絹のような
光沢の白い結晶をつくる。最も汎用された
アスベスト(白石綿)である。

黒雲母
BIOTITE
単斜晶系・硬度2½−3・比重2.6−2.9
黒雲母はカリウム、鉄、マグネシウムの
水酸化アルミノケイ酸塩で火成岩や
変成岩に豊富に存在する。金雲母と
鉄雲母の系列に対する総称。

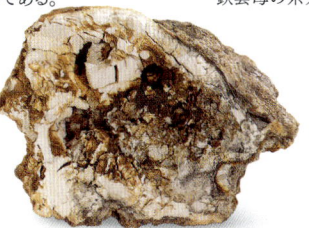

アロフェン
ALLOPHANE
非晶質・硬度3・比重2.8
粘土鉱物。この水和ケイ酸
アルミニウムは長石などの
鉱物の変質物である。

滑石
TALC
三斜晶系・硬度1・比重2.6−2.8
硬度の最も低い鉱物である。白色、
灰色、淡緑色の滑石は、水酸化ケイ酸
マグネシウムである。化粧品、塗料、
窒素原料などさまざまな用途がある。

葉蝋石
PYROPHYLLITE
三斜晶系
硬度1−2・比重2.65−2.9
この水酸化ケイ酸アルミニウムは色も形も
さまざまで、低度変成岩中に産する。
断熱性にすぐれている。

ガラス
光沢

柱状結晶

石英(水晶)
ROCK CRYSTAL
三方晶系・硬度7・比重2.7
水晶は透明で無色の石英で
あり、装飾品や宝石として
広く使われている。

石英(碧玉) JASPER
三方晶系・硬度7・比重2.7
碧玉は玉髄の一形態で石英の極微小結晶の
集合体から成り、宝石として使われる。半透明で、
不純物によって赤色を帯びるのがふつうである。

白色の
石英脈

石英(メノウ)
AGATE
三方晶系
硬度7・比重2.7
溶岩の空洞に生じるメノウも
玉髄の一形態である。
不純物による同心円上の
縞模様が特徴的である。

>> テクトケイ酸塩

異なる色の多様な帯

石英(玉髄)
CHALCEDONY
三方晶系・硬度7・比重2.7
玉髄は石英、すなわち二酸化ケイ素の極微細結晶の集まりである。純粋な玉髄は白色である。さまざまな岩石の鉱脈や空洞に生じる。

石英(縞メノウ)
ONYX
三方晶系
硬度7・比重2.7
縞メノウは平行な縞のある宝石の玉髄である。どこでもみつかるわけではなく、インドと南アメリカが有名な産地である。

石英(カーネリアン)
CARNELIAN
三方晶系・硬度7・比重 2.7
カーネリアンは酸化鉄が混入して赤色から橙色になった玉髄である。最良の品質のカーネリアンはインド産が著名。

石英(ブラッドストーン)
BLOODSTONE
三方晶系・硬度7・比重2.7
ブラッドストーンは微量のケイ酸鉄によって暗緑色になった玉髄である。全体に散らばる赤い碧玉が血を思わせる。

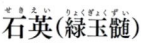

石英(緑玉髄)
CHRYSOPRASE
三方晶系・硬度7・比重2.7
緑玉髄は微量のニッケルによって淡緑色になった玉髄である。すべての玉髄のなかで最も珍重されている。

宝石質オパール

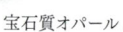

蛋白石(オパール)
OPAL 非晶質
硬度5½~6½・比重1.9~2.3
オパールは含水二酸化ケイ素で、ほとんどの種類の岩石からかたまりとなって産出する。不純物によってさまざまな色を帯びる。プレシャスオパールは宝石として珍重される。

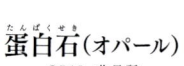

黄色いオパールの縞

鉄鉱の母岩

黄色い灰霞石

柱状結晶

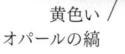

灰霞石
CANCRINITE
六方晶系
硬度5~6・比重2.4~2.5
準長石の灰霞石はさまざまな色をしたナトリウムとカルシウムの含水炭酸硫酸アルミノケイ酸塩である。

柱石
SCAPOLITE
正方晶系
硬度5½~6・比重2.5~2.8
柱石は類似構造をもつさまざまなナトリウムやカルシウムのケイ酸塩の総称であり、主に変成岩中でできる。

微斜長石
MICROCLINE
三斜晶系
硬度6~6½・比重2.5~2.6
普遍的なアルカリ長石である、このアルミノケイ酸カリウムは、ふつう白色か薄桃色である。緑色のものはアマゾナイト(天河石)とよばれる。

灰長石
ANORTHITE
三斜晶系
硬度6~6½・比重2.7~2.8
この斜長石族の灰長石は、アルミノケイ酸カルシウムである。淡い色の結晶や粒やかたまりになる。

輝沸石
HEULANDITE
単斜晶系
硬度3~3½・比重2.1~2.2
沸石科(ゼオライトファミリー)に属するカルシウムやナトリウムの含水アルミノケイ酸塩で、ガラス光沢や真珠光沢がある。

スコレス沸石
SCOLECITE
単斜晶系・硬度5–5½・比重2.3
この沸石は含水アルミノケイ酸カルシウムである。一般に無色か白色で、火成岩や変成岩にふつうに見られる。

細長い針のような結晶

中性長石
ANDESINE
三斜晶系・硬度6–6½・比重2.7–2.8
斜長石の仲間である曹長石（アルミノケイ酸ナトリウム）のなかでカルシウムを一定量以上含むものを特に中性長石として分類する。火成岩中に広く分布している。

塊状の方ソーダ石

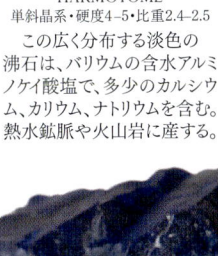

ソーダ沸石
NATROLITE
直方晶系
硬度5–5½・比重2.2–2.3
最も広く分布している沸石のひとつで、この含水アルミノケイ酸ナトリウムは玄武岩の空洞や、熱水鉱脈に産する。

ハイアロフェン
HYALOPHANE
単斜晶系
硬度6–6½・比重2.8
このアルミノケイ酸カリウムは、バリウムも含む比較的希少種である。無色、白色、黄色、または桃色である。

方ソーダ石
SODALITE
立方晶系・硬度5½–6・比重2.3
この準長石の方ソーダ石は、ナトリウムの塩化アルミノケイ酸塩である。希少な結晶がカナダで発見されている。

束沸石
STILBITE
単斜晶系・硬度3½–4・比重2.2
この広く分布する沸石は、ナトリウムやカルシウムの含水アルミノケイ酸塩である。さまざまな岩石の中に、束のような結晶をつくる。

重土十字沸石
HARMOTOME
単斜晶系・硬度4–5・比重2.4–2.5
この広く分布する淡色の沸石は、バリウムの含水アルミノケイ酸塩で、多少のカルシウム、カリウム、ナトリウムを含む。熱水鉱脈や火山岩に産する。

方沸石
ANALCIME
等軸晶系
硬度5–5½・比重2.2–2.3
この淡色の沸石は、含水アルミノケイ酸ナトリウムで、微妙な差異により構造に多様性がある。火成岩、変成岩、時に堆積岩中に産する。

青金石の結晶

曹長石
ALBITE
三斜晶系・硬度6–6½・比重2.6–2.7
アルカリ長石で斜長石とみなされている曹長石は、淡い色をしたアルミノケイ酸ナトリウムである。きわめて豊富な鉱物である。

アノーソクレス
ANORTHOCLASE
三斜晶系・硬度6–6½・比重2.6
アルカリ長石のアノーソクレスはアルミノケイ酸ナトリウムで、多少のカリウムも含み、柱状または板状結晶として産出する。

方解石の母岩

青金石
LAZURITE
立方晶系
硬度5–5½・比重2.4–2.5
濃青色の準長石である青金石は、ナトリウムやカルシウムの硫酸アルミノケイ酸塩で特異なS₃⁻イオンを含む。宝石のラピスラズリの主要な鉱物である。

トムソン沸石
THOMSONITE
正方晶系
硬度5–5½・比重2.2–2.4
淡色の沸石であるトムソン沸石は、ナトリウムとカルシウムの含水アルミノケイ酸塩で、玄武岩の空洞に広く分布する。

短柱状の正長石の結晶

濁沸石
LAUMONTITE
単斜晶系・硬度3½–4・比重2.2–2.4
広く分布する沸石の濁沸石は、含水アルミノケイ酸カルシウムである。火成岩、変成岩、堆積岩中に産する。

ポルクス石
POLLUCITE
立方晶系・硬度6½・比重2.9
セシウムの含水アルミノケイ酸塩で、複雑な化学組成を示し、ナトリウムなども含む。希少な沸石でセシウムの鉱石である。

正長石
ORTHOCLASE
単斜晶系・硬度6・比重2.6
アルカリ長石の正長石は、アルミノケイ酸カリウムである。多くの火成岩と変成岩の主要な構成鉱物である。

中沸石の結晶

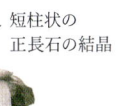

菱沸石　CHABAZITE
三斜晶系
硬度4・比重2.1–2.2
この一般的な沸石はナトリウムやカルシウムなどの含水アルミノケイ酸塩で、結晶は無色、白色、黄色、桃色である。

中沸石
MESOLITE
直方晶系・硬度5・比重2.3
ナトリウムとカルシウムの含水アルミノケイ酸塩である白色または無色の中沸石は、火成岩や変成岩の内部に産する。

藍方石
HAÜYNE
立方晶系・硬度5½–6・比重2.4–2.5
準長石である藍方石は、ナトリウムとカルシウムのアルミノケイ酸塩で硫酸イオンを含む。主に石英の不足した火山岩中に産する。

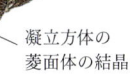

凝立方体の菱面体の結晶

岩石

地殻を形成している岩石は、鉱物のさまざまな組み合わせによって構成されている。
強さと固さそのものと考えられてきた岩石は、実際には絶え間ない変化し、
きわめて長い時間をかけて破壊され、再形成されている。岩石はその成り立ちから、
大きく3つのグループに分類される。

火成岩は、この花崗岩のように地下深くでマグマが冷えたり、火山が噴火したりしてできる。

砂岩のような堆積岩はもとの岩石が浸食され、その断片が堆積してできる。

片岩のような変成岩は温度や圧力の変化によってもとの岩石が変化してできる。

世界最古の岩石は、カナダの北西準州で発見された約40億年前の岩石である。しかし、ほとんどの岩石はこれよりはるかに新しい。グランドキャニオンの最古の岩石は20億年前にすぎず、地球の年齢の半分以下である。英仏海峡に面した白亜の断崖は、6600万年前に終わった白亜紀にさかのぼり（下段の年表を参照）、ヨーロッパアルプスはそれよりもさらに新しい。その理由は、地球の地殻変動が活発だからである。地球の内部の熱によって新しい岩石が生まれるいっぽう、古い岩石は絶えず壊されている。この果てしない循環は、地殻が最初に凝固したときからずっと続いているのである。

岩石グループ

岩石はその成り立ちの違いを反映して、火成岩、堆積岩、変成岩の3つのグループに分類される。火成岩は地表の火山の噴火で生じる溶岩や地下の溶けたマグマが冷えることによって生まれる。最も一般的な玄武岩とよばれる黒い火山岩は、海底の大部分を形成している。火成活動は深成岩も生み出す。それは地下で冷えて固まったもので、しばしばバソリスとよばれる巨大なかたまりになる。世界の花崗岩の大部分がこのようにして生まれた。

堆積岩は地球の表面で生まれる。その重要な特徴は、長い時間をかけて形成された地層である。砂岩や頁岩のように、すでにある岩石が浸食され、はがれた粒が水や風で運ばれて、別の場所に堆積してできるものもある。岩塩や石膏のように、塩水が蒸発して、溶けていた鉱物があとに残ってできたものは、蒸発残留岩として知られている。堆積岩のなかには生物起源のものもある。深海底でできるチョークは海洋生物のきわめて微小な骨格が集まったものであり、石炭は植物の遺体が何百万年も圧縮されてできたものである。

変成作用は地下深くで岩石が熱や圧力によって変化させられて生じる。例えば、一部の大理石は石灰岩が溶岩やマグマによって熱せられてできる。再結晶によって石灰岩の層理がなくなるので、大理石はノミを入れても崩れない良質な彫刻材になる。変成作用は非常に広大な領域で生じることが多い。温度と圧力が十分に高ければ、すべての岩石が変成して最終的には溶解し、マグマとなって岩石の循環が完成する。

コロラド州グランドキャニオン >
グランドキャニオンの風景は、堆積岩の地層と河川の浸食作用のほとんどすべてを示している。

地質学年表

4,600	4,000	2,500	541	485	444	419	359	299	252	201	145	66	56	34	23	5.3	2.58 MYA	11,700年前

| 冥王代 | 太古代 | 原生代 | 顕生代 | | | | | | | | | | | | | | | 累代 |

| | | | 古生代 | | | | | | 中生代 | | | 新生代 | | | | | | 代 |

| | | | カンブリア紀 | オルドビス紀 | シルル紀 | デボン紀 | 石炭紀 | ペルム紀 | 三畳紀 | ジュラ紀 | 白亜紀 | 古第三紀 | | 新第三紀 | | 第四紀 | | 紀 |

三葉虫は古生代の終わりに絶滅した海洋動物である。ダルマニテス・カウダトゥスはシルル紀の最も代表的な三葉虫である。

地球の歴史は、地球規模の出来事で4つの累代に分けられる。最後の顕生代は、多細胞生物の進化と絶滅でさらに3つに分類されている。最後の新生代は、さらに細かく分類され、第四紀の最終氷河期の後は、現代につながる完新世である。

暁新世	始新世	漸新世	中新世	鮮新世	更新世	完新世	世

MYA：百万年前

火成岩 IGNEOUS ROCKS

溶けた状態から固まった岩石を火成岩といい、大きく火山岩と
深成岩に分けられる。火山岩は地表の溶岩が冷えて固まった
ものであり、深成岩はマグマが地下で冷えて固まったものである。
溶岩もマグマもケイ酸と金属元素を豊富に含んでいる。
冷えるにつれて、長石、雲母、角閃石、輝石のような鉱物が
できる。これらの鉱物のさまざまな組み合わせによって
火成岩の多くができている。

玄武岩
BASALT
黒っぽくて細かい
粒からなる火山岩で
ある玄武岩は、海洋
性地殻を形づくる
最も一般的な
岩石である。

多孔質玄武岩
VESICULAR BASALT
斜長石、輝石、カンラン石
が大半を占めるこの火山岩
は黒っぽい色をしており、ガ
スの抜けた気泡のあとが空
洞となって残っている。

黒っぽく粒の細かい岩

流紋岩
RHYOLITE
この細粒淡色の溶岩に
は、石英、雲母、長石が
含まれ、しばしば大きな
結晶である斑晶が
認められる。

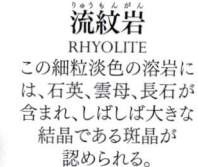

気泡
（ガスが抜けた
空洞）

縞状流紋岩
BANDED RHYOLITE
流紋岩の化学組成は
花崗岩と同じであるが、
急冷した溶岩なので
結晶が小さい。しば
しば溶岩が流動した
ときにできる縞模様が
認められる。

パホイホイ溶岩
PAHOEHOE
ハワイでふつうに見られる
パホイホイ溶岩は、「渦巻
く」を意味するハワイ語の
ホイに由来し、この
玄武岩質溶岩は
ロープ状の溶岩として
知られている。

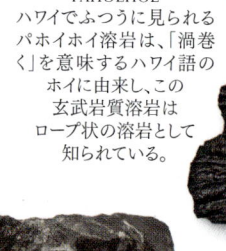

杏仁状玄武岩
AMYGDALOIDAL BASALT
杏仁状はアーモンドの形を意味し、玄武岩
質溶岩に見られる空洞気泡を表している。
この気泡は沸石、炭酸塩、メノウのような
二次鉱物に満たされていることが多い。

斑状玄武岩
PORPHYRITIC BASALT
この黒っぽい岩石は、
輝石や斜長石などの
大きな結晶が、粒の細か
い石基に点在している。

軽石
PUMICE
マグマが発泡してできた軽石は、ガラスのよう
な石基に長石の小さな結晶が点在している。
密度が非常に低いので水に浮く。

ペレーの毛
PÉLÉ'S HAIR
ハワイの女神にちなんで名づけら
れたこの岩石は、褐色でガラス質
の、ごく細い無数の繊維でできてい
る。ペレーの毛は風に吹き飛ばさ
れた溶岩のしぶきでできている。

石質凝灰岩
LITHIC TUFF
きわめて粒の細かい
ガラス質の石基に、それ
以前に形成された岩石の断
片が含まれている凝灰岩で、
ふつうは色が白っぽく激しい
火山噴火によって生じる。

溶結凝灰岩
IGNIMBRITE
非常に粒の細かい淡色
の凝灰岩が、堆積後も
高温であったために
溶結したもので、しば
しば溶岩の流れに
よる縞模様を示す。

紡錘状火山弾
SPINDLE BOMB
溶けた粘り気の弱い玄武岩質の溶岩が空中に
放出されると、このような弾丸のような形状になる。
それが冷えて固まると火山弾になる。

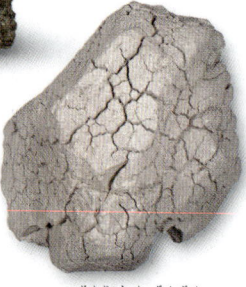

パン皮状火山弾
BREADCRUST BOMB
この火山弾の特徴は、表面にひび割れが走って
いることである。これは表面が冷えて固まった
あとも内部が膨張を続けた結果である。

凝灰集塊岩
AGGLOMERATE
火山の爆発的噴火でできる岩石で、基質中に比較的大きい岩片が含まれている。

斑状安山岩
PORPHYRITIC ANDESITE
この岩石は細粒の石基中に斜長石、輝石、角閃石の大きな結晶が含まれている。

安山岩
ANDESITE
「アンデス山脈」から名づけられた安山岩は、プレートの沈み込み帯の上にできた島弧によく見られる火山岩で、一般的には約60%の二酸化ケイ素を含む。

松脂岩
PITCHSTONE
この密度の高い火山岩は、構成する鉱物も色もさまざまで、松脂に似ており、蝋状で、樹脂のような光沢がある。

デイサイト
DACITE
デイサイトは淡色—灰色、細粒—粗粒で、主に斜長石、石英、輝石、黒雲母、普通角閃石を含む。

杏仁状安山岩
AMYGDALOIDAL ANDESITE
褐色、灰色、紫色、赤色の、粒の細かな火山岩には、火山ガスが抜けたあと鉱物が充填した杏仁状組織が認められる。

斑状粗面岩
PORPHYRITIC TRACHYTE
この岩石は、アルカリ長石、石英、雲母、輝石、角閃石というさまざまな鉱物を含む。その粒の細かい石基には大きな結晶が点在している。

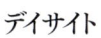

スピライト
SPILITE
この粒の細かな褐色の変質火山岩は、輝石と曹長石が含まれ、玄武岩質溶岩が海水と接触して変質したものと考えられている。

粗面岩
TRACHYTE
粗面岩は細粒の火山岩で、アルカリ長石と、黒雲母、普通角閃石、輝石のような有色鉱物を含み、一般に触れるとざらざらしている。

貝殻状割れ目

黒曜石
OBSIDIAN
一般に色の濃い黒曜石は、粘り気の強い高温の流紋岩質溶岩が急速に冷えたために鉱物が結晶することなくできた天然のガラスである。黒曜石は古代から石器として使われている。

くもりガラスのような白っぽい斑点

雪片黒曜石
SNOWFLAKE OBSIDIAN
二酸化ケイ素の多い黒いガラス状の火山岩から新たに結晶が成長して雪の結晶のような模様ができた。

菱長石斑岩
RHOMB PORPHYRY
この岩石は色が濃くて粒の細かい石基に散らばる、断面がひし形をした長石の大きな結晶が特徴的である。この見開きの火山岩と異なり、菱長石斑岩はつぎの見開きの岩石とおなじように、地下のマグマが冷えて固まった深成岩である。

>> 火成岩

閃緑岩
DIORITE
斜長石と角閃石と輝石でできた
閃緑岩は、石英をほとんど含まない
粒の粗い深成岩である。

花崗閃緑岩
GRANODIORITE
これはおそらく大陸地殻で
最も一般的な深成岩である。
斜長石が65％以上を
占める。

明るい色の
斜長石

霞石閃長岩
NEPHELINE SYENITE
粒が粗く、長石と
雲母と角閃石でできている
この閃長岩は、霞石を含む
が石英は含まれない場合が多い。

閃長岩
SYENITE
灰色か桃色の閃長岩は、大き
な貫入岩の内部で生じる深成
岩である。粒が粗く、長石と雲
母と角閃石でできているが、
石英はほとんど
含まれない。

ランプロファイア
LAMPROPHYRE
ランプロファイアの石基は
中粒で、雲母や角閃石などの
結晶が点在して
いる。貫入岩脈や
貫入岩床でできる。

月長石閃長岩
LARVIKITE
閃長石の一種である
月長石閃長岩は、青黒色で
大量の長石を含む。
ちらちら光る
青い閃光を呈する。

花崗岩
GRANITE
粒が粗くてさまざまな色をした花崗岩は、
10％以上の石英を含む。磨くと美しいので、
しばしば建築材料に使われる。

明るい色の
斜長石

斑レイ岩
GABBRO
この黒っぽい深成岩は、斜長
石、輝石、カンラン石でできて
いる。地下深くで玄武岩質マ
グマがゆっくり冷えてできる
ので、鉱物の粒が大きい。

黒いトルマリン

斑状細粒花崗岩
PORPHYRITIC MICROGRANITE
中ぐらいの粒の石基に大きな結晶が点在し、
主に石英と長石と雲母でできている。

カンラン石斑レイ岩
OLIVINE GABBRO
斑レイ岩は斜長石と輝石を多く
含む黒っぽい深成岩であるが、
カンラン石の割合が多いものは
カンラン石斑レイ岩と
よばれる。

層状斑レイ岩
LAYERED GABBRO
マグマの中で密度の異なる鉱物が
交互に並ぶと、この斑レイ岩のように、
明るい部分と暗い部分が層になる。

粗粒玄武岩
DOLERITE
貫入岩床や貫入岩脈で典型的に
見られる粗粒玄武岩は、斜長石、
輝石、酸化鉄鉱物でできた、黒っぽい
中ぐらいの粒の岩石である。

角閃石斑レイ岩
BOJITE
黒っぽい色をした
普通角閃石を多く含む斑レイ岩
である。粒が粗く、マグマが
ゆっくり冷えてできる。

白い細粒花崗岩

細粒花崗岩
MICROGRANITE
粒が細かく、しばしば斑状の
質感の細粒花崗岩は、マグマが
地層に入り込んで
固まった貫入岩床や貫入岩脈
で生じる。

黒雲母

灰色の石英

赤いザクロ石の結晶

ザクロ石カンラン岩
GARNET PERIDOTITE
このカンラン岩は構成が地球のマントル上部とよく似ている。この密度が高くて緑色がかったザクロ石カンラン岩は、ザクロ石、カンラン石、輝石といった有色鉱物でできている。

ダナイト
DUNITE
ほとんどカンラン石だけでできたこの岩は、濃緑色か褐色で、中粒の質感をしている。少量のクロム鉄鉱を含む。

緑色のカンラン石の結晶

カンラン岩
PERIDOTITE
緑色から黄色の密度の大きなこの岩石は、主にカンラン石と輝石でできている。結晶の粒が大きく、非常に深いところでできる。

桃色の斜長石

アダメロ岩
ADAMELLITE
このタイプの花崗岩は、石英と長石と雲母でできた深成岩である。長石の1/3から2/3は斜長石である。

文象花崗岩
GRAPHIC GRANITE
この粒の粗い岩石は石英と長石でできており、石英と長石の連晶によって文字のような模様になっている。雲母も含まれている。

キンバリー岩
KIMBERLITE
色が黒っぽくて粒の粗いキンバリー岩は、二酸化ケイ素の含有量が非常に低い。組成によっては世界の主要なダイヤモンド鉱石となる。

黒っぽい普通角閃石

珪長岩
FELSITE
粒の細かい珪長岩は、貫入岩床や貫入鉱脈の薄板状の貫入で形成される。色は淡く、主に長石と石英でできている。

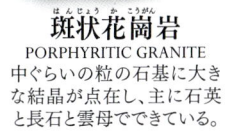

ペグマタイト
PEGMATITE
ペグマタイトは結晶が非常に大きい火成岩で、花崗岩が冷えて結晶したのち、残った液体のマグマがさらにゆっくり冷えて生じる。宝石用原石として利用されているものもある。

斑状花崗岩
PORPHYRITIC GRANITE
中ぐらいの粒の石基に大きな結晶が点在し、主に石英と長石と雲母でできている。

角閃石花崗岩
HORNBLENDE GRANITE
典型的な花崗岩は石英と長石と雲母でできている。この花崗岩はそれに加えて、角閃石のひとつである普通角閃石を含んでいる。

斜長岩
ANORTHOSITE
色の薄い斜長岩は、主に斜長石の大きな結晶でできている。カンラン石や輝石が含まれることもある。

変成岩 METAMORPHIC ROCKS

既存の岩石が地球内部で熱や圧力にさらされると、異なる鉱物の集合体に変化する。接触変成作用は貫入したマグマが発する熱によって周囲の岩石が再結晶化するときに生じる。広域変成作用はしばしば地下深くで広範囲にわたる高温と高圧の結果生じる。地殻の運動による変成作用が岩石を粉砕して再結晶化させることもある。

グラニュライト
GRANULITE
高圧と高温によって生じるグラニュライトは、黒っぽくて粒が粗く、輝石とザクロ石と雲母と長石を豊富に含む。

片岩
SCHIST
片岩の特徴は岩石内部の鉱物がおなじ方向に平行な面をなしていることである。この標本にみられる波状の模様は細密褶曲とよばれる。

ヘレフリンタ
HALLEFLINTA
もともと火山性の凝灰岩や流紋岩や石英斑岩だったヘレフリンタは、細粒で緻密な変成岩で、石英や斜長石を主体とする。

縞模様

マイロナイト
MYLONITE
岩石が衝上断層帯の奥深くで圧砕されると、その破片が圧縮されてマイロナイトとよばれる細粒の岩石ができる。

白雲母片岩
MUSCOVITE SCHIST
色が薄くてきらきらした白雲母を含む典型的な片岩である白雲母片岩には、石英と長石も含まれている。

藍晶石片岩
KYANITE SCHIST
主に長石と雲母と石英でできたこの片岩には、青い鉱物である藍晶石も含まれている。

点紋粘板岩
SPOTTED SLATE
これは黒っぽい細粒の岩石で、菫青石や紅柱石のような鉱物の黒い斑点（斑状変晶）が点在している。

粘板岩
SLATE
黒っぽくてきわめて粒の細かい粘板岩は、平行な劈開面のある緻密な岩石である。この岩石は低圧の変成作用でできる。

ザクロ石片岩
GARNET SCHIST
この片岩にザクロ石が含まれているのは、この岩石が大陸地殻の地下深くの比較的高温で高圧な場所でできたことを示す。

黒雲母片岩
BIOTITE SCHIST
比較的高い温度と低い圧力で変成した黒雲母片岩は、長石と石英のほかに大量の黒雲母を含むので黒っぽい。

薄赤色の方解石

千枚岩
PHYLLITE
千枚岩は片岩よりは低いが粘板岩よりは高い温度と圧力によって形成される。粒の細かい千枚岩は独特の光沢があって薄い葉片状にはがれやすい。

管状構造

スカルン
SKARN
炭酸塩岩が高温の接触変成作用を受けて変化したスカルンは、カルシウムとマグネシウムと鉄を豊富に含む鉱物でできている。

閃電岩
FULGURITE
砂漠や砂浜に雷が落ちると、砂が溶けて閃電岩とよばれる小さな管状の構造物になる。

変成珪岩
METAQUARTZITE
石英の割合が非常に高いので、この岩石はほとんどの変成岩よりも固い。石英砂岩が高温で変成されてできる。

葉片状結晶

空晶石ホルンフェルス
CHIASTOLITE HORNFELS
ホルンフェルスはマグマの貫入近くで非常に高い温度でできる。このホルンフェルスには色の薄い空晶石の葉状の結晶が含まれている。

菫青石ホルンフェルス
CORDIERITE HORNFELS
黒っぽく割れやすい菫青石ホルンフェルスは、細粒から中粒の岩石で、火成岩の貫入の熱による接触変成作用でできる。

ザクロ石ホルンフェルス
GARNET HORNFELS
ホルンフェルスは、接触変成作用でできた固くて黒っぽい岩石であるが、ザクロ石ホルンフェルスは赤みを帯びている。

片麻岩
GNEISS
非常に高温・高圧でできた粗粒の岩石である片麻岩は、明色と暗色が交互に重なった縞が特徴的である。

眼球片麻岩
AUGEN GNEISS
片麻岩には石英と長石と雲母が含まれ、しばしば平行な縞模様になっているが、眼球片麻岩はレンズ型の眼球に似た結晶が見られる。

褶曲した片麻岩
FOLDED GNEISS
片麻岩は地下の非常に深いところで可塑的になって褶曲する。暗色の部分は角閃石が多く、明色の部分は石英と長石が多い。

輝石ホルンフェルス
PYROXENE HORNFELS
細粒から中粒の固いホルンフェルスには、石英と長石と雲母と輝石が含まれている。貫入したマグマの近くで形成される。

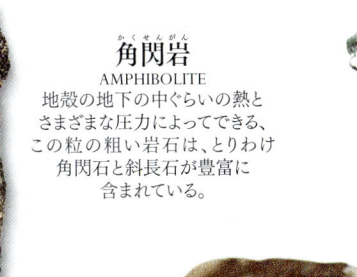

角閃岩
AMPHIBOLITE
地殻の地下の中ぐらいの熱とさまざまな圧力によってできる、この粒の粗い岩石は、とりわけ角閃石と斜長石が豊富に含まれている。

エクロジャイト
ECLOGITE
主に緑色のオンファス輝石と赤色のザクロ石の二種の鉱物でできたエクロジャイトは、粒が粗く、非常に高温で高圧な環境でできる。

ミグマタイト
MIGMATITE
高温と高圧のもとでできる。粗粒で褶曲したミグマタイトには、黒っぽい角閃石などの鉱物と白っぽい石英・長石の鉱物の縞模様がある。

粒状片麻岩
GRANULAR GNEISS
この片麻岩はほぼ同じ大きさの粒でできていて、質感がざらざらしている。角閃石と黒雲母でできた暗色の部分と、石英と長石でできた明色の部分が層をなしている。

大理石の断片

大理石角礫岩

灰色の大理石

大理石
MARBLE
接触変成作用か広域変成作用でできる大理石は、方解石を豊富に含み、ほかの鉱物のさまざまな色の鉱脈が走っている。彫刻材料として珍重されている。

緑色の大理石

蛇紋岩
SERPENTINITE
一般に縞や斑点や線状の模様のある蛇紋岩は、密度は高いが硬度は低く、カンラン岩が変成してできたもので、プレートとプレートの間のプレート収束帯で主に形成される。

堆積岩 SEDIMENTARY ROCKS

堆積岩は一般に地層を形成し、化石が含まれることもある。その起源によって大きく三つに分類される。砕屑岩は既存の岩石が風化浸食されてできた岩石や鉱物の断片でできている。生物岩は動物や植物の遺骸に由来する。化学岩は化学物質が沈殿してできる。

粟粒状の砂岩
MILLET-SEED SANDSTONE
この岩石は中粒で、しばしば赤褐色の酸化鉄に覆われている。丸くなって大きさのそろった石英の粒は風によって摩耗したものである。

海緑石砂岩
GREENSAND
海緑石によって緑色を帯びた海緑石砂岩は、浅海で形成され、石英を多く含む砂岩である。

雲母質砂岩
MICACEOUS SANDSTONE
石英を豊富に含むこの砂岩はきらめく雲母を含んでおり、ふつうは中粒である。

褐鉄鉱砂岩
LIMONITIC SANDSTONE
この岩石は、中粒から粗粒の石英の粒を覆う褐鉄鉱という酸化鉄鉱物のために、赤褐色か黄褐色をしている。

トラバーチン
TRAVERTINE
トラバーチンは白っぽくてしばしば縞がある。化学的沈殿ででき、純粋の方解石からなる。温泉や火口の周囲で形成される。

酸化鉄によって赤色を帯びる

岩塩 ROCK SALT
塩化ナトリウムの結晶でできた岩塩は、しばしば酸化鉄や粘土鉱物といった含有物によって色を帯びている。水によく溶け、硬度が低くてしょっぱい味がする。

石膏岩
ROCK GYPSUM
塩水の蒸発によって生じる結晶質の石膏岩は、しばしば白っぽくて硬度が非常に低い。ほかの蒸発岩とともに産出する。

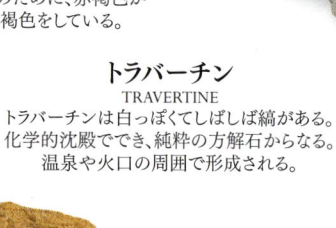

砂岩

砂岩
SANDSTONE
この岩石は砂粒の層として生じ、さまざまな鉱物によって固結したのでさまざまな色を帯びる。砂岩はふつう石英を豊富に含む。

氷礫岩 BOULDER CLAY
灰色か褐色の氷礫岩は、非常に細かな粘土の石基に、角ばったものや丸みを帯びたものなど、さまざまな岩石の岩片が散らばっている。

粘土岩
CLAYSTONE
さまざまな色をした、きわめて細粒の岩石で、主に長石の風化によってできた、カオリンのようなケイ酸塩粘土鉱物でできている。

赤い砂岩

酸化鉄によって色を帯びた石英の粒

赤鉄鉱とチャートの帯

縞状鉄鉱層
BANDED IRONSTONE
この海洋堆積物は、黒い赤鉄鉱と赤いチャートの帯が交互に並んでいる。最も重要な鉄の鉱石のひとつである。

魚卵状鉄鉱石
OOLITIC IRONSTONE
この岩石は、菱鉄鉱のような鉄鉱物の、小さくて丸い堆積粒子（魚卵状粒子）でできており、ほかの鉄鉱物や方解石や石英などによって固まったものである。

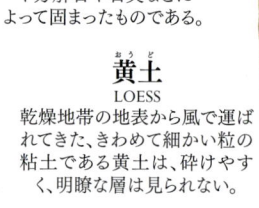

黄土
LOESS
乾燥地帯の地表から風で運ばれてきた、きわめて細かい粒の粘土である黄土は、砕けやすく、明瞭な層は見られない。

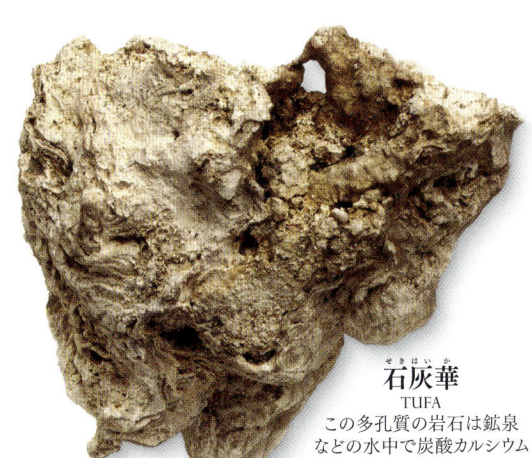

石灰華
TUFA
この多孔質の岩石は鉱泉
などの水中で炭酸カルシウム
が沈殿してできる。石灰岩
などの緻密で硬いものは
トラバーチンという。

層構造

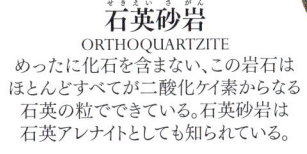
灰色の石英砂岩

石英砂岩
ORTHOQUARTZITE
めったに化石を含まない、この岩石は
ほとんどすべてが二酸化ケイ素からなる
石英の粒でできている。石英砂岩は
石英アレナイトとしても知られている。

桃色の石英砂岩

マンガン団塊
MANGANESE NODULE
マンガン、鉄、ニッケル、コバルト、銅の
ような貴重な金属を豊富に含む
マンガン団塊は、丸くて黒いかたまりで、
深海底で形成される。

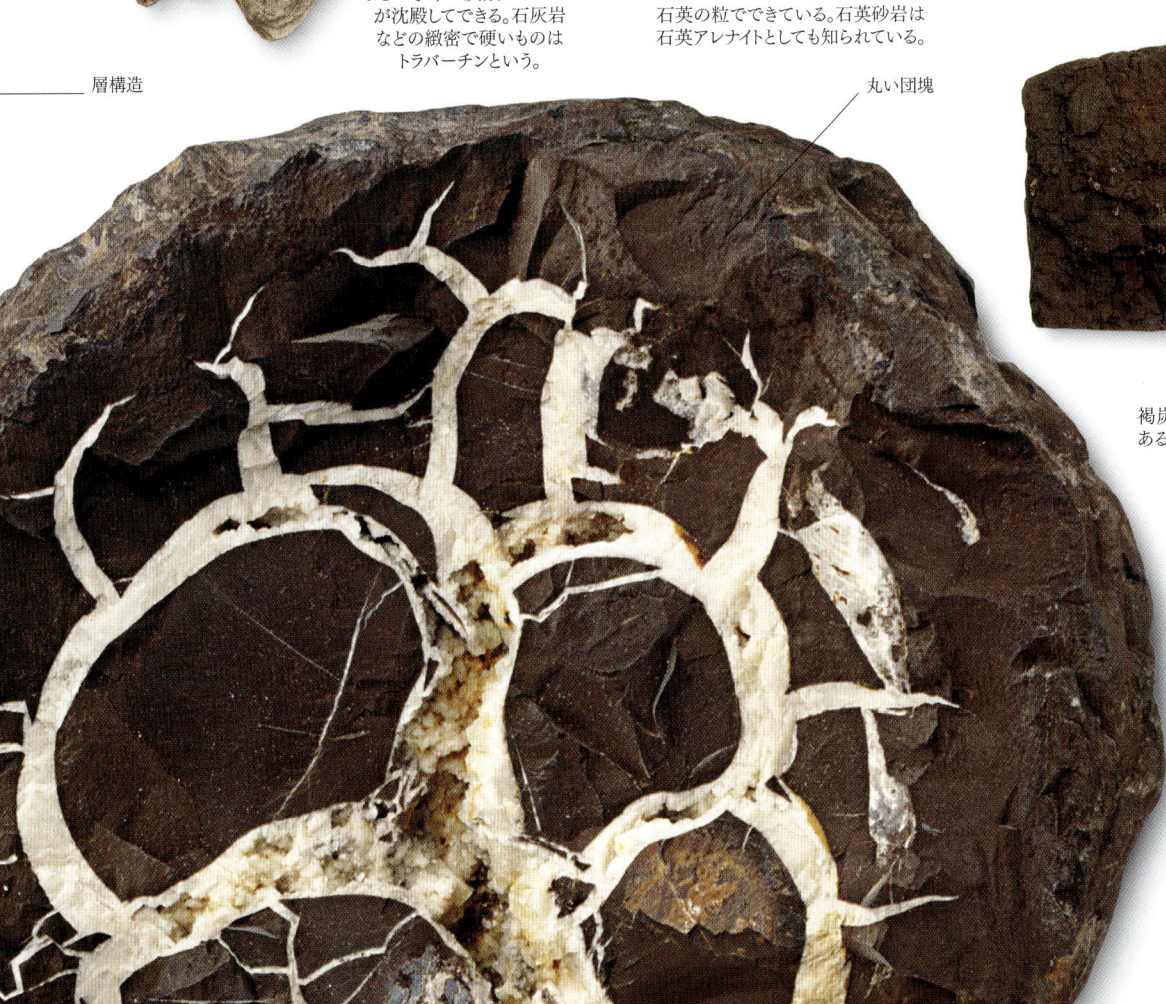

丸い団塊

白っぽい方解
石が亀裂(セプ
タ)に充満して
いる

亀甲石団塊
SEPTARIAN NODULE
このタイプの団塊は堆積岩中に
生じる。内部のセプタとして
知られる亀裂に石英や方解石が
つまっている。

褐炭

黒玉
（ジェット）

褐炭
LIGNITE
褐炭は瀝青炭に比べて炭素の含有率の低い石炭で
ある。黒玉は褐炭が固くて黒い光沢のある形になった
もので、磨くとよくつやが出る。

無煙炭
ANTHRACITE
最も純粋な石炭である無煙炭は、大昔の植物が炭化
したもので、黒くてつやがあり、表面はガラス質である。
割れるとへりが湾曲する。

瀝青炭
BITUMINOUS COAL
石炭は植物が堆積して
炭化したものだが、この
瀝青炭は無煙炭についで
炭素の含有率が高く、最も
豊富な石炭である。

内部の
放射状構造

黄鉄鉱団塊
PYRITE NODULE
この球状の団塊は頁岩や粘土の中で生まれ、
全体が黄鉄鉱の放射状の結晶でできている。

≫ 堆積岩

ウミユリの茎の
化石

ウミユリ石灰岩
CRINOIDAL LIMESTONE
ウミユリは柔軟な茎で
海底に固着する棘皮動物で
ある。ウミユリ石灰岩は石灰泥
によって固結した茎の断片の
かたまりである。

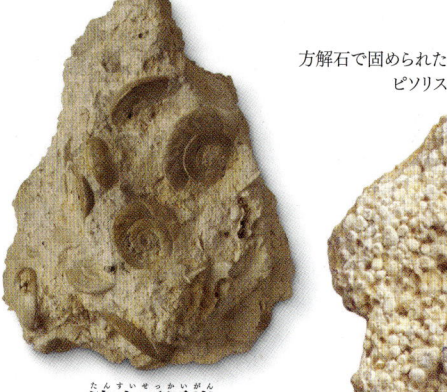

方解石で固められた
ピソリス

貨幣石石灰岩
NUMMULITIC LIMESTONE
海生の有孔虫である貨幣石が、
この岩石の主な化石である。
基質は、もともと石灰泥だった
方解石である。

サンゴ石灰岩
CORAL LIMESTONE
この岩石は細粒の方解
石で固められたサンゴ
の化石のかたまりで
ある。色は灰色か白色
か淡褐色である。

淡水石灰岩
FRESHWATER LIMESTONE
この石灰岩は色が薄く、多くの
方解石と少量の石英と粘土で
できている。淡水に生息する生物の
化石が含まれているので、
堆積した環境が推測できる。

ピソリス石灰岩
PISOLITIC LIMESTONE
この岩石は、ピソリスという、ウーライトより
もわずかに大きな粒でできている。この
豆粒ほどの粒はしばしば扁平になって
いて、方解石でゆるく固結している。

ウーライト石灰岩
OOLITIC LIMESTONE
この石灰岩は、海底の堆積物が
流れにのって転がるうちに同心円
状に縞模様のある丸い小さな粒の
ウーライトでできており、
炭酸塩の泥で固められている。

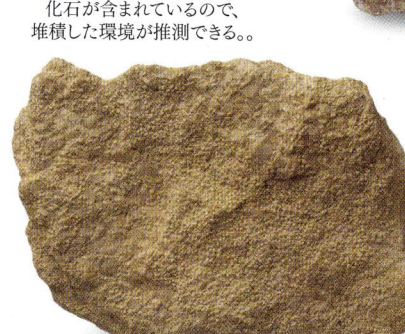

コケムシ石灰岩
BRYOZOAN LIMESTONE
これは灰色か淡褐色の
生物起源石灰岩で、
硬化した方解石質の
泥の母岩に、
コケムシの化石が
含まれている。

石灰角礫岩
LIMESTONE BRECCIA
大きく角ばった岩石や
石英の断片が方解石で
固められた岩石で、
しばしば石灰岩の真下
などでできる。

長石質砂岩
FELDSPATHIC GRITSTONE
粗粒で色の濃さは
さまざまであるが、
この砂岩には大量の
石英と最大25％の
長石が含まれている。

石英質砂岩
QUARTZ GRITSTONE
この砂岩は石英を主体に
いくらかの長石と
雲母でできており、
すべて粗い粒である。

泥質砂岩
GREYWACKE
この暗色の岩石は、石英と岩石の断片と
長石が、細粒の粘土や緑泥石のかたまりに
点在している。主に海盆で形成される。

岩質砂岩
ARKOSE
色の濃さがさまざまで
中粒の岩質砂岩は、
長石を高い割合で含む
砂岩である。

ドロマイト
DOLOMITE
この黄色がかった褐色か灰色の
岩石は、高い割合で炭酸マグネシウム
カルシウムの苦灰石からなる。
しばしばドロストーンともよばれる。

含化石頁岩
FOSSILIFEROUS SHALE
頁岩のような粒の細かい堆積岩は、
保存状態のよい化石を多数
含んでいることが多い。

腕足類の化石

頁岩
SHALE
粒が細かくて層状の岩石である
頁岩は、一般に、粘土鉱物、
有機鉱物、黄鉄鉱や石膏
といった鉱物の
結晶を含んでいる。

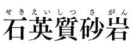

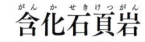

礫岩
POLYGENETIC CONGLOMERATE
最も粒の粗い堆積岩である礫岩は、細粒の母岩にさまざまな丸石や岩石の断片が埋まっている。

丸みを帯びた石英の小石

砂岩の母岩

石英礫岩
QUARTZ CONGLOMERATE
色はさまざまだが、この典型的な礫岩は、細粒で色の濃い基質に汚れた白色の石英の丸石がぎっしり埋まっている。

酸化鉄による赤色

赤いチョーク

チョーク
CHALK
ほぼ方解石からなるチョークは、非常に粒が細かく、粉になりやすい。コッコリスや放散虫といった微生物の化石でできている。

白いチョーク（白亜）

シルト岩
SILTSTONE
この暗色の岩石は砂より小さく泥より大きな粒でできており、その多くは石英である。有機鉱物や方解石を含むこともある。

角礫岩
BRECCIA
この岩石は、砂や泥の細かい基質に、大きくて角ばった岩石の断片が埋まっている。地層の中で形成されることはめったにない。

チャート
CHERT
このチャートは、石英の非常に細かい粒でできたもので、石灰岩のような岩石中に縞や団塊として生じる。灰色なのがふつうである。

泥灰岩　MARL
硬さが泥岩と石灰岩の間である泥灰岩は、細粒で方解石を豊富に含み、層のある岩石である。緑泥石や海緑石によって緑色になることもある。

泥岩　MUDSTONE
大量の粘土と非常に細粒の石英や長石でできた泥岩は、頁岩にみられるような層理がない。

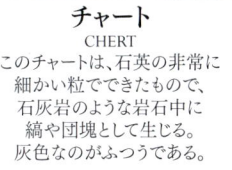

燧石　FLINT
ふつうチョークの中に団塊としてみつかる燧石は、非常に硬くて黒い、密な石英でできている。割れると鋭く湾曲したへりができる。

化石

**化石は地殻の岩石に埋もれて保存された過去の生物の証拠である。化石は科学者に
生命の進化について重要な手掛かりを提供する。また、岩石の年代を特定したり、この
世界をつくりあげた過去の出来事について知ることも可能にしてくれる。**

長い時間をかけて、この植物の組織は腐敗した。炭素の薄い膜に覆われて、輪郭だけが残っている。

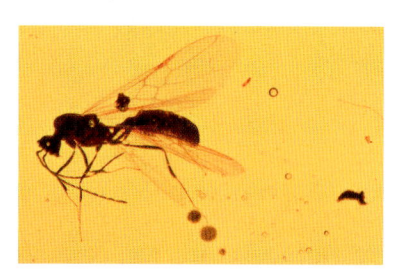

昆虫が樹木からにじみだした樹脂につかまった。樹脂は琥珀に変わり、昆虫を完璧に保存している。

魚の骨が頁岩中で化石になっている。もとの骨格にあった空洞はすべて鉱物によって充填されている。

今から37億年以上前、生命は地球に誕生した。初期の生物は、小さくて軟かい体をしていたので、その存在の明白な痕跡はほとんど残されていない。しかし何十億年もかけて、生命は徐々に進化していった。固い部位を持つ生物が現れ、それらは――十分な時間があれば――化石になることができた。この変化は非常に重要な意義を持つ。なぜなら世界中の堆積岩が途方もない数の生物の化石を含み、しかもそれらが出現した順序をきちんと記録しているため世界規模のデータバンクと言えるようになったからだ。これらの化石は生物がたどってきた進化の道筋を教えてくれる。また比較的短期間に膨大な数の種が一掃された大量絶滅についても教えてくれる。

死んで埋もれる

化石になるかどうかは運次第であり、保存されるのは生物のごくわずかにすぎない。陸上では、何らかの偶発的な出来事が必要だ――動物が土滑りや鉄砲水に襲われることや、湖で溺死することなどである。海生生物のほうが化石になる可能性がずっと高い。堆積物が遺骸に絶えず降り注いでいるからである。ほとんどの化石では貝殻や骨などの動物の固い部分が残されるが、粒の細かい堆積物は軟らかい組織を保存することがある。埋もれたあと、遺骸には水に溶けた鉱物がゆっくりと浸透してゆき、文字どおり遺骸を石に

変えていく。いったんできあがっても、多くの化石がまだ地下に眠っている間に、熱や圧力、地殻変動によって破壊されてしまう。しかしそのすべてに耐えたならば、化石は隆起によって地表に持ち上げられ、浸食によって母岩から解放されることがある（下図を参照）。こうなったらあとは風化する前に発見されるのを待つだけである。

これらの遺骸の化石は息を飲むほどすばらしい。長さが数メートルもある完全骨格だったりするとなおさらである。けれども、それだけが生物の化石というわけではない。生痕化石といって、足跡や、巣穴や、そのほかの生命活動の痕跡も化石になる。生痕化石は、動物の生き方について、間接的だが魅力的な証拠を提供してくれる。例えば、恐竜の足跡から歩く速さがわかり、群れのなかで互いにどのように行動したか、あるいは成長にともなってどのように体重が増していったかまでわかるのである。

目に見える化石を含まない古い年代の岩石にも、化学化石が含まれていることがある。化学化石とは、生命活動によってつくりだされた太古の有機化合物である。あまり華々しくないが、これらの有機化合物は地球の生命の起源をつきとめる手掛かりとなる。

突然の死 ＞
オルドビス紀後期の三葉虫が集団で化石になっている。おそらく彼らは、堆積物によってふいに生き埋めにされたのだろう。

論 点

示準化石

地質年代区分は主に化石を使って確立された。分布領域が広く、かつ生存期間が限定されている生物は示準化石として知られている。示準化石は地層が堆積した時代を特定したり、離れた地層を関連づけたりするのに使われる。異なる場所で同じ示準化石がみつかれば、その地層は同じ時期に堆積したことがわかる。したがって、示準化石は地質学者が岩石の年代を定め、時代順にまとめることを可能にする。中生代のアンモナイト（絶滅した海の軟体動物）は最良の示準化石のひとつである。

化石のでき方

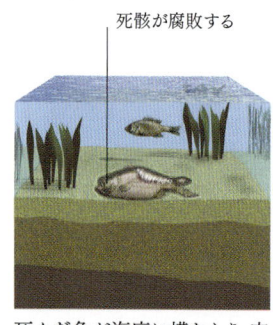

死骸が腐敗する

死んだ魚が海底に横たわり、肉はやがて失われる。保存されるためにはすみやかに埋もれなければならない。

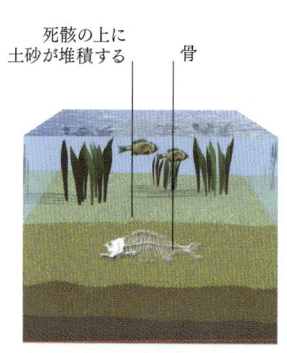

死骸の上に土砂が堆積する　骨

魚の骨格は堆積物に覆われる。化石になるには、骨はパーミネラリゼーションとよばれる化学変化を経なければならない。それによって骨の内部の空洞は鉱物に置換される。

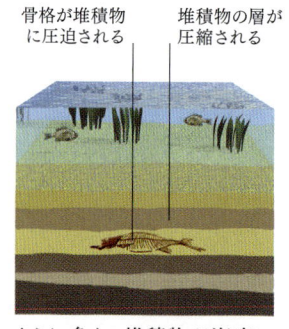

骨格が堆積物に圧迫される　堆積物の層が圧縮される

さらに多くの堆積物が海底に蓄積してその下の地層を圧迫する。堆積物の層の間にはさまれて、化石は平らになったり、ゆがめられたり、破壊されたりすることもある。

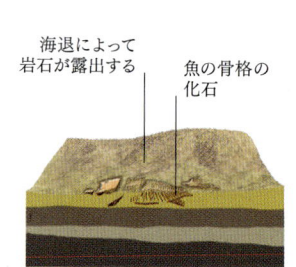

海退によって岩石が露出する　魚の骨格の化石

何百万年後には、海底の堆積物は岩石になり、地殻変動などによって地上に現れる。風化作用によって岩石が浸食され、魚の化石が現れる。

化石植物 FOSSIL PLANTS

植物は化石記録に現れた最初の生物のひとつである。先カンブリア時代の岩石からは藻類がみつかっている。維管束植物（水と養分を運ぶための組織をもつ植物）はシルル紀に進化し、石炭紀までには、地球はのちに石炭となる湿地性植物の広大な森林によって緑の惑星になっていた。その後、中生代に花が咲く植物が進化した。

初期の陸上植物
EARLY LAND PLANT
Cooksonia hemisphaerica
シルル紀とデボン紀の岩石からみつかるクックソニアは、最古の維管束植物のひとつである。固い茎と葉のない枝をもっていた。

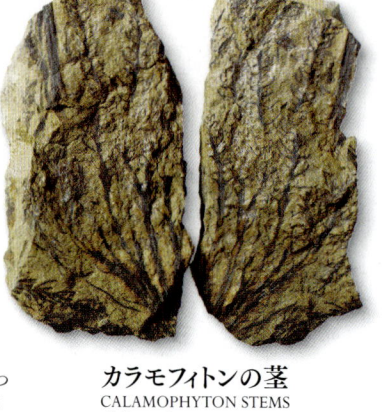

カラモフィトンの茎
CALAMOPHYTON STEMS
Calamophyton primaevum
シダ植物の類縁と思われる原始的な葉のない植物のカラモフィトンは、デボン紀と石炭紀初期の岩石からみつかる。

枝 ——

クラドキシロンの茎
CLADOXYLON STEMS
Cladoxylon scoparium
デボン紀と石炭紀の岩石から化石がみつかる。クラドキシロンは、葉をもたなかったが、丈夫な茎から生えた枝で光を吸収していた。

—— 丈夫な茎

シダ種子植物の葉
SEED FERN LEAF
Alethopteris serlii
石炭紀とペルム紀の地層から産出するシダ種子植物アレソプテリスは、はっきりした葉脈のある厚い小羽片でできた羽状複葉をもっていた。

シクロプテリスの小葉
CYCLOPTERIS LEAFLETS
Cyclopteris orbicularis
シダ種子植物ニューロプテリスの小羽片はシクロプテリスという学名を与えられている。その化石は石炭紀の地層から産出する。

シダ種子植物の種子
SEED FERN SEEDS
Trigonocarpus adamsi
トリゴノカルプスは、石炭紀の地層から産出するシダ種子植物の種子の化石であり、三本の肋をもっている。

トクサの群葉
HORSETAIL FOLIAGE
Asterophyllites equisetiformis
石炭紀とペルム紀の地層から産出するアステロフィリテスは、針のような葉をもち現代のトクサに似た構造をしている。

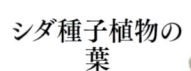

つる性トクサ
CLIMBING HORSETAIL
Sphenophyllum emarginatum
石炭紀からペルム紀にかけての岩石で発見されたこのトクサは、くさび形の葉とからむのに適した長くて柔らかな茎をしている。

フウインボクの茎
SIGILLARIA STEM
Sigillaria aeveolaris
石炭紀とペルム紀の岩石から産出するシギラリア（フウインボク）は、30m以上に成長する巨大なヒカゲノカズラの仲間である。細長い幹の上部から葉が直接、密集して生えていた。

—— 垂直の畝

リンボクの根
LEPIDODENDRON ROOT
Stigmaria ficoides
石炭紀とペルム紀の地層から産出するスティグマリアは、ヒカゲノカズラの仲間であるリンボクの根の化石である。

ペルム紀のシダ
PERMIAN FERN
Oligocarpia gothanii
この地表近くで成長するシダは、石炭紀とペルム紀の地層から産出する。湿地に広く生育していた。

サンショウモの根茎
SALVINIA RHIZOME
Salvinia formosa
サンショウモは熱帯産の水生シダで、水面に浮遊する。石炭紀から現世までの地層で化石がみつかっている。

—— 羽状葉

白亜紀のシダ
CRETACEOUS FERN
Weichselia reticulata
白亜紀の地層から産出するウェイクセリアは、現代のワラビに似ており、2回枝分かれする複葉をもっていた。

シダ種子植物の小葉
SEED FERN LEAFLETS
Dicrodium sp.
三畳紀のシダ種子植物ディクロディウムは羽状葉をもち、その複葉は長さ約7.5cmだった。

古生代の針葉樹
PALEOZOIC CONIFER
Lebachia piniformis

石炭紀とペルム紀の地層から産出する球果をつける植物レバキアは、現代の針葉樹の祖先である。

針葉樹の球果
CONIFER SEED CONES
Taxodium dubium

ジュラ紀の地層から産出するタクソディウムは、現代のイトスギの親戚である。湿った土地に生育し、針のような葉をつける。

セコイアの球果
COAST REDWOOD CONE
Sequoia dakotensis

巨大な常緑樹セコイアの球果は白亜紀から現世までの地層でみつかっている。現代のセコイアのなかには、樹齢2,000年を超えるものもある。

白亜紀の針葉樹
CRETACEOUS CONIFER
Glyptostrobus sp.

白亜紀から新生代にかけて湿地に生育していたグリプトストロブスは石炭を形成した植物として重要である。

半化石樹脂
SUBFOSSIL
TREE RESIN
Kauri pine amber

琥珀はカウリマツのようなマツの硬化した樹脂である。最初に現れたのは白亜紀前期だが、香り高く粘り気のある樹脂にとらわれて死んだ昆虫の化石がしばしば含まれている。

球果の断面

ジュラ紀の針葉樹
JURASSIC CONIFER
Araucaria mirabilis

この絶滅したチリマツの一種、アラウカリアは、中央の軸のまわりに鱗片がらせん状に連なった、特徴的な球果をつける。

種子

石炭紀の裸子植物
CARBONIFEROUS GYMNOSPERM
Cordaites sp.

裸子植物の先祖のコルダイテスは、石炭紀とペルム紀に生えていた。種子で増える木本だった。

ギガントプテリス目の葉
GIGANTOPTERID LEAVES
Gigantopteris nicotianaefolia

ギガントプテリス属はペルム紀の種子植物である。この種は、葉がタバコ（Nicotiana）の葉（folia）に似ているとして名付けられた。

ペルム紀のイチョウの葉
PERMIAN GINKGO LEAVES
Psygmophyllum multipartitum

今も中国で見られるイチョウは、ペルム紀にはじめて出現した。扇の形の葉は、現代のイチョウの先祖であるプシグモフィルムの化石でもまったく同じである。

三畳紀のイチョウ
TRIASSIC GINKGO
Baiera munsteriana

長さ15cmの扇形をしたバイエラの葉は、葉脈がばらばらに分かれていた。現生のイチョウの葉はほぼ完全な扇形をしている。

中心軸

年輪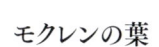

オークの幹
OAK TREE TRUNK
Quercus sp.

よく知られたオーククエルクスの化石は、白亜紀にはじめて出現する。今日では500種以上のオークが生育している。

ニッパヤシの実
STEMLESS PALM FRUIT
Nypa burtinii

ニッパヤシの化石は始新世にはじめて出現する。このヤシは直径25cmの球状の果実の中に木質の種子をつくる。

モクレンの葉
MAGNOLIA LEAF
Magnolia longipetiolata

最初期の被子植物のひとつであるモクレンは、白亜紀にはじめて出現した。初期の昆虫がその蜜を吸った。

化石・無脊椎動物

化石無脊椎動物 FOSSIL INVERTEBRATES

体内に硬い骨格をもたない動物である無脊椎動物は、化石のなかでも最もありふれた部類に入る。無脊椎動物がはじめて登場したのは先カンブリア時代であったが、化石記録で三葉虫のような複雑な無脊椎動物の数が爆発的に増加するのは、カンブリア紀になってからだった。節足動物、軟体動物、腕足動物、棘皮動物、サンゴ類のような無脊椎動物の化石がとくに多いのは、硬い外部構造をもち、化石ができるのに有利な海洋に生息していたからである。

古杯動物
ARCHAEOCYATHID
Metaldetes taylori
これらの造礁生物は、カンブリア紀にしか知られていない。メタルデテスはサンゴと異なり、コップ状の構造をしていた。

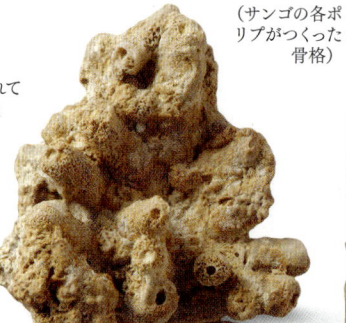

サンゴ石（サンゴの各ポリプがつくった骨格）

板状の構造

筒状の隔室

層孔虫
STROMATOPOROID
Stromatopora concentrica
オルドビス紀からペルム紀にかけて、しばしば礁性石灰岩から産出する海綿動物。カルシウムを豊富に含む管が多数集まり、多孔質の構造をなしている。

石灰海綿
CALCAREOUS SPONGE
Peronidella pistilliformis
方解石でできた骨針が互いにくっついているのが特徴的なペロニデラは、三畳紀や白亜紀の岩石から産出する。

ドーム状のコケムシ
TREPOSTOME BRYOZOAN
Diplotrypa sp.
オルドビス紀の地層からみつかるコケムシ、ディプロトリパは小型の無脊椎動物で、サンゴにいくらか似て、ドーム状の群体を形成した。

網状のコケムシ
CHEILOSTOME BRYOZOAN
Biflustra sp.
新生代の岩石からみつかったこのコケムシ類は現存する。これらのコケムシは小さな隔室をもち、そこに軟らかな体の小さな個虫が生息している。

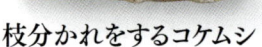

レースサンゴ
LACE CORAL
Schizoretepora notopachys
レースサンゴのシゾレテポラは始新世から更新世までの地層から産出する。海底の岩石上に生息していた。

枝分かれをするコケムシ
BRANCHING BRYOZOAN
Constellaria sp.
海底に枝分かれした群体を形成したコンステラリアは、オルドビス紀の地層から産出する。

カンザシゴカイ
SERPULID WORMS *Rotularia bognoriensis*
ジュラ紀から始新世にかけての岩石から産出するロトゥラリアは、カンザシゴカイの一種である。すべてのカンザシゴカイと同じように、それぞれの個体は軟らかい体を護るために炭酸カルシウムでできた渦巻状の管をつくる。

スプリッギナ
SPRIGGINA *Spriggina floundersi*
エディアカラ紀の岩石でみつかったごく初期の化石スプリギナは、細長い蠕虫のような形をしていた。分類的な位置づけはまだ定かではない。

網の目のような枝

群体を構成する各個虫は柔らかな体で、それぞれ鞘におさまっていた

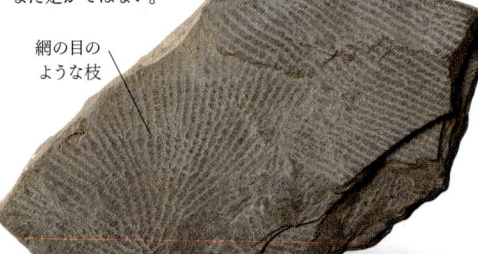

湾曲した一本の枝

音叉状のフデイシ
"TUNING FORK" GRAPTOLITE
Didymograptus murchisoni
2本の柄（枝）をもつフデイシ（絶滅した群体性無脊椎動物）、ディディモグラプタスはオルドビス紀の岩石から産出する。長さは2cmから60cmになる。

枝分かれをするフデイシ
BRANCHING GRAPTOLITE
Rhabdinopora socialis
最近まで、この筆石はディクティオネマとよばれていた。無数の細い放射状の柄があり、オルドビス紀の地層から産出する。

螺旋状のフデイシ
SPIRAL GRAPTOLITE
Monograptus convolutus
枝が一本で、片側に鞘とよばれる杯状の構造物のあるモノグラプトゥスは、シルル紀前期の地層から産出する。とぐろを巻くのも珍しい。

床板サンゴ
TABULATE CORAL *Catenipora* sp.
鎖に似た構造をなす単純な床状サンゴのカテニポラは、オルドビス紀とシルル紀の暖かな浅い海に住んでいた。

群体がつくった鎖のような構造

迷路サンゴ
SCLERACTINIAN CORAL *Meandrina* sp.
人間の脳のような形をした、この群体性サンゴは、表面に山と谷がある。始新世の岩石からはじめて発見されたメアンドリナは、今日も現存する。

四射(四放)サンゴ
RUGOSE CORAL
Goniophyllum pyramidale
シルル紀の岩石から産出する単独性サンゴのゴニオフィルムは、四角錐の構造物をつくり、そこにポリプが住んでいた。

サンゴポリプの骨格の厚い壁

カンブリア紀の三葉虫
CAMBRIAN TRILOBITE
Paradoxides bohemicus
パラドキシデス属の三葉虫は、体長が1m近くになることもある。この種は長い頬棘をもち、カンブリア紀の地層から産出する。

シルル紀の三葉虫
SILURIAN TRILOBITE
Dalmanites caudatus
シルル紀にふつうに見られるダルマニテスは、胸部が体節化し、尾部が棘状になっている。

デボン紀の体を丸めた三葉虫
DEVONIAN ENROLLED TRILOBITE
Phacops sp.
複眼が特徴的なファコプスは、デボン紀の地層から産出する。三葉虫は、現代の多くの節足動物と同じように、体を丸めることができた。

オルドビス紀の三葉虫
ORDOVICIAN TRILOBITE
Eodalmanitina macrophtalma
オルドビス紀の三葉虫エオダルマニティナは、大きな三日月状の複眼をもつ。その胸部は11の体節で構成されている。

ハサミ

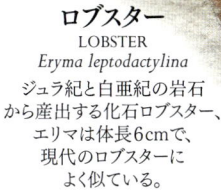

カブトガニの近縁種
HORSESHOE CRAB RELATIVE
Euproops rotundatus
石炭紀に生息していた現代のカブトガニの近縁種であるエウループスは、頭部が三日月形の甲で覆われ、長い尾棘をもっていた。

ロブスター
LOBSTER
Eryma leptodactylina
ジュラ紀と白亜紀の岩石から産出する化石ロブスター、エリマは体長6cmで、現代のロブスターによく似ている。

カニ
CRAB
Avitelmessus grapsoideus
多くの棘に覆われたこのカニは、白亜紀に生存していた。幅は最大25cmになる。

ゴキブリの近縁種
COCKROACH RELATIVE *Archimylacris eggintoni*
石炭紀に生存していたこのゴキブリの親戚アルキミラクリスは、はっきりとした翅脈のある後翅をもっていた。

》

スピリファー目の腕足動物
SPIRIFERID BRACHIOPOD
Spiriferina walcotti
三畳紀とジュラ紀の地層から産出する腕足類の普通種スピリフェリナは、成長線がはっきり見える、幅が最大3cmの丸みを帯びた貝殻をもつ。

成長線

有関節類の腕足動物
ARTICULATE BRACHIOPOD
Leptaena rhomboidalis
オルドビス紀、シルル紀、デボン紀の地層から産出する腕足動物レプタエナは、幅が約5cmまで成長する。その貝殻には同心円状と放射状の肋がある。

リンコネラ目の腕足動物
RHYNCHONELLID BRACHIOPOD
Homeorhynchia acuta
ジュラ紀前期の地層から産出したホメオリンキアは小型の腕足動物で、幅は最大1cmにすぎない。

沼の二枚貝
SWAMP CLAM
Carbonicola pseudorobusta
石炭紀の非海洋性岩石から産出したカルボニコラは、先細りの貝殻をもっていた。その化石はこれらの岩石の相対年代測定に使われている。

肋（盛り上がったすじ）のある殻

ホタテガイ
SCALLOP *Pecten maximus*
古第三紀から現世の地層から産出するホタテガイは、現存する二枚貝の一種で、貝殻を上下に動かして泳ぐことができる。

モシオガイの仲間
CLAM *Crassatella lamellosa*
白亜紀から中新世にかけて産出する小さな二枚貝で、貝殻に同心円状の成長線が見られる。

ムラサキイガイの近縁種
MUSSEL RELATIVE
Ambonychia sp.
オルドビス紀の地層から産出したアンボニキアは、初期の二枚貝で、成長すると幅が6cmになる。二枚の貝殻の表面には放射状の肋がある。

グリフェア
DEVIL'S TOENAIL
Gryphaea arcuata
三畳紀とジュラ紀の岩石から産出するグリフェアは、1枚の湾曲した大きな貝殻と、もう1枚の小さく平らな貝殻をもっている。

デボン紀の巻貝
DEVONIAN GASTROPOD
Murchisonia bilineata
シルル紀からペルム紀までの地層から産出する軟体動物巻貝類のムルチソニアは、成長すると殻高5cmになる。渦巻の周りに隆起がある。

ジュラ紀の巻貝
JURASSIC GASTROPOD *Pleurotomaria anglica*
ジュラ紀と白亜紀の岩石から産出したこの腹足類は、放射状とらせん状が組み合わさった模様のある、幅の広い貝殻をもっていた。

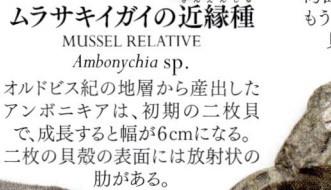

単純な肋

吻殻綱
ROSTROCONCH
Conocardium sp.
デボン紀と石炭紀の地層から産出するコノカルディウムは二枚貝に似た軟体動物だが、貝殻には開閉するためのちょうつがいがなかった。

オウムガイ
NAUTILOID
Vestinautilus cariniferous
この初期のオウムガイの類縁種は、巻きがかなり緩く、殻表面にはほとんど模様がなかった。ヴェスティノーティラスは石炭紀の岩石からみつかっている。

隆起のある渦巻

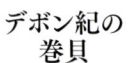

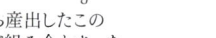

石炭紀のアンモノイド
CARBONIFEROUS AMMONOID
Goniatites crenistria
デボン紀と石炭紀の岩石から産出する軟体動物アンモノイド類ゴニアタイテスは隔壁と殻が接合する縫合線が角ばっていた。

三畳紀のアンモノイド
TRIASSIC AMMONOID
Ceratites nodosus
三畳紀の地層から産出するセラタイテスは、軟体動物のアンモノイド類である。表面に複雑な模様のある殻は巻きが緩く、明瞭な肋があった。

デボン紀のアンモノイド
DEVONIAN AMMONOID
Soliclymenia paradoxa
デボン紀初期のアンモノイド類ソリクリメニアは貝殻に走る肋が細かった。種によっては珍しい三角形の殻をもつものもあった。

アンモナイト
AMMONITE
Mortoniceras rostratum
この白亜紀のアンモナイト目は、直径10cmまで成長し、殻には肋があった。

殻口

ベレムナイト
BELEMNITE
Pachyteuthis abbreviata
ジュラ紀に生息していたイカの類縁種パキテウシスは、方解石の内骨格をもっていた。長さは約10cmだった。

ウミリンゴ
CYSTOID
Pseudocrinites bifasciatus
菱形の呼吸器が特徴的なシュードクリニテスは棘皮動物で、シルル紀とデボン紀に生息していた。茎で海底に固着していた。

呼吸器

デボン紀のウミユリ
DEVONIAN CRINOID
Cupressocrinites crassus
デボン紀の地層から産出した直径が最大3cmのウミユリで、茎の先端に細長い五面の杯状の構造があった。

柔軟な腕

茎

ジュラ紀のウミユリ
JURASSIC CRINOID
Pentacrinites sp.
五角形の骨片（茎の切片）から名づけられた棘皮動物のペンタクリニテスは体長が1m以上になった。しばしば化石化した流木に付着した形でみつかる。

密集した腕

クモヒトデ
BRITTLESTAR
Lapworthura miltoni
初期の化石クモヒトデ、ラプウォルスラは、オルドビス紀とシルル紀の地層から産出する。成長すると直径が10cmになった。この種は比較的短くて太い腕をもっていた。

ヒトデ
STARFISH
Tropidaster pectinatus
ジュラ紀前期のこの絶滅したヒトデは、幅が約2.5cmで、5本の太い腕をもっていた。

ウミツボミ
BLASTOID
Pentremites pyriformis
このウミツボミ類の棘皮動物は石炭紀に生息していた。長い腕のような構造物があり、それを用いて採餌していた。

棘が生えていた結節

ウニ
SEA URCHIN
Hemicidaris intermedia
このジュラ紀の一般的なウニは、直径が約4cmだった。多数の隆起（疣）には丈夫な棘が1本ずつ生えていた。

ブンブクウニ
HEART URCHIN *Lovenia* sp.
ハート形のウニ、ロベニア（ヒラタブンブクの仲間）は暁新世から知られており、現代でも生存している。砂を掘り、潜って生活する。直径は最大5cmである。

化石脊椎動物 FOSSIL VERTEBRATESS

化石化した脊椎動物は無脊椎動物の化石ほど数が多くない。多くの脊椎動物が化石になりにくい陸上に生息しており、また無脊椎動物よりずっとあとに出現したためである。最も早く出現した脊椎動物は魚類で、カンブリア紀にさかのぼるものもある。シルル紀とデボン紀における急速な進化によって、デボン紀に最初の両生類が生まれた。恐竜は中生代に繁栄し、中生代の終わりごろに哺乳類が多様化をはじめた。

骨甲類
ZENASPID FISH
Zenaspis sp.
デボン紀の地層からみつかったゼナスピスは全長25cmで、重い頭部装甲をまとい、体は骨板に覆われていた。

鰭に似た構造が運動を支えた

板皮類
PLACODERM
Bothriolepis canadensis
デボン紀の板皮類（絶滅した無顎類）ボトリオレピスは、頭と胴体を覆う大きな装甲と棘状の胸鰭をもっていた。

初期の魚類型脊椎動物
EARLY FISH-LIKE VERTEBRATE
Loganellia sp.
原始的な、顎がなく平たい"魚類"ロガネリアは、歯のような鱗に覆われていた。全長は12cmで、デボン紀の岩石からみつかった。

肉鰭類
LOBE-FINNED FISH
Eusthenopteron foordi
このデボン紀後期の魚類のがっしりした鰭の内部の骨は、陸生動物（四足動物）の手足の骨によく似ている。

異甲類
PSAMMOSTEID FISH
Drepanaspis sp.
顎のない原始的な魚類ドレパナスピスは、平らな頭部装甲をもっていた。デボン紀の地層だけでみつかる。

サメの歯
SHARK TOOTH
Otodus sokolovi
この新生代のサメの歯は縁が鋸状で、肉をたやすく切り裂くことができた。

眼窩

細い脊椎骨

淡水魚の群れ
SHOAL OF DACE
Leuciscus pachecoi
中新世の地層でみつかった、レウシスクスという絶滅淡水魚は、現代の硬骨魚に似ていた。この種は体長6cmだった。

エイ
STINGRAY
Heliobatis radians
始新世の地層でみつかったヘリオバティスは淡水性のエイで、体長は30cm、軟骨の骨格をもっていた。

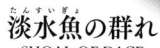
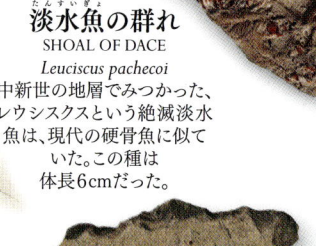

原始的なカエル
PRIMITIVE FROG
Rana pueyoi
Rana（アカガエル属）は現生のカエルだが、中新世から存在していた。この化石種の体長は15cmで、長い後肢などの特徴は現生のカエルと共通である。

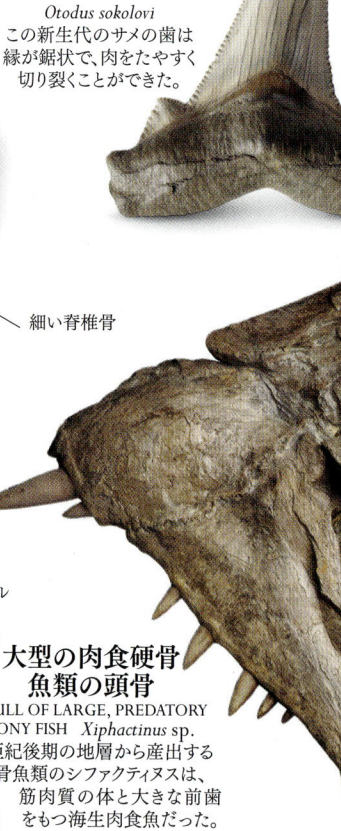

大型の肉食硬骨魚類の頭骨
SKULL OF LARGE, PREDATORY BONY FISH *Xiphactinus* sp.
白亜紀後期の地層から産出する硬骨魚類のシファクティヌスは、筋肉質の体と大きな前歯をもつ海生肉食魚だった。

長く鋭い歯

両生類ディプロカウルス
DIPLOCAULID AMPHIBIAN
Diplocaulus magnicornis
ペルム紀に生息していたサンショウウオ型の両生類ディプロカウルスは頭蓋の左右に突起があった。全長は1mに達した。

ディメトロドンの頭骨
DIMETRODON SKULL
Dimetrodon loomisi
背中の帆のような構造で有名なディメトロドンは、ペルム紀に生息していた哺乳類の初期の類縁種である。高い頭骨と短い吻部から、噛む力が強かったと思われる。

ディキノドン類の頭骨
DICYNODONT SKULL
Pelanomodon sp.
この牙のない植物食動物はディキノドン類——ペルム紀と三畳紀に生息した哺乳類の類縁種である。

眼窩

首長竜の鰭
PLESIOSAUR FLIPPER
Cryptoclidus eurymerus
全長8mに達するクリプトクリドゥスは、ジュラ紀に生息していた首長竜である。

ウミガメの頭骨
MARINE TURTLE SKULL
Puppigerus crassicostata
ウミガメの化石は中生代から現世にまたがる岩石でみつかっている。重い甲羅をもつプピゲルスは始新世の地層でみつかった。

巨大オオトカゲの脊椎骨
GIANT MONITOR LIZARD VERTEBRA
Varanus priscus
この巨大なオオトカゲは全長7mに達した。更新世の岩石からみつかっている。

キノドン類の頭骨
CYNODONT SKULL
Cynognathus crateronotus
頑丈な頭骨と大きな犬歯をした肉食動物キノグナトゥスは、キノドン類とよばれる哺乳類の祖先的な動物である。三畳紀の地層からみつかっている。

始祖鳥
EARLIEST BIRD
Archaeopteryx lithographica
始祖鳥は最初の鳥類と考えられてきた。しかし、中国のジュラ紀の岩石から最近発見された化石から、その意見には疑問が投げかけられている。

巨大な飛べない鳥の頭骨
GIANT GROUNDBIRD SKULL
Phorusrhacos inflatus
体高2.5mの肉食鳥類フォルスラコスは、鋭いくちばしをもつ飛べない鳥である。その化石は中新世の岩石からみつかった。

脊椎骨

初期の馬の歯
EARLY HORSE TEETH
Protorohippus sp.
イヌほどの大きさのオロヒップスは現代のウマの祖先だが、指の数が多く、臼歯の歯冠が低かった。始新世の地層からみつかっている。

サーベルタイガー（剣歯虎）の頭骨
SABRE-TOOTHED CAT SKULL
Smilodon sp.
大きな湾曲した犬歯はスミロドンの特徴である。スミロドンはトラほどの大きさで、更新世に生息していた。

初期のゾウの下顎
EARLY ELEPHANT JAW
Phiomia serridens
始新世から漸新世にかけて生息していたフィオミアは、体高2.5mだった。上顎には牙があり、鼻はそれほど長くなかった。

低く傾斜した前頭部

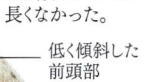

類人猿の頭骨
ANTHROPOID SKULL
Proconsul africanus
アフリカの中新世の地層から発見された最初の類人猿の化石は、プロコンスルと名づけられた。

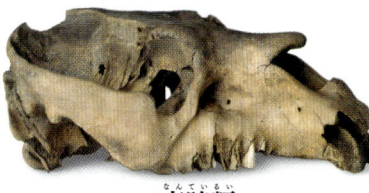

南蹄類
NOTOUNGULATE *Toxodon platensis*
体長約2.7mのトクソドンは、頑丈な体とカバのような頭をしていた。鮮新世から更新世にかけて生息していた。

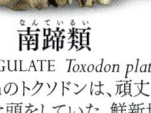

>>

化石・脊椎動物

ディプロドクスの尾椎
DIPLODOCUS
TAIL VERTEBRA
Diplodocus longus

ジュラ紀の地層から発見されたディプロドクスは全長27mの巨大植物食恐竜である。その尾は長く鞭のようだった。

ブラキオサウルスの大腿骨
BRACHIOSAURUS
THIGH BONE
Brachiosaurus sp.

全長25mの巨大植物食恐竜ブラキオサウルスはジュラ紀と白亜紀に生息していた。

コエロフィシスの骨格
COELOPHYSIS SKELETON
Coelophysis bauri

コエロフィシスの化石は三畳紀の岩石からみつかる。全長わずか3mの、この肉食恐竜の骨格は鳥に似ている。

プラテオサウルスの頭骨
PLATEOSAURUS SKULL
Plateosaurus sp.

三畳紀後期の大型植物食恐竜プラテオサウルスは全長約8mで、非常に小さな頭をしていた。

骨質のスパイク

プロケラトサウルスの部分頭骨
PROCERATOSAURUS PARTIAL SKULL
Proceratosaurus bradleyi

イングランド、グロスターシャー州のジュラ紀中期の地層からみつかった肉食恐竜プロケラトサウルスは、鼻の上に骨質のトサカがある。

メガロサウルスの仙椎
MEGALOSAURUS
SACRAL VERTEBRAE
Megalosaurus bucklandi

ジュラ紀中期の地層からみつかったメガロサウルスは全長9m、大きな頭と力強い後脚をもち、肉食恐竜だった。

頭骨

バランスをとるために使われた長い尾

速く走るための長い後肢

コンプソグナトゥス
COMPSOGNATHUS SKELETON
Compsognathus longipes

活発な肉食恐竜のコンプソグナトゥスはおそらく速く走ることができた。全長はわずか1.5mでジュラ紀後期の岩石からみつかった。

ガリミムスの頭骨
GALLIMIMUS SKULL
Gallimimus bullatus

全長6mのガリミムスは、鳥のようなくちばしのある頭骨と、長い首と後肢をもっていた。

小さな脳函

丈夫な鋸歯状の歯

アルバートサウルスの頭骨
ALBERTOSAURUS SKULL
Albertosaurus sp.

肉食恐竜であり、ティラノサウルス・レックスの近縁であるアルバートサウルスは、全長8mで、白亜紀後期の岩石から発見された。

ダスプレトサウルスの下顎骨
DASPLETOSAURUS JAW　*Daspletosaurus torosus*

この白亜紀の恐竜は大きな後肢と小さな腕をもち、全長は9mだった。肉食恐竜で、恐ろしい歯の生えた強力な顎をしていた。

スケリドサウルスの足
SCELIDOSAURUS FOOT
Scelidosaurus harrisonii

ジュラ紀前期の岩石から発見されたスケリドサウルスは、全長4mで、全身が鋭い骨質の装甲に覆われていた。指は長く、先の丸い爪がついていた。

ステゴサウルスの骨板
STEGOSAURUS PLATE
Stegosaurus sp.

ジュラ紀後期の植物食恐竜ステゴサウルスは全長9m。背中に沿って2列の巨大な骨板が並んでいた。

アンキロサウルスの頭骨
ANKYLOSAURUS SKULL
Ankylosaurus magniventris

白亜紀の岩石から発見されたアンキロサウルスは、重い装甲を身に付けた植物食恐竜である。全長は約6mだった。

エウオプロケファルスの尾の棍棒
EUOPLOCEPHALUS TAIL CLUB
Euoplocephalus tutus

全長7mのエウオプロケファルスは、白亜紀後期に生息していた。尾の先端の骨質の棍棒は、おそらく防御のために使われたのだろう。

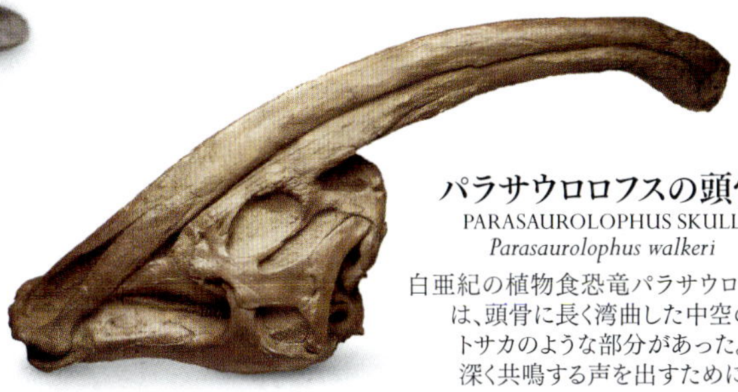

パラサウロロフスの頭骨
PARASAUROLOPHUS SKULL
Parasaurolophus walkeri

白亜紀の植物食恐竜パラサウロロフスは、頭骨に長く湾曲した中空のトサカのような部分があった。深く共鳴する声を出すために使われたのかもしれない。

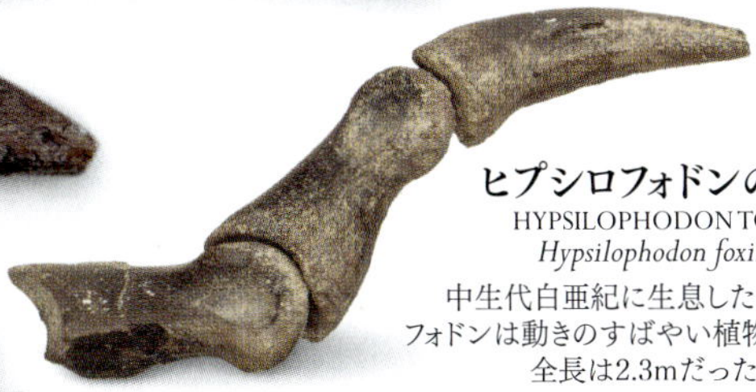

ヒプシロフォドンの指
HYPSILOPHODON TOE
Hypsilophodon foxii

中生代白亜紀に生息したヒプシロフォドンは動きのすばやい植物食恐竜で、全長は2.3mだった。

パキケファロサウルスの頭骨
PACHYCEPHALOSAURUS SKULL
Pachycephalosaurus wyomingensis

白亜紀の末期に生息していたパキケファロサウルスは、分厚いドーム状の頭骨をもち、全長は5mだった。

大きな鼻腔

頬角

ステゴケラスの頭骨
STEGOCERAS SKULL
Stegoceras validum

白亜紀の地層からみつかったステゴケラスは全長2mだった。小さく鋸状の歯からおそらく植物食恐竜であると考えられている。

トリケラトプスの頭骨
TRICERATOPS SKULL
Triceratops prorsus

頭骨の大きな角とフリルが特徴的なトリケラトプスは、白亜紀後期の地層からみつかる植物食恐竜である。

スティラコサウルスの頭骨
STYRACOSAURUS SKULL
Styracosaurus albertensis

トリケラトプスに似ているが、スティラコサウルスはフリルから骨質のスパイクを何本も生やしていた。白亜紀後期の岩石からみつかっている。

プシッタコサウルスの全身骨格
PSITTACOSAURUS SKELETON
Psittacosaurus sp.

最初期の角竜の仲間であるプシッタコサウルスは、白亜紀の地層から発見された。植物食恐竜で、全長は2mだった。

歯のない嘴

エウオプロケファルス EUOPLOCEPHALUS

エウオプロケファルスはアンキロサウルス科とよばれる恐竜の科に属し、その特徴は装甲化した頭部と胴体にまとった骨板である。この恐竜の全長は約6メートルで、体重は約2トンだった。尾と体と首は、骨板と骨質の鋲をちりばめた硬く丈夫な皮膚の帯に覆われ、二列の大きなスパイクが背中に沿って走っていた。眼さえも骨質のまぶたで保護されていた。長い尾の先には融合した骨質の塊が棍棒を形作り、それを振って襲ってくる捕食者を攻撃することができた。エウオプロケファルスは植物食恐竜である——くちばし状の口は白亜紀後期の密林の植物を食べるのに理想的だった。ひょっとすると根や根塊を掘るために、指先の丸みを帯びたひづめを使ったかもしれない。幼体は群れで生活したかもしれないが、成体のエウオプロケファルスはおそらく単独性の恐竜だっただろう。

全 長	6m (20ft)
時 代	白亜紀後期
分 布	北アメリカ
科	アンキロサウルス科

装甲した頭部 >
頭骨は頑丈で、後頭部には保護用のスパイクがあり、口はくちばし状だった。エウオプロケファルスという名前は「しっかり装甲された頭」という意味である。

∨ 頸椎
頭は比較的小さく、首は短かったが、頭の重さと鋲を施された装甲板を支えるために、頸椎は丈夫でなければならなかった。

短い肩甲骨

歩く戦車 >
エウオプロケファルスは短く丈夫な四肢に支えられた、幅が広くて低い体をしていた。断面はほとんど真円に近かっただろう。小さな頭はスパイクによって後頭部が保護されており、くちばし状の口にはおそらく植物を咀嚼するのに適応したうねのある小さな歯が生えていた。

< 鋲を施された骨板
エウオプロケファルスの最も重要な特徴のひとつは装甲板である。これは骨質の隆起した楕円形の鋲をちりばめられた丈夫なプレートでできていた。

広くて丸みを帯びた肋骨

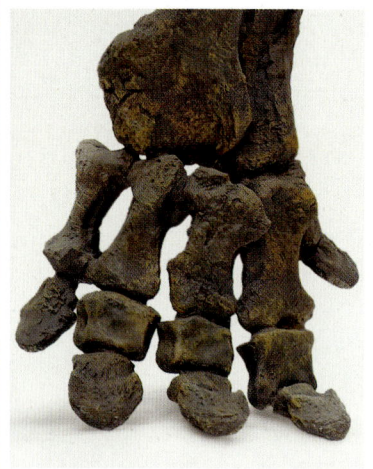

∧ 前足
この恐竜の四肢は短く、がっしりとして丈夫だった。前足は短く、指先が頑丈で、かなり重い体重を支えることができた。

∧ 尾の棍棒
大きくて重い尾の棍棒は、2個の大きな骨といくつかの小さな骨が融合した骨でできている。この武器はおそらく身を護るために使われただろう。

∧ 尾椎
尾の半ばあたりで、スパイクで護られた典型的な尾椎は融合した骨質の構造へと変化する。この強固な構造が尾の先端の棍棒を支えていたのだろう。尾の筋肉も非常に発達していたに違いない。

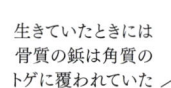
生きていたときには骨質の鋲は角質のトゲに覆われていた

肘の関節

背中に並ぶ
骨質の鋲と
棘状突起

頭部の
スパイク

太くて大きな肢の骨が
装甲化した重い体を
支えていた

頭骨内部の大きな鼻腔は
嗅覚が鋭かったことを示す

後足には三本の指が
あって、それぞれに
丸みを帯びたひづめが
ついていた

微生物

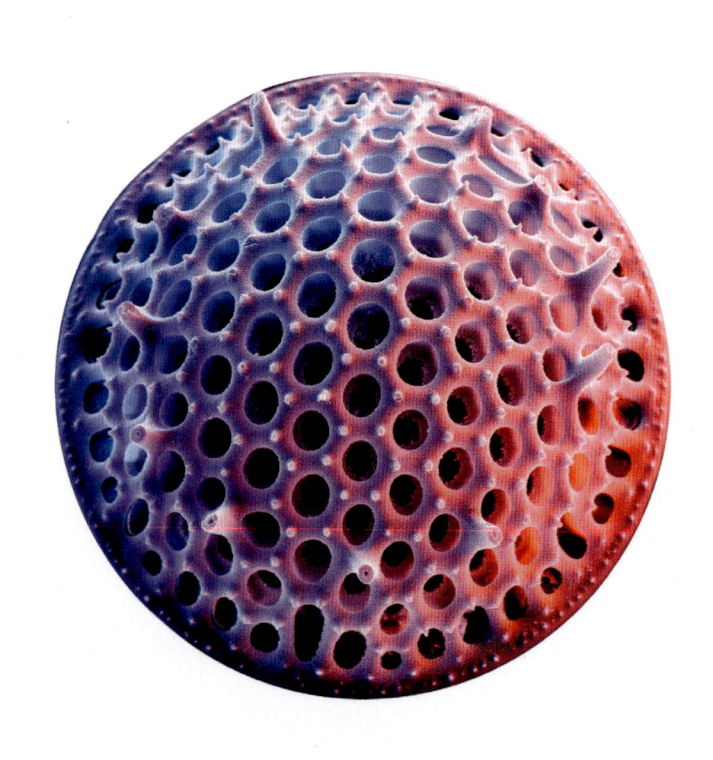

きわめて微小であるにもかかわらず、微生物は地球の生命を支配している。彼らは進化をはじめた最初の生命であり、ほかの生命体が生存に必要としている養分をとりこんだり放出したりして、世界の全生態系を支えている。最も単純なバクテリアから最も複雑な原生生物まで、微生物は知られざる多彩で多様な生命体の調和した世界をつくりあげている。

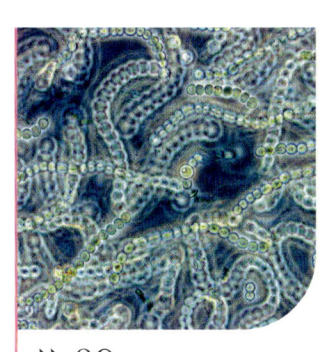

≫ 90

**アーキア（古細菌）と
バクテリア（細菌）**

最も基本的な生命である
アーキアとバクテリアは、核の
ない単細胞生物である。ほと
んどは個体として生きるが、
糸状や鎖状の群体を形成す
るものもある。

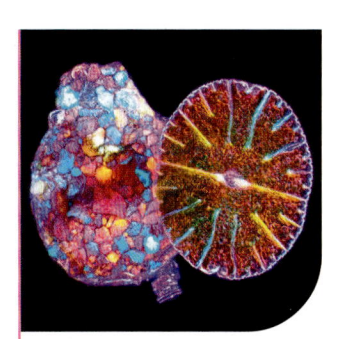

≫ 94

原生生物

最も数の多い生物のひとつ
である原生生物のなかに
は、最も多様な生物も含まれ
る。決まった形のないものも
あるが、多くは複雑な鉱物骨
格か殻をもつ。一般的に単
細胞である。

アーキア（古細菌）とバクテリア（細菌）
ARCHAEA AND BACTERIA

地球を訪れる宇宙人は、地球の真の支配者はアーキア（古細菌）とバクテリア（細菌）であると断定するだろう。彼らは真核生物として知られるもっと複雑な生命体よりも数でまさり、はるかに多様であって、この惑星のあらゆる場所で繁栄しているのである。

ドメイン	アーキア
門	12
目	18
科	28
種	推定数百万

ドメイン	バクテリア
門	約50
目	180
科	430
種	推定数百万

海底の熱水噴出孔には、高温で生きるさまざまな好熱性アーキアが生息している。

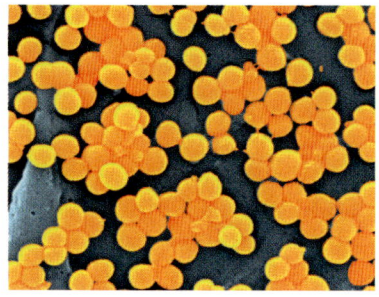

黄色ブドウ球菌は、食物に菌株群をつくりだして人間の食中毒を引き起こす最も一般的なバクテリアである。

論 点
生命の大鍋

多くのアーキアが極端な環境に適応している。熱水中では、彼らの脆弱なDNAは保護タンパク質によって覆われる。同じようなタンパク質が、菌類、植物、動物といった真核生物の、もっと長いDNAを補強する。だからひょっとすると、原始のプールで断熱材としてはじまったものが、ずっと複雑な生物の必要とする余分なDNAの〝付着物〟として進化したのかもしれない。

アーキアとバクテリアは単細胞生物であり、地球の最初の生命体であった。彼らは生物の三つのドメインのうち二つを占めており、残る一つは真核生物である。すべての生きた細胞はDNAをもち、それに加えて真核生物の細胞には膜に包まれた核があって、そのほとんどがエネルギーを発生させるミトコンドリアをもっている。アーキアとバクテリアは核もミトコンドリアももっていない。彼らは遠い類縁関係があるだけで、別々の、いまだ未知なる先祖から進化した。アーキアの細胞は丈夫な細胞壁に覆われた化学的に独特な膜に包まれ、細胞の内部では、DNAはしばしばタンパク質に覆われている。バクテリアの細胞は物理的にも化学的にもそれとは非常に異なる構造をしており、とりわけ細胞壁はまったく異なっている。これらの異なる特性のため、典型的なアーキアは過酷な環境に特に適応しており、一方バクテリアはあらゆる環境に遍在して繁栄している。

最小の生物

すべてのアーキアとバクテリアはきわめて小さく、その大きさはミクロンやマイクロメートル（μm）で表される。1μmは1ミリメートルの1,000分の1である。人間の髪の毛の直径は約80μmであるが、ほとんどのアーキアとバクテリアの長さは1〜10μmで、電子顕微鏡でかろうじて撮影することができる。けれども彼らは、大気圏の外から地殻の奥深くまで、深海から人体の内部まで、ほとんどあらゆる生物圏で生存している。例えば、人間の腸内のバクテリアの数は、本人の細胞の数の10倍に達することもある。沸騰する熱水や氷のように冷たい水で活発に増殖し、放射線にも耐え、有毒ガスや腐食性の酸の中で生きることのできるものもいる。ほとんどは死んだ生物を養分とするが、生体に寄生するものもある。光がなくても、無機物のエネルギーを使って養分をつくるものもあれば、光合成を利用して、光のエネルギーで二酸化炭素と水から養分と酸素をつくりだすものもある。バクテリアは伝染性の病気の原因として悪名高いが、実際には人間の健康に不可欠である。食物を消化したり、不可欠な養分をつくりだしたりするために、人間は腸内バクテリアに頼っているのである。ほぼ40億年間、アーキアとバクテリアは地球の気候、岩石の形成、そして他の生命体の進化に深い影響を及ぼしてきた。

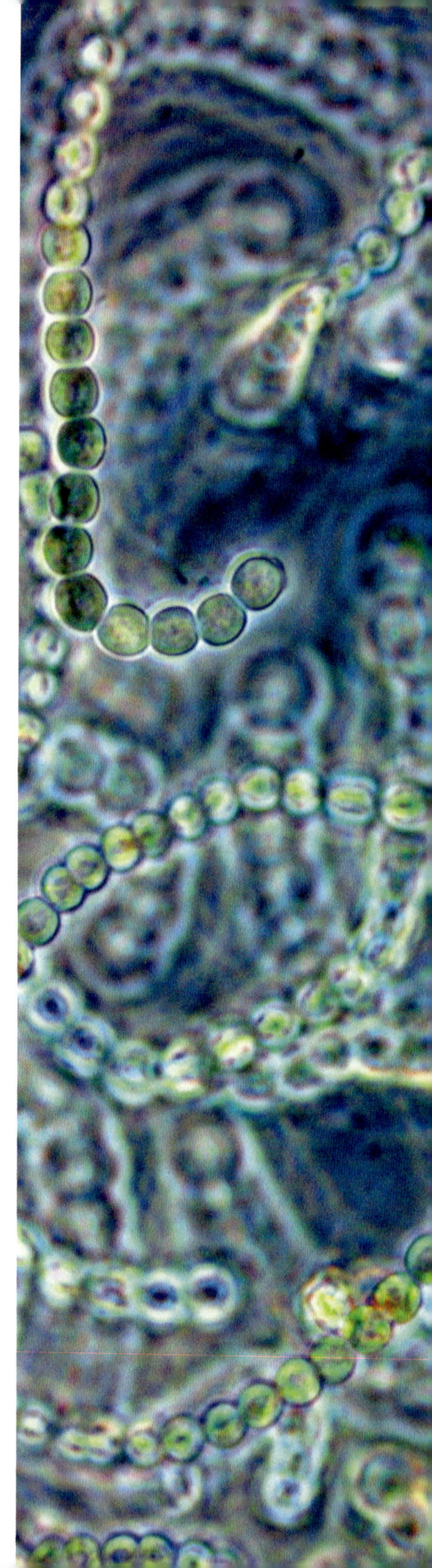

きわめて微小なシアノバクテリアの群体 >
バクテリアは独立した細胞でできているが、シアノバクテリアのような生物の細胞は一列に連なって、みごとな細い糸をつくりだす。

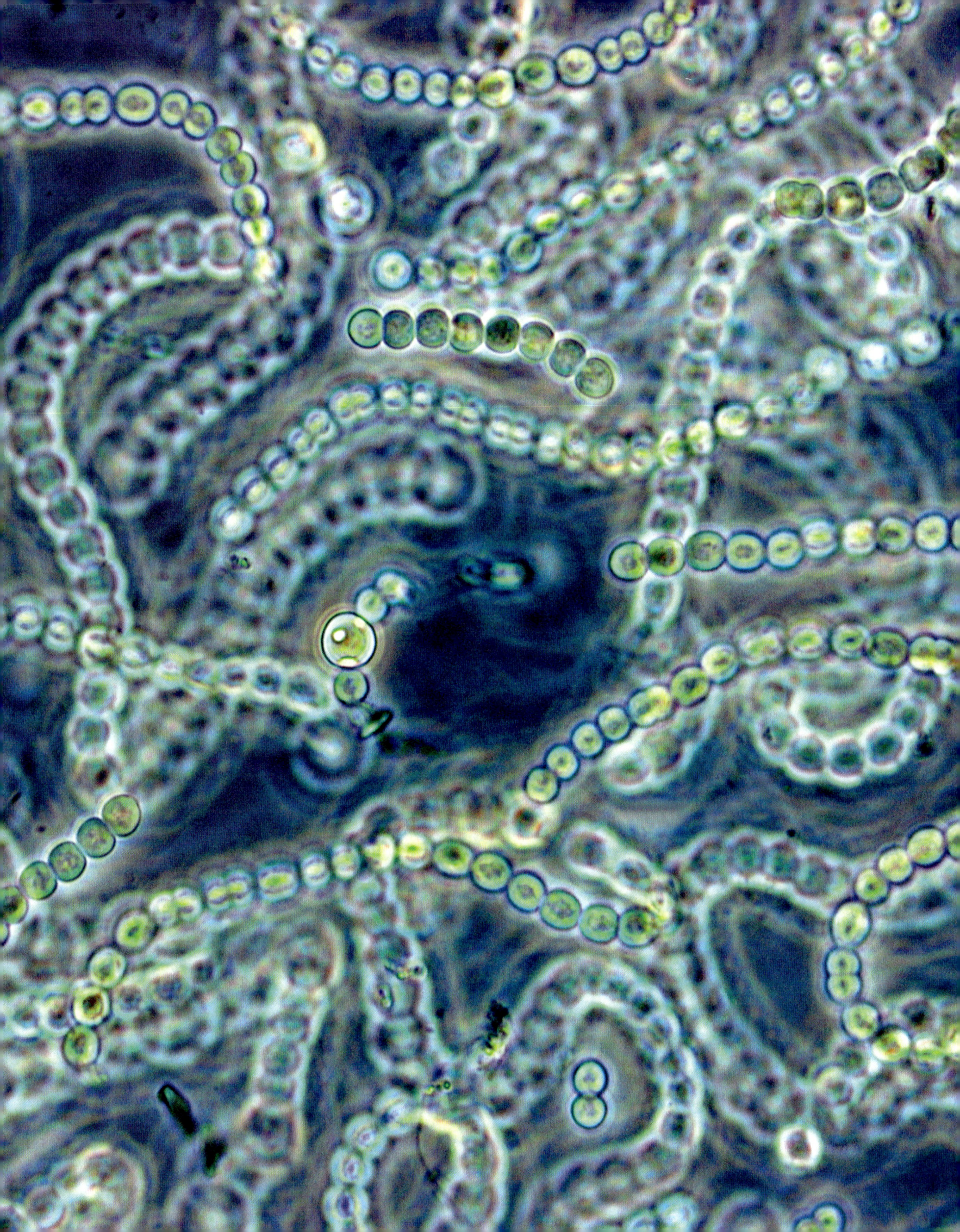

アーキア（古細菌） ARCHAEA

バクテリア（細菌） BACTERIA

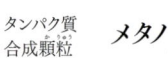

タンパク質
合成顆粒

メタノコッコイデス・ブルトニ

Methanococcoides burtonii
このメタン生成アーキアは、酸素がなくて平均水温が0.6℃の、南極大陸のエース湖の底に住んでいるのが発見された。

1.2 µm

柔軟な細胞壁

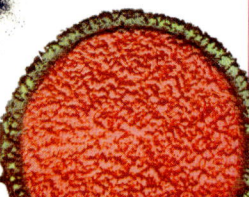

アセトバクター・アセチ（酢酸菌）

Acetobacter aceti
酢をつくるのに利用されるこのバクテリアは、アルコールが発酵しているところでは、どこにでもふつうに見られる。とりわけビールの色と味の劣化の原因である。

1–4 µm

バチルス・サブティリス（枯草菌）

Bacillus subtilis
1グラムの土壌に最大10億のこのバクテリアが生息している。栄養がとぼしくなったり環境が悪化したりすると、このバクテリアは不活発な芽胞となって生き延びる。

2–3 µm

バチルス・チューリンゲンシス（昆虫病原菌）

Bacillus thuringiensis
このバクテリアは人間の腸では溶けないが、昆虫にとっては致命的な有毒結晶をつくるので、殺虫剤として取引されている。

1–2 µm

スタフィロテルムス・マリナス

Staphylothermus marinus
海底の熱水噴出孔で発見された、このアーキアは、85℃から92℃で最もよく成長する。ブドウのような房をつくり、比較的大きく成長することができる。

0.5–15 µm

スルホロブス・アシドカルダリウス

Sulfolobus acidocaldarius
多くのアーキアと同じように、この好熱好酸アーキアは熱に強い細胞壁をもつ。米国のイエローストーン国立公園の高温水域で活発に増殖している。

1–5 µm

デイノコッカス・ラジオデュランス（耐放射性細菌）

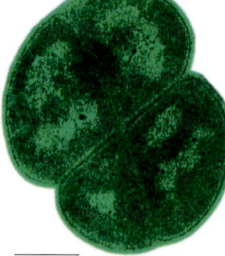

Deinococcus radiodurans
この種は世界で最も放射線タフなバクテリアとして知られている。この細菌は核実験で大量の放射能を浴びた肉の中から発見された。

1.62 µm

ボルデテラ・パーツシス（百日咳菌）

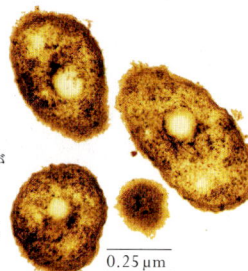

Bordetella pertussis
このバクテリアは、激しい痙攣的な咳が続き、血球が破壊される病気である、百日咳を引き起こす。

0.25 µm

サーモプロテウス・テナクス

Thermoproteus tenax
このアーキアは長さはさまざまだが直径は一定の棒状の細胞をつくる。耐熱性の外被は生命の進化のごく初期段階から存在していた。

80 µm

デスルフロコックス・モビリス

Desulfurococcus mobilis
この嫌気性アーキアは、酸素の代わりに硫黄を含む化合物を使って、酸素が限られているかまったく存在しない環境で活発に増殖している。この超好熱アーキアの増殖に最適な温度は85℃である。

1 µm

バクテロイデス・フラギリス

Bacteroides Fragilis
人間の腸内細菌叢の大きな部分を占めるこのバクテリアは、ふつう宿主に無害だが、日和見的に組織に侵入して膿のつまった膿瘍をつくることがある。

1.5–4.5 µm

エシェリヒア・コリ（大腸菌）

Escherichia coli
分子生物学の材料としてよく研究され利用されている生物である。桿状の大腸菌は、腸内に住んでいてふつうは無害だが、毒性の株は食中毒の主な原因である。

1–3 µm

桿状の大腸菌

メタノスピリルム・ヒュンゲイテイ

Methanospirillum hungatei
下水からみつかったこのアーキアは、汚水処理の間に大量のメタンを発生させる。それぞれの細胞は中空の鞘に閉じ込められている。

8 µm

0.8–2 µm

パイロコッカス・フリオサス（超好熱アーキア）

Pyrococcus furiosus
パイロコッカスとは「火の果実」という意味で、このアーキアの形と、超高温への耐性を表している。その最適生育温度は100℃である。

0.6–4 µm

ニトロバクター（硝酸菌の一種）

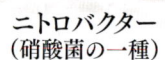

Nitrobacter sp.
この土壌細菌は亜硝酸塩を酸化して硝酸塩にすることによって、窒素の循環で大きな役割を果たす。この性質を利用して水質浄化に使われ、また海洋や土壌を豊かにするのに重要である。

アーキア（古細菌）とバクテリア（細菌）

4–8 μm
2–3 μm
3–8 μm
1–3 μm
3–7 μm

ノストック（ネンジュモ）
"Nostoc" sp.
このシアノバクテリアは糸状体が寒天質の中でからみあって群体をつくる。これは非常に耐熱性にすぐれているので、ネンジュモは極地から熱帯まで生存できる。

分裂中の細胞

DNA

光合成色素のある膜

クロストリジウム・ボツリヌム（ボツリヌス菌）
Clostridium botulinum
この細菌は酸素が限られているか存在しないときに活発に活動する。この土壌細菌が作る神経毒はヒトが食べるとボツリヌス中毒症を発症するが、逆にこの毒素は医療や美容にも利用されている。

クロストリジウム・テタニ（破傷風菌）
Clostridium tetani
この土壌細菌は、傷ついたり火傷したりして死んだ組織から感染し増殖して、神経毒素の一種である破傷風菌毒素を作り、破傷風を引き起こす。

サルモネラ・エンテリカ（サルモネラ菌）
Salmonella enterica
大腸菌と同じ科に属するサルモネラ菌の亜種は胃腸炎を引き起こし、別の亜種は腸チフスを引き起こす。

シゲラ・ディセンテリアエ（志賀赤痢菌）
Shigella dysenteriae
この腸内細菌は志賀毒素をつくりだし、それが赤痢を引き起こす。このバクテリアがわずか10個あれば感染には十分である。

ストレプトコッカス・ニューモニアエ（肺炎レンサ球菌）
Streptococcus pneumoniae
このバクテリアは人体に入ると肺炎を引き起こす。子供や老人の場合、それは全身に広がる侵襲的感染の主因となる。

0.9 μm
1.5–6 μm
1 μm

ラクトバチルス・アシドフィルス（乳酸桿菌） *Lactobacillus acidophilus*
腸や膣にいる乳酸桿菌には、栄養と抗菌という特性がある。生きて腸まで届く細菌として、飲み物やサプリメントに使われている。

スタフィロコッカス・エピデルミディス（表皮ブドウ球菌）
Staphylococcus epidermidis
この球菌は正常細菌叢の一部として皮膚に住んでいるが、免疫不全状態の患者には日和見的に感染症を引き起こすことがある。

鞭毛は細菌の運動性を担っている

1–3 μm
0.4–0.5 μm
1.5–2 μm

ビブリオ・コレラエ（コレラ菌）
Vibrio cholerae
コレラ菌は図のように湾曲した桿状で、一端に鞭毛が生えて非常に運動性が高く、コレラを引き起こす腸毒素をつくることができる。

フソバクテリウム・ヌクレアタム（紡錘菌）
Fusobacterium nucleatum
この細菌は人間の口に住みついて、歯垢の主な構成要素になる。さらに早産の原因ともなる。

サイクロバクター・ウラティボランス
Psychrobacter urativorans
この細菌は低温を好む好冷菌で、細胞質に含まれる天然の不凍液のおかげで、非常に低い温度で活発に活動することができる。

無数の大腸菌が集まっている

ニトロソスピラ（亜硝酸菌の一種）
Nitrosospira sp.
土壌細菌として重要なニッチ（生態的地位）を満たす亜硝酸菌は、アンモニアを酸化して亜硝酸塩とし、窒素循環に貢献する。

細胞壁
細胞質

1 μm
1–3 μm

エンテロコッカス・フェカリス（腸球菌）
Enterococcus faecalis
人間の消化管と膣に住みついていつもは無害な腸球菌だが、傷口に侵入することがある。多くの抗生物質に耐性がある。

0.5–1 μm

エルシニア・ペスティス（ペスト菌） *Yersinia pestis*
この細菌は、クマネズミなどの齧歯類からノミを経て人間に感染すると、腺ペストを引き起こす。全世界では毎年3,000人の感染者が出ている。

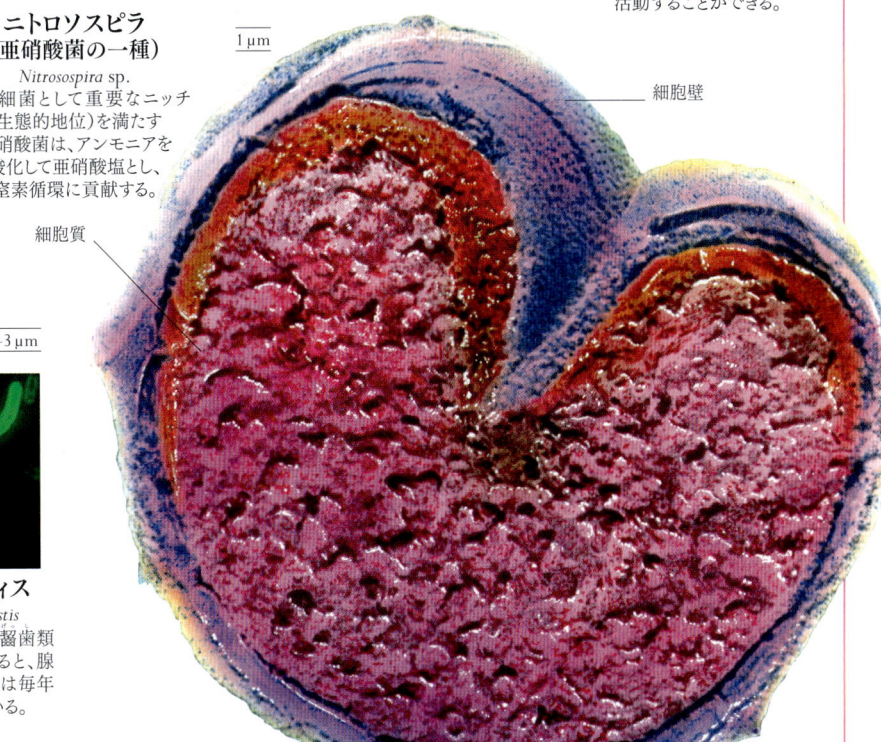

原生生物 PROTOCTISTS

きわめて小さなアメーバからジャイアント・ケルプまで、原生生物はひとことで表現できないほど多様であるが、この真核生物の非公式の分類には、アーキアやバクテリアより複雑なものへと進化した最初の生命体が含まれる。それはいまでも地球の養分と酸素を生み出している。

ドメイン	真核生物
目	原生生物
分岐群と門	約9
科	約841
種	約73,500

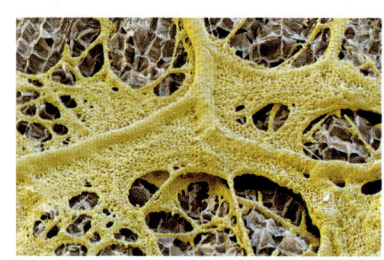

アメーバの仲間である粘菌の内部には何千もの独立した核があって、巨大な細胞の中で共存している。

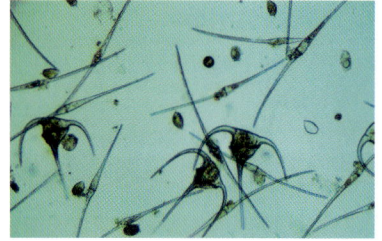

多くの単細胞原生生物は、このツルハシに似た渦鞭毛藻類のように、とてもおもしろい形をしている。

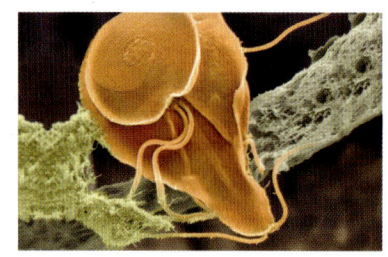

原生生物のなかには、このランブル鞭毛虫のように、人間や動物の小腸に感染して、重い病気を引き起こすものもある。

論　点

複数の界

この原生生物界には、菌類、植物、動物に分類されない多くの生物が含まれている。さらに単細胞のアメーバから多細胞の海藻まで、多くのグループが含まれ、それらは互いに近縁性はない。原生生物は複数の界に分けるべきだと、多くの科学者が考えている。

原生生物は主に単細胞生物で、アーキアやバクテリアとちがって細胞核がある。その単純な細胞構造から、後に出現する植物、菌類、動物という、より高度な真核生物と区別される。原生生物には信じられないほどさまざまな生物が含まれ、その生活様式もニッチもさまざまである。大半は10～100μmと顕微鏡サイズで、赤血球に感染できるほど小さなものもあるが、何十メートルもの長さに成長する海藻のケルプのように、互いに結びついて多細胞の群体をつくるものもあれば、菌類に似た変形菌のように、本質的に1個の巨大な細胞であるアメーバ状のかたまりをつくるものもある。典型的な原生動物としては、細胞質を突き出して仮足をつくり、動きまわって食物の粒をとりこむアメーバや、繊細なケイ素の骨格をもつ美しい珪藻類のように、海中を漂うプランクトンなどがある。

生物の隠された界

原生生物は地球で最も数の多い生物のひとつである。膨大な原生生物が海や川、海底の堆積物や湖、あるいは土壌に生息しているが、ほかの生物の寄生者として、生活環の一部やすべてを費やすものもある。彼らはこの地球の生活圏できわめて重要な役割を果たしているが、とりわけ主要な光合成生物として、光のエネルギーを使って二酸化炭素と水を養分に転換し、一方で大気中に酸素を放出している。彼らはまた捕食者や資源の再利用者でもある。重い病気の原因となることで知られているものもある。寄生生活を送る原虫のプラスモデュウムは、人類の最大の死因のひとつであるマラリアを引き起こす。もうひとつの寄生生物トリパノソーマは眠り病を引き起こす。同じように有名なものとしては、プランクトンのひとつ渦鞭毛藻類がある。彼らは魚を殺し、人間を毒する有毒生物の異常発生である〝赤潮〟を引き起こす。

原生生物は生物学的な界を形成していないので、その分類学は複雑である。けれども、分子解析と遺伝子解析によって、ほとんどの原生生物はアメーボゾア、リザリア、アルベオラータといった、分岐群とよばれる共通の祖先から進化した生物群に分類することができる。

小さな驚異 >
有殻アメーバのナベカムリと単細胞緑藻のミクラステリアスをとらえた偏光顕微鏡写真は、ことばにできないほど美しい。

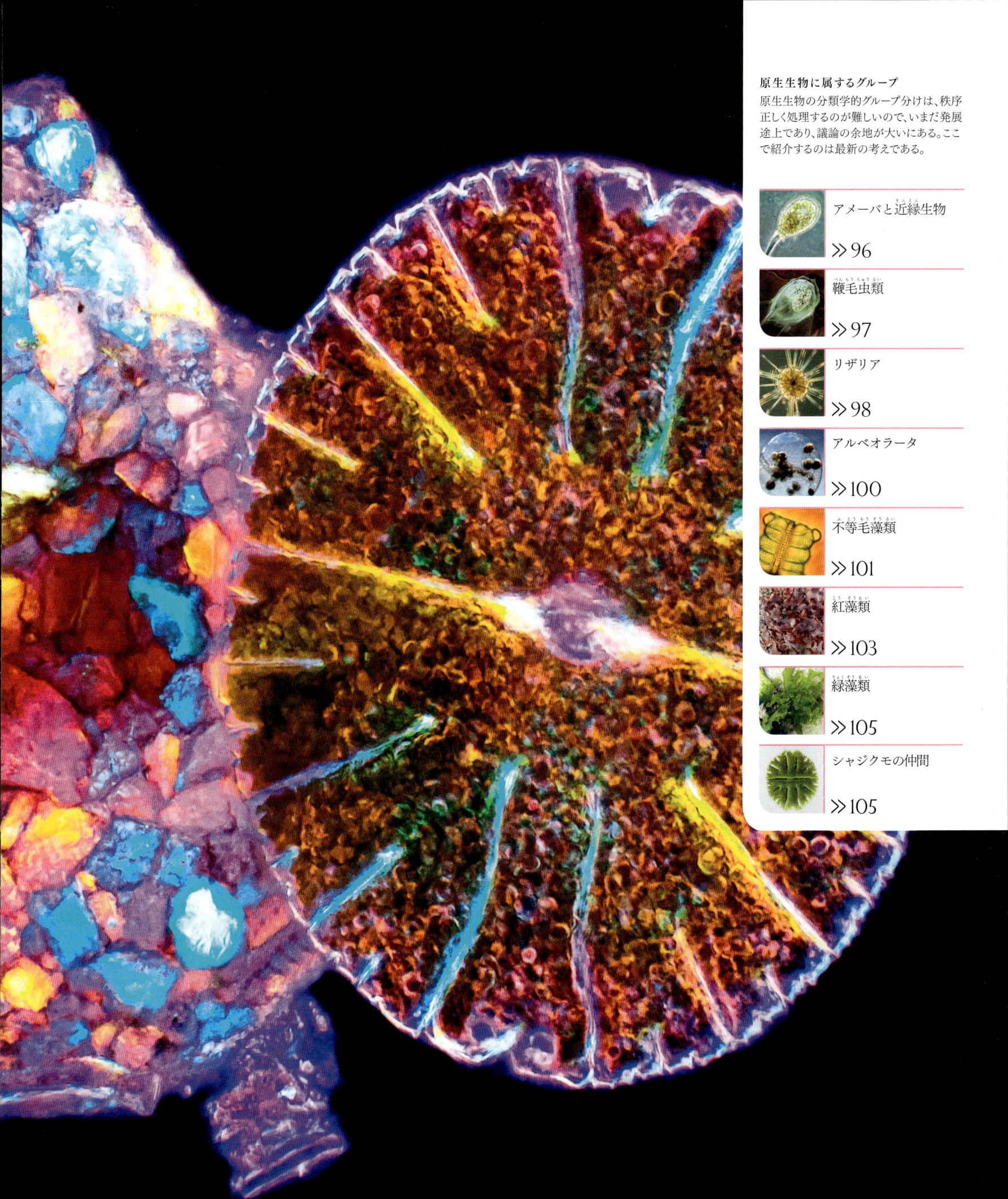

原生生物・アメーバと近縁生物

アメーバと近縁生物 AMOEBAS AND RELATIVES

原生生物の2つの系統群、アメーボゾアとオピストコンタは、動き回って食物を獲得するために、異なる方法を進化させた。

アメーボゾア系統に属するアメーバは、単細胞の体から仮足（かそく）とよばれるものをゆっくり出すことで体の形を変える。彼らはこの仮足を使って這うように進み、小さな生物をみつけると、液体の袋の中にとりこみ、生きたまま消化する。アメーバのなかには巨大な細胞をもつものもあり、肉眼でも見ることができる。わずかだが人間の腸に寄生するものもあって、アメーバ赤痢を引き起こす。変形菌とよばれるグループは、飢えを避けるためにすばらしい戦略をもっている。餌となる生物が少なくなると、彼らの細胞は化学的避難信号によって互いに結合し、小さな這いまわるナメクジの形にな

る。それから、多数の柄を上方に伸ばし、そこから胞子が飛び出していく。それぞれの胞子は発芽して新しいアメーバになり、新しい土地で餌を求める。

動物と菌類の起源

オピストコンタ系統に属する原生生物の大半が開放水域で泳ぐために1本の鞭に似た鞭毛（べんもう）を発達させている。生物の歴史の初期に、これらの原生生物から動物が進化した可能性がある。1本の鞭毛は現在でも動物の精子の尾に見ることができる。また、ヌクレアリア類とよばれるグループは、鞭毛を失ってふたたびアメーバに似た状態にもどった。ヌクレアリア類は菌類の近縁生物かもしれない。菌類も鞭毛がなく、自由に泳ぐ精子の関与しない方法で受精するからである。

ドメイン	真核生物
界	原生生物
系統群	2
科	約50
種	約4,000

論 点
生物の最初の分岐は？

進化に関するある学説によれば、真核生物は、オピストコンタのようなユニコンタ（鞭毛を1本もつ細胞）と、バイコンタ（鞭毛を2本もつ細胞）に分かれるという。ユニコンタは動物と菌類に進化し、バイコンタは植物になった。けれども、この学説を支持するDNAの証拠は不十分で、決定打に欠ける。

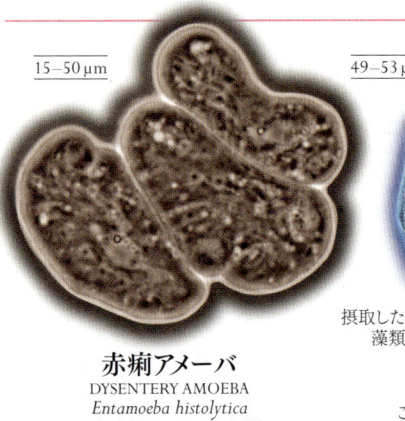

15–50μm

赤痢アメーバ
DYSENTERY AMOEBA
Entamoeba histolytica
この寄生性アメーバは人間の腸内に住み、アメーバ赤痢を引き起こすことがある。最大8個の核をもつことがある。

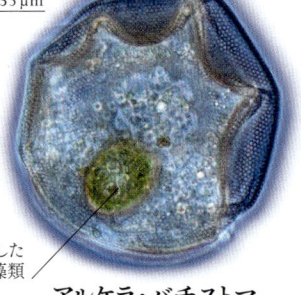

49–53μm

摂取した藻類

アルケラ・バチストマ
Arcella bathystoma
このアメーバは小孔の開いた半球形の殻をもち、片側はドーム状だが、ときに角ばった面ができ、それが発達して棘になることもある。

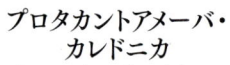

プロタカントアメーバ・カレドニカ
Protacanthamoeba caledonica
最初にスコットランドの河口で見つかった。近縁のアカントアメーバが、チェコ共和国でテンチというコイ科淡水魚の肝臓から発見された。

19–40μm

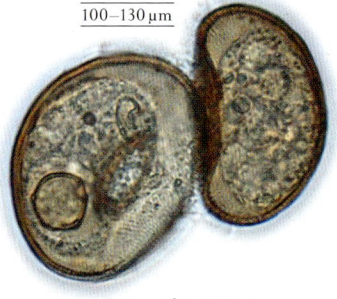

100–130μm

アルケラ・ブルガリス
Arcella vulgaris
主によどんだ水や土壌に見られる、このアメーバは凸面状の殻をもち、1個の穴が開いていてそこから仮足が現れる。

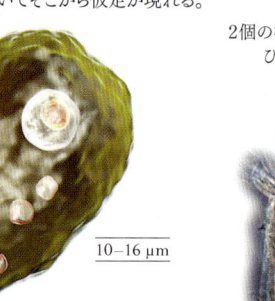

ネグレリア・フォーレリ
Naegleria fowleri
このいわゆる「脳食いアメーバ」は温かい淡水に住む。それは鼻から人体に侵入して深刻な脳損傷を引き起こし、その致死率は98%にもなる。

10–16μm

仮足

2個の核のひとつ

90–110μm

アルケラ・ディスコイデス
Arcella discoides
2個の核をもつこのアメーバは、片側に穴のひとつ開いた黄褐色の半球形の殻をもち、その穴から仮足が現れる。

120–150μm

ケントロピクシス・アクレアタ
Centropyxis aculeata
このアメーバは湖や湿原の藻類の上に住んでいる。砂と藻類の細胞壁を使って、4本から6本の突起のある殻をつくる。

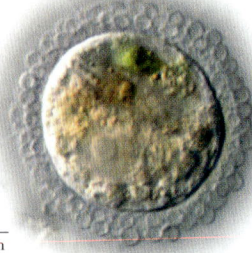

1.2–2.2μm

鱗に覆われたヌクレアリア
SCALY NUCLEARIID
Pompholyxophrys ovuligera
かつて太陽虫系統に分類されていた、このオピストコンタの鞭毛虫類は、中空のビーズ状の鱗に覆われている。

2 cm
4/5 in

ムラサキホコリ
Stemonitis sp.
このチョコレートチューブかパイプクリーナーに似た粘菌は多数の核を含む大きな細胞から始まり、そこから胞子をつけた無数の柄が生えてくる。

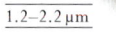

仮足

180–230μm

ディフルギア・プロテイフォルミス
Difflugia proteiformis
この池の軟泥に住むアメーバは、微小な砂粒と藻類の細胞壁をくっつけて殻をつくる。

鞭毛虫類 FLAGELLATES

鞭のような推進装置をもつ単細胞生物は原生生物のいくつかのグループで進化し、類縁性のないものもあるが、真核生物における大系統群のひとつエクスカバータで優位を占める。

鞭毛虫類（べんもうちゅうるい）は、鞭毛とよばれる1本か複数の外毛の鞭打つような動きによって動く、強力な遊泳微生物である。多くが捕食者で、バクテリアのような小さな生物を餌としている。けれども、変形できるアメーバとちがって、これらの鞭毛虫類は形が固定されており、鞭毛の根元にある細胞の〝口〟へと食物を誘導する。けれども、驚くべきことに、ミドリムシ（ユーグレナ）のような鞭毛虫類は、ある程度の行動の多様性を有しており、そのために環境に応じて動物タイプの栄養形式（従属栄養）も植物タイプの栄養形式（独立栄養）も可能である。明るい光の中では、この生物は光合成を行うことができるが、暗闇の中では、葉緑体として知られている細胞小器官は収縮して、彼らは捕食者にもどるのである。

動物の体内で生きる

このグループの鞭毛虫類の多くが、好気呼吸（酸素を用いる呼吸）の機能を失い、動物の腸内という酸素の乏しい環境で生存している。多くのものが異常に特殊化して、昆虫の消化器内の、半ば消化された食物に頼って生きているが、宿主にはなんの害もあたえない。しかし人間にも動物にも、重い病気をもたらすものもある。悪名高いグループのひとつであるトリパノソーマは、昆虫に刺されると感染するが、熱帯地方のアフリカ睡眠病やリーシュマニア症を引き起こす。

ドメイン	真核生物
界	原生生物
系統群	エクスカバータ
科	40
種	約2,500

論 点
進化論的ダウンサイズ

シロアリの腸内に寄生する鞭毛虫類には、ほかのほとんどの原生生物が好気呼吸に利用している細胞小器官ミトコンドリアがない。これらの鞭毛虫類は非常に原始的だと考えるものもあれば、むしろ進んだ生物であって、酸素の乏しい環境に適応してミトコンドリアを失ったと考えるものもある。

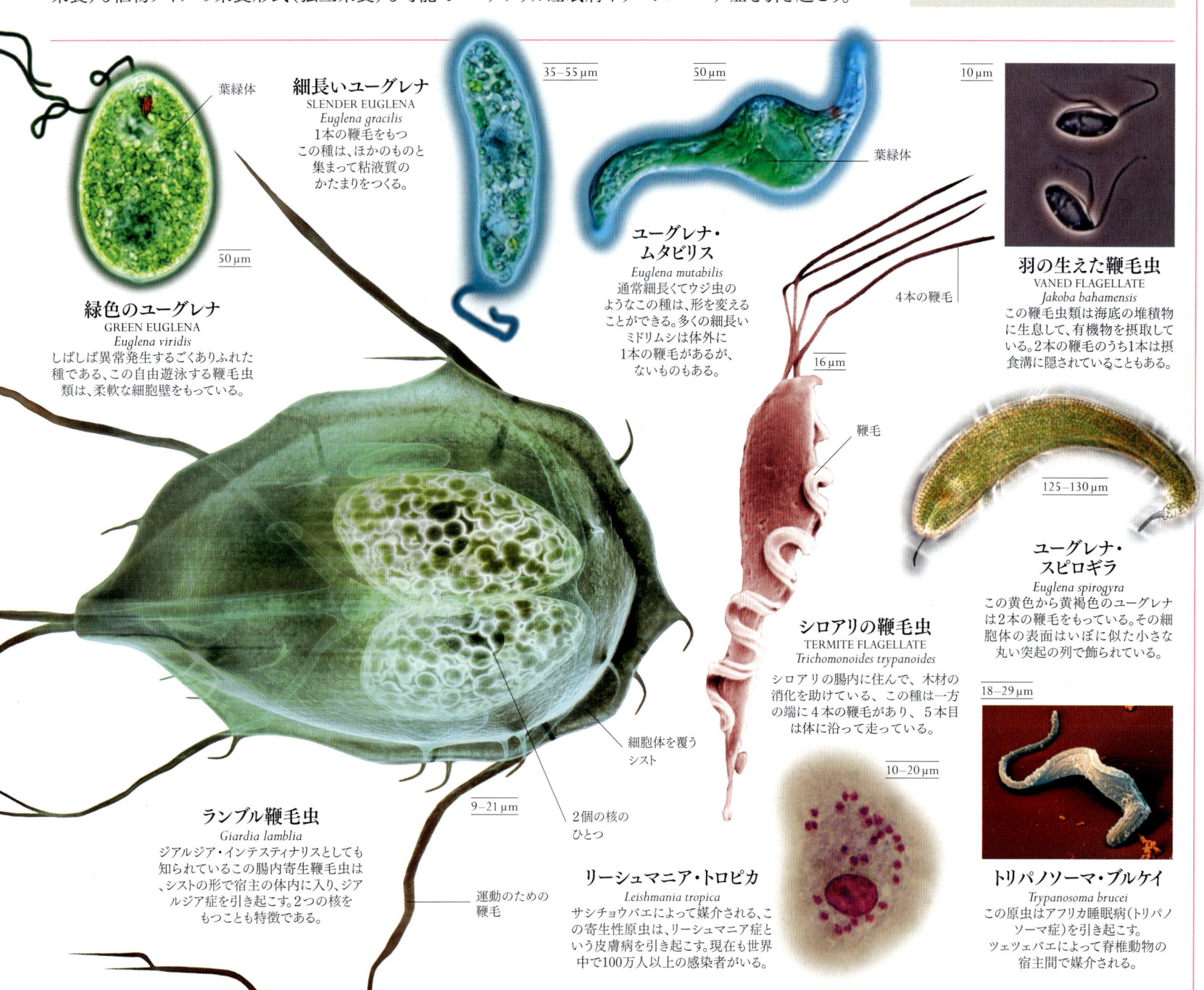

緑色のユーグレナ
GREEN EUGLENA
Euglena viridis
しばしば異常発生するごくありふれた種である、この自由遊泳する鞭毛虫類は、柔軟な細胞壁をもっている。

葉緑体

50 μm

細長いユーグレナ
SLENDER EUGLENA
Euglena gracilis
1本の鞭毛をもつこの種は、ほかのものと集まって粘液質のかたまりをつくる。

35–55 μm

ユーグレナ・ムタビリス
Euglena mutabilis
通常細長くてウジ虫のようなこの種は、形を変えることができる。多くの細長いミドリムシは体外に1本の鞭毛があるが、ないものもある。

50 μm

葉緑体

10 μm

羽の生えた鞭毛虫
VANED FLAGELLATE
Jakoba bahamensis
この鞭毛虫類は海底の堆積物に生息して、有機物を摂取している。2本の鞭毛のうち1本は摂食溝に隠されていることもある。

4本の鞭毛

16 μm

鞭毛

125–130 μm

ユーグレナ・スピロギラ
Euglena spirogyra
この黄色から黄褐色のユーグレナは2本の鞭毛をもっている。その細胞体の表面はいぼに似た小さな丸い突起の列で飾られている。

18–29 μm

ランブル鞭毛虫
Giardia lamblia
ジアルジア・インテスティナリスとしても知られているこの腸内寄生鞭毛虫は、シストの形で宿主の体内に入り、ジアルジア症を引き起こす。2つの核をもつことも特徴である。

9–21 μm

細胞体を覆うシスト

2個の核のひとつ

運動のための鞭毛

シロアリの鞭毛虫
TERMITE FLAGELLATE
Trichomonoides trypanoides
シロアリの腸内に住んで、木材の消化を助けている、この種は一方の端に4本の鞭毛があり、5本目は体に沿って走っている。

リーシュマニア・トロピカ
Leishmania tropica
サシチョウバエによって媒介される、この寄生性原虫は、リーシュマニア症という皮膚病を引き起こす。現在も世界中で100万人以上の感染者がいる。

10–20 μm

トリパノソーマ・ブルケイ
Trypanosoma brucei
この原虫はアフリカ睡眠病（トリパノソーマ症）を引き起こす。ツェツェバエによって脊椎動物の宿主間で媒介される。

リザリア　RHIZARIANS

リザリアの系統には、すべての微小な原生生物のなかで最も美しい2つの門、放散虫と有孔虫が含まれる。

その複雑な彫刻を施されたような独特の殻のために、彼らは微生物界でもとりわけ目立つ存在になっており、またみごとな化石記録も残している。放散虫は二酸化ケイ素でガラス質の殻をつくるので、大発生すると海の表面に豊富にあるはずの二酸化ケイ素がすっかりなくなってしまう。彼らは体から長い仮足を放射状に伸ばし、太陽の光線のように殻から突き出すが、二酸化ケイ素で固くなった棘を備えているものもある。放散虫は餌を捕えるために仮足を使うが、日光を浴びた熱帯の海を漂っているときには、生きた藻類を共生させて、光合成によってつくられた糖を養分と

することもある。放散虫は二酸化ケイ素に頼っているので海から離れることができないが、その近縁生物であるケルコゾアは、土壌や淡水に進出した。典型的なケルコゾアは長い仮足を備えているが、生息環境にしたがって、殻のあるものやないもの、鞭毛をもつものやたないものがある。

有孔虫は何億年にもわたって海洋で繁栄してきており、石灰化した殻は海底に積もって石灰質の堆積岩の地層を形成した。有孔虫の殻は化石になっても特徴があるので、地質学者はそれを使って堆積した年代を特定したり、隠された油田をつきとめたりすることができる。生きているときには、それぞれの殻には小さな細胞が入っていて、放散虫と同じように、仮足でバクテリアなどを捕えるが、大形の有孔虫は動物の幼生を捕えることもある。

ドメイン	真核生物
界	原生生物
系統群	リザリア
科	108
種	約14,000

論　点
収束する巨星

放散虫と有孔虫の仮足は絡み合って殻のまわりに網の目を形成する。このことから、放散虫と有孔虫は共通の祖先から進化したと考える学者もいる。しかし、どちらも大きな単細胞をもつことから、この網は2つのグループで独自に進化した可能性もある。

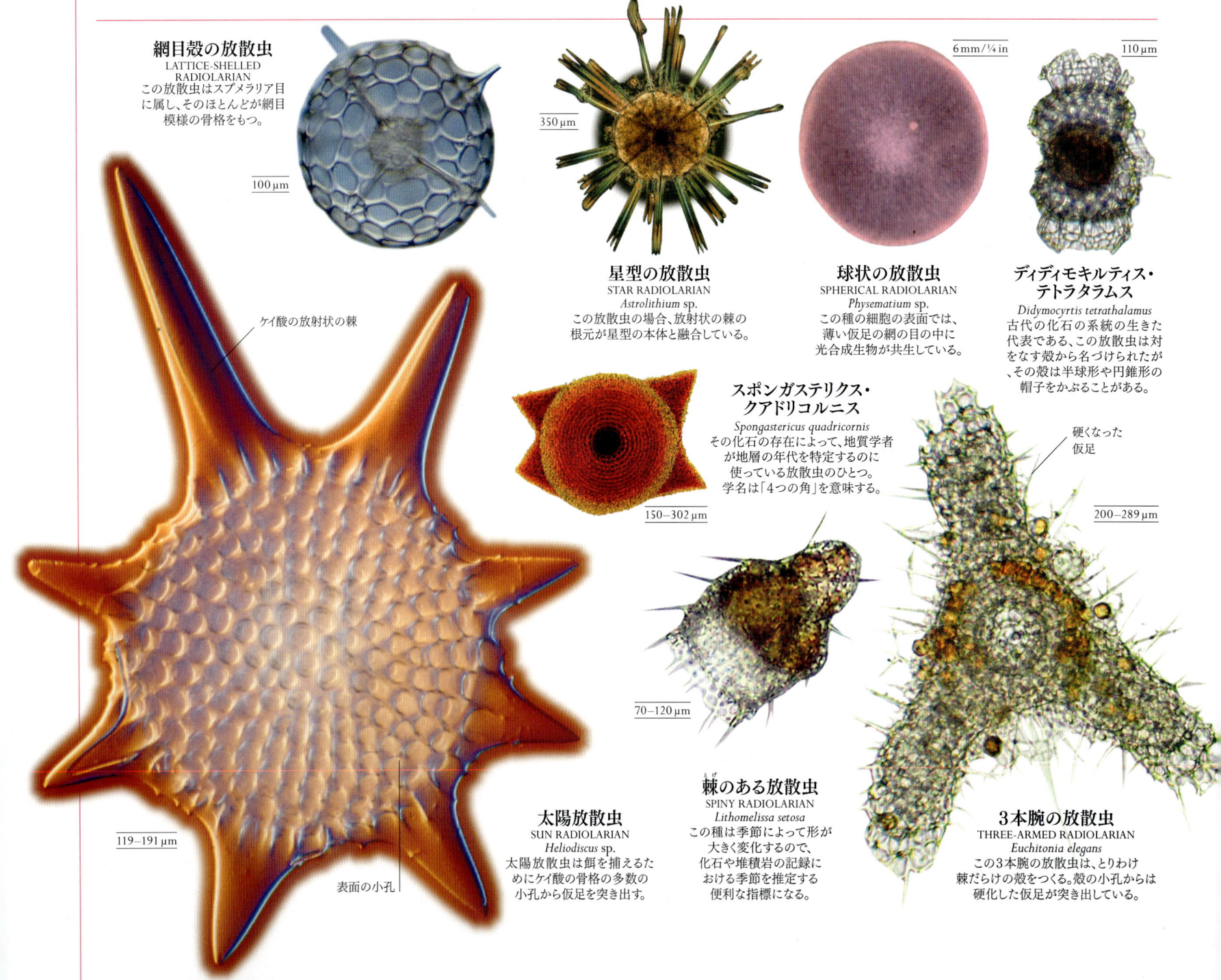

網目殻の放散虫
LATTICE-SHELLED RADIOLARIAN
この放散虫はスプメラリア目に属し、そのほとんどが網目模様の骨格をもつ。

100 μm

350 μm

6 mm/¼ in

110 μm

星型の放散虫
STAR RADIOLARIAN
Astrolithium sp.
この放散虫の場合、放射状の棘の根元が星型の本体と融合している。

球状の放散虫
SPHERICAL RADIOLARIAN
Physematium sp.
この種の細胞の表面では、薄い仮足の網の目の中に光合成生物が共生している。

ディディモキルティス・テトラタラムス
Didymocyrtis tetrathalamus
古代の化石の系統の生きた代表である、この放散虫は対をなす殻から名づけられたが、その殻は半球形や円錐形の帽子をかぶることがある。

ケイ酸の放射状の棘

スポンガステリクス・クアドリコルニス
Spongastericus quadricornis
その化石の存在によって、地質学者が地層の年代を特定するのに使っている放散虫のひとつ。学名は「4つの角」を意味する。

150–302 μm

硬くなった仮足

200–289 μm

70–120 μm

119–191 μm

表面の小孔

太陽放散虫
SUN RADIOLARIAN
Heliodiscus sp.
太陽放散虫は餌を捕えるためにケイ酸の骨格の多数の小孔から仮足を突き出す。

棘のある放散虫
SPINY RADIOLARIAN
Lithomelissa setosa
この種は季節によって形が大きく変化するので、化石や堆積岩の記録における季節を推定する便利な指標になる。

3本腕の放散虫
THREE-ARMED RADIOLARIAN
Euchitonia elegans
この3本腕の放散虫は、とりわけ棘だらけの殻をつくる。殻の小孔からは硬化した仮足が突き出している。

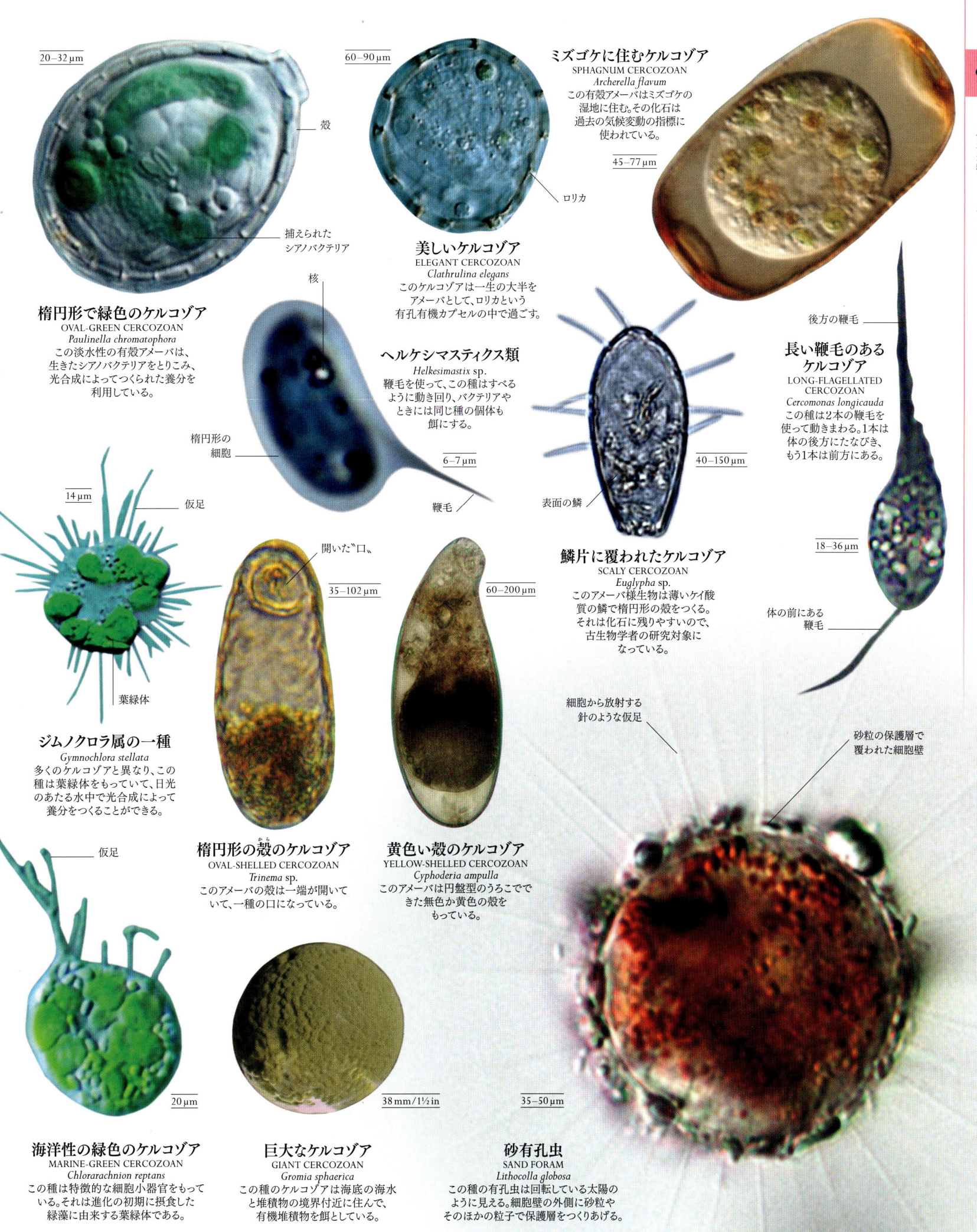

楕円形で緑色のケルコゾア
OVAL-GREEN CERCOZOAN
Paulinella chromatophora
この淡水性の有殻アメーバは、
生きたシアノバクテリアをとりこみ、
光合成によってつくられた養分を
利用している。

20–32 μm

捕えられた
シアノバクテリア

殻

60–90 μm

美しいケルコゾア
ELEGANT CERCOZOAN
Clathrulina elegans
このケルコゾアは一生の大半を
アメーバとして、ロリカという
有孔有機カプセルの中で過ごす。

ロリカ

ミズゴケに住むケルコゾア
SPHAGNUM CERCOZOAN
Archerella flavum
この有殻アメーバはミズゴケの
湿地に住む。その化石は
過去の気候変動の指標に
使われている。

45–77 μm

核

楕円形の
細胞

ヘルケシマスティクス類
Helkesimastix sp.
鞭毛を使って、この種はすべる
ように動き回り、バクテリアや
ときには同じ種の個体も
餌にする。

6–7 μm

鞭毛

後方の鞭毛

**長い鞭毛のある
ケルコゾア**
LONG-FLAGELLATED
CERCOZOAN
Cercomonas longicauda
この種は2本の鞭毛を
使って動きまわる。1本は
体の後方にたなびき、
もう1本は前方にある。

18–36 μm

体の前にある
鞭毛

14 μm

仮足

ジムノクロラ属の一種
Gymnochlora stellata
多くのケルコゾアと異なり、この
種は葉緑体をもっていて、日光
のあたる水中で光合成によって
養分をつくることができる。

葉緑体

開いた"口"

35–102 μm

60–200 μm

40–150 μm

表面の鱗

鱗片に覆われたケルコゾア
SCALY CERCOZOAN
Euglypha sp.
このアメーバ様生物は薄いケイ酸
質の鱗で楕円形の殻をつくる。
それは化石に残りやすいので、
古生物学者の研究対象に
なっている。

細胞から放射する
針のような仮足

砂粒の保護層で
覆われた細胞壁

楕円形の殻のケルコゾア
OVAL-SHELLED CERCOZOAN
Trinema sp.
このアメーバの殻は一端が開いて
いて、一種の口になっている。

黄色い殻のケルコゾア
YELLOW-SHELLED CERCOZOAN
Cyphoderia ampulla
このアメーバは円盤型のうろこでで
きた無色か黄色の殻を
もっている。

仮足

20 μm

海洋性の緑色のケルコゾア
MARINE-GREEN CERCOZOAN
Chlorarachnion reptans
この種は特徴的な細胞小器官をもって
いる。それは進化の初期に摂食した
緑藻に由来する葉緑体である。

38 mm/1½ in

巨大なケルコゾア
GIANT CERCOZOAN
Gromia sphaerica
この種のケルコゾアは海底の海水
と堆積物の境界付近に住んで、
有機堆積物を餌としている。

35–50 μm

砂有孔虫
SAND FORAM
Lithocolla globosa
この種の有孔虫は回転している太陽の
ように見える。細胞壁の外側に砂粒や
そのほかの粒子で保護層をつくりあげる。

アルベオラータ　ALVEOLATES

アルベオラータに属する生物たちは、ひとつの変わった形質を共有している——系統の名前のもとになった、アルベオラ（泡室）とよばれる細胞のまわりの小さな袋の房飾りである。

表面的には異なるが、いずれも単細胞原生生物である3つのグループが、アルベオラータに含まれている。渦鞭毛藻類、繊毛虫類、アピコンプレクサ類である。捕食性の渦鞭毛藻類は水中にすみ、ほとんどが細胞外被の溝から出現する互いに直交する2本の鞭毛（横鞭毛と縦鞭毛）を使って泳ぐ。獲物を動けなくするために銛のような棘を発射するものもいる。毒を放出するものもあり、渦鞭毛藻類の異常発生は、世界中で有毒赤潮を引き起こしている。少数だが生物発光するものもあり、夜間に刺激されるときらめくように発光する。

ほとんどの繊毛虫はバクテリアを求めて動き回る。そのなめらかで優美な動きは、彼らの単細胞体のすべてを覆う、繊毛とよばれる無数の小さな毛の協調した波動のおかげである。彼らはまたこの繊毛を使って食物を口にあたるくぼみまで運んでいく。繊毛虫類は文字通りどこにでもいる。草食哺乳動物の胃の中にまで住んでいて、植物の丈夫なセルロースを消化するのを助けたりしている。

対照的に、ほぼすべてのアピコンプレクサは寄生性である。アピカルコンプレックス（頂端複合構造）という構造物のために名づけられたが、この構造物は動物の生きた細胞に穴をあけるのに役立ち、そこから養分を奪う。アピコンプレクサのなかでも悪名高いのはマラリア原虫で、彼らは食物のために動物の赤血球に穴をあけ、その過程で赤血球を破壊してしまう。

ドメイン	真核生物
界	原生生物
系統群	アルベオラータ
科	222
種	約20,000

論点
原生動物

初期の分類では、食物を摂取する微生物は原生動物門のいくつかの綱に分類されていた。いまでは繊毛虫類と渦鞭毛藻類は、現代の原生生物分類学においてひとつのグループに入れられているが、彼らの関係の正確な本質はいまだ議論の余地がある。

有柄の繊毛虫類（ツリガネムシ）
STALKED CILIATE
Vorticella sp.
この生物は柄の先に釣り鐘がついたような形をしており、この柄は刺激を受けると弦巻ばねのように収縮する。
50–160μm

ラッパ状の繊毛虫類（ラッパムシ）
TRUMPET CILIATE　*Stentor muelleri*
この藻類を餌とする繊毛虫はラッパ状の細胞体をもち、単細胞生物にしては大型である。
2–3mm/¹⁄₁₀in

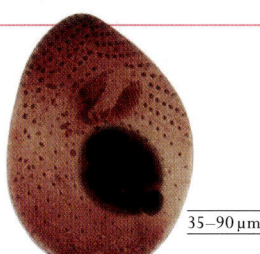

土壌の繊毛虫
SOIL CILIATE
Colpoda inflata
このふだんは腎臓の形をしている繊毛虫は、土壌の生態系に重要な役割を果たすが、殺虫剤に弱い。
35–90μm

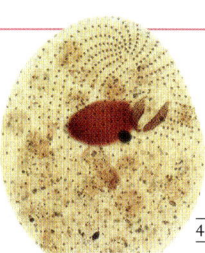

湖沼の繊毛虫
POND CILIATE
Colpoda cucullus
淡水の腐りかけた植物の間に生息しているこの繊毛虫は、細胞内部に食物のつまった食胞という小器官がある。
40–110μm

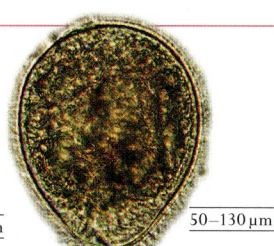

腸内の繊毛虫
GUT CILIATE
Balantidium coli
これは人間に寄生することが知られている唯一の繊毛虫である。感染すると腸管潰瘍か、深刻な腸管炎を引き起こす。
50–130μm

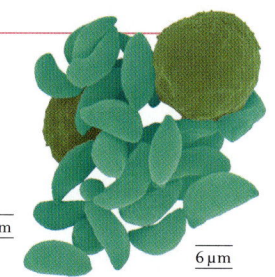

トキソプラズマ原虫
Toxoplasma gondii
猫と人間を含む動物との間でやりとりされる、この寄生性のアピコンプレクサは、トキソプラズマ症という病気を引き起こし、人間の胎児には危険である。
6μm

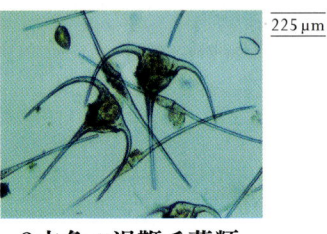
225μm

3本角の渦鞭毛藻類
THREE-HORNED DINOFLAGELLATE
Tripos muelleri
その独特の形からイカリツノモとかツノオビムシという和名もある。この異常発生は危険な赤潮を引き起こす。
10–100μm

38–50μm

鎖状の渦鞭毛藻類
CHAIN-FORMING DINOFLAGELLATE
Gymnodinium catenatum
この渦鞭毛藻類は最大32個の細胞が連なって泳ぐ鎖を形成する。

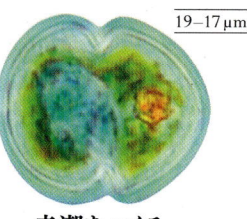
19–17μm

赤潮をつくる渦鞭毛藻類
MAHOGANY-TIDE DINOFLAGELLATE
Karlodinium veneficum
この渦鞭毛藻類は異常発生すると魚にとって致命的な茶色の赤潮を引き起こす。

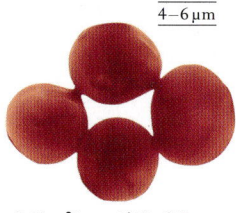
4–6μm

クリプトスポリジウム・パルブム
Cryptosporidium parvum
この渦鞭毛藻類はクリプトスポリジウム症という下痢性の病気を引き起こす。通常汚染された水の中の糞便経由でシストを摂取すると感染する。

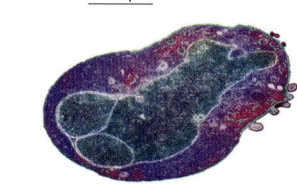
9–14μm

プラスモディウム・ファルキパルム
Plasmodium falciparum
最も致命的な熱帯マラリア原虫で、このアピコンプレクサの寄生によって全世界で毎年100万人以上が死んでいる。

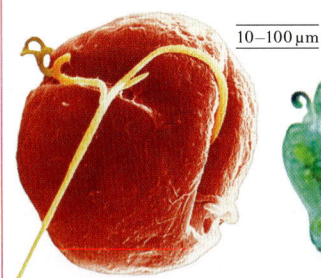
20–40μm

ギムノディニウム類
Gymnodinium sp.
神経毒をつくる、この渦鞭毛藻類の異常発生は、淡水でも海水でもみられ、赤潮と貝毒を引き起こす。

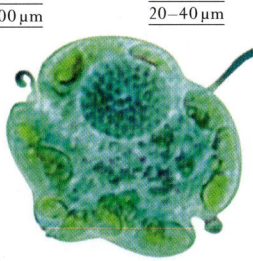

カレニア・ブレビス
Karenia brevis
以前はギムノディニウム・ブレビスとして知られていた。この渦鞭毛藻類はメキシコ湾の赤潮の主犯である。

細胞小器官

200–2,000μm

浮袋

ヤコウチュウ
SEASPARKLE
Noctiluca scintillans
この生物発光性プランクトンは浮袋をもっているので、海面のすぐ下を漂うことができる。

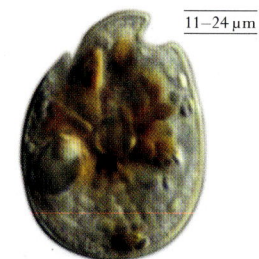
40–74μm

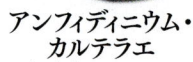

アカシオ・サンギネア
Akashiwo sanguinea
この大形で五角形の渦鞭毛藻類は記録に残る有害な赤潮の原因となったが、光合成することも、ほかのプランクトンを餌とすることもできる。

11–24μm

アンフィディニウム・カルテラエ
Amphidinium carterae
この渦鞭毛藻類は毒素をつくりだし、それに汚染された魚を人間が食べると、シガテラとよばれる食中毒を引き起こす。

不等毛藻類 HETEROKONTS

不等毛藻類にはいくつかのタイプの藻類が含まれ、それらは水中や水辺で育つ光合成を行う原生生物で、本当の根も葉もない。

ヘテロコント（不等毛藻類）は、生殖に使う精子に2本の異なるタイプの鞭毛をもつものとして主に定義される。1本は小毛とよばれる小さな剛毛が密生しており、もう1本はなめらかで鞭に似ている。ヘテロコントには珪藻類、褐藻類、それに水生菌類が含まれる。珪藻類は単細胞の藻類で、殻とよばれる2つの部分に分かれる、精密な彫刻が施された二酸化ケイ素の壁をもつ。彼らは開放水域で浮遊して光合成を行っている植物プランクトンの過半を占める。水面近くで日光のエネルギーを吸収して養分をつくっているのである。珪藻類は、植物と同じように、クロロフィルという緑色の光合成色素をもっているが、フコキサンチンという褐色の光合成色素もあって、利用できる光の波長の範囲を広げ、水中での光合成を効率的なものにしている。

褐藻類は世界の沿岸生息環境を占有している。彼らもフコキサンチンを利用して、表面的には陸上の植物に似るほど複雑な多細胞の海藻に進化しているが、根のようなものは岩石にしがみつくための付着部であり、葉のようなものは維管束のない葉状体にすぎない。にもかかわらず、ケルプのような褐藻類は途方もなく長く成長して、沿岸域に広大な海中林をつくっている。

ドメイン	真核生物
界	原生生物
門	不等毛植物門
科	177
種	約20,000

論点
藻類から水生菌類へ

水生菌類はカビと同じように生活するが、真正菌類のカビと違って、植物に似た細胞壁と不等毛な鞭毛をもち、植物に病気を引き起こすものもある。DNA分析は水生菌類が珪藻類や褐藻類とつながりがあることを示唆しているので、ひょっとすると水生菌類は藻類から進化し、葉緑体を捨てて寄生生物になったものかもしれない。

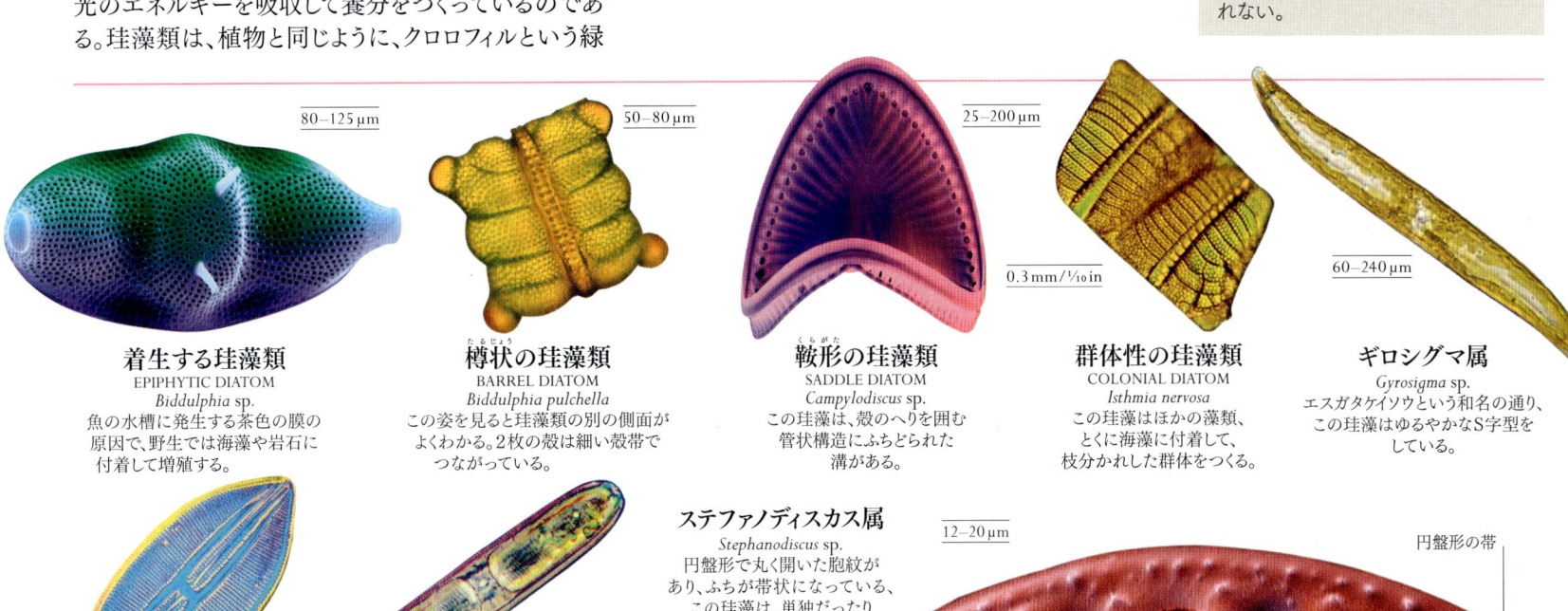

80–125μm

着生する珪藻類
EPIPHYTIC DIATOM
Biddulphia sp.
魚の水槽に発生する茶色の膜の原因で、野生では海藻や岩石に付着して増殖する。

50–80μm

樽状の珪藻類
BARREL DIATOM
Biddulphia pulchella
この姿を見ると珪藻類の別の側面がよくわかる。2枚の殻は細い殻帯でつながっている。

25–200μm

鞍形の珪藻類
SADDLE DIATOM
Campylodiscus sp.
この珪藻は、殻のへりを囲む管状構造にふちどられた溝がある。

0.3mm/¹/₁₀in

群体性の珪藻類
COLONIAL DIATOM
Isthmia nervosa
この珪藻はほかの藻類、とくに海藻に付着して、枝分かれした群体をつくる。

60–240μm

ギロシグマ属
Gyrosigma sp.
エスガタケイソウという和名の通り、この珪藻はゆるやかなS字型をしている。

125μm

粘液を出す珪藻類
SLIMY DIATOM
Lyrella lyra
この珪藻は中央の縦溝から粘液を分泌して宿主の表面をなめらかに移動する。

18–90μm

池沼の珪藻類
POND DIATOM
Pinnularia sp.
このペン型の珪藻の中には2個の葉緑体が見える。この種は池や湿地で見られる。

ステファノディスカス属
Stephanodiscus sp.
円盤形で丸く開いた胞紋があり、ふちが帯状になっている、この珪藻は、単独だったり鎖状に連なったりする。

12–20μm

円盤形の帯

突起

胞紋

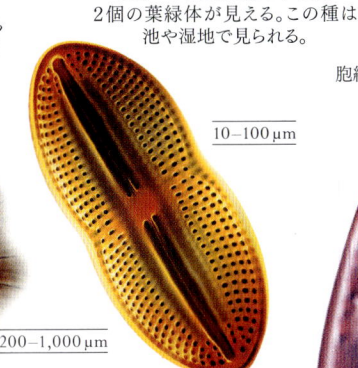

200–1,000μm

ウニのような太陽虫類
URCHIN HELIOZOAN
Actinosphaerium sp.
このオオタイヨウチュウはウニに似ている。運動するときは細胞の中身を仮足に移す。

10–100μm

溝のある珪藻類
GROOVED DIATOM
Diploneis sp.
この種の珪藻の殻は、縦溝（ラッフェ）の両側に、管状構造（カナル）があり、くちびるのように見える。

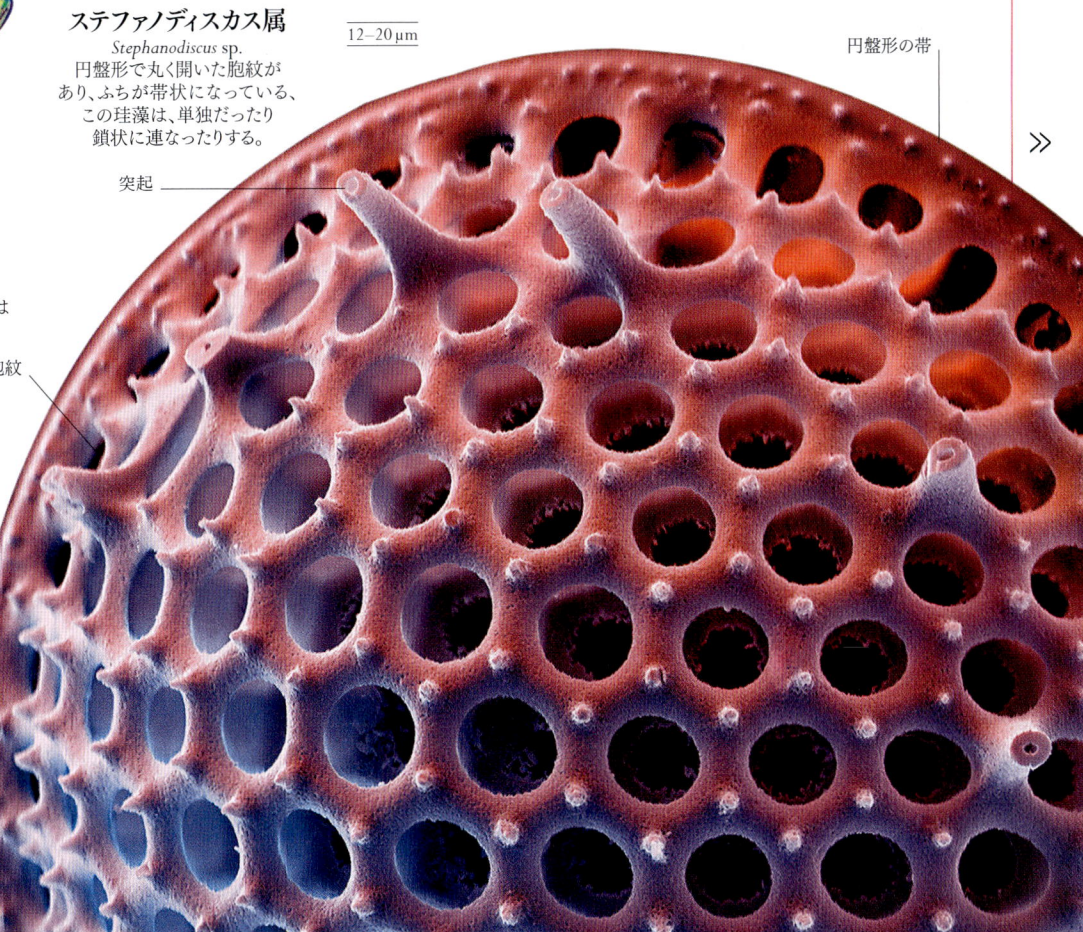

≫ 不等毛藻類

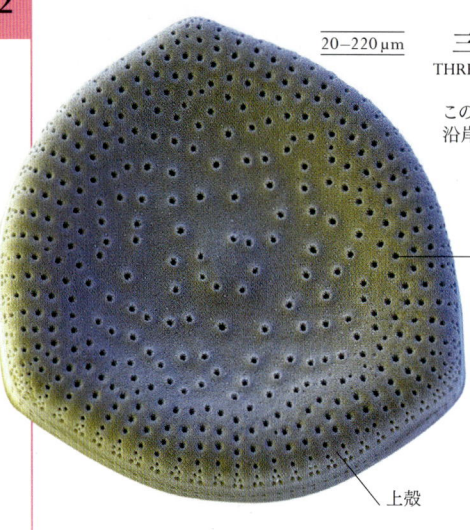

20–220 µm

三角形の珪藻類
THREE-CORNERED DIATOM
Actinoptychus sp.
この珪藻は浅い大陸棚の
沿岸地域に生息している。

光合成に使う
無機物をとり
いれる小孔

0.9 mm
1/32 in

上殻

クモノスケイソウ
SPIDER'S-WEB DIATOM
Arachnoidiscus sp.
この円盤状の珪藻は蜘蛛の巣模様状
の殻をもち、放射状の肋が発達して
いて、非常に大きくなる。

丈夫な細胞壁

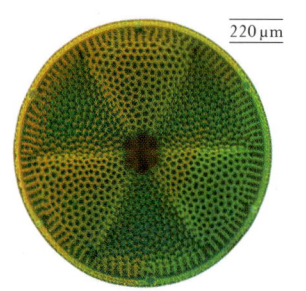

220 µm

太陽光線の珪藻類
SUN-RAY DIATOM
Actinoptychus heliopelta
上殻と下殻とで起伏する区画が
うまく互い違いになり綺麗な
模様を見せている。

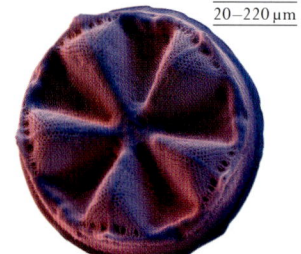

20–220 µm

五本腕の珪藻類
FIVE-ARMED DIATOM
Actinoptychus sp.
この珪藻の殻の表面には
五本腕のような放射状の
起伏がある。

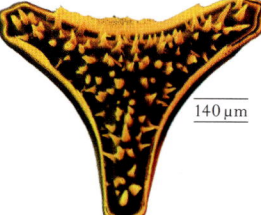

140 µm

トリケラティウム属
Triceratium sp.
この海洋性珪藻は400以上
の種が知られている。
すべてではないが、しばしば
このような三角形をしている。

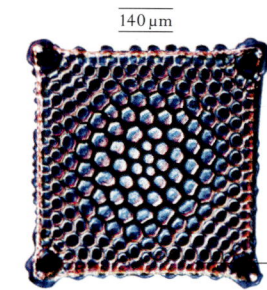

140 µm

トリケラティウム・
ファブス
Triceratium favus
この種は細胞壁にケイ酸質を大量
にもつので、移動するとケイ酸の跡
が残る。これによって淡水環境に海
水が浸入する様子が推測できる。

幾何学的な
細胞壁

光合成に使われる
葉状体

葉状体の気胞の
おかげでまっすぐ
浮いている

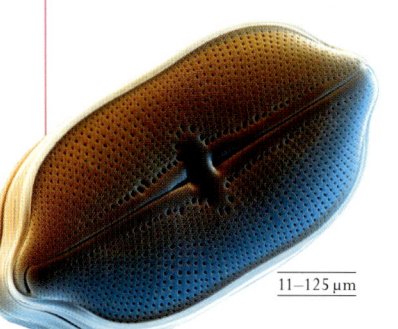

11–125 µm

舟形の珪藻類
BOAT-SHAPED DIATOM
Navicula sp.
フナガタケイソウ属は珪藻のなかで
最大の属で、何千もの種が知られて
いる。

44–82 µm

斑点のある珪藻類
DAPPLED DIATOM
Stictodiscus sp.
電子顕微鏡で観察すると、この種の
殻の表面には、周囲の殻帯近くまで
びっしりと小孔が開いている。

低木に似た
葉状体

2 m
6½ ft

60 cm
23½ in

海のスパゲッティ
THONGWEED
Himanthalia elongata
北半球のこの褐色の海藻は、
生殖するときに、二股に分かれた
細長い紐状の葉状体をつくる。

ヒバマタ属の一種
TOOTHED WRACK
Fucus serratus
この頑丈な低木に似た緑
褐色の海藻は、北大西洋の
あらゆる浅瀬に生えている。

4 m
13 ft

カラフトコンブ
SUGAR KELP
Saccharina latissima
北方海域の深さ8～30mの
岩石海岸に生える褐色の
海藻で、同じ仲間に
Saccharina japonica
（マコンブ）がある。

2–3.5 m
6½–11 ft

工業用のコンブ
CUVIE
Laminaria hyperborea
この海藻は主に北半球の
水深8～30mの海底に生えて
いる。工業的に重要で、
ヨウ素やアルギン酸などが
生産されている。

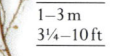

1–3 m
3¼–10 ft

タマハハキモク
WIREWEED
Sargassum muticum
もともと日本原産のホンダ
ワラ科の褐藻で、いまでは
欧米にも広まっている。
1日に10cmも成長する
ことができる。

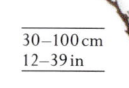

30–100 cm
12–39 in

ハリドリス・シリクオーサ
SEA OAK
Halidrys siliquosa
大形の褐藻類で、ヨーロッパの
潮だまりではふつうに見られる。
気胞とよばれる空気の入った
ふくらみが互い違いについている。

紅藻類 RED ALGAE

顕微鏡サイズのものもあるが、よく知られた紅藻の
ほとんどは多細胞性の海藻で、1mを超えるものも
ある。その形態は途方もなく多様に進化して、地衣
類のようにみえる岩にはりつく薄皮のようなものか
ら、糸状あるいは葉状の茂みまでさまざまである。

6,500種あまりの紅藻の大多数は海洋性である
が、淡水性のものもいくらか存在する。褐藻や緑藻と
異なり、紅藻は有鞭毛の精子をもたず、雄性の細胞
を雌性の器官に運ぶのは水流にたよっている。それ
から雌雄の細胞は融合するが、その後の展開は種に
よってまったく異なる。

生存のための赤色

陸上植物とおなじように、ほとんどの藻類は緑色の
クロロフィルを使って日光のエネルギーをとらえ、光合
成というプロセスで養分をつくっている。けれども、紅
藻の細胞にはさらにフィコエリスリンとよばれる赤色の
色素があって、それがクロロフィルの緑色を覆うので、
名前のとおり赤くなる。この色素のおかげで、紅藻は
わずかな青色光しかとどかない深海でも、褐藻や緑
藻とちがって光合成をつづけることができ、水深200
mもの水中で生育した例も報告されている。

紅藻のなかには石灰化して、岩に硬い外殻を形成
するものや、硬く直立した鹿の角のような形になるも
のもある。また、その名前にもかかわらず、色素のせい
でオリーブ色や灰色の紅藻もある。

ドメイン	真核生物
界	原生生物
門	紅色植物門
科	92
種	約6,500

論点
近縁生物だろうか？

かつて紅藻は緑藻といっしょに分
類されていたが、いまでは緑藻は
二つの別々でとても多様なグルー
プであると認められている。紅藻と
非常に近い種もあれば、陸上植物
により近い種もある。紅藻は陸上
植物が進化をはじめる前に系統
樹で分岐したのである。

ダルス
DULSE Palmaria palmata
北大西洋の沿岸地帯では、この海藻は
伝統的に食用で、タンパク質やビタミン
の供給源である。

50 cm
20 in

サンゴモ
CORAL WEED
Corallina officinalis
この赤い海藻は世界中の潮だま
りに普通に見られ、枝分かれした
羽状の葉状体を形成する。

1–15 cm
⅖–6 in

アガーディエラ・スブラタ
Agardhiella subulata
もともと西大西洋やカリブ海やメキシコ
湾に生息していた、この鮮やかな赤色
の海藻は、すでにヨーロッパの一部に
侵入している。

40 cm
16 in

シュミッジア・ヒスコッキアナ
Schmitzia hiscockiana
潮に洗われてほとんどむきだしの場所でみつ
かるこの紅藻類は、日本のホウノオに近縁で
、多肉質で柔らかく、平らな葉状体が
手のひらのように広がっている。

8 cm
3¼ in

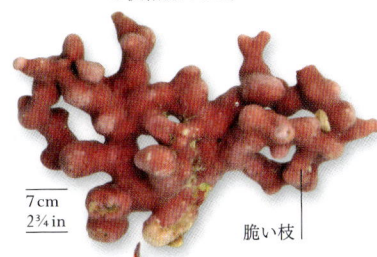

脆い枝

7 cm
2¾ in

ミール
MAERL
Phymatolithon calcareum
イギリス諸島に生息する硬い層
を形成するサンゴ状の藻類で、
カルシウムに富む土壌添加剤と
して、浚渫して粉砕したものが
販売されている。

ブラック・カラギーン
BLACK CARRAGEEN
Furcellaria lumbricalis
この北半球の海藻は
黒褐色の管状の葉状体を
もち、それは枝分かれ
して肉質の指の
ような形になる。

30 cm
12 in

30 cm
12 in

まつげのような
海藻
EYELASH WEED
Calliblepharis ciliata
この北半球の海藻に
は平坦な葉状体が
あり、へりが多数の
〝小枝〟に縁どら
れている。

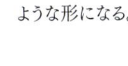
管状の葉状体

扇のような枝

葉状体

10–30 cm
4–12 in

グラシラリア・
フォリフェラ
Gracilaria foliifera
紫褐色の平らな体が不規則に
枝分かれして、細長い葉状体になる。
日本のオゴノリに近縁で、
世界中の潮間帯に生えている。

30 cm
12 in

シラモ
Gracilaria bursa-pastoris
長細い紅藻類で、枝は互生
または叉状である。イングランド
南部、太平洋、カリブ海に
分布している。

マストカルプス・
ステラツス
Mastocarpus stellatus
この紅藻類は葉状体に
ある生殖器の乳状突起が
目を引く。北大西洋の
潮間帯に分布している。

17 cm
6½ in

22 cm
8¾ in

アイリッシュ・モス
IRISH MOSS
Chondrus crispus
カラギーナン・モスとしても知られている、
このイギリス諸島の藻類は、ゲル化剤の
カラギーナンの原料としても重要である。

≫ 紅藻類

カタオバクサ
Pterocladiella capillacea
先端に向けて細くなる羽毛状の枝がある、この紅藻類は世界中の潮だまりに見られ、しばしばクリスマスツリーのような姿になる。

20 cm
8 in

2.5 mm
1/10 in

スポロリトン・プティコイデス
Sporolithon ptychoides
細胞壁の中に沈着する石灰質を使って殻状体をつくる。世界中の潮だまりや潮流の底の岩場に生えている。

平らな、木の葉のような構造

17 cm
6½ in

葉状体についた葉片

メラナマンシア・フィムブリフォリア
Melanamansia fimbrifolia
日本のヒオドシグサの近縁で、北アメリカとオーストラリアに分布するこの海藻は、水深55mまでの堆積物に覆われた岩礁に生える。

15 cm
6 in

イタニグサ属
BUSH WEED *Ahnfeltia* sp.
ペトリ皿で細胞培養などに使われる寒天の原料となる、この北半球の海藻は、葉状体が密集して房状になる。

ヤナギノリ
Chondria dasyphylla
世界中の海に分布。末端が棍棒のような小枝でおわる羽状の体をもち、成熟すると四分胞子嚢托やつぼ状の果胞子体を形成する。

10−21 cm
4−8½ in

7−22 cm
2¼−8¾ in

マギレソゾ
Laurencia obtusa
この熱帯の藻類は、食害性のカニやウニに対する化学防御となるハロゲン化テルペノイドの原料である。それはまた便利な汚染防止剤にもなる。

30 cm
12 in

セラミウム・ビルガタム
Ceramium virgatum
この小さな紅藻類は世界中の岩やほかの海藻の上に生えている。小さな付着部から糸のように細い叉状に分岐する葉状体を伸ばしていく。

20 cm
8 in

プティロフォラ・レリアエルティイ
LEATHER WEED
Ptilophora leliaertii
南アフリカ沖の岩礁で発見されて、2004年にはじめて記載された、この紅藻類は、羽毛のような複合した枝をもつ。

35 cm
14 in

30 cm
12 in

海のブナ
SEA BEECH *Delesseria sanguinea*
ブナの葉によく似た特徴的な葉状体で知られている、この紅藻類は、ヨーロッパのケルプの森の下層に生えている。

2−15 mm
1/10−3/5 in

ハイテングサ
Gelidium pusillum
世界中に分布して、貝殻や小さな巻貝とともに潮間帯に生える、この房状になる紅藻類は、平坦な葉状体をもっている。

レノルマンディオプシス・ノザワエ
BROAD WEED
Lenormandiopsis nozawae
温帯性の海藻。幅の広い藻体の両面に四分胞子嚢の枝が形成されるが、その上で生活する小さな寄生藻が知られている。

ストロン

シマテングサ
Gelidiella acerosa
食品や製薬会社で使われる、この紅藻類はインドで発見されたが、ストロンとして知られている、細い円柱状の匍匐枝をもつ。

8.5 cm
3¼ in

2−10 cm
¾−4 in

ポリシフォニア・ラノサ
Polysiphonia lanosa
北半球でほかの藻類の上にポンポンのような房状になって生える、この紅藻類は、長い管状の細胞でできた枝分かれする長い繊維をもっている。

緑藻類 GREEN ALGAE

緑藻はきわめて多様な種のゆるやかな分類学的集合体である。あるものは淡水の池や川に住み、あるものは湿った日陰の岩や木の幹に緑のマットを形成し、またあるものは葉状の海藻となって浅い海水の岩石に付着する。

多くの緑藻は顕微鏡サイズで浮遊性だが、ときどき池で繁茂するアオミドロを含め、多細胞で可変的に複雑な構造をもつものもある。分裂したり出芽したり運動性胞子をつくって無性生殖するものもあるが、大き

な種では有性生殖がふつうである。これらは典型的に2本のそっくりな鞭毛をもつ精子をつくるが、生活環で胞子をつくる段階もある。緑藻は光合成のために陸上植物とおなじクロロフィルを使うので、緑色植物亜界とよばれるより大きなグループに含まれることもある。

ドメイン	真核生物
界	原生生物
門	緑色植物
科	127
種	4,300

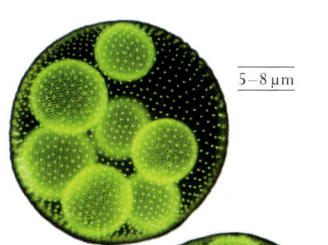

5–8 μm

12–60 cm
4¾–23½ in

オオバアオサ
SEA LETTUCE
Ulva lactuca
世界中で食べられている、この緑色の海藻は、幅広くてしわの寄った葉状体をもち、付着器で岩石に着生している。浮遊性の藻体をつくることもある。

5–40 cm
2–16 in

ミル
GREEN SEA FINGERS　*Codium fragile*
この管状の緑藻は世界中に分布し、海岸の潮溜りや水深2mの沿岸に生育する。

2–5 m
6½–16 ft

クビレヅタ
SEA GRAPE
Caulerpa lentillifera
長い匍匐茎から多数の直立する茎を生やす食用の海藻である。フィリピンや沖縄では汁の多い茎が収穫され、ウミブドウとして生食されている。

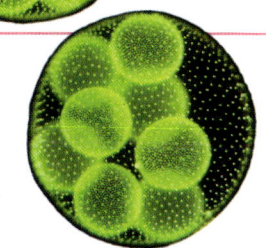

ボルボックス
Volvox aureus
肉眼でも見ることのできる、この淡水にすむ緑藻の球状の群体は、何千もの顕微鏡サイズの個体でできている。糸のような鞭毛によって水中を回転しながら移動する。

シャジクモの仲間 STONEWORTS AND RELATIVES

緑藻の親戚だが、シャジクモとその仲間たちは、構造がより複雑で、細胞内の化学作用もずっと進化しているので、真の植物の祖先である可能性が高い。

ときにシャジクモ類とよばれることもあるストレプト植物には、接合藻類に分類されるチリモも含まれる。これらは典型的に単細胞で、左右対称の2個の半細胞に分かれている。

けれども、シャジクモやカタシャジクモはストレプト植物でもっともよく知られており、しばしば「名誉植物」とみなされている。

彼らは浅い淡水か汽水域の泥の中に生育し、仮根とよばれる糸状体によって根付いている。彼らの枝分かれした形や生殖構造も真の植物を思わせる。事実、分類システムのなかには、ストレプト植物をすべての陸上植物を含む「亜界」とみなすものもある。

ドメイン	真核生物
界	原生生物
門	ストレプト植物
科	16
種	2,700

突起

350 μm

造卵器

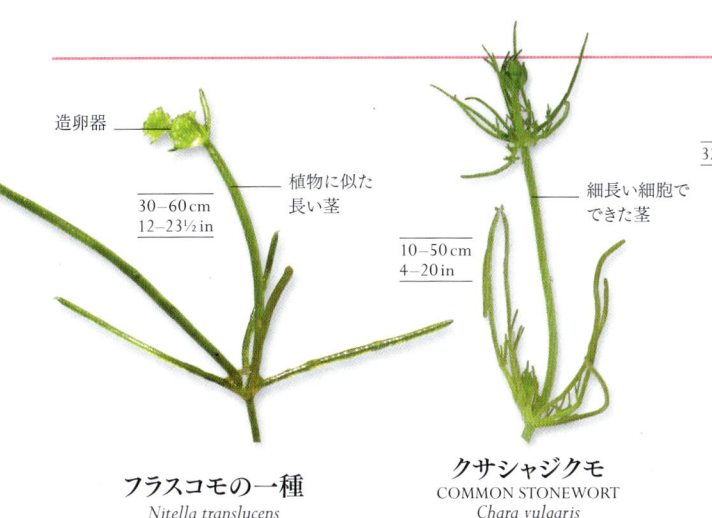

植物に似た長い茎

30–60 cm
12–23½ in

細長い細胞でできた茎

10–50 cm
4–20 in

フラスコモの一種
Nitella translucens
この透明な緑の葉をもつ繊細な「植物」は、西ヨーロッパや南ヨーロッパの池や小川や湿地の澄んだ水に生息する。

クサシャジクモ
COMMON STONEWORT
Chara vulgaris
ムスクグラス(麝香草)としても知られている、この北半球のストレプト植物は、不快な臭いを放つ。

32–70 μm

ペニウム属
Penium sp.
この北アメリカに生息するチリモの仲間は、中央の継ぎ目で、両端の丸まった円柱状の2つの半細胞に対称的に分かれている。

ミカヅキモ属
Closterium sp.
世界中に分布するこの三日月形の淡水性緑藻は、2つの半細胞それぞれに葉緑体が1つあって、峡部で連結し、そこに核がある。

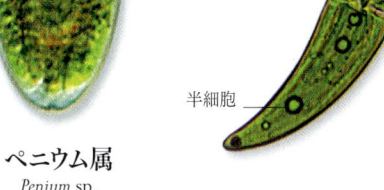

細胞分割面

半細胞

100–460 μm

アワセオオギ属
Micrasterias sp.
温帯に生息するこの鼓藻は複数の棘のある腕をもち、先端が突起になっている。

植物

≫108

蘚類

蘚類は花を咲かせず、胞子を散布して増える。気温の低い湿地や日陰に広く分布している。硬い茎をらせん状に取り巻くように葉がつく。岩の表面や木の幹に着生するものが多い。

≫110

苔類

蘚類と近縁の苔類も花を咲かせず、胞子を散布して増える。植物体は小さく、葉と茎の区別のないリボン状の葉状体になるものと、地面を匍匐する茎に小さな葉がつく茎葉体になるものがある。

太陽のエネルギーを利用して成長する緑色植物は、地球の生命の土台となっている。動物などほかの生物にとって植物は食物となり、またすみかともなる。植物のなかには小さく簡単な構造をしたものもあれば、巨大な針葉樹もある。また、驚くほどさまざまな形態や生存戦略を進化させ、目のくらむほどの多様性に満ちた被子植物もある。

≫ 111
ツノゴケ類／小葉植物
ツノゴケ類は苔類に近縁な小さな植物であり、細長い角のように伸びた部分の先端から胞子を放出する。小葉植物は以前はシダ植物の仲間であると考えられていたもので、ヒカゲノカズラなどを含む。

≫ 112
シダ類とその仲間
シダ類は種子をつくらず胞子で増える植物のなかで最大のものである。多くはあまり高く伸びない。木生シダは高木になるが、その幹は木本とは異なり茎から生じた細い根が密にからみ合ってできている。

≫ 116
ソテツ類、イチョウ類、グネツム類
これらの植物は花を咲かせないが、種子をつくる。被子植物が進化するまでは、ソテツは世界中の植生のなかで重要な地位を占めていた。

≫ 118
球果植物
被子植物に比べて種の数ははるかに少ないものの、球果植物（針葉樹）は世界の一部の地域では景観の支配者となっている。球果植物はすべてが高木か低木になり、通常、木質の球果の中に種子をつくる。

≫ 122
被子植物
現存する植物界で圧倒的な数量を誇るグループであり、世界の植生の大部分を構成している。すべてが花を咲かせ（しばしばその花が目立たないものもあるが）、種子をつくって殖えていく。

蘚類 MOSSES

蘚類は花を咲かせない植物である。群生してマット状になったり、クッションのような形になったりするものが大半である。サイズが小さいにもかかわらず、蘚類は驚くべき生命力をもち、森林から砂漠まで幅広い地域に生息でき、南極も含めて地球上の全大陸に分布している。

門	蘚植物門
綱	8
目	30
科	110
種	約10,000

極北の地でミズゴケが高層湿原を形成している。色の薄い部分は地衣類のハナゴケである。

蘚類は胞子を散布して子孫をつくる。細く硬い茎をらせん状に取り巻くように薄い葉がついている。苔類と同様に成長には水分を必要とする。湿地帯などでとても豊かに繁茂することもある。種によって（特にミズゴケなど）は水気をたっぷり含んだ分厚いマット状になり、世界各地の寒冷地域で地面を覆っているのが見られる。季節により乾燥する地域にも蘚類が見られる。干ばつ時には休眠状態に入り、灰色で生きているようには見えないが、雨が降ると数分のうちに緑色に戻る。

ほかの陸上植物すべてと同じく、蘚類の生活環には2つの世代がある。蘚類において主たる世代は配偶体で、配偶体は卵細胞と精子をつくる。両者は受精して発生を開始し、胚となる。胚は配偶体に寄生して成長し、胞子体になる。ほとんどの蘚類では、胞子体は長い柄の先端に蒴と呼ばれる胞子囊のついたもので、胞子囊の中で胞子が形成される。蒴は成熟して（数か月かかることもある）裂開し、5000万個もの胞子が空中に散布される。

蘚類の胞子はあまりにも小さくて軽いため、少し風が吹くだけでとてつもない遠距離を移動する。蘚類はこのように散布戦略にたけており、樹皮の割れ目から建物の湿った壁や屋根まで、すべての微環境にすみつくことができる。

近縁なものと似て非なるもの

コケ植物門には蘚類に加えて苔類とツノゴケ類（p.110〜111）を含めることもある。苔類とツノゴケ類は蘚類に近縁ではあるが、現在ではそれぞれ別の門に分けられている。ヒカゲノカズラ類（clubmoss）は真のコケ植物よりも複雑で、小葉植物（p.111）に属している。他にもハナゴケ（reindeer moss）は地衣類（菌類と藻類の共生体）である。また、木から垂れ下がるサルオガセモドキ（Spanish moss）はパイナップル科に属する種子植物である。

▽ 蘚類や苔類にうっそうと覆われた森
ニュージーランドのフィヨルドランド国立公園では、冷涼かつ湿潤な気候のもと、多種多様な蘚類や苔類が密生している。

3 cm/1¼in

クロゴケ
BLACK ROCK MOSS
Andreaea rupestris
クロゴケ科

山岳地帯に広く見られる暗色の蘚類で、岩の表面に直接ついて成長する。ほかの蘚類と異なり、蒴に4本の裂開線ができて、ここから胞子を散布する。

3 cm/1¼in

ヤノウエノアカゴケ
FIRE MOSS
Ceratodon purpureus
キンシゴケ科

背丈の低い蘚類で、世界中に見られる。とくに火事にあった攪乱土壌や荒れ地、建物の壁や屋根などにもよく見られる。春になると一面に蒴をつける。

2 cm/¾in

キャラボクゴケ
COMMON
POCKET MOSS
Fissidens taxifolius
ホウオウゴケ科

広範囲に見られるこの蘚類は短く広がる茎に2列の尖った葉をつける。日陰の土壌か岩の表面に自生する。

キヌヒツジゴケ
VELVET FEATHER-MOSS
Brachythecium velutinum
アオギヌゴケ科

何本にも分枝した茎をもち、枯れ木や水に乏しい草地などにマット状に大きく広がって成長する。全世界で見られる。

円錐形のふたのある蒴(胞子嚢)

10 cm
4 in

15 cm/6 in

シロシラガゴケ
WHITE FORK MOSS
Leucobryum glaucum
シラガゴケ科

森林に生える蘚類。きれいな丸形になり、大きなクッションのように見える。特徴的な灰緑色をしているが、乾燥した天気が続くとほとんど白色になる。

5 cm/2 in

ディクラヌム・モンタヌム
MOUNTAIN FORK MOSS
Dicranum montanum
シッポゴケ科

けばだった小さな塊になる蘚類で、低地に生息する。細長い葉は乾燥すると丸まる。葉が分断して新たな株になることもある。

5 cm/2 in

オオシノブゴケ
COMMON
TAMARISK MOSS
Thuidium tamariscinum
シノブゴケ科

細かく分枝した葉はシダ類のミニチュア版のように見える。ヨーロッパと北アジアの森林の朽ち木や岩の表面に自生する。

3 cm/1¼ in

コツボギボウシゴケ
PURPLE FORK MOSS
Grimmia pulvinata
ギボウシゴケ科

岩や建物の屋根や壁に育ち、どこでも広く見られる蘚類で、その葉の先端は長い銀色の髪の毛に似ている。胞子をつくる蒴は湾曲した茎の先にできる。

蒴が成熟するとつけねが曲がって横向きになる。

オオヤマチョウチンゴケ
SWAN'S NECK THYME MOSS
Mnium hornum　チョウチンゴケ科

北米大陸やヨーロッパの森林に分布する普通種で、春には輝くような緑色になる。蒴のつけねが曲がった姿は白鳥の首のようにも見える。

4 cm
1½ in

3 cm
1¼ in

ハイヒバゴケ
CYPRESS-LEAVED PLAIT MOSS
Hypnum cupressiforme
ハイゴケ科

非常に変種が多い蘚類で、葉が幾重にも密に詰まってマット状になる。世界中どこでも見られ、岩や建物の壁、樹木の下部に自生する。

10 cm
4 in

ダチョウゴケ
OSTRICH-PLUME FEATHER MOSS
Ptilium crista-castrensis
ハイゴケ科

主に北半球の森林に見られるこの蘚類は、左右対称に伸びた葉が鳥の羽の形に似ている。トウヒやマツの林の下部にパッチ状に広がる。

80 cm
32 in

クロカワゴケ
GREATER WATER-MOSS
Fontinalis antipyretica
カワゴケ科

淡水の水中に自生し、流れの遅い川や渓流の岩に見られる。縦に折りたたまれた3列の深緑色の葉をもつ。

1 cm/⅜ in

オルトドンティウム・リネアレ
CAPE THREAD-MOSS
Orthodontium lineare　ハリガネゴケ科

20世紀初頭に南半球からヨーロッパにもたらされた種だが、近年では侵略的外来種とされている。

25 cm
10 in

オオミズゴケ
BLUNT-LEAVED
BOG MOSS
Sphagnum palustre　ミズゴケ科

湿地に自生する蘚類で、ほかのミズゴケと同様、泥炭を形成する。大量の水分を体内に蓄える。それぞれの茎の先は小さく分枝した葉が平らになってロゼットを形成する。

40 cm
16 in

ウマスギゴケ
COMMON
HAIR-CAP MOSS
Polytrichum commune
スギゴケ科

北半球のどこでも見られる蘚類で、主に湿った荒れ地に育ち、丈の高い茂みを形成する。茎は頑丈で分枝せず、細く尖った葉をもつ。

1.5 cm
½ in

ヒョウタンゴケ
BONFIRE MOSS
Funaria hygrometrica
ヒョウタンゴケ科

世界で最も分布域の広い蘚類のひとつ。とくに攪乱された土地や、たき火や山火事の跡によく見られ、広がってマット状になる。蒴はオレンジ色の蒴柄の先端につく。

苔類 LIVERWORTS

湿った日陰に生育する苔類は、現生の陸上植物すべてのなかで最も単純なものと考えられている。苔類は形状から2つのタイプに分けられる。茎と葉の区別がなく扁平でリボンのような形をした葉状体タイプと、蘚類と同じように細長い茎をもち小さな葉をつける茎葉体タイプである。

門	苔植物門
綱	3
目	16
科	88
種	約7,500

論 点
苔類は独立した分類群に

苔類は、かつては蘚類・角苔類とともにコケ植物門としてまとめられていた。だが苔類にはいくつかの独特な特徴があり、蘚類やツノゴケ類から明らかに区別できる。例えば、苔類は陸上植物としては唯一、気孔をもたない。気孔は通常、胞子体（胞子をつくる世代）に存在する開閉可能な小孔で、ガス交換を行うところである。また、苔類の仮根は1本が単一の細胞からできている。こういった特徴から、現在では苔類を門として独立させ苔植物門としている。

苔類のうち、リボン状の葉状体タイプはほかのどの植物とも似ていない。茎と葉の区別はなく、扁平な体が分枝を繰り返して伸びていく。このタイプの種の多くは上側の表面（背片）に光沢があり、深い切れ込みで区切られた裂片が連なっている。中世の本草学者たちはこの肝臓（liver）に似た形に注目し、苔類を「肝臓の草」（liverwort）と呼んだ。一方、茎葉体タイプの苔類は葉状体タイプとは形状が大きく異なり、茎が匍匐して横に広がったり樹幹などに着生したりする。このタイプは通常2列の葉をもち、裏側には小さな3列目の葉がある。湿った草地に生えてふんわりとしたマットのような形になるものもあるが、岩場や樹幹に着生するものもある。茎葉体タイプのほうが葉状体タイプよりも種数がはるかに多い。特に熱帯には多くの茎葉体タイプが見られ、熱帯雨林の高木に着生する種が多い。

苔類の増え方

多くの種子植物とは異なり、苔類の成長には限界がない。平面的に広がって不定形のマット状になり、さしわたし数mになることもある。広がるにつれて断片化し、複数の株になる。また、種によっては葉状体の表面のくぼみに無性芽ができる。無性芽は複数の細胞からなる小さなかたまりで、雨に打たれると周囲に散らばり、新しい株として成長する。

苔類は胞子の散布でも繁殖する。胞子は小さな細胞だが、これを作るにはまず卵細胞のもとに精子が泳いできて受精しなければならないため、水が必要となる。多くは小さな傘状の構造内で精子や卵細胞を作る。精子はしばしば雨のしずくの力を借りて卵細胞にたどり着く。受精後、受精卵が発生して胞子嚢を形成し、胞子が空中に散布される。

エゾムチゴケ
GREATER WHIPWORT
Bazzania trilobata
ムチゴケ科

湿気の多い森林に自生するエゾムチゴケは数多くの葉が重なりあって成長し、しだいに下向きに曲がる。その茎はイモムシに似ている。

三日月形の無性芽器

ミカヅキゼニゴケ
CRESCENT-CUP LIVERWORT
Lunularia cruciata
ミカヅキゼニゴケ科

庭や温室などに見られる葉状体タイプの苔類。明るい緑色で、表面に三日月形をした無性芽器があることが目立った特徴となっている。

雌器床には指状の突起がある

ミズゼニゴケ
OVERLEAF PELLIA
Pellia epiphylla ミズゼニゴケ科
湿った泥炭地や岩場に自生する葉状体タイプの苔類。房のあるマット状になることが多い。白く細長い柄の先端に黒い蒴（胞子嚢）をつける。

2列に並ぶ葉

プラギオキラ・アスプレニオイデス
GREATER FEATHERWORT
Plagiochila asplenioides ハネゴケ科
半透明の葉をもつ優美な苔類で、蘚類のような茂みをつくって広がる。日陰の岩場や土壌に自生するが、とくに白亜質の土壌や石灰岩によく見られる。

ヒラケビラゴケ
EVEN SCALEWORT
Radula complanata ケビラゴケ科
うろこ状の葉をもつ苔類で、淡緑色から茶色までの色になる。日当たりのよい木の幹や海岸の岩場の表面などに自生する。

雄器床

光沢のある葉状体

ゼニゴケ
COMMON LIVERWORT
Marchantia polymorpha ゼニゴケ科
葉状体タイプの苔類。春と夏に、小さな傘状の雌器床が生えてくるのでよく目立つ。湿地や庭園などいたる所で見られる。

ツノゴケ類　HORNWORTS

ツノゴケ（角苔）類はコケの3つめのグループである。小さな植物であり、見落とされがちだが、世界中に分布し、湿度の高い場所に生息している。

蘚類や苔類と同じく、ツノゴケ類の生活環にも2つの世代が出現する。栄養成長をする配偶体と、胞子を形成する胞子体である。配偶体は苔類に似た扁平な葉状体を形成する。葉状体の直径は最大で5cmになる。胞子体は細長い角のような形状で（「ツノゴケ」という名称の由来）、その先端から胞子を散布する。庭や畑の土に生えて小さな雑草のように見える種もいるが、熱帯や亜熱帯地域に生息する種はより大きく樹幹に着生するものが多い。ツノゴケ類は蘚類や苔類と同様、花は咲かせない。

門	ツノゴケ植物門
綱	2
目	5
科	5
種	約220

角状の胞子体

キノボリツノゴケ属の一種
DENDROCEROS
Dendroceros sp.
キノボリツノゴケ科

熱帯・亜熱帯に分布。リボン状の配偶体が湿った岩や樹幹に着生する。配偶体上に角状の胞子体が直立し、高さは最大5cmになる。

ナガサキツノゴケ属の一種
FIELD HORNWORT
Anthoceros agrestis sp.
ツノゴケ科

収穫後の水気のある刈り株畑や踏み荒らされた地面、排水溝の側面などにひっそりと生える。フリル状の葉状体が特徴的。ヨーロッパと北米大陸の温帯などに広く分布する。

葉状の配偶体

ニワツノゴケ
CAROLINA HORNWORT
Phaeoceros carolinianus　ツノゴケモドキ科

ナガサキツノゴケと同様の場所に生える。配偶体は雌雄で別株である。雄性配偶体の葉状体上のくぼみで生じた精子が雨のしずくでとばされ、雌性配偶体に到達して受精する。受精卵は胞子体になる。

小葉植物　LYCOPHYTES

小葉植物にはヒカゲノカズラやミズニラなどが含まれる。シダ植物に近縁だが異なるグループであり、分類学的な位置づけは再検討中である。

本書に登場する植物として、維管束をもつグループはこの小葉植物が最初である。維管束は水やミネラル、栄養分を根や茎、葉へ輸送する通導組織である。維管束があるため、小葉植物はコケ植物に比べて背丈が高くなり、また乾燥した地域でも生育できる。小葉植物の化石は4億2500万年前（シルル紀）のものが見つかっており、石炭紀には優占的な植物だった。現生種は小型だが、化石種のなかには樹木のサイズのものもいた。小葉植物は単純な葉の基部にできる胞子嚢から胞子を散布して増える。

門	小葉植物
綱	1
目	3
科	3
種	約170

イベリアン・キルワート
IBERIAN QUILLWORT
Isoetes longissima　ミズニラ科
ミズニラ類は緩やかな流れや清んだ池に生える。中空の葉が多数、叢生する。葉の基部は膨らみ、内部に胞子嚢がある。

スギカズラ
INTERRUPTED CLUBMOSS
Lycopodium annotinum　ヒカゲノカズラ科
北方の湿原や山地に生育する。直立した茎の先端に棍棒状の胞子嚢穂ができ、そこから胞子を放出する。

ヒッキーズ・トゥリークラブモス
HICKEY'S TREE-CLUBMOSS
Lycopodium hickeyi　ヒカゲノカズラ科
北米大陸東部の広葉樹林や低木林に自生する。地下茎を伸ばして生育域を拡げる。地下茎から伸びた茎に胞子葉がつく様子は小さな木のようにも見える。

ミズスギ
STAGHORN CLUBMOSS
Lycopodiella cernua
ヒカゲノカズラ科
ヤチスギラン属は一般的に他のヒカゲノカズラ類よりも繊細である。本種は小さなマツのような外見で、熱帯域の湿原に広く生育する。

シダ植物とその仲間　FERNS AND RELATIVES

シダ類（シダ植物）の多くは優美な葉をもつことで知られる。葉は最初丸まっているが成長するに
つれて広がっていく。トクサやマツバランなども含め、シダ類とその仲間は被子植物の出現以前から
存在する陸上植物であり、多様なグループを形成しており、子孫は胞子で増やしていく。
シダ類の生息地は変化に富んでおり、その多くが湿気の多い土地や日陰などでたくましく育っている。

門	シダ植物門
綱	1
目	11
科	40
種	約12,000

論　点
生きた化石

トクサ類が出現したのは約3億年前のことである。絶滅した属には大きなものもあり、なかでも最大級のロボク属（*Calamites*）は最大20mもの高さになり、うねのある巨大な幹は直径60cm以上になった。トクサ類の現生種約20種は化石種に比べて随分と小型化しており、水中や林地、攪乱された土地に生育する。トクサ類は一部の茎の先端に胞子囊穂をつけるなど、シダ類とは外見的にかなり異なる。だが現在では、植物学者の大半はトクサ類をトクサ目としてシダ植物に含めることに同意している。

シダ類のなかにはうっかり見過ごしてしまうほどの小型のものもいるが、高さ15m以上にもなる高木のような巨大な種もいる。葉が一株ずつ叢生するものも多いが、地下茎を伸ばして新たな株を生じ、生育域を拡大していくものもいる。地下茎によって増える種のなかでも特に分布域の広いワラビは、何年もかけて元株のクローンである新たな株を増やし、最大で直径800mもの範囲に群生することもある。シダ類には淡水の水中で育つものやほかの植物に着生するものもある。

シダ類の広がった葉は細かく羽状に分かれたものが多いが、若芽の時はきっちり丸まっており、ワラビ巻と呼ばれ、司教杖あるいはバイオリン頭部の装飾のようにも見える。葉の裏側にはびっしり並んだ小さな円形または線形の構造物があり、その中で胞子がつくられる。多くの種はすべての葉で胞子をつくるが、種によっては、胞子を形成する「胞子葉」と、光合成に特化して植物体の成長に貢献する「栄養葉」があり、2種類の葉が役割分担をしている。胞子が発生すると配偶体という中間的な世代になる。小さくてぺらぺらに薄いこの配偶体内で精子と卵細胞が形成されて

受精し、受精卵が発生して、胞子をつくる胞子体という世代になる。わたしたちがシダだと認識するのはこの胞子体である。

シダ類に近縁な植物

シダ類の分類は絶えず変化している。かつてシダ類と小葉類は1つにまとめられていたが、シダ類は小葉類よりも種子植物（裸子植物と被子植物）に近縁であることが種々の科学的知見により示されている。

トクサ類もシダ植物門に含まれる。トクサ類では中空の円柱形の茎が直立し、細い枝が輪生する。珪酸を含む粒状の突起があって表面がざらざらしており、かつてはやかんや鍋などを磨く研磨材に利用された。ハナヤスリ類やマツバラン類もシダ植物門に含まれる。どちらも特徴的なグループで、前者は栄養葉と胞子葉が1本の共通柄につき、後者は叉状に分岐した茎をもつ。

∨ **特徴のある渦巻**
シダ類の若い葉の先端はきゃしゃで内側に渦を巻いて硬く閉じている。成長するにつれて、光の射す方向に向かって少しずつほどけて広がっていく。

トクサ類 HORSETAILS

80 cm/32 in

スギナ
COMMON HORSETAIL
Equisetum arvense　トクサ科

北半球に広く分布するトクサ属の植物だが、厄介な雑草扱いされることが多い。根茎から中空のシュート(苗条・茎と葉が一体になったもの)である胞子茎(ツクシ)を出す。その後、栄養茎が出て、鮮やかな緑色の尖った葉を輪生させる。

真正シダ類 TRUE FERNS

細く長さのそろった葉
10 cm/4 in

ピルラリア・グロブリフェラ
PILLWORT
Pilularia globulifera　デンジソウ科
匍匐茎

西ヨーロッパの沼沢地などに見られるシダだが、群生するので普通の草の束のように見える。地面と同じ高さにできるピル形の胞子嚢の中で胞子をつくる。

15 cm/6 in

デンジソウ
WATER CLOVER
Marsilea quadrifolia　デンジソウ科

群生するミズシダの一種。四つ葉のクローバーに似た葉(日本ではこれを「田」の字に見立てて田字草と呼ぶ)をもつ。北半球に広く分布し、アクアリストからはウォータークローバーと呼ばれる。

1.5 m
5 ft

レガリスゼンマイ
ROYAL FERN
Osmunda regalis　ゼンマイ科

しばしば園芸用に栽培される大型のシダで、北半球に生息する。栄養葉がロゼッタ状に広がり、その中央に、胞子嚢をつけた幅の狭い葉が数本生える。

2 cm
¾ in

サンショウモ
FLOATING FERN
Salvinia natans　サンショウモ科

水生のシダで、ときに厚いカーペット状になる。小さな楕円形をした葉には撥水性のある毛の生えた突起がある。熱帯の全域でごく普通に見られる。

1.5 cm
½ in

ニシノオオアカウキクサ
MOSQUITO FERN
Azolla filiculoides　サンショウモ科

浮水植物で、葉がマット状に広がり、短期間で湖や池の水面を埋め尽くす。世界中の温暖な地域に広く分布する。

マツバラン類、ハナワラビ類、ハナヤスリ類
WHISK FERNS, MOONWORTS, AND ADDER'S TONGUES

60 cm
23½ in

マツバラン
WHISK FERN
Psilotum nudum　マツバラン科

真正シダ類に近縁の原始的な種で、大型の熱帯性植物だが、葉のない茎軸が箒のような姿をとり、ベリー(漿果)に似た黄色い胞子嚢をつける。

30 cm
12 in

ヒロハハナヤスリ
ADDER'S TONGUE FERN
Ophioglossum vulgatum　ハナヤスリ科

この風変わりなシダ類は、ほっそりした胞子葉を楕円形で単葉の栄養葉でしっかりと守っている。北半球全土の草地に自生する。

ヒメハナワラビ
COMMON MOONWORT
Botrychium lunaria　ハナヤスリ科

世界中の温帯域で見られる。1本の共通柄から胞子葉と栄養葉が分岐する。胞子葉上部に胞子嚢が穂状につく。

20 cm
8 in
裂けた栄養葉

1 m
3 1/4 ft

スティケルス・クニンガミイ
UMBRELLA FERN
Sticherus cunninghamii　ウラジロ科

ニュージーランド原産の特徴的なシダ類で、鉛筆のように細い茎の先端に細長い葉を放射状に広げた「冠」をもつ。匍匐根茎で成長する。

10 m
33 ft

シルバーファーン
SILVER TREE FERN
Alsophila dealbata　ヘゴ科

木生シダで、葉の下側が銀色であることからこの名前がつけられた。ニュージーランド原産で、開けた林地や低木の茂みに自生する。

6 m
20 ft

ディクソニア・アンタルクティカ
TASMANIAN TREE FERN
Dicksonia antarctica　ディクソニア科

たくましい幹をもつ木生シダで、オーストラリア南東部とタスマニア島に広く自生する。日陰を好み、森林でほかの木々とともに成長する。

穏やかな気候の地で常緑の葉を茂らせる

18 m
59 ft
スファエロプテリス・メドゥラリス
BLACK TREE FERN
Sphaeropteris medullaris　ヘゴ科

ニュージーランド原産。樹高が高く細身の木生のシダで、すすけた黒い幹と黒い葉柄が、明るい緑色の葉と鮮やかなコントラストを見せる。

8 m
26 ft
アルソフィラ・スミティイ
SOFT TREE FERN
Alsophila smithii　ヘゴ科

ニュージーランドと南極付近の島々の固有種で、地球で最も南に生育する木生シダである。「冠」の下に枯死した葉が襟のように垂れ下がる。

≫ 真正シダ類

植物・シダ植物とその仲間

フイリハチジョウシダ
SILVER BRAKE
Pteris argyraea イノモトソウ科
日陰を好むシダ。葉の中央に走る銀白色の筋が目立つ。東南アジア原産で、室内用の鉢植え植物として広く栽培されている。

1 m
3¼ ft

プテリス・トリコロル
PAINTED BRAKE
Pteris tricolor イノモトソウ科
マレーシア原産のシダで、葉の色が大きく変化するのが特徴。金属光沢のある葉は、若い頃は赤銅色だが成熟すると緑色の葉に変わる。

60 cm
23½ in

紫色の中軸と葉脈

長い頂小葉

ペラエア・ウィリディス
CLIFF BRAKE
Pellaea viridis イノモトソウ科
南アフリカ原産で、乾燥に強く、針金のような黒い茎に輝く緑色の葉をつける。疎林や山岳地帯に自生する。

50 cm
20 in

ホウライシダ
BLACK MAIDENHAIR FERN
Adiantum capillus-veneris イノモトソウ科
いたる所で見られるシダで、とくに石灰岩の割れ目でよく育つ。明るい緑色の半透明の葉がしなやかな黒い茎につくコントラストが美しい。

30 cm
12 in

ヒメウラジロ
SILVER LIP FERN
Cheilanthes argentea イノモトソウ科
東アジア原産の小さな常緑のシダ。くさび形をした葉の表側の葉脈は黒く、裏側には銀色の模様がある。

25 cm
10 in

ミヤマワラビ
NORTHERN BEECH FERN
Phegopteris connectilis ヒメシダ科
グリーンランドなど極北の地でも見られる、こじんまりしたシダ。森林から岩の多い凍土などさまざまな環境で生きのびる。

40 cm
16 in

オレオプテリス・リンボスペルマ
MOUNTAIN FERN
Oreopteris limbosperma ヒメシダ科
湿った酸性土壌に茂みを形成するシダで、ヨーロッパの原産。その葉を傷つけるとレモンのような匂いを放つ。

75 cm
30 in

モエジマシダ
LADDER BRAKE
Pteris vittata イノモトソウ科
温順な気候の土地で幅広く見られるシダで、直立ないしアーチ型になる葉には細長い羽片がつく。通常石灰岩などアルカリ土壌でよく育つ。

1 m
3¼ ft

ワラビ
BRACKEN
Pteridium aquilinum コバノイシカグマ科
南極以外の世界のどの大陸にも見られ、地下茎を伸ばして精力的に広がる。葉は冬に枯れるが春になると新芽を出す。日本ではこの新芽を食用にする。

2 m
6½ ft

黒紫色の中軸

ホラゴケシノブ
SQUIRREL'S FOOT FERN
Davallia trichomanoides シノブ科
マレーシア原産の着生性のシダで、高木などほかの植物に着生して這い登る。地下茎には毛皮のような鱗片があり、地下茎の先端部がリスの足に似ている。

50 cm
20 in

ウッドワルディア・ラディカンス
EUROPEAN CHAIN FERN
Woodwardia radicans シシガシラ科
南西ヨーロッパ原産の葉を豊かにつけるシダで、湿気の多い日陰の地に育つ。葉は大きくアーチ形に垂れ下がり、しばしば葉の先端に小球状の鱗芽ができる。

1.8 m
6 ft

ブレクヌム・スピカント
HARD FERN
Blechnum spicant シシガシラ科
栄養葉を大きく広げる常緑のシダで、胞子葉は細長い切れ込みの入った羽片をつけて直立する。北半球の温帯に広く分布する。

75 cm
30 in

ポリスティクム・セティフェルム
SOFT SHIELD FERN
Polystichum setiferum
オシダ科
ヨーロッパの湿気の多い森林に育つ。それぞれの羽片のつくる面が、葉全体の面に対してやや斜めになっていて、羽毛のような印象を与える。

1.2 m
4 ft

セイヨウオシダ
MALE FERN
Dryopteris filix-mas　オシダ科
ヨーロッパの森林で最もよく見られるシダで、バドミントンの羽根（シャトルコック）の尾のような形の放射状の葉の「冠」をつける。

1.2 m
4 ft

小葉の裏側にできる胞子嚢

60 cm
23½ in

ウサギシダ
OAK FERN
Gymnocarpium dryopteris　ナヨシダ科
冷涼な土地に育つこのシダの明るい緑色の葉はもろく、全体で三角形のように大きく分かれて広がる。森林のほか、岩のがれ場でもよく見られる。

40 cm
16 in

ナヨシダ
BRITTLE BLADDER-FERN
Cystopteris fragilis
ナヨシダ科
英名は「こわれそうな袋のあるシダ」という意味で、葉の裏側にできる膨らんだ胞子嚢の姿からついたものである。世界中の温帯域に見られる。

40 cm
16 in

60 cm
23½ in

鋸歯状の淡緑色の羽片

翼のついた葉軸

栄養葉が円錐形の王冠をつくる

1.5 m
5 ft

クサソテツ
OSTRICH FERN
Matteuccia struthiopteris　コウヤワラビ科
北半球でよく見られ、水辺など湿った土地で育つ。夏に栄養葉を、続いて冬に暗褐色の胞子葉を対称形の冠形に伸ばす姿から、英語では「ダチョウのシダ」と呼ぶ。日本ではこの若芽をコゴミと呼んで食用にする。

30 cm
12 in

コウヤワラビ
SENSITIVE FERN
Onoclea sensibilis
コウヤワラビ科
湿地性のシダで、北米大陸と東アジアが原産。寒さにとても弱いようで、最初の霜にあたっただけで葉がたちまち枯死してしまう。

15 cm
6 in

イチョウシダ
WALL RUE
Asplenium ruta-muraria
チャセンシダ科
北半球で広く見られる、小さな茂みをつくるシダで、石灰岩や石灰質に富む漆喰壁などに着生する。

コタニワタリ
HART'S TONGUE FERN
Asplenium scolopendrium
チャセンシダ科
光沢のあるリボン状の葉が美しいことから、しばしば観葉植物として栽培される。ヨーロッパ、西アジア、北米大陸に分布する。

20 cm
8 in

チャセンシダ
MAIDENHAIR SPLEENWORT
Asplenium trichomanes
チャセンシダ科
小さな茂みをつくるこのシダは主に岩場で育ち、熱帯から亜北極圏まで広く分布している。葉軸から20対ほどの楕円形の羽片をつける。

ビカクシダ
COMMON STAGHORN FERN
Platycerium bifurcatum
ウラボシ科
インドネシアとオーストラレーシアが原産。着生性の大型シダで、木の幹に着生して成長する。栄養葉は腎臓形をしているが、胞子葉がシカの角に似ているため、英語では「雄鹿の角のシダ」と呼ばれる。

90 cm
35 in

オオエゾデンダ
COMMON POLYPODY
Polypodium vulgare　ウラボシ科
1カ所にまとまらず、地下に伸びる根茎に沿って1枚1枚の葉が離れて生える。北半球の温帯域によく見られ、岩や木に着生したり、枯れ葉のたまり場に生えたりする。

ソテツ類、イチョウ類、グネツム類
CYCADS, GINKGOS, AND GNETOPHYTES

世界の温暖な地域で見られる、ソテツ類、イチョウ類、グネツム類は古くから存在するグループであり、驚くほど変化に富んだ形態をもつ。この3つのグループにはつる植物や低木から、ヤシと見間違えそうなものまで含まれている。

門	ソテツ植物門
綱	1
目	1
科	2
種	330

門	イチョウ植物門
綱	1
目	1
科	1
種	1

門	グネツム植物門
綱	1
目	1
科	3
種	70

∨ **生存のための構造**
ソテツ類はヤシのように通常は複葉からなる樹冠をただひとつもつ。これらの葉は中心部の成長点（頂端分裂組織）の周りに放射状についている。その丈夫な葉は強い陽射しにも乾燥した風にも十分に耐えることができる。

これら3つのグループは、従来、球果植物とともに裸子植物に分類されてきた。裸子植物では胚珠が子房に包まれず、種子は一般的には特殊化した鱗片上に裸出した状態で形成される。一方、被子植物の胚珠は子房に包まれ、種子は密室の中でつくられる。

科学者たちは、ソテツ類、イチョウ類、グネツム類のあいだにどのような関係があるのか答えをいまだ見出していない。それどころか、この3つのグループが針葉樹（球果植物）と被子植物の間のどのあたりに位置しているのかも断言できないのである。細胞レベルでみると、いくつかの特徴からしてグネツム類は、ソテツ類やイチョウ類よりは針葉樹に近いことがわかるが、グネツム類は被子植物に似た特徴ももっているのである。

種子の性質そのものから離れれば、この3つのグループには共通点はなく、同じ場所で育つことはほとんどない。ソテツ類は主に熱帯か亜熱帯で育ち、古い時代からのただ1種の生き残りであるイチョウの原産地は中国である。グネツム類の各種は変化に富んでいて、熱帯では高木やつる植物になり、乾燥地帯では軸を密に分枝させる低木になる。最も奇妙なウェル

ウィッチアはアフリカ南西部のナミブ砂漠でしか見られない。

それぞれの運命：繁栄と衰退と

ソテツ類は3億年以上もの長い歴史をもっている。かつては世界の植生のなかで重要な地位を占めていたが、被子植物との生存競争に敗れてしだいにその地位を失っていった。今日ではソテツ類の4分の1が違法な植物採集や生息域の変化によって絶滅の危機に瀕している。

グネツム類には大きな問題はあまり起きていないが、イチョウはその地位において劇的な変化をとげている。イチョウは野生種が姿を消した後は、何世紀にもわたって仏教寺院の庭で保存されてきたため、唯一の現存種となっている。1700年代にヨーロッパに紹介されると、栽培しやすく空気汚染にも強い耐性をもつことがわかってきた。今日、イチョウは世界中の公園や都市の街路に植えられている。

ソテツ類 CYCADS

上に向かって
伸びる硬い葉

3m/10ft

幹は成熟すると
分枝する

ソテツ
JAPANESE SAGO PALM
Cycas revoluta
ソテツ科

ソテツは日本南部の原産で、被子植物の
ヤシ類と近縁ではない。厚い茎と光沢の
ある葉をもつ。観葉植物として
世界中で栽培されている。

葉の先端には
棘があり、大きく
反り返る

ヒメオニソテツ
EASTERN CAPE
BLUE CYCAD
Encephalartos horridus
ザミア科

この成長の遅い半砂漠性のソテ
ツは南アフリカが原産で、ほかの
多くのソテツと違って、灰青色の
葉に硬い小葉をつけ、鋭い棘で
身を守っている。

1.4m/4½ft

6m/20ft

アルテンスタインオニソテツ
PRICKLY CYCAD
Encephalartos altensteinii
ザミア科

南アフリカの東海岸で発見された、
樹高の高い亜熱帯性のソテツ。
葉の緑が鋸歯状になっていること
から「チクチク刺すソテツ」という
英名がつけられた。黄色い球果が
あり、鮮やかな赤い種子をつける。

7m
23ft

1.8m
6ft

ディオオン・エドゥレ
MEXICAN FERN PALM
Dioon edule ザミア科

ヤシによく似た、メキシコ
東部原産の成長の遅い
ソテツで、球果は楕円形で
30cmほどになる。

2m/6½ft

ナガバツノザミア
MEXICAN HORNCONE
Ceratozamia mexicana ザミア科

メキシコ東部原産の強健なソテツで、
大きく広がる冠状の羽状複葉と
灰緑色の球果をもつ。球果のうろこの
表面によく目立つ角がある。

1.2m
4ft

ヒロハザミア(ザミア・プミラ)
COONTIE
Zamia pumila ザミア科

カリブ海原産の小型のソテツ。
かつてはでんぷんの材料にも
された。半分地中に埋まった短い
茎に赤褐色の球果をつける。

マクロザミア・ムーレイ
Macrozamia moorei ザミア科

ヤシに似ているが、オーストラリ
アで最も樹高の高いソテツの
ひとつで、約90cmにもなる巨
大な球果(種子錐)をつける。
乾燥した森林地帯に育つ。

3m/10ft

ヤブオニザミア
BURRAWONG
Macrozamia communis ザミア科

オーストラリア南東部の海岸が
原産で、大きな球果に赤く
肉厚の種子をつくる。しばしば
密生して育つ。

グネツム類 GNETOPHYTES

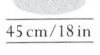

2m/6½ft

丸まった葉

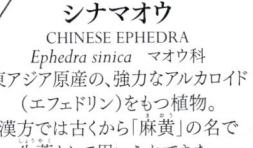

45cm/18in

シナマオウ
CHINESE EPHEDRA
Ephedra sinica マオウ科
東アジア原産の、強力なアルカロイド
(エフェドリン)をもつ植物。
漢方では古くから「麻黄」の名で
生薬として用いられてきた。

エフェドラ・
トリフルカ
LONGLEAF
JOINT-FIR
Ephedra trifurca
マオウ科

小山のように盛り上がった
形に生え、茎には鱗片状の葉が
輪生する。メキシコとアメリカ
南部の砂漠に育ち、モルモン・
ティーの名でも知られる。

15m/50ft

グネモン
MELINJO
Gnetum gnemon
グネツム科

東南アジアから太平洋の諸島
原産の常緑小木で、種子は
ナッツに似ている。葉と種子は
ともに食用になる。

中央茎に
固定された
雄球果

イチョウ GINKGO

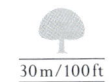

30m/100ft

イチョウ
MAIDENHAIR TREE
Ginkgo biloba イチョウ科

遠くからでもよくわかる特徴的な
木で、扇形の葉は秋に輝くような
黄色に変わる。原種は中国
南部だが、現在は人間の手に
より世界各地で栽培されている。

肉質の
外種皮に
覆われた
種子

食べられる仁
(ギンナン)

ウェルウィッチア
(サバクオモト)
WELWITSCHIA
Welwitschia mirabilis
ウェルウィッチア科

アフリカ南西部のナミブ砂漠に
のみ見られる固有種。極めて
長命。ベルト状の葉を1対のみ
持つ。何世紀もかけて伸びるうち
に葉が割れたり割けたりしてから
みあい、こんもりした塊になる。

1m/3¼ft

球果植物 CONIFERS

球果植物（針葉樹）は3億年以上前に出現した。広葉樹（被子植物の木本）が出現するよりも
遥か以前のことだった。針葉樹はロウ質に富む硬く尖った葉をもち、過酷な気候のなかでもよく育つ。
広葉樹よりも多様性に乏しいが、寒冷な高山地帯や極北の地で圧倒的な支配種となっている。

門	球果植物門
綱	1
目	2
科	6
種	約600

開けたツンドラの大地に針葉樹が北極圏北部まで広がって成長し、地球上で最大の森林を形成している。

種の数としては相対的に少ないが、世界でいちばん樹高の高い木や、最も重量のある木、最も長命の木、さらには最も広い分布域をもつ木は、みな針葉樹である。針葉樹は従来の分類ではソテツ類、イチョウ類、グネツム類などとともに裸子植物に分類される。広葉樹と違って花弁のある花は咲かせないが、花粉と種子は球花（果）の中にできる。

葉と球果

ほとんどの針葉樹は常緑で、樹脂分の多い葉は冷たい風や強烈な日差しに耐えられる。マツ類は細長い針状の葉をつける。葉は1本ずつ生えるものや束になって生えるものがある。マツ類以外の針葉樹は幅の狭い葉や平らなうろこ状の葉をつけるものが多い。カラマツやある種のセコイアなど、ごく一部の針葉樹は落葉し、軟らかな葉を毎年秋に落とす。

針葉樹には雄花（雄球花）と雌花（雌球花）があり、それらは通常同じ木に育つ。雄球花は花粉をつくる。毎年春に、小さく軟らかな雄球花が（ときに大量に）枝につくが、花粉を放出するとただちに枯れていく。雌球

花はそれより大きく、これが受精後に熟したものが球果で、その内部にひとつあるいは複数の種子が形成される。種子は数年かけて成熟し、それにつれて球果は硬く木質になる。

モミやヒマラヤスギなどの球果は、ゆっくりと時間をかけて割れていき、種子を放出する。マツの球果は熟してからも長い間樹上に留まり、割れてしまうことなく元の形を保つ。針葉樹の多くは気候が乾燥してくると球果のかさ（うろこ）が開いて、種子を落とすようになるが、なかには高熱に焼かれるまで種子を放出しないものもある。これは山火事の多い地域に適応したもので、山火事で木々が焼け落ちたあとに種子が発芽して、森林を再生することができる。

一部の針葉樹（イチイ、ネズ、イヌマキ類）は、仮種皮が種子をほぼ覆った小さなベリー（漿果）のような球果をつける。鳥がこれを食べて種子を散布する。

∨ **管理された針葉樹林**
針葉樹はしばしば単一種からなる広大な森林をつくる。この写真はアメリカ・カリフォルニア州のヨセミテ国立公園のマツ林である。

35 m
115 ft

球果

4方向に伸びる硬い葉

コロラドトウヒ
（アメリカハリモミ）
COLORADO SPRUCE
Picea pungens マツ科

明るい青灰色の尖った葉をもつ
この木は観賞用として人気が
高い。北米大陸西部の原産で、
山岳地帯に自生する。

80 m/260 ft

アメリカオオモミ
（グランドモミ）
GIANT FIR
Abies grandis マツ科

アメリカオオモミは高く育つ成長の
早い木で、北米大陸西部が原産。
葉をつぶすと柑橘類のような
香りを放つ。

カリフォルニアアカモミ
RED FIR
Abies magnifica マツ科

耐乾性の高いモミで、カリフォル
ニアの乾燥地域にある山の
斜面でよく見られる。葉は上方
に湾曲し、最大で20cmにもなる
球果をつける。

75 m/245 ft

60 m/200 ft

ヨーロッパモミ（ギンモミ）
EUROPEAN SILVER FIR
Abies alba マツ科

このモミの別名「ギンモミ」は葉の裏側に銀
色の帯があることに由来する。このモミは直
立する樹脂質の球果をもつ。この球果はバラ
バラに崩れてその種子を周囲にまき散らす。

60 m/200 ft

コーカサスモミ
CAUCASIAN FIR
Abies nordmanniana マツ科

黒海地方の山地が原産。
室内に入れても針葉を保つ
ため、クリスマスツリーとして
よく用いられる。

シトカトウヒ
SITKA SPRUCE
Picea sitchensis
マツ科

寒く湿った土地で育つシトカ
トウヒは、しばしば森林を
形成する。北米大陸西部の
海岸地帯を原産地とする。

葉の裏側には
青白色の帯が
2本ある

75 m/245 ft

50 m
165 ft

オウシュウトウヒ
（ドイツトウヒ）
NORWAY SPRUCE
Picea abies マツ科

成長が速く、重要な用材となる
針葉樹。葉の先端は尖り、
円筒形の球果をつける。
北および中央ヨーロッパ
全土に分布する。

ヨーロッパアカマツ
（シベリアアカマツ）
SCOTS PINE
Pinus sylvestris マツ科

イギリス諸島から中国大陸
まで分布し、セイヨウネズに
次いで世界で最も分布
範囲の広い針葉樹。
上部の枝の樹皮は見事な
朱色である。

35 m
115 ft

対になった
長い葉

20 m/65 ft

球果の中の
種子は食用に
なる

30 m
100 ft

ロッジポールマツ
LODGEPOLE PINE
Pinus contorta マツ科

海岸沿いの砂丘や沼地に
自生するこの北米大陸原
産のマツは、対になった葉
と棘のある球果をもつ。
火に焼かれると球果は
種子をはじきとばす。

イタリアカサマツ
STONE PINE
Pinus pinea マツ科

「松の実」が美味なことで
知られるこの地中海産の
マツは成長すると大きく楕円形
の球果をつけ、優美な
傘の形の姿になる。

球果は円筒形で、
種鱗の縁はぎざ
ぎざしている

15 m/50 ft

アメリカヒトツバマツ
SINGLE-LEAF PINYON
Pinus monophylla マツ科

樹高の低いマツ。マツ類の針葉は
2本ずつ、あるいは複数本がまとまって
生えるのが普通だが、このマツの葉は
1本ずつ生える。メキシコから
アメリカ南西部にかけての
岩場の斜面が原産。

硬く鋭い
針状の葉

45 m
150 ft

花粉をつくる
雄球果

20 m/65 ft

スイスマツ
（ヨーロッパハイマツ）
AROLLA PINE
Pinus cembra マツ科

ヨーロッパの山岳地帯に見られ
る成長の遅いマツ。小さな球果は
松かさが閉じた状態で木から
落ちる。ホシガラスなどの鳥が
球果を食べて種子を散布する。

35 m/115 ft

フランスカイガンショウ
MARITIME PINE
Pinus pinaster マツ科

地中海西部を原産とする
この海岸性のマツは、砂地の
やせた土壌で早く成長する。
光沢のある茶色の球果は、
大きいものは20cmにもなる。

40 m
130 ft

ヨーロッパクロマツ
AUSTRIAN PINE
Pinus nigra マツ科

丈が高く、樹冠は大きく広がる。
長い葉が2枚ずつ生える。
ヨーロッパ全土に広く分布し、
とくに石灰質土壌で
よく育つ。

25 m/82 ft

ピヌス・タブリフォルミス
CHINESE PINE
Pinus tabuliformis マツ科

この東洋産のマツは、山岳地帯で育ち、
成熟すると樹冠が横に広がり、平らになるのが
特徴。小さな卵型の球果をつくる。

ラジアータパイン（モンテレーマツ）
MONTEREY PINE
Pinus radiata マツ科

もともとはアメリカ・カリフォルニア州の
ごく狭い地域を故郷とする。成長が速く、
今日では建材用に広く植えられており、
とくに南半球でよく見られる。

雄花穂は
花粉を飛ばした
後に枯れる

未成熟の球果

60m/200ft

アメリカトガサワラ
（ベイマツ）
DOUGLAS FIR
Pseudotsuga menziesii　マツ科
世界で最も高い針葉樹の
ひとつであるアメリカトガサ
ワラは、北米大陸西部に自生
する。球果は特殊化した鱗片
からなる突き出した
苞鱗をもつ。

球果の先端は
苞鱗片が
3裂する

50m/165ft

40m
130ft

60m
200ft

アメリカツガ
（ベイツガ）
WESTERN HEMLOCK
Tsuga heterophylla　マツ科
北米大陸西部原産のこの木は
最も大きく成長するツガである。
冷たく湿った環境の中で、
1000年以上も生きのびる。

イヌカラマツ
GOLDEN LARCH
Pseudolarix amabilis　マツ科
中国大陸東部原産のこの木の
葉は、秋に輝くような黄色に
なったのち落葉する。
球果ははじけて種子を
周囲に散布する。

ヒマラヤスギ
DEODAR
Cedrus deodara　マツ科
ヒマラヤ西部原産のこの成長の
速いスギは、広げた枝の先端部
が垂れ下がる。球果は熟すと
茶色がかった紫色になる。

40m/130ft

40m
130ft

アトラススギ
ATLAS CEDAR
Cedrus atlantica　マツ科
北アフリカ産のスギ。
針葉は短い。球果は
樽形で上向きにつく。
熟れた球果がじわ
じわと開き、種子を
放出する。

レバノンスギ
CEDAR OF LEBANON
Cedrus libani　マツ科
ゆったりと枝を広げる堂々とした
姿のレバノンスギは、今日、野生
種はほとんど見ることができ
ないが、装飾用として世界で
幅広く植えられている。

30m/98ft

カラマツ
JAPANESE LARCH
Larix kaempferi　マツ科
カラマツの仲間はすべて落葉樹
である。これらは軟らかな葉と
下向きに反り返る鱗片のある
球果をもつが、球果は落ちること
なく枝に留まる。カラマツは日本
北部の山岳地帯に自生する。

50m/165ft

チリマツ（ヨロイスギ）
MONKEY PUZZLE
Araucaria araucana
ナンヨウスギ科
チリの山岳部を原産とする
原始的な姿をしたマツ。鋭く
尖った葉がらせん状につく。
成熟した樹冠は傘状になる。

成熟した球果は
もろく壊れやすい

25m/82ft

コウヤマキ
JAPANESE UMBRELLA PINE
Sciadopitys verticillata
コウヤマキ科
日本固有の古い種で、
コウヤマキ科唯一の
メンバーである。ほかの
針葉樹と異なり、10〜13本
の針葉がまとまって輪生
するのが特徴。

50 m/165 ft

ベイスギ
WESTERN RED-CEDAR
Thuja plicata ヒノキ科
小さな鱗片葉を平たく広げる
大型の木で、北米大陸北西部に
自生する。その材質は腐朽に強く、
用材として幅広く利用される。

70 m/230 ft

ローソンヒノキ
LAWSON CYPRESS
Chamaecyparis lawsoniana ヒノキ科
ほかのイトスギ同様、小さな球果と
ごく小さな鱗片葉（うろこ型の葉）
をもつ。原産は北米大陸西部
だが、現在はさまざまな
栽培種がある。

30 m 100 ft

スギ
JAPANESE CEDAR
Cryptomeria japonica ヒノキ科
ヒマラヤスギよりはイトスギに
近いこの木は、細くしなやかな
葉と小さな丸い球果をつける。
中国と日本の山岳地帯に
自生する。

20 m 65 ft

ウェスタンジュニパー
WESTERN JUNIPER
Juniperus occidentalis ヒノキ科
この長命の針葉樹はアメリカ
西部の岩山の斜面に育つ。
ほかのネズの仲間と同様、
種子をベリー（漿果）に似た
球果の中につくる。

25 m/82 ft

イブキ
CHINESE JUNIPER
Juniperus chinensis
ヒノキ科
東アジアの温帯域に広く分布
する樹高の低い小高木。幼木
の葉は針状だが、成長すると
鱗片状の葉が生える。

2列対生の葉

115 m 377 ft

セコイア
（イチイモドキ、レッドウッド）
COAST REDWOOD
Sequoia sempervirens ヒノキ科
米国のカリフォルニア州北部とオレゴン州の
海岸に自生する世界一高い木。成熟した木の
幹は堂々とそびえ立ち、枝は比較的まばらに
つく。寿命は2,000年を超えることもある。

95 m/312 ft

ジャイアントセコイア
（セコイアオスギ）
GIANT SEQUOIA
Sequoiadendron giganteum
ヒノキ科
米国カリフォルニア州に自生す
る。世界で最も重い木であり、
現在生きている個体のうち最
大のものは重さ2,000トンと見
積もられている。樹皮は耐火性
に優れ、厚さ60cmを超える。

熟しつつある
球果

40 m/130 ft

アケボノスギ
（メタセコイア）
DAWN REDWOOD
Metasequoia glyptostroboides
ヒノキ科
この落葉性のセコイアは野生種
がほとんど見られない貴重種で
ある。本種は絶滅したものと思わ
れていたが、現生種が1940年代
に中国・四川省で発見された。

25 m/82 ft

モントレーイトスギ
MONTEREY CYPRESS
Cupressus macrocarpa
ヒノキ科
人間の手によって幅広く栽培さ
れているものの、この木の野生
種はアメリカ・カリフォルニア州
の海岸部のごく一部にしか
見られない。成熟すると枝が
ふぞろいな形に伸びていく。

仮種衣は
熟すと
赤くなる

75 m/245 ft

タイワンスギ
TAIWANIA
Taiwania cryptomerioides
ヒノキ科
アジア産針葉樹のなかでは最大
種のひとつで、幹の太さは3mを
超える。先端が尖った葉と
小さく丸い球果をつける。

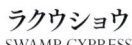

40 m/130 ft

ラクウショウ
SWAMP CYPRESS
Taxodium distichum
ヒノキ科
落葉樹であることから、英語では
「裸のスギ（bold cypress）」とも
呼ばれる。アメリカ南東部に
自生する。幹の周りにしばしば
呼吸根を出す。

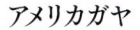

30 m/98 ft

アメリカガヤ
CALIFORNIA
NUTMEG
Torreya californica イチイ科
アメリカ・カリフォルニア州の峡谷や
山間部にのみ見られる希少種。
本物のナツメグとは種類が違うが、
ナッツのような種子をつくる。

20 m/66 ft

ケファロタクスス・
フォルトゥネイ
CHINESE PLUM-YEW
Cephalotaxus fortunei イチイ科
密に枝分かれする小型の針葉
樹。種子を包む肉質の仮種皮
は、熟れると紫がかった茶色に
なる。中国の中部と東部の山岳
地帯の森林に自生する。

20 m/66 ft

ヨーロッパイチイ
EUROPEAN YEW
Taxus baccata イチイ科
この長命の木は種子を多肉質
の仮種衣（球果の鱗片が変化
したもの）の中につくる。野生種
はヨーロッパから南西アジアに
かけて広く見られる。

被子植物 ANGIOSPERMS

被子植物は30万種を超え、陸上の植物のなかで群を
抜いて最大のグループを形成し、多様性も最も高い。
被子植物は動物をはじめとする多くの生物の利用する
有機物を作りだし、かつ避難場所ともなり、地上の生態系に
おいて不可欠な役割を果たしている。

門	被子植物門
綱	10
目	64
科	416
種	約304,000

風媒花は花粉粒を空中に放出し、花粉は風に乗って飛んでいく。この写真のハシバミのように、風媒花はほとんどが地味である。

動物媒花は普通、目立つ色をしており、粘り気のある花粉粒をつくる。ハチドリが花の蜜を吸う際に花粉が体につくので、花粉が遠くに運ばれることになる。

多肉質の果実は動物を引き寄せるように進化した。野生のキュウリはアンテロープに食べられる。種子は未消化の状態で糞に含まれて散布される。

乾果には、種子が熟すとはじけ散るタイプが多い。これはヤナギランがふわふわした種子を風に乗せて飛ばすところである。

　最初の被子植物が進化を始めたのは1億4000万年前で、地球の生命全体のなかではどちらかといえば新参者にあたる。しかしそれ以来、被子植物は植物界の主役を占めるようになった。最も小さなものになるとピンの頭ほどの大きさもないが、この集団はすべての広葉樹を含み、それ以外にもサボテンや草本から、ランやヤシまで多様性に富んでいる。

　被子植物にはいくつかの重要な特徴があり、それが繁栄の秘訣でもある。最大の特徴は複雑な構造の「花」を咲かせるということにある。実は、花は高度に特殊化した葉が集まってできたものだ。たいていの花では、最外層に萼片、ついで花弁（花びら）があり、その内側に雄しべと雌しべがある。雌しべの下部のふくらんだ部分を子房といい、その中には胚珠がある。同種の花の花粉が付着して受精した後、胚珠が種子になる。授粉のために、ある種の花は空中に花粉を放出するが、たいていの花は花粉の運搬に動物を使う。派手な色合いの花は、中心部に甘い蜜をたたえて動物を引きつける。動物が蜜を吸うときにその体には花粉が塗りつけられていく。多くの花は昆虫をおびき寄せるが、鳥やコウモリもまた重要な花粉媒介者である。

種子の散布戦略

　被子植物の特徴は花を咲かせることだけではない。種子が果実内に形成されるという点でも唯一の植物なのである。果実は胚珠を包む子房が発達したもので、種子を保護し、種子を遠くに散布するという2つの役割をもつ。多肉質の果実は動物を引き寄せる。果実を食べた動物の糞には未消化の種子が含まれていて、動物の移動により種子が散布されることになる。乾果はまた別のさまざまな方法をとる。例えば、果実がはじけて、熟した種子を遠くまでとばしたり、果実にかぎ（フック）があって通りがかる人間の衣服や動物の毛にひっかかって運ばれていったりする。水中や空中を漂っていくものもある。被子植物は、種子を散布する以外に、成長によって分布を広げることもある。地下茎を伸ばしてそこから新しい植物体が成長するというのがよくある方法だ。その結果、遺伝的に全く同一の個体（クローン）が連結し合った巨大な集団ができることもある。最大なものとして、北アメリカ大陸のヤマナラシ（p.169参照）の例がある。クローン集団が40ヘクタールにも広がり、樹齢は1万年にも及ぶ。

鮮やかな萼片が引きつけ役　>
クリスマスローズは、花弁ではなく大きく
鮮やかな萼片で送粉昆虫を引きつける。
この園芸種は萼片が多層に重なっている。

基部被子植物 BASAL ANGIOSPERMS

被子植物には60以上の目があるが、そのうち3つの目が基部被子植物である。ごく初期に出現し、現存している植物である。

最新のDNA塩基配列解析は、近縁な種間の類縁関係を解明する際には強力なツールとなるが、グループ間の類縁関係については、用いるDNAマーカーにより類似度が異なる場合もあり、クリアーな結果が出ないこともある。被子植物の進化には、大きく多様化したグループが繁栄する一方で、遺存的なグループがあまり多様化しないまま長い年月を経て生き残っているというパターンが見られる。

基部被子植物はこのような遺存的な3つの目(アンボレラ目・スイレン目・アウストロベイレヤ目)をまとめたものである。いずれも原始的であるが、外見上の共通点はあまりない。自生地は世界各地に広く分散しており、高木・低木・つる植物・水生植物などが含まれる。アンボレラ目の現生種は低木1種のみで、南太平洋のある島だけで生き残っている。スイレン目は水生植物で、原始的だが人目を惹く花をつける。スイレンには70種以上が含まれ、世界中に生息している。アウストロベイレヤ目には100種近くの木本が含まれ、主に熱帯に生息している。

このページで紹介するセンリョウ目とマツモ目は、ほかのグループとの類縁関係がわからず、被子植物の系統樹上の位置づけが不明である。最近のレビューでは、センリョウ目がモクレン目に、またマツモ目が真正双子葉植物に、それぞれ近縁である可能性が示唆されてはいるが、今のところまだ確実ではなく、解明されたわけではない。

門	被子植物門
群	基部被子植物群
目	3
科	7
種	190

論 点
謎の起源

被子植物の祖先は5000万年以上前に絶滅したシダ種子植物かもしれないが、それより可能性が高いのはグネツム類(p.117)である。分子系統解析と化石の証拠により、最初に出現した被子植物はアンボレラ目で、約1億4000万年前のことだと示唆されている。その次にスイレン目とアウストロベイレヤ目が出現した。

センリョウ目 CHLORANTHALES

センリョウ目にはセンリョウ科だけが含まれ、現生のものは4属、約70種である。主に熱帯性の低木や高木で、小さな花柄のない花をつける。化石記録は1億年以上前にさかのぼる。

センリョウ
Sarcandra glabra
センリョウ科

湿った場所に自生する常緑低木で、観賞用や薬用として栽培されてきた。東南アジア、中国、日本などの、森の中を流れる小川の岸辺を生息地とする。

1.5 m
5 ft

房状のベリー(漿果)が冬に実る

マツモ目 CERATOPHYLLALES

マツモ目は水生植物で、マツモ科のみを含む。浮遊性の4種には根がなく、分岐した細かい葉が輪生する。小さな雄花と雌花をつけ、果実にはとげがある。

マツモ
RIGID HORNWORT
Ceratophyllum demersum マツモ科

根をもたない沈水生の種で、北極圏を除く世界の熱帯から温帯の池や溝に生息する。ごく小さな花と輪生の葉をもつ。俗にキンギョモとも呼ばれる。

1 m
3¼ ft

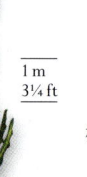

アンボレラ目 AMBORELLALES

原始的な常緑低木アンボレラ・トリコポダは1科1属1種という特殊な植物である。別々の木にそれぞれ小さな雄花と雌花を咲かせ(雌雄異株)、種子1つを含む赤いベリー(漿果)をつける。

2 m
6½ ft

アンボレラ・トリコポダ
Amborella trichopoda アンボレラ科

南太平洋のニューカレドニア島にのみ生息する。不規則に枝を広げる低木で、白い花をつける。山地の森林でごく普通に見られる。

アウストロベイレヤ目 AUSTROBAILEYALES

この目は3科だけからなり、高木や低木、つる植物を含む。ほとんどの種は単頂花序(1本の茎や枝の先端に1つの花がつくもの)で、花弁が多い。最も有名なのは香辛料の原料となるトウシキミである。

花弁の多い
単頂花序

15 m/50 ft

トウシキミの
花茎、葉と花

18 m/59 ft

果実

トウシキミ (スターアニス)
STAR ANISE
Illicium verum マツブサ科

トウシキミの木質化した乾果は星型をしており、「八角(スターアニス)」の名で料理の香りづけに広く用いられる。原産地は中国やベトナムの森林地帯。

アウストロベイレヤ・スカンデンス
Austrobaileya scandens アウストロベイレヤ科

この花は原始的なつる植物として希少種で、オーストラリア・クインズランド州の熱帯雨林にのみ生息する。魚が腐った時のような匂いを放ち、花粉媒介者となるハエを引き寄せる。

スイレン目 NYMPHAEALES

原始的な目で、3科からなる水生植物である。浮水葉や沈水葉をもつものを含み、それより珍しいが抽水葉をもつものもある。スイレン科の植物は美しい花が愛でられ、観賞用として池に植えられて世界中で栽培されている。

星型の半八重の花

3 m/10 ft

花

縁が壁状に立っている大きな葉

オオオニバス
AMAZON WATER LILY
Victoria amazonica
スイレン科

アマゾン川奥部のよどみに自生するこのスイレンは、縁を低い壁のように立てた巨大な丸い葉をつける。花は夜に開く。

2 m/6½ ft

ハゴロモモ（フサジュンサイ）
CAROLINA FANWORT
Cabomba caroliniana
ハゴロモモ科

ハゴロモモは米国と南米南東部に分布し、淡水の静水に自生する。浮水葉と沈水葉をもつ。侵略的外来種となることもある。

50 cm
20 in

サンライズスイレン
Nymphaea 'Sunrise'
スイレン科

大きくて派手な花に芳香があり、薄緑色の浮水葉をもつこのスイレンは、アメリカで生まれた交配種とみられている。花を咲かせるスイレンのなかでも最大種のひとつである。

セイヨウスイレン
WHITE WATER LILY
Nymphaea alba
スイレン科

ヨーロッパ産のこのスイレンは花に芳香があり、その果実は水中で熟し、浮水性の種子を放出する。湖や池、流れの穏やかな川などに自生する。

1.5 m/5 ft

星型の純白の花

オニバス
PRICKLY FOXNUT
Euryale ferox
スイレン科

アジア各地に分布し、深く流れの遅い川や静水域に育つ。葉にも花にも棘がある。ベリー（漿果）には多数の種子が含まれる。

1.5 m/5 ft

茎、花、浮葉には鋭い棘があって動物から身を守る

若い花茎、果実や種子はすべて食べられる

明るい紫色の花

深緑からオリーブグリーン色をしたシュート（苗条・葉と茎が一体になったもの）

水に浮く花
スイレンは両性花で、1つの花に雄雌両方の器官（雄しべと雌しべ）を備えている。雄しべの花粉が雌しべに付着すれば自家受粉も可能である。しかし、雌しべのほうがわずかに先んじて成熟し、その後、雄しべが花粉を放ち始めるため、同じ花の花粉よりも昆虫が運んできたほかの花の花粉が受粉する可能性のほうが高い。

雄しべ

花弁

萼片
がくへん

花
花には数多くの花弁と明るい黄色の雄しべがある。花は最大で直径20cmにもなる。

種子

子房とその断面
しぼう
雌の生殖器官（子房、胚珠、柱頭を含む）は一体になっている。くぼみに胚珠がつまっていて、受粉後、この部分が種子になる。

葉
スイレンは直径35cm以上の大きな葉をつける。気孔は葉の裏側に多くあるのが普通だが、スイレンの葉では表側（上側）に気孔がある。葉の表面は撥水性の物質でコーティングされ、よく水をはじく。

丸まった若い葉

通気組織

茎の断面
茎の内部には、一般的に見られる機械組織などのほか、空気を通す通気組織が縦方向に走っている。これにより浮力が保たれ、酸素が循環する。

セイヨウスイレン
WHITE WATER LILY *Nymphaea alba*

75種ほどある野生のスイレンの一種で、静止しているかわずかに流れのある、水深1.5mまでの水域に生息する。丸く光沢のある大きな葉が水面に浮き、水中に影を落とす。盛夏から晩夏にかけて純白の花を次々に咲かせる。花の寿命は3〜4日で、毎日、朝に開花し、夕方に花を閉じる。送粉者となる甲虫が花に引き寄せられ、内部に閉じ込められて一晩過ごし、明け方になると解き放たれる。水生動物はこのスイレンの恩恵に浴している。例えばモノアラガイ類などの巻貝は葉の裏側に卵を産み、魚は葉の下に入って捕食者の鳥から身を隠す。受粉後には浮水性の種子ができる。種子は数週間水上を漂ったのち、沈んで泥の中に入る。

大きさ	葉の直径 10–35 cm (4–14 in)
生息域	池、小川、湖、川のわきの水たまり
分布域	ヨーロッパ
葉の型	単葉、丸型で切れ込みがある

花は長く太い茎で
支えられている

花のつぼみは萼片で
保護され固く閉じている

水に浮く大きな葉は、光合成のため
太陽光を十分に取り入れられるように、
表面積を最大限にとっている

浮水性の茎（葉柄）を
いっぱいに伸ばして
池の水面に葉を
届けている

ひげ根

折りたたまれた
花弁

雄しべ（花粉をつくり、
解き放つ）

萼片

内側の花弁

柱頭（雌しべの一部。
花粉を集める）

子房（この中にある
胚珠が受粉すると、
成熟して種子になる）

＜　根
小さなひげ根は泥の中に埋め込まれ
ている。本来の目的は水分を吸収し、
酸素を取り入れることだが、植物体を
水底に固定する「いかり」の役目も果
たしている。

＜　つぼみの内部
スイレンの生殖器官の断面図。
長く尖ったつぼみは、それぞれ
4～5枚の緑色の萼片によって
花弁が包み込まれている。

モクレン類 MAGNOLIIDS

モクレン類は原始的な被子植物からなる大きなグループであり、植物学的には、基部被子植物と単子葉類の間に位置する。

熱帯から温帯にかけて見られるモクレン類は、被子植物の歴史のなかで初期に発生した大きなグループである。モクレン類の植物はそのほとんどが木質の茎をもち、いくつかは巨大な高木に成長するものがある。しかし、モクレン類には、「木」(木本)ではなく「草」(草本)にあたるものも含まれ、これには直立するものもつる性のものも入っている。

草本性のモクレン類のなかには、高度に特化した花をもつものがある。例えばウマノスズクサやパイプカズラの花は細長いラッパ状で、花筒の内側には逆毛が生えている。花粉媒介者であるハエが強烈な匂いにひかれて奥に入ると、一時的に閉じ込められてしまうというしかけである。ただし、これはあくまで例外であって、多くのモクレン類の花は単純な構造である。花は枝先に単生し、1つの花に多数の雄しべと雌しべがらせん状に配置されている。萼片と花弁は区別できず、色や形、サイズの均一な花被片として一層の花被を構成する。同様な構造の花が1億年以上前から存在していたことが、化石記録により示されている。

一般的な特徴

モクレン類の植物は主として分子系統解析によって同じグループにまとめられたものだが、顕微鏡や肉眼による観察でも容易にわかる特徴もある。顕微鏡で見てわかるのは、花粉粒に発芽口が1つある(単溝粒)ことである。小さいけれども重要なこの特徴は単子葉類と共通するもので、真正双子葉植物とは異なっている。真正双子葉植物は、種子植物のなかで圧倒的に大きなグループで、その花粉粒の発芽口の数は3つ(三溝粒)である。

多くのモクレン類の葉は縁が滑らかで、葉脈は主脈から左右に分岐し、そこからさらに細かな網目状になっている。果実は軟らかく多肉質のものから硬い球果状のものまであるが、その内部には1個から数個の種子がある。多肉質の果実が動物に食べられることで、種子が散布される。果実は鳥に丸のみされ、糞の一部として周囲にまき散らされる。先史時代には野生のアボカドはオオナマケモノ(メガテリウム)によって種子が散布されたものと考えられている。現在はオオナマケモノが絶滅してしまったため、アボカドは人間の栽培によってその子孫を増やしている。

門	被子植物門
単系統群	モクレン類
目	4
科	18
種	10,000

論点
先駆的植物

最初の被子植物はどのように成長し、形状や生活様式はどんなものだっただろうか? 専門家はさまざまな仮説を提唱している。「木本仮説」によれば、最初の植物は現生のモクレン類のような高木あるいは低木であったという。一方、「古草本仮説」によれば、最初の被子植物は木本ではなく草本で、比較的生活環が短いものであったという。川岸のような攪乱された場所に入り込んでコロニーをつくるのが得意であったというわけだ。現在のところ、どちらの仮説も決定打を欠いている。ただし、分子系統解析では木本仮説が有利なようだ。

カネラ目 CANELLALES

カネラ目にはカネラ科とシキミモドキ科の2科が含まれる。どちらも芳香をもつ高木ないし低木である。革質で全縁の葉をもつ。ほとんどの種は雄しべと雌しべの両方がある両性花をつけ、果実はベリー(漿果)である。葉や樹皮が薬用になるものもある。シキミモドキ科は原始的な科で、水分を運ぶ道管をもたない。

ウィンターズバーク
WINTER'S BARK
Drimys winteri シキミモドキ科
チリとアルゼンチンの沿岸雨林の海岸を原産とする。樹皮と葉に芳香があり、花にもよい香りがある。

11 m
36 ft

コショウ目 PIPERALES

コショウ目は3科からなり、草本、高木、低木を含み、熱帯地域全般に分布している。茎の維管束は散在しているが、これは単子葉植物の特徴である。花には花弁がなく、小さな花が密集して穂状花序になる。多くの種に芳香がある。

1 m
3¼ ft

アリストロキア・クレマティティス
BIRTHWORT
Aristolochia clematitis
ウマノスズクサ科
腐ったような匂いのする、毒性をもつ多年草だが、薬草として栽培されてきた。ヨーロッパの湿地が原産地。

10 cm
4 in

オウシュウサイシン
ASARABACCA
Asarum europaeum
ウマノスズクサ科
ヨーロッパ原産の森林性のよじのぼり植物で、英語で「ワイルドジンジャー」と呼ばれている。光沢のある常緑の葉に隠れるように目立たない花をつける。

コショウ
BLACK PEPPER
Piper nigrum
コショウ科
南インド・スリランカの日陰の土地に自生する常緑のつる植物。果実(黒胡椒)には芳香があり、世界各地で広く栽培されている。

4 m
13 ft

果実(ペッパーコーン)は乾燥させてから使われる

モクレン目 MAGNOLIALES

モクレン目の大部分は高木と低木である。モクレン目は原始的な植物で、化石記録も幅広い地域で見つかっている。非常に変化に富むグループだが、そのほとんどは互生する葉と、ひとつの花に雄しべと雌しべがある両性花をもつという単純なつくりになっている。モクレン目には6つの科があるが、そのなかで最もよく知られているのがモクレン科であり、魅力的な姿と色の花を観賞するために世界中で育てられている。

花被片が雄しべを保護している

30 m
100 ft

ユリノキ
TULIP TREE
Liriodendron tulipifera
モクレン科
北米大陸東部原産のユリノキは森林に自生する。葉は秋になると黄葉してから落ちる。

30 m
100 ft

マグノリア・キャンベリー
CAMPBELL'S MAGNOLIA
Magnolia campbellii モクレン科
モクレン属には約210種が含まれ、そのうちいくつかは鑑賞用として庭園に植えられている。本種は中国、インド、ネパールの山岳地帯の森に自生する。

クスノキ目 LAURALES

クスノキ目は高木や低木、さらに木本のつる植物からなる7つの科から成る。ごく一部の属が温帯に見られるが、大部分は熱帯か亜熱帯の地域に分布している。その分類は、形態的特徴によるものよりは、分子系統解析によるものが大きい。このなかには数多くの芳香をもつ種があり、香水、調味料、薬品などの原料になる。それ以外にも用材や観賞用の目的で栽培される。

ゲッケイジュ
BAY LAUREL
Laurus nobilis クスノキ科

広く栽培されている種で、葉が料理の香りづけに使われる。地中海周辺地域に分布し、森や茂み、岩場に自生する。

未成熟の果実

15 m
50 ft

ササフラス
（ゴールデンエルム）
SASSAFRAS
Sassafras albidum クスノキ科

この落葉高木は北米大陸東部の森林に自生する。芳香のある葉は秋になると鮮やかに色づく。

25 m
80 ft

果実

セイロンニッケイ
（シナモン）**CINNAMON**
Cinnamomum verum クスノキ科

香辛料のシナモン（肉桂）は、芳香のある樹皮からつくられる。シナモンはスリランカの低地森林地帯で発見された。

18 m
60 ft

シナモンスティック

アメリカロウバイ
（クロバナロウバイ）
CAROLINA ALLSPICE
Calycanthus floridus ロウバイ科

アメリカ南東部の森や水辺が原産地。芳香のある葉と樹皮、大きく香りのよい花が特徴。

カリフォルニアゲッケイジュ
CALIFORNIA LAUREL
Umbellularia californica クスノキ科

葉を裂くと刺激臭がして頭痛を引き起こす場合があるため、「頭痛の木」とも呼ばれる。米国西部原産で、冬に花を咲かせる。

18 m
60 ft

葉

2.5 m/8 ft

葉の房

食用になる果実

アボカド
AVOCADO TREE
Persea americana クスノキ科

原産地はメキシコ南部の水はけのよい熱帯雨林だと推定されている。果実を食用とするために各地で栽培されている。

18 m
60 ft

花弁の色は白から濃いピンクまでで、早春、葉が出る前に開花する

香りのよい花

常緑の葉

イランイランノキ
YLANG-YLANG
Cananga odorata バンレイシ科

この常緑高木の芳香のある花から採れる精油は香水（イランイラン）の原料となる。アジアとオーストラリアが原産地。

20 m
65 ft

ニクズク
NUTMEG
Myristica fragrans ニクズク科

香辛料のナツメグやメースは、ともにこのニクズクの種子からつくられる。インドネシアのモルッカ諸島が原産の常緑樹である。

光沢のある葉

メース（仮種皮）

ナツメグの種子とその仮種皮

18 m
60 ft

バンレイシ
（シャカトウ）
SWEETSOP
Annona squamosa バンレイシ科

広く栽培されているが、カリブ海諸島が原産とされる。シュガーアップルやカスタードアップルという別名でも知られている。果実は食用になり、果肉は見た目も味もカスタードクリームに似ている。

8 m
26 ft

ポポーノキ
（ポーポー、アケビガキ）
PAWPAW
Asimina triloba バンレイシ科

北米大陸東部の湿性林に自生する落葉性高木。枝の先に花が1つずつ咲く。果実は食用になる。

8 m
26 ft

葉

果実は食用になる

被子植物・単子葉植物

単子葉植物 MONOCOTYLEDONS

単子葉植物は特有の内部構造をもつグループであり、イネ類、ヤシ類、ユリ類、ラン類などのほか、多くの観葉植物が含まれる。

被子植物は、進化の初期段階で大きく単子葉植物と真正双子葉植物に分岐した。単子葉植物は真正双子葉植物ほどではないとはいえ、かなりの多様性を誇るグループである。「単子葉」は、種子が1枚の子葉をもつことに由来する。絶対確実な見分け方はそれだけだが、手がかりとなる特徴はほかにもいくつかある。葉が細長く、葉脈は平行に走る。花を構成する要素(花弁や雄しべなど)は3つないし3の倍数である。また花粉粒には発芽口が1つしかない(単溝粒)。さらに、チューリップをはじめ、多くの花では萼片と花弁がほとんど区別できず、まとめて花被片と呼ばれるが、この特徴はモクレン類の花と共通するものである。

真正双子葉植物の根は太い主根から細い側根が枝分かれしているが、単子葉植物の根はひげ根になっている。これ以外の特徴は、顕微鏡を使って観察できる茎の構造である。水と養分を運ぶ特別な構造である維管束は、真正双子葉植物では同心円状に並んでいるが、単子葉植物では小さなものが散らばっている。こうした理由により、単子葉植物の茎は典型的な真正双子葉植物の茎よりも柔軟で、背丈が高くなりにくい。主にヤシがそうであるように、高く成長する木本の単子葉植物は、典型的な広葉樹や針葉樹とはまったく異なった成長方法をとる。その幹は高く伸びても太くなることはなく、茎の先端部には輪生した葉が集まったロゼットができるのが普通である。

生き残り戦略

小型のものは、つる植物から水生植物までバラエティに富み、鱗茎や塊茎などの栄養貯蔵器官を地中に備えて厳しい時期をやりすごす。イネ科植物は、草食動物による被食に耐え、単一の科だけで草原という生息環境の土台をまるごと構成している。熱帯に生息する単子葉植物の多くは着生性で、樹上高くに固着して生育する。これにはパイナップル科やラン科植物などが含まれる。ラン科は25,000種以上も含む巨大な科で、全世界に分布する。

門	被子植物門
単系統群	単子葉植物
目	11
科	77
種	60,000

論点

単子葉植物の水中起源説

現生の単子葉植物には多くの水生植物が含まれており、また数は少ないが、海中に生息する被子植物も存在する。長く支持されてきた水中起源説では、単子葉植物は淡水の中で進化し、そこから大きく変化して陸上に上がったのではないか、と考えられている。これは多くの種が長く薄い葉をもつことを論拠としているが、さらに茎の内部の維管束が散らばった構造になっていることもこの推論を補強している。ただし、いくつかの陸生の単子葉植物のなかには陸上で大きく分布域を広げてから、水中で全生活史を送るように進化したと思われる植物(例えばアオウキクサなど)もある。

ショウブ目 ACORALES

ショウブ目には1属2種だけが含まれる。水辺や湿地に自生する。多肉の花軸に小花が多数つく肉穂花序を特徴とするため、かつてはサトイモ科(オモダカ目)に入れられていたが、現在では、単子葉植物の系統のなかでも最初期に分岐したものとして、独立のグループに分けられている。最初の単子葉植物がどのような姿をしていたのかを探る手がかりとなるかもしれない。

$$\frac{1\,m}{3\frac{1}{4}\,ft}$$

ショウブ
SWEET FLAG
Acorus calamus
ショウブ科
かつてヨーロッパではこの茎を切って家の床にまき、芳香剤として用いた(レモンに似た香りがある)。この水辺の植物は北半球全般に見られる。

オモダカ目 ALISMATALES

この目には多くの水生植物とともに、主に陸で育つサトイモ科の植物も含まれている。サトイモ科には印象的な姿をしたものが多く、小花の集合した肉穂花序と、それを覆う1枚の総苞葉(仏炎苞)をもつ。サトイモ科以外には、淡水産の種を多く含む科があり、また、海草からなる科もいくつかある。

サジオモダカ
WATER-PLANTAIN
Alisma plantago-aquatica
オモダカ科

ヨーロッパ、アジア、北アフリカに広く分布し、水辺に自生する。白、ピンク、薄紫色の花を咲かせるが、花は1日しかもたない。

楕円形の浮水葉

2つに分岐した花の房

キボウホウヒルムシロ
WATER HAWTHORN
Aponogeton distachyos レースソウ科

南アフリカ原産だが、最近は全世界に帰化してどこでも見られる。水面ぎりぎりの高さにバニラの香りのする花を咲かせる。

$$\frac{1\,m}{3\frac{1}{4}\,ft}$$

葉は長円形から楕円形になる

雄花

花茎

$$\frac{1\,m}{3\frac{1}{4}\,ft}$$

雌花は3つが輪生する

矢じりに似た葉

$$\frac{1\,m}{3\frac{1}{4}\,ft}$$

セイヨウオモダカ
ARROWHEAD
Sagittaria sagittifolia
オモダカ科

ヨーロッパの湿地に育つ水生植物で、矢じりに似た葉を水面上に出し、リボン状の葉を水面下につける。ときどき浮水性の葉もつける。

インドクワズイモ
GIANTTARO
Alocasia macrorrhizos サトイモ科
マレーシアからオーストラリアの
クイーンズランドまでの熱帯地域
が原産。大きな葉をつける。
太平洋地域各地で観葉植物、
また副食物として栽培されている。

4 m
13 ft

50 cm
20 in

マムシアルム
LORDS AND LADIES
Arum maculatum
サトイモ科
ヨーロッパ原産の春に
開花する肉穂花で、熱
を発して、花粉を運ぶ
昆虫を引き寄せる。
秋に有毒の赤いベリー
(漿果)をつける。

15 cm
6 in

光沢の
ある葉

仏炎苞

斑入りの葉

アリサルム・ウルガレ FRIAR'S COWL
Arisarum vulgare サトイモ科
大きな広葉の仏炎苞(肉穂花を包む大きな苞)を
もつ地中海原産のサトイモ科植物。肉穂花を上か
ら丸く包み込む姿から、英語では「修道士の頭巾」
と呼ばれる。葉は矢じりに似た形をしている。

60 cm
23½ in

1 m
3¼ ft

羽状根

キバナカイウ
GOLDEN ARUM
Zantedeschia elliottiana
サトイモ科
黄色い派手な仏炎苞をつける
栽培種。原種は南アフリカに
分布し、主に湿地に
生息している。

ボタンウキクサ
WATER LETTUCE
Pistia stratiotes サトイモ科
原産地不明の大きさも形も
レタスに似た浮遊性の水草で、
「ウォーターレタス」の名で知
られる。世界の温帯域の淡水
に自生し、ときに繁殖しすぎて
水路をふさぐことがある。

ホウライショウ
(モンステラ)
SWISS CHEESE PLANT
Monstera deliciosa
サトイモ科
高木に巻きついて登る
中米原産のつる植物
で、成熟した葉には
穴があいて大きく裂けて
いく。室内用の観葉植物
として広く栽培される。

20 m/65 ft

アルム・セグイネ
DUMBCANE
Arum seguine サトイモ科
熱帯アメリカの森林に自生する。
葉や茎をかむと激しい痛みが
生じて口内が腫れる。室内の鉢
植え用に品種改良されたもの
は派手で魅力的な葉をつける。

3 m
10 ft

6 m/20 ft

5 mm
1/16 in

巨大な肉穂花の
基部に小さな
花がある

サトイモ
TARO
Colocasia esculenta
サトイモ科
熱帯アジアや太平洋
の島々を原産とする
サトイモは大きな葉を
もつ。その根茎を食用
にするために古くから
幅広い地域で栽培
されてきた。

2 m
6½ ft

ヒメカズラ
SWEETHEART PLANT
Philodendron scandens
サトイモ科
中米でごく一般的に見られ
る、成長が早いつる植物。
観葉植物として家庭の鉢
植えなどでよく栽培される。

イボウキクサ
FAT DUCKWEED
Lemna gibba サトイモ科
その見かけからは信じられな
いが、イボウキクサはサトイモ
科の植物である。世界で広く
見られる浮遊性の水草で、
直径5mmほどの楕円形の葉
(葉状体)をつける。

大きな仏炎苞

1 m
3¼ ft

1 m
3¼ ft

**ドラクンクルス・
ウルガリス**
DRAGON ARUM
Dracunculus vulgaris サトイモ科
東地中海原産。暗赤色の
仏炎苞をつけ、肉が腐った
ような臭いを放って送粉者と
なるハエを引き寄せる。

**アリサエマ・
コンサンギネウム**
COBRA LILY
Arisaema consanguineum サトイモ科
ヒマラヤ東部から中国が原産。夏に
開花するテンナンショウ属の一種で、
仏炎苞にはよく目立つ縞模様が入る。
植物体全体に強い毒性がある。

1 mm
1/32 in

6 m
20 ft

1.5 m
5 ft

30 cm
12 in

ウォルフィア・アリザ
SPOTLESS WATERMEAL
Wolffia arhiza サトイモ科
世界最小の被子植物。
根がなく、楕円形の葉は
直径1mmである。
世界各地に分布する。

**ショクダイ
オオコンニャク**
(スマトラオオコンニャク)
TITAN ARUM
Amorphophallus titanum
サトイモ科
スマトラ原産。長さ3mの
大きな花が枯れた後、
樹木のような巨大な
葉が1枚生える。
葉の寿命は長く、
1年ほど保つ。

アメリカミズバショウ
WESTERN SKUNK CABBAGE
Lysichiton americanus
サトイモ科
北米大陸西部の湿地を原産
とするミズバショウで、強い匂い
を発して昆虫を引き寄せる。

ヒメカイウ
BOG ARUM
Calla palustris
サトイモ科
湿地や浅い水辺に自生し、
観賞用としても人気のある花。
北半球の冷涼な地域の原産。

1.5 m
5 ft

ハナイ
FLOWERING RUSH
Butomus umbellatus ハナイ科
ユーラシア大陸原産のただ1種
で科をなす花で、水辺に派手な
花を咲かせる。北米大陸では侵
略的外来種とみなされている。

≫

≫ **オモダカ目**

オオカナダモ
SOUTH AMERICAN
WATERWEED
Egeria densa
トチカガミ科
ブラジルからウルグアイが
原産の沈水植物。
鑑賞用や実験用として
栽培されていたものが
逸出して世界中の温帯
域に広がった。湖に
繁茂し水路をふさぐ。

2 m
6½ft

オヒルムシロ
BROAD-LEAVEDPONDWEED
Potamogeton natans
ヒルムシロ科
淡水に自生する水生植物で、幅広の
浮水葉と細長い草のような沈水葉をもつ。
北半球全域で普通に見られる。

短い穂状
花序に
緑色の花を
つける

1 m
3¼ ft

ポシドニア・オケアニカ
NEPTUNE GRASS
Posidonia oceanica
ポシドニア科
地中海に分布する海草で、
水深35mまでの海域に
生える。砂質の海底に
群生して海中草原を
形成することもある。

リボン状の
葉の束

古い葉は
茶色になる

1 m
3¼ ft

アメリカセキショウモ
TAPE GRASS
Vallisneria americana
トチカガミ科
北米大陸南部から
コロンビアにかけて見ら
れる淡水性の沈水植物。
雄花が親植物から離れて
水面を漂い、雌花に到達して
受粉する。

1 m
3¼ ft

浮水葉

3弁の花

アジアトチカガミ
FROGBIT
Hydrocharis morsus-ranae
トチカガミ科
ユーラシアの淡水に自生する浮葉植物で、水中で
茎を水平に伸ばして横方向に広がっていく。雌雄異株。

20 cm
8 in

アマモ
COMMON EELGRASS
Zostera marina アマモ科
北半球の沿岸部に広く分布
し、砂の海底に生える。
海中草原を形成し、海生
生物にとっての重要な生息
環境となる。リュウグウノオト
ヒメノモトユイノキリハズシ
とも呼ばれる。

砂中を横行する
根茎

1 m
3¼ ft

キジカクシ目 ASPARAGALES

キジカクシ目は14科からなり、ラッパズイセンや
アヤメなど園芸植物からリュウゼツランなど砂
漠で育つもの、さらに若干の高木まで含む多様
な目である。かつてユリ目に分類されていたもの
もあるが、分子系統解析により類縁関係が見直
された。特殊化の著しいラン科もこの目に含ま
れる。

小さな釣鐘型の
花を密生させた
頭状花

1 m / 3¼ ft

花は漏斗状で、薄い
青から濃い青まで
グラデーション状に
色づく

タマネギ
ONION
Allium cepa
ヒガンバナ科
古代エジプトの記録が
証明しているように、
タマネギは少なくとも
5000年前から食用に
栽培されていた。

食用になる
鱗茎（球根）

60 cm
23½ in

20 cm
8 in

80 cm
32 in

**アリウム・スファエロケファロン
（丹頂）**
ROUND-HEADED LEEK
Allium sphaerocephalon ヒガンバナ科
ヨーロッパ産のタマネギの近縁種で
石灰質土壌を好む。園芸家は、頭状花
を形成する小さな花がより密につくよう
に、より鮮やかな色になるように
品種改良を重ねている。

45 cm
20 in

ラムソン
RAMSONS
Allium ursinum
ヒガンバナ科
ニンニクの近縁種で
ニンニクに似た匂いを放つ。
春になるとヨーロッパの森林の
地面を幅広い緑の葉の
カーペットで覆いつくす。

**ムラサキクンシラン
（アガパンサス）**
AFRICAN LILY
Agapanthus africanus
ヒガンバナ科
南アフリカ原産のこの花は
長い花茎から細長い葉を
伸ばす。生息地が火事に
あっても生き延び、肉厚の
地下茎から新たな芽を出す。

スノードロップ
SNOWDROP
Galanthus nivalis
ヒガンバナ科
ヨーロッパ原産。耐陰性
で、早春に開花する。
白い萼片が内側にある
3枚の花弁よりもかなり
長く伸びる。

クリヌム・パウエリイ
SWAMP LILY
Crinum × powellii
ヒガンバナ科
鱗茎（球根）をつくるこの花は
南アフリカのハマオモト属の
2つの種を交配させたもので、
冷涼な気候にも
よく耐えて育つ。

1.5 m
5 ft

長い花筒をもつ
トランペット型の花

成長中の花は
苞に保護される

ウケザキクンシラン
NATAL LILY
Clivia miniata　ヒガンバナ科
色鮮やかな花に常緑のリボン状の葉をつける。
南アフリカの森で発見されて以来、園芸家たちは
数多くの交配種をつくりだしている。

45 cm
18 in

長く鮮やかな色
をした6枚の
花被片

75 cm
30 in

ホンアマリリス属
の一種
AMARYLLIS
Hippeastrum sp.　ヒガンバナ科
派手な色をもつアマリリスは
鱗茎をつくる植物で、
原産地は南米大陸の温帯
域である。多くの変種と
交配種がある。

1 m
3¼ ft

ディケロステンマ・
イダマイア
キジカクシ科
FIRECRACKER FLOWER
Dichelostemma ida-maia
アメリカのオレゴン州とカリフォルニ
ア州の北部が原産地で、主に
森林に自生する。魅力的な筒状花
をつけるので、園芸種として
人気が高い。

灰緑色で肉厚の
葉をロゼット状に
展開する

8 m
26 ft

アオノリュウゼツラン
CENTURY PLANT
Agave americana　キジカクシ科
米国南西部とメキシコが
原産。水分をよく保持する
植物であり、10〜30年かけて
葉を茂らせ、ただ1度だけ
咲かせて枯死する。

60 cm
23½ in

オリヅルラン
SPIDER PLANT
Chlorophytum comosum　キジカクシ科
アフリカ原産。株分けや、アーチ状に
伸びる茎（ランナー）の先端につく
子株で増える。斑入り型は観葉植物
として人気が高い。

70 cm
28 in

成熟すると羽の
ような葉が出てくる

2 m
6½ ft

アスパラガス
COMMON
ASPARAGUS
Asparagus officinalis
キジカクシ科
ヨーロッパ原産。若く柔らか
いシュート（苗条）を食べる
ために栽培されるが、その
まま放っておくと羽のような
葉をつけて高く成長する。

長く硬い
常緑の葉

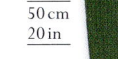

50 cm
20 in

ワイルド・ダフォディル
（ラッパズイセン）WILD DAFFODIL
Narcissus pseudonarcissus
ヒガンバナ科
ヨーロッパ原産で、多くの園芸
種のラッパズイセンの祖先に
あたる花。山や森林に自生する
本種はしだいに減ってきている。

アンテリクム・リリアゴ
（セントバーナーズリリー）
ST BERNARD'S LILY
Anthericum liliago　キジカクシ科
ヨーロッパ原産。細長い葉をつけ、
陽当たりのよい丘や開けた土地に
育つ。肥沃で湿った土壌を好む。

5 m
16 ft

多くの釣鐘型
の花を垂らし
てつける

アツバキミガヨラン
（ユッカ）SPANISH DAGGER
Yucca gloriosa　キジカクシ科
アメリカ南東部の原産。海岸に
自生する種だが、すべてのユッカ
属同様、受粉はユッカガという
特別なガ（蛾）が媒介する。

15 m
50 ft

ジョシュア・ツリー
JOSHUA TREE
Yucca brevifolia
キジカクシ科
アメリカ南西部のモハベ
砂漠原産で、木質で数多
く分岐した枝をもつユッ
カの一種。樹齢は数百年
と考えられている。

被子植物・単子葉植物

ドイツスズラン
LILY-OF-THE-VALLEY
Convallaria majalis
キジカクシ科
ユーラシア大陸温帯域に
広く自生し、甘い香りの
する花を咲かせるが、
赤いベリー（漿果）など
全草に有毒物質をもつ。

直立した花軸に
20ほどの花をつける

25 cm
10 in

ハラン
CAST-IRON PLANT
Aspidistra elatior キジカクシ科
日本原産で森に自生するが、現在は世界
各地で栽培される。紫色の小さな花が
地面すれすれに咲く。

60 cm
23½ in

ソロモンズシール
SOLOMON'S-SEAL
Polygonatum multiflorum
ユーラシア大陸原産で、主として森林に自
生するナルコユリ属の一種。葉を多くつけ
る湾曲した茎に無香の筒状花をつける。

70 cm
28 in

カイソウ
SEA SQUILL
Drimia maritima キジカクシ科
地中海沿岸の原産。「シー
オニオン」（海葱）と呼ばれる
ように、大きな鱗茎（球根）
をつくり、晩夏に葉が
枯れてから白い花が集まった
高い穂をつける。

1.5 m
5 ft

ナギイカダ
BUTCHER'S BROOM
Ruscus aculeatus キジカクシ科
ヨーロッパ原産の低木で、
花と果実が「葉」の中央部
にできるように見えるが、
実際にはこの葉は扁平
に変化した茎である。

1 m
3¼ ft

釣鐘型の花

**オルニトガルム・
アングスティフォリウム
（スター オブ ベツレヘム）**
STAR-OF-BETHLEHEM
Ornithogalum angustifolium キジカクシ科
ヨーロッパに広く分布する。空が曇ると
花を閉じる。葉には細い溝が
入り、中央に白い筋がある。

30 cm
12 in

**アツバチトセラン
（サンセベリア）**
MOTHER-IN-LAW'S
TONGUE
Dracaena trifasciata
キジカクシ科
熱帯アフリカ西部が原
産。硬い葉に横縞模様
（斑）が入り、観葉植物と
して人気が高い。
葉から繊維を採る
ためにも栽培される。

90 cm
35 in

オオツルボ
PORTUGUESE SQUILL
Scilla peruviana キジカクシ科
ヨーロッパ南西部が原産の、
鱗茎をつくる多年生草本。
見事な青い花が咲く。茎の基部
から長くて幅広い葉を伸ばす。

50 cm
20 in

**アフィランテス・
モンスペリエンシス
（ブルーグラスリリー）**
APHYLLANTHES
Aphyllanthes monspeliensis
キジカクシ科
開花期でないときは、ほとんど
葉のない細い茎だけになる
ため、イグサの茂みのように
見える。地中海原産。

45 cm
18 in

**ヒヤシンス
'ブルージャケット'**
HYACINTH
Hyacinthus orientalis
'Blue jacket'
キジカクシ科
ヒヤシンスの原産地は南西
アジアだが、原種から数世紀
をかけて品種改良されて、
本種のように色が美しく芳香
をもつものができあがった。

30 cm
12 in

芳香のある花が
50個ほど集まった
穂状花序

**ラケナリア・
アロイデス**
CAPE COWSLIP
Lachenalia aloides
キジカクシ科
アフリカ大陸南西端が原産。
鱗茎をつくる。細長い葉を
1枚か2枚だけつける。

30 cm
12 in

ギボウシ'ハルシオン'
BLUE PLANTAIN LILY
Hosta 'Halchon'
キジカクシ科
交配種で、数多いギボウシ属の園芸品種の1つ。ギボウシ属は北東アジア原産の耐陰性の植物である。

45 cm
18 in

イングリッシュ・ブルーベル
ENGLISH BLUEBELL
Hyacinthoides non-scripta
キジカクシ科
西ヨーロッパ原産の筒状花で、春になると森林の地面全体を青い花のカーペットで埋め尽くす。

45 cm
18 in

オオヒナユリ
GREAT CAMAS
Camassia leichtlinii
キジカクシ科
ヒナユリ属のなかには鱗茎（球根）が食用になるものがあり、ネイティブ・アメリカンはジャガイモと同じように調理して主食としていた。

1 m
3¼ ft

ドラゴンツリー
DRAGON TREE
Dracaena draco キジカクシ科
高木で、枝は何度も分岐する。原産地のカナリア諸島とマデイラ諸島では希少種だが、観葉植物として広く栽培されている。赤い樹液が「竜血」と呼ばれて珍重された。

15 m
50 ft

フサムスカリ
TASSEL HYACINTH
Muscari comosum
キジカクシ科
地中海原産のこの植物の頭状花には、種子をつくる稔性花と種子をつくらない不稔花がともについていて、不稔花は紫色のフリンジ（房飾り）を形成する。

60 cm
23½ in

80 cm
32 in

シザノタス（フリンジリリー）
COMMON FRINGE LILY
Thysanotus tuberosus キジカクシ科
オーストラリア南東部原産。針のような細長い葉に、緑がフリンジ（房飾り）になった花弁をもつ花を1日に1輪ずつ咲かせていく。

ニオイシュロラン
CABBAGE TREE
Cordyline australis キジカクシ科
ニュージーランドに普通に見られる木本のひとつ。写真は幼木だが、成熟するとがっしりした幹の上部で枝が分岐し、その先端に細長い葉を房状につけるようになる。花序を出して白く目立つ花を咲かせる。

20 m
65 ft

グラディオルス・イタリクス
FIELD GLADIOLUS
Gladiolus italicus
アヤメ科
地中海原産のアヤメ科の植物で、3月から6月にかけて開花する。

1 m
3¼ ft

ジャーマンアイリス
BEARDED IRIS
Iris germanica アヤメ科
花には芳香がある。地中海東部原産の種である可能性と交配によってつくられた栽培種である可能性が考えられているが、まだ決着はついていない。

ヒメヒオウギズイセン（モントブレチア）
MONTBRETIA
Crocosmia × crocosmiiflora アヤメ科
19世紀に南アフリカ原産の2つの種を交配して生み出した種で、濃い朱赤の花をつける。花壇でよく見られる花だが、地域によっては侵略的外来種とみなされる。

60 cm
23½ in

シシリンキウム・ストリアトゥム
PALE YELLOW-EYED GRASS
Sisyrinchium striatum
アヤメ科
南米のチリとアルゼンチンが原産。新世界に広く分布する大きな属（ニワゼキショウ属）の代表的な種。白い花に細い紫色の筋が入る。

1 m
3¼ ft

30 cm
12 in

フレーシア・キューエンシス
KEW'S FREESIA
Freesia × kewensis
アヤメ科
南アフリカ原産の先祖に由来するフレーシア属（フリージア）の一種で、甘い香りがある。北半球で園芸用につくられた交配種。

60 cm
23½ in

クリスマスベル
GRAND CHRISTMAS BELLS
Blandfordia grandiflora
ブランドフォーディア科
オーストラリア南東部の海岸が原産。大型の花をつけ、蜜を吸う鳥が好む。その葉は細く、草のように見える。

60 cm
23½ in

サフラン
SAFFRON CROCUS
Crocus sativus アヤメ科
地中海で栽培されるこのクロッカスの乾燥雌しべは、着色料や食物の香りづけとなる高級商品「サフラン」として昔から広く取引されてきた。

45 cm
18 in

ギナンドリリス・シシリンキウム
BARBARY NUT
Gynandriris sisyrinchium アヤメ科
地中海原産の野生のアヤメ科植物。球茎（地下茎が肥大して球状になったもの）を形成し、生育に都合の悪い状況でも生きのびる。

被子植物・単子葉植物

被子植物・単子葉植物

≫ **キジカクシ目**

ホテイラン
FAIRY SLIPPER
ORCHID
Calypso bulbosa
ラン科
北半球の冷涼な地域に
広く分布する。芳香のある
花をただひとつつける
きゃしゃなランで湿った
森林や沼地を好む。

20 cm
8 in

オンキディウム属の一種
Oncidium sp. ラン科
熱帯アメリカ原産。幅広の
唇弁をもつオンキディウム
属は樹上に着生する
ランで、約330種を含む。
サイズは様々である。

1 m
3¼ ft

⇐ **キンビディウム・トラキアヌム**
TRACY'S CYMBIDIUM
Cymbidium tracyanum ラン科
ミャンマー、タイ、中国南西部
を原産とする着生ラン
（シンビデュウム、シュン
ラン）で、秋に強い芳香を
放つ花をつける。

1 m
3¼ ft

⇒

フラグミペディウム・セデニー
Phragmipedium × sedenii
ラン科
芳香のある地生ランで、
フラグミペディウム属の種から
つくられた交配種である。
フラグミペディウム属は熱帯
アメリカ原産の「スリッパ蘭」
として知られている。

60 cm
23½ in

80 cm
32 in

ディポディウム・スクアマトゥム
HYACINTH ORCHID
Dipodium squamatum ラン科
オーストラリア原産の、森に自生する、葉をもた
ない地生ラン。本種は地中の菌と共生して生きる。

プラタンテラ・ビフォリア
LESSER BUTTERFLY
ORCHID
Platanthera bifolia
ラン科
ツレサギソウ属の一種で、
ユーラシア大陸の温帯域
に広く分布する。白く甘い
香りのする花を咲かせる
ランで、夜行性のガを引き
寄せ、花粉媒介者とする。

30 cm
12 in

60 cm
23½ in

アナカンプティス・ピラミダリス
PYRAMIDAL ORCHID
Anacamptis pyramidalis ラン科
ユーラシア大陸温帯域が原産で、
白亜質土壌を好む。チョウやガに
花粉塊を付着させて媒介させること
を最初に記載したのはダーウィン
である。

35 cm
14 in

キプリペディウム・アカウレ
PINK LADY'S SLIPPER
Cypripedium acaule ラン科
北米大陸東部に広く分布
するアツモリソウ属の
「スリッパ蘭」で、2枚の葉を
もち、マツ林のような
酸性土壌を好む。

30 cm
12 in

パフィオペディルム・ウィロスム
HAIRY SLIPPER ORCHID
Paphiopedilum villosum
ラン科
中国や東南アジアの一部
の原産。この「スリッパ蘭」
から多くの観賞用の
交配種がつくられた。

内側の3枚は花弁、
外側の3枚は萼片
である

30 cm
12 in

グアリアンテ・アウランティアカ
ORANGE GUARIANTHE
Guarianthe aurantiaca ラン科
中米の熱帯域に自生する樹生ラン。
園芸家によって数多くの観賞用の
交配種が生み出された。

2 cm
¾ in

マスデヴァリア・ワゲネリアナ
WAGENER'S MASDEVALLIA
Masdevallia wageneriana
ラン科
ベネズエラ北部の山岳地帯に
生息する小型の着生ラン。
萼片から細長く伸びて
「しっぽ」のように見える距は、
この属の特徴である。

15 cm
6 in

タイリントキソウ
WINDOWSILL ORCHID
Pleione formosana ラン科
中国の一部の地方に自生する小型の地生ラン。
偽鱗茎を毎年更新する（冬に古いものが
しなびてなくなり、春に新たなものができる）。

内花被片の縁
にはフリルが
ついている

60 cm
23½ in

ヘレボリーンキンラン
RED HELLEBORINE
Cephalanthera rubra ラン科
ヨーロッパから西アジアが原産。
疎林に自生する地生のキンランの
一種。ローズピンクの花を咲かせる。

リモドルム・アボルティウム
VIOLET BIRD'S-NEST ORCHID
Limodorum abortivum　ラン科
南ヨーロッパ産のラン。
緑の葉はもたない。根の内部
にベニタケ属の菌が共生して
おり、栄養分はその菌に
完全に依存している。

80 cm
32 in

30 cm
12 in

それぞれの花は
3枚の萼片と2枚
の花弁で構成され
ている

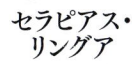

セッコク属の一種
Dendrobium sp.　ラン科
セッコク属（デンドロビウム）
には1000種以上が含まれ
る。色も形もサイズも多様な
着生ランで、東南アジア
からニュージーランドに
かけて分布している。

2 m
6½ ft

90 cm
35 in

セラピアス・
リングア
TONGUE ORCHID
Serapias lingua　ラン科
この風変わりな地中海産
のランは花から大きく垂れ
下がった「舌」をもつため、
「舌の蘭」と呼ばれる。
この「舌」は花粉を媒介
する昆虫の着陸場に
なっている。

60 cm
23½ in

ヴァンダ
'ロスチャイルディアナ'
ROTHCHILD'S VANDA
Vanda 'Rothschildiana'　ラン科
この園芸用交配種は、熱帯アジア
原産の樹生ラン「ヴァンダ属」の2つの
種をかけ合わせてつくられた。

ヒマントグロスム・
ヒルキヌム
LIZARD ORCHID
Himantoglossum hircinum
ラン科
南ヨーロッパ産のランで、
長い唇弁（リップ）が小さな
トカゲに似ているため、
英語では「トカゲ蘭」と
呼ばれている。

15 m
50 ft

莢

革のように
硬い常緑の葉

バニラ
FLAT-LEAVED VANILLA ORCHID
Vanilla planifolia　ラン科
メキシコから中央アメリカに
生息するつる性のランで、
香料のバニラの原料となる。

ファレノプシス'リッパーローゼ'
LIPPEROSE MOTH ORCHID
Phalaenopsis 'Lipperose'　ラン科
ファレノプシス属（コチョウラン）のラン
からは数多くの園芸用交配種が
生み出されている。原種は
東南アジアで、その花は大きく
広がった花弁をもつ。

1 m
3¼ ft

オルキス・ミリタリス
MILITARY ORCHID
Orchis militaris　ラン科
ユーラシア原産の白亜質土
壌を好むハクサンチドリ属の
ラン。「戦士のラン」と命名さ
れた理由は、個々の花の姿
が兜をかぶった人間に
似ているためである。

60 cm
23½ in

ディウリス・コリンボサ
（ドンキーオーキッド）
COMMON DONKEY ORCHID
Diuris corymbosa　ラン科
オーストラリア南部原産。
このランの英語名「ロバの蘭」
とは、この花の2枚の側花弁が
ロバの耳に似ていることから
つけられた。

垂れた
萼片

30 cm
12 in

スピランテス・
スピラリス
AUTUMN
LADY'S-TRESSES
Spiranthes spiralis　ラン科
ユーラシア大陸温帯域の草原
に自生する小さなネジバナ属
のラン。花茎に沿ってらせん状
に（ねじれて）花がつくことが
特徴となっている。

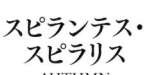

各茎には披針形
の葉がある

花は昆虫を
引き寄せる

プテロスティリス
属の一種
BEARDED GREENHOOD
ORCHID
Pterostylis sp.　ラン科
オーストラリアを原産地と
する地生ラン。芳香で
小さな雄のハエを引き寄
せる。ハエが触れると
入口が閉じるしかけ
になっている。閉じ込め
られたハエの体には
花粉塊が付着する。

肥ったマルハナ
バチに似た花

萼片と花弁が蕊柱
（雄しべと雌しべが
融合したもの）をフード
のように覆っている

この部分に昆虫
が触れると唇弁
が閉じ、昆虫を
閉じ込める

20 cm
8 in

40 cm
16 in

昆虫はまず
唇弁に止まる

50 cm
20 in

エピパクティス・
アトロルベンス
DARK-RED HELLEBORINE
Epipactis atrorubens
ラン科
カキラン属の一種で、ユー
ラシア大陸原産。長い根を
もつため、石灰岩の割れ目
からでも成長することがある。

60 cm
23½ in

1 m
3¼ ft

カクチョウラン
（カクラン）
NUN'S ORCHID
Phaius tankervilleae　ラン科
世界で広く栽培されている
芳香をもつ地生ラン。東南
アジアの熱帯から亜熱帯、
さらに南太平洋が原産地。

オフリス・アピフェラ
BEE ORCHID
Ophrys apifera　ラン科
オフリス属のランで、雌の
昆虫によく似た花をつけて、
雄を引き寄せる。
ユーラシア大陸産の本種は
しばしば自家受粉を行う。

∨ **あたりに茎を伸ばして広がっていく**
このランは、岩でもほかの植物でも、着生に好適な構造物があればどのような場所にでも生育する。植物体の基部から匍匐茎を横に伸ばし、マット状に広がっていく。

幅広の白っぽい唇弁（リップ）が旗のような目印となり、花粉を媒介する昆虫を引き寄せる

外側の3枚の萼片が花芽を包み込む

ディネマ・ポリブルボン
MANY-BULBED ORCHID *Dinema polybulbon*

小型の着生ランで、本種のみでディネマ属をなす。木や岩を支持体として着生し、枝を旺盛に伸ばしてよく茂る。空気中や動物の排泄物、ほかの植物体などから養分を獲得し、雨や霧から水分を吸収する。支持体上を横に這う匍匐茎に、とっくり状の偽鱗茎が直立してつく。偽鱗茎は水分貯蔵器官であり、熱帯の乾季の乾燥に耐えるのに役立つ。偽鱗茎の先端から分厚い葉を数枚広げる。葉はワックス層が発達し、気孔の数が少な目で、水分の損失を防ぎやすい構造になっている。葉についた水分はつるつるした表面を滑り、偽鱗茎へと滴り落ちて貯蔵される。匍匐茎は空気中に伸びる気根につながる（根は土中に伸びることもある）。根の表面にある根被というスポンジ質の細胞層を通じて、栄養分を吸収する。冬になると偽鱗茎は1つずつ花を咲かせる。氷点下7℃まで耐える。愛好家の間で人気の高いランである。

大きさ	7.5 cm (3 in)
生息域	湿気の高い、混合林
分布域	メキシコ、中央アメリカ、ジャマイカ、キューバ
葉の型	平行脈

平らな葉の先端には切れ込みがある

偽鱗茎 >
小さなとっくり状の構造で、匍匐茎に直立につく。乾季に備えて水分を貯蔵する構造である。各偽鱗茎から1〜3枚のつるつるした葉が伸びる。

< 気根
ランの気根は土壌を必要としない。根の古い部分には死んだ細胞からなる保護層があり、吸い取り紙のように水分を吸収し保持する。

∧ 花
偽鱗茎からは甘い香りのする小さな花ができる。細い黄褐色の萼片と紫色の花弁に、広がる白い唇弁（リップ）がつく。

< 花粉嚢（花粉塊）
花粉粒は2つの花粉嚢に貯められる。花粉塊はねばねばする粘液で昆虫などの送粉者に付着し、ほかの植物体へと運んでもらう。

被子植物・単子葉植物

5 m
16 ft

高く直立する白または
クリーム色の穂状花序

ススキノキ
GRASS TREE
Xanthorrhoea australis
ワスレグサ科

最長寿命450年だと推定される。
オーストラリア産で野火に強く、発達した幹は
極めて丈夫である。細長い葉がかたまって
ボール状に生える。

ツルボラン
COMMON ASPHODEL
Asphodelus aestivus
ワスレグサ科

地中海原産。細い葉のランで、高い茎に
桃色がかった白い花を数多くつける。

1.5 m
5 ft

総状花序の
先端のつぼ
みが最後に
開花する

45 cm
18 in

5 m
16 ft

マオラン
NEW ZEALAND FLAX
Phormium tenax
ワスレグサ科

ニュージーランドでごく普通に見られる。
地面から大きな葉を伸ばし、高く伸びた
茎の先に赤い筒状花を咲かせる。

葉から滲出する液
には薬効成分が
含まれている

アロエベラ
MEDICINAL ALOE
Aloe vera
ツルボラン科

棘のある多肉質の
植物は乾燥地域に
適しており、その薬効を
求めて古くから
栽培されてきた。

1 m
3¼ ft

1.5 m
5 ft

カンゾウ(ワスレグサ)
ORANGE DAY LILY
Hemerocallis fulva　ワスレグサ科
「一日ユリ」という意味の英名通り、
開花した花は1日で枯れる。
東アジア原産だが、北米大陸では
侵略的外来種となっている。

穂状花序の
朱赤色は
基部に行くほど
薄くなって
黄色になる

トリトマ
(シャグマユリ)
RED HOT POKER
Kniphofia uvaria
ワスレグサ科

アフリカ大陸南西端が
原産。細長い葉と多数の花
をつけ、観賞用として世界
各地で栽培されている。

ユリ目　LILIALES

タマネギやヒアシンスなど、かつて
ユリ目に属するものと考えられていた
ものの多くは、キジカクシ目(p.132～
140)に移された。現在のユリ目は
10科からなる。ユリやチューリップを
含むユリ科、サルトリイバラ科、イヌサフ
ラン科、新世界産の色鮮やかなユリ
ズイセン科などである。ユリ科
のなかにはネコにとって
有害なものがあるので
注意したい。

45 cm
18 in

ワイルド・
チューリップ
WILD TULIP
Tulipa sylvestris　ユリ科
黄色い花をつける野生の
チューリップで、園芸種に
近縁である。原産地の
南ヨーロッパに現在も
広く分布している。
牧草地や疎林、岩場
などに自生している。

40 cm
16 in

ヨツバツクバネ
HERB PARIS
Paris quadrifolia
ユリ科
ユーラシア大陸温帯
域の古い森に自生する。
4枚の葉をもち、緑色
の花をひとつつける。
花からできる黒い果実
は食用に適さない。

50 cm
20 in

フリティラリア・
メレアグリス
SNAKESHEAD FRITILLARY
Fritillaria meleagris　ユリ科
ヨーロッパ原産のバイモ属
の植物。鱗茎をつくり、格子
模様の目立つ花を咲かせ
る。野生種は湿気の多い草
原に自生するが、普通に
栽培されている。

45 cm
18 in

ヤマノイモ目　DIOSCOREALES

ヤマノイモ目は3科のみからなる。多くは熱帯性つる植物
のヤムイモの仲間である。ヤムイモの数種は塊茎が食用と
なるため、古くから栽培されてきた。キンコウカ科は小さな
科で主に北半球の温帯域に
分布する。

キンコウカ
BOG ASPHODEL
Narthecium ossifragum
キンコウカ科
ヨーロッパ原産で、
高地のやせた土地に
自生する。受精後、
果皮が燃えるような
オレンジ色になる。

食用と
なる塊茎

5 m
16 ft

ヤムイモ　YAM
Dioscorea sp.　ヤマノイモ科
熱帯の幅広い地域で栽培され
ているヤムイモは、でんぷんを
豊かに含む大きな塊茎を
つくる。ハート型の葉をつける
茎は、匍匐性またはよじのぼり
性で、横や縦にのびる。

4 m / 13 ft

ブラックブリオニー
BLACK BRYONY
Tamus communis
ヤマノイモ科
ヨーロッパ原産の
ヤマノイモ科のつる
植物で、有毒。名前
は地中の黒い塊茎
に由来している。丸い
果実は熟すと明るい
赤になる。

未熟な
青い果実

ハート型の葉

被子植物・単子葉植物

マドンナリリー
MADONNA LILY
Lilium candidum ユリ科
キリスト教絵画のなかに純潔の象徴として
よく描かれる。東地中海原産だが、
今日では幅広い地域で栽培されている。

2 m
6½ ft

花粉を受ける
柱頭

花粉を送り出す
雄しべ

ガゲア・レティクラタ
Gagea reticulata ユリ科
開けた土地に自生する、鱗茎をつくる
小型種でキバナノアマナ属の一種。
温帯アジア、ヨーロッパ南東部、
北アフリカなどに分布する。

15 cm
6 in

マルタゴンリリー
TURK'S CAP LILY
Lilium martagon
ユリ科
ユーラシア大陸で広く見られる
ユリで、この種の特徴として、
花被片が大きく後ろに反り返る。

2 m
6½ ft

ユリグルマ
（キツネユリ/グロリオサ）
FLAME LILY
Gloriosa superba イヌサフラン科
南アフリカから東南アジア
にかけて分布する。
よく目立つつる性の
ユリで、巻きひげを
使って上方へ
よじ登る。

2 m/6½ ft

花冠

イヌサフラン
MEADOW SAFFRON
Colchicum autumnale
イヌサフラン科
クロッカス（サフラン）に
似たヨーロッパ産の
ユリで、葉の出る数か月
前の秋に開花する。
有毒植物だが、人の手
で広く栽培されている。

15 cm
6 in

典型的な
葉の形

ヒマラヤウバユリ
GIANT HIMALAYAN LILY
Cardiocrinum giganteum ユリ科
ヒマラヤ山脈から中国にかけての地域
で発見されたこの巨大なユリは、何年
かかけて成長してから花を咲かせるが、
花期の間に基部の葉が枯れ落ちる。

3 m
10 ft

茎の周りに
らせん状に葉がつく

花には6枚の
花被片がある

葉がねじれていき、
裏側が上を
向くようになる

ボマレア・ムルティフロラ
TRAILING LILY
Bomarea multiflora
ユリズイセン科
つる性で、花軸の先端に
朱色の花が房状につく。
南アメリカが原産。

4 m
13 ft

最大で40ほどの
筒状花をつける

ペルーユリ
PERUVIAN LILY
Alstroemeria sp. ユリズイセン科
南米大陸原産のユリズイセン属の
一種。この属には観賞用として人気の
高い種が多く含まれる。葉は成長に
つれてねじれていき、裏返しになる。

1.2 m
4 ft

≫ ユリ目

被子植物・単子葉植物

ツバキカズラ
CHILEAN BELLFLOWER
Lapageria rosea フィレシア科
特徴的な細長い釣鐘型の花が好まれ、広く栽培されている。チリの湿度の高い森林を原産地とする巻きつき植物。

10 m
30 ft

1.5 m
5 ft

イタリアン・サルサパリラ
SMILAX
Smilax aspera シオデ科
地中海と南西アジアが原産のつる性の植物で、雄花と雌花が別々の個体に咲く。

15 m
50 ft

ベリー(漿果)

房咲きする花

シュロソウ属の一種
FALSE HELLEBORINE
Veratrum sp. シュロソウ科
北半球で広く見られる。シュロソウ属は有毒である。花軸は枝分かれして円錐花序を形成し、緑がかった白色の花をつける。

タコノキ目 PANDANALES
主に熱帯に見られるこの目は5科からなり、高木・低木・つる植物・小型植物など、1,300種以上の植物を含む。多くは見た目がヤシ類に似ているが、葉はヤシ類よりも単純でベルト状である。タコノキ科タコノキ属だけでこの目の約半数を占める。

パンダヌス・テクトリウス
THATCH SCREW PINE
Pandanus tectorius タコノキ科
針葉樹のマツ類とは別ものである。熱帯の海岸地域に生息する高木だが、太平洋の島嶼文化に不可欠のさまざまな原材料を提供している。

多くの種子が詰まった果実

成熟した木

18 m
60 ft

ヤシ目 ARECALES
2016年に、オーストラリア固有の16種を含むダシポゴン科がヤシ目に入れられた。ヤシ目中で最大の科は2,000種以上を含むヤシ科である。枝分かれせず幹の先端にある頂芽に葉がつくのが全体的な特徴だが、高木になるものからスリムなつる性のトウまで、サイズはさまざまである。葉は巨大で羽状あるいは扇状(掌状)である。小さな島の砂浜に生えるとイメージされがちだが、実際には熱帯雨林に生息するものが大半である。

30 m
100 ft

羽状複葉

25 m
80 ft

サトウヤシ
SUGAR PALM
Arenga pinnata ヤシ科
インドと東南アジアが原産で、派手な黄色い花を塊状につける。樹液からは砂糖、幹からは繊維など、さまざまなものの生産に利用される。

20 m
65 ft

ナツメヤシ
DATE PALM
Phoenix dactylifera ヤシ科
中東原産の栽培種。雄株と雌株は分かれている。果実(デーツ)は食用にされる。写真は若い木。

30 m
100 ft

ココヤシ
COCONUT PALM
Cocos nucifera ヤシ科
今では世界各地で栽培されているヤシだが、原産はおそらく西太平洋である。水に浮く果実が海を漂うことにより次々に新たな島に分布を広げていった。

種子がひとつの果実

成木

成木

熟した果実

ビンロウ
BETEL NUT PALM
Areca catechu ヤシ科
果実を採取するため栽培されるヤシで、その果実を噛むと向精神作用をもつ化学物質が出るため、アジアでは噛みタバコのような嗜好品として愛好される。東南アジア原産。

ワシントンヤシ
DESERT FAN PALM
Washingtonia filifera ヤシ科
アメリカ南西部原産のヤシ。枯れた葉は落葉せずに冠状の葉の下に垂れ下がり、この中に砂漠に棲む鳥や昆虫が入って避難所とする。

18 m
60 ft

タチバロウヤシ
PETTICOAT PALM
Copernicia macroglossa ヤシ科
キューバ原産の比較的小型のヤシ。枯れ葉が落葉せずに冠状の葉の下に重なって垂れ下がる姿が、スカートの下のペティコートに似ていることから、英語の通称で「ペティコートのヤシ」と呼ばれる。

7 m
23 ft

20 m
65 ft

羽状葉

熟した果実

アブラヤシ
AFRICAN OIL PALM
Elaeis guineensis ヤシ科
熱帯の湿度の高い低地に自生する。
果肉と種子から油脂が採れるため、原産地
アフリカのみならず世界の広い地域で
商品作物として栽培されている。

6 m
20 ft

トックリヤシ
BOTTLE PALM
Hyophorbe lagenicaulis ヤシ科
基部がとっくり（英語では「瓶」）のように
膨らんでいるのでこの名がある。原産地は
マダガスカル東方沖のマスカリン諸島だが、
観葉植物として世界で広く栽培されている。

15 m
50 ft

サゴヤシ
SAGO PALM
Metroxylon sagu ヤシ科
沼地に自生するヤシ。
ニューギニア原産と推定され
るが、現在では東南アジアで
広く栽培されている。
写真は若木のもの。

掌状葉

20 m
65 ft

シュロ
CHUSAN PALM
Trachycarpus fortunei ヤシ科
中国原産の寒冷地でも育つヤシで、雄雌異株。
雌株は、丸く青黒い色の果実をつける。

種子

30 m
100 ft

**オオミヤシ
（フタゴヤシ）**
COCO DE MER
Lodoicea maldivica ヤシ科
アフリカ大陸東部沖のセイ
シェル諸島原産のこのヤシの
果実は、植物界で最大の
大きさになる。成熟するま
でに6年を要する。

ダイオウヤシ
ROYAL PALM
Roystonea regia ヤシ科
滑らかな幹の堂々と
したヤシで、熱帯の
大通りによく植えられ
ている。中央アメリカ
からフロリダ州や
キューバまでが原産。

25 m
80 ft

10 m
30 ft

**ラフィアヤシ
（ウラジロラフィア）**
RAFFIA PALM
Raphia farinifera
ヤシ科
アフリカ大陸産のヤシ。
葉の長さは最大で
20mにも達し、木の葉
としては世界最長である。

20 m
65 ft

オウギヤシ
PALMYRA PALM
Borassus flabellifer ヤシ科
背丈の高くなる南アジア原産のヤシで、
乾燥した気候を好む。果実や樹液（煮詰めて
砂糖を採る）を目的として栽培されている。

最大で直径
1mにもなる
扇型の葉

ブラジルロウヤシ
BRAZILIAN WAX PALM
Copernicia prunifera ヤシ科
ブラジルの北東部が原産。
葉はワックス層が厚く、
耐乾性が高い。葉から精製
したワックスは、つや出しや
石けんに用いられる。

15 m
50 ft

3 m
10 ft

チャボトウジュロ
EUROPEAN FAN PALM
Chamaerops humilis ヤシ科
野生ではしばしば幹の
ない姿で成長するが、
栽培種は単独の基部から
数本の短い幹を伸ばす。
地中海原産。

25 m
80 ft

チリヤシ（チリサケヤシ）
CHILEAN WINE PALM
Jubaea chilensis ヤシ科
寒さにつよいどっしりした幹のヤシで、
「コキートのヤシ」（コキートはココナッツ
のリキュールの名）の名でも知られる。
チリ中央部にしか野生せず、現在は
当地での保護植物となっている。

ツユクサ目 COMMELINALES

ツユクサ目は5科からなり、そのうち2科はそれぞれ約5種を含む小さなグループである。ここで紹介するのは残りの比較的大きな3科である。大半は丈が低く温暖な地域にに分布するものが多い。多くは花弁が3枚（種によっては2枚に減少）の青い花をつけ、観賞用に栽培されている。

60 cm
23½ in

コンメリナ・コエレスティス
BLUE SPIDERWORT
Commelina coelestis ツユクサ科
地面に広がって殖える植物で、ときにグランドカバー用に植えられる。原産地はメキシコと中米諸国。

コダチハカタカラクサ
QUEEN'S SPIDERWORT
Dichorisandra reginae
ツユクサ科
温暖な地域でよく花壇に植えられていておなじみだが、元は熱帯産で、ペルーの森林が原産である。青い花は中央部が白い。

30 cm
12 in

10 cm
4 in

カリシア・レペンス
TURTLE VINE
Callisia repens ツユクサ科
熱帯アメリカの森林の縁に自生する多肉質のつる植物。匍匐茎を伸ばして根付き、広がっていく。

ブライダルベル
TAHITIAN BRIDAL VEIL
Callisia procumbens
ツユクサ科
中米から南米大陸が原産。茎はひ弱で、白い花には3枚の花弁がある。

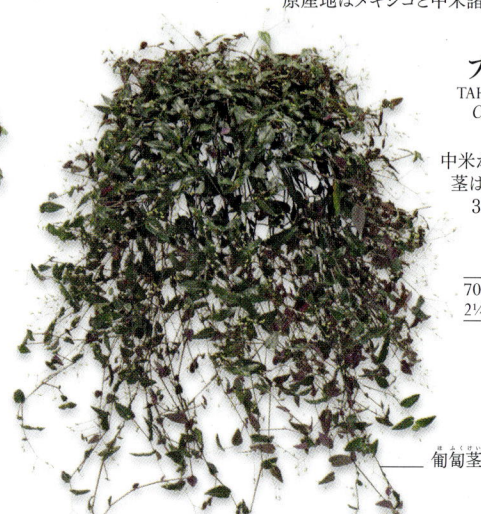

70 cm
2¼ ft

匍匐茎

15 cm
6 in

シマムラサキツユクサ
SILVER INCH PLANT
Tradescantia zebrina ツユクサ科
筋の入った多肉質の葉をもつ地生種。熱帯アメリカ原産だが、園芸用として広く栽培されている。

イネ目 POALES

イネ目は14科からなる。風媒花の数科は特定の生態系を優占している。すなわち、イネ科はプレーリーやサバンナなどの草原で、カヤツリグサ科やイグサ科は特に北半球の湿原やヒースランドで、サンアソウ科は南半球のヒースランドや湿地で、それぞれ優占種となっている。このほか、イネ目には熱帯に分布し樹上着生性のものが多いパイナップル科なども含まれる。

イソレピス・ケルヌア
SLENDER CLUB-RUSH
Isolepis cernua カヤツリグサ科
細い緑色の茎と銀色の頭状花をもつ。温帯の幅広い地域に分布するスゲだが、近年ではその姿の連想から「光ファイバーの草」とも呼ばれている。

45 cm
18 in

グスマニア・リングラータ
SCARLET STAR
Guzmania lingulata
パイナップル科
樹上性のブロメリアで、生息域は中米からブラジルまでと広い。観賞用として人気が高い。

30 cm
12 in

タチハナナス
PINK QUILL
Wallisia cyanea
パイナップル科
エクアドルとペルーが原産。海抜850mまでの高地にある雨林に分布し、樹上に着生する。

50 cm
20 in

花房を支える湾曲した花茎

1.5 m
5 ft

細長い葉

30 cm
12 in

朱色の包葉が小さな白い花を保護している

30 cm
12 in

赤い苞が花を包む

パイナップル
PINEAPPLE
Ananas comosus パイナップル科
クリストファー・コロンブスがヨーロッパに導入した栽培種。種子のない大きな果実をつける。原産地は不明である。

30 cm
12 in

尖った葉がロゼットを形成する

ウラベニアナナス
BIRD'S NEST BROMELIAD
Nidularium innocentii
パイナップル科
ブラジル産のブロメリア。色づいているのは花を包む包葉であり、その内部に小さな白い花が咲く。

花瓶型の葉のロゼットに雨水を貯める

35 cm
14 in

ラキナエア・ダイエリアナ
DYER'S TILLANDSIA
Racinaea dyeriana
パイナップル科
原産地はエクアドルの熱帯雨林。着生性のブロメリアで、現在はその野生種が絶滅の危機に瀕している。

デウテロコニア・ロレンツィアナ
LORENTZ'S BROMELIAD
Deuterocohnia lorentziana
パイナップル科
地上性の種。アルゼンチンとボリビアのアンデス山脈が原産。

25 cm
10 in

ネオレゲリア・カロリナエ
BLUSHING BROMELIAD
Neoregelia carolinae
パイナップル科
花期になると、このブラジル産ブロメリアの中央の葉は深紅色に変化し、青または紫色の花を咲かせる。

花は密集して
円錐状の花序を
なす

セイタカカンガルーポー
TALL KANGAROO PAW
Anigozanthos flavidus ハエモドルム科
オーストラリア南西部の砂漠地帯に
自生する植物。花のつぼみが
柔らかな毛の生えた前足のように
見えることから、英語で「カンガルー
の前足」と呼ばれている。

3 m
10 ft

中央上部の花弁
に黄色い模様が
ある

45 cm
18 in

ホテイアオイ
COMMON WATER HYACINTH
Pontederia crassipes ミズアオイ科
アマゾン川流域が原産の
浮水性植物で、熱帯では大繁殖
して甚大な被害を及ぼすが、
水質浄化に利用できると
考えられている。

膨らんだ葉茎の
基部

1 m / 3¼ ft

ナガバミズアオイ
PICKEREL WEED
Pontederia cordata
ミズアオイ科
水辺に自生する成長の早い
植物。青い穂状花序が目立つ。
北米大陸東部から南はアルゼンチン
まで広く見られる。

雄花の穂状花序

カレクス・ペンデュラ
PENDULOUS SEDGE
Carex pendula カヤツリグサ科
ヨーロッパ産。ほかのスゲ属と
同じく、茎の断面は三角形で、
雄花と雌花の房が別々につく。

1.4 m
4⅓ ft

雌花の
穂状花序

1.5 m
5 ft

5 m / 16 ft

深紅色の
中央の葉

3,000以上の花を
つける巨大な
穂状花序

シログワイ
CHINESE WATER
CHESTNUT
Eleocharis dulcis
カヤツリグサ科
アジア原産の湿地に
自生するスゲ。
管状の茎が束になる。
水中にできる塊茎を
食用とするために
栽培されている。

カミガヤツリ（パピルス）
PAPYRUS SEDGE
Cyperus papyrus
カヤツリグサ科
アフリカ原産の多年生の湿地性
植物。古代エジプト人はこの葉
からパピルスという紙のような
ものをつくり、文字を書きつけた。

斑入りの常緑の葉

10 m
33 ft

硬く尖った葉

1 m
3¼ ft

葉には横縞が入り、
縁に棘が生える

白く小さな
花のまわり
を黄色い
苞が囲む

トラフサンゴアナナス
（アエクメア・チャンティニー）
ZEBRA PLANT
Aechmea chantinii
パイナップル科
着生性で、大きなベルト状の
葉をつける。原産地は南米
大陸の熱帯雨林である。
ハチドリが花粉を媒介する。

カトプシス・
パニクラタ
HAHN'S CATOPSIS
Catopsis paniculata
パイナップル科
着生性のブロメリアで、
メキシコ南部から中米
にかけての雲霧林が
原産地。

50 cm
20 in

プヤ・ライモンディイ
QUEEN OF THE ANDES
Puya raimondii パイナップル科
アンデス山脈中部が原産地。世界
一巨大なブロメリアで、何年間もか
けて成長したのち、1本の円柱状の
穂状花序をつけ、たちまち枯死する。

灰緑色をした
ロウ質の葉

ベルト状の葉の
ロゼット

被子植物・単子葉植物

イグサ
SOFT RUSH
Juncus effusus イグサ科
イグサは世界中のどこ
にでも自生し、湿気の
多いやせた土地でも繁
殖する。その円柱形の
茎の髄は星状細胞から
なる軟らかな海綿組織
で構成されている。

1.5 m
5 ft

1.3 m
4¼ ft

コバンソウ
LARGE QUAKING
GRASS
Briza maxima イネ科
地中海産の一年草。
和名は花の色と形を
小判に見立てたもの。
英名は「大きな揺れる草」
という意味で、細い花茎
の先に穂状についた花が
そよ風にも大きく揺れる
ことに由来する。

60 cm
23½ in

1.8 m
6 ft

オオカニツリ
FALSE OAT-GRASS
Arrhenatherum elatius
イネ科
エンバクの野生種で高い
位置に花をつける。
ヨーロッパ全域が原産
だが、今日では世界中
で見られる。

60 cm
23½ in

ティノピルム・
ユンケイフォルメ
SAND COUCH
Thinopyrum junceiforme イネ科
ヨーロッパの海岸沿いの砂丘に
自生する、シバムギの一種。強靭な
生命力をもち、地下茎を張りめぐら
せて風に運ばれる砂を固めるので、
砂丘の形成に一役買っている。

75 cm
30 in

クシガヤ
CRESTED DOG'S-TAIL
Cynosurus cristatus イネ科
小型の多年草。草丈は低い
が、花茎は高く伸びる。
分布域はヨーロッパから
西アジアまでで、人間の踏み
つけにも強いのでしばしば
芝生用に用いられる。

カモガヤ
COCK'S-FOOT
Dactylis glomerata
イネ科
干し草用の草地や牧草地
に育つ草で、ふさふさした
円錐花序がよく目立つ。
ユーラシア大陸から
北アフリカが原産地。

2.5 m
8¼ ft

若い種子

ハトムギ
JOB'S TEARS
Coix lacryma-jobi
イネ科
原産地は中央アジア
だが、世界中の熱帯
で穀物や飼料作物と
して栽培されている。
野生種の硬い種子は
ビーズとして用いられる。

乾燥した果穂

6 m
20 ft

高く
幅広い葉

60 cm
23½ in

常緑の葉

7 m
23 ft

ウサギノオ
HARE'S TAIL
Lagurus ovatus イネ科
ふわふわした羽毛状の花を
咲かせる地中海沿岸部
原産の一年草。装飾用の
ドライフラワーとして使われる。

ダンチク
GIANT REED
Arundo donax イネ科
沼沢地に自生する大型多年草。
中央アジア原産だが、現在は
世界中で栽培されている。木質
の茎が昔からさまざまな用途に
利用されてきた。

芒が種子を
保護している

クロチク
BLACK BAMBOO
Phyllostachys nigra
イネ科
ほかのタケ類同様、硬い木質の茎をもつ。
茎の色は黒い。原産地は中国の東部および
南部。タケは木本植物のなかで成長速度が
最も速く、1日に90cmも伸びる。

アエギロプス・
ネグレクタ
THREE-AWNED
GOAT GRASS
Aegilops neglecta イネ科
タルホコムギ属の一種で、
成長は遅いが乾燥に強い
一年草。地中海地方と
中東が原産。

35 cm
14 in

指の太さの稈

ヨシ
COMMON REED
Phragmites australis
イネ科
温帯と熱帯に幅広く分布する浅
水性の多年草。横四方に匍匐
茎を伸ばして巨大なコロニー
（集団繁殖地）をつくる。

6 m
20 ft

1 m
3¼ ft

1.2 m
4 ft

1.8 m
6 ft

80 cm
32 in

1 m
3¼ ft

芒

ハルガヤ
SWEET VERNAL GRASS
Anthoxanthum odoratum
イネ科
ユーラシア大陸原産で早く花
をつける多年草。クマリンと
いう化学物質を含むため、
刈りたての干し草のような
甘い香りがする。

カラマグロスティス・
アレナリア
（ビーチグラス）
MARRAM GRASS
Calamagrostis arenaria イネ科
ヨーロッパ原産の丈夫な草
で、砂丘でよく育つ。地中に長
い地下茎と根を張り巡らせて
しっかりと足場を固める。

エンバク
（オート麦）
OAT
Avena sativa イネ科
家畜や人間の食料と
なる穀物として長く栽
培されてきた植物で、
冷涼で湿気の多い
気候でもよく育つ。

オオムギ
BARLEY
Hordeum vulgare
イネ科
古代の中東で栽培されて
いた種を起源とする重要
な穀物。頭状花に髪の毛
のような長い芒をつける。

パンコムギ
BREAD WHEAT
Triticum aestivum
イネ科
世界で最も生産量の多い
穀物。起源は古代の近東で
ある。初期に栽培化された
種と野生種との雑種。

被子植物・単子葉植物

147

40 cm
16 in

ハイコヌカグサ
CREEPING BENT-GRASS
Agrostis stolonifera
イネ科
羽毛状の花を咲かせる
ごくありふれた多年草で、
世界のどこでも見られる。
匍匐茎で生息域を広げる。

3 m
10 ft

3 m
10 ft

1.8 m
6 ft

6 m
20 ft

シトロネラ
CITRONELLA
Cymbopogon nardus イネ科
原産は熱帯アジアで、この一種
にレモングラスがある。この草
からは精油が作られ、香水
や虫除けに使われる。

イネ
RICE
Oryza sativa
イネ科
東アジア原産で、温かい地域
で生産される主要穀物。
栽培用に田を作るほか、
浅い池や洪水の氾濫原
などでも栽培される。

トウモロコシ
MAIZE
Zea mays
イネ科
古代メキシコで栽培が
始まった主要穀物。
雄花穂と雌花穂があり、食料に
なるコーンは雌花にできる。

サトウキビ
SUGAR CANE
Saccharum officinarum
イネ科
トウモロコシの近縁種と考え
られている熱帯の栽培植物。
推定原産地はニューギニアで、
太い茎を絞って砂糖を作る。

ホソムギ
（ペレニアルライグラス）
PERENNIAL RYE-GRASS
Lolium perenne イネ科
牧草地、芝生、運動場などで
広く利用される。ユーラシア
大陸全域が原産地だが、
現在は世界中で見られる。

1本の茎

密生した白い
頭状花

シロガネヨシ
（パンパスグラス）
PAMPAS GRASS
Cortaderia selloana
イネ科
南米大陸南部原産の背
の高い草で、観賞用として
人気がある。一部の地域
では侵略的植物として扱
われるようになってきた。

3 m
10 ft

3 m
10 ft

90 cm
35 in

80 cm
32 in

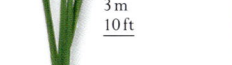

カスカスガヤ（ベチバー）
VETIVER
Chrysopogon zizanioides イネ科
インド原産の熱帯植物。根茎
から抽出された精油から香水が
作られるほか、土壌侵食防止
（土留め）にも利用される。

シラゲガヤ
YORKSHIRE FOG
Holcus lanatus
イネ科
湿気の多い牧草地などに
見られるヨーロッパ産の
多年草で、葉には柔らかな
ベルベット状の毛がつく。

≫ イネ目

スティパ・ギガンテア（ゴールデンオーツ）
GIANT FEATHER GRASS
Stipa gigantea
イネ科
背丈の高い草本で、冬まで残る美しい花穂が園芸家に好まれる。スペイン、ポルトガル、モロッコが原産。

2.5 m
8 ft

雄花

雌性頭花

ミクリ
BRANCHED BUR-REED
Sparganium erectum
ガマ科
1本の花茎に雄花と雌花の別々の球形の頭状花序ができる。この姿から和名では「実栗」と呼ばれる。北半球全域の湿地に自生する。

1.5 m
5 ft

3 m
10 ft

ガマ
CATTAIL
Typha latifolia
ガマ科
湿地に育つ多年草で、世界中に広く分布する。独特の形の穂をつける。ソーセージのように見える太い部分は雌花群、その上に伸びる細い部分は雄花群である。

トウエンソウ属の一種
YELLOW-EYED GRASS
Xyris sp.
トウエンソウ科
世界の温暖な地域に幅広く分布する。ごく細い花茎の先に小さな黄色い花をつける。

30 cm
12 in

ショウガ目 ZINGIBERALES

ショウガ目は8科からなり、主に熱帯に生息する。葉柄の先端に巨大な葉をつける種が多い。この目には真正の木本は含まれないが、バナナのように丈がかなり高くなるものもある。花や葉が美しいために観賞用として栽培されるものが多い。ショウガ目最大の科であるショウガ科には、ショウガをはじめ重要な香辛料（スパイス）の原料となるものが複数含まれる。

40 cm
16 in

クテナンテ・アマビリス
NEVER-NEVER PLANT
Ctenanthe amabilis
クズウコン科
ブラジルの熱帯域の森林床が原産地。暑さが好きな植物で、栽培にあたっては大量の水分を必要とする。

60 cm
23½ in

カマエコストゥス・クスピダトゥス
SPIRAL FLAG
Chamaecostus cuspidatus
オオホザキアヤメ科
葉は暗緑色で艶があり、花はオレンジ色。原産地はブラジル東部の熱帯域である。観賞用として栽培される。

12 m/40 ft

エンセテ・ウェントリコスム（アビシニアンバナナ）
ENSET
Ensete ventricosum
バショウ科
バナナに近縁な植物でアフリカが原産。エチオピアで古くから栽培されているが、食用にされるのは栄養分のある根茎と茎だけであり、果実は食べられない。

50 cm
20 in

ゴエッペルティア・クロカタ
ETERNAL FLAME
Goeppertia crocata
クズウコン科
ブラジル原産。近縁なクテナンテやマランタと同様の森林環境に生息するが、本種のほうが派手な花をつける。

30 cm
12 in

マランタ・レウコネウラ
SILVER-VEINED PRAYER PLANT
Maranta leuconeura
クズウコン科
ブラジルの森林に自生するマランタ属の一種で、夜間は葉を上向きに閉じてたたみ、水分を保持する。栽培品種の葉には印象的な模様が入っている。

9 m
30 ft

マレーヤマバショウ（バナナ）BANANA
Musa acuminata
バショウ科
種子のないバナナは、アジア産の野生種の雑種を栽培したもので、栽培種では、多くの果実のついた枝の先端に不稔の雄花が咲く。

2 m
6½ ft

ダンドク
INDIAN SHOT
Canna indica
カンナ科
熱帯アメリカ原産の植物で、風変わりな花をつける。花弁の一部は花粉をつける雄しべと融合している。多くの交配による栽培品種がある。

1.5 m/5 ft

個々の苞が4つないし5つの小さな花を守る

チユウキンレン（地湧金蓮）
CHINESE YELLOW BANANA
Musella lasiocarpa
バショウ科
中国山岳部が原産だが、野生種はおそらく絶滅したものと思われる。黄色い穂状花序を数か月も保ち続ける。

白い花弁に
紫の筋が入る

披針形の
葉

5.5 m
18 ft

果実の
入った莢

カルダモン
CARDAMOM
Elettaria cardamomum
ショウガ科
南インドとスリランカの
森林が原産の熱帯植物で、
世界中で栽培されている。
完熟前の果実を乾燥
させ香辛料（カルダモン）
として用いる。

白い花

1.5 m
5 ft

リョウキョウ
LESSER
GALANGAL
Alpinia officinarum
ショウガ科
東アジア原産のショウガの
仲間。リョウキョウは「良姜」
と書く。太くなった地下茎を
ショウガと同様に香辛料
として用いる。

地下茎と根

バンウコン
AROMATIC GINGER
Kaempferia galanga
ショウガ科
熱帯アジア原産の
短茎種で、芳香の
ある小さな花をつける
ため観賞用に栽培
される。

30 cm
12 in

黄色味を帯びた
茎の先端に櫂の
ような形の葉がつく

扇形で対称形の
高木

1 m / 3¼ ft

肉厚の
地下茎

ウコン
TURMERIC
Curcuma longa ショウガ科
東南アジア原産の大きな葉をもつ
植物で、ずんぐりとした地下茎をつくる。
この地下茎から黄色いターメリック（ウコン）
が採れ、香辛料・薬用に利用される。

花茎と頭状花序

地下茎

1 m
3¼ ft

ショウガ
GINGER
Zingiber officinale
ショウガ科
香辛料のショウガは
この植物の地下茎である。
東南アジアが原産とされる
が、現在では栽培種しか
見られない。

夏に紫色の花を
咲かせる

15 m
50 ft

オオギバショウ
（タビビトノキ）
TRAVELLER'S TREE
Ravenala madagascariensis
ゴクラクチョウカ科
マダガスカルの疎林が原産地。
ゴクラクチョウカに近縁で、花粉
の媒介はキツネザル（この島
固有の動物）が行う。

2 m
6½ ft

ゴクラクチョウカ
BIRD-OF-PARADISE
Strelitzia reginae ゴクラクチョウカ科
南アフリカ原産の鳥媒花。鳥のくちば
しのように見えるのは苞で、ここから
オレンジ色の萼片と青紫色の花弁
からなる派手な花が大きく開花する。

25 cm
10 in

ロスコエア・
フメアナ
HUME'S ROSCOEA
Roscoea humeana
ショウガ科
ショウガ科の植物だが、
ランに似た花をつける。
中国南西部の山岳地帯
が原産地。

4 m
12 ft

ヘリコニア・
ストリクタ
Heliconia stricta
オウムバナ科
南米大陸北部原産の
大きな葉をもつ熱帯
植物で、ハチドリが
花粉を媒介する。

真正双子葉植物　EUDICOTS

現在知られている陸上植物の4分の3は真正双子葉植物である。このグループは1億2500万年以上前に出現した。

「双子葉」という語は、発芽する前の種子がもつ子葉の数を表す。単子葉植物の子葉が1枚であるのに対して、真正双子葉植物の子葉は2枚である。真正双子葉植物には多様性に富む膨大な数の植物が含まれ、農業用の草から熱帯雨林にそびえ立つ高木まで、さらに莫大な利益をもたらす商業作物から園芸用に愛される美しい花々までがこのグループに属している。真正双子葉植物の多くは一年生であり、なかには数か月から数週間というごく寿命の短い植物もある。それ以外は二年生ないし多年生だが、これにも寿命が2年から数世紀というほどの違いがある。

このように驚くほど多様性の高い真正双子葉植物だが、構造的には共通点が多い。単子葉植物の葉脈は平行脈だが、真正双子葉植物の葉脈は網状であることが多い。また茎の内部には高度に発達した維管束系が環状に位置し、水分や栄養分などがこの中の管を通って運ばれている。木本性の種では、成長するにしたがって幹が肥大して太く頑丈になる。この「二次成長」はほとんどの単子葉植物には見られない。そのため、被子植物の低木や高木はほとんどが真正双子葉植物である。また地下に伸びる根には主根があり、そこから細い側根が分枝するのも特徴的である。

真正双子葉植物の花は、単子葉植物にみられる3数性ではなく、通常4数性または5数性で、萼片と花弁は異なり色も形も違っている。真正双子葉植物はそれぞれ特徴のある花粉をつくり、花粉粒には発芽口が3つある。これに対し、単子葉植物の花粉粒の発芽口は1つしかない。

重要な役割

花粉の化石記録によると、真正双子葉植物がほかの被子植物から分岐したのは約1億2500万年前である。それ以来、真正双子葉植物は陸上ではありとあらゆる環境に進出したが、水中に生息するものはあまり多くない。動物にとっての重要性は極めて高い。注目すべき例外として草本性の単子葉植物を食べる動物もいるが、数多くの動物が食物や避難場所として真正双子葉植物の恩恵をこうむっている。また、真正双子葉植物の花粉の媒介者や種子の散布者となるものも多い。

門	被子植物門
単系統群	真正双子葉植物
目	44
科	312
種	210,000以上

論 点

4つの新たな区分法

長い間、被子植物は子葉の数により単子葉植物と双子葉植物という2大グループに分けられてきた。しかし分子系統解析と花粉学により、従来の分類法は植物の進化を十分に反映したものではないことが示された。その結果、被子植物は基部被子植物、モクレン類、単子葉植物、真正双子葉植物の4グループに分けられるようになった。

新たに見えてきた類縁関係

コンピューターを用いたDNAの塩基配列解析（分子系統解析）により、真正双子葉植物の新たな下位分類が提案されている。新たな分類体系では各階層の分類群が単系統群、すなわちクレード（p.30〜31参照）になるようにまとめられ、分類群同士の類縁関係や分岐の様子が把握しやすくなっている。だが、クレードには形態的な共通点をあげにくいものもあり、従来の分類群や分類階層ときれいに合致しない場合もしばしばである。本書では生物を目や科ごとにまとめて配列し紹介している。順に見ていくだけでも多様性を実感していただけるだろう。各目や上位分類群の包含関係は以下のようになっている。

真正双子葉植物 (p.150〜209)
（ツゲ目〜マツムシソウ目）

中核真正双子葉植物 (p.155〜209)
（グンネラ目〜マツムシソウ目）

バラ上群 (p.156〜181)
（ユキノシタ目〜ムクロジ目）

バラ類 (p.158〜181)
（ブドウ目〜ムクロジ目）

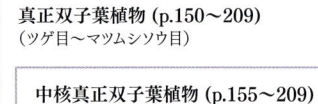

ハマナス（英名は Japanese rose）はバラ類に属している。

キク上群 (p.182〜209)
（ナデシコ目〜マツムシソウ目）

キク類 (p.192〜209)
（ミズキ目〜マツムシソウ目）

フランスギクはキク上群のキク類に属している。

ツゲ目　BUXALES

ツゲ目は1科からなり、約120種が含まれる。温帯、亜熱帯、熱帯で見られ、ほとんどは常緑の高木あるいは低木で、葉は単葉である。雌雄同株で雄花と雌花をつける。観葉植物として栽培される種が多い。ツゲは樹質が硬く彫刻材などに用いられる。

ヒマラヤサルココッカ
SWEET BOX
Sarcococca hookeriana
ツゲ科

芳香のある小さな花房を冬につける。中国西部の日陰の土地で見られる。

セイヨウツゲ　COMMON BOX
Buxus sempervirens　ツゲ科

常緑の低木で、ヨーロッパからアフリカ北部にかけて分布する。岩がちの森林や藪に自生する。庭園でよくトピアリー（庭木を刈り込んで動物の形や幾何学的な形にすること）に用いられる。

1.5 m
5 ft

10 m
33 ft

ヤマモガシ目 PROTEALES

ヤマモガシ目には4科が含まれる。最大の科であるヤマモガシ科は常緑の高木や低木で、南半球原産である。スズカケノキ科は落葉樹で、北半球原産である。ハス科は水生植物で、アジア、オーストラリア、北米大陸が原産地である。

外側の苞

ハスの葉

蓮実の入った花托

1 m / 3 ft

ハス
SACRED LOTUS
Nelumbo nucifera　ハス科

アジアの一部やオーストラリアの浅い淡水中に育つハスは、水上に長い花茎を伸ばした先に芳香のある巨大な花を咲かせる。

花托を上から見たところ

2 m / 6½ ft

キングプロテア
KING PROTEA
Protea cynaroides　ヤマモガシ科

南アフリカの丘陵地の斜面や茂みに自生する。頭状花の中心に小さな花が集合し、その周囲を花弁のような苞が取り囲む。

頭花の中心部に小さな花が集まって咲く

常緑の単葉

15 m / 50 ft

ソーバンクシア
（バンクシア・セラタ）
SAW BANKSIA
Banksia serrata　ヤマモガシ科

オーストラリア東部の森林や茂みに自生する。樹皮は火に強く、山火事に遭っても生き延びる。

総状花序は通常赤いが、ときには黄色または白になる

10 m / 30 ft

エンボトリウム・コッキネウム
（チリアン ファイアブッシュ）
CHILEAN FIRE BUSH
Embothrium coccineum　ヤマモガシ科

チリ南部とアルゼンチンの森林や開けた土地に育ち、炎のような赤色の花を咲かせる。庭園で風雨を避けて大事に栽培されている。

7 m / 23 ft

ベニバナハゴロモノキ
RED SILKY OAK
Grevillea banksii　ヤマモガシ科

オーストラリア北東部の森林や開けた土地に自生する。ボトルブラシのような形の花が特徴的で、観賞用に栽培されている。

2 m / 6½ ft

ランベルティア・フォルモサ
（マウンテンデビル）
MOUNTAIN DEVIL
Lambertia formosa　ヤマモガシ科

オーストラリアのニューサウスウェールズ州に分布し、沿岸部の荒れ地から山地の森林にまで見られる。花房の周囲を赤味がかった苞が取り囲む。

2 m / 6½ ft

イソポゴン・アネモニフォリウス
NARROW-LEAF DRUMSTICKS
Isopogon anemonifolius　ヤマモガシ科

乾燥した疎林や荒れ地に生える低木で、葉が羽状に深裂し、球形の黄色い頭状花が茎の先端につくのが特徴。オーストラリアのニューサウスウェールズ州が原産。

未熟の堅果（ナッツ）

穂状花序

マカダミア
MACADAMIA NUT
Macadamia integrifolia　ヤマモガシ科

オーストラリア東部の海岸部の熱帯雨林が原産。種子（マカダミアナッツ）が美味なため栽培されている。

15 m / 50 ft

花柱

グレヴィレア・ユンキフォリア
HONEYSUCKLE GREVILLEA
Grevillea juncifolia　ヤマモガシ科

オーストラリアの乾燥した内陸部に広く分布する。直立した低木で、灰緑色の細い葉をつける。オレンジ色の花がかたまって総状花序をなす。花柱は黄色くて長い。

6 m / 20 ft

3 m / 10 ft

ワラタ　WARATAH
Telopea speciosissima　ヤマモガシ科

オーストラリアのニューサウスウェールズ州の乾燥した森林地帯に自生する。ワラタとは現地語で「太陽の花」という意味で、普通種は「シドニーワラタ」の名で知られている。

1.5 m / 5 ft

レウコスペルムム・コルディフォリウム
（ピンクッション）
PINCUSHION PROTEA
Leucospermum cordifolium　ヤマモガシ科

南アフリカのケープ州原産の低木で、砂岩土壌に生える。球形の輝くような赤い頭状花が特徴。

果実は熟すまでに6か月かかる

厚く硬い広葉はカエデの葉に似ている

48 m / 157 ft

モミジバスズカケノキ
（プラタナス）
LONDON PLANE
Platanus × hispanica　スズカケノキ科

17世紀からロンドンで植えられている落葉樹だが、スペインでプラタナス属の2種を交雑してつくられた雑種である。大気汚染にも強く、都会の公園樹や街路樹として世界中で植えられている。

キンポウゲ目 RANUNCULALES

キンポウゲ目は7科からなる。そのうち4科は一般的にあまり知られておらず、種数も少ない。残りの3科（キンポウゲ科、ケシ科、メギ科）のうちキンポウゲ科は約3,200種を含む大きなグループである。この3科には、世界中で雑草として普通に見られる種や、園芸用としておなじみの種が多数含まれている。

楕円形で縁が鋸歯状の葉

3 m
10 ft

ヒイラギメギ
OREGON GRAPE
Berberis aquifolium メギ科
地下茎を伸ばして増える常緑低木で、春に開花する。原産地はアメリカ北西部で、日陰の土地に自生する。

ナンテン
SACRED BAMBOO
Nandina domestica メギ科
中国や日本の山や渓谷に自生する常緑低木。英名には Bamboo(タケ)が含まれるが、イネ科のタケ類とは関係ない。

長楕円体のベリー

赤いベリー

セイヨウメギ
（ベルベリス・ウルガリス）
BARBERRY
Berberis vulgaris メギ科
ヨーロッパの生垣や茂みに自生し、葉の付け根に3本の棘があり、下垂する花序、赤いベリー（漿果）をつけるといった際立った特徴をもつ。

1.5 m
5 ft

常緑の葉

エピメディウム・ダビディイ
BISHOP'S HAT
Epimedium davidii メギ科
森や茂みに育つイカリソウ属の一種。中国西部原産。葉は若葉の頃は赤銅色だが、やがて緑色に変わる。

2 m
6½ ft

30 cm
12 in

10 m
33 ft

6 m
20 ft

巻きつき茎

イエローパリラ
MOONSEED
Menispermum canadense ツヅラフジ科
コウモリカズラ属のつる植物。黒ブドウに似た果実をつけるが、これにはきわめて強い毒性がある。カナダやアメリカの森や川の岸辺に自生する。

円錐状の花序

50 cm
20 in

コックルス・カロリヌス
（コーラルビーズ）
CAROLINA SNAILSEED
Cocculus carolinus ツヅラフジ科
アメリカ南西部の森林が原産地のつる植物で、ごく小さな花をつけるが、雄花と雌花は別々の個体にできる（雌雄異株）。

4 m
13 ft

アケビ
CHOCOLATE VINE
Akebia quinata アケビ科
中国、朝鮮半島、日本の森に自生する。春に芳香のある花をつけたつるを伸ばし、秋には種子の多い甘い果実をつける。この果実を鳥や動物が食べて、種子散布の役割をつとめる。

芳香のある花

75 cm
30 in

クリーム色の花

三出複葉

40 cm/16 in

10 m/33 ft

レオンティケ・レオントペタルム
LEONTICE
Leontice leontopetalum メギ科
北アフリカや東地中海諸国の耕地や乾燥した丘陵地に見られる、塊茎で育つ植物。

アメリカハッカクレン
（ポドフィルム）
MAY APPLE
Podophyllum peltatum メギ科
北米大陸原産。疎林に自生する植物で、「アメリカのマンドラゴラ」との異名ももつ。

ムベ
JAPANESE STAUNTON VINE
Stauntonia hexaphylla アケビ科
日本と朝鮮半島南部の森に自生する、強靱な木質の茎をもつつる植物。芳香のある花を咲かせる。

ケラトカプノス・クラウィクラタ
（クライミングコリダリス）
CLIMBING CORYDALIS
Ceratocapnos claviculata ケシ科
西ヨーロッパの森や日陰の土地に自生する一年生のつる植物。酸性土壌を好み、巻きひげでほかの植物によじ登る。

クサノオウ
GREATER CELANDINE
Chelidonium majus ケシ科
ヨーロッパや北アジアの原産だが、かつて本草学者が育てていたこともあった。森や茂み、岩の多い場所に自生する。

90 cm
35 in

ツノゲシ
YELLOW HORNED POPPY
Glaucium flavum ケシ科
西ヨーロッパと地中海が原産。二年生あるいは多年生で、砂利浜でよく育つ。細長くて曲がった角状の果実が特徴。

90 cm
36 in

30 cm
12 in

1.2 m
4 ft

ケマンソウ
BLEEDING HEART
Lamprocapnos spectabilis ケシ科
この花の姿から、英語では「ハート型の、血を流す心臓」と呼ばれる(日本では仏具の華鬘に見立てた)。シベリア、中国北部、朝鮮半島の湿気の多い森の周縁部などに自生する。

プセウドフマリア・ルテア
YELLOW CORYDALIS
Pseudofumaria lutea ケシ科
ヨーロッパ原産で、土手、岩や石の多い場所に自生する。種子を散布してたくましく広がっていく。

大きく反り返った距
(花冠の基部が後ろに飛び出たもの)

30 cm
12 in

ハナビシソウ(キンエイカ)
CALIFORNIA POPPY
Eschscholzia californica ケシ科
アメリカ西部やメキシコの開けた土地が原産。鮮やかな花が人気で庭園で栽培される。

ロムニヤ・コウルテリ
MATILIJA POPPY
Romneya coulteri ケシ科
アメリカのカリフォルニア州やメキシコの茂みや草原に自生するケシで、芳香をもつ花を咲かせるためしばしば花壇に植えられる。

2 m
6½ ft

50 cm
20 in

カラクサケマン
COMMON FUMITORY
Fumaria officinalis ケシ科
ヨーロッパや北アフリカの耕地や荒れ地に見られる。通常、軽鬆土(軽く質の粗い土壌)で育つ。

中央部の輪になった黒い葯で花粉がつくられる

黄色あるいはオレンジ色の花

40 cm
16 in

60 cm
23½ in

茎を切ると毒のある汁が滲出する

ヒペコウム・インベルベ
SICKLEFRUIT HYPECOUM
Hypecoum imberbe ケシ科
地中海地方原産のケシで、耕地や荒れ地、家の壁などに見られる。

ヒナゲシ
COMMON POPPY
Papaver rhoeas ケシ科
ヨーロッパ、北アフリカ、アジアの一部が原産地で、耕地にも荒れ地にも見られる。ヒナゲシは第一次世界大戦の犠牲者慰霊のシンボルとして用いられた。

ケシ
OPIUM POPPY
Papaver somniferum ケシ科
アヘンやヘロイン、ケシの実を採るために栽培される。ユーラシア大陸の耕地や荒れ地に生える。

1.5 m
5 ft

60 cm
23½ in

羽状複葉

パパウェル・カンブリカ
WELSH POPPY
Papaver cambrica ケシ科
西ヨーロッパ原産のケシで、日陰で岩がちの丘陵地などに育つが、園芸用にも栽培される。

>> キンポウゲ目

被子植物・真正双子葉植物

カップ型
の花

綿毛をつけた
果実

15 cm
6 in

キバナセツブンソウ
WINTER ACONITE
Eranthis hyemalis
キンポウゲ科
ヨーロッパ中部の湿気の
多い森や日陰の地に見ら
れる、塊茎で育つ多年草。
遅い冬から早春にかけて
花を咲かせる。

よじのぼり茎

クレマティス・ウィタルバ
TRAVELLER'S JOY
Clematis vitalba キンポウゲ科
木本のつる植物で、ヨーロッパや北アフリカの
森の周縁部や生垣などに見られる。果実に
灰色の毛のような綿毛が生えるため、"old
man's beard"(老人のひげ)とも呼ばれる。

30 m
100 ft

細い茎と葉

花弁のような
5枚の萼片

1 m
3 ¼ft

40 cm
16 in

アキザキフクジュソウ
PHEASANT'S EYE
Adonis annua キンポウゲ科
最近は非常に希少に
なっている一年生草本。
西ヨーロッパや南西アジアの
耕地や荒れ地に見られる。

2 m
6½ ft

1 m
3 ¼ ft

ミヤマキンポウゲ
MEADOW BUTTERCUP
Ranunculus acris キンポウゲ科
ヨーロッパと西アジアの
温帯域に見られる多年草で、
湿気の多い草原に自生する。

**デルフィニウム・
カルディナレ**
SCARLET LARKSPUR
Delphinium cardinale キンポウゲ科
アメリカのカリフォルニア州からメキシコ
のバハ・カリフォルニアにかけて見られ
る生活環の短い多年草で、乾燥した
丘陵地斜面に自生する。

**デルフィニウム・
アンビグウム**
ROCKET LARKSPUR
Delphinium ambiguum
キンポウゲ科
軽鬆土の耕地や荒れ地に
育つ一年生草本で、
地中海地方が原産。

60 cm
23½ in

45 cm
20 in

エンコウソウ
KINGCUP
Caltha palustris
キンポウゲ科
「沼地のマリーゴールド」の
名のとおり、ヨーロッパ、アジア、
北米大陸の沼地や用水路、
湿気の多い森や
草原に見られる。

ハナイチゲ
CROWN ANEMONE
Anemone coronaria
キンポウゲ科
地中海全域で見られる、
塊茎で育つ多年草。丘陵地の
岩場、道路わきや耕地などに
自生する。

1.5 m
5 ft

1.5 m
5 ft

30 cm
12 in

長い
総状花序

50 cm
20 in

茎・葉・根に
有毒物質をもつ

セイヨウオキナグサ
PASQUE FLOWER
Pulsatilla vulgaris キンポウゲ科
白亜質の斜面草地に育つ
多年生草本で、ヨーロッパから
西アジアが原産。

ニゲラ・アルウェンシス
FIELD LOVE-IN-A-MIST
Nigella arvensis キンポウゲ科
耕地や荒れ地で育つ一年生草本。
ヨーロッパ中部から南部が原産
だが、庭にこぼれた鳥用の粒餌
からも育ち、他の地域でも見られる。

キバナカラマツソウ
COMMON MEADOW RUE
Thalictrum flavum
キンポウゲ科
ヨーロッパとアジアの温帯域の
湿気の多い牧草地や淡水の
沼地に自生する多年草。

**ヨウシュトリカブト
(アコニット)**
MONKSHOOD
Aconitum napellus
キンポウゲ科
青い兜をかぶったような
花の姿から、英語では
「修道士の頭巾」と呼ば
れる。ヨーロッパの湿気の
多い森や川の岸辺など
に自生する。猛毒を
もった多年草。

マウステール
MOUSETAIL
Myosurus minimus
キンポウゲ科
花が咲いた後にできる
果実が細長く伸び、
マウスの尾（テール）の
ように見える。ヨーロッパ
各地、アジア、北アメリカの
湿気の多い裸地に
自生する一年生草本。

10 cm
4 in

葉のない茎の
先端に花が
1つずつ咲く

花の中央から
伸びる細長い
若い果実

細いひものような葉

緑色の花

セイヨウキンバイソウ
GLOBEFLOWER
Trollius europaeus
キンポウゲ科
ヨーロッパと西アジアが原産の
多年生草本で、高原の湿気の
多い牧草地に見られる。

70 cm
28 in

ヘパティカ
HEPATICA
Hepatica nobilis
キンポウゲ科
ヨーロッパの森に自生する
多年草。際立った特徴として、
半常緑の三裂葉をもつ。

15 cm
6 in

長くてよく目立つ距
（花冠の基部が後ろに
飛び出たもの）

1 m
3 ¼ ft

葉

60 cm
23½ in

縁が鋸歯状
の葉

**ヘレボルス・
リウィドゥス**
HELLEBORE
Helleborus lividus
キンポウゲ科
地中海西部のバレアレス諸島、とくにマ
ヨルカ島を原産地とする多年生草本。
森や丘陵地の岩場などに見られる。

セイヨウオダマキ
COLUMBINE
Aquilegia vulgaris　キンポウゲ科
ヨーロッパ、北アフリカ、アジアの温帯域に
見られる多年草で、日陰の土地や湿気の多い
白亜質の土壌に育つ。

グンネラ目 GUNNERALES

グンネラ目は2科からなる。この2科は外見的にまったく異なって
いるため、以前は別々の目に分類されていた。しかし、近年の分
子系統解析により、きわめて近い類縁関係にあることが明らか
になり、1つの目にまとめられた。グンネラ科は1属のみからなり、
湿気の多い土地に育つ草本である。一方、ミロタムヌス科はアフ
リカの砂漠に生息する。グンネラ科のグンネラ属（オニブキなど）
は観葉植物としてよく栽培される。

2.5 m
8 ft

**オニブキ
（グンネラ・マニカタ）**
GUNNERA
Gunnera manicata　グンネラ科
巨大な葉をもち巨大な
花穂をつける
多年生草本。
ブラジル南部の淡水の
水辺で見られる。

ビワモドキ目 DILLENIALES

ビワモドキ目はビワモドキ科だけからなる。主に熱帯に生息し、約330
種の高木、低木、つる植物を含む。多くの種は互生葉序（葉が対称
でなく互い違いにつくこと）で、両性花（1つの花に雌しべと雄しべが
あるもの）には5枚の萼片、5枚の花弁、多数の雄しべがある。堅果を
作り、裂開して種子を散布する種もあれば、ベリー（漿果）を作る
種もある。多くはないが、鑑賞用や、建築や造船用の用材と
するために栽培されるものもある。

3 m
10 ft

7 m
23 ft

ヒベルティア・スカンデンス
GOLDEN GUINEA VINE
Hibbertia scandens
ビワモドキ科
よじ登り性の常緑低木で、
勢いよく成長する。オーストラリア
東海岸近辺やニューギニアで
見られる。

キバナビワモドキ
SIMPOH AIR
Dillenia suffruticosa
ビワモドキ科
大型で強靭な常緑低木で、
マレーシア、スマトラ島、カリマン
タン（ボルネオ）島などの
固有種。沼地や森の周縁部
で見られる。

ユキノシタ目 SAXIFRAGALES

ユキノシタ目は多様な15科からなるが、そのうち5科は各2種のみを含み、500種以上を含むのは3科のみである。なかでもユキノシタ科（Saxifragaceae）はよく知られている。ラテン語の *saxifraga* には「岩を砕くもの」という意味があり、実際、ユキノシタ科の植物はしばしば岩や壁の割れ目に生えてくる。最大の科はベンケイソウ科である。ベンケイソウは多肉質で水分を体内に貯めることができ、乾燥した気候に適応している。

ヤネバンダイソウ
COMMON HOUSELEEK
Sempervivum tectorum
ベンケイソウ科
ヨーロッパ中部の山岳地帯が原産地だが、家の屋根や壁にもよく植えられる。肉厚のロゼットをつくって密に詰まったマット状になって成長する。

50 cm
20 in

ムラサキ
ベンケイソウ
ORPINE
Hylotelephium telephium
ベンケイソウ科
岩場や森、生垣や土手などに生える。ユーラシア原産だが北米大陸にも導入されている。

60 cm
23½ in

アエオニウム・
タブリフォルメ（明鏡）
SAUCER PLANT ベンケイソウ科
平らなロゼット型の多肉植物。カナリア諸島が原産で、テネリフェ島の北岸の崖に生える。

60 cm
23½ in

ベニベンケイ
FLAMING KATY
Kalanchoe blossfeldiana
ベンケイソウ科
マダガスカルの荒れ地に自生する、藪をつくるカランコエ属の植物。光沢のある肉厚の葉と明るい色で咲く花をつける。

40 cm
16 in

エケウェリア・セトサ
MEXICAN FIRECRACKER
Echeveria setosa
ベンケイソウ科
メキシコ原産のロゼット型の多肉植物で、英名は炎のような花の色に由来する。青味がかった葉は密度は様々だが白い毛に覆われる。

10 cm
4 in

ウンビリクス・
ルペストリス
（玉盃）
NAVELWORT
Umbilicus rupestris
ベンケイソウ科
葉は丸く肉厚で、中央部がへそのようにへこんでいる。南ヨーロッパと北アフリカの岩や壁に自生する。

50 cm
20 in

40 cm
16 in

イワベンケイ
ROSEROOT
Rhodiola rosea
ベンケイソウ科
山岳地帯の岩場や海岸の崖に自生する多肉植物で、ヨーロッパと北米大陸、アジアの、北極圏や高山地域に生息する。

クロスグリ
（ブラックカラント）
BLACKCURRANT
Ribes nigrum スグリ科
ヨーロッパと中央アジアの湿気の多い森林に自生する。果実が美味なため、各地で栽培されている。

2 m
6½ ft

2 m/6½ ft

キンイロフサスグリ
BUFFALO CURRANT
Ribes aureum
スグリ科
アメリカ中部の岩場や砂地に自生する植物で、棘のない茎に良い香りのする花をつける。

ミリオフィルム・
ヒップロイデス
WESTERN WATER MILFOIL
Myriophyllum hippuroides
アリノトウグサ科
細かに裂けた葉をもつ水生植物。北米大陸西部の淡水に自生する。

1 m/3¼ ft

フウ（タイワンフウ）
CHINESE SWEETGUM
Liquidambar formosana　フウ科

南西アジアの湿気の多い森に自生する落葉
高木で、秋になると葉が輝くような赤や黄色に
なることでよく知られている（フウは楓の意味）。

12 m
40 ft

タンナトリアシ
CHINESE ASTILBE
Astilbe rubra　ユキノシタ科

小さな花房が羽根飾りのような姿に
なる。湿気を好み、湿度の高い森や
川沿いに生える。ミャンマーから
シベリアにまで見られる。

1 m / 3¼ ft

パルロティオプシス・ジャケモンティアナ
PARROTIOPSIS
Parrotiopsis jacquemontiana
マンサク科

西ヒマラヤの森に自生する
植物で、花弁に見える
ものは苞である。

6 m / 20 ft

芽と花

10 m / 33 ft

秋に黄葉する葉

アメリカマンサク
VIRGINIAN WITCH HAZEL
Hamamelis virginiana　マンサク科

花には芳香があり、葉は秋に黄葉する。
北米大陸東部の森に自生する。

15 m / 50 ft

パルロティア・ペルシカ
（アイアンツリー）
PERSIAN IRONWOOD
Parrotia persica　マンサク科

カフカス（コーカサス）地域からイラン北部
の森林が原産。冬に開花する落葉高木
で、秋に葉が輝くような赤や黄色になる。

ユキノシタ
MOTHER OF THOUSANDS
Saxifraga stolonifera
ユキノシタ科

中国と日本の日陰の土地
に自生する多年草。
匍匐茎（ランナー）を
伸ばし、その先端に
できた新たな植物体
が根付いて増えていく。

サキシフラガ・アイゾイデス
YELLOW SAXIFRAGE
Saxifraga aizoides
ユキノシタ科

山岳地帯の川辺や湿った
岩場に見られる、地表に
マット状に広がって育つ
植物。ヨーロッパ、北米
大陸、西アジアが原産地。

20 cm
8 in

30 cm
12 in

60 cm / 23½ in

アメリカツボサンゴ
ALUMROOT
Heuchera americana　ユキノシタ科

北米大陸の岩の多い森林地帯に
自生する。光沢のある葉には、
若い頃に斑が入る。

多数の花が上面
の平らな房状に
なって咲く

ヒマラヤユキノシタ
ELEPHANT'S EARS
Bergenia stracheyi　ユキノシタ科

西ヒマラヤからアフガニスタンにかけて
の湿気の多い森林や牧草地に自生する。
芳香のある花と光沢のある葉をつける。

15 cm / 6 in

70 cm
28 in

大きくて光沢の
ある葉

30 cm
12 in

クリソスプレニウム・オポジティフォリウム
OPPOSITE-LEAVED GOLDEN-SAXIFRAGE
Chrysosplenium oppositifolium　ユキノシタ科

ヨーロッパの西部と中部の、日陰の
湿った土地に育つネコノメソウ属の一種。
平伏茎を使って大きな斑点状に広がる。

オランダシャクヤク
COMMON PEONY
Paeonia officinalis
ボタン科

南ヨーロッパの一部地域
に見られ、森や牧草地や
茂みに自生する草本。
とくに花が美しいことで
知られる。

カタグルマ
（ピギーバックプランツ）
PIGGYBACK PLANT
Tolmiea menziesii　ユキノシタ科

1枚の葉から若く小さな葉が出る様子
が肩車（ピギーバック）をしているよう
に見えるのでこの名がある。葉柄や葉
の両面に毛が密に生える。北米大陸
の日陰の湿った土地に育つ多年草。

70 cm
28 in

ブドウ目 VITALES

1目1科のブドウ科には14属850種があり、これには重要な商品作物のブドウのほかにバージニアヅタのような観葉植物も含まれる。ブドウ科の植物は主に熱帯から温帯にかけて分布しているが、そのほとんどはブドウとつる植物である。これらの植物は通常ずんぐりした「節」（葉が茎から分岐する部分）をもち、巻きひげを使ってほかの植物などによじのぼる。花は普通、上部が平らな房状に咲く。

ヨーロッパブドウ
GRAPEVINE
Vitis vinifera ブドウ科
35 m / 115 ft
新石器時代以来、人類はブドウから酒（ワイン）、食品、薬品などをつくってきた。ブドウの原産地は地中海周辺、ヨーロッパ、アジアなどである。

野生種は栽培種より果実が小さい

ヤマブドウ
CRIMSON GLORY VINE
Vitis coignetiae
ブドウ科
温帯アジア原産の落葉性つる植物。大きな葉（直径30cm）は表面がしわ状になった五角形で、秋に色づくため、観賞用に栽培される。

葉は秋になると赤く色づく

バージニアヅタ（アメリカヅタ）
VIRGINIA CREEPER
Parthenocissus quinquefolia
ブドウ科
果実を多くつけるつる植物で、北米と中米が原産。先が分かれた小さな巻きひげの先端には吸盤があり、滑りやすい表面でもしっかりしがみついて伸びていく。
30 m / 100 ft
15 m / 50 ft

フウロソウ目 GERANIALES

フウロソウ目には2科が含まれる。フウロソウ科は約800種からなり、ゼラニウム属約400種やテンジクアオイ属約200種などを含む。アフリカ原産のテンジクアオイ属の多くは園芸品種として重要である。以前はゼラニウム属に入れられていたため「ゼラニウム」と総称される園芸植物も、テンジクアオイ属に含まれる。フランコア科は既存の4科をまとめたもので、主にアフリカ原産の高木と低木を含む。

メリアントゥス・マヨル
GIANT HONEYBUSH
Melianthus major
フランコア科
2.5 m / 8 ft
南アフリカ原産。褐色の穂状花序から甘い蜜を大量に分泌する。葉に触れると強い香りを放つ。

シロバナニオイテンジクアオイ（アップルゼラニウム）
APPLE PELARGONIUM
Pelargonium odoratissimum フウロソウ科
30 cm / 12 in
南アフリカ原産の多年生草本。花柄が長く伸びる。リンゴやバラに似た強い芳香をもつ精油「ゼラニウムオイル」を採るために栽培される。

ヒメフウロ
HERB ROBERT
Geranium robertianum
フウロソウ科
50 cm / 20 in
北半球全域に広く分布する匍匐性植物で、赤い茎と長い花柄をもつ。独特な強い匂いがある。

ノハラフウロ
MEADOW CRANESBILL
Geranium pratense フウロソウ科
80 cm / 32 in
ヨーロッパとアジアを原産とする、白亜質の草地を好む多年性草本。ミツバチやその他のハナバチが花粉を媒介する。

エロディウム・フォエティドゥム
ROCK STORKSBILL
Erodium foetidum フウロソウ科
20 cm / 8 in
種子の姿から英語では「コウノトリのくちばし」と呼ばれる。フランス原産で、ロックガーデンなどで栽培される。

フトモモ目 MYRTALES

フトモモ目は温帯から熱帯で一般的に見られる植物で9科からなる。フトモモ科は約5,800種を含む。精油やスパイスの原料になるものや、グアバのように果実が食用になるものがある。オーストラリアやニューギニアに自生し、700種以上が属するユーカリノキ属も、フトモモ科である。ミソハギ科は主に熱帯の高木や低木からなり、ザクロなど果実が食用となるものや、種々の染料の原料となるものを含む。ノボタン科は世界中の熱帯に見られ、4,500種以上の高木や低木、ツル植物を含む。

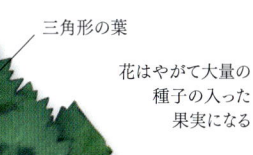

デコドン・ウェルティキラトゥス
SWAMP LOOSESTRIFE
Decodon verticillatus ミソハギ科
アメリカ北東部に自生する植物で、湿地に生える。茎は湾曲し、葉は3輪生である。最大で直径2.5cmの赤色ないし紫色の花を咲かせる。

2.5 m
8 ft

エゾミソハギ
PURPLE LOOSESTRIFE
Lythrum salicaria ミソハギ科
4稜茎に無数の赤紫色の花をつけ、木質の匍匐茎で広がる多年生植物。ヨーロッパ、アジア、オーストラリア南東部、アフリカ南西部などに広く生息するが、侵略的外来種となることもある。

1.5 m
5 ft

サルスベリ
CRAPE MYRTLE
Lagerstroemia indica ミソハギ科
花期が長く、120日にも及ぶ（日本名では「百日紅」）ことで知られる、中国、朝鮮半島、日本が原産の高木。滑らかな樹皮は、毎年少しずつ剥がれて更新されるため、ピンクと灰色のまだら模様になる。

6 m
20 ft

ヘンナ（シコウカ）
HENNA
Lawsonia inermis ミソハギ科
北アフリカと中東が原産。葉からは赤褐色のヘアダイ（染毛剤）ができ、芳香のある花からは精油が採れる。

6 m
20 ft

三角形の葉

オニビシ
WATER CHESTNUT
Trapa natans ミソハギ科
ヨーロッパとアジアに見られる浮水植物。4つの鋭い角のついた堅果をつける。でんぷんを含む種子は食用になる。

75 cm
30 in

花はやがて大量の種子の入った果実になる

7 m
23 ft

ザクロ
POMEGRANATE
Punica granatum ミソハギ科
南西アジア原産の棘の多い落葉小高木。食用を目的として地中海全域で栽培されている。やわらかい果実には多数の種子が入っている。

タバコソウ
CIGAR FLOWER
Cuphea ignea ミソハギ科
メキシコ原産。細かく分枝する多年生の低木で、庭園や家庭で観賞用に栽培される。紙のような果皮の蒴果をつける。

90 cm
35 in

シクンシ
RANGOON CREEPER
Combretum indicum シクンシ科
熱帯アジア産のつる植物で、赤い筒状花を房咲きにつける。縦に5本の稜がある楕円体の果実（漢方名で「使君子」）はアーモンドのような味がする。

18 m
59 ft

モモタマナ
INDIAN ALMOND
Terminalia catappa シクンシ科
インド洋から太平洋にかけての海岸部で見られる高木で、枝を水平に伸ばす。アーモンドのような味のする食用になる仁を含むコルク質の果実は、水で散布される。

30 m
100 ft

5弁ないし
6弁の花

オオバノヤドリノボタン
ROSE GRAPE
Medinilla magnifica ノボタン科
フィリピン原産の観賞用植物で、ほかの樹木に着生して育つ。ノボタン科の特徴として、葉には縦に走る葉脈が数本ある。

3 m
10 ft

シコンノボタン
BRAZILIAN SPIDER FLOWER
Tibouchina urvilleana ノボタン科
ブラジルの温暖な地域に自生する植物だが、花がほぼ1年中咲いているため観賞用に栽培される。ビロード状の葉の縁は赤く、明瞭な3行脈または5行脈をもつ。

5 m
16 ft

レクシア・ウィルギニカ
VIRGINIA MEADOW BEAUTY
Rhexia virginica ノボタン科
アメリカ東部とカナダの湿地に自生する多年生草本。4稜形の茎に無柄の鋸歯のある葉がつく。茎や葉には軟毛が生える。

60 cm
23½ in

被子植物・真正双子葉植物

雄しべが瓶洗いの
ブラシのように
見える花

木質の蒴

タスマニアシロユーカリ
TASMANIAN SNOW GUM
Eucalyptus coccifera フトモモ科
オーストラリアのタスマニア島
の山地が原産。若木の葉は
対生で、葉柄はない。
灰白色の樹皮が縦に
細長く剥げ、乳白色の
幹肌が見える。

40 m
130 ft

ハッカゴムノキ
（ユーカリグニー）
CIDER GUM
Eucalyptus gunnii フトモモ科
タスマニア島原産の頑丈な
高木で、若葉は銀色で
丸っこいが、成熟すると
青灰色で細長い鎌型になる。
製紙産業に利用されている。

36 m
120 ft

25 m
82 ft

葉は細長く、
ペパーミントの
香りがする

カリステモン・スブラトゥス
TONGHI BOTTLEBRUSH
Melaleuca subulata フトモモ科
枝を大きく広げる低木で、
大量の種子を含む小さな
木質化した果実をつける。
主にオーストラリアのニュー
サウスウェールズ州と
ヴィクトリア州で見られる。

3 m
10 ft

セキザイユーカリ
（リバーレッドガム）
RED GUM
Eucalyptus camaldulensis
フトモモ科
オーストラリア全土に
見られる高木で、川辺に
生える。樹皮は滑らかで葉は
青緑色。用材に利用され、
また良い蜂蜜が採れる。

3 m
10 ft

グリーンボトルブラシ
GREEN BOTTLEBRUSH
Melaleuca virens
フトモモ科
オーストラリアのタスマニア
島が原産。雪や霜、乾燥に
強い亜高山性の低木。
葉は鋭く、先端が尖って
いる。鳥やチョウを
引き寄せる。

25 m
82 ft

5 m
16 ft

12 m
40 ft

エウカリプトゥス・ウルニゲラ
URN-FRUITED GUM
Eucalyptus urnigera フトモモ科
タスマニア島南東部に自生する高木。
果実は壺型で、若葉は青灰色をして
いる。3つ1組で、多数の雄しべをもつ
白い花を咲かせる。

20 m
65 ft

カユプテ
CAJUPUT
Melaleuca cajuputi フトモモ科
東南アジアからオーストラリア北部に
自生する高木で、芳香のある葉
からは淡黄色の精油が
採れ、薬用に使われる。

ギンバイカ（マートル）
COMMON MYRTLE
Myrtus communis フトモモ科
地中海からパキスタンにかけて
自生する。良い香りの花が咲き、
青黒いベリー（漿果）をつける。
芳香のある葉からは
精油が採れる。

オールスパイス
ALLSPICE
Pimenta dioica フトモモ科
カリブ海、メキシコ南部、中米の原産で、
雌雄異株の高木。小さな白い花を
咲かせ、茶色いベリー状の果実をつくる。
未成熟の果実を乾燥させて挽いた粉が
香辛料の「オールスパイス」になる。

15 m
50 ft

3 m
10 ft

クンゼア・バクステリ
SCARLET KUNZEA
Kunzea baxteri
フトモモ科
クンゼア属は花が独特で、
雄しべが鮮やかな色を
しており、しかも花弁よりも
かなり長い。この目立つ
花で花粉を媒介する鳥を
引きつける。

12 m
40 ft

常緑の葉

20 m
65 ft

ルマ・アピクラタ
（マートル・ルマ）
CHILEAN MYRTLE
Luma apiculata フトモモ科
成長の遅い高木で、幹はねじれる。
灰色がかったオレンジ色の樹皮は滑らか
で剥がれやすい。黒いベリーをつける。

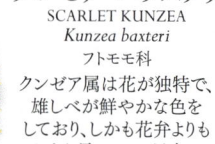

ケムニンフトモモ
（ニュージーランドクリスマスツリー）
POHUTAKAWA
Metrosideros excelsa フトモモ科
ニュージーランドの北島が原産。12月に赤い
花をつける高木。老木では房状になった
気根がヒゲのように垂れ下がっている。

20 m
65 ft

チョウジ（チョウジノキ、クローブ）
CLOVE
Syzygium aromaticum フトモモ科
インドネシアの島々が原産。花芽を乾燥させた
ものが香辛料（丁子、クローブ）になる。
花はクリーム色で萼筒は赤い。種子が1つだけ
入ったベリーは熟すと紫色になる。

食べられる
果実

グアバ（バンジロウ）
GUAVA
Psidium guajava
フトモモ科
熱帯及び亜熱帯アメリカが
原産の高木で、赤銅色の樹皮は
剥がれやすい。果実は甘く、熟すと
ムスクの香りを放ち、中には硬く
黄色い種子が多数入っている。

1 m
3¼ ft

3 m
10 ft

3 m
10 ft

1.5 m
5 ft

大きな赤紫色の花

タイリンマツヨイグサ（ゴデチア）
GODETIA
Clarkia amoena アカバナ科
北米大陸西部の海岸性丘陵に
育つ一年草で、花には4枚の幅
広の花弁がつき、多くの種子が
詰まった、乾いた蒴果をつける。

フクシア・フルゲンス
Fuchsia fulgens
アカバナ科
落葉性の低木で、細長い
塊根を伸ばして岩や高木
の枝に着生するのが普通。
メキシコの山岳部が
原産地で、水辺に生える。

マゼランフクシア
HARDY FUCHSIA
Fuchsia magellanica
アカバナ科
世界中で鑑賞用として栽培
されている落葉性の多年生
草本。原産地のチリやアルゼン
チンの野生種は、水中に
根を伸ばすのが普通。

ヤナギラン
ROSEBAY WILLOWHERB
Epilobium angustifolium
アカバナ科
北半球に広く分布する多年
生のつる植物。地下に根を
伸ばして広がり、また種子を
風で散布して繁殖する。
アカバナ属（*Epilobium*）
ではなくヤナギラン属
（*Chamerion*あるいは
Chamaenerion）に分類
されることもある。

50 cm
20 in

1.5 m
5 ft

2 m
6½ ft

ヒルザキツキミソウ
SHOWY EVENING PRIMROSE
Oenothera speciosa アカバナ科
アメリカ南東部とメキシコが原産
の、滑らかな茎をもつ多年草。
ツキミソウのなかで昼に開花する種
だが、照りつけるときは花は閉じて
いる。花の色は白だが、年を重ねる
とピンクを帯びるようになる。

メマツヨイグサ
EVENING PRIMROSE
Oenothera biennis アカバナ科
北米大陸東部原産の二年生
草本。青みがかった緑色の葉を
地表にロゼット状に広げ、その
中央から垂直に伸びた茎に花を
つける。花は夜間に開く。種子から
は薬効成分のある精油が採れる。

白い柱頭は
4つに裂けて
いる

70 cm
28 in

エゾミズタマソウ
ENCHANTER'S NIGHTSHADE
Circaea lutetiana アカバナ科
ヨーロッパやアフリカ北部、中東の森林に
自生する。花は2枚の萼片と切れ込みのある
2枚の花弁で構成され、丸くて毛の生えた
小さな果実をつける。

特徴的な
4枚の花弁

オオアカバナ
GREAT WILLOWHERB
Epilobium hirsutum
アカバナ科
全身を毛で覆われた多年生
草本で、地下茎を伸ばして
大きなパッチ状に広がっていく。
ヨーロッパに広く分布し、アフリカ
北部、及びアジアの一部にも
見られる。

**ルドウィギア・
アルテルニフォリア**
SEEDBOX
Ludwigia alternifolia アカバナ科
北米大陸東部原産で、沼地に
自生する。稜のある茎に
箱型の莢をつける。

1 m
3¼ ft

ニシキギ目 CELASTRALES

ニシキギ目には2科が含まれる。花に蜜を
分泌する花盤があるのが特徴。カタバミノ
キ科は熱帯の高木2種のみからなる。ニ
シキギ科は約1,200種からなり、つる植物
が主だが、低木や高木も含まれる。ニシキ
ギ目とほかのバラ類との類縁関係につい
て、分子系統解析ではまだ決定されてい
ない。

セイヨウマユミ
SPINDLE TREE
Euonymus europaeus
ニシキギ科
ヨーロッパ原産。昔はこの
高木から糸を紡ぐための
道具の紡錘（つむ）を作っ
たことから、英語では
「紡錘の木」と呼ばれる。
その果実は熟すと赤くなり、
果皮が4つに裂開して
オレンジ色をした有毒の
種子が現れる。

6 m
20 ft

蜜を分泌
する花盤

楕円形の葉

ウメバチソウ
GRASS OF PARNASSUS
Parnassia palustris
ニシキギ科
北半球の温帯域の
沼地に育つロゼット
植物（放射葉植物）。
花茎には葉柄のない葉と
ただ1つの花がつく。

30 cm
12 in

ウリ目 CUCURBITALES

ウリ目は8科からなる。高木、低木、草本、つる植物などが含まれ、主に熱帯に見られる。6科はそれぞれ数種～数十種からなる小さなグループだが、シュウカイドウ科は 約1,400種からなり、そのうち約130種は園芸種である。ウリ科は850種からなり、なかにはウリやカボチャなど食料として重要なものが含まれている。この2科はともに雌雄同株である。

ホワイトブリオニア
WHITE BRYONY
Bryonia cretica ssp. *dioica*　ウリ科
ヨーロッパ南部とアフリカ北部に分布し、炭酸カルシウムを豊富に含む土壌の生垣や低木林によく見られる。毒性のあるつる植物で、ふくれた塊根をもつ。

4 m
13 ft

大きな球形の果実は中部から上が細くなっている

果柄

大きな葉

食べられる花

キュウリ
CUCUMBER
Cucumis sativus　ウリ科
熱帯アジアの原産で、3,000年前から栽培されており、ピクルス用のガーキンなど多くの変種がある。黄色い筒状花を咲かせる。

2 m
6½ ft

毛の多い葉

未成熟の果実

滋養に富む果実

4.5 m/15 ft

果実　葉のついた小枝

ペポカボチャ
SQUASH
Cucurbita pepo
ウリ科
ちくちくする5稜茎に黄色がかったオレンジ色の大きな花を咲かせるペポカボチャは中米原産で、カボチャやズッキーニなどはこの変種である。

1 m
3¼ ft

ヘチマ
SMOOTH LOOFAH
Luffa cylindrica　ウリ科
アジア原産の一年生つる植物。細長い円柱状の果実をつける。若い果肉を食用にするほか、乾燥させてスポンジやたわしとして用いる。

ユウガオ
CALABASH
Lagenaria siceraria　ウリ科
つるから鰍の多い白い花が咲く。食用にもなる硬い果実は、何か月も海を漂うことができ、かつては容器として使われた。

5 m
16 ft

1 m
3¼ ft

テッポウウリ
SQUIRTING CUCUMBER
Ecballium elaterium　ウリ科
地中海原産。果実が熟すと濃くねばついた汁がたまってふくれ、触るとはじけて種子を6mも飛ばす(テッポウウリという和名はこのはじけ飛ぶ様子に由来する)。

1 m/3¼ ft

スイカ
WATERMELON
Citrullus lanatus　ウリ科
黄緑色の花を咲かせ、茎を地に這わせて果実をつける一年生の植物で、アフリカ南部が原産地である。世界の温帯から熱帯にかけて栽培されている。

40 cm/16 in

ベゴニア・リスタダ
Begonia listada　シュウカイドウ科
パラグアイ原産の植物で、地表に広がって殖える。厚いビロード状の葉の裏は赤く、ピンクがかった白い花を咲かせる。1981年に初めて記載された。

果実には毒があり、触るとはじける

葉は最大で10cmになる

ツルレイシ(ゴーヤ)
BALSAM PEAR
Momordica charantia　ウリ科
熱帯産のつる植物。苦みのある果実をつけニガウリとも呼ばれる。果実は完熟すると先端から3つに裂開し、黄色い果肉の中に赤い仮種皮に包まれた種子があるのが見える。

3 m
10 ft

45 m
150 ft

テトラメレス・ヌディフロラ
Tetrameles nudiflora　ダティスカ科
アジアとオーストラリア北部が原産の高木。幹の基部は板根に支えられる。雄花と雌花は別々の個体に咲き(雌雄異株)、種子は丸い莢に包まれている。

マメ目 FABALES

マメ目は南極大陸を除いて世界中に見られる。小さな托葉をともなう羽状複葉をもち、莢は成熟すると開裂する。根にできる根粒の内部には根粒菌が共生し、空気中の窒素を取り込んで固定している。マメ目の4科のうち最大のマメ科には、エンドウなどが含まれる。エンドウは大きな上向きの花弁（旗弁）の下に小さな花弁（翼弁と竜骨弁）のある花（蝶形花冠）を咲かせる。

被子植物・真正双子葉植物

50 cm / 20 in

羽状複葉

草本植物

オジギソウ
SENSITIVE PLANT
Mimosa pudica マメ科
南米大陸原産の小さな棘のある低木で、葉に触れると閉じる。直径1cmほどの頭状花は通常ピンク色で、薄紫色の長い雄しべがある。

50 cm
20 in

ラッカセイ（ナンキンマメ）
PEANUT
Arachis hypogaea マメ科 ⇒
ブラジルが原産地で、筋が入った黄や赤の花を咲かせる。地中に種子の入った莢をつくるが、この中の豆果（豆）がピーナッツである。

豆の入った莢

落葉する小葉

20 m
65 ft

ゴールデンシャワーツリー（ナンバンサイカチ）
GOLDEN SHOWER TREE
Cassia fistula マメ科
東南アジア原産のほっそりとした高木で、大きな総状花序を垂らして咲かせ、羽状複葉には3〜8対の小葉がつく。種子には毒がある。

総状花序

80 cm
32 in

光沢のある葉

莢内の果肉は食べられる

フサアカシア（ミモザ）
SILVER WATTLE
Acacia dealbata マメ科
オーストラリア南東部原産の高木。芳香のある黄色い花を咲かせ、銀白色の樹皮は年をとると黒に変わる。ミモザとも呼ばれるが、オジギソウ属（*Mimosa*）とは別属。

20 m
65 ft

イガマメ
SAINFOIN
Onobrychis viciifolia マメ科
ヨーロッパ南部が原産。飼料用に栽培される。緑色をした楕円形の羽状複葉には6〜14対の小葉がつく。ピンク色の花が主茎を密に取り巻く。

40 m
130 ft

ジャトバ
WEST INDIAN LOCUST TREE
Hymenaea courbaril マメ科
垂直に伸びる硬い木質の高木で、幹と茎は厚く、大きな花弁と長い雄しべのある紫がかった白の花を咲かせる。幹から滲出するオレンジ色の樹液はお香や香水の原料となる。

小枝

1.2 m
4 ft

花のほとんどは雄しべの花糸で、花弁は退縮している

60 cm
23½ in

20 m
65 ft

クマノアシツメクサ
KIDNEY VETCH
Anthyllis vulneraria マメ科
乾燥した草地を好む多年生草本で、ヨーロッパに広く分布する。茎は絹のような軟毛に覆われる。黄色〜赤色の花が散形花序をなし、花序の下には軟毛に覆われた総苞があって襟飾りのように見える。

タマリンド
TAMARIND
Tamarindus indica マメ科
黄色からオレンジ色の花を咲かせ、枝をだらりと垂らす常緑高木。円筒形の莢の中に豆果とともに入っている果肉が食用になる。東アフリカとアジアが原産。

種子の入った莢

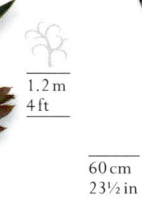

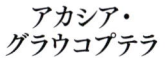

アカシア・グラウコプテラ
FLAT WATTLE
Acacia glaucoptera マメ科
オーストラリア南西部原産。横方向に広がる低木で、球形の黄色い花序が、捻れた葉のように見える特殊化した茎につく。

12 m / 40 ft

葉は羽状複葉で、6〜12対の小葉からなる

ネムノキ
SILK TREE
Albizia julibrissin マメ科
南西アジア原産の落葉高木。濃い緑色の樹皮には年とともに縦縞が刻まれる。成長は速いが寿命は短い。

≫

被子植物・真正双子葉植物

90 cm
35 in

ワイルドリコリス
WILD LIQUORICE
Astragalus glycyphyllos　マメ科
ヨーロッパ北西部の草原に生える多年生草本。ヨーロッパカンゾウ（リコリス）によく似た葉をもち、湾曲した莢をつける。ハーブティーの原料にされることもある。

1.5 m
5 ft

ムラサキセンダイハギ
BLUE FALSE INDIGO
Baptisia australis　マメ科
アメリカ東部の森や川辺に自生する多年草。この草から採れる液は空気に触れると紫色に変わり、インディゴの代用として染色剤に使われる。

光沢のある複葉

硬い種子

40 m/130 ft

オーストラリアビーンズ
BLACK BEAN TREE
Castanospermum australe　マメ科
オーストラリア原産の材木用樹木。オレンジ色と赤色の花を咲かせる。莢は木質になり、中にはマメ型の種子が3〜5個入っている。

常緑の葉

種子

15 m
50 ft

イナゴマメ
CAROB TREE
Ceratonia siliqua　マメ科
地中海原産の高木で、太い幹に葉を密に生やし、くすんだ緑色の小さな花をつける。莢の中の果肉はチョコレートの代用品になる。

軟らかな莢

セイヨウハナズオウ
JUDAS TREE
Cercis siliquastrum　マメ科
用材にも観賞用にもなる東地中海産の落葉高木。春に大量の花を咲かせ、後に長さ10cmの扁平な莢ができる。

10 m
33 ft

50 cm
20 in

若い莢

ヒヨコマメ
CHICK PEA
Cicer arietinum　マメ科
最も古い栽培植物のひとつ。中東原産。莢の中には1粒から3粒の種子が入っていて、フムス（中東料理）などの食材に使われる。

1.5 m
5 ft

1.5 m/5 ft

ガレガ
GOAT'S-RUE
Galega officinalis　マメ科
広い温帯域に帰化した多年草。赤褐色で長い円筒形の莢をつける。母乳の出を良くし、熱を下げ、糖尿病に効果があるともいわれている。

3 m
10 ft

ゲニスタ・アエトネンシス
MOUNT ETNA BROOM
Genista aetnensis　マメ科
イタリア・シチリア島のエトナ火山周辺の斜面とサルディニア島が原産の小高木。葉はほとんどつけず、扁平な緑色のシュートで光合成を行う。

ロートゥス・ヒルストゥム
（ヘアリーカナリークローバー）
DORYCNIUM
Lotus hirsutus　マメ科
地中海産の多年草で灰緑色の小山状の茂みをつくる。赤褐色で円筒形の莢は、しばしば小さなベリーと間違えられる。

50 cm
20 in

赤紫色の花

3 m/10 ft

ハリエニシダ
SMALL-FLOWERED GORSE
Ulex parviflorus　マメ科
西部地中海産の多年生の低木。棘が多い。花は黄色く、莢は短めで黒茶色である。火入れと下生えの除去により種子の発芽が促進される。

莢の中には10〜15個の種子が入っている

セイヨウミヤコグサ
COMMON BIRD'S-FOOT TREFOIL
Lotus corniculatus　マメ科
ヨーロッパ、アジア、アフリカの草原に見られる。花は黄色く、5枚の小葉からなる複葉をもつ。小葉のうち3枚は葉柄の先につき、葉柄の基部につく2枚からやや離れている。莢は鳥の足に似ている。

ヒロハノレンリソウ
BROAD-LEAVED EVERLASTING PEA
Lathyrus latifolius　マメ科
ヨーロッパ南部とアフリカ北部に分布する、繁殖力の強い多年生のつる植物。茎には翼があり、薄いピンク色の花が5〜15個集まって咲く。長い莢をつける。

30 cm
12 in

1.5 m/5 ft

オオヤハズエンドウ
（オオカラスノエンドウ）
COMMON VETCH　*Vicia sativa*　マメ科
ヨーロッパや地中海などで広く見られる一年生のよじのぼり植物で、家畜の飼料となる。花は通常ペアになって咲き、巻きひげは分枝することがある。

蝶形花

30 cm
12 in

ねじれた莢

ムラサキウマゴヤシ（アルファルファ）
ALFALFA
Medicago sativa　マメ科
白亜質土壌の草地に深く根を張る多年草で、アメリカ、南西アジア、ヨーロッパなどに見られる。主に家畜の飼料として用いられるが、薬効成分もある。

80 cm
32 in

1.5 m
5 ft

花が密に付く

1 m
3 1/4 ft

タマザキクサフジ
CROWN VETCH
Securigera varia　マメ科
ヨーロッパ南部と西アジアが原産の多年生草本で、急速に繁茂する。葉が厚く根が深く張るため、土壌保持能力があり、浸食防止に利用される。

ヒッポクレピス・コモサ
HORSESHOE VETCH
Hippocrepis comosa　マメ科
ヨーロッパ南部や地中海地方に分布する匍匐性の多年生草本。アドニスヒメシジミの幼虫はこの草を主に食べる。莢は捻れて馬蹄形の分果からなる節果となる。

1 m
3 1/4 ft

1 m
3 1/4 ft

2 m
6 1/2 ft

エニシダ
BROOM
Cytisus scoparius　マメ科
ヨーロッパ全域の荒野に見られる低木。花が強く香る。細くて筋があり、よく分枝する枝は昔から箒として使われてきた。（英語の broom は「箒」の意味）

複葉

青紫色の花

根

ムラサキツメクサ（アカツメクサ）
RED CLOVER
Trifolium pratense　マメ科
家畜の飼料となる多年生草本。株の基部から出る葉には長い葉柄がある。球状の花序をつけ、その奥に細長い莢が隠れるようにしてできる。

ヨーロッパカンゾウ（リコリス）LIQUORICE
Glycyrrhiza glabra　マメ科
穂状花序をつける多年草で、滑らかで小さく長円形をした莢をつけ、根を深く張る。その根は砂糖の50倍の甘さをもつため甘味料に用いられるほか、薬効成分もあるので生薬（甘草・カンゾウ）としても利用される。

3.7 m
12 ft

強靭な花茎

細い葉

ベニバナインゲン
SCARLET RUNNER BEAN
Phaseolus coccineus
マメ科
中米の山岳部を原産とする多年草。支持物に対してシュート（苗条）を右回りにからませる。その種子にはいろいろな色がある。

キングサリ（キバナフジ）
COMMON LABURNUM
Laburnum anagyroides
マメ科
ヨーロッパ中部と南部が原産の落葉高木。茶色で毛の生えた莢（長さ7.5cm）に入っている黒い種子には毒がある。

12 m
40 ft

25 m/82 ft

40 cm
16 in

タヨウハウチワマメ
GARDEN LUPIN
Lupinus polyphyllus
マメ科
北米大陸西部原産でヨーロッパに帰化した観賞用植物。毛の生えた黒い莢とうちわのような形の手のひら状の複葉をつける。派手な花には芳香がある。

ニセアカシア（ハリエンジュ）
BLACK LOCUST
Robinia pseudoacacia　マメ科
米国南東部が原産の落葉高木。萌芽を発生させる能力が高く、繁殖力が強い。根と樹皮には毒がある。茶色い扁平な莢をつける。

ポリガラ・ニカエエンシス
NICEAN MILKWORT
Polygala nicaeensis　ヒメハギ科
フランスとイタリア原産の多年生草本。花には2枚の萼片と合着した3枚の花弁があり、花弁の1枚は先端が房状に別れている。小さな蒴果をつける。

ブナ目 FAGALES

7科からなるブナ目には、世界的に有名な高木が数多く含まれており、それらは森林で優占種となっている。ブナ科のブナ類、カバノキ科のカバ類、ナンキョクブナ科のナンキョクブナ類、クルミ科のクルミ類、モクマオウ科のモクマオウなどだ。ブナ科の多くは単葉をもち、小さな風媒花をつける。

20 m / 65 ft

この尾状花序から果実と種子が形成される

ローズモクマオウ
FOREST OAK
Allocasuarina torulosa モクマオウ科
オーストラリア西部が原産の常緑高木。用材として木地師に重宝される。垂れ下がった枝は緑色で針状の小枝に分かれ、小さな葉をつける。果実は松ぼっくり状の球果である。

25 m / 80 ft

雌花

13 m / 43 ft

セイヨウハシバミ
HAZEL
Corylus avellana カバノキ科
ヨーロッパ産の落葉低木で、この堅果が「ヘーゼルナッツ」として収穫される。早春によく目立つ尾状花序をつける。

雄花が円筒形の房になった尾状花序

アサダ
JAPANESE HOP HORNBEAM
Ostrya japonica カバノキ科
極東アジア原産の高木で、樹皮は灰茶色でうろこ状に剥がれる。ホップのように殻に入った小堅果が、長く連なって垂れ下がる。

30 m / 100 ft

レッドアルダー
RED ALDER
Alnus rubra カバノキ科
北アメリカ西部原産。湿気の多い斜面や川の岸辺に自生する。灰白色の樹皮は打撃を受けたりこすられたりすると赤くなる。

25 m / 80 ft

苞

セイヨウシデ
COMMON HORNBEAM
Carpinus betulus カバノキ科
生垣によく用いられるヨーロッパ原産の高木。緑色をした小さな雄花と雌花の尾状花序をつけ、これが3つの切れ込みのある苞をともなって堅果になる。

雌性の尾状花序

葉芽

25 m / 80 ft

ノトファグス・アルピナ
RAULI
Nothofagus alpina ナンキョクブナ科
用材になる高木でアルゼンチンとチリが原産地。若葉は茶褐色をしている。緑がかった雌花は集合して咲き、剛毛の生えた殻の中に小さな堅果をつける。

葉腋(葉が枝につく部分)に堅果が固まってできる

熟したペカン

羽状複葉

ノグルミ
Platycarya strobilacea
クルミ科
東アジア原産の高木。雄花は直立した穂状花序になり、針葉樹の球果のような果実をつくるが、その種子には翼がついている。

15 m / 50 ft

ペカン
PECAN
Carya illinoinensis クルミ科
北米大陸原産の高木で、食用になる堅果(ペカン)を収穫するために栽培される。堅果は、熟すと4つに裂開する殻に包まれている。

40 m / 130 ft

バタグルミ(バターナット)
BUTTERNUT
Juglans cinerea クルミ科
北米大陸原産の落葉高木。黄緑色の尾状花序をつける。卵型の堅果の房ができるが、その中にできる種子が甘く食用になるので、この名前がある。

30 m / 100 ft

ダケカンバ
ERMAN'S BIRCH
Betula ermanii カバノキ科
シベリアから日本にかけての山岳地帯が原産。各地で公園や庭園に植えられている。白っぽい樹皮は剥がれやすい。

熟したクルミ

2 m / 6½ ft

ヤチヤナギ(エゾヤマモモ)
BOG MYRTLE
Myrica gale ヤマモモ科
北半球の温帯域の泥炭湿地に自生する、甘い香りのある低木で、古くから防虫用に使われてきた。花は赤い尾状花序で、株により雌花か雄花がつく(雌雄異株)。

30 m / 100 ft

カシグルミ
COMMON WALNUT
Juglans regia クルミ科
南西アジアの山岳地帯が原産の高木。堅果(クルミ)は食用に、木材は加工・建材などに、ともに大きな需要がある。樹皮は灰色で滑らかで、雄花は長さ15cmになる尾状花序をつくる。

30 m / 100 ft

未成熟の果実をつけた小枝

40 m / 130 ft

落葉する葉

ドングリにはうろこ状のはかまがついている

尾状花序のある小枝

ヨーロッパナラ（オウシュウナラ）
ENGLISH OAK
Quercus robur ブナ科
寿命が長く、用材（オーク材）として最高級の評価がされる高木。西ヨーロッパ、とくにイギリスによく見られる。雄花が尾状花序になり、長い柄のあるドングリ状果ができる。

ベニガシワ
SCARLET OAK
Quercus coccinea ブナ科
北米大陸原産の高木で、秋には葉が深い赤色に変わるのが特徴。長く黄緑色をした雄花の尾状花序をつけ、光沢のあるはかまのあるドングリができる。

25 m / 80 ft

秋の葉

春の葉

10 m / 30 ft

↑ **ケルメスオーク**
KERMES OAK
Quercus coccifera ブナ科
地中海産の常緑小高木で、ヒイラギのような葉をつけるが、若木の頃はその葉が茶褐色をしている。雄花の黄褐色の尾状花序をつける。

鋸歯のある葉

30 m / 100 ft

種子を守るいが

15 m / 50 ft

30 m / 100 ft

マテバシイ
JAPANESE STONE OAK
Lithocarpus edulis
ブナ科
日本産の常緑高木で、クリーミーホワイトの尾状花序をつけるが、その上部は雄花で、下部が雌花になっている。2年以上かけて熟したドングリは食べられる。

アメリカブナ
AMERICAN BEECH
Fagus grandifolia
ブナ科
北米大陸東部原産。枝を大きく広げる高木で、樹皮は灰茶色。光沢のある葉は秋に落葉する。堅果（ビーチナッツ）は殻の中に1対ずつ入っている。

ヨーロッパグリ
SWEET CHESTNUT
Castanea sativa ブナ科
ヨーロッパ南東部と西アジア原産の高木で、種子（栗）を食用にするために3000年前から栽培されていた。尾状花序の上部には雄花、下部には雌花が集まっている。

キントラノオ目 MALPIGHIALES

1万6,000種以上、36科からなるキントラノオ目は最大級の目で、多様性も最高級である。多くは熱帯植物である。分子系統解析によって一つの目にまとめられているが、形態的には大きく違うものが含まれる。2016年に存在が認識された1科を含め、半分以上の科はそれぞれ100種にも満たず、その多くは原産地以外ではほとんど知られていない。一方、トウダイグサ科は巨大なグループで、約6,300種を含む。

80 cm / 32 in

毒のある果実

コボウズオトギリ
TUTSAN
Hypericum androsaemum
オトギリソウ科
西ヨーロッパが原産の小さな茂みをつくる低木。赤い2稜茎をもつ。芳香のある葉には薬効成分があるが、ベリー（漿果）には毒がある。

粗い鋸歯のある卵形の葉

対生につく葉

30 m / 100 ft

80 cm / 32 in

セイロンテツボク
IRONWOOD TREE
Mesua ferrea テリハボク科
アジア原産の高木。英名の IRONWOOD と和名のテツボク（鉄木）は、高密度で重く鉄のように硬い重量木材がとれることに由来する。大きな白い4弁の花をつけ、若葉は鮮やかな赤色である。

セイヨウオトギリ
PERFORATE ST JOHN'S-WORT
Hypericum perforatum
オトギリソウ科
ユーラシアの川岸、野原、道端に普通に見られる多年生草本。丸みのある2稜茎に、半透明の斑点のある葉、多くの種子が入った蒴をつける。

≫

被子植物・真正双子葉植物

三裂葉

15 m / 50 ft

5 m / 16 ft

硬い種子の入った堅果

ククイノキ
CANDLE-NUT TREE
Aleurites moluccanus トウダイグサ科

熱帯産の高木。堅果から採れる油はランプの燃料として用いられるため「キャンドル・ナッツの木」という意味の英名がついている。小さなクリーム色の花をつける。葉の形にはバリエーションがあり、若葉のうちは灰緑色である。

裂け目がいくつもある葉

花序

トウゴマ
CASTOR OIL PLANT
Ricinus communis
トウダイグサ科

この熱帯アフリカ産の植物の有毒の種子から「ヒマシ油」がつくられる。直立した花序の上部に雌花と赤い柱頭があり、下部に黄色い葯をつけた雄花がある。

4 m / 13 ft

40 m / 130 ft

パラゴムノキ
RUBBER TREE
Hevea brasiliensis トウダイグサ科

ブラジル原産の高木で、幹を傷つけて採れる乳液（ラテックス）が天然ゴムの材料となる。3枚の小葉からなる複葉に、刺激臭のある黄色い花をつける。

1.2 m / 4 ft

キャッサバ
CASSAVA
Manihot esculenta
トウダイグサ科

南米大陸原産で、塊茎はゆでてすりつぶし、食用にされる。小さな花の房を二次側枝につける。

4 m / 13 ft

べとべとした葉

種子からは油が採れる

ヤトロファ・ゴッシピイフォリア
Jatropha gossypiifolia
トウダイグサ科

熱帯アメリカ原産。有毒な侵略的外来種で、オーストラリアの一部では栽培が禁止されている。べとつく葉と水っぽい樹液が特徴で、花には紫色の苞葉がつく。

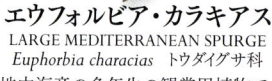

40 m / 16 in

メルクリアリス・ペレンニス（ドッグズマーキュリー）
DOG'S MERCURY
Mercurialis perennis トウダイグサ科

綿毛で覆われた多年草で、茎は1本で直立する。雌雄異株で、ともに細長い花序上に小さな緑色の花を咲かせる。

エウフォルビア・カラキアス
LARGE MEDITERRANEAN SPURGE
Euphorbia characias トウダイグサ科

地中海産の多年生の観賞用植物で、紫がかった直立する茎は毛に覆われているが、その基部には毛がなく滑らかである。蒴果は毛に覆われ、漿果状。

40 cm / 16 in

チャボタイゲキ
PETTY SPURGE
Euphorbia peplus トウダイグサ科

ヨーロッパ、北アフリカ、西アジアが原産の有毒の一年草。茎は分枝し、また花柄も3つに分岐する。

ハナキリン
CROWN OF THORNS
Euphorbia milii トウダイグサ科

マダガスカル原産で半多肉質のつる性低木。茎には棘が多い。その葉は主に新しいシュート（苗条）上につく。

1.8 m / 6 ft

20 cm / 8 in

エウフォルビア・オベサ
BASEBALL PLANT
Euphorbia obesa トウダイグサ科

球形の多肉質植物で、南アフリカのグレートカルー高原の原産だが、野生種はほとんど見られない。その頂上の「目」の部分に小さな花を咲かせる。

6 m / 20 ft

ハズ
CROTON
Croton tiglium トウダイグサ科

東南アジア原産の高木で、中国で漢方薬剤（巴豆）として利用されてきた。葉には悪臭がある。蒴果には有毒な種子が3個ずつ入っている。

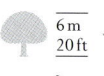

30 cm / 12 in

エウフォルビア・グエンテリ（紫紋竜）
SAUSAGE SPURGE
Euphorbia guentheri トウダイグサ科

ケニア原産の常緑の多肉植物。白い苞葉に紫色の模様が入る。主に若い部分に、肉厚で鎌形の葉をつける。

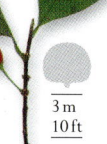

5裂の葉と花

60 cm / 23½ in

シュッコンアマ
PERENNIAL FLAX
Linum perenne
アマ科

ヨーロッパ中央部から中国が原産のほっそりした多年生草本。横方向に広がっていくことが多い。茎の先端部に花芽が間をあけて1つずつつく。

3 m / 10 ft

20 m / 65 ft

コカ（コカノキ）
COCA
Erythroxylum coca コカノキ科

南米大陸北西部原産の常緑低木。葉からコカインができる。葉は楕円形で、小さな黄白色の花房をつける。

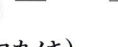

漿果には多数の種子が入っている

葉の基部には巻きひげがある

トケイソウ（パッションフラワー）
BLUE PASSION FLOWER
Passiflora caerulea トケイソウ科

南米大陸原産のつる植物で鑑賞用。芳香のある花には、よく似た萼片と花弁が合わせて10枚、5本の雄しべ、3本の柱頭がある。このような構成がキリストの「受難（パッション）」と結びつけられ、象徴的に扱われることもある。

アヤワスカ
AYAHUASCA
Banisteriopsis caapi キントラノオ科
アマゾン原産の木本性のつる植物。この植物を煮出した汁は古くから聖なる医薬効果があるとされ、実際に幻覚を引き起こすなど向精神作用が認められている。ピンクの花を咲かせ、翼のある莢をつくる。

10 m
33 ft

アメリカヒルギ
RED MANGROVE
Rhizophora mangle
ヒルギ科
熱帯全域、とくに塩性湿地や汽水域に見られる。支柱根をもち、種子は散布に先立ち樹上で発芽する。

25 m
80 ft

ラフレシア
RAFFLESIA
Rafflesia arnoldii ラフレシア科
東南アジアの熱帯雨林に自生する。葉はなく、つる植物に寄生して生活する。直径最大1m になる世界最大の花として有名。強い腐臭を放ってハエを引き寄せる。

60 cm
23½ in

25 m
80 ft

バッコヤナギ
PUSSY WILLOW
Salix caprea ヤナギ科
ヨーロッパとアジアに見られる落葉高木。楕円形の葉は軟毛に覆われ、縁が鋸歯状で互生する。雌花の尾状花序は蒴をつくり、これがはじけて綿毛のような種子を飛ばす。

12 m
40 ft

イイギリ
IDESIA
Idesia polycarpa ヤナギ科
東アジアの山岳地帯に生える高木。樹皮は滑らかな灰色。黄緑色の芳香のある花を咲かせ、深紅色の漿果をつける。

21 m
70 ft

花の直径は最大12cmになる

オオナガミクダモノトケイソウ（オオミノトケイソウ）
GIANT GRANADILLA
Passiflora quadrangularis
トケイソウ科
南米大陸原産の多年生草本。茎は4稜茎で、やや細長い球形の果実（パッションフルーツ）をつける。

花は白色か赤色〜紫色で、芳香がある

ヤマナラシ
ASPEN
Populus tremula ヤナギ科
ヨーロッパとアジアの原産で、若木の頃は灰色の樹皮にダイヤ型の模様ができる。葉柄が長く偏平なため、わずかな風にも葉が揺れて音をたてる。

25 m
80 ft

セイヨウシロヤナギ
WHITE WILLOW
Salix alba ヤナギ科
ヨーロッパとアジア原産の、水辺に自生する高木。雌雄異株で、尾状花序をつける。樹皮からは有効成分のサリシンが採れ、これからアスピリンがつくられた。

30 m
100 ft

ギンドロ（ホワイトポプラ）
WHITE POPLAR
Populus alba ヤナギ科
ヨーロッパ中部や中央アジア原産の落葉高木。塩水にも耐える。雌雄異株だが、ほとんどが雌株となる。尾状花序は蒴をつくり、これが裂開してふわふわした種子を解き放つ。

15 m
50 ft

アザラ・ミクロフィラ
Azara microphylla
ヤナギ科
アルゼンチンとチリが原産の常緑高木。バニラの香りがする小さな花には黄色い雄しべがつく。それぞれの葉には基部に丸い托葉がつく。

10 m
33 ft

ワイルドパンジー（サンシキスミレ、ビオラ・トリコロル）
WILD PANSY
Viola tricolor スミレ科
ヨーロッパと西アジアが原産の、地表に広がる短命な多年生草本。中性から酸性土壌の草地に育つ。「ハーツイーズ（心を穏やかにする）」という別名があり、ハーブ療法に用いられる。

30 cm/12 in

シュラブ バイオレット
SHRUB VIOLET
Pigea floribunda
スミレ科
オーストラリア産の多年生低木で、地中のニッケルを根から吸収して蓄積する。青っぽい花弁には黄色い斑点があり、深緑色をした小さな槍形の葉をつける。

1.2 m/4 ft

カタバミ目 OXALIDALES

カタバミ目には7つの科があり、約2,000種が含まれる。フクロユキノシタ科は食虫植物のフクロユキノシタ1種のみからなる。クノニア科は木本植物で、小さな種子の入った木質の蒴をつける。カタバミ科はカタバミ目中最大の科で、5属からなり約800種を含む。複葉が日中は開き、夜になると閉じるのが特徴である。

フクロユキノシタ
ALBANY PITCHER PLANT
Cephalotus follicularis
フクロユキノシタ科
オーストラリア南西部の海岸が原産の食虫植物。基部に楕円形の葉をつけ、餌となる昆虫を液の入った壺に誘い込む。サラセニア科(p.194参照)と外見は似ているが、まったく別の科である。

20 cm
8 in

バラ目 ROSALES

バラ目には9つの科があり、バラ科、アサ科、クワ科、クロウメモドキ科、ニレ科、イラクサ科などが含まれる。バラ目の植物は果実やそのほかの産物を目的によく栽培されている。花弁が5枚で、数多くの雄しべをもつのが特徴で、ほとんどが虫媒花である。棘や毛が生えているものが多い。

5弁の花

4 m
13 ft

35 cm
14 in

クリスマスブッシュ
CHRISTMAS BUSH
Ceratopetalum gummiferum
クノニア科
東オーストラリアの海岸部が原産の低木。春にごく小さな目立たない白い花をつける。ピンクから赤に近い色の萼片は冬に肥大化して、果実を包み込む。

イモカタバミ
PINK SORREL
Oxalis articulata
カタバミ科
南米大陸原産。ずんぐりした地下茎で育つ植物で、葉の間から花柄を伸ばし、先端に散形花序をつける。種子鞘をつくり、これが裂開して中の種子を飛ばす。

散形花序

12 m
40 ft

カリコマ・セラティフォリア
BLACKWATTLE
Callicoma serratifolia クノニア科
オーストラリア東部の海岸が原産の小高木。初期入植者たちが住居の壁を造る際、荒打ち漆喰(編み垣に漆喰を塗り込んだもの)の編み垣として利用した。若葉は赤褐色をしている。

三出複葉

断面が星型の果実

花のついた小枝

ゴレンシ(スターフルーツ)
STAR FRUIT
Averrhoa carambola カタバミ科
東南アジア原産の藪を形成する高木で、星型の果実(スターフルーツ)を食用とするために広く栽培されている。1年に4回花をつけることもある。

15 m/50 ft

油分の多い漿果

スナヂグミ
SEA BUCKTHORN
Hippophae rhamnoides
グミ科
アジアやヨーロッパで広く見られる低木。葉の出る前に黄色い花を咲かせる。明るいオレンジ色の小さなベリー(漿果)はビタミンCを豊富に含んでいる。

10 m
33 ft

雌株と雌花

雄株と雄花

ヤナギバグミ
（ロシアンオリーブ）
OLEASTER
Elaeagnus angustifolia　グミ科
ユーラシア原産で枝を横に広げる
落葉高木。尖ったシュートは銀色の
うろこで覆われている。卵型をした
黄赤色の果実は食べられる。

アサ
HEMP
Cannabis sativa　アサ科
アジアの中央部と西部が原産地の
一年生草本。葉は大麻の原料となり、
またロープなどのもとになる繊維が
採れ、種子からは油が採れる。

セイヨウカラハナソウ
（ホップ）　HOP
Humulus lupulus　アサ科
ヨーロッパ北部とアジア北部が原産だが、ほかの
地域に広く帰化している。多年生のつる植物で、
球果のような雌花は「ホップ」と呼ばれ、ビール製造に
おいて香りづけと保存のために用いられる。

若い果実

パラミツ
（ジャックフルーツ）
JACKFRUIT
Artocarpus heterophyllus　クワ科
東南アジアの低地が原産で、木になる
ものとしては最大の果実をつける。
成熟した果実は重さが最大50kg、
長さは最大90cmにもなる。

クロミグワ
（ブラックマルベリー）
BLACK MULBERRY
Morus nigra　クワ科
中東原産の、枝を大きく広げる
落葉高木。豊かな香りをもつ果実
（桑の実）を目的として広く栽培
されている。オレンジ色の樹皮は
ごつごつし、裂け目が入る。

光沢のある葉　　肉厚の果実

円錐形の
果実

雌花のついた小枝

イチジク
COMMON FIG
Ficus carica　クワ科
南西アジアから地中海東部が原産。イチジク属に
よく見られる特徴として、花軸が花嚢という壺状の
構造になり、その内面に多数の小花がつく。
花嚢内部に入り込んで授粉を行うのはただ一種の
イチジクコバチだけである。

インドボダイジュ
SACRED FIG
Ficus religiosa　クワ科
東南アジア原産の高木。この木の下で
ブッダが悟りを開いたといわれている。
花嚢の中に花がつき、やがて紫色に
斑点のあるイチジクのような果実になる。

カジノキ
PAPER MULBERRY
Broussonetia papyrifera　クワ科
日本と東南アジアが原産の高木。
樹皮の内側の繊維は上質な紙の
原料となる。尾状花序の雄花が
放出した大量の花粉は、
風によって散布される。

葉のついた小枝

果実は
食べられない

アメリカハリグワ
OSAGE ORANGE
Maclura pomifera　クワ科
北米大陸南東部が原産の
高木で、生垣によく用いられる。
アメリカ先住民はこの木の根と
材を重宝した。

ナツメ
JUJUBE
Ziziphus jujuba　クロウメモドキ科
棘の多い低木で、果実を収穫するために
中国や韓国で広く栽培されている。滑らかで
楕円形をした未熟な果実は緑色で、種を取り
除いて食べる。リンゴのような味がする。

セイヨウクロウメモドキ
COMMON BUCKTHORN
Rhamnus cathartica　クロウメモドキ科
先が尖ったシュートを生やし、小さな黄緑色
の花と黒いベリーをつける低木。原産地の
ヨーロッパ、アジア、アフリカ北西部以外では
侵略的外来種とみなされる場合もある。

ケアノトゥス・アメリカヌス
（ソリチャ）　NEW JERSEY TEA
Ceanothus americanus　クロウメモドキ科
北米大陸東部原産の低木。紫色で3本の
溝のある蒴の中に種子ができる。
赤い根や軟毛で覆われた葉は
お茶などに利用されてきた。

≫ バラ目

被子植物・真正双子葉植物

オオカナメモチ
CHINESE PHOTINIA
Photinia serratifolia バラ科
中国の森に自生する高木だが、一般に見られるものは観賞用の栽培種である。密に詰まった木質のため、家具材にもなる。

8 m/26 ft

エゾツルキンバイ
SILVERWEED
Potentilla anserina バラ科
絹のような細い毛の生えた匍匐性の多年生草本で、荒れ地や牧草地、砂丘に育つ。ヨーロッパやアジア、北米大陸に分布するが、ほかの地域にも広く導入されている。

80 cm
32 in

ラマルクザイフリボク
SNOWY MESPILUS
Amelanchier lamarckii バラ科
春に星型の花を密につける姿が泡のように見え、夏には暗赤色のベリーをつける、見栄えのする高木。北米大陸東部原産。

12 m/40 ft

セイヨウミザクラ(サクランボ)
WILD CHERRY
Prunus avium バラ科
果樹園で栽培されるサクランボの祖先にあたる野生種。ヨーロッパ、アジア、北アフリカの森や生垣に見られるが、帰化植物として北米大陸にも自生している。

25 m
80 ft

葉と食用になる果実

春の花

マルス・イオエンシス
PRAIRIE CRAB APPLE
Malus ioensis バラ科
北米大陸原産のクラブアップル(野生のリンゴ)の一種。酸味が特徴の栽培種。

11 m/35 ft

夏に咲く花

果実は食用となる

エゾヘビイチゴ
(ワイルドストロベリー)
WILD STRAWBERRY
Fragaria vesca バラ科
北米大陸とヨーロッパ原産の多年生草本。食用となる果実は花托(花床)が肥大したものである。

3裂する葉

30 cm
12 in

セイヨウスモモ
(プルーン)
ORCHARD PLUM
Prunus domestica バラ科
今日のセイヨウスモモは中国のアンズとヨーロッパのスピノサスモモを交配させた栽培種である。スピノサスモモにある鋭い棘がなくなっている。

12 m
40 ft

ハマナス
JAPANESE ROSE
Rosa rugosa バラ科
海水のしぶきにも強い東アジア原産のバラ科の一種で、しばしば海岸沿いの生垣に植えられる。茎には棘が多く、しわのよった鮮やかなピンクの花を咲かせる。

2 m/6½ ft

白またはピンクの花をつける

イヌノイバラ
(ロサ・カニナ、ドッグローズ)
DOG ROSE
Rosa canina バラ科
棘が多く枝をアーチ状に伸ばすバラ科の一種。ヨーロッパやアジア、アフリカ北部の生垣でよく見られる。北米大陸にも帰化している。

3 m
10 ft

ロサ・ルビギノーサ
(スィート・ブライアー)
SWEET BRIAR
Rosa rubiginosa バラ科
野生のバラ類のなかでは色の濃い部類に入る。ヨーロッパ各地、アジア、アフリカの生垣や藪に生え、華やかに咲きほこる。葉をもむと分泌腺からリンゴの様な芳香がたちのぼる。

2 m
6½ ft

園芸種は半八重の花弁をもつ

80 cm
32 in

花は深いピンク色で芳香がある

アポセカリー・ローズ
(ロサ・ガリカ・オフィキナリス) APOTHECARY'S ROSE
Rosa gallica var. *officinalis* バラ科
古くから園芸用のバラとして愛好されてきた品種。ヨーロッパの近代バラであるハイブリッド・ティーやフロリバンダは、このバラをはじめとする多くの種の交配から生み出された。このバラの乾燥させた花弁には芳香があり、これを香水や薬として用いたことから「薬剤師のバラ」と呼ばれた。

50 cm
20 in

オークの
ような葉

8枚の花弁
をもつ花

チョウノスケソウ
MOUNTAIN AVENS
Dryas octopetala　バラ科
極地や高山地帯に自生する低木。
花の中心を太陽の動きに沿って
向けて変えることにより、花粉媒介用の
昆虫を引き寄せる。

ベニシタン
COTONEASTER
Cotoneaster horizontalis
バラ科
中国産の匍匐性低木。
観賞目的および食用の
果実を求めて栽培されるが、
ときに野生でも育つ。
半常緑の葉は平らな藪を
形成する。

3m/10ft

白またはピンク
の花

食べられる
ベリー

1m
3¼ft

小さな花の
集まり

ピラカンタ・ロゲルシアナ
FIRETHORN
Pyracantha rogersiana　バラ科
中国東部原産の棘のある常緑低木。
オレンジ色の漿果状の果実は
食用にはならないが美しいために、
観賞用に栽培される。

2.5 m
8 ft

セイヨウヤブイチゴ
（ブラックベリー）
BLACKBERRY
Rubus fruticosus　バラ科
ヨーロッパでよく見られるよじのぼり植物。
生垣や藪に生え、秋に食べられる果実
（ブラックベリー）をつける。ごく僅かな
差異のある「微細種」の集合体。

25 m
80 ft

ソルブス・トルミナリス
WILD SERVICE TREE
Sorbus torminalis　バラ科
ヨーロッパや小アジア、北アフリカの森に自生す
るナナカマド属の希少種。英語の「捧げものの
木」とは、かつてこの果実から一種のビールを
作って神に捧げていたことに由来する。

12 m
40 ft

アメリカナナカマド
AMERICAN MOUNTAIN ASH
Sorbus americana　バラ科
北米大陸東部原産で、森林に見られる落葉高木。
オレンジ色の漿果は冬まで長く木についている
ため、ツグミやカケスなどの鳥の餌になる。

6m/20ft

白い5弁の花

セイヨウカリン
MEDLAR
Mespilus germanica　バラ科
ヨーロッパ中部と南部が原産。
硬い黄褐色の果実をつける。秋に
この果実が軟らかくなって食べられる
ようになると、木から落ちる。

果実には萼片が
残る

5弁の白い花

切れ込み
のある葉

ヤナギバナシ
WILLOW-LEAVED PEAR
Pyrus salicifolia　バラ科
中東原産の高木。果実は食べ
られないが、銀色の葉がしだ
れる様子が愛されて栽培され
てきた。近年トルコではその
野生種が絶滅の危機にある。

12 m
40 ft

縁が鋸歯状
の小葉

頭状花

オランダ
ワレモコウ
（サラダバーネット）
SALAD BURNET
Sanguisorba minor
バラ科
ヨーロッパからイランに
かけて分布する多年草
で、現在では北米大陸
にも自生する。石灰質
土壌の草地を好み、
その葉は食用になる。

60 cm
23½ in

5弁の
美しい花

1本の柄につく
赤い果実

60 cm
23½ in

夏に開花する
花はうつむい
て咲く

いがのような
果実

ゲウム・リワレ（フウリンダイコンソウ）
WATER AVENS
Geum rivale　バラ科
軟毛に覆われた多年生草本で、ヨーロッパや小
アジア、北米大陸の湿気の多い土地に自生する。
果実にはかえしのついた毛があり、これで動物
の体に付着して運ばれ、種子が散布される。

60 cm
23½ in

セイヨウハゴロモグサ
LADY'S MANTLE
Alchemilla vulgaris　バラ科
「貴婦人のマント」という俗名は、
ヨーロッパ、アジア、北米大陸東部の
近縁の数種を包括する呼称となってい
る。これらの葉が、ガウンを引きずって
いるように見えるという理由による。

赤い果実
（サンザシの実）

ヒトシベサンザシ
COMMON HAWTHORN
Crataegus monogyna　バラ科
ヨーロッパやアフリカ北部から
アフガニスタンが原産で、森や
生垣に自生する。細かく分枝した
小高木で、春に白い花を咲かせ
たのち深紅色の果実をつける。
観賞用として庭園でも
植えられる。

芳香のある花

16 m
52 ft

ロサ・ルビギノーサ（スィート・ブライアー）

SWEET BRIAR *Rosa rubiginosa*

ロサ・ルビギノーサ（スィート・ブライアー）は野生のバラ類のなかでも特に魅力的な種の一つである。ヨーロッパ各地からアジアやアフリカにかけて生垣や藪に生え、華やかに咲きほこる。花弁は5枚で普通は白ないし薄いピンク色である。植物に詳しくない目には栽培種のバラに似ているように映り、「偽のバラ（dog roses）」と呼ばれることも多い。園芸家が数百年もかけて作りだした栽培種のバラに比べ、地味で香りも薄いためだが、これは失礼な呼称である。栽培種よりも繊細な美しさを秘めており、香りも上品だと擁護する向きもある。この野生のバラは低木で棘を生やすことが多く、茎は不規則に伸びアーチを描く。このような外見の野生のバラ類は「ブライアー」と総称される。ロサ・ルビギノーサの花はピンク色で、葉をもむとリンゴの芳香がする。南北アメリカ大陸やオーストラリアに導入され、侵略的外来種となっている。

大きさ 直立する茎は2m（6½ft）
生息環境 開けた藪、生垣、公園、道路脇
分布 ヨーロッパからアジアにかけてだが、他の地域に導入されている。

棘のある茎は横に広がって伸びる

小葉の鋸歯上に有柄の腺毛が並ぶ

ˇ 成熟途中のローズヒップ
果実とは、厳密には雌しべの下部の子房が肥大してできるものである。ローズヒップは花托が肥大して子房部分を包み込んだものであるため、真の果実ではなく「偽果」である。内部には真の果実に相当するものが多数含まれており、それぞれに種子が一つずつ入っている。

垂れた葉のように見えるのは萼片が残ったもの

ˇ つぼみ
萼片に守られたつぼみの中では花弁や雄しべ、雌しべが発達中である。萼片の表面に生えた多数の腺毛はつぼみを保護し、昆虫などの有害な動物を遠ざける効果がある。

ˇ 葉の裏側
葉の裏面には軟毛がびっしり生え、多数の有柄の腺毛が混じる。腺毛からは芳香性の化学物質であるテルペン類が放出される。葉を食べる動物の嫌う匂いである。

雄しべ >
多数の雄しべが花の中央部を囲むように生えている。白っぽい花糸の先端には明るい黄色の葯がある。葯には花粉がぎっしりと詰まっている。

小葉の縁には鋸歯がある

棘 >
先端の曲がった棘には、剛毛がまばらに生えている。葉を食べようとした大型の動物は、この棘に阻まれてあきらめる。

< 熟したローズヒップ
残っていた萼片が落ちるとそろそろ完熟である。赤く熟したローズヒップにはビタミンCが豊富に含まれている。ツグミやハトはこれを食べて未消化の種子を排泄し、種子の散布に一役かう。

複葉は5〜7枚の小葉からなり、
小葉の裏面は白っぽい

人目を引く花。
直径は最大で4cm

5枚の花弁は
重なり合い、
先端部は浅い
V字状に
切れ込む

花の基部

∧ **花の側面観**
花弁の下部には5枚の萼片
が広がっている。ハチやチョ
ウが花粉を媒介した後、花の
基部の花托が肥大してローズ
ヒップが形成される。

花粉をつくりだす
葯

∧ **成功の甘き香り**
植物の放つ匂いにはさまざまな働きがあり、花粉媒介者
を引きつけたり病害虫を追い払ったりする。このバラの葉
の香りは人間にとっては心地よいものだが、古い薬草学
の書物には、葉の抽出物が「のどには刺激が強」く、また
「胸を浄化する」だろうと書かれている。ならば、葉から分
泌されるリンゴのような芳香のテルペン類が、草食動物に
とって不快な味と感じられるのは当然だろう。

花粉を受け取る
たくさんの粘つく
柱頭が集まっている

>> バラ目

ケヤキ
JAPANESE ZELKOVA
Zelkova serrata ニレ科
アジア原産で板材として価値が高い。
アメリカではニレ立ち枯れ病でヨーロッパ
ニレが枯死したため、その代わりに
この木が植えられることがある。
日本では盆栽仕立てで育てることもある。

30 m
100 ft

緑が鋸歯状の葉

赤い漿果

40 m
130 ft

ピレア・インウォルクラタ
（フレンドシッププラント）
FRIENDSHIP PLANT
Pilea involucrata イラクサ科
いくつかのミズ属の植物には園芸用として
重宝されるものがある。中米と南米大陸原産の
本種は葉脈がくっきりとわかる葉を特徴とする。

30 cm
12 in

アメリカエノキ
HACKBERRY
Celtis occidentalis アサ科
明るい緑色の葉をつける
北米大陸原産の高木。
赤いベリー（漿果）は多くの鳥や
哺乳類に食べられる。

36 m
120 ft

ヨーロッパニレ
EUROPEAN FIELD ELM
Ulmus minor ニレ科
ニレはヨーロッパの風景を
形成する重要な樹木だが、
ニレ立ち枯れ病で壊滅的な
被害を受けている。

セイヨウイラクサ
STINGING NETTLE
Urtica dioica イラクサ科
イラクサの葉の表面は細かな棘で覆われている
ため、動物に食べられることがない。セイヨウイラ
クサはヨーロッパ、アジア、北アフリカ、北米大陸
に分布し、荒れ地でもよく育つ。

2 m/6½ ft

アブラナ目 BRASSICALES

アブラナ目は17科からなる。葉や茎、肥大した根に苦みや芳香のある油分
を含むものが多い。油分をもつように進化したおかげで草食動物による摂
食を避けられるようになったが、人間にとっては美味な食物になった種が多
く、料理や香水、また薬用としても使われている。キャベツなどを含むアブラ
ナ科の植物はアブラナ目中の最大のグループで、約3,300種が属している。

ブラシカ・オレラケア
WILD CABBAGE
Brassica oleracea アブラナ科
西ヨーロッパ原産のこの植物
を人類は何千年もかけて
栽培・改良してきた。カリフラ
ワー、ブロッコリー、芽キャベツ
などは同じ種から改良されて
できたものである。

1 m
3¼ ft

花序

無柄の
青緑色の葉

雄花

10 m
30 ft

パパイヤ
PAPAYA
Carica papaya パパイヤ科
中米および南米大陸原産の
植物で、黄色い花を咲かせる。
雌花と雄花が分かれており、
オレンジ色の果肉をもつ
大きな果実（パパイヤ）
ができる。

ワサビノキの葉

花柄

10 m/30 ft

ワサビノキ
HORSERADISH TREE
Moringa oleifera ワサビノキ科
熱帯アジア原産の高木で、灰色でコルクの
ような表面の樹皮とシダに似た葉をもつ。
この根をつぶして香辛料が作られる。
なお、ホースラディッシュは
本種とは別種である。

1.5 m
5 ft

キンレンカ
（ナスタチウム）
⇦ NASTURTIUM
Tropaeolum majus
ノウゼンハレン科
中米と南米大陸原産の色
鮮やかな一年草で、花壇にも
よく植えられている。花と葉は
サラダにして食べられる。

3 m/10 ft

トゲフウチョウボク
（ケイパー） CAPER
Capparis spinosa フウチョウボク科
地中海原産で、藪をつくる、棘のあ
る多年草。花芽をピクルスにしたも
の（ケイパー）が料理に用いられる。

モクセイソウ
COMMON MIGNONETTE
Reseda odorata
モクセイソウ科
北アフリカ原産だが南ヨーロッパ全域
で栽培されてきた。芳香のある花から
採られる精油は香水の材料になる。

50 cm/20 in

ニオイアラセイトウ
WALLFLOWER
Erysimum × cheiri
アブラナ科
おそらくギリシャが原産の
雑種。中世の頃から
ヨーロッパ全域で栽培
されている。

60 cm
23½ in

カルダミネ・ブルビフェラ
（コーラルルートビタークレス）
CORALROOT BITTERCRESS
Cardamine bulbifera アブラナ科
匍匐性の多年性草本でヨーロッパ中部の
ブナ林が原産。イギリス諸島以東、カフカス
山脈と小アジアにまで生息している。

70 cm
28 in

ムラサキナズナ
AUBRIETA
Aubrieta deltoidea
アブラナ科
エーゲ海諸島の原産で、ヨーロッパの
温暖な地域の建造物の壁に
マット状に広がることがよくある。

30 cm
12 in

ゴウダソウの
莢

ゴウダソウ（ルナリア）
HONESTY
Lunaria annua アブラナ科
ヨーロッパ南西部の荒野が
原産で、花壇にもよく植え
られている。種子の入る莢が
ドライフラワーとして使われる。

1.5 m
5 ft

花茎

セイヨウワサビ
（ホースラディッシュ）
HORSERADISH
Armoracia rusticana アブラナ科
カフカス地方原産の多年性草
本。根に辛みをもつように進化
し、草食動物には避けられるよう
になった。ホースラディッシュソース
として料理に利用されている。

1.2 m
4 ft

花茎

食べられる葉

1 m
3¼ ft

ハルザキヤマガラシ
WINTERCRESS
Barbarea vulgaris アブラナ科
ヨーロッパ全域に見られる植物
で、かつて冬の間のサラダ用と
して栽培された。この目的で、
北米大陸、オーストラリア、
ニュージーランドに次々に
もたらされた。

30 cm
12 in

ニワナズナ
（スイートアリッサム）
SWEET ALISON
Lobularia maritima アブラナ科
地中海原産の一年草で、甘い香りの
する花を求めてヨーロッパ全域で栽培
された。英語の「アリソン」とはギリシャ
語のalyssumに由来し、精神の病いを
いやす効果があると信じられていた。

40 cm
16 in

茎の基部には切れ目
の入った葉がつく

頭状花

ナズナ
（ペンペングサ）
SHEPHERD'S PURSE
Capsella bursa-pastoris
アブラナ科
三味線のばちのような形をした
莢が裂開して大量の種子を
散布するため、分布を広げ
やすい。ユーラシア地方
が原産だが、
現在では世界各地に
見られる。

紫、赤、白など
の花には芳香
がある

80 cm/32 in

葉は丸く、
裏面は
灰色

4弁の花

60 cm
23½ in

ハマナ（シーケール）
SEA KALE
Crambe maritima アブラナ科
ユーラシア大陸の砂利海岸
や海岸部の崖に自生する、
キャベツに似た多年草。
球形の果実は海上を何日も
漂って、上陸した土地に
繁殖していく。

特徴のある葉

60 cm
23½ in

花茎

葉

セイヨウノダイコン
WILD RADISH
Raphanus raphanistrum
アブラナ科
ユーラシア大陸原産だが北米
大陸にも自生する。ハツカダイコン
（ラディッシュ）の祖先と見られて
いるが、根は球形ではない。

オランダガラシ
（クレソン）
WATERCRESS
Nasturtium officinale アブラナ科
ユーラシア大陸の水辺に自生する野草
だが、現在は専用の水槽で栽培している
ところも多い。若いシュート（苗条）と葉に
は独特の辛みがあり、ビタミンCも豊富な
ため、サラダなどによく用いられる。

60 cm
23½ in

アラセイトウ
（ストック） HOARY STOCK
Matthiola incana アブラナ科
ヨーロッパ南西部の海岸部の
岩場に自生するが、現在はほとん
ど観賞用に栽培されている。「テン・
ウィーク」（10週間、和名はコアラセイ
トウ）という短命の園芸種もある。

アオイ目 MALVALES

アオイ目は10科からなり、低木と高木が多く含まれる。主に熱帯や温帯に見られるが、冷涼な地域にも分布は広がっている。主要な科の1つであるハンニチバナ科は北半球に分布し、ほとんどは低木である。ハンニチバナ科よりも分布域の広いアオイ科には草本もあり、低木や巨大な高木も含む。また、熱帯全域に分布するフタバガキ科には、熱帯産の材木として極めて重要な種が複数含まれる。

1 m／3¼ ft

棘のある果実

ベニノキ
ANNATTO
Bixa orellana ベニノキ科
熱帯アメリカ原産の低木で、ピンクの花をつける。食品着色料の「アナトー」は、この植物の棘の生えた蒴果からつくられる。

10 m／33 ft

ヘリアンテムム・ヌムムラリウム（ロックローズ）
COMMON ROCKROSE
Helianthemum nummularium
ハンニチバナ科
ヨーロッパ全域の陽当たりのよい川岸などに見られる。石灰質土壌を好む小低木。ヨーロッパの山岳地帯にはこの植物の亜種が自生する。

50 cm
20 in

キストゥス・インカニス（ヘアリーロックローズ）
HAIRY ROCKROSE
Cistus incanus ハンニチバナ科
この地中海に広く分布する低木には複数の学名が与えられてきた。その葉の毛のつき方や大きさが非常に変化に富んでいたため、別種と思われたからである。

4 m／13 ft

フレモントデンドロン・カリフォルニクム（フランネルブッシュ）
CALIFORNIAN FLANNELBUSH
Fremontodendron californicum アオイ科
繁殖力の強い低木で、初夏に大量の派手な花を咲かせる。アメリカ・カリフォルニア州の花崗岩質の山岳地帯に自生する。

花はローズレッド色で、花弁は5枚ある

ブッソウゲ（ハイビスカス）
CHINESE HIBISCUS
Hibiscus rosa-sinensis アオイ科
熱帯産の低木。英名には「チャイニーズ」とあるが、おそらくインド原産。フヨウ属には人目をひく美しい花を咲かせるものがあり、観賞用に栽培されているものが数種あり、本種もその1つである。

花をつけた小枝

細長く革のように硬い葉

いく筋も溝が入った莢

4.5 m／15 ft

粗い鋸歯のある葉

2 m／6½ ft

12 m
40 ft

カカオノキ（カカオ）
COCOA
Theobroma cacao アオイ科
ブラジルの熱帯雨林の原産で、種子を収穫するために熱帯域全体で栽培されている。莢の中の種子はカカオ豆で、チョコレートやカカオの原料になる。

カフェインを豊富に含む種子

栄養価が高い果実

ヘリアンテムム
花には強い香りがある

果実をつける茎

80 cm
32 in

25 m／82 ft

成木の姿

25 m
82 ft

光沢のある楕円形の葉

ヨウシュジンチョウゲ
MEZEREON
Daphne mezereum ジンチョウゲ科
湿気の多い森や日陰の谷間に自生する落葉性低木で、ヨーロッパ全域で見られる。

ジャコウアオイ
MUSK MALLOW
Malva moschata アオイ科
北アフリカと南ヨーロッパが原産で、より北部では園芸用に栽培されている。背の高い多年草で、草地や藪に自生する。

コラノキ（コーラ）
COLA NUT TREE *Cola nitida* アオイ科
莢の中にカフェインを豊富に含む種子（コーラナッツ）をつける西アフリカ産の高木。かつては清涼飲料（コーラ）の原料になった。生の種子を噛むと、興奮して元気がでるため、現地の人が嗜好食品として用いる。

バオバブ BAOBAB TREE
Adansonia digitata アオイ科
アフリカ産の巨大な高木。葉を落とした姿は細かく分かれた枝が根のようにも見えるため、「逆さまの木」とも呼ばれる。樹齢1500年以上になることもある。

雌しべの柱頭に
花粉が付着する

雄しべは融合して長く筒状に
なり、そこから伸びた花糸の
先端に花粉がつく（黄色い部分）

ウキツリボク
（アブチロン）
TRAILING ABUTILON
Callianthe megapotamicum
アオイ科
ブラジルの乾燥した山間の
谷が原産。枝を横に広げる
低木で、温暖な場所や
陽当たりのよい花壇などで
観賞用に栽培される。

1.8 m
6 ft

光沢の
ある葉

棘の多い
果実

40 m
130 ft

ドリアン
DURIAN
Durio zibethinus アオイ科
アジアの熱帯雨林原産の、硬い棘の
ある果実をつくる植物。その果実は汗
臭い靴下のような悪臭を放ち、多くの
動物を引き寄せる。動物に食べられた
種子はその糞として散布される。栄養
豊富な果肉は美味で珍重される。

36 m
120 ft

1.8 m
6 ft

アメリカシナノキ
AMERICAN LIME
Tilia americana アオイ科
北米大陸東部に広く分布する
落葉性の中高木、あるいは
高木。秋には美しく黄葉して
森林地帯に彩りを添える。
サトウカエデの木と混交して
生えることが多い。

掌状の葉

70 m
230 ft

花をつけた
小枝

綿毛の
詰まった
莢

ワタの玉
（蒴果）を
開いたところ

1.5 m
5 ft

アルセア・パリダ
WILD HOLLYHOCK
Alcea pallida
アオイ科
東地中海原産の、背の
高い常緑の多年草。園芸
種のタチアオイの近縁種。
藪や岩場に自生する。

パンヤノキ（カポック）
KAPOK
Ceiba pentandra アオイ科
西アフリカや、中米、南米大陸に自生
する巨大な高木。果実（莢）の中の
繊維はぬいぐるみの詰め物に
用いられる。

ワタ
UPLAND COTTON
Gossypium hirsutum アオイ科
中米原産のこの低木は、現在世界中
で栽培されているワタ（棉）と同種で
ある。ワタの繊維は球形の
蒴果の中の種子を守っている。

ムクロジ目 SAPINDALES

ムクロジ目は9科からなる重要なグループであ
る。大半は高木や低木、あるいは木本性のつ
る植物で、複葉となるものが多い。森林で優
占種となるものや、柑橘類のように経済的に
重要な種も数多い。半数以上の種はムクロジ
科（約1,900種）とミカン科（約1,700種）に含ま
れる。ミカン科はオーストラリアやアフリカ南部
を原産とするものが多い。

常緑の葉

40 m/130 ft

熟した
果実

5 m/16 ft

12 m/40 ft

10 m/33 ft

ルス・ティフィナ
STAG'S HORN SUMACH
Rhus typhina ウルシ科
北米大陸東部に分布し、
森林周縁部や荒れ地に
自生する落葉性の低木。
棘のある赤いベリー（嬢果）
を房状につける。

カシューナットノキ
CASHEW
Anacardium occidentale ウルシ科
南米大陸が原産の低木。
種子（カシューナッツ）を収穫する
ため、16世紀にはアジアや
アフリカにも導入された。

ハグマノキ
（スモークツリー）
SMOKE BUSH
Cotinus coggygria ウルシ科
薄緑色の葉を細かく分枝する
様子が煙のように見えることから、
英語では「煙の木」と呼ばれる。
南ヨーロッパとアジアに分布する。

マンゴー
MANGO
Mangifera indica ウルシ科
アジア原産のマンゴーは
世界の熱帯域で最も広く
栽培されている果実である。
果実にはビタミンAが
豊富に含まれる。

≫

>> ムクロジ目

アンジローバ（クラブウッド）
CRABWOOD
Carapa guianensis センダン科
55 m / 180 ft
南アメリカの熱帯域に生息。濃色の木材は
オオバマホガニーとして売られることも
ある。種子から石けんができる。

熟した果実　羽状複葉

インドセンダン
NEEM TREE
Azadirachta indica センダン科
40 m / 130 ft
アジアやアフリカの熱帯域全般で栽培
されている高木。高級用材、薬効成分
のある精油、食用になるシュートなど、
利用価値が高い。インドの農民は
この葉と精油から殺虫剤を作る。

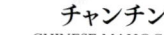

チャンチン
CHINESE MAHOGANY
Toona sinensis センダン科
25 m / 80 ft
中国人はこの東アジア原産の木の葉を
野菜のように食べる。硬く赤い色の木材が
採れ、家具などの用材に使われる。

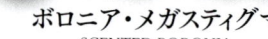

ボロニア・メガスティグマ
SCENTED BORONIA
Boronia megastigma ミカン科
2 m / 6½ ft
西オーストラリアの湿気の多い砂地に自生する
直立低木。外側が茶色で、内側が金緑色の
鈴のような花をつける。

コヘンルーダ
FRINGED RUE
Ruta chalepensis ミカン科
60 cm / 23½ in
南ヨーロッパと南西
アジアに自生する常緑
小低木。『聖書』中の
「芸香（ヘンルーダ）」はこの
植物だと推定されている。

フィロテカ・スピカータ
PEPPER AND SALT
Philoteca spicata ミカン科
60 cm / 23½ in
オーストラリア南西部の砂地や砂利に
覆われた土地に自生する小低木。細い葉に、
ピンク、白、薄い青などの花をつける。

ボロニア・セルルラタ
SYDNEY ROCKROSE
Boronia serrulata ミカン科
1.5 m / 5 ft
オーストラリア固有種で、シドニー
付近の海辺の荒野に自生する
小低木。明るいピンク色の
カップ型の花を咲かせる。

主脈が目立つ

ホップノキ（ホップツリー）
HOP TREE
Ptelea trifoliata ミカン科
6 m / 20 ft
北米大陸東部原産の小高木で、観賞用
に栽培される。かつて果実がホップの
代わりにビール醸造に利用されていた。

コレア・プルケラ
SALMON CORREA
Correa pulchella ミカン科
1 m / 3¼ ft
オーストラリア南部の原産の小低木。
うつむいて咲く繊細な筒状花を
つけるため、観賞用に栽培される。

ショワジア・テルナタ（メキシカンオレンジ）
MEXICAN ORANGE
Choisya ternata ミカン科
2 m / 6½ ft
メキシコ原産だが、現在はどこの庭園や花
壇にも見られる常緑低木。細かく分枝して、
甘い香りのする白い花を房状に咲かせる。

アメリカサンショウ
COMMON PRICKLY ASH
Zanthoxylum americanum ミカン科
10 m / 33 ft
北米大陸原産の棘の多い高木で、カナダ
のケベック州を北限として分布する。
アメリカ・インディアンは虫歯の痛みを
この木の樹皮を噛んでやわらげた。

ミヤマシキミ
SKIMMIA
Skimmia japonica ミカン科
2 m / 6½ ft
東アジア原産の芳香をもつ
常緑低木で、花壇や公園、
公共施設などに植えられる。
夏の終わりごろに赤い
ベリーをつける。

茎

ゴルフボール大の果実

カラタチ
JAPANESE BITTER ORANGE
Citrus trifoliata ミカン科
8 m / 26 ft
棘の多い低木で、オレンジに似た小さな
果実をつける。ビロード状の短毛がある
果実は食用には適さないが、さまざまな
薬効があり、生薬として用いられる。

常緑の葉　半ば熟した果実

レモン
LEMON
Citrus × limon ミカン科
6 m / 20 ft
常緑の高木。インドのアッサム地方か
中国で、交雑によって生まれた雑種だ
と考えられている。今では果実を収穫
するために世界中で栽培されている。

未成熟の果実

ダイダイ
SEVILLE ORANGE
Citrus × aurantium ミカン科
9 m / 30 ft
甘いオレンジ（*C. × sinensis*）はそのままで食べら
れるが、ダイダイはそのまま食べるのには不向
きでもっぱら料理用に使われる。オレンジも
ダイダイもアジアで生まれた雑種である。

サトウカエデ
SUGAR MAPLE
Acer saccharum
ムクロジ科
アメリカ北東部とカナダ南東部
原産の高木。春にこの木から
集められた樹液を煮詰めた
ものがメイプルシロップになる。

35 m
115 ft

イロハモミジ
JAPANESE MAPLE
Acer palmatum
ムクロジ科
日本原産の高木で、数百年
の栽培の歴史のなかで数
多くの変種が生み出されて
いる。葉の形の違いなども
豊富で、秋には見事な色の
競演が見られる。

16 m
52 ft

尾状花序

セイヨウカジカエデ
（シカモア）
SYCAMORE
Acer pseudoplatanus
ムクロジ科
ヨーロッパとアジアの
山岳地帯の森に自生する
が、現在では世界各地で
植えられている。翼の
ついた種子（翼果）
を風に乗せて
飛ばす。

翼果

30 m
100 ft

モクゲンジ
GOLDEN-RAIN TREE
Koelreuteria paniculata
ムクロジ科
東アジア原産の派手な高木で、
温帯域に広く植えられている。
黄色い尾状花序を垂らし、
目立つ袋状の蒴果をつける。

12 m
40 ft

棘のついた
殻をもつ果実

若い花には
黄色い「目」
がある

レイシ（ライチ）
LYCHEE
Litchi chinensis ムクロジ科
中国南部が原産と考えられるが、
果実が美味なため、古くから栽培
されている。鋭い棘がついた硬い
殻の中に甘い果肉が詰まっている。

30 m
100 ft

セイヨウトチノキ
（マロニエ）
HORSE CHESTNUT
Aesculus hippocastanum ムクロジ科
ヨーロッパ南東部の原産。夏に木陰を
つくる街路樹として広く植えられている。
クリ（栗）に似た果実をつけるが、
硬くてまずいので食用には
適さない。

40 m
130 ft

春に白い花を
咲かせる

明るい
緑色の葉

食用になる
堅果（ナッツ）

カナリアノキ
（カナリウム・インディクム）
JAVA ALMOND
Canarium indicum
カンラン科
太平洋の島々の熱帯雨林
に自生する。用材と精油が
採れ、堅果が食用になるの
で、この木が生えている地域に
とっては非常に利用度が高い。

40 m
130 ft

8 m
26 ft

粗い鋸歯のある
小葉

古い花は
「目」が赤くなる

羽状複葉

総状花序

8 m
26 ft

20 m
65 ft

8 m
26 ft

ブンカンカ
YELLOWHORN
Xanthoceras sorbifolium ムクロジ科
中国に自生する小高木。
学名の種小名は「ナナカマド
（*Sorbus*）に似た葉をもつ」植物と
いう意味である。

ニワウルシ
TREE OF HEAVEN
Ailanthus altissima ニガキ科
わずかな不快臭を放つ、中国から世界
に広まった高木。大気汚染に強く、
どのような土壌にも育つことから、
街路樹として各地に植えられている。

スリナムニガキ
BITTERWOOD
Quassia amara ニガキ科
樹皮と葉の煮出し汁から
マラリアの特効薬が
作られ、熱帯アメリカで
用いられてきた。

ボスウェリア・サクラ
FRANKINCENSE *Boswellia sacra* カンラン科
このアラビア原産の高木の幹を傷つけると、
ミルクのような樹液が滲出してくる。これが
古代から貴重品とされたフランキンセンス
（乳香）であり、ゴム状の樹脂にして香にして
焚いたり、香水の材料にされたりした。

ナデシコ目 CARYOPHYLLALES

38科からなるナデシコ目は極めて多様性に富み、高木、低木、つる植物、多肉植物、草本植物などを含む。カーネーションもサボテンもこの目の仲間である。特別な適応形質を得て厳しい環境下で生き抜いているものが多い。多肉質の葉に水分を蓄えて乾燥に耐えるものや、昆虫をおびき寄せて捕らえて消化し、栄養を吸収するという大胆な戦略に走った食虫植物も含まれる。

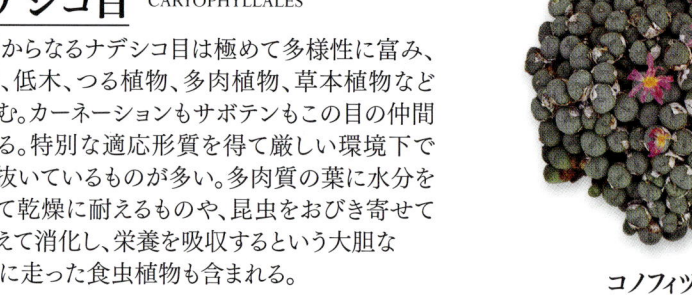

黄色から淡いピンク色をした多数の花弁

肉厚の葉

カルポブロトゥス・エドゥリス
HOTTENTOT FIG
Carpobrotus edulis ハマミズナ科
地表に這って広がる植物で、肉厚の葉をもつ。南アフリカ原産。派手な花を咲かせ、食用にもなる果実をつける。乾燥した開けた土地に育ち、侵略的外来種となることもある。

30 cm
12 in

5 cm
2 in

コノフィツム
Conophytum minutum
ハマミズナ科
多年生の多肉植物で、小石のように見える葉をもち、群生する。南アフリカの半砂漠地帯に自生する。

2.5 cm
1 in

フォーカリア
WARTY TIGER JAWS
Faucaria tuberculosa ハマミズナ科
南アフリカの半砂漠地帯に育つ。口を開いているように見える葉の形から、英語では「疣だらけの虎のあご」と呼ばれている。

30 cm
12 in

ディスフィマ・クラッシフォリウム
PURPLE DEWPLANT
Disphyma crassifolium ハマミズナ科
地表を長く這って伸びる平伏茎で成長し、肉厚の葉とヒナギクに似た花をつける。南アフリカ、オーストラリア、ニュージーランドの原産で、塩分の強い土壌を好む。

10 cm
4 in

シュワンテシア・ルエデブスキイ
Schwantesia ruedebuschii
ハマミズナ科
群生する植物で、竜骨のある非対称の葉をもち、平伏茎を伸ばす。ナミビアと南アフリカの丘陵地に自生する。

40 cm
16 in

マツバギク属の一種
Lampranthus aurantiacus
ハマミズナ科
南アフリカ西岸の砂状フラット(砂質の干潟)に自生する多肉植物。現地では「フェイヒ(vygie)」と呼ばれている。ヒナギクに似た明るい色の花は直径約5cmである。

3 cm
1¼ in

ティタノプシス・カルカレア
Titanopsis calcarea
ハマミズナ科
南アフリカの多肉植物。葉は表面が固く、砂漠にある石灰質の小石のように見える。晩夏から秋にかけて開花する。

リトプス・アウカンピアエ
LIVING STONES
Lithops aucampiae
ハマミズナ科
南アフリカの礫砂漠(地表を小石で覆われた砂漠)に自生する。矮性の群生植物で、膨らんだ葉をつける。

3 cm
1¼ in

対になった葉

カーマインレッドの花

10 cm
4 in

膨らんだ多肉質の葉

30 cm
12 in

アイスプラント
ICE PLANT
Mesembryanthemum crystallinum
ハマミズナ科
「アイスプラント」の名は、表皮に塩を隔離する細胞があって、植物体全体が光るつぶつぶの小隆起で覆われている姿が凍ったように見えることによる。アフリカの一部、ヨーロッパ、西アジアの塩分土壌に育つ。

フリティア・プルクラ
FAIRY ELEPHANT'S FEET
Frithia pulchra
ハマミズナ科
小型の多肉植物で、南アフリカの山地帯の草原に育つ。乾季には葉が縮んで全体が土の中に潜った状態になり、乾燥から身を守る。

8 cm
3¼ in

ギッバエウム・ウェルティヌム
Gibbaeum velutinum
ハマミズナ科
不ぞろいの大きさの肉厚の葉が基部で束ねられた奇妙な姿で、地表にマット状に広がる植物。南アフリカの半砂漠地帯に見られる。

ヒモゲイトウ
（センニンコク）
LOVE-LIES-BLEEDING
Amaranthus caudatus ヒユ科
南アメリカ原産と推定される
一年生草本。種子や葉を
食用とするために
古くから栽培されてきた。

2.5 m / 8 ft

竜骨

花の色は白、
ピンク、藤色
などになる

一組ずつの、大きさが
不ぞろいな肉厚の葉

2 m
6½ ft

ホクチビユ
POLPALA
Aerva lanata ヒユ科
熱帯アジアとアフリカが原産の
多年生草本。開けた荒れ地に育ち、
猫の尾のような尾状花序をつける。

1.8 m
6 ft

モンパイノコズチ
Achyranthes bidentata
ヒユ科
森の周縁部や川の岸辺、湿気の
多い日陰の土地に自生する、
イノコズチ属の一種。中国、日本、
インド、ネパールなどが原産地。

小さな花
からなる
円錐花序

1 m
3¼ ft

ハママツナ
ANNUAL SEABLITE
Suaeda maritima ヒユ科
ヨーロッパでは主に海岸地帯や
塩分の強い湿地に自生する、
マツナ属の一種。アジアの一部や
北米大陸では内陸で見られる。
緑色の葉はやがて赤に変わる。

30 cm
12 in

1.5 m
5 ft

ハート型
の葉

背の高い
葉茎

ハマフダンソウ
SEA BEET
Beta vulgaris ヒユ科
サトウダイコン（シュガー
ビート）の祖先となった
野生種で、肉厚の葉を
もつ。ヨーロッパの一部、
北アフリカ、アジアなどの
海岸付近の裸地に
自生する。

アトリプレックス・
ポルトゥラコイデス
SEA PURSLANE
Atriplex portulacoides ヒユ科
塩性湿地、とくに潮流の通る
通路や潮汐池に広がって
生える銀白色の種。
ヨーロッパ南部と地中海
沿岸部に自生する。

赤味がかった
花序

30 cm
12 in

アッケシソウ
COMMON GLASSWORT
Salicornia europaea ヒユ科
ヨーロッパ西部の塩分の強い
泥湿地にやぶをつくる一年草。
肉厚の茎は、ときに食用にされる。

アリタソウ
MEXICAN TEA
Dysphania ambrosioides ヒユ科
寿命の短いアリタソウ属の
一年草で、熱帯アメリカの耕地
と荒れ地の双方で見られる。
芳香があるため、香辛料や茶と
して使われ、英語では「メキシ
カン・ティー」と呼ばれる。

1 m
3¼ ft

サラダ用に
食される葉

ヤマホウレンソウ
GARDEN ORACHE
Atriplex hortensis ヒユ科
西南アジアの海岸原産だと
考えられる。ホウレンソウに
似た葉は食用になり、古くから
栽培されている。

1.2 m
4 ft

2 m
6½ ft

ノゲイトウ
PLUMED COCKSCOMB
Celosia argentea ヒユ科
目立つ花を咲かせる植物で、
熱帯アフリカの乾燥した斜面や
岩がちの土地に自生するが、
葉も美しいため、ほかの地域でも
広く栽培されている。

キセッコウ（黄雪光）
Parodia haselbergii
サボテン科
球形の茎にろうと形の花をつけるサボテンで、ブラジルの山岳部に自生する。

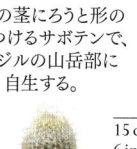

15 cm
6 in

7 m
23 ft

オイラク（老楽）
PERUVIAN OLD MAN CACTUS
Espostoa lanata
サボテン科
円柱のような茎に長く白い毛をもつ、成長の遅いサボテン。ペルーとエクアドル南部の丘陵地に自生する。

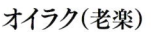

40 cm
16 in

棘に覆われた成長の遅いサボテン

エリオシケ・スブギッボサ
Eriosyce subgibbosa
サボテン科
球形の茎のサボテンで、チリの乾燥した岩場や海岸が原産地。

90 cm
35 in

ろうと形の花

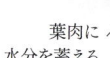

タマサボテン属の一種
BARREL CACTUS
Echinocactus sp.
サボテン科
樽型のサボテン。タマサボテン属のサボテンは北米南西部とメキシコの砂漠地帯のみに見られる。

葉肉に水分を蓄える

10 cm/4 in

クレイストカクタス・ブルッケアエ
Cleistocactus brookeae
サボテン科
個々の茎を斜め上かまたは横に広げて伸ばすサボテン。ボリビアの山岳地帯に自生する。

60 cm
23½ in

60 cm/23½ in

コウザン（光山）
Leuchtenbergia Principis
サボテン科
茎は球形あるいは短い円柱形で、芳香のある花を咲かせる。メキシコ北部の半砂漠地帯に自生する。

オキナマル（翁丸）
OLD MAN CACTUS
Cephalocereus senilis
サボテン科
茎を覆う白く長い毛があるため、英語では「老人のサボテン」と呼ばれる。メキシコの岩場が原産地。

12 m
40 ft

レブティア・ヘリオーサ
Rebutia heliosa
サボテン科
群生し明るい色の花を咲かせるサボテンで、ボリビアの原産。山岳地帯の部分的に日陰になる土地に自生する。

キンボウリュウ（金亡龍）
GOLDEN COLUMN
Weberbauerocereus johnsonii
サボテン科
砂地に自生するペルー産の背の高いサボテン。

6 m
20 ft

腕のように見える枝にも花が咲く

16 m
52 ft

カルネギエア・ギガンテア（弁慶柱）
SAGUARO CACTUS
Carnegiea gigantea
サボテン科
アメリカのカリフォルニア州やアリゾナ州、メキシコなどで見られる非常に背の高いサボテンで、寿命は最大で150年にもなる。

リプサリス・バッキフェラ
MISTLETOE CACTUS
Rhipsalis baccifera サボテン科
着生性のサボテンで、南北アメリカ大陸以外に自生する唯一のサボテン。熱帯アフリカやマダガスカル、スリランカには渡り鳥によって運ばれたと考えられる。

4 m/13 ft

19 m
62 ft

パキケレウス・プリングレイ（武倫柱）
GIANT CARDÓN
Pachycereus pringlei
サボテン科
現生のサボテンとしては最も背が高い。メキシコのバハカリフォルニアの砂漠に自生する。夜間に開花する。

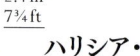

2.4 m
7¾ ft

ハリシア・ジュスベルティイ（袖ヶ浦）
QUEEN OF THE NIGHT
Harrisia jusbertii
サボテン科
アルゼンチンやパラグアイの丘陵地帯で生まれた自然雑種だと推定される。円柱形のサボテンで、夜間に開花するため「夜の女王」という意味の英名がついている。

5 m
16 ft

ロフォケレウス・ショッティ（上帝閣）
Lophocereus schottii
サボテン科
メキシコとアメリカのアリゾナ州南部産のサボテン。背が高く成長が遅い。夜間に開花する花は不快な匂いを放つ。

**マトゥカナ・
インテルテクスタ（悠仙玉）**
Matucana intertexta　サボテン科
ペルーの山間の谷にのみ
見られるサボテン。茎は球形か
短い円筒形で、密集して生える。

30 cm
12 in

**アストロフィトゥム・
オルナトゥム（般若）**
MONK'S HOOD CACTUS
Astrophytum ornatum　サボテン科
球形または円柱形の茎に黄褐色の
長い棘の生えるサボテン。
メキシコの乾燥地帯に自生する。

1.5 m
5 ft

**エキノケレウス・
トリグロキディアトゥス
（勘刺蝦）**
CLARET CUP HEDGEHOG
Echinocereus triglochidiatus　サボテン科
アメリカ南部とメキシコ北部の
岩の多い斜面に自生する。
ハチドリが花粉媒介をする。

70 cm/28 in

花のつぼみ

**アポロカクタス・
フラギリフォルミス
（金紐）**
RAT'S-TAIL CACTUS
Aporocactus flagelliformis
サボテン科
樹上や森林地帯の
岩場に自生するメキシコ
産のサボテン。肉厚の
匍匐茎をもち、色鮮やか
な花を咲かせる。

1.5 m
5 ft

細長い匍匐茎

20 cm
8 in

**メロカクタス・
サルヴァドレンシス**
TURK'S CAP CACTUS
Melocactus salvadorensis　サボテン科
成熟すると球形の茎の頂点にトルコ
帽のような特徴のある花をつける。
ブラジル北東部の開けた
岩場に自生する。

20 cm
8 in

**マミラリア・
ハフニアナ（玉翁）**
OLD LADY CACTUS
Mammillaria hahniana　サボテン科
半砂漠性の土地に自生する
メキシコ原産のサボテン。
球形の茎の上部に「白髪」ができる。

**ステノカクタス・
ムルティコスタトゥス
（縮玉）**
BRAIN CACTUS
Stenocactus multicostatus
サボテン科
メキシコ北東部の乾燥した
草原に自生する球形のサボテン。
つぼみはろうと形で、ピンク色の
花弁にはストライプが入る。

10 cm
4 in

**ギムノカリキウム・
ホルスティイ**
Gymnocalycium horstii
サボテン科
球形の茎をもち、密集して
生えるサボテン。ブラジルの
リオグランデドスル近くの
岩がちの草地だけに
自生すると考えられる。

15 cm
6 in

30 cm
12 in

シャコバサボテン
CRAB CACTUS
Schlumbergera truncata　サボテン科
春に開花する着生性のサボテン。
ブラジル南東部が原産だが、室内で
育てる観賞用植物として人気が高い。

新しくできた果実

5 m/16 ft

集まって
生える棘

20 cm
8 in

**テロカクタス・
ビコロル（大統領）**
GLORY OF TEXAS
Thelocactus bicolor　サボテン科
アメリカのテキサス州や
メキシコ北東部に自生する、
球形の茎をもつサボテン。

鮮やかな黄色い花

パドル（櫂）の
ような形の緑色の茎

**オプンティア・フィクスインディカ
（大型宝剣）**　PRICKLY PEAR
Opuntia ficus-indica　サボテン科
平たいウチワ形の茎が何枚もつながって
生える。卵型の果実は食べられる。メキシコの
岩がちの丘陵地や乾燥した土地に自生するが、
ほかの地域にも帰化植物として広がっている。

∨ 棘だらけの星
アストロフィトゥム・オルナトゥムは上から見ると星型をしている。中央部から5〜10本（通常は8本）の稜線が走る。水平方向には白い毛状の鱗片が帯のように取り巻いている。

小さな中空の刺座から5〜11本の棘がまとまって生える。刺座は白い毛に覆われている。

アストロフィトゥム・オルナトゥム(般若)

MONK'S HOOD CACTUS *Astrophytum ornatum*

アストロフィトゥムという属名は、古代ギリシャ語で「星の植物」という意味である。1827年にアイルランドの医師であり植物学者であったトマス・コールターが初めて採集し、スイスのジュネーヴ植物園のド・カンドル教授に送った。包みをほどいてみた教授は、カビが生えていると思った。だがカビのような白点は毛状突起の束だった。羊毛のような突起がかたまって生えた白点は、水分を保持し、太陽光から植物体を守っている可能性がある。またカモフラージュの役にも立っている。本種は、アストロフィトゥム属のサボテンのなかで最も白点が多く、また最も棘が目立つものでもある。現在、自生しているものはめったに見つけられない。

成長の遅いサボテンが食べられないように棘が保護している

大きさ	1.5 m (5 ft)
生息域	半砂漠の低木林
分布域	メキシコ北東部
葉の型	棘状

< 根の構造
地表浅くに張られたひげ根は広い場所から水分を吸収するのに適している。熱く乾燥した地域では短時間のにわか雨しか降らず、地表からわずか数cm下の土しか濡れないため、広く浅く根を張ることが何よりも重要だからである。

外花弁 >
花には細長い外花弁が多数ある。外花弁は淡黄色で、細く尖った先端は茶色である。花の直径は11cmほどになる。

< ∨ 羊毛状の鱗片
稜のあいだには白い毛状の鱗片の束が帯状に並んでいる。この鱗片の束は若いときには密に生えているが、年をとるにつれてまばらになっていく。

水分を貯める髄

ひげ根

花弁

雄しべ（花粉をつくり出す器官）

柱頭

> 花の断面
黄色い花弁は幅広の長楕円形で、その頂上部はぎざぎざになっている。柱頭、花柱、子房から成る雌しべを構成する心皮は黄色で、雌しべも黄色である。

花柱（雌しべの一部で、柱頭と子房をつなぐ）

子房

∧ 子房
雌しべの中では最も下にある部分で、胚珠を包んでいる。種子になるのはこの胚珠の部分である。

∧ 柱頭
花には1本の柱頭がある。先端は7〜12本の裂片に分かれており、そこに花粉が付着する。柱頭の長さは約1.5cmである。

被子植物・真正双子葉植物

ノハラナデシコ
DEPTFORD PINK
Dianthus armeria
ナデシコ科
乾燥した草原、とくに砂地の
軽い土壌を好むヨーロッパ産の
一年草。星型の花弁の縁は
鋸歯状になっている。

ムギセンノウ
(ムギナデシコ)
CORNCOCKLE
Agrostemma githago ナデシコ科
地中海東部が原産。かつては
麦畑にはびこる雑草という
扱いだったが、今日では
野生種は希少になっている。

ドウカンソウ(サポナリア)
COW BASIL
Vaccaria hispanica ナデシコ科
ヨーロッパとアジアの
穀物畑ではますます見られ
なくなった一年生の雑草。
葉は青味がかり、ピンク色の
花が咲く。

ホンケニア・
ペプロイデス
SEA SANDWORT
Honckenya peploides ナデシコ科
肉厚の茎を地面に這わせて広が
る多年草。北米大陸、ヨーロッパ、
アジアの砂浜海岸や小石に
覆われた土地などに見られる。

ノミノツヅリ
THYME-LEAVED SANDWORT
Arenaria serpyllifolia ナデシコ科
ヨーロッパや温帯アジア、北アメリカ
の裸地や攪乱土壌で見られる。
小さな対生の葉をもつ様子から、
英語では「タイムの葉をもつ草」
と形容される。

アルプスセンノウ
ALPINE CAMPION
Viscaria alpina
ナデシコ科
アルプス山脈やピレネー山脈、
西アジアの山岳地帯、ヨーロッパ
や北米大陸の亜北極圏で見られ、
ミネラル分に富んだ岩の上に
自生する。

ピンク色(たまに白色)
の花弁

花が成熟するに
つれて花柄が
伸びる

一つのシュート(苗条)に4〜5枚
の小さな緑色の葉がつく

5弁の花

披針形の葉

カッコウセンノウ
RAGGED ROBIN
Silene flos-cuculi ナデシコ科
花弁が深く切れ込んでいる様子
から、英語では「ぼろぼろになった
コマドリ」と呼ばれる。ヨーロッパ
原産で、沼沢地や湿気の多い
土地に自生する。

セイヨウミミナグサ
FIELD MOUSE-EAR
Cerastium arvense ナデシコ科
北米大陸、ヨーロッパ、北アフリカ、
西アジアの温帯域の、乾燥した
草原で見られる。

膨らんだ
萼筒

クッションの中央に
長い主根がある

コケマンテマ
MOSS CAMPION
Silene acaulis ナデシコ科
コケのようなクッション形に成長するため、
「コケのセンノウ」と呼ばれる多年草。
北米大陸、ヨーロッパの西部・中部・
北部、アジアの山岳地域に見られる。

シラタマソウ
BLADDER CAMPION
Silene vulgaris ナデシコ科
萼筒(萼片が融合して筒状になった部分)
のぷっくりした姿からの連想で、英語では
「袋をつくるセンノウ」と呼ばれている。ヨーロッパ、
北アフリカ、アジアの温帯域で見られる。

60 cm / 23½ in
1 m / 3¼ ft
60 cm / 23½ in
25 cm / 10 in
30 cm / 12 in
80 cm / 32 in
30 cm / 12 in
20 cm / 8 in
10 cm / 4 in
80 cm / 32 in

イヌコモチナデシコ
CHILDING PINK
Petrorhagia nanteuilii ナデシコ科
花は一度に一つずつ咲く。
ヨーロッパ西部に分布し、砂地に
ある乾いた草原に自生する。

花を包む
総苞

50 cm
20 in

サボンソウ
SOAPWORT
Saponaria officinalis ナデシコ科
かつては石けんの材料に利用されて
いた草本。ヨーロッパ南部や西アジアの
川辺や湿気の多い土地に自生する。

1 m
3¼ ft

コハコベ
COMMON CHICKWEED
Stellaria media ナデシコ科
地表に広がる植物で、世界中の耕地や
開けた土地に自生する。サラダ用の野菜
として使われることがある。

50 cm
20 in

モウセンゴケ
ROUND-LEAVED SUNDEW
Drosera rotundifolia
モウセンゴケ科
北米大陸、ヨーロッパ、
アジア北部の沼地や牧草
地に見られる食虫植物で、
丸い葉には何本もの
粘毛があり、その表面は
昆虫を消化する酵素で
覆われている。

ねばねばする毛が
昆虫を捕らえる

10 cm
4 in

ハエトリグサ（ハエジゴク）
VENUS FLY-TRAP
Dionaea muscipula
モウセンゴケ科
アメリカのノースカロライナ州と
サウスカロライナ州の海岸地
域の沼地に見られる多年生
の食虫植物。周囲に棘が
並んだ、2つに分かれた葉が
閉じて昆虫を捕らえる。

葉の表面に生えた感覚毛が
わなの引き金になる

テリハイカダカズラ
BOUGAINVILLEA
Bougainvillea glabra
オシロイバナ科
成長の遅い常緑のつる植物で、
花弁のように見えるのは
苞である。ブラジル原産だが、
世界中で栽培されている。

苞に囲まれた
白い花

明るい色の苞

8 m/26 ft

昆虫が感覚毛に触れると、
葉が閉じて獲物を
閉じ込める

15 cm
6 in

葉の縁の棘が
合わさって昆虫を
逃がさない

ふたにある蜜腺で
昆虫を引き寄せる

昆虫が縁に
とまると滑って
中に落ちる

12 m
40 ft

フランケニア・ラエウィス
SEA HEATH
Frankenia laevis フランケニア科
塩性湿地のやや乾いた砂地に
自生し、地表にマット状に広がる。
ヨーロッパ西部と北西アフリカが原産。

30 cm/12 in

ろうとの下部にたまった
液体で昆虫を消化する

オシロイバナ
FOUR O'CLOCK FLOWER
Mirabilis jalapa
オシロイバナ科
中米と南米大陸の熱帯域の乾燥した
土地に自生する。夕方のしばらくの
間、芳香のある花が開く。

1 m/3¼ ft

ネペンテス・ウォゲリイ
PITCHER PLANT
Nepenthes stenophylla
ウツボカズラ科
ボルネオ島の森に
見られるよじ登り植物。
ふくろ状に変形した葉で
昆虫を捕まえて
栄養分を得ている。

葉が変形
してできた
ふくろ状の
部分は根元
が巻きひげ
になっている

エリオゴヌム・ウンベラトゥム
SULPHUR FLOWER
Eriogonum umbellatum タデ科
アメリカの北部と西部、カナダの水はけのよい山地性の森や茂みに自生する。地表にマット状に広がり、長持ちする花を咲かせる。

30 cm / 12 in

エリオゴヌム・ギガンテウム（セントキャサリンズレース）
ST CATHERINE'S LACE
Eriogonum giganteum タデ科
小さな花が多数集まって長いあいだ咲き、たくさんのチョウが訪れる。アメリカのカリフォルニア州のチャネル諸島だけに自生する。

2 m / 6½ ft

ソバカズラ
BLACK BINDWEED
Fallopia convolvulus タデ科
ヨーロッパ、北アフリカ、温帯アジアなどに見られる植物で、荒れ地にも耕地にも育つ。

1 m / 3¼ ft

葉縁は波打つ

2 m 6½ ft

果穂

60 cm 23½ in

ソバ
COMMON BUCKWHEAT
Fagopyrum esculentum タデ科
温帯アジア原産のソバはその果実が食用になるため、古くから栽培されてきた。粉にひいてさまざまな調理法で食べられるが、鳥の餌としても利用される。

小さな緑色の花

果穂

ナガバギシギシ
CURLED DOCK
Rumex crispus タデ科
草地や荒れ地、海辺の小石の多い土地などに育つ。ヨーロッパ、アジア、北アフリカが原産だが、他の地域で侵略的外来種になっていることもある。

ミチヤナギ
KNOTGRASS
Polygonum aviculare タデ科
海岸でも内陸部でも、また耕地でも裸地でも急速に地面に広がって殖える植物。ヨーロッパとアジア全域でよく見られる。

60 cm 23½ in

赤味がかった花が花粉を風に乗せて飛ばす

円形の葉

肉厚で腎臓形の葉

30 cm 12 in

90 cm 35 in

12 m 40 ft

3 m 10 ft

2.5 m 8 ft

ジンヨウスイバ
MOUNTAIN SORREL
Oxyria digyna タデ科
北半球の北極から温帯までの山岳地帯の岩場や川辺に自生する。全体は緑色だが、しばしば赤味がかる。

イブキトラノオ
COMMON BISTORT
Persicaria bistorta タデ科
ヨーロッパやアジアの草地に群生し、円筒状の穂状の花序をつける。

アサヒカズラ（ニトベカズラ）
CORAL VINE
Antigonon leptopus タデ科
巻きひげで伸びる成長の速いつる植物。メキシコの熱帯域の林や茂みに自生する。

ヨウシュヤマゴボウ
POKEWEED
Phytolacca americana ヤマゴボウ科
不快な匂いのある多年草で、クロイチゴによく似た有毒の果実をつける。北米大陸東部とメキシコの日陰の土地に自生する。

モミジバダイオウ
CHINESE RHUBARB
Rheum palmatum タデ科
巨大な根と大きくて毒性のある葉をもつ。中国の山岳地帯の川辺や湿った土地に自生する。

大きな葉は頑丈な茎に支えられる

スベリヒユ
SUMMER PURSLANE
Portulaca oleracea スベリヒユ科
地中海地方やアフリカが原産だが、他の地域にも広く導入されている。主に荒れ地に自生する。肉厚の葉をつけ、食用になる。

50 cm 20 in

フェメラントゥス・セディフォルミス
Phemeranthis sediformis ハゼラン科
地面に張りついて成長する。午後に花を咲かせる。北米大陸西部の乾燥した草原や茂みに見られる。

5 cm 2 in

レウィシア・ブラキカリクス
Lewisia brachycalyx ヌマハコベ科
アメリカ南西部の山岳地帯の、岩の多い
湿った牧草地に自生する。基部から
肉厚の葉がロゼット状に広がる。

4 cm
1½ in

30 cm
12 in

30 cm
12 in

ツキヌキヌマハコベ
（パースレインウインター）
SPRING BEAUTY
Claytonia perfoliata ヌマハコベ科
「鉱山労働者のレタス」という
別名があり、サラダなどにして
生食される。北米大陸西部、
メキシコ、グアテマラが原産で、
耕地や裸地に自生する。
花の下にある円盤状の部分は
2枚の葉が融合したもの。

カランドリニア・
キリアータ
FRINGED REDMAIDS
Calandrinia ciliata
ヌマハコベ科
カナダ南部からアルゼンチン
の草原が原産。フォークランド
諸島にも帰化している。
花壇でも栽培される。

セイロンマツリ
CEYLON LEADWORT
Plumbago zeylanica
イソマツ科
主に人里の開けた
土地で生育する
よじ登り性の低木。
熱帯および亜熱帯地方
に広く分布する。

1.5 m
5 ft

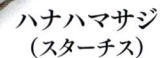

ハナハマサジ
（スターチス）
STATICE
Limonium sinuatum イソマツ科
翼のある茎を分枝させる
植物で、地中海諸国の磯や
砂浜、内陸部の塩性土壌
などで見られる。

40 cm
16 in

ハマカンザシ（アルメリア）
SEA PINK
Armeria maritima イソマツ科
西ヨーロッパでよく見られるハマ
カンザシは、海岸付近の岩場や崖、
塩水性の沼地、山岳部などに
自生する。クッションを形成する
植物（団塊植物）である。

25 cm
10 in

タマリクス・ガリカ
TAMARISK
Tamarix gallica ギョリュウ科
海岸性の植物だが、塩性
土壌の内陸部にも育つ。
南ヨーロッパ、北アフリカ、
カナリア諸島が原産だが、
現在は園芸植物として
世界中で栽培されている。

3 m
10 ft

ホホバ
JOJOBA
Simmondsia chinensis
シンモンドシア科
アメリカ西部のアリゾナ州や
カリフォルニア州、メキシコが
原産地。精油（ホホバオイル）
を採るために栽培される。

2 m
6½ ft

ビャクダン目 SANTALALES

ビャクダン目は7科からなり、主に熱帯と亜熱帯に見られ
る。材木として重要なものをいくつか含む。また、南半球
に分布する約900種のオオバヤドリギ科を始めとして、寄
生植物や半寄生植物も多く含まれる。こういった植物は
宿主となるほかの植物に付着し、成長に必要な水分や
栄養分のすべて、あるいは大部分を宿主から得ている。

10 m/33 ft

ヌイツィア・
フロリブンダ
FIRE TREE
Nuytsia floribunda オオバヤドリギ科
周囲の植物の根から水分と養分
を吸収して生きる半寄生植物。
オーストラリア南西部の森林に
自生する。

漿果は毒を
含むことがある

9 m
30 ft

1 m
3¼ ft

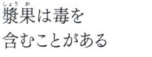

ヤドリギ
MISTLETOE
Viscum album ビャクダン科
ヤドリギはほかの木の枝について球形の塊をつくる
半寄生植物で、白いベリー（漿果）をつける。ヨーロッパ、
北アフリカ、アジアの広い地域に分布している。

ビャクダン
SANDALWOOD
Santalum album ビャクダン科
香木として知られ、高級材と精油を
採取するために栽培される半寄生
性の木本。アジアやオーストラリアの
乾燥した岩場などに自生する。

オシリス・アルバ
OSYRIS
Osyris alba
ビャクダン科
芳香をもち、箒のような
形をした半寄生植物で、
南ヨーロッパ、北アフリカ、
南西アジアの乾燥した
岩場に自生する。

1.2 m
4 ft

ミズキ目 CORNALES

ミズキ目の分類は修正されて7科からなるものとなった。5科は小さく比較的重要ではないもので、そのうち1科はアフリカ原産の常緑樹1種だけからなる。この目の主要な科であるミズキ科は、温帯地域と熱帯の山岳地帯に見られる低木や小高木からなる、とらえどころのない分類群である。またアジサイ科には有名な栽培種がいくつか含まれる。

アジサイ
HYDRANGEA
Hydrangea macrophylla　アジサイ科
日本を原産地とする低木。
鮮やかなピンク、薄紫、青、白の
小さな花が球状に集まって咲く
様子が好まれ、栽培されている。

1.5 m/5 ft

ハナミズキ
（アメリカヤマボウシ）
FLOWERING DOGWOOD
Cornus florida　ミズキ科
この美しい白い「花弁」に
見えるのは苞（特殊化
した葉）であり、これらに
囲まれた中心に小さな
花が集まって咲く。
北米大陸の原産。

12 m
40 ft

ハンカチノキ
DOVE TREE
Davidia involucrata
ヌマミズキ科
中国原産の小高木。
開花期になると、直径
2cmほどの頭状花が
クリーム色の大きな苞
2枚で包まれ、枝から
ハンカチが垂れている
ように見える。

25 m
80 ft

バイカウツギ属の一種
MOCK ORANGE
Philadelphus sp.　アジサイ科
バイカウツギ属には45種ほどが
含まれる。英語で「偽のオレンジ」
と呼ばれるのは花の外見と
香りがオレンジの花に似ている
ためである。アジア、北米大陸
西部、メキシコが原産地。

4.5 m
15 ft

ツツジ目 ERICALES

ツツジ目は22科からなる。経済的に重要なグループであり、また世界でも主要な草本植物のグループの1つとしても重要である。目名は最大の科であるツツジ科に由来する。ツツジ科は主に酸性土壌を好み、4,000種以上の低木からなる。サクラソウ科は約900種からなり、その多くは北半球の温帯域の山岳地帯にのみ見られる。そのほか、草本と低木を含むハナシノブ科や食虫植物のサラセニア科などもツツジ目である。

1 m
3¼ ft

ヨウシュハナシノブ
JACOB'S LADDER
Polemonium caeruleum　ハナシノブ科
背の高い多年性草本で、カップ型の藤色
または白色の花が咲く。ヨーロッパや
北アジアの岩場や草地に自生する。

1 m/3¼ ft

クサキョウチクトウ
PERENNIAL PHLOX
Phlox paniculata　ハナシノブ科
ピンク色または藤色のトランペット型をした花を、
茎の先端にピラミッド状に重ねてつける多年草。
アメリカ南東部の疎林に自生する。

釣鐘形をした真紅の花

30 m/100 ft

ロードデンドロン・アルボレウム
TREE RHODODENDRON
Rhododendron arboreum ツツジ科
ツツジ属には 約1,000種が含まれる。ほとんどは常緑性で革質の葉をつけ、派手な花が咲く。ヒマラヤ原産のものも多く、本種もその1つである。

1 m
3¼ ft

ギョリュウモドキ（カルーナ）
HEATHER
Calluna vulgaris ツツジ科
常緑性の低木で、紫色の穂状花序をつける。北ヨーロッパから東はアジアまで、広大な荒れ地で優占種となる。

60 cm
23½ in

ケエリカ
DORSET HEATH
Erica ciliaris ツツジ科
イングランド南部(ドーセット州を含む)、アイルランド西部、フランス、イベリア、モロッコでよく見られる。エリカ属には本種と同様な穂状の花序をつけるものが他にも数種含まれる。

12 m
40 ft

イチゴノキ
STRAWBERRY TREE
Arbutus unedo ツツジ科
地中海原産の常緑高木で、エリカ属やカルーナ属の近縁にあたる。イチゴによく似た、ごつごつした赤い果実をつけるが、この果実には味がない。

白い釣鐘型の花

5 m
16 ft

30 cm
12 in

ヒマラヤアセビ
HIMALAYAN PIERIS
Pieris formosa ツツジ科
アジア産の低木で、学名の一部の*formosa*は美しいという意味だが、これは白い壺型の小さな花を房咲きに下垂するする姿の形容となっている。

酸味のあるベリー

コケモモ
COWBERRY
Vaccinium vitis-idaea ツツジ科
革質の葉をつけ、秋に光沢のある赤いベリー(漿果)をつける常緑小低木。果実は食用になる。北米大陸、ヨーロッパ北部、アジアに見られる。

厚い幹は小さな葉で覆われている

15 cm
6 in

ウィンターグリーン
CHECKERBERRY
Gaultheria procumbens
ツツジ科
芳香をもつ匍匐性低木で、北米大陸東部のオークや針葉樹の足元にまだらに広がる。冬の間赤い果実をつけ続ける。

3 m
10 ft

アメリカリョウブ
SWEET PEPPER BUSH
Clethra alnifolia
リョウブ科
北米大陸東部の湿気の多い森や沼地に自生する落葉低木。葉は秋になると黄色かオレンジ色に変わる。

オレンジ色の果実

落葉する葉

20 m
65 ft

アメリカガキ
PERSIMMON
Diospyros virginiana カキノキ科
北米大陸原産の高木で、黄味がかった白色の釣鐘型の花が咲き、直径4cmほどの丸いオレンジ色の果実をつける。

2 m/6½ ft

20 m
65 ft

オニツリフネソウ
INDIAN BALSAM
Impatiens glandulifera
ツリフネソウ科
莢が破裂して種子が飛び出すことで繁殖域を広げるヒマラヤ原産の植物で、ヨーロッパの川辺に見られる。

10 m
33 ft

果実

黒い種子

緑色の果肉

果実を切ったところ

シナサルナシ（キウイ） KIWI
Actinidia chinensis マタタビ科
中国からニュージーランドに導入された木本のつる植物。その果実はニュージーランド固有の鳥・キウイにちなんで、キウイフルーツの名で取引される。

50 m
165 ft

丸い木質の果実

ブラジルナットノキ
BRAZIL NUT *Bertholletia excelsa* サガリバナ科
南米大陸原産の高木で、大砲の砲弾のような形の硬い果実をつける。この果実の中の種子が「ブラジルナッツ」として食用になる。野生の木から落ちた果実はアグーチ(大型のげっ歯類の一種)が歯でこじあけて中身を食べる。

中にいくつもの種子が入っている

フーキエリア・コルムナリス（カンボウギョク）
BOOJUM TREE
Fouquieria columnaris
フーキエリア科
風変わりな高木で、メキシコのバハ・カリフォルニア以外ではほとんど見られない。幹は直立し、棘の生えた枝は緑色で、光合成を行う。

コヘイシソウ（サラセニア・ミノル）
HOODED PITCHER PLANT　Sarracenia minor

サラセニア属の一種であるコヘイシソウ（コウツボソウ）は、やせた酸性土壌の沼地や湿原に適応した食虫植物で、昆虫を消化してリンと窒素を得ている。細長い筒状の部分は葉が変形したもので、蜜でおびき寄せた昆虫をここに落とし込む。英語では「水差し」の植物と呼ばれる（和名のヘイシ＝瓶子は水差し、ウツボ＝靫は矢を入れる道具で、ともに細長い入れ物に見立てている）。「水差し」の内部はロウ質ですべりやすく、毛が下向きに生え、また管の下にいくほど毛が硬くなっている。このため、一度この中に入り込んだ昆虫は抜け出すことができず疲れ果てて死んでいく。内壁にある消化腺から酵素が分泌されて昆虫の体は分解され、葉は混濁液を吸収し、貴重な栄養分を取り込む。

萼片

受精すると子房は種子の入った蒴果をつくる

昆虫はこのボウル状の花柱から花粉を集める

花は死を招く水差しからかなり上方に咲く

花は5枚の萼片と5枚の黄色い花弁（成熟すると赤みを帯びる）がある。白っぽい萼の先に見えるのは花柱である。花は花茎の先に下向きについている。

幅広のざらざらした蒴果　蒴果は裂開して、長さ3mmほどの小さくごつごつした種子を散布する。

地下茎　フードのついた「水差し」は、地下を横方向に伸びる地下茎に直立してつく。

根　20〜30cmほどのひげ根は、地下茎に沿って伸びていく。

大きさ　高さ30cm（12 in）まで
生息域　マツ林やサバンナの湿地帯
分布域　米国南東部
葉の型　細長いろうと状の「水差し」形で上部にフードあり

「窓」　昆虫は「水差し」上部にある明るい半透明の「窓」（小孔）に向かって飛んできて、管の中にすべり落ちる。

昆虫を捕らえる罠　捕らえられた昆虫は管から逃げ出すことができないので、この「水差し」では昆虫の体の軟らかな肉の部分は消化されるが、硬い外骨格は消化されずに残る。

△ 花期

香りのない黄色い花は3月下旬から5月中旬まで咲いている。主な花粉媒介者となるハチは周辺のどんな植物よりも、このサラセニアを好む。

◁ フード

「水差し」の上部についている。「フード」は水差し内部への雨水の侵入を防ぐ。また、開口部が暗くなるので、昆虫が中に入りこむと出口がわからなくなる。

蜜腺はフードの裏側についている

赤紫色をしたフードは昆虫を「水差し」におびき寄せる

◁ 危機に瀕する食虫植物

生息地減少のため、コベイシソウは希少種となり、絶滅が危惧されている。現在野生種が確認できているのは、アメリカのノースカロライナ州、サウスカロライナ州、ジョージア州、フロリダ州のみである。コベイシソウには2つの変種がある。サラセニア・ミノール(S. minor)の高さは30cmほどだが、もうひとつのサラセニア・ミノール・オケフェノキーエンシス(S. minor var. okefenokeensis)は「水差し」部分も含めて1.2mほどの高さまで成長する。後者はジョージア州のオケフェノキー沼地のみに見られる。

被子植物・真正双子葉植物

オオバアサガラ
EPAULETTE TREE
Pterostyrax hispidus エゴノキ科
東アジア原産の、大きな葉を
つける落葉小高木。芳香のある、
クリーミーホワイトの小さな花を
垂れ下がった長い花序に
して咲かせるため、しばしば
観賞用に栽培される。

30m/100ft

ミサキノハナ
SPANISH CHERRY
Mimusops elengi
アカテツ科
インド原産の常緑高木で、芳香
のある花が好まれて熱帯諸国
で栽培されている。耐久性の
ある材質のため、船や建物の
建材に使われる。

4.5m
15ft

グランサムツバキ
GRANTHAM'S CAMELLIA
Camellia granthamiana ツバキ科
ゆうに100種を越すツバキ属はすべて
アジア原産だが、1955年に中国で発見
された本種は現在絶滅の危機にある。

12m/40ft

**シルキーカメリア
（マラコデンドロン）**
SILKY CAMELLIA
Stewartia malacodendron
ツバキ科
若い茎に絹毛をつけるため、
「絹のような」と形容されるナツツバキ
の一種。落葉低木で、アメリカ南東部
の森林地帯に自生する。

17m/56ft

チャノキ
TEA
Camellia sinensis ツバキ科
このアジア原産の常緑低木の葉と芽を
乾燥し、発酵させたものが「茶」になる。
この木の成分であるタンニンの渋みにより、
草食動物の捕食を防いでいる。

対生の葉は
卵形で先端は
円い

60cm/23½in

35cm
14in

30cm
12in

1.8m
6ft

マンリョウ
CORAL BERRY
Ardisia crenata
サクラソウ科
輝く赤いベリー（漿果）が
長持ちすることで、温室
などで好んで栽培される
アジア原産の低木。
最近では、アメリカのハワイ
州、フロリダ州、テキサス州
などで侵略的外来種と
みなされている。

**コヘイシソウ
（サラセニア・ミノル）**
HOODED PITCHER PLANT
Sarracenia minor
サラセニア科
サラセニア属は極端にやせた
土地に生息し、不足する
栄養分を昆虫を捕らえる
ことで補っている。本種は
米国南東部の原産。

ヒメヘイシソウ
PARROT PITCHER PLANT
Sarracenia psittacina
サラセニア科
サラセニア属は野生では北米
大陸東部にしか見られない。
本種はアメリカのフロリダ州から
ルイジアナ州にかけて分布し、
罠を横方向に広げる。

匍匐茎が地上を
水平に伸びる

1m/3¼ft

攻撃態勢のコブラ
そっくりに見えるフード

ランチュウソウ
COBRA PLANT
Darlingtonia californica
サラセニア科
ランチュウソウ属を構成するた
だ1種の食虫植物。アメリカ西
部の海岸付近の沼地や
山の渓流沿いなどに見られる。

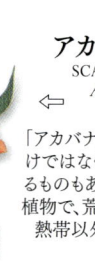

アカバナルリハコベ
SCARLET PIMPERNEL
Anagallis arvensis
サクラソウ科
「アカバナ」とはいうものの、紅色だ
けではなく深い青色の花を咲かせ
るものもある。どんどん広がっていく
植物で、荒れ地で繁殖し、現在では
熱帯以外の世界中で見られる。

30cm
12in

アンドロサケ・ウィロサ
HAIRY ANDROSACE
Androsace villosa サクラソウ科
本種を含むトチナイソウ属は極地や
高山に分布する。本種はヨーロッパ
からヒマラヤにかけての山岳地帯に
自生する多年性草本であり、葉は絹の
ような手触りで、白い小花が密集して咲く。

15cm
6in

コバンコナスビ
CREEPING JENNY
Lysimachia nummularia
サクラソウ科
スウェーデンからカフカス（コーカサ
ス）山脈までの地域で見られる
多年生の草本。匍匐茎を伸ばし、
湿気の多い草地や日陰の生垣、
小川の岸辺などに広がる。

被子植物・真正双子葉植物

30 cm
12 in

5弁の花

プリムラ・ヘンダーソニイ
MOSQUITO BILLS
Primula hendersonii
サクラソウ科
北米大陸産のサクラソウ科には、ロケットやダーツの矢のように見える花の姿から「流れ星」と呼ばれるグループが含まれる。本種はその1つで、赤紫色から白色の花が咲く。

ワイルドプリムローズ
WILD PRIMROSE
Primula vulgaris サクラソウ科
サクラソウ（primrose）は、春に咲く「最初の花」を意味する*prima rosa*に由来するとされている。この野生の多年草は、ヨーロッパの西部と南部の森を切り開いた土地や生垣などに見られる。

15 cm
6 in

プリムラ・スカンディナビカ
（ノーザン・プリムローズ）
NORTHERN PRIMROSE
Primula scandinavica サクラソウ科
ノルウェーやスウェーデンの山岳部の傾斜地に自生する。セイヨウユキワリソウによく似ているが、本種のほうがかなり小さい。

15cm
6 in

キバナノクリンザクラ
（カウスリップ）
COWSLIP
Primula veris サクラソウ科
南ヨーロッパと温帯アジアの石灰質土壌の牧草地に自生する。うつむいて咲く花を30個ほどつける、サクラソウ属の代表種。

30 cm
12 in

10 cm
4 in

シクラメン・ヘデリフォリウム
（ハミズシクラメン）
HARDY CYCLAMEN
Cyclamen hederifolium
サクラソウ科
シクラメンの葉は地下茎から伸びる。秋咲きの筒状花は花弁が後ろ向きに折りたたまれている。南ヨーロッパの藪などに見られる。

ムラサキ目 BORAGINALES
ムラサキ科はほかの科との類縁性が確定しなかったため、2016年にムラサキ科だけが属するムラサキ目が新設された。ムラサキ科には小型の一年生草本から大型の木本まで約2,700種が含まれる。茎や葉が毛に覆われ、毛の基部が膨らんでいるものが多い。食用になるものや、染料の原料となるものがある。

1 m
3¼ ft

30cm
12 in

ハイゾウソウ
（ラングワート）
COMMON LUNGWORT
Pulmonaria officinalis ムラサキ科
ヨーロッパ中部全域の日陰の土地に自生する多年草。病斑が入ったような葉の姿が肺の病気を連想させるためか、かつては結核治療に有効と考えられていた。

60 cm
23½ in

ルリジサ（ボリジ）
BORAGE
Borago officinalis ムラサキ科
茎と葉が硬い毛で覆われた一年草で、ヨーロッパ南部の道路脇などに見られる。観賞用または油分を豊富に含む種子を収穫するために栽培される。

70 cm
28 in

シンワスレナグサ
（ワスレナグサ）
WATER FORGET-ME-NOT
Myosotis scorpioides
ムラサキ科
ユーラシア大陸全域の小川や池の付近で見られる多年草。北米から中南米、ニュージーランドにも導入された。

60 cm
23½ in

リトスペルムム・プルプレオカエルレア
PURPLE GROMWELL
Lithospermum purpureocaeruleum
ムラサキ科
匍匐茎から直立した花茎を伸ばす多年草。南ヨーロッパと南西アジアの白亜質土壌の森に自生する。

ファケリア・タナケティフォリア
TANSY PHACELIA
Phacelia tanacetifolia
ムラサキ科
米国南西部の乾燥した土地に自生する一年性草本。とくに降雨後に急速に繁殖する。北米には本種を含めハゼリソウ属が160種以上見られる。

1.2 m
4 ft

ヒレハリソウ
（コンフリー）
COMMON COMFREY
Symphytum officinale ムラサキ科
学名の*Symphytum*は「ともに育つ」という意味であり、古くからけがの治療に用いられたことに由来する。ユーラシア大陸全域の湿気の多い土地に自生する。

シベナガムラサキ
VIPER'S-BUGLOSS
Echium vulgare ムラサキ科
ヨーロッパと温帯アジアの草地に広く見られる、剛毛の生えた二年草。つぼみはピンク色だが、開花すると深い青色の花弁を見せる。

剛毛の生えた披針型の葉

1 m
3¼ ft

ガリア目 GARRYALES
いかなる分類体系にも矛盾は生じるもので、ガリア目もそのひとつである。近年の遺伝子分析により、ミズキ目から独立してできたガリア目には、2科、約20種が含まれる。ガリア科は北米大陸の植物からなるガリア属と、東アジアの植物からなるアオキ属で構成される。トチュウ科には中国の山岳部の森林に自生する高木であるトチュウのただ1種しかない。

5 m/16 ft

アオキ
SPOTTED LAUREL
Aucuba japonica ガリア科
日本原産の低木で、観賞用の栽培品種には黄色の斑入りの葉をもつものがある。雌雄異株で、花は円錐花序につく。雄花序は大きくたくさんの花をつけるが、雌花序は小さく、花も少ない。

ガリア・エリプティカ
（シルクタッセルブッシュ）
SILK-TASSEL BUSH
Garrya elliptica ガリア科
アメリカのカリフォルニア州とオレゴン州の海岸に自生する低木。雄花は灰緑色の美しい尾状花序をつけ、より短い雌花は銀色の尾状花序をつける。

5 m
16 ft

リンドウ目 GENTIANALES

リンドウ目の目名は、山野や庭で咲くリンドウを含むリンドウ科に由来するが、リンドウ科には約1,600種が含まれるのみである。この目で最大の科は13,000種以上の植物を含むアカネ科である。アカネ科にはコーヒーノキをはじめとする熱帯産低木が含まれる。ほかに、キョウチクトウ科、マチン科、ゲルセミア科がこの目に属している。

1 m
3¼ ft

ニチニチソウ
MADAGASCAR PERIWINKLE
Catharanthus roseus
キョウチクトウ科
この観賞用園芸種は原産地のマダガスカルではかつて絶滅の危機にあった。少量のアルカロイドを含み、これが小児白血病の治療に効果がある。この薬効のおかげで保護され、絶滅を免れている。

12 m
40 ft

5弁の花

楕円形の葉

インドソケイ（プルメリア）
COMMON FRANGIPANI
Plumeria rubra　キョウチクトウ科
鑑賞用の高木で、原産地はメキシコからベネズエラにかけて。花は夜に芳香を放ち、スズメガ類を引き寄せて花粉を媒介させる。

1.5 m
5 ft

4 m/13 ft

ツルニチニチソウ
GREATER PERIWINKLE
Vinca major
キョウチクトウ科
長い匍匐茎を伸ばす常緑の多年草。ヨーロッパ中部と南部や北アフリカの森の林床に広がって繁茂する。

セイヨウキョウチクトウ
OLEANDER
Nerium oleander
キョウチクトウ科
この常緑低木はすべての部位に有毒成分をもつ。地中海から中国にかけての川辺に自生し、芳香のあるピンクの花の房をつける。

75 cm
30 in

ヤナギトウワタ（シュッコンパンヤ）
BUTTERFLY WEED
Asclepias tuberosa　キョウチクトウ科
北米大陸の野原や道路脇に自生し、鮮やかな花を咲かせる多年性草本。アメリカ・インディアンはこの植物の根を噛んで胸膜炎の治療に用いていた。

15 cm/6 in

コケサンゴ
BEAD PLANT
Nertera granadensis　アカネ科
小型の多年生草本で、花は緑色。小さなビーズのような果実をつけるため、英語では「ビーズの植物」と呼ばれる。オーストラリア、ニュージーランド、太平洋の島々、南米大陸の原産。

葉は痕跡的で内向きに曲がっている

多肉質の茎

3 m
10 ft

シラホシムグラ
CLEAVERS
Galium aparine
アカネ科
ヨーロッパやアジア原産の雑草。茎や葉の縁に棘がある。果実にも棘があり、通りがかった動物の毛にからまって運ばれ、種子が散布される。

光沢のある常緑の葉

クルキアタ・ラエウィペス
CROSSWORT
Cruciata laevipes
アカネ科
茎に対して十字架型に葉を輪生させ、房状についた小さな花が甘い香りを放つ多年草。ヨーロッパとアジアの全域で見られる。

60 cm
23½ in

15 m
50 ft

キナノキ
QUININE TREE
Cinchona calisaya　アカネ科
マラリアの特効薬キニーネは、南米大陸原産のこの高木の樹皮からつくられる。その種子は19世紀中頃にアジアで栽培するために密かに持ち出された。

10 m/33 ft

コーヒーノキ
COFFEE SHRUB
Coffea arabica
アカネ科
エチオピア原産だが、現在は世界各地で栽培されている。常緑性の低木で、真紅の石果をつける。その中に入っている2個の種子がコーヒー豆である。

熟すと赤くなる果実

2 m
6½ ft

クチナシ
CAPE JASMINE
Gardenia jasminoides　アカネ科
アジア原産の常緑低木。つややかな、芳香のある筒状花を咲かせる。花は始めは白いが、しだいに黄色味を帯びてくる。ベリーに似た果実をつける。

だ円形の葉

25 m
82 ft

マチン
STRYCHNINE
Strychnos nux-vomica マチン科
東南アジア原産の常緑高木。
種子にはストリキニーネ(アルカロイド)
という猛毒が含まれる。

ストリキニーネ
を含む種子

30 cm
12 in

ベニヒメリンドウ(エキザカム)
PERSIAN VIOLET
Exacum affine リンドウ科
常緑性の二年性草本。原産地はイエメン本土と
その近くのソコトラ島だが、観葉植物として室内でも
栽培されている。花は赤紫色で中央部が黄色い。

ゲンチアナ・ウェルナ
SPRING GENTIAN
Gentiana verna リンドウ科
ロゼット状の葉を地表近くに
つける多年生草本。花は深い
青色の筒状花。北極圏および
ヨーロッパと西アジアの高山
地帯に分布する。

12 cm
5 in

50 cm
20 in

ベニバナセンブリ
COMMON CENTAURY
Centaurium erythraea
リンドウ科
ヨーロッパから南西アジア
にかけての草地や砂丘に
見られる一年草。ろうと
型の花冠はピンク色で、
深く5つに裂ける。

30 cm
12 in

花の中心から肉が腐った
ような悪臭を放つ

花弁の縁には
毛が生えている

スタペリア・ゲトリフィイ
CARRION FLOWER
Stapelia gettlifei
キョウチクトウ科
南アフリカ原産の棘のある多肉
植物。花弁に縞状あるいは斑状の
模様が入る。花から発する腐臭で
ニクバエを引き寄せて花粉
媒介者とする。

基部の
ロゼット葉

6 m
20 ft

**アフリカシタキヅル
(マダガスカルジャスミン)**
MADAGASCAR JASMINE
Stephanotis floribunda
キョウチクトウ科
マダガスカル原産の木本性の
巻きつき植物。革質の葉と、
つややかで芳香のある
白い花を房咲きにつける姿が
温室でよく見かけられる。

シソ目 LAMIALES

シソ目の範囲は近年の分類体系
で拡大され、25科を含むようになっ
た。概して筒状花をつけ、花冠裂片
は不斉である。大きなグループは
シソ科とゴマノハグサ科で、ともに
5,000〜6,000種ほどを含む。ほかに
モクセイ科、オオバコ科などがある。

1.5 m
5 ft

太い
穂状花序

しわのよった、
深い切れ
込みのある葉

1 m
3¼ ft

**ハアザミ
(アカンサス)**
BEAR'S BREECHES
Acanthus mollis キツネノマゴ科
地中海西部の岩場に自生する強健な多年草。
花は穂状花序につき、花冠は白く紫色の
脈があり、下唇は3裂する。

1 m
3¼ ft

深緑色の葉に
白い葉脈

コエビソウ
SHRIMP BUSH
Justicia brandeegeana
キツネノマゴ科
メキシコ原産の人気の
ある観賞用植物。
穂状花序をつけ、小エビの
尾のような赤い苞(葉が
特殊化したもの)が重なり
合って白い花を覆っている。

**アフェランドラ・スクアロサ
(ゼブラプラント)**
ZEBRA PLANT
Aphelandra squarrosa キツネノマゴ科
室内用の鉢植え植物で、ブラジルの
海岸部の森が原産。白い葉脈が
目立つ。黄色い小さな花を
穂状花序につけるが、その周りを、
同じく黄色の苞が囲む。

15 m
50 ft

**アウィケンニア・
ゲルミナンス
(ブラックマングローブ)** BLACK MANGROVE
Avicennia germinans キツネノマゴ科
大西洋の熱帯の海岸地帯の河口汽水域に藪を
つくる。尖った果実が熟れて落ちると泥土に突き
刺さり、そこから新たな植物体が芽生えてくる。

≫ シソ目

セイヨウキランソウ
(セイヨウジュウニヒトエ)
BUGLE
Ajuga reptans シソ科
ヨーロッパと北アフリカ、南西アジアの森林や牧草地に自生する多年草で、葡匐茎を長く伸ばし、節から花茎を直立させる。

30 cm
12 in

基部が筒状の唇形花で3裂の大きな下唇がある

葉は楕円形で、裏面は赤褐色のことが多い

ヤクヨウサルビア
(セージ)
SAGE
Salvia officinalis シソ科
ヨーロッパ南西部とバルカン半島が原産の灰色がかった低木。葉に芳香があり、広く栽培されて香辛料として使われている。

60 cm/23½ in

マンネンロウ
(ローズマリー)
ROSEMARY
Salvia rosmarinus シソ科
地中海の乾燥地帯が原産。この低木の葉からつくられる精油は蒸散による水分損出を補う効果がある。生または乾燥させた葉は調理用のハーブ「ローズマリー」として利用される。

2 m/6½ ft

晩夏に咲く花

メボウキ(バジル)
BASIL
Ocimum basilicum シソ科
スイート・バジルという名でも知られる、インドとイランが原産の一年草。葉に刺激臭があり、ハーブの材料として料理などに使われるため、広い地域で栽培される。

80 cm
32 in

食用になる葉

ラベンダー
COMMON LAVENDER
Lavandula angustifolia シソ科
マンネンロウと並ぶ地中海の乾燥地帯原産の低木。その葉からできる精油には保湿効果があり、香料ほか香料として幅広く用いられる。

80 cm
32 in

密に詰まった花

カッコウソウ
(カッコウチョロギ)
BETONY
Betonica officinalis シソ科
ヨーロッパの大部分、カフカス(コーカサス)山脈一帯、北アフリカなどに分布し、生垣や草地に自生する多年生草本。赤紫色ないし白い花を咲かせる。

80 cm
32 in

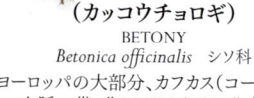

セイヨウニンジンボク
CHASTE TREE
Vitex agnus-castus シソ科
南ヨーロッパからパキスタンまで分布し、湿地に自生する。かつては純潔を守る力があると信じられていた。現在では代替医療のハーブ療法でホルモン機能の正常化に利用される。

6 m/20 ft

エルサレムセージ
JERUSALEM SAGE
Phlomis fruticosa シソ科
東地中海の乾燥した岩場が原産の常緑低木。灰色のフェルトのような葉をもち、観賞用に広く栽培される。

1.5 m
5 ft

ヤグルマハッカ(モナルダ)
WILD BERGAMOT
Monarda fistulosa シソ科
アメリカ東部のニューイングランドから南部のテキサスにかけて、乾燥した原野に藪をつくる多年生草本。葉からミントの香りがする茶ができる。

披針形の葉

花は密集してつく

1.2 m
4 ft

ハナハッカ
(オレガノ)
WILD MARJORAM
Origanum vulgare シソ科
ヨーロッパから西アジアにかけて、草地や岩場に自生する多年生草本。芳香があり、ハーブとしてさまざまな調理に利用される。

いくつかに分枝し、ピンクがかった紫色の花が房咲きになる

1 m/3¼ ft

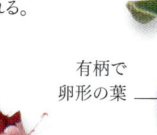

有柄で卵形の葉

プロスタンテラ・ロトゥンディフォリア
(ミントブッシュ) ROUND-LEAVED MINT BUSH
Prostanthera rotundifolia シソ科
芳香のある低木。オーストラリアのニューサウスウェールズ州からタスマニア島まで分布し、疎林に自生する。葉は丸く、春にはピンク色や紫色の花が咲く。

3 m/10 ft

タチジャコウソウ
(タイム、コモンタイム)
COMMON THYME
Thymus vulgaris シソ科
西地中海の乾燥した岩場に自生する、細かく分枝する低木。調理用ハーブとして、また香水や石けんの材料として利用される。

40 cm/16 in

ヌマハッカ
(ウォーターミント)
WATER MINT
Mentha aquatica シソ科
ヨーロッパ、アフリカ、南西アジアの池や用水などの半分水に浸かった場所に見られる。交配種のペパーミントの一方の親にあたる。

1 m
3¼ ft

花のついた
小枝

卵形の果実

オリーブノキ（オリーブ）
OLIVE
Olea europaea　モクセイ科
地中海の常緑高木で、その果実には
40％もの不飽和脂肪酸が含まれている。
塩水に漬け込んだ果実が食用となる。

15 m / 50 ft

ハート型の
葉

レンギョウ
GOLDEN BELL
Forsythia suspensa　モクセイ科
落葉低木で、垂れ下がる中空
の茎に黄色い花をつける。
中国、そしておそらく日本が
原産地と推定される。

3 m / 10 ft

マンナノキ
（マンナシオジ）　MANNA ASH
Fraxinus ornus　モクセイ科
南ヨーロッパ産の高木。トネリコ類にして
は珍しく、密集して咲く小さな花には白く
目立つ花弁がある。樹皮から滲出する
マンナという樹脂は医療に使われる。

20 m / 65 ft

葉は最大で
長さ12㎝
ほどになる

7 m / 23 ft

花は密集して
ピラミッド形に
なり、芳香を
放つ

ムラサキハシドイ
（ライラック、リラ）
LILAC
Syringa vulgaris　モクセイ科
園芸家たちは、この派手な花を
つける落葉樹から数多くの
交配種・変種を作り出してき
た。野生種はヨーロッパ南東部
の藪の多い斜面に見られる。

30 cm
12 in

トランペット
形の花

ねばねばした
ロゼット葉

ストレプトカルプス・
サクソルム
FALSE AFRICAN VIOLET
Streptocarpus saxorum
イワタバコ科
ケニアとタンザニアが原産地
の常緑多年草。毛が生えた
小さな多肉質の葉を輪生で
つけ、トランペット形をした
5裂の花を咲かせる。

12 m
40 ft

ジャスミン（ソケイ）
COMMON JASMINE
Jasminum officinale
モクセイ科
美しく芳香のある花を収穫す
るために広く栽培されている
匍匐性の落葉低木。カフカス
山脈から中国にかけてが
原産地。ほかの植物に
左回りにからんでよじ
のぼっていく。

ムシトリスミレ
COMMON
BUTTERWORT
Pinguicula vulgaris
タヌキモ科
北ヨーロッパ、アジア、
北米大陸の沼地に
自生する食虫植物。
粘着性の高い葉で昆虫
を捕らえて消化し、
養分を吸収する。

18 cm
7 in

12 m
40 ft

15 m
50 ft

アフリカスミレ
AFRICAN VIOLET
Streptocarpus ionanthus　イワタバコ科
東アフリカの熱帯雨林が原産。野生では絶
滅が危ぶまれているが、室内植物としては
おなじみである。本種とその近縁種は、
以前はセントポーリア属*saintpaulia*に
分類されていた。

15 cm
6 in

花序をつけた
小枝

アメリカキササゲ
INDIAN BEAN TREE
Catalpa bignonioides
ノウゼンカズラ科
英語の通称の「インドの豆の木」という名前に反し
て、アメリカ南部の森に自生する。見栄えのする花を
咲かせるので、アメリカでは原産地よりさらに北で、
そしてヨーロッパでも栽培されるようになった。

18 m / 60 ft

豆の
ような莢

ウンナンハナゴマ
HARDY GLOXINIA
Incarvillea delavayi
ノウゼンカズラ科
耐寒性の高い多年生草本で
園芸種。ピンク色から紫色の
トランペット型の花が咲く。
中国の高山草原に自生する。

60 cm
23½ in

キリモドキ
（ジャカランダ）
JACARANDA
Jacaranda mimosifolia
ノウゼンカズラ科
アルゼンチンからボリビアが原産
地の熱帯性高木。下垂する円錐
花序に藤色の花を多数つける。
観賞用または日よけを目的に
幅広く栽培される。

アイノコノウゼンカズラ
TRUMPET VINE
Campsis × tagliabuana
ノウゼンカズラ科
北米大陸の種とアジアの種を
交配させた園芸種。
生命力の強いつる性低木で、
朱赤色のトランペット形の
花を密集してつける。

≫

被子植物・真正双子葉植物

スギナモ
MARE'S-TAIL
Hippuris vulgaris
オオバコ科
沈水性または抽水性の
多年生草本。ヨーロッパ、
アジア、アフリカ、南米大陸、
北米大陸で見られる。
茎の周囲に細い葉が輪生
する。成長がきわめて速く、
雑草として悪名高い。

密に花をつけた
頭状花

ヘラオオバコ
RIBWORT PLANTAIN
Plantago lanceolata
オオバコ科
葉脈がくっきり浮き
出た細長い葉をもち、
円筒形の頭状花を
つける多年草。世界の
温帯域に見られる。

披針形の
葉

1 m
3¼ ft

広卵形の葉

緑色の穂状
花序

セイヨウオオバコ
GREATER PLANTAIN
Plantago major
オオバコ科
変種の多い草で、公園
の踏み固められた地面
など、開けた土地に見ら
れる。ヨーロッパ、北アフリ
カ、北アジアと中央アジア
に分布。

50 cm
20 in

75 cm
30 in

60 cm
23½ in

グロブラリア・アリプム
SHRUBBY GLOBULARIA
Globularia alypum　オオバコ科
地中海周辺の藪に覆われた乾燥地帯に
自生する有毒の常緑小型低木。花は青い
球形の頭状花で、甘い香りがする。

ウェロニカ・オフィキナリス
（コモンスピードウェル）
HEATH SPEEDWELL
Veronica officinalis　オオバコ科
匍匐性の多年生草本。ヨーロッパと
アジアの荒野に自生し、最近では
北米大陸にも導入されている。
藤色の小さな穂状花序をつける。

40 cm
16 in

キツネノテブクロ
FOXGLOVE
Digitalis purpurea
オオバコ科
ヨーロッパ中部と南部、モロッコ
に自生する二年草。心臓病の薬
のジギタリスはこの植物の乾燥
させた葉から抽出される。

2 m
6½ ft

ペンステモン
'レッド・ガーネット'
BEARDTONGUE
Penstemon 'Red-Garnet'
オオバコ科
ツリガネヤナギ属は北米大陸産
で、色鮮やかな筒状花をつける。
園芸種として栽培され、多くの
変種が作出されている。

2 m
6½ ft

キンギョソウ
SNAPDRAGON
Antirrhinum majus
オオバコ科
ヨーロッパ南西部の原産だ
が、園芸用の変種が数多く
ある多年草。花は筒状の2
唇形で、花喉（花筒の入り
口）は黄色か白である。

80 cm
32 in

ホソバウンラン
COMMON TOADFLAX
Linaria vulgaris　オオバコ科
ヨーロッパ全土と西アジアの岸
辺の草地に自生する灰色が
かった多年草。オレンジ色の
花喉と長い距（花葉の基部の
蜜を蓄える器官）をつけた
黄色い筒状花を咲かせる。

80 cm
32 in

2 m
6½ ft

若い花芽

少し前に
開花した花

クワガタソウ属の一種
（ヘーベ・レッドエッジ）
HEBE 'RED EDGE'
Veronica sp.　オオバコ科
造園設計の際によく用いられる、
強健なヘーベの栽培品種。
ウェロニカ・アルビカンスとウェロニカ・
ピメレオイデスの交配種と
推定されている。

60 cm
23½ in

ニュージーランドライラック
NEW ZEALAND LILAC
Veronica hulkeana　オオバコ科
ヘーベという名前でも知られ、園芸
品種として人気のある常緑低木。
特徴的な茎に藤色の花を咲か
せる。自生種はニュージーランドの
南島の東部の断崖に見られる。

1.5 m
5 ft

フサフジウツギ
BUTTERFLY BUSH
Buddleja davidii
ゴマノハグサ科
筒状花をつける半常緑の
低木で中国が原産地。
蜜が豊富なため、チョウや
ガを多く引き寄せる。

6 m
20 ft

3 m/10 ft

26 m/85 ft

早春に咲く
筒状花は
キツネノテブクロの
花に似ている

ビロードモウズイカ
GREAT MULLEIN
Verbascum thapsus
ゴマノハグサ科
ヨーロッパとアジアが原産
の二年草（通常の場合）。
荒れ地に自生するたくまし
い植物で、茎に直径5弁の
筒状花を密につける。

エレモフィラ・マクラタ
SPOTTED EMU BUSH
Eremophila maculata　ゴマノハグサ科
オーストラリア全土の、季節的に
洪水が起こる土地で広く繁殖する。
分枝の多い低木で黄色、オレンジ
色、赤の筒状花を咲かせる。
花の内側には斑点がある。

キリ
FOXGLOVE TREE
Paulownia tomentosa
キリ科
観賞用に公園などに植えられる
中国原産の落葉高木。強く香る
2裂の筒状花は紫色で、内側は
その色がやや淡くなっている。

セイタカミゾホオズキ
MONKEY FLOWER
Erythranthe guttata
ハエドクソウ科
北米大陸西部の沼地や
小川のほとりに自生する
多年生草本。花は筒状の
唇形になり、下唇は3裂、
上唇は2裂する。

75 cm
30 in

リナントゥス・ミノル（イエローラトル）
YELLOW RATTLE
Rhinanthus minor ハマウツボ科
根を通じて草の養分を取り入れる半寄生種で、変種が多い。本種は北半球の温帯域の草地に自生し、黄色い花を咲かせる一年草。

50 cm
20 in

⇦

ラトゥラエア・クランデスティナ（トゥースワート）
PURPLE TOOTHWORT
Lathraea clandestina
ハマウツボ科
西ヨーロッパ産の多年生草本。緑の葉をもたない寄生植物で、ヤナギやポプラの根から養分を吸収する。地下のシュートから花が直接生えてくる。

⇨

8 cm
3 in

花はチョウを引き寄せて花粉媒介者とする

対生で光沢のある卵形の葉

シチヘンゲ（ランタナ）
LANTANA
Lantana camara クマツヅラ科
棘のある低木で、筒状花は開花時は黄色かオレンジ色だが、やがて赤に変わる。中南米が原産で、温帯域においてはかなりやっかいな侵略的外来種である。

1.5 m
5 ft

クマツヅラ
VERVAIN
Verbena officinalis
クマツヅラ科
温帯と熱帯の荒れた草地に広く分布する強靭な多年草。全体に毛が生え、藤色で2唇の唇形花が尾状花序をなす。

1 m
3¼ ft

カリカルパ・ボディニエリ
BODINIER'S BEAUTYBERRY
Callicarpa bodinieri
シソ科
アメリカンビューティベリーの近縁種で、庭園などに植えられる中国産の観賞用低木。美しい紫色のベリー（漿果）は食べると苦いが毒性はない。

3 m
10 ft

ベニベンケイカズラ（ベニバナクサギ）
FLAMING GLORYBOWER
Clerodendrum splendens シソ科
アフリカ産のつる植物で、赤い筒状花を密に咲かせる。野生では森の中で周囲の植物に巻きついて成長するため、園芸ではトレリス仕立てにする。

3.7 m
12 ft

ナス目 SOLANALES

ナス目のなかで最大のグループであるナス科は経済的に見て重要であり、最大で4,000種を含む。ナス科の多くは有毒なアルカロイドを含む。ヒルガオ科には熱帯産のつる植物と背丈の低い草本が含まれる。このほか、南米大陸と北米大陸だけに見られる1属のみを含むセイロンハコベ科、アフリカ産の高木5種からなるモンティニア科、熱帯全域に見られる草本のナガボノウルシ科がナス目に属している。

カリステギア・シルウァティクス
GREAT BINDWEED
Calystegia sylvaticus
ヒルガオ科
北半球の温帯域に広く分布する多年生草本。生垣や荒れ地、ときに街中でも見られ、大きな花を咲かせる。地下茎を長く伸ばして広がる。

3 m
10 ft

3裂する葉

4 m
13 ft

花はトランペット型で、中心部は白色ないし黄色

ソライロアサガオ
MORNING GLORY
Ipomoea tricolor
ヒルガオ科
中米原産の草本で、よじのぼり植物。葉は3裂の単葉で、ろうと型の花を朝だけ咲かせる。

ツメクサダオシ
COMMON DODDER
Cuscuta epithymum ヒルガオ科
ユーラシアが原産の一年生草本。ハリエニシダ、ギョリュウモドキなど周囲の植物に糸のような巻きつき茎を密にからませ、養分を吸収する寄生植物。

60 cm
23½ in

»

≫ ナス目

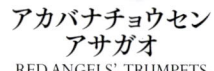
1.5 m / 5 ft

葉の多い枝に花が咲く

光沢のある黒いベリー（漿果）

セイヨウハシリドコロ（ベラドンナ）
DEADLY NIGHTSHADE
Atropa belladonna ナス科
全草に麻酔成分があり、ときに人を殺してしまうほどの猛毒をもつ、丈の高い多年草。ヨーロッパ、北アフリカ、西アジアで見られる。

10 m / 30 ft

アカバナチョウセンアサガオ
RED ANGELS' TRUMPETS
Brugmansia sanguinea ナス科
南米大陸西部に自生する常緑高木で、葉には毒がある。派手な筒状花が垂れ下がって咲くため、日当たりのよい暖かな地域で観賞用に栽培される。

1.5 m
5 ft

鋭い棘の生えた蒴果

ろうと型の花

ヨウシュチョウセンアサガオ
THORN-APPLE
Datura stramonium ナス科
不快臭を放ち、猛毒を含む一年生草本。全世界に分布しているが、原産地は北米大陸南部だと推定されている。

水分の多い軟らかなベリーには種子が数多く入っている

60 cm / 23½ in

80 cm
32 in

ヒヨス
HENBANE
Hyoscyamus niger ナス科
悪臭を放つ有毒の一年草で、向精神性作用があるため麻酔薬として長く使われてきた。家畜が草を食べ荒らした後の土地などに自生する。ヨーロッパ、アジア、北アフリカで見られる。

ホオズキ
CHINESE LANTERN
Physalis alkekengi ナス科
「中国の提灯」という英名に反し、原産地は南ヨーロッパである。ブドウホオズキの近縁種だが、食用ではなく主に観賞用に栽培される。萼が発達して提灯のようになり、赤い果実を包み込む。

トマト
TOMATO
Solanum lycopersicum ナス科
現在のトマトは、ペルーとエクアドルに自生する黄色い果実をつけるチェリートマトを改良してできたものと推定されている。短命の多年草で、多肉質の美味なベリーを食用とするため全世界で広く栽培されている。

2 m / 6½ ft

セリ目 APIALES

セリ目は7科からなる。最大のグループはセリ科である。セリ科は共通の特徴が明確であり、経済的に重要であり、少なくとも3,500種を含む。キヅタやオタネニンジンなどを含むウコギ科も大きなグループである。また、トベラ科は常緑の低木や中高木を含む。残りの4科はそれぞれ20種にも満たない小さなグループである。

2 m
6½ ft

五出掌状複葉

90 cm / 35 in

晩夏に咲く花

2 m
6½ ft

アンゲリカ・シルウェストリス
WILD ANGELICA
Angelica sylvestris セリ科
花軸の先端から15〜40本の花柄が傘の骨のように伸びてそれぞれ散花花序をつけ、全体として典型的な散形花序になる。ヨーロッパと温帯アジアの草地に自生する。

アストランティア・マヨル（アストランチア）
ASTRANTIA
Astrantia major セリ科
南ヨーロッパ全域の高山草原や疎林に自生する。小さな花が密集し、その下部に美しいピンク色の苞（特殊化した葉）をつける。

ヘラクレウム・スフォンディリウム
HOGWEED
Heracleum sphondylium セリ科
毛のはえた茎は中空である。傘型の散形花序には10〜20本の花柄がある。東ヨーロッパからイギリスの道路わきなどに自生する。

5 m / 16 ft

細かく分裂した糸状の葉

複合散形花序

2.5 m
8 ft

レースのような葉

1 m
3¼ ft

白い散形花序

未熟の果実をつけた果序

羽根のような葉

黄色い散形花序

オオウイキョウ（ジャイアントフェンネル）
GIANT FENNEL
Ferula communis セリ科
刺激臭があり、茎が中空のオオウイキョウは地中海一帯、アジア、北アフリカの草原に自生する。

ドクニンジン
HEMLOCK
Conium maculatum セリ科
ヨーロッパや北アフリカ、アジアの湿地が原産の二年生草本だが、世界各地に導入されている。紫色の斑点のある中空の茎をもつ。植物体全体に毒が含まれる。

ノラニンジン
WILD CARROT
Daucus carota セリ科
現在の栽培用のニンジンの祖先で、主根がわずかに膨らんでいる。ヨーロッパ、温帯アジア、北アフリカに自生する。

キダチトウガラシ
CHILLI PEPPER
Capsicum frutescens　ナス科
ブラジルとボリビアが原産の小低木。熱帯アジアや赤道アメリカで盛んに栽培され、果実が香辛料として利用されている。

1.2 m
4 ft

ジャガイモ
POTATO
Solanum tuberosum　ナス科
主要作物のひとつ。丸っこい塊茎は日光にさらされると緑色に変色し、有毒になる。栽培種は、南米大陸のアンデス地方原産の祖先種から品種改良により作出されたもの。

1 m
3¼ ft

花と羽状複葉

食用になる塊茎

タバコ
TOBACCO
Nicotiana tabacum
ナス科
南米大陸原産の草本で、多くの種のうち2種が喫煙用のタバコの原料になる。葉にはニコチンが含まれる。

3 m
10 ft

木の上のほうにつく葉には棘がほとんどないものもある

漿果状の赤い果実

セイヨウヒイラギ
（クリスマスホーリー）
COMMON HOLLY
Ilex aquifolium
モチノキ科
ヨーロッパ、北アフリカ、北西アジアの森に自生する常緑の低木ないし小高木。鋭い棘の生えた葉を生やして草食動物を遠ざける。

24 m / 80 ft

卵形の頭状花

60 cm / 23½ in

棘の生えた革質の葉

エリンギウム・マリティムム
（ヒイラギサイコ）
SEA HOLLY
Eryngium maritimum　セリ科
頑丈な多年生草本。革質の葉は水分の損失を防ぎ、砂丘で塩水をかぶってもはじく。ヨーロッパ、北アフリカ、南西アジアの各地に見られる。

セイヨウキヅタ
IVY
Hedera helix　ウコギ科
ヨーロッパと南西アジアの原産の常緑低木。森でほかの植物につるでよじのぼったり、地上にカーペット状に広がったりする。

30 m
100 ft

クロバトベラ
KOHUHU
Pittosporum tenuifolium
トベラ科
ニュージーランドの南北両島の森林や低木林に自生する常緑性の高木。枝はほとんど真っ黒で、春には蜜の香りの花が咲く。

10 m
33 ft

オタネニンジン
ORIENTAL GINSENG
Panax ginseng　ウコギ科
アジア原産の草本で、古くからこの根が「チョウセンニンジン」として医療用に使われている。学名のパナックスは「万病を治す」というギリシャ語による。

80 cm / 32 in

モチノキ目　AQUIFOLIALES

モチノキ目は小さな目である。代表格であるモチノキ科は主に熱帯産の高木と低木からなり、鋸歯のある葉が特徴である。ほかの科は、よじのぼり植物である一風変わった草本のヤマイモモドキ科、アジア産の低木3種からなるハナイカダ科、南米大陸原産の低木と高木の4種からなるフィロノマ科、熱帯産の高木からなるステモヌルス科である。

被子植物・真正双子葉植物

キク目 ASTERALES

キク目は11科からなる。最大の科はキク科で2万5,000種が含まれる。キク科の花は一般的に多数の小花が集合して頭状花序をなす。小花には中心花と周辺花があり、円盤状に集まった中心花のまわりを目立つ周辺花が囲む。キキョウ科のなかにも同様の花をつけるものがある。ほかにはミツガシワ科とクサトベラ科があり、残りの7科は比較的小さなグループである。

舌状花

筒状花

総苞片

1.5 m / 5 ft

ユウゼンギク
MICHAELMAS DAISY
Symphotrichum novi-belgii キク科
以前はシオン属に入れられていた。派手な色と形で変種の多い園芸植物で、原産地は北米大陸東部。

1.25 m / 4 ft

バラモンジン（セイヨウゴボウ）
SALSIFY
Tragopogon porrifolius キク科
地中海周辺の草地に自生する二年草。藤色ないし赤紫色の頭状花の周りを、より長く先端が尖った総苞片が囲む。

1.5 m / 5 ft

ヤコブボロギク（ヤコブコウリンギク）
COMMON RAGWORT
Jacobaea vulgaris キク科
家畜に有害で、飼いウサギも口にしない多年草。ヨーロッパと西アジアが原産地だが、ほぼ世界中の草地に侵入・帰化している。

頭状花序の筒状花が成熟すると種子ができる

舌状花にはふちに切れ込みがあり、黄色あるいはオレンジ色

卵形で縁が鋸歯状の葉

3.5 m / 11 ft

ヒマワリ
SUNFLOWER
Helianthus annuus キク科
メキシコ原産と推定される背の高い一年草で、観賞用または種子から油を採るために商業的に栽培される。種子には27〜40パーセントの多価不飽和脂肪酸が含まれ、さらに13〜20パーセントのタンパク質も含まれている。

高く頑丈な茎

1 m / 3¼ ft

ヤグルマギク
CORNFLOWER
Centaurea cyanus キク科
南ヨーロッパと西アジアが原産と推定される一年生草本。これが麦畑などに生えてしまうと、収穫後の穀物に本種の種子が混入し除去が難しかった。そのため、除草剤が使用されるようになるまでは難儀な雑草とされていた。

白く小さな頭状花

縁が鋸歯状の葉

75 cm / 30 in

フランスギク
OXEYE DAISY
Leucanthemum vulgare キク科
白い花を咲かせるヒナギクの仲間のひとつで、ヨーロッパと西アジアの原産。変種が多い多年草で、荒れた土地にすばやく種子を散布する。

12 cm / 5 in

葉や直立するか、あるいは水平に伸びる

50 cm / 20 in

ヒナギク（デージー）
DAISY
Bellis perennis キク科
牧草地や芝生に自生する多年草で、ヨーロッパと西アジアが原産だが、現在では全世界で見られる。一般には雑草とみなされる。

黄色い頭状花

セイヨウタンポポ
COMMON DANDELION
Taraxacum officinale キク科
よく知られている雑草だが、本種には驚くほど多くの「微細種」（形質がわずかに異なる系統）が含まれている。ヨーロッパとアジアだけでもおよそ1,000の微細種が認められている。

ピンク色または紫色の周辺花

1.2 m / 4 ft

丈夫な、縁が鋸歯状の葉

ムラサキバレンギク
PURPLE CONEFLOWER
Echinacea purpurea キク科
中心花の筒状花が円錐形に集まることから、英語では「紫色の円錐形の花」と呼ばれる。観賞用の多年生草本で、北米大陸東部が原産。風邪やインフルエンザのハーブ療法用に栽培されている。

オオアザミ（マリアアザミ）
MILK THISTLE
Silybum marianum キク科
白い斑が入った葉をもち、
軟らかい棘で覆われた
二年生草本。南ヨーロッパ、
北アフリカ、西アジアの
荒れ地や耕地で育つ。

2.5 m
8 ft

2.5 m
8 ft

カナダアキノキリンソウ
CANADIAN GOLDENROD
Solidago canadensis キク科
北米大陸原産だが、よく花壇で
栽培されている、綿毛の生えた
多年草。黄色い頭状花が横に
広がってねじれた穂をつくる。

ヒゴタイ属の一種
GLOBE THISTLE
Echinops bannaticus キク科
ヨーロッパ南東部に自生する
多年生草本。茎は綿毛で
覆われている。筒状の青い
小花が集まってボール状の
頭状花を形成する。

1.2 m
4 ft

2 m
6½ ft

総苞片には
鋭い棘がある

カルドン（チョウセンアザミ）
CARDOON
Cynara cardunculus キク科
食用にされる球状のアーティチョークは、
カルドンの変種である*scolymus*の肉質の
萼と花托である。地中海東部が原産の
多年生草本で、荒れ地に自生する。

深い
切れ込みの
ある葉

セイヨウフキ
BUTTERBUR
Petasites hybridus
キク科
雌雄異株の多年生草本。ヨーロッパ
全域からイランにかけて、湿気の多い
牧草地や小川のほとりに自生する。

ルバーブに
似た葉

早春に
咲く花

2 m
6½ ft

**オタントゥス・
マリティムス**
COTTONWEED
Otanthus maritimus
キク科
低木に似た多年草で、
南ヨーロッパ、北アフ
リカ、南西アジアの
沿岸部に自生する。
英語の俗名「綿
の雑草」は、その茎と
葉が綿毛で覆われて
いることに由来する。

50 cm
20 in

**キリンギク
（リアトリス）**
DENSE BLAZING
STAR
Liatris spicata
キク科
北米大陸東部の湿地
に自生する。赤紫色の
頭状花序が密集
して細長く穂状となる。
その姿から、英語では
「密集して輝く星」
と呼ばれる。

1.8 m
6 ft

**アメリカ
オニアザミ
（セイヨウオニアザミ）**
SPEAR THISTLE
Cirsium vulgare キク科
鋭い棘のついた葉を
もつ強健な多年草。
ヨーロッパと西アジアが
原産だが、農業とともに
拡がり現在は世界中で
見られる。

1.5m
5ft

舌状花

50 cm
20 in

**キンセンカ
（マリーゴールド）**
GARDEN MARIGOLD
Calendula officinalis
キク科
キンセンカはかなり昔から人為的
に栽培されてきたため、その
起源はもはや不明となっている。
この花から採れる精油は肌の
治療に用いられる。

セイヨウノコギリソウ
YARROW
Achillea millefolium キク科
羽状複葉をもつ多年生草本。
ヨーロッパ全域と西アジア、
北米大陸の草地に自生し、
オーストラリアやニュージーランド
にも導入されている。

60 cm
23½ in

葉は両面とも
毛に覆われている

青または
藤色の花

**キクニガナ
（チコリー）**
CHICORY
Cichorium intybus キク科
ヨーロッパ、西アジア、北アフリカ原産
だが、今では世界中で栽培されて
いる。葉をサラダで生食するほか、
根からは代用コーヒーができる。

1.2 m
4 ft

長楕円形の
ロゼット葉

2 m/6½ ft

**タラゴン
（エストラゴン）**
FRENCH TARRAGON
Artemisia dracunculus
キク科
ヨーロッパ南東部と
アジア、北アフリカ原産
のハーブで、魚料理
そのほかの香りづけに
用いられる。

**ワタスギギク
（サントリナ）**
COTTON LAVENDER
Santolina chamaecyparissus
キク科
強い芳香を放つ矮性の常緑性
低木で、葉には灰色の毛が生える。
花壇で広く栽培されている。地中
海西部周辺の岩場に自生する。

60 cm
23½ in

**クンショウギク属の一種
（ガーデンガザニア）**
GARDEN GAZANIA
Gazania sp. キク科
南アフリカの乾燥地帯に自生するガザニア
（クンショウギク）属には17種が含まれる。これらの
栽培品種は少ない水分でも十分に育つ。

50 cm
20 in

**クンショウギク
（ガザニア）**
STRAND GAZANIA
Gazania rigens キク科
地表に広がりマット状になる
多年草。南アフリカのケープ
海岸沿いの岩場や砂丘に
自生する。

20 cm/8 in

被子植物・真正双子葉植物

≫ キク目

オオロベリアソウ
BLUE CARDINAL FLOWER
Lobelia siphilitica キキョウ科
北米に分布する派手な多年生草本。
カナダのマニトバ州から米国のアラバマ州
にかけて分布し、森や牧草地に自生する。
かつては梅毒の治療に効果があるとされた。

1.2 m
4 ft

越冬する葉

花穂

筒状花

フィテウマ・オルビクラレ
ROUND-HEADED RAMPION
Phyteuma orbiculare キキョウ科
暗青色の花を球形につける、
分枝しない多年草。南イングランド
からギリシャまでの白亜質の
草地に育つ。

50 cm
20 in

小さな花が固まって
咲く

披針形の葉

1 m
3¼ ft

ワーレンベルギア・グロリオサ
（ロイヤル・ブルーベル）
ROYAL BLUEBELL
Wahlenbergia gloriosa キキョウ科
直立した茎に深い青色の花をつける
多年生草本で、オーストラリア首都特別
地域の花である。オーストラリア南部
の山岳地帯の草原に自生する。

40 cm
16 in

ヒゲギキョウ
NETTLE-LEAVED
BELLFLOWER
Campanula trachelium
キキョウ科
ヨーロッパ全域、イラン、北アフリカ
の垣根などに見られる多年草。
粗い毛が生え、イラクサのような
葉をもち、青い釣鐘型の花を
咲かせる。

キキョウ
BALLOON FLOWER
Platycodon grandiflorus キキョウ科
ただ1種でキキョウ属を成すアジア
産の多年草。青か白の釣鐘型の花
を咲かせる。多くの園芸品種が
作出されている。

70 cm/28 in

釣鐘型の花

楕円形の葉

セリエラ・ラディカンス
SWAMPWEED
Selliera radicans クサトベラ科
チリ、オーストラリア、ニュージーランドの
海岸付近の砂地や、山岳地帯の小川
の川辺などに見られる匍匐性の草本。

15 cm
6 in

片側だけに
花弁がつく花

肉厚の葉

ミツガシワ
BOGBEAN
Menyanthes trifoliata ミツガシワ科
遠くまで地下茎を伸ばす多年草で、
豆のような果実をつける。北米大陸、
グリーンランド、北ヨーロッパ、アジア
の湿原や浅い水中に自生する。

1.5 m
5 ft

アサザ
FRINGED WATER LILY
Nymphoides peltata ミツガシワ科
多年生の浮葉植物。スイレンと似てい
るが、黄色い花がスイレンより小さめ
で、5枚の花弁の縁に細かな裂け目が
あるという特徴がある。ヨーロッパから
日本にかけて分布する。

1.5 m
5 ft

マツムシソウ目

マツムシソウ目の植物には多くの観用植物が含ま
れる。世界中で見られるが、とくに北半球に多い。
一般的に花は小さく、しばしば枝先に小さな花が
集まった花序をつける。マツムシソウ目は2科から
なる。約200種を含むガマズミ科とおよそ860種を
含むスイカズラ科である。従来のオミナエシ科（カ
ノコソウ類など）とマツムシソウ科（ナベナ類など）
はスイカズラ科に吸収されている。

レンプクソウ
MOSCHATEL
Adoxa moschatellina
ガマズミ科
北米大陸、ヨーロッパ、アジア
の森林に自生する多年草。
茎の先端に5つの花が固
まって咲く。花弁が4裂の1輪
は上向きに、花弁が5裂の
4輪は横向きに輪生し、
互いに90度の角度をなす。

15 cm
6 in

ニワトコの花序

ベニカノコソウ
RED VALERIAN
Centranthus ruber
スイカズラ科
灰色がかった多年生
草本で、チョウがよく
訪れる。地中海周辺の海
岸の岩場や古い壁などに
自生するが、ほかの地域
にも帰化している。

80 cm
32 in

セイヨウニワトコ
ELDER
Sambucus nigra ガマズミ科
切れ目の入った葉に小さな花が集まって頂部が
平らに並ぶ花序をもつ低木ないし小高木。
ヨーロッパ、西アジア、北アフリカに見られる。

12 m/40 ft

ニワトコの
ベリー

切れ目の
入った葉

つやつやの
赤いベリー

カンボク
GUELDER ROSE
Viburnum opulus
ガマズミ科
ヨーロッパからアジアにかけて
見られる落葉低木。頂部が
平らな花序は、小さな稔性花の
周りを大きな不稔花が
取り囲んでいる。

4 m
13 ft

セイヨウカノコソウ
COMMON VALERIAN
Valeriana officinalis スイカズラ科
北ヨーロッパからアジアにかけての
草地で見られる多年生草本。
淡いピンク色の5弁の花が
集まった散房状集散花序をつける。
つぼみのほうが色が濃い。

2 m
6½ ft

芳香のある
花

羽状複葉

芳香のある
花

花と茎

楕円形で
先が尖った葉

熟した
果実

6 m
20 ft

ニオイニンドウ
EUROPEAN HONEYSUCKLE
Lonicera periclymenum
スイカズラ科
ヨーロッパと北アフリカの森林や
垣根に自生する落葉低木。
ほかの植物の上によじのぼって
日光を受けられるところまで
到達してから、開花する。

赤紫色の大きな
苞が白い花を
守るように包む

**レイケステリア・
フォルモサ**
（ヒマラヤハニーサックル）
HIMALAYAN HONEYSUCKLE
Leycesteria formosa　スイカズラ科
ヒマラヤ山脈を原産とする
落葉性の低木。白い花と赤紫色
の苞からなる穂状花序が
垂れ下がる。

2 m/6½ ft

ろうと型の花に
引き寄せられた
ハチが花粉を
媒介する

8 m
26 ft

ツキヌキニンドウ
CORAL HONEYSUCKLE
Lonicera sempervirens
スイカズラ科
アメリカ東部原産の、細いつるで森の
高木によじのぼる植物。トランペット
型の赤い花は内側が黄色で、花粉媒
介者のハチドリを引き寄せる。

3 m/10 ft

シラタマヒョウタンボク
（スノーベリー）
SNOWBERRY
Symphoricarpos albus　スイカズラ科
アメリカのアラスカ州からコロラド州が原産だ
が、ほかの地域にも広く植えられている。落葉
性の低木で、地下茎から新たな株が生じる。
ピンク色の小さな花が密集した総状花序を
つけ、熟すと白いベリー（漿果）になる。

4 m/13 ft

オオベニウツギ
WEIGELA
Weigela florida　スイカズラ科
中国と朝鮮半島原産の
落葉性の低木。ろうと型で
深紅色の花がまとまって
咲く。花の奥が黄色い
ものもある。

ピンクッション
（針刺し）の
ような花

結実中の
花

頭状花

縁が鋸歯状
の葉

直立した
楕円形の葉

1 m
3¼ ft

棘のある
細長い頭状花

中部がまず帯状に
開花し、その帯が上
と下に移動していく

2 m
6½ ft

茎葉は無柄

頭状花序の
基部に棘のある
総苞片が
カップ状に並ぶ

棘のある
花茎

葉は
羽状深裂する

75 cm
30 in

クナウティア・アルウェンシス
（フィールドスカビアス）
FIELD SCABIOUS
Knautia arvensis　スイカズラ科
全体が毛で覆われた多年草で、頭状花は
外側の花が内側よりも大きい。ヨーロッパから
シベリアにかけての乾燥した牧草地に自生する。

60 cm
23½ in

スカビオサ・プロリフェラ
（カーメルデージー）
CARMEL DAISY
Scabiosa prolifera　スイカズラ科
地中海東部の耕地周辺に自生する
強健な一年草。淡黄色の頭状花の
外側の花弁は大きく、内側の花弁は小さい。

スッキサ・プラテンシス
（マツムシソウモドキ）　DEVIL'S-BIT SCABIOUS
Succisa pratensis　スイカズラ科
全体が毛で覆われた多年草。"DEVIL'S-BIT"は
「悪魔のひとくち」の意で、根が短いのは悪魔に
かじられたためとしたもの。ヨーロッパ全域と
北アフリカの湿地に自生する。

オニナベナ
（ラシャカキグサ）
TEASEL
Dipsacus fullonum
スイカズラ科
ヨーロッパ、西アジア、
北アフリカの荒れ地に
自生する強健な二年草。
棘のある茎と葉、尖った苞を
もつ花をもつ。種子は
冬を越す鳥たちの餌になる。

菌類

キノコや微小なカビなど菌類は、かつて植物の仲間に分類されていた。今日では菌類は、生物のなかで菌界という界のひとつとして認められている。他の生き物の有機物を消化して育つ従属栄養生物であり、生殖するときにだけ人間の目に見えるような大きさになるものもある。菌類はほかの生物の味方になることもあれば、敵になることもある。菌類は重要な分解者であり、相利共生する（互いに利益を与え合う）パートナーであるが、寄生菌や病原菌などもこの仲間に含まれる。

» 212

担子菌類（キノコ）

一般に「キノコ」と呼ばれる大きなグループで、サルノコシカケやホコリタケのほか、さまざまな種が含まれる。その子実体の形は変化に富んでいるが、それらはすべて担子器と呼ばれる細胞の外側に胞子をつくる。

» 238

子嚢菌類

子嚢菌類は、胞子を微小な袋（子嚢）の中につくる。子嚢はしばしば子実体表面に層状に形成される。子嚢菌類の多くは茶碗型をしているが、トリュフやアミガサタケ、さらに単細胞の酵母もこの仲間に入る。

» 244

地衣類

地衣類は菌類と藻類からなる共生体であり、あらゆる基物の露出した表面にコロニー（繁殖のための群れ）をつくる。薄いかさぶた状になるものと、微小な植物のような形になるものとがある。その多くは成長が遅く、並外れて長生きをする。

担子菌類（キノコ） MUSHROOMS

一般にキノコと呼ばれる生物の大部分は担子菌門に属している。担子菌類は主要な生息環境のほとんどに見られる。有性生殖の結果できた胞子を担子器という特殊な細胞の外側につくるのが特徴である。

門	担子菌門
綱	16
目	52
科	177
種	約32,000

典型的なキノコの形。傘をもち、その裏側には放射状に広がるひだがついていて、これを中央の柄が支えている。

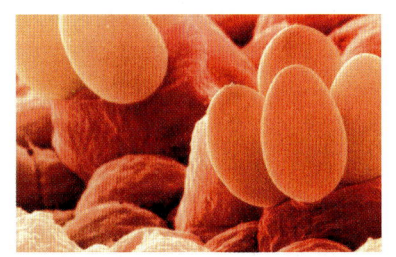

胞子の顕微鏡写真。ここでは、生殖細胞である担子器に胞子がくっついたままになっている。

スッポンタケ。上部を暗い色をした胞子のかたまりが覆っていて、これがたちまち粘液状になり、魚の腐ったような悪臭を放つ。

論点
なぜ鮮やかな色をもつのか

キノコの多くは、赤、紫、青、緑など明るい色をしている。科学者たちは、このような色をもつことでキノコにどのような利益があるのか、解明できていない。花であれば花粉媒介者をおびき寄せるという目的があるのだが、キノコにはその必要がない。おそらく、赤やオレンジ色は日光によるダメージを抑えるためであり、それ以外の色は捕食者たちに対する警戒色ではないか、といった理由が考えられている。

菌類のなかで、担子菌類ほど形態の多様性に富むグループはない。担子菌類は、胞子を形成する子実体という構造物を地上に形成する。担子菌類の子実体はさまざまに進化し、胞子を効果的に分散する多様なメカニズムを発達させている。よくあるタイプの子実体は柄と傘からなり傘にはひだがあるが、かさぶたのようなごく単純な姿をしたものや、張り出し棚のような複雑な形をしたものも多い。もっと風変わりなものとしては、ホコリタケ類やツチグリ類のように球形に閉じたものもある。さらには、ホウキタケ類のように棍棒状あるいは枝分かれしたサンゴ状のものや、スッポンタケ類のように奇妙な動物のようにも見えるものもある。姿は違えど、いずれの子実体にも担子器という特別な細胞があって、そこで胞子を形成し、さまざまなメカニズムで胞子を分散させる。たとえば、傘にひだのあるものは胞子を射出して風に乗せて飛ばす。ホコリタケ類は風や雨のしずくの力を借りて胞子を吹き出す。それとは反対に、スッポンタケ類は悪臭と鮮やかな色で動物（昆虫やその他の無脊椎動物）を引き寄せ、胞子塊を食べさせる。胞子は動物の消化管内を消化されずに素通りし、糞の中にそのまま出てくる。動物が離れたところまで移動して糞をし、胞子を散布してくれるわけだ

キノコの栄養吸収

キノコの主体となる部分は通常地中にある。それは菌糸という細い糸状のもので、これが集合したものが菌糸体と呼ばれる。キノコは、土、落ち葉、枯れ木、生きている植物組織、さらには動物の死体、その腐敗物などの内部へと菌糸を伸ばして成長する。菌糸体は時に広大な範囲に広がることがあり、植物の根と相利共生するものも多い。この共生関係（菌根）では、菌糸体が植物の根を覆い、さらにその内部に浸透して、植物から炭水化物を受け取る。一方で、植物は菌糸体から土の中の水分と無機栄養素をより効率的に得るのである。さらに、死んだ有機物を分解するキノコや、生きた生物から栄養を得るキノコもあるが、これらに共通しているのは、分解者あるいは共生者として生態系で重要な働きをしているということである。

落ち葉のなかのキノコ ＞
多くのキノコが死んでいるか、あるいは腐敗していく植物組織を養分としている。湿気と養分があるところであれば、キノコはいくらでも繁殖域を広げていくことができる。

担子菌類（キノコ）・ハラタケ目

ハラタケ目 AGARICALES

ハラタケ目には、おなじみの食用キノコや毒キノコが多数含まれている。子実体は木質化せず肉質になる。傘と柄があって傘にはひだのあるものが多いが、ひだの代わりに管孔があるものもある。傘型のほかに、鳥の巣型、張り出し棚型、皮状、トリュフ型、球状（ホコリタケなど）といった姿をとるものもある。落ち葉や土、樹木の上で育つものが多いが、寄生性のものや菌根を形成して植物と共生するものも多い。

⇦ **ハラタケ**
FIELD MUSHROOM
Agaricus campestris
ハラタケ科
世界中の牧草地などでよく見られる。白く丸い傘に明るいオレンジ色のひだをもつが、成熟するとこの部分が茶色になる。短い柄にはつばがある。

4–10 cm
1½–4 in

ツクリタケ
（マッシュルーム）
CULTIVATED MUSHROOM
Agaricus bisporus ハラタケ科
赤茶色の大きな傘の表面は鱗片に覆われてささくれ状になり、羊毛状の白い柄には柔らかなつばがつく。北半球に分布する。

5–10 cm
2–4 in

傘の表面は繊維状

アガリクス・アウグストゥス ⇨
THE PRINCE
Agaricus augustus
ハラタケ科
赤茶色の大きな傘の表面は鱗片に覆われてささくれ状になり、羊毛状の白い柄には柔らかなつばがつく。ユーラシア大陸や北米大陸でよく見られる。

8–15 cm
3¼–6 in

5–15 cm
2–6 in

オニタケ
FRECKLED
DAPPERLING
Echinoderma asperum
ハラタケ科
ユーラシア大陸と北米大陸の森や庭で見られる。茶色の傘はピラミッド型の鱗片で覆われているが、こすると鱗片は落ちる。茶色の柄につばがある。

5–12 cm
2–4¾ in

アガリクス・クサントデルムス
YELLOW STAINER
Agaricus xanthodermus
ハラタケ科
傘の中央部は平らで、柄の基部にはクロームイエローの染みがあり、不快な匂いを放つ。ユーラシア大陸と北米大陸西部で見られる。

7–15 cm
2¾–6 in

シロオオハラタケ
HORSE MUSHROOM
Agaricus arvensis
ハラタケ科
全世界のの公園などでよく見られる。全体が白から淡黄色になる。柄にはつばがあり、下から見ると菌車のような形状をしている。

1–4 cm
⅜–1½ in

キツネノカラカサ
STINKING DAPPERLING
Lepiota cristata
ハラタケ科
森や牧草地に発生するキツネノカラカサ属の一種で、ゴムのような臭いを放つ。全世界で見られる。

成菌の傘

2–6 cm
¾–2¼ in

クリームイエローの染み

3–8 cm
1¼–3¼ in

幼菌の傘

4–11 cm
1½–4½ in

つば

アシブトワタカラカサタケ
ORANGE-GIRDLED
DAPPERLING
Lepiota ignivolvata
ハラタケ科
ユーラシア大陸で見られる希少種。白い棍棒型の柄の下部に縁がオレンジ色のつばができる。

レウコアガリクス・バダミイ
BLUSHING DAPPERLING
Leucoagaricus badhamii
ハラタケ科
ユーラシア大陸の森や庭、肥えた土壌で見られる希少種。幼菌のうちは白いが、土から引き抜くと血のような赤色に変わり、やがて黒くなる。

ササクレヒトヨダケ
LAWYER'S WIG
Coprinus comatus ハラタケ科
世界中の草地や道ばたで見られる。高く毛むくじゃらの傘をもち、老熟するとインク状の液体になって溶ける。

5–8 cm
2–3¼ in

シロカラカサタケ
WHITE DAPPERLING
Leucoagaricus leucothites
ハラタケ科
北半球の牧草地や道路脇の草むらで見られる。幼菌の子実体は象牙色をしているが、成菌になると灰茶色になる。ひだは白か淡いピンク色になる。

20–50 cm
8–20 in

5–15 cm
2–6 in

カラカサタケモドキ
SHAGGY PARASOL
Chlorophyllum rhacodes
ハラタケ科
北半球で見られる。茶色い毛むくじゃらの傘に、二重の縁のあるつばをもち、赤っぽく肉太の柄の基部には丸い膨らみがある。

柄の基部は膨らむ

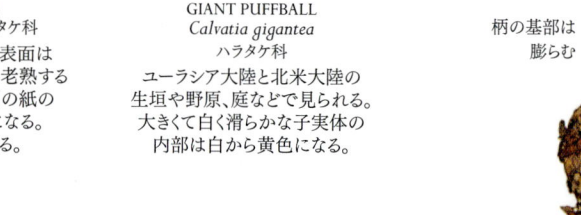

1–5 cm
⅜–2 in

コガネキヌカラカサタケ
PLANTPOT DAPPERLING
Leucocoprinus birnbaumii
ハラタケ科
世界各地で見られるが、とくに植物の鉢植えの土に発生する。鮮やかな黄色のきゃしゃな傘の下につばをつけた細い柄が伸びる。

1–3 cm
⅜–1¼ in

外皮

内側の紙状の層

シバフダンゴタケ
GREY PUFFBALL
Bovista plumbea ハラタケ科
このボール型のキノコの表面は幼菌のうちは滑らかだが、老熟すると外皮が剥がれて、内側の紙のような層が見えるようになる。世界中でよく見られる。

セイヨウオニフスベ
GIANT PUFFBALL
Calvatia gigantea
ハラタケ科
ユーラシア大陸と北米大陸の生垣や野原、庭などで見られる。大きくて白く滑らかな子実体の内部は白から黄色になる。

2–4.5 cm
¾–1¾ in

ヒメホコリタケ
MEADOW PUFFBALL
Lycoperdon pratense ハラタケ科
短い柄には内被膜があって、胞子の
かたまりと柄の本体とを隔てている。
世界中の牧草地でよく見られる。

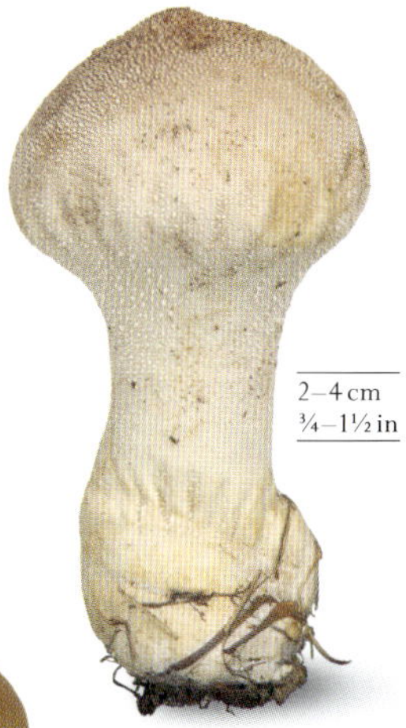

2–4 cm
¾–1½ in

ホコリタケ
COMMON PUFFBALL
Lycoperdon perlatum
ハラタケ科
世界中で見られる、最もなじみ
深いホコリタケ属のキノコ。
表面にざらざらした棘状突起
があり、こすると円形の鱗片が
規則的な形で剥がれる。

傘の表面の色と
対照的な
茶色の鱗片

10–30 cm
4–12 in

カラカサタケ
PARASOL
Macrolepiota procera
ハラタケ科
世界中のの牧草地でよく
見られる。背の高いキノコ
で、傘は鱗片で覆われて
ささくれ、蛇皮模様のある
柄には分厚いつばがつく。

蛇皮模様の柄

5–10 cm
2–4 in

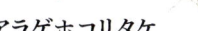

1–3 cm
⅜–1¼ in

アラゲホコリタケ
SPINY PUFFBALL
Lycoperdon echinatum
ハラタケ科
北半球の森林で見られる。
長い棘が先端部分までみっしり
と集合して生える。胞子は
紫がかった茶色をしている。

セイタカノウタケ
PESTLE PUFFBALL
Lycoperdon excipuliforme
ハラタケ科
ホコリタケ属のなかで最も背の
高いキノコのひとつで、胞子を発
散した後の柄は黄褐色になる。
ユーラシア大陸で見られる。

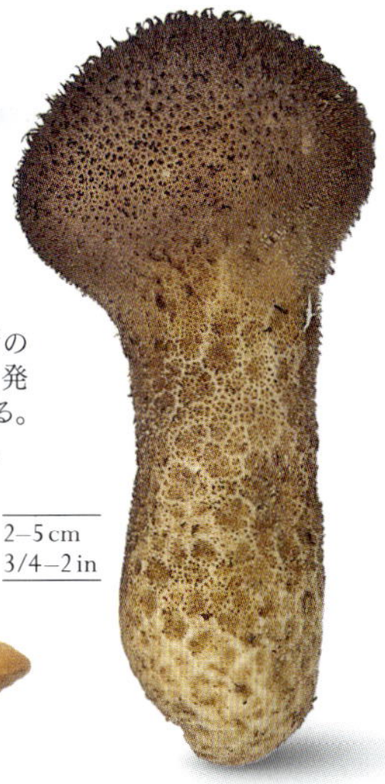

2–5 cm
3/4–2 in

クロホコリタケ
STINKING PUFFBALL
Lycoperdon foetidum
ハラタケ科
ユーラシア大陸の酸性土壌の
ヒース地帯と森林でよく見られ
る。茶褐色のホコリタケで
全体にこげ茶色の針がある。
肉には不快臭がある。

1–2.5 cm
⅜–1 in

タヌキノチャブクロ
STUMP PUFFBALL
Apioperdon pyriforme
ハラタケ科
世界中の森でよく見られる洋ナシ型の
キノコ。基部によく目立つ菌糸束が
ある。幼菌は硬い。

基部の膨らみ

6–10 cm
2¼–4 in

ケシボウズタケ
WINTER STALKBALL
Tulostoma brumale
ハラタケ科
北半球の砂地や砂丘の水たまり
などで見られる。薄茶色の細長い
柄の先に淡黄色の小さな
球形の傘をつける。

6–15 cm
2¼–6 in

ヤナギマツタケ
POPLAR FIELDCAP
Cyclocybe cylindracea
モエギタケ科
世界中で見られる種で、
ポプラやヤナギなどの林に
発生する。乾燥すると
傘表面がひび割れる。
柄にはつばがある。

3–5 cm
1¼–2 in

バッターレオイデス・
ディグエティ
SANDY STILTBALL
Battarreoides digueti ハラタケ科
北米大陸の非常に乾燥した
砂地で見られる。長い柄をもつ
キノコで、硬い「卵」のようなもの
から発生する。茶色の傘の
部分に胞子が入っている。

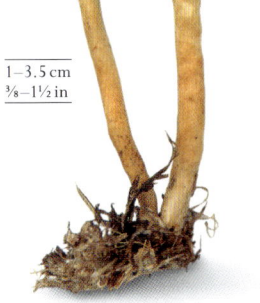

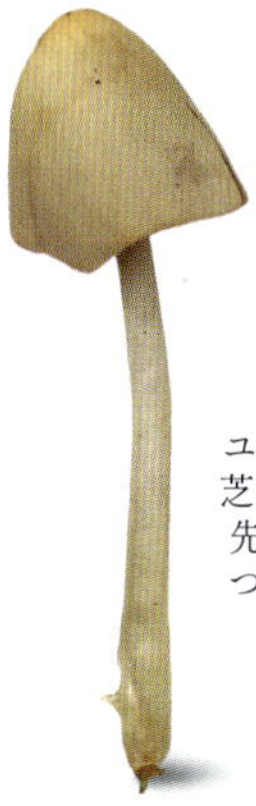

1–3.5 cm
⅜–1½ in

ハタケキノコ
COMMON FIELDCAP
Agrocybe pediades
モエギタケ科
世界中の芝生で見られる。
表面が滑らかな傘は淡黄色
で、細長い柄にはつばが
なく、粉っぽい臭いがある。

1–1.5 cm
⅜–½ in

コノシベ・アパラ
MILKY CONECAP
Conocybe apala
オキナタケ科
ユーラシア大陸と北米大陸の
芝生でよく見られる。長い柄の
先に釣鐘状で象牙色の傘を
つけ、ひだは褐色をしている。

3–7 cm
1¼–2¾ in

フミヅキタケ
SPRING FIELDCAP
Agrocybe praecox
モエギタケ科
春から秋に世界中でよく
見られる。傘には外被膜の
かけらが残ることがあり、
柄にはもろいつばがつく。

1–3 cm
⅜–1¼ in

シワナシキオキナタケ
YELLOW FIELDCAP
Bolbitius titubans
オキナタケ科
世界中の牧草地でよく
見られる。粘性のあるもろい
傘はわずか1日程度しか
もたない。

8–20 cm
3¼–8 in

つぼ

セイヨウタマゴタケ
CAESAR'S MUSHROOM
Amanita caesarea テングタケ科

とくに地中海沿岸から中央ユーラシアのオーク（ナラ類の樹木）の林で発生する。傘と柄はオレンジ色で、基部の「つぼ」（外被膜が破れて柄の下部に残ったもの）は白い。

8–15 cm
3¼–6 in

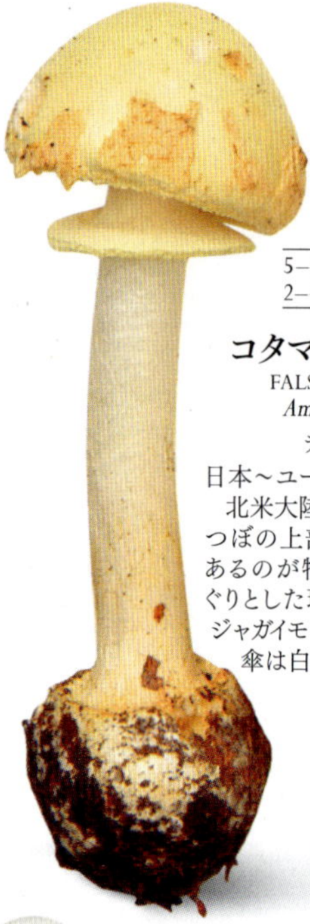

タマゴテングタケ
DEATH CAP
Amanita phalloides
テングタケ科

日本～ユーラシア大陸全域と北米大陸の一部で見られる。きゃしゃなつぼと大きなつぼをもち、気分を悪くさせるような臭いを放つ。傘は、緑がかったもの、黄色がかったもの、白などさまざまな色になる。

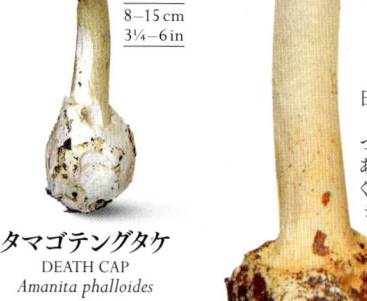

5–10 cm
2–4 in

コタマゴテングタケ
FALSE DEATHCAP
Amanita citrina
テングタケ科

日本～ユーラシア大陸全域と北米大陸東部で見られる。つぼの上部によく目立つ襟があるのが特徴で、基部はずんぐりとした球状になる。肉にはジャガイモのような香りがある。傘は白か淡い黄色になる。

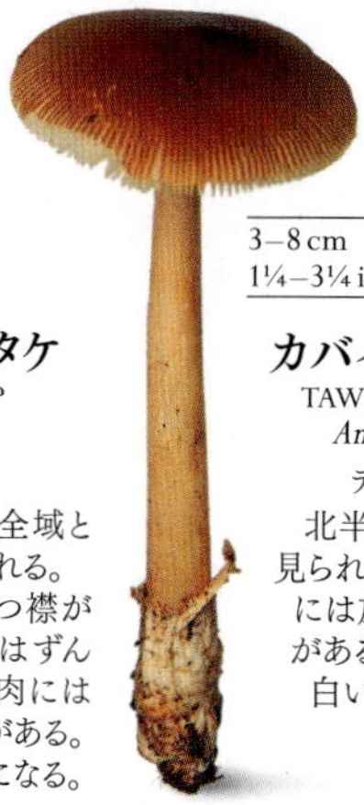

3–8 cm
1¼–3¼ in

カバイロツルタケ
TAWNY GRISETTE
Amanita fulva
テングタケ科

北半球の森でよく見られる。傘の周縁部には放射状の条線がある。柄の下部に白いつぼをもつ。

黄褐色の疣

6–18 cm
2¼–7 in

ガンタケ
BLUSHER
Amanita rubescens
テングタケ科

北半球の混交林でよく見られる。傘はクリーム色から茶色までさまざまな色になる。肉が傷つくとピンク色に変色する。

丸い基部

6–15 cm
2¼–6 in

ベニテングタケ
FLY AGARIC
Amanita muscaria
テングタケ科

北半球でよく見られる非常に目立つキノコで、とくにカバノキ科の樹木の林に発生する。傘にある白い疣は雨が降るとなくなることがある。

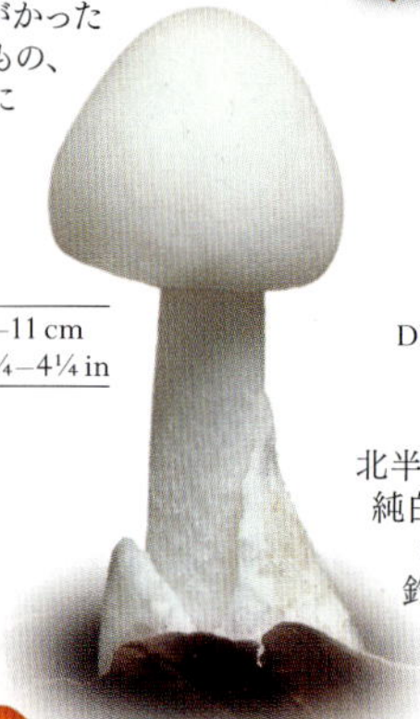

6–11 cm
2¼–4¼ in

ドクツルタケ
DESTROYING ANGEL
Amanita virosa
テングタケ科

北半球で見られる。全身が純白で、表面にかすかな粘性がある。傘は釣鐘型で、白いつぼをもつ。

純白の疣

5–12 cm
2–4¾ in

テングタケ
PANTHER CAP
Amanita pantherina テングタケ科

傘の疣（外被膜のなごり）は純白で、柄につばがつく。基部にはごつごつしたつぼがある。北半球で見られる。

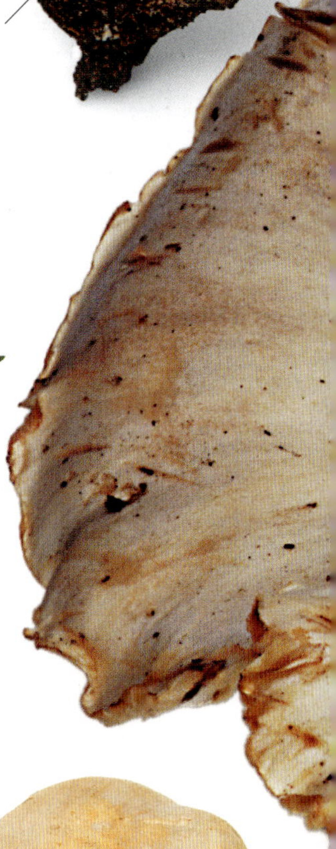

5–15 cm
2–6 in

キンホウキタケ
GOLDEN SPINDLES
Clavulinopsis corniculata
シロソウメンタケ科

雄鹿の角のような分枝した姿になるキノコで、比較的酸性土壌を好み、人の手が入らない牧草地や、森の中の草深い開墾地などで見られる。

キソウメンタケ
YELLOW CLUB
Clavulinopsis helvola
シロソウメンタケ科

北半球の草地で見られる。色も形も似たキノコが多いので、確実に同定するには、胞子の形（胞子には棘がある）を調べるしかない。

柄はしばしば扁平になる

2–4 cm
¾–1½ in

4–8 cm
1½–3¼ in

ムラサキホウキタケ
VIOLET CORAL
Clavaria zollingeri
シロソウメンタケ科

世界中のコケの多い牧草地や森で見られる。紫色の枝サンゴのように分枝する。

3–10 cm
1¼–4 in

シロソウメンタケ
WHITE SPINDLES
Clavaria fragilis
シロソウメンタケ科

世界中の森や牧草地で見られ、純白の棍棒が密集した姿で発生する。

4–12 cm
1½–4¾ in

クサウラベニタケ
WOOD PINKGILL
Entoloma rhodopolium
イッポンシメジ科

北半球で見られる。淡い灰色から灰茶色になり、傘の中央部が盛り上がり、その下に細い柄がつく。漂白剤のような臭いをもつ。有毒だが、日本でしばしば食用のウラベニホテイシメジと誤って食べられる事故を起こす。

1–3 cm
⅜–1¼ in

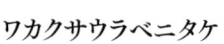

ワカクサウラベニタケ
MOUSEPEE PINKGILL
Entoloma incanum
イッポンシメジ科

ネズミのような臭いをもつイッポンシメジ属の一種で、柄は中空になる。傘は明るい緑色をしているが、老熟すると次第に茶色に変わる。人の手が入らない牧草地などで見られる。

1–2.5 cm
⅜–1 in

ススタケ
BLUE EDGE PINKGILL
Entoloma serrulatum
イッポンシメジ科

青黒い傘の裏側にあるひだは全体がピンク色だが、縁の部分は黒ずむ。北半球の牧草地や公園などで見られる。

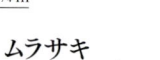

4–8 cm
1½–3¼ in

ムラサキイッポンシメジ
LILAC PINKGILL
Entoloma porphyrophaeum
イッポンシメジ科

北半球の牧草地でときどき見られるキノコで、灰紫色の繊維質の傘と柄をもち、ひだはピンク色をしている。

3–9 cm
1¼–3½ in

ヒカゲウラベニタケ
THE MILLER
Clitopilus prunulus
イッポンシメジ科

北半球の混交林でよく見られる。成長するにつれて傘の形が変わり、最初はまんじゅう型だが次第に中央部がくぼんでいく。

5–20 cm
2–8 in

クリーム色の
ひだ

ムラサキシメジ
WOOD BLEWIT
Lepista nuda キシメジ科
北半球の混交林でよく見られ
る。傘は紫色から次第に茶色
に変わっていくが、柄とひだは
ずっと紫色を保つ。古くから
食用とされた。

5–20 cm
2–8 in

オオムラサキシメジ
BLUE LEGS
Lepista personata
キシメジ科
黄褐色の傘に明るい青紫色の
柄をもち、肉には芳香がある。
草原などでよく見られる。

8–20 cm
3¼–8 in

ハイイロシメジ
CLOUDED FUNNEL
Clitocybe nebularis
キシメジ科
子実体は肉厚で、密に
詰まったひだが垂生
する。北半球で見られ
るが、しばしば大きな
輪をつくるように発生
する（菌輪。ヨーロッパ
ではこれを「妖精の輪」
と呼ぶ）。

3–6 cm
1¼–2¼ in

アオイヌシメジ
ANISEED FUNNEL
Clitocybe odora
キシメジ科
北半球でよく見られる。
強いアニスシード（アニス
の実）の香りをもつので
すぐに見分けられる。
明るい緑色の傘は老熟
すると灰緑色になる。

2–6 cm
¾–2¼ in

クリトシベ・デアルバタ
IVORY FUNNEL
Clitocybe dealbata
キシメジ科
ユーラシア大陸と北米大陸の芝
生や牧草地で、輪を描くように
発生する。全体に霜降り模様が
あり、ひだはわずかに垂生する。

2–8 cm
¾–3¼ in

ニオイキシメジ
SULPHUR KNIGHT
Tricholoma sulphureum
キシメジ科
北半球の混交林でよく見られ
る。全体は明るい黄色だが、
石炭ガスに似た吐き気を
催させるような悪臭がある。

傘の縁は内側に
丸まっている

12–40 cm
4¾–16 in

短い柄

ひだは垂生する

オオイチョウタケ
GIANT FUNNEL
Leucopaxillus giganteus キシメジ科
北半球の芝生や牧草地で、
しばしば菌輪をつくって発生する。
この大型の白いキノコのひだは
垂生し、傘の縁は内側に丸まり、
柄は短い。

5–12 cm
2–4¾ in

シモフリシメジ
DINGY AGARIC
Tricholoma portentosum キシメジ科
北半球の針葉樹林で見られる。
傘は滑らかで釣鐘型になり、
ずんぐりした柄は最初は白いが、
次第に黄色くなる。

4–10 cm
1½–4 in

ミネシメジ
SOAPY KNIGHT
Tricholoma saponaceum キシメジ科
灰茶色、灰緑色、ピンクがかった灰色
などさまざまな色になるキノコで、
石けんのような臭いがする。
北半球の混交林でよく見られる。

5–25 cm / 2–10 in

クダタケ
PIPE CLUB
Typhula fistulosa ガマホタケ科
北半球でしばしば大群生が
見られる。朽ち木や木屑に
着いて細長い柄を伸ばす。

»

ベニテングタケ

FLY AGARIC *Amanita muscaria*

世界中の幼児向けの本によく描かれるベニテングタケは、おそらく最も有名なキノコといえるだろう。明るいスカーレット色の傘にはたいてい白い被膜組織の斑点がぽつぽつとついていて、簡単にこのキノコだと見分けがつく。ヨーロッパ全域、アジア北部、北米大陸がもともとの原産地だが、今日では人間が植えた木（たいていはカバノキ科やマツ科の樹木）と相利共生関係を形成するため、アフリカ、インド、オーストラリア、ニュージーランドなどでも見ることができる。有毒成分をもつが、人の命を奪うほど強力ではない。

大きくてひらひらしたつばは簡単に裂ける

大きさ	傘の直径6–15cm (2¼–6in)
発生域	カバノキ科の樹木やマツ科の林
分布域	ほとんど全世界
胞子の色	白

傘の上に白い疣が
ゆるくついている

外皮のすぐ下に
オレンジ色の肉がある

∨ 傘の断面図
傘を切ってみると、表面の赤い組織のすぐ下は
黄色がかったオレンジ色の肉になっていること
がわかる。ひだの色は対照的に白くなっている。

純白のひだ

柄の肉

りんぺん
∨ 鱗片
白または淡黄色の疣は
みな外被膜のなごりで、
幼菌の傘を保護してい
た。

密に詰まったひだ

赤い表皮は
剥がれやすい

< おなじみのキノコ
ベニテングタケは成長するにつれ
て劇的にその姿を変えていく。傘
の赤色は長く雨が降り続くと黄色
くなることがある。英語名は「ハエ
取りキノコ」という意味で、これは
昔、牛乳とこのキノコの傘の赤い
表皮を小皿に入れて、家の中の
ハエ取りに用いたことに由来して
いる。

柄の基部 >
柄の基部は棍棒型に
膨らみ、上部はいくつもの
疣に覆われる。菌糸束が
地中にある樹木の根で
つながっている。

∧ ひだ
ベニテングタケの放射状のひだは、長いも
のや短いものが入りまじって生えている。
これは胞子生産を最大限に行うために空き
スペースを有効に使うための構造である。

ベニテングタケの成長段階

外被膜の
疣

散在する
疣

傘の下に
ついた内被膜

内被膜が
裂け始める

つばが
できている

ひだが完全
に開く

傘が裏返る

∧ 幼菌
傘が開かない幼菌の
頃は、疣状の外被膜
が全体を覆っている。

∧ 外被膜が破れる
柄が伸び始め、傘の部分
の外被膜が裂ける。

∧ 傘が生長する
傘が広がるが、内被
膜はまだ傘の下につ
いている。

∧ ひだが現れる
内被膜が裂け始め、つば
が形成される。つばの上
部にひだが露出する。

∧ 胞子を散布する
露出したひだの表面に
胞子がつくられ、空中
に散布される。

∧ 老いていく
死が近づき、傘の色が薄
れていく。傘はしばしば反
り返りろうと状になる。

5—12 cm
2—4¾ in

ショウゲンジ
THE GYPSY
Cortinarius caperatus
フウセンタケ科
北半球の針葉樹林で見られる。傘の表面には霜降模様があり、柄にはよく目立つ膜質のつばがつく。食用とされる。

3—6 cm
1¼—2¼ in

アカツブフウセンタケ
DAPPLED WEBCAP
Cortinarius bolaris
フウセンタケ科
北半球の林で見られる。傘と柄に微細な赤褐色の鱗片がつく。柄の肉には黄色〜オレンジ色の染みができる。

5—8 cm
2—3¼ in

6—10 cm
2¼—4 in

キイロフウセンタケ
ELEGANT WEBCAP
Cortinarius elegantissimus
フウセンタケ科
ユーラシア大陸の石灰質土壌のブナ林で見られる。傘は鮮やかな黄褐色で、黄色い柄の基部には縁のついた大きな丸い膨らみがある。

5—10 cm
2—4 in

コルティナリウス・マラキウス
BLUE AND BUFF WEBCAP
Cortinarius malachius
フウセンタケ科
ユーラシア大陸北部のマツの木の根元に発生する希少種。藤色がかった薄茶色の傘と、白い被膜が縞模様をなす柄をもつ。

傘の表面は細かな鱗片と繊維で覆われている

3—8 cm
1¼—3¼ in

ササクレフウセンタケ
SCALY WEBCAP
Cortinarius pholideus
フウセンタケ科
北半球のカバノキ科の樹木の根元に発生する。茶色の傘と柄はささくれに覆われ、幼菌はひだと柄の頂上部が紫色になる。

傘の中心にでっぱりがある

つばから下はささくれで覆われる

ウスフジフウセンタケ
PEARLY WEBCAP
Cortinarius alboviolaceus
フウセンタケ科
北半球の混交林でよく見られる。子実体全体は銀白色にやや藤色がかった色合いをもつ。ひだは老熟すると赤褐色になる。

6—10 cm
2¼—4 in

コルティナリウス・ルフォオリヴァケウス
RED AND OLIVE WEBCAP
Cortinarius rufoolivaceus
フウセンタケ科
ユーラシア大陸のブナ林で見られる希少種。よく目立つ赤銅色の傘の縁はピンク色かオリーブグリーンになる。丸く膨らんだ柄は紫色から黄緑色までさまざまな色になる。

6—10 cm
2¼—4 in

アブラシメジモドキ
ORANGE WEBCAP
Cortinarius mucosus
フウセンタケ科
北半球のマツ林に発生する。赤茶色の傘と白く硬い柄の表面には粘性がある。ひだはさび茶色になる。

傘の表面は微細な鱗片で覆われている

5—12 cm
2—4¾ in

ツバフウセンタケ
RED BANDED WEBCAP
Cortinarius armillatus
フウセンタケ科
棍棒型の柄に赤色か肉桂色の縞模様が入るので見分けやすいキノコ。北半球のカバノキ科の樹木の林でよく見られる。

棍棒型の柄

1—3 cm
⅜—1¼ in

4—10 cm
1½—4 in

つば

6—15 cm
2¼—6 in

ムラサキフウセンタケ
VIOLET WEBCAP
Cortinarius violaceus
フウセンタケ科
北半球の混交林で見られる。傘も柄も鮮やかな紫色をしているので見分けやすい。

3—7 cm
1¼—2¾ in

コルティナリウス・スプレンデンス
SPLENDID WEBCAP
Cortinarius splendens フウセンタケ科
黄色の傘に、黄色の肉、サルファーイエローの被膜、ずんぐりと膨らんだ柄をもつ希少種。ユーラシア大陸のブナ林で見られる。

コルティナリウス・ソダグニトゥス
BITTER
BIGFOOT WEBCAP
Cortinarius sodagnitus
フウセンタケ科
主にイギリス南部や地中海沿岸の石灰質土壌のブナ林で見られる希少種。柄の基部は大きく膨らんでいる。

トガリヒメフウセンタケ
PIXIE WEBCAP
Cortinarius flexipes
フウセンタケ科
ゼラニウムのような香りをもち、尖った傘の表面に微細な白い毛が生えることを特徴とする。北半球で見られ、カバノキ科の樹木の根元に発生する。

棍棒型の柄

8—15 cm
3¼—6 in

チャオビフウセンタケ
BIRCH WEBCAP
Cortinarius triumphans
フウセンタケ科
北半球のカバノキ科の樹木の林で見られる。全体が黄褐色になり、柄には明瞭な茶色の帯ができる。

2–7 cm
¾–2¾ in
傘（表側）

傘（裏側）

チャヒラタケ
PEELING OYSTERLING
Crepidotus mollis　アセタケ科
北半球で見られる。小さな扇型の傘は
透明なゼラチン質で覆われているが
剥がれやすい。柄はごく短いか、
あるいは完全に欠落する。

0.5–3 cm
³⁄₁₆–1¼ in

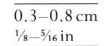

コナカブリ
VARIABLE OYSTERLING
Crepidotus variabilis
アセタケ科
北半球で見られるチャヒラ
タケ属の一種。細かな
繊維質の傘をもち、柄は
通常欠落する。

0.3–0.8 cm
⅛–⁵⁄₁₆ in

ガレリナ・カリプトラタ
TINY PIXIE CAP
Galerina calyptrata
ヒメノガステル科
ユーラシア大陸で見られる。
この仲間は種類が多いので、種
の同定には顕微鏡観察が必要
となる。明るい茶色の丸い傘に
は溝線（うね）がついている。

完全に開き
切らない傘

5–12 cm
2–4¾ in

ナガエノスギタケ
ROOTING POISONPIE
Hebeloma radicosum
ヒメノガステル科
柄が地中に深く伸び、扁平な
鱗片をつけた褐色の傘をもつ。
マジパンのような香りを強烈に
放つ。ユーラシア大陸と
日本で見られる。

1–5 cm
⅜–2 in

木の表面に
発生する

ヒメアジロガサ
DEADLY GALERINA
Galerina marginata　ヒメノガステル科
傘は明るい茶色で、柄に小さな
つばをもつ。北半球で見られ、
朽ち木に発生する。

4–9 cm
1½–3½ in

オオワカフサタケ
POISONPIE
Hebeloma crustuliniforme
ヒメノガステル科
北半球で見られる。ダイコンに似た臭いをもつ。
象牙色から褐色になる傘は、濡れると粘性が出る。
湿度が高くなると、ひだからしずくがにじみ出る。

3–7 cm
1¼–2¾ in

アセタケ
SPLIT FIBRECAP
Inocybe rimosa
アセタケ科
北半球の混交林でよく
見られる。黄褐色で細かい
繊維質の傘は中央部が
尖り、柄は細長い。

3–7 cm
1¼–2¾ in

カブラアセタケ
STAR FIBRECAP
Inocybe asterospora
アセタケ科
柄の基部に扁平な膨らみが
あり、胞子は星型をしている。
傘には茶色の繊維状鱗片が
ある。北半球で見られる。

赤い
縞模様

放射状に
広がる
繊維状鱗片

3–9 cm
1¼–3½ in

ずんぐりした柄

1–4 cm
⅜–1½ in

白い
タイプ

シロトマヤタケ
WHITE FIBRECAP
Inocybe geophylla
アセタケ科
北半球の森林で最もよく見られる
アセタケ属の一種。円錐形の
滑らかな傘に細長い柄をつける。

紫色の
タイプ

1–4.5 cm
⅜–1¾ in

クロトマヤタケ
TORN FIBRECAP
Inocybe lacera
アセタケ科
北半球で見られる。
胞子は円柱形になる。
傘は鱗片でささくれ状に
なり、細長い茶色の
柄がつく。

イノシベ・エルベスケンス
DEADLY FIBRECAP
Inocybe erubescens　アセタケ科
ユーラシア大陸の石灰質土壌の混交林
で見られる希少種。繊維状鱗片のある
傘は老熟すると色があせる。ずんぐり
した柄は傷つくと赤く変色する。

0.8–4 cm
⁵⁄₁₆–1½ in

イノシベ・グリセオリラキナ
LILAC LEG FIBRECAP
Inocybe griseolilacina
アセタケ科
ユーラシア大陸のブナ林で
よく見られる。薄紫色の鱗片が
ささくれ状になる傘と、
細長い柄をもつ。

≫ ハラタケ目

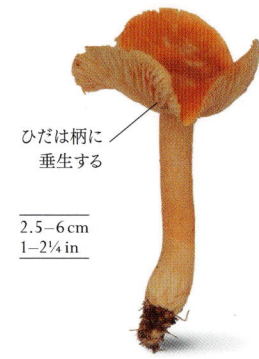

ひだは柄に
垂生する

2.5—6 cm
1—2¼ in

ハダイロガサ
MEADOW WAXCAP
Cuphophyllus pratensis
ヌメリガサ科

草原に発生するヌメリガサ科のなかでは
背の高い部類に入る。ユーラシア大陸と
北米大陸に見られる。ふっくらした柄に
肉厚の傘をつけ、ひだは長く垂生する。

1.5—5 cm
½—2 in

オトメノカサ
SNOWY WAXCAP
Cuphophyllus virgineus
ヌメリガサ科

世界中の草地でよく見られる。
ロウ質の傘や細い柄は
白から半透明になる。
ひだは垂生する。

1—4 cm
⅜—1½ in

柄の上側は
緑色になる

ワカクサタケ
PARROT WAXCAP
Gliophorus psittacinus
ヌメリガサ科

北半球で見られる。
粘性のある傘は鮮やかな
緑色～オレンジ色になり、
柄の上側は明るい緑色になる。

肉厚でロウ質の
ひだ

3—7 cm
1¼—2¾ in

アケボノタケ
PINK WAXCAP
Porpolomopsis calyptriformis
ヌメリガサ科

非常に目立つキノコだが希少種で、
北半球の人の手が入らない牧草地
や森林で見られる。ピンク色の
傘は中央部が尖る。柄はもろく
半透明で、ひだはロウ質になる。

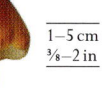

1—5 cm
⅜—2 in

アカヤマタケ
BLACKENING WAXCAP
Hygrocybe conica
ヌメリガサ科

世界中の草地や森できわめて
よく見られる。円錐形の傘は
赤味がかったオレンジ色で、
繊維状の柄は老熟するか
傷つくと黒ずむ。

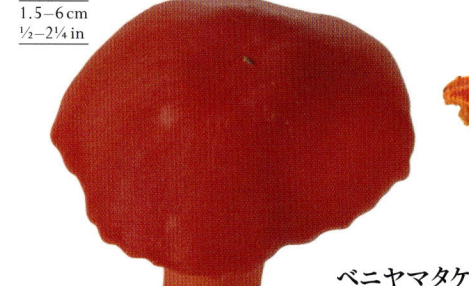

1.5—6 cm
½—2¼ in

ベニヤマタケ
SCARLET WAXCAP
Hygrocybe coccinea　ヌメリガサ科

北半球の人の手が入らない草地で
見られる。ロウ質の傘、ひだ、柄が
すべてスカーレット色という非常に
派手なキノコ。

4—12 cm
1½—4¾ in

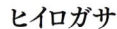
ひだの縁は
淡黄色になる

ヒイロガサ
CRIMSON WAXCAP
Hygrocybe punicea
ヌメリガサ科

北半球の人の手の入らない
草地で見られる。アカヤマタケ
属のなかで最大の種で、血の
ように赤い色になる。繊維状
の柄は乾燥し、基部は白い。

4—8 cm
1½—3¼ in

ホテイシメジ
CLUB FOOT
Ampulloclitocybe clavipes
ヌメリガサ科

北半球の混交林でよく見られる。
ひだは垂生し、基部はずんぐりした
スポンジ状になる。

1.5—7 cm
½—2¾ in

ツキミタケ
GOLDEN WAXCAP
Hygrocybe chlorophana
ヌメリガサ科

北半球の草地でよく見られる。
全体に明るい黄色～
オレンジ色になり、傘には
わずかに粘性がある。

3—8 cm
1¼—3¼ in

シロヌメリガサ
IVORY WOODWAX
Hygrophorus eburneus
ヌメリガサ科

晩秋の頃に北半球の林で
見られる。傘・柄・ひだに
粘性があり、花のような
香りを放つ。

2—5 cm
¾—2 in

ウラムラサキ
AMETHYST
DECEIVER
Laccaria amethystina
ヒドナンギウム科

北半球で見られる、
一目でこの種とわかる
特徴的なキノコで、
幼菌は濃い紫色になる。

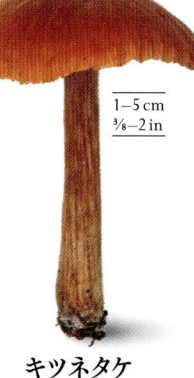

1—5 cm
⅜—2 in

キツネタケ
DECEIVER
Laccaria laccata　ヒドナンギウム科

北半球の温帯域の森で大量発生
する。赤いレンガ色～ピンク色
までのさまざまな色になる。
傘は乾燥し、厚いひだをもつ。

0.5—2 cm
³⁄₁₆—¾ in

ニセマツカサシメジ
CONIFERCONE CAP
Baeospora myosura
フウリンタケ科

北半球で見られる。マツカサに
発生するキノコのひとつで、
ひだは密に詰まり、
ビロード状の柄をもつ。

マツカサ

3—5 cm
1¼—2 in

シモフリヌメリガサ
HERALD OF WINTER
Hygrophorus hypothejus
ヌメリガサ科

北半球に見られ、霜が降りた
あとのマツ林に発生する。
全体に粘性があり、オリーブ
色～茶色の傘と黄色い
柄をもつ。

成熟した傘は
しばしば裂ける

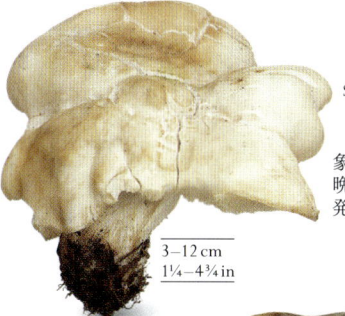

ユキワリ
ST GEORGE'S MUSHROOM
Calocybe gambosa
シメジ科
象牙色〜褐色になるキノコで、
晩春の草地で菌輪をつくって
発生する。ひきたてのひき肉の
ような強い臭いがある。

3–12 cm
1¼–4¾ in

1–4 cm
⅜–1½ in

0.5–1.5 cm
³⁄₁₆–½ in

カロシベ・カルネア
PINK DOMECAP
Calocybe carnea シメジ科
ユーラシア大陸と北米大陸の
背の低い草地で見られる。
表面が滑らかな傘と繊維状の
柄はローズピンク色になり、
ひだは白い。

ナガエノヤグラタケ
SILKY PIGGYBACK
Asterophora parasitica シメジ科
キノコの子実体に寄生する
有名な2種のうちのひとつ。
北半球で見られる。
丸く滑らかな傘をもつ。

ハタケシメジ
CLUSTERED DOMECAP
Lyophyllum decastes シメジ科
北半球の道路脇や小道、
変状土でよく見られる。
群生するキノコで、頑丈な
傘とずんぐりした柄をもつ。

5–10 cm
2–4 in

オチバタケ
HORSEHAIR
PARACHUTE
Gymnopus androsaceus
ホウライタケ科
北半球で見られる、黒い髪の毛
のような柄が特徴のキノコ。
放射状に溝がついた傘は淡く
ピンクがかった茶色になる。

0.3–1 cm
⅛–⅜ in

傘の中央部が
くぼむ

放射状の溝

1–5 cm
⅜–2 in

シバフタケ
FAIRY RING CHAMPIGNON
Marasmius oreades
ホウライタケ科
北半球の開けた草地で菌輪を
つくって発生することが昔から
よく知られている。薄茶色の
肉厚の傘に幅広いひだがつく。

ニセホウライタケ
HAIRY PARACHUTE
Crinipellis scabella
ホウライタケ科
北半球で見られ、死んだ
植物体の茎に発生する。
傘は小さく、細長い柄は密に
詰まった茶色の剛毛で
覆われている。

0.5–1.5 cm
³⁄₁₆–½ in

0.5–1 cm
³⁄₁₆–⅜ in

ツネノチャダイゴケ
COMMON BIRD'S NEST
Crucibulum laeve
ハラタケ科
卵型の容器に胞子を詰めた様子
が巣のミニチュアのように見える
キノコで、木屑の中から発生する
が、なかなか見つけにくい。
世界中で見られる。

ミケティニス・
アリアケウス
GARLIC PARACHUTE
Mycetinis alliaceus
ホウライタケ科
ユーラシア大陸のブナ林で
見られる。細長く黒い柄を
もつが、ニンニクに似た
強烈な不快臭を放つ。

1.5–4 cm
½–1½ in

針金のような柄

シロヒメホウライタケ
COLLARED PARACHUTE
Marasmius rotula
ホウライタケ科
パラシュートのように丸い傘の
中央部がくぼみ、放射状の
溝がある。朽ち木から
頑丈な柄を伸ばす。
北半球で見られる。

0.5–2 cm
³⁄₁₆–¾ in

0.5–1 cm
³⁄₁₆–⅜ in

スジチャダイゴケ
FLUTED BIRD'S NEST
Cyathus striatus ハラタケ科
茶色で毛の生えた、深い縦溝のある倒円錐形の
「巣」に10〜15個の卵型の小塊粒が入る。
世界中で見られ、木屑などに発生する。

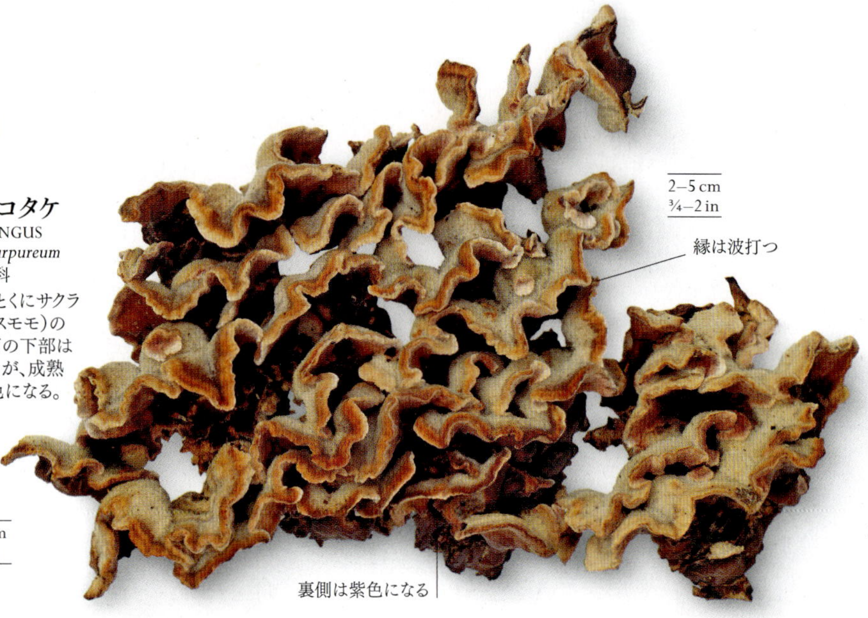
2–5 cm
¾–2 in
縁は波打つ
裏側は紫色になる

ムラサキウロコタケ
SILVERLEAF FUNGUS
Chondrostereum purpureum
フウリンタケ科

北半球で見られる。とくにサクラやプラム（セイヨウスモモ）の木に発生する。幼菌の下部はスミレ色をしているが、成熟するにつれ茶紫色になる。

1–3 cm
⅜–1¼ in

アカチシオタケ
SAFFRONDROP BONNET
Mycena crocata
クヌギタケ科

北半球一帯の森で見られる。傷つくと明るいオレンジ色の液がにじみ出る。

1–6 cm
⅜–2¼ in

クヌギタケ
COMMON BONNET
Mycena galericulata
クヌギタケ科

世界中の温帯域の森で大量に発生し、さまざまなカラーバリエーションをもつ。傘は中央部が盛り上がり、放射状の条線がある。ひだは白から次第に淡紅色になる。

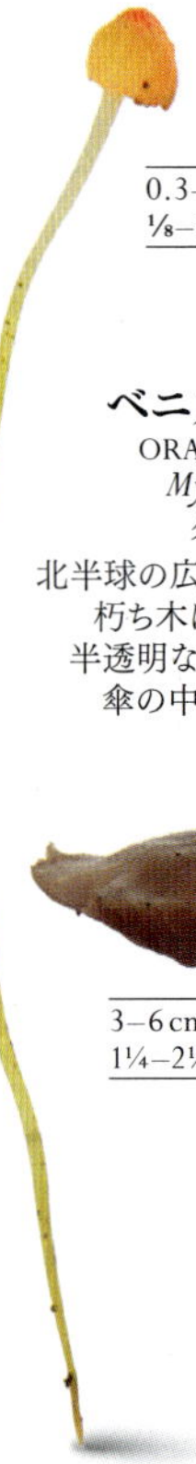
0.3–1 cm
⅛–⅜ in

ベニカノアシタケ
ORANGE BONNET
Mycena acicula
クヌギタケ科

北半球の広葉樹の森の落ち葉や朽ち木に発生する。小さく半透明な傘には条線があり、傘の中心部までのびる。

0.5–2.5 cm
³⁄₁₆–1 in

ナメアシタケ
YELLOWLEG BONNET
Mycena epipterygia
クヌギタケ科

北半球の酸性土壌の森かヒース地帯によく発生する。傘と柄には剥がれやすい粘性の層がある。

3–6 cm
1¼–2¼ in

⇦ アカバシメジ
BLACKEDGE BONNET
Mycena pelianthina
クヌギタケ科

北半球で見られるキノコで、ダイコンの臭いを放つ。傘は淡い藤色～灰茶色になり、ひだは縁の部分が黒紫色になる。

1–4 cm
⅜–1½ in

センボンアシナガタケ
CLUSTERED BONNET
Mycena inclinata
クヌギタケ科

北半球の森で群生が見られる。傘の縁は鋸歯状になり、石けんのような強い臭いをもつ。

傘の中央部は丸く盛り上がる
2–6 cm
¾–2¼ in
棍棒型の柄

ミケナ・ロセア
ROSY BONNET
Mycena rosea
クヌギタケ科

ユーラシア大陸のブナ林で見られる。ピンク色の丈夫な傘と柄をもち、ダイコンのような強い臭いを発する。

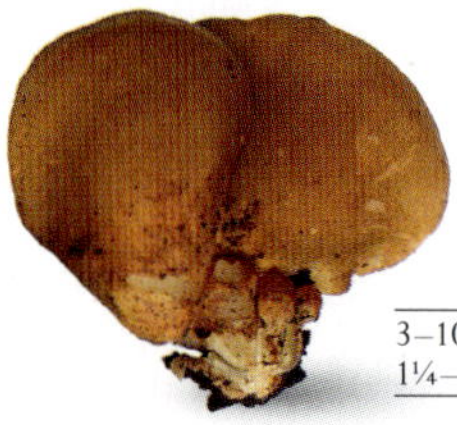
3–10 cm
1¼–4 in

オソムキタケ
OLIVE OYSTERLING
Sarcomyxa serotina
ホウライタケ科

北半球で見られる。秋から冬にかけて、とくに水辺の広葉樹に発生する。傘は濡れると粘性が出る。

4–8 cm
1½–3¼ in

ギムノプス・フシペス
SPINDLE TOUGHSHANK
Gymnopus fusipes
ツキヨタケ科

初夏以降のユーラシア大陸のオーク（ナラ類の樹木）の林で大量に発生する。木の根元に丈夫な子実体を群生させる。

2.5–6 cm
1–2¼ in

ワサビカレバタケ
WOOD WOOLLYFOOT
Gymnopus peronatus
ツキヨタケ科

日本～ユーラシア大陸で見られるキノコで、柄の基部が毛羽立つ。

4–10 cm
1½–4 in

アカアザタケ
SPOTTED TOUGHSHANK
Rhodocollybia maculata
ツキヨタケ科

北半球の混交林で見られる。傘・柄・ひだはみな白いが、全体に赤さび色の斑点を生じる。

3–6 cm
1¼–2¼ in

エセオリミキ
BUTTER CAP
Rhodocollybia butyracea
ツキヨタケ科

北半球の森で大量に発生する。こげ茶色、または赤みがかった茶色から褐色になり、傘の表面は吸湿性がある。

5–15 cm
2–6 in

オンファロトゥス・イルデンス
JACK O'LANTERN
Omphalotus illudens　ツキヨタケ科

ユーラシア大陸と北米大陸で見られる。明るいオレンジ色の毒キノコだが、ひだが暗い所で不気味な緑色の光を発することがよく知られている（英語名のジャック・オ・ランタンとは、「鬼火」のことである）。

3–10 cm
1¼–4 in

ヤワナラタケ
（ワタゲナラタケ）
HONEY FUNGUS
Armillaria lutea タマバリタケ科
北半球の森で見られる樹木の
寄生菌。1992年にアメリカ・
ミシガン州で15万平方メートル
の土地を本種の1個体の菌糸
が覆う例が発見され、世界最
大の生物として話題になった。

2.5–10 cm
1–4 in

ホシアンズタケ
WRINKLED PEACH
Rhodotus palmatus クヌギタケ科
北半球で見られ、とくに朽ち木
（ニレが多い）に発生する希少種。
桃のような淡いピンク色を
した傘にはしわが寄り、
果実のような香りがある。

1–6 cm
⅜–2¼ in

エノキタケ
VELVET SHANK
Flammulina velutipes
クヌギタケ科
北半球で冬に見られる。
傘に粘性があり、柄はビロード
状になる。日本では、ナメタケ
などの名前で古くから食用
として愛好されてきた。

2–15 cm
¾–6 in

ヌメリツバタケ
PORCELAIN FUNGUS
Mucidula mucida
タマバリタケ科
北半球のブナなどの木に
発生する。灰白色の傘は
濡れると粘性が出る。
柄に膜質の薄いつばがつく。

2.5–10 cm
1–4 in

ツエタケ
ROOTING SHANK
Hymenopellis radicata
タマバリタケ科
北半球で見られる。地中深く
から硬く長い柄を伸ばす。
傘は濡れると粘性が出る。
ひだの幅が広い。

タモギタケ
BRANCHING OYSTER
Pleurotus cornucopiae
ヒラタケ科
北半球で見られる。ニレなどの
朽ち木に群生する。トランペット型
の傘に垂生するひだをもつ。
短い柄はよく分枝する。

4–12 cm
1½–4¾ in

何層にも重なる傘

6–20 cm
2¼–8 in

ヒラタケ
OYSTER MUSHROOM
Pleurotus ostreatus
ヒラタケ科
北半球で見られ、木の幹や
倒木に発生する。棚のような形の
傘は青緑色〜淡い褐色になる。
柄はほとんどない。

傘には光る微粒が
ささくれ状につく

2–3 cm
¾–1¼ in

キララタケ
GLISTENING INKCAP
Coprinellus micaceus
ナヨタケ科
群生するキノコで、はじめは丸く
条線のある傘を雲母のような微小な
ささくれが覆っているが、やがて
消失する。世界中の森で見られる。

0.5–1 cm
³⁄₁₆–⅜ in

イヌセンボンタケ
FAIRIES' BONNETS
Coprinellus disseminatus
ナヨタケ科
世界中で見られ、腐った切り株に
群生する。小さな雨傘のような傘に
は深く切れ込んだ条線がある。
ひだは成熟すると黒っぽくなる。

白い被膜がほどけて
斑点になる

2.5–7.5 cm
1–3 in

ムジナタケ
WEEPING WIDOW
Lacrymaria lacrymabunda
ナヨタケ科
北半球の道路脇や草地
などに見られる。英語名の
「泣く未亡人」は、黒い
ひだから液がにじみ出て、
しずくとなって落ちる
姿からきている。

1.5–7 cm
½–2¾ in

イタチタケ
PALE BRITTLESTEM
Psathyrella candolleana
ナヨタケ科
世界中で見られ、
初夏から秋に木屑に
群生する。柄は細くて
もろく、褐色の傘をもつ。

0.8–4 cm
⁵⁄₁₆–1½ in

プサシレラ・
ムルティペダタ
CLUSTERED BRITTLESTEM
Psathyrella multipedata
ナヨタケ科
柄は束になって生えるが基部
で接合している。ユーラシア
大陸の開けた草地で見られる。

2.5–8 cm
1–3¼ in

ヒトヨタケ
COMMON INKCAP
Coprinopsis atramentaria
ナヨタケ科
世界中で見られる。卵型の傘は、
胞子を散布した後は黒いインク状
になって溶けてしまう。

5–8 cm
2–3¼ in

コプリノプシス・
ピカセア
MAGPIE INKCAP
Coprinopsis picacea
ナヨタケ科
ユーラシア大陸の石灰質土壌
の森で見られる希少種。
濃い灰茶色の傘の表面に白く
ふわふわした鱗片をつける。

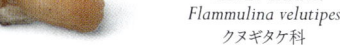

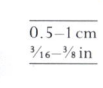
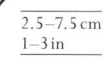
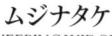

>>

≫ ハラタケ目

4–10 cm
1½–4 in

ウラベニガサ
DEER SHIELD
Pluteus cervinus ウラベニガサ科
世界中で見られる。さまざまな色に
なるが、傘には放射状に並ぶ繊維
があり、しばしば中央部が盛り上が
る。ピンク色のひだは離生する（柄
とひだが離れている）。

1–6 cm
⅜–2¼ in

キイロウラベニガサ
YELLOW SHIELD
Pluteus chrysophlebius
ウラベニガサ科
黄緑色になる傘、黄色から
ピンク色に変わるひだ、
白い柄を特徴とするキノコ。
ユーラシア大陸で見られ、
朽ち木に発生する。

2.5–8 cm
1–3¼ in

ビロードベニヒダタケ
WILLOW SHIELD
Pluteus salicinus
ウラベニガサ科
日本～ユーラシア大陸の広葉
樹林でよく見られる。細い柄の
基部に灰青色の染みが出る。

10–25 cm
4–10 in

カンゾウタケ
BEEFSTEAK FUNGUS
Fistulina hepatica
スエヒロタケ科
赤い血のしたたるビーフ
ステーキによく似たキノコで、
世界中の温帯域で
よく見られる。

細かな絹糸の
ような表面

1–5 cm
⅜–2 in

傘（裏側）

スエヒロタケ
COMMON PORECRUST
Schizophyllum commune
スエヒロタケ科
世界中で見られる。扇形の
キノコで、傘の裏側には先端が
二又に割れたひだがある。

傘（表側）

10–25 cm
4–10 in

キヌオオフクロタケ
SILKY ROSEGILL
Volvariella bombycina
ウラベニガサ科
世界中の落葉樹林で見られる。
白から淡いレモン色の傘と、白い柄をもつ。
柄の基部には袋状のつぼがある。

6–14 cm
2¼–5½ in

オオフクロタケ
STUBBLE ROSEGILL
Volvopluteus gloiocephalus
ウラベニガサ科
草原などのおがくずや木片に
発生する、ありふれたキノコ。
北半球でよく見られる。
傘は灰色で粘性がある。

黄緑色のひだ

傘はオレンジ
色になる

3–7 cm
1¼–2¾ in

クリタケモドキ
CONIFER TUFT
Hypholoma capnoides
モエギタケ科
北半球の針葉樹林で
見られる。ひだは白いが、
成熟すると灰色がかった
藤色になる。

3–7 cm
1¼–2¾ in

ニガクリタケ
SULPHUR TUFT
Hypholoma fasciculare
モエギタケ科
世界中の温帯域でよく
見られる。ひだは黄緑色だが、
成熟すると暗紫色になる。
クリタケと似ているが、
本種には強い毒性がある。

5–10 cm
2–4 in

クリタケ
BRICK TUFT
Hypholoma lateritium
モエギタケ科
肉厚の傘の表面に被膜片が
つき、淡黄色のひだは成熟
するとラベンダー色になる。
北半球の広葉樹林で見られる。
食用として愛好される。

センボンイチメガサ
SHEATHED WOODTUFT
Kuehneromyces mutabilis
モエギタケ科
毒キノコのヒメアジロガサとよく
間違えられるが、本種には粘性の
ある傘、鱗片のつく柄、茶色の
ひだをもつという特徴がある。
世界中で見られる。

2–7 cm
¾–2¾ in

柄には
つばが
ある

フォリオタ・アルニコラ
ALDER SCALYCAP
Pholiota alnicola
モエギタケ科
ユーラシア大陸で見られる。
粘性のある傘をもち、束に
なって発生する。英語では
「ハンノキ」(alder)に関連し
た名前がついているが、
実際にはカバノキ属の
樹木の根元に発生する。

1.5–6 cm
½–2¼ in

3–12 cm
1¼–4¾ in

レラティオミケス・ケレス
REDLEAD ROUNDHEAD
Leratiomyces ceres
モエギタケ科
かつては別名(*Stropharia aurantiaca*)
で知られていたキノコで、鮮やかな赤い
傘に、赤みのある柄をもつ。北半球で
見られ、木屑の間から発生する。

3–7 cm
1¼–2¾ in

0.5–4 cm
³⁄₁₆–1½ in

シコンアジロガサ
DUNG ROUNDHEAD
Protostropharia semiglobata
モエギタケ科
草食動物の糞に発生する
キノコで、ユーラシア大陸と
北米大陸で見られる。
粘性のある傘に、つばの
ある細長い柄をもつ。

スギタケ
SHAGGY SCALYCAP
Pholiota squarrosa
モエギタケ科
北半球で見られる。傘と柄はカサ
カサした鋭いささくれ(鱗片)で
覆われ、ひだは淡い黄色になる。
ダイコンやトウモロコシのような
臭いがある。

5–15 cm
2–6 in

ヌメリスギタケモドキ
GOLDEN SCALYCAP
Pholiota aurivella
モエギタケ科
北半球の広葉樹の倒木や切り株に
発生する。金色で粘性のある傘の
表面に三角形をした濃い茶色の
ささくれ(鱗片)がつく。

0.5–2 cm
³⁄₁₆–¾ in

3–7 cm
1¼–2¾ in

**プシロシベ・
セミランケアタ**
LIBERTY CAP
Psilocybe semilanceata
モエギタケ科
鈍い黄色の円錐形の傘の
先端部が尖る。晩秋のユー
ラシア大陸と北米大陸の
牧草地などで見られる。

**ストロファリア・
キアネア**
BLUE-GREEN SLIMEHEAD
Stropharia cyanea
モエギタケ科
青緑色の傘は次第に
色あせて黄色っぽくなる。
北半球で見られる。

傘の表面には
毛皮のような
ささくれがある

6–15 cm
2¼–6 in

傘の縁には
被膜の
なごりが
つく

4–7 cm
1½–2¾ in

ヒロヒダタケ
WHITELACED SHANK
Megacollybia platyphylla
所属科未確定
北半球で見られる。放射状の
繊維からなる傘は灰茶色に
なり、ひだは深く広い。柄の
基部に根状菌糸束がつく。

コザラミノシメジ
COMMON CAVALIER
Melanoleuca polioleuca
所属科未確定
ユーラシア大陸の草地で見られる。
灰茶色の傘に白いひだがある。
柄の基部は黒っぽい。

サマツモドキ
PLUMS AND CUSTARD
Tricholomopsis rutilans
所属科未確定
おもに針葉樹の切り株に
発生するキノコで、傘と柄は
赤紫色になり、ひだは
鮮やかな黄色になる。
世界中で見られる。

5–10 cm
2–4 in

5–15 cm
2–6 in

オオワライタケ
SPECTACULAR RUSTGILL
Gymnopilus junonius
所属科未確定
世界中で見られ、
樹木の根元に束生する。
乾燥した傘に、浅く密に
詰まった黄色いひだがつく。

1–4 cm
³⁄₈–1½ in

ワライタケ
PETTICOAT MOTTLEGILL
Panaeolus papilionaceus
所属科未確定
傘の縁に被膜のなごりが細かな
鋸歯状につき、ひだには黒い斑点
がある。世界中で見られる。
神経毒をもち、誤って食べると
強い幻覚症状を引き起こす。

この基部が
針葉樹に着く

5–20 cm
2–8 in

1–6 cm
³⁄₈–2¼ in

ジンガサタケ
EGGHEAD MOTTLEGILL
Panaeolus semiovatus
所属科未確定
世界中で見られ、動物の
糞や草地に発生する。
灰色の粘性のある傘に、
つばのある長い柄をもつ。

3–7 cm
1¼–2¾ in

クロサカズキシメジ
GOBLET
Pseudoclitocybe cyathiformis
所属科未確定
濃い灰褐色をした繊維状の柄をもち、
傘の中央部が大きくへこむ特徴的な
姿をしているため、英語名・和名ともに
「盃」と形容される。北半球で晩秋から
冬にかけてよく見られる。

2–8 cm
¾–3¼ in

チャヒメオニタケ
CINNABAR POWDERCAP
Cystodermella cinnabarina
所属科未確定
北半球で見られ、
赤レンガ色の傘と淡い
クリーム色のひだをもつ。
傘と柄の表面には小粒が
ついてざらざらしている。

オオイヌシメジ
TROOPING FUNNEL
Infundibulicybe geotropa
所属科未確定
全体は薄茶色で、
肉厚でろうと型の
傘に長い柄がつく。
北半球で見られる。

担子菌類（キノコ）・イグチ目

イグチ目 BOLETALES

イグチ目は一般に肉厚で、傘の裏がひだ状のものと管孔状のものの両方が含まれ、その多くは傘と柄をもつが、それ以外に皮状のもの、袋状のものやトリュフ状のものなども含まれる。大半は生きた樹木につく外生菌根菌だが、死んだ樹木に生えて、褐色腐朽の原因となるものもある。管孔状の場合、胞子を形成する層（子実層）は肉から離れやすい。

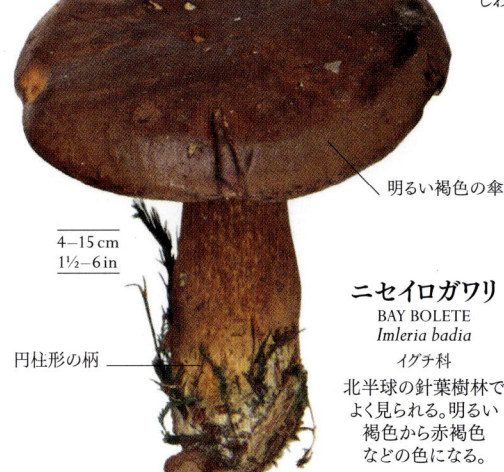

4–15 cm
1½–6 in

円柱形の柄

明るい褐色の傘

ニセイロガワリ
BAY BOLETE
Imleria badia　イグチ科

北半球の針葉樹林でよく見られる。明るい褐色から赤褐色などの色になる。

キセイイグチ
PARASITIC BOLETE
Pseudoboletus parasiticus　イグチ科

おもにユーラシア大陸と北米大陸で見られる小型のキノコで、ニセショウロ属に寄生し、宿主の中身を空にしてしまう。

傘にはしわが寄る

10–25 cm
4–10 in

7–15 cm
2¾–6 in

ヤマドリタケ
PENNY BUN
Boletus edulis　イグチ科

いわゆる「ポルチーニ」で、古くから食用とされた。世界中に分布する。柄に細かな網目模様があり、肉は終始クリーム色。幼菌の管孔は白いが、成菌になると黄色になる。

ヤマドリタケモドキ
SUMMER BOLETE
Boletus reticulatus　イグチ科

光沢のない茶色の傘はしばしばひび割れ、柄には基部まで白い網目模様が入っている。北半球で見られる。食用として古くから愛好された。

6–14 cm
2¼–5½ in

アシベニイグチ
BITTER BEECH BOLETE
Caloboletus calopus　イグチ科

おもに北半球で見られる。傘は白から黄褐色になる。黄色い管孔とクリーム色の肉は傷つくと青く変化する。

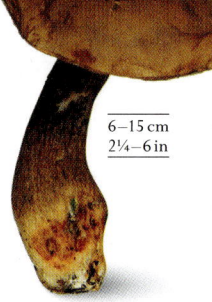

3–5 cm
1¼–2 in

コショウイグチ
PEPPERY BOLETE
Chalciporus piperatus　イグチ科

北半球で見られる。針葉樹林でよく見られるが、カバノキ科の樹木の根元にベニテングタケと一緒に発生したり、発生したりする。管孔は赤褐色で、肉は黄色い。

6–15 cm
2¼–6 in

ニガイグチ
BITTER BOLETE
Tylopilus felleus　イグチ科

北半球で見られる。管孔は成熟するにつれてピンク色に変わり、柄には明確な網目模様が入る。

黒いワタ状のささくれ

5–10 cm
2–4 in

ニセショウロ

2–7 cm
¾–2¾ in

粘性のある傘

オニイグチ
OLD MAN OF THE WOODS
Strobilomyces strobilaceus　イグチ科

北半球で見られる。黒いワタ状のささくれ（鱗片）が傘と柄につき、管孔は白色。

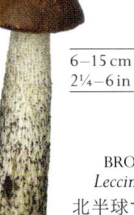

キンチャヤマイグチ
ORANGE BIRCH BOLETE
Leccinum versipelle イグチ科
8–15 cm
3¼–6 in
北半球で見られる食用キノコ
で、オレンジ色の肉厚の傘を
もつ。黒紫色の柄には黒い
ワタ状の斑点がある。

ヤマイグチ
BROWN BIRCH BOLETE
Leccinum scabrum イグチ科
6–15 cm
2¼–6 in
北半球で見られるヤマイグチ属
の一種。肉は、切るとピンク色に
変化する。傘は濡れると
粘性が出る。

カロストマ・キンナバリヌム
STALKED PUFFBALL-IN-ASPIC
Calostoma cinnabarinum クチベニタケ科
1–2 cm
⅜–¾ in
北米大陸で見られるキノコで、
柄のゼラチン質の層から明るい
朱赤色の球体が出現する。

イドタケ
WET ROT
Coniophora puteana イドタケ科
5–100 cm
2–39 in
世界中どこでも発生する木材
腐朽菌。湿った木片に茶色の板状
になって広がり、しばしば表面に
疣ができたり、しわが寄ったりする。
建物に甚大な被害を及ぼす。

ツチグリ
BAROMETER EARTHSTAR
Astraeus hygrometricus ディプロキスティス科
5–9 cm
2–3½ in
世界中でよく見られる。外皮が割れて
星型に開き、内部の胞子が詰まり
丸く膨らんだ内皮を露出させる。
乾燥すると外皮が丸まって閉じる。
頂孔から胞子を噴出する。

担子菌類（キノコ）・イグチ目

229

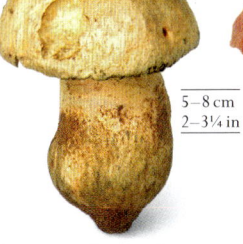

アイヅメイグチ
CORNFLOWER BOLETE
Gyroporus cyanescens クロイロイグチ科
5–8 cm
2–3¼ in
北半球のおもに酸性土壌に
見られる希少種。
柄は中空で、もろい。

オウギタケ
ROSY SPIKE
Gomphidius roseus オウギタケ科
1.5–5 cm
½–2 in
日本～ユーラシア大陸で見られ、
マツの根元でアミタケとしばしば
一緒に生える。ローズピンクの
傘には粘性があり、灰色の
ひだは垂生する。

クギタケ
COPPER SPIKE
Chroogomphus rutilus オウギタケ科
4–8 cm
1½–3¼ in
北半球でマツの根元に
見られる。茶色の傘の
中央部が尖る。

ヒダハタケ
BROWN ROLLRIM
Paxillus involutus ヒダハタケ科
6–15 cm
2¼–6 in
北半球の混交林でよく見られる。
綿毛のような手触りの傘の縁は
内側に巻きこまれる。淡い黄色い
ひだに茶色の染みがつく。

ニセショウロ
COMMON EARTHBALL
Scleroderma citrinum ニセショウロ科
4–10 cm
1½–4 in
世界中の森林でよく見られる。
分厚い表皮には濃い色の
ささくれがつき、その内部は
胞子が密に詰まって黒っぽい。

ハマニセショウロ
POTATO EARTHBALL
Scleroderma bovista ニセショウロ科
2–5 cm
¾–2 in
北半球の森でよく見られる。
滑らかな表皮は細かく割れて
モザイク模様になる。その内部に
詰まった黒紫色の胞子のかたま
りは乾燥すると茶色になる。
傘の表皮は剥がれやすい

ヒロハアンズタケ
FALSE CHANTERELLE
Hygrophoropsis aurantiaca ヒロハアンズタケ科
2–8 cm
¾–3¼ in
アンズタケとよく間違えられる
キノコで、北半球で見られる。
本種は密に詰まった柔らかな
ひだが二又分岐するので、
アンズタケと見分けがつく。

ニワタケ
VELVET ROLLRIM
Tapinella atrotomentosa イチョウタケ科
10–30 cm
4–12 in
北半球のマツの切り株などに
発生する。傘の縁は内側に
巻きこまれ、柔らかく厚いひだ
と、ビロード状の柄をもつ。

コツブタケ
DYEBALL
Pisolithus arhizus ニセショウロ科
5–10 cm
2–4 in
世界中で見られ、やせた
土にマツと共生する。
内部には黒いゼリー状の
組織があり卵型の胞子塊が
散在する。
黄色から茶色になる傘の表面は
乾燥し、でこぼこしている

傘の表皮は剥がれやすい
粒点から乳液がにじみ出る

チチアワタケ
WEEPING BOLETE
Suillus granulatus ヌメリイグチ科
4–10 cm
1½–4 in
北半球のマツの根元に見られる。
柄にはつばがなく、粒点（腺）で
覆われている。

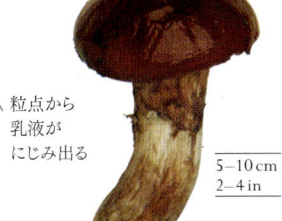

ヌメリイグチ
SLIPPERY JACK
Suillus luteus ヌメリイグチ科
5–10 cm
2–4 in
北半球のマツの根元に見られる。
粘性のある傘と黄色い管孔を
もつ。柄の上部に大きな
紫色のつばがある。

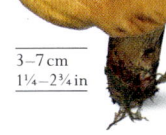

アミタケ
BOVINE BOLETE
Suillus bovinus ヌメリイグチ科
3–7 cm
1¼–2¾ in
北半球のマツの根元に
見られる。粘性のある傘の
裏側には、不規則な形の
管孔がある。とくに日本で
食用として好まれる。

ハナイグチ
LARCH BOLETE
Suillus grevillei ヌメリイグチ科
5–10 cm
2–4 in
北半球のカラマツ林で見られる。
オレンジから赤茶色の傘をもち、
柄にはつばがある。日本では
ジコボウ（リコボウ）やラクヨウの名で
親しまれ、食用として人気が高い。

スイルス・ワリエガトゥス
VELVET BOLETE
Suillus variegatus ヌメリイグチ科
7–13 cm
2¾–5 in
ユーラシア大陸と北米大陸
のマツ林でよく見られる。
傘にはフェルト状のささくれ
があり、管孔は濃い茶色に
なる。柄にはつばがない。

アンズタケ目 CANTHARELLALES

アンズタケ目のキノコはハラタケ目と似ているように見えるが、いくつかの点で重要な違いがある。アンズタケ目は傘と柄のある肉厚の子実体をもつが、真正のひだを欠く。その代わり傘の裏側にある子実層（胞子を形成する層）は滑らかな、あるいはしわが寄った、などのさまざまな形態をとる。アンズタケ目の胞子は滑らかで、通常白かクリーム色をしている。

カレエダタケ
CRESTED CORAL
Clavulina coralloides
カレエダタケ科
北半球の森でよく見られる。白いサンゴのように分枝し、それが細かく枝分かれして先端が尖る。

3–8 cm
1¼–3¼ in

0.5–2 cm
3/16–¾ in

クロラッパタケ
HORN OF PLENTY
Craterellus cornucopioides
アンズタケ科
日本～ユーラシア大陸全域で見られる。ブナ林の落ち葉から群生する。薄いトランペット型の傘をもち、白い胞子をつくる。

1–6 cm
3/8–2¼ in

ミキイロウスタケ
TRUMPET CHANTERELLE
Craterellus tubaeformis
アンズタケ科
北半球の混交林にしばしば群生する。さまざまな色の傘をもち、浅い脈状のしわひだができる。

傘は中央部がくぼみ、ろうと型になる

5–15 cm
2–6 in

傘の縁は内側に巻き込まれる

2–12 cm
¾–4¾ in

アンズタケ
CHANTERELLE
Cantharellus cibarius
アンズタケ科
北半球で見られる。ろうと型の傘の裏側に垂生するしわひだができ、多数の脈が交差、分岐する。アンズに似た香りをもち、食材として使われる。

柄は根元の方が細くなる

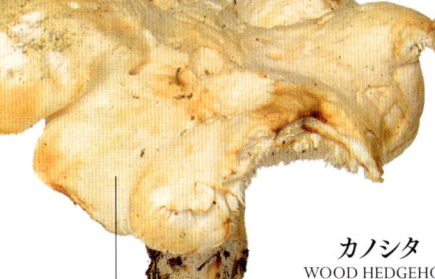

傘の縁はしばしば裂片状になる

カノシタ
WOOD HEDGEHOG
Hydnum repandum
カノシタ科
世界中で見られる。オレンジ色の傘は不定形で、縁が波打つ。傘の裏側に柔らかな剣山のような針を無数につける。カノシタは「鹿の舌」の意。

ヒメツチグリ目 GEASTRALES

ヒメツチグリ目のキノコは厚い外皮をもつが、成熟するとこれが割れて数枚の裂片になって星型に開く。外皮が割れるとホコリタケに似た球形に膨らんだ内皮が露出し、その先端の穴（頂孔）から疣状でこげ茶色の胞子を放出する。落ち葉の多い土壌から発生するが、砂丘など砂土でもよく見られる。

コフキスジツチグリ
STRIATE EARTHSTAR
Geastrum striatum
ヒメツチグリ科
ユーラシア大陸で見られる。ヒメツチグリ科のなかで最小の部類のひとつで、淡い灰色の胞子嚢の先端部は鋭く尖り、開口部にはうね（筋）がある。

3–6.5 cm
1¼–2½ in

胞子嚢の下に「襟」がある

エリマキツチグリ
COLLARED EARTHSTAR
Geastrum triplex
ヒメツチグリ科
世界中で最もよく見られるヒメツチグリ属のひとつ。外皮が割れて反り返り、カップ型の「襟」ができる。

4–12 cm
1½–4¾ in

3–6 cm
1¼–2¼ in

5–8 cm
2–3¼ in

7–15 cm
2¾–6 in

シロツチガキ
SESSILE EARTHSTAR
Geastrum fimbriatum　ヒメツチグリ科
世界中で見られる。薄茶色で球形の子実体は5枚から9枚の裂片になって星型に開く。灰色の内皮の頂孔はささくれた繊維状になる。

アシナガヒメツチグリ
ARCHED EARTHSTAR
Geastrum fornicatum
ヒメツチグリ科
割れた外皮が支えになって内皮が地上に持ち上げられる。内皮の開口部はよく目立つ。世界中で見られる。

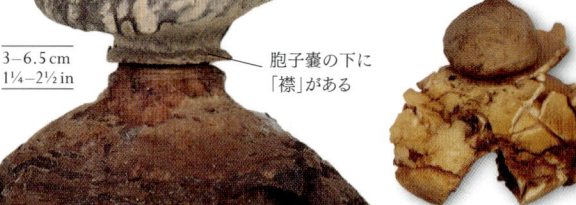

ミリオストマ・コリフォルメ
PEPPER POT
Myriostoma coliforme
ヒメツチグリ科
おもに北半球で見られる珍菌。大きな内皮には管孔の開口部が多数ある。

ラッパタケ目 GOMPHALES

現在ラッパタケ目とされるいくつかの種は、かつてアンズタケ目に含まれていた。ラッパタケ目のキノコはDNA分析によると、スッポンタケ目やヒメツチグリ目に近縁であることがわかった。しばしば大きな子実体をもち、単純な棍棒型（スリコギタケ属）から、アンズタケ目のようなトランペット型までさまざまな形をとるものもある。

2—6 cm
¾—2¼ in

スリコギタケ
GIANT CLUB
Clavariadelphus pistillaris
スリコギタケ科
北半球で見られる。大きくずんぐりした棍棒型で、その表面は滑らかだがしわが寄る。肉は傷つくと紫褐色になる。

5—10 cm
2—4 in

ウスタケ
SCALY VASE CHANTERELLE
Gomphus floccosus
ラッパタケ科
北半球でよく見られる。子実体は肉厚でトランペット型をしており、傘の内部はウロコ状になる。胞子を作る部分はひだではなく、しわ状になっている。

肉は老熟すると緑色になる

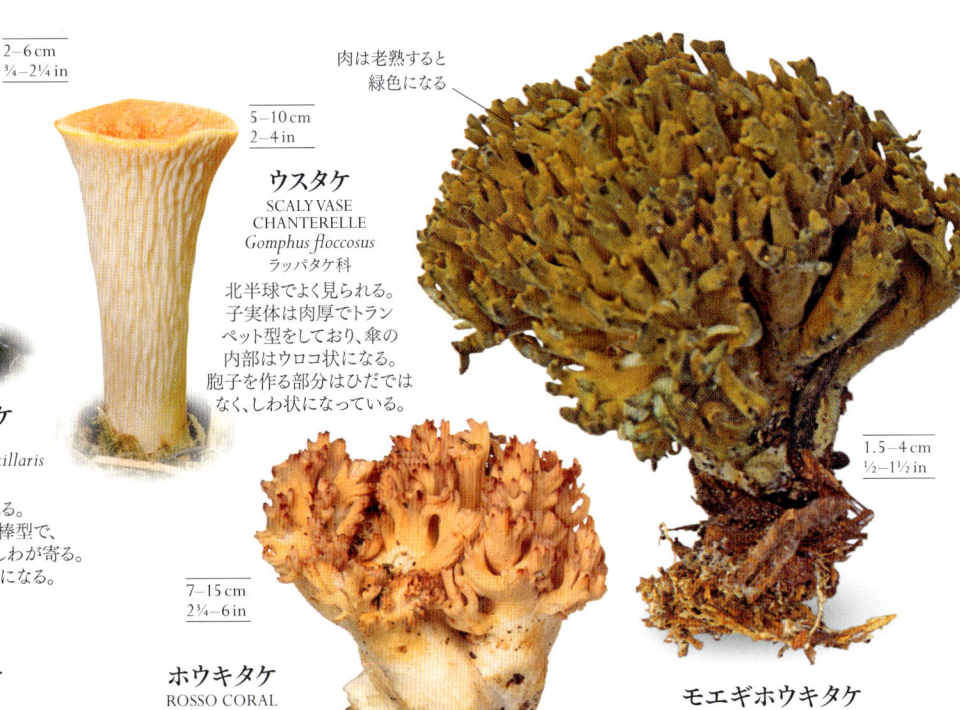

1.5—4 cm
½—1½ in

チャホウキタケ
UPRIGHT CORAL
Ramaria stricta
ラッパタケ科
北半球でよく見られる。腐朽木などに発生する。淡茶色の肉は傷つくと赤みを帯びる。

3—8 cm
1¼—3¼ in

7—15 cm
2¾—6 in

ホウキタケ
ROSSO CORAL
Ramaria botrytis
ラッパタケ科
北半球の林で見られる。白い分枝の先端は濃いピンク色になる。

モエギホウキタケ
GREENING CORAL
Phaeoclavulina abietina　ラッパタケ科
北半球の針葉樹林で見られる。分枝が密に詰まってかたまり、傷つくと緑色に変化する。

キカイガラタケ目 GLOEOPHYLLALES

腐朽木に発生するキノコで、褐色腐朽を起こす原因となる。キカイガラタケ目にはキカイガラタケ科の1科しかなく、その多くはキカイガラタケ属に含まれる。針葉樹に発生する棚状のキノコの有名ないくつかの種はこの目に含まれる。

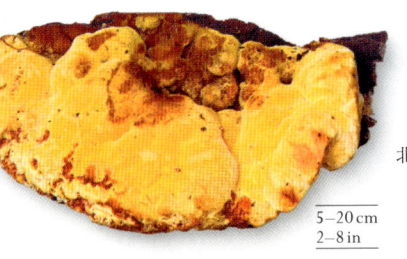

5—20 cm
2—8 in

ニオイアミタケ
ANISE MAZEGILL
Gloeophyllum odoratum
キカイガラタケ科
北半球の針葉樹の腐朽木に発生する。不定形な棚の形になり、アニスシードの香りを放つ。

アカキクラゲ目 DACRYMYCETALES

アカキクラゲ目は単純な円形から、複雑な分枝型をしたゼラチン質の子実体をもち、通常明るいオレンジ色になる。外部形態はさまざまであるが、アカキクラゲ目はY字型の特殊な胆子器をもつことが共通する。これらのキノコは腐朽木を栄養源とする。

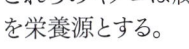

0.5—4 cm
³⁄₁₆—1½ in

ニカワホウキタケ
YELLOW STAGSHORN
Calocera viscosa
アカキクラゲ科
北半球の針葉樹に発生する。肉はゼラチン質の分枝になり、ゴムのような手触りがある。

タバコウロコタケ目 HYMENOCHAETALES

タバコウロコタケ目には多孔菌類であるミヤマウラギンタケ属やキコブタケ属だけでなく、ひだをもつヒナノヒガサ属など、多様な形のキノコが含まれる。タバコウロコタケ目は分子系統解析で定義されたもので、目全体で共通する外見的な特徴はほとんどない。多くは材を栄養にし、木材の白色腐朽の原因となる。

1—6 cm
³⁄₈—2¼ in

エビウロコタケ
OAK CURTAIN CRUST
Hymenochaete rubiginosa
タバコウロコタケ科
北半球で見られる。主にオークの枯れ木に幾層もの棚となって重なる。頑丈な子実体には同心円模様がある。

10—40 cm
4—16 in

緑の部分は色が薄くなるが、厚みが増す

キコブタケ
WILLOW BRACKET
Phellinus igniarius
タバコウロコタケ科
北半球で見られる。灰色から黒になる子実体は長年にわたって成長する。半円形の子実体は木質で非常に硬くなる。

3—8 cm
1¼—3¼ in

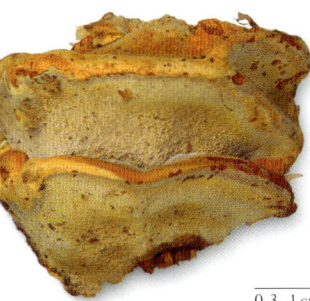

ミヤマウラギンタケ
ALDER BRACKET
Mensularia radiata
タバコウロコタケ科
北半球で見られる。濃い赤茶色になり、縁はやや色が薄くなる。ハンノキなどの樹木に発生し、しばしば棚を垂直方向に積み重ねていくように生える。

2—10 cm
¾—4 in

オツネンタケ
TIGER'S EYE
Coltricia perennis
タバコウロコタケ科
北半球の酸性土壌のヒース地帯でよく見られる。子実体は盃型になり、同心円模様ができる。

0.3—1 cm
¹⁄₈—³⁄₈ in

ヒナノヒガサ
ORANGE MOSSCAP
Rickenella fibula　所属科未確定
北半球のコケの多い草地でよく見られる、微小なキノコ。明るいオレンジ色の傘には条線があり、中心部ほど色が濃くなる。

タマチョレイタケ目 POLYPORALES

タマチョレイタケ目は大きなグループでさまざまなキノコが含まれる。その多くは樹木を腐朽させる多孔菌で、胞子は管孔（イグチ類の管孔に似ている）か、または棘で作られる。多くの種が柄を欠き、樹木の表面に棚のように重なった硬い子実体をつけるが、これとは別に、傘の中心に柄をもち、木の根元から発生するものや、土から発生するものもある。

表側

10-30 cm
4-12 in

ダエダレア・クエルキナ
OAK MAZEGILL
Daedalea quercina
ツガサルノコシカケ科
ユーラシア大陸と北米大陸で見られ、オーク（ナラ類の樹木）の枯れ木から発生する多年生のキノコ。傘の裏側に長い迷路のような管孔がある。

裏側

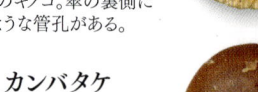

カンバタケ
RAZORSTROP FUNGUS
Fomitopsis betulinas
ツガサルノコシカケ科
カバノキ科の樹木の幹に発生する。大きな肝臓型をした傘は淡い茶色から白。北半球で見られる。

5-30 cm
2-12 in

カイメンタケ
DYER'S MAZEGILL
Phaeolus schweinitzii
ツガサルノコシカケ科
北半球で見られ、通常針葉樹林の根元に発生する。大型で、柔毛に覆われたクッションのようなキノコで、染料の材料になる。

幾層にも重なる

15-30 cm
6-12 in

表面には毛が生える

10-50 cm
4-20 in

ツガサルノコシカケ
RED BELTED POLYPORE
Fomitopsis pinicola
ツガサルノコシカケ科
北半球で見られ、通常は針葉樹（まれに広葉樹）に発生し、木質で半円形の傘をつける。

10-25 cm
4-10 in

アイカワタケ
CHICKEN OF THE WOODS
Laetiporus sulphureus
ツガサルノコシカケ科
北半球で見られる、大きな棚状になるキノコ。主にオークの幹に発生するが、別の木でも発生する。

マンネンタケ
（霊芝・レイシ）
LACQUERED BRACKET
Ganoderma lucidum
マンネンタケ科
濃い赤から黒紫色になる傘には光沢があり、傘の側面から長い柄が出る。世界的に見られるが、中国や日本では薬用に優れた効能をもつことで珍重され、栽培もされる。

10-30 cm
4-12 in

10-60 cm
4-23½ in

コフキサルノコシカケ
ARTIST'S BRACKET
Ganoderma applanatum マンネンタケ科
北半球で見られる、木質で多年生のキノコ。何年もかけて巨大な大きさになり、傘の表面をココアパウダーのような胞子が覆う。

トンビマイタケ
GIANT POLYPORE
Meripilus giganteus
トンビマイタケ科
多孔菌のなかの最大種の1つで、幾層にも肉厚の傘を重ねる。北半球のブナ林などに見られる。

傘の縁は波打ち、裂片状になる

10-50 cm
4-20 in

傷ついた表面は黒く変化する

ポドスキファ・ムルティゾナタ
ZONED ROSETTE
Podoscypha multizonata シワタケ科
ユーラシア大陸で見られる希少種で、オーク（ナラ類の樹木）の根から発生する。裂片が密に詰まって丸いかたまりになる。

10-20 cm
4-8 in

シワタケ
JELLY ROT
Phlebia tremellosa
シワタケ科
北半球で見られる。傘の表側は淡い色でビロード状。裏側には密に詰まったしわ状の管孔があり、黄〜オレンジ色。

4-15 cm
1½-6 in

3-7 cm
1¼-2¾ in

ヤケイロタケ
SMOKY BRACKET
Bjerkandera adusta
シワタケ科
世界的に見られる。傘の裏側に灰色の管孔がある。

5–30 cm
2–12 in

ツリガネタケ
TINDER BRACKET
Fomes fomentarius
タマチョレイタケ科
北半球で見られる。ひづめ型で灰茶色をした多年生のキノコで、カバノキ科の樹木ほか落葉樹の幹に発生する。

8–15 cm
3¼–6 in

チャミダレアミタケ
BLUSHING BRACKET
Daedaleopsis confragosa
タマチョレイタケ科
世界中で見られる。とくにヤナギなどの広葉樹に発生する。半月型の傘の裏側の管孔はクリーム色で、傷つくとピンクがかった赤色になる。

カイガラタケ
BIRCH MAZEGILL
Lenzites betulina
タマチョレイタケ科
世界中で見られ、さまざまな樹木に発生する。子実体は皮質で丈夫。傘の裏の管孔は非常に長いので、ひだのように見える。

233

担子菌類（キノコ）・タマチョレイタケ目

3–10 cm
1¼–4 in

表側

裏側

10–60 cm
4–23½ in

アミヒラタケ
DRYAD'S SADDLE
Cerioporus squamosus
タマチョレイタケ科
世界中で見られる。円形または扇形の傘に同心円状の茶色い鱗片がつく。傘の裏側には管孔がある。

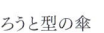
ろうと型の傘

5–20 cm
2–8 in

ビロード状の柄の基部

アシグロタケ
BLACK FOOTED POLYPORE
Polyporus durus
タマチョレイタケ科
ろうと型で毛の生えた傘に基部が黒い柄がつく。北半球で見られ、枯れ木や倒木に発生する。

5–20 cm
2–8 in

タマチョレイタケ
TUBEROUS POLYPORE
Polyporus tuberaster
タマチョレイタケ科
北半球で見られる。倒木に発生する場合と、深い地中に大きな菌核を作り、そこから地上に出て伸びることがある。

3–8 cm
1¼–3¼ in

オツネンタケモドキ
WINTER POLYPORE
Lentinus brumalis
タマチョレイタケ科
世界中で見られる、枯れ枝に発生する小型種。傘の裏の管孔は垂おする。柄は傘の中心か、偏った位置につく。

3–10 cm
1¼–4 in

シュタケ
CINNABAR BRACKET
Pycnoporus cinnabarinus
タマチョレイタケ科
北半球で落葉樹の枯れ枝に発生する。傘は鮮やかな赤みがかったオレンジ色で、皮質の一年生。

2–4 cm
¾–1½ in

シハイタケ
PURPLEPORE BRACKET
Trichaptum abietinum
タマチョレイタケ科
北半球の針葉樹の枯れ枝に発生する。扇形の傘の表面には薄い灰色の同心円模様ができる。藻類がついて緑色を帯びることがある。

5–12 cm
2–4¾ in

アラゲカワラタケ
HAIRY BRACKET
Trametes hirsuta
タマチョレイタケ科
世界中で見られる。半円形の傘の表面が細かな毛で覆われている。落葉樹の枯れ木に発生する。

明るい黄色からオレンジ色で肉厚の傘

カワラタケ
TURKEYTAIL
Trametes versicolor　タマチョレイタケ科
世界中で見られる。傘の色は多彩だが、それぞれの色で同心円模様ができる。管孔の表面は白い。

2–7 cm
¾–2¾ in

10–40 cm
4–16 in

ハナビラタケ
WOOD CAULIFLOWER
Sparassis crispa
ハナビラタケ科
北半球で見られ、針葉樹の根元に発生する。花びらのようなクリーム色の裂片が重なって球状になる様子がカリフラワーのように見える。

10–30 cm
4–12 in

オオチリメンタケ
LUMPY BRACKET
Trametes gibbosa
タマチョレイタケ科
クリーム色の傘はしばしば藻類により緑色に染まる。和名は、細長い管孔が放射状に密にあいている様子を「ちりめん」に見立てたものである。北半球の落葉樹の倒木に発生する。

小さな扇形の裂片

2–6 cm
¾–2¼ in

マイタケ
HEN OF THE WOODS
Grifola frondosa　トンビマイタケ科
北半球に見られる。ミズナラなど広葉樹の根元に発生する。小さな扇形の束を密につける。日本で食用として愛好される。

柄の基部

ベニタケ目 RUSSULALES

ベニタケ属やチチタケ属などのよく知られた属を含む目であり、ハラタケ目のキノコとよく似ているものがあるが、分子系統学上、真正のハラタケ目とは縁遠い関係にある（ベニタケ目は最近までハラタケ目の一部とされていた）。ベニタケ目の子実体は、傘と柄をもつ典型的なものだけでなく、多様な形態を示す。多くのベニタケ目のキノコの胞子には疣や棘があり、ヨード液で青く染まる。チチタケ属のキノコを切ると、さまざまな色の乳液がにじみ出てくる。

ラクタリウス・ブレニウス
BEECH MILKCAP
Lactarius blennius　ベニタケ科
ユーラシア大陸のブナ林でよく見られる。灰緑色の傘は濡れると粘性が出る。傘の縁には斑点模様がある。

4—9 cm
1½—3½ in

4—8 cm
1½—3¼ in

チョウジチチタケ
OAKBUG MILKCAP
Lactarius quietus
ベニタケ科
北半球のブナ科樹木の根元によく見られる。赤茶色の傘には濃い帯模様ができ、肉には甘く油っぽい香りがある。

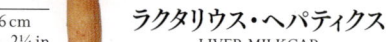

3—6 cm
1¼—2¼ in

ラクタリウス・ヘパティクス
LIVER MILKCAP
Lactarius hepaticus
ベニタケ科
ユーラシア大陸のマツ林で見られる。傘の表面は滑らかで、縁には溝がある。ひだを切ると白い乳液が出るが、これはやがて黄色に変化する。

ラクタリウス・トゥルピス
UGLY MILKCAP
Lactarius turpis
ベニタケ科
北半球のカバノキ科の樹木の林で見られる。全体にオリーブグリーンからほぼ真っ黒になり、粘性のある傘をもつ。

5—15 cm
2—6 in

傘の中央はくぼむ

5—15 cm
2—6 in

ラクタリウス・デリキオスス
SAFFRON MILKCAP
Lactarius deliciosus
ベニタケ科
ユーラシア大陸と北米大陸のマツ林で見られる。傘にはオレンジ色の帯と斑点があるが、成熟すると緑色に染まる。肉からはオレンジ色の乳液がにじみ出る。

傘の縁には溝がある

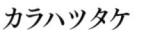

5—15 cm
2—6 in

カラハツタケ
WOOLLY MILKCAP
Lactarius torminosus
ベニタケ科
北半球のカバノキ科の樹木の林でよく見られる。表面に毛が生えた傘は濃いピンク色で、鮮やかな帯模様がある。

毛が生えた縁は内側に巻きこまれる

3—6 cm
1¼—2¼ in

ニセヒメチチタケ
CURRY MILKCAP
Lactarius camphoratus
ベニタケ科
このキノコの子実体を乾燥させると、カレーのような香りを数週間も放ち続ける。北半球で見られる。

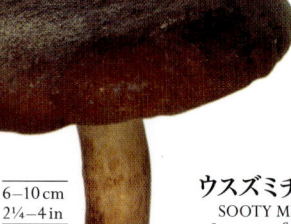

6—10 cm
2¼—4 in

ウスズミチチタケ
SOOTY MILKCAP
Lactarius fuliginosus
ベニタケ科
北半球の落葉樹の林で見られる。傘はこげ茶色で、傷つくと白い乳液を出すが、その色はたちまちピンク色に変わる。

8—20 cm
3¼—8 in

ツチカブリ
PEPPERY MILKCAP
Lactifluus piperatus
ベニタケ科
北半球の混交林で見られる。ろうと型の傘の裏側には密に詰まった細いひだがある。肉を切ると白い乳液が出る。

傘の表面は
乾燥し、滑らか

5–15 cm
2–6 in

5–10 cm
2–4 in

カワリハツ
CHARCOAL BURNER
Russula cyanoxantha
ベニタケ科
北半球の混交林で見られる。
傘の色は変化に富み、紫〜
藤色から、緑色などになる。
ひだは分枝する。

チシオハツ
BLOODY BRITTLEGILL
Russula sanguinaria
ベニタケ科
北半球のマツ林で見られる。
傘はスカーレット色で、
柄も赤味をおびる。
胞子は淡い黄土色になる。

3–7 cm
1¼–2¾ in

ルスラ・ノビリス
BEECHWOOD SICKENER
Russula mairei
ベニタケ科
ユーラシア大陸の
ブナ林に発生する。
傘はスカーレット色で、
ひだの色は青白い。

クサイロハツ
GREEN BRITTLEGILL
Russula aeruginea
ベニタケ科
北半球のカバノキ科の樹木の
林でよく見られる。傘は緑色が
かり、小さなさび色の斑点が
ある。胞子は淡いクリーム色になる。

4–9 cm
1½–3½ in

5–10 cm
2–4 in

イロガワリキイロハツ
YELLOW SWAMP BRITTLEGILL
Russula claroflava
ベニタケ科
北半球の、とくにコケの多い
湿地のカバノキ科の樹木の林
でよく見られる。傘とひだは黄色
がかったクリーム色で、柄は
白いが、どの部分を切っても
灰色から黒に変わる。

5–12 cm
2–4¾ in

ヤマブキハツ
OCHRE BRITTLEGILL
Russula ochroleuca
ベニタケ科
北半球で見られる普通種。
傘は光沢のない緑がかった
黄土色になり、ひだは白い。

ドクベニタケ
SICKENER
Russula emetica
ベニタケ科
北半球の湿気の多いマツ林
で見られる。明るいスカー
レット色の傘に対して、
ひだと柄は純白で、鮮やかな
コントラストを見せる。

光沢のない、
乾燥した傘

3–8 cm
1¼–3¼ in

4–12 cm
1½–4¾ in

ひだの縁は赤く
なることがある

4–10 cm
1½–4 in

ルスラ・サルドニア
PRIMROSE BRITTLEGILL
Russula sardonia　ベニタケ科
ユーラシア大陸のマツ林で見られる。
子実体の色は変化に富み、
紫や緑、または黄色などになり、
果実のような香りを放つ。

柄は
しばしば
赤く染まる

バライロハツ
ROSY BRITTLEGILL
Russula lepida
ベニタケ科
北半球で見られる。
傘はカーマイン・レッド
だがすぐに色あせる。
柄も薄い赤色になり、
肉にはヒノキのような
臭いがある。

8–15 cm
3¼–6 in

クサハツ
STINKING BRITTLEGILL
Russula foetens
ベニタケ科
北半球で見られる。明るい茶色の
大型のキノコで、傘の縁には
放射状の溝が入る。酸っぱい
腐敗臭がある。

6–15 cm
2¼–6 in

ニオイベニハツ
CRAB BRITTLEGILL
Russula xerampelina　ベニタケ科
北半球で見られる。よく似た種が
多数あり、顕微鏡特徴によらないと
本種を同定することはできない。

マツカサタケ
EARPICK FUNGUS
Auriscalpium vulgare
マツカサタケ科
北半球で見られ、マツカサに
発生する。曲がったスプーン
のような形になり、微毛の生えた
小さな傘の下に、同じく微毛
が生えた細長い柄が伸びる。

0.5–2 cm
³⁄₁₆–¾ in

5–25 cm
2–10 in

10–40 cm
4–16 in

2–6 cm
¾–2¼ in

10–50 cm
4–20 in

キウロコタケ
HAIRY CURTAIN CRUST
Stereum hirsutum　ウロコタケ科
世界中で見られる。形状は変化に
富み、硬いかさぶた状のものから、
幾層にも重なったものまである。
傘の表側には毛があり、裏側は
滑らかになっている。

シミダシ
カタウロコタケ
BLEEDING
BROADLEAF CRUST
Stereum rugosum
ウロコタケ科
北半球で見られる。通常は
硬いかさぶた状になるが、
ときに樹木について棚状に
なる。傘の表側を傷つけると
赤く変化する。

マツノネクチタケ
ROOT ROT
Heterobasidion annosum
ミヤマトンビマイ科
北半球の針葉樹に発生する。
薄い茶色の表皮は成熟する
につれ濃い色に変わる。

サンゴハリタケ
CORAL TOOTH
Hericium coralloides
サンゴハリタケ科
北半球のブナ林などで見られる。
白い子実体はサンゴ状に分枝し、
下部には無数の針が垂れ
下がったように生える。

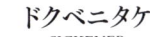
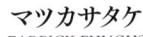

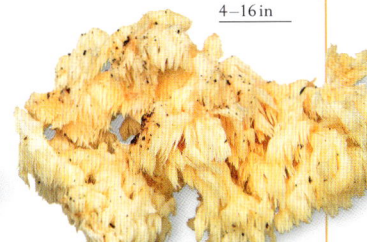

キクラゲ目 AURICULARIALES

キクラゲ目はゼラチン質の子実体をもつグループの
ひとつであるが、担子器（胞子を作る細胞）の形状
がほかとは異なっている。キクラゲ目では、担子器が
隔壁によって区画されて、それぞれの区画で胞子が
作られる。キクラゲ目のキノコの形状は多様である。

ヒダキクラゲ
TRIPE FUNGUS
Auricularia mesenterica　キクラゲ科

4—15 cm
1½—6 in

世界中で見られる。枯死した木（とくにニレ）に
発生する。小さな多孔菌類によく似ているが、
裏側はゴム質でしわが寄り、灰紫色になる。

ヒメキクラゲ
WITCHES' BUTTER
Exidia nigricans　キクラゲ科

世界中の温帯域の広葉樹林で
よく見られる。ゼラチン質のタール
にしわが寄ったような姿になる。
乾燥すると、硬く黒いかたまりに
なって長く生きる。

2—10 cm
¾—4 in

キクラゲ
JELLY EAR
Auricularia auricula-judae　キクラゲ科

4—12 cm
1½　4¾ in

ユーラシア大陸と北米大陸の落葉樹の
倒木や枯れ枝によく見られる。薄くぷよぷよ
した「耳」の表側はビロード状で、内側には
しわがよる。東アジアの料理の食材になる。

厚く幅広で
ゼリー状の傘

1—8 cm
⅜—3¼ in

ニカワハリタケ
JELLY TOOTH
Pseudohydnum gelatinosum
所属科未確定

世界中で見られる。半透明から
薄い茶色までの色になる。
しばしば針葉樹の切り株に発生する。

傘の裏側には無数の
白い棘があり、ここで
胞子が作られる
（一名「猫の舌」）

イボタケ目 THELEPHORALES

イボタケ目には、棚型になるもの、皮状のもの、地上で
扇形に開くもの、傘の裏が針状のものなど、さまざまな
形の種を含む。その多くは、ごわごわした強靭な子実
体をもち、胞子はこぶ状か棘状になる。イボタケ目は
DNA解析でまとめられているが共通的な特徴があま
りない。

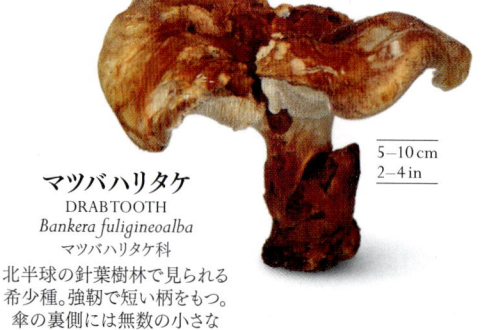

マツバハリタケ
DRABTOOTH
Bankera fuligineoalba
マツバハリタケ科

5—10 cm
2—4 in

北半球の針葉樹林で見られる
希少種。強靭で短い柄をもつ。
傘の裏側には無数の小さな
灰白色の針がつく。

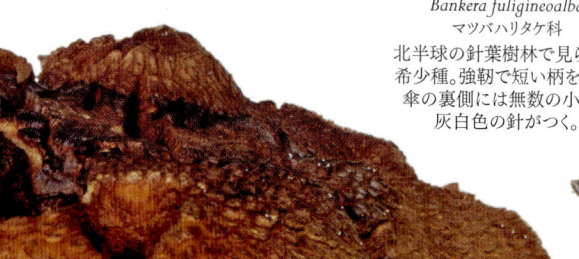

肉厚の鱗片が
重なる

4—14 cm
1½—5½ in

ケロウジ
BITTER TOOTH
Hydnellum scabosum　マツバハリタケ科

北半球の混交林で見られる希少種。
傘の中央部がくぼみ、表面にふぞろいの
鱗片がついてささくれる。
傘の裏側の針は淡い褐色になる。

柄の基部は
灰青色になる

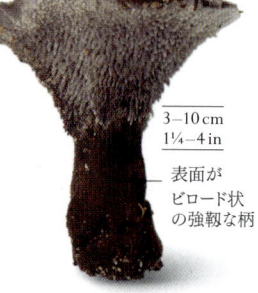

3—10 cm
1¼—4 in

表面が
ビロード状
の強靭な柄

クロハリタケ
BLACK TOOTH
Phellodon niger　マツバハリタケ科

北半球の混交林で見られる。
乾燥すると漢方薬のような臭いを
放つ。不均衡な姿の傘は灰色
から紫がかった黒になり、
傘の裏側の針は灰色になる。

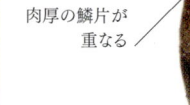

3—15 cm
1¼—6 in

ヒドネルム・ペッキイ
DEVIL'S TOOTH
Hydnellum peckii
マツバハリタケ科

北半球の針葉樹林で見られる。
傘は扁平で表面がでこぼこ状に
なり、しばしば血のように赤いしずく
をしたたらせる。傘の裏側には
淡い茶色の針がつく。

縁は細かく
さける

4—10 cm
1½—4 in

イボタケ
EARTHFAN
Thelephora terrestris　イボタケ科

北半球の森できわめてよく
見られる。土または木片から
発生する。扇形の子実体は
次々に積み重なって大きな
かたまりになる。傘の縁は
やや色が淡く、細かくさける。

スッポンタケ目 PHALLALES

スッポンタケ目には、スッポンタケのように
男性器に似た形状をもつ種だけでなく、
いくつかのトリュフ型のキノコも含まれる。
スッポンタケの幼菌は卵のような形をして
いるが、卵が割れるとわずか
数時間で長い柄を
伸ばす。

かごの中に
できる胞子塊

10 cm
4 in

赤いかごはこの
「卵」から出てくる

アカカゴタケ
RED CAGE FUNGUS
Clathrus ruber　アカカゴタケ科

2.5—14 cm
1—5½ in

公園や庭園で見られる希少種。赤いかごを
もち、その中で不快臭を放つ黒い胞子塊を
作る。この赤いかごは、小さな白い「卵」
から出てきたものである。

クラトゥルス・アルケリ
DEVIL'S FINGERS
Clathrus archeri　アカカゴタケ科

オーストラリアやニュージーランド一帯から
移入されたと考えられているキノコで、
現在はユーラシア大陸南部などでも見ら
れる。白い「卵」から赤い腕を伸ばすが、
腕には悪臭を放つ黒い胞子塊ができる。

モチビョウキン目 EXOBASIDIALES

植物の葉の表面層に胞子を作る細胞を形成し、植物組織を肥大させてこぶを作る菌類である。栽培されているツツジ科植物（ブルーベリーなど）の病気の原因となるものを含む。

葉にできたこぶ

コケモモモチビョウキン
EXOBASIDIUM VACCINII
モチビョウキン科

1–2 cm
3/8–3/4 in

北半球で見られる。コケモモがこれに感染すると葉が赤く変色する。こうした葉はねじれ、虫こぶのようになる。

ウロシスティス目 UROCYSTIDIALES

この目には有名な黒穂菌であるウロシスティス属などが含まれる。アネモネ、タマネギ、コムギやライムギなど被子植物に寄生して、しばしば宿主の植物に深刻な被害を及ぼす。

2–4 mm
1/16–5/32 in

葉の表面に黒い粉状の胞子をつける

ウロシスティス・アネモネス
ANEMONE SMUT
Urocystis anemones　ウロシスティス科
アネモネなどの植物の葉に黒い粉末のような病斑を発生させる。

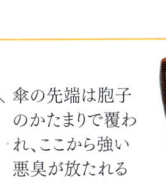

傘の先端は胞子のかたまりで覆われ、ここから強い悪臭が放たれる

柄は中空でスポンジ状になる

キツネノロウソク
DOG STINKHORN
Mutinus caninus
スッポンタケ科

北半球の混交林で見られる。白い「卵」からスポンジ状の柄を伸ばし、柄の先端は黒緑色の胞子塊で覆われる。

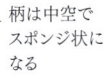

1–12 cm
3/8–4 3/4 in

5–20 cm
2–8 in

傘の下側から白いスカートが降りてくる

ファルス・メルリヌス
PHALLUS MERULINUS　スッポンタケ科
南太平洋などで見られる熱帯産のキノコ。白い「卵」から柄を伸ばす。本種の近縁種は高級食材となるキヌガサタケ（*Phallus indusiatus*）のようにレース状のスカートをつける。

大きな白い「卵」

5–20 cm
2–8 in

スッポンタケ
STINKHORN
Phallus impudicus
スッポンタケ科
世界中でよく見られる。胞子で覆われた蜂の巣状の傘は、「卵」から数時間のうちに伸びたものである。離れた場所からもわかる、強い悪臭を発する。

サビキン目 PUCCINIALES

7,000以上の種を含む巨大なグループ。サビキン（さび菌）の仲間の多くは栽培穀物にとって脅威となる病原菌である。生活環は非常に複雑で、異なったそれぞれのステージでは、複数の宿主についたり、違ったタイプの胞子を作ったりする。

粉末状の黒い胞子が葉の裏面に斑点を作る

フラグミディウム・ルビイダエイ
RASPBERRY YELLOW RUST
Phragmidium rubi-idaei
フラグミディウム科
葉の表面に病斑を作る。葉の裏側についた黒い胞子により冬を越して生き延びる。

オレンジ色のさび菌がバラの茎を傷つけている

フラグミディウム・トゥベルクラトゥム
ROSE RUST
Phragmidium tuberculatum
フラグミディウム科
葉の裏側や枝にオレンジ色の病斑を作る。病斑は晩夏になると黒く変色する。

さび菌でできた黄色い疣

さび菌によって茎に水ぶくれができる

プクキニア・スミルニイ
ALEXANDERS RUST
Puccinia smyrnii　プクキニア科
アレキサンダー（*Smyrnium olusatrum*：セロリに似た野菜）の葉に黄斑や疣を作る。

葉の表面はさび菌の斑点で覆われる

プクキニア・マルウァケアルム
HOLLYHOCK RUST
Puccinia malvacearum　プクキニア科
タチアオイに深刻な被害を及ぼし、葉の表面全体が小さな病斑で覆われる。古い葉は枯れて落ちる。

プクキニア・アリイイ
PUCCINIA ALLII　プクキニア科
タマネギ、ニンニク、ネギなどの葉に病斑を作り、ほこりのような胞子が空中に散布される。

葉の表面に粉末状に病斑ができる

葉の表面に、丸く明るいオレンジ色の病斑が噴き出てくる

メランプソラ・ヒペリコルム
HYPERICUM RUST
Melampsora hypericorum
メランプソラ科
キンシバイの葉の裏側に病斑を作る。

プクキニアストルム・エピロビイ
FUCHSIA RUST
Pucciniastrum epilobii
プクキニアストルム科
火事にあった土地に生える雑草やフクシアの葉の裏側に病斑を作る。

子嚢菌類 SAC FUNGI

子嚢菌類では子実体（菌が生殖のため地上に形成する構造物）に子嚢ができる。この球形の、あるいは細長い袋の中で胞子が形成される。菌類のなかでは最大のグループであり、カップ型や皿型になるものなどが含まれる。

門	子嚢菌門
綱	7
目	56
科	226
種	約33,000

子嚢菌類の多くは鮮やかな色をもっているが、これが生物学的にどのような機能を果たすものかはわかっていない。

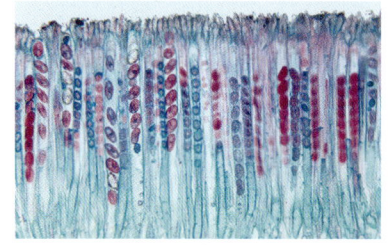

胞子を作る子嚢は顕微鏡を使うとこのように見える。幾層も密に詰まっているが、各子嚢にはそれぞれ8個の胞子が入っている。

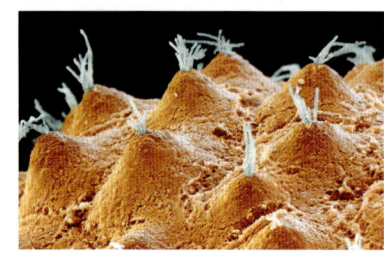

子嚢菌類の多くの種は子嚢を保護する子嚢殻と呼ばれる小室をつくり、ここから胞子を解き放つ。

論点
英雄か悪役か

子嚢菌類は、植物、藻類、さらに甲虫のような節足動物と相利共生する。しかし一方で、世界最大級の被害を及ぼす病原体もまたその仲間なのである。例えば、クリ胴枯れ病は近年、クリの木を数百万本も枯らしたことがあった。地球上において、菌類のほかのグループにはおそらく、これほど対照的な善と悪の力をもつものはいない。

子嚢菌類は、大きさでいうと、顕微鏡サイズから高さが約20cmになるものまでに及び、死んだ組織、死につつある組織、生きた組織のすべてで成長し、さらに淡水と海水の双方に浮遊するというように、非常に幅広い生息域をもつ。多くの種が寄生性であり、穀物の深刻な病気の原因となるものも含まれる。それ以外に植物と菌根として知られる相利共生も営む。子嚢菌類には、ペニシリンのように医薬の歴史において最も重要な役割を果たしたものを生産する菌もあれば、人間の体に入って病気を起こす病原体（免疫力の低い人に肺炎を起こすニューモキスティス・ジロヴェキなど）もある。この門のなかには、アルコールやパンを製造する上で中心的役割を担った酵母も含まれ、人類の歴史におおいに貢献している。

子嚢菌類はまた子実体の形態の面でも非常に多様で、カップ型、棍棒型、ジャガイモ型から、かさぶたやシート状、にきび、サンゴ、楯のような形をしたもの、さらに柄にスポンジ状の傘をつけた形というものまである。胞子を作る子嚢はこうした子実体のタイプに応じて、外部に子実層として層状に発達するか、内部に発達するか。子嚢菌類のすべてが有性世代をもつわけではなく、実際多くは無性的に増殖する。酵母の多くは無性的な分裂や出芽によって急速に増殖して場所を占める。出芽では、酵母細胞の体外に小さな芽が出て、これが分離して新たな細胞となる。

チャワンタケ類

チャワンタケという俗称は、子嚢菌類がもつ最も目立った子実体の形に由来する。子実体（円盤や皿型に見える）の開いた上の部分から、雨や風の力を借りて内部の表面に並んだ胞子を散布する。胞子の入った子嚢が水を吸収し、内部に貯めた圧力で子実体から30cmの高さに胞子を飛ばすこともある。倒木、落ちた枝、葉などの表面を顕微鏡で細かく観察してみると、微小なチャワンタケ類の魅惑的な姿が見えてくる。より大型の子実体を形成する種では、子実体をいじることにより、力強い胞子の噴出が起こるが、その際は胞子がおぼろげな雲のように見えるだけでなく、噴出音まで聞きとることができる。

ヒイロチャワンタケ ＞
ヒイロチャワンタケの子実体は、多くの菌種で見られる単純なカップ型をした子実体のよい例である。

ボタンタケ目 HYPOCREALES

ボタンタケ目の菌の特徴は、黄色・オレンジ色・赤など明るい色になる胞子形成構造である。また、しばしばほかの菌や昆虫に寄生する。最も有名なものにノムシタケ(冬虫夏草)属があり、棍棒か木の枝のような子実体(胞子を作る細胞の支持体)をもつ。いくつかの種は医療に利用される。

3–6 cm
1¼–2¼ in

5–13 cm
2–5 in

ハナヤスリタケの宿主となったツチダンゴ科のキノコ

サナギタケ
SCARLET CATERPILLAR CLUB
Cordyceps militaris
ノムシタケ科

ユーラシア大陸と北米大陸で見られ、昆虫(ガ)の蛹に寄生する。棍棒型の柄の先端には胞子をつくる小さな構造がある。

ハナヤスリタケ
SNAKETONGUE TRUFFLECLUB
Tolypocladium ophioglossoides
オフィオコルジケプス科

ユーラシア大陸と北米大陸で見られ、地中のツチダンゴ科の菌に寄生する。黄色い棍棒型の柄に細長い黒緑色の頭部がつく。

丸いまんじゅう型の子実体

頭状花序についた紫色の麦角(バッカク、角状の菌核)

イグチ科のキノコの子実体が本種に感染したところ

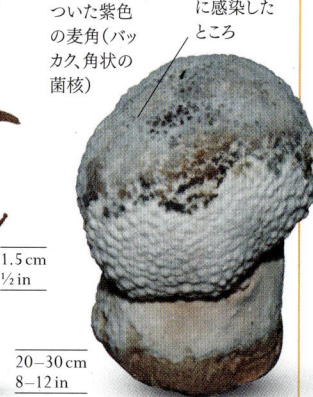

1.5 cm
½ in

20–30 cm
8–12 in

ネクトリア・キンナバリナ
CORAL SPOT
Nectria cinnabarina
ネクトリア科

ユーラシア大陸と北米大陸の湿気の多い材で大量に発生する。無性世代のときはピンク色の吹き出物になるが、有性世代になると赤茶色で群生する。

バッカクキン
ERGOT
Claviceps purpurea
バッカクキン科

ユーラシア大陸と北米大陸で見られる。イネ科植物や穀物がこの種に感染すると大量の中毒発生の原因となる。

アワタケヤドリ
BOLETE EATER
Hypomyces chrysospermus
ヒポクレア科

ユーラシア大陸と北米大陸で見られ、アワタケなどイグチ科のキノコに寄生する。本種がついた宿主のキノコはふわふわした手触りで明るい金色になる。

クロサイワイタケ目 XYLARIALES

この目に属するキノコはしばしば小室状の胞子形成構造をもつが、それは子座という木質の偽菌糸組織に埋め込まれている。多くの種は樹木に寄生するが、それ以外に動物の糞や果実、葉、土に発生するもの、また昆虫と共生するものもある。クロサイワイタケ目には経済的に重要な植物寄生菌も多く含まれている。

2–8 cm
¾–3¼ in

先端は粉末状の胞子で覆われている

1–1.5 cm
⅜–½ in

1–4 cm
⅜–1½ in

クロサイワイタケ
CANDLESNUFF FUNGUS
Xylaria hypoxylon
クロサイワイタケ科

ユーラシア大陸と北米大陸の枯木でよく見られる。吹き消されたロウソクの姿をしており、柄は黒くビロード状になる。

マメザヤタケ
DEAD MAN'S FINGERS
Xylaria polymorpha
クロサイワイタケ科

ユーラシア大陸と北米大陸の枯木に見られる。全体は黒くてもろい棍棒状で、表面には小さな管孔がついてざらざらしている。切ると中の肉は厚く白い。

ポロニア・プンクタータ
NAIL FUNGUS
Poronia punctata
クロサイワイタケ科

ユーラシア大陸と北米大陸で見られる。馬糞に発生し、発生は減少を続けている。平らな円盤状の頭部には無数の小さな穴があき、ここから胞子が放出される。

0.5–1 cm
¼–⅜ in

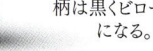

柄のない子実体は硬く、表面がもろい

ハシバミの枯れた幹

2–10 cm
¾–4 in

アカコブタケ
BEECH WOODWART
Hypoxylon fragiforme
クロサイワイタケ科

ユーラシア大陸と北米大陸のブナの倒木に群生する。子実体は硬くて丸く、胞子を放出する微小な小室をもつ。

チャコブタケ
CRAMP BALLS
Daldinia concentrica クロサイワイタケ科

ユーラシア大陸と北米大陸で見られる。丸い子実体を半分に切ると、内部は白い同心円模様になっていることがわかる。外被から黒い胞子を噴出する。

ウドンコカビ目 ※ ERYSIPHALES

ウドンコカビ目に含まれる種は、被子植物の葉や果実に寄生してうどんこ病を引き起こす。菌糸体(菌の葉状体構造)の一部から宿主の植物の細胞内に菌糸(繊維状構造)が侵入して養分を奪い取る。

うどんこ病に侵された斑点

菌に感染したリンゴの葉

フェルトのような白い菌糸が葉の表面を覆う

ナラ類ウドンコカビ菌
OAK POWDERY MILDEW
Erysiphe alphitoides ウドンコカビ科

ユーラシア大陸と北米大陸のオーク(ナラ類の樹木)に発生する。菌が若い葉を全体に覆うと、葉はしなびて黒くなる。

リンゴウドンコカビ菌
APPLE POWDERY MILDEW
Podosphaera leucotricha
ウドンコカビ科

ユーラシア大陸と北米大陸のリンゴの葉に発生する。この菌は最初、葉の裏側に白っぽい斑点状のカビとなって現れ、その後は急速に全体に広がる。

ゴロウィノミケス・キコラケアルム
POWDERY MILDEW
Golovinomyces cichoracearum
ウドンコカビ科

ユーラシア大陸と北米大陸のキク科植物の葉に発生し、最終的に宿主を枯らしてしまう。

カプノジウム目 CAPNODIALES

一般にすす病と呼ばれる病気をしばしば植物の葉に引き起こす。この子囊菌類はアブラムシやカイガラムシなどの分泌物や植物から発生する汁に発生する。なかには、人間の肌に被害を及ぼすものもある。

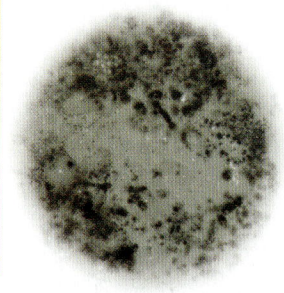

クラドスポリウム・クラドスポリオイデス
Cladosporium cladosporioides
ダヴィディエラ科

ユーラシア大陸と北米大陸に発生するカビで、湿った浴室の壁などに見られる。このカビは人間にアレルギー性疾患を引き起こすことがある。

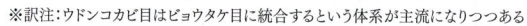

※訳注:ウドンコカビ目はビョウタケ目に統合するという体系が主流になりつつある

ビョウタケ目 HELOTIALES

ビョウタケ目のキノコは、ほかのチャワンタケ類と違って、カップ型から皿型の子実体をもつという特徴がある。また、ビョウタケ目の種の子嚢は、チャワンタケ目の種がもつ頂端の弁（胞子発散の際にこれを開く）がない。多くの種は腐葉土、倒木、ほかの生物などに寄生する。さらに、植物に寄生して深刻な被害を与える種もいくつか含まれている。

0.5—1.5 cm
³⁄₁₆—½ in

ルストロエミア・フィルマ
BROWN CUP
Rutstroemia firma　トウヒキンカクキン科
明るい茶色のカップと細長い柄からなる。ヨーロッパで見られ、とくにオーク（ナラ類の樹木）の枯れ枝に発生する。宿主となった材は黒くなる。

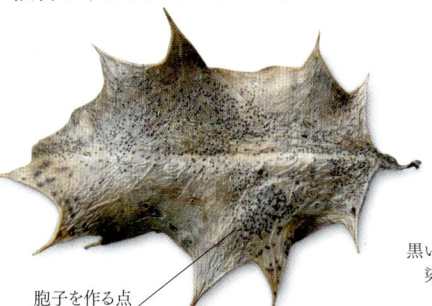

胞子を作る点

トロキラ・イリキナ
Trochila ilicina　ヘソタケ科
ユーラシア大陸と北米大陸のセイヨウヒイラギの落ち葉に群生する。葉の表面に胞子を作る斑点ができる。

黒い点が溶けて染みが広がる

ディプロカルポン・ロサエ
ROSE BLACK SPOT
Diplocarpon rosae
ヘソタケ科
ユーラシア大陸と北米大陸のバラの葉に寄生する。この菌に侵された葉は黒星病になり、黒い斑点は融合して一緒になり、より大きな染みになる。

3—7 cm
1¼—2¾ in

カップの内部表面に胞子ができる

カップの表面は平滑

0.5—4 cm
³⁄₁₆—1½ in

ゴムタケ
BLACK BULGAR
Bulgaria inquinans　ゴムタケ科
ユーラシア大陸と北米大陸で見られる。外側の表面は茶色になり、胞子を作る内側の表面は黒くて滑らかで、ゴムのような弾力がある。

0.5—3 cm
³⁄₁₆—1¼ in

アネモネタマチャワンタケ
ANEMONE CUP
Dumontinia tuberosa
キンカクキン科
ユーラシア大陸でよく見られ、アネモネの塊茎に寄生する。黒く長い柄の先に茶色のカップをつける。

エゾテングノメシガイ
SCALY EARTHTONGUE
Geoglossum fallax
テングノメシガイ科
ユーラシア大陸と北米大陸の牧草地で見られる希少種。黒く平たい棍棒型の数あるキノコのなかの一種。正確な同定は顕微鏡観察でしかできない。

0.5—3 cm
³⁄₁₆—1¼ in

ニカワチャワンタケ
BEECH JELLYDISC
Neobulgaria pura　ビョウタケ科
ユーラシア大陸で、ブナの倒木などにとくによく見られる。半透明なゼリー状で円盤状の子実体は、淡いピンク色から淡い藤色まで、さまざまな色になる。密に群生するとしばしば子実体はゆがんでくる。

0.2—1 cm
¹⁄₁₆—³⁄₈ in

カンムリタケ
BOG BEACON
Mitrula paludosa　ビョウタケ科
ユーラシア大陸と北米大陸で見られ、春から初夏にかけて、浅い川や池の水に浸かった植物に発生する。頭部は丸い舌のような形になる。

感染した果実には黄褐色の膿疱ができる

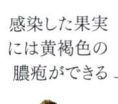

モニリア・フルクティゲナ
APPLE BROWN ROT
Monilia fructigena　キンカクキン科
ユーラシア大陸でよく見られ、主にリンゴやナシ、スモモなどに寄生して赤腐れ（褐色腐れ）を起こす。

1—3 mm
¹⁄₃₂—¹⁄₈ in

ビョウタケ
LEMON DISCO
Bisporella citrina　ビョウタケ科
ユーラシア大陸の広葉樹の枯れ木によく見られる。通常群生し、しばしば金色の円盤が枝全体を覆うことがある。

0.3—1 cm
¹⁄₈—³⁄₈ in

ズキンタケ
JELLY BABIES
Leotia lubrica
ズキンタケ科
ユーラシア大陸と北米大陸の混交林でよく見られる。頭部は頭巾状になり、その縁の部分が柄に向かって巻いた形となる。

0.2—1 cm
¹⁄₁₆—³⁄₈ in

ロクショウグサレキンモドキ
GREEN ELFCUP
Chlorociboria aeruginascens　ビョウタケ科
ユーラシア大陸と北米大陸で見られる。オーク（ナラ類の樹木）の倒木などにこの菌が寄生してできる緑色の染みは簡単に見つけられるが、青緑色の菌自身を見ることはそれほど一般的ではない。

0.5—2 cm
³⁄₁₆—¾ in

ムラサキゴムタケ
LARGE PURPLE DROP
Ascocoryne cylichnium　ビョウタケ科
ユーラシア大陸で、ブナの倒木などによく発生する。子実体の中央部で材に付着し、成熟するとゼラチン状で不規則な円盤状となる。

チャワンタケ目 PEZIZALES

チャワンタケ目の菌は、子嚢と呼ばれる袋状の構造の中に胞子をつくるが、典型的には子嚢の頂端には弁があり、これを開いて胞子を噴出させる。このグループにはアミガサタケやトリュフなど経済的に重要なものが含まれる。

0.5〜2 cm
³⁄₁₆〜³⁄₄ in

5〜10 cm
2〜4 in

ゲオポラ・アレニコラ
COMMON EARTHCUP
Geopora arenicola ピロネマキン科
ユーラシア大陸で見られるが、砂地の地中にできるため、どこにあるのか探すのに苦労する。内側の滑らかな層に胞子をつくる。

ウサギの耳に似た長いオレンジ色のカップ

ウスベニミミタケ
HARE'S EAR
Otidea onotica
ピロネマキン科
ユーラシア大陸と北米大陸の広葉樹林によく見つかり群生する。片側が切れこんだ背の高い杯状。

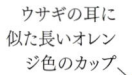

アラゲコベニチャワンタケ
COMMON EYELASH
Scutellinia scutellata ピロネマキン科
アラゲコゲベニチャワンタケ属には似たような姿をしたものが多いが、本種はそのひとつで、黒い毛に縁取られた緋色の杯状。ユーラシア大陸と北米大陸で見られ、湿気が高く腐朽木の多い森に大量に発生する。

0.5〜1 cm
³⁄₁₆〜³⁄₈ in

0.5〜1.5 cm
³⁄₁₆〜½ in

タルゼッタ・クプラリス
TOOTHED CUP
Tarzetta cupularis
ピロネマキン科
ユーラシア大陸と北米大陸のアルカリ性土壌の森でよく見られる。短い柄をもったゴブレット型の杯状。

こげ茶色でしわのよった傘

ヒイロチャワンタケ
ORANGE PEEL FUNGUS
Aleuria aurantia
ピロネマキン科
ユーラシア大陸と北米大陸で、砂地のダートトラック（土や石炭がらを敷いた道）などでよく見られる。明るいオレンジ色で薄手の杯状で、ほかと見間違えようがない。

2〜10 cm
¾〜4 in

不規則なうねとくぼみ

5〜15 cm
2〜6 in

シャグマアミガサタケ
FALSE MOREL
Gyromitra esculenta
シトネタケ科
ユーラシア大陸と北米大陸全域で見られる毒キノコ。通常、春に針葉樹の足元に発生する。光沢のある茶色の傘は脳みそのように見える。

4〜10 cm
1½〜4 in

カニタケ
BLEACH CUP
Disciotis venosa
アミガサタケ科
春にユーラシア大陸と北米大陸の湿った森に発生する。柄が短く、塩素のような臭いがある。内側表面は茶色でしわが寄り、表側表面は青白い。

5〜20 cm
2〜8 in

トガリフカアミガサタケ
HALF-FREE MOREL
Morchella semilibera
アミガサタケ科
この中空のアミガサタケは、うねのある黒い指ぬき状の傘が青白く、粉状の表面の柄に付着する。春にユーラシア大陸と北米大陸の混交林で見られる。

傘の表面は平滑

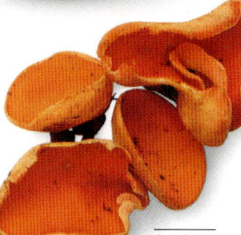

ベルパ・コニカ
THIMBLE MOREL
Verpa conica
アミガサタケ科
ユーラシア大陸と北米大陸の白亜質土壌の森や生垣に見られる希少種。中空の柄の先に指ぬきのような形の滑らかな傘をつける。

5〜10 cm
2〜4 in

5〜15 cm
2〜6 in

オオトガリアミガサタケ
BLACK MOREL
Morchella elata
アミガサタケ科
春にユーラシア大陸と北米大陸の森でよく見られる。中空の柄の先の傘は鈍いピンクから黒で、黒い縁取りがなされた網目模様ができる。

5〜15 cm
2〜6 in

中空の柄

アミガサタケ
MOREL
Morchella esculenta
アミガサタケ科
春に北米大陸とユーラシア大陸の石灰質土壌の森で見られ、味がよいことで知られ、欧米で珍重される。傘は中空のスポンジ状で、柄も中空になる。

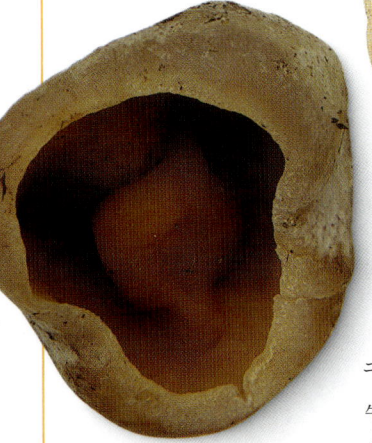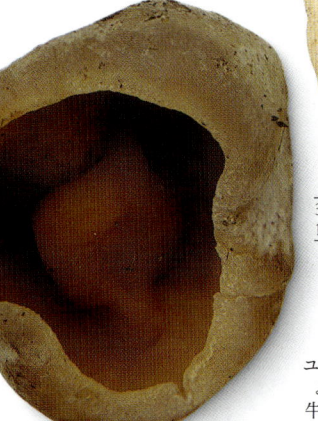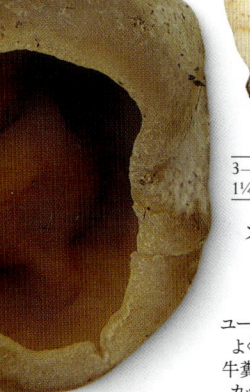

3〜10 cm
1¼〜4 in

オオチャワンタケ
BLISTERED CUP
Peziza vesiculosa
チャワンタケ科
ユーラシア大陸と北米大陸でよく見られる。堆肥やわら、牛糞や馬糞などに群生する。カップ型のもろい傘の縁はしばしばぼろぼろになる。

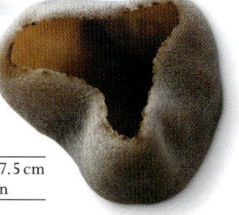

2.5〜7.5 cm
1〜3 in

ペジザ・ケレア
CELLAR CUP
Peziza cerea
チャワンタケ科
ユーラシア大陸と北米大陸で見られ、しばしば湿ったレンガ造りの建物に発生する。内側は暗い黄土色で、外側は青白い。

1.5〜7 cm
½〜2¾ in

クリイロチャワンタケ
BAY CUP
Peziza badia
チャワンタケ科
ユーラシア大陸と北米大陸の森で見られる。多くの類似種をもつ菌で、内側の表面に胞子をつくる。茶色の杯状の傘は、老熟するとオリーブ色を帯びる。

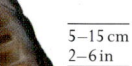

2–7 cm
¾–2¾ in

2–8 cm
¾–3¼ in

セイヨウショウロ
（黒トリュフ）
PERIGORD TRUFFLE
Tuber melanosporum
セイヨウショウロ科
地中海地域で最も高く評価される「黒トリュフ」で、オーク（ナラ類の樹木）の周囲の土中に発生する。発見と掘り出しには犬か豚が使われる。

シロセイヨウショウロ
（白トリュフ）
WHITE TRUFFLE
Tuber magnatum
セイヨウショウロ科
イタリアとフランスで珍重される高価なトリュフで、南ヨーロッパのアルカリ土壌の土中に発生する。オークやポプラなどに菌を植え付けて栽培しているところもある。

アミメクロ
セイヨウショウロ
（夏トリュフ）
SUMMER TRUFFLE
Tuber aestivum
セイヨウショウロ科
ヨーロッパ中部と南部に見られる高級トリュフで、いろいろな広葉樹林の地中に発生する。

2–5 cm／¾–2 in

1–8 cm
⅜–3¼ in

サルコスキファ・アウストリアカ
SCARLET ELFCUP
Sarcoscypha austriaca ベニチャワンタケ科
ユーラシア大陸と北米大陸に見られ、冬から早春にかけて落ちた枝に発生する。杯型で、内側が緋色で、外側は対照的に白くなる。

2–6 cm
¾–2¼ in

5–15 cm
2–6 in

ノボリリュウタケ
（ノボリリュウ）
WHITE SADDLE
Helvella crispa ノボリリュウタケ科
ユーラシア大陸と北米大陸の混交林でよく見られる。もろく、うねの入った柄の先に薄い鞍型の傘をつける。おそらく毒性がある。

クロノボリリュウタケ
ELFIN SADDLE
Helvella lacunosa
ノボリリュウタケ科
ユーラシア大陸と北米大陸の混交林で見られる一般種。灰色で縦溝のある円柱のような柄の先に濃い色でうねの入った傘をつける。

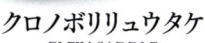

エウロチウム目 EUROTIALES

この目の種は一般にコウジカビやアオカビとしてよく知られる。この中には、世界で最初に発見された抗生物質であるペニシリンを生んだペニシリウム属（アオカビ属）や、人間に感染して病気を起こすこともあるアスペルギルス属（コウジカビ属）などが含まれる。

粉末状の内部

1.5–4.5 cm
½–1¾ in

ツチダンゴ
FALSE TRUFFLE
Elaphomyces granulatus ツチダンゴキン科
ユーラシア大陸と北米大陸の針葉樹林の生える砂地でよく見られる。赤褐色のショウロ型になるが、表面は粗面。内部は胞子のかたまりが詰まって黒紫色になる。

タフリナ目 TAPHRINALES

植物に寄生するものが多いタフリナ目のなかで最大の種はタフリナ属である。すべての種には2つの生育期がある。腐生期では酵母のように出芽によって繁殖するが、寄生期では葉を変形させたり虫こぶをつくったりして、植物の組織から発生する。

タフリナ・ベトゥリナ
BIRCH BESOM
Taphrina betulina
タフリナ科
カバノキ科の樹木に「てんぐ巣病」を起こし、植物の枝や茎を異常に密生させる（英語ではこれを「魔女のほうき」に見立てる）。

20–95 cm
8–37 in

タフリナ・デフォルマンス
（モモ縮葉病菌）
PEACH LEAF CURL
Taphrina deformans タフリナ科
ユーラシア大陸と北米大陸のモモやネクタリンなどモモ属の木に発生する。この菌に感染した葉は丸まったりしわが寄ったりし、その部位は赤紫色に変化する。

14–40 cm
5½–16 in

感染して赤く変色した部位

プレオスポラ目 PLEOSPORALES

この目に含まれる典型的な種はフラスコ（酒瓶）型の子実体の内部に子囊をつくる。この子囊には、2つの壁（層）があり、成熟すると内側の壁は外側の壁を打ち破り、胞子を放出する。多くの種が植物に寄生するが、地衣化するものもある。

黒い円錐形

レプトスファエリア・アクタ
Leptosphaeria acuta
レプトスファエリア科
ユーラシア大陸と北米大陸でよく見られる。セイヨウイラクサの枯れた茎に発生する。微小な円錐形の子実体が茎の内部から表面に突き抜け、胞子を放出する。

ボエレミア・ヘデリコラ
Boeremia ahedericola
ジジメラ科
ユーラシア大陸と北米大陸で見られる。ツタ属の葉に白く丸い病斑をつくる。この菌に感染した葉は茶色に変色し、枯れる。

リチスマ目 RHYTISMATALES

この目の種は一般に黒紋病（黒やに）と呼ばれ、葉、小枝、樹皮、針葉樹の雌球果、まれにベリー（漿果）などに黒い斑点を発生させる。多くは針葉樹の葉に感染し、葉を落としてしまう。おそらく、カエデの葉の黒紋病が最もよく観察される。

葉の表側表面に黒い斑点ができる

1–2 cm
⅜–¾ in

タールスポット菌
（黒紋病菌） TAR SPOT
Rhytisma acerinum リティスマ科
ユーラシア大陸と北米大陸のカエデ属の樹木でよく見られる。葉の表面に黒い斑点をつける。斑点は不定形で、縁が薄い黄色になる。この菌に感染した葉は変形する。

2.5–5 cm
1–2 in

ヘラタケ
YELLOW FAN
Spathularia flavida ホテイタケ科
ユーラシア大陸と北米大陸によく見られ、コケが多い湿った針葉樹林に発生する。ゴムのような頭部は平らで、薄い黄色から濃い黄色になる。

ベンツリア・ピリナ
（梨黒星病菌）
PEAR SCAB
Venturia pyrina ベンツリア科
ユーラシア大陸と北米大陸のナシ（洋梨）の果樹園で見られる。この菌に感染すると、果実は歪み、色落ちし、熟す前に枝から落ちることもある。

果実の内部に濃い色の斑点が沈む

地衣類 LICHENS

地衣類は、海岸の露頭から砂漠までの、時には岩の中そのものにしか生育できる場所がないような地球上の最も過酷な環境にも分布している。地衣類は自然を形成するパイオニア的な存在のひとつであり、ほかの生物が住めるような生活の基礎を築いているのである。

門	担子菌門 子嚢菌門
綱	10
目	15
科	40
種	約18,000

栄養繁殖器官の粉芽は、いわば菌糸と藻類細胞の塊である。この写真は、形成された粉芽が散布を待つ状態のときのもの。

栄養繁殖器官の裂芽は、地衣体表面にできた微小な釘のような器官である。この部分が分離して現地で再分化すると新たなコロニーが形成される。

地衣類の細胞の断面を顕微鏡写真で見たところ。胞子を作る子嚢が藻類層付近から立ち上がっている。

論 点
パートナーではないことも?

地衣類の進化にはまだ謎が多い。なぜ、どうやって、菌類と藻類が出会って一緒に生活を始めたのか、科学者たちはいまだにその理由と手段を探し続けている。1つの考えとして、どちらかがもう一方を攻撃し、それがやがて共生関係に発展した、というものがある。また、すべての地衣類が必然的な相利共生であるとはいえず、ある種のものは共生というよりは寄生に近い関係にある。

地衣類は単独の生き物ではなく、菌類と藻類(緑藻またはシアノバクテリア=藍藻)からなる共生体である。藻類は光合成によって生成した栄養素を提供し、菌類は水分を保持し無機栄養素を取り込んで藻類の生育を助けるので、相利共生関係にある。地衣類を構成する菌類は通常子嚢菌類であるが、ごくまれに担子菌類のこともある——地衣類の分類は菌類の分類に従っている。典型的には藻類細胞の周囲を菌糸が覆って、地衣類に特有な特別な菌糸組織によって藻類を地衣体内に閉じ込める形となっている。菌類と藻類はどちらも単独では生き延びられないが、共生することにより、最も厳しい環境でも生き抜くことができる。地衣類は南極点から約400kmという極寒の地で発見されたこともあるが、身近な場所の石垣や岩、そして樹皮上などにも普通に生育している。

地衣類はその形態によって大きく3つのタイプに分けられる。葉のように体が広がる葉状地衣類、枝状になって地衣体が分枝する樹枝状地衣類、かさぶたのように基物に固着する痂状地衣類である。これらの他に、糸状の繊維状地衣類や吸水性の高い膠質地衣類などもある。

地衣類の繁殖

多くの地衣類は有性生殖を行い、胞子を散布することによって繁殖を行う。胞子は菌類によって、カップ型ないし円盤状の裸子器(子嚢盤)で作られる。胞子はいったん放出されると適合する藻類のそばに着地してそれを取り込まなければ、新たな地衣体を再生して生き延びることができない。裸子器以外にも被子器と呼ばれる壺状の構造物の中で胞子を作るものもある。被子器は火山のような形をしており上部の穴から胞子を放出する。また、地衣類は上述のような生殖とは別に、栄養繁殖を行うものもあり、地衣体に特別な器官を作って増殖する。栄養繁殖器官には粉芽や裂芽などが知られており、すでに菌糸や藻類細胞を含んでいるため、好適な場で発芽すると新たなコロニーを築いて繁殖していく。北米大陸の岩場の海岸線では長さが数キロメートルにも及ぶ地衣類の最大のコロニーが見られる。数百年から時には数千年をかけてこのような巨大なものができあがったのである。

広がり続ける地図 >
典型的な地衣類のひとつである「チズゴケ」は、乾燥した岩の露頭など厳しい環境のなかでもコロニーを作ることができる。

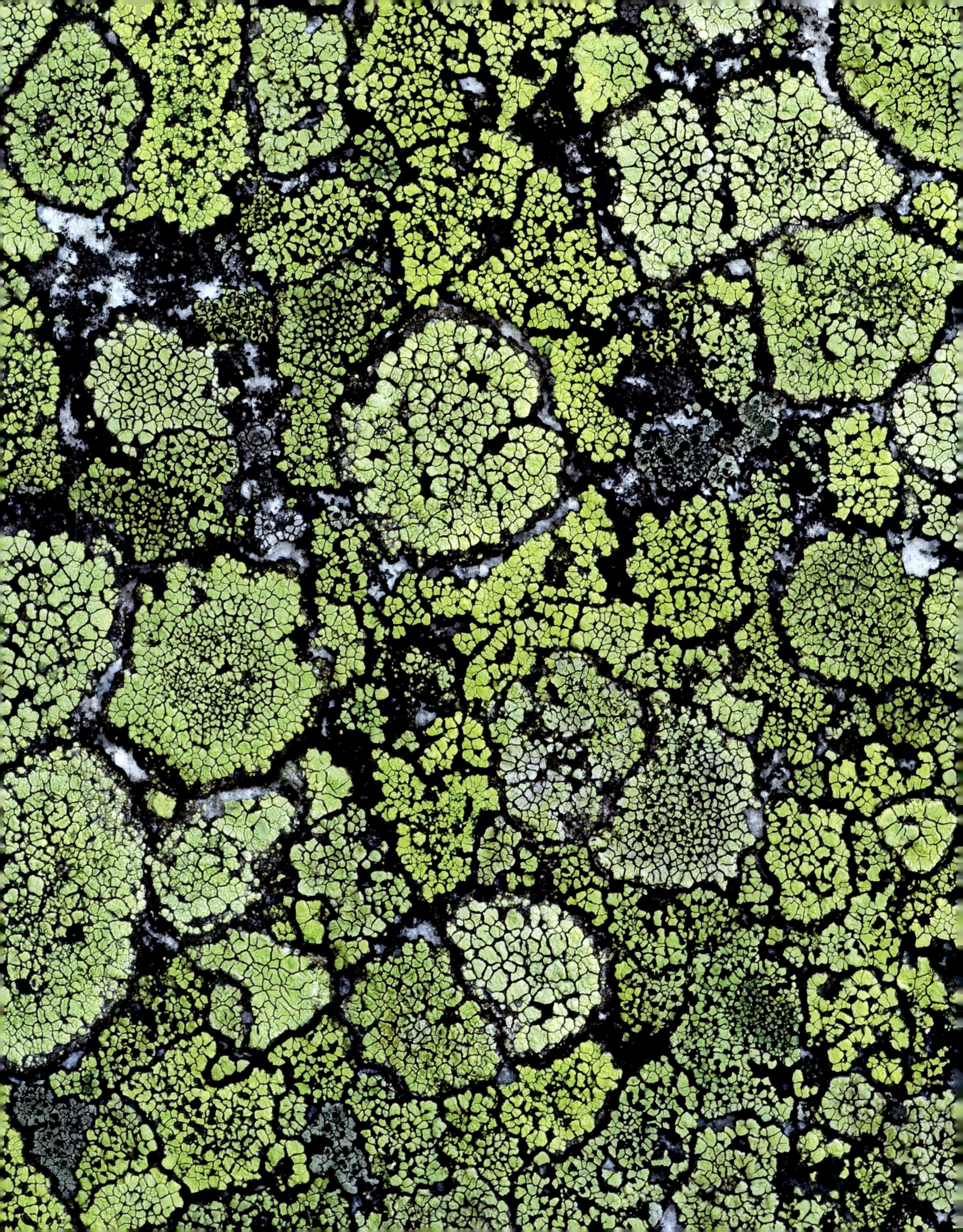

カロプラカ・ベルクリフェラ
（ダイダイゴケ属の一種）
ORANGE LICHEN
Caloplaca verruculifera
ダイダイキノリ科

5–10 cm
2–4 in

裂片が放射状に広がり、その中心部に子器がある。ユーラシア大陸と北米大陸の海岸の岩場に見られ、鳥の止まり場付近にしばしば発生する。

2.5–7.5 cm
1–3 in

テロスキステス・クリソフタルムス
（ダイダイキノリ属の一種）
GOLDEN-EYE LICHEN
Teloschistes chrysophthalmus
ダイダイキノリ科

ユーラシア大陸、両アメリカ大陸、熱帯の、藪や古い果樹園の低木、生垣などに見られる絶滅危惧種。細かく分枝し、大きなオレンジ色の子器を形成する。

2.5–7.5 cm
1–3 in

丸い烈片の縁は盛り上がる

セイヨウオオロウソクゴケ
COMMON WALL LICHEN
Xanthoria parietina
ダイダイキノリ科

北米大陸、ユーラシア大陸、アフリカ大陸、オーストラリア大陸に分布し、樹皮、壁、屋根瓦上などに生育する。地衣体は黄色味を帯びたオレンジ色の裂片で円形に広がっている。

5–15 cm/2–6 in

ナガヒゲサルオガセ
BEARD LICHEN
Usnea dasopoga
ウメノキゴケ科

主に世界の北方地域で見られる。灰緑色で、樹木に群生して垂れ下がる。先端には側枝を伴った子器がつく。

2.5–7.5 cm
1–3 in

コガネエイランタイ
REINDEER MOSS
Flavocetraria nivalis
ウメノキゴケ科

北米大陸とユーラシア大陸の山地のヒース地帯や高原の荒れ地で見られる。扁平な茶色の小葉になり、その縁には棘がある。

コフキカラクサゴケ
HAMMERED SHIELD LICHEN
Parmelia sulcata
ウメノキゴケ科

2.5–7.5 cm
1–3 in

先端が丸く灰緑色の裂片をもち、地衣体背面には粉芽がある。北米大陸とユーラシア大陸の樹木上で普通に見られる。

2.5–7.5 cm
1–3 in

フィスキア・アイポリア
（ムカデゴケ属の一種）
HOARY ROSETTE LICHEN
Physcia aipolia
ムカデゴケ科

ユーラシア大陸と南北のアメリカ大陸で見られ、樹皮上に生育する。地衣体は灰色から灰茶色で、裂片の縁のために荒いパッチ状のコロニーとなる。

2.5–7.5 cm
1–3 in

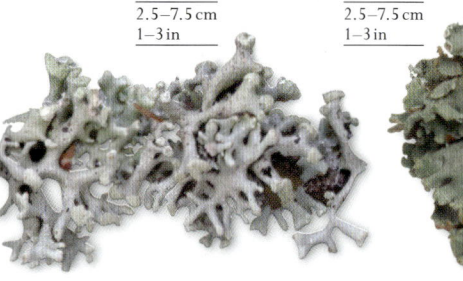

ヒポギムニア・トゥブロサ
（フクロゴケ属の一種）
POWDER-HEADED TUBE-LICHEN
Hypogymnia tubulosa
ウメノキゴケ科

ユーラシア大陸と北米大陸に分布する。枝や樹幹に普通に見られ、地衣体背面は灰緑色、腹面は暗色である。

2.5–7.5 cm
1–3 in

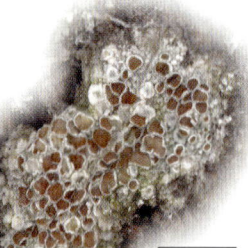

フクロゴケ
HOODED TUBE-LICHEN
Hypogymnia physodes
ウメノキゴケ科

世界中に分布し、樹木、岩、外壁などに見られる。灰緑色の裂片ができ、その縁は波打つ。子器は稀で、灰色の縁をもった褐色の盤をもっている。

1–5 cm
⅜–2 in

クラドニア・フロエルケアナ
（ハナゴケ属の一種）
DEVIL'S MATCHSTICK
Cladonia floerkeana ハナゴケ科

ユーラシア大陸と北米大陸の泥炭地でよく見られる。灰緑色の基本葉体から子柄を伸ばす。細い柄の先端にスカーレット色の子器がつく姿から、英語名で「悪魔のマッチ棒」と呼ばれる。

2.5–12.5 cm
1–5 in

ラマリア・フラクシネア
（カラタチゴケ属の一種）
CARTILAGE LICHEN
Ramalina fraxinea
カラタチゴケ科

ユーラシア大陸と北米大陸に分布し、樹木上に見られる。地衣体は平たく、灰緑色の枝を形成し、子器が点在している。

2.5–10 cm
1–4 in

ツンドラサンゴゴケ
CORAL LICHEN
Sphaerophorus globosus
サンゴゴケ科

ユーラシア大陸と北米大陸の高山地帯の岩場で見られる。ピンクがかった茶色の枝で密なクッションを形成し、枝には球状の子器をつける。

2.5–10 cm
1–4 in

クロイボゴケ
BLACK SHIELDS
Tephromela atra クロアカゴケ科

薄い灰色の固着地衣類で、干からびたポリッジ（粥）に見える。子器は黒い。ユーラシア大陸と北米大陸の露岩などに発生する。

2.5–10 cm/1–4 in

キクバチャシブゴケ
STONEWALL RIM-LICHEN
Lecanora muralis チャシブゴケ科

ユーラシア大陸と北米大陸に分布し、コンクリートや岩上にしばしば見られる。灰緑色の裂片が外側に向かって放射状に広がる。

2.5–10 cm
1–4 in

クラドニア・ポルテントサ
（ハナゴケ属の一種） REINDEER LICHEN
Cladonia portentosa ハナゴケ科

ユーラシア大陸と北米大陸のヒース地帯や荒野で見られる。一般にトナカイゴケと呼ばれるもののひとつで、薄く中空の枝が繰り返し分枝している。

キッコウウシオイボゴケ
BLACK TAR LICHEN
Verrucaria maura　アナイボゴケ科
ユーラシア大陸と北米大陸の海岸
沿いの岩場で見られる。濃い灰色で、
地衣体は小区画に分かれ、
そこに子器を生じる。

5–50 cm
2–20 in

チヂレツメゴケ
DOG LICHEN
Peltigera praetextata　ツメゴケ科
ユーラシア大陸と北米大陸の岩上で
見られる。大きな灰黒色の裂片を
もち、その縁は淡色となる。
子器は赤褐色。

20–30 cm
8–12 in

トゲカワホリゴケ
BLISTERED JELLY LICHEN
Collema furfuraceum　イワノリ科
地衣体は平らでゼラチン質、しわが
ある裂片をもつ。ユーラシア大陸と
北米大陸の降水量の多い場所の
岩や樹皮上で見られる。

2.5–5 cm
1–2 in

緑色の裂片が中央部
から広がっている

5–10 cm
2–4 in

5–15 cm
2–6 in

コナカブトゴケ
TREE LUNGWORT
Lobaria pulmonaria　カブトゴケ科
ユーラシア大陸、北米大陸、アフリカ大陸に
分布し、主に海岸部の樹皮上に発生する。
近年は生息地が失われたために個体
数が減少している。分岐する裂片は
腹面が薄いオレンジ色になる。

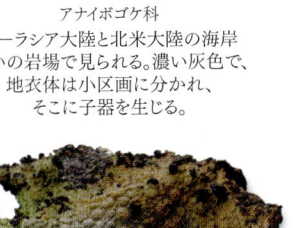

5–20 cm
2–8 in

ラサリア・プストゥラタ
（オオイワブスマ属の一種）
ROCK TRIPE
Lasallia pustulata　イワタケ科
ユーラシア大陸と北米大陸に分布し、
海岸または高地の栄養分の豊富な
岩上に生育する。地衣体背面は灰茶
色で、多くの卵形の疣ができる。

2.5–7.5 cm
1–3 in

ウンビリカリア・ポリフィラ
（イワタケ属の一種）
PETALLED ROCK-TRIPE
Umbilicaria polyphylla　イワタケ科
ユーラシア大陸と北米大陸の高地
の岩場でよく見られる。滑らかで
幅広の裂片をもち、背面は
こげ茶色で腹面は黒くなる。

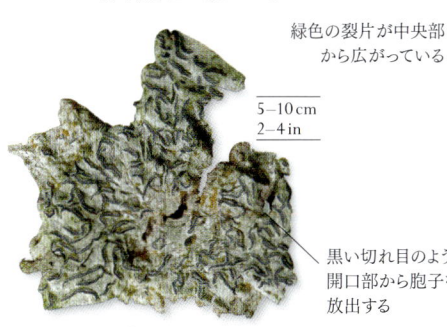

黒い切れ目のような
開口部から胞子を
放出する

5–20 cm
2–8 in

2.5–7.5 cm
1–3 in

モジゴケ
COMMON SCRIPT LICHEN
Graphis scripta　モジゴケ科
ユーラシア大陸と北米大陸に分布
し、しばしば樹皮上に見られる。
薄い灰緑色の固着地衣類で、
細長い切れ目のような
開口部をもつ。

2.5–10 cm
1–4 in

レキディア・フスコアトラ
（ゴイシゴケ属の一種）
LECIDEA LICHEN
Lecidea fuscoatra　ヘリトリゴケ科
ユーラシア大陸と北米大陸に分布
し、珪質岩や古いレンガの壁など
に見られる。地衣体は灰白色で
小区画に分かれ、陥没した
黒い子器を生じる。

フタゴトリハダゴケ
Pertusaria pertusa　トリハダゴケ科
ユーラシア大陸と北米大陸に分布
し、樹皮に普通に見られる。灰色
の固着地衣類で、その縁は淡色で
ある。地衣体は多くの微小な開口
部が疣のように覆っている。

チズゴケ
MAP LICHEN
Rhizocarpon geographicum
チズゴケ科
世界の北方地域と南極の高山
の岩場でよく見られる。地衣体は
平らな固着地衣類で、黒色の線
で縁取られたパッチを形成する。
多数の個体が生えている様子は
パッチワークのような外見になる。

5–65 mm
³⁄₁₆–2½ in

ドーム型の
子嚢盤

オクロレキア・パレラ
（ニクイボゴケ属の一種）
CRAB-EYE LICHEN
Ochrolechia parella　ニクイボゴケ科
ユーラシア大陸と北米大陸に分布し、壁や
岩上にパッチ状にコロニーを形成する。通常
ピンクがかった茶色の子器を多くつける。

2.5–12.5 cm
1–5 in

アカセンニンゴケ
Baeomyces rufus
ヒロハセンニンゴケ科
ユーラシア大陸と北米大陸に分布
する。砂状の土や岩などに生育
する灰緑色の地衣体を形成する。
数ミリの高さの子柄の上に茶色い
ボール状の子器をつける。

動物

動物が含まれる動物界は、生物の最大の界だ。動物は食物を食べなければならず、かつ食べられないように逃げなければならない。この必要性に駆られ、動物は、自らを取り巻く世界によく反応するという特質をもつようになった。動物のなかで圧倒的大多数を占めるのは無脊椎動物である。だが、哺乳類やそのほかの脊索動物は、体の大きさや強さ、スピードといった点で、無脊椎動物に勝ることが多い。

≫ 250

無脊椎動物

無脊椎動物には、形も生活様式も異なるいろいろな動物が含まれる。昆虫が最大のグループだが、それ以外にも、クラゲやミミズなど柔らかい体のものや硬い殻で身を守るものなど、多種多様なものがいる。

≫ 322

脊索動物

地球に生息する大型動物のほとんどは脊索動物である。外見的には、毛皮で覆われていたり、羽毛をまとったり、全身が鱗で包まれていたり、とさまざまだが、ほとんどが、体内に背骨があり、背骨（脊椎）を中心として硬い骨格が形成されるという共通点をもつ。

無脊椎動物 INVERTEBRATES

動物は地球上の生物のなかでも最大の界を構成している。140万種近くが同定されているが、その大部分は無脊椎動物（背骨をもたない動物）だ。無脊椎動物は途方もなく多様性に富んでいる。ごく小さなものが多いが、10mを超える大きさのものもいる。

最初に出現した動物は無脊椎動物だった。初期の無脊椎動物は小さく柔らかな体で、海で生活していた。現世の無脊椎動物の多くは今でもそういった特徴を受け継いでいる。約4億8500万年前まで続いたカンブリア紀の間に、無脊椎動物は目覚ましく進化していった。体型も多種多様になり、生活様式にもさまざまなパターンが見られるようになった。爆発的な進化によって、現世の無脊椎動物の主な門がほぼ出そろったのだ。

途方もない多様性

典型的な無脊椎動物というものは存在しない。ほかの門との共通点がほとんどない門も多い。ごく単純なものとしては、頭も脳もなく、体内の液体の圧力で形を保っているというタイプがよく見られる。そうかと思えば、節足動物のように神経系が発達し、複眼など精巧な感覚器官をもつタイプもいる。節足動物の特徴として最も重要なのは、身を包む硬い殻（外骨格）と、関節で自由に曲がる脚である。節足動物は、この特有のボディプランによって目覚ましい成功をおさめ、水中・陸上を問わずどんな生息環境にも入り込み、空中にまで進出している。節足動物以外にも、無脊椎動物にはミネラルの結晶や硬い板で補強された殻をもつものがいる。ただし脊椎動物と異なり、無脊椎動物には硬骨で構成された内骨格をもつものはいない（訳注：棘皮動物のウニなどの棘や殻は表皮で覆われており、体の外部ではなく内部にあるので、一種の内骨格だといえる）。

幼生と成体とで全く異なる生活

ほとんどの無脊椎動物は卵で生まれてくる。親を小さくしたような形の子どもが卵から孵化してくるものもいるが、親と全く異なる形態の幼生として生活を始めるものが多い。幼生と成体とでは食物も採餌方法も異なる。例えばウニの幼生はプランクトン生活を送り、海水中の食物粒子を濾して食べる。一方、成体は岩の表面の藻類を削って食べる。幼生から成体へと形が大きく変化することを変態と呼ぶ。変態はゆっくり進む場合もあるが急激に起こる場合もあり、幼生の体が裂けて成体の体が新しく組み直されることもある。変態するおかげで幼生と成体は異なる食物資源を利用できる。また、幼生期に分散することもでき、かなりの長距離を移動する種も多い。

海綿動物
動物のなかでも体の構造がかなり単純な部類に入る。体表には細かい多数の穴が開き、体内にはミネラルの結晶からなる骨格がある。海綿動物門には9,000種以上が含まれる。

節足動物
動物界のなかで最大の門であり、120万種以上が同定されている。昆虫類、甲殻類、クモガタ類、多足類が含まれる。

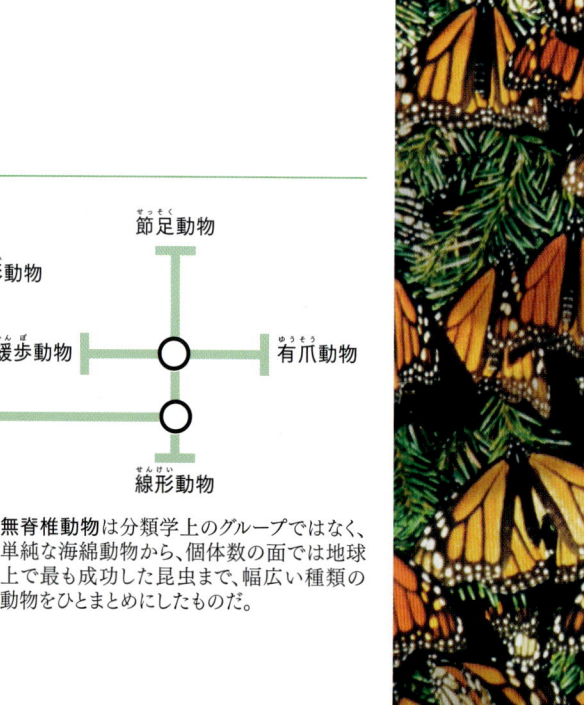

無脊椎動物の系統樹

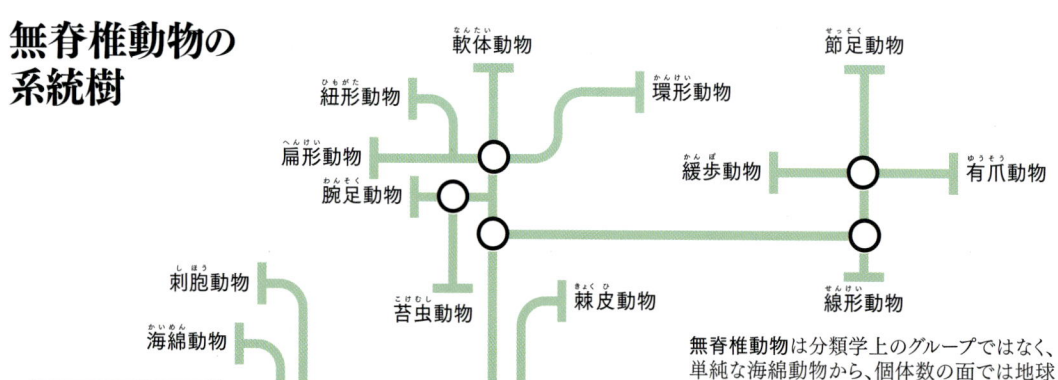

軟体動物
紐形動物
扁形動物
腕足動物
刺胞動物
海綿動物
苔虫動物
棘皮動物
環形動物
緩歩動物
線形動物
節足動物
有爪動物

無脊椎動物

脊索動物に続く ≫

無脊椎動物は分類学上のグループではなく、単純な海綿動物から、個体数の面では地球上で最も成功した昆虫まで、幅広い種類の動物をひとまとめにしたものだ。

刺胞動物
体は柔らかいが、刺胞という飛び道具で獲物を殺す。既知の11,947種のうちほとんどが海産である。

扁形動物
名前の通り平べったい体をしており、頭と尾ははっきり区別できる。約30,000種からなる。

環形動物
環状の体節が多数つながったしなやかな体をしている。ミミズやヒルなどが含まれる。約18,000種が属する。

甲殻類
甲殻類とは節足動物門甲殻亜門に分類される動物である。大部分は水生で、鰓呼吸をする。カニやエビなど約70,000種が含まれる。

軟体動物
無脊椎動物のなかでも最も多様性の高いグループの一つであり、腹足類、二枚貝、頭足類などに分けられる。72,000種近くが含まれる。

棘皮動物
五放射相称の体制が特徴的である。皮膚の中には石灰質の骨片からなる骨格がある。約7,450種が含まれる。

海綿動物 SPONGES

海綿動物は単純な構造の動物である。大半は海産で、成体は岩やサンゴ、船の残骸などに固着する。数は少ないが淡水産の種も存在する。

海綿動物は大きさも形もさまざまで、薄いシート状のものから巨大な樽状のものまでいるが、基本的な構造は共通している。細胞が何種類かに分化してはいるものの器官は存在しない。体表に多数ある小孔から水を吸い込む。吸い込まれた水は体中にはりめぐらされた水路を通っていく。水路の内表面には襟細胞という特殊な細胞が並び、水中の浮遊物中の細菌や小さなプランクトンなどを捕捉して飲み込み、食物とする。水は大孔という開口部から排出される。

英語で「スポンジ」と呼ばれるように、海綿動物には弾力性のある種が多いが、岩のように硬いものや柔らかいもの、なかにはスライム状のものも存在する。この違いは骨格を構成する骨片の種類による。二酸化ケイ素や炭酸カルシウムからなる骨片は種によって形も数も異なっており、同定する際の重要な手がかりとなる。

門	海綿動物門
綱	4
目	32
科	144
種	9,000 以上

石灰海綿類 CALCAREOUS SPONGES

石灰海綿綱は、炭酸カルシウム性の骨片が高密度に集まった骨格を備える。突起が3、4本の星状の骨片をもつ種が多い。体型はさまざまで、触るとしゃりしゃりした感触がある。小型で葉状あるいは管状の種が多い。

8 cm
3¼ in

レモンカイメン
LEMON SPONGE
Leucetta chagosensis
レウケッタ科
太平洋西部の急峻なサンゴ礁に生育する。袋状で、極めて鮮やかな黄色。

1–4 cm
⅜–1½ in

クラトリナ・クラトルス
Clathrina clathrus
クラトリナ科
直径数mmの管が網目のようにつながった形をしている。大西洋北東部に生息する。鮮やかな黄色である。

大孔を囲む針状の骨片

2–5 cm
1¾–2 in

シコン・キリアトゥム
PURSE SPONGE
Sycon ciliatum
ケツボカイメン科
中空の単純な形をした海綿で、大西洋北東部の沿岸域に生息。大孔の周囲を針状の骨片が囲む。

体表に開いた小孔から水が入る

10 cm
4 in

レウコニア属の一種
Leuconia sp.
チャツボカイメン科
大西洋北東部に分布。葉状からクッション状、薄く広がるものまで、形態は変化に富む。干満の差の激しい地帯に生息する。

8 cm
3¼ in

レッド・パース・スポンジ
（ツボシメジカイメン属の一種）
RED PURSE SPONGE
Grantessa sp. タテジマカイメン科
小さなひょうたん型をした壊れやすい海綿。マレーシア及びインドネシアに分布。浅海のサンゴの間に生息する。

尋常海綿類 DEMOSPONGES

尋常海綿綱は現世の海綿の85％以上を占める。外見は多種多様だが、ほとんどの種は、散在する二酸化ケイ素性の骨片と、コラーゲンに似たスポンジン（海綿質繊維）というタンパク質が骨格を形成している。着生性で骨格を欠く種も少数存在し、また、スポンジンのみをもつ種もいる。

1 m
3¼ ft

ブルー・スポンジ
（カワナシカイメンの一種）
BLUE SPONGE
Haliclona sp. カワナシカイメン科
数少ない青い海綿の一種。ボルネオ島北部の沖に分布し、サンゴ礁や岩の上に生育する。

1 m
3¼ ft

アゲラス・チュブラータ
BROWN TUBE SPONGE
Agelas tubulata アゲラス科
でこぼこした茶色の管が束になっている。カリブ海やバハマの深いサンゴ礁に普通に見られる。

35 cm
14 in

チチュウカイモクヨクカイメン
MEDITERRANEAN BATH SPONGE
Spongia (Spongia) officinalis モクヨクカイメン科
骨格は柔軟で弾力性があり、硬い骨片がない。軟部を洗い流して乾燥させても形はそのまま残り、入浴に用いられる。

5–10 cm
2–4 in

パキマティスマ・ヨンストニア
ELEPHANT HIDE SPONGE
Pachymatisma johnstonia
チョウズバチカイメン科
分厚く盛り上がる丈夫な海綿で、岩や船の残骸を大きく覆うことがある。大西洋北東部の澄んだ海岸域に生息する。

パラテティラ・バッカ
GOLF BALL SPONGE
Paratetilla bacca
マルガタカイメン科
熱帯には本種のようなボール型の海綿が多く見られる。太平洋西部に分布し、荒波を避けてサンゴ礁に生育する。

12 cm
4¾ in

30–40 cm
12–16 in

ネゴンバタ・マグニフィカ
RED TREE SPONGE
Negombata magnifica
ポドスポンギア科
紅海に分布する美しい海綿で、養殖の試みがある程度成功しつつある。医学的に重要な可能性のある物質を含む。

カクレセンコウカイメン
BORING SPONGE
Cliona celata
センコウカイメン科
黄色い塊として見られるが、
貝類や石灰岩の間にひも状になって
隠れているものも多い。
ヨーロッパに分布する。

1 cm / ⅜ in

クリオナ・デリトリックス
BORING SPONGE
Cliona delitrix
センコウカイメン科
カリブ海に分布。写真中央に見える
のは大孔という開口部で、ここから
海水が排出される。酸を分泌して
サンゴをうがつ。

1–2 cm
⅜–¾ in

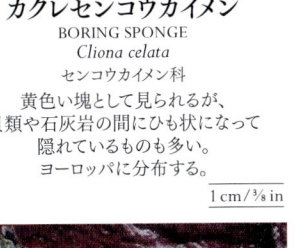

ナミイソカイメン
BREADCRUMB SPONGE
Halichondria panicea
イソカイメン科
大西洋北東部に分布。岩礁や浅い
海底に着生する。体色は共生する
藻類による。

スピラストレラ・クンクタトリクス
Spirastrella cunctatrix
パンカイメン科
海には本種のように鮮やかな
着生性の海綿が多種存在する。
本種は地中海及び北大西洋
沿岸部の岩表に着生する。

15–30 cm
6–12 in

30–40 cm
12–16 in

エダザラカイメン
YELLOW FINGER SPONGE
Callyspongia (Callyspongia) nuda
ザラカイメン科
太平洋熱帯海域に分布。
鮮やかな黄色は体内に
含まれる物質によるもの。
海綿から抽出された物質は
製薬産業に利用されている。

ミズガメカイメン
BARREL SPONGE
Xestospongia testudinaria
イソカイメン科
インド太平洋に分布する。内部や表面
は小魚や多数の無脊椎動物の生活の
場となっている。巨大な海綿で、人が
1人すっぽりと入るほど大きく育つ。

アプリシナ・アルケリ
APLYSINA ARCHERI
アプリシナ科
カリブ海のサンゴ礁に分布する長い管状の
海綿。水の流れにゆったりと揺れている。

2 m / 6½ ft

0.8–2 m
2½–6½ ft

45 cm
1½ ft

カリスポンギア・プリキフェラ
AZURE VASE SPONGE
Callyspongia plicifera
ザラカイメン科
カリブ海の普通種。
紫がかったペールブルーで
サンゴ礁に彩りを添える。
形はつぼ状で、表面には
網目状のうねが浮き
出ている。

同骨海綿 HOMOSCLEROMORPHA SPONGES

同骨海綿綱は130種に満たないほどの小さなグループで、温帯と熱帯の海に生息している。微細な骨片をもつか、あるいは全く骨片がなく、柔らかい種がほとんどである。プランクトン生活を送る幼生の形態が特徴的である。

チキン・レバー・スポンジ
CHICKEN LIVER SPONGE
Plakortis lita
プラキナ科
英名の「チキン・レバー」は、外側も
内部も褐色で感触がつるんとし、鶏の
レバーにそっくりなことに由来する。
太平洋西部のサンゴ礁で見られる。

ソフトコーラルの
ポリプが付着する

10–15 cm
4–6 in

六放海綿類 GLASS SPONGES

六放海綿綱は小さなグループで、ほとんどは深海に生息し、葉状の体が長く伸びて20mに達するものもある。骨格は二酸化ケイ素で、6本の突起がある星型の骨片で構成されている。骨片は融合して硬い格子状になるのが普通である。海綿が死ぬと、骨格だけが抜け殻のように残る。

20 cm
8 in

ボロソマ属の一種
BOLOSOMA GLASS SPONGE
Bolosoma sp.
カイロウドウケツ科
深海に生息する。丸っこ
い塊の下に伸びる細長い
柄で岩などに付着し、水の
動きにつれて揺れる。

35 cm
14 in

カイロウドウケツ
VENUS'S FLOWER BASKET
Euplectella aspergillum
カイロウドウケツ科
150m以深の熱帯海域に生息する。
ヴィクトリア朝時代にはケイ素質の
繊細な骨格が珍重され、収集の
対象となったり展示されたりした。

ケイ素質の骨片による
硬い格子

253

刺胞動物 CNIDARIANS

刺胞動物門にはクラゲ、サンゴ、イソギンチャクが含まれる。刺胞で獲物を仕留め、単純な袋状の胃腔で消化する。

刺胞動物は全て水生でほとんどが海産である。自由遊泳するクラゲ型と固着生活をするポリプ型という2通りの体型がある。クラゲにもポリプにも頭はなく、前後の区別もない。触手に囲まれた口は胃腔に続くが、肛門がないので、食物の取り入れと残りかすの排出の両方が口で行われる。

神経系は神経繊維が網状になった単純なもので、脳はない。そのため単純な行動しかしないのが普通である。肉食性だが、能動的に獲物を追うことはしない。箱虫類は例外といってもよいが、それ以外のほとんどの種は動物が泳いできて触手の届く範囲にやってくるのを待っているだけだ。

刺胞

体の外表面には(種によっては内表面にも)、微細な毒針発射カプセルが散在している。刺胞と呼ばれるこの構造は刺胞動物に特有であり、門名にもなっている。刺胞は特に触手に集中していて、接触あるいは化学的信号によって発射される。獲物と接触した時も攻撃を受けた時も同様の反応が起きる。各刺胞には顕微鏡レベルの毒液のうと、とぐろを巻いた微細な刺糸が格納されている。この刺糸がもりのように飛び出して相手の体に毒を注入する。人間の皮膚を突き破って激しい痛みを生じさせることもあるが、大部分の刺胞動物は人間にとっては無害である。

2つの体型が交代する生活環

多くの刺胞動物では、生活環に遊泳性のクラゲ世代と固着性のポリプ世代とが交互に現れる。普通はどちらか一方の世代が優勢だが、グループによっては片方の世代しか現れないものもいる。通常、有性生殖するのはクラゲ世代である。ほとんどの種は体外受精で、精子と卵は水中に放出される。受精卵はプラヌラ幼生(小型の扁形動物のようにも見える)になってプランクトン生活をし、その後、固着してポリプ世代になる。特殊なポリプから新たなクラゲ世代の個体が生じて生活環が一回りする。

門	刺胞動物門
綱	6
目	22
科	278
種	11,947

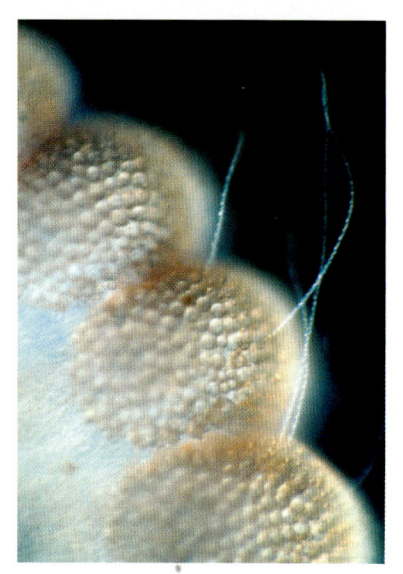

顕微鏡で見た刺胞。毒液を含む針がもりのように発射されたところ。

箱虫類 BOX JELLYFISH

箱虫綱のクラゲは熱帯及び亜熱帯海域に見られる。水の流れに乗って漂う鉢虫類とは異なり、泳ぐ方向とスピードをコントロールする能力が非常に高い。傘の下部のスカート状に垂れ下がった部分をはためかせ、かなりのスピードで泳げる。6個1組の目が透明な傘の四辺にあり、障害物を避け、獲物を見つけるのに十分な視力がある。

傘でスピードをコントロール

0.3～3 m
1–10 ft

オーストラリア ウンバチクラゲ
SEA WASP
Chironex fleckeri
ネッタイアンドンクラゲ科
インド太平洋に分布する、箱虫類では最大のクラゲ。刺されると激しく傷み、死亡事故も起きている。

アサガオクラゲ
STALKED JELLYFISH

十文字クラゲ綱では、生活環中で目につきやすいのは成体(クラゲ世代)である。ほかのクラゲとは異なり泳ぐことはなく、柄で海藻などの基質に付着している。口を中心に8本の腕が放射状に伸び、先端には房状の触手群がある。生活環には著しく小さなプラヌラ幼生とポリプ世代(スタウロポリプ)も見られる。

4 cm
1½ in

アサガオクラゲ
STALKED JELLYFISH
Haliclystus auricula
アサガオクラゲ科
大西洋と太平洋の温帯域の浅海に分布する。海藻や海草に付着し、触手の刺胞を用いて餌を捕まえる。

鉢虫類 TRUE JELLYFISH

おなじみのクラゲは鉢虫綱のクラゲ型の段階にあたる。ポリプ型の時期は大幅に短縮されていて、種によってはポリプ型が存在しないものもいる。ポリプは、横分体形成という現象により横にくびれて分裂し、クラゲ型の小さな新個体が分離していく。根口クラゲ類(サカサクラゲなど)は傘の周囲の触手を欠く。

20–40 cm
8–16 in

ミズクラゲ
MOON JELLYFISH
Aurelia aurita
ミズクラゲ科
ミズクラゲ属は世界中に広く分布するクラゲで、口周縁の短い触手のほかに長い腕のような4本の触手も備える。海岸付近に大量に集まって繁殖し、ポリプは河口内に身を落ち着ける。

20–30 cm
8–12 in

カシオペア・アンドロメダ
UPSIDE-DOWN JELLYFISH
Cassiopea andromeda
サカサクラゲ科
インド太平洋に分布する根口クラゲ類で、外見的にはイソギンチャクに似ている。礁湖の底に生息し、口を上に向け、傘を脈打つように動かして水を循環させている。

14–16 cm
5½–6½ in

タコクラゲ
SPOTTED LAGOON JELLYFISH
Mastigias papua
タコクラゲ科
体内に藻類が共生している。ほかの根口クラゲ類と同じく、粘液を分泌してプランクトンを捕らえて食べる。南太平洋に分布し、大洋島周辺などの礁湖に入り込む。

ヒドロ虫類 HYDROZOANS

ヒドロ虫綱の多くは海産で、多数の小型ポリプが集まって群体を形成して生活する。透明な角質の鞘で支えられた枝状の群体は、ポリプのなる木のように見える。ものの表面を這って伸びる走根に複数のポリプがつながっているものもある。種によってはポリプから有性生殖を行うクラゲ型の個体が生じる。淡水産ヒドラにはクラゲ型の時期が存在せず、単独で生活するポリプ型の体内に生殖器官が発達する。

巻貝表面に群体を形成

2–3 mm
1/16–1/8 in

ヒドラクティニア・エキナータ
SNAILFUR
Hydractinia echinata
カイウミヒドラ科　無鞘花クラゲ目
けばだった群体を作るカイウミヒドラ科の一種。大西洋北東部に分布し、ヤドカリの入った巻貝上に生育する。

10 mm
3/8 in

ギンカクラゲ
BLUE BUTTONS
Porpita porpita
ギンカクラゲ科　無鞘花クラゲ目
熱帯海域に分布する。クラゲのような群体を形成するヒドロ虫だが、高度に特殊化した単体のポリプだと考えられることもある。

5–10 cm
2–4 in

ムラサキサンゴモドキ
PURPLE LACE "CORAL" HYDROID
Distichopora violacea
サンゴモドキ科
インド太平洋に分布。ヒドロ虫には、本種のように、特殊化した個虫が食餌や刺胞発射など別々の機能をもつようになっているものがある。

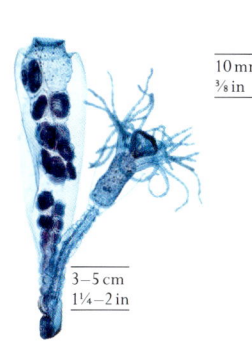

10 mm
3/8 in

3–5 cm
1¼–2 in

エダフトオベリア
COMMON OBELIA
Obelia geniculata
ウミサカズキガヤ科
世界中に分布し、潮間帯の海藻の上に大量に見られる。横方向に這う走根から杯状のポリプが芽を出し、ジグザグ型の群体が形成される。

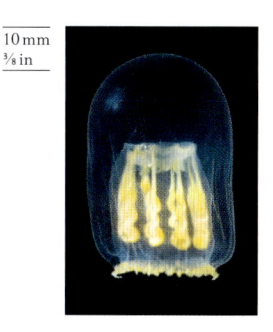

10 mm
3/8 in

ハナクラゲモドキ
EIGHT-RIBBED HYDROMEDUSA
Melicertum octocostatum
ハナクラゲモドキ科
北大西洋及び北太平洋に分布。この科は、杯型のポリプを生じる科と近縁である。クラゲ型が主に知られている。

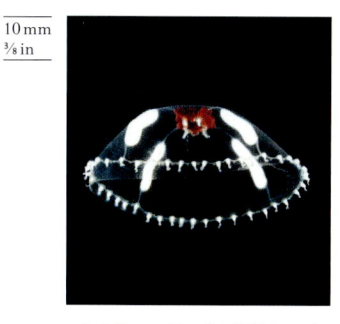

10 mm
3/8 in

フィアレッラ・クアドラータ
CUP HYDROMEDUSA
Phialella quadrata
ヒトエクラゲ科
世界中に広く分布する。近縁なオベリア属*Obelia*と同じく、枝分かれした群体を形成し、自由遊泳するクラゲ型が生じて有性生殖をする。

カツオノエボシ
PORTUGUESE MAN OF WAR
Physalia physalis
カツオノエボシ科
クラゲのような外見で海を漂うが、実際はヒドロ虫の群体である。刺胞のある触手と特殊化したポリプが気泡体の下に垂れ下がっている。

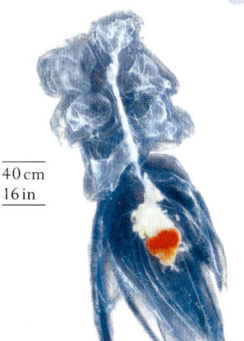

40 cm
16 in

ガスを含む気泡体

10–50 m
33–165 ft

4–6 cm
16–23½ in

フトガヤ
FEATHER HYDROID
Aglaophenia cupressina
ハネガヤ科
インド太平洋に分布。フトガヤなどのハネガヤ類は杯状のポリプが群体を形成するグループに属する。

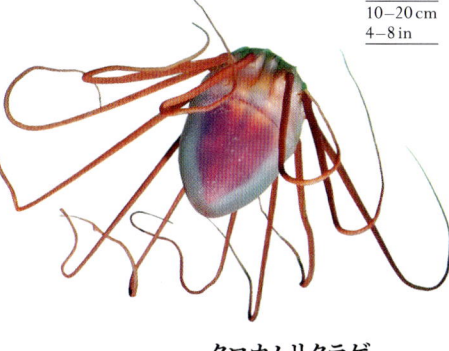

0.5–2 m
1½–6½ ft

傘型の体

キタユウレイクラゲ
LION'S MANE JELLYFISH
Cyanea capillata
ユウレイクラゲ科
北極海に生息する大型種。多数の触手が密に生えている。刺胞の毒性が強く、魚も獲物にする。

口腕

バレンクラゲ
HULA SKIRT SIPHONPHORE
Physophora hydrostatica
バレンクラゲ科
ヒドロ虫が自由に漂う群体となったもの。分布域は広い。近縁のカツオノエボシよりも気泡体が小さく、目立つ泳鐘を複数備えている。

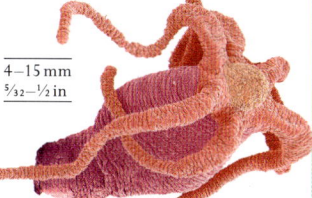

4–15 mm
5/32–½ in

淡水産ヒドラ
COMMON HYDRA
Hydra vulgaris
ヒドラ科
淡水産の小型のヒドラで、クラゲ型の時期はない。出芽により無性的に生殖する。世界中の冷たい淡水域に広く分布する。写真は実物よりも色を濃くしてある。

10–20 cm
4–8 in

クロカムリクラゲ
DEEP SEA CORONATE JELLYFISH
Periphylla periphylla
クロカムリクラゲ科
傘の周囲を巻くように1本の溝が走るのが特徴のクロカムリクラゲ類は、深海に多数の種が生息するが、本種を含めてまだほとんどわかっていない。

10–20 cm
4–8 in

ピンクハーティッド・ハイドロイド（クダウミヒドラ属の一種）
PINK-HEARTED HYDROID
Tubularia sp.　クダウミヒドラ科
クダウミヒドラ類のポリプには長い柄があり、基部周辺と口周辺とに多数の触手が輪生する。

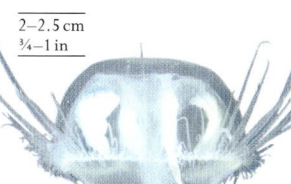

40–50 cm
16–20 in

ファイヤー・コーラル・ハイドロイド（アナサンゴモドキ属の一種）
FIRE "CORAL" HYDROID
Millepora sp.　アナサンゴモドキ科
アナサンゴモドキ科は刺胞毒が強く、石灰化した骨格をもつ群体となって礁を形成する。造礁サンゴ類とは遠縁である。

2–2.5 cm
¾–1 in

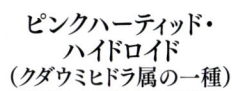

マミズクラゲ
FRESHWATER JELLYFISH
Craspedacusta sowerbii
ハナガサクラゲ科
世界中の池や湖、河川などの淡水に散発的に出現。小型のポリプからクラゲ型の個体が生じる。クラゲ型のほうが生活環で優勢。

無脊椎動物・刺胞動物

イソギンチャクとサンゴ（花虫類）
ANEMONES AND CORALS

ほかの刺胞動物とは異なり、花虫綱には自由遊泳性のクラゲ型の段階が全く存在せず、生活環の全体を通じて固着性のものがほとんどである。ポリプの多くは花のような形状で、精子と卵を放出する。この綱には、単体性のイソギンチャク、群体性のウミサボテン、軟質サンゴ、そして熱帯に生息する造礁サンゴが含まれる。

20−30 cm
8−12 in

赤あるいは黄色の
ほっそりした体

1−1.5 m
3¼−5 ft

ゴルゴニア・ヴェンタリナ
COMMON SEA FAN
Gorgonia ventalina
ウチワヤギ科
カリブ海に分布。本種を含めウチワヤギ類は直立するウチワのような形の群体を作る。軸となる中央部はゴルゴニンという物質を含み強固である。

ポリプが密集する

20−30 cm
8−12 in

ヒダベリウミキノコ
TOADSTOOL LEATHER CORAL
Sarcophyton trocheliophorum
ウミトサカ科
巨大な皮革状の群体を作る軟質サンゴ。インド太平洋の熱帯サンゴ礁に生息する。光合成をする藻類から栄養をもらい、成長が速い。

1−6 m
3½−20 ft

ゲルセミア・ルビフォルミス
SEA STRAWBERRY
Gersemia rubiformis
チヂミトサカ科
柄のある軟質サンゴで、明るいピンク色の塊状の群体を形成する。太平洋及び大西洋の北部に生息する。

10−15 cm
4−6 in

オオトゲトサカ
CARNATION CORAL
Dendronephthya sp.
チヂミトサカ科
チヂミトサカ科の典型で、柄の上にポリプが密集する色鮮やかな種。インド太平洋の熱帯サンゴ礁に見られる。

ポリプは白い

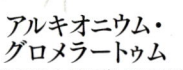

10−20 cm
4−8 in

アルキオニウム・グロメラートゥム
RED DEAD-MAN'S FINGERS
Alcyonium glomeratum
ウミトサカ科
近縁のアルキオニウム・ディギタートゥムよりも細めで直立している。ヨーロッパの海岸線上の隔絶した岩礁に見られる。色は赤から黄色まで変異が見られる。

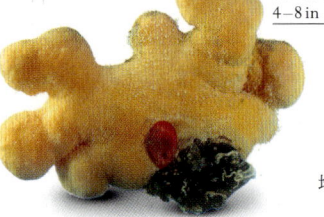

アルキオニウム・ディギタートゥム
COMMON DEAD-MAN'S FINGERS
Alcyonium digitatum　ウミトサカ科
ヨーロッパに分布する典型的な軟質サンゴで、ポリプが肉厚な葉状の群体を形成する。硬い骨格はなく、個々のポリプは柔らかい塊部分につながっている。

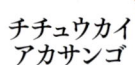

50−100 cm
20−40 in

チチュウカイアカサンゴ
RED CORAL
Corallium rubrum
サンゴ科
地中海に分布するウチワヤギの仲間。石灰質の微細な針が網目状になって外骨格のようになり、体を支えている。宝石サンゴとして珍重される。

柔軟な体

35−40 cm
14−16 in

サルコプティルス・グランディス
KIDNEY SEA PEN
Sarcoptilus grandis　ウミエラ科
温帯海域に広く分布している。体の両側に腎臓型の枝が並んで伸びる。

40−50 cm
16−20 in

オレンジシーペン
ORANGE SEA PEN
Ptilosarcus gurneyi
ウミエラ科
ウミエラ類には本種のように鮮やかなものが多い。北アメリカの太平洋岸に見られ、捕食者に襲われると穴に引っ込む。

0.5−2 m
1½−6½ ft

リュウキュウミゾヤギ
WHITE SEA WHIP
Junceella fragilis　ムチヤギ科
ムチヤギ類はウチワヤギ類に近縁で、ひも状の体をカルシウムで強化された硬い軸が支えている。インドネシアのサンゴ礁に分布。

50−100 cm
20−40 in

レッド・シー・ホイップ
（ムチヤギ属の一種）
RED SEA WHIP
Ellisella sp.　ムチヤギ科
ムチヤギ属は二股に分かれた群体を形成する。群体がやぶのように密生することもある。熱帯及び温帯海域に見られる。

石灰化した管

50−100 cm
20−40 in

クダサンゴ
ORGAN PIPE CORAL
Tubipora musica　クダサンゴ科
インド太平洋に分布する軟質サンゴ。ポリプが入る石灰化した直立の管が、基部に生える根のような網目状の構造で連結し、群体を形成する。

15−30 cm
6−12 in

触手

アオサンゴ
BLUE CORAL
Heliopora coerulea　アオサンゴ科
硬い石灰化した外骨格をもつが、造礁サンゴ類よりも軟質サンゴに近縁である。アオサンゴ目に属するのは本種だけ。

10—20 cm
4—8 in

エダハナガササンゴ
FLOWERPOT CORAL
Goniopora columna
ハマサンゴ科
ポリプはヒナギク状で、
伸びるとかなりの長さになる。
インド太平洋に分布する。
フカアナハマサンゴに近縁。

4—5 m
13—16 ft

フカアナハマサンゴ
LOBE CORAL
Porites lobata
ハマサンゴ科
インド太平洋に普通に見られる
造礁サンゴの一種。荒海に
もまれる場所に大きなシート状
の群体を形成する。

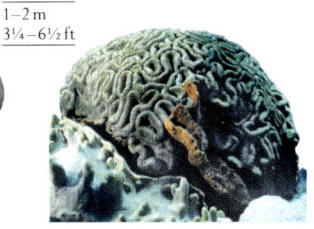

1—2 m
3¼—6½ ft

ローブド・ブレイン・コーラル
（ハナガタサンゴ属の一種）
LOBED BRAIN CORAL
Lobophyllia sp.
オオトゲサンゴ科
巨大な群体になるノウサンゴ類で、平たく
広がるものやドーム状になるものがある。
インド太平洋の熱帯サンゴ礁に見られる。

10—12 cm
4—4¾ in

オオイボイソギンチャク
DAHLIA ANEMONE
Urticina felina
ウメボシイソギンチャク科
吸着疣にたくさんの石や砂が
着くので、触手を引っ込めると
小石がちょっとつもったように
見える。北極点周辺に見られる。

1—3 m
3¼—9¾ ft

スタグホーン・コーラル
（ミドリイシ属の一種）
STAGHORN CORAL
Acropora sp.　ミドリイシ科
分枝して広がり、熱帯サンゴ礁の
なかでも最大級に大きくなる。
光合成を行う藻類から栄養分を
もらい、急速に成長する。

1 m
3¼ ft

デイジー・コーラル
（ハナガササンゴの仲間）
DAISY CORAL
Goniopora sp.　ハマサンゴ科
長く伸びるポリプには
それぞれ24本の触手がある
のが普通。花に極めて
よく似ているサンゴ。

1—3 m
3¼—10 ft

ラージ・グルーヴド・
ブレイン・コーラル
（ノウサンゴの仲間）
LARGE-GROOVED BRAIN CORAL
Colpophyllia sp.　キクメイシ科
半球状の形はキクメイシ科に典型的
である。熱帯に分布する造礁サンゴ
で、光合成をする藻類を体内に含む。

10—20 cm
4—8 in

シタザラクサビライシ
MUSHROOM CORAL
Fungia fungites　クサビライシ科
熱帯に多種存在するキノコ型
のサンゴの一種。
造礁サンゴではなく単体性の
ポリプで、ほかのサンゴに
混じって海底に生息する。

センジュイソギンチャク
MAGNIFICENT SEA ANEMONE
Heteractis magnifica
ハタゴイソギンチャク科
インド太平洋のサンゴ礁に生息
する巨大なイソギンチャク。
クマノミなど、多種の魚類と
相利共生関係にある。

50—100 cm
20—40 in

100—200 m / 300—600 ft

デスモフィルム・
ペルトゥスム
ATLANTIC COLD WATER CORAL
Desmophyllum pertusum
チョウジガイ科
北大西洋に分布。藻類から
栄養分供給がない深海サンゴは
大きく成長しないものが多いが、
本種は巨大なサンゴ礁を
形成する。ただし成長は極めて
ゆっくりとしたものである。

2.5—15 cm
1—6 in

ヒダベリイソギンチャク
PLUMOSE ANEMONE
Metridium senile
ヒダベリイソギンチャク科
世界中に広く分布している。
この科は細かい触手がけば
だった塊状になるのが特徴。
分裂して増え、遺伝的に全く
同一の個体群を形成する。

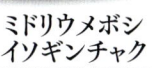

5—7 cm
2—2¾ in

ミドリウメボシ
イソギンチャク
SNAKELOCKS ANEMONE
Anemonia viridis
ウメボシイソギンチャク科
ヨーロッパの潮間帯に見られる
普通種。著しく長い触手は
ほとんど引っ込めることがなく、
干潮時にも伸ばしたままである。

10—15 mm
⅜—½ in

デボンシャーカップコーラル
DEVONSHIRE CUP CORAL
Caryophyllia (*Caryophyllia*) *smithii*
チョウジガイ科
大西洋北東部に分布。よくフジツボが
着生している。チョウジガイ科には
寒冷サンゴが含まれ、ポリプが
イソギンチャクのように大きく
なるものもいる。

10—15 cm
4—6 in

チューブアネモネ
COMMON TUBE ANEMONE
Cerianthus membranaceus
ハナギンチャク科
ヨーロッパ沖の泥質の海底に生息する。
ハナギンチャク類は、毒のない特殊な刺胞
（織刺胞）と粘液とでフェルトのような管
を形成し、堆積物に穴を掘って棲む。

50—100 cm
20—40 in

アトランティック・ブラック・コーラル
（ウミカラマツ属の一種）
ATLANTIC BLACK CORAL
Antipathes sp.　ウミカラマツ科
ウミカラマツ類のほとんどは深海性で、
細長く硬い外骨格に納まったポリプが
棘状の群体を形成する。

扁形動物 FLATWORMS

扁形動物は薄く平たい体の動物で、かなり単純な構造をしている。水分があって酸素と食物の得られる環境ならどこにでも生息可能だ。

扁形動物門は大きなグループで、プラナリアなどが含まれる。さまざまなタイプのものが存在し海洋や淡水の池に生息する。ほかの動物の体内に生息するものもいる。外見的にはヒルに似ているが、体の構造はヒルに比べてかなり単純である。循環系や呼吸系はなく、体表面全体で酸素を吸収し二酸化炭素を排出する。消化管のない種では食物も体表面から吸収している。消化管のある種でも口はあるが肛門はない。消化された食物は細かく枝分かれした消化管を通って体中の組織に到達できるので、栄養分を循環させる血液がなくてもやっていける。自由生活をするものは体表に生えた繊毛を動かして滑るように移動する。デトリタスを食べるものや、ほかの無脊椎動物を食べるものがいる。

内部寄生

条虫類や吸虫類は寄生虫で、宿主動物の体内に生息している。平たい体は体表から栄養分を吸収するのにもってこいだ。宿主から宿主へと、複雑な方法で移行していくものが多く、複数種の動物を宿主とするものもいる。宿主体内へは食物を介して侵入するが、皮膚を貫通して入り込む場合もある。体内に入ると奥へ潜っていき、腸壁に穴をあけ、ほかの重要な器官に移動して落ち着くこともある。

門	扁形動物門
綱	6
目	41
科	約 420
種	約 30,000

論点
新しい門？

従来、小型で海生の無腸類は扁形動物の渦虫類に属すると考えられていた。しかし無腸類の分類には議論があり研究が重ねられている。新しい門として分けるべきだとも主張されている。刺胞動物など放射相称の動物から分れて進化してきた左右相称の動物のなかで、無腸動物が最も原始的だとする見解もある（訳注：本書では無腸類はまだ扁形動物に入れられているが、無腸類は珍渦虫類と合わせて珍無腸動物門とするのが一般的になりつつある）。

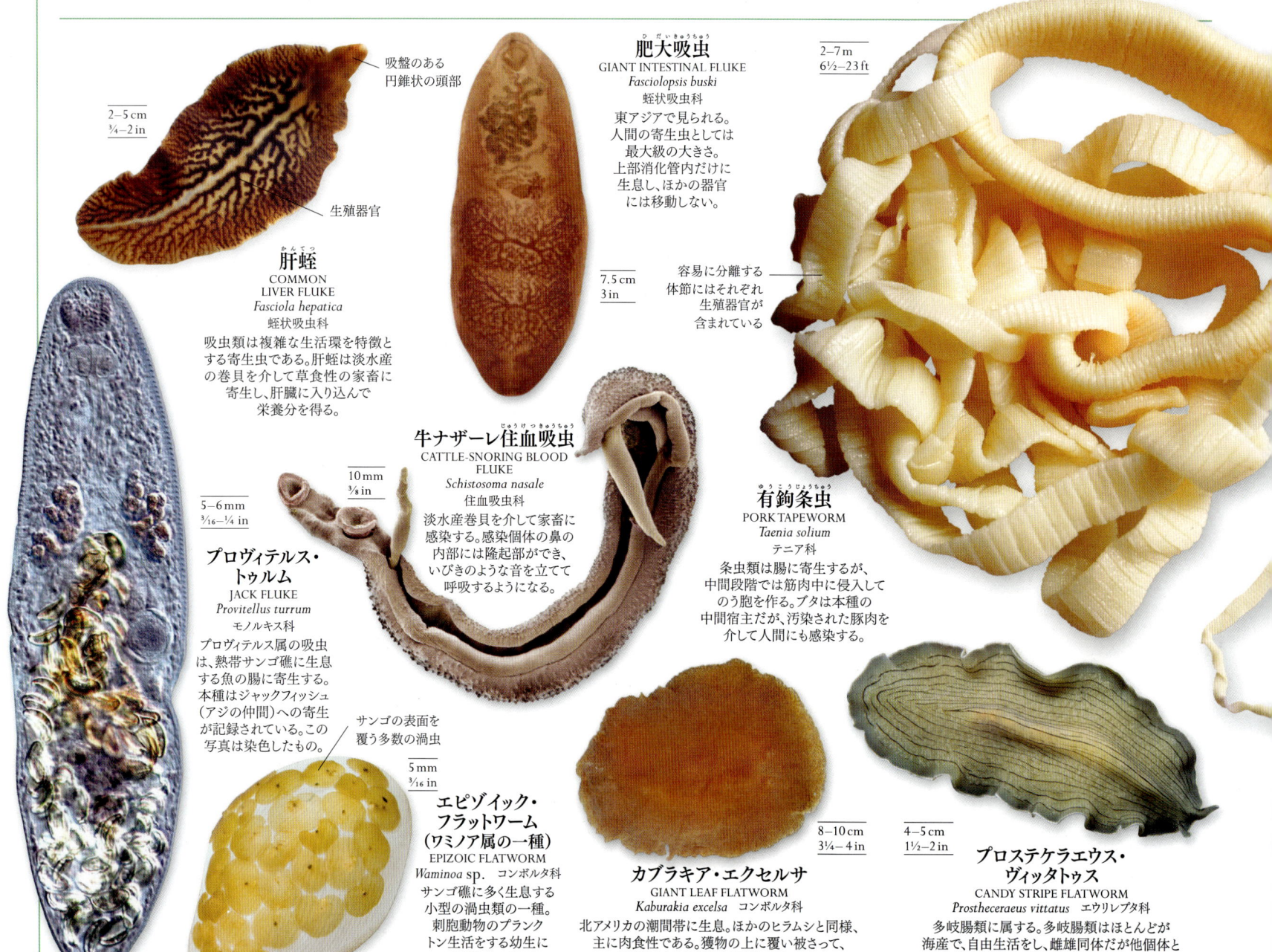

肝蛭
COMMON LIVER FLUKE
Fasciola hepatica
蛭状吸虫科
吸虫類は複雑な生活環を特徴とする寄生虫である。肝蛭は淡水産の巻貝を介して草食性の家畜に寄生し、肝臓に入り込んで栄養分を得る。

吸盤のある円錐状の頭部
生殖器官
2–5 cm
3⁄4–2 in

肥大吸虫
GIANT INTESTINAL FLUKE
Fasciolopsis buski
蛭状吸虫科
東アジアで見られる。人間の寄生虫としては最大級の大きさ。上部消化管内だけに生息し、ほかの器官には移動しない。

7.5 cm
3 in

2–7 m
6½–23 ft

容易に分離する体節にはそれぞれ生殖器官が含まれている

プロヴィテルス・トゥルム
JACK FLUKE
Provitellus turrum
モノルキス科
プロヴィテルス属の吸虫は、熱帯サンゴ礁に生息する魚の腸に寄生する。本種はジャックフィッシュ（アジの仲間）への寄生が記録されている。この写真は染色したもの。

5–6 mm
3⁄16–1⁄4 in

牛ナザーレ住血吸虫
CATTLE-SNORING BLOOD FLUKE
Schistosoma nasale
住血吸虫科
淡水産巻貝を介して家畜に感染する。感染個体の鼻の内部には隆起部ができ、いびきのような音を立てて呼吸するようになる。

10 mm
3⁄8 in

有鉤条虫
PORK TAPEWORM
Taenia solium
テニア科
条虫類は腸に寄生するが、中間段階では筋肉中に侵入してのう胞を作る。ブタは本種の中間宿主だが、汚染された豚肉を介して人間にも感染する。

エピゾイック・フラットワーム（ワミノア属の一種）
EPIZOIC FLATWORM
Waminoa sp.　コンボルタ科
サンゴ礁に多く生息する小型の渦虫類の一種。刺胞動物のプランクトン生活をする幼生によく似ている。

サンゴの表面を覆う多数の渦虫
5 mm
3⁄16 in

カブラキア・エクセルサ
GIANT LEAF FLATWORM
Kaburakia excelsa　コンボルタ科
北アメリカの潮間帯に生息。ほかのヒラムシと同様、主に肉食性である。獲物の上に覆い被さって、先端に口のある腸を伸ばして食べる。

8–10 cm
3¼–4 in

プロステケラエウス・ヴィッタトゥス
CANDY STRIPE FLATWORM
Prostheceraeus vittatus　エウリレプタ科
多岐腸類に属する。多岐腸類はほとんどが海産で、自由生活をし、雌雄同体だが他個体と生殖を行う。本種は大西洋に分布する。

4–5 cm
1½–2 in

プセウドケロス・ディミディアートゥス
BLACK AND YELLOW FLATWORM
Pseudoceros dimidiatus
ニセツノヒラムシ科

インド太平洋に分布する多岐腸類。海産の多岐腸類は大きめの渦虫で、自由生活をする。派手な体色のものが多いが、これは自分が不味いことを捕食者に警告するもの。

7–8 cm
2¾–3¼ in

波形になった体の縁

ワタリコウガイビル
SHOVEL-HEADED LAND FLATWORM
Bipalium kewense
コウガイビル科

コウガイビル類（陸生の扁形動物）の大半は熱帯産で、湿潤な環境を必要とする。本種はアジア産だが意図せず各地に移入され、世界中の温室で見つかっている。

20–30 cm
8–12 in

4–9 cm
1½–3½ in

プセウドビケロス・フロウェルシ
FLOWERS' FLATWORM
Pseudobiceros flowersi
ニセツノヒラムシ科

サンゴ礁に生息する多岐腸類にはよく見られるが、波状になった体の縁を動かして滑空するように移動する。礁湖の荒石の下に見られる。

7–8 cm
2¾–3¼ in

ティサノゾーン・ニグロパピロスム
GOLD-SPECKLED FLATWORM
Thysanozoon nigropapillosum ニセツノヒラムシ科

ティサノゾーン属の多岐腸類の多くは、ぼつぼつとした小さな突起に表面が覆われている。本種はインド太平洋産で、突起の先端は黄色く、それ以外の部分はすべすべした黒色である。

1.5–2 cm
½– ¾ in

ドゥゲシア・ルグブリス
DRAB FRESHWATER FLATWORM
Dugesia lugubris
ヒラタウズムシ科

三岐腸類（プラナリア）は腸が3つに分岐した渦虫類で、淡水産のものが多いが海産のものもいる。本種はヨーロッパ産で淡水に生息する。

アルトルデンディウス・トリアングラートゥス
NEW ZEALAND LAND FLATWORM
Arthurdendyus triangulatus
ゲオプラナ科

土壌中に生息する。ニュージーランド原産だが、ヨーロッパに侵入している。ミミズを獲物にする。

10–17 cm
4–6½ in

1–1.5 cm
⅜–½ in

ドゥゲシア・ティグリナ
BROWN FRESHWATER FLATWORM
Dugesia tigrina
ヒラタウズムシ科

淡水産で、北アメリカが原産だが、ヨーロッパに移入されている。

2–3 cm
¾–1¼ in

ドゥゲシア・ゴノケパラ
STREAM FLATWORM
Dugesia gonocephala
ヒラタウズムシ科

ヨーロッパ産で、流水に生息する。ドゥゲシア属の多くは本種のように頭に耳のような突起があるが、これで水の流れを感知する。

線形動物 ROUNDWORMS

単純な円柱状の線形動物は目覚ましく成功したグループである。ほとんどどんなところでも生息でき、乾燥にも耐え、繁殖スピードが速い。

線虫類は世界中どこにでもいる。1平方メートルの土壌中に何百万という線虫が生息していることもあり、淡水域や海洋にも生息している。多くは寄生虫である。繁殖力は極めて旺盛で1日で何十万個もの卵を産む。高温や霜、乾燥などにさらされると耐久型になり、休眠してやり過ごす。

筋肉層で裏打ちされたひとつながりの体腔があり、消化管には口と肛門がある。円柱形の体の表面は丈夫なクチクラ層で覆われ、節足動物の外骨格と同様に体が保護されている。定期的に脱皮して成長する。

門	線形動物門
綱	2
目	17
科	約 160
種	約 26,000

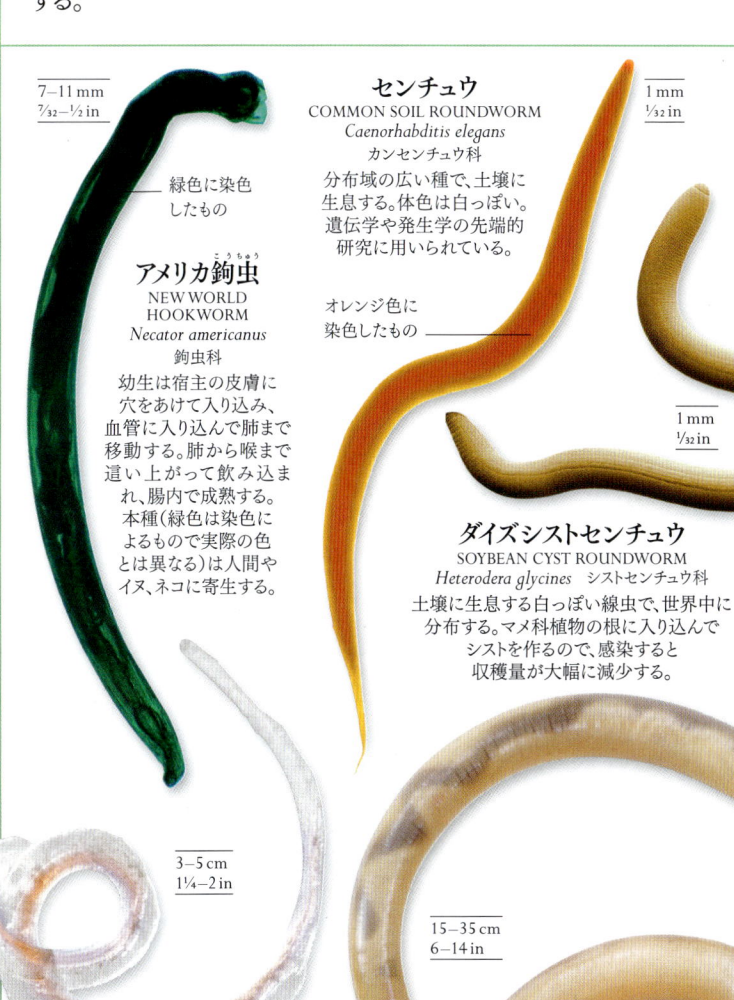

7–11 mm
7/32–½ in

緑色に染色したもの

アメリカ鉤虫
NEW WORLD HOOKWORM
Necator americanus
鉤虫科

幼生は宿主の皮膚に穴をあけて入り込み、血管に入り込んで肺まで移動する。肺から喉まで這い上がって飲み込まれ、腸内で成熟する。本種（緑色は染色によるもので実際の色とは異なる）は人間やイヌ、ネコに寄生する。

センチュウ
COMMON SOIL ROUNDWORM
Caenorhabditis elegans
カンセンチュウ科

1 mm
1/32 in

分布域の広い種で、土壌に生息する。体色は白っぽい。遺伝学や発生学の先端的研究に用いられている。

オレンジ色に染色したもの

1 mm
1/32 in

ダイズシストセンチュウ
SOYBEAN CYST ROUNDWORM
Heterodera glycines シストセンチュウ科

土壌に生息する白っぽい線虫で、世界中に分布する。マメ科植物の根に入り込んでシストを作るので、感染すると収穫量が大幅に減少する。

3–5 cm
1¼–2 in

15–35 cm
6–14 in

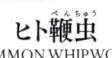

ヒト鞭虫
COMMON WHIPWORM
Trichuris trichiura
鞭虫科

主に熱帯に見られる。ほかの消化管寄生虫と同様に、糞で汚染された食物を介して人間に感染する。腸内で生活環の全過程を送る。

ヒト回虫
LARGE INTESTINAL ROUNDWORM
Ascaris lumbricoides
回虫科

衛生環境の貧しい地域に普通に見られる人間の寄生虫。糞に汚染された食物を介して腸に入る。成体は宿主の腸内に生息する。

環形動物　SEGMENTED WORMS

環形動物は扁形動物よりも複雑な筋肉や器官を備えている。泳ぎや穴掘りの名手が多い。

環形動物にはミミズ類やゴカイ類、ヒル類などが含まれる。血液はおしなべて血管内を循環する。体液で満たされた体腔が体の長軸に沿って走り、腸の動きと体壁の動きは切り離されている。多数の体節があり、体腔は体節ごとに分かれている。各体節に備わった筋肉が協力して働き、収縮の波が体の後方に移動すると、各体節は細くなったり太くなったりを交互にくり返す。このようにして、環形動物の多くは陸上でも水中でも高い運動性を示す。

捕食性のゴカイ類や濾過食性のカンザシゴカイ類など、海産の環形動物は体の左右に剛毛が並んで生えている。また小さなかいのような突起があって、泳い

だり穴を掘ったり、歩いたりするのに使われている。このグループは多毛類と呼ばれている。

陸上で生活するミミズ類は剛毛が少なく、デトリタス食性で、植物の枯死体を分解してリサイクルさせ、かつ土壌の通気を行う生物として重要である。ヒル類の多くは特殊化しており、吸盤で宿主に吸いついて血液を吸い取る。唾液には血液凝固を防止する物質が含まれている。ヒル類には捕食性のものもいる。ミミズ類にもヒル類にも一部の体節を取り巻く環帯という膨れあがった部分があり、環帯の分泌腺から分泌された物質で卵包ができる。

門	環形動物門
綱	4
目	17
科	約130
種	約18,000

イトミミズ属の一種
SLUDGE WORM
Tubifex sp.
ミズミミズ科
2–7 cm
¾–2¾ in
広く分布しているミミズで、下水の泥中に見られる。体の前端を泥に埋め、後端をぴくぴく動かして酸素を取り入れている。

シマミミズ
TIGER WORM
Eisenia foetida
ツリミミズ科
10–15 cm
4–6 in
ヨーロッパ産。腐りかけている植物の中に生息する。刺激性の液体を分泌して身を守る。ほかのミミズと同じく、卵包をつくる環帯がある。

オウシュウツリミミズ
COMMON EARTHWORM
Lumbricus terrestris
ツリミミズ科
15–25 cm
6–10 in
ヨーロッパが原産だがほかの地域にも移入されている。夜、葉を穴に引っ張り込んで食物とする。
環帯

グロッソスコレックス属の一種
MEGADRILE EARTHWORM
Glossoscolex sp.
ヒモミミズ科
50 cm
20 in
グロッソスコレックス属は中央及び南アメリカの熱帯に生息する巨大なミミズで、雨林に見られるものが多い。

イバラカンザシ
CHRISTMAS TREE TUBE WORM
Spirobranchus giganteus
カンザシゴカイ科
4–7 cm
1½–2¾ in
触手が何重にも渦を巻くのが特徴。触手を用いて濾過摂食を行い、酸素を取り込む。熱帯のサンゴ礁に広く分布している。

有爪動物（カギムシ類）　VELVET WORMS

有爪動物は柔らかい体の動物で、節足動物と類縁関係がある。暗い林床を巨大なイモムシのようにうろつくさまはゆっくりとしているが、実は熟練したハンターである。

有爪動物はミミズのような体をし、ヤスデのような脚が多数生えているが、そのどちらでもなく、独立した門を構成する。熱帯アメリカやアフリカ、オーストラレー

シアの雨林が原産だが、ほとんど人目につかない。開けた場所を避け、狭いすきまや落ち葉のなかを好むのである。夜になると、あるいは雨の降った後に出てきて、ほかの無脊椎動物を狩る。ねばねばする粘液を吹きつけて動きを封じるという独特な方法で獲物を捕まえる。粘液は口の中に散在する小孔から分泌する。

門	有爪動物門
綱	1
目	1
科	2
種	約200

細かい毛で覆われた体表

ペリパトプシス・モセレイイ
SOUTHERN AFRICAN VELVET WORM
Peripatopsis moseleyi
ペリパトプシス科
10 cm
4 in
この科は南半球に広く分布している。

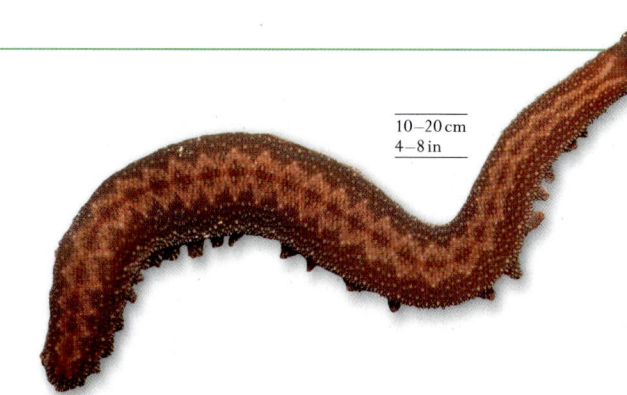

エピペリパトゥス・ブロードウェイイ
CARIBBEAN VELVET WORM
Epiperipatus broadwayi
ペリパトゥス科
10–20 cm
4–8 in
この科は赤道地域に分布する。南半球に分布するものよりも脚の数が多いのが特徴である。

6–30 cm
2¼–12 in

ヘルモディケ・カルンクラータ
FIRE WORM
Hermodice carunculata　ウミケムシ科
大西洋沖の熱帯海域に分布する多毛類で、サンゴの硬い骨格から柔らかい部分を吸い出して食べる。体にある突起には剛毛が生えていて、触るとひりひりして痛い。

10–20 cm
4–8 in

イバラコガネウロコムシ
SEA MOUSE
Aphrodita aculeata
コガネウロコムシ科
ヨーロッパ北部の浅海に分布し、泥中に生息する。鱗は毛状の突起で覆われている。

2.5–3cm
1–1¼ in

ナマコウロコムシ
SEA CUCUMBER SCALE WORM
Gastrolepidia clavigera
ウロコムシ科
インド太平洋に分布する多毛類。背面は平たい鱗に覆われている。ナマコに寄生する。

12–25 cm
4¾–10 in

アレニコーラ・マリーナ
LUGWORM
Arenicola marina
タマシキゴカイ科
ミミズに似た多毛類。砂浜や干潟に穴を掘って生息し、沈殿物を飲み込んでデトリタス（有機物のくず）を食べる。

1–4 m
3¼–13 ft

サベラリア・アルベオラータ
HONEYCOMB WORM
Sabellaria alveolata
カンムリゴカイ科
砂や貝殻の破片で作った管のなかに棲む。大西洋や地中海には密集した個体群がハチの巣状の礁を形成している。

5–15 cm
2–6 in

サミドリサシバ
GREEN PADDLE WORM
Eulalia viridis　サシバゴカイ科
サシバゴカイ類は活動的な肉食性多毛類で、体に葉状の突起がある。本種はヨーロッパ産で、潮間帯の岩や海藻の間に生息する。

8–10 cm
3¼–4 in

インドケヤリ
PACIFIC FEATHERDUSTER WORM
Sabellastarte sanctijosephi
ケヤリムシ科
インド太平洋の熱帯海域に生息する。サンゴ礁やタイドプールなど、海岸線に沿って見られる普通種。

25–40 cm
10–16 in

5–7 cm
2–2¾ in

ジャムシ
KING RAGWORM
Alitta virens
ゴカイ科
ゴカイ類はサシバゴカイ類に近縁で、体の左右に並ぶ疣足は二枝型である。本種は大西洋産で、泥の中に生息する。かまれると痛い。

ヒトエカンザシ
RED TUBE WORM
Serpula vermicularis
カンザシゴカイ科
広く分布する種。カンザシゴカイ類は白亜質の硬い管を作る。引っ込んだ際に触手が管のふたになるように変化している。

2–3mm
1⁄16–1⁄8 in

ガラパゴスハオリムシ
GIANT TUBE WORM
Riftia pachyptila
シボグリヌム科
太平洋の海底火山の噴出口付近、硫黄の豊富な熱水中に生息する。赤い「羽織」のような部分にはバクテリアが共生し、噴出する物質を元に栄養分を合成してくれる。

2–2.4 m
6½–7¾ ft

体をいかりとして用いる

スピロルビス・ボレリアス
NORTHERN SPIRAL TUBE WORM
Spirorbis borealis
カンザシゴカイ科
北大西洋の海岸線に分布。コイル状の管はヒバマタなどの褐藻に接着している。

緩歩動物（クマムシ類）　WATER BEARS

クマムシ類はずんぐりした肢の生えた生命力の強い動物だ。顕微鏡サイズの大きさで、微生物やもっと単純な無脊椎動物に混じって水中で生活している。

緩歩動物（文字通り「ゆっくり歩く」という意味）門のクマムシは、水中でミニチュアの森のような藻類によじ登り、先端に爪の生えた4対の肢でしっかりしがみつく。体長1mmに満たない種がほとんどである。コケ類や藻類のすきまにはこのクマムシがうようよいて、針状の口器で植物の細胞に穴をあけ、なかの液体を吸っている。多くの種では雌しか見つかっておらず、雌が生んだ未受精卵から子どもが産まれるという無性生殖的な増え方をする。生息環境が乾燥しても、クマムシはクリプトビオシスという一種の休眠状態に入って活動を停止し、生き抜くことができる。殻の中に身を縮め、時には何年間もずっとそのままで過ごし、雨が降ると復活する。

門	緩歩動物門
綱	3
目	5
科	20
種	約 1,000

ヨロイトゲクマムシ属の一種
MOSS WATER BEAR
Echiniscus sp.
ヨロイトゲクマムシ科
クマムシの多くはコケのすきまに生息しているが、乾燥にも耐性があるため、世界中に広がっている種も多数存在する。

0.25mm

爪の生えた足

イソトゲクマムシ
SEAWEED WATER BEAR
Echiniscoides sigismundi
イソトゲクマムシ科
本種を含め、海生のクマムシの多くはほとんどわかっていない。世界中の沿岸部で海藻のすきまにいるのが記録されている。

0.25mm

節足動物 ARTHROPODS

節足動物には昆虫や水生の甲殻類などが含まれる。節のある脚と可動性のよろいのおかげで、ほかに類を見ないほど多様な進化を遂げている。

科学者が知っているものだけでも、節足動物の種数はほかの動物門全てを合わせた種数よりも遥かに多い。かつ、既知の種数を超える未発見の種が存在するのは間違いない。節足動物の生活様式は途方もなく多様性に満ちていて、植物を食べたり獲物を捕まえたり、水中の微粒子を濾過摂食したり、樹液や血液を吸ったり、とさまざまである。

節足動物の体はキチン質という丈夫な物質でできた外骨格に覆われている。節と節の接続部で曲がるので可動性を損なうことがなく、引っ張りの力にも耐える。成長する時には定期的に脱皮して、前よりも大きめの外骨格に替えなければならない。外骨格は体を保護するだけではなく、乾燥した生息環境では水分の損失を防ぐ役割もする。

体節からなる体

節足動物の祖先は、おそらく蠕虫型で体節をもっていたと考えられる。体節構造は節足動物全てに共通しているが、特にムカデ類やヤスデ類では同じ体節が並ぶのが目立つ。ほかのグループでは体節によって構造が異なり、部位によっては複数の体節が融合し、体はいくつかの部分にはっきりと分かれている。昆虫類では、感覚器官の集まった頭部、筋肉を備え脚と翅の生えた胸部、そして内臓のほとんどがおさまる腹部、という3つの部分に分かれている。クモガタ類と甲殻類の一部では、頭部と胸部が融合して頭胸部になっている。

酸素の取り入れ方

甲殻類など、水生の節足動物は鰓呼吸をする。昆虫類や多足類など、陸生節足動物のほとんどは、気管系を備えている。これは体中に張り巡らされた微細な管で、空気は体の側面にある気門（各体節に1対あるのが普通）という開口部から気管系に入る。気門には小さな筋肉が付随し、バルブのように開閉して空気の流れを調節する。この気管系により、体を構成する細胞1つ1つに酸素が直接送り届けられるので、血液で酸素を運ぶ必要はない。クモガタ類の呼吸方法には、気管系によるものと、腹部にある書肺（水生の祖先の鰓から進化したもの）によるものがあり、大半の種はこの2つを組み合わせて呼吸している。

門	節足動物門
綱	19
目	123
科	約 2,300
種	約 1,200,000

論点
カムフラージュするか、擬態するか

節足動物の多くは周囲に溶け込んで気づかれないようにして環境に適応している。例えばナナフシは枝そっくりで、捕食者が見つけるのはかなり難しい。対照的に、スズメバチのように派手な体色と模様で、自分が不味いことや危険であることを警告する方向に進化したものもいる。スカシバガというガの一種は全く無害だが、スズメバチと外見がそっくりでよく似た音を立てるため、捕食されないですむ。外見的にはそっくりでも、解剖学的な特徴によって両者は目レベルで異なっており、スカシバガはチョウ目（鱗翅目）に、スズメバチはハチ目（膜翅目）に属する。

多足類 MILLIPEDES AND CENTIPEDES

体が多数の体節からなるヤスデ類とムカデ類は、多足類というグループにまとめられる。各体節に、ヤスデは2対、ムカデは1対の脚があるのが特徴である。ヤスデは植物食性だが、ムカデは肉食性の捕食者である。

つやのある茶色の外骨格

4–5 cm
1½–2 in

頭部

太い触角

ブラウン・ジャイアント・ピル・ミリピード（ゼフロニア属の一種）
BROWN GIANT PILL MILLIPEDE
Zephronia sp.　オオタマヤスデ科
ネッタイタマヤスデ類は北半球に分布するタマヤスデ類よりも大きい。タマヤスデ類の体節数が12であるのに対してネッタイタマヤスデ類の体節数は13である。本種はボルネオ産。

1–2 cm
3/8–3/4 in

2–3 mm
1/16–1/8 in

ヒラタヤスデ属の一種
AMERICAN SHORT-HEADED MILLIPEDE
Brachycybe sp.
ヒラタヤスデ科
北アメリカ産。ヒラタヤスデ科は小型の扁平なヤスデで、朽ち木や落ち葉のなかに生息している。

3–4 cm
1¼–1½ in

ブラック・ジャイアント・ピル・ミリピード（ゾースファエリウム属の一種）
BLACK GIANT PILL MILLIPEDE
Zoosphaerium sp.
ネッタイタマヤスデ科
南半球にはネッタイタマヤスデ類が多数生息する。本種はマダガスカルが原産。

ポリクセヌス・ラグルス
BRISTLY MILLIPEDE
Polyxenus lagurus
フサヤスデ科
フサヤスデには防御用の剛毛が生えている。本種は北半球に分布する小型種で、樹皮の裏や落ち葉の中に生息している。

背板が重なり合う

第1背板

0.6–2 cm
1/4–3/4 in

タマヤスデ
WHITE-RIMMED PILL MILLIPEDE
Glomeris marginata
タマヤスデ科
ヨーロッパ産。タマヤスデ類はほかのヤスデ類よりも体節の数が少なく、驚くと丸いボール状になる。

タキポドイウルス・ニゲール
BLACK SNAKE MILLIPEDE
Tachypodoiulus niger
ヒメヤスデ科

2—6 cm
¾—2¼ in

ヨーロッパ西部に分布する。脚が白いのが
特徴。近縁種とは異なり、地上で過ごす
時間が長く、木や壁に登ることもある。

7.5—13 cm
3—5 in

ナルケウス・アメリカヌス
AMERICAN GIANT MILLIPEDE
Narceus americanus　マルヤスデ科

大西洋沿岸に分布する大きな種。マルヤスデ科は
主にアメリカ産の円柱状のヤスデである。
近縁種と同じく、有毒物質を分泌して身を守る。

ユルス・スカンディナヴィウス
BROWN SNAKE MILLIPEDE
Julus scandinavius
ヒメヤスデ科

ヒメヤスデ科は、環状の体節が
並んだ円柱状の体型のヤスデを
多く含む大きな科である。
本種はヨーロッパの落葉樹林に
見られる。特に酸性土壌の地域に多い。

オオヒキツリヤスデ
（タンザニアジャイアント）
AFRICAN GIANT MILLIPEDE
Archispirostreptus gigas　ヒキツリヤスデ科

最大級のヤスデで、主に熱帯東アフリカに
見られる。本種を含め、自己防衛のために
有害な物質を分泌する種は多い。

20—38 cm
8—15 in

ポリゾニウム・ゲルマニクム
BORING MILLIPEDE
Polyzonium germanicum
ポリゾニウム科

いくぶん原始的なヤスデで、
分布域はヨーロッパに散らばって
いる。森林に生息する。体を丸めた
ところはブナの芽鱗に似ている。

0.5—1.8 cm
³⁄₁₆—¾ in

ポリデスムス・
コンプラナトゥス
EASTERN FLAT-BACKED
MILLIPEDE
Polydesmus complanatus
オビヤスデ科

オビヤスデ類の外骨格は
左右に出っ張りがあり、背中が
平たく見える。本種はヨーロッパ
東部に分布し、走るのが速い。

1.5—6 cm
½—2¼ in

ゲオフィルス・フラヴス
YELLOW EARTH
CENTIPEDE
Geophilus flavus
ツチムカデ科

ツチムカデ類には目がなく、
ほかのムカデ類よりも体節の数
（とそれに伴う脚の数）が多い。
本種はヨーロッパ産で、土壌中に
生息する。南北アメリカや
オーストラリアに移入されている。

2—4.5 cm
¾—1¾ in

4—6 cm
1½—2¼ in

コロムス・ディアフォルス
TANZANIAN FLAT-BACKED MILLIPEDE
Coromus diaphorus
オキシデスムス科

細かいくぼみがあってつやつやした
表面は、眼がなく背面の平たい
ムカデの多くに共通の特徴だが、
熱帯アフリカ産の本種では
それが特に目立つ。

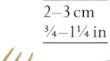

2—3 cm
¾—1¼ in

2.5—5 cm
1—2 in

マダライシムカデ
BANDED STONE
CENTIPEDE
Lithobius variegatus
イシムカデ科

2—3 cm
¾—1¼ in

大ブリテン島にしかいないと考えられて
いたこともあるが、現在ではヨーロッパ
大陸でも見つかっている。ヨーロッパ
原産の個体群には肢の帯模様がない。

ヨーロッパ
イシムカデ
BROWN STONE CENTIPEDE
Lithobius forficatus
イシムカデ科

イシムカデ類は樹皮や岩の下に
隠れているのが見つかる。
体節数は15である。本種は
世界中に広く分布し、森や庭、
海岸でよく見られる。

ヨーロッパゲジ
HOUSE
CENTIPEDE
Scutigera coleoptrata
ゲジ科

ゲジは脚が長いので、
脚の多さがよくわかる。
複眼を備え、走るスピードは
無脊椎動物としては最速の
部類に入る。地中海地域が
原産だが、ほかの地域にも
移入されている。

顎肢で毒を注入する

20—25 cm
8—10 in

スコロペンドラ・ハードウィッケイ
TIGER GIANT CENTIPEDE
Scolopendra hardwickei　オオムカデ科

オオムカデ属には強烈な警告色のものが多い。
インドにはトラを思わせる縞模様のムカデ類が
本種を含め数種生息している。

各体節には
脚が1対ずつ
ある

10—15 cm
4—6 in

エトモスティグムス・
トリゴノポドゥス
BLUE-LEGGED CENTIPEDE
Ethmostigmus trigonopodus　オオムカデ科

オオムカデ属に近縁で、アフリカに広く
分布している。青みがかった脚の
ムカデは本種を含め数種存在する。

クモ類　ARACHNIDS

クモ綱は節足動物の1綱で、捕食性のクモやサソリ、そのほか、ダニやシラミが含まれる。

クモ類と近縁のカブトガニ類とを合わせたグループは鋏角類という。爪のような鋏角という口器をもつ分類群である。鋏角類は、頭部と胸部が融合して1つになった頭胸部に感覚器官や脳、4対の歩脚が備わっている。ほかの節足動物とは異なり、鋏角類には触角はない。

効率的な捕食者

サソリやクモ、及びその近縁種は陸生の捕食者で、迅速に獲物の動きを封じて殺すという方法を進化させている。クモは鋏角を牙のように用いて毒を注入する。クモの多くは網を張り、まず獲物をわなにかける。

サソリは尾の先端にある針を刺して獲物に毒を注入する。クモガタ類には歩脚と鋏角の間に1対の触肢がある。サソリでは触肢ははさみ型になり、獲物を捕まえるのに役立っている。クモの雄では触肢（雄触肢）は精子の受け渡しに特化した構造になっている。

顕微鏡レベルの多様性

ダニの多くは極めて小さく肉眼では見えない。ほとんどのダニはどんな環境にも生息し、スカベンジャーとしてデトリタスを食べたり、ほかの小型無脊椎動物を獲物にしたり、寄生虫として生活していたりする。皮膚の毛のうや羽毛の間、毛皮に生息する無害なダニもいるが、疾患やアレルギーを引き起こすものもいる。ダニのあるグループは吸血性で、病原体となる微生物を媒介することがある。

門	節足動物門
綱	クモ綱
目	12
科	661
種	約 103,000

水滴のついた網の中央に陣取るコガネグモの雌。飛んできたどんな昆虫でも獲物にしようと待ち構えている。

ポコックヒラタサソリ
CHILEAN BURROWING SCORPION
Centromachetes pococki
ヒラタサソリ科
南半球に分布する地中性のサソリ。南アメリカの温帯林に見られ、朽ち木の下にいることが多い。
4–5 cm
1½–2 in

ウミベコケカニムシ
MARITIME PSEUDOSCORPION
Neobisium maritimum
コケカニムシ科
ヨーロッパ西部の海岸に分布する普通種。飛沫帯や潮間帯の石や海藻の下に生息している。
3 mm
⅛ in

ダクティロケリフェル・ラトレイレイ
FINGER-CLAWED PSEUDOSCORPION
Dactylochelifer latreillei　カニムシ科
カニムシ類はクモ綱に属する小さな動物で、有毒なハサミで獲物を殺す。ヨーロッパ産の本種は海岸に生える草の根元に生息している。
3 mm
⅛ in

クトニウス・イスクノケレス
BROAD-HEADED PSEUDOSCORPION
Chthonius ischnocheles
ツチカニムシ科
ヨーロッパ産の本種のように、カニムシは哺乳類や鳥類の毛皮や羽毛に入り込んで、巣まで連れて行ってもらい、そこで小型の獲物をあさることがある。
1.5–2.5 mm
1/16–⅛ in

ハドゲネス・フィロデス
AFRICAN ROCK SCORPION
Hadogenes phyllodes　ヤセサソリ科
アフリカ南部に分布。ヤセサソリ科の典型で、幅広く平たい体で岩のすきまをすり抜ける。
10–18 cm
4–7 in

尾の膨らみには1対の毒腺がある

毒針

ダイオウサソリ
IMPERIAL SCORPION
Pandinus imperator
コガネサソリ科
最大級のサソリで、アフリカの森林に生息する。砂漠に生息するサソリの多くよりもおとなしく、毒もそれほど強くない。
15–25 cm
6–10 in

頭胸部の背面に1対の眼がある

セスジサソリ
COMMON EUROPEAN SCORPION
Buthus occitanus
キョクトウサソリ科
アフリカ北部全体と地中海周辺地域に見られる。本種の毒性は生息地域によって異なり、南方に生息するもののほうが毒性が高い。

触肢は特殊化してはさみ型になっている

アンドロクトヌス・アモローイ
YELLOW FAT-TAIL SCORPION
Androctonus amoreuxi
キョクトウサソリ科
オブトサソリ類（キョクトウサソリ科のサソリの総称）のほとんどは、小型だが毒性が強い。本種はサハラ砂漠や中東に分布する大型種で、死亡事故を引き起こしている。
7–10 cm
2¾–4 in

6–8 cm
2¼–3¼ in

ヴォノネス・サイイ
SAY'S HARVESTMAN
Vonones sayi
ケショウザトウムシ科
ザトウムシ類の体には明瞭な区切りがなく、また毒をもたない。このアメリカ産の種をはじめ、嫌な味の物質を作り出して捕食者を遠ざけるものが多い。
1 cm
⅜ in

1対の小さな目

巨大な鋏角

脚のような触肢

体節からなる腹部

2.5−5 cm
1−2 in

アメリカン・サンスパイダー（エレモバテス属の一種）
AMERICAN SUN SPIDER
Eremobates sp.　ヒトリヒヨケムシ科
エレモバテス属はヒヨケムシの
なかでも特に顎が大きい。本種は
夜行性で、北アメリカ及び中央
アメリカの暖かい地域に見られる。

8−10 cm
3¼−4 in

8−15 cm
3¼−6 in

メタソルプーガ・ピクタ
PAINTED SUN SPIDER
Metasolpuga picta　ヒヨケムシ科
ヒヨケムシ類はクモ類に近縁なグループで
「キャメル・スパイダー（ラクダグモ）」とも
呼ばれる。砂漠に生息し走るのが速い。
ナミビアに分布する本種は昼行性である。

アラブサメヒヨケムシ
WIND SPIDER
Galeodes arabs
サメヒヨケムシ科
ヒヨケムシでは最大の属の普通種。
中東に分布する。「ウィンド・
スパイダー」という英名は
砂嵐にも耐える性質による。

8−10 mm
5/16−3/8 in

0.3−0.6 mm
1/64 in

 1 mm
1/32 in

 3−5 mm
1/8−3/16 in

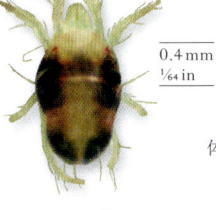 0.4 mm
1/64 in

体に白い斑点が
あるのが特徴

アシブトコナダニ
FLOUR MITE
Acarus siro
コナダニ科
保存された穀物を食物とする
主要な害虫。ダニ類について
はよくあることだが、このダニの
存在がアレルギーを引き起こす
ことがある。

ヨーロッパアキダニ
AUTUMN CHIGGER
Neotrombicula autumnalis
ツツガムシ科
成体は植物食性だが、
幼生は人間を含めほかの
動物の皮膚に食いつく。
かまれると激しくかゆい。

アカケダニ
COMMON VELVET MITE
Trombidium holosericeum
ナミケダニ科
ユーラシアに広く分布する。
幼生はほかの節足動物に取り
ついて寄生生活を送るが、
成熟すると捕食性になる。

ナミハダニ
RED SPIDER MITE
Tetranychus urticae
ハダニ科
ハダニ科は植物の樹液を
吸うダニで、植物を傷め、
ウイルス性の感染症を
媒介することがある。

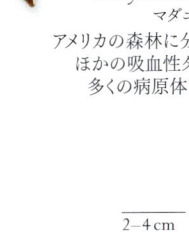

♀

1−2 mm
1/32−1/16 in

0.3−0.5 mm
1/10−1/64 in

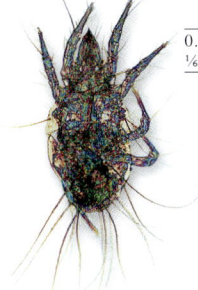 0.5−1 mm
1/64−1/32 in

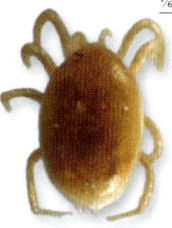 0.5 mm
1/64 in

ミツバチヘギイタダニ属
の一種
VARROA MITE
Varroa sp.　ヘギイタダニ科
ミツバチに寄生する。幼虫は
ハチの幼虫を餌にし、成熟すると
ハチの成体に付着して分散し、
ほかの巣に侵入する。

ヒゼンダニ
MANGE MITE
Sarcoptes scabiei
ヒゼンダニ科
小型のダニで、さまざまな
哺乳類の皮膚に潜り込み、
生活環の全過程を過ごす。人間や
食肉類の疥癬の原因となる。

ワクモ
CHICKEN MITE
Dermanyssus gallinae
ワクモ科
家禽に寄生する吸血性の
ダニ。宿主から離れてものの
すきまに潜んでいる（生活環も
そこで送る）が、夜になると
出てきて吸血する。

ナガヒメダニ
PERSIAN FOWL TICK
Argas persicus
ヒメダニ科
吸血性のダニで、ニワトリなどの
家禽に寄生する。楕円形の体は
柔らかい。鳥に病気を広め、
まひを引き起こすこともある。

アメリカキララマダニ
LONE STAR TICK
Amblyomma americanum
マダニ科
アメリカの森林に分布する普通種。
ほかの吸血性ダニ類と同様、
多くの病原体を媒介する。

1−1.5 cm
3/8−1/2 in

ディスコキュルトゥス
属の一種
SPINY
HARVESTMAN
Discocyrtus sp.
ゴニレプト科
南アメリカ産のザトウムシで、
後脚の棘は捕食者に対する
防衛用である。森の石や朽ち木
の下に生息している。

4−9 mm
5/32−11/32 in

マザトウムシ
HORNED HARVESTMAN
Phalangium opilio
マザトウムシ科
ユーラシアと北アメリカに
分布する普通種。雄の顎
には複数の角状の突起が
備わっている。

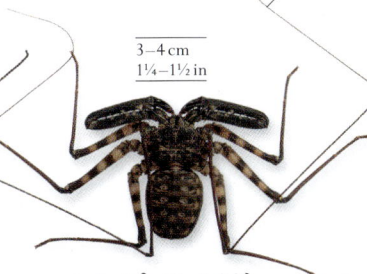

3−4 cm
1¼−1½ in

ホイップ・スパイダー
（フリヌス属の一種）
TAILLESS WHIP SPIDER
Phrynus sp.　ウデムシ科
英名は「ホイップ・スパイダー」
だがクモではない。むち（ホイップ）
のように長く伸びる前脚と獲物を
つかむハサミを備えているが、
毒はない。全て熱帯産。

極めて長い前脚

2−4 cm
3/4−1½ in

ハサミ状の
触肢

ホイップ・スコーピオン
（ジャワサソリモドキ属の一種）
WHIP SCORPION
Thelyphonus sp.　サソリモドキ科
本種を含め熱帯産のサソリ
モドキ類は尾がむちのように
長く伸びるが、針はもたず
毒もない。ただし腹部から
酢酸を噴出する。

≫

≫ クモ類

シドニージョウゴグモ
FUNNEL-WEB SPIDER
Atrax robustus
シドニージョウゴグモ科

2–5 cm
¾–2 in

オーストラリア産の攻撃的なクモ。雌は穴を掘って生活する。穴は入り口がじょうご型で、糸で内張りをしてある。かまれると危険だが、咬傷のほとんどは交尾相手を探してうろついている雄によるもの。

メキシコオオツチグモ
MEXICAN RED-KNEED TARANTULA
Brachypelma smithi
オオツチグモ科

5–7.5 cm
2–3 in

オオツチグモ類は一般に「バード・イーター」や「タランチュラ」と呼ばれている大型のクモで、多数の種がいる。獲物にするのは大型の昆虫で、ごくまれに小型の脊椎動物を襲う。

アカントスクリア・インスブティリス
CHACO TARANTULA
Acanthoscurria insubtilis
オオツチグモ科

5–7.5 cm
2–3 in

南アメリカ産。オオツチグモは齧歯類の古巣で生活するものが多い。待ち伏せ型の捕食者で、じっと身を潜めて獲物を待ちかまえる。

プテリノキルス・ムリヌス（オレンジバブーンスパイダー）
ORANGE BABOON SPIDER
Pterinochilus murinus
オオツチグモ科

触肢

アフリカ産のバブーンスパイダー類。「バブーン」はヒヒのことで、節のある脚がヒヒの指に似ているため。本種を含め、バブーンスパイダー類は牙や触肢を用いて穴を掘る。

牙のある鋏角は前方に振り出せる

8つの小さな目

5–6 cm
2–2½ in

毛に覆われた茶色の体

糸を紡ぎ出す出糸管

ウンミディア・オードワニ
NORTH AMERICAN TRAPDOOR SPIDER
Ummidia audouini
トタテグモ科

1–2 cm
⅜–¾ in

北アメリカ産。地面に穴を掘って入り口にコルクのような扉を作る。獲物が扉の上を通りかかったらすぐわかるように扉から糸を伸ばし、穴のなかで待ち伏せている。穴は糸で内張りしている。

ダイダイタマゴグモ
SIX-EYED SPIDER
Oonops domesticus
タマゴグモ科

1.5–2 mm
1/16 in

小さなピンク色のクモで、目は6つある。ユーラシアの暖かい地方に分布する。大ブリテン島など北の地方にも生息するが、人家にしかいない。

イノシシグモ
WOODLOUSE SPIDER
Dysdera crocata
イノシシグモ科

1–1.5 cm
⅜–½ in

ヨーロッパ産の夜行性のクモ。獲物はワラジムシで、大きな牙で硬い外骨格を突き刺して捕まえる。ワラジムシの豊富な湿った場所にいる。

エレスス・コラリ
LADYBIRD SPIDER
Eresus kollari
イワガネグモ科

♂

0.6–1.6 cm
¼–½ in

脚に白い帯

ユーラシア産。英名「レディーバード・スパイダー（テントウムシグモ）」の由来であるテントウムシ模様があるのは雄だけ。ヒースの生えた荒野の斜面に糸で内張りした穴を掘って獲物を捕まえる。

ケズネグモ属の一種
DWARF SPIDER
Gonatium sp.
サラグモ科

3 mm
⅛ in

サラグモ科は小型のクモからなる非常に大きなグループである。北半球に分布する本種はサラグモ科の典型で、シート状の網を張る。糸を風に流してバルーニング（空中飛行）をすることもある。

ユカタヤマシログモ
NORTHERN SPITTING SPIDER
Scytodes thoracica
ヤマシログモ科

3–6 mm
⅛–¼ in

ヤマシログモ類は動きののろいクモで、粘着性のある有毒な液体を吐きかけてから獲物にかみつく。分布域は北半球に広がっている。

ニワオニグモ
EUROPEAN GARDEN SPIDER
Araneus diadematus
コガネグモ科

4–13 mm
5/32–½ in

北半球に分布するクモで、森林や荒れ地、庭に円形の網（円網）を張る。体色には変異があるが、白い十字模様があるのが特徴。

イエユウレイグモ
DADDY LONG-LEGS SPIDER
Pholcus phalangioides
ユウレイグモ科

♀

卵嚢

7–10 mm
7/32–⅜ in

ひょろ長い脚のユウレイグモ類は驚くと網を震動させる。洞穴に生息する種が多いが、本種は世界中に広く分布するコスモポリタン種で、人家に生息している。雌は卵をくわえて運ぶ。

アメリカジョロウグモ
AMERICAN GOLDEN SILK ORB-WEAVER
Trichonephila clavipes
コガネグモ科

0.6–4.5 cm
¼–1¾ in

熱帯性のジョロウグモでは唯一のアメリカ産の種。脚に毛が房状に生えた部分があるのが特徴。

ガステラカンタ・カンクリフォルミス
CRAB-LIKE SPINY ORB-WEAVER
Gasteracantha cancriformis
コガネグモ科

2–9 mm
1/16–11/32 in

アメリカに多く生息する、防衛用の棘の生えたコガネグモの一種で、アメリカ南部とカリブ海地域に生息している。体や棘の色には変異がある。

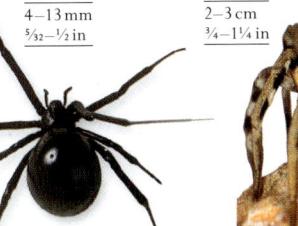

4–13 mm
5/32–1/2 in

クロゴケグモ
BLACK WIDOW SPIDER
Latrodectus mactans
ヒメグモ科

北アメリカ産の小さなクモだが、クモにしては珍しく、人間にとって危険な毒をもつ。雌は交尾の後、自分よりも小さな雄を食べることがよくある。

2–3 cm
3/4–1 1/4 in

タランチュラコモリグモ
TARANTULA WOLF SPIDER
Lycosa tarantula
コモリグモ科

大型のコモリグモ類で、ヨーロッパの地中海地域に生息する。真のタランチュラは本種だけである。オオツチグモ科のクモも一般にタランチュラと呼ばれるが、本種とは全く別物である。

5–8 mm
3/16–5/16 in

オウシュウコモリグモ
EUROPEAN WOLF SPIDER
Pardosa amentata
コモリグモ科

毛に覆われた茶色のクモ。典型的なコモリグモ類で、網は張らずに地上で獲物を狩る。雌は卵嚢を持ち運び、孵化した子グモは母グモの背中に乗る。

ヨーロッパキシダグモ
NURSERY WEB SPIDER
Pisaura mirabilis
キシダグモ科

ユーラシア産。雌は卵嚢を顎でくわえ、体の下に抱えて運び、糸で保育テントを張って孵化した幼体を保護する。

卵嚢を
くわえて運ぶ

1–1.5 cm
3/8–1/2 in

1.2 cm
3/8 in

卵嚢

サンロウドヨウグモ
CAVE SPIDER
Meta menardi　アシナガグモ科

ドヨウグモ属*Meta*の多くは、このヨーロッパ産の種のように洞穴に生息し、滴状の卵嚢をつるす。

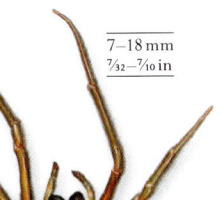

7–18 mm
7/32–7/10 in

腹部は気泡に
覆われて
銀色に見える

ミズグモ
WATER SPIDER
Argyroneta aquatica
ハグモ科

常時水中生活を送る唯一のクモ。ユーラシアの池に生息し、水中にエアードームを作って空気を満たし、そのなかで小魚などの獲物を食べる。

1–1.8 cm
3/8–3/4 in

エラティゲナ・デュエリカ
（ムツバタナグモ属）
GIANT HOUSE SPIDER
Eratigena duellica
タナグモ科

タナグモ類は管状の隠れ家付きの棚網を張る。本種は北半球に生息し、屋内によく出没する。

体の左右に走る
明るい色の
帯が目立つ

1–2.2 cm
3/8–7/8 in

ビロードの
ような
暗色の体

オウシュウハシリグモ
RAFT SPIDER
Dolomedes fimbriatus
キシダグモ科

ヨーロッパの沼地に生息する。水面を脚で震動させて小魚をひきよせ、捕まえる。

3–5 cm
1 1/4–2 in

クロドクシボグモ
BRAZILIAN
WANDERING SPIDER
Phoneutria nigriventer
シボグモ科

シボグモ類は英名を「ワンダリング・スパイダー（さまようクモ）」というが、これは夜間に徘徊する性質からつけられたもの。ブラジルの森林に生息する本種は、毒性の高さではクモのなかでも一二を争うと考えられている。

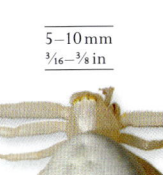

5–10 mm
3/16–3/8 in

ヒメハナグモ
CRAB SPIDER
Misumena vatia
カニグモ科

北半球に分布。雌は時間はかかるが体色を白から黄色に変えることができる。花にカムフラージュして待ち伏せし、蜜を求めてやってくる昆虫を獲物にする。

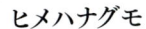

2–3 cm
3/4–1 1/4 in

アシダカグモ
BROWN HUNTSMAN SPIDER
Heteropoda venatoria
アシダカグモ科

熱帯及び亜熱帯地域に広く分布する。大型だが害はない。ゴキブリを獲物にするので、人家で歓迎されることもある。

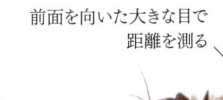

前面を向いた大きな目で
距離を測る

太い前脚

クリシラ・ラウタ
ELEGANT JUMPING SPIDER
Chrysilla lauta
ハエトリグモ科

ハエトリグモ類は特に熱帯で多様性が高い。この東アジア産のように派手な体色をしているものが多いが、この体色がコミュニケーションに一役かうこともある。

3–9 mm
1/8–3/8 in

5–7 mm
3/16–7/32 in

シッチハエトリ
BROWN JUMPING SPIDER
Evarcha arcuata
ハエトリグモ科

ユーラシアの草原に生息。ハエトリグモ類には数千種が含まれる。立体視のできる発達した視覚を備え、複雑な配偶行動を行う。

メキシコオオツチグモ
MEXICAN RED-KNEED TARANTULA
Brachypelma smithi

メキシコオオツチグモのがっしりした毛むくじゃらの体は、クモというよりは哺乳類のようにも見えるかもしれない。雌は、無脊椎動物としては破格に長寿で、最大30年も生きるが、雄の寿命はわずか6年である。オオツチグモ類はそのサイズの大きさから俗に「バード・イーター（鳥食い）」と呼ばれている。獲物のほとんどはほかの節足動物ではあるが、小型の哺乳類や爬虫類なら倒す力をもっていて、状況によっては実際にそうする。原産地のメキシコではこのクモは土手に穴を掘って生活している。安全な穴のなかで脱皮や産卵を行い、また獲物を待ち伏せもする。生息地の破壊が今やこのクモを脅かしている。一方、ペットとして人気があり、飼育下での繁殖が広く行われている。

体 長	5–7.5cm（2–3in）
生息地	熱帯の落葉樹林
分 布	メキシコ
食 性	ほとんど昆虫食性

脚は特殊化した毛で覆われ、空気の動きや接触を敏感に感じ取る

パッドのついた脚の先端

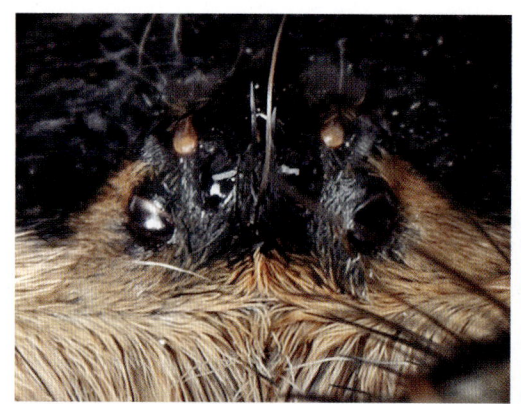

< 目
クモ類のほとんどはそうだが、単眼が8個あり、頭部の前面に並んでいる。しかしこのクモの視力は悪く、視覚よりも触覚に頼って周囲の状況や獲物の存在を感知する。

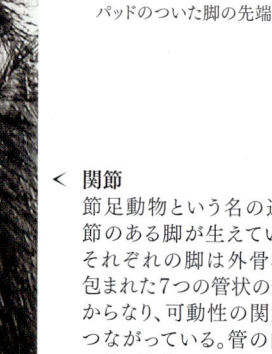

< 関節
節足動物という名の通り、節のある脚が生えている。それぞれの脚は外骨格に包まれた7つの管状の部分からなり、可動性の関節でつながっている。管の内部に走る筋肉が脚を動かす。

< 脚の先端
脚の先端にはそれぞれ2本の爪があり、移動の際はこれで足場を確保する。また、ほかの徘徊性クモ類と同じように、微細な毛の生えたパッドがあり、平滑面を移動する際の足がかりとする。

∧ 有毒な牙
獲物を攻撃する際には牙が前方に跳び出す。牙が前方には動かずに内側に回転するだけのほかのクモ類と異なる点だ。左右の牙を通じて頭部にある筋肉質の毒液のうから毒液が注入され、獲物をまひさせる。

< 出糸管
腹部にある分泌腺（糸腺）が糸のもとになる粘液を分泌する。クモが後脚を用いて出糸管から粘液を引き出すと粘液は固まって糸となる。この糸で卵嚢や巣穴の内張りを作る。

色の濃い腹部にはクモの
生命を維持する内臓の
ほとんどが納まっている

朱赤色の膝節

∧ 刺激毛という武器
アメリカ産のオオツチグモ
類の多くに共通した特徴
だが、身を守るために、後
脚で腹部をこすってかえし
のついた刺激毛を飛ばす。
この毛は極細で軽く、捕食
者の顔面周辺にしばらく
漂い、目や鼻や口に入る。
皮膚に触れると猛烈なか
ゆみが生じる。

触肢の使い道は広く、
触って感じたり、獲物を
探ったり、精子を雌に
渡したりするのに用いられる

腹面 >
頭部と胸部は融合して
1つの頭胸部になり、ここ
から歩脚や口器が生え
ている。腹部には呼吸と
生殖のための開口部が
あり、最後端には1対の
出糸管がある。

ウミグモ類　SEA SPIDERS

ウミグモはひ弱な外見の海生動物で、浅海の海藻のすきまや熱帯のサンゴ礁に生息している。最大の種は深海に棲んでいる。

　ウミグモ綱（皆脚綱）は真のクモではない。ほかの節足動物と顕著に異なっているため、ウミグモ類は古い系統であり現世の動物のどのグループとも近縁ではないと考える研究者もいる。クモ類と遠い類縁関係にあると考える研究者もいる。ウミグモのほとんどは小型で、体長は1cmに満たない。脚は3ないし4対で、頭部と胸部は融合している。口器はカギ爪タイプではなくて吻が細長く伸びたもので、それを皮下注射針のように用い、獲物の無脊椎動物から体液を吸い取る。体はひょろ長く、酸素は体表面から浸透して各細胞まで直接届くので、鰓は必要ない。

門	節足動物門
綱	ウミグモ綱
目	1
科	13
種	1,348

2 cm
¾ in

コロッセンデイス・メガロニクス
GIANT SEA SPIDER
Colossendeis megalonyx
オオウミグモ科
ウミグモ類のなかでは最大級の種。亜南極海域の深海に生息する。脚を広げると70cmになる。

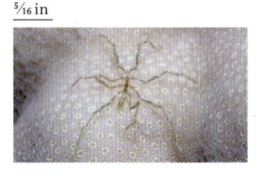

8 mm
5/16 in

エンデイス・スピノサ
SPINY SEA SPIDER
Endeis spinosa
ミドリウミグモ科
ヨーロッパ沿岸で見つかっているが、ほかの地域にも分布する可能性がある。体は極めてひょろ長く、円柱状の長い吻がある。

5 mm
3/16 in

ピクノゴヌム・リトラーレ
FAT SEA SPIDER
Pycnogonum litorale　ヨロイウミグモ科
ヨーロッパ産。ウミグモ類の大半と異なり、体に厚みがあり、比較的短く曲がった脚にはカギ爪がある。イソギンチャクを餌にする。

イエロー・ニード・シースパイダー（未知種）
YELLOW-KNEED SEA SPIDER
Unknown sp.　カニノテウミグモ科
オーストラリアのサンゴ礁に分布。ウミグモ類にはこのように極めて派手な体色のものがいるが、鮮やかなサンゴ礁を背景にした環境では、これがカムフラージュになることが多い。

8 mm
5/16 in

シンカイアカユメムシ
GRACEFUL SEA SPIDER
Nymphon brevirostre
ユメムシ科
大西洋北東部で最も普通に見られるウミグモの一種。潮間帯や沖合の浅瀬に生息する。

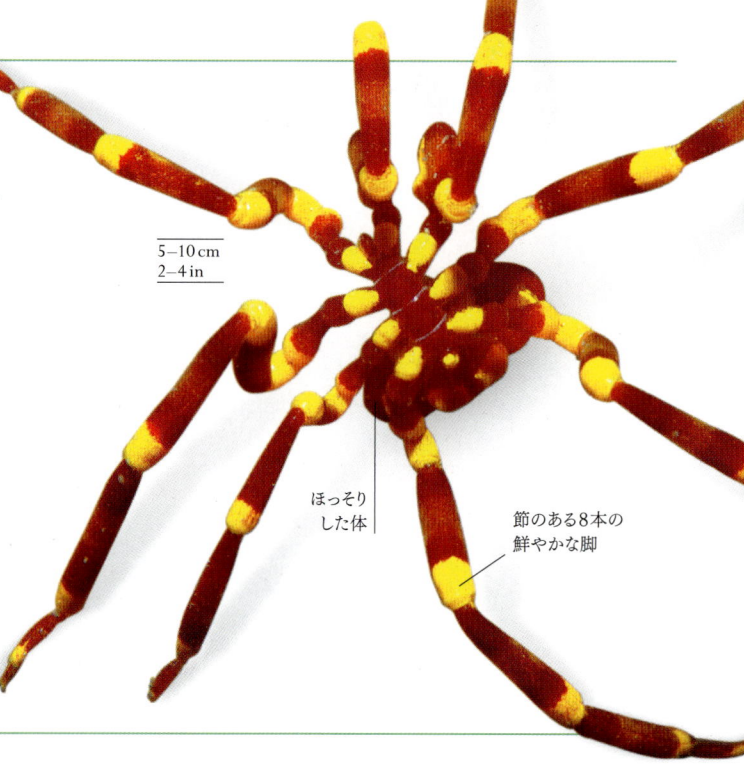

5–10 cm
2–4 in

ほっそりした体

節のある8本の鮮やかな脚

カブトガニ類　HORSESHOE CRABS

カブトガニ類が属する節口綱は海生動物の小さなグループで、クモやサソリに近縁である。カブトガニは大昔から存在する古い動物で、「生きている化石」として有名である。

　古代、カブトガニ類はもっと多様性の高いグループだった。地球上に最初に出現した鋏角類はカブトガニによく似た動物だった可能性が高い。硬い背甲に覆われてはいるが、ハサミ型の口器を備え触角を欠くという特徴は、カブトガニと最も近縁なのはクモ類であることを示している。腹部下面にある葉状の鰓（書鰓）は、クモ類の呼吸器官である書肺の前段階的なもので、両者の構造には共通点がある。クモの触肢にあたる付属肢が歩脚になっているので、歩脚の数はクモ類より1対多い5対である。カブトガニは海底の泥を掘りかえして獲物を捕まえる。繁殖期には大挙して海岸近くに現れ、砂地に産卵する。

門	節足動物門
綱	節口綱
目	1
科	1
種	4

棘のある腹部

40–60 cm
16–23½ in

カブトガニ
JAPANESE HORSESHOE CRAB
Tachypleus tridentatus
カブトガニ科
東アジアに分布し、砂浜に産卵する。生息地の破壊や汚染により、個体数の激減した地域もある。

融合した頭部と胸部を背甲が覆う

剣のような長い尾

マルオカブトガニ
MANGROVE HORSESHOE CRAB
Carcinoscorpius rotundicauda
カブトガニ科
東南アジアに分布。砂や泥の海底に生息し、小魚のほか、昆虫の幼虫などの無脊椎動物を食べる。

25–30 cm
8–12 in

甲殻類 CRUSTACEANS

甲殻類のほとんどは水生で、鰓呼吸をし、脚で這ったり泳いだりする。成体になると固着生活をするものや、寄生生活をするもの、陸生のものも含まれる。

　甲殻類の体は、基本的には頭部・胸部・腹部からなるが、多くのグループで頭部と胸部は融合している。カニやエビでは頭部の背板が後方に伸長し、背甲とともに頭部と胸部全体を覆っている。節足動物のなかでは唯一、触角が2対あり、肢は原始的な二叉型である。胸部の付属肢は移動に用いられるのが通常だが、ハサミ型に変化して採餌や防衛用になっていることもある。また、腹部の付属肢がよく発達している種も多く、しばしば保育に用いられる。鰓呼吸をするため、甲殻類のほとんどは水から離れられないが、ダンゴムシ類や一部のカニ類では呼吸器官が変化して、湿気があれば陸上でも生活できるようになっている。

　ずっと水中にいて体重が支えられるので、外骨格が分厚く重くなっても問題ない。カルシウムで強化された外骨格を備える種も多い。脱皮の際にはカルシウムを体内に再吸収してから外側の殻を脱ぎさる。水中では浮力が働くため、陸生の近縁な動物よりも大型化する傾向がある。世界最大の節足動物は、日本の深海に生息するタカアシガニ(脚を広げると4m)である。逆に小さなほうも豊富で、膨大な量の甲殻類が動物プランクトンとして生活している。そこには極小の幼生、成体のエビ類やオキアミ類が含まれる。

門	節足動物門
亜門	甲殻亜門
目	56
科	約1,000
種	約70,000

論点
甲殻類の系統

2対の触角や二叉型の付属肢など、ほかに類のない特徴を多くもっていることからは、甲殻類は単一の共通祖先由来の子孫全てを含むと考えられそうである。ところが、近年のDNA分析は昆虫が甲殻類のあるグループから分岐して生じたことを示している。

ミジンコ類とその仲間(鰓脚類)
WATER FLEAS AND RELATIVES

鰓脚綱は主として淡水産の甲殻類で、すぐに干上がる水たまりでプランクトンとして過ごし、卵の状態で長期間の乾燥に耐える。胸部にある葉状の付属肢で呼吸や濾過摂食を行う。ミジンコ類は透明な背甲で覆われているのが典型的である。

1–1.5 cm
³⁄₈–½ in

ブラインシュリンプ
BRINE SHRIMP
Artemia salina
ホウネンエビモドキ科
柔らかい体をした有柄眼の動物である。世界中の塩湖に見られ、仰向けになって泳ぐ。卵は殻が硬く、何年も乾燥に耐える。

2–5mm
¹⁄₁₆–³⁄₁₆ in

オオミジンコ
LARGE WATER FLEA
Daphnia magna ミジンコ科
北アメリカに分布する。ミジンコ類は背甲の内部に卵を産む。卵は受精せずに発生して孵化するので、急速に個体数が増えることになる。

1.5mm
¹⁄₁₆ in

ノルドマンエボシミジンコ
MARINE WATER FLEA
Evadne nordmanni ウミオオメジンコ科
英名の「ウォーター・フリー(海のノミ)」は断続的で素速い泳ぎ方からつけられたもの。ほとんどのミジンコは淡水性の止水に見られるが、本種は海でプランクトンとして生活する。

5 cm
2 in

2本の尾

レピドゥルス・パッカルディ
VERNAL POOL TADPOLE SHRIMP
Lepidurus packardi カブトエビ科
カリフォルニア産。カブトエビ類は、一時的にできた淡水の池の底で生活する。古くから存在していた動物で、2億2000万年を経ているが、ほとんど変化していない。

フジツボ類とカイアシ類(顎脚類)
BARNACLES AND COPEPODS

海生の甲殻類の例に漏れず、顎脚綱の幼生も小さく、しばらくはプランクトンとしての生活を送る。フジツボの幼生は、頭を下にして自らをセメントで岩に接着する。カイアシ類の多くは自由生活をするが、なかにはほかの動物に寄生するものもいる。

0.5–1.5 cm
³⁄₁₆–½ in

セミバラヌス・バラノイデス
COMMON ACORN BARNACLE
Semibalanus balanoides
ムカシフジツボ科
北大西洋の岩石海岸に分布し、引き潮時に露出する潮間帯に固着するが、乾燥に弱く、フジツボのなかでは最も低い位置に見られることが多い。

1.8 cm ³⁄₄ in

ウオジラミ属の一種
SEA LOUSE
Caligus sp. ウオジラミ科
海産魚に寄生する代表的なカイアシ類のなかでも代表的な存在。サケやその近縁種に取りつく。

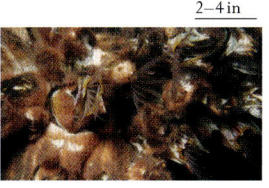

5–10 cm
2–4 in

バラヌス・ヌビルス
GIANT ACORN BARNACLE
Balanus nubilus
フジツボ科
世界最大のフジツボ。北アメリカの太平洋沿岸部に分布し、潮間帯より下の岩に固着する。

2–3 cm
³⁄₄–1¼ in

クロフジツボ
ASIAN ACORN BARNACLE
Tetraclita squamosa
クロフジツボ科
インド太平洋の海岸に分布し、潮間帯に生息する。最近の研究により、5亜種の存在が知られている。

3–5 mm
¹⁄₈–³⁄₁₆ in

カラヌス・グラキアリス
GLACIAL COPEPOD
Calanus glacialis
カラヌス科
カイアシ類の一種。北極海のプランクトンのなかでも食物連鎖の要として重要である。

マクロキクロプス・アルビドゥス
GIANT COPEPOD
Macrocyclops albidus
ケンミジンコ科
カイアシ類は小さな捕食者で、プランクトンを食べる。本種は分布域が広く、カの幼虫も獲物にするので、カの駆除に利用できるかもしれないと期待されている。

1–2.5 mm
¹⁄₃₂–¹⁄₈ in

ネオレパス属の一種
DEEP SEA GOOSE BARNACLE
Neolepas sp. アカツキミョウガガイ科
海底火山の熱水噴出口の周辺に見られる生物群の一員となっている。バクテリアなどの生物を濾過摂食する。

5–10 cm／2–4 in

エボシガイ
COMMON GOOSE BARNACLE
Lepas anatifera
エボシガイ科
エボシガイ類はしなやかな柄でもって、たいていは海の漂流物に固着する。本種は大西洋北東部の温帯海域に見られる。

8–90 cm
3¼–36 in

チョウ属の一種
COMMON FISH LOUSE
Argulus sp.
チョウ科
楕円形の背甲に覆われた、扁平で泳ぎの速い甲殻類。吸盤で魚類に吸いついて血液を吸う。

0.5–1 cm
³⁄₁₆–³⁄₈ in

ウミホタルとカイミジンコ（貝虫類）
SEED SHRIMPS

ウミホタルやカイミジンコは貝形虫綱に属する。ちょうつがい式につながった2枚の背甲が体全体を覆い、小さな開口部から脚だけが出ている。驚くと、背甲をぴったり閉じてなかに閉じこもる。海や淡水に生息し、小さな体で海藻や水草の間を這いまわる。触角を使って泳ぐものもいる。

2–3 cm
¾–1¼ in

ギガントキプリス属の一種
GIANT SWIMMING SEED SHRIMP
Gigantocypris sp.　ウミホタル科
ウミホタル類のほとんどは2枚合わせの背甲に覆われたごく小さな動物だが、本種は大型の深海種で、大きな目を備え、生物発光している獲物を狩る。

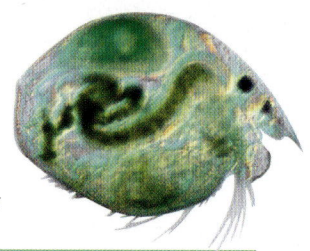

0.5–2 mm
¹⁄₆₄–¹⁄₁₆ in

カイミジンコ属の一種
CRAWLING SEED SHRIMP
Cypris sp.
カイミジンコ科
淡水に広く分布する。硬い殻に包まれた小型のカイミジンコ類で、デトリタスの間を這いまわっている。

エビやカニとその仲間（軟甲類）
CRABS AND RELATIVES

軟甲類は甲殻類のなかでも最も多様性に満ちたグループである。基本的な特徴として、体は頭部・胸部・腹部からなり、多数の脚が生える。軟甲綱に含まれる目のうち大きいのは十脚目と等脚目である。十脚目では融合した頭部と胸部の全体を背甲がぐるっと覆い、内側には鰓室が形成される。等脚目（ダンゴムシなど）は背甲を欠き、陸生の甲殻類としては最大のグループである。

4–6 cm
1½–2¼ in

ナンキョクオキアミ
ANTARCTIC KRILL
Euphausia superba　オキアミ科
プランクトンを食べる甲殻類で、南極海における食物連鎖の極めて重要な構成要素として、クジラやアザラシ、海鳥の生活を支えている。

ミシス・レリクタ
RELICT OPOSSUM SHRIMP
Mysis relicta　アミ科
アミ類の体は透明で、羽毛のような脚が生え、幼生を育房に入れて運ぶ。沿岸海域に生息する種がほとんどだが、北半球に分布する本種は淡水域に見られる。

1–1.8 cm
³⁄₈–¾ in

腹部

1.5–2.2 cm
½–⅞ in

1–2 cm
³⁄₈–¾ in

ガンマルス・プレックス
COMMON FRESHWATER SHRIMP
Gammarus pulex
ヨコエビ科
端脚目に属する。ヨーロッパ北部に分布し、淡水の河川に豊富に存在する。本科に所属するヨコエビ類の多くはデトリタス植生で淡水産だが、汽水域に生息するものもいる。

オルケスティア・ガンマレルス
COMMON SANDHOPPER
Orchestia gammarellus
ハマトビムシ科
多くの種を擁する端脚目（横に扁平な体型の甲殻類）の一種。ヨーロッパの潮間帯に生息する。英名も科名も、腹部をはじくように急に動かしてジャンプする習性から。

カプレラ・アカンティフェラ
SPINY SKELETON SHRIMP
Caprella acanthifera
ワレカラ科
ワレカラ類は捕食性の端脚目である。細長い体で動きはのろく、脚の数が少ない。本種はヨーロッパに分布し、岩礁の潮だまりで海藻にしがみついている。

13 mm
½ in

1–1.5 cm
³⁄₈–½ in

アセルス・アクアティクス
COMMON WATER SLATER
Asellus aquaticus　ミズムシ科
ミズムシ科は等脚目に属する淡水産のグループである。本種はヨーロッパの普通種で、止水に生息し、デトリタスの間を這っている。

鰭状の尾を使って泳ぐ

外骨格が各体節を覆う

ダイオウグソクムシ
GIANT DEEPSEA ISOPOD
Bathynomus giganteus
スナホリムシ科
ダンゴムシに近縁な巨大な海生種。海底を這いまわって動物の死体を食べるスカベンジャーだが、時には生きた獲物も食べる。

19–36 cm
7½–14 in

2–3 cm
¾–1¼ in

1–1.2 cm
³⁄₈–½ in

リギア・オケアニカ
COMMON SEA SLATER
Ligia oceanica
フナムシ科
海岸に生息する大型のフナムシ。ヨーロッパ産で、潮間帯より上のゾーンの岩の割れ目にいて、デトリタスを食べる。

ポルケリオ・スピニコルニス
BLACK-HEADED WOODLOUSE
Porcellio spinicornis
ワラジムシ科
模様が特徴的なワラジムシで、人家のすぐそば、特に石灰質の多い生息地に多く見られる。ヨーロッパ原産だが、北アメリカにも侵入している。

1–1.8 cm
³⁄₈–¾ in

オカダンゴムシ
COMMON PILL WOODLOUSE
Armadillidium vulgare
オカダンゴムシ科
ダンゴムシは驚くと丸まってボール状になるのが特徴である。本種はユーラシアに広く分布しているが、それ以外の地域にも移入されている。

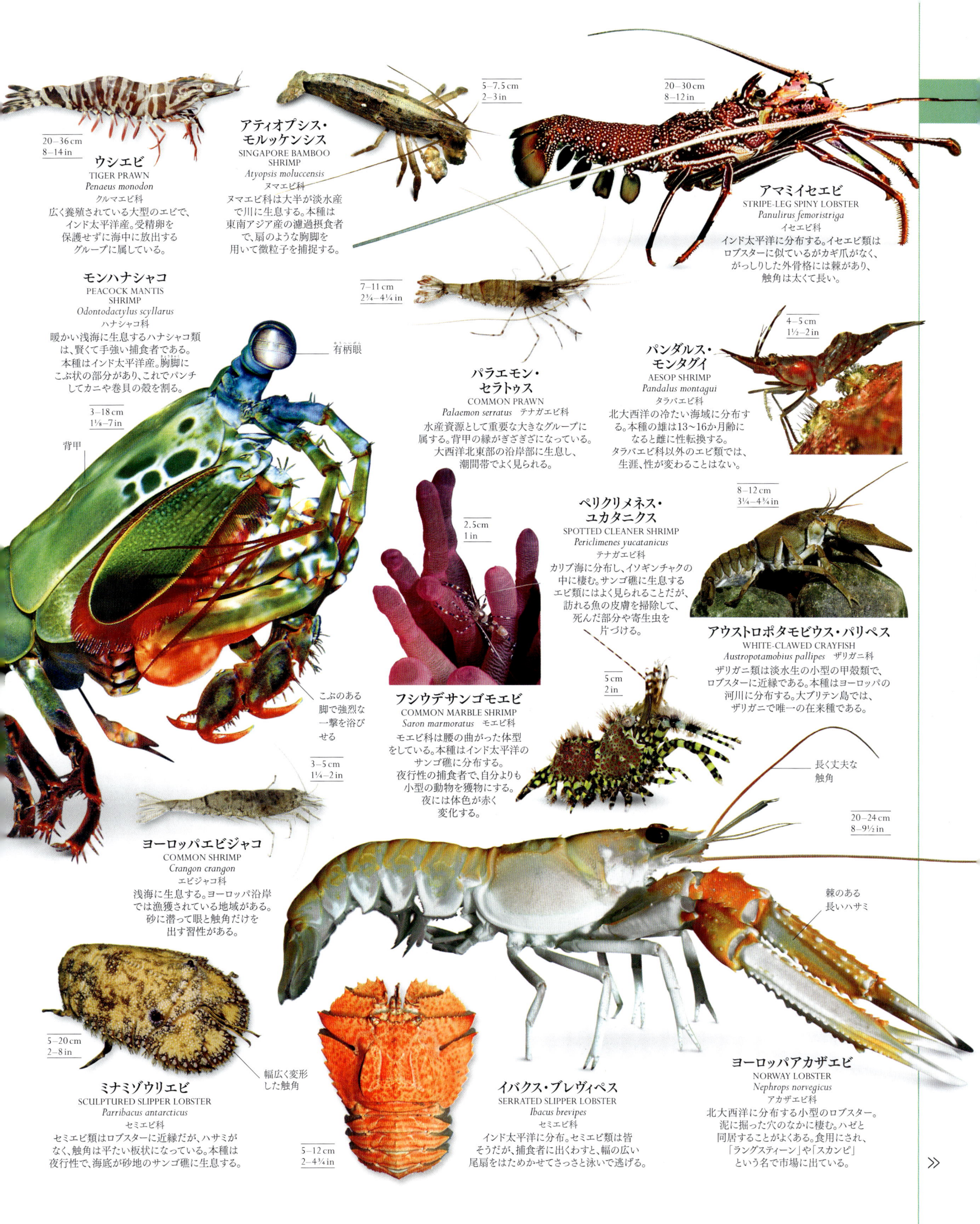

20—36 cm
8—14 in

ウシエビ
TIGER PRAWN
Penaeus monodon
クルマエビ科
広く養殖されている大型のエビで、インド太平洋産。受精卵を保護せずに海中に放出するグループに属している。

モンハナシャコ
PEACOCK MANTIS
SHRIMP
Odontodactylus scyllarus
ハナシャコ科
暖かい浅海に生息するハナシャコ類は、賢くて手強い捕食者である。本種はインド太平洋産。胸脚にこぶ状の部分があり、これでパンチしてカニや巻貝の殻を割る。

— 有柄眼

3—18 cm
1⅛—7 in

背甲

こぶのある
脚で強烈な
一撃を浴び
せる

3—5 cm
1¼—2 in

アティオプシス・モルッケンシス
SINGAPORE BAMBOO
SHRIMP
Atyopsis moluccensis
ヌマエビ科
ヌマエビ科は大半が淡水産で川に生息する。本種は東南アジア産の濾過摂食者で、扇のような胸脚を用いて微粒子を捕捉する。

5—7.5 cm
2—3 in

7—11 cm
2¾—4¼ in

パラエモン・セラトゥス
COMMON PRAWN
Palaemon serratus テナガエビ科
水産資源として重要な大きなグループに属する。背甲の縁がぎざぎざになっている。大西洋北東部の沿岸部に生息し、潮間帯でよく見られる。

2.5cm
1 in

ペリクリメネス・ユカタニクス
SPOTTED CLEANER SHRIMP
Periclimenes yucatanicus
テナガエビ科
カリブ海に分布し、イソギンチャクの中に棲む。サンゴ礁に生息するエビにはよく見られることだが、訪れる魚の皮膚を掃除して、死んだ部分や寄生虫を片づける。

フシウデサンゴモエビ
COMMON MARBLE SHRIMP
Saron marmoratus モエビ科
モエビ科は腰の曲がった体型をしている。本種はインド太平洋のサンゴ礁に分布する。夜行性の捕食者で、自分よりも小型の動物を獲物にする。夜には体色が赤く変化する。

5 cm
2 in

ヨーロッパエビジャコ
COMMON SHRIMP
Crangon crangon
エビジャコ科
浅海に生息する。ヨーロッパ沿岸では漁獲されている地域がある。砂に潜って眼と触角だけを出す習性がある。

ミナミゾウリエビ
SCULPTURED SLIPPER LOBSTER
Parribacus antarcticus
セミエビ科
セミエビ類はロブスターに近縁だが、ハサミがなく、触角は平たい板状になっている。本種は夜行性で、海底が砂地のサンゴ礁に生息する。

5—20 cm
2—8 in

— 幅広く変形
した触角

5—12 cm
2—4¾ in

イバクス・ブレヴィペス
SERRATED SLIPPER LOBSTER
Ibacus brevipes
セミエビ科
インド太平洋に分布。セミエビ類は皆そうだが、捕食者に出くわすと、幅の広い尾扇をはためかせてさっさと泳いで逃げる。

20—30 cm
8—12 in

アマミイセエビ
STRIPE-LEG SPINY LOBSTER
Panulirus femoristriga
イセエビ科
インド太平洋に分布する。イセエビ類はロブスターに似ているがカギ爪がなく、がっしりした外骨格には棘があり、触角は太くて長い。

4—5 cm
1½—2 in

パンダルス・モンタグイ
AESOP SHRIMP
Pandalus montagui
タラバエビ科
北大西洋の冷たい海域に分布する。本種の雄は13〜16か月齢になると雌に性転換する。タラバエビ科以外のエビ類では、生涯、性が変わることはない。

8—12 cm
3¼—4¾ in

アウストロポタモビウス・パリペス
WHITE-CLAWED CRAYFISH
Austropotamobius pallipes ザリガニ科
ザリガニ類は淡水生の小型の甲殻類で、ロブスターに近縁である。本種はヨーロッパの河川に分布する。大ブリテン島では、ザリガニで唯一の在来種である。

— 長く丈夫な
触角

20—24 cm
8—9½ in

棘のある
長いハサミ

ヨーロッパアカザエビ
NORWAY LOBSTER
Nephrops norvegicus
アカザエビ科
北大西洋に分布する小型のロブスター。泥に掘った穴のなかに棲む。ハゼと同居することがよくある。食用にされ、「ラングスティーン」や「スカンピ」という名で市場に出ている。

>>

≫ エビやカニとその仲間（軟甲綱）

30–40 cm
12–16 in

ヤシガニ
ROBBER CRAB
Birgus latro オカヤドカリ科
陸生の節足動物では最大。コシオリエビ
と近縁である。インド太平洋の島々に
分布し、森林に生息する。強大な
はさみを使ってヤシの実を食べる。

1 cm
⅜ in

サクラコシオリエビ
PINK SQUAT LOBSTER
Lauriea siagiani コシオリエビ科
熱帯産のコシオリエビ類は、サンゴ
礁の特定の生物と共生関係にある
ものが多い。この小さな毛むくじゃ
らの種はインドネシアに分布し、
ミズガメカイメン属*Xestospongia*に
身を寄せて生活している。

ガラテア・ストリゴーサ
BLUE-STRIPED SQUAT LOBSTER
Galathea strigosa
コシオリエビ科
ヨーロッパ産。すんなりしたハサミをもつ
コシオリエビ類は十脚目(脚が10本)に
含まれるが、最後の脚が退化して
いるので8本足に見える。

7–9 cm
2¾–3½ in

ハサミは左右の大きさがふぞろいで、
信号を送るのに用いられる

貝殻に付着した
イソギンチャク

2 cm
1¼ in

アカホシカニダマシ
ANEMONE PORCELAIN CRAB
Neopetrolisthes maculatus
カニダマシ科
カニダマシ類はごく小さな8本足の
十脚類で、カニ類よりもコシオリエビ類の
ほうに近縁である。インド太平洋産の
本種は、巨大なハタゴイソギンチャク類
*Stichodactyla*の中に棲む。

8–12 mm/⁵⁄₁₆–½ in

触角

カニダマシ科の一種
PORCELAIN CRAB
Porcellanidae gen.et sp.
カニダマシ科
カニダマシ類にはほかの海生無脊椎
動物の体表や体内で一生を過ごす
ものもいる。本種はフィリピン産で、杯状
のイシサンゴ類をすみかとしている。

4 cm
1½ in

パグリステス・カデナティ
RED REEF HERMIT CRAB
Paguristes cadenati ヤドカリ科
ヤドカリ類は空になった巻貝のなかに
棲む。ヤドカリの柔らかい腹部はらせん状
に巻いていて、貝殻にうまくおさまって
いる。本種は大西洋西部のサンゴ礁に
生息する。

13–20 cm
5–8 in

コモンヤドカリ
WHITE-SPOTTED HERMIT CRAB
Dardanus megistos
ヤドカリ科
大西洋東部とインド太平洋の海岸に
生息する「左利き」のヤドカリ。
左側のハサミのほうが大きい。

ソメンヤドカリ
ANEMONE HERMIT CRAB
Dardanus pedunculatus ヤドカリ科
インド太平洋のサンゴ礁に生息する。
カリアクティス属 *Calliactis* のイソギンチャクを
常に貝殻に付着させている。イソギンチャクに
餌を分け、カムフラージュを兼ねて保護してもらう。

6–10 cm
2¼–4 in

ネコラ・プーベル
VELVET SWIMMING CRAB
Necora puber　Polybiidae科
ワタリガニ類では後方の歩脚が
かいのような遊泳脚になって
いる。赤い眼をした本種は
攻撃的で、大西洋北東部に
分布し、岩石海岸の低潮線
付近によく見られる。

5–6.5 cm
2–2½ in

タイワンガザミ
BLUE SWIMMING CRAB
Portunus pelagicus
ワタリガニ科
インド太平洋に分布するワタリガニ類で、
砂質あるいは泥質の海岸線を
好む。幼体は潮間帯に入り込む。
近縁種と同じく、ほかの無脊椎
動物を獲物にする。

5–7 cm
2–2¾ in

5–10 cm
2–4 in

貝殻のような
背甲

**ヨーロッパ
イチョウガニ**
EDIBLE CRAB
Cancer pagurus
イチョウガニ科
水産資源としてヨーロッパでは最も
重要なカニで、沖合に生息する。
横幅のある「パイの皮」型の背甲が
特徴的で、寿命は20年以上になる。

アカモンガニ
SPOTTED CORAL CRAB
Carpilius maculatus
アカモンガニ科
アカモンガニ類はサンゴ礁に
生息する鮮やかなカニである。
現世種は数種が知られている
が、近縁種の化石は多数発見
されている。本種は大型で
インド太平洋に分布する。

4.5–9 cm
1¾–3½ in

ソデカラッパ
WARTY BOX CRAB
Calappa hepatica　カラッパ科
カメのようなかっこうの
カニで、インド太平洋に
分布し、砂に潜って生活す
る。ハサミで顔を覆う習性が
あるため「シェイム・フェイス・
クラブ（恥ずかしがり屋の
カニ）」とも呼ばれる。

4–6 cm
1½–2¼ in

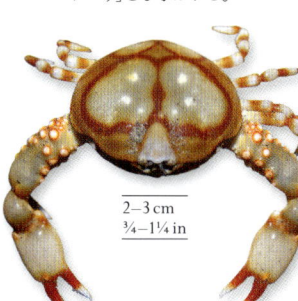

ドロミア・ペルソナータ
SPONGE CRAB
Dromia personata
カイカムリ科
大西洋産のカニで、カイメンの
切れ端を背負って捕食者から
身を隠す。退化した二対の歩脚
は、近縁で原始的なヤドカリ類の
ものと似ている。

4–5 cm
1½–2 in

ツノナガコブシガニ
PAINTED PEBBLE CRAB
Leucosia anatum
コブシガニ科
コブシガニ科は小型で
たいていはダイヤモンド型
をしており、ハサミ脚が長い。
この鮮やかな種はインド
太平洋に分布する。

2–3 cm
¾–1¼ in

タカアシガニ
JAPANESE SPIDER CRAB
Macrocheira kaempferi
クモガニ科
脚を広げると4mにもなる世界最大の
節足動物である。太平洋北西部に分布する。
100年以上生きると言われている。

30–40 cm
12–16 in

クリスマスアカガニ
CHRISTMAS ISLAND RED CRAB
Gecarcoidea natalis　オカガニ科
陸生のカニで、クリスマス島だけに分布し、
森林に穴を掘って生息している。毎年、膨大な数の
個体が海まで大移動して交尾・産卵する。

8–10 cm
3¼–4 in

ステノリンクス・デビリス
PANAMIC ARROW CRAB
Stenorhynchus debilis
イッカククモガニ科
ステノリンクス属のカニ
（アロー・クラブ）は小型のクモガニ
類である。有柄眼で、頭部には
棘がある。本種は太平洋東部に
分布し、サンゴ礁に生息する
スカベンジャーである。

1–3 cm
⅜–1⅛ in

**ポタモン・
ポタミオス**
EUROPEAN
FRESHWATER CRAB
Potamon potamios　サワガニ科
サワガニ科はユーラシアに分布
し、アルカリ性の淡水域に生息する
カニからなる大きなグループである。
本種はヨーロッパ南部産で、陸上で
生活する時間がかなり長い。

4–5 cm
1½–2 in

有柄眼

ヒメシオマネキ
ORANGE FIDDLER CRAB
Gelasimus vocans
スナガニ科
シオマネキ類は砂浜に穴を
掘って生活する。雄は巨大な
ハサミで信号を送る。本種は
太平洋西部の泥質の海岸に
見られる。

1–2 cm
⅜–¾ in

レインボー・クラブ
AFRICAN RAINBOW CRAB
Ocypode (Cardisoma) armatum
スナガニ科
西アフリカに分布し、海浜地域に
生息する。果物や植物、動物を
食べる。雄は海に入らず、雌だけ
海に入って放卵する。

10–15 cm
4–6 in

**チュウゴク
モクズガニ**
CHINESE
MITTEN CRAB
Eriocheir sinensis
モクズガニ科
東アジア原産のハサミに毛が生えたカニで、
河川に生息し、川岸に穴を掘る。北アメリカや
ヨーロッパに移入され、害をもたらしている。

5–6 cm
2–2¼ in

毛の生えた
ハサミ

レインボー・クラブ
AFRICAN RAINBOW CRAB
Ocypode (Cardisoma) armatum

レインボー・クラブは砂浜や砂丘、マングローブ湿地、河口付近に生息している。海岸線よりも上に、個体ごとに深い穴を掘って巣としている。交接は巣の中やそばで行われる。雌は受精卵を腹部に抱えてしばらくすごす。2～3週間後、浅瀬に入って卵を海に放つと幼生が孵化してくる。1回の産卵で雌1匹につき数百万匹の幼生が生まれてくるが、そのなかで成長して陸に戻ってこれるのはごくわずかしかいない。

∨ **口**
口の外側には顎脚（がっきゃく）が左右からかぶさっている。顎脚にある剛毛（ごうもう）で食物から砂粒をこすり落とし、内部にある大顎（おおあご）へと運ぶ。

∧ **眼**
眼には長い柄（眼柄（がんぺい））があり、つけねの部分で回転可能で、あたりをぐるりと見わたして食物や避けるべき捕食者を見つけることができる。

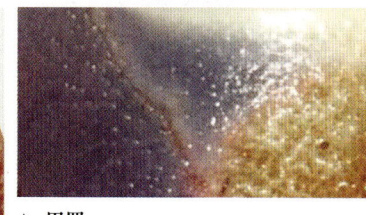

∧ **脚の関節**
脚の各関節は、人間の膝のように一方向にしか動かないが、多数の関節がそれぞれ違う方向に動くため、脚全体としてはとても器用な動きが可能になる。

∧ **甲羅**
成長するには硬い外骨格を脱ぎ捨てなければならない。脱皮と呼ばれる過程である。まず水分の吸収により体が膨れて外骨格が裂ける。外骨格全体を脱ぎ捨てると、その下から新しくかつ以前より一回り大きくなった外骨格が現れる。

∧ **腹面**
雄の腹部。雌の腹部は雄に比べて幅が広く、卵塊を抱えることができる。

歩脚は4対8本ある

剛毛は敏感で、食物を見つけるのに役立つ

歩脚の先端は鋭く、すばらしく器用だ

甲　幅	10–15cm（4–6in）
生息地	海岸の砂泥底
分　布	西アフリカの大西洋沿岸部
食　性	機会的捕食者だが、主に 腐敗中の植物や動物を食べる

∨ **ビーチコーマー**
夜になると姿を現して活発に活動し、食物を探す。驚くと巣穴に走って戻る。植物質や動物質のデトリタスや、死んだ魚、昆虫を食べる。食物を探したあとに小さな砂団子をたくさん残していく。

はさみ脚の先端にある可動指を動かして、ものをつまむ

はさみ脚の先端にある不動指

左右のサイズの異なるはさみ脚で採餌したり社会的相互作用を行ったりする

特殊化した3対6本の顎脚が口の外側にかぶさる

眼は長い眼柄の先端にある

7個の節からなる歩脚

昆虫類 INSECTS

昆虫が陸上に最初に出現してから4億年以上たつ。今日、昆虫綱は、1つの綱としては地球上の生物のなかで最大の種数を含む大きなグループになっている。

昆虫は多彩な生活様式を進化させてきた。ほとんどが陸生だが淡水生の種も多い。海生のものはほとんど存在しない。昆虫には数多くの特徴がある。体が小さく、発達した神経系を備え、繁殖率が高く、そして（例外はあるが）飛翔能力をもつなどである。昆虫が繁栄しているのはこういった特徴のおかげである。

昆虫には、（何よりまず）甲虫、ハエ、チョウやガ、アリ、ハチ、カメムシなどが含まれ、多様性に満ちていながら、一方では驚くほどよく似ている。進化の過程で、昆虫の基本的な解剖学的構造には度重なる変更が

加わり、その結果、数多くのバリエーションが登場した。だが、頭部・胸部・腹部という3つの部分から体が構成されるという基本構造は共通している。頭部は6つの体節が融合したもので、脳のほか、複眼、第2の光受容器である単眼、触角など、主要な感覚器官が納まっている。口器は食性に応じて変形し、液体を吸ったり固形物をかんだりすることができる。

胸部は3つの体節からなり、それぞれ1対の脚が備わる。後方の2体節には通常、各1対の翅がある。それぞれ多数の節からなる脚は大きく変形している場合もあり、歩行や走行、跳躍だけでなく、穴掘りや遊泳など、さまざまな特殊機能をもつに至っている。腹部は通常、11の体節からなり、消化器官や生殖器官が納まっている。

門	節足動物門
綱	昆虫綱
目	29
科	約 1,000
種	約 1,100,000

論 点
全部でいったい何種いるのか？

既に約110万種の昆虫が記載されているのに加え、毎年多数の種が発見されている。だが昆虫の実際の種数は既知のものよりも遥かに多い可能性が高い。昆虫の豊富な雨林でのサンプリング調査によれば、1000万〜1200万種もの昆虫が存在する可能性も考えられる。

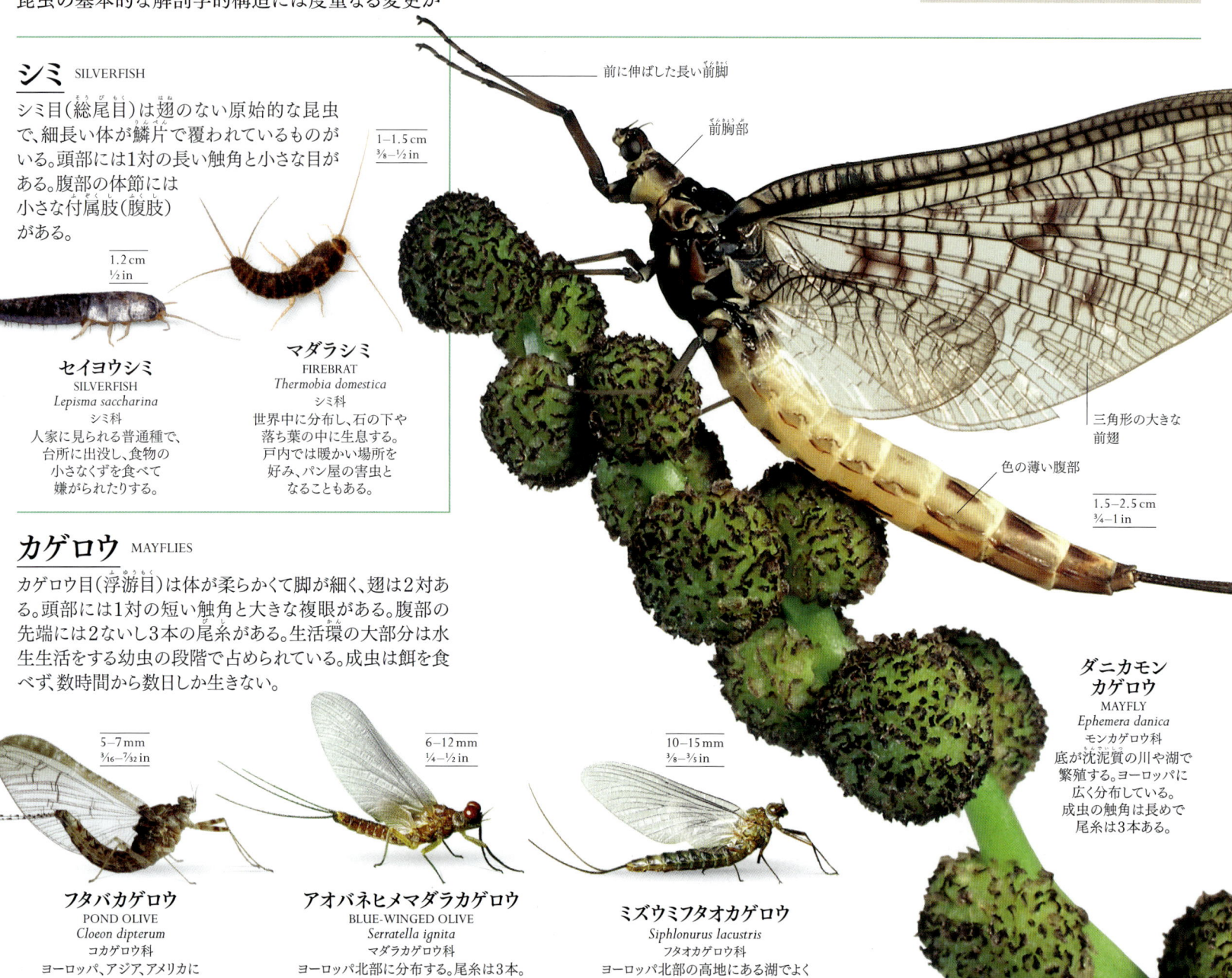

シミ SILVERFISH

シミ目（総尾目）は翅のない原始的な昆虫で、細長い体が鱗片で覆われているものがいる。頭部には1対の長い触角と小さな目がある。腹部の体節には小さな付属肢（腹肢）がある。

1.2 cm
½ in

セイヨウシミ
SILVERFISH
Lepisma saccharina
シミ科
人家に見られる普通種で、台所に出没し、食物の小さなくずを食べて嫌がられたりする。

マダラシミ
FIREBRAT
Thermobia domestica
シミ科
世界中に分布し、石の下や落ち葉の中に生息する。戸内では暖かい場所を好み、パン屋の害虫となることもある。

カゲロウ MAYFLIES

カゲロウ目（浮游目）は体が柔らかくて脚が細く、翅は2対ある。頭部には1対の短い触角と大きな複眼がある。腹部の先端には2ないし3本の尾糸がある。生活環の大部分は水生活をする幼虫の段階で占められている。成虫は餌を食べず、数時間から数日しか生きない。

5−7mm
³⁄₁₆−⁷⁄₃₂ in

フタバカゲロウ
POND OLIVE
Cloeon dipterum
コカゲロウ科
ヨーロッパ、アジア、アメリカに広く分布する。池や溝から雨どいや天水おけまで、さまざまな環境で繁殖する。

6−12mm
¼−½ in

アオバネヒメマダラカゲロウ
BLUE-WINGED OLIVE
Serratella ignita
マダラカゲロウ科
ヨーロッパ北部に分布する。尾糸は3本。雄のボール状の目はそれぞれ上下2つの部分に分かれていて、大きいほうの上部で雌を見つけ出す。

10−15mm
³⁄₈−⁵⁄₈ in

ミズウミフタオカゲロウ
Siphlonurus lacustris
フタオカゲロウ科
ヨーロッパ北部の高地にある湖でよく見られる。夏に現れる成虫には尾糸が2本ある。翅は灰緑色で後翅が小さい。

前に伸ばした長い前脚

前胸部

三角形の大きな前翅

色の薄い腹部

1.5−2.5 cm
¾−1 in

ダニカモンカゲロウ
MAYFLY
Ephemera danica
モンカゲロウ科
底が沈泥質の川や湖で繁殖する。ヨーロッパに広く分布している。成虫の触角は長めで尾糸は3本ある。

トンボとイトトンボ
DRAGONFLIES AND DAMSELFLIES

トンボ目（蜻蛉目）は細長い体が特徴で、可動性の頭部には大きな目が備わり、全方向をよく見ることができる。成虫にはほぼ同じサイズの2対の翅があり、高速飛行して獲物を狩る。幼虫は水中で特殊な口器を用いて獲物を捕まえる。トンボ類やヤンマ類はがっしりした体で頭部は丸っこい。イトトンボ類やカワトンボ類は細めの体で頭部は幅広く、両目が離れている。

翅を後方にたたんでとまる

ヨーロッパキイトトンボ
AZURE DAMSELFLY
Coenagrion puella
イトトンボ科
ヨーロッパ北西部に分布する。雄は青地に黒の模様があり、水面に浮いた植物に頻繁に止まる。雌にも黒い模様はあるが、そのほかの部分は緑色がかっている。

3.5 cm
1½ in

脚の先端にはそれぞれ2本の爪がある

6–8 cm
2¼–3¼ in

フタモンオニヤンマ
TWIN-SPOTTED SPIKETAIL
Cordulegaster maculata
オニヤンマ科
米国東部とカナダ南東部に見られ、あたりに樹木の生えた清流を好む。

5.8–7.8 cm
2¼–3¼ in

オウジトラフトンボ
PRINCE BASKETTAIL
Epitheca princeps
エゾトンボ科
北アメリカに広く分布する。池や湖、細流や川を日の出から日没までパトロールしているのが目撃される。

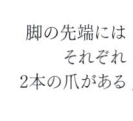

3.6 cm
1½ in

アオイトトンボ
EMERALD DAMSELFLY
Lestes sponsa　アオイトトンボ科
ヨーロッパとアジアに帯状に広く分布する普通種。水草の豊富な、止水あるいは緩やかな流れの近くで見られる。

4.2–4.8 cm
1½–2 in

ヨーロッパアオハダトンボ
BANDED DEMOISELLE
Calopteryx splendens
カワトンボ科
大型のイトトンボで、ヨーロッパ北西部に分布する。雄は体がメタリックな青緑色で、翅に黒い帯がある。雌の体はメタリックな緑色で、翅に模様がない。

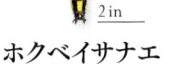

5.3 cm
2 in

ホクベイサナエ
PLAINS CLUBTAIL
Gomphus externus
サナエトンボ科
暖かい晴れた日に飛び、流れの遅い泥質の流れや川で繁殖する。米国に広く分布している。

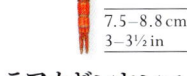

7.5–8.8 cm
3–3½ in

ハラアカギンヤンマ
COMET DARNER
Anax longipes
ヤンマ科
ブラジルからマサチューセッツ州まで見られる。湖や大きな池の水面上空に見られる。規則的なパターンで飛行する。

6.5–7.6 cm
2½–3 in

イリノイコヤマトンボ
ILLINOIS RIVER CRUISER
Macromia illinoiensis
ヤマトンボ科
北アメリカに分布。砂利や岩の多い流れをパトロールするが、道路に沿って飛んでいるのも見られる。

3本の長い尾糸

赤味を帯びた翅のつけね

7–8 cm
2¾–3¼ in

ハイイロムカシヤンマ
GRAY PETALTAIL
Tachopteryx thoreyi　ムカシヤンマ科
大型のトンボで、北アメリカの東海岸に分布し、湿度の高い広葉樹林に見られる。沼地や水たまりで繁殖する。

2.4–3.4 cm
1–1⅖ in

ヨーロッパグンバイトンボ
WHITE-LEGGED DAMSELFLY
Platycnemis pennipes　モノサシトンボ科
ヨーロッパ中央部に分布するイトトンボ。流れが緩やかで草が多く生えた水路や川で繁殖する。後脚の脛節は幅が広く、やや羽毛状に見える。

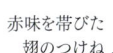

4–4.6 cm
1½–1¾ in

ハラビロクロボシトンボ
BROAD-BODIED CHASER
Libellula depressa
トンボ科
ヨーロッパ中央部と中央アジアに分布。溝や池で繁殖する。腹部の背面が、雄は青いが雌は黄褐色である。

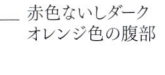

赤色ないしダークオレンジ色の腹部

5–7.5 cm
2–3 in

ホノオトンボ
FLAME SKIMMER
Libellula saturata
トンボ科
暖かい池や流れを好み、温泉にいることさえある。米国南西部の普通種。

カワゲラ STONEFLIES

カワゲラ目（積翅目）は柔らかく細長い体の昆虫で、糸状の長い尾角が1対あり、翅は2対ある。幼虫は水生である。

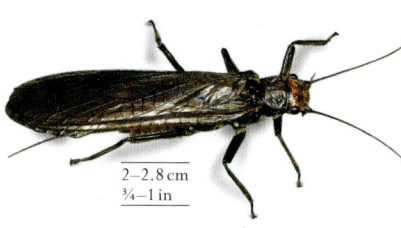

```
2–2.8 cm
¾–1 in
```

フタテンカワゲラ
Perla bipunctata
カワゲラ科
高原を流れる石の多い小川を好む。雄は翅が短く、雌の半分のサイズしかないこともある。

```
0.9–1.3 cm
¹¹⁄₃₂–½ in
```

キイロクサカワゲラ
YELLOW SALLY
Isoperla grammatica アミメカワゲラ科
特に石灰岩地帯でよく見られる。砂利底の清流や石がちの澄んだ湖を好む。雄は雌よりも短い。

ナナフシ STICK AND LEAF INSECTS

ナナフシ目は動きのゆっくりした植物食性の昆虫からなる。枝あるいは葉によく似た体つきで、棘のあるものとないものがいる。巧妙にカムフラージュして捕食者を避けるものが多い。

フタスジナナフシ
TWO-STRIPED STICK INSECT
Anisomorpha buprestoides
プソイドファスマティダエ科
米国南部に見られる。胸部にある腺から酸性の液体を放出して身を守る。

```
4.2–6.8 cm
1½–2½ in
```

サカダチコノハナナフシ
JUNGLE NYMPH STICK INSECT
Heteropteryx dilatata
サカダチコノハナナフシ科
印象的な種で、マレーシアで発見された。雌は空を飛べず体色は緑色だが、雄はやや小型で発達した翅があって体色は茶色。

```
10–15.5 cm
4–6 in
```

アシブトホンコノハムシ
JAVANESE LEAF INSECT
Pulchriphyllium bioculatum コノハムシ
東南アジアに分布する。雌は大型で翅があり、葉に似ている。雄は雌より小さく体は細めで、茶色である。

```
7–9.4 cm
2¾–3¾ in
```

扇形の大きな後翅

葉のような平たい腹部

ハサミムシ EARWIGS

ハサミムシ目（革翅目）の昆虫は細長くやや扁平な体をしている。短い前翅の下に大きな扇状の後翅が折りたたまれている。柔軟な腹部の先端にはハサミ状の尾があり、さまざまな用途に用いられる。

```
1.2–1.5 cm
½–⅜ in
```

ヨーロッパクギヌキハサミムシ
COMMON EARWIG
Forficula auricularia クギヌキハサミムシ科
木の皮の奥や落ち葉の中に見られる。雌は卵を守り、幼虫に餌を与える。

```
1.6–3 cm
½–1¼ in
```

オオハサミムシ
TAWNY EARWIG
Labidura riparia
オオハサミムシ科
ヨーロッパに生息するハサミムシのなかでは最大。特に砂質の川岸や海岸地帯でよく見られる。

カマキリ PRAYING MANTIDS

カマキリ目は捕食性の昆虫で、三角形の頭部は極めてよく動き、目が大きい。発達した前脚には棘が生え、獲物をさっと捕まえられるように特殊化している。前翅は硬く、下にたたみこまれた大きな膜状の後翅を保護している。

大きな複眼がある三角形の頭部

長く伸びた胸部

葉のような前翅

```
4.5–8 cm
1¾–3¼ in
```

棘のある発達した前脚の腿節

ハラビロカマキリ
GIANT ASIAN MANTIS
Hierodula patellifera
カマキリ科
電光石火の一撃を繰り出し、前脚の棘で獲物を突き刺す。

頭部の突起

```
5–7 cm
2–2¾ in
```

ヨウカイカマキリ
CONEHEAD MANTID
Empusa pennata ヨウカイカマキリ科
ほっそりしたカマキリで、頭部の長い突起が目立つ。ヨーロッパ南部に分布し、小型のハエ類を食べる。体色は緑色か茶色。

```
3–7 cm
1¼–2¾ in
```

ハナカマキリ
ORCHID MANTIS
Hymenopus coronatus
ハナカマキリ科
花のような体色と花弁によく似た脚で、植物の間に身を隠し、小型の昆虫を待ち伏せする。東南アジア産。

コオロギとバッタ
CRICKETS AND GRASSHOPPERS

バッタ目（直翅目）の昆虫は主に植物食性である。翅は2対あるが、翅が短くなったり消失したりしているものもいる。発達した後脚でジャンプするものが多い。前翅をこすり合わせたり、後脚で翅の縁をこすったりして発音する。

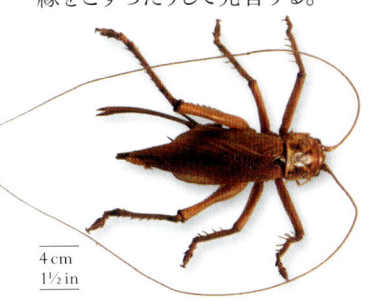

4 cm
1½ in

1.4−2.4 cm
½−1 in

ヒナバッタ
COMMON FIELD GRASSHOPPER
Chorthippus brunneus
バッタ科
ヨーロッパやアフリカ北部、温帯アジアに分布する。草丈が低く乾燥した放牧草地によく見られ、晴れの日に最も活動的になる。

5−7 cm
2−2¾ in

ウェリントンウェタ
WELLINGTON TREE WETA
Hemideina crassidens　オオアゴギス科
ニュージーランド原産の夜行性の昆虫。朽ち木や切り株の中に棲む。植物質だけではなく小型の昆虫も食べる。

1.5−2.6 cm
½−1 in

アフリカドウクツカマドウマ
AFRICAN CAVE CRICKET
Phaeophilacris bredoides　カマドウマ科
アフリカ中央部に分布する雑食性のスカベンジャー。長い触角は暗い微小生息場所への適応である。

5−8 cm
2−3¼ in

サバクトビバッタ
DESERT LOCUST
Schistocerca gregaria
バッタ科
雨が降って幼虫が高密度になると、孤独相から群生相へと変化する。莫大な数の個体が群れをなして飛び、作物を食い尽くす。

1.3−1.8 cm
½−¾ in

ヨーロッパササキリモドキ
OAK BUSH CRICKET
Meconema thalassinum
キリギリス科
ヨーロッパに分布し、広葉樹林帯に見られる。夜間、小型の昆虫を食べる。雌にはカーブした長い産卵管がある。

産卵管

ゴウシュウコロギス
LEAF-ROLLING CRICKET
Hyalogryllacris subdebilis
コロギス科
オーストラリアに見られる。翅が比較的長い。触角は極めて長く、体長の3倍にもなる。

3.5−4.6 cm
1½−1¾ in

ヨーロッパケラ
MOLE CRICKET
Gryllotalpa gryllotalpa
ケラ科
ヨーロッパ産。がっしりした前脚で、ミニチュアのモグラのように地面に穴を掘る。牧草地や川の近くの土手など、湿った砂質の土壌のところにいる。

疣状の体表

ヨーロッパイエコオロギ
HOUSE CRICKET
Acheta domesticus
コオロギ科
夜行性の種で、鳴き声でラブコールを送る。もともとはアジア南西部及びアフリカ北部原産だが、分布域を広げヨーロッパにも入り込んでいる。

1.4−2 cm
½−¾ in

1.7−2.3 cm
⅝−⅞ in

フタホシコオロギ
SOUTHERN FIELD CRICKET
Gryllus bimaculatus　コオロギ科
ヨーロッパ南部やアフリカの一部、アジアに広く分布している。下生えの生えた地面や堆積物の下で生活している。

鮮やかな赤い模様

アワフキバッタ
FOAMING GRASSHOPPER
Dictyophorus spumans
トゲガタオンブバッタ科
アフリカ南部に分布。派手な色彩で、有毒であることを捕食者に喧伝している。胸部にある腺から有害な泡を分泌することもできる。

6−8 cm
2¼−3¼ in

ゴキブリ　COCHROACHES

ゴキブリ目のメンバーはスカベンジャーで、体は扁平な楕円形である。頭部は下を向き、大きく広がる前胸背板に大部分覆われていることが多い。翅は2対あるのが普通で、腹部の先端には尾角という突起状の感覚器官がある。

体の後端の尾角

5−8 cm
2−3¼ in

マダガスカルオオゴキブリ
MADAGASCAN HISSING COCKROACH
Gromphadorhina portentosa　ブラベルスゴキブリ科
大型で翅のないゴキブリで、世界中でペットとして飼育されている。雄の胸部には隆起した部分があり、雄同士はこれを用いて闘う。

幼虫

2.7−4.4 cm
1⅛−1¾ in

0.8−1.3 cm
11/32−7/10 in

薄茶色の前胸背板

ウンモンゴキブリ
DUSKY COCKROACH
Ectobius lapponicus　チャバネゴキブリ科
ヨーロッパ産の小型のゴキブリで、走るのが速い。落ち葉の下に見つかるが、木の枝葉にいることもある。米国に移入されている。

ワモンゴキブリ
AMERICAN COCKROACH
Periplaneta americana
ゴキブリ科
もともとはアフリカ産だが、今や世界中に見られる。船の中や食糧倉庫に生息する。

シロアリ　TERMITES

シロアリ目（等翅目）は巣を建設する社会性昆虫である。コロニーで生活し、生殖カスト（王と女王）、ワーカー、ソルジャーといった複数のカスト（階級）に分かれている。ワーカーは一般的に色が薄く翅がない。生殖カストには翅があるが、婚姻飛行の後に翅は脱落する。ソルジャーは頭部と顎が大きい。

イエシロアリ
SUBTERRANEAN TERMITE
Coptotermes formosanus　ミゾガシラシロアリ科
もともと中国南部、台湾、日本に生息していたが、侵略力が高く、今や世界中に広がって深刻な害虫となっている。

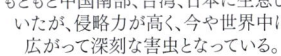

6−7 mm
¼−7/32 in

アメリカオオシロアリ
PACIFIC DAMPWOOD TERMITE
Zootermopsis angusticollis
オオシロアリ科
北アメリカの太平洋沿岸部の州に見られる。腐敗して菌類が感染した木の内部に巣を作り、木材を餌にする。

0.8−1.5 cm
¼−½ in

生殖虫

腹部の左右両側に先端の尖った短い棘が並ぶ

後脚の内側には大きくて強い防衛用の棘が並んで生える

カギ爪はものにつかまったり身を守ったりするのに使われる

翅芽

胸部と頭部の左右両側には先端の黒い棘が生える

少なめの棘

強力な後脚

先細りの腹部

∧ あと一歩で成虫に
この写真のナナフシは雌だが、翅芽が小さくて重なり合わない様子から、まだ性成熟していない幼虫であることがわかる。もう1回脱皮すると成虫になり、短くて太い翅が生えて産卵管が機能するようになる。交尾後、卵の発生が進むにしたがって雌の腹部は膨れていく。

< 下面
雌の下面は暗い緑色である。上面に比べて体表の棘は少ないが、脚に棘があって下面を保護している。

サカダチコノハナナフシ
JUNGLE NYMPH STICK INSECT *Heteropteryx dilatata*

雌は大型で上面は明るい緑色、下面は暗い緑色である。成体の雄は雌よりもずっと小さくて体は細く、体色は濃いめである。雌雄ともに翅があるが雌は空を飛べない。幼虫も成虫も、ドリアン、グアバ、マンゴーなどさまざまな種類の植物の葉を食べる。成熟して体内に卵を抱えた雌は非常に攻撃的である。驚くと短い翅を用いて大きな音を立て、棘の生えた後脚を広げて防衛体勢をとり、攻撃されると脚を蹴り出す。この活発な夜行性の昆虫は、世界各地でペットとして人気が出てきている。

体 長	最大 15.5cm（6in）
生息地	熱帯林
分 布	マレーシア
食 性	さまざまな植物の葉

口器 >
使っていない時、顎は2対の付属肢のうしろに隠れている。この付属肢は下唇鬚と小顎鬚で、餌を扱うのに用いられる。表面は感覚器官で覆われ、餌とする葉の表面に触って味を確かめることができる。

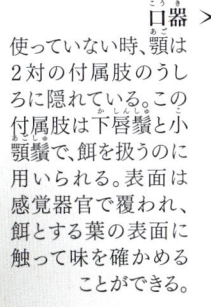

< 複眼
複眼（昆虫の特徴の1つである）は、多くの捕食性の節足動物ほど鋭くなくてもよいが、周囲の動きや敵の存在を感知できなくてはならない。

体節からなる体 >
丈夫で棘のあるプレート状の外骨格が体節を覆う。体節と体節は柔らかい膜でつながっているので、体を柔軟に曲げることができる。

∧ 産卵管
雌が一生に産む卵の数は最大で150個である。大きな卵は産卵管を通って1つ1つ産み落とされ、落ち葉や湿った土壌の中に埋め込まれる。

節の連なった長い触角で、空気の動きなどを含め、周囲の様子を感じ取る

∧ > 脚の先端
脚の先端（接地する部分）は、複数の短い節と長い末端の節からなり、末端部には1対のカギ爪が生えている。

カメムシ TRUE BUGS

カメムシ目(半翅目)のメンバーは陸上にも水中にも豊富に生息し、分布域も広い。この目には、極小の翅のない昆虫から魚やカエルを捕まえられるほど巨大なタガメまで、さまざまなものが含まれる。口器は突き刺し型で、液体(植物の汁液、溶解した獲物の組織や血液)を吸引する。植物に害をなすものが多く、また感染症を媒介するものもいる。

1–2 mm
1/32–1/16 in

オンシツコナジラミ
GLASSHOUSE WHITEFLY
Trialeurodes vaporariorum
コナジラミ科
小さなガのような体型で、世界中の温帯地域に見られ、温室栽培に深刻な害を与えることもある。

3–5 mm
1/8–3/16 in

ルパンヒゲナガ アブラムシ
AMERICAN LUPIN APHID
Macrosiphum albifrons
アブラムシ科
北アメリカ産。アブラムシ類は、雌が受精なしで多数の子どもを産むので、短期間に植物体全体に広がってしまうこともある。

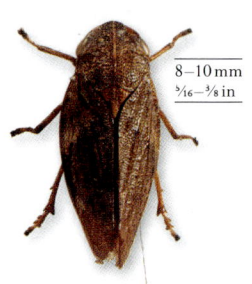

8–10 mm
5/16–3/8 in

ハンノキアワフキ
SPITTLE BUG
Aphrophora alni
アワフキムシ科
ヨーロッパ各地に分布し、幅広い種類の樹木やややぶに生息する。体色には変異があり、薄いものから暗褐色のものまで見られる。

9–11 mm
11/32–3/8 in

ヨーロッパコガシラアワフキ
FROGHOPPER
Cecopis vulnerata
コガシラアワフキムシ科
ヨーロッパ産。幼虫は派手な体色で、身を守る泡の巣を作って地下で共同生活をし、植物の根から汁液を吸う。

翅の縁にくっきりと色の濃い部分がある

テンジク アブラゼミ
INDIAN CICADA
Angamiana aetherea セミ科
インドに分布するセミ。セミ類の例に漏れず、雄は大音量で鳴いて雌に求愛し、かつ、ほかの雄に攻撃の信号を送る。

3.5–4 cm
1 1/4–1 1/2 in

35–40 mm
1 1/2 in

アッサムニイニイ
ASSAM CICADA
Platypleura assamensis セミ科
インド北部やブータン、中国の一部で見つかっている。温帯の落葉樹林を好む。

後翅の基部は色が薄い

1.3–1.8 cm
1/2–3/4 in

ヨーロッパミミズク
LEAFHOPPER
Ledra aurita
ヨコバイ科
ヨーロッパ北部に分布。まだら模様の扁平な体で、地衣類に覆われたオークの木肌に溶け込んでいる。

6–8 mm
1/4–5/16 in

オオヨコバイ
Cicadella viridis
ヨコバイ科
ヨーロッパとアジアに分布。沼地や湿地など湿潤な地帯で、イネ科植物やスゲ類の汁液を吸っているのが見られる。庭の池にも出没する。

大きな目玉模様

8 cm
3 1/4 in

ユカタンビワハゴロモ
PEANUT-HEADED BUG
Fulgora laternaria
ビワハゴロモ科
中央及び南アメリカと西インド諸島に見られる。巨大な頭部が発光すると考えられたこともある。

6–8 mm
1/4–5/16 in

トチカイガラムシ
HORSE CHESTNUT SCALE
Pulvinaria regalis
カタカイガラムシ科
ヨーロッパ産。マロニエの木の皮によく見られるが、それ以外にもさまざまな落葉樹に取りつく。

1–1.2 cm
3/8–1/2 in

フトバラトゲツノゼミ
THORN BUG
Umbonia crassicornis
ツノゼミ科
北アメリカから南アメリカ北部に見られる。よく発達した棘のような背板の下に全身がほぼ隠れてしまう。

長く伸びた頭部

ヨツバリュウノカオ ビワハゴロモ
WART-HEADED BUG
Phrictus quinquepartitus
ビワハゴロモ科
dragon-headed bug とも呼ばれる。コスタリカ、パナマ、コロンビア、及びブラジルの一部に見られる。

3.2 cm
1 1/4 in

前翅を横切る模様が目立つ

鮮やかな模様の後翅

2–3 mm
1/16–1/8 in

トネリコキジラミ
ASH PLANT LOUSE
Psyllopsis fraxini キジラミ科
トネリコの木によく見られる。幼虫は、餌にする葉の縁に赤く膨れたゴール(虫こぶ)を形成する。

3–4 mm
1/8–5/32 in

ヨーロッパアザミグンバイ
THISTLE LACE BUG
Tingis cardui グンバイムシ科
ヨーロッパに広く分布する。アメリカオニアザミ、ヤハズアザミなどのアザミ類についているのが見られる。体は粉状のワックスで覆われている。

1–1.2 cm
³⁄₈–¹⁄₂ in

シロスジチャイロ カメムシ
EUROPEAN TORTOISE BUG
Eurygaster maura
キンカメムシ科
広範な種類の草本の汁液を吸うが、穀物に軽微な害を与えることもある。

1–1.6 cm
³⁄₈–¹⁄₂ in

アカモンツノカメムシ
HAWTHORN SHIELD BUG
Acanthosoma haemorrhoidale
ツノカメムシ科
ヨーロッパ産の人目をひく種。サンザシの芽や果実にとりついて吸汁する。そのほかオークなどの落葉樹からも吸汁する（訳注：日本産のツノアカツノカメムシは本種の亜種）。

4 mm
⁵⁄₃₂ in

ナミハナカメムシ
COMMON FLOWER BUG
Anthocoris nemorum
ハナカメムシ科
捕食性のカメムシで、広範な種類の植物上で見られる。サイズは小さいが、人間を刺すこともある。

5 mm
³⁄₁₆ in

カバヒラタカメムシ
BIRCH BARK BUG
Aradus betulae
ヒラタカメムシ科
ヨーロッパ産。扁平な体を生かしてカバノキの樹皮の奥に潜って生活し、菌類を餌にする。

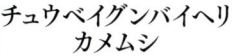

長い触角

1.8 cm
¹⁄₄ in

葉のような後脚

チュウベイグンバイヘリ カメムシ
LEAF-FOOTED BUG
Anisocelis affinis
ヘリカメムシ科
中央アメリカに見られる植物食性のカメムシ。脚の幅広くなった部分はカムフラージュにより敵から身を守るのに役立つのかもしれない。

4–5mm
⁵⁄₃₂–³⁄₁₆ in

トコジラミ
BED BUG
Cimex lectularius
トコジラミ科
広く分布する種で、人間を含め体温の高い哺乳類の血液を吸う。体は扁平で翅はない。夜間に活動する。

たくましい前脚

鋭いカギ爪が1本

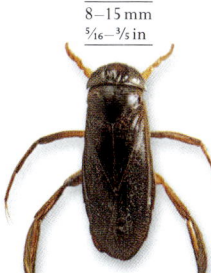

1–1.2 cm
³⁄₈–¹⁄₂ in

ヒメアメンボ
COMMON POND SKATER
Gerris lacustris
アメンボ科
分布域が広く、水面をさっと滑る様子ですぐ識別できる。獲物が発するさざ波を感知して狩りをする。

8–15 mm
⁵⁄₁₆–³⁄₅ in

ヨーロッパミズムシ
WATER BOATMAN
Corixa punctata
ミズムシ科
オール状の強力な後脚を用いて泳ぐ、ヨーロッパの普通種で、池で藻類やデトリタスを餌とする。

8–11 mm
⁵⁄₁₆–¹⁄₂ in

アフリカアシブトメミズムシ
TOAD BUG
Nerthra grandicollis
アシブトメミズムシ科
アフリカ産のカメムシで、疣だらけの体表とくすんだ体色を生かして泥や堆積物の中に隠れ、獲物の昆虫を待ち伏せする。

毛が房状に生えた後脚

1対の付属肢をスノーケルのように用いて呼吸する

タガメの一種
GIANT WATER BUG
Lethocerus sp.　コオイムシ科
熱帯に分布。たくましい前脚と有毒な唾液を武器に、カエルや魚など、自分より大きな脊椎動物を襲って取り押さえる。

8–10 cm
3¹⁄₄–4 in

1–1.5 cm
³⁄₈–¹⁄₂ in

ヨーロッパコバンムシ
SAUCER BUG
Ilyocoris cimicoides　コバンムシ科
ヨーロッパ産。湖の岸辺の浅瀬や流れの遅い川に生息し、水面でたたんだ翅の下に空気を蓄え、水中で獲物を狩る。

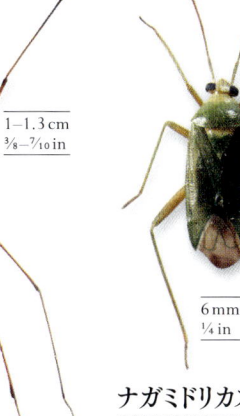

1–1.3 cm
³⁄₈–⁷⁄₁₀ in

ヨーロッパイトアメンボ
WATER MEASURER
Hydrometra stagnorum
イトアメンボ科
ヨーロッパ産。動きの遅いイトアメンボ類で、池や湖、河川の岸辺近くに生息し、小型の昆虫や甲殻類を獲物にする。

6 mm
¹⁄₄ in

ナガミドリカスミカメ
COMMON GREEN CAPSID
Lygocoris pabulinus
カスミカメムシ科
分布域の広いカメムシで、ラズベリーやナシ、リンゴなどの果樹を含むさまざまな植物に深刻な害を与える。

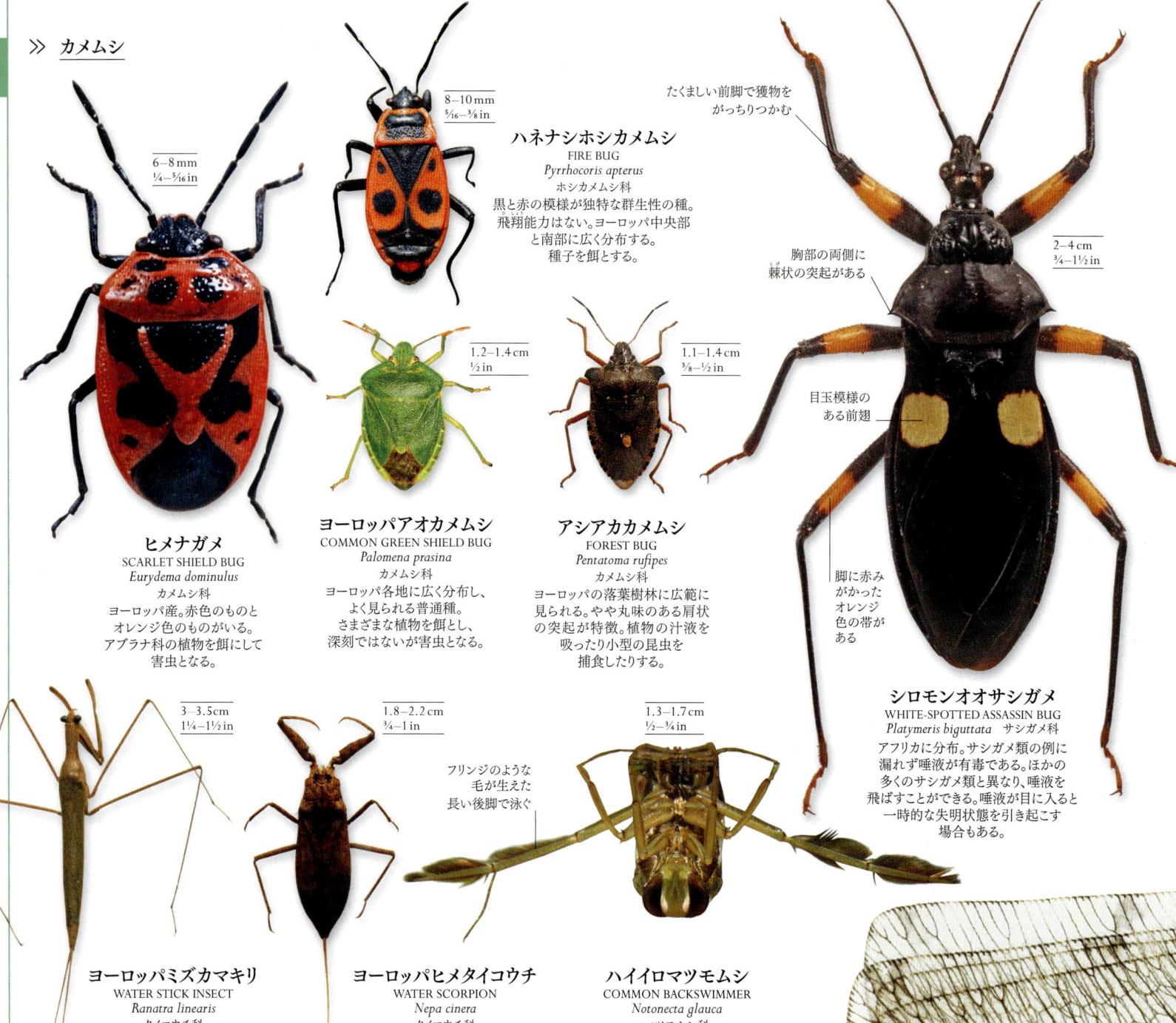

カメムシ

6–8 mm
¼–⁵⁄₁₆ in

8–10 mm
⁵⁄₁₆–³⁄₈ in

ハネナシホシカメムシ
FIRE BUG
Pyrrhocoris apterus
ホシカメムシ科
黒と赤の模様が独特な群生性の種。
飛翔能力はない。ヨーロッパ中央部
と南部に広く分布する。
種子を餌とする。

たくましい前脚で獲物を
がっちりつかむ

2–4 cm
¾–1½ in

胸部の両側に
棘状の突起がある

目玉模様の
ある前翅

ヒメナガメ
SCARLET SHIELD BUG
Eurydema dominulus
カメムシ科
ヨーロッパ産。赤色のものと
オレンジ色のものがいる。
アブラナ科の植物を餌にして
害虫となる。

1.2–1.4 cm
½ in

ヨーロッパアオカメムシ
COMMON GREEN SHIELD BUG
Palomena prasina
カメムシ科
ヨーロッパ各地に広く分布し、
よく見られる普通種。
さまざまな植物を餌とし、
深刻ではないが害虫となる。

1.1–1.4 cm
³⁄₈–½ in

アシアカカメムシ
FOREST BUG
Pentatoma rufipes
カメムシ科
ヨーロッパの落葉樹林に広範に
見られる。やや丸味のある肩状
の突起が特徴。植物の汁液を
吸ったり小型の昆虫を
捕食したりする。

脚に赤み
がかった
オレンジ
色の帯が
ある

シロモンオオサシガメ
WHITE-SPOTTED ASSASSIN BUG
Platymeris biguttata サシガメ科
アフリカに分布。サシガメ類の例に
漏れず唾液が有毒である。ほかの
多くのサシガメ類と異なり、唾液を
飛ばすことができる。唾液が目に入ると
一時的な失明状態を引き起こす
場合もある。

3–3.5cm
1¼–1½ in

1.8–2.2 cm
¾–1 in

1.3–1.7cm
½–¾ in

フリンジのような
毛が生えた
長い後脚で泳ぐ

ヨーロッパミズカマキリ
WATER STICK INSECT
Ranatra linearis
タイコウチ科
特殊化した長い前脚を用い、
小魚などの獲物を捕まえる。
植物が多く生える深い池を好む。

ヨーロッパヒメタイコウチ
WATER SCORPION
Nepa cinera
タイコウチ科
水生で、浅い水たまりの縁付近を
動きまわって小型の獲物を捕まえる。
腹部末端の長い呼吸管で呼吸する。

ハイイロマツモムシ
COMMON BACKSWIMMER
Notonecta glauca
マツモムシ科
ヨーロッパの池や湖、運河、水路に
見られる。オタマジャクシや小魚
など脊椎動物を獲物にする。
仰向けになって泳ぐ。

シラミ PARASITIC LICE

シラミ目の昆虫には翅がない。外部寄生虫として、鳥類や哺乳類
の体表で生活する。口器は皮膚の断片をかんだり血液を吸ったり
できるように特殊化し、脚は体毛や羽毛にしっかりしがみつけるよ
うになっている。

5 mm
³⁄₁₆ in

2.5–3 mm
¹⁄₁₀–¹⁄₈ in

2.5–3 mm
¹⁄₁₀–¹⁄₈ in

1–2 mm
¹⁄₃₂–¹⁄₁₆ in

アタマジラミ
HUMAN HEAD LOUSE
Pediculus humanus capitis
ヒトジラミ科
ヒトジラミの亜種。頭髪に
卵を接着する。子どもの間で
大流行することがよくある。
チンパンジーに寄生する
近縁種が存在する。

コロモジラミ
HUMAN
BODY LOUSE
Pediculus humanus humanus
ヒトジラミ科
ヒトジラミの亜種で、
服に卵を接着する。
衣服が発明された後に
アタマジラミから進化
したのかもしれない。
病原体を媒介する。

ニワトリオオハジラミ
CHICKEN BODY LOUSE
Menacanthus stramineus
タンカクハジラミ科
世界中に見られるニワトリの
外部寄生虫。色が薄く体の
扁平な、かみつき型のシラミ。
寄生されたニワトリは
羽毛が抜けたり感染症に
かかったりする。

ヤギハジラミ
GOAT LOUSE
Damalinia caprae
ケモノハジラミ科
世界中に見られるヤギの
寄生虫。かみつき型で
ある。ヒツジに寄生しても
数日間なら生存できるが、
繁殖はできない。

縦書き右側: 無脊椎動物・昆虫類

チャタテムシ BARKLICE AND BOOKLICE

チャタテムシ目は植物の上や落葉の中によく見られる小さな昆虫で、体はずんぐりして柔らかい。頭部には糸のような触角と膨らんだ目がある。餌は微小な植物で、一部の種は貯蔵食糧に害を与える。

4—6 mm
5/32—1/4 in

ヨーロッパスジチャタテ
Psococerastis gibbosa
チャタテ科
ヨーロッパとアジアの一部が原産の、比較的大型のチャタテムシ。さまざまな落葉樹や針葉樹に見られる。

0.6—1.5 mm
1/64—1/24 in

コナチャタテの一種
Liposcelis sp.
コナチャタテ科
極めて分布域の広い種で、暗く湿った微小生息場所を好み、湿度が高いと図書館や穀物倉庫に発生して害をなすこともある。

アザミウマ THRIPS

アザミウマ目(総翅目)はごく小さな昆虫で、通常、縁毛で縁取られた細い翅が2対ある。複眼は大きく、突き刺して吸汁するタイプの独特な口器をもつ。

1—1.5 mm
1/32—1/24 in

キイロアザミウマの一種
FLOWER THRIP
Frankliniella sp.
アザミウマ科
世界中どこでも見られ、ピーナッツやワタ、サツマイモ、コーヒーなど作物の害虫になることがある。

ラクダムシ SNAKEFLIES

ラクダムシ目は森林に生息する昆虫で、前胸が細長く、頭部は幅広く、翅は2対ある。成虫も幼虫もアブラムシなど体の柔らかい獲物を食べる。

ヨーロッパラクダムシ
Raphidia notata
キスジラクダムシ科
ヨーロッパの落葉樹林や針葉樹林に見られる。普通、オークの木にいてアブラムシを食べている。

1.6—1.8 cm
1/2—3/4 in

ヘビトンボとセンブリ ALDERFLIES AND DOBSONFLIES

ヘビトンボ目(広翅目)には2対の翅があり、静止時には体にかぶさるように屋根形にたたむ。幼虫は水生の捕食者で、腹部に気管鰓がある。陸上の土やコケ、朽ち木の中で蛹になる。

オオアゴヘビトンボ
EASTERN DOBSONFLY
Corydalus cornutus
ヘビトンボ科
北アメリカに見られる。雄の大顎は長く発達し、雄同士の闘いや雌を保持するのに使われる。

雌

10—14 cm
4—5½ in

ヨーロッパセンブリ
ALDERFLY
Sialis lutaria
センブリ科
広く分布する種で、雌は水場の近くの小枝や葉の上に、最大で2,000個の卵を産みつける。

1.4—2.6 cm
½—1 in

クサカゲロウとその仲間 LACEWINGS AND RELATIVES

アミメカゲロウ目の昆虫は目がよく目立ち、かむタイプの口器をもつ。網目のように翅脈が走る2対の翅は、静止時には体を覆うように屋根形にたたまれる。幼生の口器は刺すタイプで、先端の鋭い鎌形の管状になっている。

3 cm
1¼ in

1.4 cm
½ in

シリアヒメカマキリモドキ
Mantispa styriaca
カマキリモドキ科
カマキリのミニチュアのような昆虫で、ヨーロッパ南部と中央部に見られる。明るい林地に生息し、小型のハエを狩る。

タイリクキバネツノトンボ
OWLFLY
Libelloides macaronius ツノトンボ科
空中で獲物の昆虫を捕まえる。暖かい晴れた日にしか飛ばない。ヨーロッパ中央部と南部、及びアジアの一部で見られる。

翅に斑点がある

オオヒロバカゲロウ
GIANT LACEWING
Osmylus fulvicephalus
ヒロバカゲロウ科
ヨーロッパ産で、川のそばで陰の多い森林植生に見られ、小型の昆虫と花粉を食べる。

1.3 cm
½ in

リボンカゲロウ
SPOON-WINGED LACEWING
Nemoptera sinuata
リボンカゲロウ科
ヨーロッパ南東部によく見られる繊細な昆虫。森林や開けた草原の花を訪れて蜜と花粉を食べる。

4 cm
1½ in

1—1.2 cm
3/8—½ in

ヨーロッパクサカゲロウ
GREEN LACEWING
Chrysopa perla
クサカゲロウ科
ヨーロッパに広く分布する種で、青みがかった緑色の色合いと黒い模様が特徴。落葉樹林によく見られる。

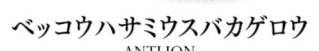
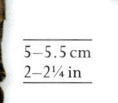

ベッコウハサミウスバカゲロウ
ANTLION
Palpares libelluloides ウスバカゲロウ科
昼間に飛ぶ大型種で、地中海に分布する。翅のまだら模様が特徴で、起伏の多い草原や雑木の茂る暖かい環境、砂丘に見られる。

5—5.5 cm
2—2¼ in

雄には雌をつかむ把握器がある

甲虫 BEETLES

コウチュウ目（鞘翅目）は昆虫綱のなかで最大の目であり、極小のものから巨大なものまで含まれる。前翅が硬い鞘翅になっているのが特徴で、左右の鞘翅は正中線上ですきまなく接し、大きな膜状の後翅を保護する。水中でも陸上でも、どんな生息地にも甲虫がいて、スカベンジャー、植物食性昆虫、捕食者として繁栄している。

細長い頭部

ムラサキオオサムシ
VIOLET GROUND BEETLE
Carabus violaceus
オサムシ科
夜行性のハンターで、多くの生息地に普通に見られる。庭にも現れる。ヨーロッパとアジアの一部が原産地。

2.8–3.4 cm
1–1²⁄₃ in

3–5 mm
1⁄8–3⁄16 in

4 cm
1½ in

8–10 mm
5⁄16–3⁄8 in

6–10 cm
2¼–4 in

幅広く扁平な鞘翅

イエシバンムシ
WOODWORM BEETLE
Anobium punctatum
シバンムシ科
建材や家具の木材の中で繁殖するように適応し、今や広く分布している。深刻な害虫となることもある。

シナルリタマムシ
JEWEL BEETLE
Chrysochroa chinensis
タマムシ科
金属光沢の甲虫で、インドと東南アジアが原産。幼虫は落葉樹の木の幹に潜る。

アカヒメジョウカイ
COMMON RED SOLDIER BEETLE
Rhagonycha fulva
ジョウカイボン科
ヨーロッパに分布し、夏に花の上にいるのがよく見かけられる。牧草地や森林の縁に生息する。

バイオリンムシ
VIOLIN BEETLE
Mormolyce phyllodes
オサムシ科
東南アジア産。体が平たく、サルノコシカケ類のすきまや樹皮の奥に潜り込み、昆虫の幼虫やカタツムリを食べる。

7–10 mm
7⁄32–3⁄8 in

8–10 mm
5⁄16–3⁄8 in

2.5–3.8 cm
1–1½ in

3 cm
1¼ in

金属光沢のある鞘翅

5–8 mm
3⁄16–5⁄16 in

ヨーロッパアリモドキ カッコウムシ
ANT BEETLE
Thanasimus formicarius
カッコウムシ科
ヨーロッパやアジア北部の針葉樹林によく見られる。幼虫も成虫もキクイムシの幼虫を食べる。

オビカツオブシムシ
LARDER BEETLE
Dermestes lardarius
カツオブシムシ科
ヨーロッパとアジアの一部地域に見られる。動物の死体を食べるが、建物の中に入り込んで貯蔵品を食べることもある。

ヨーロッパ ゲンゴロウモドキ
GREAT DIVING BEETLE
Dytiscus marginalis
ゲンゴロウ科
大型の甲虫で、ヨーロッパとアジア北部に分布し、水草の多い池や湖に生息する。昆虫やカエル、イモリ、小魚を食べる。

キベリナンベイコメツキ
CLICK BEETLE
Chalcolepidius limbatus
コメツキムシ科
南アメリカの暖かい地域に分布し、森林や草原に見られる。幼虫は朽ち木や土壌中で捕食者として生活する。

ヨーロッパミズスマシ
WHIRLIGIG BEETLE
Gyrinus marinus
ミズスマシ科
ヨーロッパの普通種。池や湖の水面で生活する。かいのような形の脚を使って滑るように泳いでいく。

8–11mm
5⁄16–3⁄8 in

雄には翅がある

2.5 cm
1 in

♂

6–10mm
1⁄4–3⁄8 in

1.5–2cm
½–¾ in

カーブした角

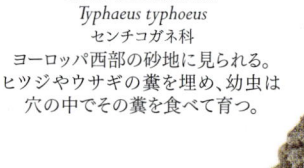

ゲンゴロウダマシ
SCREECH BEETLE
Hygrobia hermanni
ゲンゴロウダマシ科
ヨーロッパ産の甲虫で、流れの遅い川や泥質の池で小型の無脊椎動物を獲物にする。人間が手に取るとギーギーと音を立てる。

ヨーロッパツチボタル
COMMON GLOW-WORM
Lampyris noctiluca　ホタル科
ヨーロッパとアジア各地に分布し、起伏の多い草原を好む。雌には翅がなく「グローワーム（発光虫）」と呼ばれ、緑色の光を発して雄を引き寄せる。

ヨツモンエンマムシ
FOUR-SPOTTED HISTER BEETLE
Hister quadrimaculatus　エンマムシ科
ヨーロッパに広く分布する。糞や死体の中にいて、小型の昆虫やその幼虫を食べる。

ミノタウロスセンチコガネ
MINOTAUR BEETLE
Typhaeus typhoeus
センチコガネ科
ヨーロッパ西部の砂地に見られる。ヒツジやウサギの糞を埋め、幼虫は穴の中でその糞を食べて育つ。

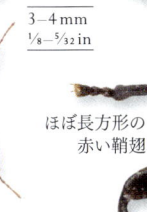

ホクベイ
ヒラタキクイムシ
POWDER POST BEETLE
Lyctus opaculus
ナガシンクイムシ科
北アメリカ産で、乾燥した
木材中で繁殖し、木を細かい
粉末にしてしまう。

3–4 mm
1/8–5/32 in

ほぼ長方形の
赤い鞘翅

5–8 mm
3/16–5/16 in

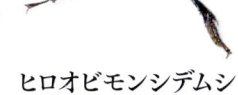

タイリクテングベニボタル
NET-WINGED BEETLE
Platycis minutus
ベニボタル科
小型の昆虫で、ユーラシア各地の
成熟した森林や古い森林の
朽ち木には、必ずと言って
いいほどいる。

触角の先端が
黄色い

2.6 cm
1 in

ヒロオビモンシデムシ
SEXTON BEETLE
Nicrophorus investigator
シデムシ科
北半球各地の森林や草原に見ら
れる。小型の動物の死体を埋める。
雌はそれに卵を産みつけ、
幼虫は死体を餌にする。

6–17 cm
2 1/4–6 1/2 in

ヘルクレスオオカブトムシ
HERCULES BEETLE
Dynastes hercules
コガネムシ科
オオツノカブト属 *Dynastes* のなかで
最大の種。中央及び南アメリカの
雨林で腐りかけの果実を食べる。
幼虫は朽ち木の中で孵化する。

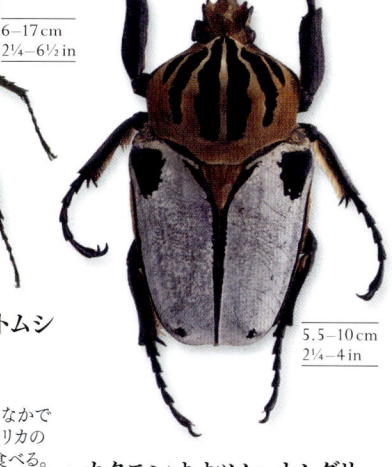

5.5–10 cm
2 1/4–4 in

カタモンオオツノハナムグリ
GOLIATH BEETLE
Goliathus cacicus コガネムシ科
世界で最も重い昆虫の一つ。アフリカの
赤道地帯に生息する。成虫は熟した
果実や樹液を餌にする。

巨大な大顎

7.5 cm
3 in

ヨーロッパ
ミヤマクワガタ
STAG BEETLE
Lucanus cervus
クワガタムシ科
ヨーロッパ南部と中央部の
森林に生息する。幼虫は腐った
オークの切り株にいることが
多く、4〜6年かけて成長する。
雄同士は大きく発達した大顎を
用い、雌をめぐって争う。

4–6 mm
5/32–1/4 in

ヨーロッパ
ヨツボシケシキスイ
SAP BEETLE
Glischrochilus hortensis
ケシキスイ科
ヨーロッパ西部に分布する
ケシキスイの仲間。発酵した
樹液の流れ出たところや熟した
果実で採餌しているのがよく
見られる。カバノキなどの
朽ち木によくいる。

1–2.1 cm
3/8–3/4 in

デーモンニジダイコクコガネ
Phanaeus demon
コガネムシ科
中央アメリカ原産の甲虫。体色は
きわめて多様である。草原や牧草地に
生息し、大型草食動物の糞の中で
繁殖する。

棍棒状の触角

金色の輝き

クロマルズ
オオハネカクシ
DEVIL'S COACH HORSE
Ocypus olens
ハネカクシ科
ヨーロッパ産で、森林や庭の
落ち葉の堆積層に見られる。
驚くと腹部を高く上げて
威嚇のディスプレイをする。

2–2.8 cm
3/4–1 1/10 in

ハナバチハネカクシ
Emus hirtus
ハネカクシ科
南アメリカと中央アメリカが原産。
毛の生えた種で、ウシやウマの糞や
死体に引きつけられてきた
ほかの昆虫を食べる。

後脚のカギ爪

2–3.2 cm
3/4–1 1/4 in

節が連なった
長い触角

ケンランキンコガネ
GOLD BEETLE
Chrysina aurigans
コガネムシ科
コスタリカとパナマに見られる。落葉樹林
に生息し、たいていは腐った木の幹に
潜り込んでいるのが一般的。成虫は
夜行性で、ライトに寄ってくる。

2–3.5 cm
3/4–1 3/8 in

≫

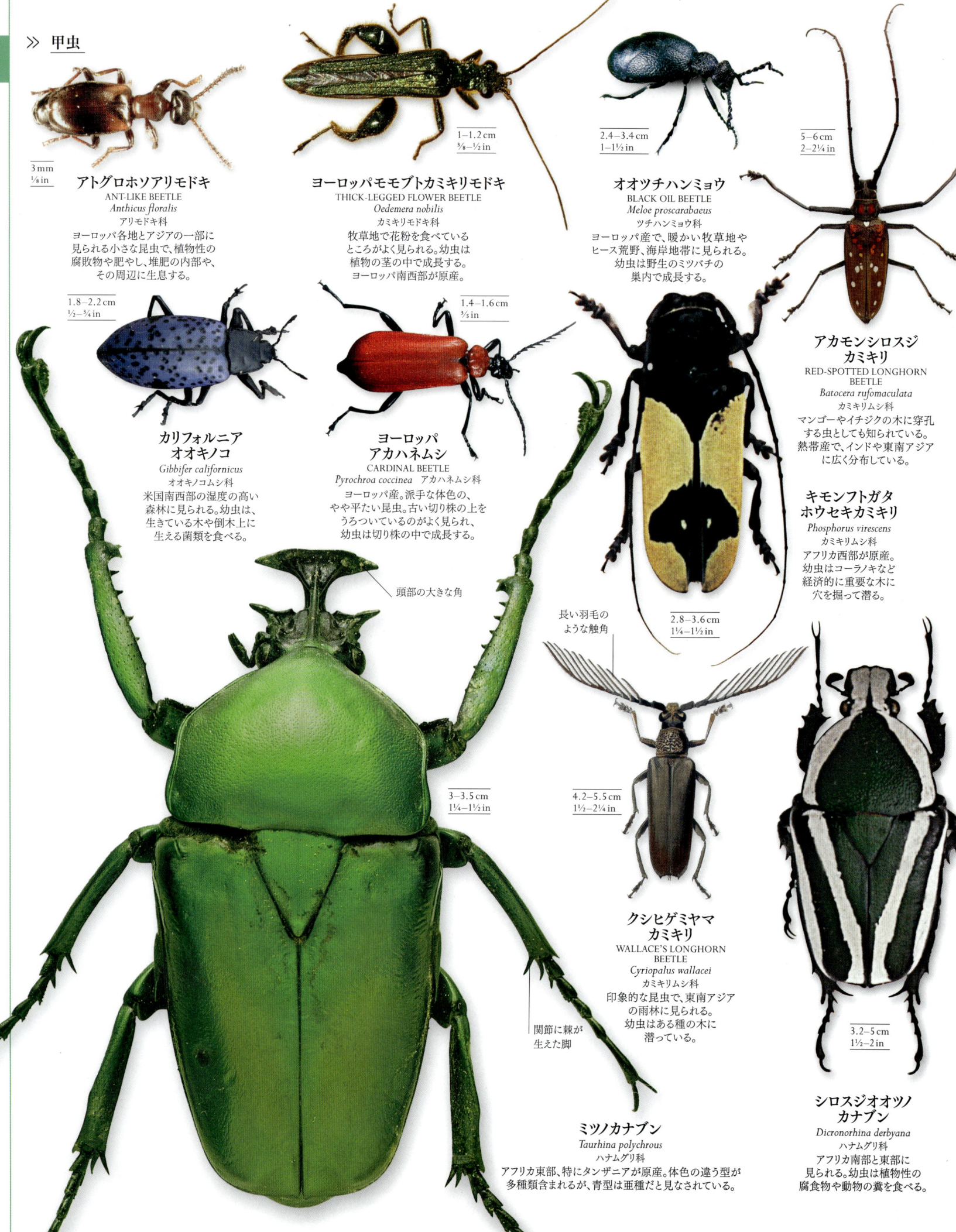

無脊椎動物・昆虫類

3 mm
⅛ in

アトグロホソアリモドキ
ANT-LIKE BEETLE
Anthicus floralis
アリモドキ科
ヨーロッパ各地とアジアの一部に
見られる小さな昆虫で、植物性の
腐敗物や肥やし、堆肥の内部や、
その周辺に生息する。

1—1.2 cm
⅜—½ in

ヨーロッパモモブトカミキリモドキ
THICK-LEGGED FLOWER BEETLE
Oedemera nobilis
カミキリモドキ科
牧草地で花粉を食べている
ところがよく見られる。幼虫は
植物の茎の中で成長する。
ヨーロッパ南西部が原産。

2.4—3.4 cm
1—1½ in

オオツチハンミョウ
BLACK OIL BEETLE
Meloe proscarabaeus
ツチハンミョウ科
ヨーロッパ産で、暖かい牧草地や
ヒース荒野、海岸地帯に見られる。
幼虫は野生のミツバチの
巣内で成長する。

5—6 cm
2—2¼ in

1.8—2.2 cm
½—¾ in

カリフォルニア
オオキノコ
Gibbifer californicus
オオキノコムシ科
米国南西部の湿度の高い
森林に見られる。幼虫は、
生きている木や倒木上に
生える菌類を食べる。

1.4—1.6 cm
⅗ in

ヨーロッパ
アカハネムシ
CARDINAL BEETLE
Pyrochroa coccinea　アカハネムシ科
ヨーロッパ産。派手な体色の、
やや平たい昆虫。古い切り株の上を
うろついているのがよく見られ、
幼虫は切り株の中で成長する。

アカモンシロスジ
カミキリ
RED-SPOTTED LONGHORN
BEETLE
Batocera rufomaculata
カミキリムシ科
マンゴーやイチジクの木に穿孔
する虫としても知られている。
熱帯産で、インドや東南アジア
に広く分布している。

キモンフトガタ
ホウセキカミキリ
Phosphorus virescens
カミキリムシ科
アフリカ西部が原産。
幼虫はコーラノキなど
経済的に重要な木に
穴を掘って潜る。

2.8—3.6 cm
1¼—1½ in

頭部の大きな角

長い羽毛の
ような触角

3—3.5 cm
1¼—1½ in

4.2—5.5 cm
1½—2¼ in

クシヒゲミヤマ
カミキリ
WALLACE'S LONGHORN
BEETLE
Cyriopalus wallacei
カミキリムシ科
印象的な昆虫で、東南アジア
の雨林に見られる。
幼虫はある種の木に
潜っている。

関節に棘が
生えた脚

ミツノカナブン
Taurhina polychrous
ハナムグリ科
アフリカ東部、特にタンザニアが原産。体色の違う型が
多種類含まれるが、青型は亜種だと見なされている。

3.2—5 cm
1½—2 in

シロスジオオツノ
カナブン
Dicronorhina derbyana
ハナムグリ科
アフリカ南部と東部に
見られる。幼虫は植物性の
腐食物や動物の糞を食べる。

3—3.5 cm
1¼—1½ in

ニジモンコガネハムシ
JEWELLED FROG BEETLE
Sagra buqueti ハムシ科
東南アジア、特にタイに多く生息し、
茎の太いある種のつる性植物の
中で成長する。熱帯産の魅力的な
昆虫の例に漏れず、売買されて
コレクターの手に渡る。

2—3 cm
¾—1¼ in

6—8 mm
¼—⁵⁄₁₆ in

ユーラシア
ユリクビナガハムシ
SCARLET LILY BEETLE
Lilioceris lilii ハムシ科
もともとの分布域はヨーロッパ
とアジアだが、ほかの地域にも
広がっており、ユリの栽培に
大打撃を与えている。

7—9 mm
⁷⁄₃₂—¹¹⁄₃₂ in

ヨーロッパウンモンテントウ
EYED LADYBIRD
Anatis ocellata テントウムシ科
ヨーロッパ原産のテントウムシで、
特にマツやトウヒなど、アブラムシが
いる針葉樹でよく見られる。

5—8 mm
³⁄₁₆—⁵⁄₁₆ in

ナナホシテントウ
SEVEN-SPOT LADYBIRD
Coccinella septempunctata
テントウムシ科
ヨーロッパからアジアまで、幅広い
環境によく見られる普通種。
北アメリカにも定着している。

3—5 mm
⅛—³⁄₁₆ in

ソラマメゾウムシ
BROAD BEAN WEEVIL
Bruchus rufimanus
ハムシ科
ソラマメなど畑の作物を食べる
やっかいな害虫。成虫は花粉を
食べ、幼虫は種子にトンネルを掘る。

4—5 mm
⁵⁄₃₂—³⁄₁₆ in

ヒトスジテントウ
LARCH LADYBIRD
Aphidecta obliterata
テントウムシ科
ヨーロッパ産の種で、カラマツや
モミ、マツなどの針葉樹に生息し、
カイガラムシやアブラムシを食べる。

3—4 mm
⅛—⁵⁄₃₂ in

ニジュウニホシキイロ
テントウ
TWENTY-TWO SPOT LADYBIRD
Psyllobora vigintiduopunctata
テントウムシ科
ヨーロッパ産。牧草地で背丈の
低い植物について生息する。
テントウムシ類では珍しく、
シロカビなどの菌類を食べる。

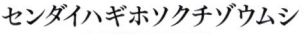

2.5—4 mm
¹⁄₁₀—⁵⁄₃₂ in

センダイハギホソクチゾウムシ
BAPTISIA WEEVIL
Trichapion rostrum ミツギリゾウムシ科
小型のゾウムシ類で、北アメリカの
プレーリーに生息し、白やクリーム色の
花を咲かせる野生のムラサキ
センダイハギ（*Baptisia*）を餌にする。

キリンナガクビ
オトシブミ
GIRAFFE-NECKED WEEVIL
Trachelophorus giraffa オトシブミ科
マダガスカルの雨林に生息する。
長い首を使ってノボタンの木の葉を
巻き、雌はその中に産卵する。

細長く伸びた首で葉を
巻きあげる ——

2.6 cm
1 in

1—1.3 cm
⅜—½ in

1.8—2 cm
⁷⁄₁₀—¾ in

ニシキイボフトゾウムシ
Cratosomus roddami
ゾウムシ科
中央及び南アメリカに分布。
幼虫はある種の野生の
果樹につき、幹や枝の
中に潜っている。

グリップの
利くカギ爪

ニシキホウセキゾウムシ
BLUE BANDED WEEVIL
Eupholus schoenherri ゾウムシ科
インドネシア東部の一部の
島に生息する見事な昆虫。
本種を含め、エウフォルス属の
多くはヤムイモを餌とする。

シロバネキリアツメ
Onymacris candidipennis
ゴミムシダマシ科
長い脚と白い鞘翅は、この昼行性の種が
乾燥した砂漠で生き抜くのに有利である。
アフリカ南西部の海岸地帯に見られる。

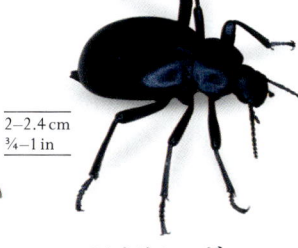

2—2.4 cm
¾—1 in

ニワオサムシダマシ
CHURCHYARD BEETLE
Blaps mucronata ゴミムシダマシ科
空を飛ばず地上で生活する種で、
暗くなってから活動するのが普通。
暗くて湿った場所に見られ、
腐敗物を食べる。

8—12 mm
⁵⁄₁₆—½ in

キンケクチブトゾウムシ
BLACK VINE WEEVIL
Otiorhynchus sulcatus ゾウムシ科
ヨーロッパ、北アメリカ、
オーストラレーシアに広く分布し、
庭や畑などでさまざまな植物に
深刻な害を与えている。

シリアゲムシ SCORPIONFLIES

シリアゲムシ目(長翅目)の昆虫は捕食性で、体型は一般的に細長く円柱状である。幅が狭く長い翅は、種によって透明な場合と斑点や帯模様がある場合とがある。翅が短い種や、完全に翅のない種もいる。頭部には大きな目と糸のような触角があり、くちばしのような突起が下方に伸びているのが特徴である。突起の先端部に、かみつき型の口器がある。

ヨーロッパシリアゲムシ
COMMON SCORPIONFLY
Panorpa communis
シリアゲムシ科
ヨーロッパ西部が原産。日陰になる生け垣や森の縁に生息し、よくイラクサに止まってじっとしているのが目撃される。

1.8—3 cm
¾—1 in

♂

ヨーロッパユキシリアゲ
SNOW SCORPIONFLY
Boreus hyemalis
ユキシリアゲムシ科
小型で翅のないヨーロッパ産のシリアゲムシ。秋と冬だけに見られる。コケのすきまで繁殖する。

3—5 mm
⅛—³⁄₁₆ in

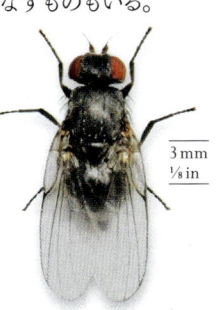
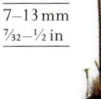

ノミ FLEAS

ノミ目(隠翅目)は、体が縦に扁平で翅のない吸血性昆虫で、哺乳類や鳥類に外部寄生する。頭部には短い突き刺し型の口器があり、側方に単眼がついている。後脚は高度に特殊化してジャンプに適したものになっている。

ネコノミ
CAT FLEA
Ctenocephalides felis
ヒトノミ科
世界中どこにでも見られる。イヌに寄生していることもあり、人間を含むほかの動物の血を吸っても生きていける。

1—2 mm
¹⁄₃₂—¹⁄₁₆ in

ハエやカの仲間 TRUE FLIES

ハエやカはハエ目(双翅目)に含まれる。翅が膜状の前翅1対しかないのが特徴である。後翅は退化し、平均棍というバランスをとる器官に変化している。ほとんどのハエは、花粉媒介者や捕食者、あるいは分解者として人間に益をもたらす。一方、野生動物や家畜、そして多数の人々が、ハエやカが媒介する疾病に苦しめられてもいる。作物に害をなすものもいる。

吻で突き刺して吸引する

イエカ属の一種
MOSQUITO
Culex sp.　カ科
イエカ属には1000種以上が含まれ、世界全体に分布している。疾病を媒介するものもいるが、食物連鎖に不可欠のものも多い。

4—10 mm
⁵⁄₃₂—³⁄₈ in

ロンドハモグリバエ
Agromyza rondensis
ハモグリバエ科
小型のハエで、ヨーロッパ全土に見られる。幼虫はいろいろな草本の葉にトンネルを掘って潜る。

3 mm
⅛ in

ビロウドツリアブ
BEE FLY
Bombylius major
ツリアブ科
北半球の温帯に広く分布している。成虫は花蜜を餌にし、幼虫はハチの巣に寄生する。

7—13 mm
⁷⁄₃₂—½ in

オオハラブトムシヒキ
GIANT BLUE ROBBER FLY
Blepharotes splendidissimus
ムシヒキアブ科
大型のハエで、オーストラリア東部に見られる。空中でかなり大きな獲物を捕まえる。独特の羽音を立てて飛ぶ。

平均棍

側面に房状の毛

2.5—3 cm
1—1¼ in

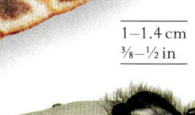

♂

クロケバエ
ST MARK'S FLY
Bibio marci
ケバエ科
春に見られるヨーロッパの普通種。時に多数が集まって不器用に飛び、草や丈の低い植物の上でつがいになっているのが見られる。

1—1.4 cm
⅜—½ in

ヨーロッパツノキノコバエ
Platyura marginata
ツノキノコバエ科
ヨーロッパ西部に広く分布している。森林地帯に棲む。幼虫は朽ち木の中で生活し、ほかの小型昆虫を食べる。

1—1.2 cm
⅜—½ in

ナズナタマバエ
Dasineura sisymbrii
タマバエ科
ごく小さな昆虫で、マメグンバイナズナの頭花に産卵する。薄い色のスポンジ質のゴール(虫こぶ)ができ、幼虫はその中で育つ。

1—2 mm
¹⁄₃₂—¹⁄₁₆ in

キャベツハナバエ
CABBAGE ROOT FLY
Delia radicum　ハナバエ科
ヨーロッパ産の小型のハエで、野生のもの、栽培ものを問わず、キャベツやカブ、ナタネなど、アブラナ類の植物に深刻な打撃を与えることがある。

5—10 mm
³⁄₁₆—³⁄₈ in

オオユスリカ
BUZZER MIDGE
Chironomus plumosus
ユスリカ科
北半球各地に見られる。幼虫はアカムシと呼ばれ、泥質の池に生息する。

羽毛状の触角

8—11 mm
⁵⁄₁₆—³⁄₈ in

イエバエ
HOUSE FLY
Musca domestica
イエバエ科
世界中に見られる種で、特に
人家周辺に多い。数多くの
病原体を食品に媒介する。

突出した赤い目

6–8 mm
¼–⁵⁄₁₆ in

翅の基部は
橙赤色

ハマベキモグリバエ
GRASS FLY
Meromyza pratorum
キモグリバエ科
北半球各地に生息するが、
特に砂質の海岸地帯に見られる。
幼虫はマラムやアシの茎に潜る。

4–6 mm
⁵⁄₃₂–¼ in

2–3 cm
¾–1 in

捕まえると長い
脚がはずれる
ことがある

**ヨーロッパ
ガガンボ**
MARSH CRANE FLY
Tipula oleracea
ガガンボ科
ヨーロッパ原産だが、現在は
北アメリカにも分布し、南アメリカの
高原地帯の一部にも見られる。
水場近くにいることが多い。

ツマジロアシナガバエ
Poecilobothrus nobilitatus
アシナガバエ科
ヨーロッパ産。水場近くの湿った
環境に見られる。雄は日だまりで
翅を振ってディスプレイをする。

6–7 mm
¼–⁷⁄₃₂ in

ヒメイエバエ
LESSER HOUSE FLY
Fannia canicularis
ヒメイエバエ科
何にせよ腐敗中の半液体が
あれば繁殖できる。特に人家
周辺によく見られる。

4–6 mm
⁵⁄₃₂–¼ in

4 mm
⁵⁄₃₂ in

ツメトゲブユ
Simulium ornatum
ブユ科
ヨーロッパとアジアに分布するが、
ほかの地域にも移入されている。
成虫は動物の血液を吸い、
牛オンコセルカ症(河川盲目症
とも呼ばれる)を媒介する。

オオチョウバエ
MOTH FLY
Clogmia albipunctata
チョウバエ科
極めて広く分布している
種で、小型のガのように
見える。幼虫は、排水溝
や樹洞、下水など、暗く
湿った場所で育つ。

3–5 mm
⅛–³⁄₁₆ in

ニクバエ
FLESH FLY
Sarcophaga carnaria
ニクバエ科
ヨーロッパとアジアに広く
分布する。果汁や腐敗
物からしみ出る液体を餌に
する。雌は動物の死体に
小さな幼虫を産み落とす。

1.4–1.8 cm
½–⅔ in

左右の目が大きく
離れている雄のほうが
なわばり争いに勝つ

ヨーロッパメバエ
FERRUGINOUS BEE-GRABBER
Sicus ferrugineus
メバエ科
ヨーロッパ産で、ある種のマルハ
ナバチの腹の内部に産卵する。
幼虫は内部寄生虫として成長し、
宿主は最終的に死ぬ。

8–14 mm
⁵⁄₁₆–½ in

色の薄い頭部に
大きな複眼

シュモクヒロクチバエ
ROTHSCHILD'S ACHIAS
Achias rothschildi　ヒロクチバエ科
パプアニューギニアに分布。雄の
頭部は左右に細長く張り出し、
その先端に眼が位置する。この
眼は縄張り行動や配偶行動の
ディスプレイで用いられる。

♂

1.5–1.8 cm
½–⅔ in

キリモンヌカカ
FARMYARD MIDGE
Culicoides nubeculosus　ヌカカ科
ヨーロッパに広く分布する。動物の
糞が混じる泥や下水中で繁殖する。
成虫はウマやウシの血を吸う。

1–2 mm
¹⁄₃₂–¹⁄₁₆ in

ホホアカクロバエ
BLUEBOTTLE
Calliphora vicina　クロバエ科
ヨーロッパと北アメリカに分布する。
特に都会に多く見られ、ハトや
齧歯類の死体で繁殖する。

1–1.2 cm
⅜–½ in

1.3—1.5 cm
½—⅗ in

3—5 mm
⅛—³⁄₁₆ in

2—3 mm
¹⁄₁₆—⅛ in

ヒメフンバエ
YELLOW DUNG FLY
Scathophaga stercoraria
フンバエ科
どこにでもよく見られるハエで、
北半球各地に分布する。
ウシやウマの糞で繁殖する。
幼虫は糞を食べ、成虫は糞に寄って
くるほかの昆虫を獲物にする。

ヨーロッパウシアブ
BANDED BROWN HORSE FLY
Tabanus bromius
アブ科
ヨーロッパと中東に広く分布する。
主にウマを攻撃するが、人間を
含め、そのほかの動物も襲う。

ツヤホソバエの一種
Sepsis sp.
ツヤホソバエ科
広範な環境に分布する
普通種。幼虫は動物の糞や
腐敗物中で成長する。

キイロショウジョウバエ
COMMON FRUIT FLY
Drosophila melanogaster
ショウジョウバエ科
分布域の広い種で、実験動物と
しておなじみである。腹部に
濃い部分があるのが目立つ。
腐りかけの果実で繁殖する。

6—11 mm
¼—⅜ in

歯の生えた肉質
の吻で獲物を
攻撃する

黄色の剛毛の
生えた体

1—1.2 cm
⅜—½ in

オオフタホシヒラタアブ
Syrphus ribesii
ハナアブ科
成虫は花蜜を餌にするが、
幼虫は北半球全域でアブラムシ
の最大の捕食者である。
スズメバチやミツバチに擬態した
体の模様で捕食者を遠ざける。

ヨーロッパ
シギアブ
MARSH SNIPE FLY
Rhagio tringarius
シギアブ科
捕食性のアブで、
ヨーロッパの各地に
広く分布する。湿った
低木地や沼地の
下生えで見られる。

8—14 mm
¼—⅗ in

0.9—1.2 cm
¹¹⁄₃₂—½ in

1—1.2 cm
⅜—½ in

1.5—2 cm
⅗—¾ in

ホソヒラタアブ
MARMALADE HOVER FLY
Episyrphus balteatus
ハナアブ科
さまざまな環境でよく見られる
普通種で、庭にも来る。
花粉や蜜を餌にする。
幼虫はアブラムシを食べる。

ツマグロハナアブ
Leucozona lucorum
ハナアブ科
北半球に分布。春から
初夏にかけ、湿度の高い
森林の花を訪れる。
幼虫はアブラムシを
獲物にする。

ハナアブ
DRONE FLY
Eristalis tenax
ハナアブ科
ヨーロッパ産だが北アメリカ
に移入されている。
ミツバチに擬態している。
幼虫は止水で成長する。

8 mm
⁵⁄₁₆ in

4—5 mm
⁵⁄₃₂—³⁄₁₆ in

3.5—7 cm
1½—2¾ in

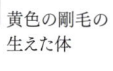

ウマジラミバエ
FOREST FLY
Hippobosca equina
シラミバエ科
ヨーロッパとアジアの一部に分布し、
主に森林に見られる吸血性のハエ。
ウマやシカ、時にはウシを襲う。

アフリカクモバエ
Penicillidia fulvida
クモバエ科
サハラ以南のアフリカに広く
分布する、翅のない吸血性の外部
寄生虫。さまざまな種類のコウモリ
に寄生するのが知られている。

キョジンムシヒキアブモドキ
Gauromydas heros
ムシヒキアブモドキ科
南アメリカ産で、ハエの仲間では
世界最大。ハキリアリの巣内で
繁殖し、幼虫は巣内でコガネムシ
の幼虫を食べると考えられている。

2.4–3 cm
1–1¼ in

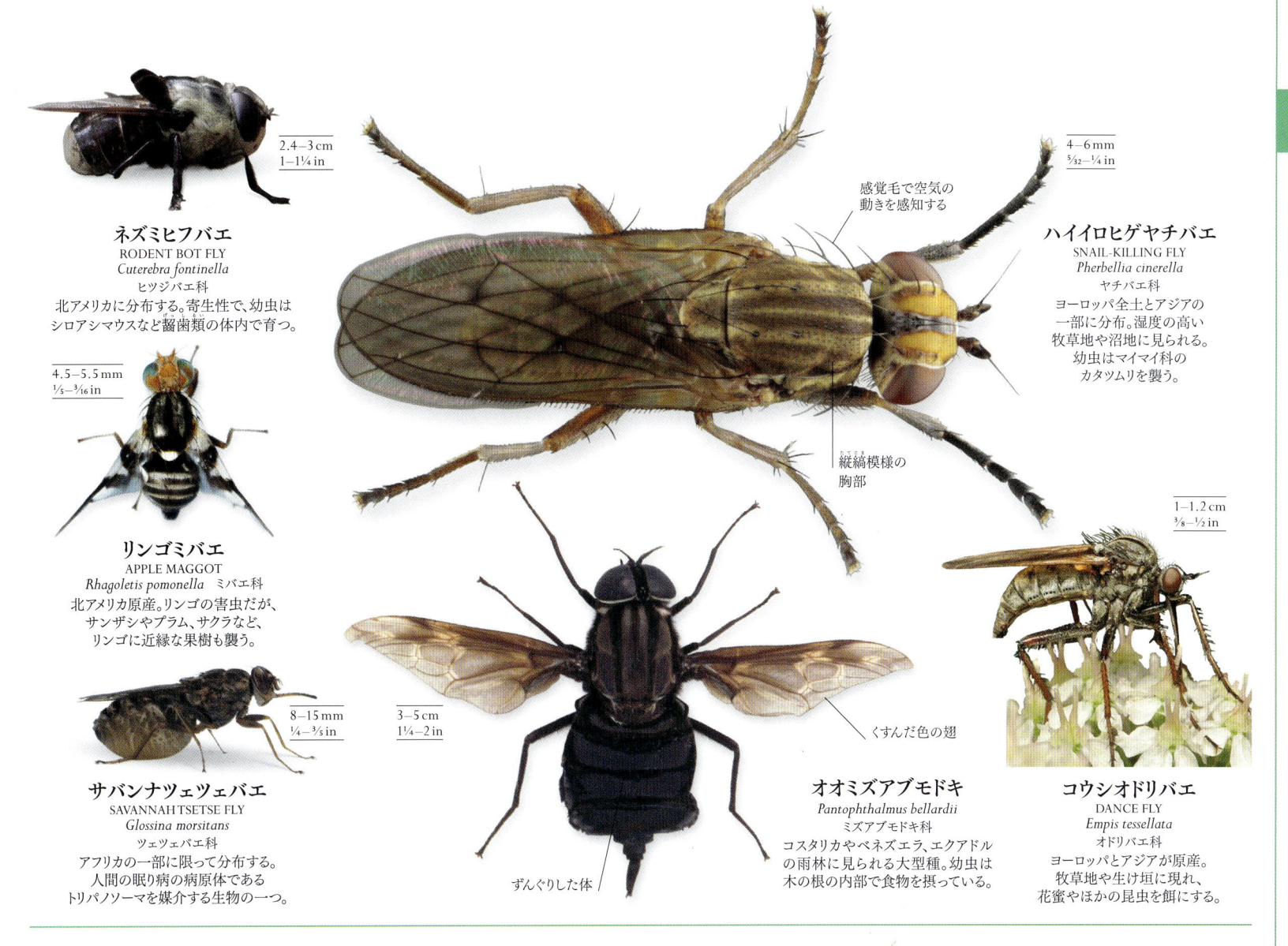

ネズミヒフバエ
RODENT BOT FLY
Cuterebra fontinella
ヒツジバエ科
北アメリカに分布する。寄生性で、幼虫はシロアシマウスなど齧歯類の体内で育つ。

感覚毛で空気の
動きを感知する
縦縞模様の
胸部

4–6 mm
5/32–¼ in

ハイイロヒゲヤチバエ
SNAIL-KILLING FLY
Pherbellia cinerella
ヤチバエ科
ヨーロッパ全土とアジアの一部に分布。湿度の高い牧草地や沼地に見られる。幼虫はマイマイ科のカタツムリを襲う。

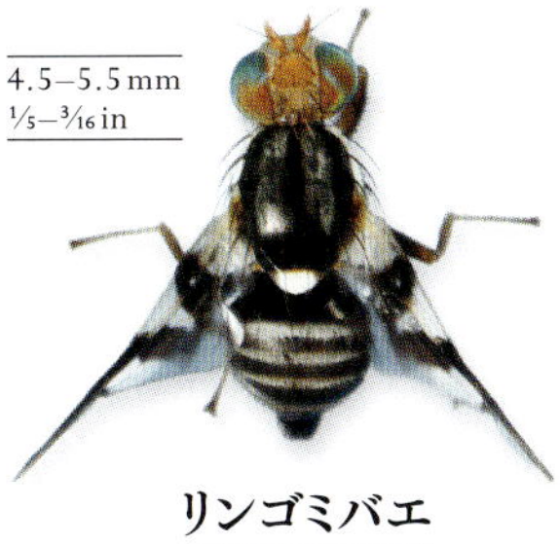

4.5–5.5 mm
⅕–3/16 in

リンゴミバエ
APPLE MAGGOT
Rhagoletis pomonella ミバエ科
北アメリカ原産。リンゴの害虫だが、サンザシやプラム、サクラなど、リンゴに近縁な果樹も襲う。

8–15 mm
¼–⅗ in

サバンナツェツェバエ
SAVANNAH TSETSE FLY
Glossina morsitans
ツェツェバエ科
アフリカの一部に限って分布する。人間の眠り病の病原体であるトリパノソーマを媒介する生物の一つ。

くすんだ色の翅
ずんぐりした体

3–5 cm
1¼–2 in

オオミズアブモドキ
Pantophthalmus bellardii
ミズアブモドキ科
コスタリカやベネズエラ、エクアドルの雨林に見られる大型種。幼虫は木の根の内部で食物を摂っている。

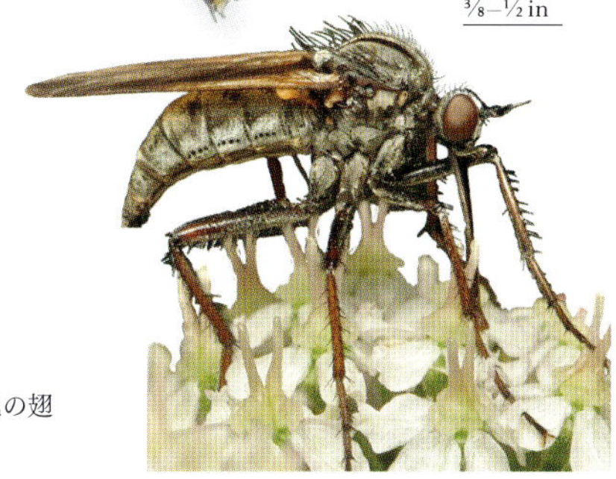

1–1.2 cm
⅜–½ in

コウシオドリバエ
DANCE FLY
Empis tessellata
オドリバエ科
ヨーロッパとアジアが原産。牧草地や生け垣に現れ、花蜜やほかの昆虫を餌にする。

トビケラ CADDISFLIES

トビケラ目（毛翅目）はチョウ目（鱗翅目）に近縁である。細身で、ガに似ているが、体は鱗粉ではなく毛で覆われている。頭部には細長い糸のような触角ときゃしゃな顎がある。静止時、2対の翅は体の上にテント形にたたむ。幼虫は水生で、砂粒や植物性の繊維を使って身をぴったり包む巣を作るものが多い。巣のタイプは種特有である。

3–4.5 mm
⅛–⅕ in

ホクベイヒメトビケラ
SALT AND PEPPER MICROCADDIS
Agraylea multipunctata
ヒメトビケラ科
小型のトビケラで、北アメリカに広く分布してよく見られる。翅は細長く、藻類の豊富な池や湖で繁殖する。

2.8–3.2 cm
1⅛–1¼ in

オオツマグロトビケラ
GREAT RED SEDGE
Phryganea grandis
トビケラ科
ヨーロッパ産。水草の多い湖や流れの遅い川で繁殖する。幼虫は葉の破片をらせん状に巻いて巣を作る。

1.2–1.5 cm
½–⅗ in

ヨーロッパシマトビケラ
MARBLED SEDGE
Hydropsyche contubernalis
シマトビケラ科
夕暮れ時に飛び、川で繁殖する。水生の幼虫は網を張って餌を捕まえる。

8–13 mm
¼–½ in

ヤママダラトビケラ
DARK-SPOTTED SEDGE
Philopotamus montanus
タニガワトビケラ科
ヨーロッパ産。触角は短めで、岩の多い急流で繁殖する。幼虫は岩の下側に管状の巣を作る。

1.2–1.7 cm
½–⅗ in

ヨーロッパエグリトビケラ
MOTTLED SEDGE
Glyphotaelius pellucidus
エグリトビケラ科
ヨーロッパ産のトビケラで、湖や小さな池で繁殖する。幼虫は木の枯葉の破片で巣を作る。

チョウとガ MOTHS AND BUTTERFLIES

チョウ目(鱗翅目)の昆虫は微細な鱗粉で体が覆われ、大きな複眼とストロー状の口吻をもつ。幼虫はイモムシか毛虫で、蛹化して変態し、成虫になる。ガのほとんどは夜行性で翅を開いてとまる。一方、チョウは昼行性で翅を閉じてとまるものが多い。

10—16 cm
4—6½ in

10—16 cm
4—6½ in

ヘラクレスサン
HERCULES MOTH
Coscinocera hercules
ヤママユガ科
ニューギニアとオーストラリアに見られる世界最大級のガ。後翅の尾状突起は雄だけにある。

20—27 cm
8—10½ in

後翅の尾状突起

アメリカオオオミズアオ
AMERICAN MOON MOTH
Actias luna
ヤママユガ科
北アメリカ産。翅はライムグリーンで、後翅に顕著な尾状突起がある。幼虫はさまざまな落葉樹の葉を食べる。

ポリフェムスヤママユ
POLYPHEMUS MOTH
Antheraea polyphemus
ヤママユガ科
米国とカナダ南部によく見られる分布域の広い種。翅に大きな目玉模様があり、捕食者を驚かす。

6—9 cm
2¾—3½ in

4.5—7.5 cm
1¾—3 in

5—8.5 cm
2—3¼ in

5—8 cm
2—3¼ in

オオヒョウモンヒトリ
GIANT LEOPARD MOTH
Hypercompe scribonia
トモエガ科
人目をひくガで、カナダ南東部から南はメキシコまで広く分布する。幼虫はさまざまな植物を食べる。

ヨーロッパクヌギカレハ
OAK EGGAR
Lasiocampa quercus
カレハガ科
ヨーロッパからアフリカ北部まで分布。幼虫はキイチゴ、カシ、ヒース、そのほかの植物の葉を食べる。

ヒロハカレハ
LAPPET MOTH
Gastropacha quercifolia　カレハガ科
ヨーロッパとアジアに見られる大型のガ。静止時にはオークの枯葉が束になったように見える。種小名はQuercus(オーク) + folia(葉)という意味。

マツカレハ
PINE-TREE LAPPET
Dendrolimus pini
カレハガ科
ヨーロッパとアジア各地の針葉樹林に広く分布する。幼虫はマツやトウヒ、モミを餌にする。

3.5—4.5 cm
1½—1¾ in

前翅に白い山形模様

オーストラリアモンシロモドキ
AUSTRALIAN MAGPIE MOTH
Nyctemera amicus
トモエガ科
オーストラリアに広く分布し、ニュージーランドでも見られる。昼間に飛ぶ。幼虫はノボロギクやサワギクなどの植物を食べる。

1—1.6 cm
⅜—½ in

オウベイイガ
CASE-BEARING CLOTHES MOTH
Tinea pellionella　ヒロズコガ科
ヨーロッパ西部と北アメリカの一部に見られる。ウールの衣服やカーペットに深刻な害を与えることがある。

羽毛状の触角

4.5—7 cm
1¾—2¾ in

ヒトリガ
GARDEN TIGER
Arctia caja
トモエガ科
北半球に見られる独特なガ。幼虫の毛虫はさまざまな低木ややぶの葉を食べる。

7—8 cm
2¾—3¼ in

2.5—3 cm
1—1¼ in

腹部

ホクベイキシタバ
ILIA UNDERWING
Catocala ilia
ヒトリガ科
北アメリカに広く分布する。後翅に顕著な赤い帯がある。幼虫はオークの葉を食べる。

タイリクヒメシロモンドクガ
VAPOURER MOTH
Orgyia antiqua　ヒトリガ科
ヨーロッパ産だが、現在では北半球各地に見られる。雌は翅がごく小さく飛ぶことができない。

24–30 cm
9½–12 in

ナンベイオオヤガ
GIANT AGRIPPA
Thysania agrippina　ヤガ科
中央アメリカと南アメリカの
一部に見られる。開張（翅を広げた
時の横幅）は世界最大級。

カイナンボクノメイガ
SNOUT MOTH
Vitessa suradeva　メイガ科
インド、東南アジアの一部、ニュー
ギニアに見られる。幼虫は有毒な
低木に網を張り、若い葉を食べる。

4–5 cm
1½–2 in

2.4–2.8 cm
1–1¼ in

イラクサノメイガ
SMALL MAGPIE
Anania hortulata　メイガ科
ヨーロッパで極めてよく見られる
種。生け垣や荒れ地に出没する。
幼虫は巻いたイラクサの葉を
餌にする。

6–10 cm
2¼–4 in

**ホクベイギンモン
コウモリ**
SILVER-SPOTTED GHOST MOTH
Sthenopis argenteomaculatus
コウモリガ科
カナダ南部と米国の一部に見られる。
幼虫は主にハンノキの根の内部で育つ。

**オーストラリア
アカシアボクトウ**
ACACIA CARPENTER MOTH
Endoxyla encalypti
ボクトウガ科
オーストラリア産の大型で
目立つガ。幼虫は白くて
たくましく、ある種の
アカシアの木質部分に潜る。

9–12 cm
3½–4¾ in

6.5–9.5 cm
2½–3¾ in

アカオビカストニア
DIVA MOTH
Divana diva
カストニアガ科
南アメリカの熱帯林に
見られるガで、昼間に飛ぶ。
静止時にはうまくカムフラー
ジュされているが、後翅は
鮮やかな色である。

大きな目玉模様で
捕食者を威嚇する

5–6.5 cm
2–2½ in

オオシロオビアオシャク
LARGE EMERALD
Geometra papilionaria
シャクガ科
ヨーロッパ各地とアジアの
温帯地域に見られる。幼虫は
主にカバノキの葉を食べる。

3–4 cm
1¼–1½ in

オオシロオビクロナミシャク
ARGENT AND SABLE
Rheumaptera hastata
シャクガ科
昼間に飛ぶガで、北半球に分布する。
英名は「銀白色と黒」という意味で、
紋章学の用語に由来する。

4–5 cm
1½–2 in

ギンバネエダシャク
CLARA'S SATIN MOTH
Thalaina clara
シャクガ科
オーストラリア東部と南東部、
タスマニア北部に分布。
幼虫はアカシアの葉を食べる。

黒とオレンジ色
の波状模様

7–7.5 cm
2¾–3 in

カイコガ
SILK MOTH
Bombyx mori
カイコガ科
原産地は中国。数千年
前からクワを餌にして
飼育されている。まゆ
から絹がとれる。

4–6 cm
1½–2¼ in

10–16 cm
4–6½ in

イボタガ
WALLICH'S OWL MOTH
Brahmaea wallichii
イボタガ科
大型のガで、インド北部から中国、
日本まで分布する。幼虫はトネリコ、
イボタノキ、ライラックの葉を食べる。

ベニトラシャク
COPPERY DYSPHANIA
Dysphania cuprina
シャクガ科
東南アジア各地に広く分布する
鮮やかな色彩のガ。日中に飛ぶ。
鳥にとって不味いと考えられている。

ヨーロッパトリバ
WHITE PLUME-MOTH
Pterophorus pentadactyla
トリバガ科
ヨーロッパ各地に見られる
普通種で、乾燥した草原や
荒れ地、庭に現れる。幼虫は
ヒロハヒルガオを餌にする。

2.5–3 cm
1–1¼ in

長い脚

無脊椎動物・昆虫類

5—6 cm
2—2¼ in

ラッフルズセセリ
REGENT SKIPPER
Euschemon rafflesia　セセリチョウ科
オーストラリア東部の熱帯及び
亜熱帯の森林が原産の、
鮮やかな模様の種。花を
訪れて採餌するのが見られる。

4.5—6.2 cm
1¾—2½ in

シロベリセセリ
GUAVA SKIPPER
Phocides polybius　セセリチョウ科
米国のテキサス州南部から
南はアルゼンチンまで見られる。
幼虫は巻きあげたグアバの
葉の中で育つ。

3.5—5 cm
1½—2 in

ハチダマシスカシバガ
HORNET MOTH
Sesia apiformis
スカシバガ科
成虫はスズメバチそっくりで捕食者に
襲われるのを防いでいるが、害はない。
幼虫はポプラやヤナギの木の幹や根に穴を
あけて潜る。ヨーロッパと中東に分布する。

5.5—6.5 cm
2¼—2½ in

オウシュウツマキ
シャチホコ
BUFF-TIP
Phalera bucephala
シャチホコガ科
ヨーロッパに分布し、東はシベリアまで
見られる。静止時には翅をたたんで体を
覆い、折れた枝のようにカムフラージュする。

6—7 cm
2¼—2¾ in

ベニスズメ
ELEPHANT HAWK MOTH
Deilephila elpenor　スズメガ科
愛らしいピンク色のスズメガで、
ヨーロッパとアジアの温帯地域に
広く分布する。幼虫はヤエムグラや
アカバナを食べる。

9—12 cm
3½—4¾ in

アフリカミドリスズメ
VERDANT SPHINX
Euchloron megaera
スズメガ科
サハラ以南のアフリカに広く分布
する特徴的なガ。幼虫はブドウ科の
つる植物の葉を食べる。

9.5—15 cm
3¾—6 in

ペレイデスモルフォ
COMMON MORPHO
Morpho peleides
タテハチョウ科
中央及び南アメリカの
熱帯林に広く分布している。
成虫は腐りかけの果実の
果汁を吸う。

メタリックブルーの体色で
配偶相手をひきつける

3—4 cm
1¼—1½ in

ムツモンベニマダラ
SIX-SPOT BURNET
Zygaena filipendulae
マダラガ科
鮮やかな模様のガで、鳥にとっては
不味い。日中に飛び、ヨーロッパ各地で
牧草地や森林の開拓地に見られる。

4.5—5 cm
1¾—2 in

マルバネアメリカヒカゲ
LITTLE WOOD SATYR
Euptychia cymela
タテハチョウ科
カナダ南部からメキシコ北部にかけて
分布する。森林に生息する。幼虫は
水場の近くの開拓地で草本を食べる。

8.5—10 cm
3¼—4 in

オオカバマダラ
MONARCH BUTTERFLY
Danaus plexippus
タテハチョウ科
大移動することで有名。南北アメリカ
原産だが世界各地に広がっている。
幼虫はトウワタを食べる。

5—6 cm
2—2¼ in

尾状突起の
ある後翅

カスリタテハ
QUEEN CRACKER
Hamadryas arethusa
タテハチョウ科
メキシコからボリヴィアに
かけて分布。英名は、カチ
カチという音を立てながら
飛ぶことから。

イチモンジチョウ
WHITE ADMIRAL
Ladoga camilla
タテハチョウ科
ヨーロッパとアジアの日本
まで、温帯の各地に見られる。
幼虫はスイカズラの
葉を食べる。

長い触角

6—7 cm
2¼—2¾ in

7—9 cm
2¾—3½ in

9—12 cm
3½—4¾ in

チョウセンコムラサキ
PURPLE EMPEROR
Apatura iris　タテハチョウ科
ヨーロッパからアジアにかけて、東は日本まで
分布し、オーク(ナラ類やカシ類)の密生する
林地に見られる。雄は光沢のある紫色だが、
雌はくすんだ茶色である。

コノハチョウ
INDIAN LEAF BUTTERFLY
Kallima inachus
タテハチョウ科
翅の裏面が枯葉によく似ているので、
静止時、翅をたたむと完璧にカムフラージュ
できる。インドから中国南部まで分布する。

モンシロチョウ
SMALL WHITE
Pieris rapae
シロチョウ科
世界中に分布域が広がって
いる。幼虫は野生・栽培ものを
問わずキャベツやカラシを餌に
し、害虫となることもある。

3.5–5 cm
1½–2 in

先の尖った前翅

7.5–9.5 cm
3–3¾ in

ニシキオオツバメガ
MADAGASCAN SUNSET MOTH
Chrysiridia rhipheus
ツバメガ科
翅の光沢のある鱗粉が鮮やかなガで、
日中に飛ぶ。マダガスカルの固有種。
トウダイグサ科に属するある種の
有毒な低木を餌にする。

光沢のある赤い
模様が翅にある

後翅の黒い模様

4–6.5 cm
1½–2½ in

♂

カリフォルニアイヌ
モンキチョウ
CALIFORNIA DOG-FACE
Zerene eurydice シロチョウ科
カリフォルニア州の一部だけに分布するが、
たまにアリゾナ州西部でも見られる。
ナパクロバナエンジュという低木で繁殖する。

4–5 cm
1½–2 in

クモマツマキチョウ
ORANGE TIP
Anthocharis cardamines
シロチョウ科
温帯の牧草地に生息する。
ヨーロッパからアジアは日本
まで見られる。幼虫はハナタネ
ツケバナやアリアリアを食べる。

7–8.5 cm
2¾–3¼ in

ベニモン
オオキチョウ
ORANGE-BARRED SULPHUR
Phoebis philea
シロチョウ科
分布域はブラジル南部から
中央アメリカ、米国南部まで
広がり、それより北方にも
散発的に見られる。幼虫は
センナを食草とする。

5–7 cm
2–2¾ in

ベニオビコバネ
シロチョウ
TIGER PIERID
Dismorphia amphione
シロチョウ科
鮮やかな体色で味のよくないチョウに
擬態して、捕食者から身を守っている。
メキシコから南アメリカまで広く
分布し、よく見られる。

6–8 cm
2¼–3¼ in

アカスジドクチョウ
SMALL POSTMAN
Heliconius erato
タテハチョウ科
中央アメリカからブラジル南部まで、
林の縁や開けた土地に見られる。
幼虫はトケイソウの葉を食べる。

10–15 cm
4–6 in

裏面

イドメネウスフクロウチョウ
OWL BUTTERFLY
Caligo idomeneus タテハチョウ科
大型種で南アメリカが原産。翅の裏面に
フクロウのようなくっきりとした目玉模様があり、
静止時にはこれで捕食者を避ける。

5.5–7.5 cm
2¼–3 in

エゾシロチョウ
BLACK-VEINED WHITE
Aporia crataegi
シロチョウ科
ヨーロッパ、アフリカ北部、そして
アジアは日本まで、各地に分布する
特徴的なチョウ。サンザシや
ブラックソーンで繁殖する。

5–7 cm
2–2¾ in

ベニヤマキチョウ
CLEOPATRA
Gonepteryx cleopatra
シロチョウ科
地中海周辺の国々に分布する
普通種。特に海岸部の疎林や
低木地でよく見られる。幼虫は
ある種のクロウメモドキを食べる。

無脊椎動物 ・ 昆虫類

7—8.5 cm
2⅖—3¼ in

ウスバジャコウアゲハ
BIG GREASY BUTTERFLY
Cressida cressida アゲハチョウ科
オーストラリアとパプアニュー
ギニアに分布。食草である
パイプカズラの生える草原や、
乾燥気味の森林に見られる。

6—10 cm
2¼—4 in

トラフタイマイ
ZEBRA SWALLOWTAIL
Protographium marcellus
アゲハチョウ科
北アメリカ東部の湿度の高い森林に
見られる、黒と白の模様が目立つチョウ。
幼虫はポポーという植物を食べる。

25—31 cm
10—12 in

アレクサンドラ
トリバネアゲハ
QUEEN ALEXANDRA'S
BIRDWING
Ornithoptera alexandrae
アゲハチョウ科
世界最大のチョウ。
パプアニューギニア南東部
のオーエン・スタンリー山脈
東部だけに生息する。
絶滅危惧種で、保護
されている。

15—18 cm
6—7 in

アカエリトリバネアゲハ
RAJAH BROOKE'S BIRDWING
Troides brookiana アゲハチョウ科
ボルネオとマレーシアの熱帯林に
生息する。成虫は果汁や花蜜を吸い、
幼虫はパイプカズラを食べる。

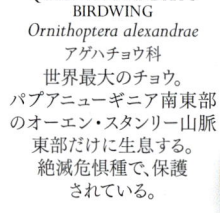

12—19 cm
4¾—7½ in

メガネトリバネアゲハ
COMMON GREEN BIRDWING
Ornithoptera priamus アゲハチョウ科
大型のチョウで、パプアニューギニアとソロモン
諸島からオーストラリア北部の熱帯地域まで
分布する。幼虫はパイプカズラを食べる。

7.5—9 cm
3—3½ in

キアゲハ
SWALLOWTAIL
Papilio machaon アゲハチョウ科
北半球各地に分布し、湿った草地や
沼地などに見られる。幼虫は
さまざまなセリ科植物を食べる。

4—5.5 cm
1½—2¼ in

アオスソビキアゲハ
GREEN
DRAGONTAIL
Lamproptera meges
アゲハチョウ科
特異な姿のチョウで、ホバリング
しながら花蜜を吸う。インドから
中国にかけて、さらに南アジアから
東南アジアにかけて見られる。

6—9 cm
2¼—3½ in

アポロウスバシロチョウ
APOLLO
Parnassius apollo アゲハチョウ科
ヨーロッパとアジアの山岳地帯に分布し、花の多い
草地に見られる。幼虫はマンネングサを食べる。

赤い斑点

短く太い触角

4.5—5 cm
1¾—2 in

ジグザグ模様の
ある後翅

アオスジアゲハ
BLUE TRIANGLE
Graphium sarpedon
アゲハチョウ科
インドから中国、パプア
ニューギニア、オーストラリア
まで広く分布し、よく見られ
る。花蜜を吸い、水たまりで
水を飲む。

7—8 cm
2¾—3¼ in

8—9 cm
3¼—3½ in

ヨーロッパタイマイ
SCARCE SWALLOWTAIL
Iphiclides podalirius アゲハチョウ科
英名は「珍しいアゲハチョウ」の意味だが、実際は
ヨーロッパに広く分布し、温帯アジアの中国まで
見られる。幼虫はブラックソーンを食べる。

スカシタイスアゲハ
SPANISH FESTOON
Zerynthia rumina アゲハチョウ科
フランス南東部、スペインとポルトガル、
アフリカ北部の一部に分布する。雑木林や
牧草地、岩がちの丘の斜面に見られる。
幼虫はウマノスズクサ類を食べる。

8〜14 cm
3¼〜5½ in

**メスグロトラフ
アゲハ**
TIGER SWALLOWTAIL
Papilio glaucus
アゲハチョウ科
北アメリカに広く分布する。若齢幼虫
は鳥の糞によく似ていて、さまざまな
種類の木や低木の葉を食べる。

ベニシジミ
SMALL COPPER
Lycaena phlaeas
シジミチョウ科
ヨーロッパ、アフリカ北部、
アジアの普通種で、日本まで
分布する。北アメリカにも
見られる。幼虫はスイバや
ギシギシを食べる。

2.5〜3 cm
1〜1¼ in

チョウセンメスアカシジミ
BROWN HAIRSTREAK
Thecla betulae
シジミチョウ科
ヨーロッパ各地とアジアの温帯
地域に分布し、生け垣や低木地、
森林に見られる。幼虫は夜に
ブラックゾーンを食べる。

3〜4 cm
1¼〜1½ in

**メナンダー
アオイロシジミタテハ**
BLUE THAROPS
Menander menander
シジミチョウ科
パナマから南アメリカ北部まで
熱帯林に生息する。飛ぶのが
速い。生活環や幼虫について
ほとんど知られていない。

3.5〜4.5 cm
1½〜1¾ in

2.5〜3.5 cm
1〜1½ in

アドニスヒメシジミ
ADONIS BLUE
Lysandra bellargus
シジミチョウ科
ヨーロッパ産で、白亜質の草原に
見られ、幼虫はホースシュー・
ベッチを食べる。成虫の雄は
青く雌は茶色い。

2〜2.5 cm
¾〜1 in

3〜4 cm
1¼〜1½ in

アカモンジョウザンシジミ
SONORAN BLUE
Philotes sonorensis　シジミチョウ科
米国カリフォルニア州だけに
分布する希少種。岩がちの枯れ
川や砂漠のがけに生息する。
幼虫はマンネングサという
多肉植物を食べる。

セイヨウシジミタテハ
DUKE OF BURGUNDY FRITILLARY
Hamearis lucina
シジミチョウ科
ヨーロッパ中央部からウラル地方まで
分布する。食草であるキバナノクリンザクラや
イチゲサクラソウの花が咲く草地を好む。

ハバチ、スズメバチ、ミツバチ、アリ

SAWFLIES, WASPS, BEES, AND ANTS

ハチ目（膜翅目）には2対の翅があるが、飛行時には前翅と
後翅が小さなフックで結合される。ハバチ類以外は腰が細く
くびれている。雌の産卵管が針状に変化していて刺すものも
いる。スズメバチ類の多くは捕食性あるいは寄生性である。
ミツバチ類は重要な花粉媒介者であり、アリ類は多くの生態
系で重要な役割を果たしている。

クロクキハバチ
STEM SAWFLY
Cephus nigrinus　クキバチ科
全身が黒い細身のハバチ類で、ヨーロッパ
西部に広く分布する。幼虫は草本の茎
内部を下向きに潜っていく。野生の植物
につくが、栽培植物につくこともある。

7〜9 mm
7/32〜11/32 in

1.8〜2.2 cm
¾〜9/10 in

7〜9 mm
7/32〜11/32 in

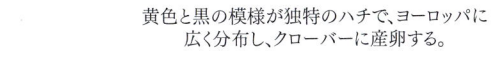

細かい房状
になった
翅の縁

ツメクサアオハバチ
Tenthredo arcuata　ハバチ科
黄色と黒の模様が独特のハチで、ヨーロッパに
広く分布し、クローバーに産卵する。

**カンバヒラクチ
コンボウハバチ**
CIMBICID SAWFLY
Trichiosoma lucorum
コンボウハバチ科
ヨーロッパ産のがっしり
したハチ。森林や生け垣、
低木地に見られる。幼虫は
カバやヤナギを餌にする。

細長い
触角

2〜4 cm
¾〜1½ in

大きな
頭部

ユーカリハバチ
PERGID SAWFLY
Unknown sp.　ペルガハバチ科
ペルガハバチ類は植物食性の昆虫で、
オーストラリアと南アメリカに見られる。
ユーカリの木につく種が多く、
若齢幼虫は集団で採餌する。

2 cm
¾ in

**バラチュウレンジ
ハバチ**
ROSE SAWFLY
Arge ochropus
ミフシハバチ科
ヨーロッパ産のハバチ類。
翅の縁が黒いことで識別
できる。平たく咲く花を訪れ
て採餌する。幼虫は野生
のバラを食べる。

7〜10 mm
7/32〜3/8 in

7〜9 mm
7/32〜11/32 in

アカズヒラタハバチ
RED-HEADED SAWFLY
Acantholyda erythrocephala
ヒラタハバチ科
もともとの分布域はヨーロッパと
アジアだが、北アメリカまで広がっている。
幼虫はマツの葉の間に張った絹のような
網の下にいて、集団で餌を食べる。

オオキバチ
HORNTAIL
Urocerus gigas
キバチ科
北半球各地に見られる
印象的な種。雌は針葉
樹に深く孔をうがって
産卵する。

産卵管

» ハバチ、スズメバチ、ミツバチ、アリ

1–3 mm
1⁄32–1⁄8 in

イチジクコバチの一種 FIG WASP
Unknown sp. イチジクコバチ科
イチジクコバチ類は熱帯及び亜熱帯地域に見られる。特定の種のイチジク内部で繁殖し、イチジクの花粉媒介者として不可欠である。

3–10 mm
1⁄8–3⁄8 in

コマユバチの一種
BRACONID WASP
Unknown sp.
コマユバチ科
コマユバチ類は世界中に見られ、一般にイモムシや甲虫の幼虫に寄生して成長する。一部の種では雌の産卵管が長い。

5–6.5 mm
3⁄16–3⁄10 in

タイリクナラメリンゴタマバチ
OAK APPLE GALL WASP
Biorhiza pallida
タマバチ科
ヨーロッパとアジアに分布。カシの根に形成された虫こぶから成虫が現れる。雌は芽に産卵し、木の実状の虫こぶ（アップル・ゴール）の形成を引き起こす。

2–2.2 cm
3⁄4–9⁄10 in

ウスマルヒメバチの一種
Lissonota sp.
ヒメバチ科
リッソノータ属にはよく似た多数の種が含まれている。本種は木の幹の奥深くまで産卵管を突き刺して、穿孔するガの幼虫に産卵する。

大きな複眼
明るいメタリックな体色
多数のくぼみがある硬い体表は刺されにくい

1.8–2 cm
7⁄10–3⁄4 in

ゴウシュウオオセイボウ
SPLENDID EMERALD WASP
Stilbum splendidum セイボウ科
オーストラリア北部に分布する大型のハチ。泥で巣を作る単独性のハチに寄生して繁殖する。花を訪れて採餌することが知られている。

2–4 cm
3⁄4–1½ in

シロフオナガヒメバチ
GIANT WOOD WASP
Rhyssa persuasoria ヒメバチ科
北半球各地のマツ林に見られるかなり大型のハチ。木の奥深くまで産卵管を突き刺してキバチの幼虫に産卵する。

1–3 mm
1⁄32–1⁄8 in

トリムス属の一種
Torymus sp.
オナガコバチ科
雌は長い産卵管を虫こぶの奥深くまで刺し込み、中で発生中の幼虫に産卵する。

3–4 mm
1⁄8–5⁄32 in

タイポグラフィコガネコバチ
PTEROMALID WASP
Mesopolobus typographi
コガネコバチ科
ヨーロッパとアジアに分布する高次寄生者である。本種はほかのハチを寄生の対象とするが、そのハチ自体が、ミズアブの水生幼虫に寄生している。

1–1.6 cm
3⁄8–½ in

タイリクコシボソアシブトコバチ
CHALCID WASP
Chalcis sispes
アシブトコバチ科
ヨーロッパとアジアの一部に見られるハチ。大型のミズアブの水生幼虫に寄生する。

1.3–1.5 cm
½–3⁄5 in

オオツチスガリモドキ
EUROPEAN BEEWOLF
Philanthus triangulum
ギングチバチ科
ヨーロッパ南部と中央部、及びアフリカ北部に見られる。砂地に巣を作り、蜂蜜を貯蔵して幼虫の餌とする。

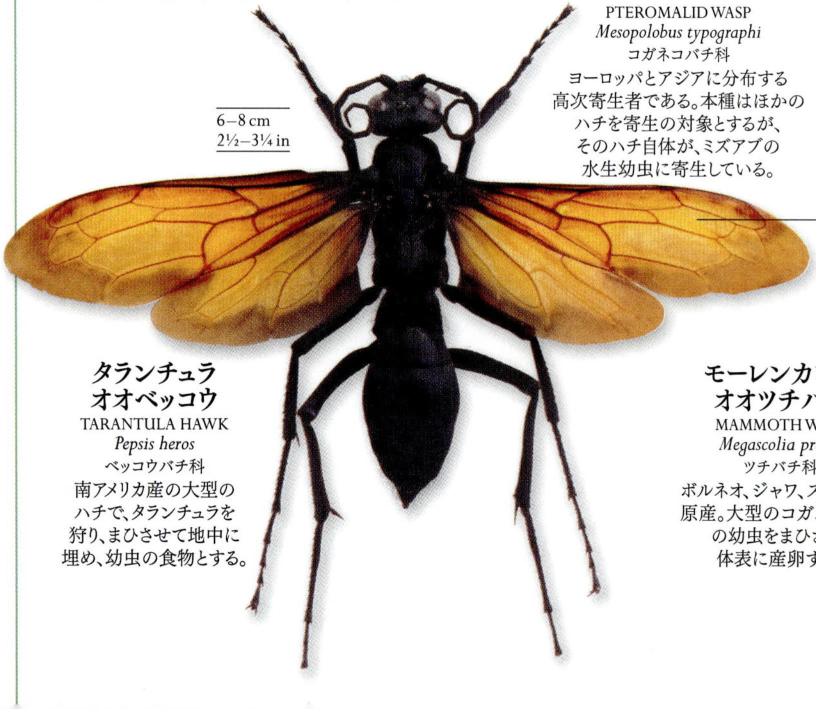

くすんだオレンジ色の翅

6–8 cm
2½–3¼ in

タランチュラオオベッコウ
TARANTULA HAWK
Pepsis heros
ベッコウバチ科
南アメリカ産の大型のハチで、タランチュラを狩り、まひさせて地中に埋め、幼虫の食物とする。

4.5–5.5 cm
1¾–2¼ in

モーレンカンプオオツチバチ
MAMMOTH WASP
Megascolia procer
ツチバチ科
ボルネオ、ジャワ、スマトラが原産。大型のコガネムシ類の幼虫をまひさせ、体表に産卵する。

9–14 mm
11⁄32–3⁄5 in

ヨーロッパアリバチ
VELVET ANT
Mutilla europaea
アリバチ科
ヨーロッパ産の種で、砂地や起伏の多い草原に生息する。雌には翅がなく、幼虫はマルハナバチの幼虫を食べて育つ。

ヨーロッパツヤアリバチ
TIPHIID WASP
Methocha articulata
コツチバチ科
ヨーロッパ産。雌には翅がない。砂地に生息し、穴の中にいるハンミョウの幼虫に寄生する。

7.5–12mm
5/16–1/2 in

モンスズメバチ
HORNET
Vespa crabro
スズメバチ科
大型の社会性スズメバチで、ヨーロッパとアジアに分布するが、ほかの地域にも移入されている。森林を好み、樹洞に巣を作る。

1.5–3cm
1/2–1 1/4 in

セイヨウマルハナバチ
BUFF-TAILED BUMBLE BEE
Bombus terrestris
ミツバチ科
社会性のミツバチで、ヨーロッパ中央部と南部、アフリカ北部が原産だが、ほかの地域にも移入されている。作物の花粉媒介者として重要。

1.4–2.2cm
1/2–3/4 in

毛むくじゃらの体

キオビクロスズメバチ
COMMON WASP
Vespula vulgaris
スズメバチ科
北半球が原産。昆虫を狩って幼虫に与える。木をかみくだいた繊維を紙のようにして重ねた巣を作る。

細くくびれた腰

1.2–1.9cm
1/2–3/4 in

ウスチャヒメハナバチ
TAWNY MINING BEE
Andrena fulva
ヒメハナバチ科
ヨーロッパ中央部に見られる。早春に現れ、草原の地下に巣を作る。巣の入り口は土が小さく盛り上がっている。

9–15mm
11/32–3/5 in

セイヨウミツバチ
HONEY BEE
Apis mellifera ミツバチ科
作物の重要な花粉媒介者で、現在では世界中に分布している。野生では樹洞に巣を作るが、巣箱を使った飼育が広く行われている。

1.2–1.6cm
1/2 in

エウグロッサ・アサロフォラ（シタバチの一種）
ORCHID BEE
Euglossa asarophora ミツバチ科
南アメリカの雨林には、本種を含め複数のシタバチ類がコロニーを作って生息している。雄はランの花から油分や樹脂を集め、雌を引き寄せるのに用いる。

1.2–1.4cm
1/2 in

ムカシハナバチの一種
PLASTERER BEE
Colletes sp.
ムカシハナバチ科
単独性で地中に巣を作るハチで、北半球各地によく見られる。腹部から分泌される物質で巣を防水加工する。

1.1–1.3cm
2/5–1/2 in

オオクロクマバチ
GREAT CARPENTER BEE
Xylocopa latipes
ケブカハナバチ科
東南アジア全体に分布する大型のハチ。木の枝や、人家の木のはりや柱に穴を掘って巣を作る。

3.3–3.6cm
1 1/4–1 1/2 in

ヨーロッパアカヤマアリ
WOOD ANT
Formica rufa アリ科
ヨーロッパ全土によく見られる。森林での昆虫の捕食者として重要。腹部先端から蟻酸を噴出して身を守る。

5–9mm
3/16–11/32 in

ハキリアリの一種
LEAF-CUTTER ANT
Atta sp. アリ科
ハキリアリは中央及び南アメリカに生息している。地下に広大な巣を作り、葉の破片をかんだものを培地にして特殊な菌類を栽培し、食物にする。

1.6cm
3/5 in

複眼

ケブカモンハナバチ
WOOL CARDER BEE
Anthidium manicatum
ハキリバチ科
ヨーロッパ産で、木にあいた穴や石造建築内に巣を作り、ある種の植物から集めてきた毛を内部に詰め込む。

1.1–1.7cm
3/8–1/2 in

明るい色の毛の束

ヨツオビコハナバチ
SWEAT BEE
Halictus quadricinctus コハナバチ科
単独性のハチで、ヨーロッパ南部と地中海地方に広く分布している。多数の小部屋からなる巣を地中に作り、幼虫を育てる。

1.3–2cm
1/2–3/4 in

兵アリ

バーチェルグンタイアリ
ARMY ANT
Eciton burchellii アリ科
南アメリカ産のアリで、最大で200万もの個体からなる巨大なコロニーを作り、大きな獲物を攻撃する。

3–12mm
1/8–1/2 in

紐形動物（ヒモムシ） RIBBON WORMS

海生のヒモムシ（紐形動物門）は貪欲な捕食者で、吻で獲物を捕らえ、丸のみしたり体液を吸ったりする。

ヒモムシは柔らかい動物で体表は粘液で覆われている。円柱形、あるいはやや扁平な細長い体をしている。這って移動するものが多いが、泳ぐものもいる。ミドリヒモムシの一種 Lineus longissimus が体長30mに達したという記録がある。ほかの種と同じように、このヒモムシも体はもろく簡単にちぎれてしまう。

吻は腸にはつながっておらず、頭部の口のすぐ上にある袋（吻腔）から反転して突出する。種によっては吻に鋭い棘が生え、獲物をひっかけたり突き刺したりする。毒で獲物の動きを封じるものもいる。このように十分に武装したヒモムシは、甲殻類やゴカイ類、軟体動物など、ほかの無脊椎動物を襲う。それ以外のヒモムシは死体を食物とする。

門	紐形動物門
綱	4
目	4
科	48
種	1,350

苔虫動物（コケムシ） BRYOZOANS

苔虫動物門に属するコケムシは微細な動物で、サンゴのような群体を形成する。顕微鏡サイズの触手で濾過摂食をし、また、ほかの無脊椎動物の餌になる。

コケムシにはサンゴに似たものが多いが、刺胞動物のサンゴよりもずっと複雑な動物である。群体は、何千もの小さな個虫（単一の個体が分裂して増殖したもので、遺伝的に同一である）から構成される。各個虫の口の周囲には触手が扇状に広がっている。触手は引っ込めることができる。触手に生えた繊毛が律動し、食物となる微粒子が口へ漂って行く。口はU字型の腸に続く。排出物は体の側面に開いた肛門から捨てられる。個虫を観察するにはルーペが必要だが、群体はある程度の大きさになり、種によってさまざまな形態をとる。岩や海藻の表面を覆うものや、剛毛の密生する茂みのようなもの、肉質の葉状になるものなどがいる。イシサンゴ類のように著しく石灰化するものが多いが、柔らかいものもいる。

門	苔虫動物門
綱	3
目	7
科	約 160
種	6,409

サナダヒモムシ
PACIFIC STRIPED RIBBON WORM
Baseodiscus hemprichii
ヴァレンシニア科
カラフルなヒモムシで、インド太平洋のサンゴ礁に生息する。海底で無脊椎動物を狩る。

25–30 cm
10–12 in

8–10 cm
3–4 in

ニッポンネメルテス・プルクラ
RED RIBBON WORM
Nipponnemertes pulchra
マダラヒモムシ科
世界中の冷たい海域に見られる。頭部は盾状で、体色はオレンジからピンク、赤まで変異が見られる。

頭部

トゥブラヌス・アヌラートゥス
COMMON ATLANTIC RIBBON WORM
Tubulanus annulatus
クリゲヒモムシ科
大型のヒモムシで、大西洋北東部と地中海に分布し、潮間帯や沖合の堆積した泥のなかに生息する。

柔らかくぬるぬるした体

12–75 cm
4¾–30 in

ミリアポラ・トルンカータ
FALSE CORAL BRYOZOAN
Myriapora truncata
ミリアポラ科
地中海に分布する特徴的なコケムシ。群体は、太い円柱が分枝を繰り返した形状になる。

3–4 cm
1⅛–1¼ in

小さな環状に生えた触手の中央に口がある

ホーンラック
HORNWRACK
Flustra foliacea　オウギコケムシ科
めくれあがった葉が集まったような群体を形成するのが、この科の特徴である。ヨーロッパ北部の岩石海岸によく見られる。

10–20 cm
4–8 in

5–20 cm
2–8 in

15–20 cm
6–8 in

イオディクティウム・フォエニケウム
PINK LACE BRYOZOAN
Iodictyum phoeniceum　アミコケムシ科
この仲間は高さのある硬い群体を形成する。「レース・コーラル」と呼ばれることもあるがコーラル（サンゴ）ではない。鮮やかな本種はオーストラリア南部と東部の海岸周辺に生息。

メンブラニポラ・メンブラナケア
LACY CRUST BRYOZOAN
Membranipora membranacea
アミコケムシ科
レース状のシートのように広がって成長する。本種は大西洋北東部に生息し、褐藻の葉状体上に群体を形成して急速に広がる。

腕足動物 LAMPSHELLS

腕足動物は軟体動物の二枚貝にそっくりだが、触手を用いて餌を食べる点などが異なり、軟体動物とは別のずっと古い動物群である。

腕足動物は2枚の殻をもち、その内部に柔らかい体が入っている。殻は一方が他方よりも盛り上がっている。弾性のある柄（肉茎）で、あるいはセメント質で直接、海底に固着している。殻は軟体動物の二枚貝のように体を左右から挟むのではなく、上面と下面を挟むように位置する。軟体動物と同じく殻の内部は外套膜に裏打ちされ、外套膜に包まれた外套腔内に、らせん状に巻いた触手冠がある。触手表面に生えた繊毛の動きで水流を作り、中央にある口に粒子を追いやる。これはコケムシ（外肛動物）と全く同じ摂食方法である。

化石記録によれば、腕足動物は古生代には温暖な浅海に分布していた。現在に比べ、当時の個体数はかなり多く多様性もずっと高かったが、恐竜の時代（中生代）に入ると劇的に衰退していった。二枚貝のほうが繁栄したためだろう。

門	腕足動物門
綱	3
目	5
科	約30
種	414

2–3 cm
¾–1¼ in

テレブラトゥリナ・レトゥサ
EUROPEAN LAMPSHELL
Terebratulina retusa
カンケロティリス科
大西洋北東部から地中海にかけて分布する。殻は洋なし形で、短い肉茎で岩の垂直面に付着する。

3–5.5 cm
1¼–2¼ in

ちょうつがい式につながった2枚の殻

テレブラタリア・トランスヴェルサ
PACIFIC LAMPSHELL
Terebratalia transversa
テレブラタリア科
北太平洋に多数生息する。肉茎は短く、殻は個体により滑らかなものと肋のあるものがある。

1–1.5 cm
⅜–½ in

ノヴォクラニア・アノマラ
INARTICULATED LAMP SHELL
Novocrania anomala
イカリチョウチンガイ科
北大西洋に分布する。殻はセメント質で岩に接着する。外見的にはカサガイに似る。

軟体動物 MOLLUSKS ≫

軟体動物は多様性の高い大きなグループで、目がなく岩に固着して濾過摂食をする二枚貝から、貪欲に餌を削って食べる巻貝やウミウシやナメクジ、さらに、活動的で知性の高いタコやイカまでが含まれる。

典型的な軟体動物は、柔らかい体に筋肉質の足が発達し、頭部には目と触角があって外界を知覚する、といったものである。内臓は内臓隆起と呼ばれる背面の膨大部に納まっている。外套膜は隆起の縁から垂れ下がり、なかに外套腔という空間ができる。呼吸はこの空間を利用して行われる。外套膜には、貝殻のもととなる物質を分泌するという役割もある場合がほとんどである。大半の軟体動物は歯舌という一種の舌で餌を食べる。キチン質の小さな歯で覆われた歯舌を口内で前後に動かし、餌を削って食べるのだ。二枚貝には歯舌がない。水管を通して粒子を含む水を殻内に取り込み、食物となる粒子を鰓の粘液に付着させて捕捉するものがほとんどである。

門	軟体動物門
綱	9
目	53
科	609
種	71,719

カサガイは周囲の藻類を食べるので、岩がつるつるになっている。だが自分の殻の上には手が出ず、緑藻が生えるにまかせるしかない。

殻のあるもの、殻のないもの

貝殻は捕食者を避けるためだけのものではなく、乾燥から身を守ってもくれる。巻貝には蓋で入り口を閉じるものもいる。貝殻は、餌や周囲の海水から取り込んだミネラルで強化される。外側は丈夫なタンパク質でコーティングし、内側は滑らかで体を楽に出し入れできる。一部のグループでは内面に真珠層が形成される。殻のない軟体動物の多くは味の悪い、あるいは有毒な物質で身を守り、派手な体色や模様でそのことを喧伝している。

頭足類（イカやタコなど）には殻はないか、あるいはあっても外から見えないものがほとんどである。このグループは全て捕食性で、硬いくちばしで肉をかんで食べる。筋肉質の足は頭足類の特徴である腕に変化していて、それを使ってものをつかんだり泳いだりする。

酸素の取り入れ方

軟体動物の多くは水生で、鰓呼吸をしている。たいていの場合、外套腔内に広がった鰓の間を水が通っていく。陸生の巻貝やナメクジの場合、外套腔は空気を満たし、肺として機能しているものが多い。淡水産の巻貝にも肺があるものが多く、これは恐らく陸生の巻貝から進化してきたのだろうが、頻繁に水面に上がって呼吸しなくてはならない。

無板類 APLACOPHORANS

無板綱は、軟体動物というよりはミミズのように見える円柱状の体をした小型の動物である。深海の堆積物に潜り、デトリタスを食べたり、ほかの無脊椎動物を食べたりする。殻はないが、歯舌をもつなどの明らかに軟体動物らしい特徴をいくつか備えている。外套腔は退縮して体の後方の小さな穴になり、その内部に開口した肛門から排出物を捨てる。

3 mm–8 cm
⅛–3¼ in

コモン・グリッスンワーム
（ケハダウミヒモ属の一種）
COMMON GLISTENWORM
Chaetoderma sp.
ケハダウミヒモ科
細長い蠕虫状で、体表は丈夫なクチクラで覆われている。北大西洋に分布し、深海の堆積物中に潜っている。

無脊椎動物・軟体動物

二枚貝 BIVALVES

二枚貝綱は高度に特殊化した水生の軟体動物である。わかりやすい特徴として、ちょうつがいのように開閉できる2枚の殻をもっている。餌を食べたり酸素の豊富な水を吸い込んだりする際には殻を開く。

二枚貝には名前の通り2枚の貝殻があり、殻は靭帯でつながっている。捕食者から身を守ったり乾燥の危機を回避したりするために、閉殻筋という強力な筋肉で殻をぴっちりと閉じる。体のほとんどあるいは全身を殻の中にすっぽり引っ込めて閉じこもるのだ。海辺に生息する種は引き潮のたびに空気にさらされる。

爪の先ほどの大きさしかない極小の6mmの二枚貝から、幅1.4mにもなるオオシャコガイまで、二枚貝綱には多様な大きさのものが含まれる。足糸という丈夫な糸の束で岩などの硬い表面に接着するものもいれば、よく発達した筋肉質の足で泥の堆積物のなかに潜るものもいる。なかには、ホタテガイなどのように、ジェット噴射式で自由遊泳するものもいる。

水管を通して水を殻内に取り込み、また排出する。取り込んだ水が特殊化した鰓のすきまを通る際に、水中の酸素を吸収し食物を集める。鰓周辺の粘液に捉えられた食物の粒子は繊毛運動により口まで運ばれる。

二枚貝と人間

イガイやカキなどは食物資源として重要であり、カキの仲間には、異物を真珠層でくるんで高品質な真珠を形成するものもいる。また二枚貝は、汚染度の高いところでは生存できないため、水質汚染の指標動物としても有用である。

門	軟体動物門
綱	二枚貝綱
目	19
科	105
種	9,733

捕食者であるヒトデから狙われそうになり、2枚の殻を打ち合わせて急発進で逃げ出すセイヨウイタヤガイ。

カキの仲間 OYSTERS AND SCALLOPS

カキ目の貝は海水から微小な食物を濾し採って食べている。カキ類には、足糸腺からの分泌物で海岸の岩に直接固着して、ずっと水に浸かっているものが多い。これに対し、ホタテガイ類は2枚の貝を打ちつけるように開閉しながら、自由遊泳をする。

12–15 cm
4¾–6 in

ヨーロッパホタテガイ
GREAT SCALLOP
Pecten maximus
イタヤガイ科
ホタテガイ類は、自由遊泳するのに加え、ジェット噴射式で逃げるという技も見せる。本種は水産資源の1つで、ヨーロッパの海岸の細かい砂中に生息する。

棘の生えた左殻

10–12 cm
4–4¾ in

ネコジタウミギクガイ
CAT'S TONGUE OYSTER
Spondylus linguafelis
ウミギク科
外套膜が鮮やかなウミギク科の一種。棘の多数生えた外見から名付けられた。

10–12 cm
4–4¾ in

トサカガキ
COCK'S COMB OYSTER
Lopha cristagalli
イタボガキ科
ホタテガイに近縁なカキ類には、食用として、あるいは真珠採取用として珍重されるものが多い。本種はインド太平洋産。

8–10 cm
3¾–4 in

ヨーロッパヒラガキ
EDIBLE OYSTER
Ostrea edulis
イタボガキ科
水産資源として重要な種であり、かつてはヨーロッパに豊富に見られたが、地域によっては乱獲されて個体数が減少している。本種は繁殖期である夏の間は食用に適さない。

フネガイの仲間 ARC CLAMS AND RELATIVES

フネガイ目とその近縁グループの貝では、2か所にある閉殻筋は両方ともよく発達して強力である。殻のつながる部分は直線的で、細かい歯状の突起（交歯）が多数並ぶ。足は退縮している。鰓は大きく発達し、食物粒子を捉えやすくなっている。

5–7 cm
2–2¾ in

ノアノハコブネガイ
NOAH'S ARK
Arca noae
フネガイ科
殻は長方形で分厚い。大西洋東部の岩石海岸に分布し、潮間帯に足糸で接着している。

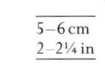

5–6 cm
2–2¼ in

ホンタマキガイ
EUROPEAN BITTERSWEET
Glycymeris glycymeris
タマキガイ科
ノアノハコブネガイに近縁だが殻は丸い。大西洋北東部に分布し、ヨーロッパで漁獲される。甘味があるが火を通しすぎると硬くなる。

イガイ MARINE MUSSELS

イガイ目の貝殻は細長く独特な形で、左右が非対称である。足糸で岩に固着する。2か所にある閉殻筋のうち片方だけが発達している。

8–10 cm
3¾–4 in

ヨーロッパイガイ
COMMON MUSSEL
Mytilus edulis
イガイ科
ヨーロッパでは水産資源として最も重要なイガイ。寿命が長く、多数が密集した状態で生息する。塩分濃度の低い汽水海域にも生息できる。

ウグイスガイの仲間 FAN MUSSELS AND RELATIVES

ウグイスガイ目には、殻に翼形の突起があるウグイスガイ類のほか、T字型のシュモクガイ類、ハボウキガイ類が含まれる。水産資源として重要なアコヤガイ類などもこの目の貝である。

25–40 cm
10–16 in

クロタイラギ
FLAG FAN MUSSEL
Atrina vexillum
ハボウキガイ科
ヨーロッパ西部の海岸線に分布する。ハボウキガイ類の殻は三角形で、柔らかい堆積物に足糸で固着する。

イシガイの仲間
FRESHWATER MUSSELS

目全体が淡水産なのは、二枚貝綱の中ではこのイシガイ目だけである。小さな幼生は2枚の殻で魚に取りついて鰓や鰭にシストを形成し、血液や粘液を吸って育つ。その後、魚から脱落して若貝となる。

9–10 cm
3½–4 in

ドブガイ属の一種
SWAN MUSSEL
Anodonta sp.　イシガイ科
ユーラシア産。バラタナゴ類は本種を含め生きたイシガイ類に産卵し、幼魚は貝を育児室として育つ。

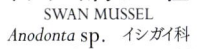

10–15 cm
4–6 in

クロチョウガイ
FRESHWATER PEARL MUSSEL
Pinctada margaritifera
カワシンジュガイ科
良質の真珠が採れることで有名。ユーラシア及び北アメリカに分布し、流れの速い川底の砂や小石に埋まって生息する。

オオノガイ、フナクイムシ
TRUE CLAMS AND BORING BIVALVES

オオノガイ目の貝は水管が長く、泥に潜ったり木や岩に穿孔したりするのが特徴だ。ニオガイ類は殻の前部をやすりのように使い、柔らかい岩を削って潜る。フナクイムシは殻を使って沈木に穿孔する。

12–15 cm
4¾–6 in

ヒカリニオガイ
COMMON PIDDOCK
Pholas dactylus
ニオガイ科
大西洋北東部に分布する。燐光を発する。ほかの種と同じく、木や粘土層に穴を掘って潜る。

セイヨウオオノガイ
SOFT SHELL CLAM
Mya arenaria
オオノガイ科
殻の薄い食用貝で、北大西洋に分布する。特に泥質の河口に多く生息し、柔らかい堆積物に潜っている。

フナクイムシ
SHIPWORM
Teredo navalis　フナクイムシ科
高度に特殊化した種で、分布域が広い。隆起した殻をドリルのように用いて木に深く穿孔し、船に損傷を与える。孔の内側は白亜質で裏打ちする。

1.5–2 cm
½–¾ in

ツツガキとその仲間
WATERING POTS AND RELATIVES

ウミタケモドキ目には二枚貝以外に熱帯産のツツガキ類が含まれる。ほとんど二枚貝には見えないツツガキ類は白亜質の管の中に納まっていて、前端にある小穴の多数開いた円盤を通し、デトリタスや水を管内に取り込む。

ヨリメツツガキ
PHILIPPINE WATERING POT
Verpa philippinensis
ツツガキ科
インド太平洋産の奇妙な種。広がった先端部には小穴が多数開き、その周囲を細い管が取り巻いている。この絵筆のような姿から、属名*Penicillus*がつけられた。堆積物中に部分的に埋まっている。

15–17 cm
6–6½ in

ザルガイ、ハマグリ、シャコガイなど
COCKLES AND RELATIVES

マルスダレガイ目は二枚貝綱のうちで最大の目であり、さまざまな海生動物を含んでいる。水管は短く融合していることが多い。特にザルガイなど、動きの素早いものもいて、穴を掘ったり、足ではねたりすることさえできる。足糸で岩に固着しているものもいる。

3–4 cm
1¼–1½ in

カワホトトギスガイ（ゼブラガイ） ZEBRA MUSSEL
Dreissena polymorpha
カワホトトギス科
淡水産の貝で、足糸で固着するが、固着場所から離れて細長い足で這うこともできる。ヨーロッパ東部原産だが、ほかの地域にも広がっている。

ヨーロッパザルガイ
COMMON EDIBLE COCKLE
Cerastoderma edule
ザルガイ科
ザルガイ類は砂中で生活している。殻には放射状の肋がある。本種は大西洋北東部に分布し、しばしば群生している状態で見出される。ヨーロッパ北部では漁獲の対象である。

2.5–3 cm
1–1¼ in

4–5 cm
1½–2 in

同心円状の肋

ツキヨノハマグリ
ROYAL COMB VENUS
Hysteroconcha dione マルスダレガイ科
英名は、殻にある櫛の歯のような突起から。熱帯アメリカの海岸線に生息する。

5–8 cm
2–3¼ in

フジイロハマグリ
RED CALLISTA
Callista erycina　マルスダレガイ科
インド太平洋産。本種を含め、マルスダレガイ類にはコレクターに珍重されるものが多い。

ウバノカガミガイ
RINGED DOSINIA
Dosinia anus
マルスダレガイ科
ニュージーランドの海岸線で見られる。食用として漁獲されるものの1つ。

外套膜の共生藻類に光が当たるように殻を開く

オオシャコガイ
GIANT CLAM
Tridacna gigas
ザルガイ科
世界最大の二枚貝。寿命が長い。現在では絶滅の危機に瀕している。インド太平洋の砂質の海底に生息する。

1–1.4 m
3¼–4½ ft

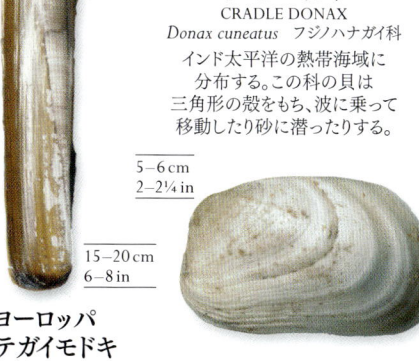

2–4 cm
¾–1½ in

ナミノコガイ
CRADLE DONAX
Donax cuneatus　フジノハナガイ科
インド太平洋の熱帯海域に分布する。この科の貝は三角形の殻をもち、波に乗って移動したり砂に潜ったりする。

5–6 cm
2–2¼ in

15–20 cm
6–8 in

ヨーロッパマテガイモドキ
SWORD RAZOR CLAM
Ensis siliqua
ユキノアシタガイ科
大西洋北東部に分布。マテガイ類やユキノアシタガイ類は穴のなかに棲み、水管を伸ばして呼吸や採餌を行うが、驚くと筋肉質の足で素速く下に潜ってしまう。

スエヒロフナガタガイ
OBLONG TRAPEZIUM
Trapezium oblongum
フナガタガイ科
インド太平洋産。通常、岩の割れ目やサンゴの破片のなかに足糸で固着している。

8–9 cm
3¼–3½ in

5–7 cm
2–2¾ in

ナツゾラニッコウガイ
SUNRISE TELLIN
Tellina radiata
ニッコウガイ科
カリブ海産。殻の模様は個体差が大きい。砂浜によく見られる。

アフリカオオモモノハナガイ
WEST AFRICAN TELLIN
Peronaea madagascariensis
ニッコウガイ科
この熱帯産の桃色の貝を含め、ニッコウガイ類は長く伸ばした水管から堆積物中の粒子を吸い込んで食べる。

ニッコウガイ
STRIPED TELLIN
Tellinella virgata
ニッコウガイ科
インド太平洋産。ニッコウガイ類には、この種のように美しい模様のものが多い。

3–4 cm
1¼–1½ in

6–8 cm
2¼–3¼ in

大きな鱗片状の突起

ヒレジャコガイ
FLUTED GIANT CLAM
Tridacna squamosa　ザルガイ科
インド太平洋に生息するほかのシャコガイ類と同様、本種も日中は殻を開き、外套膜内に共生する藻類が光合成をして食物を生産できるようにする。

30–40 cm
12–16 in

腹足類 GASTROPODS

腹足類は軟体動物門の中で群を抜いて大きな綱である。腹で這うような姿から、こう名付けられている。

巻貝やナメクジの多くは、粘液を分泌し、体の下面(腹側)にある発達した筋肉の塊を用いて滑るように這う。移動用の器官(すなわち足)が腹面にあるために「腹足」類と呼ばれる。口は頭や腹側にあり、ヤスリのような歯舌で食物を削り取る。植物性のものや藻類、水中の岩表面をフィルム状に覆う微生物を食べるものが多いが、捕食性のものもいる。頭部は明確で、感覚器官の触角が発達しているのが普通である。巻貝は立体的あるいは平面的ならせん状に巻いた殻をもち、その中に引っ込むことができるが、ナメクジは進化の過程で殻を失っている。海中を泳ぐハダカカメガイなど、このような基本的なボディプランから逸脱するものも多い。腹足類は海で生じたグループであり、現在でも海で多様性が最も高いが、淡水や陸上に生息するものもいる。

ねじれ

腹足類の発生過程では「ねじれ」という現象が起きる。殻内の内臓を含む部分が180度回転し、呼吸に使われる外套腔が頭の上に位置するようになる。このため、傷つきやすい頭部を殻の中に安全に引っ込めておくことができる。タマキビ類やカサガイ類など海生の巻貝は、この体型のまま成体になる。この特徴から、海生の巻貝は前鰓類と呼ばれる。だがウミウシ類では、体が逆に回転して元に戻る「ねじれ戻り」という現象が起き、後鰓類と呼ばれる。

門	軟体動物門
綱	腹足綱
目	21
科	409
種	約 67,000

論点
ねじれているのが当たり前

海産の巻貝には、発生過程でねじれが生じて鰓が前方に位置するという共通の特徴があるため、従来は1つのグループにまとめられていた。だが、これは巻貝全体の共通祖先の特徴だと考えられる。そこで、現在ではほかの形質に基づき、海産の巻貝はいくつかのグループに分けられている。グループ間の類縁関係についてはまだ議論の余地が残っている。

カサガイ TRUE LIMPETS

カサガイ目は藻類を削って食べる原始的な貝類である。わずかにらせんに巻いた円錐状の(笠形の)殻をもつ。強力な筋肉で潮間帯の岩に吸着し、捕食や乾燥、波から身を守っている。

3—5 cm
1¼—2 in

セイヨウカサガイ
COMMON LIMPET
Patella vulgata
ツタノハガイ科
大西洋北東部の海岸に分布。満潮時、岩場で藻類を削って食べ、自分の殻に合わせてつくった岩のくぼみに戻ってくる。

アマオブネガイの仲間
NERITES AMD RELATIVES

アマオブネ形類は小さいが多様性の高いグループで、化石記録が豊富である。海産、淡水産、陸生のものが含まれる。らせんに巻いた殻のものと、少ないがカサガイのようなタイプの殻のものとが含まれる。殻に蓋のあるものもいる。

2—5 cm
¾—2 in

1.2—2 cm
½—¾ in

ゴシキカノコ
ZIG-ZAG NERITE
Neritina communis
アマオブネガイ科
インド太平洋のマングローブ湿地に生息する。個体変異が著しく、白、黒、赤、黄のものが一個体群内に存在することもある。

チダシアマオブネガイ
BLEEDING
TOOTH NERITE
Nerita peloronta アマオブネガイ科
殻の開口部に血のように赤い部分があることから名付けられた。カリブ海の潮間帯に生息し、水から出た状態でも長期間生き延びる。

サザエの仲間 TOP SHELLS AND RELATIVES

古腹足類は海産の腹足類で、ブラシのような歯舌で藻類や微生物を削って食べる。殻の形態はさまざまで、巻いていることのほとんどわからないスカシガイ類から、ボール状やピラミッド状に巻き上がったニシキウズガイ類などがいる。ニシキウズガイ類には蓋があって殻の中に閉じこもることができる。

8-12 cm
3¼—4¾ in

サラサバテイ
GIANT TOP SHELL
Rochia nilotica
クボガイ科
クボガイ類には内側に厚い真珠層があるものが多い。本種はインド太平洋産の大型種で、宝飾品の材料として採取される。

コマのような形の殻

帯模様

ミドリテンガイ
LISTER'S KEYHOLE LIMPET
Diodora listeri
スカシガイ科
大西洋西部産。スカシガイ類はアワビやニシキウズガイに近縁である。殻頂にある鍵穴のような穴からガス交換の終わった水を排出する。

2—2.5 cm
¾—1 in

セイヨウシタダミガイ
CHECKERED TOP SHELL
Phorcus turbinatus
ニシキウズ科
ニシキウズ類の殻はコマのような形で、蓋がある。本種は地中海産。

5—7 cm
2—2¾ in

1.5—4.5 cm
½—1¾ in

チョウセンサザエ
SILVER MOUTH
TURBAN SHELL
Turbo argyrostomus
サザエ科
インド太平洋産。サザエ類はニシキウズガイ類に近縁だが、石灰化した蓋をもつ。

20—30 cm
8—12 in

アカネアワビ
RED ABALONE
Haliotis rufescens
ミミガイ科
ミミガイ類の殻は耳の形で、真珠層が厚い。殻にある穴から排水する。本種は太平洋北東部産で褐藻を餌にする。ミミガイ類のなかで最大。

オニノツノガイの仲間
TOWER SHELLS AND RELATIVES

オニノツノガイ上科の貝は、殻が高く巻き上がっている。泥質あるいは砂質の堆積物中に生息する。外套腔中に水を循環させて、その中の粒子を食べる。海水、淡水、河口付近に見られる。動きがのろく、かなりの数の個体が集まっているのがしばしば見られる。

2.5—5.5 cm
1—2¼ in
キリガイダマシ
GREAT SCREW SHELL
Turritella terebra
キリガイダマシ科
泥質の堆積物中に生息する濾過摂食者で、インド太平洋産。キリガイダマシ類は tower shell や auger shell などさまざまな名で呼ばれる。

ヨコワカニモリガイ
ROUGH CERITH
Rhinoclavis aspera
オニノツノガイ科
カニモリガイ類は熱帯の浅海の堆積物中に豊富に見られることが多い。ほかの種と同様、インド太平洋産の本種もひも状の卵塊を硬いものに付着させる。

6—17 cm
2⅜—6½ in

チャイロハズレキリガイダマシ
WEST INDIAN WORM SHELL
Vermicularia spirata
キリガイダマシ科
カリブ産の貝で、殻の巻がほどけている。雄は自由遊泳生活をした後、硬いものに付着する。海綿動物の中に入り込むことが多い。その後、成長して固着性の雌になる。

2.5—16 cm
1—6½ in

突起はものを付着させやすくする

カジトリグルマガイ
SUNBURST CARRIER
Stellaria solaris
クマサカガイ科
クマサカガイ類は、小石やほかの動物の殻をセメント質で殻に付着させカムフラージュする。本種はインド太平洋海域に生息する。

付着させたデトリタス

タマキビ、エゾバイ、イトカケガイの仲間
PERIWINKLES, WHELKS, AND RELATIVES

新生腹足類は、海産の巻貝では最大かつ多様性の最も高いグループであり、さらにいくつかのグループに分けられる。イトカケガイ類（浮揚性のイトカケガイや自由遊泳性のアサガオガイなど）は刺胞動物専門の捕食者である。タマキビ類や、タカラガイ類とホラガイ類などは、藻類を削って食べる。エゾバイ類やタケノコガイ類などは捕食者で、殻口には長い水管の通る水管溝が発達する。

2.5—7 cm
1—2¾ in
オオイトカケ
PRECIOUS WENTLETRAP
Epitonium scalare
イトカケガイ科
インド太平洋産。英名の wentletrap は「らせん階段」を意味するドイツ語から。イトカケガイ類はイソギンチャクやサンゴを捕食し、顎でものをかみ切ることができる。

2—4 cm
¾—1½ in

アサガオガイ
LARGE VIOLET SNAIL
Janthina janthina イトカケガイ科
アサガオガイ類は熱帯の海に漂い、同じく漂っている刺胞動物を獲物にする。粘液を分泌して作った泡のいかだで浮いている。

ホシダカラ
TIGER COWRIE
Cypraea tigris タカラガイ科
タカラガイ類は、這っている時は肉質の外套膜が滑らかな殻をすっぽりと包んでいる。本種はインド太平洋産で、ほかの無脊椎動物を獲物にする。

10—15 cm
4—6 in

1.5—6 cm
½—2¼ in
キヌガサスズメガイ
FOOL'S CAP
Capulus ungaricus
カツラガイ科
北大西洋産で、カサガイに似ているが近縁ではない。ホタテガイなどほかの軟体動物の殻や石に付着する。

6—13 cm
2¾—5 in

ネコゼフネガイ
ATLANTIC SLIPPER LIMPET
Crepidula fornicata
カリバガサ科
カサガイの近縁種ではない。濾過摂食者である。複数の個体が重なり合って岩に付着している。大型の雌の上に小型の雄が付着するが、下の雌が死ぬと上の雄が雌に性転換する。

2—5 cm
¾—2 in

モミジソデガイ
COMMON PELICAN'S FOOT
Aporrhais pespelecani
モミジソデ科
ホラガイ類に近縁なソデガイ類は泥の中に生息してデトリタスを食べる。殻の突起が水かきのあるペリカンの足のように見える。本種は地中海と北海に分布する。

30—42 cm
12—16½ in

2—3 cm
¾—1¼ in
ヨーロッパタマキビ
COMMON PERIWINKLE
Littorina littorea
タマキビ科
ヨーロッパ産。タマキビ類は潮間帯に生息する球形の巻貝で、蓋で殻を閉じる。

ピンクガイ
PINK CONCH
Aliger gigas スイショウガイ科（ソデボラ科）
大西洋西部産の大型種。ホラガイ類のほとんどは熱帯海域に分布するグレーザー（付着藻類を食べる動物）である。この属の貝は殻の開口部が広く張り出す。

15—31 cm
6—12 in

無脊椎動物・腹足類

シロナルトボラ
GIANT FROG SHELL
Tutufa bubo
オキニシ科
熱帯海域に分布するオキニシ類は、殻に疣状の突起がある。本種はインド太平洋産で、吻を使ってまず唾液で麻痺させ、ゴカイ類を捕食する。

10—32 cm
4—12½ in

疣状の突起

水管溝

10—50 cm
4—20 in

ホラガイ
TRUMPET TRITON
Charonia tritonis
ホラガイ科
熱帯の潮間帯に生息するホラガイ類や近縁のオキニシ類、トウカムリガイ類は、ほかの無脊椎動物を獲物にする捕食者である。本種はインド太平洋産で、サンゴを食べるオニヒトデを捕食する。

5 mm—3 cm
³⁄₁₆—1¼ in

エウスピラ・ニティダ
POLI'S NECKLACE SHELL
Euspira nitida
タマガイ科
ヨーロッパ産で、砂に潜る捕食者である。英名はネックレスのようなリボン状の卵塊から。

8—11 cm
3¼—4¼ in

ヨーロッパエゾバイ
COMMON NORTHERN WHELK
Buccinum undatum
エゾバイ科
大型の捕食者で、ほかの軟体動物や環形動物を食べる。北大西洋産の本種は死体も食べる。シーフードとしてよく食用にされる。

2—3 cm
¾—1¼ in

キマダライガレイシ
PRICKLY PACIFIC DRUPE
Drupa ricinus
アッキガイ科
ヨーロッパチヂミボラと同じ科に属する。インド太平洋のサンゴ礁に生息し、ゴカイ類を食べる。

3—4 cm
1¼—1½ in

ヨーロッパチヂミボラ
DOG WHELK
Nucella lapillus
アッキガイ科
北大西洋産。アッキガイ類は捕食者で、歯舌を用い、酵素を分泌してフジツボやほかの軟体動物の殻に穴をあける。

9—15 cm
3½—6 in

タガヤサンミナシガイ
TEXTILE CONE
Conus textile
イモガイ科
イモガイ類は歯舌を獲物に突き刺して毒を注入する。インド太平洋産の本種のように、人間にとって危険なものもいる。

3—13 cm
1⅛—5 in

ニシキマクラガイ
TENT OLIVE
Oliva porphyria
マクラガイ科
マクラガイ類の中で最大の種で、メキシコと南米の太平洋側の海岸に分布する。殻は鮮やかで光沢がある。

7.5—11.5 cm
3—4½ in

スジイリチューリップボラ
BANDED TULIP
Cinctura lilium イトマキボラ科
カリブ海のサンゴ礁に生息する。エゾバイ属*Buccinum*に近縁。イトマキボラ類のなかには本種よりも水管溝が長く砂地に生息する種もいる。

6—11 cm
2¼—4¼ in

ミサカエショクコウラ
IMPERIAL HARP
Harpa costata
ショクコウラ科
ショクコウラ類は砂地に生息する捕食者で、餌のカニを幅広い足で捕まえて唾液で消化する。本種はインド太平洋産。

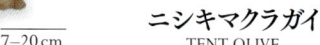

タケノコガイ
SUBULATE AUGER
Terebra subulata タケノコガイ科
タケノコガイ類の例に漏れず、このインド太平洋産の種も殻に柄模様が入っている。タケノコガイ類は砂に穴を掘って潜り、表面にいる環形動物などを襲う。

7—20 cm
2¾—8 in

淡水産の鰓のある巻貝 FRESHWATER GILLED SNAILS

原始紐舌類は鰓のある巻貝で、海産のものを含まないグループである。ほとんどが淡水産だが、陸生のものもいる。リンゴガイ類は外套腔内の鰓が肺として機能するので、水不足の期間が続いても生存できる。全ての種に蓋があって殻を閉じることができる。

10—15 cm
4—6 in

スクミリンゴガイ
CHANNELLED
APPLE SNAIL
Pomacea canaliculata
リンゴガイ科
リンゴガイの典型で、熱帯アメリカ産だがほかの地域に移入され、有害な侵略的外来種となっている。

触角

筋肉質の足

ヨーロッパタニシ
COMMON RIVER SNAIL
Viviparus viviparus
タニシ科
ヨーロッパ産の鰓のある淡水産巻貝で、近縁のリンゴガイ類と同様に、蓋で殻を閉じることができる。

3—4 cm
1¼—1½ in

アメフラシ SEA HARES

無楯目（アメフラシ目）は、頭部のよく発達した触角が耳のように見える。この触角で水中の化学物質を感知する。体の内部に小さな殻があり、ハダカカメガイと同じように、鰭状になった足（側足）で泳ぐことができる。

鰭状の側足

7—20 cm
2¾—8 in

アプリシア・プンクタータ
SPOTTED SEA HARE
Aplysia punctata アメフラシ科

海藻を食べるほかのアメフラシ類と同じく、このヨーロッパ産の種も多数の個体が集まって生殖行動をする。捕食者に襲われるとインク状の液を放出して身を守る。

ハダカカメガイ SWIMMING SEA SLUGS

無殻翼足類は、翼状に変化した筋肉質の足（側足）を羽ばたかせて水中を飛ぶように泳いでいくため、「流氷の天使」とも呼ばれる。近縁の有殻翼足類(sea butterfly)にも翼状の側足があるが、有殻翼足類には薄い殻がある。

翼状の側足で泳ぐ

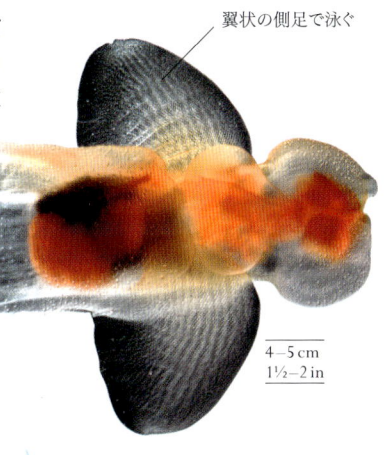

4—5 cm
1½—2 in

ハダカカメガイ（クリオネ）
COMMON SEA ANGEL
Clione limacina
ハダカカメガイ科

ハダカカメガイ類は柔らかく透明な「翼」で自由遊泳をする。本種は冷たい海域に生息し、ミジンウキマイマイ(*Limacina helicina*)という近縁な腹足類を獲物にする。

ウミウシ TRUE SEA SLUGS

裸鰓目は、殻のない海産の腹足類としては最大のグループである。裸鰓類という名前の通り、鰓は外套腔に格納されず背面に露出している。派手な体色と模様の種が多いが、これは有毒であることを宣伝するためのものだ。

10—13 cm
4—5 in

タテヒダイボウミウシ
VARICOSE SEA SLUG
Phyllidia varicosa
イボウミウシ科

インド太平洋産の種。沿岸部に生息し、岩や粗石地帯、砂地に普通に見られる。海綿動物を食べる。

5—8 cm
2—3¼ in

キイロウミウシ
BLACK-MARGINED SEA SLUG
Doriprismatica atromarginata
イロウミウシ科

インド太平洋産の普通種で、浅海に生息し、海綿動物を食べる。体色はオフホワイトから薄い黄色まで変異がある。

4—5 cm
1½—2 in

エムラミノウミウシ
OPALESCENT SEA SLUG
Hermissenda crassicornis
クセニアミノウミウシ科

太平洋北部の潮間帯に分布する。背面に多数の突起が生えるグループに属する。この突起には、餌のクラゲから取り込んだ未発射の刺胞が貯蔵されている。

2—5 cm
¾—2 in

クロモドリス・アンナエ
ANNA'S SEA SLUG
Chromodoris annae
イロウミウシ科

太平洋西部に分布。色彩変異が大きい。イロウミウシ属のほかの種と同じく、海綿動物を食べる。

外鰓

触角で匂いを感知する

7—8 cm
2¾—3¼ in

オケニア・エレガンス
ELEGANT SEA SLUG
Okenia elegans
ネコジタウミウシ科

この科はホヤを食べるのが特徴である。地中海を含め、ヨーロッパ周辺の海域に見られる。

頭部の端

鰓で酸素を吸収する

10—12 cm
4—4¾ in

アカフチリュウグウウミウシ
VARIABLE NEON SEA SLUG
Nembrotha kubaryana
フジタウミウシ科

インド太平洋産。ホヤを食べ、ホヤの防衛用の化学物質を取り込んで粘液の成分とする。近縁種には苔虫動物を食べるものが多い。

外套膜

30—40 cm
12—16 in

ミカドウミウシ
SPANISH DANCER
Hexabranchus sanguineus
ミカドウミウシ科

インド太平洋に分布する大型のウミウシ。英名は、自由遊泳する際の動きが、フラメンコダンサーのひだ飾りのついたスカートに似ていることから。

淡水産の有肺類
FRESHWATER AIR-BREATHING SNAILS

水棲大目の巻貝は外套腔が肺として発達している。そのため、ほかの海産腹足類とは異なり、呼吸するには水面まで浮上しなければならない。主に植物食性であり、アルカリ性あるいは中性で水草の多い、止水あるいは流れの遅い淡水に生息する。

左巻きの殻
平巻の殻

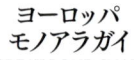

ヨーロッパ モノアラガイ
GREAT POND SNAIL
Lymnaea stagnalis
モノアラガイ科
北半球の温帯地域に広く分布している。止水あるいは流れの遅い淡水の普通種。

2.5—5 cm
1—2 in

サカマキガイ
EUROPEAN BLADDER SNAIL
Physella acuta
サカマキガイ科
ほとんどの巻貝は右巻きであり、殻頂を上にして開口部を手前に向けると口が右側に来るが、淡水産のサカマキガイ科の殻は左巻きである。

1—1.6 cm
3/8—5/8 in

フトミズヒラマキ
GREAT RAMSHORN SNAIL
Planorbarius corneus
ヒラマキガイ科
ユーラシア産。一般的な巻貝は殻が立体的ならせんになるが、ヒラマキガイ類の殻は平面的ならせんになる。本種を含め、ほとんどの種が止水の淡水域に見られる。

3—3.5 cm
1¼—1½ in

アンキルス・フルヴィアティリス
COMMON RIVER LIMPET
Ancylus fluviatilis
ヒラマキガイ科
ヒラマキガイ類の一部は外見的にカサガイに似ている。ヨーロッパに分布し、流れの速い川に普通に見られる。

5—8 mm
3/16—5/16 in

カタツムリとナメクジ
LAND AIR-BREATHING SNAILS AND SLUGS

柄眼目に含まれる陸生のカタツムリ類とナメクジ類は、外套腔を肺として用いて空気呼吸をする。触角の先端に目があるのが特徴。雌雄同体で雌と雄の両方の生殖器官をもつ種が多い。配偶行動では、まずヤリ状の突起(恋矢)を互いに相手に突き刺してから交尾する。

アフリカマイマイ
GIANT AFRICAN SNAIL
Lissachatina fulica
アフリカマイマイ科
大型の陸貝で、アフリカ東部に分布する。世界各地の暖かい地域に移入され、有害な侵略的外来種になっている。

15—22 cm
6—9 in

コダママイマイ
CUBAN LAND SNAIL
Polymita picta コダママイマイ科
キューバの山地森林だけに見られる。殻の色や筋の入り方がバリエーションに富む。

3—3.5 cm
1¼—1½ in

10—20 cm
4—8 in

プチグリ
BROWN GARDEN SNAIL
Cornu aspersum
マイマイ科
殻にしわが入り、色には変異がある。ヨーロッパに広く分布し、森林、生け垣、砂丘や庭に見られる。

2.5—4.5 cm
1—1¾ in

カサカムリナメクジ
COMMON SHELLED SLUG
Testacella haliotidea
カサカムリナメクジ科
体のごく一部を覆う小さな殻をもつのがこの科の特徴である。本種はヨーロッパ産で、ミミズを餌にする。

8—12 cm
3¼—4¾ in

殻

ホンパツラマイマイ
DOMED DISC SNAIL
Discus patulus
パツラマイマイ科
パツラマイマイ類はある原始的な性質をもち、殻が平く巻かれるのが特徴である。本種は北アメリカの森林に見られる。

7—8 mm
¼ in

コウラクロナメクジ
EUROPEAN BLACK SLUG
Arion ater
オオコウラナメクジ科
ヨーロッパ産。北の地域では黒い個体が優勢だが、オレンジ色の個体もいる。植物も食べるが、庭のごみもたいらげる。

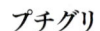

触角の先端にある目

リンゴマイマイ
ROMAN SNAIL
Helix pomatia
リンゴマイマイ科
ヨーロッパ中央部のカルシウムの含有度が高い土壌地帯に広く分布している。分布域内では最大の陸貝で、地方によっては食用として飼育されている。

3—5 cm
1¼—2 in

モリノオウシュウマイマイ
BROWN-LIPPED SNAIL
Cepaea nemoralis
リンゴマイマイ科
ヨーロッパ西部に分布する。リンゴマイマイにごく近縁。殻の色や帯模様はカムフラージュに役立ち、生息地によって変異が見られる。

2—3 cm
¾—1¼ in

アリオリマクス・コルンビアヌス
PACIFIC BANANA SLUG
Ariolimax columbianus
アリオリマクス科
英名は黄色い体色から。北アメリカの西海岸に分布し、湿潤な針葉樹林に生息する。

15—25 cm
6—10 in

リマクス・キネレオニゲル
ASHY-GREY SLUG
Limax cinereoniger
コウラナメクジ科
コウラナメクジ類には体内に小さな殻がある。本種はヨーロッパ産の大型種で、森林に生息する。体色には多数の変異が見られる。

10—30 cm
4—12 in

頭足類 CEPHALOPODS

頭足類は軟体動物門の中でも敏捷なハンターである。神経系がよく発達し、動きの速い獲物も狩ることができる。

頭足類には全無脊椎動物中、最も知性の高いものが含まれる。皮膚にある色素を含む細胞（色素胞）により、気分を信号として発するものが多い。頭足綱は腕の数により目に分けられている。イカやコウイカには8本の遊泳用の腕のほか、格納可能な触腕が2本ある。触腕には獲物を捕まえるための吸盤がある。タコには触腕がないが、8本の腕の全部に吸盤がある。頭足類では外套膜が外套腔を包み、その中に鰓がある。酸素を得るために、外套膜の横から水を取り入れる。水は鰓の間を流れた後、短い漏斗を通って排出される。漏斗から水を噴出して素早く後退することができ

る。イカやコウイカ、そして一部のタコには外套膜の側部に鰭があり、それを用いて外洋を泳いでいく。ほとんどのタコは海底で過ごしている。

外洋に棲むオウムガイは、頭足類で唯一、巻いた殻をもっている。イカでは殻は退化して柔らかい軟甲となり、内部から体を支持している。コウイカの殻も退化して体内にあるが、石灰化して「イカの甲」と呼ばれる。タコのほとんどは殻を失っている。

頭足類は動きの素速い捕食者で、腕を使って獲物をつかみ、オウムのようなくちばしで殺す。イカは遊泳する獲物を捕まえる。コウイカやタコの獲物はそれより動きが遅く、海底を這うカニなどの甲殻類である。

門	軟体動物門
綱	頭足綱
目	9
科	約50
種	822

防衛用の墨を放出し、ジェット噴射で捕食者から逃げていくミズダコ。

オウムガイ
CHAMBERED NAUTILUS
Nautilus pompilius
オウムガイ科
インド太平洋産。オウムガイ類には化石種が多く含まれるが、現生のものは少ない。本種は現生種の中で最大かつ最もよく知られている。

15–24 cm
6–9½ in

45–50 cm
18–20 in

オーストラリアコウイカ
AUSTRALIAN GIANT CUTTLEFISH
Sepia apama コウイカ科
既知のコウイカ類の中で最大の種。オーストラリア南部の海岸沖に分布し、海草の生えた藻場や岩礁に生息する。

45–50 cm
18–20 in

コブシメ
BROADCLUB CUTTLEFISH
Sepia latimanus
コウイカ科
大型のコウイカで、インド太平洋海域に広く分布し、サンゴ礁に多く生息する。中型から小型のエビを食べる捕食者である。

40–50 cm
16–20 in

ヨーロッパコウイカ
COMMON CUTTLEFISH
Sepia officinalis
コウイカ科
ほかの多くのコウイカ類と同じく、沿岸部に移動して泥質の堆積物上に産卵する。ヨーロッパとアフリカ南部の沖に見られる。

6–7 cm
2¼–2¾ in

ミナミハナイカ
FLAMBOYANT CUTTLEFISH
Metasepia pfefferi コウイカ科
触腕を用いて海底を歩くという、ほかのコウイカ類には見られない習性がある。インド太平洋産で、有毒であることが最近になって判明した。

20–50 cm
8–20 in

獲物を捕まえる触腕

マスティゴテウティス属の一種
WHIP-LASH SQUID
Mastigoteuthis sp.
ムチイカ科
赤いムチイカ類で、鰭を広げて深海中に静止し、長い触腕を伸ばして獲物を待ち構えている。

2–3 cm
¾–1¼ in

ニョリミミイカ
BERRY'S BOBTAIL SQUID
Euprymna berryi
ダンゴイカ科
インド太平洋産。ダンゴイカ類は小型のコウイカ類だが、石灰質の「イカの甲」ではなく軟骨質の殻（軟甲）をもつ。体は丸っこく葉状の鰭がある。

25–35 cm
10–14 in

アオリイカ
BIGFIN REEF SQUID
Sepioteuthis lessoniana
ヤリイカ科
インド太平洋産。1対の大きな鰭があるためコウイカのように見える。発光器で光を点滅させてコミュニケーションをとる。発光器には発光バクテリアが共生している。

30–45 cm
12–18 in

ヨーロッパヤリイカ
COMMON SQUID
Loligo vulgaris ヤリイカ科
水産資源的に重要なイカで、大西洋北東部と地中海に普通に見られる。近縁種と同様、よく発達した鰭が側面にある。

3.5–4.5 cm
1½–1¾ in

トグロコウイカ
RAM'S HORN SQUID
Spirula spirula トグロコウイカ科
深海に生息する小型の頭足類。らせん状に巻いた殻には気体が満たされ、浮きとして機能する。夜には水面に向かって浮上してくる。

マダコ
COMMON OCTOPUS *Octopus vulgaris*

ロブスター捕りのわなかごからロブスターを取り出したり、疾走するカニを捕まえたり。マダコの知性の高さは、全無脊椎動物のなかでも最高のクラスである。発達した視力をもち、8本の腕でものをつかんだり這ったりできる。体色を即座に変えたり、ものすごく狭い隙間を通り抜けたりもする。口には角質のくちばしのような顎板があり、これで貝を割って中身を食べる。ねぐらの周囲には砂に混じって殻の破片がよく散らかっている。このように多芸多才ではあるが、寿命は短い。卵から50万匹ほどの兄弟とともに孵化した幼ダコは、外洋でプランクトンとして生活を送り、2か月後に海底に降りていく。食べられることなく生き延びたものは、1年強で成熟して産卵活動を行い、そして死ぬ。マダコは熱帯及び暖帯の外洋に広く分布しているが、マダコとされるもののなかに、マダコとよく似た別種が複数含まれている可能性が指摘されている。

全　長	腕を伸ばして 1.5–3m（5–10ft）
生息地	岩の多い沿岸部
分　布	熱帯及び暖帯海域に広く分布
食　性	甲殻類、二枚貝や巻貝

筋肉質の外套膜の内部には外套腔があり、呼吸のための鰓など、重要な器官が入っている

> **知性の高い軟体動物**
> タコは敏捷な捕食者で、発達した神経系をもつ。ニューロンの3分の2が腕の内部にあるため、腕は脳からかなり独立して動かすこともできる。また、問題解決できる知性をもつこと、優れた長期記憶・短期記憶をもつことが実験によって示されている。

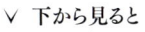

∨ **下から見ると**
頭足類という名前の通り、頭部のすぐ下から8本の器用な腕（足）が放射状に生えている。腕の中央には口があるのが見える。

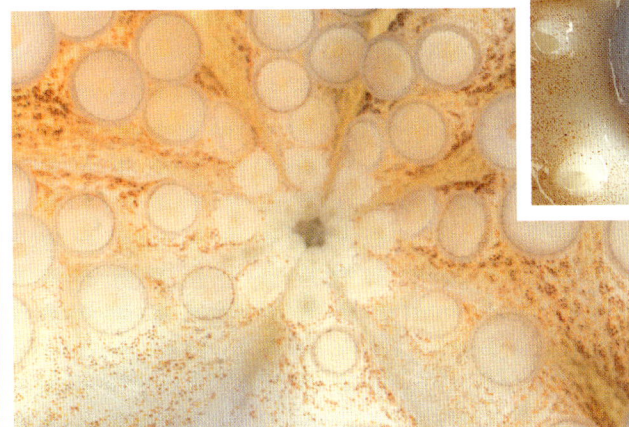

< **くちばし（顎板）**
マダコは捕食者で、特に甲殻類を好んで食べる。オウムのくちばしのような顎は強力で、カニやエビの頑丈な背甲も貫通する。

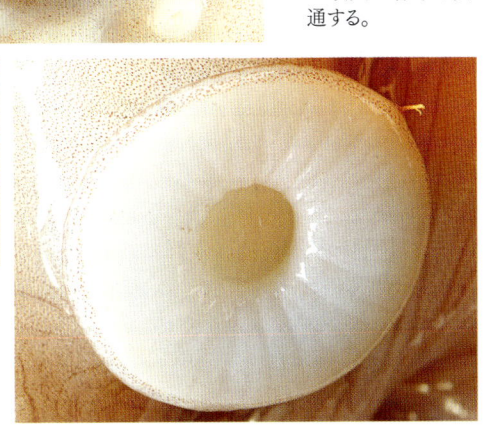

∧ **漏斗の開閉**
外套膜の片側、頭部のすぐ後方に漏斗がある。漏斗には3つの用途がある。鰓で酸素を吸収した後の水を排水し、ジェット噴流式に水を噴出して素速く逃げ、また、逃げる前に墨を吐いて敵を惑わせる。

< **皮膚**
皮膚には色素胞という色素を含んだ特殊な細胞がある。この細胞によって体色を変え、周囲に溶け込むこともあれば、怒りや不安などの気分を信号として発することもある。

∧ **吸盤**
それぞれの腕には吸盤が2列に並んでいる。強い吸着力のおかげで、海底やサンゴ礁などを楽々と移動していくことができる。吸盤には受容器もあって、触っているものの味を知ることもできる。

水平なスリット状の瞳孔がある突出した目

疣のある丈夫な皮膚の色や模様、形を変えてカムフラージュする

筋肉の発達した長い腕で、海底を移動したりものをつかんだりする

カップ状の吸盤

≫ 頭足類

10—15 cm
4—6 in

コウモリダコ
VAMPIRE SQUID
Vampyroteuthis infernalis
コウモリダコ科
深海に棲む頭足類で、イカ類と
タコ類の中間に見えるような
特徴をもつ。外套膜から
鰭が突出し、体表は発光器で
覆われている。

20 cm
8 in

**グリムポテウティス・プレナ
（ダンボオクトパス）**
DUMBO OCTOPUS
Grimpoteuthis plena メンダコ科
英名は耳のような鰭を使って泳ぐ様子
から。水深3〜4,000mの深海に生息し、
ほかの無脊椎動物を獲物にする。

3—6 cm
1¼—2¼ in

タコブネ
WINGED ARGONAUT
Argonauta hians
カイダコ科（アオイガイ科）
カイダコ類は殻をもつが
タコの仲間である。雌は
貝殻のような薄い殻を作って
卵を保護する。

2 m
6½ ft

ミズダコ
NORTH PACIFIC
GIANT OCTOPUS
Enteroctopus dofleini
ミズダコ科
タコ類の中で恐らく最大の
種だが、驚くほど寿命が
短い。雌は多数の卵を産んで
献身的に世話をする。

幼体

5 cm
2 in

**パシフィック・ロング
アームド・オクトパス
（マダコ属の一種）**
PACIFIC LONG- ARMED
OCTOPUS
Octopus sp. マダコ科
特に腕の長いタコの一種。
成体は砂質の礁湖によく
見られる。透明な幼体は
外洋でプランクトンとして
生活している。

1—1.5 m
39—59 in

ウデブトダコ
CARIBBEAN REEF OCTOPUS
Octopus briareus
マダコ科
大西洋西部とカリブ海に分布。
サンゴ礁に生息し、間に膜のある
腕を網のように広げて待ち構え、
獲物を捕まえることが多い。

1.5—3m
5—10ft

マダコ
COMMON OCTOPUS
Octopus vulgaris
マダコ科
世界中の熱帯及び暖帯
海域に広く分布している。体に
疣があり、腕の吸盤が2列に
並ぶのが特徴。

50—70 cm
20—28 in

**アトランティック・オクトパス
（マダコ属の一種）**
ATLANTIC OCTOPUS
Octopus sp. マダコ科
DNA分析により、マダコに
よく似ているが別種のタコが、
本種を含めて複数存在することが
判明し、隠れた生物多様性が
明らかになりつつある。

1 m
39 in

**タウモクトプス・
ミミクス
（ミミックオクトパス）**
MIMIC OCTOPUS
Thaumoctopus mimicus
マダコ科
体色を変えるタコは多いが、
このアジア産の種は形まで
も変え、海綿動物やサンゴ、
クラゲなど、ほかの海の動物
に変装することができる。

地の色は
黄色

漏斗

オオマルモンダコ
BLUE-RINGED OCTOPUS
Hapalochlaena lunulata
マダコ科
甲殻類や魚類を襲い、有毒な
唾液でひさせる。人間でも
命を落とすことがある。

15—20 cm
6—8 in

黒と青のリング状の模様
で、強い毒があることを
警告している

ヒザラガイ CHITONS

岩にへばりついた平たいヒザラガイは、軟体動物のなかでもかなり原始的なグループに属する。藻類や薄い膜状に広がった微生物を削って食べるものがほとんどで、沿岸部に生息する。

ヒザラガイ(多板綱)には、よろいかたびらのような殻がある。殻は、前後が重なり合った8枚の殻板からなり柔軟に動かせるので、岩のでこぼこした表面を這っていくことができる。驚くと体を丸めることもある。ヒザラガイには目も触角もないが、殻自体に光に反応する細胞がある。殻板の周囲には外套膜が広がり、肉帯と呼ばれる。外套膜の下側、左右両側には溝(外套溝)があり、ここに水を通して溝内に張り出した鰓に酸素を送る。歯舌の表面は微細な歯で覆われるが、この歯は鉄やケイ素で強化されているので、最も硬い層状の藻類でも削って食べることができる。

門	軟体動物門
綱	多板綱
目	2
科	20
種	1,026

肉帯

8枚の殻板

4—5 cm
½—2 in

アオスジヒザラ
LINED CHITON
Tonicella lineata ウスヒザラガイ科
北太平洋の海岸に見られるヒザラガイ。鮮やかな色彩は、岩の表面に広がる紅藻類を食べる時にはカムフラージュになるかもしれない。

8 cm / 3¼ in

ダイリセキヒザラガイ
MARBLED CHITON
Chiton marmoratus
クサズリガイ科
カリブ海産。ほかのヒザラガイ類もそうだが、殻板はアラゴナイトという石灰質のミネラルだけでできている。

4—5 cm / 1½—2 in

キトン・グラウクス
GREEN CHITON
Chiton glaucus
クサズリガイ科
体色変化の見られるヒザラガイで、ニュージーランドとタスマニアの海岸線に生息する。ヒザラガイの例に漏れず、夜に活動する。

2—8 cm / ¾—3¼ in

トゲトゲヒザラガイ
WEST INDIAN FUZZY CHITON
Acanthopleura granulata
クサズリガイ科
カリブ海産。肉帯に棘のような突起がある。日光にさらされても耐え、潮間帯の最上部に生息できる。

2.5 cm / 1 in

ウスヒザラガイ
DECKED CHITON
Ischnochiton comptus
ウスヒザラガイ科
この属のヒザラガイは肉帯表面が棘状あるいは鱗状になっている。太平洋西部の海岸に分布し、潮間帯に普通に見られる。

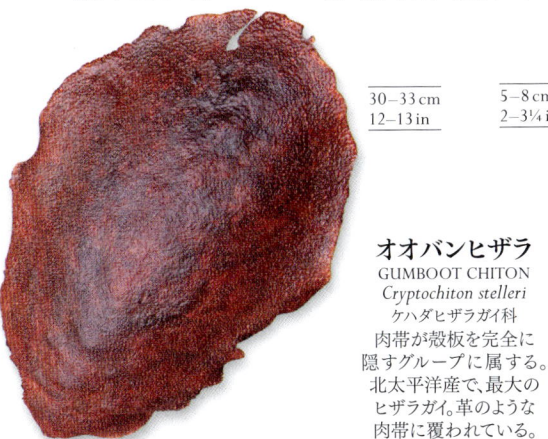

30—33 cm
12—13 in

オオバンヒザラ
GUMBOOT CHITON
Cryptochiton stelleri
ケハダヒザラガイ科
肉帯が殻板を完全に隠すグループに属する。北太平洋産で、最大のヒザラガイ。革のような肉帯に覆われている。

5—8 cm
2—3¼ in

コイヒゲヒザラ
BRISTLED CHITON
Mopalia ciliata
トゲハダヒザラガイ科
毛の生えた肉帯が名前の由来。北アメリカの太平洋岸に分布し、長く係留された船の下面に見られることがある。

4—7 cm
1½—2¾ in

カエトプレウラ・パピリオ
HAIRY CHITON
Chaetopleura papilio
トゲハダヒザラガイ科
肉帯に剛毛が生え、殻板に茶色の帯が入る。アフリカ南部の海岸に分布し、岩の下に見られる。

ツノガイ TUSK SHELLS

泥に潜る珍しい貝で、海の堆積物中に生息し、ゆるく湾曲した管状の殻をもつ。殻は両端が開いていて、ほかのどの軟体動物の殻とも違っている。

門	軟体動物門
綱	掘足綱
目	2
科	13
種	576

ツノガイ(掘足綱)は普通種だが、通常は陸から遠く離れた沖に生息するので、ほとんど人目につかない。角形の管の太い方を泥の中に埋めている。目のない頭部と足を堆積物の奥に伸ばし、頭糸という触手状の器官で食物を探し、化学物質検出器で砂の味をみる。食物(小型の無脊椎動物やデトリタス)が見つかると、頭糸で口に運び、軟体動物の特徴である歯舌で細かくして食べる。鰓はないが、肉質の外套膜が殻の中で前後に伸びて管状の空間を包んでいて、そこに水を通して酸素を抽出する。酸素濃度が低くなると、足を収縮させて殻の細いほうの端から淀んだ水を噴出し、同じところから新鮮な水を取り入れる。

3—4 cm
1¼—1½ in

アドリアツノガイ
EUROPEAN TUSK
Antalis dentalis
ゾウゲツノガイ科
大西洋北東部産で、沿岸部の砂質地帯に広く分布する。殻だけがあちこちで大量に見つかる。

5—8 cm
2—3¼ in

ニシキツノガイ
BEAUTIFUL TUSK
Pictodentalium formosum
ゾウゲツノガイ科
模様のある熱帯性のツノガイで、海の堆積物中に見つかる。日本、フィリピン、オーストラレーシア、ニューカレドニアで記録されている。

棘皮動物 ECHINODERMS

棘皮動物には、濾過摂食するウミシダから、海藻を食べるウニ、捕食者のヒトデまで、驚くほどさまざまな海の生きものが含まれる。

無脊椎動物の大きな門のうち、海産のものしか含まれないのは棘皮動物門だけである。棘皮動物は動きの少ないのろい生きもので、海底で生活している。五放射相称の体制のものがほとんどである。棘皮動物には石灰質の骨格や骨板でできた骨格がある。ヒトデでは、柔らかい組織中に骨片が間隔を空けて存在するため、適度な柔軟性がある。ウニでは、板状の骨板が融合してかっちりした殻のような内骨格を形成する。ナマコでは、骨片は微細で体の中に散在している(骨片を欠く種もいる)ので、体全体は柔らかい。

水力学的な足

棘皮動物には水管系という特有の構造がある。孔が多数あいたふるいのような板状部(普通は体の上面にある)を通して海水が体の中に取り込まれ、水は体内に張りめぐらされた水管を通って循環する。体表近くの水管から、管足という細く柔らかい突起が多数伸び、体外に出ている。管足は、水が出入りすることにより伸び縮みする。先端は吸盤になっている。ウミシダでは、羽毛のような腕から管足が上向きに伸び、食物粒子を捕捉し、粒子は中央部にある口へと運ばれていく。そのほかの棘皮動物では、管足は下向きに生えていて、何千本もの管足を動かして沈殿物や岩の上を移動していく。

防衛

棘皮動物のほとんどは突起のある丈夫な皮膚で包まれ、捕食を避けているが、それだけではなく、ほかにも身を守る方法をもっている。ウニの多くはてごわい棘で覆われていて、人間に重大な被害を与えるものもいる。また、先端でものをつかめる叉棘という棘のあるウニも多い。この叉棘には有毒なものもあり、捕食者を防ぐほか、体表に散らばったデブリを取り除くこともできる。体の柔らかいナマコは棘のかわりに有毒な化学物質で身を守っていて、派手な色彩で警告していることも多い。最後の手段として、粘着質の糸を出したり腸を吐き出したりするナマコもいる。

門	棘皮動物門
綱	5
目	35
科	173
種	7,447

棘皮動物は小さな管足で海底を移動する。写真はオニヒトデ*Acanthaster planci* の管足。

ウミユリとウミシダ FEATHER STARS

ウミユリやウミシダ(ウミユリ綱)は腕を用いて濾過摂食をする。腕は5本あるのが基本だが、種によっては、枝分かれして密生した束になっている。口と肛門はいずれも上面の中心部にある。ウミシダ類は体の下部に指のような巻枝があって、這いまわることもできる。ウミユリ類は柄で固着する。

ケノメトラ・エメンダトリクス
PRETTY FEATHER STAR
Cenometra emendatrix
イボアシウミシダ科
ウミシダの腕の両側には羽枝と呼ばれる多数の小さな突起が生え、これで効果的に食物粒子を捕まえることができる。この熱帯太平洋産の種では、羽枝は白い。
10−15 cm
4−6 in

羽毛のような腕

サンゴの上に乗っている

ダヴィダステル・ルビギノースス
GOLDEN FEATHER STAR
Davidaster rubiginosus コマツラ科
大西洋西部産。ほかのウミシダやウミユリと同様に、羽毛のような腕でプランクトンを捕まえ、懸濁物を食べる。
10−20 cm
4−8 in

リュウキュウウミシダ
YELLOW FEATHER STAR
Anneissia bennetti クシウミシダ科
太平洋西部の普通種。多くのウミシダやウミユリと同様、夜、水の流れが一番強い時に、最も盛んに濾過摂食する。
10−15 cm
4−6 in

ジャバラハネウミシダ
RED FEATHER STAR
Himerometra robustipinna
ハネウミシダ科
インド太平洋の熱帯海域に分布。サンゴや海綿動物にしがみついている。ウバウオの一種(*Lepadichthys caritus*)が腕の間に棲みつくが、恐らく捕食者から身を守るためだろう。
10−15 cm
4−6 in

ウニとその仲間 URCHINS AND RELATIVES

棘皮動物という門の名称は、ウニの形状に由来したものだ。ウニ綱では、硬い骨板が組み合わさって殻が形成される。棘は移動と防御の役割をもつ。一般的に、下面に口があって肛門は上面に開く。両者の間に管足が列をなして生える。

10–11 cm
4–4¼ in

スソキレカシパン
INDO-PACIFIC SAND DOLLAR
Sculpsitechinus auritus
スカシカシパン科
インド太平洋に分布し、沿岸部の砂地に生息する典型的なスカシカシパン類。英名は平たい外見からつけられた。

4–5 cm
1½–2 in

トックリガンガゼモドキ
BANDED SEA URCHIN
Echinothrix calamaris　ガンガゼ科
インド太平洋のサンゴ礁に生息する。長い棘の間にある短い副棘は有毒で、刺さると痛い。テンジクダイ科の魚が防衛のためによく棘の間に隠れている。

20 cm
8 in

アカオニガゼ
RED URCHIN
Astropyga radiata　ガンガゼ科
インド太平洋の礁湖に生息する。長い中空の棘が生える熱帯産のウニ類に属する。キメンガニ*Dorippe sinica*がこのウニを背負っていることが多い。

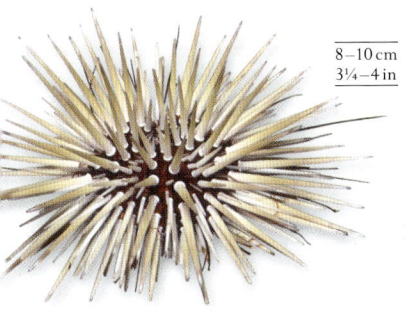

8–10 cm
3¼–4 in

ホンナガウニ
MATHA'S URCHIN
Echinometra mathaei
ナガウニ科
インド太平洋産。ナガウニ類は棘が太いのが特徴である。サンゴ礁の割れ目に生息する。

16–18 cm
6½–7 in

ヨーロッパオオウニ
EDIBLE URCHIN
Echinus esculentus
ホンウニ科
大きな球形のウニで、大西洋北東部の沿岸部に普通に見られる。体色変異がある。藻類、特に褐藻を削って食べる。

ミナミフクロウニ
FIRE URCHIN
Asthenosoma varium　フクロウニ科
インド太平洋に分布するやや平たい種。礁湖の砂地に生息する。ウニにしては殻が柔らかく、割れ目に入り込むことができる。刺されると痛い。

柔軟性のある殻

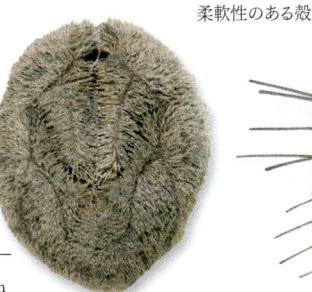

7–8 cm
2¾–3¼ in

オカメブンブク
SEA POTATO
Echinocardium cordatum
ヒラタブンブク科
世界中に広く分布する。ブンブク類は砂に潜ってデトリタスを食べるウニで、ほかのウニのような放射相称性を欠く。

8–10 cm
3¼–4 in

アメリカムラサキウニ
PURPLE URCHIN
Strongylocentrotus purpuratus
オオバフンウニ科
北アメリカの太平洋沿岸部に分布し、水中に密生する褐藻(ケルプの森)に生息する。生物医学的研究に用いられることが多い。

20–25 cm
8–10 in

毒のある短い棘

ナマコ SEA CUCUMBERS

管状で柔らかい体をしている。一方の端に口があり、その周囲には食物を集める触手が生え、反対側に肛門がある。触手を使って堆積物を掘ったり潜ったりするものもいれば、腹面に多数ある管足を用いて海底を這うものもいる。

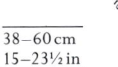

5–8 cm
2–3¼ in

15–18 cm
6–7 in

コロキルス・ロブストゥス
YELLOW SEA CUCUMBER
Colochirus robustus
キンコ科
インド太平洋産。キンコ類は皮膚の厚いナマコである。本種のようにこぶ状の突起のあるものが多い。

オーストラリア
アデヤカキンコ
SEA APPLE CUCUMBER
Pseudocolochirus violaceus
キンコ科
アデヤカキンコ類は派手な体色で毒性が強く、サンゴ礁に生息する。本種は管足の色は黄色かオレンジ色だが、体色には変異がある。

警告色

粘性のある糸を放出して捕食者を撃退する

ジャノメナマコ
OCELLATED SEA CUCUMBER
Bohadschia argus
クロナマコ科
インド洋西部のマダガスカル周辺から南太平洋まで分布する大型のナマコ。体色には変異が見られるが、必ず斑点がある。

38–60 cm
15–23½ in

25–30 cm
10–12 in

アカミシキリ
EDIBLE SEA CUCUMBER
Holothuria (Halodeima) edulis
クロナマコ科
熱帯海域には特に大型のナマコが豊富に見られる。本種はインド太平洋産で、漁獲されて乾燥され、食用になる。

60 cm
23½ in

オオイカリナマコ
VERMIFORM SEA CUCUMBER
Synapta maculata
イカリナマコ科
インド太平洋産。イカリナマコ類の典型で、体の柔らかい細長いナマコである。柔らかい堆積物に潜り込む。管足を欠く。

疣足でグリップを利かせて海底を這う

35–40 cm
14–16 in

アポスティコプス・
カリフォルニクス
GIANT CALIFORNIA SEA CUCUMBER
Apostichopus californicus
シカクナマコ科
最大級のナマコで、北アメリカ太平洋岸に分布する。疣足がある。地元では食用として漁獲される。

60–75 cm
23½–30 in

バイカナマコ
PRICKLY REDFISH
Thelenota ananas　シカクナマコ科
シカクナマコ類は全身に疣足がある。本種はインド太平洋産で、サンゴ礁周辺の砂地の海底に見られる。

30 cm
12 in

コルガ・ヒアリナ
DEEP SEA CUCUMBER
Kolga hyalina　Elpidiidae科
ほぼ世界中に分布し、最大1,500mの深海にいる。本種を含め、外洋の海底にはほとんどわかっていないナマコが数多く生息する。

クモヒトデ BRITTLE STARS

クモヒトデ綱は腕が細長く、種によっては枝分かれしているものもある。腕がもろく簡単に切れてしまうことから、英名（「もろいヒトデ」の意）がつけられた。中央の盤状部に下向きに口が開く。肛門はない。腕で食物粒子を捕捉するものや、捕食性のものがいる。

20–30 cm
8–12 in

長く柔軟な腕

オフィオデルマ属の一種
SHORT-SPINED BRITTLE STAR
Ophioderma sp.
アワハダクモヒトデ科
大西洋西部の沿岸部に分布。水中の海草藻場に生息し、エビなどほかの無脊椎動物を狩る。

オフィオトリクス・フラギリス
COMMON BRITTLE STAR
Ophiothrix fragilis
トゲクモヒトデ科
大西洋北東部産で、密集しているのが見つかることが多い。棘の生えた腕の何本かを掲げて食物粒子を捕捉する。

12–15 cm
4¾–6 in

クロヒゲクモヒトデ
BLACK BRITTLE STAR
Ophiocomina nigra
フサクモヒトデ科
大型のクモヒトデで、ヨーロッパ産。粒子を濾過摂食したり、スカベンジャーとしてデトリタスを食べたりする。流れの速い岩石海岸によく見られる。

20–30 cm
8–12 in

20–25 cm
8–10 in

ゴルゴノケパルス・カプトメデューサエ
GORGON'S HEAD BRITTLE STAR
Gorgonocephalus caputmedusae
テヅルモヅル科
枝分かれしてヘビのようにとぐろを巻いた腕が名前の由来。ヨーロッパ周辺の海岸の普通種。流れの速いところほど、たくさんの食物を捕捉できるため、大型の個体が見られる。

ヒトデ STARFISH

ヒトデを含め、棘皮動物の多くは多数の管足を用いて海底を這う。ヒトデの管足は腕の下面にある溝（歩帯溝）に沿って生えている。ヒトデ綱の多くは腕が5本だが、それより多くの腕をもつ種や、体が球形に近くほとんど腕のない種もいる。動きの遅いほかの無脊椎動物を襲って食べるものもいるが、スカベンジャーとして死体やデトリタスを食べるものもいる。皮膚には硬い骨片が含まれるものの、腕を柔軟に動かして獲物を捕まえる。

プレクタステル・デカヌス
MOSAIC STARFISH
Plectaster decanus
ルソンヒトデ科
太平洋南西部の岩石海岸に生息する派手な種。本種を含め、この科のヒトデは派手で色彩変異が大きいものが多い。

20–24 cm
8–9½ in

35–40 cm
14–16 in

腕の基部は太い

棘の生えた粗い上面

管足は腕の下部に生える

ソラステル・エンデカ
PURPLE SUNSTAR
Solaster endeca
ニチリンヒトデ科
ニチリンヒトデ類は大型で棘のあるヒトデで、腕の数が多い。本種は北半球の冷たい海域に分布し、沖の泥中に生息する。足の数は7〜13本。

50–60 cm
20–23½ in

ルイディア・キリアリス
SEVEN ARM STARFISH
Luidia ciliaris スナヒトデ科
大西洋産の大型ヒトデ。ほかのほとんどのヒトデと異なり、腕が7本ある。管足が長く、素速く動いてほかの棘皮動物を襲う。

20–25 cm
8–10 in

オオトゲルソンヒトデ
WARTY STARFISH
Echinaster callosus
ルソンヒトデ科
この科のヒトデは体が硬く、腕は円錐状である。本種は太平洋西部産で、ピンクと白の疣状突起が特徴的。

トゲヒトデの一種
RED CUSHION STAR
Porania (Porania) pulvillus
トゲヒトデ科
特徴的なヒトデで、上面は滑らかで腕が短く、縁に棘が生える。ヨーロッパの岩石海岸に見られ、褐藻の付着根の上によくいる。

10–12 cm
4–4¾ in

10–12 cm
4¾–5 in

10–25 cm
4–10 in

40–50 cm
16–20 in

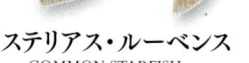

80–100 cm
32–39 in

ヘンリキア・オクラータ
BLOOD HENRY STARFISH
Henricia oculata ルソンヒトデ科
オオトゲルソンヒトデの近縁種。大西洋北東部に分布し、タイドプールやケルプの森（褐藻の密生地帯）に生息する。体表に粘液を分泌して食物粒子を捕捉する。

ピサステル・オクラケウス
OCHRE STARFISH
Pisaster ochraceus マヒトデ科
北アメリカ太平洋岸に分布する。アステリアス・ルーベンスの近縁種。この科のほかのヒトデと同様、無脊椎動物を狩る。イガイ類の捕食者として重要。

アステリアス・ルーベンス
COMMON STARFISH
Asterias rubens マヒトデ科
大西洋北東部の普通種。ほかの無脊椎動物を襲って食べる。棘皮動物にしては珍しく、河口環境に耐える。多数が密集した個体群がよく見られる。

ピクノポディア・ヘリアントイデス（ヒマワリヒトデ）
GIANT SUNFLOWER STARFISH
Pycnopodia helianthoides マヒトデ科
世界最大級のヒトデで、腕の数が多い。軟体動物やほかの棘皮動物を襲う。太平洋北東部沿岸に分布し、沖合の海藻の間に生息する。

50—60 cm
20—23½ in

オニヒトデ
CROWN-OF-THORNS
STARFISH
Acanthaster planci
オニヒトデ科
インド太平洋に分布する巨大な
ヒトデ。サンゴのポリプを
捕食し、場所によっては15サンゴ
礁の生態系を脅かしている。
10〜20本ある腕には鋭い棘が
生え、中程度の毒がある。
人間がこれでけがを
することもある。

有毒な棘

20—30 cm
8—12 in

アオヒトデ
BLUE STARFISH
Linckia laevigata ホウキボシ科
ホウキボシ類の体表は滑らかで
棘はない。本種はインド太平洋産で、
青いものが普通だが紫色や
オレンジ色の個体も数は少ないが
存在する。デトリタスを食べるエビと
共生していることが多い。

20—25 cm
8—10 in

25—30 cm
10—12 in

オフィディアステル・
オフィディアヌス
PURPLE STARFISH
Ophidiaster ophidianus
ホウキボシ科
大西洋北東部や地中海
周辺の粗い海底、アフリカ
西部まで、暖かめの海域に
見られる。

ペンタケラステル・
クミンギ
KNOBBLY STARFISH
Pentaceraster cumingi
コブヒトデ科
大型で模様の目立つヒトデ。
太平洋中央部と東部に分布し、
砂質あるいは粗石が散ら
ばった海底に生息する。

10—12 cm
4—4¾ in

6—7 cm
2¼—2¾ in

ジュズベリヒトデ
NECKLACE STARFISH
Fromia monilis
ゴカクヒトデ科
ジュズベリヒトデ属は15種が
報告されており、種の識別が
難しい場合もあるが、どの種も
鮮やかな色彩で捕食者を
思いとどまらせる。本種はインド
太平洋の浅海に広く分布する。

アカモンヒトデ
CUMING'S PLATED STARFISH
Neoferdina cumingi ゴカクヒトデ科
太平洋産の本種は浅海のリーフに
生息するが、この科の他の種は
水深1,000m(3,300ft)以深に生息する。
上面を覆う背側板に顆粒状の突起が
並ぶのは、科全体に共通する特徴
である。

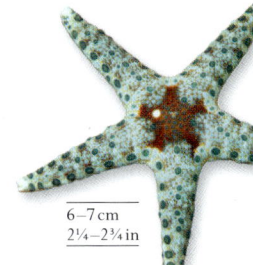

平たい体

25—30 cm
10—12 in

赤い突起の列

20—27 cm
8—10½ in

20—25 cm
8—10 in

10—12 cm
4—4¾ in

リンクコブヒトデ
RED GENERAL STARFISH
Protoreaster lincki
コブヒトデ科
インド太平洋産。幼体は藻類を
削って食べるが、成体になると
ほかの無脊椎動物を襲う。

カワテブクロ
GRANULATED STARFISH
Choriaster granulatus
コブヒトデ科
インド太平洋産の大型種。
粗石の斜面やサンゴ礁に生息する。
浅海で藻類やデトリタスを食べる。

マンジュウヒトデ
INDO-PACIFIC CUSHION STAR
Culcita novaeguineae
コブヒトデ科
インド太平洋産。サンゴを食べる。このヒトデの
仲間は成長するに従って腕が短くなり、
成熟するとずんぐりしたクッション形になる。

15—20 cm
6—8 in

短く丸っこい腕の
先端に硬い棘が
まとまって生える

4—5 cm
1½—2 in

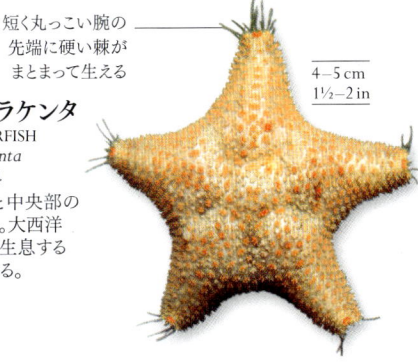

アンセロポダ・プラケンタ
GOOSEFOOT STARFISH
Anseropoda placenta
イトマキヒトデ科
薄く平たいヒトデで、腕と中央部の
境界ははっきりしない。大西洋
東部に分布し、海底に生息する
甲殻類を捕食する。

アステリナ・ギボサ
SMALL CUSHION STAR
Asterina gibbosa
イトマキヒトデ科
腕が短く体色変異の大きい
ヒトデ。アンセロポダ・プラケンタ
と同じ科に属する。大西洋
北東部の岩石海岸で死物を
食べるスカベンジャー。

イコナステル・
ロンギマヌス
ICON STARFISH
Iconaster longimanus
ゴカクヒトデ科
棘皮動物の多くは、発生過程で
幼生期を過ごしてプランクトンの生活をするが、
このインド太平洋産のヒトデには幼生期が
ない。大型の卵黄の多い卵を産む。

脊索動物 CHORDATES

脊索動物は知られている動物の中では3〜4%に過ぎないが、現存する生物としては、最大のもの、最速のもの、最も知性の高いものを含んでいる。ほとんどの脊索動物は骨や軟骨でできた骨格を備えているが、その共通の特徴は、脊索という棒状の構造を備えていることである。脊索は脊椎よりも先に出現した構造である。

化石記録によれば、最初の真の脊索動物は細長い体の小動物で、体長はたった数センチに過ぎなかった。少なくとも5億年前に出現したこの生物は、硬い組織に覆われておらず、ただ硬いが弾力のある脊索を持っていた。脊索は体の前後に伸びており、筋収縮を支える構造として機能した。今日存在する全ての脊索動物はこの特徴を受けついでいるが、一生脊索を保持するものはごく少ない。脊索動物のなかの大きなグループである脊椎動物（魚類、両生類、爬虫類、鳥類、哺乳類）では、脊索は初期胚の時期に存在するだけだ。胚の発生が進むにつれ脊索は消失し、軟骨あるいは骨でできた内骨格で置き換えられる。脊椎動物では椎骨の連なった脊椎が体を支えるのである。

貝殻や外骨格とは異なり、骨性の内骨格は大きさにとんでもなく幅がある。最小の脊椎動物はピードキプリス・プロゲネティカ *Paedocypris progenetica* という淡水魚で、体長は1cmに満たず、重さも微々たるもので、脊索動物最大でありこれまで存在した動物の中でも最大級のシロナガスクジラに比べれば、数十億分の1にもならないだろう。

生活様式

最も単純な脊索動物の1つであるホヤ（尾索動物）は脊椎も脊索もなく、成体は1か所に固着して生活している。脊索動物なのに脊索がないとは変だと思う人もいるかもしれない。実は、プランクトン生活を送るホヤの幼生は脊索をもっているのだ。このことから、人間を含む脊椎動物とホヤは祖先を共有していることがわかる。同じ脊索動物でも、ホヤなどと対照的に、脊椎動物には素早く運動できるものが多い。脊椎動物は神経系が発達し、大きな脳をもち、迅速な反応ができる。また、鳥類や哺乳類、一部の魚類は食物から得たエネルギーを用いて最適な体温を保つことができる。

脊索動物の繁殖様式や子どもの育て方はさまざまである。哺乳類は単孔類のカモノハシとハリモグラを除いてすべて胎生である。それ以外の脊椎動物はほとんどが卵生だ。ただし、鳥類以外のどのグループにも胎生のものが存在する。子どもの数は親による保護の度合いと関係している。魚のなかには数百万もの卵を産むものがいるが、産卵後はほったらかしである。一方、哺乳類や鳥類の産仔・産卵数はずっと少ない。

尾索動物（ホヤなど）
尾索動物亜門には3,000種強が含まれる。幼生には脊索があり、オタマジャクシに似ている。成体は濾過摂食者で、ホヤ類のように固着するタイプが一般的である。

両生類
両生類は8,700種以上からなり、カエル、サンショウウオ、イモリ、アシナシイモリが含まれる。幼生期はほとんどが水中生活をするが、成体になると陸に上がる。

脊椎動物の系統樹

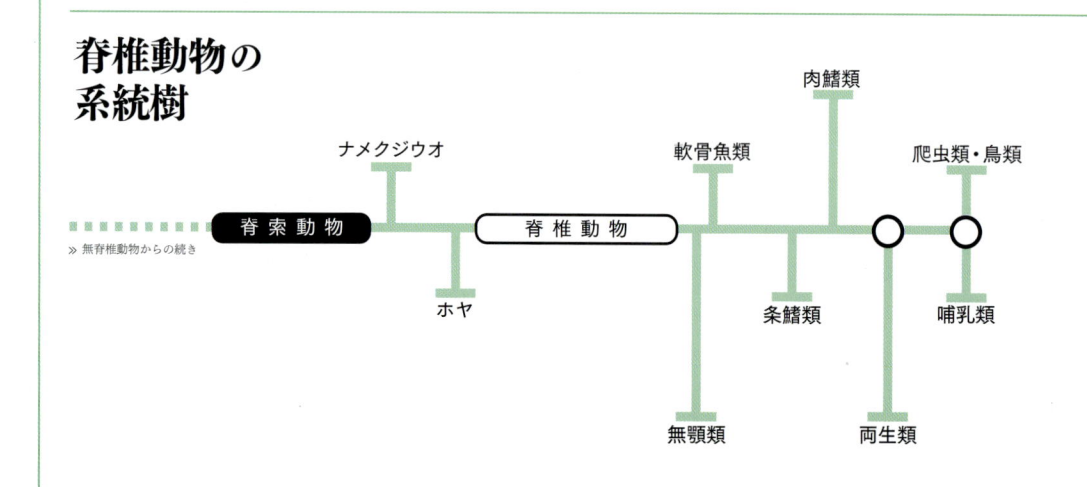

ナメクジウオ　　肉鰭類　　軟骨魚類　　爬虫類・鳥類

脊索動物　　　脊椎動物

» 無脊椎動物からの続き

ホヤ　　　条鰭類　　哺乳類

無顎類　　両生類

頭索動物（ナメクジウオ）
細長い小型の脊索動物で、30 種が含まれる。終生、脊索がある。海底に半分埋まって生活する。

魚類
脊椎動物のなかで最も多様で数の多いグループである。魚類は脊椎動物亜綱の中で多数の異なった綱に分類されるが、それらはしばしば魚上綱にまとめられる。それらの多様性は過去の進化を反映している。全部で 36,000 種以上の現存種が知られている。

爬虫類
12,000 種以上を含む爬虫類は南極大陸を除いて地球上の大陸全てに生息する。鳥類や哺乳類とは異なり変温動物で、体表は鱗に覆われている。

鳥類
現生の動物で羽毛をもつのは鳥類だけである。約 10,000 種が知られているが、近年の研究によれば 18,000 種に及ぶと考えられている。全ての鳥が卵を産み、高度な子育てを行う種が多い。

哺乳類
哺乳類は体表に毛が生えるというわかりやすい特徴をもつ（クジラでも多少の毛は生えている）。脊索動物の中で唯一、母乳で子どもを育てるグループである。6,700種以上が知られている。

魚類 FISH

魚類は脊索動物のなかで最も多様性に富み、小さな水たまりから海の底深くまで、あらゆるタイプの水生環境に生息している。ごくわずかな例外を除いて、鰓呼吸をして水から酸素を取り込んでいる。またほとんどの種が鰭を用いて泳ぐ。

門	脊索動物門
綱	円口綱（ヌタウナギ亜綱、ヤツメウナギ亜綱）
	軟骨魚綱（板鰓亜綱、全頭亜綱）
	硬骨魚綱（条鰭亜綱、肉鰭亜綱）
目	66–81
科	560–588
種	約33,900

イロブダイの体を覆う重なり合った鱗。柔軟な層が体を損傷から守る。

イワシの巨大な群れに突っ込む捕食性のサメ。イワシは互いに身を寄せ合って食われないようにする。

ゴールド・スペックス・ジョーフィッシュ（アゴアマダイの仲間）の父親が、大きく開けた口に卵を詰め込んで保護している。卵が孵化するまで絶食だ。

魚類は単一のグループではなく、実は脊椎動物に属する3綱をひとまとめにしたものだ。そのなかでも、おなじみの条鰭類（硬骨魚類）が最も個体数が多い。魚類のほとんどは外温動物で、体温は周囲の水温と同じになる。ホホジロザメなど、捕食者の頂点に位置する魚には、温かい血液を脳や目、主な筋肉に安定して供給し、極めて冷たい水中でも活発な攻撃が可能なものもいる。ほとんどの魚は鱗やあるいは皮膚に埋めこまれた骨板で体を保護している。泳ぎの速いものでは鱗や骨板は軽量で、すり傷や病気から身を守るだけではなく、体の輪郭を流線型にする役割もある。海底を這ったりうろついたりするものもいるが、ほとんどの魚は鰭を使って泳ぐ。エイは注目すべき例外で、主に尾鰭の動きで推進力を得ているが、一般的には、対になった胸鰭と腹鰭（体の側面と下面にそれぞれついている）で安定性を保って機動性を発揮し、最大3基の背鰭と1基ないし2基の臀鰭がその働きを助ける。魚類には特殊な感覚器があり、自分や別の生物が動いて生じた水の振動を感知し、衝突を巧みに避ける。特に大きな群れで行動するときはそれが顕著だ。この感覚器は体の両側面に線状に配置されていることが多いので、側線器と呼ばれる。ほかの脊索動物と同様に聴覚、触覚、視覚、味覚、嗅覚ももっているが、側線系は魚類特有の感覚器である。

繁殖戦略

6亜綱の繁殖方法はかなり異なっている。条鰭類のほとんどは体外受精を行い、卵と精子を水中に直接放出する。幼魚になるまでに食べられるものも多く、その分、大量に産卵することで補っている。孵化するまで卵を保護するものも少ないが存在する。これとは対照的に、軟骨魚類（サメ、エイ、ギンザメ）はすべて体内受精を行い、卵、あるいはかなり発生の進んだ段階の幼魚を産む。この方式は大量のエネルギーを必要とするので1度に産まれる子の数はごく少ないが、生存確率は高い。無顎類のヤツメウナギでは、卵から孵化した幼生は、何か月も親と異なる姿で餌を食べて過ごし、その後変態して成体型になる。

鮮やかな光景 ＞
アマノガワテンジクダイが大型のイソギンチャクに身を寄せている。素晴らしい体色はアクアリストの人気の的だ。

魚類に属するグループ
6亜綱は、特に骨格と鰓など基本的な構造に差異がある。だが外形については類似点が多く見られる。水中環境で生活するという制約があるためだ。

円口綱（ヤツメウナギ亜綱、ヌタウナギ亜綱）
≫ 326（無顎類）

軟骨魚綱（板鰓亜綱、全頭亜綱）
≫ 327（軟骨魚類）

条鰭亜綱
≫ 334（条鰭類）

肉鰭亜綱（シーラカンス類、ハイギョ類）
≫ 353（肉鰭類）

無顎類　JAWLESS FISH

無顎類には、脊椎動物のほかのグループにはある、関節で開閉できる顎がない。歯は生えているが口は開いたままである。無顎類はかつて繁栄し多様性も高かったが、現生のものはわずかしかいない。

現生の無顎類はヤツメウナギ類とヌタウナギ類の２グループに分かれる。両者の関係についてはいまだ論争が続いている。ヤツメウナギ類の口は丸く、その周辺は円形の吸盤になり、やすり状の歯が同心円状に並ぶ。ヌタウナギ類の口は縦方向のスリット状で、歯は口の周辺ではなく舌にある。ヤツメウナギ類の鰓孔は７対、ヌタウナギ類では１〜16対である。両グループともに円柱状の脊索が体を支え、筋肉の付着する土台となる。ヤツメウナギ類では、筋肉が付着する構造として脊索以外にわずかに軟骨をもつ。

それぞれの生活環

ヌタウナギ類は海で一生を送る。ヤツメウナギ類は世界中の温帯の沿岸海域と淡水に生息し、すべてが淡水で繁殖する。沿岸海域の種は遡河回遊魚であり、サケのように海から川を遡って卵を産み、その後死ぬ。卵から孵化したミミズのような

アンモシーテス幼生は、泥の中に潜って生活しデトリタスを食べる。遡河回遊種の幼生は約３年後に成魚に変態し、降海して海で数年間を過ごす。淡水産の種は川や湖で生活し、繁殖もそこで行う。ヌタウナギ類は海底で産卵する。

寄生性、非寄生性、腐肉食性

ヤツメウナギ類には悪名高い寄生性のものがいる。成体は自分より大きな魚の横腹に口の吸盤で吸いつき、皮膚を削り肉を食べ血液をすする。網にかかった魚や養殖場の魚を殺したり傷つけたりもするので、漁師にとっては迷惑な存在にもなる。だが、特に淡水産のヤツメウナギ類には、非寄生性で小さな無脊椎動物しか食べないものが多い。口の吸盤は獲物に食らいつく以外の用途でも役に立つ。流れに逆らって川を遡る時に岩にへばりついて一休みしたり、川床に巣穴を掘る時に小石をどけたりするのに使える。

ヌタウナギ類は海底の泥に掘った穴に潜り、夜になると出てきて摂食する。獲物は無脊椎動物で、生きものだけではなく死体も食べる。クジラや魚の腐乱死体から肉片をこそげ取って食べることもある。襲われると大量の粘液を分泌する。鰓に粘液が詰まった捕食者は攻撃を思いとどまる。

門	脊索動物門
上綱　無顎上綱	綱　円口綱
（ヤツメウナギ亜綱、ヌタウナギ亜綱）	
目	2
科	4
種	128

論 点
ヤツメウナギとヌタウナギの関係

脊椎動物のなかで、顎のある有顎類（顎口類）に対し、ヤツメウナギ類とヌタウナギ類は円口類（無顎類）としてまとめられる。この分け方は以前からあったものだが、一時期、比較形態学的解析や初期の分子系統学的研究により、ヤツメウナギ類はヌタウナギよりも顎口類に近く、脊椎をもたないヌタウナギ類は脊椎動物のなかで最も祖先的だと考えられたこともあった。2010 年頃から行われたマイクロ RNA の解析により、ヤツメウナギ類とヌタウナギ類は近縁なグループであるという強力な証拠が得られている。

1.2 m / 4 ft

ヤツメウナギ類とヌタウナギ類　LAMPREYS AND HAGFISH

無顎類は現世ではヤツメウナギ亜綱とヌタウナギ亜綱の２綱だけのグループである。どちらもウナギのような体型で、顎がなく、脊索をもつという特徴を共有するが、解剖学的には相違点が多い。ヤツメウナギ類の生活史には長期にわたる幼生期が含まれ、幼生は淡水で生活する。一方、ヌタウナギ類は海底で産卵し、孵化した時から成体と同じ形態である。

シーランプレイ
SEA LAMPREY
Petromyzon marinus
ヤツメウナギ科
寄生性で、北大西洋ではサケがしばしば餌食にされる。獲物にしっかり吸いついて離れず、肉を削って食べる。

16 cm
6½ in

第1背鰭

1 m
3¼ ft

ブルックランプレイ
BROOK LAMPREY
Lampetra planeri
ヤツメウナギ科
ヨーロッパ北部の普通種で、幼生も成体も河川に生息する。変態して成体になると餌を食べるのをやめ、もてるエネルギー全てを産卵に注ぎ込み、その後、死ぬ。

鰓孔

ミツバヤツメ
PACIFIC LAMPREY
Entosphenus tridentatus
ヤツメウナギ科
陸封型の個体群がいくつか含まれる。海に生息するものは、魚類やマッコウクジラに取りついて血を吸い肉を削りとって食べる。

76 cm
30 in

やすりのような歯が並ぶ吸盤状の口

後ろ向きに生えた歯が何列も並ぶ

40 cm
16 in

体に結び目をつくることがある

ミキシン・グルティノサ（ホソヌタウナギの一種）
ATLANTIC HAGFISH
Myxine glutinosa
ヌタウナギ科
ヌタウナギ類は嗅覚と口鬚で食物を探す。自分の体に結び目をつくり、そこを支点として獲物の体内に入ったり、結び目をスライドさせて防御用の粘液を体からこそげ落としたりする。本種は大西洋北部と地中海に分布する。

尾は先細りで、最後は糸のように細くなる

1.5 m
5 ft

軟骨魚類 CARTILAGINOUS FISH

軟骨魚類には、脊椎動物のほかのほとんどのグループにある硬骨がなく、骨格は軟骨性である。大半が捕食者で、鋭い感覚を有している。

軟骨魚類に属するのはサメ類とエイ類、そしてギンザメ類だが、ギンザメ類には解剖学的にサメ類やエイ類とははっきり異なる特徴がある。ギンザメ類では上顎は頭蓋に融合し、独立して動かすことはできない。また、歯は一生成長し続ける。これに対し、サメ類やエイ類では硬いエナメル質で覆われた歯は定期的に抜け落ち、使用中の歯列の後ろに控えていた新しい歯に置換される。この特徴も一役かって、サメ類は地球上でほぼ最強の手強い捕食者となっている。サメ類とエイ類、ギンザメ類の皮膚は、いずれも皮歯と呼ばれる歯のような鱗で保護されている。

獲物の探索

ほとんどの軟骨魚類は海洋を生活の場としている。エイ類の大半は海底で暮らし、サメ類の中でも大型の捕食者は外洋を泳ぎ回っている。オオメジロザメなど河口に入って川を遡るサメ類も100種以上いる。一生を川で過ごす種も数種存在する。外洋性の軟骨魚類は常に泳ぎ続けている。硬骨魚類とは違い、ガスで満たされた浮袋がなく浮力を調節することができないので、泳ぐのをやめると沈んでしまう恐れもある。ジンベエザメなど水面近くで捕食する種では、肝臓に油分が多く含まれ、沈むのを防いでいる。捕食性のサメは、血の臭いを嗅ぎつけて傷ついた魚や哺乳類を目がけて行くという驚くべき能力で有名だ。このほか、生体の周囲の弱い電場を感知する能力もある。ほかにもこの能力をもつ動物はいるが、軟骨魚類では特に著しく発達している。

繁殖

軟骨魚類は全て交尾して体内受精をする。ギンザメ全種と、小型サメ類やエイ類の多くは卵を産む。卵は1つ1つが丈夫な卵嚢に包まれていて、「人魚の財布」などと呼ばれたりする。一方、よく発達した状態の子どもを産むサメ類やエイ類も多い。胎児は子宮内で育ち、卵黄からあるいは胎盤を介して母親から栄養分を供給される。哺乳類とは異なり、子どもは生まれた時から自立して生活し、母親も父親も子どもの世話はせず興味を示すこともない。

門	脊索動物門
綱	軟骨魚綱
亜綱	板鰓亜綱、全頭亜綱
目	14-17
科	57
種	1,338

歯列をむき出しにしたホホジロザメ *Carcharodon carcharias* (p.330)。一生を通じて歯が生え続け、手強い捕食者として恐れられている。

ギンザメ類 CHIMAERAS

歯が融合して板状になっているため、rabbitfish（ウサギのような魚）とも呼ばれる。全頭亜綱はギンザメ目だけで約56種が含まれる。背鰭は2基で、第1背鰭の前方には有毒の棘があって身を守っている。

テングギンザメ
PACIFIC SPOOKFISH
Rhinochimaera pacifica
テングギンザメ科
円錐状に突出した長い吻は感覚孔で覆われ、獲物の発する電場を感知する。

1.3 m
4¼ ft

大きな目は深海の暗い水中でもよく見える

ホワイトスポッテッドラットフィッシュ
SPOTTED RATFISH
Hydrolagus colliei
ギンザメ科
太平洋北東部に分布。ほかのギンザメの多くと同じく、大きな胸鰭をはためかせながら滑るように泳ぎ、獲物を探す。

1.3 m
4¼ ft

ゾウギンザメ
ELEPHANT FISH CHIMAERA
Callorhinchus milii
ゾウギンザメ科
肉質の長い吻をすきのように用いて、海底の泥から貝類を掘り出す。オーストラリア南部とニュージーランドの近海に生息。

アトランティックラットフィッシュ
RATFISH
Chimaera monstrosa　ギンザメ科
地中海と大西洋東部に分布。通常300m以上の深度で生活する。小さな群れで泳ぎ、海底の無脊椎動物を探す。

胸鰭をはためかせて泳ぐ

カグラザメ類 SIX-AND-SEVEN-GILL SHARKS

ほとんどのサメは鰓裂が5対だが、カグラザメ目のサメには6～7対の鰓裂がある。6種が知られており全て深海性である。6種のうち2種は、細長いウナギ形の体型のラブカ類である。近年、ラブカ類はラブカ目としてカグラザメ目から分けられた。

5.5 m
18 ft

カグラザメ
BLUNTNOSE SIXGILL SHARK
Hexanchus griseus　カグラザメ科
世界中どこでも、海中にある岩山には、この巨大な緑色の目をしたサメがうろついている。重さは最大で600kgにもなる。

2 m
6½ ft

ラブカ
FRILLED SHARK
Chlamydoselachus anguineus
ラブカ科
散発する記録から、このサメは世界中に分布していることが示唆される。白く輝く歯は獲物の魚やイカをひきつけるのに役立っているかもしれない。

ツノザメとその仲間 DOGFISH SHARKS AND RELATIVES

ツノザメ目は大きく多様性に富んだ目である。アイザメ類、カラスザメ類、オンデンザメ類、オロシザメ類、ヨロイザメ類など、少なくとも143種を含む。いずれも背鰭は2基で、臀鰭はない。これまで研究されたものは全て胎生である。

1.5 m
5 ft

アブラツノザメ
PIKED DOGFISH
Squalus acanthias ツノザメ科
世界中の温帯海域に分布する。かつては豊富にいたが乱獲のため現在では絶滅の危機に瀕している。100歳まで生き、成長も繁殖もたいへんゆっくりしている。

56 cm
22 in

ダルマザメ
COOKIECUTTER SHARK
Isistius brasiliensis
ヨロイザメ科
熱帯に広く分布し、イルカや大型魚類に外部寄生する。分厚い唇で体表に吸いついて体をひねり、クッキーのように肉を丸くくり抜いて食べる。

45 cm
18 in

エトモプテルス・スピナックス
VELVET BELLY LANTERN SHARK
Etmopterus spinax カラスザメ科
大西洋西部の深海に生息する。腹面に小さな発光器官が複数あり、交尾の相手を探すのに役立つ。

2.4–4.3 m
8–14 ft

ニシオンデンザメ
GREENLAND SHARK
Somniosus microcephalus
オンデンザメ科
北極海域に生息する数少ないサメの一種。ゆったりと泳ぐ巨大なサメで、溺れ死んだ陸生動物の死体を食べることがよくある。

粗い皮膚

帆のような背鰭にある棘

1.5 m
5 ft

アングラー・ラフシャーク（ウーマンティン）
ANGULAR ROUGHSHARK
Oxynotus centrina オロシザメ科
帆のような背鰭が2基あり、皮膚が粗い。大西洋東部の深海に生息する。

テンジクザメ類 CARPET SHARKS

テンジクザメ目には約46種が含まれる。背鰭は2基、臀鰭は1基で、吻からは鼻弁というひげのような感覚器官が生える。ジンベエザメ以外の種は海底で静かに暮らし、魚や無脊椎動物を食べている。

白い斑点

吻の先端に口が開く

ジンベエザメ
WHALE SHARK
Rhincodon typus
ジンベエザメ科
既知の魚類では最大の種。熱帯海域を巡航しながらプランクトンや小魚を食べる。斑点のパターンは個体により異なっている。

12–20 m
40–65 ft

1.1 m
3½ ft

モンツキテンジクザメ
EPAULETTE CATSHARK
Hemiscyllium ocellatum テンジクザメ科
大きな斑点模様には捕食者を驚かす効果があるのかもしれない。尾が長いサメで、鰭を使ってサンゴに這い登る。太平洋南部に生息する。

アラフラオオセ
TASSELLED WOBBEGONG
Eucrossorhinus dasypogon
オオセ科
サンゴ礁に生息。皮膚がフリンジ状に垂れ下がった体つき、かつ模様によるカムフラージュ効果とで、なかなか見つけられない。太平洋南西部に分布する。

1.2 m
4 ft

枝分かれをして垂れ下がった皮弁

コモリザメ
NURSE SHARK
Ginglymostoma cirratum
コモリザメ科
昼間は岩の割れ目に隠れ、夜になると出没して狩りをする。大西洋と太平洋東部の暖かい沿岸海域に生息する。

3m/10ft

ノコギリザメ類 SAWSHARKS

平たい頭部の側面に鰓孔が開き、長く伸びた吻部の下面と縁にはのこぎりの歯のような棘が並んでいる。吻からは2本の長いひげが生える。このひげは感覚器官で、海底に埋まった餌を探し出すのに役立つ。9種が含まれるが、そのほとんどは熱帯海域に生息している。

ミナミノコギリザメ
LONGNOSE SAWSHARK
Pristiophorus cirratus
ノコギリザメ科
オーストラリア南部の砂質の海底に生息する。吻を用いて獲物を殺すだけではなく捕食者を威嚇することもある。

1.4 m
4½ ft

ネコザメ類 BULLHEAD SHARKS

ネコザメ目は小型で底生のサメで、胸鰭がかいのような形をしている。頭部は丸味を帯びて傾斜し、硬いものをかみ砕く歯がある。2基の背鰭にはそれぞれ前方に鋭い棘がある。独特のらせん状の卵を産む。

棘

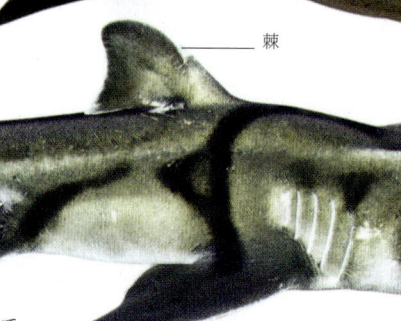

1.7 m
5½ ft

ポートジャクソンネコザメ
PORT JACKSON SHARK
Heterodontus portusjacksoni ネコザメ科
オーストラリア南部に分布。かいのような胸鰭を用いて海底を這うように泳ぎ、ウニを探して食べる。

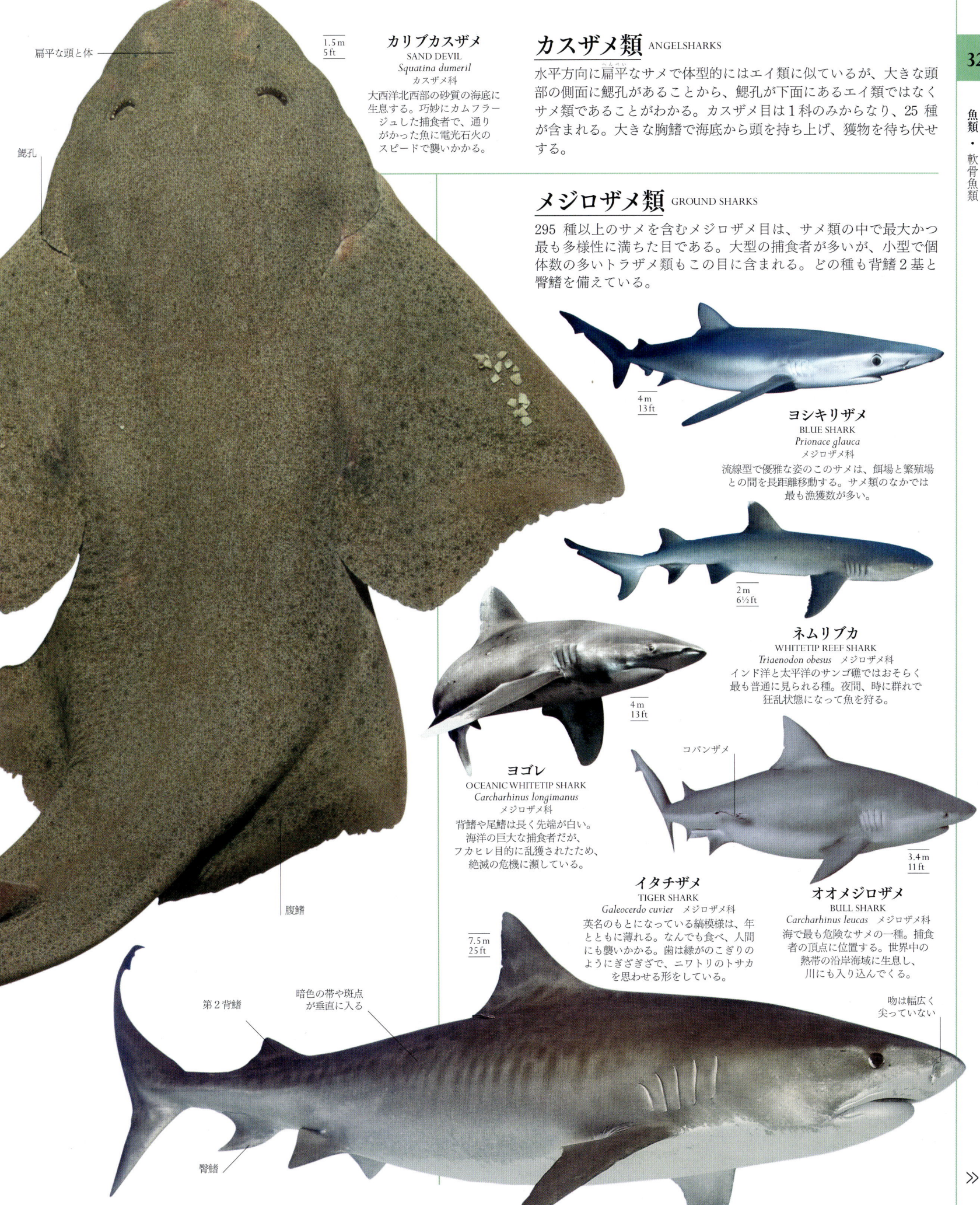

カリブカスザメ
SAND DEVIL
Squatina dumeril カスザメ科
大西洋北西部の砂質の海底に生息する。巧妙にカムフラージュした捕食者で、通りがかった魚に電光石火のスピードで襲いかかる。

扁平な頭と体

鰓孔

腹鰭

1.5 m
5 ft

カスザメ類 ANGELSHARKS

水平方向に扁平なサメで体型的にはエイ類に似ているが、大きな頭部の側面に鰓孔があることから、鰓孔が下面にあるエイ類ではなくサメ類であることがわかる。カスザメ目は1科のみからなり、25種が含まれる。大きな胸鰭で海底から頭を持ち上げ、獲物を待ち伏せする。

メジロザメ類 GROUND SHARKS

295種以上のサメを含むメジロザメ目は、サメ類の中で最大かつ最も多様性に満ちた目である。大型の捕食者が多いが、小型で個体数の多いトラザメ類もこの目に含まれる。どの種も背鰭2基と臀鰭を備えている。

ヨシキリザメ
BLUE SHARK
Prionace glauca
メジロザメ科
流線型で優雅な姿のこのサメは、餌場と繁殖場との間を長距離移動する。サメ類のなかでは最も漁獲数が多い。

4 m
13 ft

ネムリブカ
WHITETIP REEF SHARK
Triaenodon obesus メジロザメ科
インド洋と太平洋のサンゴ礁ではおそらく最も普通に見られる種。夜間、時に群れで狂乱状態になって魚を狩る。

2 m
6½ ft

ヨゴレ
OCEANIC WHITETIP SHARK
Carcharhinus longimanus
メジロザメ科
背鰭や尾鰭は長く先端が白い。海洋の巨大な捕食者だが、フカヒレ目的に乱獲されたため、絶滅の危機に瀕している。

4 m
13 ft

コバンザメ

オオメジロザメ
BULL SHARK
Carcharhinus leucas メジロザメ科
海で最も危険なサメの一種。捕食者の頂点に位置する。世界中の熱帯の沿岸海域に生息し、川にも入り込んでくる。

3.4 m
11 ft

イタチザメ
TIGER SHARK
Galeocerdo cuvier メジロザメ科
英名のもとになっている縞模様は、年とともに薄れる。なんでも食べ、人間にも襲いかかる。歯は縁がのこぎりのようにぎざぎざで、ニワトリのトサカを思わせる形をしている。

7.5 m
25 ft

第2背鰭

暗色の帯や斑点が垂直に入る

臀鰭

吻は幅広く尖っていない

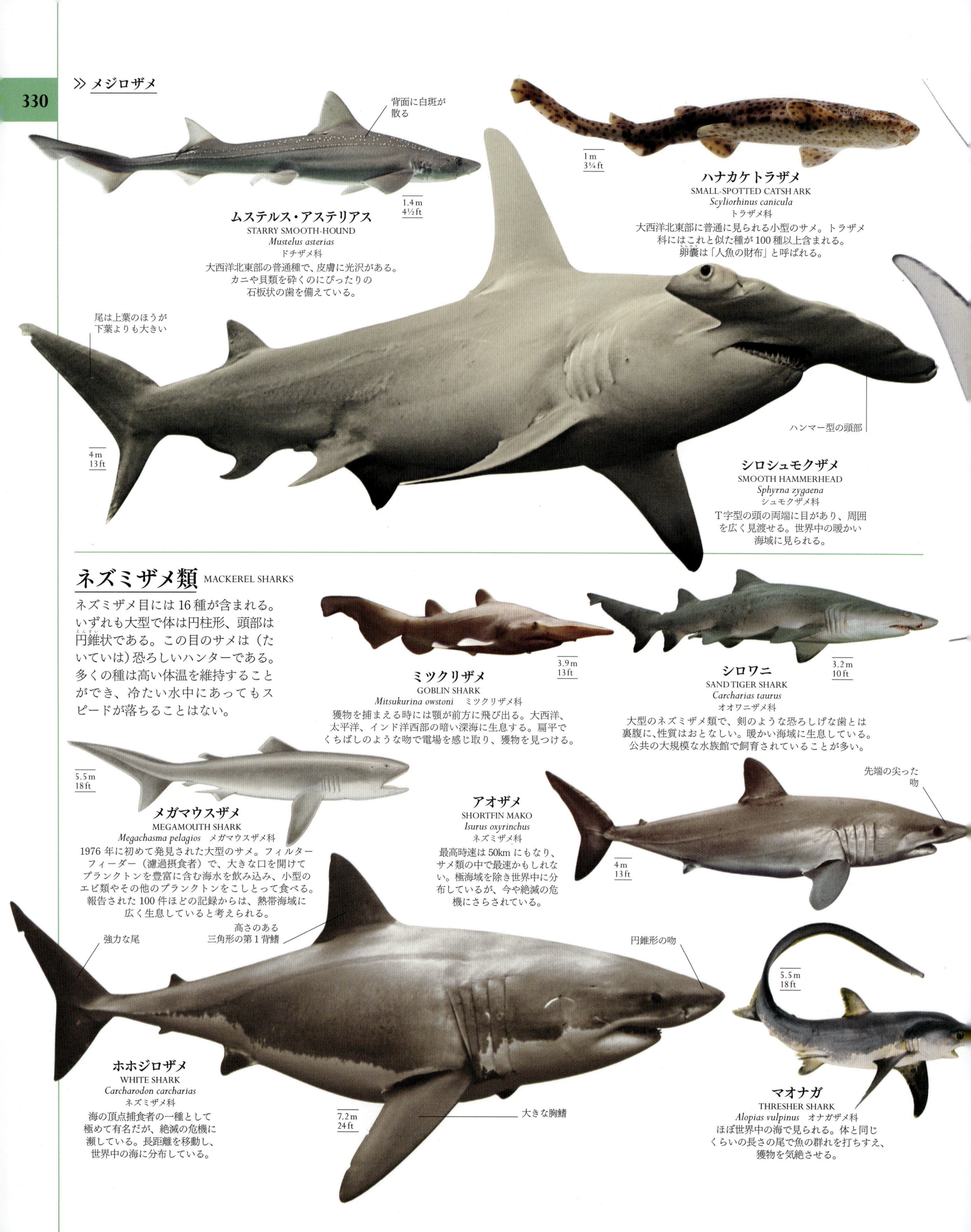

背面に白斑が
散る

ムステルス・アステリアス
STARRY SMOOTH-HOUND
Mustelus asterias
ドチザメ科
大西洋北東部の普通種で、皮膚に光沢がある。
カニや貝類を砕くのにぴったりの
石板状の歯を備えている。

尾は上葉のほうが
下葉よりも大きい

4 m
13 ft

1 m
3¼ ft

ハナカケトラザメ
SMALL-SPOTTED CATSH ARK
Scyliorhinus canicula
トラザメ科
大西洋北東部に普通に見られる小型のサメ。トラザメ
科にはこれと似た種が100種以上含まれる。
卵嚢は「人魚の財布」と呼ばれる。

ハンマー型の頭部

シロシュモクザメ
SMOOTH HAMMERHEAD
Sphyrna zygaena
シュモクザメ科
T字型の頭の両端に目があり、周囲
を広く見渡せる。世界中の暖かい
海域に見られる。

ネズミザメ類 MACKEREL SHARKS

ネズミザメ目には16種が含まれる。
いずれも大型で体は円柱形、頭部は
円錐状である。この目のサメは（たいていは）恐ろしいハンターである。
多くの種は高い体温を維持すること
ができ、冷たい水中にあってもスピードが落ちることはない。

3.9 m
13 ft

ミツクリザメ
GOBLIN SHARK
Mitsukurina owstoni ミツクリザメ科
獲物を捕まえる時には顎が前方に飛び出る。大西洋、
太平洋、インド洋西部の暗い深海に生息する。扁平で
くちばしのような吻で電場を感じ取り、獲物を見つける。

3.2 m
10 ft

シロワニ
SAND TIGER SHARK
Carcharias taurus
オオワニザメ科
大型のネズミザメ類で、剣のような恐ろしげな歯とは
裏腹に、性質はおとなしい。暖かい海域に生息している。
公共の大規模な水族館で飼育されていることが多い。

5.5 m
18 ft

メガマウスザメ
MEGAMOUTH SHARK
Megachasma pelagios メガマウスザメ科
1976年に初めて発見された大型のサメ。フィルター
フィーダー（濾過摂食者）で、大きな口を開けて
プランクトンを豊富に含む海水を飲み込み、小型の
エビ類やその他のプランクトンをこしとって食べる。
報告された100件ほどの記録からは、熱帯海域に
広く生息していると考えられる。

アオザメ
SHORTFIN MAKO
Isurus oxyrinchus
ネズミザメ科
最高時速は50kmにもなり、
サメ類の中で最速かもしれな
い。極海域を除き世界中に分
布しているが、今や絶滅の危
機にさらされている。

先端の尖った
吻

4 m
13 ft

強力な尾

高さのある
三角形の第1背鰭

円錐形の吻

ホホジロザメ
WHITE SHARK
Carcharodon carcharias
ネズミザメ科
海の頂点捕食者の一種として
極めて有名だが、絶滅の危機に
瀕している。長距離を移動し、
世界中の海に分布している。

7.2 m
24 ft

大きな胸鰭

5.5 m
18 ft

マオナガ
THRESHER SHARK
Alopias vulpinus オナガザメ科
ほぼ世界中の海で見られる。体と同じ
くらいの長さの尾で魚の群れを打ちすえ、
獲物を気絶させる。

ガンギエイ類とトビエイ類 RAYS AND STINGRAYS

たいていのガンギエイ目とトビエイ目は海底で生活しているが、翼のような胸鰭をはためかせて泳ぐこともできる。横幅のある平たい体はこのような生活にぴったりだ。トビエイ類は細長く伸びる尾に有毒の棘があり、これで身を守る。一部のトビエイ類は常時あるいはほとんどの時間、泳いでいる。またトビエイ類のなかには淡水で見られるものも数種いる。

体と同じくらいの長さの尾

1.4 m
4½ ft

90 cm
35 in

90 cm
35 in

茶色がかった背面

2.9 m
9½ ft

胸鰭

コモンスティングレイ
COMMON STINGRAY
Dasyatis pastinaca
アカエイ科
エイの多くは熱帯に棲むが、本種は地中海からヨーロッパ北部まで分布し、沿岸部の堆積物の上で生活する。

リボンテールド スティングレイ
BLUE-SPOTTED RIBBONTAIL RAY
Taeniura lymma アカエイ科
インド洋と太平洋西部のサンゴ礁に普通に見られる。尾に有毒な棘がある。尾の棘は1本なのが普通だが、2本の個体もいる。

ソーンバックレイ
THORNBACK RAY
Raja clavata
ガンギエイ科
ヨーロッパで普通に見られるガンギエイ類。背筋に沿ってカギ爪のような形をした独特の棘が並んでいる。

コモンスケイト
BLUE SKATE
Dipturus flossada
ガンギエイ科
ヨーロッパ産の大型ガンギエイ類。極めてよく似た2種のうちの1種。*Dipturus batis* とされることもある。吻が長く尖り、下面が青いのが特徴である。

先の尖った巨大な「翼」

オニイトマキエイ／ナンヨウマンタ
GIANT MANTA RAY / REEF MANTA RAY
Mobula birostris / Mobula alfredi トビエイ科
エイ類のなかで最大の2種。熱帯産のフィルターフィーダー（濾過摂食者）で、頭部にある角状の突起（頭鰭）を用いて海水と一緒にプランクトンを口に取り込み、濾し取って食べる。

ラウンドスティングレイ
HALLER'S ROUND RAY
Urobatis halleri
ウロトリゴン科
浅く平らな砂地にいることが多く、毒針があるので海水浴客にとって危険である。カリフォルニアからパナマにかけて沿岸域に生息する。

58 cm
23 in

頭部の角状突起（頭鰭）

3.3 m
11 ft

4 m
13 ft

マダラトビエイ
SPOTTED EAGLE RAY
Aetobatus narinari
トビエイ科
熱帯産のエイ。吻を用いて砂中の貝類を掘り出す。胸鰭を翼のようにはためかせて優雅に泳ぐ。

ギムヌラ・アルタヴェラ
SPINY BUTTERFLY RAY
Gymnura altavela
ツバクロエイ科
大西洋の暖かい海域に分布。海底の上を滑るように泳ぎ、無脊椎動物や魚類を探す。

ノコギリエイ類とサカタザメ類 SAWFISH AND GUITARFISH

ノコギリエイ類とサカタザメ類は海底やその近くで生活し獲物を狩る。どちらも体が扁平だが、尾を動かして泳ぐ。ノコギリエイ類には長く伸びた頑丈な吻があり、その左右両側にはノコギリの歯のような棘が並ぶ。棘の大きさはほぼ同じである。外見的にノコギリザメ類によく似ているが、ノコギリエイ類の鰓孔は頭部の下面にある。近年の研究により、ノコギリエイ類7種とサカタザメ類はノコギリエイ目としてまとめられた。

タイセイヨウサカタザメ
ATLANTIC GUITARFISH
Pseudobatos lentiginosus
サカタザメ科
シャベル状の吻を用いて砂中から貝類やカニを掘り出す。主にメキシコ湾で見られるが、近年は個体数が減少し続けている。

75 cm
30 in

スモールトゥース ソーフィッシュ
SMALLTOOTH SAWFISH
Pristis pectinata
ノコギリエイ科
希少種であり個体数は減少中である。暖かい沿岸海域に生息し、のこぎりを用いて魚の群れに襲いかかったり、海底から無脊椎動物を掘り起こしたりする。

7.6 m
25 ft

シビレエイ類 ELECTRIC RAYS

シビレエイ目の胸鰭には特殊な発電器官があり、獲物を気絶させ捕食者を撃退する。体は円板状で、強力な尾鰭をもつ。

1 m
3¼ ft

マーブルドレイ
MARBLED ELECTRIC RAY
Torpedo marmorata
ヤマトシビレエイ科
最大200ボルトの電圧を発生し、海底にいる魚を気絶させて襲う。生まれたばかりの個体にも発電能力が備わっている。

リボンテールドスティングレイ
BLUE-SPOTTED RIBBONTAIL RAY *Taeniura lymma*

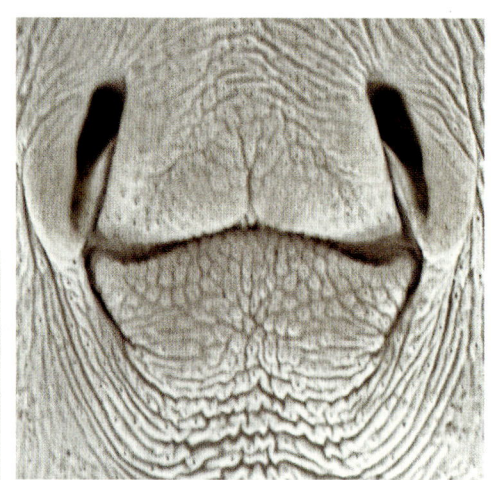

アカエイ類は尾に有毒な棘があるので悪評高い。尾ではたかれると手痛い傷を負う恐れがあり、あまりないことだが悪条件が重なった場合は、致命傷になりかねない。だが、リボンテールドスティングレイを含め、アカエイ類の棘はあくまで自分の身を守るためのものだ。リボンテールドスティングレイは、サンゴ礁の間に散在する砂地で、張り出したサンゴの下にじっと身を潜めて過ごしていることが多い。縁の青い尾がはみ出しているのをダイバーによく目撃される。驚くと、翼のような胸鰭をはためかせて泳ぎ去ってしまう。最も観察しやすいのは上げ潮のときで、海岸近くの浅瀬に無脊椎動物を食べに出てくる。

全 長	70-90cm（尾を含む）
生息地	サンゴ礁の砂地
分 布	インド洋、西太平洋
食 性	貝類、カニ、エビ、環形動物など

< 口
口は下面にあり、砂の下に隠れている貝類やカニを探し当てて食べる。口内にある2枚の板状の部分に小さな歯があり、これで獲物の殻を砕いて食べる。

腹鰭 >
この写真の個体は雌で、下面にある腹鰭の間に泌尿生殖器の開口部が見える。交尾後、雌は1年間の妊娠期間を経て最大7個体の子を産む。

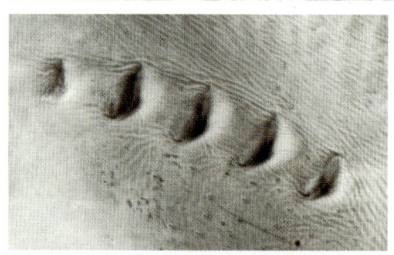

< 鰓孔
鰓を通った水は下面にある鰓孔から出ていく。

∨ 目の後ろの噴水孔
頭部の上部、目の後ろにある呼吸孔から海水を吸い込み、下面にある鰓孔から出す。噴水孔は上のほうについているので、砂が入り込みにくい。

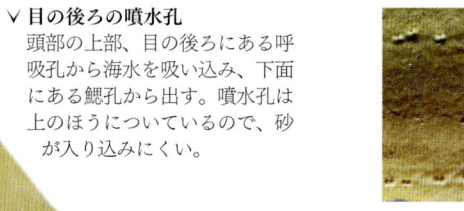

< 背中に並ぶ棘
皮膚は比較的滑らかだが、細かい棘が2列になって背筋を走る。そのほかの部分にも棘が散在している。

∧ 武装した尾
尾には、かえしのついた棘が1本ないし2本ある。攻撃されたり踏まれたりすると、この棘で相手を傷つけかつ毒を注入する。

目の後ろの噴水孔

棘の生えた尾

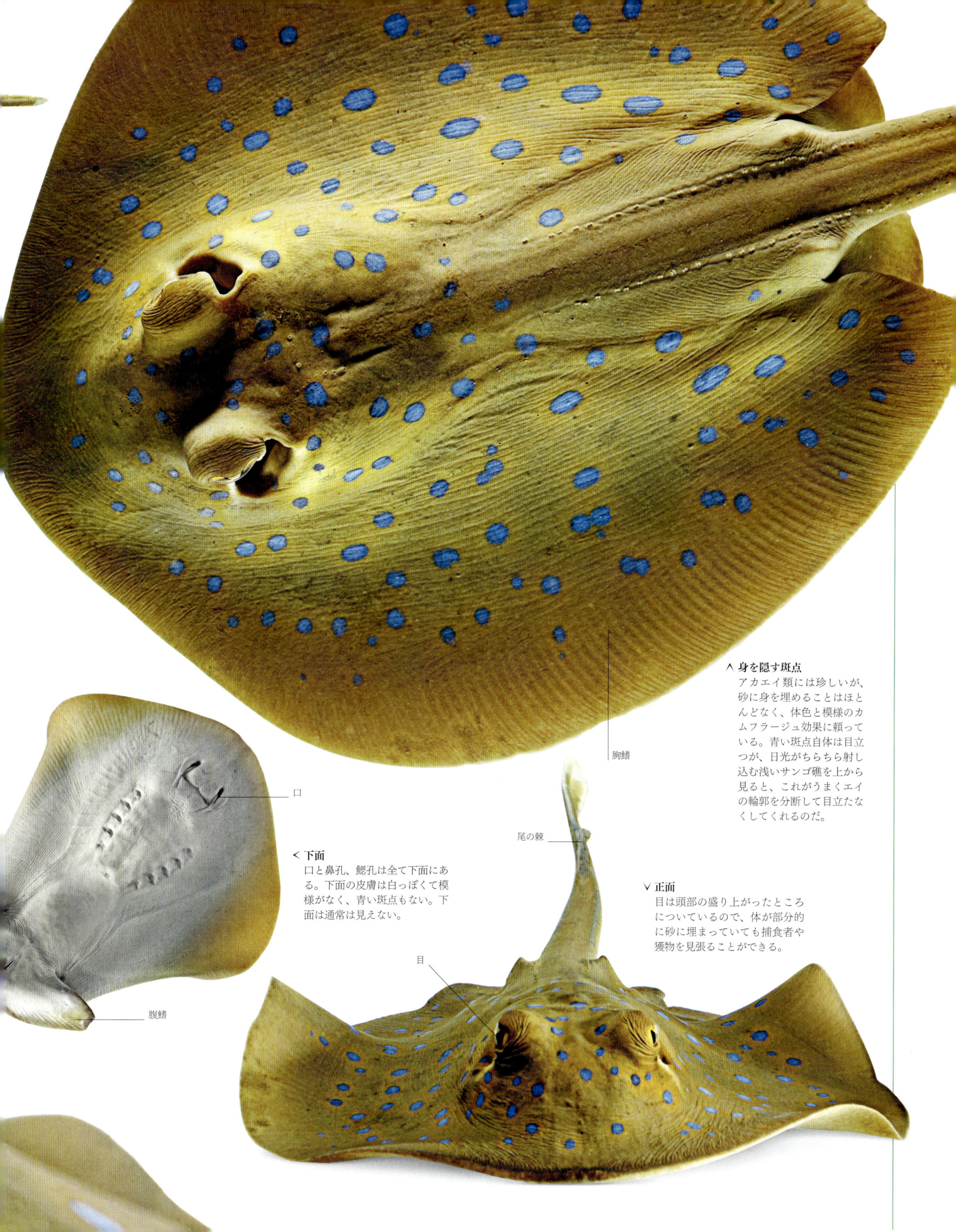

∧ **身を隠す斑点**
アカエイ類には珍しいが、砂に身を埋めることはほとんどなく、体色と模様のカムフラージュ効果に頼っている。青い斑点自体は目立つが、日光がちらちら射し込む浅いサンゴ礁を上から見ると、これがうまくエイの輪郭を分断して目立たなくしてくれるのだ。

胸鰭

口

腹鰭

尾の棘

< **下面**
口と鼻孔、鰓孔は全て下面にある。下面の皮膚は白っぽくて模様がなく、青い斑点もない。下面は通常は見えない。

∨ **正面**
目は頭部の盛り上がったところについているので、体が部分的に砂に埋まっていても捕食者や獲物を見張ることができる。

目

条鰭類 RAY-FINNED FISH

条鰭類は石灰化した硬骨の骨格をもつ魚類である。鰭は扇の骨のような多数の鰭条で支えられている。鰭条には節のある軟条と、節のない棘条とがある。

条鰭類は軟骨魚類よりも遥かに精密な泳ぎができる。可動性が高く融通の利く鰭を駆使して、ホバリングをしたりブレーキをかけたりする。後ろ向きに泳ぐことさえできる。鰭自体はきゃしゃで柔軟だったり、硬い棘のようだったりする。鰭には防衛やディスプレイ、カムフラージュなど、泳ぎ以外にも重要な用途があることが多い。

底生や深海生の種を除き、条鰭類の多くは気体の詰まった浮袋（鰾）を利用して浮力を得ている。浮袋（鰾）の気体は血流から供給されており、気体の量を増やしたり減らしたりすれば、深度に合わせて浮力を調節することもできる。

多様な適応

条鰭類は魚類の大半を占め、極小のハゼから巨大なマンボウまで、極めて多様性に富んでいる。生息環境も多様であり、熱帯のサンゴ礁、南極の棚氷の下、深い海の底、砂漠の浅い水たまりなど、ありとあらゆる水中のニッチに進出している。食性には植物食性、動物食性、腐肉食性があり、巧妙な狩りの手段や防衛戦略が数多く見られる。異種同士が協力する例も知られている。

膨大な数の卵

ほとんどの条鰭類は体外受精であり、水中に産卵・放精する。産卵数が比較的少なく、親が世話をする場合もある。例えばアゴアマダイ類やカワスズメ類のなかには、卵を口に含んで保護するものが数種知られている。またトゲウオ類やベラ類の多くは海藻やくずで巣を作る。卵の保護に多大な精力を注ぎ、ダイバーでさえ近寄らせないほど激しく防衛する種もいる。

だがしかし、条鰭類の大半は膨大な数の卵を産む。海を漂う何百万個という卵や幼生は、水中で暮らすほかの生物たちにとって重要な食物資源となるが、生き延びたものは流れ流れて種の分布拡大に寄与するのだ。このような生殖方法をとる魚の個体群は、乱獲に対してそれほど脆弱ではない。漁獲が停止されれば個体数は回復できるからだ。だが、タイセイヨウマダラのように繁殖力の旺盛な種でさえ、高い漁獲量がずっと続いたならば、いつかは屈してしまうだろう。

門	脊索動物門
綱	条鰭亜綱
目	47-59
科	495-523
種	約32,400

ゴールデンバタフライフィッシュ（*Chaetodon semilarvatus*）のペア。連れだって泳ぎ、サンゴ礁のなわばりをパトロールしている。

チョウザメとその仲間 STURGEONS AND RELATIVES

チョウザメ目には28種が含まれる。海生種を含むのはチョウザメ科だけである。頭骨と一部の鰭を支持する骨は硬骨性だが、それ以外の骨格は軟骨性である。外形はサメに似ており、尾鰭はサメと同様に上下が非対称で上葉のほうが長い。

ヘラチョウザメ
AMERICAN PADDLEFISH
Polyodon spathula
ヘラチョウザメ科
北アメリカの湿地に生息する。上顎がへら状に長く伸びる。淡水でプランクトンを濾し取って食べる数少ない魚類の1種。

1.8 m
6 ft

硬鱗

骨化した平たい頭部

ニシチョウザメ
EUROPEAN STURGEON
Acipenser sturio
チョウザメ科
硬鱗が並んで体を保護している。絶滅の危機に瀕している。キャビアを採るために珍重された。沿岸海域に生息するが、川に上って繁殖する。

3.5 m
11 ft

敏感な触鬚で獲物を探り当てる

ガー類 GARS

ガー目は原始的な魚で、北アメリカの淡水に生息する捕食者である。体は細長い円筒状で、密に接した鱗が体を保護している。長い顎には針のような歯が生えている。

ロングノーズガー
LONGNOSE GAR
Lepisosteus osseus
ガー科
有能な捕食者で、細長い体で水草の陰にじっと潜み、突進して獲物を捕まえる。

1.8 m
6 ft

ターポン類とカライワシ類 TARPONS AND TENPOUNDERS

カライワシ目は小さなグループである。体には光沢があり、背鰭は1基のみで尾鰭は二股に分かれている。喉に特殊な喉板（gular plate）という骨がある。全て海産だが、河口から川を遡る種もいる。

ターポン
TARPON
Megalops atlanticus
イセゴイ科
大西洋沿岸域に見られ、川に入り込むこともある。淀んだ水中では水面に顔を出して空気を飲み込み、浮袋を原始的な肺として用いる。

2.5 m
8¼ ft

タイセイヨウカライワシ
LADYFISH
Elops saurus
カライワシ科
西部大西洋の海岸付近に生息し、大きな群れで移動する。驚くと空中に跳ね上がる。

1 m
3¼ ft

アロワナとピラルクとその仲間
BONYTONGUES AND RELATIVES

アロワナ目は Bonytongue という英名から示唆されるように、舌と口蓋に鋭い歯が多数生えている。この歯は獲物を捕まえて逃げないようにするのに役立つ。全て淡水産で、主に熱帯に生息する。奇妙な形のものが多く含まれる。

ピラルク
ARAPAIMA
Arapaima gigas
アロワナ科

背鰭は体のかなり後ろ寄りにある

緑色がかった灰色の体

4.5 m
15 ft

南アメリカに生息する。最大で200kgにもなり、淡水魚としては最大級。浮袋を肺のように用いて呼吸をするため、定期的に空気を吸い込まなければならない。

ピーターズ エレファントノーズ
ELEPHANTNOSE FISH
Gnathonemus petersii
モルミルス科

23 cm
9 in

アフリカ産。濁った水に棲み、弱い電流を発生させて周囲の様子を探る。長く伸びた下顎で泥中の獲物を探す。

キタラ・キタラ
CLOWN KNIFEFISH
Chitala chitala
ナギナタナマズ科

87 cm
34 in

背中の盛り上がったほっそりした体の魚で、東南アジアの湿地に生息する。淀んだ水中では空気を飲み込んで、浮袋で酸素を吸収する。

ウナギとその仲間 EELS

ウナギ目は細長いヘビのような体つきをしている。皮膚は滑らかで、鱗はないか、あったとしても皮膚深く埋まっている。背筋に長く伸びる背鰭が尾鰭とひとつながりになっていることが多い。海水や淡水の生息環境で見られる。

ゼブラウツボ
ZEBRA MORAY
Gymnomuraena zebra
ウツボ科

1.5 m
5 ft

熱帯産で、くっきりとした縞模様のウツボ。小石のような歯が密に生え、カニや貝類、ウニなどの硬い殻を砕いて食べる。

長い背鰭

60 cm
23½ in

斑点でカムフラージュされた皮膚

ジュエル・マレー・イール
JEWEL MORAY EEL
Muraena lentiginosa
ウツボ科

太平洋東部のサンゴ礁に生息。リズミカルに口を開閉して呼吸している。

大きな顎

チンアナゴ
SPOTTED GARDEN EEL
Heteroconger hassi アナゴ科

サンゴ礁付近の砂地にコロニーを構えるが、それぞれ穴の中に尾を隠し、上半身だけを出して集団で揺れ動く様が庭に生える植物のようにも見える。

40 cm
16 in

ホンクロアナゴ
CONGER EEL
Conger conger
アナゴ科

太い体

大西洋北部と地中海に分布。難破船を見つけると中に入り込んですみかとする。日中は岩の割れ目などに隠れ、ほかの魚を狩りに出てくるのはほぼ夜間だけである。

ハナヒゲウツボ
RIBBON EEL
Rhinomuraena quaesita
ウツボ科

1.3 m
4¼ ft

性的に未分化な幼魚は黒い体に黄色い鰭で、成熟すると明るい青色の雄になる。後に性転換して黄色い体色の雌になる。インド洋と太平洋西部に見られる。

シマウミヘビ
BANDED SNAKE EEL
Myrichthys colubrinus ウミヘビ科

97 cm
38 in

インド洋と太平洋西部に分布。無害だが、有毒な爬虫類のウミヘビに酷似しているため、捕食者に敬遠される。砂に潜って小型の魚類を探す。

滑らかな皮膚

3 m
10 ft

ヨーロッパウナギ
EUROPEAN EEL
Anguilla anguilla ウナギ科

1.3 m
4¼ ft

一生の大半を淡水域で生活するヘビのようなウナギで、危機に瀕している。大西洋を渡ってサルガッソー海に達し、産卵して死ぬ。

フウセンウナギ類とフクロウナギ類
SWALLOWERS AND GULPERS

フウセンウナギ目は深海に生息する奇妙な魚である。ウナギのように細長い体には尾鰭と腹鰭がなく、鱗もない。肋骨を欠き、巨大な顎は特殊化して大きく開けるようになっている。ウナギ類と同様に、産卵後に死ぬと考えられている。

1 m
3¼ ft

むちのような長い尾

巨大な顎は関節が緩い

フクロウナギ
PELICAN GULPER EEL
Eurypharynx pelecanoides
フクロウナギ科

深海に生息するウナギ形の魚で、巨大な顎と伸縮可能な腹部を備え、自分と同じくらいの大きさの獲物を飲み込むことができる。

ネズミギスとその仲間 MILKFISH AND RELATIVES

サバヒーともう1種を除き、ネズミギス目の魚は淡水産である。
腹部のかなり後方に1対の腹鰭がある。

流線型の体

サバヒー
MILKFISH
Chanos chanos
サバヒー科

泳ぎが速い。尾は二股になっ
ている。もっぱらプランクト
ンを餌とする。東南アジア
では養殖されている。

1.8 m
6 ft

腹鰭

50 cm
20 in

ゴノリンクス・グレイアイ
BEAKED SALMON
Gonorynchus greyi
ネズミギス科

オーストラリアとニュージー
ランド原産。入り江の浅瀬に
生息している。危険が迫ると
頭から砂に潜る。

ニシンとその仲間 SARDINES AND RELATIVES

ニシン目の大部分は海産で、水産資源として重要な種が多く含まれている。
体は銀色で鱗は緩く、背鰭は1基のみ、尾は二股で、腹部は竜骨型である。
ほとんどが大規模な群れで生活し、サメやマグロなどの大型魚類の餌となる。

アンチョベータ
PERUVIAN ANCHOVETA
Engraulis ringens
カタクチイワシ科

プランクトンを食べる小型種で、巨大な
群れで生活する。南アメリカの西海岸沿
岸域に分布し、人間やペリカン、大型魚
類の主要な食物資源となっている。

20 cm
8 in

45 cm
18 in

アリスシャッド
ALLIS SHAD
Alosa alosa
ニシン科

春になると、成体は海からヨーロッパの
川に上って産卵する。産卵するまでにか
なりの長距離を移動することもある。

83 cm
33 in

タイセイヨウニシン
ATLANTIC HERRING
Clupea harengus
ニシン科

体表は銀色の鱗に覆われている。大きな群れ
で一斉に泳ぎ、プランクトンのカイアシ類を
食べる。大西洋北東部では水産資源としての
価値が高く、極めて大量に漁獲されている。

コイとその仲間 CARP AND RELATIVES

コイ目は淡水産魚類としては最大級のグループで、世界中に
4,000種以上が分布している。これぞ魚類といえるような形態で、
背鰭は1基のみである。通常、鱗は大きい。歯は顎にはなく
咽頭にある。ドジョウ、ミノー、コイなど、鑑賞魚などで
おなじみの種が多く含まれる。

背鰭の縁が赤い

トラのような
黒い縞模様

30 cm
12 in

クラウン・ローチ
CLOWN LOACH
Chromobotia macracanthus
ドジョウ科

東南アジアの湿地が原産。水底で餌を採る。
目のそばにある鋭い棘で身を守る。

深く切れ込ん
だ二股の尾

スマトラ
TIGER BARB
Puntigrus tetrazona コイ科
インドネシア諸島のスマトラと
ボルネオが原産。世界各地に広く
移入され、飼育下で繁殖させて
観賞魚として売買されている。

7 cm
2¾ in

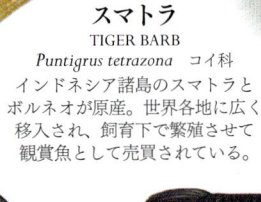

ビタリング
BITTERLING
Rhodeus amarus コイ科 バラタナゴ属
ヨーロッパ産。淡水産二枚貝の
外套膜内に産卵する。卵は
そこで発生し、孵化した稚魚が
外に出てくる。

11 cm
4¼ in

1.5 m
5 ft

ソウギョ
GRASS CARP
Ctenopharyngodon idella
コイ科

アジア原産。水草を食べるため、排水溝内の草を取り除く
目的で、ヨーロッパや米国に導入されている。

10 cm
4 in

金魚
GOLDFISH
Carassius auratus
コイ科 フナ属

もともとは中央アジア及び中国が原産だが、世界中
に移入され、現在ではさまざまな変種が存在する。

大きな
銀色の鱗

1.2 m
4 ft

突き出せる
口

コイ
COMMON CARP
Cyprinus carpio
コイ科

感覚器官である触鬚と
突き出すことのできる
口を用い、水底の泥を
掘り起こして餌を探す。
現在では世界中に導入
されているが、もとも
とは中国及びヨーロッ
パ中央部が原産である。

6 cm
2¼ in

ゼブラフィッシュ
ZEBRAFISH
Danio rerio コイ科

南アジアに分布する活動的な小魚で、頻繁
に産卵し、池や湖でよく見られる。鑑賞用
及び実験用として飼育されている。

メキシカンテトラ
MEXICAN TETRA
Astyanax mexicanus カラシン科
川に生息する通常のタイプには良好な視力があるが、この写真のような淡水洞窟に棲むタイプは目が退化している。

12 cm
4¾ in

カラシンとその仲間 CHARACINS AND RELATIVES

カラシン目は淡水産で、ほとんどが肉食性であり、歯がよく発達している。ほとんどの種には、標準的な背鰭のほかに脂肪を含む小さな脂鰭がある。23科が含まれ、なかでもピラニアは捕食者として悪名を轟かせている。

脂鰭

濃い褐色の頭部

33 cm
13 in

体に斑点がある

6.5 cm
2½ in

シルバーハチェットフィッシュ
RIVER HATCHETFISH
Gasteropelecus sternicla
ガステロペレクス科
南アメリカに分布する。昆虫食性。水中から跳び出て捕食者から逃げたり、飛行中の昆虫を捕まえたりすることができる。

1 m
3¼ ft

タイガーフィッシュ
TIGERFISH
Hydrocynus vittatus アレステス科
アフリカの河川が原産。大型の捕食者で、牙のような歯を備え、自分の半分ほどの大きさの魚を食べることができる。

十分に成長した個体は腹部が赤い

ピラニア・ナッテリー
RED PIRANHA
Pygocentrus nattereri
セラサルムス科
南アメリカの川が原産で、普通は無脊椎動物や魚を食べるが、血の臭いに熱狂した群れが大型の哺乳類に襲いかかり、カミソリのように鋭い歯で殺すこともある。

40 cm
16 in

ロングノーズ・クラウンテトラ
LONGSNOUT DISTICHODUS
Distichodus lusosso ディスティコドス科
ピラニアのほかの仲間とは異なり、平和的な植物食性の種である。アフリカの赤道地帯に分布し、川に生息している。

ナマズとその仲間 CATFISH

ナマズ目は大部分が淡水産である。体つきは細長く、口には多数の触鬚が生えている。触鬚は食物の探索に役立つ。背鰭の前方に鋭い棘がある。水底をあさって藻類や小型無脊椎動物を探すものが多い。

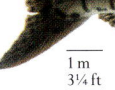

32 cm
12½ in

ゴンズイ
STRIPED EEL CATFISH
Plotosus lineatus
ゴンズイ科
熱帯海域に分布する。幼魚は多数の個体が密に集まってボール状塊になる。単独行動をする成魚は鰭の棘で身を守っている。

1 m
3¼ ft

タイガーショベルノーズキャットフィッシュ
TIGER SHOVELNOSE CATFISH
Pseudoplatystoma fasciatum
ピメロドゥス科
南アメリカ産。夜間、長い触鬚を用いて川床をあさり、小型の魚を見つけ出す。

5 m
16 ft

ヨーロッパナマズ
SHEATFISH
Silurus glanis ナマズ科
ヨーロッパ中央部及びアジアの湿地に分布する巨大な種。体重300kgを超える個体の記録があるが、乱獲されたため、現在ではそこまで大きな個体は見つからない。

長い臀鰭

体を透かして背骨が見える

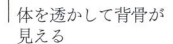

52 cm
20½ in

ブラウンブルヘッド
BROWN BULLHEAD
Ameiurus nebulosus
アメリカナマズ科
北アメリカ産のナマズで、有毒な棘で捕食者を撃退して巣を守る。

15 cm
6 in

感覚器官である触鬚を用いて食物を探す

グラスキャットフィッシュ
GLASS CATFISH
Kryptopterus bicirrhis ナマズ科
東南アジアが原産の小型種。水中で動かず1か所に留まっていることが多い。体が透明なので捕食者の目にとまりにくい。

魚類・条鰭類

サケとその仲間
SALMON AND RELATIVES

サケ目には海産種と淡水種が含まれ、遡河回遊種（海から川を遡って産卵する種）も多い。強力な捕食者で、大きな尾と背鰭1基、さらに小さな脂鰭がある。

脂鰭

84 cm
33 in

ベニザケ
SOCKEYE SALMON
Oncorhynchus nerka サケ科

北太平洋産で、北アメリカの湖やアジアの河川に遡上して産卵し、死ぬ。繁殖期には写真のように体色が赤くなる。苦労して遡上しても途中でヒグマなどに捕まることもある。

繁殖期の雄は顎がカギ状になる

57 cm
22½ in

シスコ
CISCO
Coregonus artedi サケ科

北アメリカの湖や大河川に広く分布している。群れをなしてプランクトンや無脊椎動物を食べる。

1 m
3¼ ft

アルプスイワナ
ARCTIC CHAR
Salvelinus alpinus サケ科

清浄で冷たい水中でないと生息できない。標高の高い湖で生活するものや海から川に上るものがいる。

1.2 m
4 ft

ニジマス
RAINBOW TROUT
Oncorhynchus mykiss サケ科

北アメリカ原産だが、食用やスポーツフィッシング用として世界中で淡水域に導入されている。

カワカマスとその仲間
PIKES AND RELATIVES

カワカマス目は、北半球全体を通じて冷たい水域に見られるすばしこい魚である。背鰭と臀鰭は体の後方、尾のすぐ手前に位置しているため、急発進して獲物に襲いかかれる。

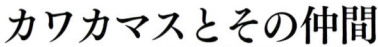

背鰭は1基で、体の後方に位置する

特徴的な模様

17 cm
6½ in

ヨーロッパドロミノー
MUD MINNOW
Umbra krameri ウンブラ科

ドナウ川及びドニエストル川水系に分布するが、細い水路や掘り割りがなくなったため、現在では希少種となっている。

ヒメ、エソとその仲間 LIZARDFISH AND RELATIVES

ヒメ目は海産の多様性に富むグループで、浅い沿岸海域と深海域に生息する。大きな口には小さな歯が多数並び、大型の獲物を捕まえることができる。背鰭は1基で、ごく小さな脂鰭がある。

細長く伸びた胸鰭

三角形の頭部

40 cm
16 in

ミナミアカエソ
VARIEGATED LIZARDFISH
Synodus variegatus エソ科

インド洋及び太平洋の熱帯のサンゴ礁に生息し、サンゴの上で完璧に動かずじっとしていたかと思うと、次の瞬間、矢のように跳び出して魚を捕まえる。

大きな腹鰭を支えにする

40 cm
16 in

テナガミズテング
BOMBAY DUCK
Harpadon nehereus エソ科

インド太平洋に分布する小さめの種。モンスーンの季節には河口の三角州付近に大挙して集まり、雨で流れてきたものを食べる。

37 cm
14½ in

ミナミイトヒキイワシ
FEELER FISH
Bathypterois longifilis チョウチンハダカ科

深海の泥質の海底上で、腹鰭と尾鰭で体を支えてじっと構え、ひものような胸鰭を用いて獲物を探知する。

長く伸びた腹鰭

ハダカイワシとその仲間
LANTERNFISH AND RELATIVES

ハダカイワシ目は小型でほっそりした眼の大きな魚で、深海に生息する。多数の発光器官を用いて、暗い海中でコミュニケーションをとる。夜間に水面に浮上して餌を採るものが多い。

11 cm
4¼ in

スポッティッドランタンフィッシュ
SPOTTED LANTERNFISH
Myctophum punctatum ハダカイワシ科

大西洋の暗い深海に生息する。体表にずらっと並んだ発光器官は、カモフラージュやコミュニケーションに役立つ。

ワニトカゲギスとその仲間
DRAGONFISH AND RELATIVES

ワニトカゲギス目は深海魚のグループで、大多数は発光器官を備え、狩りをしたり身を隠したり、繁殖相手を探したりするのに役立てている。恐ろしげな外見の捕食者がほとんどで、大きな歯が生えている。顎に長い触鬚が生えるものもいる。

大きな目

体表に並ぶ発光器官

7cm
2¾ in

長くすんなりした体

35 cm
14 in

24 cm
9½ in

ホウキボシエソ
NORTHERN STOPLIGHT LOOSEJAW
Malacosteus niger ワニトカゲギス科
世界中の温帯、熱帯、亜熱帯海域に見られる。獲物のエビに向け、生物発光による赤い光をビーム状に照射する。エビにはこの光は見えない。

ホウライエソ
SLOANE'S VIPERFISH
Chauliodus sloani
ワニトカゲギス科
長く透明な牙は、口を閉じても突き出している。熱帯及び亜熱帯の深海に生息し、発光器官から光を発して獲物を撹乱する。

ナガムネエソ
PACIFIC HATCHETFISH
Argyropelecus affinis
ムネエソ科
薄く銀色に輝く体は、カムフラージュ効果により捕食者から身を隠すのに役立つ。温帯、熱帯、亜熱帯海域に見られる。

デンキウナギ（ナイフフィッシュ）とその仲間 KNIFEFISH

デンキウナギ目の魚には側扁した刃物のような形をしているものが多いため、ナイフフィッシュ類とも呼ばれる。胸鰭近くから尾の先端まで腹面に長く伸びる臀鰭を動かして泳ぎ、後退もできる。淡水生で、放電することができる。デンキウナギ科のデンキウナギは、この目の他の魚とは体型が異なり、細長い円筒状である。

アヒルのくちばしのような吻

60 cm
23½ in

クサリカワカマス
CHAIN PICKEREL
Esox niger
カワカマス科
北アメリカ産。鰭の細かい動きでホバリングした状態から、電光石火の速さで獲物に襲いかかる。

99 cm
3¼ ft

デンキウナギ
ELECTRIC EEL
Electrophorus electricus
ギムノタス科
南アメリカ産の大型魚で、最大600ボルトの電撃を発することができる。ほかの魚を殺し、人間を気絶させるのに十分な電圧である。

2.5 m
8¼ ft

バンデッド・ナイフフィッシュ
BANDED KNIFEFISH
Gymnotus carapo
ギムノタス科
中央及び南アメリカの濁った湿地に見られる。発電能力はあまり強くなく、周囲の様子をうかがうのに利用している。

キュウリウオの仲間 SMELTS AND RELATIVES

キュウリウオ目の魚は小型で細く、サケに似た体型で、サケと同様に尾鰭の近くに脂鰭がある。特徴的な臭いのある種もいる。ヨーロッパ産のキュウリウオは新鮮なキュウリのような臭いがする。

45 cm
18 in

ニシキュウリウオ
EUROPEAN SMELT
Osmerus eperlanus
キュウリウオ科
北海の河口部の普通種。ニシンとマスを足して2で割ったような体型をしている。春になると川を遡上して産卵する。

カラフトシシャモ
CAPELIN
Mallotus villosus
キュウリウオ科

25 cm
10 in

寒冷な北極海域やその近辺に見られる。多数の個体が群れをなしており、これを重要な食物資源とする海鳥が多い。この魚が豊富か不足するかにより鳥の繁殖成功率が左右されるほどである。

アカマンボウとその仲間 OARFISH AND RELATIVES

アカマンボウ目には海産の23種が含まれる。色鮮やかな遠洋魚で、成魚の鰭は深紅である。背鰭の鰭条が長く伸び、飾りリボンのようにたなびいている種が多い。ほとんどが海のさすらい者で、めったに目撃されない。

背鰭の鰭条がトサカ状に長く伸びる

リュウグウノツカイ
OARFISH
Regalecus glesne
リュウグウノツカイ科
世界最長の硬骨魚。シーサーペント（大海ヘビ）にまつわる物語の多くは本種がもとになっている。世界各地の熱帯から温帯海域に分布する。

幼魚は体色が青い

11 m
36 ft

胸鰭

2 m
6½ ft

アカマンボウ
OPAH
Lampris guttatus
アカマンボウ科
長い胸鰭を翼のように羽ばたかせて泳ぐ。熱帯から温帯海域に生息するが、目撃例は少ない。イカや小魚を食べる。

やや二股に分かれた尾鰭

アンコウとその仲間
ANGLERFISH AND RELATIVES

アンコウ目には376種が属するが、海産魚のなかでも最高に奇妙な形態をしたものも含まれている。頭頂部に生える特殊化した鰭条が釣りの疑似餌のように機能し（深海性の種では生物発光により光る）、獲物はぽっかり　と開いた口のほうへと引き寄せられ　　ることになる。

アカリップ バットフィッシュ
RED-LIPPED BATFISH
Ogcocephalus darwini　アカグツ科

奇妙な体つきの魚で、左右の胸鰭と腹鰭を使って、海底をもぞもぞ歩く。なぜ唇が赤いのかは謎である。

20 cm
8 in

コフィンフィッシュ
COFFINFISH
Chaunax endeavouri
フサアンコウ科

太平洋南西部に分布。海底の泥の上に横たわり、襲撃可能な範囲に小魚がやってくるのを待っている。

22 cm
9 in

ニシアンコウ
ANGLER
Lophius piscatorius　アンコウ科

大西洋北東部に分布。口の周りに海藻のような皮弁が房状に下がり、擬態効果を上げている。電光石火のスピードで獲物に襲いかかる。

2 m
6½ ft

ジョルダンヒレナガ チョウチンアンコウ
FANFIN ANGLER
Caulophryne jordani
ヒレナガチョウチンアンコウ科

深く暗い海の底では繁殖相手を見つけるのは難しい。雄は極小で、出会った雌の体に一生付着して過ごす。

20 cm
8 in

クマドリカエルアンコウ
WARTY FROGFISH
Antennarius maculatus
カエルアンコウ科

ごつごつした体はカムフラージュ効果が高い。胸鰭を肢のように使ってサンゴ礁によじ登る。

11.5 cm
4½ in

ハナオコゼ
SARGASSUMFISH
Histrio histrio
カエルアンコウ科

アンコウ類は海底で生活するものがほとんどだが、本種は海にいかだのように浮かぶホンダワラ属 *Sargassum* の海藻（自分によく似ている）に身を隠している。

20 cm
8 in

大きな胸鰭で這い回る

皮弁でカムフラージュする

タラとその仲間
COD AND RELATIVES

タラ目には水産資源的に重要な海産種が多く含まれている。柔らかい背鰭が2基ないし3基ある種がほとんどで、また、顎に触鬚のあるものが多い。ソコダラ類は深海に生息し、尾は先細りである。

タイセイヨウマダラ
ATLANTIC COD
Gadus morhua　タラ科

過去の記録では最大90kgの個体が見つかっているが、乱獲により、平均体重は11kgまで低下している。

2 m
6½ ft

顎の触鬚

スケトウダラ
ALASKA POLLOCK
Gadus chalcogrammus
タラ科

顎に触鬚がなく、下顎が突き出ていることからマダラと区別できる。寒冷な北極海域に生息する。

91 cm
3 ft

ショアロックリング
SHORE ROCKLING
Gaidropsarus mediterraneus
カワメンタイ科

口に3本の触鬚がある。体はウナギ状で、大西洋北東部に分布し、岩礁にできた潮だまりで食物を探す。

50 cm
20 in

鮮やかな尾鰭は先端が丸い

カワメンタイ
BURBOT
Lota lota
カワメンタイ科

タラ目のなかでは唯一の淡水種である。北半球全域を通じて、深い湖や川に見られる。

1.2 m
4 ft

イバラヒゲ
PACIFIC GRENADIER
Coryphaenoides acrolepis
ソコダラ科

深海に生息するタラの仲間で個体数が多い。鱗の生えた細長い尾とふくらんだ頭部から、パシフィック・ラットテールとも呼ばれる。

1 m
3¼ ft

アシロとその仲間 CUSK EELS

アシロ目に属する魚のほとんどは海産で、細長い
ウナギ状の体をしている。胸鰭は細く、長い背鰭
と臀鰭が尾鰭とつながっている種が多い。

カラプス・アクス
21 cm
8½ in
PEARLFISH
Carapus acus カクレウオ科
成魚はナマコの体内を隠れ家としている。尾を先に
してナマコの肛門から内部に入り、夜になると
外に出てきて餌を食べる。

ボラとその仲間 GRAY MULLETS

銀色の筋が走る魚
で、２基の背鰭が間
隔を置いてついてい
る。第１背鰭には鋭い
棘があり、第２背鰭
の鰭条は柔らかい。
ボラ目の魚は世界中に分
布している。植物食性で、細かい
藻類やデトリタスを食べる。

75 cm
30 in

リザ・アウラータ
GOLDEN GREY MULLET
Liza aurata
ボラ科
群れをなして生活する。大西洋北東部の港や河口、
沿岸海域にはどこでもこの魚が出没する。

サノプス・スプレンディドゥス
CORAL TOADFISH
Sanopus splendidus
ガマアンコウ科
希少種で、メキシコ湾沖のある島周辺の
サンゴ礁にしか見られない。サンゴの下や
岩の割れ目に身を隠している。

38 cm
15 in

触鬚

ガマアンコウとその仲間
TOADFISH AND RELATIVES

ガマアンコウ類は横幅のあるずんぐり
した魚で、口の幅が広く、目は頭部の上
部に位置している。背鰭は２基で、短い
第１背鰭には硬い棘条があり、長い第２
背鰭には軟条がある。ガマアンコウ目の
多く、特にイサリビガマアンコウ属の種
は浮袋を用いて音を発することで有名。

大きな胸鰭で歩く
ように移動する

20 cm
8 in

**ポリクティス・
ノタトゥス**
PLAINFIN MIDSHIPMAN
Porichthys notatus
ガマアンコウ科
北アメリカ西海岸沿い岩礁に生息する。
空気呼吸ができるので潮が引いても
生きのびることができる。

341

トウゴロウイワシとその仲間 SILVERSIDES AND RELATIVES

トウゴロウイワシ目はほっそりとした銀色の魚で、大群で生活してい
ることがよくある。330 種以上が含まれ、海産のものと淡水産のものと
両方がいる。ほとんどの種には背鰭が２基あり、第１背鰭の棘条は動
かすことができる。臀鰭が１基ある。

4 cm
1½ in

**ニューギニア・
レインボー**
THREADFIN
RAINBOWFISH
Iriatherina werneri
メラノタエニア科
成熟した雄は長い鰭を雌
にディスプレイする。東
南アジアとオーストラリ
ア北部に分布し、水草の
多い淡水域に生息する。

グルニヨン
CALIFORNIA GRUNION
Leuresthes tenuis
ペヘレイ科
大潮の夜、何千匹もの群れをなして
砂浜に押し寄せ産卵する。

19 cm
7½ in

ダツとその仲間 NEEDLEFISH AND RELATIVES

ダツは細長い棒状の体にくちばしのように伸びた顎を備えた銀
色の魚で、外洋ではうまくカモフラージュされている。胸鰭と
腹鰭の長く発達したトビウオもダツ目に含まれる。

93 cm
3 ft

ガーフィッシュ
GARFISH
Belone belone
ダツ科
大西洋北東部に分布。海面すれすれを泳ぎ、
小型の魚、特にニシン科の魚を追いかける。

**アトランティック
フライングフィッシュ**
ATLANTIC FLYINGFISH
Cheilopogon heterurus
トビウオ科
捕食者に追われたり船に
驚いたりすると水面から
空中に跳び出して逃げ、
鰭を広げて滑空する。

40 cm
16 in

カダヤシとその仲間 KILLIFISH AND RELATIVES

カダヤシ目のほとんどは小型の淡水魚で、背鰭は1基、尾が大きい。10科が含まれるが、胎生で観賞魚として人気のあるグッピーが、恐らく最も有名だろう。

7 cm
2¾ in

尾はディスプレイに重要

フンデュロパンチャクス・アミエティ
AMIET'S LYRETAIL
Fundulopanchax amieti ノトブランキウス科
鮮やかな体色の小さな魚で、アフリカのカメルーンに分布し、熱帯雨林の川に生息する。よく似た種が多く存在し、キリフィッシュと総称される。

ヨツメウオ
FOUREYED FISH
Anableps anableps
ヨツメウオ科
南アメリカ産。丸く出っ張った目は上下に分かれ、空中と水中とをはっきり見ることができる。

32 cm
12½ in

アメリカン・フラッグフィッシュ
AMERICAN FLAGFISH
Jordanella floridae
キプリノドン科
フロリダの湿地や河川に生息する平和的なベジタリアン。雄は雌に求愛して卵を保護する。

7.5 cm
3 in

アウストロレビアス・ニグリピンニス
BLACK PEARLFISH
Austrolebias nigripinnis
リウリス科
南アメリカの亜熱帯地域の河川には、本種を含めリウリス科の鮮やかな魚が生息する。

7 cm
2¾ in

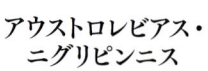

5 cm
2 in

セイルフィンモーリー
SAILFIN MOLLY
Poecilia latipinna
カダヤシ科
北アメリカ産。大きな背鰭は求愛行動のディスプレイに用いられる。胎生。

マトウダイとその仲間
DORIES AND RELATIVES

マトウダイ目には41種が属する。全て海産。体高の高い平べったい体つきで、背鰭が長く、臀鰭がある。口を前方に突出させることができる。さまざまな種類の小魚に忍びより、瞬間的に口を伸ばして獲物を捕まえる。

マトウダイ
JOHN DORY
Zeus faber
マトウダイ科
正面からはほとんど姿が見えないほど薄い体を生かして、獲物に忍びより襲撃する。

90 cm
3 ft

キンメダイとヒウチダイとその仲間
SQUIRRELFISH AND ROUGHIES

海産で、体高が高く、鱗が大きく、尾は二股に分かれ、鰭条は鋭い。この仲間のほとんどは夜行性で、体色の赤いものが多い。これは夜に身を隠すのに都合がよい。赤い色は水に最も吸収されやすく、ある程度深いところでは赤い魚は黒く見える。

ニジエビス
CROWN SQUIRRELFISH
Sargocentron diadema
イットウダイ科
典型的なイットウダイ類で、熱帯のサンゴ礁にはよく似た種が多く生息している。日中は岩の割れ目に隠れている。

17 cm
6½ in

22 cm
9 in

ニシマツカサ
PINEAPPLEFISH
Cleidopus gloriamaris
マツカサウオ科
鋭い棘と分厚い鱗で身を守り、捕食者をほとんど寄せ付けない。喰えない魚であることを体色で警告している。

アイライトフィッシュ
EYELIGHT FISH
Photoblepharon palpebratum
ヒカリキンメダイ科
目の下にある発光器官で、夜間、同種の他個体に信号を送る。発光器官には黒い膜が備わっていて発光部を覆うことができ、点滅が可能である。

12 cm
4¾ in

オニキンメ
COMMON FANGTOOTH
Anoplogaster cornuta
オニキンメ科
深海に生息する捕食者。巨大な牙で獲物を逃さず、丸ごと飲み込む。

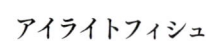

18 cm
7 in

オレンジラフィー
ORANGE ROUGHY
Hoplostethus atlanticus ヒウチダイ科
魚類の中では寿命が最長クラスで、極めてゆっくりと成長する。少なくとも150年生きた例が知られている。

75 cm
30 in

前方に伸ばせる口

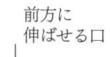

トゲウオとウミテングとその仲間 STICKLEBACKS AND SEAMOTHS

トゲウオのほとんどは淡水産で、静水や流れの遅い川に生息するが、ウミテングと同様に海に生息するものもいる。トゲウオ目は細長く薄い魚で、体は硬く、鱗が変形した骨板が体の側面を覆い、背中には鋭い棘があって身を守っている。

ウバウオとその仲間
CLINGFISH AND RELATIVES

ウバウオ類は小型で、海生のものが普通であり、水底で生活する。ウバウオ目のほとんどは胸鰭が変形して吸盤になっており、岩に吸いつく。目は頭部の高い位置にあり、背鰭は1基である。

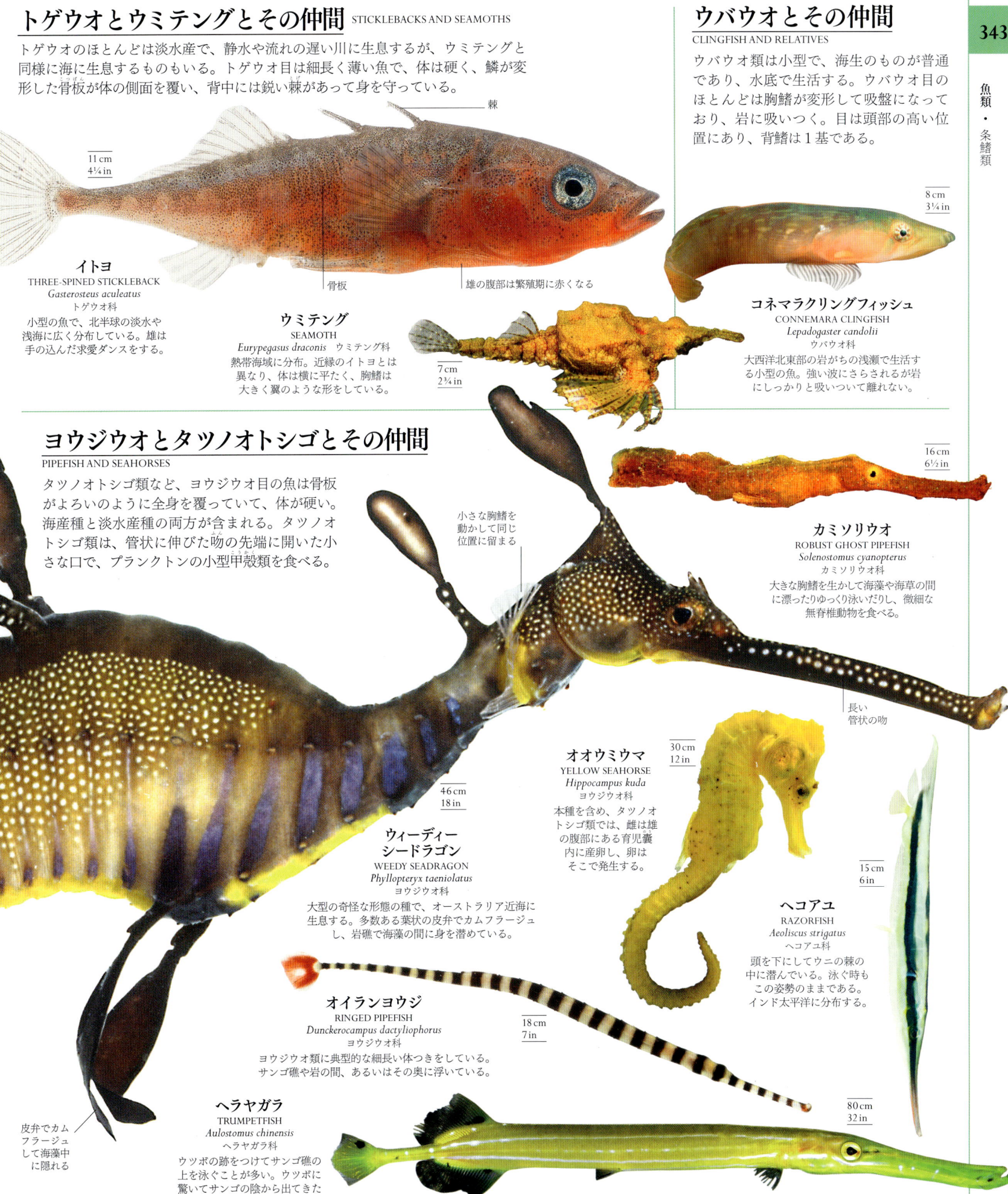

棘

11 cm
4¼ in

イトヨ
THREE-SPINED STICKLEBACK
Gasterosteus aculeatus
トゲウオ科
小型の魚で、北半球の淡水や浅海に広く分布している。雄は手の込んだ求愛ダンスをする。

骨板

雄の腹部は繁殖期に赤くなる

ウミテング
SEAMOTH
Eurypegasus draconis　ウミテング科
熱帯海域に分布。近縁のイトヨとは異なり、体は横に平たく、胸鰭は大きく翼のような形をしている。

7 cm
2¾ in

8 cm
3¼ in

コネマラクリングフィッシュ
CONNEMARA CLINGFISH
Lepadogaster candolii
ウバウオ科
大西洋北東部の岩がちの浅瀬で生活する小型の魚。強い波にさらされるが岩にしっかりと吸いついて離れない。

16 cm
6½ in

カミソリウオ
ROBUST GHOST PIPEFISH
Solenostomus cyanopterus
カミソリウオ科
大きな胸鰭を生かして海藻や海草の間に漂ったりゆっくり泳いだりし、微細な無脊椎動物を食べる。

ヨウジウオとタツノオトシゴとその仲間
PIPEFISH AND SEAHORSES

タツノオトシゴ類など、ヨウジウオ目の魚は骨板がよろいのように全身を覆っていて、体が硬い。海産種と淡水産種の両方が含まれる。タツノオトシゴ類は、管状に伸びた吻の先端に開いた小さな口で、プランクトンの小型甲殻類を食べる。

小さな胸鰭を動かして同じ位置に留まる

長い管状の吻

46 cm
18 in

ウィーディーシードラゴン
WEEDY SEADRAGON
Phyllopteryx taeniolatus
ヨウジウオ科
大型の奇怪な形態の種で、オーストラリア近海に生息する。多数ある葉状の皮弁でカムフラージュし、岩礁で海藻の間に身を潜めている。

30 cm
12 in

オオウミウマ
YELLOW SEAHORSE
Hippocampus kuda
ヨウジウオ科
本種を含め、タツノオトシゴ類では、雌は雄の腹部にある育児嚢内に産卵し、卵はそこで発生する。

15 cm
6 in

ヘコアユ
RAZORFISH
Aeoliscus strigatus
ヘコアユ科
頭を下にしてウニの棘の中に潜んでいる。泳ぐ時もこの姿勢のままである。インド太平洋に分布する。

18 cm
7 in

オイランヨウジ
RINGED PIPEFISH
Dunckerocampus dactyliophorus
ヨウジウオ科
ヨウジウオ類に典型的な細長い体つきをしている。サンゴ礁や岩の間、あるいはその奥に浮いている。

皮弁でカムフラージュして海藻中に隠れる

80 cm
32 in

ヘラヤガラ
TRUMPETFISH
Aulostomus chinensis
ヘラヤガラ科
ウツボの跡をつけてサンゴ礁の上を泳ぐことが多い。ウツボに驚いてサンゴの陰から出てきた小魚を素速く食べるのである。

タウナギとその仲間 SWAMPEELS AND RELATIVES

タウナギ目は熱帯及び亜熱帯の淡水魚で、体つきはウナギ状である。鰭はかなり小さいか全くないものが多い。湿地や沼沢地で動きまわり泥に潜るにはそのほうが都合がよい。

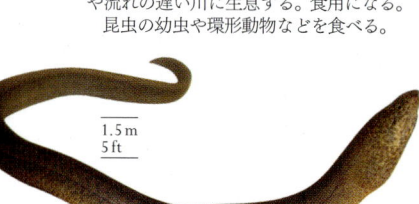

```
1 m
3¼ ft
```

ファイアイール
FIRE EEL
Mastacembelus erythrotaenia
トゲウナギ科

東南アジアに分布。川の氾濫する低地帯や流れの遅い川に生息する。食用になる。昆虫の幼虫や環形動物などを食べる。

マーブルタウナギ
MARBLED SWAMPEEL
Synbranchus marmoratus
タウナギ科

必要となれば空気呼吸もできる。鰭はほとんどなく、小規模な水域に生息する。中央及び南アメリカに分布。

```
1.5 m
5 ft
```

フグとその仲間 TRIGGERFISH, PUFFERFISH, AND RELATIVES

海産及び淡水産の多様なグループで、海に棲む巨大なマンボウや有毒なフグなどが属する。フグ目は歯に特徴があり、歯が融合して板状になっているか、大きな歯が数本だけ存在する。鱗は特殊化して棘状や板状になり、体を保護している。

```
50 cm
20 in
```

モンガラカワハギ
CLOWN TRIGGERFISH
Balistoides conspicillum
モンガラカワハギ科

派手な模様の魚で、サンゴ礁に生息する。岩などの割れ目に入り込んで背中の棘条を立て、身をしっかりと固定する。

カレイとヒラメの仲間 FLATFISH

カレイ目の魚も生まれた時は普通の体型で左右対称だが、成長するにつれて体が横に扁平になり、海底に横たわるようになる。下面側に位置する眼が頭頂部を回り込んで反対側に移動し、その結果、上面に2つの目が並ぶことになる。

プレイス（ヨーロッパツノガレイ）
EUROPEAN PLAICE
Pleuronectes platessa
カレイ科

大西洋北部の重要な商業種。体の右側を上にして海底に横たわっている。夜になると泳ぎだして餌を食べる。

```
1m
3¼ ft
```

オヒョウ
HALIBUT
Hippoglossus hippoglossus
カレイ科

カレイ目の中では最大級。体の左側を下にして横たわり、上になった右側に2つの目が並ぶ。

```
2.5 m
8¼ ft
```

大きな尾

```
25 cm
10 in
```

雄は側面が青紫色

クロハコフグ
SPOTTED BOXFISH
Ostracion meleagris
ハコフグ科

インド太平洋のサンゴ礁に生息。体を覆う骨板が融合して硬い箱状になっている。さらに皮膚は有毒で、捕食者はこの魚にちょっかいを出さない。

コモンソール
COMMON SOLE
Solea solea
ササウシノシタ科

ウシノシタ類の寿命は最大で30年だが、水産資源的に価値があるため、ほとんどの個体はそこまで生き延びることはない。

```
70 cm
28 in
```

```
15 cm
6 in
```

体の左側を上にして横になる

サザナミフグ
WHITE-SPOTTED PUFFER
Arothron hispidus
フグ科

皮膚や内臓に含まれる神経毒は人間にとっても十分に致死的で、天敵に襲撃されることはない。

```
50 cm
20 in
```

ハリセンボン
LONG-SPINE PORCUPINEFISH
Diodon holocanthus
ハリセンボン科

熱帯海域ならどこにでも見られる。皮膚には針状の棘があって、水を飲み込んで体を膨らませると針の逆立ったボール状になり、捕食者を撃退する効果は満点である。

上面まで移動してきた右眼

イシビラメ
TURBOT
Scophthalmus maximus
スコフタルムス科

周囲の海底に合わせて体色を変えることができるため、捕食者の注意をひかずにすむ。北大西洋に分布する。水産資源として価値が高い。

```
1 m
3¼ ft
```

ノコギリハギ
MIMIC FILEFISH
Paraluteres prionurus
カワハギ科
有毒なシマキンチャクフグに
酷似しているため、捕食者は
この魚を避ける。

骨板が箱状になり、
上部は平たい

スコーピオンフィッシュ
SMALLSCALED SCORPIONFISH
Scorpaena porcus
フサカサゴ科
頭部に皮弁があり、体色を
変えて上手に身を隠すので、
非常に見つけにくい。

37 cm
14½ in

カサゴ・カジカとその仲間
SCORPIONFISH, SCULPINES, AND RELATIVES

カサゴ目は、海底で生活する種がほとんどの大きなグループ。大きな頭部には棘があり、鰓蓋に骨性の特徴的な棘がある。ほとんどは背鰭に鋭い棘があり、有毒なこともある。カモフラージュが達者なものが多い。

タブ・ガーナード
TUB GURNARD
Chelidonichthys lucerna
ホウボウ科
左右の胸鰭に可動性の鰭条が
3本ずつある。この鰭条で海底を
歩き、隠れた無脊椎動物を探す。

75 cm
30 in

幼魚

45 cm
18 in

ハナミノカサゴ
RED LIONFISH
Pterois volitans フサカサゴ科
サンゴ礁に生息する。幼魚にも成魚にも背鰭に有毒な棘がある。縞模様は毒があることを捕食者に警告するものである。成魚は年齢が増すとともに暗色になり、ほとんど黒色になる場合もある。

ランプサッカー
LUMPSUCKER
Cyclopterus lumpus
ダンゴウオ科
丸々と太った魚で北大西洋産。腹部に強力
な吸盤があり、波の激しく打ちつける岩で
もしっかり吸着して卵を守る。

60 cm
23½ in

コメフォラス・バイカレンシス
BIG BAIKAL OILFISH
Comephorus baikalensis
カジカ科
体のおよそ4分の1を占める油に
よって浮力を得ている。ロシアの
バイカル湖の固有種。

21 cm
8½ in

小さな口にある
頑丈な歯で海綿を
食いちぎる

有毒な背鰭の棘

大きな上向きの
口

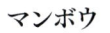

マンボウ
OCEAN SUNFISH
Mola mola
マンボウ科
海面に横たわっていることが
多い。硬骨魚のなかで最重量
級である。2,300kgという世
界記録を保持しているのは、
本種ではなくウシマンボウ
（*M. alexandrini*）である。

3.3 m
11 ft

25 cm
10 in

ロングスパインド
ブルヘッド
LONGSPINED BULLHEAD
Taurulus bubalis
カジカ科
沿岸部や海浜部に生息する。体色
の変異が大きいが、これは環境に
よるものである。例えば、紅藻類
のなかで生活するものは赤い。

ツノダルマオコゼ
ESTURINE STONEFISH
Synanceia horrida
オニオコゼ科
熱帯の沿岸部に生息。極め
て上手にカムフラージュし
ていて、見つけるのは至難
の業。有毒な棘が刺さると、
人間でも命が危ない。

40 cm
16 in

50 cm
20 in

18 cm
7 in

ブルヘッド
BULLHEAD
Cottus gobio
カジカ科
ヨーロッパの多くの
地域に広く分布する
淡水魚。河川に生息し、
石や植物の間で生活する。
雄は卵を保護する。

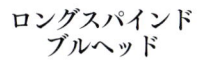

ニシセミホウボウ
FLYING GURNARD
Dactylopterus volitans
セミホウボウ科
大きく発達した扇状の胸鰭で、水中を飛行
するように泳ぐ。驚いて水底から急に移動
するさまは、まるで離陸するようである。

ハナミノカサゴ
RED LIONFISH *Pterois volitans*

ハナミノカサゴは夜のハンターだ。太平洋西部の熱帯海域に生息し、サンゴ礁や岩礁をパトロールして小魚や甲殻類を探して回る。獲物を見つけると、体の両側にある大きな胸鰭（むなびれ）を広げてサンゴに向かって追い込み、電光石火で飲み込む。開けた場所で獲物を尾行することもある。密かに忍び寄って最後に急襲するさまは、アフリカの平原で狩りをするライオンのようだ。有毒な棘で守られているので、ダイバーや捕食者が近づいても、うしろを見せずに立ち向かうことが多い。雄は複数の雌を集めて小さなハーレムを形成し、近くにほかの雄が寄ってくると突進して追い払う。産卵・放精の準備ができると、雄は雌の1匹に対しディスプレイをし、雌の周囲をぐるぐる回る。続いて雌雄は一緒に水面へ向かって泳ぎ、水中で産卵・放精を行う。卵は数日後に孵化し、生まれてきた幼生はプランクトンとして漂流していく。約1か月後、幼魚は海底に身を落ち着ける。

全　長	45cm（18in）
生息地	サンゴ礁及び岩礁
分　布	太平洋が原産だが大西洋西部にも導入されている
食　性	魚や甲殻類

＞ これ見よがしの警告
コントラストのはっきりした縞模様は、有毒だからちょっかいを出すな、と捕食者に警告するものだ。陸上では、針で刺すハチが同じような方法で捕食されないようにしている。

目を横切る縞模様は捕食者を混乱させる

頭部の皮弁

＜ 恐ろしい捕食者
有能な捕食者であるハナミノカサゴは、カリブ海に移入され、サンゴ礁に生息する在来魚にとって脅威となっている。観賞魚として飼育されていたものが放流されたのである。大きな眼と鋭い嗅覚を生かして夕暮れ時に狩りをする。

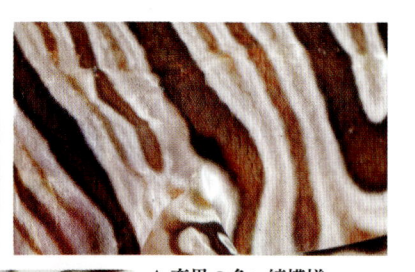

∧ 変異の多い縞模様
縞模様のパターンは個体によって異なっている。繁殖期の雄は体色が濃くなって縞模様が目立たなくなる。

＜ 胸鰭
胸鰭の軟条の間には途中まで薄い膜が張っている。膜には色のついた円形の模様がある。

獲物に近づく時、肉質のひげのような突起のおかげで大きく開いた口は目立たない

有毒な棘 ＞
背鰭、臀鰭、さらに腹鰭には鋭い棘（棘条）があり、毒を注入するのに用いられる。人間でも刺されると非常に痛い思いをするが、命にかかわることはめったにない。この棘は純粋に防衛用なのだ。

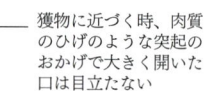

＜ 尾を上げて準備万端
ハナミノカサゴは、頭をわずかに下げ、尾を上げていることが多い。通りかかる獲物にすぐさま襲いかかるためだ。尾はこの体勢を維持するのに使われ、速く泳ぐにはあまり役立たない。

背鰭には鋭い棘条が
何本かある

獲物を待ち伏せする
時は、胸鰭の鰭条を
大きく広げる

尾

臀鰭

魚類・条鰭類

スズキとその仲間
PERCH AND RELATIVES

少なくとも162科、約11,500種以上が属するスズキ目は、脊椎動物のどの目よりも大きくまた多様性も高い。ほとんどの種で、背鰭と臀鰭に棘条と軟条の両方がある。腹鰭はかなり前方、胸鰭のすぐ近くに位置している。近年の研究により分類が見直されており、スズキ目の科のいくつかは他の目に移されるか、あるいは新たな目として独立させられる可能性が高い。

ツバメウオ
LONGFIN SPADEFISH
Platax teira
スダレダイ科
インド太平洋のサンゴ礁に生息する平たい魚。小さな群れでパトロールして藻類や無脊椎動物を食べる。

シテンチョウチョウウオ
FOURSPOT BUTTERFLYFISH
Chaetodon quadrimaculatus
チョウチョウウオ科
世界各地のサンゴ礁にはさまざまな種類のチョウチョウウオが見られる。本種は太平洋西部に分布する。

アオボシマダイ
BLUE-SPOTTED SEABREAM
Pagrus caeruleostictus タイ科
大西洋東部に見られる典型的なタイの仲間で、頭部は額から口にかけて大きく傾斜し、尾は二股で腹鰭が長い。

ヒラテンジクダイ
OCHRE-STRIPED CARDINALFISH
Ostorhinchus compressus
テンジクダイ科
太平洋西部のサンゴ礁に生息する夜行性の小型種。背鰭は2基あり、目は大きい。雄が口内保育をする。

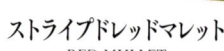

レッドバンドフィッシュ
RED BANDFISH
Cepola macrophthalma
アカタチ科
大西洋北東部に分布し、砂地に垂直な穴を掘って棲み、通過するプランクトンを食べる。

ストライプドレッドマレット
RED MULLET
Mullus surmuletus
ヒメジ科
地中海と大西洋北東部の普通種。可動性の触鬚で海底に埋まった獲物を探し出す。熱帯にも近縁種がいる。

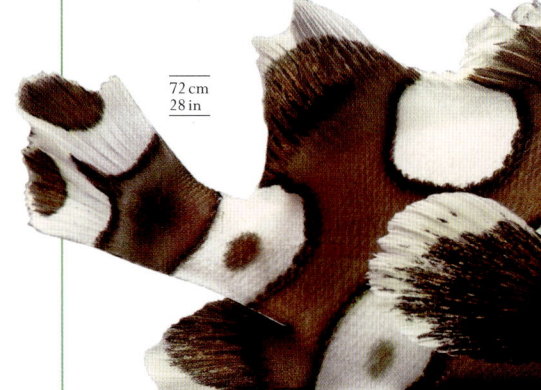

グリーン・サンフィッシュ
GREEN SUNFISH
Lepomis cyanellus
サンフィッシュ科
北アメリカでよく知られた大型種で、湖や河川で最も多く見られる魚の1つ。

テッポウウオ
BANDED ARCHERFISH
Toxotes jaculatrix テッポウウオ科
東南アジア、オーストラリア、及び太平洋西部に分布し、主に、河口の汽水域に形成されるマングローブに生息する。口からジェット水流を射出して、水面上に張り出した枝にいる昆虫を打落とす。

幼魚には茶色地に黒く縁取られた白斑がある

チョウチョウコショウダイ
HARLEQUIN SWEETLIPS
Plectorhinchus chaetodonoides
イサキ科
成魚はクリーム色の地に黒い斑点があるが、幼魚（右の写真）はそれとは異なり、有毒な扁形動物に体色も動きも擬態している。

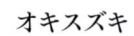

オキスズキ
BLUEFISH
Pomatomus saltatrix
オキスズキ科
熱帯及び亜熱帯海域に広く分布する。どう猛で攻撃的な捕食者で、群れを成して自分より小型の魚に襲いかかる。

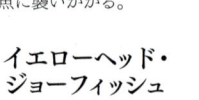

イエローヘッド・ジョーフィッシュ
YELLOWHEAD JAWFISH
Opistognathus aurifrons
アゴマダイ科
カリブ海産。雌が産卵した後、雄が口内保育をする。

ヨーロッパパーチ（パーチ）
EUROPEAN PERCH
Perca fluviatilis ペルカ科
淡水産の捕食者。ヨーロッパとアジアが原産だが、スポーツフィッシング用に移入されて広範に分布する。オーストラリアやそのほかの地域では有害魚となっている。

40 cm / 16 in

タテジマキンチャクダイ
EMPEROR ANGELFISH
Pomacanthus imperator　キンチャクダイ科
インド太平洋のサンゴ礁に生息する。幼魚と成魚は模様が異なっているため、成魚のなわばり防衛行動に幼魚が巻き込まれずにすむ。

派手な縞模様

ニシキヤッコ
ROYAL ANGELFISH
Pygoplites diacanthus
キンチャクダイ科
本種を含め、サンゴ礁に生息する魚は派手な模様をまとっていることが多い。こういった模様は、同種の個体同士が互いに認識しコミュニケーションをとるのに役立っている。

25 cm / 10 in

背鰭は長く、1基のみ

10 cm / 4 in

リーフフィッシュ
AMAZON LEAFFISH
Monocirrhus polyacanthus
ポリケントルス科
南米の淡水域に生息する捕食者。枯葉のように漂い、つゆも気づかない獲物を大きな口で素速く飲み込む。

2 m / 6½ ft

レックフィッシュ
WRECKFISH
Polyprion americanus
イシナギ科
若い個体は水面を漂うごみに紛れて放浪生活を送るが、成魚は難破船（レック）や洞くつ、岩場を好む。世界中の海で見られる。

25 cm / 10 in

ヒメツバメウオ
SILVER MOONY
Monodactylus argenteus
ヒメツバメウオ科
インド太平洋に分布する平たい魚。河口の汽水域を最も好み、小さな群れを成して泳ぐ。

頭部が細長く伸び、首筋から背中にかけて大きく傾斜する

15 cm / 6 in

キンギョハナダイ
SEA GOLDIE
Pseudanthias squamipinnis
ハタ科
サンゴ礁の急崖や岩棚にいて、プランクトンを食べる。雄は雌のハーレムを防衛する。

70 cm / 28 in

スキアエナ・ウンブラ
BROWN MEAGRE
Sciaena umbra　ニベ科
ニベ科の魚はドラムフィッシュやクローカー（croaker:「ガーガー鳴くもの」の意）と呼ばれたりする。大西洋北東部と地中海に分布する本種は、浮袋を使って大きな音を立てる。

70 cm / 28 in

サラサハタ
HUMPBACK GROUPER
Cromileptes altivelis
ハタ科
インド太平洋のサンゴ礁に生息する。本種を含め、ハタ類の多くは成熟するとまず雌になり、その後、性転換して雄になる。本種は個体数が急激に減少している。

1.2 m / 4 ft

ヤイトハタ
MALABAR GROUPER
Epinephelus malabaricus　ハタ科
インド太平洋産で、サンゴ礁から河口までさまざまな生息環境に見られる。ほかの多くのハタ類と同じく雌から雄に性転換する。雄への性転換は10歳ごろに起こる。

長い背鰭が直立する

サンゴニベ
JACK-KNIFEFISH
Equetus lanceolatus
ニベ科
大西洋西部の熱帯海域に分布。水深の深いサンゴ礁に生息する。独特の体型と模様でカムフラージュしている。

40 cm / 16 in

ヨスジフエダイ
COMMON BLUESTRIPE SNAPPER
Lutjanus kasmira　フエダイ科
泳ぎの速い魚で、日中はサンゴ礁で群れ、夜間は散らばって餌を食べる。

1.2 m / 4 ft

カウロラティルス・ミクロプス
GREY TILEFISH
Caulolatilus microps　アマダイ科
北アメリカ東海岸沖の泥地や砂地で生活する。200mより浅いところに留まり、極めて冷たい水を避ける。

25 cm / 10 in

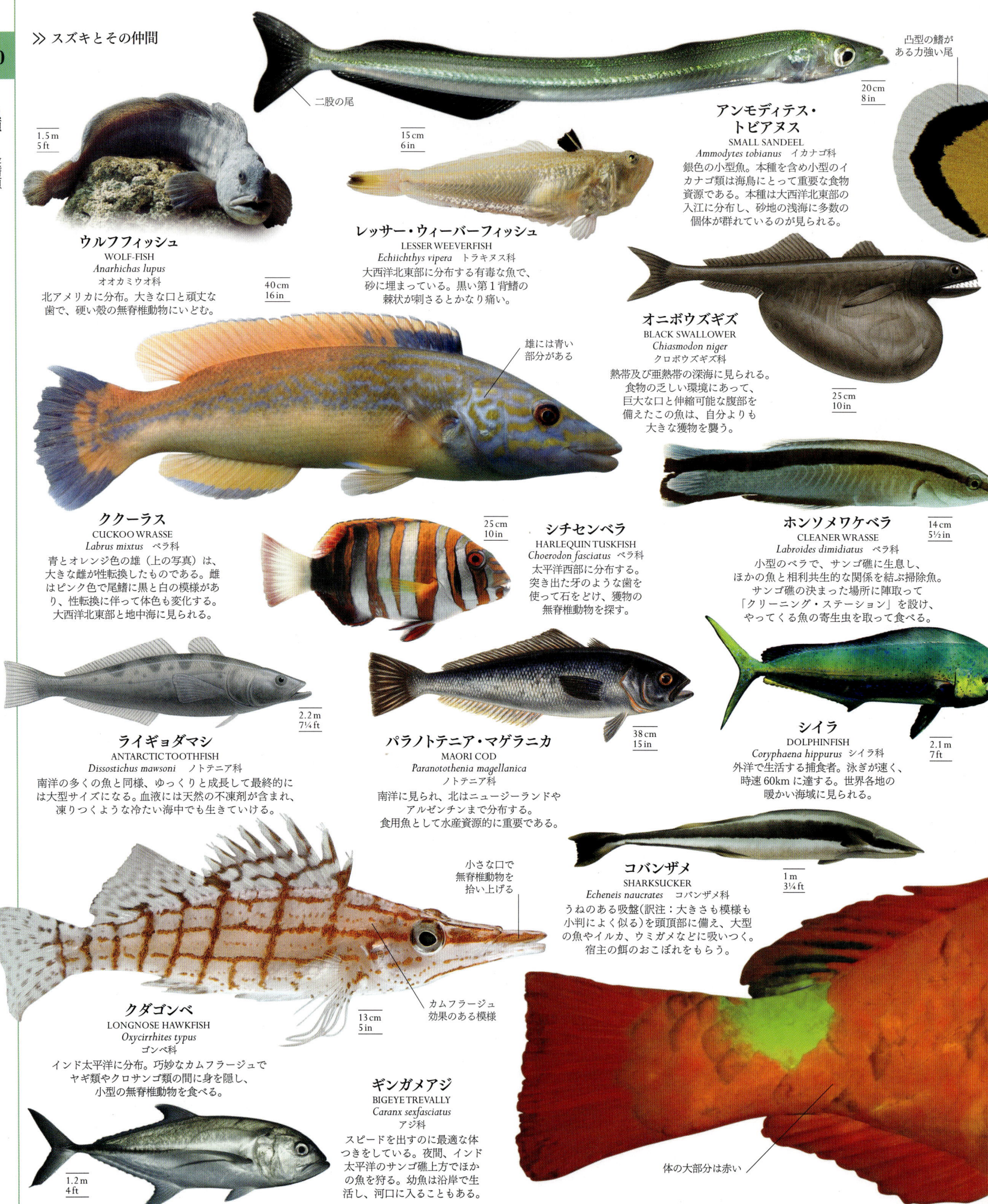

>> スズキとその仲間

二股の尾

凸型の鰭が
ある力強い尾

20 cm
8 in

15 cm
6 in

アンモディテス・トビアヌス
SMALL SANDEEL
Ammodytes tobianus　イカナゴ科
銀色の小型魚。本種を含め小型のイ
カナゴ類は海鳥にとって重要な食物
資源である。本種は大西洋北東部の
入江に分布し、砂地の浅海に多数の
個体が群れているのが見られる。

1.5 m
5 ft

ウルフフィッシュ
WOLF-FISH
Anarhichas lupus
オオカミウオ科
北アメリカに分布。大きな口と頑丈な
歯で、硬い殻の無脊椎動物にいどむ。

40 cm
16 in

レッサー・ウィーバーフィッシュ
LESSER WEEVERFISH
Echiichthys vipera　トラキヌス科
大西洋北東部に分布する有毒な魚で、
砂に埋まっている。黒い第1背鰭の
棘状が刺さるとかなり痛い。

オニボウズギズ
BLACK SWALLOWER
Chiasmodon niger
クロボウズギズ科
熱帯及び亜熱帯の深海に見られる。
食物の乏しい環境にあって、
巨大な口と伸縮可能な腹部を
備えたこの魚は、自分よりも
大きな獲物を襲う。

25 cm
10 in

雄には青い
部分がある

ククーラス
CUCKOO WRASSE
Labrus mixtus　ベラ科
青とオレンジ色の雄（上の写真）は、
大きな雌が性転換したものである。雌
はピンク色で尾鰭に黒と白の模様があ
り、性転換に伴って体色も変化する。
大西洋北東部と地中海に見られる。

25 cm
10 in

シチセンベラ
HARLEQUIN TUSKFISH
Choerodon fasciatus　ベラ科
太平洋西部に分布する。
突き出た牙のような歯を
使って石をとかし、獲物の
無脊椎動物を探す。

14 cm
5½ in

ホンソメワケベラ
CLEANER WRASSE
Labroides dimidiatus　ベラ科
小型のベラで、サンゴ礁に生息し、
ほかの魚と相利共生的な関係を結ぶ掃除魚。
サンゴ礁の決まった場所に陣取って
「クリーニング・ステーション」を設け、
やってくる魚の寄生虫を取って食べる。

2.2 m
7¼ ft

ライギョダマシ
ANTARCTIC TOOTHFISH
Dissostichus mawsoni　ノトテニア科
南洋の多くの魚と同様、ゆっくりと成長して最終的に
は大型サイズになる。血液には天然の不凍剤が含まれ、
凍りつくような冷たい海中でも生きていける。

38 cm
15 in

パラノトテニア・マゲラニカ
MAORI COD
Paranotothenia magellanica
ノトテニア科
南洋に見られ、北はニュージーランドや
アルゼンチンまで分布する。
食用魚として水産資源的に重要である。

シイラ
DOLPHINFISH
Coryphaena hippurus　シイラ科
外洋で生活する捕食者。泳ぎが速く、
時速60kmに達する。世界各地の
暖かい海域に見られる。

2.1 m
7 ft

小さな口で
無脊椎動物を
拾い上げる

コバンザメ
SHARKSUCKER
Echeneis naucrates　コバンザメ科
うねのある吸盤（訳注：大きさも模様も
小判によく似る）を頭頂部に備え、大型
の魚やイルカ、ウミガメなどに吸いつく。
宿主の餌のおこぼれをもらう。

1 m
3¼ ft

クダゴンベ
LONGNOSE HAWKFISH
Oxycirrhites typus
ゴンベ科
インド太平洋に分布。巧妙なカムフラージュで
ヤギ類やクロサンゴ類の間に身を隠し、
小型の無脊椎動物を食べる。

13 cm
5 in

カムフラージュ
効果のある模様

ギンガメアジ
BIGEYE TREVALLY
Caranx sexfasciatus
アジ科
スピードを出すのに最適な体
つきをしている。夜間、インド
太平洋のサンゴ礁上方でほか
の魚を狩る。幼魚は沿岸で生
活し、河口に入ることもある。

1.2 m
4 ft

体の大部分は赤い

黒で細く縁取り
された白い帯

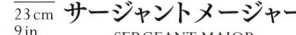

ブルークロミス
BLUE CHROMIS
Chromis cyanea
スズメダイ科
大西洋西部の熱帯海域に分布する。
サンゴ礁でよく見かける魚の一種。
オレンジ色の産卵管を用いて産卵する。

15 cm
6 in

サージャントメージャー
SERGEANT MAJOR
Abudefduf saxatilis
スズメダイ科
スズメダイ科で最も普通に見られる種。
大西洋に分布する。鮮やかな縞模様のある
小型魚で、サンゴ礁で簡単に見つけられる。

23 cm
9 in

11 cm
4¼ in

カクレクマノミ
CLOWN ANEMONEFISH
Amphiprion ocellaris
スズメダイ科
太平洋西部の熱帯海域に分布する
鮮やかな魚。大型イソギンチャク
類の触手の間をかくれがとする。
特殊な粘液を分泌して触手の
刺胞から身を守っている。

長い背鰭が1基

ナイルティラピア
NILE TILAPIA
Oreochromis niloticus カワスズメ科
アフリカの湖に普通に見られる種で、
現地では食料源として重要。
雌は約2,000個の卵を口内保育する。

49 cm
19½ in

チッポカエ
CHIPOKAE
Melanochromis chipokae
カワスズメ科
アフリカのマラウィ湖の岩岸
だけに生息する。カワスズメ科の
ほかの魚は別の湖の固有種である。

幼魚

13 cm
5 in

6.5 cm
2½ in

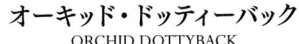

オーキッド・ドッティーバック
ORCHID DOTTYBACK
Pseudochromis fridmani メギス科
サンゴ礁の魚の中でも1、2を争う鮮やかな
体色である。紅海に生息し、急勾配地帯の
張り出しの下に身を隠す。

10 cm
4 in

コンビクトシクリッド
CONVICT CICHLID
Amatitlania nigrofasciata カワスズメ科
中央アメリカの河川が原産だが、各地に移入
されている。移入先で在来種の食物や生活空間を
脅かす害魚となる恐れがある。

エンゼルフィッシュ
FRESHWATER ANGELFISH
Pterophyllum scalare
カワスズメ科
観賞魚としておなじみ。
独特な形のカワスズメ類で、
体は側扁した円盤状である。
南アメリカの湿地が原産。
両親がともに卵と稚魚を
保護する。

15 cm
6 in

75 cm
30 in

コモンスターゲイザー
COMMON STARGAZER
Kathetostoma laeve ミシマオコゼ科
オーストラリア南部の近海に見られる。
目と口だけ出して砂の中に埋まる。

細長く
伸びた胸びれ

25 cm
10 in

ガナル
GUNNEL
Pholis gunnellus ニシキギンポ科
北大西洋に分布。岩場の潮だまりに見られる。
体型はウナギ状で、鱗がなくとてもぬるぬるし
ているので、襲われてもすり抜けて逃げおおせる。

72 cm
28 in

**ブラックフィン
アイスフィッシュ**
BLACKFIN ICEFISH
Chaenocephalus aceratus コオリウオ科
南洋に分布する。血液中に天然の
不凍剤が含まれ、マイナス2℃
でも生きていける。

50 cm
20 in

灰色の
鞍状模様

頭のこぶはサンゴを
割るのに役立つ

1.3 m
4¼ ft

鳥のくちばし
のような歯

スパリソマ・クレテンセ
MEDITERRANEAN PARROTFISH
Sparisoma cretense
ブダイ科
ブダイの仲間では唯一、雌が雄
よりも派手な体色である。本種は
地中海に見られるが、ほかのブダ
イ類はほとんどが熱帯に分布する。

カンムリブダイ
GREEN HUMPHEAD PARROTFISH
Bolbometopon muricatum ブダイ科
インド太平洋のサンゴ礁に生息する巨大種。
強力な鳥のくちばしのような口で、
生きたサンゴにかぶりついてかみ砕き、
砂のような食べかすを吐き出す。

≫

魚類・条鰭類

クテノポマ・アキュティロストゥレ
SPOTTED CTENOPOMA
Ctenopoma acutirostre　キノボリウオ科
熱帯産の淡水魚。アフリカのコンゴ川流域に見られる。獲物に忍び寄る時、頭を下げていることが多い。

ブレヘニウス・オケラリス
BUTTERFLY BLENNY
Blennius ocellaris
イソギンポ科
大西洋北東部に分布。近縁種と同様、海底に棲み、産んだ卵を守る。空の貝殻に産卵することが多い。

ハタタテハゼ
FIREFISH
Nemateleotris magnifica　クロユリハゼ科
サンゴ礁に掘った穴の上に浮いて水中のプランクトンを集めているが、危険を感じると素速くかくれに引っ込む。

背鰭の第1棘条が長く伸びる

ベタ・スプレンデンス
SIAMESE FIGHTING FISH
Betta splendens　オスフロネムス科
アジアの淡水産で、原産地ははっきりしない。特に雄の闘争性が高く、数世紀前から闘魚として飼育されている。

幅の広い尾鰭

パウダーブルーサージョンフィッシュ
POWDERBLUE SURGEONFISH
Acanthurus leucosternon　ニザダイ科
インド洋の魚。尾柄部の左右両側に、鋭い刃のような折りたたみ式の棘がある。襲われそうになると棘が突き出し、相手に切り傷を負わせる。

ニシキテグリ
MANDARINFISH
Pterosynchiropus splendidus
ネズッポ科
太平洋が原産。熱帯サンゴ礁に生息するものとしては1、2を争う鮮やかな魚。派手な体色で、自分がまずいことを捕食者に警告している。

魚雷のような形の胴体　　突き出た下顎

大きな帆のような背鰭

ニシバショウカジキ
ATLANTIC SAILFISH
Istiophorus albicans　マカジキ科
海産の捕食者。長くやりのように伸びた上顎で魚の群れに突撃して気絶させる。

やりのように伸びた吻

オニカマス
GREAT BARRACUDA
Sphyraena barracuda　カマス科
世界中の熱帯及び亜熱帯海域に見られる。単独行動をする捕食者で、獲物の跡をつけ、急加速して襲撃する。

タイセイヨウマサバ
ATLANTIC MACKEREL
Scomber scombrus　サバ科
北大西洋に分布し、大きな群れで生活する。小型の魚やプランクトンを貪欲に食べる。流線型の体のおかげで速く泳げる。

バンブルビー・フィッシュ
BUMBLEBEE FISH
Brachygobius doriae　ハゼ科
東南アジアに見られる。底生のハゼで、汽水域でも生存でき、河口やマングローブで生活する。

ポマトスキストゥス・ピクトゥス
PAINTED GOBY
Pomatoschistus pictus　ハゼ科
本種及び近縁のハゼ類は、大西洋北東部の浅瀬に分布する普通種である。DNA分析により、ハゼ類はハゼ目として独立させたほうがよいと示唆されている。

タイセイヨウクロマグロ
NORTHERN BLUEFIN TUNA
Thunnus thynnus　サバ科
水産資源的な価値の極めて高い魚で、世界中で見られる。泳ぎの速いダイナミックな捕食者であり、広い範囲を泳ぎまわって小型の魚を狩る。

長い尾

頭頂部に位置する出っ張った目

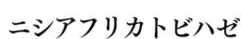

ニシアフリカトビハゼ
ATLANTIC MUDSKIPPER
Periophthalmus barbarus　ハゼ科
体が乾かない限り、皮膚から酸素を吸収して何時間も水から上がっていられる。

肉鰭類 LOBE-FINNED FISH

肉鰭類は肉厚の基部の先に鰭膜のある、原始的な四肢のような鰭を備えている。かつては陸上脊椎動物の祖先だと考えられていた。

肉鰭類も条鰭類と同じく硬骨性の骨格をもつが、条鰭類とは鰭の構造が異なっている。肉鰭類の鰭は、筋肉質の基部が体から突出し、その先に鰭の膜状部（鰭膜）が広がっているのだ。肉厚の基部は頑丈で、左右の胸鰭と腹鰭を用いて這いずるように移動できる種もいる。肉鰭類は化石では多数のグループが知られているが、現存するのは海産のシーラカンスと淡水産の肺魚だけである。

生きている化石

シーラカンスは夜行性の謎めいた魚である。現生の標本が初めて発見されたのは 1938 年のことだ。それまでは 6500 万年以上前の化石種しか知られていなかった。この歴史的な発見の対象となったのは、インド洋西部の深海の岩礁に生息する種だった。1998 年には 2 番目の種がインドネシア近海で発見され

た。シーラカンスには、脊柱が不完全であること、脊索が残っていること、尾鰭の中央部に余分な中葉があること、などの特徴がある。鱗は骨質で分厚く、長距離は泳げない。卵生の肺魚とは異なりシーラカンスは胎生で、卵が体内で孵化して幼魚の状態で生まれてくる。妊娠期間は 3 年にわたる可能性もある。そのため、深海の底引き網漁による捕獲が続けば存続が危うくなる。

水から出ても呼吸可能

祖先の化石種はほとんどが海洋に生息していたが、現生の肺魚は淡水産のみで、南アメリカ及びアフリカ、オーストラリアに分布している。いずれの種も肺を用いて空気呼吸を行うことができる。生息する水域が干上がる季節にはこれが役立つ。泥の中で何か月も生存可能だがずっと水中にいると死んでしまう種もいれば、主に鰓を用いて水中で呼吸する種もいる。外形と、種によっては幼生に外鰓があるという事実から、初期に研究した動物学者たちは肺魚を両生類だと考えた。

門	脊索動物門
綱	硬骨魚綱
亜綱	肉鰭亜綱
目	2
科	4
種	8

論点
四足動物の祖先は？

陸生の脊椎動物が海生の原始的な魚類あるいは魚型の祖先から進化してきたということは一般に受け入れられているが、その祖先を見出すのは至難の業である。最近の研究結果は、肺魚はシーラカンスよりも哺乳類などの四足動物のほうに近縁であることを示唆している。2002 年に中国で化石肉鰭類のスティロイクチス（*Styloichthys*）が発見された。この化石は肺魚と四足動物の密接なつながりを示すものだと考えられる。論争はまだ続いているが、現在のところ、シーラカンスは四足動物の直系の祖先とは考えられていない。

アフリカ産の肺魚 AFRICAN LUNGFISH

アフリカに生息する肺魚 4 種はいずれも体が細長く、ひものような胸鰭と腹鰭（合わせて対鰭と呼ぶ）がある。アフリカ産の肺魚を含むミナミアメリカハイギョ目は、1 対の肺で空気呼吸をする。

2 m
6½ ft

アフリカハイギョ
WEST AFRICAN LUNGFISH
Protopterus annectens
アフリカハイギョ科

生息する湖が干上がると、泥の中に身を埋めてまゆを形成して生き抜く。まゆには空気穴があけてある。

オーストラリア産の肺魚
AUSTRALIAN LUNGFISH

ネオケラトドゥス科は 1 種だけからなる。長い体は大きな鱗で覆われ、かいのような対鰭と先細りの尾を備えている。短期間なら肺呼吸もできるが、生息地が干上がると生きていけない。

オーストラリアハイギョ
AUSTRALIAN LUNGFISH
Neoceratodus forsteri
ネオケラトドゥス科

深い湖や河川に生息する。浮袋に空気を飲み込んで呼吸をし、淀んだ水中にも生存できる。

1.8 m
6 ft

肢のような鰭

シーラカンス類 COELACANTHS

シーラカンス目には 2 種の原始的な魚が含まれる。胸鰭と腹鰭の基部は肢のように肉厚で、大きな鱗は骨質である。生きている時はメタリックな青色で白斑があるが、死ぬと退色する。頭を下に向けた「逆立ち」姿勢を取るという興味深い行動が潜水艇から観察されている。

尾鰭は 3 つの部分に分かれる

1.4 m
4½ ft

ラティメリア・メナドエンシス
INDONESIAN COELACANTH
Latimeria menadoensis
ラティメリア科

分子研究により、ラティメリア・カルムナエとは別種だと示されているが、形態的にはよく似ている。セレベス海に生息する。

体に白い斑紋がある

2 m
6½ ft

ラティメリア・カルムナエ
COELACANTH
Latimeria chalumnae
ラティメリア科

アフリカ南部及びマダガスカル沖に分布。険しい岩礁に生息し、日中は深海の洞穴に隠れている。

肉厚の柄のある鰭

両生類 AMPHIBIANS

両生類は外温性の脊椎動物で、淡水の生息環境で繁栄している。一生を水中で送る種もいれば、繁殖期だけ水場に来る種もいる。陸上では、湿気の多い場所を見つけなくてはならない。両生類の皮膚は水を通し、乾燥から守ってくれないからだ。

門	脊索動物門
綱	両生綱
目	3
科	74
種	8,212

コスタリカ産のオレンジヒキガエル。多数の雌雄が水たまりに集まって繁殖行動を行っているところ。この種はもう絶滅してしまった。

北アメリカ産のジェファーソンサンショウウオの雌。早春、水中の小枝に卵塊を付着させる。

セアカヤドクガエルの雄は、卵が孵化するとオタマジャクシを背負い、林冠にあるアナナス科の植物にできた小さな水たまりへ運ぶ。

論点
最大の難問？

世界の両生類の3分の1は絶滅一歩手前であり、大規模な保護活動が必要だが、これは難題だ。絶滅危機の主な原因は淡水生息地の破壊と汚染だが、世界的に広がるツボカビ病も大きな要因である。この病気は両生類の柔らかい皮膚に菌類が侵入するもの。

現生の両生類には3目が含まれ、共通の祖先をもつと考えられているが、その起源はいまだ明らかではない。魚から進化して陸上に進出した最初の動物は3億7500万年ほど前の四足類だが、その生物と、2億3000万年前に生息していたカエル型の生物との間には大きな隔たりがあるのだ。

両生類は独特で複雑な生活環を送り、一生のうちで段階によって全く異なったニッチを占める。ほとんどの両生類では、卵から孵った幼生（カエルではオタマジャクシと呼ばれる）は水中で、しばしばものすごい高密度で生活し、主に藻類など植物性の餌を食べる。幼生は急速に成長し、その後変態する。形態がらっと変わって陸上生活する成体になるのだ。両生類の成体は全て肉食性で、昆虫などの無脊椎動物を食べるものがほとんどだ。通常は物陰に隠れて単独で生活するが、繁殖の時だけは池や川に戻ってくる。このように、ほとんどの両生類は、一生のなかで水中と陸上という2つの全く異なった生息環境を必要とする。変態の過程では、解剖学的・生理学的にさまざまな点で変化する。尾を備え泳いで鰓呼吸をする水生生物から、四肢で移動し肺呼吸をする陸生生物へと変身するのだ。

さまざまな子育て方法

莫大な数の卵を産んだらあとはほったらかしで、ごく少数のものしか生き残らない種もいる。だが多くの種ではさまざまな子育て方法が進化している。子どもの世話をするものが多いが、その場合、産卵数はかなり少ない。できるだけ多くの卵を産むのではなく、世話が可能な数に絞って産むことにより、繁殖を成功させるのだ。子育ての方法は、捕食者から卵や幼生を守ったり、幼生に餌として未受精卵を与えたり、幼生をある場所からほかの場所へ運んだりするなど、さまざまである。なかにはサンバガエルやヤドクガエルに見られるように、子育てが父親の義務である種もいる。サンショウウオの多くやアシナシイモリでは、子どもの保護をするのは母親だけだ。カエルには、母親と父親がつがい関係を維持して共同で親としての義務を果たすものも、種数は少ないが存在する。

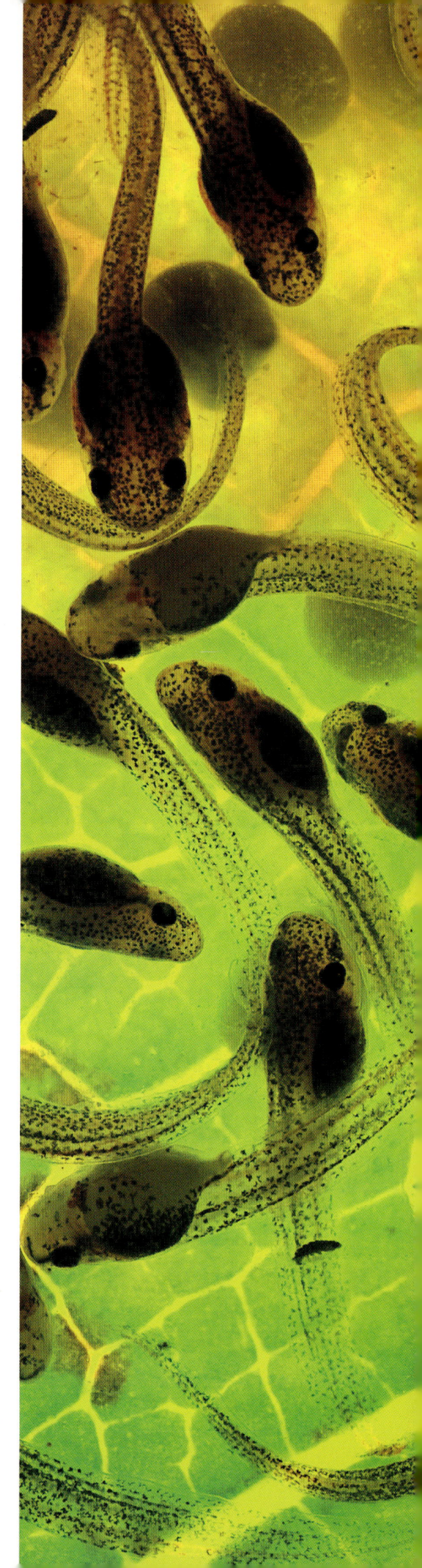

もうすぐ孵化 >
タンザニア産のミッチェルクサガエルのオタマジャクシが、受精膜の中で体をくねらせている。孵化はもうすぐだ。

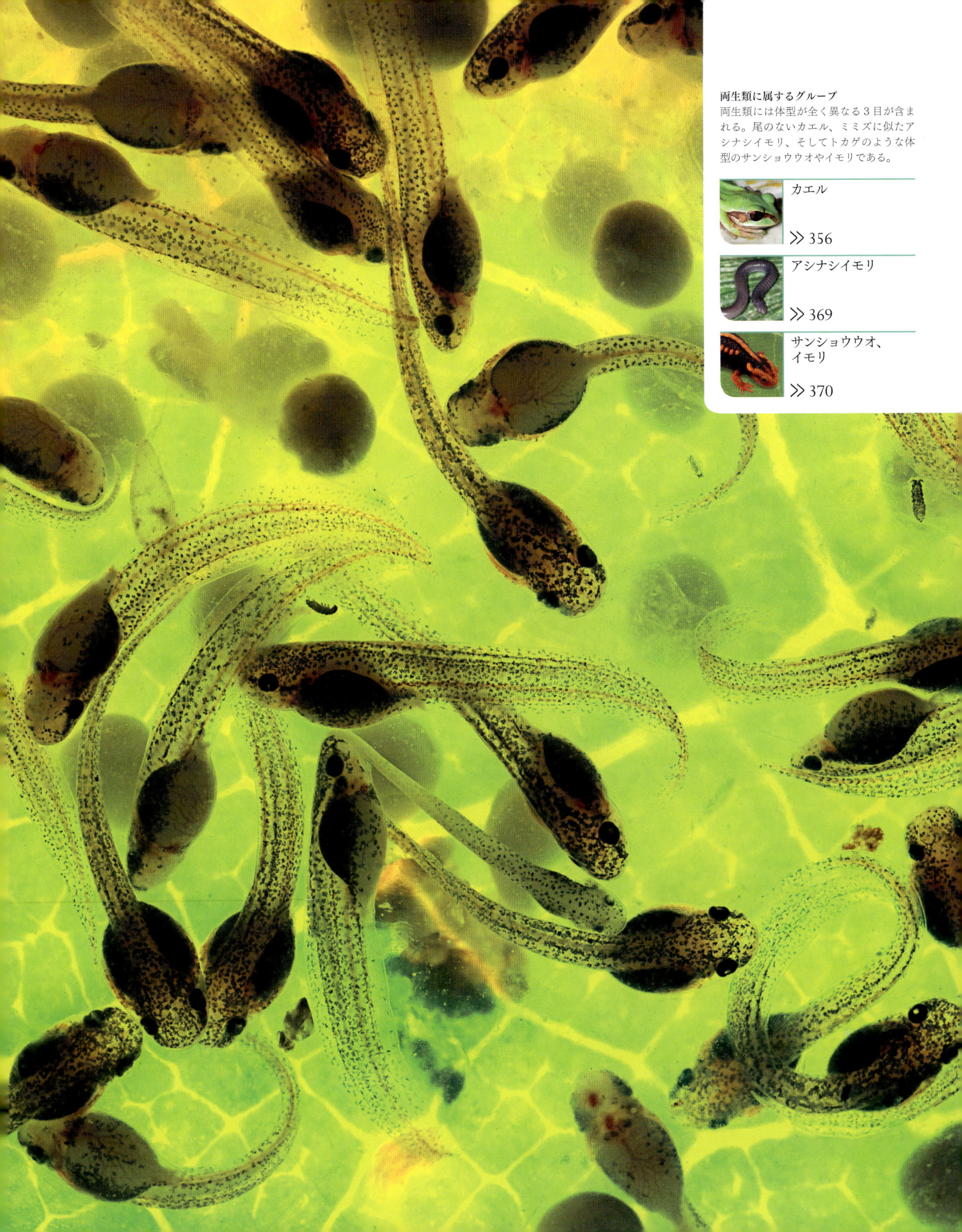

カエル FROGS AND TOADS

体の下に折りたたんだ強力な足、大きな口と出っ張った目。カエルの体型は独特で見まがいようがない。

カエルは無尾目に属する。これは文字通り「尾が無い」という意味だ。ほかの両生類は成体になっても尾があるが、無尾類では、幼生が変態して成体になる際に尾は次第に消失する。幼生はおなじみオタマジャクシで、主に植物性の餌を食べる。植物性の食物は消化に手間がかかるので、丸っこい体の中には長い腸がとぐろを巻いて納まっている。成体はこれと対照的に完全な肉食性で、餌は広範にわたる。昆虫などの無脊椎動物のほか、大型の種になると、小型の爬虫類や哺乳類、ほかのカエルまでも食べる。

巧妙な適応

カエルは待ち伏せして獲物を捕まえる。ジャンプして襲いかかるのはなかなかの見物だ。多くのカエルでは、後肢はジャンプ用に特殊化していて前肢よりも長く筋肉質である。捕食者から逃げる手段はいろいろあるが、ジャンプはやはり有効な逃走手段だ。ただし、カエルなら必ずジャンプするというわけではない。泳いだり穴を掘ったり、木に登ったりといった、ジャンプ以外の移動方法に適応した後肢をもつカエルも数多くいる。なかには、後肢を用いて滑空するものも数種いる。ほとんどのカエルは繁殖場所である水たまりや小川に近い湿った生息地にいる。だが極めて乾燥した地域での生活に適応した種もいくつかいる。熱帯地方の、特に雨林に生息するカエルの多様性は目を見はるほどだ。多くのカエルは昼間活動するが、夜行性のものもいる。巧妙にカムフラージュして身を隠す種もいる一方、対照的に、派手な体色で自分には毒があることや嫌な味がすることを宣伝する種もいる。

求愛と繁殖

ほかの両生類と異なり、カエルは鳴き声を発し、極めて優れた聴覚をもつ。ほとんどの種では雄がその種特有の鳴き声で雌を引きつける。ごく少数の例外を除き、受精は体外で行われる。雌の放出した卵めがけて雄が精子をかけるのだ。そのため、雄は雌を上から抱きかかえる抱接という体勢を取る。抱接の持続時間は種によって異なり、数分で終わるものから4〜5日続くものまである。

門	脊索動物門
綱	両生綱
目	無尾目
科	54
種	7,244

論点
カエルとヒキガエル

カエル（frog）とヒキガエル（toad）の区別は生物学的には意味がなく、また、2つの語の使い分けは国によって異なっている。例えば、ヨーロッパや北アメリカでは、toad といえばヒキガエル科のカエルのことだ。だがヒキガエル科には南及び中央アメリカのハーレクインガエル（harlequin frog）も含まれている。一般的にヒキガエルは皮膚に疣があって動きがのろく、また土に潜ることが多い。一方、ヒキガエル以外のカエルは皮膚が滑らかで動きは敏捷、水中で過ごす時間が長い。アフリカ原産の皮膚の滑らかなカエルは、かつて clawed toad と呼ばれたが、現在では clawed frog と呼ばれる（訳注：日本では最初から「ツメガエル」と呼んでいる）。

サンバガエル ALYTIDAE

サンバガエル科は陸生のカエルで、雄は夜に鳴いて雌を引き寄せる。雌が産卵した後、雄は受精卵を自分の背中に付着させる。孵化するまでずっとそのままでいて、オタマジャクシが孵ったら水中に放す。ときには、1匹の雄が複数の雌の卵を付着させていることもある。ミミナシガエルの場合、雌は複数の雄と配偶し、最大で1,000個の卵を水中に産み落とす。

雄の背中にくっつけられた卵

垂直のスリットのような虹彩

3—5 cm
1¼—2 in

サンバガエル
COMMON MIDWIFE TOAD
Alytes obstetricans
ヨーロッパ西部及び中央部で見られるぽっちゃりしたカエル。強力な前肢は穴掘りに適応している。日中は穴の中に隠れている。

サエズリガエル
SQUEAKERS AND RELATIVES

サエズリガエル科はサハラ以南のアフリカ一帯に見られる多数の種を含み、多様性に富んでいる。生息地は森林、林地、草原で、標高の高い地域にも見られる。小さなサエズリガエル（高音の鳴き声からこう呼ばれる）から大きなクサガエルまで、幅広いメンバーを含む。

2—3 cm
¾—1¼ in

第3指がきわめて長い

リオベニトユビナガガエル
RIO BENITO
LONG-FINGERED FROG
Cardioglossa gracilis
低地森林に生息し、川で繁殖する。雄は川の近くの土手で鳴いて雌を呼ぶ。

3—4 cm
1¼—1½ in

ガーナサエズリガエル
WEST AFRICAN
SCREECHING FROG
Arthroleptis poecilonotus
小型の種。雌は大きな卵を土の中に産む。雄の大きな鳴き声が有名。

ニシカメルーンオオクサガエル
WEST CAMEROON FOREST TREE FROG
Leptopelis nordequatorialis
大型のクサガエルで、アフリカ西部の高山草原に棲む。繁殖期、雄は水場の近くで雌を呼ぶ。池や沼地に産卵する。

4—5.5 cm
1½—2¼ in

2.5—4 cm
1—1½ in

カメルーンオオクサガエル
AFRICAN TREE FROG
Leptopelis modestus
アフリカ西部及び中央部の森林に分布し、渓流に生息。雌は雄よりも大きい。

アマガエルモドキ GLASS FROGS

アマガエルモドキ科は中央及び南アメリカに
生息する。腹部の皮膚が透明で内臓が透けて
見える種が多く、英語では glass frog（ガラス
ガエル）と呼ばれる。

銀色地に黒っぽい網目模様がある虹彩。

リモンアマガエルモドキ
LIMON GIANT GLASS FROG
Sachatamia ilex
樹上性のカエルで、流れのそばの湿った植生中
に棲む。濃い緑色の骨が皮膚から透けて見える。

2–3 cm
¾–1¼ in

指の先端に
吸盤がある

2.5–3.5 cm
1–1½ in

アマガエルモドキ
FLEISCHMANN'S GLASS FROG
Hyalinobatrachium fleischmanni
雄にはなわばりがあり、鳴き声でなわばりを防衛し、
かつ雌を引き寄せる。雌は水上に張り出した葉に卵を産む。

2–3 cm
¾–1¼ in

シロフアマガエルモドキ
WHITE-SPOTTED
COCHRAN FROG
Sachatamia albomaculata
湿気の高い低地森林に生息し、
川のそばで繁殖する。雄は近く
の下生えに陣取って雌を呼ぶ。

2–3 cm
¾–1¼ in

パラマンバアマガエルモドキ
EMERALD GLASS FROG
Espadarana prosoblepon
樹上性。雄は激しくなわばり防衛をする。鳴き声で
なわばりを主張し、時にぶら下がりながらライバルと争う。

ツノガエル CERATOPHRYIDAE

ツノガエル科は南アメリカ産のカエルで、眼の上に
角のような突起がある。頭部が非常に大きくて口が
幅広く、自分と同じぐらいの大きさの動物でも食べ
てしまう。「座して待つ」タイプの捕食者で、じっと
動かず、カムフラージュによってあたりに紛れ、獲
物がリーチ内に入るのを待つ。

目の上の「角」

9–14 cm
3½–5½ in

幅の広い
口

ベルツノガエル
ORNATE
HORNED FROG
Ceratophrys ornata
貪欲な捕食者で、アルゼンチ
ンの草地に生息する。大雨の
後、一時的にできた水たまり
や溝で繁殖する。

8–13 cm
3¼–5 in

クランウェルツノガエル
CRANWELL'S HORNED FROG
Ceratophrys cranwelli
大型の種で、ほとんどの時間を地下で過ごす。
大雨が降った後に這い出てきて生殖活動を
行い、水たまりに産卵する。

4–10 cm
1½–4 in

チャコバゼットガエル
BUDGETT'S FROG
Lepidobatrachus laevis
体は平たく、大きな口には牙がある。乾期にはまゆを
かぶって地下に留まり、雨が降った後に出てきて繁殖する。

フトハラコヤスガエル ROBBER FROGS

フトハラコヤスガエル科は南北アメリカ、中央アメリカに見られ
る。卵は直接発生して小型の幼体が孵化する。オタマジャクシの
時期はない。卵は地面の上や草の中に産み落とされる。
父親が卵の世話をする種が多い。

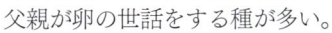

2–5 cm
¾–2 in

ズビロコヤスガエル
BROAD-HEADED RAIN FROG
Craugastor megacephalus
中央アメリカ産。昼間は穴の中に隠れ、
夜になると出てくる。落ち葉の中に
産卵する。

3–7 cm
1¼–2¾ in

イスラボニータコヤスガエル
ISLA BONITA ROBBER FROG
Craugastor crassidigitus
中央アメリカの湿潤林が原産地。地上で生活
する。コーヒー農場や牧草地にも見られる。

2.5–5.5 cm
1–2¼ in

フィッツィンガーコヤスガエル
FITZINGER'S ROBBER FROG
Craugastor fitzingeri
森林に生息。雄は張り出した枝から雌に
呼びかける。雌のほうが大型。
卵は地上に産み落とされ雌が保護する。

ヒキガエル　TRUE TOADS

ヒキガエル科は世界中に分布する大きなグループで、多様性が高い。共通の特徴は、短い前肢、歩くか跳ねるかする後肢、乾いた疣だらけの皮膚、目の後ろの耳腺である。ただし、この科には、比較的スリムで四肢の長い、南及び中央アメリカ産のフキヤヒキガエル類も含まれる。

横長の虹彩

背中には緑色の斑点

疣のある皮膚

9–12 cm
3½–4¾ in

アフリカヒキガエル
COMMON AFRICAN TOAD
Sclerophrys regularis
サハラ砂漠及びナミブ砂漠の乾燥地域を除いてアフリカ全土に分布する普通種。ずんぐりしたカエルで、堰や池で繁殖する。雄は耳障りなアヒルのような鳴き声で雌を呼ぶ。

5–11.5 cm
2–4½ in

5–10 cm
2–4 in

マレーキノボリヒキガエル
MALAYAN TREE TOAD
Rentapia hosii
東南アジアに見られる。ヒキガエルにしては珍しく、主に樹上生活を送る。指先には粘着力のある吸盤があって木に登れるようになっている。

ミドリヒキガエル
GREEN TOAD
Bufotes viridis
もともと砂地に生息する鮮やかなカエル。ヨーロッパと西アジアで見られる。春になると穴から出てきて池で繁殖する。

ナタージャックヒキガエル
NATTERJACK
Epidalea calamita
ほかのヒキガエルに比べて四肢が短く、ネズミのように走る。ヨーロッパ各地に見られ、春から夏にかけて繁殖する。

5–10 cm
2–4 in

ソロモンツノガエル　CERATOBATRACHIDAE

ソロモンツノガエル科は東南アジア及び中国、さらに太平洋の島々のいくつかに分布する。卵は大きく、直接発生して小型のカエルとして孵化する。多くの種では指先が膨れている。

フィジーオオエダアシガエル
FIJI GROUND FROG
Cornufer vitianus
フィジー諸島の個体群のなかには、マングースの移入によって消滅してしまったものもある。

2.5–11 cm
1–4¼ in

目の上の角のような突起

三角形の平たい頭部

5–8 cm
2–3¼ in

ソロモンツノガエル
SOLOMON ISLANDS HORNED FROG
Cornufer guentheri
尖った口吻と目の上にある角のような突起が特徴。枯葉の間に隠れている。

スズガエル　BOMBINATORIDAE

スズガエル科は小ぶりな水生のカエルで、ヨーロッパとアジアで見られる。体は平たく、鮮やかな体色のものが多い。スズガエルは昼間活動するが、フィリピン及びボルネオ産で地味な色のバーバーガエルは夜行性である。

突出した目

腹部は鮮やかな赤

明るい緑の体色

3–5 cm
1¼–2 in

スズガエル
ORIENTAL FIRE-BELLIED TOAD
Bombina orientalis
中国と韓国に生息。ひしゃげたような小型のカエルで、皮膚の分泌物は有毒。攻撃されると鮮やかな色の腹部を見せる。

フクラガエル　RAIN FROGS

フクラガエル科はアフリカ東部及び南部で見られる。雄は雌よりもかなり小さい。繁殖行動中、雄は雌の背中に皮膚からの分泌物で接着される。

3–5 cm
1¼–2 in

サバクフクラガエル
DESERT RAIN FROG
Breviceps macrops
水場から遠く離れたところに穴を掘って生活する。海霧で時たま湿るナミビアの砂丘に生息し、繁殖もそこで行う。

5–9 cm
2–3½ in

大きな
耳腺

疣のある
短い四肢

アメリカヒキガエル
AMERICAN TOAD
Anaxyrus americanus

北アメリカ東部に生息。体色変異が著しい。繁殖は池で行われ、雄はトリルのかかった声を長く引き延ばして鳴く。

アデヤカフキヤヒキガエル
VARIABLE HARLEQUIN FROG
Atelopus varius

パナマ及びコスタリカ産の攻撃的な種で、派手な色彩は個体差が大きい。流れのそばに生息し、昼間活動する。

2.5–6 cm
1–2¼ in

4–8 cm
1½–3¼ in

トルアンド ヒキガエル
TRUANDO TOAD
Rhaebo haematiticus

中央及び南アメリカに分布し森の落ち葉の中に生息。頭部が幅広い。岩の水たまりに長くつながった卵塊を産む。

2.5–4 cm
1–1½ in

5–10 cm
2–4 in

ベニマダラフキヤヒキガエル
GUYANAN STUBFOOT TOAD
Atelopus barbotini

ガイアナ産の平たい体をしたフキヤヒキガエル。一年を通して、森の流れで繁殖する。

ゼテクフキヤヒキガエル
PANAMANIAN GOLDEN FROG
Atelopus zeteki

パナマ産の鮮やかな体色のカエル。大雨の後、水たまりで繁殖する。野生では既に絶滅しているかもしれない。

5.5–9.5 cm
2¼–3¾ in

8–20 cm
3¼–8 in

毒液を分泌する耳腺

疣だらけのオリーブグリーンの皮膚

10–24 cm
4–9½ in

ヨーロッパヒキガエル
EUROPEAN COMMON TOAD
Bufo bufo

ヨーロッパ及びアフリカ北部に広く分布している。春の繁殖期、大きな雌に小さな雄が群がる（雌雄比は約1：3）。

ムクオスヒキガエル
GREEN CLIMBING FROG
Incilius coniferus

中央及び南アメリカ原産。夜行性のヒキガエルで、草木に紛れて登っているのがよく見られる。

オオヒキガエル
CANE TOAD
Rhinella marina

世界最大級のヒキガエル。アメリカ原産だがオーストラリアに移入され、在来の野生生物にとって深刻な脅威となっている。

ダーウィンガエル RHINODERMATIDAE

ダーウィンガエル科には南アメリカ産の2種が含まれる。鼻先がとがり隠蔽色をまとうカエルである。雄は卵とオタマジャクシを口内に保持する。もう一種は希少種であり、詳しいことはほとんどどわかっていない。

肉質の突起

緑色の背中

目の虹彩は横長

2–3 cm
¾–1¼ in

ダーウィンハナガエル
DARWIN'S FROG
Rhinoderma darwinii

チリとアルゼンチンに分布。一風変わった子育てをする。卵は父親の声嚢内で発生し、カエルになって出てくるのだ。

コヤスガエル ELEUTHERODACTYLIDAE

コヤスガエル科では卵が直接発生してカエルになってから孵化する。米国南部全般、カリブ海地方、南アメリカ北部に分布する。極めて小型の種では指の数が減少し、また産卵数が非常に少なくなっていて、1つしか卵を産まないこともある。

1.5–8 cm
½–3¼ in

コークィコヤスガエル
PUERTO RICAN COQUI
Eleutherodactylus coqui

プエルトリコ原産。名前は鳴き声から来ている。まず「コー」と鳴いてほかの雄を威嚇し、続いて「クィ」と鳴いて雌を引き寄せる。

1.5–2.5 cm
½–1 in

指には大きな吸盤

カレッタコヤスガエル
CARETTA ROBBER FROG
Diasporus diastema

小型でたいへん敏捷なカエル。樹上性で、夜間に活動する。木に着生するアナナス科の植物に溜まった水中に産卵する。

オオヒキガエル

CANE TOAD *Rhinella marina*

世界最大級のカエル。頑丈で、途方もない食欲の持ち主だ。主に、低木林やサバンナなどの乾燥した環境に生息する。人里周辺で生活するのも普通で、街灯の下に陣取って落ちてくる昆虫を待ち構えているのがよく見られる。雌は雄より大きく、最大の雌なら1回に2万個以上もの卵を産める。雄は低いピッチでゆっくりした、トリルのかかった鳴き声で雌を呼ぶ。天敵はほとんどいない。生活環のどの段階でも嫌な味がしたり毒があったりして、捕食者に敬遠されるからである。オーストラリアでは害獣として大問題となっている。在来の動物に対して有害で、人間にとってもやっかいなものであり、繁殖力旺盛で、全くコントロールできないのだ。

体 長	10-24cm（4-9½in）
生息地	森林以外
分 布	中央及び南アメリカ原産。オーストラリアをはじめ世界各地に移入されている
食 性	陸生の無脊椎動物

∧ 明るい腹面
腹部と喉は疣が比較的小さく、色は概ね明るい。カエルは皮膚から水が逃げていくので、昼間は隠れて水分を保持しなくてはならない。

腹部に暗色の斑紋

論 点

有害生物の駆除

英名の cane toad は、1935年、オーストラリアのクイーンズランド州に移入された時につけられたもの。サトウキビ（sugar cane）農場で害虫を駆除するためだった。以来、オーストラリア固有の動物相を獲物として爆発的に繁殖し、原産地よりも密度の高い個体群を形成している。現在も途方もない勢いで広がりつつあり、警戒が必要だ。今やオーストラリア東部及び北部にどこにでも見られ、分布はさらに拡大中である。個体数を制限し、封じ込めてなわばり拡大を抑えるべく、科学者たちが種々の方策を検討している。

耳腺

成体の体色は黄色かオリーブ色、あるいは赤茶色

繁殖期の雄は疣に濃色の棘が生える

夜のハンター ＞
有毒な皮膚に守られていて捕食者を恐れる必要がない。夜になると昼間の隠れ場所から出てきて跳ね回り、獲物を探す。

強力な筋肉を備えた短い後肢でジャンプする

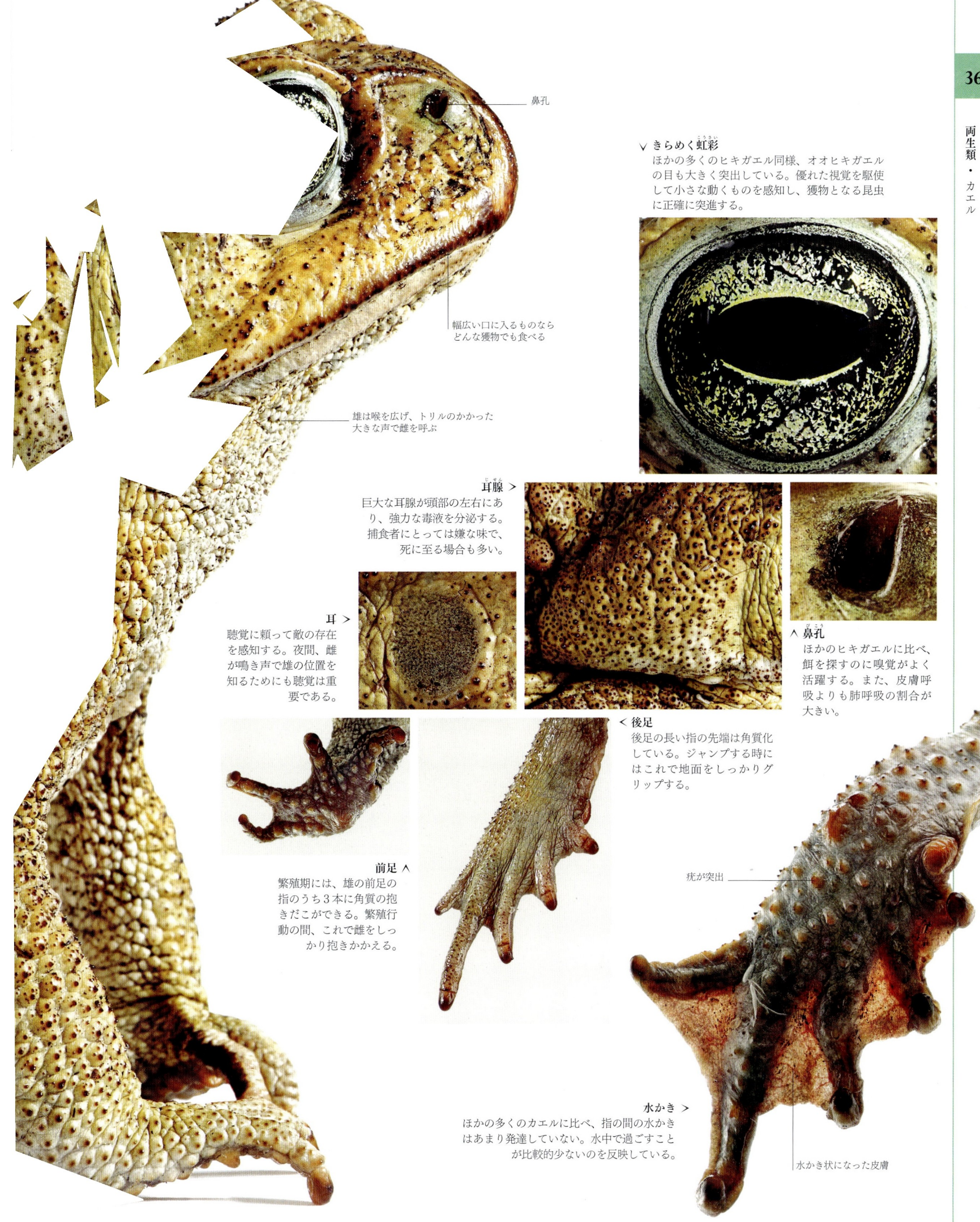

鼻孔

きらめく虹彩
ほかの多くのヒキガエル同様、オオヒキガエル
の目も大きく突出している。優れた視覚を駆使
して小さな動くものを感知し、獲物となる昆虫
に正確に突進する。

幅広い口に入るものなら
どんな獲物でも食べる

雄は喉を広げ、トリルのかかった
大きな声で雌を呼ぶ

耳腺 >
巨大な耳腺が頭部の左右にあ
り、強力な毒液を分泌する。
捕食者にとっては嫌な味で、
死に至る場合も多い。

耳 >
聴覚に頼って敵の存在
を感知する。夜間、雌
が鳴き声で雄の位置を
知るためにも聴覚は重
要である。

∧ 鼻孔
ほかのヒキガエルに比べ、
餌を探すのに嗅覚がよく
活躍する。また、皮膚呼
吸よりも肺呼吸の割合が
大きい。

< 後足
後足の長い指の先端は角質化
している。ジャンプする時に
はこれで地面をしっかりグ
リップする。

前足 ∧
繁殖期には、雄の前足の
指のうち3本に角質の抱
きだこができる。繁殖行
動の間、これで雌をしっ
かり抱きかかえる。

疣が突出

水かき >
ほかの多くのカエルに比べ、指の間の水かき
はあまり発達していない。水中で過ごすこと
が比較的少ないのを反映している。

水かき状になった皮膚

ヤドクガエル POISON-DART FROGS

ヤドクガエル科は鮮やかな体色で有名だが、これは皮膚に猛毒が含まれていることを捕食者に警告するものだ。毒は餌の昆虫に由来する。中央及び南アメリカの森林に分布し、昼間活動する。

2 cm
¾ in

長くすんなりとした四肢

マネシヤドクガエル
MIMIC POISON FROG
Ranitomeya imitator
ペルーに分布。体色の個体変異が著しく、また外見がよく似た種が少なくとも3種はいる。

1.8 cm
¾ in

ドリススワンソンヤドクガエル
DORIS SWANSON'S POISON-DART FROG
Andinobates dorisswansonae
2006年に発見された種。コロンビアのアンデス山脈中の一部の森林だけで見られる。林床や、背丈の低いアナナス科の植物上で生活する。

背中は茶褐色で白いすじがある

2.5–3.5 cm
1–1½ in

ルリモンホソスジヤドクガエル
SPOTTED-THIGHED POISON-DART FROG
Allobates femoralis
南アメリカ産。雌は葉で作った巣に産卵する。雄は卵を保護し、オタマジャクシを背中に乗せて水場まで運ぶ。

2–2.5 cm
¾–1 in

ヒメキスジフキヤガエル
LOVELY POISON-DART FROG
Phyllobates lugubris
ニカラグアからパナマにかけて分布し、低地森林の落ち葉の中に生息する。雄が卵とオタマジャクシの世話をする。

3–4.5 cm
1¼–1¾ in

キイロフキヤガエル
GOLDEN POISON FROG
Phyllobates terribilis
ヤドクガエルのなかでもおそらく最も強力な毒をもつ。地上性で、コロンビアの低地森林に生息。

1–2 cm
⅜–¾ in

シルバーストンヤドクガエル
RAINFOREST ROCKET FROG
Silverstoneia flotator
コスタリカとパナマに分布。オタマジャクシの口は上向きについていて、水面にある餌を水中から食べる。

3.5–4.5 cm
1½–1¾ in

ミスジヤドクガエル
THREE-STRIPED POISON FROG
Ameerega trivittata
南アメリカに分布し、人里近くでよく見られる。日中、特に雨の後に鳴く。卵は落ち葉の中に産む。

ツノアマガエル MARSUPIAL FROGS

ツノアマガエル科は南及び中央アメリカに分布する。親は卵を背負い、卵はそこで直接発生して子ガエルが孵化する。袋の中に卵を入れて育てるフクロアマガエルもこの科に含まれる。

4.5–6.5 cm
1¾–2½ in

エクアドルツノアマガエル
SUMACO HORNED TREEFROG
Hemiphractus proboscideus
コロンビア、エクアドル、ペルーに分布。雌は卵を背中に乗せて運ぶが、袋は備えていない。

クサガエル REED AND SEDGE FROGS

クサガエル科は大きなグループで、敏捷な樹上性の種を多数含む。森の木々や低木、あるいは水場近くのアシの葉などに集まり、繁殖相手を見つけて産卵する。鮮やかな体色で、明確な雌雄差が見られる種もいる。

キアシアルキガエル
RED-LEGGED KASSINA
Kassina maculosa
アフリカ東部に分布する陸生種。指に吸盤がある。卵は半沈水植物に産みつけられ、大型のオタマジャクシが孵化してくる。

突出した目

四肢に赤い模様

5.5–6.5 cm
2¼–2½ in

2.5–3.5 cm
1–1½ in

ニセセスジバナナガエル
FOULASSI BANANA FROG
Afrixalus paradorsalis
アフリカ西部に分布。水の上に張り出す巻いた葉に産卵する。雄が雌を呼ぶ声はクリック音に似る。

ミドリヤドクガエル
GREEN POISON-DART FROG
Dendrobates auratus
雄はなわばりを防衛するために
争う。雄は卵を保護し、孵化した
オタマジャクシを背負い、
アナナス科の植物にできた
小さな水たまりまで運ぶ。

2.5−6 cm
1−2¼ in

鮮やかな
赤い体色

3−4 cm
1¼−1½ in

キオビヤドクガエル
YELLOW-BANDED
POISON-DART FROG
Dendrobates leucomelas
南アメリカ北部の湿潤森林
に分布。皮膚の毒は餌の
アリに由来する。

明るく
青い皮膚

3−4.5 cm
1¼−1¾ in

長い前肢

ソメワケヤドクガエル
DYEING POISON FROG
Dendrobates tinctorius
南アメリカに分布。体色の個体変異が著しい。上の写真は
青いタイプ（*azureus*）である（訳注：以前は別種の *D. azureus*
〔コバルトヤドクガエル〕とされていた）。雌雄ともに
卵を保護し、激しくなわばりを防衛する。

丸みのある
吻

2−2.5 cm
¾−1 in

吸盤のある指

イチゴヤドクガエル
STRAWBERRY
POISON-DART FROG
Oophaga pumilio
本種の雌は子どもの世話をする。卵が
孵化すると、アナナス科の植物にでき
た水たまりにオタマジャクシを運び、
未受精卵を産んで食べさせる。

3−4 cm
1¼−1½ in

セマダラヤドクガエル
SPLASHBACK POISON FROG
Adelphobates galactonotus
ブラジルの森林に分布し、落ち葉の中に生息する。
地上に産卵し、オタマジャクシを水場まで運ぶ。

1.5−2 cm
½−¾ in

イツスジヤドクガエル
RIO MADEIRA POISON FROG
Adelphobates quinquevittatus
ブラジルとペルーに分布するごく小さな種。
オタマジャクシを水のたまった穴まで運ぶ。
雌は未受精卵を産んで幼生の餌とする。

2 cm
¾ in

イボヤドクガエル
GRANULAR
POISON FROG
Oophaga granulifera
コスタリカとパナマに
分布。雌は未受精卵を
産んで、子どもに
餌として与える。

2−2.5 cm
¾−1 in

ブラジルナッツ
ヤドクガエル
BRAZIL-NUT
POISON FROG
Adelphobates castaneoticus
ブラジルに分布。雄は、オタ
マジャクシを1匹ずつ水のた
まった木の穴まで運ぶ。オタ
マジャクシは食欲旺盛である。

イカケヤクサガエル
TINKER REED FROG
Hyperolius tuberilinguis
敏捷なカエルで、大きな鳴き声で知られる。
繁殖期には何千匹もの雄が池の周囲に
集まって、耳を聾する大合唱をする。

指先には大きな
吸盤

2−3.5 cm
¾−1½ in

3−4.5 cm
1¼−1¾ in

大きな目

ボリファンバ
クサガエル
BOLIFAMBA
REED FROG
Hyperolius bolifambae
アフリカ西部の低木林に
棲み、池で繁殖する。
雄は高音のブザーの
ような声で鳴く。

ヌマチガエル AUSTRALIAN GROUND FROGS
ヌマチガエル科はオーストラリアとニューギニアに
分布する。地上に棲むものや穴を掘って地中に暮ら
すものなど、多くの種が含まれる。最近絶滅した2
種は、胃の中で卵を育てるという変わった繁殖方法
をとっていた。

3−6 cm
1¼−2¼ in

チャスジヌマチガエル
BROWN-STRIPED MARSH FROG
Limnodynastes peronii
オーストラリア産。地中に埋まって乾期をしのぐ。大雨
が降った後に現れ、泡塊の中に卵を産んで水に浮かす。

アマガエル TREEFROGS

アマガエル科は世界中に分布する大きなグループだ。特に新世界に多くの種が生息している。四肢は細長く、指先に吸盤がある。大半は樹上性で夜間活動する。繁殖期には多数が集まって騒がしく大合唱する。

アカハラアカメガエル
SPLENDID LEAF FROG
Cruziohyla calcarifer

5—9 cm
2—3½ in

中央及び南アメリカ北部に分布し、樹上高くに生息する。水かきのある足を広げてパラシュートにし、木から木へと滑空する。

アカメナガレアマガエル
RUFOUS-EYED STREAM FROG
Duellmanohyla rufioculis

2.5—4 cm
1—1½ in

コスタリカの森林で見られる。流れの速いところで繁殖する。オタマジャクシは特殊化した口で岩に吸い付く。

背中は茶色で色の濃い模様がある

サエズリアマガエル
SPRING PEEPER
Pseudacris crucifer

2—3 cm
¾—1¼ in

米国東部及びカナダの森林地帯に生息。高いピッチの独特な鳴き声は、春がすぐそこまで来ていることを告げる。

アベコベガエル
PARADOXICAL FROG
Pseudis paradoxa

5—7 cm
2—2¾ in

水生のカエルで、オタマジャクシが成体の4倍もの大きさになるので、この名が付けられた。南アメリカとトリニダードに分布する。

ジュウジメドクアマガエル
AMAZON MILK FROG
Trachycephalus resinifictrix

7—9 cm
2¾—3½ in

南アメリカの森林に分布し、林冠高くに生息。倒木の水たまりに産卵し、オタマジャクシはそこで子ガエルになる。

ローゼンベルグアマガエル
ROSENBERG'S GLADIATOR FROG
Boana rosenbergi

5.5—7.5 cm
2¼—3 in

中央及び南アメリカに分布。雄は湿った地面に穴を掘って小さな水盆をつくり、卵はそこに産み落とされる。雄はライバルから水盆を守るために闘い、それで死ぬこともある。

テヅカミネコメアマガエル
ORANGE-LEGGED LEAF FROG
Phyllomedusa hypochondrialis

4—5 cm
1½—2 in

南アメリカ北部の乾燥した地域が原産地。樹上性で、皮膚表面にワックスのような分泌物を塗りつけて水の損失を防ぐ。

指先の吸盤

コープアマガエル
FRINGE-LIMBED TREEFROG
Ecnomiohyla miliaria

5.5—11 cm
2¼—4¼ in

中央アメリカ産の大型種で、四肢の皮膚にフリルのようなたるみがある。木から木へと滑空するのに役立っているのかもしれない。

ブランジェアマガエル
BOULENGER'S SNOUTED TREEFROG
Scinax boulengeri

3.5—5.5 cm
1½—2¼ in

中央アメリカとコロンビアに分布。雨の後に残った水たまりで繁殖する。雄は決まった場所に毎晩通っては雌を呼ぶ。

キューバアマガエル
CUBAN TREEFROG
Osteopilus septentrionalis

2.5—10 cm
1—4 in

原産地はキューバ、ケイマン諸島及びバハマだが、フロリダに移入され、在来のカエルを餌にしてその個体数を減らしている。

ヨーロッパアマガエル
COMMON TREEFROG
Hyla arborea

3—5 cm
1¼—2 in

春には雄が集まってにぎやかしく鳴き、雌を引き寄せる。ペアができると近くの池まで降りて行き、産卵する。

大きくて突出した赤い目

明るい腹部

4—7 cm
1½—2¾ in

アカメアマガエル
RED-EYED TREEFROG
Agalychnis callidryas

木登りが得意の種で、水場の上に張り出した木で繁殖する。卵は葉に産み付けられ、孵化したオタマジャクシは水に落ちる。

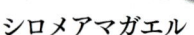

3—5 cm
1¼—2 in

シロメアマガエル
LEMUR FROG
Agalychnis lemur

中央アメリカに分布する夜行性の種で、日中は葉の裏側に止まって寝ている。水の上に張り出した葉に産卵する。

7—10 cm
2¾—4 in

マナウストゲハダアマガエル
GIANT BROAD-HEADED TREEFROG
Osteocephalus taurinus

樹上性の種で、南アメリカの森林に分布する。雨の後に繁殖行動し、水面に産卵する。

コガシラアマガエル
SMALL-HEADED TREEFROG
Dendropsophus microcephalus

中央及び南アメリカ、トリニダードに分布。水たまりで繁殖する。日中は薄い黄色だが夜間は赤茶色になる。

2–3 cm
¾–1¼ in

横長の虹彩

イエアメガエル
AUSTRALIAN GREEN TREEFROG
Litoria caerulea

オーストラリア北東部とニューギニアに分布。木登りが上手なすばしこいカエルで、人里近くでよく見られる。

5–10 cm
2–4 in

ムカシガエル
NEW ZEALAND FROGS

ムカシガエル科には4種が含まれるが、いずれもニュージーランドだけに分布する。ほかのカエルよりも椎骨の数が多いのが特徴。また、左右の後肢を交互にキックして泳ぐのもほかのカエルと異なっている。湿潤な森林に生息し、夜間に活動する。

2.5–3.5 cm
1–1½ in

アーチェイムカシガエル
COROMANDEL NEW ZEALAND FROG
Leiopelma archeyi

ニュージーランドの北島だけで見られる。地上性だが、倒木の下に産卵する。生息地の減少や疾病により絶滅寸前である。

ユビナガガエル TROPICAL GRASS FROGS

ユビナガガエル科は多様性の高い大きなグループである。南北及び中央アメリカと西インド諸島に分布する。大半が地上性で、とがった鼻先と長く力強い後肢が特徴である。繁殖習性はさまざまだが、泡巣に入った卵を産むものが多い。

疣のような突起のある皮膚

ツンガラガエル
TÚNGARA FROG
Engystomops pustulosus

中央アメリカに分布。繁殖期には雄が雌の分泌液をかき回して泡にし、雌はそこに産卵する。泡塊は水に浮かぶ。

3–4 cm
1¼–1½ in

カンムリアマガエル
CORONATED TREEFROG
Anotheca spinosa

メキシコと中央アメリカが原産地。アナナスやバナナの木で生活し、葉などにたまった水に産卵する。

6–8 cm
2¼–3¼ in

チュウベイメキシコアマガエル
MASKED TREEFROG
Smilisca phaeota

中央及び南アメリカの湿潤な森林に棲み、夜間活動する。小さな水たまりに産卵する。

4–8 cm
1½–3¼ in

骨性の突起

カドバリカブトアマガエル
YUCATAN CASQUE-HEADED TREEFROG
Triprion petasatus

メキシコや中央アメリカの低地森林に生息する。木の穴に入り込み、頭部にある骨性の突起で入り口をふさぐ。

5–7.5 cm
2–3 in

マダガスカルガエル MANTELLAS

マダガスカルガエル科はマダガスカルとマヨット島だけに分布する。日中に活動する。多くは鮮やかな体色で、皮膚に毒があることを捕食者に警告している。生息地が減少し、また国際的にペットとして取引されているため、ほとんどの種が脅かされている。

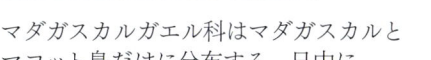

マダガスカルツリーフロッグ
WHITE-LIPPED BRIGHT-EYED FROG
Boophis albilabris

樹上性の大型種で、マダガスカルだけに分布し、繁殖地である川のそばに生息している。後足には水かきが発達している。

4.5–8 cm
1¾–3¼ in

ハナモンマダガスカルガエル
ELEGANT MADAGASCAN FROG
Spinomantis elegans

岩が露出しているところに生息する。標高の高いところに見られ、森林限界より上にいることもある。渓流で繁殖する。

5–6 cm
2–2¼ in

きめが粗く湿った皮膚

2–2.5 cm
¾–1 in

2–3 cm
¾–1¼ in

マダガスカルキンイロガエル
MADAGASCAN GOLDEN MANTELLA
Mantella aurantiaca

マダガスカルの雨林に生息するごく小さなカエル。鮮やかな体色で、捕食者に対し皮膚に猛毒があることを警告している。

ミナミマダガスカルキンイロガエル
PAINTED MANTELLA
Mantella madagascariensis

マダガスカルのカエルで、森林の渓流で繁殖する。生息地の消失により脅かされている。雄は短いさえずりのような声で鳴く。

ヒメアマガエル NARROW-MOUTHED FROGS

ヒメアマガエル科は南北アメリカ、アジア、オーストラリア及びアフリカに分布する、バラエティーに富んだ大きな科である。ほとんどが地上で生活するが、地中に穴を掘って生活する種もいる。大半の種は吻が短く、体はふっくらしてしばしば水滴状、後肢はたくましい。

5–7.5 cm
2–3 in

アジアジムグリガエル
PAINTED TOAD
Kaloula pulchra
アジアに広く分布する。人里近くの環境によく適応している。皮膚から有毒な粘液を分泌して身を守る。

3–6 cm
1¼–2¼ in

トマトガエル
TOMATO FROG
Dyscophus antongilii
マダガスカル産。日中は地中に埋まっていて、夜になると出てきて餌を探す。皮膚の粘液で捕食者から身を守る。

8–12 cm
3¼–4¾ in

チョボグチガエル
BLACK-SPOTTED
NARROW-MOUTHED FROG
Kalophrynus interlineatus
中国産。粘液を分泌して身を守る。雨の後、小さな水たまりで繁殖する。

トウブジムグリガエル
EASTERN NARROW-MOUTHED TOAD
Gastrophryne carolinensis
米国南東部に分布するジムグリガエルで、あらゆるサイズの水場で繁殖する。雄の鳴き声はヒツジのメーメーという鳴き声に似ている。

2–3.5 cm
¾–1½ in

オオツブヒメアマガエル
GIANT STUMP-TOED FROG
Stumpffia grandis
小さな地上性の種で、マダガスカルの標高の高い森林に分布する。落ち葉の中にいる。

2–2.5 cm
¾–1 in

コノハガエル MEGOPHRYIDAE

コノハガエル科はアジアの各地に見られる小さなグループで、体の形と模様でカムフラージュして落葉の中に隠れている。ジャンプするよりは歩き、大半は地上で生活する。

目蓋の上に角のような突起

隠蔽色の地に黒い斑紋

ミツヅノコノハガエル
ASIAN HORNED FROG
Pelobatrachus nasuta
落ち葉の中に身を隠して獲物を待ちかまえる。雌は渓流の岩や沈木の下に卵を産みつける。

7–14 cm
2¾–5½ in

パセリガエル PARSLEY FROGS

わずか4種からなるパセリガエル科は、ヨーロッパとコーカサス地方に限って分布している。「パセリ」という名は緑色の模様からつけられた。雨の後に繁殖し、長いひも状の卵塊を産む。

パセリガエル
COMMON PARSLEY FROG
Pelodytes punctatus
ヨーロッパに分布。腹部を吸盤のように用いて滑らかな垂直面を登る。繁殖期には雌雄ともに鳴く。

3–5 cm
1¼–2 in

ピパ (コモリガエル)
TONGUELESS FROGS

ピパ科は水生のカエルで、水中生活によく適応している。体は平たく、後足には水かきがよく発達し、眼は上方に突出していて水の外から認めることができる。舌はない。獲物はさまざまで、死体も食べる。

雌の背中に乗せられた卵

筋肉質の後肢

獲物を引き裂く爪

3–5 cm
1¼–2 in

フレーザーツメガエル
FRASER'S CLAWED FROG
Xenopus fraseri
アフリカ西部及び中央部に分布する完全な水生種。人間の手が加わった生息地でも繁栄し、食用として捕獲されている。

コガタピパ
DWARF SURINAM TOAD
Pipa parva
ヴェネズエラ及びコロンビアで見られる完全な水生種。卵は雌の背中で発生する。

2.5–4.5 cm
1–1¾ in

スキアシガエル
SPADEFOOT TOADS

スキアシガエル科はユーラシアとアフリカ北部に見られる小さなグループで、後足の角質化した突起が特徴。この突起で地面に穴を掘って潜り、雨が降るのを待つ。

ニンニクガエル
COMMON SPADEFOOT TOAD
Pelobates fuscus
ヨーロッパとアジアに分布。体色の個体変異が著しい。攻撃されると、ずんぐりした体を膨らませる。

4–8 cm
1½–3¼ in

ヌマガエル DICROGLOSSIDAE

ヌマガエル科はバラエティーに富んだグループで、アフリカ、アジア、それに太平洋のいくつかの島々に分布する。ほとんどは陸生だが、水場のすぐ近くで見られる。水中に産卵し、オタマジャクシが親と離れて生活する種が多い。

トラフガエル
INDIAN BULLFROG
Hoplobatrachus tigerinus
南アジアに分布する大型で食欲旺盛なカエル。モンスーンの季節に繁殖する。雄の鳴き声の大きさは特筆に値する。

6.5−17 cm
2½−6½ in

ラジャマリーヌマガエル
RAJAMALLY WART FROG
Fejervarya kirtisinghei
スリランカだけに分布。流れのそばの落ち葉の中で生活し、農園や庭にもたくさんいる。

4−6.5 cm
1½−2½ in

2.5−4.5 cm
1−1¾ in

スキッパーガエル
COMMON SKITTERING FROG
Euphlyctis cyanophlyctis
南アジアに広く分布する水生のカエルで、水面をぴょんぴょん跳んで移動するという特技をもつ。

マルテンス
ウキガエル
MARTEN'S PUDDLE FROG
Occidozyga martensii
中国と東南アジアに分布する小さなカエル。森林の小川のそばにある水たまりに見られる。

1.5−2 cm
½−¾ in

ゴライアスガエル GOLIATH FROGS

ゴライアスガエル科には6種が含まれる。アフリカ産の大型で半水生のカエルである。流れの速い川に生息し、産卵もそこで行う。雄は鳴かないと考えられている。雌は川床の小石や岩の間に卵を産みつける。

10−40 cm
4−16 in

長い指と
水かきのある足

泳ぎに適した
強力な後肢

ゴライアスガエル
GOLIATH FROG
Conraua goliath
世界最大のカエル。アフリカ西部産で、水中で生活する。強力な後肢と足の水かきを駆使して、精力的に泳ぐ。

アカガエル TRUE FROGS

アカガエル科は大きなグループで、世界中ほとんどの地域に分布している。強力な後肢を備えるものがほとんどで、陸上でのジャンプも水中での泳ぎも見事なものである。通常、繁殖期は早春で、多数の個体が集まって産卵する。

ヨーロッパトノサマガエル
EDIBLE FROG
Pelophylax esculentus
ヨーロッパに広く分布するコガタトノサマガエル *Pelophylax lessonae* と、局地的に分布するほかの種との雑種である。水中及び水場の近くで生活する。

8−12 cm
3¼−4¾ in

カクモンガエル
PICKEREL FROG
Rana palustris
北アメリカの多くの地域で見られる。春の繁殖期に雌の産む卵塊には2〜3,000個もの卵が含まれている。

6−7 cm
2¼−2¾ in

3.5−8 cm
1½−3¼ in

アメリカアカガエル
WOOD FROG
Rana sylvatica
北アメリカでは北極圏内に見られる唯一のカエル。早春、一時的にできた魚のいない水たまりで繁殖する。

9−20 cm
3½−8 in

ウシガエル
AMERICAN BULLFROG
Rana catesbeiana
食欲旺盛な捕食者。オタマジャクシは4年かけて成長し、かなり大型になる。北アメリカでは最大のカエル。

緑色がかった茶色の
地に黒い模様

白い鳴嚢

雄の前肢は
たくましい

ヨーロッパアカガエル
EUROPEAN COMMON FROG
Rana temporaria
ほとんど陸上で過ごし、春に池に移動して繁殖する。塊になった卵を産む。

5−10 cm
2−4 in

ドロガエル PHRYNOBATRACHIDAE

ドロガエル科は小型で陸生ないし
半水生のカエルで、分布はサハラ
以南のアフリカに限られる。
ほとんどの種は一年を通じ
て繁殖し、水中に産卵する。
成熟するのに5年かかる。

疣のある皮膚

2 cm
½−¾ in

キンイロドロガエル
GOLDEN PUDDLE FROG
Phrynobatrachus auritus
ごく小さな水たまりで繁殖する。
地上性で、アフリカ中央部の
雨林に見られる。

アフリカアカガエル
ORNATE FROGS AND GRASS FROGS

アフリカアカガエル科は、アフリカやマダガスカル、
セイシェルの開けた土地に見られる。鮮やかな
体色の種を多く含む。流線型の体と強力な後肢
を生かして、驚異的なジャンプをする。

4.5−7 cm
1¾−2¾ in

マスカレン
ガエル
MASCARENE
RIDGED FROG
Ptychadena mascareniensis
農地によく見られる。
長い四肢と尖った吻が特徴。
水たまりや轍、溝で繁殖する。

アオガエル AFRO-ASIAN TREEFROGS

アオガエル科はアフリカ一帯とアジアの広い地域
に分布する。大半が樹上性。木から木へと滑空
するトビガエルを含む。多くは泡塊を作って
産卵し、卵やオタマジャクシはその中で
捕食者から保護されて育つ。

4−6 cm
1½−2¼ in

ハナナガシロアゴガエル
SOUTHERN
WHIPPING FROG
Taruga longinasus
生息地の大部分が失われ、絶滅
が危惧されている。樹上性で、
スリランカに残る分断された
雨林に見られる。

緑色に輝く皮膚

9−10 cm
3½−4 in

4.5−6 cm
1¾−2¼ in

アオアシモリガエル
AFRICAN FOAM-NEST TREEFROG
Chiromantis rufescens
アフリカ西部及び中央部の森に見られる。水
の上に張り出す枝上に泡塊を作って産卵する。

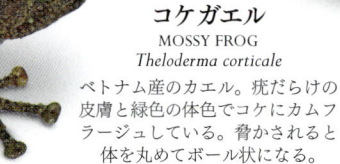

7−9 cm
2¾−3½ in

コケガエル
MOSSY FROG
Theloderma corticale
ベトナム産のカエル。疣だらけの
皮膚と緑色の体色でコケにカムフ
ラージュしている。脅かされると
体を丸めてボール状になる。

ワラストビガエル
WALLACE'S FLYING FROG
Rhacophorus nigropalmatus
東南アジアの雨林に分布する。樹上性。水か
きが発達していて、木から木へと滑空できる。

前足も後足も
長い指の間に
水かきが目一杯
張られている

アフリカウシガエル PYXICEPHALIDAE

アフリカウシガエル科は、サハラ以南のアフリカのさまざまな生息環境に
分布する。サイズは幅広く、巨大なアフリカウシガエルから、中型の
カエルや2cmに満たない極小のものまで含まれる。大半は
水中に産卵するが、小型種のなかには地上に産卵する
ものもいる。

オリーブグリーンの
地に濃色の模様

8−23 cm
3¼−9 in

極めて
大きな口

アフリカウシガエル
AFRICAN BULLFROG
Pyxicephalus adspersus
アフリカ産の大型種。雄は卵とオタマジャクシを
激しく防衛し、また、地面を掘って運河を作り、
オタマジャクシが水場に行けるようにする。

力強い
四肢

メキシコジムグリガエル
MEXICAN BURROWING TOAD

メキシコジムグリガエル科に属するのは1種だけで、地面を掘ってアリを食べるように特殊化している。薄くて長い舌を小さな口から突き出す。

6—8 cm
2¼—3¼ in

メキシコジムグリガエル
MEXICAN BURROWING TOAD
Rhinophrynus dorsalis
変わった形のカエルで、ほとんどの時間を地中に掘った穴で過ごす。地上に出てくるのは雨の後、一時的にできた水たまりで繁殖するときだけだ。

ハスカイコヤスガエル
STRABOMANTIDAE

この科は南アメリカやカリブ原産の小型のカエルだ。全て直接発生する。オタマジャクシの時期は存在せず、小さな子ガエルが孵化してくるのだ。

リモンコヤスガエル
LIMON ROBBER FROG
Pristimantis cerasinus
中央アメリカの湿潤な低地森林に見られる小型のカエル。日中は落ち葉の中に隠れ、夜は樹上で過ごす。

トウブスキアシガエル
AMERICAN SPADEFOOT TOADS

トウブスキアシガエル科は乾燥地帯に棲み、休眠状態で長期間地中にいる。雨の後、地上に現れて一時的にできた池で繁殖する。池の水はすぐに蒸発してしまうので、オタマジャクシは猛スピードで発生する。

5.5—9 cm
2¼—3½ in

斑点のある緑色がかった茶色の皮膚

1.5—3.5 cm
½—1½ in

チリキコヤスガエル
CHIRIQUI ROBBER FROG
Pristimantis cruentus
中央及び南アメリカに分布する小型で樹上性のカエル。木の幹の割れ目に産卵する。

2—4 cm
¾—1½ in

1.5—2.5 cm
½—1 in

リオサンファンコヤスガエル
PYGMY RAIN FROG
Pristimantis ridens
中央及び南アメリカの森林で見られる。ごく小さい夜行性のカエルで、人家の庭でもよく繁栄し、落ち葉の中に産卵する。

4—6 cm
1½—2¼ in

スキアシガエル
PLAINS SPADEFOOT
Spea bombifrons
北アメリカの乾燥した平野で見られる。日中は土に潜っている。大雨の後、多くの個体が集まって繁殖する。

コーチスキアシガエル
COUCH'S SPADEFOOT
Scaphiopus couchii
北アメリカに分布し乾燥した平野に棲む。ほとんど地中で過ごす。現れるのは夜に餌を食べる時と、大雨の後に繁殖する時だけ。

アシナシイモリ　CAECILIANS

アシナシイモリは細長く四肢のない両生類だ。尾は全くないか、あってもわずかである。皮膚にはリング状のしわがあって、体節があるように見える。

　アシナシイモリ（無足目）は全て熱帯に生息する。長さは12cmから1.6mまで、さまざまである。ほとんどの種は地中で生活する。骨が発達して硬く尖った頭部をシャベルのように使い、柔らかい土壌に穴を掘るのだ。夜、特に雨の後に現れて、

ミミズやシロアリ、そのほかの昆虫を食べる。水中で生活し、ほとんど陸上に上がってこないウナギに似た種もいる。水生種には尾鰭がある。陸生・水生にかかわらず目は痕跡的で、餌や繁殖相手を探すのは嗅覚に頼っている。目と鼻孔の間に一対の伸縮可能な触手があり、それで化学物質による信号を鼻に送る。

　全ての種が体内受精を行う。卵生の種もいるが、卵が雌の体内に保持され、鰓のある幼生や小型の成体が産まれてくる種もいる。

門	脊索動物門
綱	両生綱
目	無足目
科	10
種	214

50 cm
20 in

ヴェラグアアシナシイモリ
PURPLE CAECILIAN
Gymnopis multiplicata
中央アメリカに分布する陸生種で、生息地はさまざま。卵は雌の体内で孵化する。

ヌメアシナシイモリ　ICHTHYOPHIIDAE

ヌメアシナシイモリ科はアジアに分布し、水場近くの土中に産卵する。雌は卵のそばに残って、幼生が自力で水中に移動するまで保護する。

ハダカアシナシイモリ　DERMOPHIIDAE

ハダカアシナシイモリ科はアフリカ、中央〜南アメリカ産のずんぐりした円柱形の無足類で、地中で生活している。体色は茶色や灰色、濃紫色のものが多いが、黄色のこともある。数種は眼がない。胎生である。

アシナシイモリ　CAECILIIDAE

アシナシイモリ科のほとんどは穴を掘って地中に潜るタイプだ。世界中のほとんどの熱帯領域に見られ、長さはさまざまで、成長すると1.5mを超すものもある。卵から幼生が孵化してくる種と、雌の体内で幼生が発生する種がいる。

33 cm
13 in

体の左右に黄色いすじが走る

コータオアシナシイモリ
KOHTAO CAECILIAN
Ichthyophis kohtaoensis
東南アジアのさまざまな環境に見られる。地上に産卵するが、幼生は水中で暮らす。

サンタローザアシナシイモリ
SANTA ROSA CAECILIAN
Caecilia attenuata
アマゾン地方のエクアドルに分布する青味がかった灰色の無足類で、めったに見られない。低地の湿潤な森林に穴を掘って生息する。プランテーションや庭園などの劣化した生息環境にいることもある。

37—91 cm
14½—36 in

サンショウウオとイモリ SALAMANDERS AND NEWTS

カエルと同じ両生類とはいえ、サンショウウオやイモリはすらりとしたトカゲのような体つきで、長い尾がある。前肢と後肢は同じくらいのサイズである。

イモリとサンショウウオは有尾類というグループを成し、概して湿気の高い生息環境に見られる。大部分は北半球に限って分布している。南北アメリカに数多く生息し、カナダから南アメリカ北部まで多くの種が見られる。全長1mを超す種から2cmほどの極小の種まで、サイズはかなりの範囲にわたる。

水中生活と陸上生活

特にイモリ類によく見られるのが、一生の一部を水中で、一部を陸上で送るという生活様式だ。サンショウウオには、一生を水中で過ごす種もいるが、ずっと陸上で暮らす種もいる。多くは滑らかで湿った皮膚を備え、多かれ少なかれ皮膚呼吸を行っている。

アメリカサンショウウオ科には肺がなく、呼吸は皮膚と口腔を通じて全てをまかなっている。カエルに比べ有尾類は比較的頭が小さく、また目も小さい。最も重要な感覚は嗅覚で、餌を見つけたり社会的な相互作用を行ったりするのは嗅覚に頼る。多くの種（特に陸生種）が夜行性であり、日中は倒木や岩の下に隠れている。

繁殖方法

大半の種では、卵は雌の体内で受精する。だが雄がペニスを備えているわけではない。繁殖行動中、雄は精子を詰め込んだ精包というカプセルを雌に渡すのだ。多くの種では、精子の受け渡しの前に複雑な求愛行動が繰り広げられる。求愛は雄が雌に対してついてくるように誘いかけることから始まる。もちろん、雌が拒否することもありうる。イモリには、繁殖期になると雄の背中のたてがみが発達し体色が鮮やかになるものが多い。

多くの種は水中で産卵する。幼生はほっそりしており、尾には鰭があって縦に平たく、羽毛のように枝分かれした外鰓がある。幼生は肉食性で、水中の小さな生きものを食べる。サンショウウオのなかには例外的に完全に陸生のものもいる。そのような種では産卵は陸上で行われ、幼生期も卵内で過ごして成体の形態になってから孵化してくる。

門	脊索動物門
綱	両生綱
目	有尾目
科	10
種	754

アルプスイモリの雄が求愛前に雌の臭いを嗅いでいる。臭いを手がかりにして相手の性別や種を確認しているのだ。

サイレン SIRENS

サイレン科は完全に水生で、米国南部及びメキシコに分布する。成体になっても幼生の特徴を保持し、体つきはウナギに似ている。外鰓があり、後肢はない。

滑らかでぬるぬるした皮膚

50–90 cm
20–35 in

サイレン
GREATER SIREN
Siren lacertina
米国東南部とメキシコ北西部に分布し、浅い川や湖、池に生息する。前肢は小さく、尾には鰭がある。

オリンピックサンショウウオ
TORRENT SALAMANDERS

オリンピックサンショウウオ科は米国の北西端のみに分布する小さなグループで、4種から成る。ずんぐりした半水生のサンショウウオで、水中の石の下に産卵し、幼生は水中で生活する。

コロンビアオリンピックサンショウウオ
COLUMBIA TORRENT SALAMANDER
Rhyacotriton kezeri

7.5–11.5 cm
3–4½ in

オレゴン州とワシントン州のみに分布。春に産卵する。伐木が盛んに行われたために個体数が激減している。

イモリ NEWTS AND EUROPEAN SALAMANDERS

イモリ科に含まれるのは、北アメリカ、ヨーロッパ、アフリカ北部、及びアジアに分布する小型から中型のサンショウウオとイモリである。卵は雌の体内で受精する。精子は精包というカプセルにパックされて、複雑な求愛行動の最中に雄から雌へと渡される。

12–20 cm
4¾–8 in

カリフォルニアイモリ
CALIFORNIA NEWT
Taricha torosa
夜行性のイモリで、春に池に入って配偶行動を行い産卵する。致死的な神経毒を分泌して捕食者を撃退する。

オレンジ色の毒腺

12–18 cm
4¾–7 in

ヤマイボイモリ
CROCODILE NEWT
Tylototriton verrucosus
東南アジアに分布するがっちりしたイモリ。モンスーンの後、池で繁殖する。オレンジ色の模様は、嫌な味の液を分泌するという信号である。

幅の広い頭部と丸みのある顎

平たい尾

15–30 cm
6–12 in

イベリアトゲイモリ
SHARP-RIBBED SALAMANDER
Pleurodeles waltl
スペインとモロッコに分布する大型種。防衛方法が独特で、つかまれると鋭く尖った肋骨の先端が皮膚から突き出てくる。

円柱状の尾

尾には
青い模様

6–12 cm
2¼–4¾ in

腹部は
オレンジ色

アルプスイモリ
ALPINE NEWT
Ichthyosaura alpestris

ヨーロッパ北部の各地に分布
する。早春に繁殖する。雌は
卵を1つ1つ水草で包む。

7–10 cm
2¾–4 in

18–28 cm
7–11 in

メガネイモリ
SPECTACLED SALAMANDER
Salamandra terdigitata

人目につかないイモリで、イタリアだけに
分布し、丘陵地の小川に生息する。
体は細長く平たい。

13–17 cm
5–6½ in

ムハンフトイモリ
SPOTLESS STOUT NEWT
Paramesotriton labiatus

中国の渓流に見られる。泳ぐのに適した
太い尾を備えている。卵は岩に付着させて産む。

大きく突出
した目

10–14 cm
4–5½ in

サルジニアナガレイモリ
SARDINIAN BROOK SALAMANDER
Euproctus platycephalus

サルジニアだけに分布。ほっそりした
イモリで、小川に棲み、岩の下に
産卵する。生息地の減少により
絶滅が危惧されている。

マダラサラマンドラ
FIRE SALAMANDER
Salamandra salamandra

ヨーロッパ産。ほとんど陸上で
過ごし、産卵時だけ水に入る。
敵に向けて、頭部の腺から有毒な
分泌物を噴射する。

毒液を分泌する
大きな腺

9–13 cm
3½–5 in

ブチイモリ
EASTERN NEWT
Notophthalmus viridescens

北アメリカ東部に分布し、池で繁殖する。
変態後の幼体はエフト（eft）と呼ばれ、陸上で
生活する。エフトは鮮やかな赤色で毒性が強い。

6.5–14 cm
2½–5½ in

ザグロスツエイモリ
LORESTAN NEWT
Neurergus kaiseri

イランだけに分布し、流れに生息する。
生息地が失われ、かつペットとして
人気が高いために捕獲され、絶滅寸前である。

四肢はオレンジ色と黒色

アカハライモリ
JAPANESE NEWT
Cynops pyrrhogaster

ほとんどの時間を水中で過ごす。鮮やかな腹部の
体色は、捕食しようとする敵に向けて、皮膚の腺
から毒が分泌されることを警告するものだ。

9–12 cm
3½–4¾ in

7–10 cm
2¾–4 in

スベイモリ（ナミイモリ）
SMOOTH NEWT
Lissotriton vulgaris

ヨーロッパ各地と西アジアでよく見られ
る小型種。池で繁殖する。雄は複雑な
求愛行動の末、雌とつがいになる。

クシイモリ
GREAT CRESTED NEWT
Triturus cristatus

ヨーロッパから中央アジアにかけて分布する大型種。
池で繁殖する。春になると、雄は見事に発達した
たてがみを雌に見せびらかして求愛行動をする。

10–18 cm
4–7 in

マダライモリ
MARBLED NEWT
Triturus marmoratus

フランスとスペインに分布し、森林や牧草地、低木が
列を成すあたりに生息する。春には池に入って繁殖する。

10–14 cm
4–5½ in

アメリカサンショウウオ LUNGLESS SALAMANDERS

アメリカサンショウウオ科には 390 以上の種が含まれ、サンショウウオでは最大の科である。肺はなく、口蓋と皮膚を通して呼吸する。ヨーロッパ産の 6 種以外は全て南北アメリカと中央アメリカに分布し、さまざまな生息環境に見られる。主に小さな無脊椎動物を餌とする。

8–13 cm
3¼–5 in

小さな肢

ニカラグアマルジタ サンショウウオ
STRIATED SALAMANDER
Bolitoglossa striatula
水かきのある小型のサンショウウオ。コスタリカ、ホンジュラス、ニカラグアに分布。夜行性で、日中はバナナの葉の陰に隠れている。

胴体も尾も細長い

7–11 cm
2¾–4¼ in

ヤマウスグロサンショウウオ
MOUNTAIN DUSKY SALAMANDER
Desmognathus ochrophaeus
ほとんど陸上で生活する。大雨の後、多数の個体が森に集まって餌を食べているのが見られる。木や灌木に登っているのもよく目撃される。

アザラシサンショウウオ
SEAL SALAMANDER
Desmognathus monticola
ずんぐりした体の種で、昼間は地中に潜り、夜に活動する。よく岩の上にとまっている。

8–13 cm
3¼–5 in

アレンミミズ サンショウウオ
ALLEN'S WORM SALAMANDER
Oedipina alleni
コスタリカの低地森林に分布する。落ち葉の中にいるのが見つかる。攻撃されると細長い体と尾をくるっと丸める。

11–15 cm
4¼–6 in

10–16 cm
4–6½ in

ミスジオナガサンショウウオ
THREE-LINED SALAMANDER
Eurycea guttolineata
水場の近くや水中で見られる。3 本のすじの通るすらっと細長いサンショウウオで、泳ぎが非常にうまいが、穴に潜って過ごす時間のほうが長い。

ブルーリッジフタスジ サンショウウオ
BLUE RIDGE TWO-LINED SALAMANDER
Eurycea wilderae
湧き水や流れのそばで見られる小型種で、南アパラチア山脈の山地森林によく見られる。秋に繁殖行動を行って冬に産卵する。

横腹に黒いすじが走る

7–11 cm
2¾–4¼ in

7–12 cm
2¾–4¾ in

ミシシッピーヌメサンショウウオ
MISSISSIPPI SLIMY SALAMANDER
Plethodon mississippi
硬葉樹林に見られる陸生のサンショウウオ。皮膚から粘液を分泌して捕食者から身を守る。地上に産卵する。

11.5–21 cm
4½–8½ in

セアカサンショウウオ
RED-BACKED SALAMANDER
Plethodon cinereus
陸生種で、日中は樹皮の下に隠れ、暗くなってから木の葉にいるアリなどの昆虫を狩る。

オオサンショウウオ GIANT SALAMANDERS

オオサンショウウオ科は完全に水生の大型種 3 種から成る。北アメリカ、日本、中国に 1 種ずつ分布している。いずれもミミズから小型の哺乳類まで、さまざまな獲物を食べる。チュウゴクオオサンショウウオは世界最大のサンショウウオで、全長約 1.8m になる。

アメリカオオサンショウウオ
HELLBENDER
Cryptobranchus alleganiensis
北アメリカ産。平たい頭部を用いて岩の下に穴を掘り、雄はそこで卵を保護する。皮膚にはひだがある。

30–75 cm
12–30 in

平たい体

オオサンショウウオ
JAPANESE GIANT SALAMANDER
Andrias japonicus
水中で生活するが、生息地の減少のために絶滅の危機にさらされている。雄には、穴を守って雌に卵を産ませ、「穴の主」と呼ばれるものもいる。

1–1.4 m
3¼–4½ ft

横に張り出した肢

イズミサンショウウオ
SPRING SALAMANDER
Gyrinophilus porphyriticus
渓流や湧き水に生息する色鮮やかで機敏な種。
倒木や石の下に隠れていることが多い。

12–19 cm
4¾–7½ in

イタリアホラアナサンショウウオ
ITALIAN CAVE SALAMANDER
Hydromantes italicus
イタリア北部の山中にある流れや湧き水の
近くで見られる。洞穴や岩の割れ目に棲む。

7–12 cm
2¾–4¾ in

エスショルツサンショウウオ
ENSATINA SALAMANDER
Ensatina eschscholtzii
滑らかな皮膚をした北アメリカ産の
サンショウウオ。尾は肉づきがよく、
つけねが細い。敵に向かって尾を振り
防衛体勢を取る。

7.5–15.5 cm
3–6 in

ヨツユビサンショウウオ
FOUR-TOED SALAMANDER
Hemidactylium scutatum
陸生のサンショウウオ。成体はコケの中に棲むが、
幼生は水中で成長する。尾のつけねのくびれが目立つ。

5–9 cm
2–3½ in

アジア産のサンショウウオ
ASIATIC SALAMANDERS

アジアに限って分布するサンショウウオ
科には、小型から中型サイズまで、約50
種が含まれる。渓流に見られるものもい
る。池あるいは流れに産卵し、幼生には
外鰓がある。岩につかまる爪をもつ
種もいる。

オオイタサンショウウオ
OITA SALAMANDER *Hynobius dunni*
日本産で、絶滅が危ぶまれている。雌は
卵嚢に包まれた卵を産み、雄が争って
それに精子をかけ、体外で受精が行われる。

10–16 cm
4–6½ in

トラフサンショウウオ
MOLE SALAMANDERS

トラフサンショウウオ科は大型で、たいていは穴の
中に潜み、夜になると現れて餌を探す。33種が含まれ、
全て北アメリカ産である。有名なメキシコのアホロー
トルのように、外鰓など幼生の特徴を残したまま成
熟して水中生活を続ける種もいる。

トラフサンショウウオ
TIGER SALAMANDER
Ambystoma tigrinum
北アメリカに広く分布するがっちり
したサンショウウオ。春には池
に移動して繁殖行動を
し、産卵する。

18–25 cm
7–10 in

茶ないし黒の地に黄
か白の模様

マーブルサンショウウオ
MARBLED SALAMANDER
Ambystoma opacum
ずんぐりして尾が短い。秋に繁殖
行動をし、干上がった池に産卵するが、
冬になると雨が降って池に水が満ちる。

オオトラフサンショウウオ
AMERICAN GIANT SALAMANDERS

オオトラフサンショウウオ科には大型で攻撃
的な4種が含まれる。北アメリカ西部の湿潤
な針葉樹林に生息している。清浄で透明度が
高く干上がることのない渓流で繁殖する。幼
生は渓流で2～4年過ごしてから変態する。

大きな頭部

大理石のような模様

17–30 cm
6½–12 in

マッドパピー、ホライモリ
MUDPUPPIES AND RELATIVES

ホライモリ科6種のうち5種は北アメリカに
分布する。残りの1種は洞穴に生息する
ホライモリで、ヨーロッパに分布する。
いずれも幼生の形態を維持したまま
成体になる。体は細長く伸び、
外鰓をもち、目は小さい。

20–50 cm
8–20 in

20–30 cm
8–12 in

マッドパピー
MUDPUPPY
Necturus maculosus
食欲旺盛な捕食者で、さまざまな
無脊椎動物や魚類、両生類を食べる。
雌は発生中の卵を果敢に防衛する。

ホライモリ
OLM *Proteus anguinus*
完全な水生で、スロヴェニアとモンテ
ネグロに分布。水の溜まった洞穴に
生息する。盲目で、皮膚の色は白、
ピンク、あるいは灰色である。

アホロートル
（メキシコサンショウウオ）
AXOLOTL
Ambystoma mexicanum
アホロートルは成体になっても水から出ない。
発達した尾鰭と羽毛のような外鰓を備え、
大きいがほかのサンショウウオの幼生と
同じ形態のまま成体になる。

10–30 cm
4–12 in

幅広い頭部に小
さな目

9–11 cm
3½–4¼ in

オオトラフサンショウウオ
CALIFORNIA GIANT SALAMANDER
Dicamptodon ensatus
大型で夜行性。森林の生息地が消滅し減少しているために、
個体数が減少している。幼生は水中で生活する。

アンフューマ AMPHIUMAS

アンフューマ科には北アメリカ東部
に分布する3種が含まれる。いずれ
も完全な水生種である。大型でウナ
ギのような体にごく小さい四肢があ
る。雌は陸上に作った巣で卵を守る。
干ばつ期には泥に潜り、まゆを作っ
て生き延びる。蠕虫や軟体動物、魚類、
ヘビ、小型の両生類などを食べる。

ミツユビアンフューマ
THREE-TOED AMPHIUMA
Amphiuma tridactylum
大型で尾が長い。皮膚はぬるぬるし、
噛まれると非常に痛い。雄は毎年繁
殖するが、雌は1年おきに繁殖する。

40–110 cm
16–43 in

爬虫類 REPTILES

爬虫類は外温性（冷血）の脊椎動物のグループで、高度に進化した多様なメンバーを含んでいる。爬虫類は熱く乾燥した環境にいると思われがちだが、世界中の多様な環境や気候の地域に見られる。

門	脊索動物門
綱	爬虫綱
目	4
科	92
種	約 12,060

爬虫類の鱗は、体表を保護する重なり合う角質の小片からできており、鱗の下に骨片をもつものもいる。

卵殻のある卵は、爬虫類が水辺から離れたところで繁殖することを可能にした。外層の卵殻が胚を乾燥から守っている。

ワニ類が歩行する時、体を持ち上げて移動する。カメ類が地上を移動するときには腹を地面にこする。

爬虫類の体温調節は行動によっておこなわれる。朝日にあたって日光浴し、熱エネルギーを吸収する。

2億9500万年より前に、最初の爬虫類が両生類から進化した。彼らは現生の爬虫類だけでなく、哺乳類と鳥類の祖先でもある。中生代の間に、恐竜類や水生の魚竜類、首長竜類、空を飛ぶ翼竜類が地球の支配的な動物であった。現生の爬虫類のグループはこの時代に進化し、6600万年前に恐竜類を一掃した大絶滅を生き延びた。

爬虫類の共通の特徴は、鱗の皮膚に覆われていることと、日光浴のような外部の熱源を利用して体温を一定に保つといった行動による体温調節をおこなうことである。しかし、グループによって明らかな違いがある。カメ類は独特な丈夫な甲を備えている。トカゲ類、ワニ類とムカシトカゲ類には四肢と長い尾がある。多くの有鱗類（トカゲ類、ヘビ類、ミミズトカゲ類）では四肢の退化したものが進化した。

高温の砂漠の生態系では、通常トカゲ類やヘビ類が優勢である。しかし、熱帯、亜熱帯のあらゆる環境には様々な爬虫類が生息している。寒冷な気候の地域にはごく少数の種しか生息していない。どの生態系でも、爬虫類は捕食者としても被捕食者としても重要である。多くは肉食性で、いろいろな動物を捕食する。大型のカメ類とトカゲ類には例外的に植物食のものがいるが、多くはその時々に食べられる物を餌とする雑食性である。

爬虫類の行動とその存続

爬虫類には単独で行動するものも、高度に社会的なものもいる。涼しいときには動作が鈍く不活発だが、日光浴や暖かい岩に体を押しつけて、体温を適温まで上げると、非常に活発になる。

繁殖行動は複雑な場合もある。雄はなわばりを防衛して雌に求愛するものもいる。子どもを産む有鱗類もいるが、ほとんどは雄が交尾して、雌の体内で受精がおこなわれた後、雌が地中に穴を掘って卵を産む。どの爬虫類も生まれて直ぐに自分で餌を捕るが、ワニ類には2年以上も親が子の世話をするものがいる。

爬虫類の皮や肉を食用として人間に利用されている。さらに、生息地の減少や汚染、気候変動のために、多くの種が絶滅に瀕している。

アオウミガメの本領発揮 >
アオウミガメは原始的に見えるかも知れないが、強力な鰭状の四肢と扁平な甲を備えていて、水生生活によく適応している。

爬虫類に含まれるグループ
中生代までに爬虫類は多様化し、初期に
カメ類とワニ類が出現した。その後に有
鱗類（トカゲ類、ヘビ類、ミミズトカゲ
類）が現れた。

カメ類 >> 376	
ムカシトカゲ類 >> 383	
トカゲ類 >> 384	
ミミズトカゲ類 >> 393	
ヘビ類 >> 394	
ワニ類 >> 404	

カメ類　TURTLES AND TORTOISES

骨性の甲、太い四肢、歯はなく、口はくちばしに覆われる。カメ類は2億年前からほとんど変化していない。

カメ目には海生、淡水生、陸生のカメが含まれる。絶滅種には巨大なものがいたが、原生種のほとんどはそれほど大きくない。ただし、ウミガメや島に隔離されたリクガメには例外的に大きなものがいる。

防御と運動

カメの甲は、多数の骨が縫合した骨質甲板の上を、角質甲板が覆ったものである。甲上部のドーム型の部分は背甲、下側の部分は腹甲と呼ばれる。角質甲板は新しいものが下から毎年形成されてくる。甲の防御能力は種によって異なるが、水生のものでは防御能力がかなり低くなっている種もある。また、甲の中に首をひっこめられないカメもいる。甲の縁の左右どちらかの肩のところに首を折り曲げるものもいる。

陸上に生息するカメの動きはゆっくりしているが、ウミガメのなかには鰭状に変化した前肢のおかげで時速30kmで泳げるものもいる。カメは水中では呼吸ができないが、低酸素濃度に耐性があって数時間潜っていられるものも多い。代謝は遅く、一般的に長命である。

肉食性のものや草食性のものもいるが、ほとんどのカメは雑食性だ。動きのゆっくりした動物を餌にしたり、隠れて待ち伏せしたりする。餌を砕く鋭い「くちばし」は、顎をケラチンが覆ったものだ。

巣作りと繁殖

カメ類は縄張りを持たないが、広い行動圏を持つことがあり、社会的な階層を作ることがある。でなければ、川の土手や湖の岸辺でむらがって、日光浴をしたり、巣作りをすることもある。

陸生・水生を問わず、雄が雌に対して手の込んだ求愛行動をしたうえで交尾に至る種もいる。受精は体内で行われ、ほかの爬虫類や鳥類と同様、雌は殻のある卵を産む。卵は球形あるいはやや細長く、殻は硬いか弾力がある。雌は陸上で穴を掘って巣を作り卵を産む。ほとんどのウミガメは産卵するときしか陸に上がらない。孵卵時の温度によって子ガメの性別が決まる種が多いが、そうでない種もある。

門	脊索動物門
綱	爬虫綱
目	カメ目
科	14
種	361

アオウミガメの孵化幼体は、海へ向かう。繁殖地の海岸の多くは保護されているが、アオウミガメが絶滅の危機にさらされていることに変わりはない。

オーストラリアと南アメリカのヨコクビガメ類
AUSTRO-AMERICAN SIDE-NECKED TURTLES

ヘビクビガメ科は南アメリカ、オーストラリアとニューギニアとその周辺に分布。肉食と雑食の種がいる。特徴的な長い首は甲に引っ込められず、甲の縁に折りたたむ。柔らかい皮状の殻の細長い卵を産む。

ヒガシマゲクビガメ
MACQUARIE TURTLE
Emydura macquarii
オーストラリア東部に広く分布。両生類、魚類、藻類を食べる。雄は雌より小さい。

34 cm
13½ in

ライマンナガクビガメ
REIMANN'S SNAKE-NECKED TURTLE
Chelodina reimanni
ニューギニアに分布。甲殻類と貝類を餌とする。危険が迫ると甲羅の側面に大きな頭部をたたみ込む。

21 cm
8½ in

甲はごつごつと盛り上がり、中央に稜がある

オーストラリアナガクビガメ
COMMON SNAKE-NECKED TURTLE
Chelodina longicollis
オーストラリアの淡水に分布する臆病な種。水中から長い首を伸ばして水面に出し、獲物を食べる。

25 cm
10 in

アマゾンマタマタ
AMAZON MATAMATA
Chelus fimbriatus
アマゾン川流域に分布。特異な外見でカムフラージュし、獲物を待ち伏せて口の中に吸い込む。

43 cm
17 in

長い口吻

アフリカのヨコクビガメ類
AFRICAN SIDE-NECKED TURTLES

アフリカヨコクビガメ科の大部分は肉食性で、淡水域に生息する。脅かされた時は、頭と首を甲の縁の下に隠す。アフリカ全土とマダガスカルに分布。泥に埋まって乾燥期をやり過ごす。

茶色の甲

頭部の鱗はヘルメットに似ている

ヌマヨコクビガメ
AFRICAN HELMETED TURTLE
Pelomedusa subrufa
アフリカのサハラ砂漠以南に広く分布。肉食性で社会性が高く、集団で大型の獲物を狩ることがよくある。

20 cm
8 in

オオアタマガメ類 BIG-HEADED TURTLE

オオアタマガメ科に属するのはオオアタマガメだけ。このカメは絶滅危惧種で、中国南部及び東南アジアの森林河川の浅瀬に生息する。川で採餌し、泳ぐというより水底を歩く。

21 cm
8½ in

オオアタマガメ
BIG-HEADED TURTLE
Platysternon megacephalum
小型で肉食性。平たい体に極めて大きな頭、力強い顎。尾は長い。

南アメリカのヨコクビガメ類
AMERICAN SIDE-NECKED RIVER TURTLES

ナンベイヨコクビガメ科はアフリカのヨコクビガメ科と近縁で、マダガスカルの1種を除いて南アメリカの熱帯に分布している。草食性で、さまざまな淡水の生息地に見られる。甲の中に頭を引っ込めることはできない。

32 cm
12½ in

ズアカヨコクビガメ
RED-HEADED AMAZON
RIVER TURTLE
Podocnemis erythrocephala
南アメリカアマゾン川流域、リオネグロの湿地に見られる。

カミツキガメ SNAPPING TURTLES

カミツキガメ科は北アメリカ及び中央アメリカに分布する水生の大型なカメで、攻撃性が強いので有名。甲はごつごつして頭はがっしり、顎の力は強い。捕食者として有能で、待ち伏せしてさまざまな動物を食べるが、植物も食べる。

45 cm
18 in

ホクベイカミツキガメ
COMMON SNAPPING TURTLE
Chelydra serpentina
この頑丈なカメは、泥に半身を埋めて獲物を待ち伏せする。北アメリカ東側の淡水域に生息する。

がっしりした頭部に強力な顎、鋭くとがったくちばし

舌の先はミミズのようなルアーになっている

80 cm
32 in

ワニガメ
ALLIGATOR SNAPPING TURTLE
Macrochelys temminckii
淡水のカメとしては世界最大級。北アメリカに分布。舌の先にあるミミズのような突起をルアーにして、獲物が引き寄せられるのを待つ。

分厚い甲には円錐状の甲板が3列並ぶ

スッポン類 SOFTSHELL TURTLES

スッポン科のカメ類は水生の捕食者で、北アメリカ、アフリカ、及びアジア南部の淡水域に生息する。スッポン類の平たい甲は角質甲板に覆われていない。甲長が25cmから1mをこえるものまでいる。

灰緑色の甲には筋状の盛り上がりがある

54 cm
21 in

トゲスッポン
SPINY SOFTSHELL TURTLE
Apalone spinifera
北アメリカ東部に分布。主に昆虫や水生の無脊椎動物を食べる。

インドハコスッポン
INDIAN FLAPSHELL TURTLE
Lissemys punctata
インドに分布する種で、腹甲の後部は左右が折れ曲がるようになっている。後肢を甲内に引っ込めて甲を閉じ、防衛する。

35 cm
14 in

チュウゴクスッポン
CHINESE SOFT-SHELLED TURTLE
Pelodiscus sinensis
東アジアに生息。食用とされる。自然の生息地にはほとんど見られないが、毎年何万匹もが養殖されている。

35 cm
14 in

スッポンモドキ類 PIG-NOSED TURTLE

スッポンモドキ科には1種だけが属する。雑食性。背甲には硬い甲板はないが丈夫である。鼻の形態は潜水中に空気を呼吸できるように適応したもの。

爪のある鰭

スッポンモドキ
PIG-NOSED TURTLE
Carettochelys insculpta

ニューギニアとオーストラリア北部に分布する。夜行性。前肢はウミガメのような鰭状になっていて、水中を飛ぶように泳ぐ。

65 cm
26 in

ドロガメ類
AMERICAN MUD AND MUSK TURTLES

アメリカに分布するドロガメ科のカメ類は、脅されると強烈な悪臭を発する。湖や川に生息し、泳ぐというより水底を歩き、その時食べられるものを食べる雑食性である。細長く硬い殻の卵を産む。

13 cm
5 in

トウブドロガメ
EASTERN MUD TURTLE
Kinosternon subrubrum

雑食性。米国東南部の淡水に分布。浅く流れの遅い水流の底で餌を採る。

13 cm
5 in

ミシシッピニオイガメ
COMMON MUSK TURTLE
Sternotherus odoratus

北アメリカ東部に分布。淡水産で雑食性。脅かされると、吐き気を催すような臭いを発するだけではなく、噛みつきもする。

オサガメ類 LEATHERBACK TURTLE

オサガメ科に属するのはオサガメ1種だけである。体温を外界より高めに維持できるので、冷たい水中でも泳げる。甲には甲板はなく分厚い皮膚で覆われ、その下には油分の多い組織があり、これが保温層の役割をする。

分厚い皮の甲に7本のキールが走る

1.8 m
6 ft

オサガメ
LEATHERBACK TURTLE
Dermochelys coriacea

世界最大のウミガメで、主な餌はクラゲ。亜北極帯を含め世界中に広く分布する。

爪のない鰭

ウミガメ類 SEA TURTLES

ウミガメ科は世界中の海に分布し、主に沿岸水域に見られる。海洋環境に高度に適応し、体型は流線型で四肢は幅広い鰭になっている。海岸に上陸して産卵する。大半の種が絶滅の危機に瀕している。

若い個体では背の中央の出っ張りが目立つ

1.1 m
3½ ft

目とくちばしが目立つ大きな頭部

アカウミガメ
LOGGERHEAD SEA TURTLE
Caretta caretta

肉食性。世界中の沿岸水域に分布する。採餌場所と産卵する海岸との間を長距離移動する。

下部は体色が明るい

70 cm
28 in

90 cm
3 ft

アーモンド型の目

1.1 m
3½ ft

アオウミガメ
GREEN SEA TURTLE
Chelonia mydas

唯一このウミガメだけが、陸に上がって日光浴をすることが知られている。世界中の温帯・熱帯海域に分布する。完全な植物食性。

甲は平たく甲板は大きい

ヒメウミガメ
OLIVE RIDLEY SEA TURTLE
Lepidochelys olivacea

主に熱帯の浅い沿岸水域に生息する。食性は幅広く、無脊椎動物や藻類を食べる。

タイマイ
HAWKSBILL SEA TURTLE
Eretmochelys imbricata

角質化したくちばしで軟体動物などの餌を食べる。世界中の熱帯海域に見られる。

ヌマガメ類 POND TURTLES

ヌマガメ科には完全な水生種から完全な陸生種まで含まれる。ヨーロッパ産の1種を除き、ほとんどが北アメリカで見られる。食性は種により異なるが、多くは草食性。体色は明るく複雑な模様のあるものが多い。

背甲には突起が並ぶ

ニセチズガメ
FALSE MAP TURTLE
Graptemys pseudogeographica
北アメリカに分布。植物の豊富な淡水に棲息する。雌は雄の2倍近くの大きさになる。

27 cm
10½ in

首と頭部には黄色い線が模様を描く

カギ爪の生えた頑丈な前肢

28 cm
11 in

ミシシッピアカミミガメ
RED-EARED SLIDER
Trachemys scripta elegans
北アメリカ産。主に植物を食べる種で、ペットとしてよく売買される。新たな生息地にコロニーを作る力があり、ヨーロッパやアジアに移入種として広く定着している。

27 cm
10½ in

キバラガメ
YELLOW SLIDER
Trachemys scripta scripta
英名の「スライダー」は、驚くと滑って水中に逃げ込むことから。米国南部に分布する昼行性の種で、雑食性。

23 cm
9 in

キスイガメ
DIAMONDBACK TERRAPIN
Malaclemys terrapin
北アメリカ東部の汽水域に生息。昼行性。強力な顎は甲殻類や貝類を食べるのに適応したもの。

25 cm
10 in

ニシキガメ
PAINTED TURTLE
Chrysemys picta
北アメリカに広く分布する淡水生の小型種。夏に活動し、冬は水中で冬眠する。

21 cm
8½ in

カロリナハコガメ
CAROLINA BOX TURTLE
Terrapene carolina
北アメリカ産。雄のカギ爪は極度にカーブを描くように進化している。これは交尾の際に雌のドーム型の甲をしっかり保持するのに役立つ。

甲には独特の模様がある

強いカギ爪で穴を掘る

14 cm
5½ in

ニシキハコガメ
ORNATE BOX TURTLE
Terrapene ornata
北アメリカ中部に分布する雑食性の陸生種。穴を掘って極度の高温や低温から逃れる。

14 cm
5½ in

キボシイシガメ
SPOTTED TURTLE
Clemmys guttata
斑点があるのが特徴。北アメリカ東部の沼地に棲み、水生の無脊椎動物や植物を食べる。

26 cm
10 in

アミメガメ
CHICKEN TURTLE
Deirochelys reticularia
北アメリカ東部の沼地に棲む臆病な種。長い首を伸ばしてザリガニなどの餌にパクッと食いつく。

23 cm
9 in

ヨーロッパヌマガメ
EUROPEAN POND TURTLE
Emys orbicularis
ヨーロッパに広く分布する水生度の高いカメ。木の幹や岩の上で日光浴をするが、びっくりすると素速く水中に跳び込む。

20 cm
8 in

モリイシガメ
WOOD TURTLE
Glyptemys insculpta
北アメリカ北東部の湿度の高い森林に生息。カメとしては珍しく、雌も雄も優雅な求愛ダンスを踊る。

オリーブ色の皮膚に黄色の斑点が不規則に散る

26 cm
10 in

ブランディングガメ
BLANDING'S TURTLE
Emydoidea blandingii
北アメリカの主に五大湖域に広く分布する。雑食性だが特にザリガニを捕まえるのがうまい。

34 cm
13½ in

フロリダアカハラガメ
FLORIDA REDBELLY TURTLE
Pseudemys nelsoni
分布域はフロリダに限定される。湖や流れの遅い小川に棲む。求愛中、雄は雌の頭部を前肢で抱きかかえる。

40 cm
16 in

キタアカハラガメ
RED-BELLIED TURTLE
Pseudemys rubriventris
米国北東部のみに分布する、雑食で昼行性の種。昼行性で、広く深い水場を好む。雌は雄よりも大きい。

アルダブラゾウガメ
ALDABRA GIANT TORTOISE *Aldabrachelys gigantea*

アルダブラゾウガメは、インド洋の島々に生息する最後のゾウガメである。体重は300kgを超すこともある。アルダブラ環礁の3つの島に分布するが、90％以上はグランドテール島（ほかの島よりも格段に広い）に生息する。だがこの島には水が不足し、植生も貧弱で餌があまりない。この劣悪な条件のためにゾウガメの成長は阻害され、性的成熟に達しない個体も多い。しかし、この島のゾウガメはほかの島の体の大きな個体よりも社会性が高い。雄は雌よりも大きいが、求愛は優しく行われる。卵は地中に埋められ、雨季に孵化する。どの個体群も自然災害や海面上昇に対し脆弱である。

甲 長	1.4m（4½ft）
生息地	草地
分 布	インド洋のアルダブラ諸島
食 性	草食性

＜ 角質のくちばし
大きな口には歯が無い。角質の鋭いくちばしで、植物を噛みきり、舌で取り込んで丸呑みする。

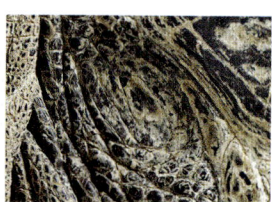

＜ 耳
カメには耳介がなく、くぼみの中に鼓膜がある。

＜ 目
目は比較的大きく、よく発達した目蓋がある。カメには色覚があり、特に赤と黄の波長に敏感である。おそらく色鮮やかな果実を見つけるのに役立つと考えられる。

∧ がさがさした顔面
皮膚は分厚く頑丈で、島によって違うが、灰色あるいは茶色である。首の周りの皮膚はたるみ、ひだをなしている。危険を感知すると、頭を甲の中に引っ込める。

∧ 前肢
前肢は円柱状で後肢よりも長い。そのため、体を地面から十分持ち上げて歩ける。四肢は大型の頑丈な鱗で覆われている。

＜ 穴掘り用のカギ爪
後肢は頑丈でゾウの脚のようである。指は5本。雌のほうが雄より大きなカギ爪をもち、それを用いて地面を掘り巣を作る。

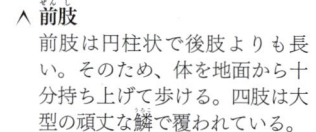

＜ 尾
尾は短く、左右どちらかに折り曲げて背甲の後部に格納できる。雄のほうが雌より尾が長い。

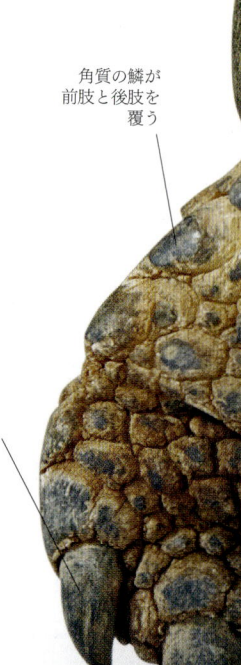

角質の鱗が前肢と後肢を覆う

ゾウのような四肢には頑丈なカギ爪が生えている

背甲の甲板には
成長線が見られる

長持ち仕様 ∨
ガラパゴス諸島のゾウガメと比べ、
アルダブラゾウガメは頭部が丸く、
鼻先が尖っている。微笑んだような
顔つきだ。寿命は100年以上。

イシガメ類 POND AND RIVER TURTLES

イシガメ科に属するのは旧大陸と新大陸に見られる淡水性と陸生のカメ類である。成体の甲長は14〜50cm。食性は様々で、植物食から肉食までいる。性的二型が見られるものが多く、その場合は雌の方が大きい。

リクガメ類 TORTOISES

南北アメリカ、アフリカ、南ユーラシアに見られるリクガメ科には、かなり大型になる種も含まれる。甲は頑丈なドーム型で、頭部を引っ込めることができる。完全な陸生であり、ゾウを思わせる四肢が特徴的。硬い殻の卵を産む。

38 cm
15 in

サバクゴファーガメ
DESERT TORTOISE
Gopherus agassizii

北アメリカの砂漠に小さな穴を掘って棲む。主に植物を食べるが小さな動物を餌とすることもある。

20 cm
8 in

ネンリンヤマガメ
BROWN WOOD TURTLE
Rhinoclemmys annulata

中央アメリカの熱帯雨林に分布する草食性の種。朝方や雨の後に活動性が高まる。

36 cm
14 in

エロンガータリクガメ
ELONGATED TORTOISE
Indotestudo elongata

東南アジアの熱帯域に見られる。果物と腐肉を食べる。乾燥した天気のときは湿った落ち葉に潜る。

20 cm
8 in

ミスジハコガメ
GOLDEN COIN TURTLE
Cuora trifasciata

中国南部に分布する肉食のカメ。英名は、野生生物を扱う闇のマーケットにおいて高値で取引されることから。漢方薬の材料とされ、絶滅の危機に瀕している。

40 cm
16 in

背甲中央にキールが盛り上がる

モリセオレガメ
SERRATED HINGE-BACK TORTOISE
Kinixys erosa

西アフリカ熱帯の沼地に見られる雑食性のカメ。年を取った個体の背甲後部には可動部ができて、甲を閉じられるようになる。

19 cm
7½ in

目の後部に黄色の線

50 cm
20 in

40 cm
16 in

アカアシガメ
RED-FOOTED TORTOISE
Chelonoidis carbonaria

腐肉を食べることも知られているが、主に草食。南アメリカ北東部のさまざまな生息地に見られる。

ホウシャガメ
RADIATED TORTOISE
Astrochelys radiata

マダガスカル南部だけに分布し、絶滅の危機に瀕しているカメ。主に植物を食べ、朝早い時間に活動する。

セマルハコガメ
YELLOW-MARGINED BOX TURTLE
Cuora flavomarginata

中国、台湾、八重山諸島の森林内の小川、湿地にみられる。雑食性で、水の深いところは避け、陸上で長時間日光浴をして過ごす。

甲板が高く盛り上がる

インドホシガメ
INDIAN STAR TORTOISE
Geochelone elegans

インド及びスリランカの乾燥地域に見られる。草食性で、雨季に繁殖する。

21 cm
8½ in

13 cm
5 in

30 cm
12 in

ノコヘリマルガメ
ASIAN LEAF TURTLE
Cyclemys dentata

東南アジアの緩やかな流れに見られる雑食性のカメ。腐敗臭のする液を出して身を守る。

スペングラーヤマガメ
BLACK-BREASTED LEAF TURTLE
Geoemyda spengleri

中国南部の木の茂った山地に生息。小型無脊椎動物や果実を食べる。甲は四角く、中央が盛り上がっていて、縁には棘のような突起がある。

パンケーキガメ
PANCAKE TORTOISE
Malacochersus tornieri
東アフリカに分布する雑食
性の種で、岩の多い地域に
棲む。平たいので岩の割れ
目に身を隠すことができる。

18 cm
7 in

若い個体の背
甲に見られる
年輪線

平たい甲板

アルダブラゾウガメ
ALDABRA GIANT TORTOISE
Aldabrachelys gigantea
インド洋のアルダブラ環礁だけに分布。
大型の草食性のカメで、鼻から
水を飲むことができる。

1.4 m
4½ ft

大きな前肢

ガラパゴスゾウガメ
GALAPAGOS TORTOISE
Chelonoidis niger
世界最大級のカメ。主に草食で、
ガラパゴス諸島の島ごとに
異なる 11 亜種からなる。

35 cm
14 in

ヘルマンリクガメ
HERMANN'S TORTOISE
Testudo hermanni
草食性の種で、イタリア海岸部とフランス
南部の乾燥林に生息。寒い冬の間は冬眠する。

顎の縁は鋭く、
植物をむしって
食べる

1.37 m
4½ ft

ヨツユビリクガメ
STEPPES TORTOISE
Testudo horsfieldii
中央アジアの乾燥砂漠やス
テップに生息する草食性の
カメ。穴を掘って昼間の
暑さを避ける。

28 cm
11 in

ムカシトカゲ類　TUATARA

**ニュージーランドのムカシトカゲは一見トカゲ
に似ているが、もっと古い爬虫類の系統である。
一番近いものは1億年以上前に絶滅した。**

ムカシトカゲは多くの解剖学的特徴からトカゲ類
とは分けられる。もっとも目立つのは、上顎の先端に
あるくさび状の歯のような一対の突起である。
上顎には2つの歯列の間に、下顎の1つの
歯列がはさまる。ムカシトカゲは
長命だが、外来の地上性の捕食者に

対しては弱い。沿岸地域の森林に棲んでいて、夜に
なると巣穴から出てきて、無脊椎動物や鳥の卵やひ
なを襲って食べる。雄はなわばりを作るが、巣を共
有する。卵は形成には4年かかり、産卵後11〜
16ヶ月で孵化する。孵化時の温度によって性が決定
される。

門	脊索動物門
綱	爬虫綱
目	ムカシトカゲ目
科	1
種	1

ムカシトカゲ　TUATARA

「生きた化石」と呼ばれるように、
ムカシトカゲ科は恐竜の時代に
生きていた爬虫類の現代の生き
残りの代表である。この原始的
な種は、ニュージーランドの沖
合の島々だけで見られる。

頑丈な尾

ムカシトカゲ
TUATARA　*Sphenodon punctatus*
四肢のカギ爪でもって穴を掘る。捕食者か
ら逃れるために尾を自切することもある。
雄は背中の棘をディスプレイに用いる。

61 cm
24 in

四肢には強力な
カギ爪が生える

トカゲ類 LIZARDS

典型的なトカゲ類は四肢があり、細長い尾がある。しかし、四肢のないものも多い。体表は鱗で覆われ、丈夫な顎の関節がある。

トカゲは全て外温性であり、環境から熱エネルギーを得ている。熱帯や砂漠に生息するものが圧倒的に多いと思われがちだが、ヨーロッパの北極圏内から南アメリカ南端まで、世界中に分布している。適応性が高く、樹上性のものや岩場で生活するものを含め、陸上のさまざまな環境に生息している。四肢のない種の多くは穴掘りに適応している。木から木へと滑空するものもいる。また、ガラパゴス諸島のウミイグアナなど半水生のものも含まれる。

生存戦略

トカゲ類の全長は、小は 1.6cm から大はコモドオオトカゲの３mまで幅があるが、大半は 10 〜 30cm の範囲である。ほとんどが肉食性だが、約２％の種は主に草食性である。ほかの肉食性動物の餌食となるトカゲも多く、敏捷性、カムフラージュ、そしてはったりといった戦略で身を守ろうとする。尾を自切して捕食者の注意をそらし、そのすきに逃げるものも多い。自切した尾は再生する。科によっては、皮膚の色を変化させることもできる。この能力を使ってカムフラージュしたり、性的あるいは社会的な信号を送ったりする。また一風変わった特徴もある。トカゲの多くは頭部上方にある頭頂眼が「第３の眼」として機能し、光を受容する。

さまざまな生活様式

単独性の種もいるが、多くは複雑な社会構造をもち、雄は視覚的信号を用いてなわばりを維持する。多くの種は土中の巣に産卵するが、卵が孵化するまで輸卵管内に留まる種もいる。母体が胎盤を介して栄養分を与えるという真の意味の胎生を行う種も存在する。雄は対になったヘミペニスという生殖器で交尾して体内受精する。なかには雌だけで単為生殖で増える種もいる。孵卵中、卵を守るトカゲもいるが、生まれた子どもの世話をする種はごく限られている。

門	脊索動物門
綱	爬虫綱
目	有鱗目
科（トカゲ亜目に属するもの）	38
種	7,396

カメレオン類 CHAMELEONS

カメレオン科は旧大陸のみに分布する。四肢は長く、前足後足で枝を握り尾を枝に巻きつける。樹上生活への適応だ。左右の目を別々の方向に向け、昆虫や小型の脊椎動物を見つける。見つけたら、長い舌を口から打ち出して、舌先で獲物をつかんで捕らえる。体色変化はディスプレイやカムフラージュに利用する。絶滅の危機に瀕している種が多い。

8 cm
3¼ in

ヒゲカレハカメレオン
BEARDED PYGMY-CHAMELEON
Rieppeleon brevicaudatus
この妙な小型カメレオンは東アフリカに生息する。くすんだ茶色と体側の模様のおかげで落ち葉のように見える。

パーソンカメレオン
PARSON'S CHAMELEON
Calumma parsonii

70 cm
28 in

世界で最大のカメレオン。マダガスカルだけに分布する。山地森林の林冠で無脊椎動物を狩る。

ものをつかめる尾

35 cm
14 in

緑色の体色が茶色に変わることもある

30 cm
12 in

チチュウカイカメレオン
MEDITERRANEAN CHAMELEON
Chamaeleo chamaeleon
繁みの中にいることが多く、餌の昆虫を探している。北アフリカと地中海周辺に分布。

ジャクソンカメレオン
JACKSON'S CHAMELEON
Trioceros jacksonii
東アフリカに分布する樹上性のカメレオン。昼行性。雄の吻部に角が３本生えているのが特徴的。この角はディスプレイに用いられる。

背中の棘

4本指の足で枝を握る

51 cm
20 in

ボタンカメレオン
GIANT SPINY CHAMELEON
Furcifer verrucosus
マダガスカルの湿潤な沿岸地帯に生息する大型のカメレオン。臆病な種で、カムフラージュして昆虫を待ち伏せする。

56 cm
22 in

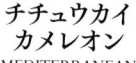

パンサーカメレオン
PANTHER CHAMELEON
Furcifer pardalis
マダガスカルの乾燥した森林だけで見られる。木に身を隠して昆虫を狩る。雄はなわばり性が強い。

60 cm
23½ in

エボシカメレオン
VEILED CHAMELEON
Chamaeleo calyptratus
アラビア半島の南海岸に分布。雄の頭部には大きなカブト状の突起がある。雌にも突起があるが雄のものよりも小さい。

アガマ類 CHISEL-TEETH LIZARDS

アガマ科に属する小型のトカゲは、アフリカ、南アジア、オーストラレーシアによく見られる。この科にはトビトカゲやウォータードラゴンも含まれる。旧世界のアガマ科は新世界のイグアナ科と同じようなニッチ（生態的地位）を占める。頭や背中に棘やタテガミ、トサカのような突起のあるものが多い。雄は鮮やかな色彩をしているが、雌は地味。柔らかい殻の卵を産む。

ヒガシウォータードラゴン
AUSTRALIAN WATER DRAGON
Intellagama lesueurii

オーストラリアで最大のウォータードラゴン。水辺で生活し、水に跳び込んで捕食者から逃れようとする。成体は無脊椎動物や小型の脊椎動物を食べる。

1 m
3¼ ft

イロカエカロテス
ORIENTAL GARDEN LIZARD
Calotes versicolor

機敏な昼行性のトカゲで、人里近くの木の上で昆虫を狩っているのがよく見られる。南アジアの普通種。

40 cm
16 in

長い四肢

1 m
3¼ ft

**インドシナ
ウォータードラゴン**
ASIAN WATER DRAGON
Physignathus cocincinus

泳ぎがうまく、脅かされると水に入って逃げる。南アジアに分布し、川辺の木の上にいる。

長い尾でバランスをとって木に登る

側扁した長い尾を用いて泳ぐ

ジュウジュカクシトカゲ
BOULENGER'S PRICKLENAPE
Acanthosaura crucigera

アジア産の動きの鈍いトカゲで、木の枝にとまって昆虫を食べる。雄同士が闘う時には首に生えた長い棘を使う。

26 cm
10 in

サバクトゲオアガマ
NORTH AFRICAN MASTIGURA
Uromastyx acanthinura

草食性のトカゲで、北アフリカの苛酷な砂漠環境に生息。棘の生えた棍棒のような尾を使って身を守る。

40 cm
16 in

口の外縁にはくさび形の歯が並ぶ

フトアゴヒゲトカゲ
CENTRAL BEARDED DRAGON
Pogona vitticeps

オーストラリアの乾燥した森林で見られる。顎に生えた棘がひげのように見える。地中に巣を作って卵を産む。

50 cm
20 in

ミドリキノボリトカゲ
GREEN-STRIPED TREE DRAGON
Diploderma splendidum

中国産の鮮やかなトカゲ。多湿の山地森林に生息し、昆虫を餌とする。1回に5〜7個の卵を産む。

20 cm
8 in

モロクトカゲ
THORNY DEVIL
Moloch horridus

オーストラリア産で、アリだけを食べる。体は先が針状になった太い突起に覆われており、捕食者もそう簡単に飲み込むことはできない。突起はまた雨水や朝露を集めて口に運ぶのにも一役かっている。

15–18 cm
5–7 in

首の周りに広がるえりが頭部を大きく見せる

エリマキトカゲ
FRILLED LIZARD
Chlamydosaurus kingii

オーストラリアの亜熱帯林によく見られる。樹上や地上で昆虫やほかのトカゲを食べる。脅かされると、首の周りのえりを広げて口を大きく開ける。

90 cm
35 in

後肢の力が強く、二足歩行で走って逃げることができる

レインボーアガマ
RAINBOW LIZARD
Agama agama

アフリカの普通種で、昆虫を食べる。夜間は灰色だが日中は鮮やかな色になる。派手な色の皮膚は雄がなわばりをめぐって争う時に力を発揮する。

40 cm
16 in

パンサーカメレオン

PANTHER CHAMELEON *Furcifer pardalis*

大型のカメレオンで、アフリカ南部の東海岸沖にあるマダガスカル島の固有種である。モーリシャス島やレユニオン島にも移入されている。多湿な低木地の樹上で生活する。足は枝を握れるようによく適応していて、平地は早く歩けない。日中に活動し、枝をゆっくりとつたって昆虫に忍び寄る。餌を見つけると両目で見つめて焦点を合わせ、長い舌を猛スピードで打ち出して虫を捕まえ、大きな口に引き戻す。体色を変える不思議な能力をもつが、これは気分や社会的な地位を示すものであり、カムフラージュのためではない。ライバルに出会うと、素速く体を膨らませて体色を変える。自分の優位性を示すディスプレイである。通常はそれで勝敗が決まる。

全 長	40-56cm (16-22in)
生息地	湿潤な低木林の樹上
分 布	マダガスカル
食 性	節足動物、甲殻類

背中の中央には
防御用の棘が並ぶ

頭部後方は骨質の
かぶとに覆われている

目 >
カメレオン独特の特徴として、左右の目を独立して動かすことができる。左右で別々の方向を見て、捕食者に気をつけると同時に餌を探すことが可能だ。カメレオンには耳孔は無く、音はよく聞こえない。

< 舌
極めて長い舌を口から猛スピードで打ち出す。油断している獲物をかなり離れたところから捕らえることが可能だ。

∨ 体色
目を見張るような体色は色素胞という細胞の働きによる。色素胞にはさまざまな色素や反射板の役割をする構造が含まれている。細胞の大きさや細胞内の色素の拡散度合いはカメレオンの気分により変化する。瞬時に変化することも多く、なかなかの見物だ。体色変化は繁殖のライバルや交尾したい相手に向けた信号である。

筋肉質の舌には粘液が分泌されていて、獲物を巻き込んで口へ引き戻す

餌食となった昆虫

口吻には頑丈な鱗が突き出して小さな角になっている

∨ カギ爪の生えた足
カメレオンの手にはカギ爪が生え、指は2本と3本に分かれて向かい合っている。この指と爪で枝をしっかり握ることができる。

尾 >
樹上生活にはものをつかめる尾が大活躍する。尾を枝に巻きつけて5本目の肢として使いながら木に登る。

幅広い顎

∨ 下から見ると
ガラスのテーブルにおいたカメレオンを下から撮ったもの。カメレオンが平地を歩くような状況はほとんどないが、そうせざるを得ないときは、この写真のように四肢を左右に張り出す。

列をなす棘

長い尾

広げた前肢

鋭い棘が口の下から顎にかけて列をなす

ヤモリ類、トカゲモドキ類 GECKOS

ヤモリ上科は熱帯・亜熱帯に広く分布し、128属2,290種以上が含まれる。よく鳴く種が知られており、滑らかな面でも登れるのが特徴だ。多くは硬い殻の卵を産むが、柔らかい殻の卵を産む種もいる。また胎生のものもいる。

バンドトカゲモドキ
WESTERN BANDED GECKO
Coleonyx variegatus

15 cm
6 in

合衆国西部の砂漠に生息する地上生のヤモリ。無脊椎動物を餌にする。ほかの多くのヤモリと違い、可動性の目蓋をもつ。

ニシアフリカトカゲモドキ
AFRICAN FAT-TAILED GECKO
Hemitheconyx caudicinctus

25 cm
10 in

サハラ西部によく見られる。尾に脂肪を蓄えている。多くのヤモリには接着性の指下板があるが、この種にはない。

ヒョウモントカゲモドキ
COMMON LEOPARD GECKO
Eublepharis macularius

28 cm
11 in

中央アジア南部産。ペットとして人気があり、人工繁殖でさまざまな模様や体色のものが得られている。

ムーアカベヤモリ
MOORISH GECKO
Tarentola mauritanica

15 cm
6 in

地中海周辺地域の普通種。敏捷なヤモリで、昆虫を餌にする。岩の表面で生活するが、しばしば人家に入ってくる。

トルキスタンスキンクヤモリ
WONDER GECKO
Teratoscincus scincus

20 cm
8 in

中央アジア産。防衛行動として尾をゆっくり振り、尾に列をなす大型の鱗を互いにこすり合わせてシューシューと音を立てる。

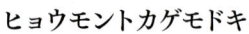

マダガスカルヒルヤモリ
MADAGASCAR DAY GECKO
Phelsuma madagascariensis

鮮やかな体色

接着性の指下板

25 cm
10 in

鮮やかな体色をした昼行性のヤモリ。たいていは樹上にいる。ほかの多くのヤモリもそうだが、硬い殻の卵を枝にくっつけて産む。

クールトビヤモリ
KUHL'S FLYING GECKO
Ptychozoon kuhli

20 cm
8 in

水かきのある足と皮膚のひだをパラシュートとして使い、木から木へ滑空して跳び移る。東南アジアの雨林に生息。

トッケイヤモリ
TOKAY GECKO
Gekko gecko

40 cm
16 in

「トッケイ！」と大きな声で鳴くことからこの名が付いた。東南アジアに分布する大型のヤモリ。人家に入り込んでいることも多い。

ニューギニアホソユビヤモリ
RING-TAILED GECKO
Cyrtodactylus louisiadensis

34 cm
13½ in

ニューギニアで見られる大型の夜行性ヤモリ。地上で無脊椎動物や小型のカエルを貪欲に食べる。

ブルックヤモリ
BROOK'S HOUSE GECKO
Hemidactylus brookii

15 cm
6 in

人里のすぐそばで生活している。インド北部原産だが、現在、香港や上海、フィリピンでも見られる。

チチュウカイヤモリ
MEDITERRANEAN GECKO
Hemidactylus turcicus

10 cm
4 in

ヨーロッパ産の小型ヤモリで、人家に潜むか鳴き声で発見されることが多い。電灯に集まる昆虫を狙う。

ヒレアシトカゲ類 FLAP-FOOTED LIZARDS

ヒレアシトカゲ科に属するトカゲは47種で、いずれも細長い体に前肢はなく、後肢もかなり退化している。オーストラレーシアだけに分布している。土に潜りあるいは地面の上で昆虫を狩る。ヤモリに近縁で、柔らかい殻の卵を産む。

フレイザーヒレアシトカゲ
FRASER'S DELMA
Delma fraseri

12 cm
4¾ in

オーストラリアに分布し、スピニフェックス属の草原に生息する。昆虫を食べる。草の硬い葉の間を移動するのに適応している。

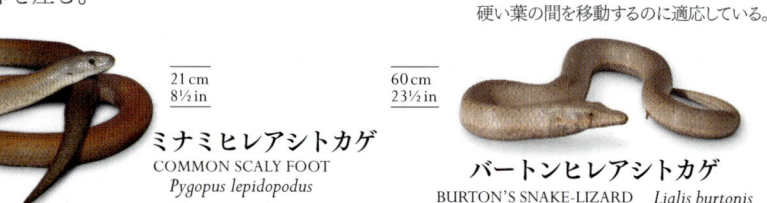

ミナミヒレアシトカゲ
COMMON SCALY FOOT
Pygopus lepidopodus

21 cm
8½ in

ヘビのように見えるトカゲである。オーストラリアに分布する。昼行性で、昆虫や土中のトンネルに棲むクモを捕食する。

バートンヒレアシトカゲ
BURTON'S SNAKE-LIZARD
Lialis burtonis

60 cm
23½ in

オーストラリア原産のトカゲ。細長く伸びてくさび形になった口吻でトカゲ科のトカゲ（スキンク）を捕まえ、丸呑みする。

アノールトカゲ類 ANOLES

アノールトカゲ科の大部分はカリブ海周辺に分布する。さまざまな種が含まれるが、たいていは小型の樹上性で、昆虫を食べる。緑色か茶色であることが多いが、気分や環境に応じて体色を変えることもある。雌雄ともに攻撃的になわばりを防衛する。

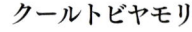

ナイトアノール
KNIGHT ANOLE
Anolis equestris

50 cm
20 in

最大のアノールトカゲ。キューバだけに分布する。接着性の指下板があってなめらかな壁でも登れる。

グリーンアノール
GREEN ANOLE
Anolis carolinensis

20 cm
8 in

雄は頭をおじぎするように動かし、鮮やかな喉袋を広げて優位性を示す。

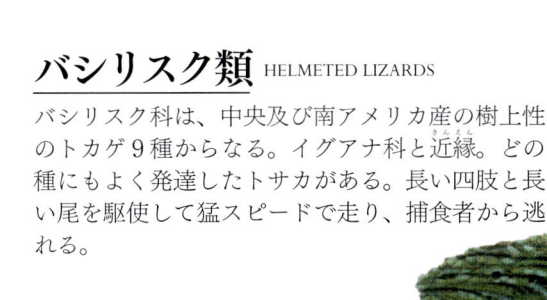

バシリスク類 HELMETED LIZARDS

バシリスク科は、中央及び南アメリカ産の樹上性のトカゲ9種からなる。イグアナ科と近縁。どの種にもよく発達したトサカがある。長い四肢と長い尾を駆使して猛スピードで走り、捕食者から逃れる。

帆のようなたてがみ

鮮やかなオレンジ色の虹彩

スベヒタイヘルメットイグアナ
HELMETED IGUANA
Corytophanes cristatus
中央アメリカ産のイグアナ。大型の節足動物を食べる。採餌の回数を抑えて開けた場所にいる時間を極力少なくし、捕食者に見つからないようにしている。

頭の後部の硬いかぶとは後方が尖っている

65 cm
26 in

グリーンバシリスク
GREEN BASILISK
Basiliscus plumifrons
中央アメリカの雨林に分布し、河岸で生活する。頭のトサカと背中から尾に続くたてがみは骨質の棘で支えられている。

長い四肢

カンムリトカゲ
EASTERN CASQUE-HEADED IGUANA
Laemanctus longipes
大型のトカゲで、昆虫を食べる。雄1匹と雌2、3匹の小さな群れで生活する。中央アメリカ産。

細長く伸びた緑色の四肢と指

70 cm
28 in

木に登ったり走ったりする際バランスをとるのに役立つ長い尾

ツノトカゲ類 NORTH AMERICAN SPINY LIZARDS

北及び中央アメリカだけに分布するツノトカゲ科にはさまざまな種が含まれる。乾燥した環境を好み昆虫を捕食する。概して小型で体色は地味であり、また角が生えている。大部分は卵を産むが、高地に生息するものは胎生である。

コロラドフサアシトカゲ
COLORADO DESERT FRINGE-TOED LIZARD
Uma notata
砂漠に生息。ぴったり閉じられる鼻孔と耳介、重なり合った頭、かみ合うように閉じる目蓋は、砂の中に潜る時に役立つ。

8 cm
3¼ in

マラカイトハリトカゲ
GREEN SPINY LIZARD
Sceloporus malachiticus
昼行性で樹上性。中央アメリカに分布。硬い鱗が逆立っているため、全身が棘に覆われたように見える。

20 cm
8 in

サバクツノトカゲ
DESERT HORNED LIZARD
Phrynosoma platyrhinos
北アメリカの砂漠に生息。主な餌はアリ。平たい体は、日光浴する際、熱を最大限に吸収するための適応である。

15 cm
6 in

イグアナ類 IGUANAS

イグアナ科の分布は南北アメリカにほぼ限られる。9属44種が含まれ、さまざまな体色のものがいる。大部分は昼行性で肉食性の捕食者だが、大型の種は草食性である。どの種も卵を産む。

0.7～1.5 m
2¼～5 ft

ウミイグアナ
MARINE IGUANA
Amblyrhynchus cristatus
ガラパゴス諸島の在来種。水生で、潜水して藻類を食べるように適応している。鼻の腺から塩分を排出する。

グリーンイグアナ
GREEN IGUANA
Iguana iguana
中央及び南アメリカに広く分布する大型のイグアナ。草食性。雄は頭を激しく縦に振って優位性を示し、なわばりを防衛する。

背中の棘

2 m
6½ ft

ツナギトゲオイグアナ
BLACK IGUANA
Ctenosaura similis
中央アメリカ産の群居性の種。優位な雄1匹を中心にコロニーを形成する。通常は草食性だが、小型のトカゲを食べることもある。

90 cm
35 in

長く鞭のように伸びる尾

トカゲ（スキンク）SKINKS

トカゲ科のトカゲ（スキンク）は 1,740 種以上からなる多様なグループで、世界中に分布する。日中活動する捕食者が多いが、夜行性で四肢がなく、土に潜って生活するトカゲも数種含まれる。コミュニケーションには視覚的な情報のほかに化学的な情報も用いる。たいていは卵生だが、胎生の種も多い。

横腹の鮮やかな模様

35 cm
14 in

ベニトカゲ（ファイアースキンク）
FIRE SKINK
Mochlus fernandi

昆虫食性のトカゲで、アフリカ西部の湿潤な森林地帯に分布。人目を惹く体色のためにペットとして人気がある。

きゃしゃな四肢

ミドリツヤトカゲ
EMERALD TREE SKINK
Lamprolepis smaragdina

太平洋西部の島々に分布。樹上性のトカゲで、葉の落ちた木の幹で昆虫を食べる。

25 cm
10 in

21 cm
8½ in

イツスジトカゲ
FIVE-LINED SKINK
Plestiodon fasciatus

北アメリカ産のトカゲ。卵を尾で巻き込んで孵化するまで守る。森林を好み地上にいる昆虫を食べる。

パーシバルアコンティアストカゲ
PERCIVAL'S LANCE SKINK
Acontias percivali

四肢のないアフリカ産のトカゲで、落ち葉の中に潜って無脊椎動物を狩る。最大 3 匹の子を産む。

30 cm
12 in

カナヘビ科 WALL AND SAND LIZARDS

カナヘビ科のトカゲは旧世界全体のさまざまな生息環境で見られる。活動的な捕食者で、複雑な社会構造を有し、雄はなわばりを防衛する。ほとんど全ての種が卵を産む。大きな頭が特徴的。

アルジェリアカナヘビ
LARGE PSAMMODROMUS
Psammodromus algirus

地中海の西側地域に見られる小型のトカゲ。低木が密に生い茂った地域に生息する。繁殖期には雄の喉に赤い模様が現れる。

7.5 cm
3 in

ホウセキカナヘビ
OCELLATED LIZARD
Timon lepidus

ヨーロッパに分布するトカゲ科のなかでは最大。乾燥した低木地に生息する。昆虫や卵、小型哺乳類を食べる。

20 cm
8 in

コモチカナヘビ
VIVIPAROUS LIZARD
Zootoca vivipara

ヨーロッパ中に見られ、標高 3,000m のアルプスにもいる。地上性でさまざまな生息環境にいる。胎生。

15 cm
6 in

フサユビカナヘビ
FRINGE-TOED LIZARD
Acanthodactylus erythrurus

イベリア半島とアフリカ北部に見られる。指に房状の鱗があって、ゆるんだ砂の上を渡っていくことができる。

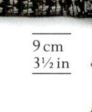

9 cm
3½ in

グランカナリアカナヘビ
GRAN CANARIA GIANT LIZARD
Gallotia stehlini

大型の種で、カナリア諸島グランカナリア島の低木地だけに生息。昼行性で植物を食べる。

80 cm
32 in

7.5 cm
3 in

イタリアカベカナヘビ
ITALIAN WALL LIZARD
Podarcis siculus

地中海北部周辺に見られる地上性の種。草原に生息し、人里近くで生活することも多い。

テグートカゲ科 WHIPTAILS AND RACERUNNERS

テグートカゲ科はアメリカに生息する動きの速いトカゲで、幅広い範囲の生息環境に見られる。小型の種は昆虫食性だが、大型の種は肉食性である。120 種が含まれ、いずれも卵を産む。多くの種には雌しか存在せず、交尾なしで産み落とされた卵が発生する。

アマゾンアミーバトカゲ
AMAZON RACERUNNER
Ameiva ameiva

南アメリカの種。開けた場所の地上で力強い顎を用いて狩りをし、小型の脊椎動物や昆虫を食べる。

45 cm
18 in

長い尾で身を守る

レッドテグー
RED TEGU
Salvator rufescens

南アメリカ中央部の乾燥地域に生息する大型種。活動的な捕食者かつスカベンジャー（腐肉食者）だが、植物を食べることも知られている。

1.2 m
4 ft

シュナイダートカゲ
BERBER SKINK
Eumeces schneideri

昼行性の種で、昆虫や小型無脊椎動物、腐肉を食べる。北アフリカと南西アジアの砂漠に生息。

40 cm
16 in

スナトカゲ（サンドフィッシュ）
SANDFISH SKINK
Scincus scincus

20 cm
8 in

北アフリカ産の昆虫食性の種。英名は、捕食者から逃れたり、体を冷やしたりするため、ゆるい砂にダイブするところからつけられた。

15 cm
6 in

タテスジマブヤトカゲ
MANY-LINED SUN SKINK
Eutropis multifasciata

南アジアに見られ、森の中、日の当たる開けた場所で昆虫を狩る。胎生。

35 cm
14 in

アメリカスベトカゲ
LITTLE BROWN SKINK
Scincella lateralis

森林に堆積した落ち葉の中で生活している。北アメリカ産。昆虫を狩る。雌は精子を体内に保持しておき、後から受精に使うことができる。

ヒガシアオジタトカゲ
EASTERN BLUE-TONGUED SKINK
Tiliqua scincoides

72 cm
28 in

名前の元にもなった青い舌が特徴的なオーストラリア産のトカゲ。夜行性で雑食性。胎生。

オマキトカゲ
SOLOMON ISLANDS SKINK
Corucia zebrata

37 cm
14½ in

トカゲ科では世界最大。完全に樹上性で、尾で枝をつかむことができる。草食性で、群れで暮らす。

カタトカゲ類 PLATED LIZARDS

カタトカゲ科には38種が含まれるが、いずれもサハラ以南のアフリカに分布し、卵を産む。円柱状の体によく発達した四肢をもち、岩場やサバンナで昆虫を狩って食べる。単独性であり、同種他個体に対して攻撃性を示すことが多い。

48 cm
19 in

オニプレートトカゲ
ROUGH-SCALED PLATED LIZARD
Broadleysaurus major

雑食性の種で、東アフリカのサバンナに広く分布している。露頭の割れ目やシロアリの巣に住んでいる。

36 cm
14 in

マダガスカルオビトカゲ
MADAGASCAN GIRDLED LIZARD
Zonosaurus madagascariensis

昆虫食性の種でマダガスカルに分布。孤独を好み、開けた乾燥している生息地に棲んで地上で餌を採る。

ヨロイトカゲ類 GIRDLED LIZARDS

ヨロイトカゲ科はアフリカ南部及び西部に限って分布している。棘状の鱗が尾をリング状に取り巻く。体が平たいので卵や胎児を収めるスペースが限られる。そのため、胎生の種では産仔数が限られ、卵生の種では産卵数はわずか2個である。

棘状の鱗

ヨロイトカゲ
CAPE GIRDLED LIZARD
Cordylus cordylus

アフリカ南部の固有種。高密度のコロニーで生活する。成体は攻撃的で、優位な雄を頂点とした社会的階層構造を形成する。

21 cm
8½ in

ピグミーテグー類 MICROTEIID LIZARDS

ピグミーテグー科は288種が南アメリカの熱帯に分布している。概して小型で、背中にある大きな鱗が特徴的。昼行性で、落ち葉の中に隠れて昆虫を食べる。地味な体色は落ち葉に紛れてカムフラージュになる。卵生の種がほとんど。

ブロメリアキノボリテグー
BROMELIAD LIZARD
Anadia ocellata

中央アメリカに見られる樹上性の種。昆虫を狩り、落ち葉の中に隠れる。

8 cm
3¼ in

筋肉質の体

光沢のある頭部の鱗

爬虫類・トカゲ類

ワニトカゲ類 CROCODILE LIZARD

ワニトカゲ科はチュウゴクワニトカゲ1種だけからなる。中国とベトナム北部で2亜種が見つかっている。ほとんど研究されていないトカゲだが、ペットとして人気が高いため、絶滅の危機にさらされている。

背中にはよろいのような鱗が並ぶ

チュウゴクワニトカゲ（シナワニトカゲ）
CHINESE CROCODILE LIZARD
Shinisaurus crocodilurus crocodilurus

中国南部の広西（コワンシー）だけに生息する。水生で、魚や両生類の幼生を餌にし、河岸の草むらで日光浴をする。

46 cm
18 in

コブトカゲ類 XENOSAURS

コブトカゲ科は主にメキシコに分布する一風変わったトカゲである。頭の鱗の下には円錐状の皮下骨という小骨片があり、凸凹になっている。子どもを産んで穴の中で保護する。昆虫やそのほかの動物を食べる。

メキシココブトカゲ
KNOB-SCALED LIZARD
Xenosaurus grandis

メキシコの雨林の林床で見られる平たい体のトカゲ。夜間、飛んでいる昆虫を食べ、日中は隠れている。

25 cm
10 in

ヨルトカゲ類 NIGHT LIZARDS

ヨルトカゲ科は約38種を含む。分布は北及び中央アメリカに限られている。臆病なトカゲで、夜行性というより薄明薄暮性（明け方と夕暮れに活動する）、あるいは昼行性である。頭ががっしりしてよろいのように硬く、腹部の鱗は四角い。

イボヨルトカゲ
YELLOW-SPOTTED NIGHT LIZARD
Lepidophyma flavimaculatum

中央アメリカに分布。湿潤な森林の朽ち木の間に見られる。昆虫を食べる。

13 cm
5 in

ギンイロアシナシトカゲ類
AMERICAN LEGLESS LIZARDS

北アメリカ西部の砂漠だけで見出されるギンイロアシナシトカゲ科には6種が含まれる。いずれも細長い円柱状の体で頭部は小さい。土に潜って昆虫を狩る。1、2匹の子どもを産む。

ギンイロアニエラトカゲ
CALIFORNIA LEGLESS LIZARD
Anniella pulchra

ミミズのようなトカゲで、昆虫を食べる。砂やゆるい土に穴を掘る。尾を自切して捕食者をだまそうとすることもある。

14 cm
5½ in

オオトカゲ類 MONITOR LIZARDS

アフリカ、アジア、オーストラリアの熱帯に広く分布するオオトカゲ科のトカゲは、現生の爬虫類のなかでは最大である。細長い体と力強い四肢をもつ。毒性のある唾液を出すものが多い。自らの大きさに見合った獲物を選ぶ。

1.5 m
5 ft

ローゼンバーグオオトカゲ
HEATH MONITOR
Varanus rosenbergi

オーストラリア南部の海岸付近に見られる。さまざまなものを餌とする。穴掘りが上手で、地面を掘って餌を探すことも多い。

2 m
6½ ft

ミズオオトカゲ
ASIAN WATER MONITOR
Varanus salvator

南アジアの雨林や水辺の生息地に見られる。体が大きくさまざまな獲物に襲いかかる。

1.3 m
4¼ ft

サバンナオオトカゲ
Varanus exanthematicus

サハラ以南のアフリカのサバンナに分布。無脊椎動物など、飲み込めるサイズの小さな動物を餌にする。

長くしなやかな尾

アシナシトカゲ類 ANGUID LIZARDS

アシナシトカゲ科には四肢のないものと普通にあるものと両方が含まれる。多くは地表で生活し、新旧両世界の幅広い生息環境に見られる。昆虫を食べることが多いが、それ以外にもさまざまなものを食べる。卵生。

48 cm
19 in

ヒメアシナシトカゲ
SLOW WORM
Anguis fragilis

ヨーロッパ全域に分布。植物の豊富な生息環境に見られる。堆肥の山を好み、無脊椎動物を食べている。

ヨーロッパアシナシトカゲ
EUROPEAN GLASS LIZARD
Pseudopus apodus

南ヨーロッパの乾燥した生息環境に見られる四肢のないトカゲ。日中、大型の昆虫や小型のトカゲを狩る。

1.2 m
4 ft

ドクトカゲ類 BEADED LIZARDS

北アメリカ西部の乾燥地帯が原産のドクトカゲ科のトカゲは、唾液腺が毒腺になっている。毒液は歯の溝を伝って注入される。夜に活動し、さまざまな無脊椎動物を狩り、腐肉も食べる。

ピンクと黒のビーズのような鱗

50 cm
20 in

アメリカドクトカゲ
GILA MONSTER
Heloderma suspectum

北アメリカ南西部の砂漠に生息するトカゲ。卵生。昆虫や、小型の哺乳類を含め地上にいる脊椎動物を狩る。

ペレンティオオトカゲ
PERENTIE
Varanus giganteus
オーストラリアで最大のトカゲ。乾燥した
地域に生息する臆病な種である。餌は
さまざまで、唾液の毒性は
それほど高くない。

斑点模様の鱗

2 m
6½ ft

がっしりした
カギ爪で獲物を
掘り当てる

ミドリホソオオトカゲ
GREEN TREE MONITOR
Varanus prasinus
ニューギニア産のオオトカゲで、
林冠で無脊椎動物を食べる。器用に
巻きつけられる尾と粘着力のある
足で、枝をしっかりつかめる。

75–100 cm
30–39 in

ナイルオオトカゲ
NILE MONITOR
Varanus niloticus
アフリカで2番目に大きな
トカゲ。種々の脊椎動物や
軟体動物を獲物にし、
腐肉も食べる。

2 m
6½ ft

ヒャクメオオトカゲ
YELLOW-SPOTTED MONITOR
Varanus panoptes
オーストラリアとニューギニア南部に
分布する。ほぼ必ず安定した水源の近
くにいる。ほかの爬虫類を餌とする。

1.4 m
4½ ft

3 m
10 ft

ひだのある
首の皮膚

コモドオオトカゲ
KOMODO DRAGON
Varanus komodoensis
世界最大のトカゲ。
インドネシアのいくつか
の島だけに見られる。
大型の哺乳類を襲う
恐るべき捕食者。

よく発達した力強い
四肢

灰褐色の鱗が
全身を覆う

ミミズトカゲ類　AMPHISBAENIANS

**ミミズトカゲ亜目は土に潜って生活する。
一見、アシナシトカゲに似ているが、実際
は解剖学的にも行動的にもかなり異なった
グループである。**

ミミズトカゲは地中での生活にあらゆる点で適
応していて、一生のほぼ全てを土中で過ごす。ほ
とんどの種で、四肢は消失して痕跡もなく、細長
い体は滑らかな鱗で覆われている。臭いと音を手
がかりにして土壌に生息する無脊椎動物を見つけ、
顎でかみ砕いて殺す。体を曲げ伸ばししながら前
進すると同時に、特殊化が著しい頭部で土を押し
のけ、トンネルを掘っていく。頑丈で透明な鱗が
目を覆っている。体内受精を行い、卵生の種もい
れば胎生の種もいる。フロリダや南アメリカ、ア
フリカ、中東、ヨーロッパ南部に分布する。

門	脊索動物門
綱	爬虫綱
目	有鱗目
科（ミミズトカゲ亜目に属するもの）	6
種	202

ミミズトカゲ類　WORM LIZARDS
ミミズトカゲは土中で生活する爬虫類で、頭部は穴掘り用
に極めて特殊化している。ヨーロッパ、サハラ以南のアフ
リカ、及び南アメリカに見られる。土壌中の無脊椎動物に
とっては手ごわい捕食者である。
臭いと音を手がかりに
狩りをする。

イベリアミミズトカゲ
EUROPEAN WORM LIZARD
Blanus cinereus
地上で見られることはほとんどない。
スペインとモロッコに分布し、
落ち葉の堆積層中で無脊椎動物、
特にアリを食べる。

30 cm
12 in

痕跡的な眼

黒と白の
だんだら模様

ダンダラミミズトカゲ
SPECKLED WORM LIZARD
Amphisbaena fuliginosa
南アメリカの雨林に分布。落ち葉の
堆積層に潜って無脊椎動物を狩る。
大雨が降ると地上に現れる。

45 cm
18 in

ラングマルハナ
ミミズトカゲ
**LANG'S ROUND-HEADED
WORM LIZARD**
Chirindia langi
アフリカ南部に見られる。
砂混じりの土壌に穴を掘って
シロアリを探す。捕まえられる
と尾を自切して逃げようとする。

17 cm
6½ in

ヘビ類 SNAKES

捕食者であるヘビ類は、体が細長く伸び、体表は重なり合う鱗に覆われている。特殊化した歯である毒牙によって毒を注入するヘビも多い。

ヘビが数多く分布するのは熱帯地域だが、高緯度や高標高で気温の低い地域にも適応し、南極以外のすべての大陸に生息している。普通は陸生で、樹上生の種も多く、地中生活するものもいる。また半水生のものや、完全に海生の種もいる。極小のヘビ類は細いひも状だが、最大のものは全長10mにもなる。大半は30cmから2mほどである。

独特な感覚

ヘビ類には痕跡的な後肢をもつ種もいるが、いずれも筋肉の収縮により腹部の鱗と接地面との間に牽引力を発生させて移動する。椎骨数が非常に多く、それぞれが柔軟につながっており、体をどの方向にも曲げられ、とぐろを巻くこともできる。鱗に覆われた皮膚は成長にともなって定期的に脱皮する。多くのヘビ類は長く伸びた片方の肺のみで呼吸する。消化管は管状で、大きな筋肉質の胃がある。瞼が無いので、眼を閉じたり開いたりできない。眼は大きな透明の鱗で覆われていて、視力のよいものもいるが、生活様式によって異なる。外耳孔はなく、音は地面や空気の振動として感じる。臭覚が主要な感覚で、鼻孔を介さずに二股に分かれた舌で空気中の化学物質を捕まえる。哺乳類や鳥類の体温を赤外線として見ることができる種もいる。

生きるために殺す

ヘビは全て肉食性である。後方にカーブした鋭い歯で、しっかり獲物を捕える。生きたまま食べるにせよ毒殺や絞殺してから食べるにせよ、獲物は丸ごと呑みこむ。顎を大きく広げて、自分の頭よりずっと大きな動物を呑み込むことができる。身を守る方法はカムフラージュや警告色、擬態だが、危険を感じると相手に打ちかかり、噛みつくことがある。冷涼な地域に生息する種は胎生、温暖な地域の種は卵生の傾向がある。雄には1対のヘミペニスがあり、その片方を用いて雌の体内へ精子を送り込む。

門	脊索動物門
綱	爬虫綱
目	有鱗目
科（ヘビ亜目に属するもの）	30
種	4,073

危険を感じたモハベガラガラヘビは、独特のガラガラを鳴らして牙をむき出し、とぐろを巻いていつでも攻撃者に跳びかかれるようにする。

ボア類 BOAS

ボア科の大部分は中央及び南アメリカに分布するが、数種はマダガスカルやニューギニアに分布する。森林や沼地に見られ、脊椎動物を絞め殺して食べる。現生のヘビでは最大のアナコンダ、そのほか、さまざまなサイズのヘビが含まれる。ほとんどが胎生である。

大きな獲物を呑み込む時は顎がはずれる

左右交互に入った白い縞模様

デュメリルボア
DUMERIL'S BOA
Acrantophis dumerili
マダガスカルの湿潤な森林に見られる。乾燥して気温が下がる時期には、穴を掘って休眠する。

なめらかで小さな鱗

鞍のような形の模様

3 m
10 ft

エメラルドツリーボア
EMERALD TREE BOA
Corallus caninus
南アメリカの熱帯雨林に見られる樹上性のヘビ。獲物は小型の哺乳類だが鳥類を狩ることもある。すんなりした体にものをつかめる長い尾を備え、頭は大きい。生体の幼体はレンガ色あるいは黄色がかったオレンジ色で、12カ月齢でエメラルドグリーン色に変化する。

ボアコンストリクター
COMMON BOA
Boa constrictor
大型のボアで、中央アメリカと南アメリカのさまざまな生息環境に分布。夜行性で、小型の哺乳類を狩る。

1.5－2 m
5－6½ ft

クックツリーボア
EAST AFRICAN SAND BOA
Corallus cookii
カリブ海のセントヴィンセント島に固有の希少種。樹上に潜み暗闇に乗じて鳥類や哺乳類を狩る。

1.5 m
5 ft

ナイルスナボア
EAST AFRICAN SAND BOA
Eryx Colubrinus

アフリカ産で、体は太く尾は短い。穴に潜って頭だけ出し、知らずに近づいてくる獲物を捕まえる。

90 cm
35 in

小さな鱗は滑らかで地中に潜りやすい

1.1 m
3½ ft

小さな目のある頭部

頭のように見える尾は防衛に役立つ

まだらになった茶色の体色にはカムフラージュ効果がある

筋肉質の長い体

3.5 m
11 ft

カラバリア
CALABAR GROUND BOA
Calabaria reinhardtii

アフリカ西部原産のヘビで、穴を掘って小型の哺乳類を狩る。ボア科のなかでは唯一の卵生種。

ニジボア
RAINBOW BOA
Epicrates cenchria

南アメリカ産。鱗には顕微鏡レベルの細かいうねがあって光を反射し、虹色に光り輝いて見える。森林で哺乳類を狩る。

2 m
6½ ft

滑らかで艶のある鱗

1 m
3¼ ft

アダーボア
NEW GUINEA GROUND BOA
Candoia aspera

ニューギニア産。尖った鼻先が特徴。動きの鈍い陸生種で、小型の脊椎動物を狩る。

ラバーボア
RUBBER BOA
Charina bottae

冷涼で湿潤な環境を好み、穴を掘って生活する。標高の高い地域にも見られ、北はカナダのブリティッシュコロンビア州まで分布する。

80 cm
32 in

10 m
33 ft

ロージーボア
ROSY BOA
Lichanura trivirgata

合衆国西部の砂漠に生息する。動きは鈍い。哺乳類を待ち伏せして絞め殺す。

1 m
3¼ ft

どっしりした筋肉質の体で獲物を絞め殺す

鈍い黄色の地に浮き出る黒い斑点

オオアナコンダ
GREEN ANACONDA
Eunectes murinus

南アメリカ産の水生種。新世界のヘビでは最大。水中に潜んで獲物を絞め殺して食べる。

ボアコンストリクター

COMMON BOA *Boa constrictor*

ボアコンストリクターは大型の陸生種で、中央及び南アメリカの熱帯に分布する。よく見られるのは林地や低木林だが、それ以外のさまざまな生息環境にも容易に適応できる。地面にじっと横たわって哺乳類を待ち伏せし、獲物に咬みついて体を巻きつける。獲物が息を吐くたびにきつく締めつけて殺し、頭から丸呑みする。ボアの下顎は左右が離れて大きく広がるので、驚くほど大型の獲物を呑み込むことができる。通常は単独で暮らすが、繁殖期には雄は積極的に交尾相手を探す。雌が発する匂いに引き寄せられるのだ。雌は雄より大きく、長さ30cmほどの子ヘビを30〜50匹産む。よく飼育されているが、噛みつく傾向が見られ、予測不可能なところがあるため、ペットにするのは危険である。

全　長　最大 3.5m（11ft）
生息地　疎林や低木林
分　布　中央及び南アメリカ
食　性　哺乳類、鳥類、爬虫類

∧ 体色のバリエーション
ボアコンストリクターにはサイズや体色、模様の異なる多数の亜種が含まれる。体色はまた産地によってもかなり異なる。

＞ カムフラージュ
鱗の色でできる斑紋が体の輪郭を分断し、獲物を狩る時や捕食者から逃げる時にカムフラージュ効果を発揮する。

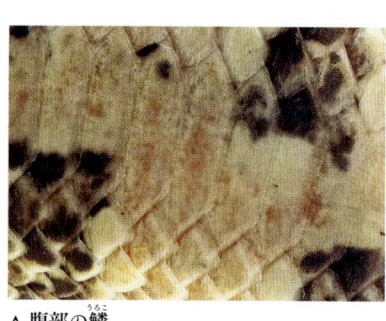

∧ 腹部の鱗
腹部の頑丈な鱗がたいていの表面をグリップするため、ボアは這ったり木に登ったりできる。定期的に脱皮をする。

＞ 強大な敵
ボアコンストリクターは視覚と嗅覚を頼りに狩りをするため、目と鼻は三角形の頭部から張り出している。餌はしょっちゅう食べなくてもすむ。小型の獲物でも2、3週間は保つのだ。シカを獲物にするような大型の個体は、少なくとも6か月は何も食べなくてよい。

鞍状の模様が目立つ

口を閉じた状態でも、
舌を出す穴が開いている

< 目
視力は非常によい。明る
い所では虹彩が縦長のス
リット状になる。目蓋は
ない。目の周りを含め、
頭部は多数の細かい鱗で
覆われている。鱗はケラ
チンでできている。

二股に分かれた舌

痕跡的な後肢 ∧ >
ヘビには四肢はないが、ボ
アコンストリクターのよ
うに原始的な種には痕跡
的な骨盤があり、小さな
蹴爪のような突起が総排
泄腔の左右に見られる。こ
の突起は、かつては後肢
であったのが退化したも
のである。

舌を出し入れする ∧
先が二股に分かれた舌は重要な
感覚器官である。ヘビは舌をちろちろ
させて空気中の化学物質を
集め、それを口蓋にある
ヤコブソン器官で分析する。

ナミヘビ類 COLUBRIDS

ナミヘビ科は世界中に分布する。約2,000種を含み、ヘビの
なかでは最大の科である。生息環境は砂漠から湿地までさ
まざまである。食性も多岐にわたる。多くの種が卵生である。

タテゴトヘビ
WESTERN LYRE SNAKE
Trimorphodon biscutatus
北アメリカ西部の岩場に生息
する。夜行性であまり姿を見
せない。コウモリなどの小型
哺乳類やトカゲを狩る。

帯状の
模様

1.2 m
4 ft

コモンガーターヘビ
COMMON GARTER SNAKE
Thamnophis sirtalis
北アメリカ産。日中に活動
し、生息地内の脊椎動物を
狩る。マニトバ州では冬眠
からさめた個体が多数
集合して繁殖行動を行う。

1.3 m
4¼ ft

大きな目

ルスベンキングヘビ
RUTHVEN'S KINGSNAKE
Lampropeltis ruthveni
メキシコ高原に分布する卵生の
種。乾燥した森林でネズミや
トカゲを狩る。

90 cm
35 in

コロンビアジメンヘビ
GREY EARTHSNAKE
Geophis brachycephalus
中央アメリカ産で陸生の小型
種。夜行性で、主にミミズや
昆虫の柔らかい幼虫を食べる。

46 cm
18 in

ハナナガヘビ
LONG-NOSED SNAKE
Rhinocheilus lecontei
尖った鼻先が特徴の臆病な夜行性の
ヘビ。北アメリカの乾燥した草原に
穴を掘って生息し、トカゲを狩る。

1 m
3¼ ft

ヤマキングヘビ
CALIFORNIA MOUNTAIN KINGSNAKE
Lampropeltis zonata
人目につかないヘビで、標高の高い森林
に生息する。通常は夜行性だが、夜間の
気温が低い時には昼間活動する。

1.1 m
3½ ft

アフリカタマゴヘビ
AFRICAN EGG-EATING SNAKE
Dasypeltis scabra
アフリカ産のヘビで、卵を食べるよう
に高度に特殊化している。鳥の巣作り
シーズンに卵をたらふく食べ、その時
期以外は何も食べずに過ごす。

1.2 m
4 ft

茶色の斑紋

長く力強い体

パインヘビ
PINE SNAKE
Pituophis melanoleucus
北アメリカの森林に生息する大型で力
の強いヘビ。脅かされると総排泄腔
から腐敗臭のする排泄物を出す。

2.8 m
9¼ ft

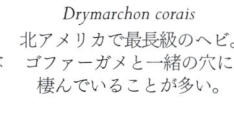

ニシインディゴヘビ
WESTERN INDIGO SNAKE
Drymarchon corais
北アメリカで最長級のヘビ。
ゴファーガメと一緒の穴に
棲んでいることが多い。

1 m
3¼ ft

長くしなやかな
体

1.4 m
4½ ft

3 m
10 ft

1.3 m
4¼ ft

ゴールデントビヘビ
GOLDEN FLYING SNAKE
Chrysopelea ornata
東南アジア産。トビヘビは腹面を
凹ませて、滑空しますが、この種は
体が大きいため、あまり飛びません。

ミドリモリレーサー
GREEN HIGHLAND RACER
Drymobius chloroticus
動きが速く敏捷なヘビ。中央ア
メリカの雨林に生息する。水辺
でよく見られ、カエルを食べる。

キタミズベヘビ
NORTHERN WATER SNAKE
Nerodia sipedon
北アメリカ東部に分布する水生のヘビ。
胎生。日中夜間を通じて活動する。
両生類や魚類を食べる。

65 cm
26 in

1.8 m
6 ft

ツマベニナメラ
MOELLENDORFF'S RAT SNAKE
Elaphe moellendorffi
中国及びベトナムの乾燥した石灰岩地帯に
分布。口吻が長く、尾も比較的長い。

短い口吻

サンゴカガヤキヘビ
FALSE CORAL SNAKE
Erythrolamprus mimus
南アメリカ産の鮮やかな体色の
ヘビ。猛毒のサンゴヘビに
似ているが無毒である。

鮮やかな赤と白、
黒の帯

2.1 m
7 ft

ヒムネドロヘビ
MUD SNAKE
Farancia abacura
北アメリカ産の種。きつく
カーブした歯で水生の
サンショウウオを捕らえる。
雌は孵るまで卵の周りに
とぐろを巻いている。

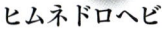

99 cm
3¼ ft

アカコーヒーヘビ
REDBACK COFFEE SNAKE
Ninia sebae
中央アメリカ産の無毒な
ヘビ。首を広げて威嚇する。

40 cm
16 in

1.3 m
4¼ ft

キタネコメヘビ
NORTHERN CAT-EYED SNAKE
Leptodeira septentrionalis
夜行性で樹上生活をする中央
アメリカ産のヘビ。大きな目で
脊椎動物や樹上に生み付けられた
カエルの卵を見つけ出し食べる。

マルガシラツルヘビ
BROWN BLUNT-HEADED VINE SNAKE
Imantodes cenchoa
ほっそりした体に目立つ大きな目は
暗闇でトカゲを狩るのに役立つ。
熱帯アメリカの雨林に見られる。

1 m
3¼ ft

ミナミオオガシラ
BROWN TREESNAKE
Boiga irregularis
オーストラリア及びニューギニア原産
だが、西太平洋のグアム島に偶然持ち込
まれ、在来の動物相を破壊してしまった。

3 m
10 ft

ミズコブラモドキ
FALSE WATER COBRA
Hydrodynastes gigas
南アメリカの雨林が原産
地。半水生。コブラと
同じように首を平たく
広げて威嚇効果を上げる。

2 m
6½ ft

ハラスジツルヘビ
GREEN VINE SNAKE
Oxybelis fulgidus
細長くきゃしゃな樹上性のヘビで、中央及び
南アメリカの雨林に分布する。獲物に噛みつ
いたら毒で動けなくなるまでぶら下げて待つ。

1.1 m
3½ ft

首の特徴的な
黄色い模様

1.2 m
4 ft

ペトラホソヤブヘビ
CALICO SNAKE
Oxyrhopus petolarius
南アメリカの雨林に生息する昼行性の種。
陸生で、トカゲなどの脊椎動物を食べる。

灰色がかった
オリーブ色の体色

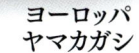

ヨーロッパ
ヤマカガシ
GRASS SNAKE
Natrix natrix
ヨーロッパ全土を通じ
て広く分布する。窮地
に陥るとしばしば死ん
だふりをする。泳ぎが
上手で、両生類を
餌にするのが普通。

≫ ナミヘビ

トリンケットヘビ
COMMON TRINKET SNAKE
Coelognathus helena

インド産のヘビで、ふくらませた
鎌首をもたげて敵を威嚇する。
通常、夜間に哺乳類を狩る。

1.6 m
5¼ ft

ラフアオヘビ
ROUGH GREEN SNAKE
Opheodrys aestivus

北アメリカ南東部の森林原産。
樹上性で、日中、昆虫を狩る。卵生。

2.4 m
7¾ ft

ホソツラナメラ
RED-TAILED GREEN
RATSNAKE
Gonyosoma oxycephalum

動きが速く、樹上で鳥類
や哺乳類を狩る。東南
アジアの雨林に見られる。

長くすんなり
した体

1.4 m
4½ ft

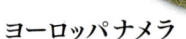

60 cm
23½ in

ヨーロッパナメラ
SMOOTH SNAKE
Coronella austriaca

ヨーロッパに分布する人目につかないヘビ。
草地で狩りをし、獲物を絞め殺す。
卵は雌の体内で孵化する。

1 m
3¼ in

バルカンムチヘビ
BALKAN WHIASNAKE
Hierophis gemonensis

バルカン半島のみに分布し、乾燥した低木地や
オリーブ林に生息する。日中、トカゲを狩る。

1.4 m
4½ ft

ダールムチヘビ
DAHL'S WHIPSNAKE
Platyceps najadum

地中海地方に分布し、乾燥した
岩がちの生息地に見られる。日中、
小型のトカゲやバッタを狩る。

1.6 m
5¼ ft

ミナミミズベヘビ
SOUTHERN WATER SNAKE
Nerodia fasciata

湿地帯に棲み、両生類や
魚類を餌にする。米国
南部に分布する。

チュウベイボウシヘビ
BROWN-HEADED CENTIPEDE
SNAKE
Tantilla ruficeps

穴掘りをするヘビで、中央アメ
リカの熱帯林に見られる。主に
昼行性で昆虫を食べる。

20 cm
8 in

目の突出した頭部

腹面は明るい

80 cm
32 in

1.8 m
6 ft

セイブシシバナヘビ
WESTERN HOGNOSED SNAKE
Heterodon nasicus

北アメリカのプレーリーに
分布。特殊化し細長く伸びた
歯でヒキガエルの肺を突き
刺し、呑み込みやすくする。

筋肉質の体に
茶色の斑紋

ニシディアデムヘビ
DIADEM SNAKE
Spalaerosophis diadema cliffordi

北アメリカの砂漠が原産。ディアデムヘビ
の亜種。涼しい季節には昼行性だが
夏の間は夜行性になる。

1.8 m
6 ft

コーンスネーク
RED CORNSNAKE
Pantherophis guttatus

北アメリカ南東部に分布する普
通種だが、ほとんど人目につか
ない。森林で小型哺乳類を狩る。

2 m
6½ ft

フミキリヘビ
YELLOW RATSNAKE
Spilotes pullatus

小型脊椎動物を捕食する大型種。水辺か
ら離れたところではめったに見られない。
南及び中央アメリカに広く分布する。

イエヘビ類 LAMPROPHIIDAE

イエヘビは主にアフリカに分布するヘビで、
多様性が高く、さまざまな生息環境に見られ、
陸生のもの、樹上性のもの、半水生のものが
いる。脊椎動物や無脊椎動物を幅広く食べる。
絞めつけあるいは毒で獲物を制圧する。

ピータースモール
バイパー
MOLE VIPER
Atractaspis fallax

東アフリカ産の毒ヘビ。
大型の前牙をもつ。地中で
ほかの脊椎動物を狩る。

75 cm
30 in

モンペリエヘビ
MONTPELLIER SNAKE
Malpolon monspessulanus

地中海周辺の乾燥した低木地や岩がちの丘に生
息する細長いヘビ。昼間、小型の脊椎動物を狩る。

2 m
6½ ft

1.8 m
6 ft

オオブタバナスベヘビ
GIANT MALAGASY HOGNOSE SNAKE
Leioheterodon madagascariensis

大型で昼行性のヘビ。鼻先が上を
向いている。マダガスカルの草原や
森林でトカゲや両生類を狩る。

パイプヘビ類 ASIAN PIPE SNAKES

パイプヘビ科はスリランカや東南アジアに分布する。小型で円柱
形の体は艶のある小さな鱗で覆われている。湿気の多い生息環境
で地中にトンネルを掘って隠れているが、夜には出てきてほかの
ヘビやウナギを狩る。胎生。

セイロンパイプヘビ
CEYLONESE PIPE SNAKE
Cylindrophis maculatus

スリランカの固有種。無毒のヘビで、
地中に穴を掘って潜る。餌は無脊椎動物を
食べる。平たい尾を動かして有毒の
コブラのように見せかける。

40 cm
16 in

ウミヘビ類 SEA SNAKES

ウミヘビ亜科はコブラ科に属
するグループで、猛毒である。
インド洋及び太平洋の熱帯沿
岸に生息。尾がかいのように
なっていて、極めて上手に泳
ぐ。2、3の例外を除き海中
で繁殖し、子どもを産む。ア
ナゴなどの魚を食べる。

アオマダラウミヘビ
YELLOW-LIPPED SEAKRAIT
Laticauda colubrina

インド太平洋海域の熱帯に
生息し、魚を食べる。
陸上での移動も得意。

1.4 m
4½ ft

爬虫類・ヘビ類

コブラ類 COBRAS AND RELATIVES

コブラ科は熱帯に広く分布する毒ヘビである。口の前方には短い牙が生えているが、この牙は折りたためない。体型はさまざまで、幅広い生息環境にいる。卵生のものも胎生のものもいる。

スナムチコブラ
YELLOW-FACED WHIP SNAKE
Demansia psammophis
オーストラリアに広く分布するほっそりしたヘビ。昼行性でトカゲを狩る。乾燥し開けた場所を好む。

1.2 m
4 ft

80 cm
32 in

小さく細い頭

チュウベイサンゴヘビ
CENTRAL AMERICAN CORAL SNAKE
Micrurus nigrocinctus
中央アメリカに分布する毒ヘビで、熱帯雨林の落ち葉の堆積層の中で狩りをする。鮮やかな模様は攻撃しようとするものに対する警告色である。

65 cm
26 in

ローゼンヘビ
ROSEN'S SNAKE
Suta fasciata
オーストラリア西部の乾燥地域に見られる毒ヘビで、トカゲを狩る。

75 cm
30 in

首のフードを広げて警告する

50 cm
20 in

35 cm
14 in

70 cm
28 in

サバクデスアダー
DESERT DEATH ADDER
Acanthophis pyrrhus
オーストラリア西部の砂漠に生息する捕食者。尾を細かく振って疑似餌とし、小型のトカゲや哺乳類を引き寄せて奇襲攻撃をかける。

リングブラウンスネーク
RINGED BROWN SNAKE
Pseudonaja modesta
オーストラリアの乾燥した岩がちな地域に生息する毒ヘビ。小型のスキンク（トカゲ）を食べる。生息地が失われ、絶滅の危機にさらされている。

ミナミサバクフクメンヘビ
SOUTHERN DESERT BANDED SNAKE
Simoselaps bertholdi
オーストラリア西部に広く分布する小型のヘビ。穴を掘ってトカゲを探す。帯状の模様は捕食者を惑わせる。

細長くオリーブ色の体

2 m
6½ ft

2.4 m
7¾ ft

5 m
16 ft

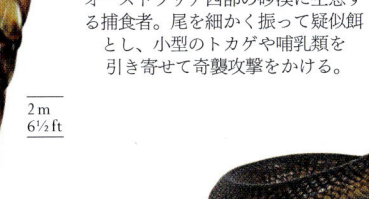

タイコブラ
MONOCLED COBRA
Naja kaouthia
東南アジアによく見られる大型のヘビ。森林や水田でネズミやほかのヘビを狩る。人里近くに出現することも多い。

アスプコブラ
EGYPTIAN COBRA
Naja haje
アフリカ北部及び中央部の砂漠に生息し、小型の無脊椎動物を狩る大型のコブラ。脅かされるとフードを広げて鎌首をもたげる。

キングコブラ
KING COBRA
Ophiophagus hannah
熱帯アジアの森林に生息する巨大なコブラ。主にほかのヘビを餌とする。ヘビには珍しく、巣に産んだ卵を雌雄両方で防護する。

茶色の体に滑らかな鱗

75 cm
30 in

アカドクフキコブラ
RED SPITTING COBRA
Naja pallida
アフリカ産。脅かされると、フードを広げるだけではなく攻撃者の顔めがけて霧状の毒を吹き付ける。

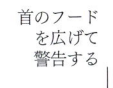

ニシキヘビ類
PYTHONS

ニシキヘビ科のヘビはアフリカ、アジア、オーストラリアに分布している。顔にあるピット器官で獲物となる哺乳類や鳥類の体温を感知し、噛みついて捕まえ、獲物に巻きついて絞め殺す。産んだ卵の周りにとぐろを巻いて細かく震え、熱を発生して卵を温めるものもいる。

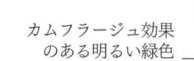

ミドリニシキヘビ
GREEN TREE PYTHON
Morelia viridis
オーストラリアとニューギニアの熱帯林に見られる樹上性のヘビ。枝に巻きついて過ごし、トカゲや小型の哺乳類を待ち伏せする。

1.5 m
5 ft

カムフラージュ効果のある明るい緑色

マレーアカニシキヘビ
BLOOD PYTHON
Python curtus
インドシナ半島南部からマレー半島、インドネシア東部の熱帯雨林に生息する。生んだ卵の周りにとぐろを巻いて暖めながら卵を守る。

2.75 m
9 ft

ズグロニシキヘビ
BLACK-HEADED PYTHON
Aspidites melanocephalus
オーストラリアの固有種で、さまざまな生息環境に見られる。ほかのヘビなど爬虫類を食べる。

3 m
10 ft

インドニシキヘビ
BURMESE PYTHON
Python molurus
原産地のアジアでは激減しているが、フロリダ州のエバーグレイズでは増えすぎている。鳥類から哺乳類、爬虫類までと幅広い食性のため、多くの在来動物の生存が脅かされている。

7 m
23 ft

メクラヘビ類 BLIND SNAKES

メクラヘビ科のヘビは目が鱗で覆われているため事実上目が見えない。熱帯林の落葉堆積層中に潜って生活する小型のヘビで、主に土壌中の無脊椎動物を食べる。上顎にしか歯がない。ほとんどは卵生である。

75 cm
30 in

クロズミメクラヘビ
BLACKISH BLIND SNAKE
Anilios nigrescens
オーストラリア東部に分布する。頑丈な鱗で覆われているため、地中でアリの卵や幼虫を食べる際にアリから攻撃されても平気。

35 cm
14 in

ムシクイメクラヘビ
EURASIAN BLIND SNAKE
Xerotyphlops vermicularis
ミミズのようなメクラヘビで、ヨーロッパに分布し、乾燥して開けた場所に生息する。地中に潜って、主にアリの幼虫などの無脊椎動物を食べる。

ホソメクラヘビ類 THREAD SNAKES

ホソメクラヘビ科は小型の細いヘビで、地中に潜って無脊椎動物を狩るという性質のため、めったに見られない。アメリカやアフリカ、南西アジアの熱帯地方に分布する。

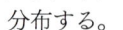

30 cm
12 in

セネガルホソメクラヘビ
SENEGAL BLIND SNAKE
Myriopholis rouxestevae
アフリカ西部の熱帯林の土壌中に生息する。2004年に初めて報告された。無脊椎動物を食べると考えられている。

クサリヘビ類 VIPERS

クサリヘビ科は、太い体とささくれだった鱗、三角形の頭部が特徴的である。折りたたみ式になった管状の長い牙が口の前方にあり、これで獲物とする脊椎動物の体内に毒液を効果的に送り込む。ピットバイパー（マムシ亜科のヘビ）には、眼と鼻孔の間にピット器官があって熱を感じ取る。ほとんどが胎生。

1.5 m
5 ft

フェルデランス
FER-DE-LANCE
Bothrops atrox
熱帯アメリカの森林に見られる毒ヘビ。頭部先端が尖っているのが特徴。夜に鳥類や哺乳類を狩る。

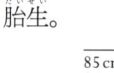

85 cm
34 in

ツノスナクサリヘビ
DESERT HORNED VIPER
Cerastes cerastes
北アフリカとシナイ半島の砂漠に分布。砂に埋まって小型哺乳類やトカゲを待ち伏せする。

60 cm
23½ in

ソリハナハブ
HOGNOSE PIT VIPER
Porthidium nasutum
中央アメリカに分布する昼行性の捕食者。湿潤な疎林を好む。ピットバイパーには眼と鼻孔の間に熱を感知するピット器官があり、胎生である。

斑紋

力強い筋肉質の体で
獲物を絞め殺す

網目のような模様

サンビームヘビ類
SUNBEAM SNAKES

虹色に輝く鱗が特徴的なサンビームヘビ科には2種だけが含まれる。両種ともに東南アジアだけに分布する。森林の生息地で穴を掘って生活し、両生類やほかの爬虫類、小型哺乳類を狩って食べる。卵生。

1.4 m
4½ ft

マダラニシキヘビ
SPOTTED PYTHON
Antaresia maculosa
オーストラリア北部に分布し、岩がちの山腹に見られる。コウモリがねぐらとする洞穴の入り口に陣取り、コウモリを捕まえて食べる。

10 m
33 ft

アミメニシキヘビ
RETICULATED PYTHON
Malayopython reticulatus
世界最長級のヘビ。アジアの雨林に生息し、大型の哺乳類を絞め殺す。

1.3 m
4¼ ft

サンビームヘビ
SUNBEAM SNAKE
Xenopeltis unicolor
平たい頭は植物性腐敗物に潜りやすい。夕暮れ時に現れて両生類や小型哺乳類を食べる。

1.3 m
4¼ ft

カパーヘッド
COPPERHEAD
Agkistrodon contortrix
岩がちの森林地帯に生息し、帯状の模様で落葉層に紛れ込む。北アメリカ東部に分布。

60 cm
23½ in

アスプクサリヘビ
ASP VIPER
Vipera aspis
ヨーロッパに分布し、暖かく乾燥した生息地を好む。餌は小型の哺乳類。最大20匹の子どもを産む。

90 cm
35 in

ヨーロッパクサリヘビ
COMMON ADDER
Vipera berus
昼行性の種で小型哺乳類やトカゲを狩る。ユーラシアのさまざまな生息地に広く分布する。

1.2 m
4 ft

短く緑の
濃い斑紋

ニシガラガラヘビ
PRAIRIE RATTLESNAKE
Crotalus viridis
米国中西部に分布し、夜明け時及び日没時に哺乳類を狩る。昼間は岩の割れ目に隠れている。

2 m
6½ ft

大きな頭部

ニシガボンアダー
WEST AFRICAN GABOON VIPER
Bitis rhinoceros
アフリカの熱帯雨林に見られる大型でずっしりとしたヘビ。待ち伏せして哺乳類を狩る。

2.1 m
7 ft

ニシダイヤガラガラヘビ
WESTERN DIAMOND-BACKED
RATTLESNAKE
Crotalus atrox
夜行性で哺乳類を餌にする大型のヘビ。北アメリカ西部の乾燥地帯に広く分布する。

1.8 m
6 ft

パフアダー
PUFF ADDER *Bitis arietans*
夜のほうが活動的な毒ヘビで、じっと横たわって獲物となる脊椎動物を待ち伏せしているのが普通。アフリカの岩がちの草原に見られる。

1 m
3¼ ft

マレーマムシ
MALAYAN PIT VIPER
Calloselasma rhodostoma
東南アジアに分布。夜間、森林に隣接する開けた場所で、齧歯類やトカゲを狩る。

ワニ類 CROCODILES AND ALLIGATORS

ワニ類は大型で肉食性の水生爬虫類だ。皮膚には装甲があり、顎は強力で恐るべき捕食者だが、社会的な動物で、親は子どもの世話をする。

ワニ類—クロコダイル類、アリゲーター類、ガビアル類は、どれもよく似た体型をしている。細長く伸びた吻には同じ円錐形の鋭い歯が並ぶ。体は流線型で、尾は長く頑丈である。皮膚には骨板で補強された装甲がある、イリエワニは現存する最大の爬虫類である。

遊泳能力と食性

ワニ類は世界中の熱帯地方に分布し、淡水域、海水域のさまざまな環境に見られる。目と耳、鼻孔は頭の上部にあり、ほとんど水に潜った状態で狩りをすることができる。水中では強力な尾で泳ぎ、陸上ではがっしりした四肢で地面から体を持ち上げて苦もなく歩く。

魚や爬虫類、鳥、哺乳類と餌の種類は幅広いが、大移動中の哺乳類や魚類など、特定の獲物を探し出し、待ち伏せして襲うという巧妙さを見せてくれる。小型の獲物は丸呑みだが、大型のものはまず溺死させ、死体をくわえて振り回し、肉を食いちぎる。呑み込んだ肉は胃石の助けを借りて強酸性の胃酸で消化する。

社会的行動と繁殖

行動的には、ほかの爬虫類よりも鳥類のほうがワニとの共通点が多い。鳥類はワニに最も近縁なグループなのだ。ワニの成体は緩やかな群れを成す。特に餌が豊富な所ではその傾向が強い。また幅広い種類の音声とボディ・ランゲージでもってほかの個体と交流する。

繁殖期には、優位の雄がなわばりをコントロールし、積極的に雌に求愛する。体内受精が行われ、硬い殻の卵が複数個、用意された巣に産み落とされる。雌は卵を守る。個体の性は孵卵時の温度によって決まる。子どもが孵化すると、雌はその鳴き声に刺激されて巣を発掘し、子どもをくわえて水辺に運ぶ。幼体の死亡率は高いが、成長して1mを超えれば、天敵はほとんどいなくなる。

門	脊索動物門
綱	爬虫綱
目	ワニ目
科	3
種	27

激しい流れを利用して食事中のパラグアイカイマン。口を開けて待っていれば、すぐそこまで魚がやってくるというわけだ。

ガビアル類 GHARIALS

絶滅の危機に瀕するガビアル科の分布はインドに限られる。細長い吻にずらっと並んだ歯で魚を捕らえる。雄の吻の先端には盛り上がったこぶがある。

オリーブ色の体色

6m / 20ft

インドガビアル
GHARIAL
Gavialis gangeticus
アジア産。吻に並んだ歯は大型ワニのなかでもとりわけ恐ろしげだが、これは魚を捕らえるためのもので、人間を襲うことはない。

クロコダイル類 CROCODILES

クロコダイル科は、生活様式や生息環境、食性などがあまり特殊化していない。ほかの科との区別点で最もわかりやすいのは、口を閉じても下顎の第4歯が見える点である。熱帯地方に分布し、河と海岸の近くに生息している。

1.8m / 6ft

ニシアフリカコビトワニ
DWARF CROCODILE
Osteolaemus tetraspis
アフリカの熱帯地方の森林に生息する小型のワニ。首と背中には分厚い装甲がある。夜行性のハンターで、魚やカエルを食べる。

キューバワニ
CUBAN CROCODILE
Crocodylus rhombifer
キューバの固有種。中型のワニで、湿地に生息して魚や小型の哺乳類を狩る。地面に穴を掘って卵を産む。

3.5m / 11ft

4m / 13ft

シャムワニ
SIAMESE CROCODILE
Crocodylus siamensis
東南アジアに限って分布する大型種。野生の個体群は絶滅一歩手前である。淡水の沼地に見られ、さまざまな獲物を食べる。

たくましい尾を打ち振って泳ぐ

アリゲーター類
ALLIGATORS AND CAIMANS

アリゲーター科のワニ類は水生環境で生活し、そこにいる魚や鳥、哺乳類を捕食する。アメリカの熱帯、亜熱帯域の沼地や川に生息する。中国産の稀少種ヨウスコウアリゲーターだけが、アメリカ大陸以外に分布する。

体色は年齢とともに濃くなる

4.5 m
15 ft

四肢は力強く陸上でも素速く移動できる

アメリカアリゲーター(ミシシッピワニ)
AMERICAN ALLIGATOR
Alligator mississippiensis

北アメリカ産。保護活動が実って現在では普通に見られるようになった。鳥や小型の哺乳類、カメを食べる。

2.5 m
8¼ ft

2 m
6½ ft

ヨウスコウアリゲーター (ヨウスコウワニ)
CHINESE ALLIGATOR
Alligator sinensis

中国の揚子江に生息するワニで、深刻な絶滅の危機にある。冬の数か月は穴の中で冬眠する。

メガネカイマン
SPECTACLED CAIMAN
Caiman crocodilus

さまざまなものを食べるワニ。中央及び南アメリカに広く分布する。人工的な水生環境にたやすく入り込んで増える唯一のワニ。

丸みのある頭に幅広い吻

2.5 m
8¼ ft

斑紋

クチヒロカイマン
BROAD-SNOUTED CAIMAN
Caiman latirostris

南アメリカ中央部の広い地域に見られる種。土を盛り上げて巣を作る。幅広い吻が特徴。哺乳類と鳥類を狩る。

2.3 m
7½ ft

骨質の装甲

シュナイダームカシカイマン
SCHNEIDER'S SMOOTH-FRONTED CAIMAN
Paleosuchus trigonatus

南アメリカの雨林に分布する小型種で半陸生。シロアリ塚のすぐ隣に巣を作る。そうすると卵が温かく保たれるのだ。

キュビエムカシカイマン
CUVIER'S DWARF CAIMAN
Paleosuchus palpebrosus

南アメリカ産で、アメリカ大陸のワニ類のなかでは最小の種。頭骨はイヌに似て、皮膚には骨質の装甲がある。

1.6 m
5¼ ft

イリエワニ
SALTWATER CROCODILE
Crocodylus porosus

現生のものでは最大の爬虫類。インド太平洋地域の普通種で、海も難なく渡ってのける。食性は特殊化しておらず、幅広い種類の餌を食べる。

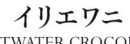

緑がかった茶色の体は藻類に覆われていることも多い

6.7 m
22 ft

頭のてっぺんにある目

5 m
16 ft

ナイルワニ
NILE CROCODILE
Crocodylus niloticus

アフリカに広く分布する大型のワニ。通常は淡水域に生息するが、海岸でもよく見られる。年とともに餌を変え、成体になるほど大きな獲物を捕るようになる。

キューバワニ CUBAN CROCODILE *Crocodylus rhombifer*

派手な色のワニで、キューバの固有種である。
中型のがっしりとした体は、骨質で強化
された鱗板（りんぱん）で覆われている。ほかのワニよりも
陸生傾向が強い。陸上を移動する際は胴体を地面から高く持ち上げ、四肢で体を
支えて歩く「ハイ・ウォーク」を行う。好みの餌はカメで、口の後方の強い歯でかみ砕い
て食べる。人間の捕獲による圧力がかかり、また生息地が失われたため、野生のキューバ
ワニは僅かに残るだけとなった。そこで1960年代に、野生の個体を捕獲して、キューバ島
南部のサパタ沼に設けた保護区に放した。現在、保護下には置かれているものの個体数
はまだ少なく、さらに保護区内でアメリカワニとの間で交雑が起きているため、
純粋なキューバワニがますます減る事態となっている。

全　長　3 – 3.5 m（9¾ – 11 ft）
生息地　淡水の沼地
分　布　キューバ
食　性　魚、カメ、小型哺乳類

骨質で強化された
大型鱗板

頭の後部には角のように
張り出した部分がある

耳の隙間はワニが水に
潜ると閉じられる

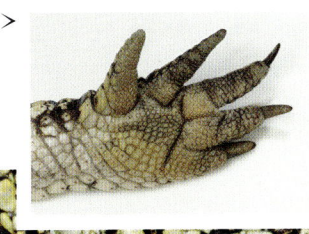

筋肉質の四肢 ∨ ＞
キューバワニは特に後肢が力強く、短距離なら疾走もできる。足は陸上を歩く時に使い、泳ぎにはあまり使わないため、指の間に水かきはない。

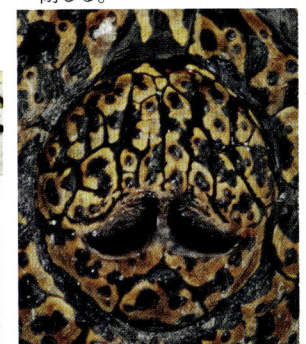

∨ **鼻孔**
吻端には組織が盛り上がった鼻板という部分があり、そこに1対の鼻孔が位置している。鼻孔には弁があって水中では閉じる。

∧ **恐るべき顎**
ワニは咀嚼はできないが、強大な顎で獲物をがっちりくわえる。舌には敏感な味蕾があり、不快な味のものは吐き出す。口腔からの水分の蒸発で体温を下げる。

∧ **尾の稜線**
尾の背面には骨質の突起がある鱗が並び、尾の高さを増していて、泳ぐときに役立つ。血管が多く分布しているので、日光浴で熱をよく吸収する役割もある。

＜ **腹部の鱗**
腹部の鱗は小さく、大きさも模様も揃っているので、この部分のワニ皮が高く取引される。

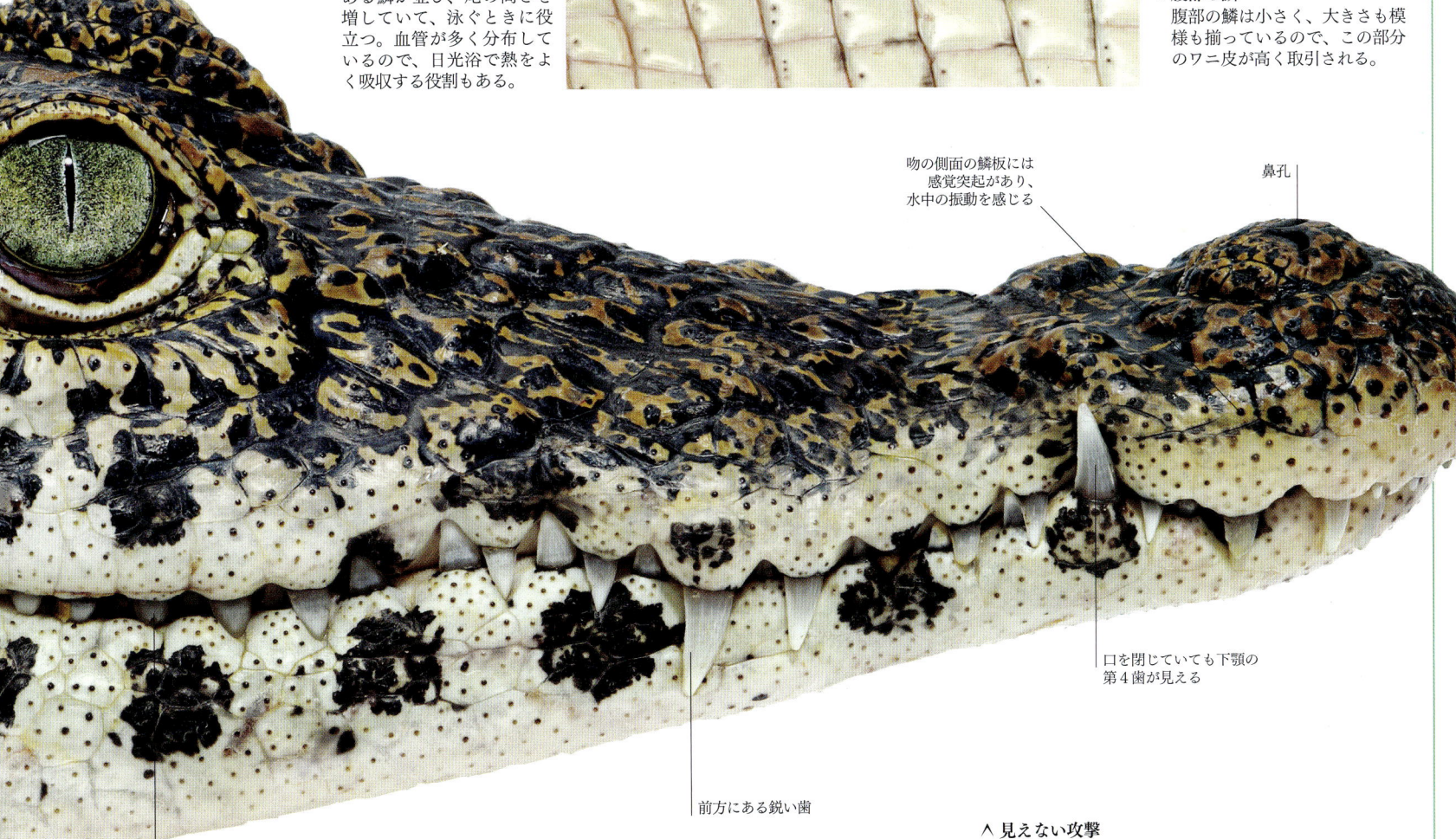

吻の側面の鱗板には感覚突起があり、水中の振動を感じる

鼻孔

口を閉じていても下顎の第4歯が見える

後方にある歯は前方の歯より太く短かく、頑丈だ

前方にある鋭い歯

∧ **見えない攻撃**
鋭い目と敏感な耳は頭の上のほうについている。そのため、体が水中にあっても獲物を感知することができる。この特徴を生かして、いきなり獲物に襲いかかる。長い顎を閉じる力は凄まじく、暴れる獲物もしっかりと捕らえることができる。

鳥類 BIRDS

鳥類の生活は忙しく活気にあふれている。鳥類には、目を見張るほど
美しいものが多く、また、複雑かつ音楽的でさえある歌を歌うものも
いる。知性的で、哺乳類のように子どもを献身的に世話し、また、祖先
の爬虫類を思わせる特徴をも合わせもっているのが鳥類だ。

門	脊索動物門
綱	鳥綱
目	40
科	250
種	10,770

風切羽は1枚1枚が左右非対称で、羽弁は外側が狭く内側が広い。この構造が飛翔力を高めている。

ヒナは晩成性であることが多く、ごく未熟な状態で生まれ、裸で目も見えない。親はヒナの世話に時間をかけなくてはならない。

ハタオリドリの雄は、つがいになってくれそうな雌に印象づけるため、手の込んだ巣を作る。鳥がかなりの知性をもつことの証明だ。

論　点
鳥は恐竜なのか？

従来、鳥類は、恐竜を含む爬虫類とは別の綱に分類されてきた。だが今日、共通祖先から派生した子孫をまとめて1つの分類群として、進化による類縁関係を分類に反映させるべきだ、とする分岐分類法が有力になっている。これに従うなら、鳥類は恐竜のなかでティラノサウルスを含むグループの一部に属するということになる。

鳥類は現生のものとしては唯一の羽毛の生えた動物である。内温性の脊椎動物で、二足歩行をし、前肢は著しく特殊化して翼になっている。羽毛は飛翔を可能にするだけではなく、体を保温する効果もあるので、毛皮で覆われた哺乳類と同じように、凍りそうなほど寒い環境で活動できる鳥も多い。カラフルな羽毛の鳥が多いのは、つがいの相手を探す際など、視覚的な手がかりをディスプレイに用いてコミュニケーションしていることを示している。鳥類は、2本足の肉食性恐竜（ティラノサウルス *Tyrannosaurus* を含むグループ）を祖先として進化してきた。この祖先に既に羽毛が生えていた可能性が高いと考えられる。

空中への進出

最初の鳥類がどうやって、そしてどんな理由からそうしたのかはわからないが、いずれにせよ空に飛び立ったのは事実であり、その結果、鳥類の体は後戻りできないほどの変貌を遂げた。手首の骨が融合して腕は翼へと進化した。胸骨には巨大な竜骨突起ができて、翼を羽ばたかせるための強力な筋肉の付着する土台となった。既に恐竜の祖先の時代から、骨は強固ながらも空気を含む構造になっていたが、鳥類は、それに加えて、哺乳類と同様の4室型心臓が可能にした強力な循環系と、大量のエネルギーを生み出す高い代謝率とを手に入れた。空気をためる気嚢を骨内の空間にまで配する気嚢システムにより、呼吸能力は飛躍的に向上し、汚れた空気の排出が極めて効率的にできるようになった。哺乳類もこれにはかなわない。

爬虫類的な特徴も多く残っている。肢や指など、羽毛の生えていない部分は、爬虫類のような角質性の鱗で覆われている。窒素排出物は半固形の尿酸であり、哺乳類のような水溶性の尿素ではない。腎臓からの排出物と腸からの排出物が一緒になって、爬虫類と同様に総排泄腔から排出される。だが、鳥類の脳は爬虫類の脳よりもかなり発達している。内温性で高い代謝率を維持できるという生理的な特質がそれを支えている。そのため、鳥類は単に空を飛べるだけではなく、驚くほど洗練された方法で食物を獲得し、また子どもを育てることができる。ヒナは爬虫類と同じような硬い殻の卵から生まれてくるが、知能の高い親はかなりの時間とエネルギーを投入し、ヒナが成熟するまで育てる。6000万年という時間をかけて進化した結果、鳥類はもはや単なる羽毛の生えた爬虫類ではなくなったのだ。

華麗に彩られた冠羽 >
鳥類は、時に華美に映るほど色鮮やかで目を引く外観を備えている。オウギバトの頭部に広がる精細な羽飾りもその一例だ。

鳥類に属するグループ

鳥類は40の目に分けられ、ずっしりした体の地上生活者（なかには飛べないグループも2、3含まれる）から、帆翔するアホウドリや急降下して襲撃するタカ、停空飛翔をするハチドリなどの空の達人たちまで、さまざまなものが含まれる。その生息地は海洋から山頂部、また砂漠から熱帯雨林や湿地帯まで、広範囲に及ぶ。

 シギダチョウ類
≫ 410

 走鳥類
（ダチョウなど）
≫ 410

 家禽、狩猟鳥
（キジの仲間）
≫ 412

 ガン・カモ類
≫ 416

 ペンギン
≫ 420

 アビ類
≫ 424

 アホウドリ、
ミズナギドリ、
ウミツバメなど
≫ 425

 カイツブリ類
≫ 427

 フラミンゴ
≫ 428

 コウノトリ類
≫ 429

 トキ、
サンカノゴイ、
サギ、ペリカン類
≫ 430

 ウ、
カツオドリの仲間
≫ 433

 ネッタイチョウ類
≫ 433

 猛禽類
（ワシ・タカ類）
≫ 434

 ハヤブサ、カラカラ類
≫ 441

 ノガン類
≫ 442

 ツル、
クイナの仲間
≫ 443

 カグー、
ジャノメドリ
≫ 445

 シギ・チドリ類、
カモメ、
ウミスズメ類
≫ 448

 サケイ類
≫ 456

 ハト
≫ 457

 オウム・インコ類
≫ 460

 エボシドリ類
≫ 464

 ツメバケイ
≫ 465

 カッコウ類
≫ 465

 フクロウ類
≫ 467

 クイナモドキ類
≫ 470

 ヨタカ類
≫ 471

 ハチドリ、
アマツバメ類
≫ 473

 キヌバネドリ類
≫ 476

 ネズミドリ類
≫ 476

 カワセミの仲間
≫ 477

 オオブッポウソウ
≫ 479

 サイチョウ、
ヤツガシラ、
モリヤツガシラ類
≫ 482

 キツツキ、
オオハシ類
≫ 483

 ノガンモドキ類
≫ 487

スズメ類
≫ 488

シギダチョウ類 TINAMOUS

中央及び南アメリカに生息するのシギダチョウは地上で生活する鳥だ。旧世界のウズラやシャコ（p.414）に似ているが、最も近縁なのは走鳥類（平胸類）である。

シギダチョウ目にはシギダチョウ科だけが含まれる。シギダチョウは地上性の小さな鳥で、丸い体に短い肢、さらに尾が非常に短いため、ずんぐりした印象だ。種によっては冠羽がある。

門	脊索動物門
綱	鳥綱
目	シギダチョウ目
科	1
種	47

走鳥類とは異なり、シギダチョウの胸骨には飛翔筋の付着する竜骨突起がある。この特徴はほかの鳥類にも共通している。シギダチョウの翼は走鳥類に比べればかなり発達していて、短距離とはいえ飛ぶことができる。通常、シギダチョウはあまり飛ぼうとせず、捕食者に襲われると走って逃げようとする。とはいえ、心臓と肺が比較的小さいためだろうが、走ってもすぐに疲れてしまう。

シギダチョウのなかには疎林や森林に生息するものもいるが、開けた草原で暮らすものもいる。どの種も餌は種子や果実、昆虫で、小型脊椎動物を食べることもある。羽の模様に隠蔽効果があるので、ほとんどの種は野外で見つけにくく、独特な地鳴きだけが存在を知る手がかりとなることのほうが多い。

美しい卵

シギダチョウの雄は多数の雌と交尾する。卵やヒナの面倒を見るのは雄のほうだ。巣は落ち葉を材料にして地上に作る。卵はターコイズブルー、赤、紫色などの鮮やかな色で、磁器のように光沢がある。

論点
シギダチョウの起源

従来、シギダチョウは走鳥類とは別のグループに分類されてきた。だが両者の頭骨はほかの鳥には見られない解剖学的特徴を共有しており、共通の祖先に由来することが示唆される。この共通祖先には飛翔能力がなかったか、それともあったのか？まだ結論は出ていないが、後者の可能性が高い。

カンムリシギダチョウ
ELEGANT CRESTED TINAMOU
Eudromia elegans
シギダチョウ科

40 cm
16 in

チリ南部からアルゼンチンにかけて分布し、標高の高い低木地に生息する。ほかのシギダチョウとは異なり、しばしば群れで生活する。

31–35 cm
12–14 in

ゴマダラシギダチョウ
ORNATE TINAMOU
Nothoprocta ornata
シギダチョウ科

アンデス山脈に生息するシギダチョウ。南アメリカ西部のペルーからアルゼンチン北部まで分布し、高山草原に見られる。

走鳥類（ダチョウなど） RATITES

現生種としては最大の鳥を含む走鳥類（平胸類）は、飛翔能力がなく脚力の強い鳥だ。開けた環境に群れで生息するものと、森林に単独で生活するものがいる。

走鳥類は南半球で進化してきた。祖先は空を飛んでいたことを示唆する証拠がある。走鳥類は、飛翔に関係する特徴の全てではないがいくつかを備えている

門	脊索動物門
綱	鳥綱
目	4
科	4
種	13

のだ。例えば走鳥類の胸骨には、ほかの鳥のように強力な飛翔筋の付着する竜骨突起はないが、翼は残っている。また、脳の中で飛翔をコントロールする部分がよく発達している。

ダチョウはダチョウ目に属し、アフリカの乾燥して開けた地域に見られる。脚力がたいへん強く、平地なら高速走行できる。ダチョウと外見的にある程度似ているが、それほど筋肉質ではないのがレア目のレアで、南アメリカの草原に生息している。走鳥類はたいていそうだが、ダチョウもレアも指の数が減少している。レアは3本、ダチョウにいたっては2本しかない。両者ともに大きな翼があり、ディスプレイに用いたり、疾走する際にバランスをとるのに使ったりする。

オーストラレーシアの走鳥類

オーストラレーシアに生息する走鳥類はヒクイドリ目のヒクイドリとエミュー、それとキーウィ目のキーウィである。エミューは低木地や草原に生息するが、そのほかは森林で生活する。翼は小さく、羽毛の下に隠れて見えない。羽毛は羽というよりは、けば立った毛のように見える。夜行性のキーウィはニュージーランドの国のシンボルとしてお馴染みだ。キーウィは走鳥類としては唯一、指の数が減少していない。

ダチョウの雄は地面を掘って浅い巣を作る。ハーレムの雌たちがそこに卵を産み、最大50個の卵が集まる。

毛のような羽毛

65–70 cm
26–28 in

50–65 cm
20–26 in

キタジマキーウィ
NORTH ISLAND BROWN KIWI
Apteryx mantelli
キーウィ目キーウィ科

ニュージーランドに複数いるキーウィの一種。夜行性。鼻孔がくちばしの先端にあり、嗅覚で地中の無脊椎動物を見つけ出して食べる。

キーウィ
TOKOEKA
Apteryx australis
キーウィ目キーウィ科

キタタテジマキーウィの近縁種で、ニュージーランドの南島に生息する。本種のほうが体色が明るい。DNA分析により別種として認識された。

ぼさぼさの
粗い羽毛

かぶと状の突起

赤い肉垂

1.5–1.8 m
5–6 ft

ヒクイドリ
SOUTHERN CASSOWARY
Casuarius casuarius
ヒクイドリ目 ヒクイドリ科
雨林に生息し、果実を食べる。ニュー
ギニア各地とオーストラリア北部に
見られ、ヒクイドリ科のなかで
最も分布域が広い。

茶色の羽毛

1.7–2.1 m
5½–7 ft

エミュー
EMU
Dromaius novaehollandiae
ヒクイドリ目 エミュー科
オーストラリアに現存する鳥では最大。
大陸各地の開けた草原地帯に見られる。
近縁なヒクイドリと同じように、ヒナの
羽はカムフラージュ効果のある縞模様。

ほとんど
裸の首

黒い羽毛で
覆われた体

ダーウィンレア
LESSER RHEA
Rhea pennata
レア目 レア科
レアよりも小さく、分布は南よりで、
アンデス山脈南部とパタゴニア地方
に生息し、小さな群れで生活する。

92–100 cm
3–3¼ ft

1.3–1.4 m
4¼–4½ ft

レア
GREATER RHEA
Rhea americana
レア目 レア科
南アメリカ中央部に分布する。
つがい形成のない生殖システム
を有する。雄は多数の雌が
生んだ卵をまとめて世話する。

白い初列風切

65–70 cm
26–28 in

オオマダラキーウィ
GREAT SPOTTED KIWI
Apteryx haastii
キーウィ目 キーウィ科
灰色の斑模様のキーウィは
本種を含め2種いるが、本
種はニュージーランド南島
西部の山地だけに分布する。

大きな目

ダチョウ
OSTRICH
Struthio camelus
ダチョウ目 ダチョウ科
世界最大の鳥であるダチョウは、
アフリカのサバンナや半砂漠地帯に
生息する。繁殖雄は複数の雌と
交尾する。

♂

1.7–2.7 m
5½–8¾ ft

♀

灰褐色の羽毛

鱗のある肢

羽毛の生えて
いない肢

灰色の首

1.7–2.7 m
5½–8¾ ft

ソマリダチョウ
SOMALI OSTRICH
Struthio molybdophanes
ダチョウ目 ダチョウ科
ダチョウの亜種で首が灰色である。
アフリカ東部に分布し、大地溝帯に
よりほかの個体群と隔離されている。
現在ではダチョウとは別種と
みなされている。

35–45 cm
14–18 in

コマダラキーウィ
LITTLE SPOTTED KIWI
Apteryx owenii
キーウィ目 キーウィ科
小型のキーウィで、
移入された哺乳類により
絶滅の寸前まで追い込ま
れている。ニュージー
ランドの周辺にある
捕食者のいない島では
生きながらえている。

2本指の足

家禽、狩猟鳥（キジの仲間）
FOWL, GAMEBIRDS, AND RELATIVES

脚力の強い狩猟鳥はさまざまな生息環境に適応している。主に地上で生活し、餌はほとんど植物性である。

　飛ぶのが下手だとも限らないのだが、狩猟鳥であるキジ目の大半は、危険が迫った時だけ空に飛び立つ。ヨーロッパウズラと日本のウズラを除き、渡りをして長距離の移動をこなす。狩猟鳥のほとんどは地上で生活する。熱帯アメリカに生息するホウカンチョウ科だけは、樹上で生活する習性があり巣も樹上に作る。狩猟鳥のなかで最も原始的なのは、インド太平洋の島々の森林に生息するツカツクリ類である。このグループは卵を腐葉土の中や火山の砂中に埋め、発酵熱や火山活動の熱に頼って卵を温める。ほかの狩猟鳥はいずれも、もっと積極的に親としての活動を行う。ただし世話をするのは雌だけだ。ヒナは早成性で、孵化後すぐに走り、自力で餌を食べる。

　狩猟鳥の雄はきらびやかな羽毛をまとっていることが多い。求愛のディスプレイに用い、雌をひきつけてハーレムを作るためだ。蹴爪を武器にライバルと闘うものもいる。

家禽化された種

　シチメンチョウなどを含め、狩猟鳥は捕獲して飼うのが比較的簡単なので、多くの国では経済的に重要な役目を担っている。家禽化されたニワトリは世界中にいるが、これは全て東南アジアのセキショクヤケイの子孫である。

門	脊索動物門
綱	鳥綱
目	キジ目
科	5
種	300

論点

旧来の分け方と生物学的な分類

昔からの鳥の分け方は生物学的な関係を反映していない場合もある。英名でpartridgeと名のつく狩猟鳥は多いが、gray partridge（ヨーロッパヤマウズラ）は雄のほうが雌よりも模様がはっきりしているなど、ほかのpartridgeとは若干異なっていて、おそらくキジ類に近縁だと考えられる（訳注：複数の属にわたる鳥がpartridgeと呼ばれる。和名では、シャコ、コジュケイ、ウズラ、ミヤマテッケイなどと呼ばれている）。

ヤブツカツクリ
BRUSH TURKEY
Alectura lathami　ツカツクリ科
オーストラリア東部に分布する。雄は塚を作って卵を埋め、腐った葉を加えたり除いたりして、孵卵の温度を調節する。温度が高いとヒナは雌が多くなる。

セレベスツカツクリ
MALEO
Macrocephalon maleo　ツカツクリ科
インドネシアのスラウェシ島に見られる。卵は砂の中に埋め、太陽の熱や火山活動による地熱に頼って卵を温める。

クサムラツカツクリ
MALLEEFOWL
Leipoa ocellata　ツカツクリ科
オーストラリア南部に分布する。ほかの多くのツカツクリと同様、腐葉土を盛り上げて塚を作り、卵を埋める。餌は主にさまざまな種子だが、雑食性だと考えられている。

喉の前方に黒い模様

茶、白、黒が混じった翼

オオホウカンチョウ
GREAT CURASSOW
Crax rubra　ホウカンチョウ科
メキシコからエクアドルにかけて分布する。ほかのホウカンチョウと同じく、カールした冠羽がある。雄は黒く雌は茶色。

ハゲガオホウカンチョウ
BARE-FACED CURASSOW
Crax fasciolata　ホウカンチョウ科
南アメリカに分布。顔には羽毛がまばらにしか生えない。近縁種にはくちばしの上に肉質のこぶのような突起があるが、本種にはない。

55 cm / 22 in
70 cm / 28 in
78–92 cm / 31–36 in
60 cm / 23½ in
84 cm / 33 in

48–53 cm
19–21 in

灰褐色の上面

オリーブ
ブラウンの胸

46 cm
18 in

先端の白い尾羽

**ムジヒメ
シャクケイ**
PLAIN CHACHALACA
Ortalis vetula
ホウカンチョウ科
アメリカ大陸のテキサス
からコスタリカにかけて
分布。科のなかで最も北に
生息し、米国では唯一の
ホウカンチョウ。

**ハイガシラヒメ
シャクケイ**
GREY-HEADED CHACHALACA
Ortalis cinereiceps
ホウカンチョウ科
英名は「チャチャラカ」とい
う鳴き声からつけられた。
ホウカンチョウの仲間で
茶色い鳥。ホンジュラスか
らコロンビアにかけて、
低木地帯に生息する。

69 cm
27 in

**アオノドナキ
シャクケイ**
BLUE-THROATED PIPING
GUAN
Pipile cumanensis
ホウカンチョウ科
南アメリカに生息。樹上性
のナキシャクケイに典型的
な艶のある黒い羽に覆われ
る。繁殖期に聞かれる鋭い
鳴き声が名前の由来。

59–65 cm
23–26 in

ヒメクロシャクケイ
HIGHLAND GUAN
Penelopina nigra
ホウカンチョウ科
中央アメリカに生息。ほかのシャク
ケイよりも地上性の傾向が強い。
地上に巣を作るのは科のなかでは
おそらくこの種だけだと考えられる。

66–76 cm
26–30 in

アマゾンシャクケイ
SPIX'S GUAN
Penelope jacquacu
ホウカンチョウ科
南アメリカに生息。ヒメシャ
クケイ属 *Ortalis* に似たシャク
ケイ属 *Penelope* に属するが、
足は短く、樹上に巣を作り、
大きな声で求愛コールをする。

76 cm
30 in

アカシャクケイ
CAUCA GUAN
Penelope perspicax
ホウカンチョウ科
アマゾンシャクケイの近縁
種で、羽毛は艶のあるブロ
ンズ色。コロンビアの西部
及び北部のカウカ峡谷に
だけ見られる。

55 cm
22 in

ヒゲシャクケイ
BEARDED GUAN
Penelope barbata
ホウカンチョウ科
名前は首の模様に由来
する。同属の近縁種と
同じように雨林で生活
する。エクアドルと
ペルーに分布。

67–75 cm
26–30 in

61–71 cm
24–28 in

頭部には羽毛が生えず
青みがかった皮膚が
露出している

喉の赤い
肉垂

68–75 cm
27–30 in

クロアシシャクケイ
DUSKY-LEGGED GUAN
Penelope obscura
ホウカンチョウ科
シャクケイ属 *Penelope* では
唯一、肢が赤みをおびずに褐
色である。南アメリカ中央部
のブラジルからアルゼンチン
北部にかけて分布。

アカハラシャクケイ
CHESTNUT-BELLIED GUAN
Penelope ochrogaster
ホウカンチョウ科
シャクケイ属 *Penelope* に典型
的な喉の肉垂が特に発達
している。ブラジルの南部
から中央部にかけて分布。

長い襟羽

26–31 cm
10–12 in

24–27 cm
9½–10½ in

25 cm
10 in

フサホロホロチョウ
VULTURINE GUINEAFOWL
Acryllium vulturinum
ホロホロチョウ科
ホロホロチョウ科はアフリカの
狩猟鳥で、群れで生活するが単
婚性である。いずれも頭部には
羽毛が生えない。本種はホロホ
ロチョウ科のなかでも最大で、
アフリカ東部に見られる。

ツノウズラ
MOUNTAIN QUAIL
Oreortyx pictus
ナンベイウズラ科
もともとロッキー山脈に生息。ほ
かのナンベイウズラ科と同じよう
に地上に巣を作り、単婚性である。

カンムリウズラ
CALIFORNIAN QUAIL
Callipepla californica
ナンベイウズラ科
米国のオレゴン州からカリフォルニア
州にかけて見られる。6本の羽毛が
前方に垂れる冠羽が特徴。

ズアカカンムリウズラ
GAMBEL'S QUAIL
Callipepla gambelii
ナンベイウズラ科
カンムリウズラの近縁種だが、本種の
ほうが冠羽が長い。カリフォルニア州
南部の砂漠に分布する。分布域は
カンムリウズラと重ならない。

≫ 家禽、狩猟鳥（キジの仲間）

イワシャコ
CHUKAR PARTRIDGE
Alectoris chukar　キジ科
ユーラシア中央部各地に見られ、イワシャコ属 *Alectoris* のなかでは最も分布域が広い。この属は乾燥地帯の典型的な鳥で、黒い模様が目立つ。

32–35 cm
12½–14 in

側面に黒い縞模様

アラビアイワシャコ
ARABIAN PARTRIDGE
Alectoris melanocephala　キジ科
大型のイワシャコ属 *Alectoris* で、アラビア半島とイエメンの半砂漠地帯に見られる。セイヨウネズの森林を好む。

38 cm
15 in

ジャワミヤマテッケイ
CHESTNUT-BELLIED HILL PARTRIDGE
Arborophila javanica　キジ科
東南アジアの雨林に見られる。ミヤマテッケイ属 *Arborophila* は隠蔽色をまとった小型の狩猟鳥で、尾は短い。頭部には目立つ模様があるものが多い。

21 cm
8½ in

ヨーロッパヤマウズラ
GREY PARTRIDGE
Perdix perdix　キジ科
ヤマウズラ属 *Perdix* は小さな属で、ユーラシアに分布する腹の黒い狩猟鳥である。本種が最も分布域が広い。この属はシャコ類よりもキジ類に近縁である。

29–32 cm
11½–12½ in

シマシャコ
GREY FRANCOLIN
Francolinus pondicerianus　キジ科
南アジアに分布する。近縁のヤケイのように雄には蹴爪がある。蹴爪は闘いに使用される。

28–30 cm
11–12 in

アカノドシャコ
RED-NECKED FRANCOLIN
Francolinus afer　キジ科
森林や草原で地上に巣を作る。コンゴ民主共和国から南アフリカのケープまで、アフリカに広く分布する。

25–38 cm
10–15 in

カンムリシャコ
ROULROUL
Rollulus rouloul　キジ科
東南アジアに分布。ミヤマテッケイと近縁だが、本種のほうが羽毛が鮮やかである。雄の体色はダークブルーで、赤い冠羽がある。雌は緑色で冠羽はない。

26 cm
10 in

コジュケイ
CHINESE BAMBOO PARTRIDGE
Bambusicola thoracicus　キジ科
もともと中国に生息。本種ともう1種が属するコジュケイ属 *Bambusicola* は東アジアに分布し、シャコ属 *Francolinus* やヤケイ属 *Gallus* に近縁である。

31 cm
12 in

ヨーロッパウズラ
COMMON QUAIL
Coturnix coturnix　キジ科
ユーラシア西部の草原や半砂漠に生息する小型種。ほかの狩猟鳥とは異なり、分布域の北の方の個体群は渡りをする。

16–18 cm
6½–7 in

ハリモミライチョウ
SPRUCE GROUSE
Canachites canadensis　キジ科
北アメリカに分布。疎林に生息するほかのライチョウと同じように、たいていの動物が敬遠するマツやトウヒなど針葉樹の針のような葉を消化することができる。

39–40 cm
15½–16 in

黒い喉

ススイロライチョウ
SOOTY GROUSE
Dendragapus fuliginosus　キジ科
黒っぽい種で、太平洋岸のマツ林に生息する。本種を含め、北アメリカに分布するライチョウのなかには喉袋を膨らますものが何種かいる。

40–50 cm
16–20 in

ホソオライチョウ
SHARP-TAILED GROUSE
Tympanuchus phasianellus　キジ科
北アメリカに分布。近縁種のソウゲンライチョウよりも南方かつ広い地域に分布する。雄には紫色の喉袋があってディスプレイに使う。

41–47 cm
16–18½ in

ソウゲンライチョウ
GREATER PRAIRIE CHICKEN
Tympanuchus cupido
キジ科
米国中央部に分布。ソウゲンライチョウ属 *Tympanuchus* のほかの種と同様に、雄は鮮やかな喉袋を膨らませ、集団で求愛のディスプレイを行う。

43 cm
17 in

ヒメソウゲンライチョウ
LESSER PRAIRIE CHICKEN
Tympanuchus pallidicinctus
キジ科
北アメリカ南部に見られる。ソウゲンライチョウ属 *Tympanuchus* に典型的だが、首に色鮮やかな喉袋があり、またドラミング音を発する。

38–41 cm
15–16 in

60–87 cm
23½–34 in

34–36 cm
13½–14 in

ヨーロッパオオライチョウ
WESTERN CAPERCAILLIE
Tetrao urogallus キジ科
ユーラシア西部の針葉樹林に見られる最大のライチョウ。雄は雌に向けてディスプレイを行い、カラカラという音やピンの栓を抜くときのような音を発する。

ライチョウ
ROCK PTARMIGAN
Lagopus muta
キジ科
本種を含め近縁の3種は冬に白くなる。北極周辺地域に分布し、ツンドラや高山に生息する。

アカライチョウ
RED GROUSE
Lagopus lagopus scotica
キジ科
カラフトライチョウの亜種で、イギリスに分布する。ほかのライチョウと異なり冬にも白くならない。

38–41 cm
15–16 in

薄い灰色の
尾羽

ミヤマハッカン
KALIJ PHEASANT
Lophura leucomelanos キジ科
ヒマラヤからミャンマーにかけて分布し、森林に生息する。ハワイ諸島にも移入された個体群が存在する。

60–80 cm
23½–32 in

シマハッカン
SIAMESE FIREBACK
Lophura diardi キジ科
東南アジアに分布。キジ類はたいていそうだが、顔には羽毛が生えず赤い皮膚が露出する。コシアカキジ属 *Lophura* のほかの種と同様、この形質は雌雄に共通である。

55–75 cm
22–30 in

ヒオドシジュケイ
SATYR TRAGOPAN
Tragopan satyra
キジ科
ジュケイ属 *Tragopan* は樹上に巣を作るキジ類で、アジアに分布する。本種はヒマラヤに生息する。雄は膨らむ肉垂と肉質の角のような突起でディスプレイする。

60–70 cm
23½–28 in

53–89 cm
21–35 in

コウライキジ
COMMON PHEASANT
Phasianus colchicus
キジ科
もともとユーラシア中央部と東部の疎林に生息。ヨーロッパ西部に移入され、今では農場でよく見られる。

60–120 cm
23½–47 in

ギンケイ
LADY AMHERST'S PHEASANT
Chrysolophus amherstiae
キジ科
ほかの多くのキジ類と同様、目の周りの模様は雄だけに見られ、またヒナの世話をするのは雌だけである。中国とミャンマーに分布する。

40–50 cm
16–20 in

先端の白い尾羽
を広げてディス
プレイする

パラワンコクジャク
PALAWAN PEACOCK-PHEASANT
Polyplectron napoleonis
キジ科
コクジャクの雄はほかのクジャク類のように長い羽はないが、尾羽のきらびやかな眼状紋でディスプレイする。

0.8–2.2 m
2½–7¼ ft

インドクジャク
INDIAN PEAFOWL
Pavo cristatus キジ科
熱帯アジアの種で、インドとスリランカに分布する。雄は長い羽を立てて広げて雌に求愛するが、これは尾羽ではなく、尾羽の基部の上面を覆う上尾筒が伸びたもの。

皮膚の露出
した頭部

41–78 cm
16–31 in

セキショクヤケイ
RED JUNGLEFOWL
Gallus gallus
キジ科
ニワトリの祖先で、アジアに分布する。シャコ属 *Francolinus* に近縁だが、雄が多数の雌と交尾する点は異なっている。トサカや肉垂は雄だけにある。

シチメンチョウ
WILD TURKEY
Meleagris gallopavo
キジ科
シチメンチョウ類はもともと北アメリカに生息した大型の狩猟鳥で、肉垂がある。米国南部に生息する本種は家禽のシチメンチョウの祖先である。

1.1–1.2 m
3½–4 ft

ガン・カモ類　WATERFOWL

ガンやカモの仲間は足に水かきがあり水面を泳ぐのに適応している。大半が植物を食べるが、なかには小型の水生動物を食べるものもいる。

カモ目（ガン・カモ類）のほとんどは短い肢が胴体の後ろ寄りについている。水かきのある足で推進力を得て泳ぎ、尾の近くにある腺から分泌される油で羽毛を防水加工する。南アメリカに生息するサケビドリとオーストラリアに生息するカササギガンには水かきが部分的にしかなく、陸上で過ごしたり沼で歩き回ったりする時間が圧倒的に長い。両者はそれぞれサケビドリ科とカササギガン科という古い科に属している。ほかのカモ類は全てカモ科に属する。カモ科のなかで最も原始的なのはリュウキュウガモ類である。

ハクチョウ、ガン、カモ

ハクチョウとガンでは、雌雄の体色や模様に差がない。首が長く翼も長いこういった鳥は、ほとんどが熱帯以外に分布する。北方に分布する種の多くは北極付近で繁殖し、南に渡って冬を越す。カモ科のなかで、概して小型で首の短いのがカモの仲間だ。ガンやハクチョウと異なり、雄のカモは、特に繁殖期に雌よりも模様が派手なのが普通である。また、雌雄ともに翼に翼鏡という鮮やかな模様のあるカモが多い。ガン・カモ類はくちばしが特徴的で、内部に薄板がある。筋肉質の舌で水を吸引し、その中の餌をこしとって食べるように進化したものだ。この構造はこの目の種全てに共通している。ほかの方法で採食するものにもこの特徴は残っている。ガンは草原で草を食べるが、ハクチョウはより水域で採食し、長い首を生かして頭を水中に深く突っ込む。カモの多くは水面採食ガモ類で、頭を水につけたり逆立ちポーズをとったりして採餌する。ホシハジロなどの潜水ガモ類は潜水して餌を集める。アイサは、幅が狭く縁がのこぎり状になったくちばしで、魚を捕まえて食べる。ケワタガモ、クロガモ、アイサなどを含む海ガモ類には熟練した海のダイバーが含まれる。

巣作り

ほとんどのガン・カモ類は単婚性で、種によっては生涯添い遂げる。巣はほとんどが地上に作るが、樹上に作るものも数種いる。海ガモ類は内陸で繁殖する。ガン・カモ類のヒナはどれも生まれた時から綿羽が生えていて、孵化後すぐに歩いたり泳いだりできる。

門	脊索動物門
綱	鳥綱
目	カモ目
科	3
種	177

編隊飛行をするハクガン。空気抵抗を削減し、エネルギーを節約して長距離の渡りを行う。

53—56 cm
21—22 in

アオガン
RED-BREASTED GOOSE
Branta ruficollis
カモ科
暗い色合いの多いコクガン属 *Branta* のなかにあって、本種の体色は最も派手である。繁殖地はシベリアの北西部。

赤、黒、白の模様が目立つ

50—110 cm
20—43 in

カナダガン
CANADA GOOSE
Branta canadensis
カモ科
コクガン属 *Branta* では最大。もともと北アメリカに生息していたが、現在はヨーロッパ北部に移入されている。

58—71 cm
23—28 in

カオジロガン
BARNACLE GOOSE
Branta leucopsis　カモ科
グリーンランドとロシアに分布し、北極地方のツンドラで繁殖する。断崖絶壁に巣を作って捕食者を避ける。

56—71 cm
22—28 in

ハワイガン
HAWAIIAN GOOSE
Branta sandvicensis
カモ科
ハワイ諸島だけに生息。足は水かきが退縮して強いカギ爪が生え、固まった溶岩流を登れるように適応している。

インドガン
BAR-HEADED GOOSE
Anser indicus　カモ科
中央アジアの山岳地帯の薄い空気に適応している。ヒマラヤ山脈の遥か上空を渡り、インドとミャンマーで越冬する。

71—76 cm
28—30 in

薄い灰色の体

コザクラバシガン
PINK-FOOTED GOOSE
Anser brachyrhynchus　カモ科
小型で灰色のガン。グリーンランドとアイスランドに分布。ツンドラにある岩の露頭で繁殖し、ヨーロッパ西部で越冬する。

60—75 cm
23½—30 in

76—89 cm
30—35 in

ハイイロガン
GREYLAG GOOSE
Anser anser
カモ科
ユーラシアの草原や湿地に広く分布している。典型的なマガン属 *Anser* で、家禽のアヒルの祖先である。

66–89 cm
26–35 in

灰色の体に
細かい横縞
模様が入る

ミカドガン
EMPEROR GOOSE
Anser canagicus
カモ科
シベリア北東部とアラスカに
見られる。海岸の草や海藻を
食べる。ほかのガンに比べ、
あまり群れない。

50–60 cm
20–23½ in

コバシガン
ASHY-HEADED GOOSE
Chloephaga poliocephala カモ科
南アメリカに生息するコバシガン属
Chloephaga はおそらくガンよりもカモのほ
うに近縁だと考えられる。本種はチリと
アルゼンチンに見られる。本種を含め、
この属の鳥は木の枝にとまることがある。

71–73 cm
28–29 in

エジプトガン
EGYPTIAN GOOSE
Alopochen aegyptiaca
カモ科
アフリカに広く分布している。
南半球に生息するカモに近い
ガンのグループ（ツクシ
ガモ類）に属する。

39–44 cm
15½–17½ in

カザリリュウキュウガモ
PLUMED WHISTLING DUCK
Dendrocygna eytoni カモ科
リュウキュウガモは、ガンやほかのカモ類と
は分けられ、フエフキガモ類に入れられる。
フエフキガモという名は独特の鳴き声から
つけられた。本種はオーストラリアに生息する。

70–90 cm
28–35 in

カササギガン
MAGPIE-GOOSE
Anseranas semipalmata
カササギガン科
オーストラリアの湿地に
分布。肢が長く水かきは
部分的にしかない。ほか
のガン・カモ類とは
あまり近縁ではない。

75–100 cm
30–39 in

ロウバシガン
CAPE BARREN GOOSE
Cereopsis novaehollandiae
カモ科
オーストラリア南部と沖の
島々に限って分布する特徴的
なガン。小規模な群れを作り、
草原で草を食べる。

60–75 cm
23½–30 in

アオバコバシガン
BLUE-WINGED GOOSE
Cyanochen cyanoptera
カモ科
もともと生息していたエリト
リアとエチオピアの寒冷な高
地に適応し、羽毛が分厚い。

0.9–1.2 m
3–4 ft

カモハクチョウ
COSCOROBA SWAN
Coscoroba coscoroba
カモ科
ガンに似た小型のハク
チョウ。分布はチリや
アルゼンチン南部の
湿地に限られている。

1.3–1.6 m
4¼–5¼ ft

赤いくちばし

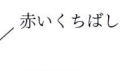

黒っぽい羽衣

1.1–1.4 m
3½–4½ ft

コクチョウ
BLACK SWAN
Cygnus atratus
カモ科
すすのように黒いハクチョ
ウで、翼の先端は白い。大
規模なコロニーを作って営
巣することがある。もとも
とオーストラリアとタスマ
ニアに生息していたが、現
在はニュージーランド、
ヨーロッパ、北アメリカに
移入されている。

全身が白い

ナキハクチョウ
TRUMPETER SWAN
Cygnus buccinator
カモ科
ユーラシアのオオハクチョ
ウ（*C. cygnus*）など、よく鳴く
ハクチョウの近縁種。本種は
北アメリカに生息し、ラッパ
のような大きな声で鳴く。

まっすぐな首

コブハクチョウ
MUTE SWAN
Cygnus olor
カモ科
ヨーロッパと中央アジアで
繁殖する。ほかのハクチョウ
と同様、頭を水に浸して
水生植物を食べる。

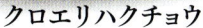

1–1.2 m
3½–4 ft

クロエリハクチョウ
BLACK-NECKED SWAN
Cygnus melancoryphus カモ科
南アメリカ南部に見られる。ほかのハク
チョウよりも水面で過ごす時間が長く、
水面に浮いた植物の上に巣を作る。

1.5–1.8 m
5–6 ft

38–40 cm
15–16 in

コシジロガモ
WHITE-BACKED DUCK
Thalassornis leuconotus
カモ科
アフリカとマダガスカルに分
布。フエフキガモ類に近縁だ
が、水面で過ごす時間は本種
のほうが長く、水面に島状の
浮いた植物の上に巣を作る。

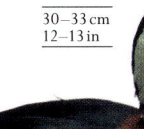

30–33 cm
12–13 in

アフリカマメガン
AFRICAN PYGMY-GOOSE
Nettapus auritus
カモ科
ほかのマメガンと同様、この
アフリカに生息する種も木の洞
に巣を作る。餌にするスイレン
類が生えた湿地によく見られる。

61–66 cm
24–26 in

オリノコガン
ORINOCO GOOSE
Neochen jubata
カモ科
南アメリカに生息し、
カモに近縁。熱帯の湿潤
なサバンナや川に沿った
森の縁に見られる。

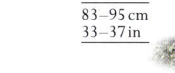

83–95 cm
33–37 in

カンムリサケビドリ
SOUTHERN SCREAMER
Chauna torquata サケビドリ科
サケビドリは大型のどっしりした
鳥で、南アメリカの沼地に生息す
る。翼には骨に支えられたカギ爪
のような突起があり、これを
用いて闘うこともある。

≫

クリーム色と
黒、緑の顔の模様

45—56 cm
18—22 in

39—43 cm
15½—17 in

43—56 cm
17—22 in

アメリカヒドリ
AMERICAN WIGEON
Mareca americana
カモ科
浅瀬の水面で採食する。
逆立ち姿勢になることもある。
大きな群れをなし、北アメリカ
で繁殖した後、カリブ海で
越冬する。

トモエガモ
BAIKAL TEAL
Sibirionetta formosa
カモ科
シベリアに生息する特徴
的なカモ。ツンドラの緑
付近の寒冷な開けた森林
で繁殖し、東アジアに
渡って越冬する。

ハシビロガモ
NORTHERN SHOVELER
Spatula clypeata
カモ科
北半球の湿地に広く分布する。
水面採食ガモ類には、雌雄どち
らにも翼鏡という目立つ模様が
ある。本種の翼鏡は緑色である。

55—65 cm
22—26 in

50—65 cm
20—26 in

38—51 cm
15—20 in

♀

50—65 cm
20—26 in

マガモ
MALLARD
Anas platyrhynchos
カモ科
北半球に広く分布する水面採食ガモ類。
近縁種と交雑可能であることから、ごく最近に
進化した可能性があると考えられる。

♂

33—40 cm
13—16 in

オレンジ色の
頬の羽

インディアン・ランナー
INDIAN RUNNER
Anas platyrhynchos domesticus
カモ科
アヒル（マガモが家禽化された
もの）の品種。この首の長い品
種はマレー半島とインドを起源
とし、19世紀に作出された。

アヒル
DOMESTIC DUCK
Anas platyrhynchos domesticus
カモ科
家禽のアヒルのほとんどはマ
ガモを祖先とする。肉や卵、
羽毛を採るために、あるいは
鑑賞用として飼養される。

ホオジロオナガガモ
WHITE-CHEEKED PINTAIL
Anas bahamensis
カモ科
塩水で暮らす水面採食ガモ類
で、南アメリカの河口やマン
グローブ沼沢地に見られる。
温帯に分布するオナガガモと
異なり、雌雄はよく似ている。

ヒメハジロ
BUFFLEHEAD
Bucephala albeola
カモ科
北アメリカの海ガモ類では最小。
木の洞に巣を作るが、古い
キツツキの巣を使うことがある。

38—51 cm
15—20 in

43—51 cm
17—20 in

シノリガモ
HARLEQUIN DUCK
Histrionicus histrionicus
カモ科
海に浮いている時間の圧倒的に長い海ガモ類。荒波
に乗り、速い流れのそばに巣を作る。北アメリカ、
アイスランド、ロシア西部に分布。

アメリカオシ
WOOD DUCK
Aix sponsa カモ科
北アメリカに生息する樹洞ガモ類。
孵化したてのヒナは、高い木の洞に
作られた巣からジャンプして
下の水に飛び込む。

オシドリ
MANDARIN DUCK
Aix galericulata カモ科
単婚性だと誤解され、アジア
東北部（中国や日本）では仲む
つまじい夫婦の象徴とされて
いる。ヨーロッパやカリフォ
ルニアに移入されている。

41—51 cm
16—20 in

♂

ヤマガモ
TORRENT DUCK
Merganetta armata
カモ科
南アメリカの標高の高い
地方に分布。泳力が高く、
アンデスの急流で生活し
川辺の岩の下に巣を作る。

♀

クビワコガモ
RINGED TEAL
Callonetta leucophrys
カモ科
南アメリカに生息。ほかの
熱帯に生息するカモと同様、
渡りは行わず、羽の色は
一年中変わらない。

脇腹の
白い模様

43—46 cm
17—18 in

35—38 cm
14—15 in

46–55 cm
18–22 in

アラナミキンクロ
SURF SCOTER
Melanitta perspicillata カモ科
北アメリカに生息。ほかのクロガモ属
Melanitta と同じく淡水の近くで繁殖し、
海で越冬する。雄は全身が黒い。

42–50 cm
16½–20 in

オウギアイサ
HOODED MERGANSER
Lophodytes cucullatus カモ科
北アメリカに生息。力強く水を蹴って潜水し、
縁がのこぎり状になったくちばしで魚を捕まえる。

46–54 cm
18–22 in

顔に白い
部分がある

ノドジロガモ
BRONZE-WINGED DUCK
Speculanas specularis カモ科
南アメリカの河川に沿って
見られる。雌の鳴き声が
イヌのほえ声に似ていること
から、地元では dog-duck
（イヌガモ）などと呼ばれる。

36–45 cm
14–18 in

サザナミオオハシガモ
PINK-EARED DUCK
Malacorhynchus membranaceus カモ科
オーストラリアに広く分布する。頭にあ
るピンク色の斑点も目につくが、それ以
上に縞模様がよく目立つ。くちばしにあ
る肉質の突起で水をこしてプランクトン
を食べる。

35–43 cm
14–17 in

アカオタテガモ
RUDDY DUCK
Oxyura jamaicensis カモ科
北アメリカに生息するが、現在では
ヨーロッパに導入されている。尾羽が硬く、
潜水時にはかじとして使う。

40–47 cm
16–18½ in

キンクロハジロ
TUFTED DUCK
Aythya fuligula カモ科
ユーラシアに分布する潜水ガモ類。
近縁種が主に植物質の餌を食べるのとは
対照的に、本種の餌は全部とまでは
いかないがほとんど無脊椎動物である。

48–61 cm
19–24 in

オオホシハジロ
CANVASBACK
Aythya valisineria
カモ科
北アメリカに生息。ずんぐりした体で
頭が大きな潜水ガモ類のなかで最大。

38–58 cm
15–23 in

コオリガモ
LONG-TAILED DUCK
Clangula hyemalis
カモ科
北極海に分布するほかの海ガモ類のほとんどと違って、
淡水だけではなく海でも繁殖する。雄の尾は長くて目立つ。

35–44 cm
14–17½ in

ミコアイサ
SMEW
Mergellus albellus カモ科
木の洞に巣を作るアイ
サ類のなかで、ユーラシ
ア北部に見られる小型
で白いカモは本種だけ。

61–63 cm
24–25 in

ツクシガモ
COMMON SHELDUCK
Tadorna tadorna カモ科
ガンのような体型のカモで、
ヨーロッパではほとんど海岸に生息
するが、アジアでは内陸に生息し、
冬に南に下る。穴を掘って巣を作る。

52–58 cm
20½–23 in

ウミアイサ
RED-BREASTED MERGANSER
Mergus serrator カモ科
北半球に広く分布する。海岸で繁殖し、
ほかのアイサ類よりも海で過ごす時間が長い。

頭部にある
オレンジ色の隆起

43–63 cm
17–25 in

ケワタガモ
KING EIDER
Somateria spectabilis カモ科
北極地方のツンドラの海岸
線で繁殖する。潜水して餌
の無脊椎動物を食べる。大
型なので深く潜りやすいの
かもしれない。

薄いローズ色
の胸

55–56 cm
22 in

ベニバシガモ
ROSYBILL
Netta peposaca
カモ科
南アメリカに生息。潜水ガモ類と近縁だが、水面で
餌を採る傾向が強い。赤いくちばしは雄だけ。

51–61 cm
20–24 in

カンムリガモ
CRESTED DUCK
Lophonetta specularioides
カモ科
アンデス地方のカモ。
分布域の広い水面採食ガモ類
（マガモなど）の先祖が
南アメリカに生き残ったものの
末裔かもしれない。

43–48 cm
17–19 in

コケワタガモ
STELLER'S EIDER
Polysticta stelleri
カモ科
近縁であるほかの北極地方・
亜北極地方の海ガモ類と同
様、南方に移動して大きな
群れで越冬する。2万羽も
の群れになることもある。

ペンギン　PENGUINS

白黒の体、直立した姿勢、よちよち歩き。ペンギンの独特な風貌は、南半球の海のシンボルとしておなじみだ。

　南半球の沿岸部に生息するペンギンは、どの種も寒冷な海に適応している。ほとんどは南極大陸を取り巻く島に生息するが、南アメリカやアフリカ、オーストラリアの南側の海岸に生息する種もいる。

　飛べない鳥であるペンギン目は、おそらくアホウドリと共通の祖先から派生してきたものと考えられる。また、北半球のアビとも類縁関係をもつ可能性がある。

特別な適応

　ペンギンの肢は尾のすぐ近くについている。これは水中で優れた推進力を生み出すのにうってつけの体型で、アビやカイツブリにも共通している。陸上では、ペンギンは直立して歩くが、水かきのある足をぺったりと地面につけ、不格好に進む。ほかの飛べない鳥と共通することだが、翼は退縮している。だがペンギンの場合は変形してフリッパーとして使えるようになっている。実際、ペンギンは水中を「飛翔」するのだ。

　ペンギンの密生した短い羽毛は、基部が綿毛のようになっていて暖かい空気を保持する。加えて、皮下脂肪があるので断熱効果はさらに上がる。羽毛の先端は脂気を帯び、防水効果がある。尾の近くにある大きな腺から分泌される油分を塗りつけているためだ。後肢の血流は複雑なシステムで、雪や氷の上に立っていても体が冷えないようになっている。大型のペンギンは足の上に卵を乗せて温める。どのペンギンも体色は逆影（背面が黒く腹面は白い）型で、海中ではヒョウアザラシなどの捕食者に対するカムフラージュになる。

採餌と営巣

　ペンギンは魚やエビ、オキアミを求めて毎日200回以上も潜水する。卵やヒナの面倒を見ている時、両親は交代で餌を採りに行く。だが、南極の海氷の上で繁殖する数少ない種であるエンペラーペンギンの場合、雄だけが絶食しながら冬中ずっと抱卵する。雌はその間、餌を採りに海に出っぱなしだ。ほとんどのペンギンはコロニーを作って繁殖し、毎シーズン同じ場所に戻ってきて営巣する。

門	脊索動物門
綱	鳥綱
目	ペンギン目
科	1
種	18

論点
ペンギンの先祖は飛んでいたか？

20世紀初頭、飛べない鳥は原始的だと一般に信じられ、その胚を研究すれば、先祖である恐竜と鳥が直結する証拠が得られるのではと期待された。ペンギンの卵が必要だというわけで、ロバート・ファルコン・スコットの最後の南極探検隊（1910〜1913）が、南極の荒涼たる冬をおして、エンペラーペンギンの集団営巣地への遠征を敢行した。だが、スコット隊が卵を採集してきたことを科学者が知った頃には、胚の発生が進化をくり返すといういわゆる「発生反復説」は論破されていた。現在、解剖学や化石、DNAの研究から、ペンギンやそのほかの飛べない鳥の先祖には飛翔能力があったことが示されている。

オウサマペンギン（キングペンギン）
KING PENGUIN
Aptenodytes patagonicus
ペンギン科
亜南極地方に分布。エンペラーペンギンに似ているが、胸元の黄味が強く、側頭部に独立したオレンジの模様がある。卵を1つ産んで足の上で温める。

90–100 cm
3–3¼ ft

コビトペンギン
LITTLE PENGUIN
Eudyptula minor
ペンギン科
最小のペンギンで、穴を掘って巣を作る。オーストラリア南部とニュージーランドの海岸部に見られる。

35–40 cm
14–16 in

コウテイペンギン（エンペラーペンギン）
EMPEROR PENGUIN
Aptenodytes forsteri
ペンギン科
現生のものでは最大のペンギン。南極の氷上にコロニーを作って繁殖する。雄は南極の厳しい冬の最中、卵を温め続ける。

黒い頭と背中、翼に対し、腹部は対照的に白い

1.1–1.2 m
3½–4 ft

イワトビペンギン
ROCKHOPPER PENGUIN
Eudyptes chrysocome　ペンギン科
頭に飾り羽がある亜南極のマカロニペンギン属 *Eudyptes* のなかで最小の種。岩場や丸石をよじのぼることから名付けられた。

45–58 cm
18–23 in

黄色い飾り羽

キマユペンギン（ビクトリアペンギン）
FIORDLAND PENGUIN
Eudyptes pachyrhynchus　ペンギン科
ニュージーランド南部の冷涼な海岸森林に巣を作る。毛のような飾り羽と赤いくちばしはマカロニペンギン属 *Eudyptes* の典型的な特徴。

55–60 cm
22–23½ in

マカロニペンギン
MACARONI PENGUIN
Eudyptes chrysolophus
ペンギン科
南大西洋とインド洋の外洋の島に生息する。マカロニペンギン属 *Eudyptes* としては唯一、南極半島で繁殖する。

70 cm
28 in

頑丈なくちばし

白いアイリング

46–75 cm
18–30 in

71–80 cm
28–32 in

アデリーペンギン
ADELIE PENGUIN
Pygoscelis adeliae
ペンギン科
本種を含め、南極海と近隣の島に
生息するアデリーペンギン属 *Pygoscelis*
3種は尾がブラシ状になっている。
繁殖時には、20万組を超えるつがい
が大規模なコロニーを形成する。

ジェンツーペンギン
GENTOO PENGUIN
Pygoscelis papua
ペンギン科
南極半島と南洋の島で
繁殖する。枝や石、羽毛を
単純に重ねた巣を作る。

75 cm
30 in

キンメペンギン
（キガシラペンギン）
YELLOW-EYED PENGUIN
Megadyptes antipodes
ペンギン科
ニュージーランドに分布する
希少種で、飾り羽のあるマカロ
ニペンギン属 *Eudyptes* に近縁。
藪の中で営巣するが、マカロニ
ペンギン属とは異なり密生した
コロニーは作らない。

ヒゲペンギン
CHINSTRAP PENGUIN
Pygoscelis antarcticus
ペンギン科
潜水してオキアミや魚を食べ
る。南極の海岸と南大西洋の
島で繁殖する。

頭から顎に
かけて走る
細い黒すじ

67–72 cm
26–28 in

背面は
ブルーブラック

ガラパゴスペンギン
GALAPAGOS PENGUIN
Spheniscus mendiculus
ペンギン科
ペンギンとしては唯一、熱帯
海域で繁殖する。ただし熱帯
とはいえ、ガラパゴス諸島周
辺は南アメリカ西岸を通るフ
ンボルト海流で冷やされてい
る。岩の割れ目に巣を作る。

黒い顔

胸に黒いバンド

48–51 cm
19–20 in

マゼランペンギン
MAGELLANIC PENGUIN
Spheniscus magellanicus
ペンギン科
フンボルトペンギンに近縁。
南アメリカ大陸の南端と
フォークランド諸島に
コロニーを作って生活する。

61–76 cm
24–30 in

フンボルトペンギン
HUMBOLDT PENGUIN
Spheniscus humboldti
ペンギン科
南アメリカ南部の太平洋岸に沿って
見られる。フンボルトペンギン属
Spheniscus は、黒い帯が胸から脇腹を
通って肢まで伸びるのが特徴で、
地面に穴を掘って巣を作る。

65–70 cm
26–28 in

68–70 cm
27–28 in

ケープペンギン
JACKASS PENGUIN
Spheniscus demersus
ペンギン科
英名の jackass はロバのこと
で、騒々しい鳴き声を指す。
アフリカで繁殖する唯一の種。
アフリカ南西部の海岸で
コロニーを作って繁殖する。

オウサマペンギン（キングペンギン）
KING PENGUIN *Aptenodytes patagonicus*

鳥類・ペンギン

キングペンギンは2番目に大型のペンギンである。これより大きいのは近縁のエンペラーペンギンだけだ。エンペラーとは異なり、キングは亜南極海域の島に生息する。餌は魚で、ほかのペンギンの多くが食べるオキアミには見向きもしない。魚を追って途方もない深さまで潜水し、深度200mを超えることもある。1回に産む卵は1個だけだ。1年以上かけてヒナの面倒を見るので、成鳥は毎年は繁殖できず、巨大な繁殖コロニーには年齢の異なるヒナが一緒に暮らしている。南洋のキングお気に入りの島には、コロニーがとぎれることなく常に維持されている。

体　長	90–100cm（35–39 in）
生息地	亜南極の島の海岸部 平地や周囲の海
分　布	南大西洋と南インド洋の島
食　性	主にハダカイワシだがイカを食べることもある

黒い上くちばし

ペンギンは海水を飲み、余分な塩分は濃い塩水として鼻孔から排出する（訳注：塩分を排出する塩類腺があって、鼻腔につながっている）

< 棘だらけの舌
ペンギンの舌は筋肉質で一面に棘が生えている。舌表面の乳頭突起が、後ろ向きに生える棘に進化している。潜水して捕まえた魚を逃がしにくい構造だ。

∨ 鋭い目
狩りは視覚に頼り、水中でも視力はよい。主な餌は生物発光するハダカイワシで、夜に潜水して捕まえる。

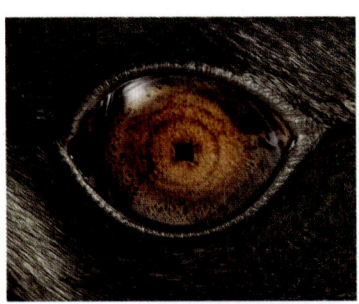

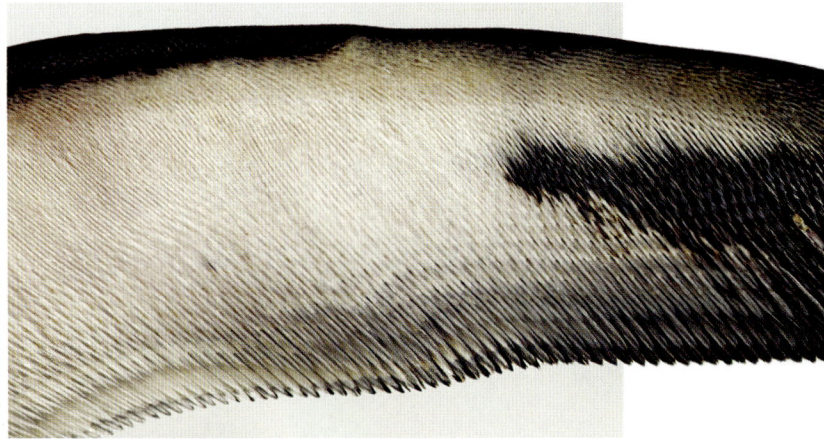

∧ 水中を飛ぶ翼
ペンギンは空は飛べないが、足と翼で推進力を得て水中を泳ぐ。フリッパー状になった翼を駆使して、まさに水中を「飛んで」いる。

< 密生した羽毛
羽毛の表面は油気を帯びた防水層であり、その奥の綿羽は断熱材の役割をしている。これは冷たい水中に潜るための適応だ。

∧ 鱗状の皮膚
足首から先の皮膚は鱗状だ。これは鳥類の祖先が爬虫類であることの名残である。黒い足は卵やヒナに熱を伝えやすいかもしれない。

∧ 卵のプロテクター
1個の卵を足の上に乗せて温める。卵は足と「抱卵嚢」と呼ばれる温かい皮膚のひだの間に挟まれる。ヒナは孵化した後もここを隠れ場所とする（訳注：抱卵嚢の「嚢」は袋の意味だが、厳密には袋ではない）。

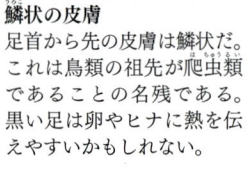
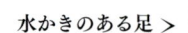

水かきのある足 >
水かきのある足のキックは、水中で泳ぐ時、そして陸上で腹ばいで滑る「トボガン滑り」の時に、大きな推進力を生み出す。

< がっちりした尾
尾は短く硬い羽からなり、水中ではかじ取りに使われる。小型のペンギンでは、尾は陸上でつっかい棒の役目をする。

∨ 逆影のダイバー
頭にくっきりした黄色い模様があり、首から下はペンギンに典型的なタキシードのようなパターンで色分けされている。腹部が白く背面は黒っぽいというこのパターンは、潜水時にカムフラージュ効果を発揮して水中の捕食者から守ってくれる。下から見上げると、太陽に照らされた明るい水面が背景になって白い腹面は判別しにくい。また上から見下ろすと、水底の暗さに背中の暗色が紛れてしまうのだ。

黄色い模様はカロテノイドという色素によるもので、このような模様のない種もいる

下くちばしに走る黄色い帯

黄色い胸

アビ類　LOONS

アビは北極地方の水場に棲み、足には水かきがあって魚を食べる。肢が尾に近い後方についているため、陸上での動きはぎこちないが、水中では効果的に推進力を発揮することができる。

アビ目にはアビ科だけが含まれる。繁殖期に発する泣き叫ぶような鳴き声がlunatic（ルーナティック、狂人）のようだというのがloon（ルーン）という英名の由来であるが、水から出た時の不格好なさまを指したものかもしれない。アビの肢は胴体のかなり後方についているので、陸上ではぎこちなくすり足で歩くしかない。だが水中では泳ぎも潜りもうまいもので、潜水の名手として名高い。流線型の体型や、やりのように尖ったくちばしは、共通の習性をもつペンギンによく似ている。確証はないが、両者はも

しかしたら共通の祖先を有するのかもしれない。

アビ類の先が尖った翼は体の割に小さめだが、飛ぶのは速い。離陸するために、大きめの種は水面をバタバタと走らなくてはならない。陸上から離陸できるのはアビだけだ。どの種も南に渡って越冬する。

両親が協力して子育て

雄はなわばりを確保し、北極地方の澄んだ湖の、植物の生えた岸辺で営巣地を選ぶ。雌雄ともに卵を温めヒナの世話をする。ヒナは親の背中に乗って運ばれるが、孵化後すぐに泳ぎも潜水もできる。繁殖期が終わると、頭から首にかけての目立つ模様は消え去ってずっと地味な体色に変わり、近縁種間の見分けがつきにくくなる。

門	脊索動物門
綱	鳥綱
目	アビ目
科	1
種	5

アビの飛翔。まっすぐ伸ばした頭が胴体よりも若干下がり、猫背に見える。

ハシグロアビ
GREAT NORTHERN DIVER
Gavia immer
アビ科
アビのなかでは最大の部類。北アメリカやアイスランドの亜北極地方に生息し、湖で繁殖する。冬は南方のイギリス周辺などの海岸で越冬する。

69–91 cm
27–36 in

首に縦縞模様

黒い頭と首

76–91 cm
30–36 in

ハシジロアビ
WHITE-BILLED DIVER
Gavia adamsii
アビ科
北極地方の水場に見られる大型のアビ。黄色味がかった白いくちばしでほかのアビ類と見分けられる。

灰色の頭と首

53–69 cm
21–27 in

58–74 cm
23–29 in

58–73 cm
23–29 in

オオハム
BLACK-THROATED DIVER
Gavia arctica
アビ科
繁殖地はほぼユーラシアに限られるが、アラスカにまで行くこともある。冬は南に飛び、北アメリカの太平洋岸などに渡る。

アビ
RED-THROATED DIVER
Gavia stellata
アビ科
アビ類では最小。北極周辺地域に分布し、ツンドラの小さな池で繁殖する。南に渡ってヨーロッパ、中国、米国南東部で越冬する。

シロエリオオハム
PACIFIC DIVER
Gavia pacifica
アビ科
オオハムと同じような縦縞模様がある。両種ともに非繁殖期は喉が白くなる。

白い斑点のある夏羽

アホウドリ、ミズナギドリ、ウミツバメなど
ALBATROSSES, PETRELS, AND SHEARWATERS

翼の長いアホウドリとその仲間は、長距離を旅しながら海面をスキャンして魚を探し、一生の大半を空中で過ごす。

アホウドリ、ミズナギドリ、ウミツバメなど、ミズナギドリ目の鳥は飛行の大家で、繁殖する時以外はほとんど陸に降りてこない。管状になった鼻孔がくちばしの上部に突出しており、「管鼻類」とも総称される。世界中に広く分布して海上を飛行する鳥だが、特に南半球での多様性には目を見張らされる。　鳥にしては珍しく、この目の鳥は海のところどころに散らばる餌を嗅覚で発見する。最小の潜水する種以外は、非常に長い翼を備えている。またほとんどの種は水かきのついた足が体のかなり後方についている。種によっては歩くのに苦労するほどだ。捕食者の気を削ぐために胃で生産した有毒な油分を吐き出すことがあるが、この油分はヒナの餌として十分な栄養分を含んでもいる。

ゆっくりした繁殖スピード

ミズナギドリ目はつがいを形成し、一生涯（大型の種では数十年にもなる）連れ添うこともある。多くは、陸から隔絶された島のコロニーで繁殖するが、毎年同じ場所に戻ってきて営巣することが多い。小型の種は岩のくぼみや地面に掘った穴に巣を作る。ミズナギドリ目の繁殖率は低いが、親鳥はかなりのエネルギーを注いでヒナを育てる。通常、1シーズンに1回だけ、卵は1つだけ産む。孵卵には長い期間を要するが、孵化したてのヒナは未熟で、極めてゆっくりと成熟していく。

門	脊索動物門
綱	鳥綱
目	ミズナギドリ目
科	4
種	147

ワタリアホウドリは長生きで、単婚性である。複雑な求愛ダンスを踊って、絆を強化する。

ワタリアホウドリ
WANDERING ALBATROSS
Diomedea exulans
アホウドリ科
南洋で暮らす大型のアホウドリ属 *Diomedea* のなかでも最大の種。雌雄は一生連れ添い、2年ごとにヒナを1羽ずつ育てる。

黒っぽく、年とともに白くなる翼

1.1–1.4 m
3½–4½ ft

ほとんどが白い胴体

薄桃色のくちばし

コアホウドリ
LAYSAN ALBATROSS
Phoebastria immutabilis
アホウドリ科
小柄なアホウドリ。北太平洋に分布するアホウドリには熱帯で繁殖するものが含まれる。本種もそうで、繁殖期にはハワイ諸島など、島に巣を作る。

77–80 cm
30–32 in

68–74 cm
27–29 in

クロアシアホウドリ
BLACK-FOOTED ALBATROSS
Phoebastria nigripes
アホウドリ科
小柄で黒っぽいアホウドリ。北太平洋に分布するほかのアホウドリと同様、滑翔と滑翔の合間に頻繁に羽ばたきをくり返す。

黒い「眉」

フルマカモメ
NORTHERN FULMAR
Fulmarus glacialis
ミズナギドリ科
カモメに似ているがミズナギドリの仲間で、北半球に広く分布する普通種。崖の上に営巣し、悪臭のする油を腹から吐き出して捕食者を撃退する。

45–50 cm
18–20 in

体は白で部分的に灰色

マユグロアホウドリ
BLACK-BROWED ALBATROSS
Thalassarche melanophrys
アホウドリ科
南半球に分布。本種を含め、背中の黒いアホウドリ数種を「モリモーク」と総称する。密集したコロニーで営巣し、毎年1個の卵を産む。

80–95 cm
32–37 in

セグロミズナギドリ
AUDUBON'S SHEARWATER
Puffinus lherminieri
ミズナギドリ科
小型で、熱帯の大洋島で
繁殖する。複数の個体群が
存在し、別種に分ける
べきだという説もある。

30 cm
12 in

**シロハラアカアシ
ミズナギドリ**
PINK-FOOTED SHEARWATER
Ardenna creatopus
ミズナギドリ科
種内変異が大きく、暗色個体と
明色個体がいる。チリ沖の島で
営巣し、夏には東太平洋に渡る。

48 cm
19 in

すすけた茶色
の頭

**ミナミオナガ
ミズナギドリ**
BULLER'S SHEARWATER
Ardenna bulleri
ミズナギドリ科
ニュージーランド北部沖の
島で営巣するが、繁殖期
以外は太平洋を放浪する。

45—47 cm
18—18½ in

17—20 cm
6½—8 in

**オニミズナギドリ
（キバシミズナギドリ）**
CORY'S SHEARWATER
Calonectris diomedea
ミズナギドリ科
大型のミズナギドリで、弓形の翼で滑翔する。
東大西洋の島々で繁殖し、より広域にわたって越冬する。

45—56 cm
18—22 in

**ナンキョク
クジラドリ**
ANTARCTIC PRION
Pachyptila desolata
ミズナギドリ科
南洋に分布する小型で
灰色のミズナギドリ。
平たいくちばしで海水を
すくいとり、プランクト
ンをこし取って食べる。

アラビアアナドリ
JOUANIN'S PETREL
Bulweria fallax
ミズナギドリ科
インド洋北西部の熱帯に
生息する。左右に大きく
スイングするようにジグ
ザグに飛ぶ。滑翔する
ミズナギドリ類に近縁。

31 cm
12 in

43 cm
17 in

黒っぽい
ジグザグ模様

**ユキドリ
（シロフルマカモメ）**
SNOW PETREL
Pagodroma nivea
ミズナギドリ科
南極で繁殖する数少ない
鳥の1つ。鳥類では最も南で
繁殖し、南極点まで
飛んでいくこともある。

36—41 cm
14—16 in

41 cm
16 in

**ズグロシロハラ
ミズナギドリ**
BLACK-CAPPED PETREL
Pterodroma hasitata
ミズナギドリ科
小型で速く飛ぶシロハラミズ
ナギドリ属 *Pterodroma* は熱帯に
分布するものが多い。
本種もその1つで、西インド
諸島で繁殖する。

**ナンキョク
フルマカモメ**
ANTARCTIC PETREL
Thalassoica antarctica
ミズナギドリ科
亜南極海域に生息する大型種。
潜水して魚やイカを採る。
南極大陸周辺の島で繁殖する。

白地に暗色の羽が
混じる体

頑丈な黄色い
くちばし

マダラフルマカモメ
CAPE PETREL
Daption capense
ミズナギドリ科
ミズナギドリ科のなかには南
半球の極周辺に分布するもの
が数種含まれる。本種もその
1つで、南極周辺の島で繁殖
し、北方に移動して越冬する。

39—40 cm
15½—16 in

オオフルマカモメ
SOUTHERN GIANT PETREL
Macronectes giganteus
ミズナギドリ科
死体を食べる鳥で、南大西洋
で繁殖する。ほかのミズナギ
ドリ類とは異なり、肢の力が
強く地上でもうまく歩ける。

86—99 cm
34—39 in

クロコシジロウミツバメ
BAND-RUMPED STORM PETREL
Oceanodroma castro
ウミツバメ科
北半球に生息するウミツバメには
典型的だが、本種は腰に白い帯があり
尾はフォーク型である。大西洋でも
太平洋でも見られる。

19—21 cm
7½—8½ in

カイツブリ類　GREBES

カイツブリは池や湖の鳥だ。ゆっくりと泳ぎ、足で水を蹴って潜水するのが特徴である。小型の水生動物を食べる。

　潜水する鳥はたいていそうだが、カイツブリ目の鳥も体の後方に肢がついていて、陸上では不格好でも水中では素速い。足には水かきがあり、潜水中は強い推進力を提供するが、水をかかないときは抵抗を最小にすることができる。ほかの潜水する鳥は尾でかじ取りをするが、カイツブリでは足がその役目を果たす。

　カイツブリの尾は羽毛がちょっと房になっただけだ。この尾はかじ取り用ではなく、社会的な信号を送り合うのに使われ、よく上向きに立てて下の白い羽毛を見せている。体を覆う羽毛は密生していて、尾腺から分泌される油分によりしっかり

防水加工を施してある。尾腺は鳥類特有のもので、分泌物にはパラフィンが50％含まれている。カイツブリの翼は小さく、積極的に飛ばない種も多いが、北方に分布する種は渡りを行い、内陸から海岸部まで移動して越冬する。

　従来の分類では、カイツブリ目はアビやペンギン、アホウドリと近縁のものとされてきた。ところが、新しい研究によれば、カイツブリはフラミンゴに近縁であることが示唆されている。

求愛の儀式と繁殖

　カイツブリのなかには、繁殖期に複雑な求愛の儀式を行うものがいる。淡水の生息地で、水面にマット状に浮く水生植物の上に巣を作る。ヒナは孵化したとき既に十分発達していて泳ぐこともできるが、数週間は安全な親の背中に乗って過ごす。

門	脊索動物門
綱	鳥綱
目	カイツブリ目
科	1
種	23

求愛の儀式を行うカンムリカイツブリ。雌雄が水草の束をくわえ、立ち泳ぎを始めると儀式は最高潮に達する。

23–29 cm
9–11½ in

カイツブリ
LITTLE GREBE
Tachybaptus ruficollis　カイツブリ科
旧世界の各地に見られ、小型でずんぐりしたカイツブリ類のなかでは最も分布域が広い。繁殖期には首が赤味を帯びる。

24–36 cm
9½–14 in

ミミジロカイツブリ
WHITE-TUFTED GREBE
Rollandia rolland
カイツブリ科
もともと南アメリカ南部に生息。水草の豊富な広い湖を好む。アンデスに生息する同属のコバネカイツブリは空を飛べない。

30–38 cm
12–15 in

オビハシカイツブリ
PIED-BILLED GREBE
Podilymbus podiceps
カイツブリ科
アメリカに生息。ほかのカイツブリよりもくちばしが太く短い。北方の個体群はカリブ海に移動して越冬するが、熱帯の個体群は渡りを行わない。

40–50 cm
16–20 in

灰色の横腹

アカエリカイツブリ
RED-NECKED GREBE
Podiceps grisegena
カイツブリ科
ユーラシアと北アメリカで繁殖し、海岸を南に下って越冬する。ほかのカイツブリと同様、渡りは夜に行う。

28–34 cm
11–13½ in

ハジロカイツブリ
BLACK-NECKED GREBE
Podiceps nigricollis
カイツブリ科
カンムリカイツブリ属 *Podiceps* の例に漏れず、繁殖期には頭の羽毛が派手な色になる。北半球の各地に見られる。

黒い頭

55–75 cm
22–30 in

クビナガカイツブリ
WESTERN GREBE
Aechmophorus occidentalis
カイツブリ科
北アメリカ西部に分布する2種のよく似たカイツブリのうちの1種。本種の生息地はカナダからメキシコまで。北方の個体群は太平洋沿岸で越冬する。

首と胸、腹は白い

46–51 cm
18–20 in

25–29 cm
10–11½ in

ギンカイツブリ
SILVERY GREBE
Podiceps occipitalis
カイツブリ科
南アメリカに生息し、アルカリ性の塩湖に集まり、コロニーを作って繁殖する。アンデスからフォークランド諸島まで見られる。

カンムリカイツブリ
GREAT CRESTED GREBE
Podiceps cristatus
カイツブリ科
旧世界に分布。求愛のディスプレイで有名。ほかのカイツブリと同様、雌雄ともにカラフルな体色である。

ダークグレーの背中

フラミンゴ FLAMINGOS

華やかな鳥で、礁湖やアルカリ性の湖で生活する。ツルと同じグループに分類されたこともあるが、現在ではカイツブリと近縁だと考えられている。

極めて集合性が高いのがフラミンゴの生活の特徴だ。大規模な群れをなし、数十万羽が集まることもある。膨大な数の個体が密集しているので飛び立つことができず、驚いた時にはまず歩きだすか走りだすしかない。しかし、開けた環境を好み、多くの個体で警戒するので、捕食者はすぐに気がつかれてしまう。

大規模な群れになることは繁殖への刺激として必要不可欠だ。フラミンゴの求愛行動には集団で行うディスプレイも含まれている。つがいは泥で巣を作り、巣から伸ばした首が届く範囲を単純になわばりと

する。孵化してから数日後にはヒナだけで集まり、大規模なクレイシ(共同保育集団)ができる。親は、嗉囊ミルクという液体をヒナに与える。

フィルターフィーダー

フラミンゴは極めて特殊化したくちばしを用いるフィルターフィーダーだ。くちばしを逆さまに水につけ、内部に並ぶ細かい毛のような突起で植物プランクトンやエビなどをこしとって食べる。食物から吸収された色素が元になってフラミンゴの特徴であるピンク色の体色が現れる。フラミンゴと餌を争う者はほとんどいない。フラミンゴが採餌する陸水は、塩分が強かったりアルカリ性が高すぎたりして、フラミンゴ以外に利用するものはいないのだ。

門	脊索動物門
綱	鳥綱
目	フラミンゴ目
科	1
種	6

フラミンゴの最大の群れはアフリカ大地溝帯などで見られる。この写真はコフラミンゴが集まって餌を食べているところ。

チリーフラミンゴ
CHILEAN FLAMINGO
Phoenicopterus chilensis
フラミンゴ科
南アメリカに生息。フラミンゴでは最も分布域が広く、ペルーからティエラデルフエゴ（南アメリカ南端の諸島）まで見られる。灰色の肢とピンク色の「ひざ（人間のかかと）」で識別できる。

1−1.3 m
3¼−4¼ ft

淡いピンク色の羽衣

ピンク色の「ひざ」は人間の「かかと」にあたる部位。

細長い灰色の肢

半分が黒いくちばし

ベニイロフラミンゴ
CARIBBEAN FLAMINGO
Phoenicopterus ruber
フラミンゴ科
カリブ海に生息。オオフラミンゴよりも幾分小柄で、羽毛のピンク色が濃いところが異なる。

極めて長い首

薄いピンク色のくちばし

鮮やかな赤い風切羽

1.1−1.5 m
3½−5 ft

1.2−1.4 m
4−4½ ft

オオフラミンゴ
GREATER FLAMINGO
Phoenicopterus roseus
フラミンゴ科
アフリカからヨーロッパ南部、中央アジアまで見られ、フラミンゴのなかでは分布域が最も広い。

1−1.1 m
3¼−3½ ft

アンデスフラミンゴ
ANDEAN FLAMINGO
Phoenicoparrus andinus
フラミンゴ科
アンデスの高地だけに分布するフラミンゴ2種のうちの1つ。黄色い肢が特徴のこのフラミンゴは、湖から湖へ餌を求めて放浪することもある。

コフラミンゴ
LESSER FLAMINGO
Phoeniconaias minor
フラミンゴ科
最小のフラミンゴで、アフリカと南アジアに見られ、高アルカリ性の湖で巨大な群れとなる。

80−100 cm
32−39 in

コウノトリ類　STORKS

このグループの鳥はほとんどが湿地に生息し、長い肢で沼や草原を歩き回り、長いくちばしで獲物を捕まえる。

　長身で直立した体勢が特徴のコウノトリ目は、おもに見通しのよい開けた場所にみられる。乾いた地面で餌を探す種が多いが、サギのように水辺に生息する種もいる。長い肢で悠々と歩き回るが、高木の枝にとまるのも得意で、繁殖期には多くが樹上に営巣する。捕食するのは魚類をはじめ両生類、小型の哺乳類動物や爬虫類、大型昆虫などさまざまだ。アフリカに生息するコウノトリは、草原の自然火災から逃れてきた小型動物やイナゴやバッタの大群を捕食することもある。

　くちばしは頑丈で、先端はおおよそ尖っている。アフリカハゲコウは強力で大きなくちばしをあらゆる場面で駆使し、動物の死骸の周りを徘徊するハゲタカを追い払って残された死肉をつつく。ほかのコウノトリのくちばしも同様の形状だが、先端が上下どちらかに沿ってやや先細りになっている種もいる。

　いずれの種も翼は大型で幅広く、先端が手指のように広がる。飛翔の際には上昇気流にのってまず高度を上げ、かなりの長距離を滑空して新たな捕食地や生息地を探す。シュバシコウは大きな群れを成し、猛禽類の渡り鳥と同様に地中海の海峡を渡りきる。

コロニーで営巣

　コウノトリ目の多くは繁殖期に集合し、コロニーで営巣するが、コロニーには複数の種が混じっていることがある。例外的に、単独性で人目につかないサンカノゴイなどもいる。どの種もヒナは未熟な状態で生まれ、数週間は巣に留まって世話をしてもらう必要がある。

門	脊索動物門
綱	鳥綱
目	コウノトリ目
科	1
種	19

コウノトリ類は通常、樹上に巣を作るが、ヨーロッパ西部ではシュバシコウが屋根の上の平らな面をうまく利用する。

アメリカトキコウ
WOOD STORK
Mycteria americana　コウノトリ科
北アメリカに生息し、コウノトリのなかでもトキのようなくちばしをもつグループに属する。浅瀬で開いたくちばしを水につけて動きまわる獲物を狙い、素速く閉じて捕まえる。

0.9–1.2 m
3–4 ft

1.4–1.5 m
4½–5 ft

赤と黒のくちばし

黒と白の羽衣

クラハシコウ
SADDLE-BILL STORK
Ephippiorhynchus senegalensis
コウノトリ科
アフリカに生息するズグロハゲコウと近縁。わずかに上向きのくちばしには黄色い「鞍」のような部分がある。1つがいだけで生活し、営巣時も群れることはない。

1–1.2 m
3¼–4 ft

シュバシコウ
EUROPEAN WHITE STORK
Ciconia ciconia
コウノトリ科
コウノトリ属 *Ciconia* のうち、本種を含め3種が熱帯以外で繁殖する。熱による上昇気流を利用して陸地上空を飛翔し、アフリカに渡って越冬する。

75–91 cm
30–36 in

エンビコウ（シロエリコウ）
WOOLLY-NECKED STORK
Ciconia episcopus
コウノトリ科
熱帯に生息するコウノトリとしては最も分布域が広く、アフリカにもアジアにも見られる。湿地を好むが牧草地にもよく迷い込んでくる。

黒い羽衣

くちばしを閉じるとすきまができる

81–94 cm
32–37 in

クロスキハシコウ
AFRICAN OPENBILL
Anastomus lamelligerus
コウノトリ科
熱帯の湿地に見られる小型種。大きなくちばしで、捕まえた貝類を食べやすく処理する。アフリカ本土とマダガスカルに分布。

がっしりした長いくちばし

1.2–1.5 m
4–5 ft

アフリカハゲコウ
MARABOU
Leptoptilos crumeniferus
コウノトリ科
本種を含めハゲコウ属 *Leptoptilos* は頭に羽毛がなく、腐った死体に頭を突っこんで食べる時でも羽毛が汚れずにすむ。飛翔時には首をたたんで頭部を引っ込める。

1.2–1.4 m
4–4½ ft

ズグロハゲコウ
JABIRU
Jabiru mycteria
コウノトリ科
アメリカに生息する大型種。南アメリカで空を飛ぶ鳥としては最も背が高い。興奮すると、羽毛の生えていない喉袋を膨らませる。

トキ、サンカノゴイ、サギ、ペリカン類 IBISES, BITTERNS, HERONS, AND PELICANS

ペリカン目の鳥のほとんどは湿地に生息し、草原や沼地を歩きやすい長い肢を備えている。大きな趾は、前かがみになって狩りをする時やマングローブの沼地や湿地の木々にとまる時に役立つ。細長いくちばしで獲物を素早く捕まえる。

両生類や魚を捕食する鳥が多いが、時には小型の哺乳類動物や昆虫も食べる。シラサギやサンカノゴイは発達した脊椎骨によってS字型に伸縮する首をもち、くちばしで獲物を突き刺すことなく瞬時にすくい取る。トキは下向きに湾曲した細長いくちばしを使って餌となる生物を探る。

一方、ヘラサギのくちばしは平らで丸みを帯び、狩りの際にはやや開き気味にした状態で浅瀬に斜めに入れて動かす。くちばしに獲物が触れると、隙間をぴたりと閉じてくわえこむ寸法だ。空を飛ぶ際は、サギやシラサギが首を胴体に引きつけてたたむのに対し、ヘラサギやトキは首を伸ばして飛ぶ。

ペリカンは飛翔の達人で、大きく横に広がる強力な羽をもつ。くちばしは長く、よく伸縮するのど袋がついている。餌を食べる際は（ペリカンの大半は泳ぎながら狩りをするが、カッショクペリカンは魚をめがけて海に飛び込むこともある）大量の水をのど袋ですくい上げ、水を吐き出して魚だけを飲み込む。

門	脊索動物門
綱	鳥綱
目	ペリカン目
科	5
種	118

ペリカンのヒナが親の喉深くに顔を突っ込んでいる。親は半ば消化された魚を吐き戻してヒナに餌として与える。

灰緑色の背中

緑色がかった黒い頭部

40–55 cm
16–22 in

黄色い肢

アメリカササゴイ
GREEN HERON
Butorides virescens サギ科
北アメリカの湿地に生息する小型のサギ。岸辺に立って餌で魚をおびきよせることがある。

ダイサギ
GREAT EGRET
Ardea alba サギ科
大型の白いサギで、シラサギ属 *Egretta* に似ている。世界各地の沼地に広く分布している。

90–98 cm
35–39 in

前面に黒い模様が入った白い首

アオサギ
GREY HERON
Ardea cinerea サギ科
ユーラシアとアフリカでおなじみのサギ。ほかの大型サギと同様、コロニーで繁殖し、樹上に枝で巣を作る。

70–80 cm
28–32 in

ヒメヨシゴイ
LITTLE BITTERN
Ixobrychus minutus サギ科
サンカノゴイに近縁で、サギ科のなかで最小級の種。旧世界に分布する。ヨシの間をこっそりと動きまわり、体をまっすぐに伸ばして静止することがあるが、これはサンカノゴイ類によく見られる行動である。

27–38 cm
10½–15 in

サンカノゴイ
EURASIAN BITTERN
Botaurus stellaris サギ科
ほかのサンカノゴイの仲間と同様、声はすれども姿が見えないことが多い。とどろきわたる大音量で鳴く。

80–100 cm
32–39 in

シロガシラサギ
WHITE-NECKED HERON
Ardea pacifica サギ科
オーストラリアとニューギニアの湿地帯に生息する大型のサギ。沼地や草原で昆虫や小型脊椎動物を捕まえる。

コサギ
LITTLE EGRET
Egretta garzetta サギ科
ヨーロッパからオーストラリアにかけて見られる。くちばしと肢が黒いのが特徴。分布域の広い系統は足が黄色い。

55–65 cm
22–26 in

カオジロサギ
WHITE-FACED HERON
Egretta novaehollandiae サギ科
インドネシア、オーストラリア、及びニュージーランドに分布するシラサギ属 *Egretta* の一種。昆虫やカエルなどさまざまな餌を食べる。

60–70 cm
23½–28 in

サンショクサギ
TRICOLOURED HERON
Egretta tricolor サギ科
アメリカの湿地に生息し、近縁種と同じように剣のようなくちばしで小型の動物を素早く捕獲する。

55–57 cm
22–22½ in

ヒメアカクロサギ
LITTLE BLUE HERON
Egretta caerulea サギ科
シラサギ属 *Egretta* の一種でアメリカに生息する。頭と首の紫色がかった羽は、繁殖期以外の時期はブルーグレーに変わる。

58–63 cm
23–25 in

アマサギ
CATTLE EGRET
Bubulcus ibis　サギ科
小型の白いサギで、シラサギ属 *Egretta* に
似るが別属。世界中に分布し、草原で
採餌する。牛の群れについて行動し、
驚いてとびはねる昆虫を捕まえる。

48–53 cm
19–21 in

42–45 cm
16½–18 in

**インドアカガ
シラサギ**
INDIAN POND HERON
Ardeola grayii　サギ科
南アジアの普通種。
水中の獲物をこっそりと追
いかけるが、水面すれすれ
を飛行して魚を追い立てる
こともある。

68–82 cm
27–32 in

先端の黒い
くちばし

繁殖期には長い首が
羽毛で覆われる。

灰色の体

ヒロハシサギ
BOAT-BILLED HERON
Cochlearius cochlearius　サギ科
くちばしが幅広く、獲物を
すくい上げるのに適応して
いる。中央及び南アメリカの
マングローブ湿地に生息する。

45–50 cm
18–20 in

ゴイサギ
BLACK-CROWNED NIGHT
HERON
Nycticorax nycticorax
サギ科
ゴイサギ類は夜でもよく
目が見える。本種は
オーストラリア以外の
ほとんどの温帯域に生息し、
分布域が最も広い。

58–65 cm
23–26 in

羽毛のない
頭と首

65–75 cm
26–30 in

59–76 cm
23–30 in

翼の黒い羽衣

ムギワラトキ
STRAW-NECKED IBIS
Threskiornis spinicollis　トキ科
首のつけねの羽毛が麦わらに
似ていることから名付けられた。
放浪性で、ニューギニアと
オーストラリアに見られる。

アフリカクロトキ
SACRED IBIS
Threskiornis aethiopicus
トキ科
アフリカとマダガスカルの
湿地や草原に分布する普通
種。アメリカやヨーロッパ
にも移入されている。

ショウジョウトキ
SCARLET IBIS
Eudocimus ruber　トキ科
トリニダードの国鳥。
熱帯アメリカに見られる。
鮮やかな緋色の色素は餌の
甲殻類に由来する。

56–61 cm
22–24 in

69–76 cm
27–30 in

アカクロサギ
REDDISH EGRET
Egretta rufescens　サギ科
アメリカに生息し、体色は、
白色タイプと赤灰色タイプが
存在する。魚を捕まえる時、
翼をかざして照り返しを
防ぐことがある。

オーストラリアクロトキ
AUSTRALIAN IBIS
Threskiornis molucca　トキ科
オーストラリア全土に分布する
普通種。よく市街地に侵入し、
害鳥と見なされることもある。

75–77 cm
30 in

55–65 cm
22–26 in

6–89 cm
30–35 in

ハダダトキ
HADADA IBIS
Bostrychia hagedash　トキ科
アフリカの普通種で、草原や森林、
公園や庭にも見られる。「ハダダ」と
いう名は飛翔時の特徴的な
鳴き声から。

カオグロトキ
BLACK-FACED IBIS
Theristicus melanopis　トキ科
南アメリカに見られるトキ。
アンデスからパタゴニアま
で、温帯の草原に生息する。

ブロンズトキ
GLOSSY IBIS
Plegadis falcinellus　トキ科
最も分布域の広いトキで、世界各地
の暖かい地方に見られる。樹上のコ
ロニーで営巣するが、コロニーにサ
ギが混じっていることもある。

≫

アフリカヘラサギ
AFRICAN SPOONBILL
Platalea alba トキ科
アフリカの湿地に限って
分布する唯一のヘラサギ。
顔と肢が赤いのが特徴。

90–92 cm
35–36 in

ヘラサギ
EURASIAN SPOONBILL
Platalea leucorodia トキ科
ユーラシア大陸で繁殖し、
アフリカで越冬する。成鳥は
黒いくちばしの先端にある
へら状の部分が黄色くなる。

80–90 cm
32–35 in

灰色の羽衣

大きな
くちばし

1.2–1.5 m
4–5 ft

翼にピンクがかった
赤い部分がある

ベニヘラサギ
ROSEATE SPOONBILL
Platalea ajaja トキ科
アメリカに生息する特徴的なヘラサギ。
ほかのヘラサギ類もそうだが、
くちばしを水につけて左右に振り、
小型の水生動物を捕まえる。

繁殖期には
ピンク色の
羽毛が胸に
房状に生える

71–86 cm
28–34 in

ハシビロコウ
SHOEBILL
Balaeniceps rex
ハシビロコウ科
スーダンからザンビアまでの沼地に
限って分布する。浅瀬を歩き、巨大
なくちばしで泥水から脊椎動物を
すくい上げて食べる。

56 cm
22 in

オレンジ色の喉袋

シュモクドリ
HAMMERKOP
Scopus umbretta
シュモクドリ科
アフリカの湿地に生息する。
ヒナを保護するために、
枝と泥を使って壁が肉厚の
巨大な巣を作る。ヒナは
長期間放置されることが多い。

1.3–1.6 m
4¼–5¼ ft

色彩が際立つ
頭部と首まわり

1–1.4 m
3¼–4½ ft

全身が白い

アメリカ
シロペリカン
AMERICAN WHITE PELICAN
Pelecanus erythrorhynchos
ペリカン科
北アメリカの内陸部の湖で繁殖し、海岸
で越冬する。繁殖期にはくちばしの上に
平たい角のような突起が発達する。

1.3–1.5 m
4¼–5 ft

フィリピンペリカン
SPOT-BILLED PELICAN
Pelecanus philippensis ペリカン科
南アジアに生息。くちばしに斑点模様がある。
ほかのペリカンの多くと同じく、
水面を泳いで魚をすくい上げる。

カッショクペリカン
BROWN PELICAN
Pelecanus occidentalis
ペリカン科
灰色と茶色のペリカンで、米国南部から
南アメリカにかけて分布し、海岸で
繁殖する。ほかのペリカンとは異なり、
飛び込んで潜水し、魚を捕る。

ウ、カツオドリの仲間 CORMORANTS, GANNETS, AND RELATIVES

カツオドリ目は基本的に海鳥だが、ウやヘビウのように淡水性の鳥もいる。このグループの鳥は、4つの趾すべてに水かきをもつ。

グンカンドリは海洋を広範囲にわたって移動するが、水面にはほとんど降りず、海上に跳ねるトビウオを捕らえるか、ほかの海鳥が捕った魚を空中で横取りして食料を得る。淡水性のウとヘビウは、水中に潜ってさまざまな水生動物を捕食する。高所から海中めがけて飛び込んで魚を狩るのはシロカツオドリやカツオドリで、この目の中でもとりわけ大食漢だ。

門	脊索動物門
綱	鳥綱
目	カツオドリ目
科	5
種	61

アオアシカツオドリ
BLUE-FOOTED BOOBY
Sula nebouxii
カツオドリ科
カリフォルニアからペルーやガラパゴス諸島までの岩石海岸に見られる。青い足を求愛のディスプレイで見せびらかす。

81 cm
32 in

アオツラカツオドリ
MASKED BOOBY
Sula dactylatra
カツオドリ科
熱帯に生息するカツオドリ類のなかでは最大の種。羽毛の色は黒と白で、細長いくちばしは黄色い。寒冷な海域にいるカツオドリによく似ている。

80–92 cm
31–36 in

頭から首筋にかけて黄色味を帯びる

白い上面

シロカツオドリ
NORTHERN GANNET
Morus bassanus カツオドリ科
寒冷な海域に生息するカツオドリ類は3種いる。どれもよく似ていて、岩石海岸で繁殖する。本種は北大西洋に分布する。

90–100 cm
3–3¼ ft

ヘビのような首

やりのように尖ったくちばし

アメリカヘビウ
ANHINGA *Anhinga anhinga* ヘビウ科
アメリカに生息し、首がウのように長く、まっすぐなくちばしで魚を突き刺す。「ヘビのような鳥（snake bird）」や「投げ矢を射る者（Darter）」の異名をもつ。

75–95 cm
30–37 in

チシマウガラス
RED-FACED SHAG
Phalacrocorax urile ウ科
北太平洋に生息するウ類は海での生活に高度に適応している。本種もその1つで、深く潜水して餌を採る。日本からベーリング海にかけて見られる。

71 cm
28 in

シロハラコビトウ
LITTLE PIED CORMORANT
Microcarbo melanoleucos
ウ科
オーストラリアに生息する。くちばしが短く、淡水や河口付近に生息することの多い原始的な「小型ウ類」に属する。

50–55 cm
20–22 in

アメリカグンカンドリ
MAGNIFICENT FRIGATEBIRD
Fregata magnificens
グンカンドリ科
本種を含むグンカンドリ類は、採食機会が少なく長時間飛翔するために繁殖率が低く、鳥類のなかでは子育てにかける期間が最も長い。

1–1.1 m
3¼–3½ ft

ネッタイチョウ類 TROPICBIRDS

大型でアジサシに似た海鳥であるネッタイチョウの仲間は、先端が細長く伸びた尾羽が特徴的だ。熱帯の島々に営巣し、海洋で広範囲にわたり餌を探す。

ネッタイチョウ目に属する3種の鳥は、カツオドリやシロカツオドリと同様に4つの趾すべてに水かきをもつが、地面に直立することができない。上空に静止した状態で獲物となる魚を探し当て、海中に急降下して捕らえる。繁殖時のコロニーでは、雄の群れは空中を旋回しながら細長い尾羽をたなびかせて雌に求愛する。

門	脊索動物門
綱	鳥綱
目	ネッタイチョウ目
科	1
種	3

仮面のような黒斑

シラオネッタイチョウ
WHITE-TAILED TROPICBIRD
Phaethon lepturus
ネッタイチョウ科
細長くたなびく尾をもつ海鳥で、肢が非力なため陸上では腹をすって移動する。熱帯各地の海岸線でよく見られる。

76–80 cm
30–32 in

細長く伸びた尾羽

アカハシネッタイチョウ
RED-BILLED TROPICBIRD
Phaethon aethereus
ネッタイチョウ科
太平洋東部から大西洋にかけて見られる。岩にあいた穴に巣を作る典型的なネッタイチョウで、卵を1個だけ産み、ヒナの成長が遅いのは、食物資源がまばらにしかない洋上への適応である。

翼は白く先端が黒い

0.9–1.1 m
3–3½ ft

猛禽類（ワシ・タカ類） BIRDS OF PREY

昼間に活動する鳥のハンターのなかでも、最大で最重要なグループ。タカ目に属する鳥はほとんどが肉食である。生息地によっては捕食者の頂点に立つこともある。

大型の猛禽類は非常に力が強く、熱帯雨林に生息するオウギワシやフィリピンワシなどは大型の霊長類や小型のシカまで襲って殺せるほどだ。猛禽類最大のハゲワシやコンドルは、動物の死骸を主食とし、トビやノスリを含むそのほか多くの種は、死肉のほかに生きた獲物も捕らえる。例外はアフリカに生息するヤシハゲワシで、植物質の食料を餌にする。

優れた視力をもつ種が多い猛禽類は、視覚に頼って狩りをするが、ヒメコンドルのように嗅覚で食料を探したり、そのヒメコンドルのあとをつけて死肉にありつくものもいる。獲物の肉を引き裂くための強力なかぎ状のくちばしも猛禽類の特徴だ。大型のハゲワシやコンドルは、死骸の皮や肉を切り裂くのに適したくちばしをもつが、足の

力はさほど強くない。こうした腐肉を食する猛禽類類の多くは頭部に羽毛が生えていないが、これは動物の死骸に頭を深く突っ込んで肉を食べるため、頭部に不衛生な肉片などが付着するのを防ぐためである。コンドルは、外観が似ているハゲワシよりもコウノトリ類に近縁とされている。生きた獲物を捕らえるワシやタカ、ノスリ、トビなどは、鋭く長いかぎ爪が生えた強力な足をもつ。アフリカの平原に生息するヘビクイワシは唯一、飛ばずに地上で狩りをする。

トビの一部はツバメのように切れ込んだ尾羽を生やし、飛翔時に優れたコントロールを発揮する。タカ類の多くは気流にのって少ないエネルギーで長く滑翔できるよう、大きく幅広い翼をもつが、鳥を食するタカ類の一部は、ごく短い翼と長い尾羽で森林地帯を敏捷に飛び回る。大型のハゲワシやコンドルは食料を探してかなりの長距離を日々移動し、なかには年単位にわたって生息地を変える種もある。白い外縁が手指のように見える翼端で、乱気流によって受ける空気抵抗を最小限に抑えている。

門	脊索動物門
綱	鳥綱
目	タカ目
科	4
種	266

白い翼下面に陽射しを受けて飛ぶヒメコンドル。翼をひねって傾けながら旋回し、地上の餌を探す。

64–81 cm
25–32 in

ヒメコンドル
TURKEY VULTURE
Cathartes aura　コンドル科
アメリカに広く分布する。鳥類にしては珍しく、腐りかけの死体を嗅覚で探し当てる。大きな岩や切り株の下など、暗く引っ込んだところに巣を作ることが多い。

67–81 cm
26–32 in

くっきりと黒白に分かれた翼

56–66 cm
22–26 in

白いすじのある堂々とした翼

コンドル
ANDEAN CONDOR
Vultur gryphus　コンドル科
空を飛ぶ陸鳥としては南アメリカで最大の種。上昇気流に乗ってアンデス上空を滑翔し、目で死体を探し出す。ヒメコンドルなど、ほかのスカベンジャーのあとをつけて死体にたどり着くこともある。

トキイロコンドル
KING VULTURE
Sarcoramphus papa　コンドル科
大型のコンドルで、熱帯アメリカの森林上空を滑翔し、死体を探す。カラフルな頭部とくちばしの肉質突起が特徴。

クロコンドル
BLACK VULTURE
Coragyps atratus　コンドル科
ヒメコンドルと近縁だが、本種のほうが群居性が強い。米国中央部からチリにかけて見られる。臨機応変なスカベンジャーである。

52–60 cm
20½–23½ in

ヨーロッパハチクマ
EUROPEAN HONEY BUZZARD
Pernis apivorus　タカ科
熱帯に分布してミツバチやスズメ
バチの幼虫を食べるグループに
属する。本種はユーラシアで
繁殖し、アフリカで越冬する。

51–57 cm
20–22½ in

茶褐色に白色が
混じる体色

ノスリ
EURASIAN BUZZARD
Buteo buteo　タカ科
猛禽類の普通種。明色と暗色の
品種が存在する。北方の個体群は
アフリカやアジアの熱帯で越冬する。

50–65 cm
20–26 in

ニシオオノスリ
LONG-LEGGED BUZZARD
Buteo rufinus　タカ科
半砂漠や山地に生息するノスリ。
ヨーロッパ中央部と中央アジアで
繁殖する。アフリカ北部に渡って
越冬する個体群もある。

32–38 cm
12½–15 in

オジロトビ
WHITE-TAILED KITE
Elanus leucurus　タカ科
米国から南アメリカまで、アマゾン盆地
以外に分布する。きりっとした眉がある
ように見える。典型的なカタグロトビ属
Elanus で、停空飛翔して獲物を探す
習性がある。

メジロサシバ
WHITE-EYED BUZZARD
Butastur teesa　タカ科
南アジアに分布する小型の
ノスリ類。近縁種よりも地上で
過ごす傾向が強く、地上で小型の
脊椎動物や昆虫を狩る。

38–43 cm
15–17 in

50–64 cm
20–25 in

ツバメトビ
SWALLOW-TAILED KITE
Elanoides forficatus　タカ科
昆虫を食べる猛禽類で、
優雅かつ敏捷に飛翔する。
米国東南部と中央アメリカで
繁殖し、南アメリカで越冬する。

白い襟羽

先の尖った
カギ状のくちばし

1–1.4 m
3¼–4½ ft

シロガシラトビ
BRAHMINY KITE
Haliastur indus　タカ科
インドからオーストラレーシアに
かけて分布し、川岸や海岸で生活
するスカベンジャー。魚や小型
哺乳類などの生きた餌も食べる。

赤茶色の
尾羽

52–66 cm
20½–26 in

ミサゴ
OSPREY
Pandion haliaetus　タカ科
ほとんど世界各地に見られる。
水中に飛び込んで魚を捕まえる。
外側の指が前後どちらにも
曲がり、滑りやすい魚を
しっかりとつかめる。

43–51 cm
17–20 in

頭部の飾り羽

尾の中央の
長く伸びた羽

ヤシハゲワシ
PALM-NUT VULTURE
Gypohierax angolensis　タカ科
アフリカに生息。ハゲワシ類には
珍しく餌のほとんどは植物質で、
アブラヤシの実などを食べるが
魚や死体も食べる。

60 cm
23½ in

ヘビクイワシ
SECRETARY BIRD
Sagittarius serpentarius　タカ科
地上で狩りを行う珍しい猛禽類で、
アフリカのサバンナに生息する。
長い足で小動物を追いかけ、
時には足で獲物を押さえつけて
身動きを封じる。

1.3–1.5 m
4¼–5 ft

長い肢

≫

≫ 猛禽類（ワシ・タカ類）

鳥類・猛禽類（ワシ・タカ類）

71–96 cm
28–38 in

ハクトウワシ
BALD EAGLE
Haliaeetus leucocephalus タカ科
北アメリカの海に生息するワシで、
米国のシンボルとなっている。餌は
魚だが狩りをするだけではなく死体
も食べる。協力して狩りをすること
がある。繁殖地は水辺の疎林。

55–72 cm
22–28 in

ボネリークマタカ
BONELLI'S EAGLE
Aquila fasciatus タカ科
疎林や山地に生息する。翼の長いノスリに
似ている。分布域はユーラシア南部から
アフリカ北部まで広がる。

55–65 cm
22–26 in

モモジロクマタカ
AFRICAN HAWK-EAGLE
Aquila spilogaster タカ科
サハラ以南のアフリカに生息する
小型の猛禽類。木の生えたサバン
ナや丘陵地で狩りをする。

シロハラウミワシ
WHITE-BELLIED SEA EAGLE
Haliaeetus leucogaster タカ科
インドからオーストラレーシアまで
分布し、湖や川のそばで生活して魚を
捕まえる。ほかの大型ワシ類と同様に、
枝を素材にして巨大な巣を作る。

70–90 cm
28–35 in

70–83 cm
28–33 in

カタジロワシ
EASTERN IMPERIAL EAGLE
Aquila heliaca タカ科
ユーラシアに分布する。本種を含め
イヌワシ属 *Aquila* などのワシ類は脚に
も羽毛が生えているため「ブーツをは
いている」などと言われる。

色の薄い頭

72–85 cm
28–34 in

カオジロハゲワシ
WHITE-HEADED VULTURE
Trigonoceps occipitalis タカ科
アフリカの北部、東部、南部に
見られる。2羽でいるのがよく
目撃される。死体に群がる数は
ハゲワシ類のなかでも最多。

エジプトハゲワシ
EGYPTIAN VULTURE
Neophron percnopterus タカ科
ヤシハゲワシの近縁種。ユーラシア南
部とアフリカに分布し、岩を利用して
ダチョウの卵を割るという技の持ち主。

60–70 cm
23½–28 in

イヌワシ
GOLDEN EAGLE
Aquila chrysaetos タカ科
優雅に帆翔する大型で尾の長いワシ。
北半球各地の開けた土地に見られる。
地域によっては森林によく出没する。

60–100 cm
23½–39 in

羽毛の生えた脚

61–75 cm
24–30 in

茶褐色の
風切羽

カワリクマタカ
CHANGEABLE HAWK-EAGLE
Spizaetus cirrhatus タカ科
ヒマラヤからインドネシアにかけての
アジアに分布し、森林に生息する。
冠羽が生えることが多い。体色には変異が
見られ、暗色型と明色型が存在する。

コシジロハゲワシ
AFRICAN WHITE-BACKED VULTURE
Gyps africanus タカ科
サハラ以南のサバンナでよく見られる
代表的な種。死体のあるところに多数の
個体が集まる。街中や村落にも現れる。

1–1.2 m
3¼–4 ft

ミミヒダハゲワシ
LAPPET-FACED VULTURE
Torgos tracheliotus タカ科
アフリカの乾燥地帯に
生息し、死体を食べる。
近縁なハゲワシ属 *Gyps* と
同様に、首が長く頭の
皮膚が露出しているので、
羽毛が死肉で
汚れずにすむ。

85–97 cm
34–38 in

1–1.3 m
3¼–4¼ ft

90–98 cm
35–39 in

マダラハゲワシ
RÜPPELL'S VULTURE
Gyps rueppelli タカ科
アフリカに分布し、乾燥地帯に
生息する。ユーラシアのシロエ
リハゲワシに近縁だが、本種の
ほうが色が暗い。鳥類の最高飛
行高度のレコードホルダー。

ヒゲワシ
BEARDED VULTURE
Gypaetus barbatus
タカ科
もともとアフリカとユーラシア
の山地に生息。ダイヤ型の
尾をした単独性のハゲワシ類。
主な餌は骨髄で、骨を岩に
落とし割り開いて食べる。

シロエリハゲワシ
EURASIAN GRIFFON
Gyps fulvus タカ科
ユーラシア南西部とアフリカ北東部の
山岳地帯に見られる。岩の間や
岩棚で繁殖し子育てする。

えりまき状の羽毛は
年をとると白くなる

膨れた
くちばし

46–56 cm
18–22 in

ミサゴノスリ
BLACK-COLLARED HAWK
Busarellus nigricollis
タカ科
タニシトビに近縁。中央及び
南アメリカの湿地に見られ、
水生植物の浮かぶ水面に足か
ら突っ込んで魚を捕まえる。

シロノスリ
WHITE HAWK
Pseudastur albicollis タカ科
中央アメリカと南アメリカに分布する
森林のノスリ。爬虫類、特にヘビを
獲物にする。動きがのろく、簡単に
近づけると言われている。

46–51 cm
18–20 in

36–40 cm
14–16 in

60–66 cm
23½–26 in

ウタオオタカ
DARK CHANTING GOSHAWK
Melierax metabates タカ科
アフリカに生息し、乾燥し開けた
土地に見られる。飛ぶ姿は
チュウヒに似ている。
音楽的な笛のような
声で鳴く。

0.9–1.1 m
3–3½ ft

43–56 cm
17–22 in

タニシトビ
SNAIL KITE
Rostrhamus sociabilis タカ科
フロリダと中央及び南アメリカに
分布し、沼地に生息する。くちばしは
きつくカーブしているが、これは
水生の巻貝を食べるのに適応した
特徴である。

チュウヒダカ
AFRICAN HARRIER-HAWK
Polyboroides typus タカ科
サハラ以南のアフリカに分布。アブラヤシの実を
食べ、小型の脊椎動物を狩る。柔軟な「関節の
2つある」肢で木の穴から獲物を引きずり出す。

≫

マダラハゲワシ
RÜPPELL'S VULTURE *Gyps rueppellii*

アフリカ平原を象徴するようなスカベンジャーの一種で、セネガルから東はスーダンやタンザニアまで分布する。餌を探してかなりの高度で飛翔できるが、これは、薄い空気中でも血液が酸素を取り入れられるように適応しているからだ。マダラハゲワシは乾燥した山地をパトロールする。巣は崖のてっぺんに据えてあり、早朝、熱気泡ではなく上昇気流を利用して飛び立つ。鋭い視覚で死体を発見し、捕食者が獲物から離れるまで忍耐強く待機する。時には数日間待つこともある。柔らかい腐肉や臓物を食べるのはほかのハゲワシと同様だが、首が長めなため、競合するほかの鳥よりも圧倒的に奥深くまで頭を突っ込むことができる。腹が満ちると、若干苦労しながらも、空へ戻っていく。

体　長	85–97cm (34–38in)
生息地	開けた乾燥地帯の峡谷
分　布	アフリカ北部及び東部
食　性	腐肉食性

> **第3のまぶた**
鳥類に一般的に見られる特徴だが、目に瞬膜という薄い膜が発達していて眼球の表面をきれいにする。死体をむさぼり食う際に、飛び散るくずから目を守る役割もある。

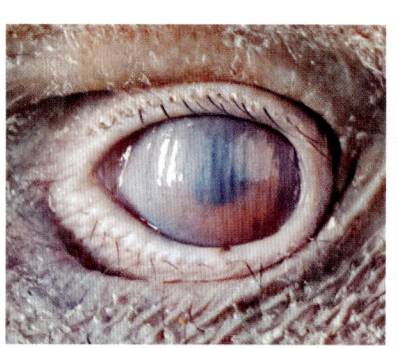

< **波形の縁**
翼の羽毛は濃色で、先端を中心に白い縁取りがされ、遠目では波形の模様があるように見える。

鼻孔

∨ **ホワイトカラー**
首のつけねを取り巻くようにふわふわの羽毛が生え、えりまきのようになっている。もともとは白いが、死体のくずや血液で汚れることもある。

< **羽衣**
きっちり並んで体の輪郭を形成する羽毛の下に、ふさふさの綿羽があって体温を逃さない。高度の高いところでは生死を左右する重要な特徴だ。

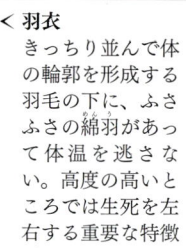

カギ型のくちばし

空気の流れを滑らかにする雨覆いの羽毛

推進力と揚力を発生する長く硬めの風切羽

肢
肢の上部には羽毛が生えているが、下部は皮膚が露出していて、死体を食べる時でも比較的きれいなままだ。

> **死体に突っ込んでも汚れにくい頭**
頭と首にはまばらにしか羽毛が生えないが、それでも血まみれになる。もしも羽毛の密生した頭を大型哺乳類の体内深くに突っ込んだら、ねばねばの死体くずまみれになって羽毛が固まってしまうだろう。カギ型のくちばしは、半ば腐った肉を引き裂くのに使われる。くちばしはあまり長くないが、死体を探るにはこのぐらいの長さで十分だ。

∧ **翼**
長く幅の広い翼で滑翔や帆翔をして、エネルギーを節約する。たらふく詰め込んだ後に離陸するのは一苦労だ。

< **足**
足で獲物を殺すわけではなく歩くのに使うので、猛禽類に典型的なカギ爪は発達していない。

頭と首の皮膚は
灰色がかった
ピンク色で、
羽毛がまばらに
生える

≫ 猛禽類（ワシ・タカ類）

43–47 cm
17–18½ in

ヒメハイイロチュウヒ
MONTAGU'S HARRIER
Circus pygargus　タカ科
草原やヨシ湿原に生息する。本種を含め
ユーラシアに分布するチュウヒ類は、
アフリカや南アジアに渡る。

♀

48–56 cm
19–22 in

ヨーロッパチュウヒ
WESTERN MARSH HARRIER
Circus aeruginosus　タカ科
雄は雌と同じように体は茶色だが、
翼や尾が灰色。ほかのチュウヒ類
では雄は全身灰色である。

44–52 cm
17½–20½ in

ハイイロチュウヒ
NORTHERN HARRIER
Circus hudsonius　タカ科
チュウヒ類の特徴は、細い尾、
細く先が尖った翼、そして長い
肢である。本種は北アメリカに
広く分布している。

トカゲノスリ
LIZARD BUZZARD
Kaupifalco monogrammicus　タカ科
もともとアフリカのサバンナに
生息。餌はバッタなど大型の
昆虫がほとんどだが、小型の
脊椎動物も食べる。

30–37 cm
12–14½ in

63–68 cm
25–27 in

ムナグロチュウヒワシ
BLACK-BREASTED SNAKE EAGLE
Circaetus pectoralis　タカ科
アフリカの草原に生息
する。トカゲや小型の
哺乳類とヘビを食べる。

48–62 cm
19–24 in

オオタカ
NORTHERN GOSHAWK
Accipiter gentilis　タカ科
北アメリカとユーラシアに生息する大型
のタカ。高木のあいだを巧みに飛び回り、
リスやライチョウ類を捕まえる。

28–40 cm
11–16 in

ハイタカ
EURASIAN SPARROWHAWK
Accipiter nisus　タカ科
50種近いハイタカ属 *Accipiter* の
なかの1つ。小型の鳥を捕まえる。
ヨーロッパから日本まで分布し、
疎林に見られる。

タカサゴダカ
SHIKRA
Accipiter badius
タカ科
旧世界に分布。典型的な
ハイタカ属 *Accipiter* のタカで、
尾が長く翼は短い。突撃して
小型の動物を捕まえる。
鳥も餌食になる。

25–35 cm
10–14 in

顔の皮膚は赤い

長く幅広い翼

60–66 cm
23½–26 in

アカトビ
RED KITE
Milvus milvus　タカ科
ヨーロッパと中東に分布する。
トビ属 *Milvus* の例に漏れず足が
やや弱いが、帆翔には
秀でている。死体を食べる
ことが多い。

55–60 cm
22–23½ in

トビ
BLACK KITE
Milvus migrans　タカ科
ユーラシア、アフリカ、オーストラリ
アの開けた土地に見られる。餌は
さまざまで、生きた魚、小型哺乳類、
死体などを食べる。
人里でごみをあさることもある。

55–75 cm
22–30 in

カンムリワシ
CRESTED SERPENT EAGLE
Spilornis cheela
タカ科
アジアに生息するのチュウヒ
ワシ類に属する。インドから
フィリピンまで分布し、
淡水のそばでよく見られる。

ダルマワシ
BATELEUR
Terathopius ecaudatus
タカ科
アフリカのサバンナに生息する。チュウヒ
ワシ類のなかでは唯一、よく死体を
食べる種である。英名の Bateleur は
フランス語で「アクロバット」の意味で、
アクロバティックな飛びかたを指したもの。

55–70 cm
22–28 in

赤い足

ハヤブサ、カラカラ類　FALCONS AND CARACARAS

ハヤブサはタカ目をはじめとした**猛禽類**の**近縁**という系統からはずれ、単独でハヤブサ目に分類されるようになった。

タカ目と同様にかぎ状のくちばしをもつハヤブサ目だが、その先端にはV字状の鋭利な突起が伸び、肢で捕らえた獲物にとどめを刺す。強靭な肢にも鋭いかぎ爪がついている。多くの種は長い翼を備え、その飛翔力は抜群だ。大型の昆虫や鳥を空中で捕まえるものもいれば、地上の獲物めがけて急降下し

て狩りをするものもいる。時には自分より大きな鳥さえ襲い、目にもとまらぬ速さで降下し素早く蹴落として捕らえる。空中でホバリングして地上の獲物を探す種もいる。また、獲物の尿が発する紫外線を感知できるのも特徴だ。同じハヤブサ科でも、カラカラは狩りも行うが地上で腐肉も漁る。ハヤブサ類の営巣は猛禽類と異なり、巣材を使わずに高所の岩場に卵を産むか、ほかの鳥の古い巣に産卵する。

門	脊索動物門
綱	鳥綱
目	ハヤブサ目
科	1
種	67

24—33 cm
9½—13 in

青灰色の上面

ほおひげのような黒い模様

34—58 cm
13½—23 in

黄色い足

ハヤブサ
PEREGRINE FALCON
Falco peregrinus　ハヤブサ科
猛禽類では最速で、急降下して空中で獲物に襲いかかる。世界各地の開けた土地に見られ、ツンドラや半砂漠地帯にも出没する。

26—30 cm
10—12 in

アカアシチョウゲンボウ
AMUR FALCON
Falco amurensis　ハヤブサ科
ハヤブサ類にしては珍しく、群れる習性がある。シベリアと中国の沼地にある疎林で繁殖し、アフリカ南部に渡って越冬する。

20—31 cm
8—12 in

アメリカチョウゲンボウ
AMERICAN KESTREL
Falco sparverius　ハヤブサ科
チョウゲンボウ類は小型のハヤブサの仲間で、狩りの時に停空飛翔する習性がある。本種はカリブ海の島を含め、南北アメリカ各地に分布する。

コウモリハヤブサ　⇨
BAT FALCON
Falco rufigularis　ハヤブサ科
アメリカに生息し、黄昏時に高速で飛び回り、鳥やコウモリ、大型の昆虫などを捕まえる。メキシコからアルゼンチンにかけて見られる。

23—30 cm
9—12 in

チョウゲンボウ
COMMON KESTREL
Falco tinnunculus
ハヤブサ科
ユーラシアとアジア各地の開けた土地に分布する。チョウゲンボウ類の例に漏れず、上昇気流に乗って停空飛翔し、地上の獲物を探す。

32—39 cm
12½—15½ in

コチョウゲンボウ
MERLIN
Falco columbarius
ハヤブサ科
威勢良く飛ぶ敏捷な捕食者。北半球各地に分布し、丘や荒れ地の上空を飛んで空中で鳥を捕まえる。

18—21 cm
7—8½ in

コビトハヤブサ
AFRICAN PYGMY FALCON
Polihierax semitorquatus
ハヤブサ科
アフリカに生息し、地面に急降下して昆虫やトカゲを捕まえる。ハタオリドリの巣で繁殖し、ほかの個体と協力して子育てする。

40—46 cm
16—18 in

48—53 cm
19—21 in

黄色味を帯びた赤い顔の皮膚

頭頂部と冠羽は黒い

カンムリカラカラ
CRESTED CARACARA
Caracara cheriway
ハヤブサ科
カラカラの普通種で、米国南部から南アメリカ北部の開けた土地に見られる。樹上あるいは地上に巣を作る。

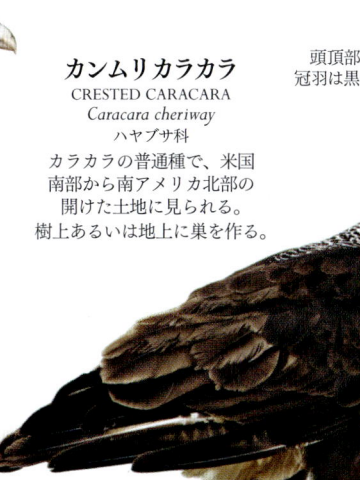

フォークランドカラカラ
STRIATED CARACARA
Phalcoboenus australis
ハヤブサ科
フォークランド諸島に分布。恐れを知らぬカラカラで、産まれたばかりの子ヒツジを襲うことがあり、現地では迫害されている。

53—62 cm
21—24 in

キバラカラカラ
YELLOW-HEADED CARACARA
Milvago chimachima
ハヤブサ科
タカに似たスカベンジャーだが、アブラヤシの果実も食べる。南アメリカ南部に生息し、サバンナや林縁に頻出する。

アンデスカラカラ
MOUNTAIN CARACARA
Phalcoboenus megalopterus
ハヤブサ科
アンデス高地に生息。カラカラはハヤブサ類に近縁だが、やや動きが鈍く、肢は長め。本種はほかのカラカラ同様にスカベンジャーだが、小型の動物を狩ることもある。

49—58 cm
19½—23 in

ノガン類 BUSTARDS

地上に暮らすノガンは、中型から極めて大型なものまで体格はさまざま。飛翔性の鳥の中で最重量級の種も含まれる。肢は長く頑丈で、くちばしは短い。

ノガン目の鳥は、地上を大股で悠々と歩き回りながら昆虫や爬虫類、小型の哺乳類動物をついばむ。穀物のほか、半砂漠や開けた草原では植物も食べる。飛ぶ際に長く幅広い翼を広げると、白い部位が大きく目立つ。大型のノガンは力強く安定した飛行力をもつが、小型の種は小刻みに羽ばたきながら飛び、その姿は扇型の翼をもつ小型の水鳥や狩猟鳥に近い。社会性に富む鳥でもあり、大規模な群れを形成する。

門	脊索動物門
綱	鳥綱
目	ノガン目
科	1
種	26

アフリカオオノガン
KORI BUSTARD
Ardeotis kori ノガン科
飛ぶ鳥としては重量級で、19kgにもなる。アフリカ東部及び南部各地に見られ、小型の脊椎動物や死体、種子を食べる。

1–1.4 m
3¼–4½ ft

オーストラリアオオノガン
AUSTRALIAN BUSTARD
Ardeotis australis ノガン科
オーストラリアとニューギニア南部の草原や開けた疎林に見られる。雄には喉袋があり、膨らませてディスプレイする。

橙褐色の翼

0.8–1.5 m
2½–5 ft

55–65 cm
22–26 in

フサエリショウノガン
HOUBARA BUSTARD
Chlamydotis undulata
ノガン科
乾燥地域の鳥で、アフリカ北部やカナリア諸島の開けた平原や不毛の砂漠地帯に見られる。

70–110 cm
28–43 in

えりまきのような赤褐色の帯

ノガン
GREAT BUSTARD
Otis tarda ノガン科
ユーラシアのステップに生息する。ノガン類の雄は雌よりも大きいが、本種ではそれが特に顕著である。成熟して羽衣ができあがるまでに6年かかる。

40–45 cm
16–18 in

ヒメノガン
LITTLE BUSTARD
Tetrax tetrax
ノガン科
小柄のノガンで、ユーラシア各地の開けた土地で繁殖し、冬には南方へ渡る。飛翔中の姿はツクシガモの雌に似ている。

カンムリショウノガン
RED-CRESTED BUSTARD
Lophotis ruficrista
ノガン科
アフリカ南部に生息する。ノガン類の例にもれず、目を見張るような求愛のディスプレイを行う。雄は空を飛んで宙返りをし、雌雄はデュエットする。

53 cm
21 in

ツル、クイナの仲間 CRANES, RAILS, AND RELATIVES

優雅に舞うツルから草陰を忍び歩く小型のクイナまで、この目には多様な地上性の鳥が含まれる。乾燥地と湿地のいずれにも生息する。

ツル目の鳥のほとんどは長い肢とくちばしをもつが、行動面は極めて多様性に富んでいる。地上を歩くツルは木にとまらないため趾が短く、足の後ろ指（後趾）は退化もしくは消失している。ツル目の中でもヒレアシやオオバンなどは、足に水かきのかわりに葉状の弁膜がある。より長い趾をもつクイナやヒメクイナの仲間は、体つきは厚みがありながらも横幅は細く、乾燥した土地のほかにヨシなどの植物が密生する湿原や沼地でも難なく移動できる。遠隔の島々に生息するうちに、飛べない鳥になったものもいる。

門	脊索動物門
綱	鳥綱
目	ツル目
科	6
種	188

ツルモドキ
LIMPKIN
Aramus guarauna ツルモドキ科
ツル類と近縁の小型の鳥。ほとんど夜行性で、熱帯アメリカの湿地に生息し、ピンセットのようなくちばしで巻貝を殻から引きずり出す。

65–70 cm
26–28 in

オリーブブラウンの翼と体

灰色の長い肢

チョウセンミフウズラ
YELLOW-LEGGED BUTTONQUAIL
Turnix tanki
ミフウズラ科
東アジアに生息する本種を含め、ミフウズラ類は熱帯草原に見られる。雌のほうが色が明るく、雄をめぐって争う。抱卵してヒナの世話をするのは雄。

15 cm
6 in

アフリカクロクイナ
BLACK CRAKE
Amaurornis flavirostra クイナ科
アフリカに生息し、サハラ砂漠より南部に広く分布している。クイナ類は人目につかないものが多いが、本種は開けた場所でよく見かけられる。

19–23 cm
7½–9 in

ウズラクイナ
CORNCRAKE
Crex crex クイナ科
草原に生息する臆病なウズラクイナ類で、耳障りな「グィッグィッ」という鳴き声で識別できる。ユーラシアで繁殖し、アフリカで越冬する。

22–30 cm
9–12 in

ナンヨウクイナ
BUFF-BANDED RAIL
Gallirallus philippensis
クイナ科
インド太平洋に分布するニュージーランドクイナ属 *Gallirallus* のなかには、ほとんどあるいは全く飛べない鳥もいるが、本種は多くの大洋島に分散し、フィリピンからニュージーランドまで分布している。

28–33 cm
11–13 in

シマクイナ
YELLOW RAIL
Coturnicops noveboracensis
クイナ科
北アメリカに分布。シマクイナ属 *Coturnicops* の一種。小型で人目につかないが、夜になると「カチカチ」という鳴き声をあげるので存在するのがわかる。

13–18 cm
5–7 in

オウサマクイナ
KING RAIL
Rallus elegans
クイナ科
南アメリカ東部、メキシコ、キューバに分布。身を隠せるところで、昆虫やクモ、小エビ、巻貝を食べる。

38–48 cm
15–19 in

≫

≫ ツル、クイナの仲間

クイナ
WATER RAIL
Rallus aquaticus クイナ科
ユーラシアに分布。クイナ属
Rallus は沼地に生息する
くちばしの長い鳥で、幅の狭い
体で湿原のヨシの間をすり抜ける。
この属にはよくあることだが、
密生した植生に隠れて、ほとんど
姿を見せることはない。

23—28 cm
9—11 in

コオニクイナ
VIRGINIA RAIL
Rallus limicola クイナ科
長距離を移動する渡り鳥で、
北アメリカから
南アメリカ北部まで
分布する。臆病な鳥で、
目撃するのは難しい。

20—27 cm
8—10½ in

灰褐色の上面

縞模様の
あるくすんだ
脇腹

32—41 cm
12½—16 in

オニクイナ
CLAPPER RAIL
Rallus longirostris クイナ科
熱帯アメリカに分布。大半のクイナ類
とは違って、塩性湿地やマングローブ
湿地を好む。「ガチガチッ」という
鳴き声が特徴的。

26—33 cm
10—13 in

アメリカヒレアシ
SUNGREBE
Heliornis fulica ヒレアシ科
熱帯アメリカのヒレアシ類。ヒレアシ類の例に
もれず、緩やかに流れる河川や湖に棲み、
人目につかない。小型の動物を食べる。

アメリカオオバン
AMERICAN COOT
Fulica americana クイナ科
北アメリカから南アメリカ北部
まで見られる。他のクイナの
仲間と違い水上で暮らす鳥で、
浅瀬で餌を集めて陸上で食べる。

39—40 cm
15½—16 in

30—36 cm
12—14 in

先端が黄色の
赤いくちばし

21—27 cm
8½—10½ in

ヒクイナ
RUDDY-BREASTED CRAKE
Porzana fusca クイナ科
東アジアの湿地で見られるが、マングローブ林や
もっと乾燥した環境でも見られる。
胸と腹部が栗色なのが特徴。

青紫色の下面

緑色の翼

20—25 cm
8—10 in

カオグロクイナ
SORA RAIL
Porzana carolina クイナ科
北アメリカに分布するクイナ科のうちで、
最も普通に見られる。北アメリカの浅い
湿地で繁殖し、カリブ海で越冬する。

マミジロクイナ
WHITE-BROWED CRAKE
Porzana cinerea クイナ科
ヒメクイナ属はクイナ属よりもくちばしが
短く、鳴き声が違うので区別できる。前頭
部が灰色の本種はウズラクイナ類のヒメク
イナ属 *Porzana* の典型で、マレー半島から
ポリネシアまで広く分布する。

黄色い肢

18—22 cm
7—9 in

アメリカムラサキバン
PURPLE GALLINULE
Porphyrio martinica
クイナ科
熱帯アメリカの沼地に生息する
種で、セイケイの仲間である。
青紫色の羽衣と青い額板が特徴。

バン
COMMON MOORHEN
Gallinula chloropus
クイナ科
バン類は騒々しい鳥で、暗色
の羽衣をまといぎくしゃくと
動く。バン属 *Gallinula* には数
種が含まれるが、本種はほと
んど世界中に分布している。

32—35 cm
12½—14 in

灰白色の羽衣

赤い皮膚の露出した頭

ラッパチョウ
GREY-WINGED TRUMPETER
Psophia crepitans　ラッパチョウ科
ラッパチョウ類は大きな鳴き声から
その名が付けられた。群居性で、
アマゾン川流域の地上で生活し、
飛行能力は低い。体の黒い本種は、
ほかのラッパチョウ類もそうだが
「猫背」に見える。

48–56 cm
19–22 in

**オーストラリア
ヅル**
BROLGA
Grus rubicunda　ツル科
オーストラリアに生息。頭
には羽毛が生えず赤い皮膚
が露出している。あごの下
には黒い肉垂がある。跳ね
回るようなみごとな求愛
ディスプレイを行う。

1–1.2 m
3½–4 ft

1–1.1 m
3¼–3½ ft

ハゴロモヅル
BLUE CRANE
Anthropoides paradiseus　ツル科
アフリカに生息。長く伸びた翼の
羽毛が尾羽のように見える。
繁殖期以外は放浪性で、湖岸や草原、
農地によく出没する。

青灰色の
羽衣

1.4–1.5 m
4½–5 ft

**ホオジロ
カンムリヅル**
GREY CROWNED CRANE
Balearica regulorum　ツル科
アフリカに生息するカンムリ
ヅル類は、ツルの仲間としては
唯一、枝を握ることができ、
樹上をねぐらにする。本種は
カンムリヅル類では最も
南に生息する。

赤い肉垂

タンチョウ
RED-CROWNED CRANE
Grus japonensis
ツル科
シベリアで繁殖し、韓国や
中国で越冬する（訳注：日
本にも越冬地がある）。
地球上の生息数は
減少傾向にある。
ツルの仲間のなかで
最も重い。近縁種と同様、
頭頂部には羽毛がなく
赤い皮膚が露出している。

1.1 m
3½ ft

1.1–1.2 m
3½–4 ft

カナダヅル
SANDHILL CRANE
Grus canadensis　ツル科
北アメリカのツルだが、
西のシベリアにも分布する。
家族群で南に渡り、遠く
メキシコまで飛んでいく。

1.1–1.2 m
3½–4 ft

クロヅル
COMMON CRANE
Grus grus　ツル科
沼地やヒースの茂る荒野、
ツンドラによく見られる。
ユーラシアで繁殖し、
アフリカ北部や南アジアに
渡るが、V字編隊を
組んで
飛ぶことが多い。

カグー、ジャノメドリ　KAGU AND SUNBITTERN

カグーとジャノメドリは、近年ツル目から
分離されてジャノメドリ目を構成するよう
になった。いずれも森林の湿地に暮らすユ
ニークな鳥で、生息域は極めて限られてい
る。

　世界の生物のなかには、互いの近縁性を関連づ
けることが困難なものが多少ながらも存在する。
カグーとジャノメドリもその一例で、近い系統
をもつとされながらも外観は大きく異な
る。進化の系統樹における両者の位置づけ
には、いまだ結論が出ていない。カグーの
翼には灰色と白の縞が広がり、求愛の時には大き
く広げてディスプレイする。ジャノメドリも同様
に、翼上面と尾羽にある色鮮やかな斑紋を誇示し
て求愛し、翼を扇型に広げて大ぶりの模様を見せ
る。

門	脊索動物門
綱	鳥綱
目	ジャノメドリ目
科	2
種	2

長い冠羽

細長いくちばし

表面を覆う
細かい横縞

ジャノメドリ
SUNBITTERN
Eurypyga helias　ジャノメドリ科
サギに似た捕食者で、中央及び
南アメリカの湿潤な森林に生息する。
翼にある派手な斑紋をパッと見せて
ディスプレイしたり、侵入者を
威嚇したりする。

43–48 cm
17–19 in

オフホワイトの
羽衣

55 cm
22 in

カグー
KAGU
Rhynochetos jubatus
カグー科
太平洋南西部のニューカレドニア島の森
だけに分布。飛翔に必要な強い筋肉はない
が、翼を広げて滑翔することはできる。
翼はまたディスプレイにも用いられる。

ヒナの顔に生えた淡黄色の
羽毛は成熟にしたがって抜け、
頬の白い皮膚が現れる

赤い喉袋

首の羽毛には互いに
からみあう小羽枝が
なく、ばらけた「毛」
が生えているように
見える

∧ 見事な冠と鮮やかな色
頭には金色の冠羽が逆立ち、額には長さ
のそろった黒い羽毛が生えている。皮膚
の露出した白い頬の縁には赤い部分があ
るが、アフリカ東部の個体のほうがこの
部分の面積が広い。雄にも雌にも赤い喉
袋があり、空気を入れて膨らませ、一気
に排気して大きな鳴き声を出す。

ホオジロカンムリヅル
GREY CROWNED CRANE *Balearica regulorum*

ツル科に属するホオジロカンムリヅルは、華麗なダンスで有名である。この鳥にとってダンスは重要な生活の一部だ。開けたサバンナでジャンプし、羽ばたき、時には頭を下げるといったディスプレイを行う。見るところ、攻撃性を和らげるためや、つがいの絆を強化するためだけにダンスしていることもあるが、大半は、頭部の凝った装飾を見せびらかし、異性に求愛するためのダンスである。くちばしの長いツル類のような長くとぐろを巻いた鳴管がないので、ラッパのように轟く声は出せず、アヒルのような声で鳴く。求愛中には、膨らませた赤い喉袋から空気を吐き出して声を響かせる。繁殖期の間、つがいは水の多い湿地の奥で営巣する。密生した植物が、草やスゲで作った円形の平らな台状の巣を隠してくれる。ヒナが捕食者の目につかないので、両親は高い樹上で寝ていられる。木に止まるのはツルの仲間としては珍しい。

体 長	1.1 m （3½ ft）
生息地	開けた土地
分 布	アフリカ東部及び南部
食 性	草、種子、無脊椎動物、小型の脊椎動物

額には黒い羽毛が生え、膨れているように見える

鼻孔

第3のまぶた >
この透明のまぶたは瞬膜と呼ばれる。「瞬」は「まばたく」という意味だ。ほかの鳥類にも同様の瞬膜がある。瞬膜は眼球上を水平に動いて表面をきれいにする。

∨ えりまき
胴体上部と首の下部は、ふさふさとした長い先細りの羽毛で覆われている。羽衣の大半は灰色である。

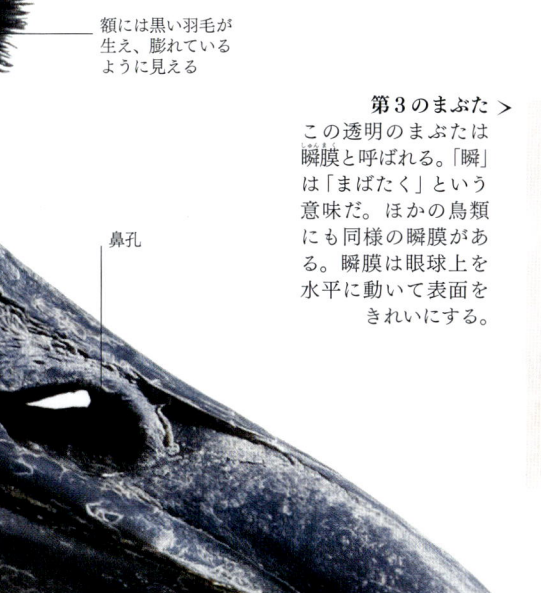

金色の羽毛 >
翼をたたむと翼の上部（風切羽のすぐ上）にある金色の羽毛が体の側面に覆いかぶさる。

くちばしは、ほかのツルよりも短く太い

白い雨覆

足とカギ爪 >
カンムリヅル類は、長い後趾（後ろ向きに生えた指）が存在することからほかのツル類と区別される。この後趾のおかげで木にとまることができる。おそらく樹上生活をしていた祖先の名残だろう。

∧ 長い肢
ダンスのディスプレイを生かし、水中を歩き回るのにも便利な長い肢だが、カンムリヅル類の肢はほかのツル類より短めだ。

黒い初列風切羽

茶色の次列風切羽

∧ 翼
飛翔するカンムリヅルを見上げると、翼の下面にある白い部分がはっきり見える。力のある翼が備わってはいるが、ほかのツル類とは違って熱帯に留まって生活する鳥であり、長距離の移動には耐えられない。

シギ・チドリ類、カモメ、ウミスズメ類 WADERS, GULLS, AND AUKS

シギ・チドリ類はほとんどが海岸部にいる鳥で、形態や習性はさまざまである。長い肢と獲物を探りやすいくちばしを備え、泥や水の中で餌を得るのに適応しているものが多い。

チドリ目は3つのグループに分けられる。そのうち2つは河口や海岸に棲む鳥だ。チドリとその近縁種を含むグループには肢もくちばしも短めの鳥が多く、地表付近にいる小型無脊椎動物を食べる。このグループのなかには、タゲリのように乾燥した内陸の生息地を好むものもいるが、それ以外は湿地によく適応していて、例えばセイタカシギは浅瀬で針のように尖ったくちばしを水につけて探り、ミヤコドリは長く太いくちばしで貝の殻をこじ開ける。シギとその近縁種が含まれるグルー

プは、長いくちばしで深い泥の中を探る。ダイシャクシギやアカアシシギなどは肢も長く、もっと深いところまで餌を探しに入る。

海鳥

チドリ目の3つめのグループは、カモメ、アジサシ、トウゾクカモメ、ウミスズメなどである。足には水かきがあり、目のなかでも外洋性が高く、大半の時間を海で過ごす。なかには途方もない長距離を移動するものもいる。カモメは臨機応変な捕食者で、内陸の奥深くで採餌しているのも見られる。ウミスズメは北極周辺に生息しているが、潜水して海を泳ぐ動物を獲物とするように専門化している。黒と白に色分けされて表面的にはペンギンに似ているが、ペンギンと類縁関係があるわけではない。

門	脊索動物門
綱	鳥綱
目	チドリ目
科	19
種	383

論 点
カモメの起源

個体群間の差異が大きくなりすぎて交雑が起こらなくなった時が、新種の誕生である。ヨーロッパのセグロカモメの場合、アジアにいた祖先が東進して北極の周囲をぐるっと一回りしていくうちに、もとの種との差が大きくなって別種として分岐したと考えられていた。ところが、最近の研究により、セグロカモメの祖先は、北大西洋に隔離されたカモメであることが示された。

サヤハシチドリ
SNOWY SHEATHBILL
Chionis albus サヤハシチドリ科
チドリ類の遠縁であるサヤハシチドリ属 *Chionis* は南極に生息する白い鳥で、本種を含めて2種がいる。死体を食べ、またほかの鳥の餌を横取りしたりヒナを食べたりする。

34–41 cm
13½–16 in

20–22 cm
8–9 in

イシチドリ
EURASIAN STONE CURLEW
Burhinus oedicnemus
イシチドリ科
イシチドリ類は、ダイシャクシギの仲間のような鋭い声で鳴くことから stone curlew という英名がつけられたが、チドリ類に近縁で、ほとんどが夜行性である。ユーラシアに広く分布する本種は、内陸の干潟に見られる。

40–44 cm
16–17½ in

ソリハシオオイシチドリ
GREAT STONE CURLEW
Esacus recurvirostris
イシチドリ科
南アジアに生息。大型のオオイシチドリ属 *Esacus* は、水場近くで、彫刻刀のようなくちばしでカニなどの獲物を狩る。

49–55 cm
19½–22 in

マゼランチドリ
MAGELLANIC PLOVER
Pluvianellus socialis
マゼランチドリ科
南アメリカに生息する渉禽類では唯一、餌を吐き戻してヒナに与える。サヤハシチドリに近縁である。

トキハシゲリ
IBISBILL
Ibidorhyncha struthersii
トキハシゲリ科
チドリ類のなかでは唯一、くちばしが長く下向きに曲がっている。中央アジアの山地に分布し、川床の石をひっくり返して無脊椎動物を引きずり出す。

38–41 cm
15–16 in

茶褐色から黒色の体

長く赤いくちばし

クロミヤコドリ
AMERICAN BLACK OYSTER CATCHER
Haematopus bachmani
ミヤコドリ科
体色が1色のクロミヤコドリ類は、体が色分けされたミヤコドリ類に比べ、概して分布域が限られている。本種は北アメリカの西海岸だけに分布する。

42–47 cm
16½–18½ in

ピンク色の肢

ミヤコドリ
EURASIAN OYSTER CATCHER
Haematopus ostralegus
ミヤコドリ科
体が色分けされたミヤコドリ類の一種。ミヤコドリ類では分布域が最も広く、ユーラシア北部で繁殖する。ほかのミヤコドリと同様、長いくちばしを使って二枚貝をこじ開ける。

40–45 cm
16–18 in

カニチドリ
CRAB PLOVER
Dromas ardeola
チドリ科
カニチドリはチドリ類ではなくカモメ類に入るという説もある。インド洋を取り巻く海岸各地に見られ、太いくちばしでカニを食べる。

33–40 cm
13–16 in

ムネアカセイタカシギ
BANDED STILT
Cladorhynchus leucocephalus
セイタカシギ科
セイタカシギ類は遊泳する無脊椎
動物を狩る。オーストラリアに生息
する本種は大群となって塩湖に集まり、
ブラインシュリンプを食べる。

針のような
くちばし

36—45 cm
14—16 in

**アカガシラソリハシ
セイタカシギ**
RED-NECKED AVOCET
Recurvirostra novaehollandiae
セイタカシギ科
色分けのはっきりしたシギ
で、オーストラリアの湿地
に生息する放浪性の鳥。
社会性の種で、大規模な
群れで採食する。

40—46 cm
16—18 in

ソリハシセイタカシギ
PIED AVOCET
Recurvirostra avosetta
セイタカシギ科
ユーラシアに生息する。ソリ
ハシセイタカシギ類の典型で、
上向きに反ったくちばしを
水中で横なぎに動かして、
水生動物を捕まえる。

42—45 cm
16½—18 in

上向きに反った
くちばし

白黒の体

セイタカシギ
BLACK-WINGED STILT
Himantopus himantopus
セイタカシギ科
ほとんど世界中に分布する。
変異が大きく、首が白い型
と黒い型があって、別種に
分けられる可能性もある。

33—36 cm
13—14 in

20 cm
8 in

ハシマガリチドリ
WRYBILL
Anarhynchus frontalis　チドリ科
ニュージーランドに分布。タゲリ類に近縁。
くちばしが横に曲がった唯一の鳥。この
くちばしで石をひっくり返して
下にいる無脊椎動物を捕まえる。

マキエチドリ
INLAND DOTTEREL
Peltohyas australis　チドリ科
タゲリ類に近縁な砂色の鳥
で、オーストラリアの乾燥
地帯に見られる。水場から
遠く離れたところに
いることが多い。

19—23 cm
7½—9 in

ツメバゲリ
SPUR-WINGED PLOVER
Vanellus spinosus　チドリ科
アフリカと中東各地の湿地に見られ
る。タゲリ類（大型のチドリ類）には、
ズグロトサカゲリやナンベイタゲリ
など、翼に爪のあるものが数種
含まれるが、本種もその1つ。

25—27 cm
10—10½ in

白い頭頂部

26—29 cm
10—11½ in

繁殖期には胸と
腹部が黒くなる

ダイゼン
GREY PLOVER
Pluvialis squatarola　チドリ科
ムナグロ属 *Pluvialis* のなかで、
背面の斑紋が黄色ではなく灰色
なのは本種だけ。北極周辺の
海岸部のツンドラで繁殖する。

ヨーロッパムナグロ
EURASIAN GOLDEN PLOVER
Pluvialis apricaria　チドリ科
ムナグロ属 *Pluvialis* は、ほかのチドリ類よりもセ
イタカシギ類やミヤコドリ類のほうに近縁である。
本種は繁殖期に腹部が黒色になる。

肢全体が
ブルーグレー

ズグロトサカゲリ
MASKED LAPWING
Vanellus miles　チドリ科
オーストラレーシアに生息。タゲ
リ類には黄色の肉垂のあるものが
多いが、本種は肉垂による顔の
装飾がとりわけ発達している。

35—38 cm
14—15 in

タゲリ
NORTHERN LAPWING
Vanellus vanellus　チドリ科
タゲリ類の英名 lapwing は飛ぶ時の
パタパタという(lapping)音に由来する。
本種はユーラシアに生息し、つんと伸
びた冠羽が特徴である。独特な鳴き声
から peewit とも呼ばれる。

28—31 cm
11—12 in

ハジロコチドリ
COMMON RINGED PLOVER
Charadrius hiaticula　チドリ科
首輪のような帯模様があるチドリ類
のなかで、分布域が最も広いものの
1つ。北極周辺で繁殖し、アフリカ
や南西アジアで越冬する。

18—20 cm
7—8 in

フタオビチドリ
KILLDEER
Charadrius vociferus　チドリ科
草原で生活する尾の長いチドリ。
北アメリカと南アメリカの間を
移動するが、ペルーとチリには
留鳥の個体群がいる。

23—27 cm
9—10½ in

コバシチドリ
EURASIAN DOTTEREL
Charadrius morinellus
チドリ科
ツンドラで繁殖する。雌は雄
よりも明るい体色だが、ほか
のチドリのように冬には雌雄
ともにくすんだ色になる。

20—22 cm
8—9 in

≫

鳥類・シギ・チドリ類、カモメ、ウミスズメ類

≫ シギ・チドリ類、カモメ、ウミスズメ類

アフリカレンカク
AFRICAN JACANA
Actophilornis africanus
レンカク科
アフリカの湿地に生息。レンカク科の典型で、足指が長く水面に浮いた植物の上を歩く。

23–31 cm
9–12 in

28–31 cm
11–12 in

繁殖期に見られる長い尾羽

20–27 cm
8–10½ in

首の金色の模様

31–58 cm
12–23 in

17–23 cm
6½–9 in

アジアレンカク
BRONZE-WINGED JACANA
Metopidius indicus
レンカク科
インド及び東南アジア各地に広く分布する。雄は前腕にあたる部分の骨が平たくなっていて、ヒナを持ち上げることができる。

トサカレンカク
COMB-CRESTED JACANA
Irediparra gallinacea
レンカク科
アジアからオーストラリアにかけて見られる。頭部に肉質のトサカがある。ほかのレンカク類と同様、雄が抱卵してヒナの世話をする。

レンカク
PHEASANT-TAILED JACANA
Hydrophasianus chirurgus レンカク科
レンカク類には翼に短い爪がある。本種は南アジアに生息し、長い尾羽は繁殖期が過ぎると抜け落ちる。レンカク類で、繁殖期と非繁殖期で羽衣が変わるのは本種だけ。

ナンベイレンカク
WATTLED JACANA
Jacana jacana
レンカク科
南アメリカに生息。優位な雌は多数の雄と交尾して卵を産む。おそらくワニによる卵の捕食を補うためだろう。

15–19 cm
6–7½ in

クビワミフウズラ
PLAINS WANDERER
Pedionomus torquatus
クビワミフウズラ科
本種のみで科を構成している。オーストラリアの草原に生息し、湿地に生息するレンカク類に近縁である。

23–25 cm
9–10 in

23–26 cm
9–10 in

タマシギ
GREATER PAINTED-SNIPE
Rostratula benghalensis タマシギ科
肢の短いタマシギ類はレンカク類に近縁で、雌優位の配偶システムが共通している。本種は旧世界の熱帯地方の湿地に見られる。

アメリカオオハシシギ
SHORT-BILLED DOWITCHER
Limnodromus griseus
シギ科
オオハシシギ類はタシギやコシギに近縁で、繁殖期には羽衣が赤味を帯びる。本種は南北アメリカだけに分布する。

23–25 cm
9–10 in

コオバシギ
RED KNOT
Calidris canutus シギ科
北極地方で繁殖する。渡りをするシギ・チドリ類でよく見られるように、夏は羽衣が鮮やかだが、冬にはくすんだ色になる。

16–20 cm
6½–8 in

ハマシギ
DUNLIN
Calidris alpina シギ科
世界中でよく見られる普通種。シギ・チドリ類の典型で、北極周辺で繁殖し、冬には群れで暖かい南方へ渡る。

17–19 cm
6½–7½ in

コシギ
JACK SNIPE
Lymnocryptes minimus シギ科
コシギ、ヤマシギ、タシギの仲間はくちばしが長く肢は短い。また、羽衣でカムフラージュしている。旧世界に分布する本種は、この仲間のなかで最も小さい。

25–27 cm
10–10½ in

タシギ
COMMON SNIPE
Gallinago gallinago
シギ科
世界中に広く分布する。ヒナは孵化後すぐに活動できる。これはシギ・チドリ類に共通の特徴である。一方で、タシギ類は、シギ、チドリ類には見られない、ヒナへの給餌を行う。

白と黒の上面

わずかに上向きに反った長いくちばし

20–21 cm
8–8½ in

ミユビシギ
SANDERLING
Calidris alba
シギ科
シギ・チドリ類のなかでは最北の北極圏内で繁殖する小型のシギ。冬には群れをなして南方の砂浜まで渡っていく。

繁殖期に赤味を帯びる下面

40–44 cm
16–17½ in

18–19 cm
7–7½ in

37–42 cm
14½–16½ in

アメリカオグロシギ
HUDSONIAN GODWIT
Limosa haemastica
シギ科
アメリカに生息するオグロシギ類2種のうちの1つ。繁殖地にハドソン湾の海岸が含まれていることから名付けられた。

オグロシギ
BLACK-TAILED GODWIT
Limosa limosa シギ科
旧世界に生息。オグロシギ類の典型で、くちばしがわずかに上向きに反っている。内陸の奥まで入り込んで草原やヒースの生えた荒れ地、牧草地で餌を探す。

アカエリヒレアシシギ
RED-NECKED PHALAROPE
Phalaropus lobatus
シギ科
繁殖地には北極圏の大部分が含まれる。雄よりも明るい体色の雌は、繁殖期にディスプレイを行って雄をひきつける。子どもの世話をするのは雄。

アメリカダイシャクシギ
LONG-BILLED CURLEW
Numenius americanus シギ科
45―66 cm
18―26 in

ダイシャクシギ類の典型。アメリカに生息するの大型のシギで、下向きに曲がった長いくちばしで泥の奥深くまで探り、獲物である無脊椎動物を見つける。

チュウシャクシギ
WHIMBREL
Numenius phaeopus シギ科
40―42 cm
16―16½ in

最小のシャクシギ類。トリルのような独特の声で鳴き、極周辺地域で繁殖する。遠くオーストラリアで越冬する個体も観察されている。

コモンシギ
BUFF-BREASTED SANDPIPER
Tryngites subruficollis シギ科
18―20 cm
7―8 in

北アメリカのツンドラやシベリアの最東端で繁殖し、南アメリカの草原で越冬する。（訳注：「コモン」は「小紋」）

繁殖期の雄には立派なえりまきが発達する

アカアシシギ
COMMON REDSHANK
Tringa totanus
シギ科
27―29 cm
10½―11½ in

シギ・チドリ類の多くは淡水の近くで繁殖するが、旧世界に分布する本種は塩性沼地で繁殖することもある。名前の由来は赤い肢。

コキアシシギ
LESSER YELLOWLEGS
Tringa flavipes シギ科
23―25 cm
9―10 in

クサシギ類に属する。本種はアラスカとカナダの森林で繁殖し、カリブ海で越冬する。

メリケンキアシシギ
WANDERING TATTLER
Tringa incana
シギ科
26―30 cm
10―12 in

クサシギ類の一種で、アラスカで繁殖する。繁殖期には胸に縞模様が見られる。冬にはアメリカの太平洋岸沿いに南方へ移動する。

アメリカヤマシギ
AMERICAN WOODCOCK
Scolopax minor シギ科
26―28 cm
10―11 in

アメリカに生息。ほかのヤマシギ類と同様、巧妙にカムフラージュされている。また、目が頭の上のほうについているので、全方位を見張って捕食者にすぐ気がつく。

エリマキシギ
RUFF
Philomachus pugnax
シギ科
20―30 cm
8―12 in

旧世界の沼地や牧草地に生息する。雄は繁殖期に変身する。灰色の冬羽を脱ぎ捨てて赤褐色（赤を帯びた茶色）と黒の羽毛を身にまとい、首には派手なえりまきが発達するのだ。

夏には胸と腹に黒い斑点が出る

アメリカイソシギ
SPOTTED SANDPIPER
Actitis macularius
シギ科
18―20 cm
7―8 in

アメリカに生息。ユーラシアに生息している近縁のイソシギ *A. hypoleucos* と同じく、短いくちばしで水をかぶっていない地面をつついて餌を探す。

赤味のある肢

キョウジョシギ
RUDDY TURNSTONE
Arenaria interpres シギ科
22―24 cm
9―9½ in

北半球各地で繁殖する。英名のturnstone は餌を探して石などをひっくり返す様子から（訳注：和名の「キョウジョ」は「京女」）。

ヘラシギ
SPOON-BILLED SANDPIPER
Calidris pygmaea シギ科
14―16 cm
5½―6½ in

東アジアに生息。ヘラサギ（p.432）と同じように、独特のスプーン状のくちばしで浅瀬の水をすくって無脊椎動物の獲物を探す。

シロハラオオヒバリチドリ
WHITE-BELLIED SEEDSNIPE
Attagis malouinus
ヒバリチドリ科
27―29 cm
10½―11½ in

ヒバリチドリ科はくちばしの短い植物食性の鳥で、4種が含まれ、南アメリカの開けた土地に生息している。本種は南アメリカ南端だけに分布する。

≫ シギ・チドリ類、カモメ、ウミスズメ類

ハグロツバメチドリ
BLACK-WINGED PRATINCOLE
Glareola nordmanni
ツバメチドリ科
ほかのツバメチドリ類と同じく、渡り鳥
である。ヨーロッパ東部と中央アジアで
繁殖し、アフリカで越冬する。

黒い縁取りのある
クリーム色の喉

24—28 cm
9½—11 in

19—21 cm
7½—8½ in

19—24 cm
7½—9½ in

二股の尾

23—26 cm
9—10 in

スナバシリ
CREAM-COLOURED COURSER
Cursorius cursor
ツバメチドリ科
アジアとアフリカに分布する渡
り鳥。スナバシリ類は夜行性の
ものが多く、人目に触れない。
肢が長く地上で生活する。
チドリ類に似ている。

アシナガツバメチドリ
AUSTRALIAN PRATINCOLE
Stiltia isabella
ツバメチドリ科
オーストラリアとインドネシア
に生息するツバメチドリ類で、
通常は淡水のすぐ近くに
いるが、塩類腺が発達して
いるので、塩水も飲める。

27—28 cm
10½—11 in

**ウロコクビワ
スナバシリ**
HEUGLIN'S COURSER
Rhinoptilus cinctus
ツバメチドリ科
スナバシリ類のほとんどは
乾燥した砂漠や低木林に
しかいないが、この
アフリカに生息する種は
疎林にも入り込んでくる。

17—19 cm
6½—7½ in

ヒメツバメチドリ
LITTLE PRATINCOLE
Glareola lactea
ツバメチドリ科
南アジアに生息する小型種。
近縁種と同じように飛びながら
昆虫を捕まえて食べる。
尾は二股にわかれたフォーク型。

ニシツバメチドリ
COLLARED PRATINCOLE
Glareola pratincola
ツバメチドリ科
ヨーロッパ南部とアフリカに
分布。ツバメチドリ類の例にもれず、
開けた湿地に多数の個体が
集まって騒がしい群れとなる。

50—60 cm
20—23½ in

アカメカモメ
SWALLOW-TAILED GULL
Creagrus furcatus カモメ科
カモメとしては唯一の夜行性。
ガラパゴス諸島で繁殖し、南アメリカで
越冬する。魚やイカを食べる。

42—44 cm
16½—17½ in

マゼランカモメ
DOLPHIN GULL
Leucophaeus scoresbii
カモメ科
ほかの鳥に対して攻撃性を
示すので有名。南アメリカの
南端とフォークランド諸島
だけに分布する。

36—41 cm
14—16 in

ワライカモメ
LAUGHING GULL
Leucophaeus atricilla カモメ科
アメリカに生息する頭巾カモメ
類。笑い声のような
鳴き声が名前の由来。
河口付近や塩性沼地の
コロニーで繁殖する。

45—47 cm
18—18½ in

ハイイロカモメ
GREY GULL
Leucophaeus modestus
カモメ科
ペルーとチリだけに分布。
世界最高の乾燥地域とも
いえるアタカマ砂漠で
繁殖する。

27—32 cm
10½—12½ in

クビワカモメ
SABINE'S GULL
Xema sabini
カモメ科
ゾウゲカモメの近縁種。
繁殖地は北極地方だが、
長距離を移動して南アメリカや
アフリカで越冬する。

首輪のような
黒く細い帯

細身で
黒いくちばし

くさび型の尾

38—40 cm
15—16 in

ヒメクビワカモメ
ROSS'S GULL
Rhodostethia rosea
カモメ科
ピンクの体色が特徴のカモメ。
北極地方のツンドラの沼地や
木の生えた地域で繁殖し、
海岸や海で越冬する。

28—30 cm
11—12 in

ボナパルトカモメ
BONAPARTE'S GULL
Chroicocephalus philadelphia
カモメ科
北アメリカに生息する頭巾カモメ類。
カナダの湿潤な針葉樹林で繁殖し、
カリブの海岸で越冬する。

34—37 cm
13½—14½ in

ユリカモメ
COMMON BLACK-HEADED GULL
Chroicocephalus ridibundus カモメ科
ほかの頭巾カモメ類（夏羽が頭巾を
かぶったように頭部が濃色のカモメ）と
同様、黒っぽい頭は冬には白く
なる。北半球に多数の
個体が生息する。

40—45 cm
16—18 in

ギンカモメ
SILVER GULL
Chroicocephalus novaehollandiae
カモメ科
オーストラリアに生息。外見は
異なるが、ユリカモメに近縁である。
ゴミ捨て場をあさって餌を探す。

カモメ
MEW GULL
Larus canus
カモメ科
北半球に生息。英名は特徴的な
鳴き声から。海岸だけではなく
内陸の荒れ地でも繁殖する。

40—42 cm
16—16½ in

ハシブトカモメ
PACIFIC GULL
Larus pacificus
カモメ科
オーストラリアに生息。尾に帯状の
模様がある南半球に生息する
グループに属する。くちばしが太い。
貝を岩に落として割る。

50—67 cm
20—26 in

アメリカオオセグロ
カモメ
WESTERN GULL
Larus occidentalis カモメ科
北アメリカの太平洋沿岸に
見られる大型種。通常、沖
の島や岩の上にコロニーを
作って営巣する。

55—66 cm
22—26 in

オオカモメ
GREAT BLACK-BACKED GULL
Larus marinus
カモメ科
世界最大のカモメで、北大西洋の
海岸地帯に生息する。攻撃的な
捕食者であり、ほかの海鳥や
ヒナを獲物にする。

大きな
白い頭部

紫がかった黒色の
背中と翼

ピンク色の足

64—78 cm
25—31 in

オオズグロカモメ
GREAT BLACK-HEADED GULL
Ichthyaetus ichthyaetus
カモメ科
アジア地域に生息するユリカモメの
一種。ロシア一帯で繁殖し、地中海や
インド洋の沿岸で越冬する。英名で
Palla's gull の別名もある。

57—61 cm
22½—24 in

三色のくちばし

白く縁取り
された目

シロカモメ
GLAUCOUS GULL
Larus hyperboreus
カモメ科
北極地方で繁殖する大型種で、
海岸に生息する。白頭カモメ
類に属する。北半球に分布する
ほとんどの白頭カモメ類よりも
かなり色が薄い。

62—68 cm
24—27 in

クロワカモメ
RING-BILLED GULL
Larus delawarensis
カモメ科
北アメリカで繁殖しカリブ
海で越冬する。くちばしに
黒いリング状の模様がある。
農地でよく餌を探している。

46—51 cm
18—20 in

セグロカモメ
HERRING GULL
Larus argentatus
カモメ科
ニシセグロカモメ L. fuscus の
近縁種で、北アメリカ東部と
ヨーロッパの海沿いの町で
よく見られる。

52—60 cm
20½—23½ in

クロワカモメ

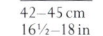

ススケカモメ
SOOTY GULL
Ichthyaetus hemprichii カモメ科
アジアとアフリカに分布。暖かい
地域のカモメはたいていそうだが、
本種も羽毛が黒っぽい。
強い日射しへの適応として
進化したのかもしれない。

42—45 cm
16½—18 in

ゾウゲカモメ
IVORY GULL
Pagophila eburnea カモメ科
北極地方に分布。ほとんど
いつも流氷のすぐ近くにいる。
ホッキョクグマのあとを追って
死体のおこぼれをもらう。

40—43 cm
16—17 in

オグロカモメ
HEERMANN'S GULL
Larus heermanni カモメ科
暗色のカモメで北アメリカに生息するが、
実は北方に分布する白頭カモメ類
（夏羽でも頭部が白いカモメ）に属する。
カッショクペリカンと一緒に採餌し、
餌を奪う。

46—53 cm
18—21 in

灰色の体

黄色い肢

メジロカモメ
WHITE-EYED GULL
Ichthyaetus leucophthalmus カモメ科
ススケカモメの近縁種で、紅海
地域だけに見られるが、原油の
流出に脅かされている。

39—43 cm
15½—17 in

アカアシミツユビカモメ
RED-LEGGED KITTIWAKE
Rissa brevirostris
カモメ科
ベーリング海と北太平洋の島だけで
繁殖する。冬にはかなり南方へ移動する。

35—40 cm
14—16 in

ミツユビカモメ
BLACK-LEGGED KITTIWAKE
Rissa tridactyla カモメ科
世界で最も個体数の多いカモメ。
崖に巣をつくってコロニーで繁殖する。
北大西洋と太平洋で見られる。

38—40 cm
15—16 in

≫ シギ・チドリ類、カモメ、ウミスズメ類

鳥類 ・ シギ・チドリ類、カモメ、ウミスズメ類

28–33 cm
11–13 in

シロアジサシ
WHITE TERN
Gygis alba
カモメ科
全身が白いアジサシで、大西洋とインド洋の
熱帯地方の島に生息する。木の枝に卵を
むきだしの状態で産むのが注目に値する。

40–42 cm
16–16½ in

インカアジサシ
INCA TERN
Larosterna inca
カモメ科
独特の模様の鳥で、
ペルーとチリに分布し、
岩石海岸で繁殖する。

頬に走る白い線

鮮やかな
赤い肢

22–24 cm
9–9½ in

**ハシグロクロハラ
アジサシ**
BLACK TERN
Chlidonias niger
カモメ科
小型の淡水生のアジサシ。北半球の
湿地で繁殖し、南アメリカや
アフリカで越冬する。

ベンガルアジサシ
LESSER CRESTED TERN
Thalasseus bengalensis
カモメ科
オオアジサシの近縁種で、
こちらのほうが小柄。繁殖期
にはくちばしが黄色から
オレンジ色に変わる。

35–37 cm
14–14½ in

オオアジサシ
GREATER CRESTED TERN
Thalasseus bergii　カモメ科
旧世界のアジサシで、ベンガル
アジサシなど冠羽のあるアジサシ
類に属する。頭頂部から首筋まで
伸びる、黒い房状の冠羽が特徴。

46–49 cm
18–19½ in

帽子のような
黒い頭頂部

47–54 cm
18½–21½ in

オニアジサシ
CASPIAN TERN
Hydroprogne caspia
カモメ科
アジサシ類のなかでは最大。
ほとんどの大陸に分布
している。本種を含め、
海岸性アジサシ類はほと
んどが地上のコロニー
で営巣する。

翼の下面に
黒い模様

22–24 cm
9–9½ in

コアジサシ
LITTLE TERN
Sternula albifrons
カモメ科
旧世界に生息し、目の上に
白斑がある沿岸性の
グループに属する。

33–36 cm
13–14 in

セグロアジサシ
SOOTY TERN
Onychoprion fuscatus　カモメ科
熱帯の島々で繁殖する。コロニーが騒がしい
ことから wideawake tern（眠らせてくれない
アジサシ）とも呼ばれる。

黒く長い肢

33–38 cm
13–15 in

アラビアコアジサシ
SAUNDERS'S TERN
Sternula saundersi
カモメ科
紅海とインド洋に分布する
小型のアジサシ。コアジサシ
の1品種だと考えられていた。

30–32 cm
12–12½ in

マミジロアジサシ
BRIDLED TERN
Onychoprion anaethetus
カモメ科
熱帯と亜熱帯に生息し、
コアジサシやセグロアジサシと
同様に目の上に白い斑がある。
ほとんど海上で過ごす。

ベニアジサシ
ROSEATE TERN
Sterna dougallii
カモメ科
世界中に広く分布しているが、
どの地域でも普通種ではない。多数
の隔離されたコロニーで繁殖する。

32–34 cm
12½–13½ in

23–24 cm
9–9½ in

アラビアアジサシ
WHITE-CHEEKED TERN
Sterna repressa
カモメ科
紅海とインド洋に分布。
ほかの灰色のアジサシよりも色が
濃いことで識別できる。

30–32 cm
12–12½ in

エリグロアジサシ
BLACK-NAPED TERN
Sterna sumatrana
カモメ科
インド洋と太平洋に見られる。
通常はほかのアジサシ類
から離れて、小規模の
コロニーで営巣する。

33–35 cm
13–14 in

キョクアジサシ
ARCTIC TERN
Sterna paradisaea
カモメ科
どの動物よりも長い距離を移動する
渡り鳥。北極地方で繁殖し、
南極まで渡っていくのである。
餌は魚や甲殻類。

クロハサミアジサシ
BLACK SKIMMER
Rynchops niger
カモメ科

南北アメリカに分布。ハサミアジサシ類は、鳥類のなかで唯一、細長い下くちばしのほうが上くちばしよりも突き出している。このくちばしで水をすくうようにして魚を探す。

40–50 cm
16–20 in

クロアジサシ
BROWN NODDY
Anous stolidus
カモメ科

クロアジサシ類は暗色あるいは白色のアジサシで、熱帯に分布する。本種はクロアジサシ類のなかで最大で、世界中に広く分布している。

40–45 cm
16–18 in

先の曲がった太いくちばし

52–54 cm
20½–21 in

灰褐色の体

オオトウゾクカモメ
SOUTH POLAR SKUA
Stercorarius maccormicki
トウゾクカモメ科

大型の鳥で、ほかの海鳥を襲うといわれている。南極の海岸で繁殖する数少ない渉禽類の一種。

46–51 cm
18–20 in

455

トウゾクカモメ
POMARINE JAEGER
Stercorarius pomarinus
トウゾクカモメ科

トウゾクカモメ類はカモメに似た攻撃的な鳥である。本種は北極地方に分布し、ほかの海鳥を襲って食べる。巣にちょっかいを出すと人間でも襲われる。

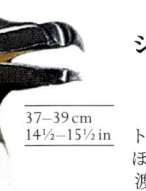

48–53 cm
19–21 in

シロハラトウゾクカモメ
LONG-TAILED JAEGER
Stercorarius longicaudus
トウゾクカモメ科

トウゾクカモメ科のなかで最小。ほかのトウゾクカモメ類と同様、渡りをする。北極周辺の地域で繁殖し、南に渡って越冬する。

クロトウゾクカモメ
PARASITIC JAEGER
Stercorarius parasiticus
トウゾクカモメ科

北極地方で最も普通に見られる。近縁種と同じく、群れをなしてほかの海鳥を襲い、獲物を横取りする。

41–46 cm
16–18 in

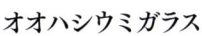

37–39 cm
14½–15½ in

オオハシウミガラス
RAZORBILL
Alca torda
ウミスズメ科

北大西洋に生息し、平たいくちばしに白い線が入る。ウミスズメ類の卵は片方の端が細く尖っているので、崖の上の繁殖地から転げ落ちることはない。

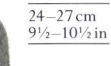

24–27 cm
9½–10½ in

エトロフウミスズメ
CRESTED AUKLET
Aethia cristatella
ウミスズメ科

北太平洋に生息。ほかの小型ウミスズメ類と同じく、甲殻類のプランクトンを食べる。求愛中、つがいは背中からの分泌物を互いに塗りつけ合う。

17–19 cm
6½–7½ in

ヒメウミスズメ
LITTLE AUK
Alle alle
ウミスズメ科

北極地方の島で繁殖する。南方の海へ渡って越冬する。小型の魚や甲殻類を食べる。

24–25 cm
9½–10 in

マダラウミスズメ
MARBLED MURRELET
Brachyramphus marmoratus　ウミスズメ科

アメリカに生息する小型のウミスズメで、針葉樹林で樹上に巣を作る。羽毛がはえそろったヒナは夜に巣を離れて海へ移動する。

茶褐色から黒色の頭

30–32 cm
12–12½ in

28–29 cm
11–11½ in

30–36 cm
12–14 in

ウミバト
PIGEON GUILLEMOT
Cepphus columba　ウミスズメ科

北太平洋に生息し、寒冷な気候に完璧に適応している。南半球のペンギンが北に移動できないのと同様に、本種は暖かい海域を抜けて南に移動することはできない。

翼の白斑

赤い足

ハジロウミバト
BLACK GUILLEMOT
Cepphus grylle　ウミスズメ科

北アメリカ及びユーラシアの北部の海岸に分布。ほかのウミスズメ類に比べてコロニーはあまり密集しない。おもに海岸近くで越冬する。

ウトウ
RHINOCEROS AUKLET
Cerorhinca monocerata
ウミスズメ科

北太平洋に生息。ツノメドリ類に近縁で、穴を掘って巣を作るという習性が共通している。繁殖期、雄のくちばしに角のような突起ができる。

26–29 cm
10–11½ in

ニシツノメドリ
ATLANTIC PUFFIN
Fratercula arctica
ウミスズメ科

北大西洋に分布する小型種。ほかのツノメドリ類と同様、コロニーで穴を掘って営巣する。芝生に穴を掘るのが普通。

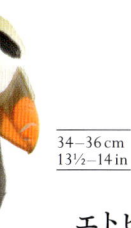

34–36 cm
13½–14 in

エトピリカ
TUFTED PUFFIN
Fratercula cirrhata
ウミスズメ科

大西洋に分布する近縁のニシツノメドリと同じく小型の魚を捕まえ、一度に多数の魚をくわえることができる。ニシツノメドリよりも大型。

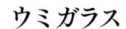

38–41 cm
15–16 in

ウミガラス
GUILLEMOT
Uria aalge
ウミスズメ科

ウミスズメ科のなかで典型的な潜水タイプ。北大西洋と太平洋の海岸で繁殖し、海で越冬する。

サケイ類　SANDGROUSE

サケイ目は砂色の羽衣でカムフラージュされて砂漠に生息し、極めて乾燥した環境での生活によく適応している。

丸っこい体に短い肢という外見で、ライチョウやウズラと間違えてしまいそうだ。だがそれも飛び立つまでのこと。サケイは矢のように宙に出て、飛行の妙技を見せてくれる。サケイ目はアジア、アフリカ、マダガスカル、そしてヨーロッパ南部の乾燥地域に見られる。亜北極地方のライチョウとは類縁関係がなく、ハト類に近縁だ。

サケイの翼は長く先端が尖っていて、どの種も隠蔽色をまとっている。背中には斑点模様が散っているが、頭部や腹部には茶色や白色の大胆な帯や斑紋があることが多い。サケイは社会的な鳥で、早朝や時には夕方にも群れ集まって、遠く離れていることも多い水飲み場まで飛んでいく。食べるのはもっぱら種子だ。

お父さんは給水器

サケイは雨季に繁殖する。種子が多く手に入るからだ。巣は単なる地面のくぼみでしかない。両親はともに抱卵しヒナの世話をする。特に、雄がヒナに水を与える行動は注目に値する。子育てをする場所は、水飲み場から遠く離れているのが普通である。水を飲みに行った時、雄は腹部の羽毛を水に浸して水をたっぷり含ませる。巣に帰ってくると、水気を含んだ羽毛からヒナに水を飲ませるのだ。

門	脊索動物門
綱	鳥綱
目	サケイ目
科	1
種	16

水飲み場で水を飲むクリムネサケイ。サケイ類はどの種も大きな群れを作るが、これには捕食者を惑わせる効果がある。

サケイ
PALLAS'S SANDGROUSE
Syrrhaptes paradoxus
サケイ科
中央アジアに2種分布するサケイ類のうちの1つ。大型で足にも羽毛が生え、尾が長く風切り羽も長い。

縞模様の入った淡黄色の羽衣

30–41 cm
12–16 in

長く尖った尾

25–28 cm
10–11 in

額に黒白の帯がある（雄だけ）

フタオビサケイ
DOUBLE-BANDED
SANDGROUSE
Pterocles bicinctus
サケイ科
アフリカ南部のサバンナと開けた疎林に生息する。本種を含め、サケイ類には、雄の腹部にはっきりした帯が見られるものが数種いる。

チャバラサケイ
CHESTNUT-BELLIED SANDGROUSE
Pterocles exustus　サケイ科
開けた砂漠の鳥で、大群をなす。分布域はセネガルからケニアにかけて、東はインドまで広がる。

31–33 cm
12–13 in

白い縞模様の翼

27–30 cm
10½–12 in

胸に黒い帯

ササフサケイ
CROWNED SANDGROUSE
Pterocles coronatus　サケイ科
喉の黄色いサケイで、サハラからパキスタンにかけて分布し、石の多い砂漠に見られる。高温に耐え、塩水でも飲める。

24–26 cm
9½–10 in

クロビタイサケイ
LICHTENSTEIN'S SANDGROUSE
Pterocles lichtensteinii
サケイ科
小型の鳥で、ほかのサケイ類よりも群集性が低い。アフリカ北部と東部からパキスタンにかけて、低木地や半砂漠地帯に生息する。

ハト　PIGEONS AND DOVES

ハトは種子や果実を食べる鳥で、たいへん成功したグループであり、極寒の地を除いてほとんど世界中に分布している。

　ハト目は、植物食性で樹上性の鳥として、オウム類に次いで大きなグループを成している。だが、オウム類が先端の曲がった分厚いくちばしで大きなナッツ類を割って食べるのに対し、ハト類はそれよりも細いくちばしで小さめの種子や穀物を食べる。インド太平洋地域のアオバト類など、熱帯に生息するグループのなかには、雨林の林冠で果実を食べるように特殊化したものもいる。

　ハト類のほとんどは足が短く、大半の時間を地上で過ごす種も2、3いる。ハト類は水の飲み方がほかの鳥と違っていて、頭を後ろにそらして飲み込むのではなく、食道をポンプのように動かして水を吸引しながら飲む。いちいち頭を上げずに続けて水を飲めるのは乾燥地域ではとても有利だ。くちばしの中に餌を貯めることができ、哺乳類の母乳に相当する分泌物をヒナに口移しで与える。

人間に脅かされて絶滅した種も

　ハト類の多くが成功しているのは繁殖率が高いためだ。だが、人間によって脅かされている種もいるし、既に絶滅してしまった種もいる。ドードーという飛べない無防備な種が17世紀に消滅してしまったのは、人間の影響である。また、かつては北アメリカで最もよく見かける鳥であったリョコウバトは、狩猟の対象にされて1900年代に絶滅した。

門	脊索動物門
綱	鳥綱
目	ハト目
科	1
種	344

> **論点**
> ### ドードーはハトから変化した？
> 19世紀半ばの科学者は、モーリシャス島の絶滅した飛べない鳥、ドードーをハト目に分類した。そして最近の分析でドードーはミノバトと類縁関係があったことがわかった。つまり、ドードーは実際にハトから変化した鳥なのだ。インド太平洋にいたドードーの祖先は既に飛べなかったかもしれない。

コキジバト
EUROPEAN TURTLE DOVE
Streptopelia turtur　ハト科
アフリカからユーラシアにかけて分布。キジバト類はほっそりした小型種で、スズメバト属 *Columba* に近縁である。本種のように首にはっきりした模様のある種が多い。

首の背面に白黒の帯

26-28 cm
10-11 in

ワライバト
LAUGHING DOVE
Streptopelia senegalensis
ハト科
アフリカと南アジアに分布。村やオアシスでよく見られる。クスクス笑うような独特の鳴き声が名前の由来。

25-27 cm
10-10½ in

目の周りが赤い

白い斑点の入った翼

バラムネオナガバト
BROWN CUCKOO-DOVE
Macropygia amboinensis　ハト科
インドネシアのモルッカ諸島、ニューギニア、及びオーストラリアに分布。オナガバト属 *Macropygia* は尾が長く、外見がカッコーに似た鳥で、インド太平洋地域の雨林に生息している。ほかのオナガバト類と同様、本種にも多くの家禽が存在する。

38-43 cm
15-17 in

シッポウバト
NAMAQUA DOVE
Oena capensis　ハト科
尾の長い、地上で採餌する種で、アフリカに生息する小型のモリバト類に属する。分布域はアフリカからマダガスカル、サウジアラビアまで広がっている。

26-28 cm
10-11 in

ウロコカワラバト
SPECKLED PIGEON
Columba guinea　ハト科
アフリカに生息する大型種で、サハラ砂漠より南の開けた土地に普通に見られ、町や村の周辺によく集まっている。

33-38 cm
13-15 in

モーリシャスバト
PINK PIGEON
Nesoenas mayeri　ハト科
キジバト類と近縁な可能性のある希少種で、モーリシャス島だけに分布している。一時は脅かされて個体数が激減したが、捕獲・人工繁殖プログラムが成功して回復してきた。

32 cm
12½ in

モリバト
WOODPIGEON
Columba palumbus　ハト科
ユーラシア西部に分布する大型種。森や農地に普通に見られ、公園や庭園にもよく現れる。

38-43 cm
15-17 in

カワラバト
ROCK PIGEON
Columba livia　ハト科
野生の本種は崖や生け垣に生息するものだ。ヨーロッパやアジアの自然環境では山地帯で生活している。

31-35 cm
12-14 in

ドバト
DOMESTIC PIGEON
Columba livia　ハト科
家禽化されたカワラバトが野生化した品種。世界中の都市で見られる。羽衣にはさまざまなパターンがある。

31-35 cm
12-14 in

>>

≫ ハト

33—40 cm
13—16 in

ミノバト
NICOBAR PIGEON
Caloenas nicobarica　ハト科
絶滅したモーリシャス島の
ドードーに近縁な可能性が
ある。マレーシアからニュー
ギニアまで分布し、海岸地帯
や島の森林部に生息する。

17—23 cm
6½—9 in

インカバト
INCA DOVE
Columbina inca
ハト科
米国南部と中央アメリカの
乾燥地域に分布。ほとんどが
くすんだ色をした熱帯に生息する
地上性ハト類に属する。

20 cm
8 in

ウスユキバト
DIAMOND DOVE
Geopelia cuneata
ハト科
オーストラリア内陸の乾燥
地域に分布する放浪性の
小型種。水飲み場には
大群が見られる。

ワープーアオバト
WOMPOO FRUIT DOVE
Ptilinopus magnificus
ハト科
アオバト類はミカドバト属 *Ducula* に
近縁だが多色である。本種はニュー
ギニアとオーストラリアに分布
する大型種で、雨林の
林冠に生息する。

翼に黄色い模様

29—55 cm
11½—22 in

25—31 cm
10—12 in

シロビタイ
シャコバト
WHITE-TIPPED DOVE
Leptotila verreauxi
ハト科
ナゲキバトの近縁種で、
中央及び南アメリカの
熱帯に広く分布し、
北はテキサス州まで
姿を現す。

ダークグリーンの尾

30 cm
12 in

ミンダナオヒムネバト
MINDANAO BLEEDING-HEART
PIGEON
Gallicolumba criniger　ハト科
フィリピンに生息するヒムネバト
類には5種が含まれる。胸に出血
したような斑紋があることから名
付けられた。本種はフィリピン列
島の南部の島々に分布する。

35 cm
14 in

セレベスウズラバト
SULAWESI GROUND DOVE
Gallicolumba tristigmata　ハト科
インドネシアのスラウェシ島の森林
に生息する地上性の鳥。フィリピン
のヒムネバト類に近縁。オーストラ
リアの乾燥地帯に棲む種々のハト類
にも近縁かもしれない。

23—34 cm
9—13½ in

ナゲキバト
MOURNING DOVE
Zenaida macroura
ハト科
悲しげな鳴き声から名付け
られた。尾の長いハトで、
北アメリカと中央アメリカ、
カリブ海の各地に分布し、
開けた土地に見られる。

くすんだピン
ク色の頭と胸

エメラルド
グリーンの
翼と背中

23—28 cm
9—11 in

キンバト
EMERALD DOVE
Chalcophaps indica
ハト科
玉虫色に輝く緑色の鳥。インド
から太平洋南西部の島にかけて
分布し、雨林に生息して地上で
採餌する。餌は果実と種子。

40—46 cm
16—18 in

カミカザリバト
TOPKNOT PIGEON
Lopholaimus antarcticus
ハト科
大型のタカのようなハトで、
オーストラリア東部に分布する。
額と頭頂部にある冠羽が
名前の由来。

45 cm
18 in

ミカドバト
GREEN IMPERIAL PIGEON
Ducula aenea
ハト科
インドから東南アジアまで分布
し、雨林の林冠に見られる。大型
の鳥で、低音のうなるような声で
鳴く。主に果実を食べる。

39—44 cm
15½—17½ in

ソデグロバト
PIED IMPERIAL PIGEON
Ducula bicolor
ハト科
本種が属するミカドバト類は
果実食性の大型ハト類で、
雨林に生息する。本種は東南
アジアとオーストラレーシア
に分布する。白い羽衣が果汁
で染まっていることが多い。

オウギバト
VICTORIA CROWNED PIGEON
Goura victoria　ハト科
カンムリバト属 *Goura* は最大の
ハト類である。本種はニュー
ギニア北部に生息する。冠羽の
先端が白いことで、同属のムネ
アカカンムリバトと識別できる。

74–75 cm
29–30 in

扇のような冠羽

ムネアカカンムリバト
SOUTHERN CROWNED PIGEON
Goura scheepmakeri
ハト科
ニューギニア南部の森林に生息
する。背面は青灰色、胸や
腹面はえび茶色で、レースの
ような冠羽が生える。

青灰色の羽衣

75 cm
30 in

えび茶色の胸

翼の
白い斑紋

ウォンガバト
WONGA PIGEON
Leucosarcia melanoleuca
ハト科
オーストラリア東部でしか見
られない。模様に特徴のある
ハトで、クイーンズランド州
南部からヴィクトリア州に
かけて分布し、疎林や
低木地に生息する。

36–38 cm
14–15 in

テリハウズラバト
KEY WEST QUAIL-DOVE
Geotrygon chrysia
ハト科
ウズラバト類は熱帯
アメリカの森林に生息
する鳥だ。虹色の光沢
がある本種は、バハマを
含むカリブ海で見られる。

27–31 cm
10½–12 in

ニジハバト
COMMON BRONZEWING
Phaps chalcoptera
ハト科
ニジハバト類はオーストラリア
に生息する素早く飛翔できる
鳥で、地上で採餌する。翼に
は虹色の斑紋があり、疎林に
広く分布する本種は斑紋が
特に大きい。

33–36 cm
13–14 in

ショウキバト
SPINIFEX PIGEON
Geophaps plumifera
ハト科
オーストラリアに生息するニジハバトの仲間。
岩が多く、スピニフェックス属の草本が豊富に
生えている乾燥地域に生息し、草の中に巣を作る。

20–22 cm
8–9 in

側扁して生え
た尾羽

ゴクラクバト
PHEASANT PIGEON
Otidiphaps nobilis
ハト科
近年の研究によれば、このニューギニアに生
息する地上性ハトは、カンムリバト類と同じ
グループに属すると考えられる。絶滅した
ドードーもおそらくそのグループに入る。

45–50 cm
18–20 in

アフリカアオバト
AFRICAN GREEN PIGEON
Treron calvus
ハト科
アオバト属 *Treron* には 20 種以上が
含まれ、アフリカとアジアの熱帯地
域に分布する。本種はサハラ砂漠の
南側に広く分布している。

25–28 cm
10–11 in

灰色の体

レンジャクバト
CRESTED PIGEON
Ocyphaps lophotes
ハト科
オーストラリアに数種生息するニジハバト類の1つ。
大陸各地の開けた土地に広く分布する。

翼に虹色の
斑紋がある

31–35 cm
12–14 in

オウム・インコ類 PARROTS AND COCKATOOS

オウム・インコ類のほとんどは熱帯の森林に生息しているが、開けた環境を好むものも数種いる。さまざまな種が含まれ、色鮮やかなものが多い。

オウム・インコ類（オウム目）の特徴で最も目につくのは、カーブしたくちばしだ。上下のくちばしともに頭骨との間に関節があり、下くちばしを下向きに動かせるのと同じように、上くちばしは上向きに動かせる。このため、くちばしで硬い種子やナッツを割るだけではなく、木をよじ登る時に枝をくわえることもできる。肢は強力で、足には前向きの指（前趾）が2本と後ろ向きの指（後趾）が2本あり、食物をつかんだりいじったりすることができる。体色は鮮やかなのが普通で、雌雄ともにカラフルな種が多い。最もよく見られるのは緑系の色である。緑色は羽毛の構造に由来し、黄色の色素を含む羽毛に当たった光が乱反射して生じる。オーストラレーシアに生息するキバタン（逆立つ冠羽が特徴のオウム）の羽毛にはこの微細構造がないため、緑や青の色彩は現れない。

オーストラレーシアにはブラシのような舌で花の蜜を飲むセイガイインコ類なども生息し、オウム目の多様性が高い。このことから、オウム目はこの地域で出現したのではないかと考えられる。最も原始的なオウムであるミヤマオウムや、夜行性で飛べないフクロウオウムはいずれもニュージーランドに生息する。

社会性の種

オウム目は社会性で、大群で生活することも多い。またほとんどの種はつがいの絆が強い。愛嬌のある性格のためペットとして人気があるが、国際的な取引により絶滅の縁においやられている種は多い。

門	脊索動物門
綱	鳥綱
目	オウム目（インコ目）
科	4
種	398

ベニコンゴウインコは集団で土をなめにやってくる。ミネラルの極めて乏しい環境で生活しているので、土からナトリウムを摂取しているのだ。

ミヤマオウム
KEA
Nestor notabilis オウム科
臨機応変な雑食性で、山に生息する。死体やミズナギドリの生きたヒナを食べる。フクロウオウムとともに、ニュージーランドに分布する古いオウム類に属する。

48 cm
19 in

縞模様の入った緑色の羽衣

60 cm
23½ in

短い尾

フクロウオウム
KAKAPO
Strigops habroptila オウム科
唯一の飛べないオウム。夜行性の大型の鳥で、ニュージーランド沖の小さな島々に分布する。雄は低いうなり声で雌を引きつける。

36 cm
14 in

モモイロインコ
GALAH
Eolophus roseicapilla オウム科
首から胸、腹面が濃いピンク色のオウムは本種だけ。白色オウム類に近縁な小型種で、オーストラリア各地に広く分布し、木がまばらに生えている地域に生息する。

13〜15 cm
5〜6 in

12〜15 cm
4¾〜6 in

♀ ♂

49 cm
19½ in

50〜61 cm
20〜24 in

ミドリサトウチョウ
VERNAL HANGING PARROT
Loriculus vernalis インコ科
インドからタイにかけて分布する。サトウチョウ類はインド太平洋地域に分布するが、最近の遺伝子研究によれば、アフリカのボタンインコ類との類縁性が示唆されている。

サトウチョウ
BLUE-CROWNED HANGING PARROT
Loriculus galgulus インコ科
サトウチョウ類には、逆さまにぶら下がって眠るという鳥にしては珍しい習性がある。東南アジアの森林に見られる小型の本種を含め、サトウチョウ類は尾が短く体の大部分が緑色である。

キバタン
SULPHUR-CRESTED COCKATOO
Cacatua galerita オウム科
白色オウム類は鳴き声の鋭いオウムで、分布域はインドネシアから環太平洋地域まで広がっている。本種はニューギニアとオーストラリアに分布する。

アカオクロオウム
RED-TAILED BLACK COCKATOO
Calyptorhynchus banksii オウム科
オーストラリアに分布するクロオウム類の1種で、尾に色のついた部分がある。羽毛にはつやがあり、泣き叫ぶような鳴き声と重厚な羽ばたき音が特徴。

オカメインコ
COCKATIEL
Nymphicus hollandicus　オウム科
オーストラリア内陸の乾燥地域に分布する。インコ類に似ているが、DNA 分析によりオウム類の小型種であることがわかった。

♂
♀

32 cm
12½ in

ショウジョウインコ
CHATTERING LORY
Lorius garrulus　インコ科
ニューギニアと周辺の島々に分布する、赤い体に緑の翼のヒインコ類（小型から中型のインコ類）の一種。本種はモルッカ諸島に分布する。

30 cm
12 in

コシジロインコ
DUSKY LORY
Pseudeos fuscata　インコ科
ヒインコ類のなかでは珍しく、茶色の斑紋がある。ニューギニアと近隣の島々に分布する。

25 cm
10 in

クラカケヒインコ
BLACK-WINGED LORY
Eos cyanogenia
インコ科
ヒインコ属 *Eos* は鮮やかな赤と紫の鳥でインドネシアに分布する。本種は最も東部に分布し、ニューギニアのヘールフィンク湾周辺だけに生息する。

30 cm
12 in

ニブイロコセイガイインコ
OLIVE-HEADED LORIKEET
Trichoglossus euteles
インコ科
ティモール島に見られる。ゴシキセイガイインコに近縁な尾の長い種で、インコ類によく見られるように羽毛は明るい緑色である。

24 cm
9½ in

クスダマインコ
VARIED LORIKEET
Psitteuteles versicolor　インコ科
オーストラリア北部の森林地帯に棲む小型のヒインコの仲間。生息地を同じくするほかの多くのインコと同じく、ユーカリの樹洞に巣を作る。

18 cm
7 in

鮮やかな深紅の頭部

♀

背中と胸に青い帯

♂

ゴシキセイガイインコ
RAINBOW LORIKEET
Trichoglossus haematodus
インコ科
変異の多い種で、蜜を出す花が咲く多くの生息地に見られる。分布域にはオーストラレーシアの大半と太平洋南西部の島々が含まれる。

キンショウジョウインコ
AUSTRALIAN KING PARROT
Alisterus scapularis　インコ科
キンショウジョウインコ類はオーストラレーシアの熱帯地方の雨林に生息する。アジアに生息する小型インコ類と、進化上のつながりがあることがわかっている。本種はオーストラリア東部に見られる。

緑色の背中に色の薄いすじが走る

腰に紫色の部分

43 cm
17 in

ほぼ全身が緑色

オオハナインコ
ECLECTUS PARROT
Eclectus roratus
インコ科
雌雄の外見がかなり異なっているため、最初は別種として分類されていた。オーストラリアの熱帯雨林に生息する。

33–39 cm
13–15½ in

セキセイインコ
BUDGERIGAR
Melopsittacus undulatus　インコ科
オーストラリアに生息する小型のインコ。放浪性で、乾燥地域に見られ、群れをなして水飲み場まで移動する。種子食性だが、花の蜜を餌とするヒインコ類（ゴシキセイガイインコなど）に近縁である。

18 cm
7 in

アオハシインコ
RED-FRONTED PARAKEET
Cyanoramphus novaezelandiae
インコ科
額に斑紋のある小型インコ類は太平洋南西部で多様化している。本種のように、ニュージーランド固有の種もいる。

27 cm
10½ in

コダイマキエインコ
AUSTRALIAN RINGNECK
Barnardius zonarius
インコ科
英名は首輪のような黄色い帯から。オーストラリアに生息し、頭の黒い型と緑色の型がある。森林に広く分布している。

34–38 cm
13½–15 in

≫

≫ オウム・インコ類

36 cm
14 in

♂

20 cm
8 in

♀

キキョウインコ
TURQUOISE PARROT
Neophema pulchella
インコ科
オーストラリアに生息する小型
の緑色のインコ類に属する。
オーストラリア大陸東南部に分
布し、疎林に生息する。

黒い顔

47 cm
18½ in

黄色い腹部

30 cm
12 in

ナナクサインコ
EASTERN ROSELLA
Platycercus eximius　インコ科
ヒラオインコ属 *Platycercus* は幅広
い尾のインコで、オーストラリ
アから近傍の太平洋海域の諸島
まで分布する。オーストラリア
東部に見られる本種はこの属の
典型で、変異が大きく、頬は白い。

ヒオウギインコ
RED-FAN PARROT
Deroptyus accipitrinus
インコ科
ほかの尾の短いインコ類では
なく、おそらくコンゴウイン
コ類に近縁だと考えられる。
南アメリカに生息し、興奮
すると首の飾り羽を逆立てる。

ホンセイインコ
ROSE-RINGED PARAKEET
Psittacula krameri
インコ科
アジアに生息する小型インコ類では
最も広く分布し、西はアフリカ北部
まで分布域が広がっている。
ヨーロッパでも見られる。

メンカブリインコ
MASKED SHINING PARROT
Prosopeia personata
インコ科
フィジーにしかいないメンカブリ
インコ類には3種が含まれている。
本種は生息地の森林が消滅した
ために個体数が減少している。

上面の
青い羽衣

38–42 cm
15–16½ in

40–47 cm
16–18½ in

♀

♂

濃い灰色の
下尾筒

40 cm
16 in

白い顔

33 cm
13 in

テンニョインコ
PRINCESS PARROT
Polytelis alexandrae　インコ科
オーストラリア中央部に分布
する放浪性のインコ。川の流
れに沿って飛び、イネ科
スピニフェックス属の草原に
集まる。ユーカリの木に
小さなコロニーを作って
繁殖することが多い。

ミカヅキインコ
SUPERB PARROT
Polytelis swainsonii
インコ科
オーストラリア東南部の鳥で、
尾の長いオーストラリアに生息
するインコ類に属し、ユーカリ
の森林で繁殖する。個体数が
急激に減少している。

ペールグレー
の下面

黄色い
下尾筒

15 cm
6 in

17–18 cm
6½–7 in

35–37 cm
14–14½ in

赤い尾

ヨウム
GREY PARROT
Psittacus erithacus　インコ科
アフリカの雨林に生息。
非常に知能が高く、
ものまねの名手である。
そのため、捕獲され
取引されている。

キエリクロボタンインコ
YELLOW-COLLARED LOVEBIRD
Agapornis personatus　インコ科
ボタンインコ類はアフリカに生息
する小型のインコで、小規模の
群れで生活する。インコ類の多く
とは異なり、このタンザニアに生
息するインコは巣を作る。樹洞に
ドームのような構造を作るのだ。

コザクラインコ
ROSY-FACED LOVEBIRD
Agapornis roseicollis
インコ科
社会的なボタンインコ類で、
アフリカ南西部の乾燥した
疎林や半砂漠地帯に生息する。
水飲み場のすぐ近くに
群れる習性がある。

ハネナガインコ
BROWN-NECKED PARROT
Poicephalus robustus　インコ科
アフリカに生息する体の大部分が緑灰色
のインコ類では最大。ガンビアから
喜望峰まで、森林に分布する。

顔は白い皮膚が露出し、黒い羽毛が線状に生える

ルリコンゴウインコ
BLUE-AND-YELLOW MACAW
Ara ararauna
インコ科
コンゴウインコ類は大型で尾の長いオウムで、顔には羽毛がほとんど生えていない。本種は、2種いる青色と黄色の種のうちの1つ。南アメリカ北部に分布する。

強力なくちばし

85 cm
34 in

アオボウシインコ
BLUE-FRONTED PARROT
Amazona aestiva
インコ科
全身がほぼ緑色のインコ類の1種。南アメリカの中央から東部にかけて開けた疎林に見られる。

38 cm
15 in

オウボウシインコ
ST VINCENT PARROT
Amazona guildingii　インコ科
ボウシインコ属 *Amazona* のなかには絶滅の危機に瀕しているものがいくつかある。大型の本種は生息地のセントヴィンセント島で保護され、繁殖プログラムが進行中である。

40 cm
16 in

アカミミ コンゴウインコ
RED-FRONTED MACAW
Ara rubrogenys
インコ科
小型のコンゴウインコ類で、ボリヴィア中央部の乾燥した低木林に小さな個体群が存在するだけ。生息地の消滅と野生動物の不正取引により脅かされている。

55―60 cm
22―23½ in

コンゴウインコ
SCARLET MACAW
Ara macao
インコ科
ほかのコンゴウインコ類と同じく、群れをなす騒がしい鳥で、頑丈なくちばしでナッツやヤシの実を割って食べる。分布域はメキシコ南部からブラジル中央部まで広がる。

79―89 cm
31―35 in

青地に鮮やかな黄色の羽根がかぶさる翼

アケボノインコ
BLUE-HEADED PARROT
Pionus menstruus
インコ科
ボウシインコ属 *Amazona* に近縁な小型のオウムで、コスタリカからボリヴィアにかけて低地森林に分布する普通種。

マメルリハインコ
PACIFIC PARROTLET
Forpus coelestis
インコ科
ルリハインコ類はアメリカに生息する小型のオウムで、ニューギニアに生息するケラインコ類に次いで小さい。本種はエクアドル西部とペルーに見られる。

12―14 cm
4¾―5½ in

24―28 cm
9½―11 in

スミレコンゴウインコ
HYACINTH MACAW
Anodorhynchus hyacinthinus　インコ科
ブラジルに生息する大型オウム。ほかのコンゴウインコ類とは異なり、顔は目の周囲以外は羽毛が生えている。これは近縁のクサビオインコ属 *Aratinga* と共通の特徴である。

1 m
3¼ ft

長く赤い尾

ナナイロメキシコインコ
JANDAYA PARAKEET
Aratinga jandaya　インコ科
クサビオインコ属 *Aratinga* は緑色の部分の多いコンゴウインコ類に似た小型インコで、ブラジル北東部に見られる。種によっては、大きく金色に染まった部分がある。

30 cm
12 in

白いアイリング

イワインコ
BURROWING PARAKEET
Cyanoliseus patagonus　インコ科
コンゴウインコ類の近縁種で、パタゴニアに分布する。地面に穴を掘ってコロニーで繁殖する。鳥のなかでは少数派だが、一夫一妻のつがいを形成する。

44―46 cm
17½―18 in

キカタインコ
YELLOW-CHEVRONED PARAKEET
Brotogeris chiriri　インコ科
南アメリカ中央部に生息するが、米国の温暖な地域では飼育個体が逃げ出して定着し、野生化した個体群を形成している。

20―25 cm
8―10 in

オキナインコ
MONK PARAKEET
Myiopsitta monachus
インコ科
南アメリカの温帯地域に分布する。コロニーで繁殖する。インコ類では唯一、木の枝で巣を作るが、大型のものを作って共同で利用することが多い。

29 cm
11½ in

ウロコメキシコインコ
MAROON-BELLIED PARAKEET
Pyrrhura frontalis
インコ科
南アメリカ東部に分布する。ウロコメキシコインコ属 *Pyrrhura* はクサビオインコ属 *Aratinga* に近縁で、本種のように目立つえび茶や赤色の模様があるものがほとんどである。

25 cm
10 in

赤い腹部

エボシドリ類 TURACOS

アフリカに生息し、緑をはじめ青や紫などの極彩色の羽をまとうエボシドリのほか、地味な体色のムジハイイロエボシドリ（英名の "gray go-away birds" は、独特の鼻にかかったような鳴き声に由来）、ハイイロエボシドリがいる。

いっていい。森林地帯に生息し、主に果実食性である。くちばしが極端に短いが、樹上で餌をつつく際は長い尾羽でうまくバランスをとる。枝をつたってせわしなく移動し、木々の間の短い距離を飛び回る。赤や緑の鮮やかな羽は、エボシドリ特有の銅を含む色素に由来するものだ。ほとんどの種が、短毛が密生した逆立つ冠羽をもつ。

門	脊索動物門
綱	鳥綱
目	エボシドリ目
科	1
種	23

エボシドリ目はカッコウと共通する特徴をもち、肢の構造などはカッコウとほぼ一致すると

赤い冠羽

40—43 cm
16—17 in

白い顔

エボシドリ
KNYSNA TURACO
Tauraco corythaix エボシドリ科
アフリカ南部に生息。体色が緑色のエボシドリ属に属する。目のきわに白い線が走るのは近縁のギニアエボシドリと共通した特徴だが、本種は冠羽の先端が白色となる。

45—47 cm
18—18½ in

オウカンエボシドリ
HARTLAUB'S TURACO
Tauraco hartlaubi エボシドリ科
体色が緑色のエボシドリ属に属する。冠羽は青い。アフリカ東部の高地森林に見られる。

43 cm
17 in

アカガシラエボシドリ
RED-CRESTED TURACO
Tauraco erythrolophus エボシドリ科
赤い冠羽が生える珍しい種で、体色が緑色のエボシドリ属の中では体色がやや暗め。主にアンゴラの常緑樹林などの森林地帯に生息する。

長い尾

鮮やかな深紅の風切羽

シラガエボシドリ
RUSPOLI'S TURACO
Tauraco ruspolii エボシドリ科
白い冠羽がよく目立つエボシドリ。体色が緑色のエボシドリ属のなかで分布域が最も限られているものの1つで、エチオピア南部の森林だけに分布する。

40 cm
16 in

ギニアエボシドリ
GREEN TURACO
Tauraco persa エボシドリ科
セネガルからアンゴラにかけて生息し、体色が緑色のエボシドリ属のなかで分布域が最も広い。飛翔中には深紅の風切羽が見える。

40—43 cm
16—17 in

51—54 cm
20—21½ in

ニシムラサキエボシドリ
VIOLET TURACO
Musophaga violacea エボシドリ科
艶のある紫色のエボシドリ2種のうちの1つで、アフリカ西部及び中央部の森林に生息する。

45—50 cm
18—20 in

ムラサキエボシドリ
ROSS'S TURACO
Musophaga rossae エボシドリ科
エボシドリの仲間の中では2番目に大きな種。上向きに生えた赤い冠羽が特徴である。アフリカ東部に生息。ニシムラサキエボシドリの近縁種。

47—50 cm
18½—20 in

ムジハイイロエボシドリ
GREY GO-AWAY BIRD
Crinifer concolor エボシドリ科
英名は「クゥウェーア」という鳴き声（「Go away」と聞こえる）に由来する。アフリカ南部に生息。ハイイロエボシドリ属 *Corythaixoides* の典型で、ふさふさに逆立った冠羽が目立つ。

クロガオハイイロエボシドリ
BARE-FACED GO-AWAY BIRD
Crinifer personatus エボシドリ科
アフリカ東部に分布。ほかのハイイロエボシドリ属 *Corythaixoides* と同じくサバンナの疎林に見られる。興奮すると冠羽を逆立てる。

48 cm
19 in

扇のような冠羽

くちばしは黄色で先端が赤い

長く幅広い尾

青い体

カンムリエボシドリ
GREAT BLUE TURACO
Corythaeola cristata エボシドリ科
アフリカ西部及び中央部に分布する。扇のような冠羽がある。エボシドリ科のなかで最大かつ最も派手な鳥。

70—75 cm
28—30 in

50 cm
20 in

ヒガシハイイロエボシドリ
EASTERN GREY PLANTAIN-EATER
Crinifer zonurus エボシドリ科
アフリカ東部に生息。ムジハイイロエボシドリと同じく、くすんだ色をしている。英名は「プランテーン食い」という意味だが、実際はプランテーン（料理用バナナ）ではなくイチジクを好む。

鳥類・エボシドリ類

ツメバケイ HOATZIN

南アメリカに生息するツメバケイの生態は謎に包まれている。樹木の葉のみを常食にする植物食性である。

門	脊索動物門
綱	鳥綱
目	ツメバケイ目
科	1
種	1

強力な足と短く湾曲したくちばしは狩猟鳥を思わせるが、カッコウとの共通点もある。初期のDNA研究ではカッコウとの近縁性が認められていたが、近年の新説によってカッコウ目から分離されツメバケイ目となった。本種のみでツメバケイ目を構成する。

ツメバケイ (ホーアチン)
HOATZIN
Opisthocomus hoazin
ツメバケイ科
分類的な位置づけがはっきりしていない鳥。南アメリカに分布し、川辺の森林に生息する。植物食性。ヒナの翼には爪があり、この爪を用いて枝をよじ登っていくことができる。

つき立った冠羽

長い首

61－66 cm
24－26 in

カッコウ類 CUCKOOS

肢が極端に短く、翼は長く、柔らかい羽毛をもつ種が多いのがカッコウの特徴だ。灰色がかった体色で色彩に欠くが、少数ながら鮮やかなエメラルドグリーンの斑紋をもつ種もいる。

カッコウ目の鳥には趾が前後2本ずつある。カッコウ類のなかで最も原始的なのはオオハシカッコウ類である。ずっしりとした体の南北アメリカに生息するカッコウで、地上や地上近くで採餌する。この生活様式を極限まで追求したのが疾走するミチバシリ類である。カッコウ類はほかの鳥の巣に卵を産むので有名だが、全ての種がそうするわけではない。ミチバシリ類はほとんどが巣を作って自分でヒナを育てるし、旧世界の熱帯で同じような生活をするバンケン類やジカッコウ類も同様だ。ほかの鳥の巣に卵を産む行動は「托卵」と呼ばれる。驚くべきことに、この習性は旧世界のカッコウ類において、少なくとも2回、独立に進化してきた。カンムリカッコウ属 *Clamator* のヒナは宿主の巣内で急速に成長して餌を独占するので、宿主自身のヒナは飢えて死んでしまう。ユーラシアに生息するカッコウなどが含まれるまた別の系統では、ヒナがもっと残忍な意図をもつように進化している。宿主の卵やヒナを積極的に巣から放り出すのだ。

門	脊索動物門
綱	鳥綱
目	カッコウ目
科	1
種	149

腹部の太く黒い縞

長い翼

28－34 cm
11－13½ in

マダラカンムリカッコウ
GREAT SPOTTED CUCKOO
Clamator glandarius
カッコウ科
ヨーロッパからアフリカにかけて分布。カササギの巣に卵を産む。本種を含め、カンムリカッコウ属 *Clamator* のヒナは、宿主のヒナを放り出すことはない。

35－40 cm
14－16 in

クロシロカンムリカッコウ
JACOBIN CUCKOO
Clamator jacobinus カッコウ科
アフリカとアジアの熱帯に生息。カンムリカッコウ属 *Clamator* は冠羽のある大型のカッコウ類で、旧世界に分布する。ほかのものと同様、本種もほかの捕食者が避ける毛虫を餌とする。

34 cm
13½ in

32－34 cm
12－13½ in

ツツドリ
HIMALAYAN CUCKOO
Cuculus saturatus カッコウ科
アジアとオーストラリアに分布する。旧世界に生息する縞模様のカッコウ類の典型。ハイタカに似た縞模様は、巣から宿主を追い払うのに役立っているのかもしれない。

ウチワヒメカッコウ
FAN-TAILED CUCKOO
Cacomantis flabelliformis
カッコウ科
胸の茶色いカッコウで、オーストラレーシアの疎林に生息する。太平洋地域に見られる数少ないカッコウの一種で、フィジーでは唯一のカッコウである。

24 cm
9½ in

ハイイロカッコウ
PALLID CUCKOO
Cacomantis pallidus
カッコウ科
旧世界に分布するカッコウには縞模様のあるものが多いが、このオーストラリアに生息する種のように、縞模様が幼鳥にしか見られないものもいる。

30－33 cm
12－13 in

カッコウ
COMMON CUCKOO
Cuculus canorus カッコウ科
ユーラシアに広く分布するカッコウで、アフリカや南アジアで越冬する。「カッコー」というよく知られた鳴き声が名前の由来。

ハイバラカッコウ
GREY-BELLIED CUCKOO
Cacomantis passerinus
カッコウ科
マレー半島からオーストラリアにかけて見られる。本種を含め、インド太平洋地域に数多く生息する茶胸のカッコウ類は、カッコウ属 *Cuculus* にごく近縁である。

24－28 cm
9½－11 in

ハイガシラヒメカッコウ
BRUSH CUCKOO
Cacomantis variolosus カッコウ科
アジアに生息する茶胸のカッコウ類に近縁な無地のカッコウ。南アジアで繁殖する。山地の個体群は暖かい低地に移動して越冬する。

23 cm
9 in

ブロンズミドリカッコウ
DIDERIC CUCKOO
Chrysococcyx caprius
カッコウ科
アフリカに生息。光沢のあるブロンズ色をした熱帯に生息する小型カッコウ類の一種で、ハタオリドリの巣に卵を産む。

17－19 cm
6½－7½ in

シロハラミドリカッコウ
KLAAS'S CUCKOO
Chrysococcyx klaas カッコウ科
アフリカに生息する小型のカッコウ。ブロンズミドリカッコウにごく近縁だが、緑色が鮮やかで翼に白い斑紋がない点が異なる。

16－18 cm
6½－7 in

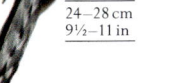

≫

≫ カッコウ類

キバシカッコウ
YELLOW-BILLED CUCKOO
Coccyzus americanus
カッコウ科
羽衣が茶色で尾に白い斑点
があるアメリカに生息する
樹上性カッコウ類の1つ。
本種は北アメリカと南アメ
リカの間を移動する。

26–32 cm
10–12½ in

**コミミグロ
カッコウ**
BLACK-BELLIED CUCKOO
Piaya melanogaster
カッコウ科
コロンビアからボリヴィア
にかけて見られる。本種を
含め、アメリカに生息する
樹上性カッコウ類は、巣を
作って自分でヒナを育てる。

38 cm
15 in

オニジカッコウ
GIANT COUA
Coua gigas カッコウ科
ジカッコウ類はマダガスカルに生息
する地上性のカッコウで、顔の皮膚
が青く、長いまつげがある。本種は
乾燥した海岸の森林に生息する。

62 cm
24 in

アマゾンカッコウ
GUIRA CUCKOO
Guira guira
カッコウ科
羽根がぼさぼさに見え
る鳥で、南アメリカに
生息するオオハシカッ
コウ類に属する。騒が
しい群れとなり、樹上
に共同で巣を作る。

34 cm
13½ in

オオバンケン
GREATER COUCAL
Centropus sinensis
カッコウ科
南アジアに生息する。
バンケン類の例に漏れ
ず肢が強く、カギ爪が
発達している。後趾の
爪が特に長い。

48–52 cm
19–20½ in

赤茶色で縞
模様の入った翼

60–80 cm
23½–32 in

赤茶色の冠羽

28 cm
11 in

キジミチバシリ
PHEASANT-CUCKOO
Dromococcyx phasianellus
カッコウ科
アメリカに生息する
ミチバシリ類で、南アメ
リカの熱帯地方の林床に
生息する。自分よりも
小さなスズメ目の鳥の
巣に卵を産む。

36 cm
14 in

キジバンケン
PHEASANT-COUCAL
Centropus phasianinus
カッコウ科
バンケン類で子育てをするのはほとんど雄だ。
オーストラレーシアに生息する本種は繁殖期には
体が黒くなり、草の中にカップ型の巣を作る。

長い尾

ミゾハシカッコウ
GROOVE-BILLED ANI
Crotophaga sulcirostris
カッコウ科
くちばしの太いアメリカに生息
するカッコウで、オオハシカッ
コウ類に属する。カリフォルニ
ア州からアルゼンチンにかけて
見られる。共同で巣を作る。飛
ぶのはへただが走るのは速い。

33 cm
13 in

頬に白い帯

ヒメキジミチバシリ
PAVONINE CUCKOO
Dromococcyx pavoninus
カッコウ科
キジミチバシリの近縁で、
こちらのほうが小型。南
アメリカの熱帯地方に分布
する。地上で餌を採る捕食
者で、無脊椎動物を食べる。

凸型の
長い尾

灰褐色の地に
白い斑点の
ある上面

♀

**アカハシハシリ
カッコウ**
CORAL-BILLED GROUND
CUCKOO
Carpococcyx renauldi
カッコウ科
アジアに3種いる地上性
カッコウ類の1つで、
マダガスカルのジカッコウ
属に近縁である。東南
アジアの雨林に生息する。

65–68 cm
26–27 in

オオミチバシリ
GREATER ROADRUNNER
Geococcyx californianus カッコウ科
アメリカに生息する地上性カッコウ
類で、足の速い捕食者である。
米国南部とメキシコの砂漠に生息し、
サボテンの中に巣を作る。

56 cm
22 in

オニカッコウ
COMMON KOEL
Eudynamys scolopaceus カッコウ科
アジアからオーストラレーシアに
かけて熱帯に見られる鳥で、托卵を
する。カッコウ類には珍しく果実食
性である。雄は黒く、雌は灰褐色。

39–46 cm
15½–18 in

フクロウ類　OWLS

研ぎ澄まされた感覚、強力な武器、密やかな飛翔。フクロウ類は絶妙に適応した夜行性のハンターだ。日中活動する種はほとんどいない。

猛禽類（タカ目）と近縁ではないが、フクロウ目の鳥もタカ類と同じようにカギ状のくちばしと強力なカギ爪を備えている。日中ねぐらにいる時は隠蔽色の羽衣でカムフラージュしているものがほとんどだ。メンフクロウ類はハート型の顔盤が特徴である。そのほかのフクロウ類では円形の顔盤が典型的だが、体型や大きさなどは多様で、タカのようなコキンメフクロウから堂々たるワシミミズクまでさまざまなものがいる。

視覚と聴覚

フクロウ類はどの種も目が大きく前方を向いている。この目は薄暗い状況で効果的に光を取り込み、よくものを見ることができる。両眼視ができるので、攻撃対象までの距離を正確に測れる。だが両目とも眼窩に固定されているので、獲物の動きを追うには頭全体を回転させる必要がある。フクロウは頭を自在に動かしてみせるが、それは羽衣の下に隠れている首が長く柔軟で、極めて可動性が高いためだ。フクロウ類はまたたいへん鋭敏

な聴覚も備えているが、これには顔盤が活躍している。顔盤が巨大な1つの耳介のように作用して、耳の大きな開口部へと音を導く。くちばしは下向きなので音への干渉は最小限に抑えられる。フクロウは獲物のいる方向を極めて正確に決定することができる。夜行性の種のほとんどでは左右の耳の高さが微妙に違っていて、音源の垂直方向の位置も特定できるようになっている。

忍び寄るハンター

狩りをする時は、通常、獲物に向かって急降下し、足を伸ばしてがっしりとつかむ。先の丸い大型の翼はあまり羽ばたく必要がなく、近づく時はほとんど音がしない。風切羽が柔らかく縁が鋸歯状になっているので、空気が渦を巻かず、羽ばたきの音が消音されるのだ。日中に活動する数種のフクロウには、このように縁が鋸歯状になった羽毛はない。獲物はネズミやモグラなどの小型哺乳類だが、小柄なフクロウのなかには大型の昆虫を捕らえるものもいる。また、魚を採るのが専門になったものもいくつかいる。フクロウは大きな獲物は死んでからカギのように曲がったくちばしで引き裂くが、小型の獲物は丸のみする。骨や毛など、消化できない部分は胃の一部で小さく固め、あとでペレットとして吐き出す。

門	脊索動物門
綱	鳥綱
目	フクロウ目
科	2
種	243

論点
アメリカオオコノハズク

コノハズク属 *Otus* には60種以上が含まれる。隠蔽色をまとって森林に生息するこの小型のフクロウ類は、鳴き声で同定するのが最も確実だ。声の周波数や持続時間は種によって異なってはいるが、コノハズク属は鳴き声によって2つのグループにはっきりと分けられる。旧世界に生息するコノハズク類はゆっくりとした調子で鳴き、一方、南北アメリカに生息するコノハズク類はかん高い震え声で鳴くのだ。鳴き声のこのような違いから、アメリカに生息するものは別属に分けられると主張する鳥類学者もいた。最近の研究によれば、両グループにはDNAに差異が見られ、属を分けるべきだとするこの主張が裏付けられている。

メンフクロウ
BARN OWL
Tyto alba
メンフクロウ科
砂漠と極地方以外のほとんど世界中に見られ、フクロウ類としては最も分布域が広い。血も凍るような鋭い叫び声で有名。

ハート型の顔盤

金色の上面

25–45 cm
10–18 in

26–43 cm
10–17 in

ハイガオメンフクロウ
ASHY-FACED OWL
Tyto glaucops　メンフクロウ科
カリブ海のイスパニオラ島だけに分布し、乾燥した森林に生息する。強者であるメンフクロウとの競合で脅かされている。

19–20 cm
7½–8 in

ヨーロッパコノハズク
EURASIAN SCOPS OWL
Otus scops　フクロウ科
ユーラシア西部に分布する小型で敏捷なフクロウ類。羽角（耳のように見える羽毛の房）のある旧世界のミミズク類の典型。樹洞や建物の中に巣を作る。

赤褐色の体

22–24 cm
9–9½ in

マダガスカルコノハズク
RAINFOREST SCOPS OWL
Otus rutilus
フクロウ科
マダガスカルの森林地帯に限って分布する。ほとんどの個体は灰色。赤褐色の個体は珍しく、雨林だけに生息している。

19–25 cm
7½–10 in

**ニシアメリカ
オオコノハズク**
WESTERN SCREECH OWL
Megascops kennicottii
フクロウ科
北アメリカ西部の普通種。川に近い木の生えた地域を好むが、公園や市街地にも現れる。

16–25 cm
6½–10 in

アメリカオオコノハズク
EASTERN SCREECH OWL
Megascops asio
フクロウ科
北アメリカ東部に広く分布する。色彩変異があり、灰色の個体と赤褐色の個体がいる。東に行くほど赤褐色の個体が増える。

濃色のリング
が同心円状に
ある顔盤

65–70 cm
26–28 in

47–53 cm
18½–21 in

60–62 cm
23½–24 in

37–39 cm
14½–15½ in

暗褐色の目

明るい灰色の地に
茶色の模様が
入った羽衣

オオフクロウ
BROWN WOOD OWL
Strix leptogramma
フクロウ科
インドと東南アジア各地の低地
熱帯林に生息する。姿はなか
なか見せないが、特徴的な
鳴き声で識別できる。

モリフクロウ
TAWNY OWL
Strix aluco　フクロウ科
ユーラシア各地に分布し、農地や
市街地、庭園によくやってくる。
モリフクロウ類（フクロウ属
Strix の総称）に属する。

43–50 cm
17–20 in

47–48 cm
18½–19 in

アメリカフクロウ
BARRED OWL
Strix varia
フクロウ科
大型のモリフクロウ類で、
北アメリカ東部に生息する。
攻撃的な種で、西の方に
分布域を広げ、小型のニ
シアメリカフクロウに
取って替わりつつある。

フクロウ
URAL OWL
Strix uralensis
フクロウ科
カラフトフクロウの近縁種。
ユーラシア北部に分布し、
針葉樹林や広葉樹林によく
出没する。市街地に現れ
ることもある。

ニシアメリカ
フクロウ
SPOTTED OWL
Strix occidentalis　フクロウ科
北アメリカ西部に生息する
モリフクロウ類。成熟した
針葉樹林に現れ、モモンガ
類と同じくらいの大きさ
の獲物を狙う。

カラフトフクロウ
GREAT GREY OWL
Strix nebulosa
フクロウ科
北極を取り巻く地域に分布
する大型のフクロウで、
針葉樹林に生息する。日中に
狩りをすることもある。
餌は大型の齧歯類や鳥類。

45–50 cm
18–20 in

60–75 cm
23½–30 in

21–25 cm
8½–10 in

25–28 cm
10–11 in

アンデスオオコノハズク
RUFESCENT SCREECH OWL
Megascops ingens　フクロウ科
南アメリカ北部の湿潤な山地森林に
生息するが、まだほとんどわかって
いない。コノハズク類では大型の
部類に入るが、羽角は小さめ。

スピックスコノハズク
TROPICAL SCREECH OWL
Megascops choliba
フクロウ科
コスタリカからアルゼンチン
まで生息し、熱帯アメリカの
コノハズク類で最も分布域が
広い。茶色型と灰色型がある。

ファラオワシミミズク
DESERT EAGLE-OWL
Bubo ascalaphus　フクロウ科
サハラ砂漠に生息する。ワシ
ミミズクに近縁だが、本種のほう
が小型で色が明るく、肢が長い。

ワシミミズク
EURASIAN EAGLE-OWL
Bubo bubo
フクロウ科
フクロウ類では最大級。
ユーラシア各地に広く
分布するミミズク類で、
大型の動物を狩り、
シカも獲物にする。

濃い縞模様の
ある下面

66–75 cm
26–30 in

22–23 cm
8½–9 in

46–68 cm
18–27 in

ズグロオオコノハズク
BLACK-CAPPED SCREECH OWL
Megascops atricapilla　フクロウ科
南北アメリカ各地の森林には多様化した
コノハズク類が生息している。羽角（耳
のように見える羽毛の房）がはっきりし
ている種が多い。本種の分布域はブラジ
ルの中央部と南部に限られている。

アメリカワシミミズク
GREAT HORNED OWL
Bubo virginianus　フクロウ科
アメリカに生息するフクロウ類のなかで
最も分布が広く、アラスカから
アルゼンチンまで広がっている。
森林や砂漠などさまざまな環境に生息する。

クロワシミミズク
VERREAUX'S EAGLE-OWL
Bubo lacteus
フクロウ科
アフリカでは最大のフクロウ。
サハラ砂漠の南側に広く分布
し、小型の猟獣を獲物にする。

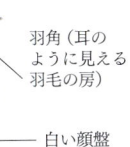

羽角（耳のように見える羽毛の房）

白い顔盤

36 cm
14 in

36—45 cm
14—18 in

サボテンフクロウ
ELF OWL
Micrathene whitneyi
フクロウ科
メキシコの砂漠に生息する
小型のフクロウ。本種のように
昆虫を餌にするフクロウ類は
音を消して飛ぶ必要はない。
そのため、大型のフクロウ類と
違って、縁がぎざぎざになった
消音機能付きの羽毛はない。

13—15 cm
5—6 in

22—24 cm
9—9½ in

オナガフクロウ
NORTHERN HAWK-OWL
Surnia ulula
フクロウ科
スズメフクロウ類の近縁種で、
亜北極地方の森林に見られる。
頭が小さくて尾が長く、日中に
活動することもあって、フクロウ
類のなかでは最もタカに似ている。

鮮やかな黄色い目

幅広い
羽角

ミナミアフリカ
オオコノハズク
SOUTHERN WHITE-FACED
OWL
Ptilopsis granti　フクロウ科
サハラ以南のアフリカに
生息する。フクロウ類は
たいていそうだが、ほか
の鳥が木の枝で作った古
巣を利用して繁殖する。

タテジマフクロウ
STRIPED OWL
Pseudoscops clamator
フクロウ科
南アメリカに生息する羽
角のあるフクロウ。開け
た沼沢地で生活し、地上
の植物の上や低い位置の
樹洞に巣を作る。

46 cm
18 in

シロフクロウ
SNOWY OWL
Bubo scandiaca　フクロウ科
北極地方に生息する大型の
フクロウで、ワシミミズクに
近縁。開けたツンドラで地上に
営巣して繁殖する。レミングや
ライチョウを襲って食べる。

52—71 cm
20½—28 in

メガネフクロウ
SPECTACLED OWL
Pulsatrix perspicillata
フクロウ科
中央及び南アメリカの森林に生息する
独特のフクロウ。巣立ちしたばかりの
ヒナは、白い体に黒い顔が対照的。

13—15 cm
5—6 in

コスズメフクロウ
LEAST PYGMY OWL
Glaucidium minutissimum
フクロウ科
パラグアイとブラジル
南東部の疎林に生息する。
近縁な小型種と同じく、
日中も夜間も活動する。

ロッキースズメ
フクロウ
NORTHERN PYGMY OWL
Glaucidium gnoma
フクロウ科
スズメフクロウ類は自分
より大きな獲物に大胆に
襲いかかることが多い。
北アメリカ西部に生息する
本種は、ライチョウ類を
襲うのが目撃されている。

15—17 cm
6—6½ in

17—18 cm
6½—7 in

アカスズメフクロウ
FERRUGINOUS PYGMY OWL
Glaucidium brasilianum
フクロウ科
アメリカに生息する。スズメ
フクロウ類には典型的だが、
後頭部に目のように見える斑紋
があって捕食者を混乱させる。
興奮すると尾をぱたぱた振る。

キューバスズメフクロウ
CUBAN PYGMY OWL
Glaucidium siju　フクロウ科
キューバだけに分布する。
フクロウ類には朽ち木にできた
樹洞に巣を作るものが多いが、
スズメフクロウ類はキツツキの
古い巣穴を選ぶ習性がある。

15—18 cm
6—7 in

長いカギ爪

46—47 cm
18—18½ in

マレーウオミミズク
BUFFY FISH OWL
Ketupa ketupu
フクロウ科
ワシミミズクの近縁種で、
東南アジアに分布する。長い
カギ爪の生えた足を駆使して
魚など水中の獲物を捕まえる。

≫ フクロウ類

キンメフクロウ
TENGMALM'S OWL
Aegolius funereus
フクロウ科
北極周辺地域の森林に生息する。
雪の下にいる小型哺乳類を探し
出す熟練者。日中、狩りをする。

21–28 cm
8½–11 in

アナホリフクロウ
BURROWING OWL
Athene cunicularia
フクロウ科
肢の長いフクロウで、部分的に昼行性。
南北アメリカ各地の草原や砂漠に
生息する。プレーリードッグなどの
掘った穴に営巣する。

19–25 cm
7½–10 in

トラフズク
LONG-EARED OWL
Asio otus
フクロウ科
北半球の大半の地域に
見られ、森林や荒れ地に
生息する。長い羽角は、
伏せると全く見えなくなる。

31–37 cm
12–14½ in

コミミズク
SHORT-EARED OWL
Asio flammeus　フクロウ科
開けた土地に生息する。
分布域は南北アメリカ、
ユーラシア、アフリカ
北部で、さらに太平洋の
多くの島々にも見られる。

黄色い目

34–43 cm
13½–17 in

ウオクイフクロウ
PEL'S FISHING OWL
Scotopelia peli　フクロウ科
アフリカのウオクイフク
ロウ類のなかで最大。川
のそばの森林によく出没
して低い枝にとまり、緩
やかな流れで狩りをする。
餌は主に魚だが、カニや
カエルも食べる。

63–65 cm
25–26 in

ハート型をした
薄茶色の顔

黄色い目

濃い縞のある
上面

縞模様の
下面

**オーストラリア
アオバズク**
BARKING OWL
Ninox connivens　フクロウ科
インドネシアのモルッカ
諸島からオーストラリアに
かけて分布し、疎林に
生息するアオバズク類。
英名はイヌのほえ声の
ような鳴き声から。

38–43 cm
15–17 in

**ニュージーランド
アオバズク**
MOREPORK
Ninox novaeseelandiae
フクロウ科
オーストラレーシアに生息する
アオバズク類の典型。目が大きくて
黄色い。フクロウにしては珍しく、
雄のほうが雌よりも大きい。

30–35 cm
12–14 in

シロクロヒナフクロウ
BLACK-AND-WHITE OWL
Strix nigrolineata
フクロウ科
縞模様のフクロウで、メキシコ
からエクアドルにかけて分布し、
密生した熱帯林に生息する。

38 cm
15 in

クイナモドキ類 MESITES

**小型で昆虫食性のクイナモドキは、マダ
ガスカルの森林や低木林に生息する。飛
ぶことはほぼんどない。**

　クイナモドキ科は、スズメ類と同様に鳴き声
で縄張りを主張する一方で、社会性も備えた鳥だ。時に小規模の群れで食事や睡眠を
とり、羽づくろいを行う。3種のクイナモドキのうち2種は一夫一妻制で、雌雄とも
ほぼ同じ外観だが、残る1種は一妻多夫制で性別による違いが際立つ。

門	脊索動物門
綱	鳥綱
目	クイナモドキ目
科	1
種	3

ムナジロクイナモドキ
WHITE-BREASTED MESITE
Mesitornis variegatus
クイナモドキ科
マダガスカルの中でも隔絶
された3カ所の落葉樹林
のみに生息する。小規模の
群れで林床の落ち葉の間の
昆虫やクモ、植物の種子を
採食する。

31 cm
12 in

ヨタカ類　NIGHTJARS

ヨタカ類もガマグチヨタカ類も全て夜行性である。ほとんどが昆虫食性で、飛翔しながら、くちばしを途方もなく大きく開けて獲物を捕まえる。

夜は貪欲な捕食者で、昼は隠蔽色で身を隠すという点で、この仲間はフクロウ類に似ている。フクロウ類と類縁関係があると考える鳥類学者もいる。だが最近の研究によれば、ヨタカ類はアマツバメやハチドリに近縁であるという。この関係を裏付ける共通の特徴もある。例えば肢が弱いことや、種によってはトーパーという一種の休眠状態に入れることなどだ。

ヨタカ類とガマグチヨタカ類はヨタカ目に分類される。頭が大きくて翼が長く、曲芸的な飛行ができるというのが目の特徴だ。短いくちばしは驚くほど大きく開いて飛ぶ昆虫を捕まえる。口の開きが特に大きいのは、オーストラリアに生息するガマグチヨタカ類と

いうまさにぴったりの名前をもつグループだ。このグループは小型の脊椎動物を餌にする。ヨタカ目のなかで、アブラヨタカだけはベジタリアンである。果実食性で、昼間は洞穴内のねぐらで過ごす鳥だ。

ヨタカ目の鳥は例外なくカムフラージュの大家である。地上では林床の落ち葉に紛れること完璧で、樹上では枝の方向に沿ってとまるので見つかりにくい。ガマグチヨタカ類やタチヨタカ類は、警戒するとぴくりとも動かなくなり、切り株や折れた枝に擬態する。目を閉じるので効果は完璧だ。

巣は最小限

ヨタカ目の鳥はいずれも巣は最小限でよいという主義である。ヨタカ類は地上の落ち葉の中に単に卵を産むだけだ。アブラヨタカにとっては、洞穴内の岩棚に積み重なった排泄物が巣である。タチヨタカ類の巣は単なる枝のくぼみ以上の何ものでもない。

門	脊索動物門
綱	鳥綱
目	ヨタカ目
科	4
種	122

巨大な口を開けたオオタチヨタカ。大口はヨタカ類の特徴で、飛翔中に昆虫をすくい採ることができる。

アブラヨタカ
OILBIRD
Steatornis caripensis
アブラヨタカ科
果実を食べるヨタカの仲間。南アメリカ北部に分布し、洞穴に営巣する。夜行性の鳥としては唯一、エコロケーションで航路決定をする。

41–48 cm
16–19 in

ハイイロタチヨタカ
COMMON POTOO
Nyctibius griseus
タチヨタカ科
タチヨタカ類は夜行性で昆虫食性の鳥で、中央及び南アメリカに分布する。本種は不気味な声で鳴く。羽衣のカムフラージュで極めて巧妙に樹皮に紛れる。

頭をまっすぐに伸ばした姿勢で折れた枝のように見える

樹皮のような灰褐色の羽衣

36–41 cm
14–16 in

オーストラリアガマグチヨタカ
TAWNY FROGMOUTH
Podargus strigoides
ガマグチヨタカ科
オーストラリアに生息する。夜行性で、樹上から飛び立って狩りをする。ガマグチヨタカ類は日中は木にとまったままじっとして動かず、折れた枝のように見える。

橙黄色の目

くちばしのつけねに生える長いひげ

32–46 cm
12½–18 in

灰色でまだらの羽衣

アメリカヨタカ
COMMON NIGHTHAWK
Chordeiles minor　ヨタカ科
昆虫を食べる。ほかのヨタカ類にあるくちばし基部のひげが、アメリカヨタカ類などにはない。ひげがないために空中で昆虫を追跡できるのだろう。北アメリカと南アメリカの間を移動する。

22–24 cm
9–9½ in

コモンヨタカ
OCELLATED POORWILL
Nyctiphrynus ocellatus　ヨタカ科
アメリカに生息する小型のヨタカ類。英名の「poorwill」は嘆くような単調な鳴き声から。暗色の種で、熱帯の森林に生息する。

20 cm
8 in

プアーウィルヨタカ
COMMON POORWILL
Phalaenoptilus nuttallii
ヨタカ科
米国とメキシコの乾燥地帯に生息。小型のヨタカで、鳥類では非常に珍しいが、冬にはトーパーという一種の休眠状態に入る。

19–21 cm
7½–8½ in

オオヨタカ
COMMON PAURAQUE
Nyctidromus albicollis
ヨタカ科
中央及び南アメリカに生息する。低木地をよく訪れる。夜、未舗装の道路にいるのがよく目撃される。

24–28 cm
9½–11 in

赤褐色の首筋

ヨーロッパヨタカ
EUROPEAN NIGHTJAR
Caprimulgus europaeus
ヨタカ科
北半球の温帯地域に生息するヨタカ
類の多くは渡りをする。本種は
ユーラシア西部の荒れ地や疎林に
生息し、アフリカに渡って越冬する。

26–28 cm
10–11 in

マダラオヨタカ
SPOT-TAILED NIGHTJAR
Caprimulgus maculicaudus
ヨタカ科
メキシコからパラグアイにかけて分布。
旧世界のヨタカ類よりも、熱帯アメリ
カのアメリカヨタカ類やタンビヨタカ
などに近縁な可能性がある。

20 cm
8 in

オビロヨタカ
LARGE-TAILED NIGHTJAR
Caprimulgus macrurus
ヨタカ科
旧世界のヨタカ類のなかでも分布域は
最大級で、パキスタンからオースト
ラリアやニューギニアまで分布する。

25–27 cm
10–10½ in

ムジヨタカ
PLAIN NIGHTJAR
Caprimulgus inornatus　ヨタカ科
アフリカに生息し、モーリタニアからサ
ウジアラビアまで分布し、南方のリベリ
アやコンゴ、タンザニアまで渡っていく。

22 cm
9 in

ウスグロヨタカ
DUSKY NIGHTJAR
Caprimulgus saturatus
ヨタカ科
おそらく、旧世界の
ヨタカ類よりは、
プアーウィルヨタカなど
アメリカに生息しヨタカ
類のほうに遺伝的に近い。
コスタリカとパナマの
山地森林に見られる。

23 cm
9 in

オナガヨタカ
LONG-TAILED NIGHTJAR
Caprimulgus climacurus
ヨタカ科
ヨタカ類のなかで尾が長いもの
は、尾を求愛のディスプレイに
用いることがある。本種は
アフリカに生息し、セネガルから
エチオピアにかけて分布する。

25–35 cm
10–14 in

マタオヨタカ
LADDER-TAILED NIGHTJAR
Hydropsalis climacocerca
ヨタカ科
アマゾンに生息する種。南アメ
リカに生息するハサミオヨタカ
属 *Hydropsalis* は、雄の尾が二股
に分かれて白い斑紋があり、
本種の名前も尾に由来する。
この尾はおそらく雌をひきつけ
るのに用いられるのだろう。

23–28 cm
9–11 in

マダガスカルヨタカ
MADAGASCAR NIGHTJAR
Caprimulgus madagascariensis
ヨタカ科
マダガスカルとセイシェルのアル
ダブラ島に分布。鳴き声はビー玉
が硬い床ではねる音に似ている。

21 cm
8½ in

カムフラージュ
効果のある
まだらの羽衣

タンビヨタカ
SHORT-TAILED NIGHTHAWK
Lurocalis semitorquatus
ヨタカ科
熱帯アメリカに生息するヨタカ
類の1つ。尾が短く翼が長いため、
昆虫を追いかけて飛翔している
姿はコウモリのように見える。

22 cm
9 in

ナンベイ
オナガヨタカ
LONG-TRAINED NIGHTJAR
Macropsalis forcipata
ヨタカ科
本種も含めヨタカ類には
雄が凝った尾を備えてい
るものが多い。本種は
南アメリカ東部に分布が
限られるが、熱帯アメリ
カのアメリカヨタカ類な
どから進化したものだ。

34–76 cm
13½–30 in

細長く伸びた
尾羽

ラケットヨタカ
STANDARD-WINGED NIGHTJAR
Macrodipteryx longipennis　ヨタカ科
アフリカに生息し、ガや甲虫など昆虫を食べる。繁殖期の
雄には旗のように伸びた2本の風切羽があり、体よりもは
るかに長いこの羽根を揚げて求愛のディスプレイをする。

21–23 cm
8½–9 in

旗のような
風切羽

ハチドリ、アマツバメ類　HUMMINGBIRDS AND SWIFTS

鳥のなかで最高スピードを誇り、さっそうと飛翔するアマツバメ、ブンブンうなりながら停空飛翔するハチドリ。この目の鳥はどれも熟達した飛行技術の持ち主だ。

アマツバメ目に含まれるアマツバメとハチドリは、足はごく小さくて木にとまるぐらいしかできないが、そのかわり飛翔技術にかけては超一流だ。アマツバメは空をかすめるように飛翔しては飛んでいる昆虫を捕まえる。

ハチドリは翼を回転するように動かし、後ろ向きにも飛べる。1秒間に70回以上にもなる高速回転は、エネルギー豊富な花蜜を燃料にした高い代謝率によって可能になる。昆虫やクモはハチドリにとってヒナに与えるタンパク質源となる。ハチドリはクモの糸を接着剤として使い、指ぬきサイズの巣を作る。一方、アマツバメは唾液を用いて巣を作る。アマツバメはほとんど世界中に分布し、大洋島にも生息している。ハチドリは南北アメリカだけに分布している。

門	脊索動物門
綱	鳥綱
目	アマツバメ目
科	4
種	405

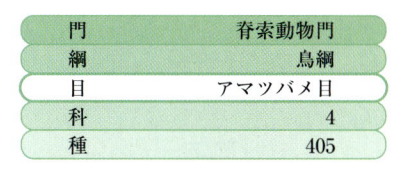

ヨーロッパアマツバメ
COMMON SWIFT
Apus apus
アマツバメ科
ユーラシアに生息。崖の穴に巣を作る。建物の壁を利用することもあり、市街地でよく見かけられる。アフリカで越冬する。

16—17 cm
6½ in

エントツアマツバメ
CHIMNEY SWIFT
Chaetura pelagica
アマツバメ科
北アメリカ東部に生息。もともとは洞穴や樹洞に営巣していたが、今ではほとんどが都市中心部の煙突に巣を作る。南米で越冬する。

12—15 cm
4¾—6 in

20—22 cm
8—9 in

ムナジロアマツバメ
WHITE-THROATED SWIFT
Aeronautes saxatalis
アマツバメ科
北アメリカ西部と中央アメリカの渓谷や山地に生息する。夕方になると集まって休息する。

15—18 cm
6—7 in

シロハラアマツバメ
ALPINE SWIFT
Tachymarptis melba
アマツバメ科
腹部がくっきりと白く、下尾筒は黒い。ユーラシア南部やアフリカ、マダガスカルに生息する。大型の昆虫を食べる。

深く二股に切れ込んだ尾

カマハシハチドリ
WHITE-TIPPED SICKLEBILL
Eutoxeres aquila　アマツバメ科
分布域はコスタリカからペルーにかけて広がっている。下向きにカーブしたくちばしを用いて、同じようにカーブしたヘリコニア属の花から蜜を採る。

12 cm
4¾ in

ウロコユミハチドリ
SCALE-THROATED HERMIT
Phaethornis eurynome
ハチドリ科
ユミハチドリ類はくすんだ色のハチドリで、カーブした長いくちばしでヘリコニア属の花を探る。本種は南アメリカ東部に分布する。

13 cm
5 in

下向きにカーブしたくちばし

青紫色の下面

ミドリビタイヤリハチドリ
GREEN-FRONTED LANCEBILL
Doryfera ludovicae
ハチドリ科
アンデス山脈の森林に生息する。ヤドリギなど、5種の着生植物（ほかの植物に付着する植物）の花蜜を採る。

10 cm
4 in

「耳」のあたりにスミレ色の斑紋

シロハラハチドリ
WHITE-VENTED VIOLET-EAR
Colibri serrirostris
ハチドリ科
スミレ色の「耳」をしたアオミミハチドリ類はほとんどが高地森林に見られるが、本種は南アメリカのサバンナに生息する。

11 cm
4¼ in

メタリックブルーの喉

ムラサキケンバネハチドリ
VIOLET SABREWING
Campylopterus hemileucurus
ハチドリ科
ケンバネハチドリ類は、風切羽の羽軸が太く平たくなって剣のように見えることから名付けられた。本種は中央アメリカに生息し、南アメリカ以外の地域では最大のハチドリである。

14—15 cm
5½—6 in

>>

9 cm
3½ in

茶褐色の羽衣

7 cm
2¾ in

7–9 cm
2¾–3½ in

ボウシムナオビ
ハチドリ
BRAZILIAN RUBY
Augastes lumachella
ハチドリ科
ムナオビハチドリ類は顔
に緑色の斑があり、高地
サバンナなど乾燥した
地域に生息する。本種は
ブラジル東部に見られる。

HOODED VISORBEARER

ルビーハチドリ
BRAZILIAN RUBY
Clytolaema rubricauda
ハチドリ科
鮮やかなルビー色に
染まった雄の喉が名前の
由来。ブラジル南東部に
見られるが、アンデス
山脈に生息する種に
ごく近縁な可能性がある。

ノドアカハチドリ
RUBY-THROATED
HUMMINGBIRD
Archilochus colubris
ハチドリ科
極小種で、ハチドリとしては
唯一米国東部で繁殖する。
メキシコ湾まで休むことなく
飛んで越冬する。

8 cm
3¼ in

ルビートパーズ
ハチドリ
RUBY TOPAZ
Chrysolampis mosquitus
ハチドリ科
南アメリカの開けた土地に生息
する。冠羽はルビーのような深紅、
喉は黄色だが、薄暗いところでは
全身が黒に見えることもある。

10–18 cm
4–7 in

11 cm
4¼ in

10–11 cm
4–4¼ in

明るいオレンジ
色の尾

アオフタオ
ハチドリ
LONG-TAILED SYLPH
Aglaiocercus kingi
ハチドリ科
アンデス山脈に生息する多
様なホオカザリハチドリ類
に属する。本種は林縁や
庭園に生息する。雄の尾は
二股に深く切れ込んでいる。

フチオハチドリ
BUFF-TAILED CORONET
Boissonneaua flavescens
ハチドリ科
コロンビア、ベネズエラ、
エクアドルに見られる。アン
デス山脈のハチドリ類に
近縁。森林の中層から林冠に
かけて、花の咲く木の周辺を
飛んで採餌する。ほかの鳥と
一緒になることが多い。

アカハシエメラルド
ハチドリ
BUFF-BELLIED HUMMINGBIRD
Amazilia yucatanensis
ハチドリ科
中央アメリカに生息する
エメラルドハチドリ類という
大きなグループに属する。
メキシコの開けた疎林に
見られる。

9 cm
3½ in

アイオハチドリ
BLUE-CHINNED SAPPHIRE
Chlorestes notata
ハチドリ科
多数の種を含むエメラルド
ハチドリ類の一種で、羽衣は
メタリックグリーンである。
南アメリカ北部の森林や
農地に生息する。

黒っぽい耳羽

まっすぐ
伸びた短めの
くちばし

ルリノドシロメジリ
ハチドリ
BLUE-THROATED HUMMINGBIRD
Lampornis clemenciae　ハチドリ科
メキシコに生息する大型種。中央アメリカ
に起源をもつシロメジリハチドリ類
（山の宝石 mountain gems とも呼ばれる）
という大きなグループに属する。
北方の個体群は渡りを行う。

12 cm
4¾ in

10 cm
4 in

11 cm
4¼ in

シロエリインカハチドリ
COLLARED INCA
Coeligena torquata　ハチドリ科
インカハチドリ類はもともと
アンデス山脈原に生息し、森林
に見られる。本種はこのグルー
プのなかでも分布域が最大の
部類に入り、コロンビアから
ボリヴィアにかけて見られる。

9 cm
3½ in

ミミグロハチドリ
SPECKLED HUMMINGBIRD
Adelomyia melanogenys
ハチドリ科
アンデス山脈の普通種。ホオカザリハチ
ドリ類に属するが、このグループのハチ
ドリのなかでは、羽衣はくすんだ色を
しているほう。雌雄に差は見られない。

アンナハチドリ
ANNA'S HUMMINGBIRD
Calypte anna
ハチドリ科
北アメリカ西部に分布する極小のハチ
ドリ。ハチドリ類のなかでは最も北方
で越冬する。さまざまな花の蜜を採る。

ミミジロサファイア
ハチドリ
WHITE-EARED HUMMINGBIRD
Basilinna leucotis ハチドリ科

エメラルドハチドリ類の一種で、マツやオークの生える山地森林によく見られる。特に川のそばの森林にいることが多い。アリゾナ州南部からニカラグアにかけて分布。

アンデスヤマハチドリ
ANDEAN HILLSTAR
Oreotrochilus estella
ハチドリ科

アンデス山脈に生息するホオカザリハチドリ類に属し、グループのなかでは最も標高の高い地域に生息し、空気が薄いので採餌中に停空飛翔はできない。

9–10 cm
3½–4 in

まっすぐの黒いくちばし

玉虫色の喉

エンビモリハチドリ
FORK-TAILED WOODNYMPH
Thalurania furcata ハチドリ科

南アメリカに生息し、中央アメリカのエメラルドハチドリ類の近縁種。低地森林に生息し、南はアルゼンチン北部にまで分布する。

13 cm
5 in

10 cm
4 in

9 cm
3½ in

アカハシハチドリ
BROAD-BILLED
HUMMINGBIRD
Cynanthus latirostris
ハチドリ科

メキシコの低木林に生息。雄は前後方向に振り子のように飛ぶディスプレイを行い、雌を引きつける。エメラルドハチドリ類に属する。

アカヒゲハチドリ
LUCIFER HUMMINGBIRD
Calothorax lucifer ハチドリ科

マメハチドリ類に属する。米国南部からメキシコにかけて分布し、半砂漠に生息する。特にリュウゼツラン類の生えたところを好む。

紫色の喉あて

5–6 cm
2–2¼ in

12 cm
4¾ in

マメハチドリ
BEE HUMMINGBIRD
Mellisuga helenae ハチドリ科

極めて小さなハチドリで、キューバだけに分布するが、北アメリカに生息し、渡りをするハチドリ類と類縁関係がある。雄は鳥類のなかで最小。

ラケットハチドリ
RACKET-TAILED PUFFLEG
Ocreatus underwoodii
ハチドリ科

インカハチドリ類に属するハチ大のハチドリ。アンデスの森林に生息し、マメ科などの低木林を好む。

10 cm
4 in

ヤリハシハチドリ
SWORD-BILLED
HUMMINGBIRD
Ensifera ensifera ハチドリ科

くちばしが体よりも長い唯一の鳥。アンデス山脈のインカハチドリ類に属する。トランペット型をしたトケイソウの花を好む。

23–26 cm
9–10 in

目のきわに白い斑点

7–9 cm
2¾–3½ in

赤褐色の上面

アカフトオハチドリ
RUFOUS HUMMINGBIRD
Selasphorus rufus
ハチドリ科

攻撃的になわばりを防衛する。比較的小型だが長い渡りに耐え、アラスカからメキシコまで飛ぶ。

9 cm
3½ in

シロスジハチドリ
STRIPE-BREASTED
STARTHROAT
Heliomaster squamosus
ハチドリ科

ノドフサハチドリ類の雄は、喉に鮮やかな色の帯がある。中央アメリカのシロメジリハチドリ類に属するが、本種はブラジル東部に分布する。

10 cm
4 in

9 cm
3½ in

12 cm
4¾ in

シロエリハチドリ
WHITE-NECKED JACOBIN
Florisuga mellivora ハチドリ科

大型種で、熱帯アメリカの低地森林の林冠にすむ。遺伝子研究によれば、ハチドリ科のなかでほかのグループとは独立した小さな系統だという。

ビロードテンシハチドリ
GORGETED SUNANGEL
Heliangelus strophianus
ハチドリ科

テンシハチドリ類はアンデスに生息するホオカザリハチドリ類に属する。本種はコロンビアからエクアドルにかけて見られ、湿潤な叢林に生息する。

9 cm
3½ in

ヒメハチドリ
CALLIOPE HUMMINGBIRD
Stellula calliope ハチドリ科

渡りを行うマメハチドリ類の一種。北アメリカ西部の開けた森林で繁殖し、メキシコの半砂漠地帯で越冬する。

カンムリハチドリ
PLOVERCREST
Stephanoxis lalandi
ハチドリ科

独特の種で、南アメリカ東部の山地森林に見られる。中央アメリカに生息する大型のケンバネハチドリ類に近縁な可能性がある。

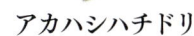

キヌバネドリ類　TROGONS

**華麗に彩られた熱帯林の鳥。果実を食べる
キヌバネドリは太いくちばしと繊細な羽衣
を備え、足の構造が独特である。**

キヌバネドリ目の鳥はカラス大
で、アメリカ、アフリカ、アジア
の熱帯地方に生息している。雄は
雌よりも羽衣が鮮やかである。長
い尾に短い翼のキヌバネドリは有

能な飛行士だが、あまり隠れ場所から飛び立ちた
がらない。キヌバネドリの足の第1指と第2指は
後方に向き、第3指と第4指は前方に向いている。
これはほかのどの鳥とも異なる配置である。この
変わった足はたいへん弱いので、枝にとまったら
すり足で移動するのがやっとだ。

キヌバネドリは太いくちばしで大きな果実に取
り組み、またイモムシなどの無脊椎動物を食べる。
巣を作る穴を求めて朽ち木やシロアリ塚を探るの
にもくちばしを使う。

門	脊索動物門
綱	鳥綱
目	キヌバネドリ目
科	1
種	43

濃い青紫色の
頭頂部

玉虫色に
輝く青緑
色の羽衣

31–36 cm
12–14 in

27–32 cm
10½–12½ in

35–100 cm
14–39 in

長い尾
(雄だけ)

26–28 cm
10–11 in

ズアカキヌバネドリ
RED-HEADED TROGON
Harpactes erythrocephalus
キヌバネドリ科
アジアに生息し、ヒマラヤ山脈
からスマトラ島まで分布する。
人目につかない鳥で、近縁種と
同じように長時間動かずに木に
とまっている。

ヤマキヌバネドリ
ORANGE-BREASTED TROGON
Harpactes oreskios
キヌバネドリ科
上面はくすんだ色で、下面は鮮やかであ
る。この色分けパターンはアジアに生息
するキヌバネドリ類の多くに共通して見
られる。もともと東南アジアに生息。

**カザリキヌバネドリ
(ケツアール)**
RESPLENDENT QUETZAL
Pharomachrus mocinno
キヌバネドリ科
中央アメリカに生息する
輝かしいキヌバネドリ。
雄の尾は全長の半分近くの
長さがある。

28–30 cm
11–12 in

25–27 cm
10–10½ in

ウツクシキヌバネドリ
ELEGANT TROGON
Trogon elegans
キヌバネドリ科
米国まで分布域が広がっている
唯一のキヌバネドリ。
アリゾナ州南部から中央アメリカ
の山地森林に見られる。

カオグロキヌバネドリ
MASKED TROGON
Trogon personatus
キヌバネドリ科
南アメリカの山地森林に生息。
雄の羽衣はウツクシキヌバネドリ
と似ている。

キューバキヌバネドリ
CUBAN TROGON
Priotelus temnurus
キヌバネドリ科
キューバキヌバネドリ属
Priotelus 2種のうちの1つで、
カリブ海だけに分布する。
キューバの国鳥である。

角張った縁の尾

チャイロネズミドリ
SPECKLED MOUSEBIRD
Colius striatus　ネズミドリ科
最大のネズミドリで分布域も最大。
ナイジェリアから南アフリカまで分布
し、サバンナや開けた疎林に生息する。

ネズミドリ類　MOUSEBIRDS

**ネズミドリという名前はちょこまかしたネズミ
のような動きから付けられた。体色は地味で
尾が長い、小さなグループである。分布域は
サハラ以南のアフリカに限られる。**

ネズミドリ目にはネズミドリ科だけが含まれる。ネズミドリは茶系か灰色がかっ
た柔らかい羽毛をまとい、尾は長く、冠羽を逆立ることができる。群居性で動きは
素速く、行動的な面では小型のインコ類に似ている。樹上性で、小枝でカップ型の
巣を作る。ヒナはかなり発達した状態で生まれ、すぐに飛べるようになる。鳥類学
者によれば、ネズミドリはもっと多様性の高いグループの生き残りではないかとい
う。そのグループは太古の昔にアフリカ以外の地域にも広がっていたと考えられる。
ネズミドリの化石がヨーロッパで見つかっているのだ。ほかの鳥との類縁関係はよ
くわからないが、キヌバネドリやカワセミ、キツツキに近いのかもしれない。

門	脊索動物門
綱	鳥綱
目	ネズミドリ目
科	1
種	6

30–35 cm
12–14 in

33–35 cm
13–14 in

アオエリネズミドリ
BLUE-NAPED MOUSEBIRD
Urocolius macrourus
ネズミドリ科
オナガネズミドリ属 *Urocolius* の
ネズミドリは飛翔能力が高く、
ネズミドリ属 *Colius* ほど
「ネズミっぽく」はない。
低木地に生息し、セネガルから
タンザニアまで分布する。

カワセミの仲間　KINGFISHERS AND RELATIVES

カワセミ科を含むブッポウソウ目は、世界中に分布する。この目に属する鳥は、いずれもスズメ類と同様に前方を向く３本の趾を使って木にとまるが、外側の趾２本は基部が癒着しているのが特徴だ。

　鮮やかな緑色や青色の羽毛に覆われたカワセミだが、この彩りは色素によるものではなく、羽の微細構造に光が反射して見える色である。「魚捕りの名手（Kingfisher）」の英名をもつものの、その生息域は水辺だけにとどまらない。魚食性のカワセミは視覚で獲物を見つけると、木の枝から水中に飛び込んで捕らえる。時には空中でホバリングしてから飛び込む場合もある。ほかにもトカゲや齧歯類、昆虫といった陸生生物を狩るものもいる。大きな頭部と強靭な首の力を生かして見事な急降下をみせるカワセミは、縁がするどく長いくちばしでつかみにくい獲物でもしっかりとくわえることができる。魚食性のカワセミが細長いくちばしを備える一方、森林に暮らす種のくちばしは幅広く、地表の獲物を捕まえるのに適したスコップ型の形状だ。カワセミの短い肢は木の枝にとまるには好都合だが、地表を歩くことはできない。しかしこの肢を駆使して、土の上や砂地に細長い巣穴を掘る。

そのほかの近縁種

この目にはアメリカに生息するのハチクイモドキ類や旧世界のブッポウソウ類も含まれるが、いずれも地上で狩りをする。カワセミの近縁種は、総じてくちばしの形態が多種多様だ。空中で狩りをするハチクイ類などは長いくちばしをもち、ハチのように刺してくる昆虫を自分の顔から離れた位置でくわえられる。さらに、くちばしをピンセットのように使って昆虫の毒を絞り出すのである。

門	脊索動物門
綱	鳥綱
目	ブッポウソウ目
科	6
種	177

剣のように鋭いくちばしをもつカワセミだが、獲物は突き刺さずにくわえて捕らえる場合が多い。一般的な魚食性の鳥と同様のスタイルだ。

ライラックニシブッポウソウ
LILAC-BREASTED ROLLER
Coracias caudatus ブッポウソウ科
アフリカに生息する。ほかのニシブッポウソウ属 *Coracias* の鳥と同じく餌は地面にいる動物で、トカゲや齧歯類、大型の無脊椎動物に飛びかかって捕まえる。

32－36 cm
12½－14 in

28－30 cm
11－12 in

アオハラニシブッポウソウ
BLUE-BELLIED ROLLER
Coracias cyanogaster ブッポウソウ科
中央アメリカに生息する。近縁種の多くと同じく、樹洞で営巣する。広い分布域全体を通じて普通に見られる。

36－41 cm
14－16 in

36－38 cm
14－15 in

チャガシラニシブッポウソウ
RUFOUS-CROWNED ROLLER
Coracias naevius
ブッポウソウ科
ほかの種に比べてややくすんだ色合いの大型種。サハラ以南のアフリカ各地に分布し、乾燥した地域に生息する。

ニシブッポウソウ
EUROPEAN ROLLER
Coracias garrulus
ブッポウソウ科
ニシブッポウソウ属 *Coracias* のなかでは分布域が最大。英名の roller は、求愛ディスプレイで宙返りをすることから付けられたもの。本種はユーラシア西部に分布し、アフリカで越冬する。

29－32 cm
11½－12½ in

黒い過眼線

白い喉

ブッポウソウ
DOLLAR BIRD
Eurystomus orientalis
ブッポウソウ科
英名は、翼の下面にあるコイン型の明るい斑紋に由来する。ヒマラヤからオーストラリアまで分布し、疎林に生息する。

27－30 cm
10½－12 in

ラケットニシブッポウソウ
RACQUET-TAILED ROLLER
Coracias spatulatus
ブッポウソウ科
尾が二股に分かれた特徴的なブッポウソウ類で、アフリカ東部に分布。外側の尾羽が長く伸びて先端の羽板が旗のように見える。

ルリガシラハシリブッポウソウ
PITTA-LIKE GROUND ROLLER
Atelornis pittoides
ジブッポウソウ科
名前から想像できるように、ジブッポウソウ類はほとんど地上で過ごす。雨林に生息する本種はジブッポウソウ科のなかで最も鮮やかである。

26 cm
10 in

茶色の地に濃色の縞模様が入った長い尾

47－52 cm
18½－20½ in

黄色いくちばし

アフリカブッポウソウ
BROAD-BILLED ROLLER
Eurystomus glaucurus
ブッポウソウ科
アフリカに生息する。ブッポウソウ属 *Eurystomus* の典型で、ニシブッポウソウ属 *Coracias* よりも翼が長く、飛んでいる獲物を追いかける際の敏捷性にも優れている。

27－30 cm
10½－12 in

オナガジブッポウソウ
LONG-TAILED GROUND ROLLER
Uratelornis chimaera
ジブッポウソウ科
マダガスカル南西部の乾燥した森林に生息する。ほかのジブッポウソウ類と同じく、地面に穴を掘って営巣する。

≫ カワセミの仲間

ジャマイカコビトドリ
JAMAICAN TODY
Todus todus
コビトドリ科
極小で緑色のコビトドリ類は
カワセミに似た鳥で、カリブ海
に生息する。平たいくちばしで
飛翔中に昆虫を捕まえる。
本種はジャマイカの疎林
だけに見られる。

11 cm
4½ in

明るい青色の
背中と翼

アオショウビン
WHITE-THROATED KINGFISHER
Halcyon smyrnensis
カワセミ科
南アジアに生息。本種も含め
森林性のカワセミ類は騒がしい。
本種はウマのいななきの
ような鳴き声や笑い声の
ような鳴き声をあげる。

白い喉と胸部

ハイガシラショウビン
GREY-HEADED KINGFISHER
Halcyon leucocephala
カワセミ科
森林性のカワセミ類は森林に
棲み、主に昆虫を食べる。
本種はアフリカに生息し、
魚を食べることもある。

20 cm
8 in

白い頭に黒い過眼線
のコントラスト

29 cm
11½ in

頑丈な
くちばし

ヒメショウビン
AFRICAN PYGMY KINGFISHER
Ispidina picta カワセミ科
アフリカに生息。水辺のカワセミ類に属するが、
主な餌は昆虫であり、水場から離れた疎林や
サバンナでも見られる。

12–13 cm
4¾–5 in

ミドリヤマセミ
GREEN KINGFISHER
Chloroceryle americana
カワセミ科
熱帯アメリカに分布。魚食
性のカワセミ類で、水に飛
び込んで魚や水生昆虫を捕
まえる。川の上に張り出し
た岩棚によくとまっている。

18–20 cm
7–8 in

ワライカワセミ
LAUGHING KOOKABURRA
Dacelo novaeguineae
カワセミ科
オーストラリアの疎林に広く
分布する大型種。森林性の
カワセミ類で、無脊椎動物だけ
ではなく爬虫類も獲物にする。
クスクス笑うような声で鳴く。

41–47 cm
16–18½ in

キバシショウビン
YELLOW-BILLED
KINGFISHER
Syma torotoro
カワセミ科
森林性のカワセミで、ニュー
ギニアとオーストラリア北
部の雨林に見られる。主に
昆虫を食べるが、ミミズや
小型のトカゲも食べる。

18–21 cm
7–8½ in

瑠璃色の
上面

オレンジ色の
下面

ルリミツユビカワセミ
AZURE KINGFISHER
Ceyx azureus
カワセミ科
ほかの水辺のカワセミ類と同
様に、本種も川の土手に穴を
掘って営巣する。オーストラ
リアとニューギニアの小川や
マングローブ林に見られる。

17–19 cm
6½–7½ in

ヒメミツユビカワセミ
LITTLE KINGFISHER
Ceyx pusillus
カワセミ科
オーストラレーシアに生息する
ごく小さな種で、水辺のカワセミ
類に属する。マングローブ林に生
息し、小魚や昆虫の幼虫、小型の
甲殻類、小エビなどを食べる。

12–13 cm
4¾–5 in

カワセミ
COMMON KINGFISHER
Alcedo atthis
カワセミ科
ユーラシアとアフリカ北部
に分布。旧世界に生息する
小柄で尾の短い水辺の
カワセミ類の典型。

16–17 cm
6½ in

ヒメヤマセミ
PIED KINGFISHER
Ceryle rudis カワセミ科
アフリカと南アジアに分布。魚食性の
カワセミで、川や湖によく小さな群れ
で集まっている。停空飛翔することが
でき、空中で長時間ひとところに
留まっていることがある。

28–29 cm
11–11½ in

28–35 cm
11–14 in

胸に1本の
青い帯

アメリカヤマセミ
BELTED KINGFISHER
Megaceryle alcyon
カワセミ科
北アメリカに生息する。
魚食性のカワセミ類で、
魚捕りに専門化している。
水場の上でよく停空
飛翔し、飛び込んで
獲物を捕まえる。

30–35 cm
12–14 in

シラオラケットカワセミ
BUFF-BREASTED PARADISE
KINGFISHER
Tanysiptera sylvia
カワセミ科
ニューギニアとオーストラリア
北部に分布。本種を含め森林性
のカワセミ類は、シロアリの
樹幹巣に穴をあけて営巣する。

尾の中央の
白い尾羽

37 cm
14½ in

チャバネコウハシ
ショウビン
BROWN-WINGED KINGFISHER
Pelargopsis amauroptera
カワセミ科
森林性のカワセミ類で、マングローブ
林に生息する。インドから
マレー半島まで広がっている。

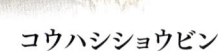

37–41 cm
14½–16 in

コウハシショウビン
STORK-BILLED KINGFISHER
Pelargopsis capensis
カワセミ科
南アジアに分布。森林内の水場近く、特に
近縁のチャバネコウハシショウビンの
いないところに見られる。

25–28 cm
10–11 in

ナンヨウショウビン
COLLARED KINGFISHER
Todiramphus chloris
カワセミ科
森林性のカワセミ類で、
マングローブ林を好む。
南アジアから太平洋まで、
海岸地帯に広く分布する。

46 cm
18 in

アマゾン
オオハチクイモドキ
RUFOUS MOTMOT
Baryphthengus martii
ハチクイモドキ科
中央アメリカと南アメリカ
北部に分布するくちばしの
太い鳥。ほかのハチクイ
モドキ類と同じように、
大型の昆虫や小型の
脊椎動物を襲う。

ターコイズ
ブルーの
頭頂部

ハチクイモドキ
BLUE-CROWNED
MOTMOT
Momotus momota
ハチクイモドキ科
鮮やかな色合いの典型的な
ハチクイモドキ。近縁な
ハチクイ類や多くのカワセ
ミ類のように、川岸にトン
ネルを掘って営巣する。
熱帯アメリカに生息。

41 cm
16 in

アオマユ
ハチクイモドキ
TURQUOISE-BROWED
MOTMOT
Eumomota superciliosa
ハチクイモドキ科
中央アメリカに生息する。
本種を含め、ハチクイ
モドキ類の先端がラケット
状になった尾は、1枚の
羽の中間部の羽枝が脱落
してできる。

33 cm
13 in

黒い過眼線

やや湾曲した
長いくちばし

25–29 cm
10–11½ in

ヨーロッパハチクイ
EUROPEAN BEE-EATER
Merops apiaster
ハチクイ科
ユーラシア南西部とアフリカ
に分布。ほかのハチクイ類と
同じく、飛翔中に昆虫を
捕まえる。ハチはまず針を
取り除いてから食べる。

23 cm
9 in

ハチクイ
RAINBOW BEE-EATER
Merops ornatus
ハチクイ科
オーストラリア唯一のハチクイ類。
最南部の個体群は北に移動して
オーストラリア北部や
インドネシアで越冬する。

22–24 cm
8½–9½ in

シロビタイハチクイ
WHITE-FRONTED BEE-EATER
Merops bullockoides
ハチクイ科
アフリカに生息するハチクイ類で、
大規模なコロニーで繁殖する。
コロニー内には複雑な社会
システムがあり、非繁殖個体が
ヘルパーとしてヒナを
育てるのを手伝う。

22–25 cm
8½–10 in

ミドリハチクイ
GREEN BEE-EATER
Merops orientalis
ハチクイ科
アフリカと南アジアの
開けた乾燥地帯に見られる。
ほかのハチクイ類ほど密集
していないコロニーで
営巣する。

オオブッポウソウ　CUCKOO-ROLLER

オオブッポウソウ目は、マダガスカルの森林
に生息する1種のみを含む。南アメリカに生
息するキヌバネドリ科ケツァールに近縁とさ
れているが、ほかの目との類縁性は明らかに
なっていない。

　マダガスカルに点々と残る森林に生きるオオブッ
ポウソウは、この島に多く生息する固有種の中では
絶滅の危険が比較的少ないといえる。ヒタキのよう
に空中で大きな昆虫を捕えて食べるが、小型の爬虫
類も捕食する。多くの鳥類が避ける毛虫でも消化で
きる点と、趾が前2本・後ろ2本の対趾足である点
はカッコウ類とも共通する特徴である。

門	脊索動物門
綱	鳥綱
目	オオブッポウソウ目
科	1
種	1

オオブッポウソウ
CUCKOO-ROLLER
Leptosomus discolor
オオブッポウソウ科
一見、カッコウに似ている。小型の
動物を食べるマダガスカルに生息する
捕食者である。ブッポウソウ類とは
あまり近縁ではない。樹洞に営巣する。

大きな頭部につく
小ぶりな目

雄の羽には
虹色の光沢
がある

短く分厚い
くちばし

40–50 cm
15½–19½ in

シャベルのくちばしをもつ刺客 ∨
乾燥地や疎林に生息するワライカワセミは、
大胆不敵にも見通しのよい枝にとまって獲物を
探す。シャベルのように大きなくちばしと
筋肉質な首の力で、小型のヘビや齧歯類を
捕獲するのだ。より大型の獲物を地面に
叩きつけて仕留めることもある。

短い冠羽（かんう）と頭部の
尖った羽毛

大きな目の下に走る
暗褐色の斑

下くちばしで小型の
獲物をすくい取る

白い腹部は、飛翔中に地上の
獲物から身を隠す際に役立つ

ワライカワセミ
LAUGHING KOOKABURRA *Dacelo novaeguineae*

ワライカワセミは見事な鳴き声の持ち主だ。人間の笑い方を思わせる大きな声で一羽がさえずれば、数羽によるコーラスが大音響でそれに続き、小刻みな音色がオーストラリアの茂みに響き渡る。大きな頭部と短い肢をもつこの鳥は通称「笑う愚か者（Laughing jackass）」とも呼ばれるが、夜明けと夕暮れ時に規則正しく鳴く性質から「原住民の時計（bushman's clock）」の異名ももつ。営巣はシロアリ塚にくちばしで掘った巣穴や樹洞で行い、ほかのカワセミ類と同様に３〜５個の真っ白い卵を産む。親鳥の栄養が足りずに最後の卵が小ぶりだと、そこから産まれた脆弱なヒナはほかの強いヒナ達に殺されてしまう場合もある。成鳥は生涯にわたり同じつがいで過ごすが、過去の繁殖で生まれた若鳥が５羽前後加わって子育てを手伝い、抱卵とヒナの世話を全員で行う。広域に分布し、比較的よく見られるワライカワセミだが、近年のオーストラリアの森林火災によって多数が甚大な被害を受けている。

体 長	41 - 47cm (16 - 18½ in)
生息地	開けた地、草が茂る疎林やユーカリ林
分 布	オーストラリア東部から周辺地域、ニュージーランド
食 性	トカゲ、ヘビ、小型動物、昆虫・イモ虫・カタツムリなどの無脊椎動物

先端に向かって細く尖る上くちばし

目 >
感度の高い網膜を両目に備え、並はずれて視力がよい。地表の獲物を探す際は、頭を動かして両目のピントを合わせ、両眼視の視野を得る。

∨ 舌
下くちばしの根元付近に、幅広く先端が尖った舌がつく。粘液に覆われた舌の奥には小さな突起があり、激しくのたうつ獲物でも難なく飲み込める。

∨ 肢
ほかのカワセミ類と同じく、ワライカワセミの外側の長い趾と真ん中の趾は癒着して一体化している。脚の長さはきわめて短く、安定した直立姿勢で木にとまる際には役立つが、地上ではすり足歩行しかできない。

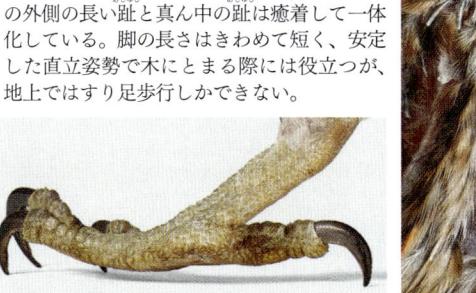

< 鼻孔
くちばしの基部に開口する鼻孔は、砂や泥が極力詰まりにくいよう高い位置につく。後方に生える長く剛毛質の羽毛は、目を保護するためのもの。

尾 ∨
カワセミ類にしては長い尾をもつ。飛翔時には12枚ある尾羽をすべて広げる。

尾羽の外側につれて白い帯が広くなる

翼 ∧
短いか幅広い翼。厚く筋肉質の付け根部分から、後方と先端の風切羽に向かってカーブを描きながら細くなる。

サイチョウ、ヤツガシラ、モリヤツガシラ類 HORNBILLS, HOOPOES, AND WOOD HOOPOES

旧世界に生息するサイチョウ目は、サイチョウ（鳥類のなかでも巨大な種が一部含まれる）とヤツガシラ、モリヤツガシラ、それと近縁のカマハシ属の鳥によって構成される。いずれも目を引く色合いの羽衣をもち、極彩色の羽をまとうものも少なくない。それぞれが個性的な外観をもつ。

て食べる。一方、樹上で木の割れ目にくちばしを差し込んで獲物を探るのはモリヤツガシラだ。それよりも大きく長いくちばしを備えるのがサイチョウで、一部は頭部に角のような大きな突起を備えている。森林に暮らすこの目の鳥は、中型からかなり大型のものまでサイズもさまざまだ。とりわけ大型なのは地上性のジサイチョウで、重量もあり食欲旺盛だ。樹洞に営巣するサイチョウ類の一部には、雌が巣にこもると雄はその入り口を泥で塗り固め、わずかな隙間から雌と生まれたヒナに餌を運ぶという習性がある。

門	脊索動物門
綱	鳥綱
目	サイチョウ目
科	4
種	74

ヤツガシラは地上を歩きながら、細長いカーブ状のくちばしで無脊椎動物や小型の爬虫類を探し

赤味のある
くちばし

アカハシコサイチョウ
RED-BILLED HORNBILL
Tockus erythrorhynchus
サイチョウ科
コサイチョウ属 *Tockus* はアフリカに生息する小型の捕食者である。くちばしは赤色か黄色のものがほとんどだ。本種はセネガルからナミビアにかけて分布し、サバンナや開けた疎林に生息する。

42–45 cm
16½–18 in

灰色、白、黒の
混じった羽衣

白い下面

ナキサイチョウ
TRUMPETER HORNBILL
Bycanistes bucinator
サイチョウ科
アフリカの東部から南部にかけて分布し、森林に生息する。近縁のギンガオサイチョウによく似ているが、顔の皮膚は赤い。

58–65 cm
23–26 in

ギンガオサイチョウ
SILVERY-CHEEKED HORNBILL
Bycanistes brevis
サイチョウ科
果実を食べるまだらのサイチョウ類。アフリカ東部の森林に生息する。ほかのサイチョウ類もそうだが、雄は雌よりもくちばしが大きく、かぶとも立派である。

75–80 cm
30–32 in

キタカササギ
サイチョウ
ORIENTAL PIED HORNBILL
Anthracoceros albirostris
サイチョウ科
アジアに生息するまだらのサイチョウ類のなかで分布域が最大。ヒマラヤからインドネシアのバリ島まで見られ、森林のみならず耕作地にも現れる。

70 cm
28 in

70 cm
28 in

1 m
3¼ in

先端の黒い冠羽は
着地時に逆立つ

25–32 cm
10–12½ in

白黒の縞模様が
ある翼

30–36 cm
12–14 in

カササギサイチョウ
MALABAR PIED HORNBILL
Anthracoceros coronatus
サイチョウ科
インドからスリランカまで分布。ほかのアジアに生息するサイチョウ類と同じく雑食性で、大量の果実を食べる。

ジサイチョウ
NORTHERN GROUND
HORNBILL
Bucorvus abyssinicus
サイチョウ科
アフリカの草原に生息する捕食者のジサイチョウ類2種のうちの1つ。セネガルからケニアまで分布し、南方にいる近縁種よりも乾燥した環境によく耐える。

ヤツガシラ
HOOPOE
Upupa epops ヤツガシラ科
アフリカとユーラシアに分布する鳥で、樹洞に営巣する。チョウのようにヒラヒラと飛ぶ。強力なくちばしで地表にいる無脊椎動物を掘り出す。

ミドリモリ
ヤツガシラ
GREEN WOOD HOOPOE
Phoeniculus purpureus
カマハシ科
アフリカに生息するモリヤツガシラ類で、キツツキのように木に登るが、くちばしはヤツガシラ類のものに似ている。このくちばしで朽ち木を探って無脊椎動物を見つける。

キツツキ、オオハシ類　WOODPECKERS AND TOUCANS

ほとんどが樹上生活者で樹洞に営巣するキツツキ目の鳥は、足の構造が共通している。目の半分以上はキツツキ類である。

キツツキ目のキツツキ類はほとんど世界中に分布している。目の特徴である対趾足（前向きの趾と後ろ向きの趾が2本ずつ）で木の幹にとまり、硬い尾で体を支え、強力なくちばしで木をドラミングする。
　獲物は棘状の構造をもつ長い舌で取り出す。この目のほかのグループは概ね熱帯に限って分布している。ミツオシエ類は、襲撃されて壊れたミツバチの巣の蜜ろうを食べる。キリハシ類は大型の昆虫を狩り、オオガシラ類はハエなどの昆虫を食べる。ゴシキドリ類はくちばしの縁がのこぎり状になっていて、果実を食べる。熱帯アメリカに生息するゴシキドリ類はオオハシ類の遠縁である。ミツオシエ類は、キツツキを含むほかの鳥の巣に卵を産む托卵の習性がある。それ以外のグループの鳥は、樹洞あるいは土やシロアリ塚に穴を掘って営巣する。

門	脊索動物門
綱	鳥綱
目	キツツキ目
科	9
種	445

ヒムネオオハシ
CHANNEL-BILLED TOUCAN
Ramphastos vitellinus
オオハシ科
南アメリカに生息するオオハシ属 Ramphastos で、羽衣は黒く胸部の色は白か黄色である。本種は個体差が大きく、胸部の色は個体によって異なる。

48 cm
19 in

55–60 cm
22–23½ in

シロムネオオハシ
WHITE-THROATED TOUCAN
Ramphastos tucanus
オオハシ科
南アメリカ北部に分布。ほかのオオハシ類と同じく樹洞に巣作りして繁殖するが、キツツキの古巣を利用する場合もある。

53–60 cm
21–23½ in

アオハシヒムネオオハシ
RED-BREASTED TOUCAN
Ramphastos dicolorus
オオハシ科
南アメリカ東部に生息する。オオハシ属 Ramphastos の小型種のなかで体の下面の大部分が赤いのは本種だけ。

43 cm
17 in

キュビエシロムネオオハシ
CUVIER'S TOUCAN
Ramphastos tucanus cuvieri
オオハシ科
アマゾン流域に生息する。シロムネオオハシの亜種とされることが多いが、くちばしが黒っぽい点が異なっている。

目の周囲は薄いオレンジ色

オニオオハシ
TOCO TOUCAN
Ramphastos toco
オオハシ科
最大のオオハシ類で、南アメリカ北部に分布する。ほかの森林性オオハシ類と違って、かなり開けた疎林にも生息する。

55–65 cm
22–26 in

巨大なくちばしはオレンジ色で、先端が黒い

目の周囲の青い皮膚

キバシミドリチュウハシ
EMERALD TOUCANET
Aulacorhynchus prasinus
オオハシ科
ミドリチュウハシ類のなかで分布域が最も広く、メキシコからボリヴィアまで見られる。複数の品種からなる。

30–35 cm
12–14 in

フイリコチュウハシ
SPOT-BILLED TOUCANET
Selenidera maculirostris
オオハシ科
ブラジル南部に生息。本種のほかに数種を含むコチュウハシ類は、オオハシ類のなかでは唯一、雌雄で色が異なる2色性のグループである。雌には茶色の模様がある。

35 cm
14 in

♀

オウゴンチュウハシ
SAFFRON TOUCANET
Pteroglossus bailloni
オオハシ科
ブラジル南東部に見られる。羽衣は黄色味がかったオリーブ色。もっと鮮やかな色のチュウハシ属 Pteroglossus に近縁である。

35–40 cm
14–16 in

ムナフチュウハシ
COLLARED ARACARI
Pteroglossus torquatus
オオハシ科
チュウハシ属 Pteroglossus のなかでは最も北の地域に生息し、メキシコ南部から南アメリカ北部の湿潤な森林に見られる。

41 cm
16 in

チャミミチュウハシ
CHESTNUT-EARED ARACARI
Pteroglossus castanotis
オオハシ科
チュウハシ属 Pteroglossus は尾が長く集合性の高いオオハシの仲間である。ほとんどの種は腰が赤く、腹部にある帯状の模様が目立つ。本種は南アメリカ北西部に生息する。

37 cm
14½ in

黄色い帯で装飾された黒いくちばし

≫

キツツキ、オオハシ類

クロボシゴシキドリ
BLACK-SPOTTED BARBET
Capito niger
ゴシキドリ科
南アメリカ北部に生息する。姿はほとんど見えないが、カエルのような声がよく聞かれる。

ズアカゴシキドリ
RED-HEADED BARBET
Eubucco bourcierii
ゴシキドリ科
コスタリカからペルーにかけて見られる。ゴシキドリ類にしては珍しく、ほとんど鳴き声をあげることがない。

ハシグロゴシキドリ
BLACK-BILLED BARBET
Lybius guifsobalito　ハバシゴシキドリ科
アフリカ東部に生息する。アフリカに生息するゴシキドリ類は、南北アメリカやアジアに生息する森林性ゴシキドリ類よりも、開けた土地に見られることが多い。

19 cm
7½ in

17 cm
6½ in

23 cm
9 in

アオノドゴシキドリ
BLUE-THROATED BARBET
Psilopogon asiaticus
ゴシキドリ科
アジアに生息するゴシキドリ類は、ほかの果実食性の鳥に混じって林冠で採餌することが多い。本種はヒマラヤからタイまで分布する。

23 cm
9 in

赤い額

緑色の上面

26 cm
10 in

ヒゲゴシキドリ
BEARDED BARBET
Lybius dubius　ハバシゴシキドリ科
ゴシキドリ類はくちばしの基部に感覚器である剛毛が生えている。アフリカ西部及び中央部に生息する本種は、それが特によく発達している。

20 cm
8 in

黄味がかった大きなくちばし

28 cm
11 in

ミドリオオゴシキドリ
BROWN-HEADED BARBET
Psilopogon zeylanicus
ゴシキドリ科
アジアに生息するゴシキドリ類の典型。ヒマラヤ、インド、スリランカに分布する。果実食性で、特にイチジク類を好む。

32–33 cm
12½–13 in

ムネアカゴシキドリ
COPPERSMITH BARBET
Psilopogon haemacephalus
ゴシキドリ科
広く分布するゴシキドリで、林縁や藪に見られる。「トンッ、トンッ、トンッ、トンッ」という槌で叩くような単調に反復する鳴き声は、南アジアではおなじみだ。

17 cm
6½ in

ヒノドゴシキドリ
CRIMSON-FRONTED BARBET
Psilopogon rubricapillus
オオハシ科
アジアに生息する小型のゴシキドリで、スリランカとインド南西部だけに分布する。市街地で見られる普通種である。

オオゴシキドリ
GREAT BARBET
Psilopogon virens
ゴシキドリ科
アジアに生息するゴシキドリ類では最大。ヒマラヤ東部からタイまで分布し、高地森林に生息する騒がしい鳥である。

赤い下腹部

アカビタイヒメゴシキドリ
RED-FRONTED TINKERBIRD
Pogoniulus pusillus
ハバシゴシキドリ科
アフリカ東部に生息する。海岸地帯の川に沿った森林に限って分布する。餌は昆虫やヤドリギなどの果実。

10–11 cm
4–4¼ in

先細りの尾

キゴシヒメゴシキドリ
YELLOW-RUMPED TINKERBIRD
Pogoniulus bilineatus
ハバシゴシキドリ科
アフリカに生息するヒメゴシキドリ類はゴシキドリ類のなかでも小型のグループで、体色は白黒が基調である。日中はずっと反復する鳴き声が聞こえる。本種はサハラ砂漠の南に広く分布する。

10–11 cm
4–4¼ in

キビタイヒメゴシキドリ
YELLOW-FRONTED TINKERBIRD
Pogoniulus chrysoconus
ハバシゴシキドリ科
アカビタイヒメゴシキドリに近縁だが、分布域はこちらのほうが広い。サハラ以南のアフリカに分布し、乾燥し開けた疎林やサバンナに生息する。

11 cm
4¼ in

キマユコゴシキドリ
RED-FRONTED BARBET
Tricholaema diademata
ハバシゴシキドリ科
アフリカ東部に生息し、クロボシコゴシキドリに近縁だが、こちらのほうが乾燥度の高い環境に見られる。ほかのゴシキドリ類同様、樹洞に営巣する。

22 cm
9 in

ひげのような剛毛

オオハシゴシキドリ
TOUCAN-BARBET
Semnornis ramphastinus
オオハシゴシキドリ科
コロンビアとエクアドルの雨林に生息する。ゴシキドリ類とオオハシ類の中間的な鳥。餌は果実だけである。

20 cm
8 in

クロボシコゴシキドリ
SPOT-FLANKED BARBET
Tricholaema lacrymosa
ハバシゴシキドリ科
アフリカ中央部から東部にかけて分布し、湿潤な森林に生息する。主にイチジク類とベリー類を食べる。

22 cm
9 in

白い斑点のある上面

15–16 cm
6–6½ in

ゴマフオナガ ゴシキドリ
D'ARNAUD'S BARBET
Trachyphonus darnaudii
ハバシゴシキドリ科
アフリカに生息するオナガゴシキドリ属 *Trachyphonus* は開けた土地に生息し、大半の時間を地上で過ごす。本種はアフリカ東部の各地に分布する。

派手に色分けされた頭部

アカフサゴシキドリ
FIRE-TUFTED BARBET
Psilopogon pyrolophus
オオハシ科
東南アジアに生息する。アジアに生息するゴシキドリ類では唯一、尾が凸型である。顔に剛毛が房状に生え、セミのような声で鳴く。

28 cm
11 in

23 cm
9 in

ホオアカオナガ ゴシキドリ
RED-AND-YELLOW BARBET
Trachyphonus erythrocephalus
ハバシゴシキドリ科
アフリカに生息する地上性のオナガゴシキドリ属 *Trachyphonus* の典型。餌は昆虫や果実、種子だが、小型のトカゲも食べる。シロアリ塚に穴を掘って営巣することが多い。

17 cm
6½ in

ヒガシオリーブ ヒメミツオシエ
GREEN-BACKED HONEYBIRD
Prodotiscus zambesiae
ミツオシエ科
アフリカに生息する。ミツオシエ類は昆虫や果実のほかに蜜蝋も食べる。本種は森林性の小型の鳥であるメジロ類の巣に卵を産み、ヒナは宿主のヒナを殺す。

12–13 cm
4¾–5 in

アリスイ
NORTHERN WRYNECK
Jynx torquilla
キツツキ科
ユーラシアに生息する。森林に生息し、アリを食う。一般的なキツツキ類に比べてちばしは弱い。英名は首をねじるように曲げる動作から。

キンビタイ ヒメキツツキ
BAR-BREASTED PICULET
Picumnus aurifrons
キツツキ科
ヒメキツツキ類はゴジュウカラに似た小さな鳥で、キツツキ科に属し、短いくちばしを使って朽ち木にいる昆虫を食べる。本種は南アメリカ中央部に生息する。

10 cm
4 in

キンクロ ヒメキツツキ
GOLDEN-SPANGLED PICULET
Picumnus exilis
キツツキ科
南アメリカのヒメキツツキ類。ほかのヒメキツツキ類と同じく、大型のキツツキ類のように体を支える硬い尾羽がなく、木の幹に垂直にとまることはあまりない。

10 cm
4 in

スナイロヒメキツツキ
OCHRACEOUS PICULET
Picumnus limae　キツツキ科
ブラジル東部に分布が限られている。ほかのヒメキツツキ類と同様に、キツツキ類の古巣を利用する。くちばしが小さく弱いので、自力で木に穴をうがつことはできないのだ。

10 cm
4 in

キエリヒメキツツキ
OCHRE-COLLARED PICULET
Picumnus temminckii
キツツキ科
パラグアイ東部、ブラジル南東部、アルゼンチン北東部の森林に限って分布する。体色と模様でうまくカムフラージュされている。

10 cm
4 in

シロボシ ヒメキツツキ
SPOTTED PICULET
Picumnus pygmaeus
キツツキ科
ブラジル北東部の熱帯林に分布が限られるが、生息地では比較的普通に見られる。

10 cm
4 in

≫

≫ キツツキ、オオハシ類

イワキツツキ
30 cm
12 in

GROUND WOODPECKER
Geocolaptes olivaceus
キツツキ科
南アフリカに生息し、キツツキ類には珍しく地上で生活し、アリを食べる。岩の多い荒れ地に生息し、土手に穴を掘って巣を作る。

アフリカアオゲラ（ヌビアミドリゲラ）
18 cm
7 in

NUBIAN WOODPECKER
Campethera nubica
キツツキ科
ヨーロッパアオゲラの近縁種で、アフリカ北東部の乾燥地帯に生息する。よくつがいでいるのが見られる。

シルスイキツツキ
18–22 cm
7–9 in

YELLOW-BELLIED SAPSUCKER
Sphyrapicus varius
キツツキ科
シルスイキツツキ類は木に穴をうがって樹液を飲む。尾が二股に分かれた本種は北アメリカで繁殖し、カリブ海に渡る。

ズアカミユビゲラ
28 cm
11 in

COMMON FLAME-BACKED WOODPECKER
Dinopium javanense
キツツキ科
熱帯のキツツキで、マングローブ林を含め、さまざまな森林に生息する。インドから東はボルネオ島やジャワ島まで分布する。

クロカンムリコゲラ
15–17 cm
6–6½ in

HEART-SPOTTED WOODPECKER
Hemicircus canente
キツツキ科
東南アジアに生息する小柄なカンムリコゲラ類2種のうちの1つ。英名は背中にあるハート型の黒い模様から。

赤い帽子のような冠羽

エボシクマゲラ
40–49 cm
16–19½ in

PILEATED WOODPECKER
Dryocopus pileatus
キツツキ科
北アメリカでは最大のキツツキ。ユーラシアに生息するクマゲラと同属だが、アメリカに生息するクマゲラ属 *Dryocopus* には冠羽がある。

雄には顔に赤い帯がある

モリゲラ
23 cm
9 in

GOLDEN-GREEN WOODPECKER
Piculus chrysochloros
キツツキ科
背中が緑色で熱帯アメリカに生息するモリゲラ類の1種。よく複数の種が混じった群れに加わって、樹皮を探っている。

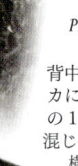

クマゲラ
45–57 cm
18–22½ in

BLACK WOODPECKER
Dryocopus martius
キツツキ科
ユーラシア北部各地の森林に見られる大型のキツツキ。体の大部分が黒く頭上が赤いキツツキの小さなグループに属する。

♀

白い模様のある翼

ズアカキツツキ
19–23 cm
7½–9 in

白い下面

RED-HEADED WOODPECKER
Melanerpes erythrocephalus
キツツキ科
北アメリカに生息する特徴的なキツツキ。攻撃的な種で、なわばり内にあるほかの鳥の巣や卵を破壊する。

シマセゲラ
24 cm
9½ in

RED-BELLIED WOODPECKER
Melanerpes carolinus
キツツキ科
北アメリカの普通種。ほかのズアカキツツキ属 *Melanerpes* と同じく、食物を木の割れ目などに貯蔵する。英名は「腹が赤い」という意味だが、実際は腹は赤いというより赤味を帯びているだけ。

ヨーロッパアオゲラ
31–33 cm
12–13 in

GREEN WOODPECKER
Picus viridis
キツツキ科
旧世界に生息する背中が緑色のアオゲラ類に属する。かん高い特徴的な鳴き声から yaffle（ヤッフル）とも呼ばれる。

キノドミヤビゲラ
19 cm
7½ in

YELLOW-FRONTED WOODPECKER
Melanerpes flavifrons
キツツキ科
南アメリカに生息。ズアカキツツキ属 *Melanerpes* は羽衣の一部分が縞模様になっているものが多い。また、本種のように派手に色づいていることもある。

アカエリエボシゲラ
31 cm
12 in

ROBUST WOODPECKER
Campephilus robustus
キツツキ科
ハシジロキツツキ属 *Campephilus* は、体色は白黒で頭部は赤い。本種は南アメリカ東部に限って分布する。

赤い頬（雄のみ）

<u>28—31 cm</u>
11—12 in

ハシボソキツツキ
NORTHERN FLICKER
Colaptes auratus　キツツキ科
本種を含め、アメリカに生息するハシボソキツツキ属 *Colaptes* のうち数種は、飛翔中に翼の下面の鮮やかな色が見えることから、flicker（「ちらっと見える」の意）と呼ばれる。本種にはこの色が赤の型と黄色の型が含まれ、両者は交雑可能である。

濃色の縞模様がある翼

<u>18—26 cm</u>
7—10 in

セジロアカゲラ
HAIRY WOODPECKER
Picoides villosus
キツツキ科
ミユビゲラの近縁種で、北アメリカに生息する。餌となるキクイムシの幼虫が増えると、それに従って本種の個体数も増加する。

赤い首筋（雄のみ）

<u>22—23 cm</u>
9 in

<u>20—22 cm</u>
8—9 in

487

アカゲラ
GREAT SPOTTED
WOODPECKER
Dendrocopos major
キツツキ科
アカゲラ類に属し、ユーラシアに広く分布している。ヨーロッパから東南アジアまで、森林や庭園で普通に見られる。

赤い下尾筒

ヒメアカゲラ
MIDDLE-SPOTTED
WOODPECKER
Dendrocoptes medius
キツツキ科
ヨーロッパと南西アジアだけに分布する。近縁のアカゲラに比べてあまりドラミングをしない。

玉虫色の上面

<u>28 cm</u>
11 in

赤い下面

<u>23 cm</u>
9 in

アカオキリハシ
RUFOUS-TAILED JACAMAR
Galbula ruficauda
キリハシ科
中央アメリカと南アメリカに生息する。キリハシ属 *Galbula* の典型。上面は玉虫色で下面は赤褐色である。

<u>18 cm</u>
7 in

ミツユビキリハシ
THREE-TOED JACAMAR
Jacamaralcyon tridactyla
キリハシ科
キリハシ類のなかでは最もくすんだ色の種。乾燥した森林に生息し、土手に巣を作る。足の指は前向きに２本、後ろ向きに１本である。

<u>20 cm</u>
8 in

クリイロ
キリハシ
CHESTNUT JACAMAR
Galbalcyrhynchus purusianus
キリハシ科
キリハシ類は、チョウなどの大型の昆虫が飛んでいるところを捕まえるように専門化している。本種は、南アメリカに２種いる栗色のキリハシ類（ミミジロキリハシ属 *Galbalcyrhynchus*）の一種。

<u>28 cm</u>
11 in

オオキリハシ
GREAT JACAMAR
Jacamerops aureus
キリハシ科
キリハシ類で最大。コスタリカからボリヴィアにかけて見られる。主に昆虫を餌とし、加えて小型のトカゲも食べる。

<u>20—22 cm</u>
8—8½ in

ミミジロ
オオガシラ
WHITE-EARED PUFFBIRD
Nystalus chacuru
オオガシラ科
南アメリカ中央部に生息する。ほかのオオガシラ類と同じように頭が大きく体は膨らんで見え、がっしりしたくちばしで小型の動物を捕まえる。

<u>15 cm</u>
6 in

ツバメオオガシラ
SWALLOW-WINGED
PUFFBIRD
Chelidoptera tenebrosa
オオガシラ科
木にとまっているときはツバメのようで、飛んでいる時はコウモリのようだといわれる。南アメリカ北部に分布し、川沿いで、飛んでいる昆虫を急襲して捕まえる。

クロビタイアマドリ
BLACK-FRONTED NUNBIRD
Monasa nigrifrons　オオガシラ科
アマドリに近縁な黒い体のクロアマドリ類に属する。南アメリカに分布するにぎやかな鳥で、サルの群れの下で、驚いて飛び出した小型の動物を捕まえて食べることが多い。

<u>14 cm</u>
5½ in

ムネアカアマドリ
RUSTY-BREASTED NUNLET
Nonnula rubecula　オオガシラ科
アマドリ類はオオガシラ科に属する小型でくすんだ色合いの鳥だ。本種は南アメリカに生息するアマドリ類の典型で、つる植物で縁取られた森林に見られる。

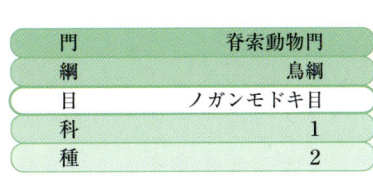

ノガンモドキ類　SERIEMAS

ノガンモドキ目に属するノガンモドキは、大型で肢が長く、大きな声で鳴く地上性の鳥である。南アメリカの乾燥した草原地帯や森林に生息するが、ほかの目との関連性は不明確だ。

門	脊索動物門
綱	鳥綱
目	ノガンモドキ目
科	1
種	2

首と胸部に長い羽毛が伸びる

翼羽を広げることは少ない

アカノガンモドキ
RED-LEGGED SERIEMA
Cariama cristata
ノガンモドキ科
ノガンモドキ類はもともと南アメリカの草原に生息し、絶滅した捕食性の巨大な恐鳥と類縁関係がある。本種は鎌形のカギ爪で小型の獲物を解体して食べる。

<u>75—90 cm</u>
30—35 in

かつてはツル目の系統に含まれていたが、その後はハヤブサ目との近縁に位置づけられている。ノガンモドキ科に２種を含み、いずれも南アメリカの地上性の鳥のなかでは最大級となる。営巣や夜眠るために樹上へ向かう時を除けば、飛ぶことはほぼない。鳴き声が大きいため、しばしば実際よりも多くの個体数がいるようにみえる。

スズメ類 PASSERINES

スズメ目は巨大な目で、鳥類全体の60%近くの種が含まれる。「枝にとまる鳥」としてまとめられ、足の指が特殊化している。

ほかの多くの鳥と同じように、スズメ目の鳥の足指は4本である。そのうち3本が前を向き、1本が後ろを向いている。木にとまる際は、肢を通る腱を筋肉が自動的に引っ張るため、指は枝をしっかりと握った状態でロックされ、眠っても落ちることはない。

スズメ目の鳥は世界中、陸上のほとんどの生息環境に見られ、密生した雨林から乾燥した砂漠まで、さらには北極地方の凍ったツンドラにまで、どこにでもスズメ目の鳥がいる。大きさはさまざまで、小はハチドリと大きさの変わらないタイランチョウから、大はがっしりした体つきのユーラシアに生息するカラスまでが含まれる。

多様性

食性にはさまざまな適応が見られる。昆虫食性のものには、針のようなくちばしで葉を探るものや、口を大きく開いて飛翔中に獲物を捕まえるものがいる。がっしりしたくちばしで種子を割るものもいれば、カーブした長いくちばしで花蜜を吸うものもい

る。スズメ目の鳥は高い代謝率と比較的大きな脳とを合わせもつ。そのおかげで、極寒に耐えるものもいるし、また知性を働かせて簡単な道具を使えるようになるものもいる。ヒナは未熟な赤裸の状態で生まれ、巣内で世話をされる。巣の形状は単純なおわん型のものから、手の込んだ泥製のものや草を編んで空中にぶら下げたものまでさまざまだ。ほかの鳥の巣に卵を産むという托卵をするものも数種存在する。

亜鳴禽類と鳴禽類

スズメ目は、主に鳴管の構造をもとにして2つのグループに分けられる。1つは亜鳴禽類で、スズメ目の約5分の1が含まれる。旧世界の熱帯地域にも分布するが、とりわけ南アメリカでは多様化が著しい。亜鳴禽類に含まれるのは、ヒロハシ類、ヤイロチョウ類、タイランチョウ類である。もう1つのグループは鳴禽類で、スズメ目の残りの科を全て含む。鳥類は声でコミュニケーションをとることが多いものだが、鳴禽類の多くは、鳴管が発達して複雑な歌を歌えるようになり、求愛やなわばり防衛行動などで歌が重要な役割を果たしている。歌は種によって特徴がはっきりしているものが多く、鳴き声で種の同定が可能な場合もある。

門	脊索動物門
綱	鳥綱
目	スズメ目
科	141
種	6,456

論点
出オーストラリア

初期のDNA分析では鳴禽類には2つのグループが認められた。カラス類とスズメ類である。カラス類はほとんどが旧世界に生息し、カラスやフウチョウなど、肉食性のものや果実食性のものを含む。スズメ類は世界中に分布し（鳥類全体の4分の1以上を占める）、シジュウカラやタイヨウチョウ、フィンチなどを含む。後に行われた分析により、コトドリ類など、オーストラリアの原始的なグループのいくつかは、カラス類にもスズメ類にも含まれないことがわかった。化石による証拠と考え合わせると、鳴禽類はまずオーストラレーシアで生じ、その後でカラス類とスズメ類が出現したということになる。

ヒロハシ類 BROADBILLS

ヒロハシ科にはアフリカとアジアの熱帯地方の森林に生息する鳥が含まれる。幅広いくちばしを用いて樹上で昆虫を捕まえるものがほとんどだが、アジアに生息するミドリヒロハシ類は果実食性である。

17–18 cm
6½–7 in

ミドリヒロハシ
GREEN BROADBILL
Calyptomena viridis

東南アジアに3種いるミドリヒロハシ類の1つ。専ら果実を食べ、枝から垂れ下がる丸い巣を作る。

くちばしは青く、下面は黄色い

25 cm
10 in

クロアカヒロハシ
BLACK-AND-RED BROADBILL
Cymbirhynchus macrorhynchos

くっきりと色分けされた鳥で、東南アジアに分布し、水場の近くの森林に頻繁に出没する。枝の先端からぶら下がる袋状の巣を作る。

15 cm
6 in

クビワヒロハシ
BLACK-AND-YELLOW BROADBILL
Eurylaimus ochromalus

アジアに生息する昆虫を食べるヒロハシ。ミャンマーからボルネオやスマトラにかけて分布し、雨林の中層と上層で餌を探す。

ニセタイヨウチョウ ASITIES

マミヤイロチョウ科はマダガスカルに分布する。先端が筆状になった舌を備えることから、花蜜を餌とする祖先から進化してきた可能性が考えられる。2属が含まれ、一方のマミヤイロチョウ属は今や果実食性である。もう一方のニセタイヨウチョウ属は、花蜜を餌とするタイヨウチョウ類に類縁関係はないが似ている。

下向きにカーブしたきゃしゃなくちばし

9 cm
3½ in

ニセタイヨウチョウ
COMMON SUNBIRD-ASITY
Neodrepanis coruscans

マダガスカル東部に分布するくちばしの長い2種の1つ。タイヨウチョウ類と同じような花蜜を餌とする習性を進化させたが、類縁関係はない。

ヤイロチョウ類 PITTAS

ヤイロチョウ科は旧世界の鳥で、熱帯地域の林床で昆虫を探す。体は丸っこく、くちばしは短い。羽衣の鮮やかな種が多い。雌雄ともに抱卵する。

20 cm
8 in

ミナミヤイロチョウ
BLUE-WINGED PITTA
Pitta moluccensis

中国南部からボルネオやスマトラまで分布。繁殖期には密生した森林で生活するが、越冬するのは海岸の低木林である。

19 cm
7½ in

インドヤイロチョウ
INDIAN PITTA
Pitta brachyura

ヒマラヤ南部、インド、スリランカに分布する。近縁種と同じく、地上あるいは地上近くにドーム型の巣を作る。

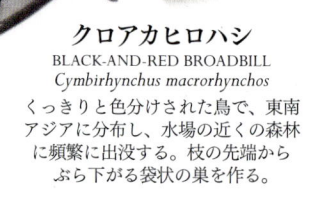

マイコドリ類 MANAKINS

マイコドリ科はカザリドリ科に近縁である。鮮やかな色をまとった雄が集まって、雌に向けて集団で求愛ディスプレイをする。この繁殖システムをレックと呼ぶ。多くの種では、求愛には複雑なダンスが含まれている。雌は巣を作って雄の手を借りずにヒナの世話をする。

赤い頭頂部

15 cm
6 in

14-15 cm
5½-6 in

アラリペマイコドリ
ARARIPE MANAKIN
Antilophia bokermanni
1998年というごく最近に記載された鳥。絶滅の危機に瀕しており、ブラジル北東部のアラリペ高原にしかいない。

エンビセアオマイコドリ
BLUE MANAKIN
Chiroxiphia caudata
ブラジル南部の雨林に生息する彩りの最も派手な鳥の1つ。ネコのような哀れっぽい声で鳴く。

11-13 cm
4¼-5 in

9-10 cm
3½-4 in

トゲオマイコドリ
PIN-TAILED MANAKIN
Ilicura militaris
ブラジル南東部に生息する。雄は中央の尾羽が長く伸びていて、腰の羽毛を逆立てて雌にディスプレイする。

ヒメマイコドリ
STRIPED MANAKIN
Machaeropterus regulus
南アメリカ北部に生息する目立たない種。雄は昆虫がブンブンうなるような音を出しながらディスプレイをする。

9 cm
3½ in

キガシラマイコドリ
GOLDEN-HEADED MANAKIN
Dixiphia erythrocephala
南アメリカに生息。雄はディスプレイで跳び上がって翼をぐるぐる回し、横か後ろに滑るように移動する。

カザリドリの仲間 COTINGAS AND RELATIVES

カザリドリ科は熱帯アメリカに生息する多様なグループである。この科には果実食性あるいは昆虫食性の森林性の鳥が含まれる。雄は鮮やかな色で、雌に求愛する時は極めてよく鳴く。ディスプレイは樹上で行う種と地上で行う種がいる。

27-28 cm
10½-11 in

鮮やかな黄色い喉

13 cm
5 in

ハゲノドスズドリ
BARE-THROATED BELLBIRD
Procnias nudicollis
南アメリカ東部に生息する。スズドリという名は金属音のような鳴き声から。スズドリ類の雄は羽衣が白い。

ノドアカミドリカザリドリ
FIERY-THROATED FRUIT-EATER
Pipreola chlorolepidota
ミドリカザリドリ類はずんぐりした緑色の鳥で、通常、雄は頭部が黒く、喉が赤あるいは黄色である。本種は小型でアンデスに生息する。

艶のある黒い体

紫がかった赤色の喉あて

目の周囲に露出した赤い皮膚

22 cm
9 in

28-30 cm
11-12 in

マエカケカザリドリ
PURPLE-THROATED FRUITCROW
Querula purpurata
アマゾンに生息する特徴的なカザリドリ。虹色に輝く紫がかった赤色の喉あてがよく目立つ。宙に停空飛翔しながら果実をつつくことができる。

ハグロドリ
BLACK-TAILED TITYRA
Tityra cayana
林冠に生息する鳥で、頭の大きな果実食性のグループに属する。樹洞に営巣するが、キツツキの古巣を利用することが多い。

冠羽が大きく覆いかぶさってくちばしを隠す

鮮やかな赤い羽衣

28-32 cm
11-12½ in

アンデスイワドリ
ANDEAN COCK-OF-THE-ROCK
Rupicola peruvianus
アンデスに生息する。色鮮やかな冠羽の生えた雄は、群れで雌にディスプレイをする。雌は岩の間に巣を作り自分だけでヒナを育てる。

タイランチョウとその仲間
TYRANT FLYCATCHERS AND RELATIVES

タイランチョウ科の鳥は南北アメリカ各地に広く分布し、多くの鳥群集が生息する南アメリカにあって、スズメ目の3分の1の種数を占める。昆虫食性で、普通、木にとまって獲物を待ち伏せするか、植物を丹念に探して餌を見つけ出すかする。

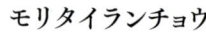

17–21 cm
6½–8½ in

15 cm
6 in

灰色の頭部

22 cm
9 in

尾は茶色で縁がシナモン色

オオヒタキモドキ
GREAT CRESTED FLYCATCHER
Myiarchus crinitus

広く分布するヒタキモドキ類。大型の渡り鳥で、近縁種と同じように、飛翔中に昆虫を捕まえる。停空飛翔しながら採餌することが多い。

モリタイランチョウ
EASTERN WOOD PEWEE
Contopus virens

特徴的な「ピーウィー」という鳴き声のこの鳥は急襲して獲物を狩る。枝から飛び立って空中で昆虫を捕まえるのだ。北アメリカ東部で繁殖する。

オリーブタイランチョウ
TROPICAL KINGBIRD
Tyrannus melancholicus

大型で、急に飛び立って獲物を狩るタイプのタイランチョウ。攻撃的になわばりを防衛する。北アメリカ南部から南アメリカにかけて分布し、開けた土地で繁殖する。

15 cm
6 in

濃茶色の上面

赤い下面

10 cm
4 in

19 cm
7½ in

17 cm
6½ in

ベニタイランチョウ
VERMILION FLYCATCHER
Pyrocephalus rubinus

開けた土地に生息し、地面の近くで採餌する。雄は派手な赤色だが、雌の体色は主に灰色と白である。

ハシナガタイランチョウ
COMMON TODY-FLYCATCHER
Todirostrum cinereum

中央及び南アメリカに生息する小型のタイランチョウで、急に上空に飛び立って餌を捕まえるグループの典型だが、近縁種よりも開けた環境を好む。

ツバメタイランチョウ
CLIFF FLYCATCHER
Hirundinea ferruginea

南アメリカの北部及び中央部に生息する。空中で餌を捕まえているところはツバメのように見える。露出した岩にとまる。

クロツキヒメハエトリ
BLACK PHOEBE *Sayornis nigricans*

尾を振るタイランチョウで、地面のすぐ近くで餌を捕まえる。熱帯地域に生息し、水場の近くにいることが多い。池に飛び込んでコイ科の小魚を捕まえる。

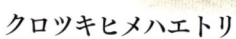

アリモズ TYPICAL ANTBIRDS

アリモズ科はくちばしのがっしりした鳥で、アメリカの熱帯林に生息する。地面近くで昆虫を捕まえるが、グンタイアリのあとを追いかけてアリから逃げ出す昆虫を食べるものもいる。カギ爪が長く、木の幹に垂直にとまるものもいる。

18 cm
7 in

ホオジロアリモズ
WHITE-BEARDED ANTSHRIKE
Biatas nigropectus

ほとんど知られていない珍しい種で、ブラジルの東南部だけに分布し、竹林で昆虫を捕まえる。森林の伐採により脅かされている。

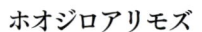

ジアリドリ、アリツグミ
ANTPITTAS AND ANT-THRUSHES

尾の短いジアリドリ類は、樹上性のアリツグミ類よりも長い時間を地上で過ごす。いずれも南アメリカの森林に生息する昆虫食性の鳥で、ジアリドリの仲間はジアリドリ科に、アリツグミの仲間はアリツグミ科に属する。

18 cm
7 in

ヒゲジアリドリ
MOUSTACHED ANTPITTA
Grallaria alleni

希少種で、生息地はコロンビアとエクアドルに分断されている。湿潤な山地森林の下生えに棲む。

オーストラリアムシクイ
AUSTRALASIAN WRENS

オーストラリアムシクイ科は尾をぴんと立てた小型の鳥で、昆虫を食べる。北半球のミソサザイに似ているが、花蜜を餌にするミツスイ類のほうに近縁だ。オーストラリアムシクイ族*の雄には青と黒の模様がある。エミュームシクイ類やセスジムシクイ類は茶系で、草の生えた生息地に見られる。

ノドジロセスジムシクイ
STRIATED GRASSWREN
Amytornis striatus

オーストラリア中央部に分布。ほかのほとんどのセスジムシクイ類と同じく、スピニフェクス属の生えているところに見られる。家族群で草むらの中を走り回っている。

15–18 cm
6–7 in

ムナグロオーストラリアムシクイ
VARIEGATED FAIRY-WREN
Malurus lamberti

オーストラリアムシクイ族の中で最も分布域が広い。近縁種と同様、ドーム型の巣を作る。若鳥が近くに留まって次のヒナを育てるのを手伝うことがある。

15 cm
6 in

オタテドリ類
TAPACULOS AND CRESCENT-CHESTS

南アメリカに生息するオタテドリ科とムナオリオタテドリ科の鳥は、肢は強いが飛翔力は弱い。南アメリカのスズメ目のなかでも最も地上生活に適応したものの1つだ。後趾（後ろ向きの指）の爪が長く、地面をひっかいたり落ち葉をかきわけたりして餌を探すものもいる。

14–15 cm
5½–6 in

アカエリオタテドリ
COLLARED CRESCENT-CHEST
Melanopareia torquata

オタテドリ科よりも尾が長く、ブラジルの乾燥地帯に生息する。本種を含むグループは、オタテドリ科の一属からムナオビオタテドリ科として分離された。

アリサザイ GNATEATERS

アリサザイ科は、ずんぐりした体つきに短い尾、肢は長く、森林の下生えで昆虫を食べる。人目につかない鳥で、地面近くでタイランチョウのように獲物に飛びかかったり、丹念に餌を探したりしている。アリモズ類に近縁である。

アカアリサザイ
RUFOUS GNATEATER
Conopophaga lineata

アリサザイ類のなかでは最も個体数が多い。南アメリカ東部に分布する。複数種の混群で移動することが多く、また荒廃した環境に生息する。

13 cm
5 in

ムラサキオーストラリアムシクイ
SPLENDID FAIRY-WREN
Malurus splendens

オーストラリアムシクイ属は、つがいが強い絆を形成するが、パートナーではない相手と交尾することもある。本種は主にオーストラリア南部で見られる。

14 cm
5½ in

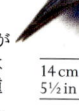

ニワシドリ類、ネコドリ
BOWERBIRDS AND CATBIRDS

オーストラレーシアに生息するニワシドリ科は、大部分が果実食性である。雄のニワシドリは鮮やかな体色のことが多いが、雌を引きつけるために、あずまやと呼ばれる構造物を作りあげ、多数の雌と交尾する。雄はヒナの世話には全く参加しない。

白い喉

鮮やかな黄色い下面

22 cm
9 in

キバラオオ タイランチョウ
GREAT KISKADEE
Pitangus sulphuratus

熱帯アメリカに広く分布する。英名は鳴き声から付けられた。急に飛び立って獲物を捕まえるタイランチョウの典型だが、地面近くで餌を探すこともある。

ネコドリ
GREEN CATBIRD
Ailuroedus crassirostris

23 cm
9 in

ネコのような鳴き声から名付けられたネコドリ類の雄は、地面に葉を並べて雌を引きつける。本種はニューギニアとオーストラリア東部に生息する。

オウゴンニワシドリ
GOLDEN BOWERBIRD
Prionodura newtoniana

オリーブ色の上面

23–25 cm
9–10 in

オーストラリア北部に分布する小型種。雄は枝を組み上げて高さ3mにもなる塔を構築し、雌を引きつける。

コトドリ LYREBIRDS

コトドリ科はオーストラリアに分布する大型の鳥で、地中の昆虫を食べる。複雑な発声器官をもち、森林で聞こえる音を上手に模倣する。雄はディスプレイ用に小山を築き、長い尾羽を扇のように広げて雌に求愛する。

80–96 cm
32–38 in

コトドリ
SUPERB LYREBIRD
Menura novaehollandiae

コトドリ科のなかで最も普通に見られる種。オーストラリア南東部とタスマニアに分布。尾の左右外側にある竪琴型の尾羽は、切れ込み状の模様で装飾されている。

キノボリ
AUSTRALASIAN TREECREEPERS

オーストラレーシアに生息するキノボリ科の鳥は、北半球のキバシリ科 (p.490) とよく似た形態に進化しているが、類縁関係はなく、キバシリ類と違って木に登る際に尾を支えにすることはない。

16–18 cm
6½–7 in

チャイロキノボリ
BROWN TREECREEPER
Climacteris picumnus

オーストラリア東部の普通種。背面の色に2型あり、分布域内の北方では黒色型、南方では茶色型とはっきり分かれている。

カマドドリの仲間
OVENBIRDS AND RELATIVES

アメリカに生息するカマドドリ科の鳥は、隠れた無脊椎動物を探し出すのがうまい。また、千差万別な巣を作ることで有名で、枝で作った巣、トンネル型の巣、泥で作ったかまどのような巣などがある。

19–20 cm
7½–8 in

18–20 cm
7–8 in

メジロカマドドリ
WHITE-EYED FOLIAGE-GLEANER
Automolus leucophthalmus

南アメリカの鳥で、白い虹彩が特徴。昆虫食性の鳥にはよくあることだが、混群で餌を探し、獲物を飛び立たせて捕まえる。

セアカカマドドリ
RUFOUS HORNERO
Furnarius rufus

中央及び南アメリカに広く分布している。カマドドリ属 *Furnarius* の典型で、泥でかまどのような巣を作る。

ミツスイ類 HONEYEATERS

ミツスイ科はオーストラリアと太平洋南西部の島々に分布する。先端が筆にようになった長い舌で花蜜を吸い、生息地域では花粉媒介者として重要である。タイヨウチョウ類など、ほかの花蜜食性の鳥も、同様の特徴を進化させている。

オリーブグリーンの翼

25–30 cm
10–12 in

10–11 cm
4–4¼ in

クレナイミツスイ
SCARLET HONEYEATER
Myzomela sanguinolenta

オーストラリア東部に分布する。ミツスイ類のなかで、くちばしが長く花を訪れるグループに属する。このグループは前頭部に花粉を付けて運ぶことが多い。

アオツラミツスイ
BLUE-FACED HONEYEATER
Entomyzon cyanotis

大型で騒がしいミツスイ類で、オーストラリアとニューギニアに分布する。ミツスイ類のなかでは昆虫食の傾向が強いほうだが、果実も食べる。

19–21 cm
7½–8½ in

キミミミツスイ
LEWIN'S HONEYEATER
Meliphaga lewinii

ミツスイ類のなかでくちばしが短いグループに属する。オーストラリア東部に分布し、昆虫、果実、ベリー類を食べる。

オニキバシリ類 WOODCREEPERS

オニキバシリ科は熱帯アメリカの鳥で、木の幹を登れるように特殊化している。硬い尾羽を支えにしてカギ爪の発達した前趾で樹皮をしっかりつかむ。

13–16 cm
5–6½ in

キリハシミツスイ
EASTERN SPINEBILL
Acanthorhynchus tenuirostris

キリハシミツスイ類はミツスイ類のなかでは古いグループで、荒れ地に生息し、科のなかでは最も花蜜食性に特化している。本種はオーストラリア東部に分布する。

29–32 cm
11½–12½ in

エリマキミツスイ
TUI
Prosthemadera novaeseelandiae

ニュージーランドに分布が限定されているが、オーストラリアに生息するくちばしの短いグループに近縁である。鳴き声のレパートリーは驚くほど幅広い。

16–19 cm
6½–7½ in

メジロキバネミツスイ
NEW HOLLAND HONEYEATER
Phylidonyris novaehollandiae

オーストラリア南部とタスマニアに分布。白いひげが生えているように見える。ほかのミツスイ類と同様、蜜滴（樹液を吸う昆虫が分泌する液で、糖分を含む）も食する。

19 cm
7½ in

ハンエン オニキバシリ
SCALLOPED WOODCREEPER
Lepidocolaptes falcinellus

典型的な淡黄色と茶色のオニキバシリで、南アメリカ南東部の森林にのみ分布する。

トゲハシムシクイとその仲間
THORNBILLS AND RELATIVES

トゲハシムシクイ科は小さな科で、旧世界のムシクイ類やミソサザイ類に似た昆虫食性の鳥である。オーストラリアと近傍の島々に分布する。オーストラリアで最小の鳥であるコバシムシクイはこの科に属する。翼も尾も短く、くすんだ色合いで、肢は長めである。

上下の白線にはさまれた、黒いマスクをつけたような顔

11−14 cm
4¼−5½ in

ウグイストゲハシムシクイ
BUFF-RUMPED THORNBILL
Acanthiza reguloides

11 cm
4¼ in

トゲハシムシクイ類はたいてい灰色や褐色、あるいは黄色である。本種はオーストラリア東部に分布し、この科に含まれる他種と同じように、頭部に斑点がある。

マミジロヤブムシクイ
WHITE-BROWED SCRUBWREN
Sericornis frontalis

ヤブムシクイ類はオーストラレーシアの藪に生息している。茶色の種が多いが、この種のように顔に白い模様のあるものもいる。本種はオーストラリアとタスマニア各地に広く分布している。

ホウセキドリ PARDALOTES

ホウセキドリ科はオーストラリアに分布するずんぐりした鳥で、短くがっしりしたくちばしで、樹液を吸うカイガラムシ類を木からついばむ。体色は鮮やか。土手に深いトンネルを掘って営巣する。

8−10 cm
3¼−4 in

ホウセキドリ
SPOTTED PARDALOTE *Pardalotus punctatus*

ホウセキドリ類4種のうち3種には白い斑点がある。本種は極めて活動的な鳥で、オーストラリア南部と東部の乾燥した森林に分布する。

モリツバメ、フエガラスとその仲間
WOODSWALLOWS, BUTCHERBIRDS AND RELATIVES

モリツバメ科の鳥は東南アジアやニューギニア、オーストラレーシアに分布する。小型のスズメ目のなかでも羽ばたかずに帆翔できる珍しい種類で、飛びながら昆虫を捕らえる。オーストラレーシアに生息するフエガラス類や地上性のカササギフエガラスは大きな声で鳴き、知能が高く、雑食性である。

ホオグロモリツバメ
MASKED WOODSWALLOW
Artamus personatus

19 cm
7½ in

黒い顔に太いくちばしの鳥で、オーストラリア内陸部のかなり乾燥した地域に見られる。ほかのモリツバメ類と同じく、大群で集まることが多い。

カササギフエガラス
AUSTRALIAN MAGPIE
Gymnorhina tibicen

34−44 cm
13½−17½ in

オーストラリアに広く分布している。白黒の羽衣は変異が激しい。旋律のあるバリエーション豊富な歌を歌い、ものまねもできる。

カラス、カケス類 CROWS AND JAYS

カラス科の鳥は世界中に見られ、スズメ目で最大級のものが数種含まれる。知能が高く臨機応変な反応のできる鳥で、複雑な社会構造をもち、つがいは強い絆を形成する。カラス類は道具を使用し、遊び行動をすることが知られている。また、おそらく自己認知ができるという報告もある。

33−39 cm
13−15½ in

ニシコクマルガラス
EURASIAN JACKDAW
Corvus monedula

ユーラシア西部と北アフリカに分布する小型のカラス。岩山の穴に営巣し、海に面した崖に見られるが、都会にも現れる。

ワタリガラス
COMMON RAVEN
Corvus corax

56−69 cm
22−27 in

北半球各地の開けた環境に広く見られる。カラス類では最も分布域が広く、またスズメ目では最大の種である。

ムナジロガラス
PIED CROW
Corvus albus

46−50 cm
18−20 in

ワタリガラスに近縁で、くちばしが太い。開けた土地に見られる。アフリカとマダガスカルでは、おそらくカラス科のなかで最も普通に見られる種ということになるだろう。

極めて長い尾

25−30 cm
10−12 in

アオカケス
BLUE JAY *Cyanocitta cristata*

北アメリカに生息する鮮やかなカケスで、絆の固い家族群で生活する。好物のどんぐりを分散し、オーク類の分布拡大に一役かっている。

カササギ
COMMON MAGPIE
Pica pica

46 cm
18 in

ユーラシアに生息し、開けた疎林から半砂漠までの環境に普通に見られる。英名には magpie とあるが、アジアに生息するサンジャク類 (blue magpie) などよりもカラス属 Corvus のほうに近縁。

45−48 cm
18−19 in

ミヤマガラス
ROOK
Corvus frugilegus

ユーラシアに生息し、一年中群れを作っている。顔の皮膚の露出したカラスで、開けた郊外の樹上に巣を作る。

47−52 cm
18½−20½ in

ハシボソガラス
CARRION CROW
Corvus corone

ユーラシアに生息する普通種で、ほぼ単独性のカラス。餌にするものは幅広く、英名が示すように腐肉を食べるが、それ以外に小型の動物や植物性のものも食べる。

ヒメコノハドリ IORAS

ヒメコノハドリ科は雨林に分布し、普通、高い林冠部で活動し、昆虫をついばんでいる。緑色あるいは黄色の体色は森林のなかではカムフラージュ効果がある。雄は複雑な求愛ディスプレイをすることがある。

15 cm
6 in

ヒメコノハドリ
COMMON IORA
Aegithina tiphia

ヒメコノハドリ科のなかでは最小で、分布域が最も広く、熱帯アジアのインドからボルネオまで、各地に見られる。人間の手の入った環境に見られることもある。おわん型の巣を作る。

コウライウグイス類 ORIOLES

旧世界に生息するコウライウグイス科は、モズ類やカラス類に近縁で、林冠に見られ、昆虫や果実を食べる。派手な黄色と黒の羽衣をまとう種が多い。雌は雄よりも緑色がかっているのが普通。

27–29 cm
10½–11½ in

24 cm
9½ in

ニシコウライウグイス
EURASIAN GOLDEN ORIOLE
Oriolus oriolus
ユーラシア西部と中央部の疎林で繁殖し、南に渡ってアフリカで越冬する。

メガネコウライウグイス
AUSTRALASIAN FIGBIRD
Sphecotheres vieilloti
ニシコウライウグイスの近縁種。くちばしががっしりしている。メガネコウライウグイス類は集合性の高い果実食性の鳥である。本種はオーストラリアの北部と東部に見られる。

モズ類 SHRIKES

モズ科には開けた土地に生息する捕食者が含まれる。獲物（昆虫や小型の脊椎動物）を木の棘に刺し、保存する種が多い（これを「はやにえ」という）。大部分はアフリカやユーラシアに生息するが、2種は北アメリカで見られる。

17–18 cm
6½–7 in

セアカモズ
RED-BACKED SHRIKE
Lanius collurio
繁殖地はヨーロッパからシベリアまでで、越冬地はアフリカである。モズ属 *Lanius* の鳥は美しい旋律で鳴く。

メガネモズとその仲間
BUSH-SHRIKES AND RELATIVES

ヤブモズ科の鳥はアフリカにしかいない。大半は、低木の茂る開けた疎林に見られる。先端がカギのように曲がったくちばしで大型の昆虫を捕まえる。

ハジロアカハラヤブモズ
CRIMSON-BREASTED GONOLEK
Laniarius atrococcineus
アフリカ南部に分布する。ヤブモズ科のなかで、羽衣が赤と黒のグループ（gonolek）に属する。

23 cm
9 in

67 cm
26 in

橙赤色のくちばし

サンジャク
RED-BILLED BLUE MAGPIE
Urocissa erythrorhyncha
ヒマラヤから東アジアにかけて分布し、森林に生息する。ほかの鳥の巣を襲ってヒナをさらったり腐肉をついばんだりする。

オウチュウ類 DRONGOS

旧世界の熱帯に生息するオウチュウ科は、黒い体に長い尾の鳥だ。急に飛び立って獲物の昆虫を捕まえる。攻撃性があり、巣を守るために自分よりも大きな種を襲うこともある。

26 cm
10 in

マダガスカルオウチュウ
CRESTED DRONGO
Dicrurus forficatus
マダガスカルに生息。ほかのオウチュウ類と同じく、尾は長く二股で、目は赤い。くちばしのつけねに飾り羽の房があるのが特徴。

メガネヒタキとその仲間
WATTLE-EYES AND RELATIVES

メガネヒタキ科はアフリカに生息する昆虫食性（こんちゅうしょくせい）の鳥のグループである。平たいくちばしは先端が曲がり、つけねには剛毛が生えている。タイランチョウなどのように急に飛び立って獲物をさらう。

メガネヒタキ
BROWN-THROATED WATTLE-EYE
Platysteira cyanea
メガネヒタキ類の名前は目の周囲の赤い皮膚に由来する。本種は普通種で、サハラ以南のアフリカ各地に分布し、疎林に見られる。

13 cm
5 in

ミドリサンジャク
GREEN JAY
Cyanocorax yncas
果実や種子を食べる。南アメリカの個体群と中央アメリカの個体群とはかなり異なっているので、別種に分類すべきだという意見もある。

29 cm
11½ in

オオハシモズとその仲間
VANGAS AND RELATIVES

捕食性のオオハシモズ科には、アフリカに生息するメガネモズ類やマダガスカルに生息するオオハシモズ類などが含まれる。食べるのは無脊椎動物や爬虫類、カエルなどで、くちばしの形状は獲物の種類と採餌テクニックにより異なっており、のみ型、鎌型、短剣型などさまざまである。

20 cm
8 in

モズモドキ VIREOS

モズモドキ科の鳥は、外見的にはアメリカムシクイ類に似ているが、くちばしが若干太めである。カラス類や旧世界に生息するコウライウグイス類のほうに近縁である。昆虫をついばんだり、飛翔中に捕まえたりするが、果実もいくらか食べる。

ズグロモズモドキ
BLACK-CAPPED VIREO
Vireo atricapilla
北アメリカで繁殖してメキシコに渡る。ほかのモズモドキ類とは違い、雌雄の体色が異なっている。雄は頭が黒く、雌の頭は灰色である。

11 cm
4¼ in

エボシネガメモズ
WHITE HELMET-SHRIKE
Prionops plumatus
サハラ以南のアフリカに広く分布する。小さな群れで集まっていることがよくある。鳴き声にはさまざまな種類がある。

オナガ
AZURE-WINGED MAGPIE
Cyanopica cyanus
社会的な鳥で、コロニーで繁殖する。集合性が強く、森林で生活する。2個体群（ポルトガルと東アジア）があり、別種に分けられる可能性もある。

31–35 cm
12–14 in

20 cm
8 in

34 cm
13½ in

カケス
EURASIAN JAY
Garrulus glandarius
アメリカに生息するカケス類よりも旧世界に生息するカラスに近縁。派手な模様の森林性の鳥で、秋にはドングリを貯蔵する習性がある。

アカオオハシモズ
RUFOUS VANGA
Schetba rufa
マダガスカルの森林に見られる普通種。モズににているが、モズ科とは近縁ではない。

12–13 cm
4¾–5 in

アカメモズモドキ
RED-EYED VIREO
Vireo olivaceus
よく鳴く鳥で、北アメリカの個体群は南アメリカに渡り、同じ種の留鳥として暮らす個体と合流する。

シジュウカラ類 TYPICAL TITS

小柄で軽業師的なシジュウカラ科の鳥は、北アメリカ、ユーラシア、アフリカの各地に分布し、森林に見られる。穴の中に巣を設けるのが普通である。しょっちゅう逆さまにぶら下がって、木の葉から昆虫をついばんでいる。また、種子やナッツ類を割って食べる。

12–14 cm
4¾–5½ in

ヤマガラ
VARIED TIT
Poecile varius
針葉樹林や竹林などの森林に見られる。アジア北東部、日本、台湾に分布する。

12–15 cm
4¾–6 in

アメリカコガラ
BLACK-CAPPED CHICKADEE
Poecile atricapillus
好奇心が強く曲芸のようなふるまいをする典型的なシジュウカラ類。北アメリカの普通種。ほかのシジュウカラ類と同じく、種子を貯蔵して後で食べる。

14–16 cm
5½–6½ in

エボシガラ
TUFTED TITMOUSE
Baeolophus bicolor
北アメリカ東に生息。ほかのシジュウカラ類と同じく、昆虫を中心とした餌を種子で補足する。種子を食べる時は、足でしっかりと押さえてくちばしで割る。

14 cm
5½ in

シジュウカラ
GREAT TIT
Parus major
ユーラシアに広く分布する。森林から荒れ地までの生息地に見られ、さまざまな声で鳴く。

11–12 cm
4½–4¾ in

アオガラ
BLUE TIT
Cyanistes caeruleus
ヨーロッパ、トルコ、北アメリカの広葉樹林に見られる普通種。庭の餌台を頻繁に訪れる。

ツリスガラ類 PENDULINE TITS

ツリスガラ科の鳥は小型で針のようなくちばしを備え、アフリカとユーラシアに分布している。アメリカにも1種だけいる。ほとんどの種が、クモの巣やその他の柔らかい素材を用いて涙滴型の巣を作り、たいていは水の上に張り出した枝から吊す。

11 cm
4¼ in

ツリスガラ
PENDULINE TIT
Remiz pendulinus
科のなかでは唯一、ユーラシア各地に広く分布する種。沼沢森林で生活し、巣を振り子のように吊す。

9–11 cm
3½–4¼ in

アメリカツリスガラ
VERDIN
Auriparus flaviceps
ほかのたいていのツリスガラ類とは異なり、球形の巣を作る。米国南部とメキシコに分布し、砂漠地帯の低木林に見られる。

フウチョウ BIRDS-OF-PARADISE

主にニューギニアの雨林に見られるフウチョウ科は、ほとんどが果実食性の鳥である。雄は鮮やかで派手な羽衣を見せて手の込んだ求愛ディスプレイを行う。求愛の儀式にほとんどのエネルギーを費やすので、ヒナを育てるのは雌に任せっきりである。

32 cm
12½ in

コフウチョウ
LESSER BIRD-OF-PARADISE
Paradisaea minor
ニューギニアの北部と西部の各地に分布する。雄は、脇腹に長く伸びた黄色の飾り羽と独特の襟羽とを使って求愛ディスプレイを行う。

脇腹の黄色い飾り羽

サンショクヒタキ AUSTRALIAN ROBINS

サンショクヒタキ科は、ころっとした体つきで頭の丸い昆虫食性の鳥である。英名は Robin だが、European Robin（ヨーロッパコマドリ）や American Robin（コマツグミ）と近縁ではない。オーストラレーシアから太平洋南西部の島々まで分布する。種によっては協同繁殖を行い、若鳥が親を手伝って弟妹の　　　　　世話をする。

13 cm
5 in

オジロオリーブヒタキ
JACKY WINTER
Microeca fascinans
オーストラリアとニューギニア各地に生息し、森林に広く分布する普通種。幅広いくちばしでハエ類を捕まえる。

15 cm
6 in

ヒガシキバラヒタキ
EASTERN YELLOW ROBIN
Eopsaltria australis
オーストラリア東部の森林や庭に見られる普通種。低い枝にとまって地面にいる無脊椎動物を狙い、急に飛びかかってさらう。

エナガ LONG-TAILED TITS

エナガ科はせわしなく動きまわる小柄な鳥で、昆虫を食べる。クモの糸を使って巣材を編んだドーム型の巣を作り、中に羽毛を敷く。ほとんどの種はユーラシアに見られるが、ヤブガラだけは北アメリカに分布している。

14 cm
5½ in

エナガ
LONG-TAILED TIT
Aegithalos caudatus
エナガ科のなかで分布域が最も広い。森林に生息し、ユーラシア北部から中央部にかけて分布する。非繁殖期には集まって落ち着きのない群れになる。

レンジャク WAXWINGS

レンジャク科の鳥はベリー類を食べる。翼の風切羽の先端が赤い。封蝋（wax）を思わせることが英名の由来。3種が含まれ、北アメリカとユーラシアの冷涼な北方林に生息する。

先端が封蝋のように赤い風切羽

先端の黄色い尾

18 cm
7 in

キレンジャク
BOHEMIAN WAXWING　*Bombycilla garrulus*
艶のある滑らかな鳥で、体は赤味を帯びた茶色、下尾筒は栗色である。北方のタイガで繁殖し、ベリー類の実る低木に立ち寄りながら南方へ渡る。

レンジャクモドキ
SILKY FLYCATCHERS

中央アメリカに生息するレンジャクモドキ科には4種だけが含まれる。英名は、近縁のレンジャク類と同様の柔らかい羽衣と採餌様式からつけられた。

レンジャクモドキ
PHAINOPEPLA
Phainopepla nitens
米国南部とメキシコに分布する。疎林ではコロニーで営巣するが、砂漠で繁殖する時はなわばりを形成する。

18–21 cm
7–8½ in

カササギヒタキ MONARCHS AND RELATIVES

カササギヒタキ科は一般的に尾が長く、幅広いくちばしで飛翔中に餌を捕まえる。ツチスドリを例外として、旧世界の熱帯林に見られる種がほとんどで、樹上で生活する。おわん型の巣を作り、地衣類で飾る。

黒い頭部

26–30 cm
10–12 in

赤褐色の上面

アフリカサンコウチョウ
AFRICAN PARADIS
EFLYCATCHER
Terpsiphone viridis
色彩変異が見られるが、雄は全て長い吹き流しのような尾をもつ。サハラ砂漠の南側のサバンナに見られる。

長い尾羽

17–38 cm
6½–15 in

ツチスドリ
MAGPIE-LARK *Grallina cyanoleuca*
オーストラリアに生息する。カササギヒタキ科に含まれる他の種とは異なり、地上でほとんどの時間を過ごし、泥で大きな巣を作る。

オーストラリアのツチスドリ
AUSTRALIAN MUDNESTERS

オオツチスドリ科には2種が含まれる。いずれも社会性の鳥で、地上で採餌する。水平に伸びた枝の上に、草を泥で固めて大きなおわん型の巣を作る。

ハイイロツチスドリ
APOSTLEBIRD
Struthidea cinerea
地上性の鳥で、6〜20羽の群れで生活をする。オーストラリア北部と東部の疎林に見られる。

29–32 cm
11½–12½ in

ヒバリ類 LARKS

ヒバリ科の鳥は茶系の色で、美しい旋律で鳴く。開けた乾燥地帯に見られ、ほとんどはアフリカに生息するが、北アメリカにも1種分布している。ほとんどの種で後趾のカギ爪が長く発達しているが、これには地上で過ごす長い時間、体を支えて安定させる働きがある。

18–20 cm
7–8 in

ハシナガヒバリ
GREATER HOOPOE-LARK
Alaemon alaudipes
肢が長く、くちばしが曲がっている。アフリカ北部と中東の乾燥地帯に生息し、地上を走り回っている。

ハマヒバリ
HORNED LARK
Eremophila alpestris
北アメリカの北極圏内やユーラシアのツンドラで繁殖する。南方へ渡って海岸地帯で越冬する。

14–17 cm
5½–6½ in

18–19 cm
7–7½ in

ヒバリ
EURASIAN SKYLARK
Alauda arvensis
ユーラシア各地の普通種で、イギリス諸島から日本まで見られる。開けた土地に生息し、美しい声で歌いながら飛ぶので有名。

ヒヨドリ類 BULBULS

ヒヨドリ科の鳥は、ユーラシアの温暖地域とアフリカの各地に見られる。ほとんどの種は群居性で騒がしく、果実を食べる。羽衣が柔らかく地味な色合いで、尾の下側に赤や黄色の部分があるものが多い。

23–25 cm
9–10 in

シロガシラクロヒヨドリ
BLACK BULBUL
Hypsipetes leucocephalus
インド、中国、タイの森林に見られる普通種。黒い頭のタイプと白い頭のタイプが存在する。

ほほに赤いパッチ

20 cm
8 in

コウラウン
RED-WHISKERED BULBUL
Pycnonotus jocosus
アジアに生息し、インドからマレー半島まで見られる普通種。疎林に生息する臨機応変な種で、人里近くにも現れる。

ツバメ、ショウドウツバメ類
SWALLOWS AND MARTINS

ツバメ科の鳥は、アマツバメ類に似て翼が長く、尾は切れ込みが深い二股型である。小さく平たいくちばしを大きく開けて、空を飛びながら昆虫を捕まえる。巣は泥で作るか、樹洞や土手の穴の中に作る。

ズアカコシアカツバメ
GREATER STRIPED SWALLOW
Cecropis cucullata
アフリカの草原に生息するツバメ類で、アフリカ大陸の南方で繁殖し、北方に移動して越冬する。

20 cm
8 in

ショウドウツバメ
COLLARED SAND MARTIN
Riparia riparia
ほかのツバメ類と同じく、南に渡って熱帯で越冬する。川の土手にコロニーを作って営巣する。北半球各地に見られる。

12–14 cm
4¾–5½ in

ミドリツバメ
TREE SWALLOW
Tachycineta bicolor
北アメリカに生息し、沼沢森林に生息。餌は主に昆虫だが、補助的にベリー類も食べるので、ほかのツバメ類よりも北方で繁殖ができる。

12–15 cm
4¾–6 in

ツバメ
BARN SWALLOW
Hirundo rustica
世界中で見られ、ツバメ類のなかでは最も分布域が広い。本来は洞穴内で営巣する種だが、今では洞穴だけではなく建物も利用して営巣する。

15–19 cm
6–7½ in

チメドリ、ガビチョウとその仲間
BABBLERS, LAUGHING THRUSHES, AND RELATIVES

チメドリ科とガビチョウ科の鳥は、ムシクイ類やツグミ類に似た特性をもちながら、さまざまな形態に進化した。一般的にムシクイ類よりも社交的で鳴き声が大きく、渡りを行うものは少ない。一部の種は鮮やかな体色をもつ。

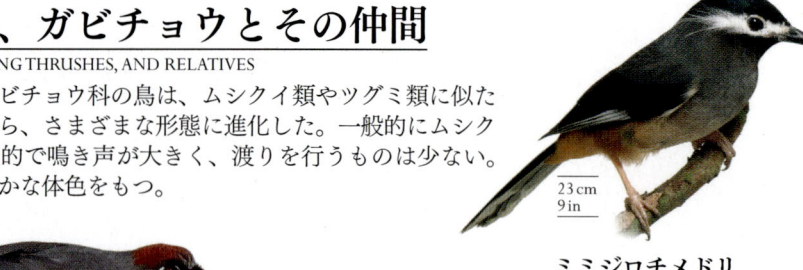

ミミジロチメドリ
WHITE-EARED SIBIA
Heterophasia auricularis

花蜜食性のウタイチメドリ類に属する。本種の分布は台湾に限られる。山地森林で特徴的な鳴き声がよく聞かれる。

23 cm
9 in

アカガシラチメドリ
CHESTNUT-CAPPED BABBLER
Timalia pileata

東南アジアの低木密生地に生息する。水場の近くで、ヒタキ類やほかのチメドリ類と一緒にいるのがよく見られる。

16–17 cm
6½ in

銀灰色の頬

翼に深紅の斑紋

アカオコバシチメドリ
RED-TAILED MINLA
Minla ignotincta

小柄で、シジュウカラに似ている。ネパール、中国、ミャンマーの山地森林に分布し、林冠に生息する騒がしい種。

14 cm
5½ in

ゴシキソウシチョウ
SILVER-EARED MESIA
Leiothrix argentauris

東南アジアに生息し、山地森林に潜んでいる。コバシチメドリ類、ウタイチメドリ類、ガビチョウ類などを含む「鳴きチメドリ類」に属する。

18 cm
7 in

クビワガビチョウ（オオガビチョウ）
GREATER NECKLACED LAUGHING-THRUSH
Garrulax pectoralis

ガビチョウ類は森林性の大型のチメドリで、笑い声のような声で鳴く。混群で移動することが多い。本種はヒマラヤと東南アジアに分布する。

33 cm
13 in

ブユムシクイ　GNATCATCHERS

ブユムシクイ科はアメリカに生息する小柄な昆虫食性の鳥で、ミソサザイに近縁だが、外見はムシクイ類のほうに似ている。ブユムシクイ類には餌をついばみながら尾をぴんと立てるものがいるが、これはミソサザイ類の数種にも共通した行動だ。

12 cm
4¾ in

ブユムシクイ
BLUE-GREY GNATCATCHER
Polioptila caerulea

北アメリカに生息。縁の白い尾をぱたぱた動かして昆虫を追い立てる。ほかのブユムシクイ類とは異なり、雄の頭頂部は黒くない。

キバシリ　TREECREEPERS

キバシリ科の鳥は北半球に分布し、小柄で昆虫を食べる。尾を支えにして木の幹に垂直にとまり、餌をついばむ。下から木を登っていき、上まで行くと次の木の根元に飛んでいくという習性がある。

キバシリ
EURASIAN TREE CREEPER
Certhia familiaris

キバシリ属 *Certhia* のなかでは最も分布域の広い種。イギリスから日本まで、ユーラシア各地に見られ、広葉樹林と針葉樹林に生息する。

13 cm
5 in

旧世界ムシクイ類とその仲間
OLD WORLD WARBLERS AND RELATIVES

旧世界ムシクイ類には、小さなくちばしをもつ昆虫食性の鳥のグループが含まれる。世界各地に広く分布するダルマエナガ科や、マダガスカルに生息するテトラカヒヨドリ科などがその一例だ。低木の茂みや草地、ヨシ原を生息地とする種が多いが、森林に生息するものもいる。全体的に羽毛の特徴が少なく、識別が難しい。

キイロウタイムシクイ
ICTERINE WARBLER
Hippolais icterina

ユーラシアに生息し、疎林に見られる。ヨシキリ科のなかでは鳴き声が音楽的。冬にはアフリカ南部に渡る。

13–15 cm
5–6 in

レモンイエローの下面

スゲヨシキリ
SEDGE WARBLER
Acrocephalus schoenobaenus

ムシクイ類の仲間のヨシキリ類は湿地帯に生息し、ユーラシアで繁殖してアフリカで越冬する。

13 cm
5 in

クサムシクイ
CAPE GRASSBIRD
Sphenoeacus afer

南アフリカの低木地に生息する。ほかの旧世界ムシクイ類から分岐して進化した、古いアフリカに生息するハシナガムシクイ科に属する。

19–23 cm
7½–9 in

ヒバリモドキ
BROWN SONGLARK
Megalurus cruralis

センニュウ科（オオセッカ科とも）に属するオーストラリアに生息する鳥で、開けた環境を放浪する。ヒバリと同じように、むき出しの枝から空に飛び出して獲物を急襲する。

18–24 cm
7–9½ in

ミソサザイモドキ
WRENTIT
Chamaea fasciata

尾をぴんとはねあげた地味な色合いの鳥で、ダルマエナガ科のなかで唯一、新世界に分布する。ダルマエナガ類と近縁とされている。

15 cm
6 in

ダルマエナガ
VINOUS-THROATED PARROTBILL
Sinosuthura webbiana

尾の長いアジアに生息する鳥。ずんぐりしたくちばしで種子を割って食べるが、昆虫食性の旧世界ムシクイ類に含まれるダルマエナガ科に属する。中国と朝鮮半島に分布する。

12 cm
4¾ in

ズグロムシクイ
BLACKCAP
Sylvia atricapilla

ズグロムシクイ属 *Sylvia* の雄には一般的に黒か茶色の模様がある。ユーラシアに広く分布する本種は、雌の頭頂部が茶色である。

14 cm
5½ in

シラヒゲムシクイ
SUBALPINE WARBLER
Sylvia cantillans

ズグロムシクイ属 *Sylvia* の多くと同様、地中海地方の低木林で繁殖し、アフリカで越冬する。

12–13 cm
4¾–5 in

ヒゲガラ BEARDED TIT

本種のみでヒゲガラ科を構成するヒゲガラは、ヨシ原を生きるスペシャリストだ。夏は昆虫を捕食し、冬はヨシの種子を消化するために胃を強化する。

16–17 cm
6½ in

ヒゲガラ
BEARDED TIT
Panurus biarmicus

メジロ類 WHITE-EYES

メジロ科の鳥のほとんどは目の周囲がリング状に白いのが特徴で、互いによく似ている。メジロ科はチメドリ類にかなり近縁で、先端が筆のようになった舌を備え、花蜜食に特化している。

13 cm
5 in

ミミジロカンムリチメドリ
WHITE-NAPED YUHINA
Yuhina bakeri
メジロ科に分類されるカンムリチメドリ類は、花蜜食に適応している。本種はヒマラヤ東部に分布する。

アフリカヤマメジロ
BROAD-RINGED WHITE-EYE
Zosterops poliogastrus
エチオピア、ケニア、タンザニアの隔絶された山岳地帯だけに分布している。地域によって亜種が生息する。

11 cm
4¼ in

ルリコノハドリ FAIRY-BLUEBIRDS

ルリコノハドリ科には2種が含まれ、東南アジアに分布する。林冠で果実（特にイチジク類）を食べている。鮮やかな青い色は雄だけで、雌はくすんだ緑色をしている。

上面に明るい青色の部分

25 cm
10 in

ルリコノハドリ
ASIAN FAIRY-BLUEBIRD
Irena puella
ルリコノハドリ類2種のうちでは分布域が広く、インドからインドネシアまで見られる。サイチョウ類やハト類など、ほかの果実食性の鳥と一緒に採餌することがよくある。

キクイタダキ類 GOLDCRESTS

キクイタダキ科の鳥はスズメ目のなかでも最小の部類に入り、頭頂部の羽根が明るい色をしている。冷涼な北方林に生息し、代謝率が高いため、寝ている時以外は常に餌を食べていなければならない。植物を丹念に探し、柔らかい体の無脊椎動物を見つけると針のようなくちばしでついばむ。

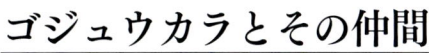

9 cm
3½ in

11 cm
4½ in

キクイタダキ
GOLDCREST
Regulus regulus
キクイタダキ類は全種が針葉樹林に適応している。ユーラシアに生息する本種は、特に足裏に溝が入り、肉厚の趾球が発達していて、針のような葉にしがみつくようになっている。

ルビーキクイタダキ
RUBY-CROWNED KINGLET
Regulus calendula
北アメリカに生息する。頭頂の赤い部分は、羽毛を逆立てるとはっきり見える。これはキクイタダキ類に共通して見られる特徴だ。

ゴジュウカラとその仲間 NUTHATCHES AND RELATIVES

ゴジュウカラ科の鳥は、尾羽の支えを伴わずに木の幹を縦横無尽に駆け回ることができる。これは1種のみでカベバシリ科を構成するカベバシリと同様の特徴で、その機敏さはキバシリ類を上回る。昆虫や種子を食べ、時に木の割れ目に餌を貯蔵する。

カベバシリ
WALLCREEPER
Tichodroma muraria
ユーラシア中央部の山地に生息する。岩場を丹念に探して先の突ったくちばしで昆虫をついばむ。

16–17 cm
6½ in

黒い過眼線

11 cm
4¼ in

14 cm
5½ in

橙褐色の腹面

ゴジュウカラ
EURASIAN NUTHATCH
Sitta europaea
森林に広く分布する鳥で、種子を木の枝の裂け目に押し込み、割って食べる。ほかのゴジュウカラ類も同様の行動をする。

ムネアカゴジュウカラ
RED-BREASTED NUTHATCH
Sitta canadensis
北アメリカに生息し、体型はユーラシアに生息する種と似ているが、雄の色合いはかなり派手。

ミソサザイ類 WRENS

ミソサザイ1種を除き、ミソサザイ科は南北アメリカだけに分布している。ほとんどがよく鳴く種だが、姿は目につきにくい。翼は短く、下生えで昆虫を探す。地面の上で眠る種もいる。

サボテンミソサザイ
CACTUS WREN
Campylorhynchus brunneicapillus
最大のミソサザイ類。カリフォルニアとメキシコの砂漠に見られる。群れをなして地面の上で餌を探す。

ミソサザイ
EURASIAN WREN
Troglodytes troglodytes
ミソサザイ類では唯一、ユーラシアにも分布する種で、北半球各地に広く見られる。地域によって40以上の亜種が記載されている。

10 cm
4 in

18–23 cm
7–9 in

シロハラミソサザイ
BEWICK'S WREN
Thryomanes bewickii
尾の長い種で、乾燥して開けた森林地域に生息する。カリフォルニアとメキシコに分布する。歌のレパートリーが豊富である。

14 cm
5½ in

鳥類・スズメ類

マネシツグミとその仲間
MOCKINGBIRDS AND RELATIVES

マネシツグミ科の鳥は南北アメリカの多くの地域、カリブ海、そしてガラパゴス諸島に分布している。一般的に灰色か茶色で肢のがっしりした鳥で、よく鳴く。一部はものまねをする。

薄い灰色の上面

長い尾

マネシツグミ
NORTHERN MOCKINGBIRD
Mimus polyglottos
北アメリカに生息する鳥で、歌のレパートリーが途方もなく豊富なので有名。昼夜を問わず鳴く。

21–26 cm
8½–10 in

マルハシツグミモドキ
CURVE-BILLED THRASHER
Toxostoma curvirostre
米国南部とメキシコに分布し、乾燥した低木地に生息する。長いくちばしで地中を探って無脊椎動物を探す。

27 cm
10½ in

ネコマネドリ
GREY CATBIRD
Dumetella carolinensis
ミャーオとネコのように鳴くことから名付けられた。北アメリカに生息し、地上で採餌する。中央アメリカやカリブ海で越冬する。

21–24 cm
8½–9½ in

ウシツツキ類
OXPECKERS

ウシツツキ科に属し、アフリカのサバンナ地帯を低空飛行で飛び回る。強い肢の力で大型動物の身体にしっかりつかまって表面についた寄生虫などを食べるが、肢の短さゆえに地上を歩くのは得意ではない。

キバシウシツツキ
YELLOW-BILLED OXPECKER
Buphagus africanus
サハラ以南のアフリカ各地に見られる普通種。大型哺乳類に乗って寄生虫を食べるが、動物の傷口をつつくこともある。

19–22 cm
7½–9 in

ムクドリ、キュウカンチョウ類
STARLINGS AND MYNAS

ムクドリ科の鳥は、集合性が高く騒がしい鳥がほとんどだ。多くは羽衣に艶がありメタリックに輝く。この科は、南アジア・太平洋に生息するムクドリ類（mynaとその仲間）と、アフリカ・ユーラシアに生息するムクドリ類（true starling）とに分けられる。

キュウカンチョウ
HILL MYNA
Gracula religiosa
熱帯アジアの森林に見られる。かごに入れて飼う小鳥として人気がある。旋律のある鳴き声と、ものまねする能力とで有名。

27–31 cm
10½–12 in

カササギムクドリ
WHITE-NECKED MYNA
Streptocitta albicollis
尾の長いカササギのようなムクドリ類で、インドネシアのスラウェシ島や近傍の島々の雨林だけに分布する。通常、つがいでいる。

50 cm
20 in

カンムリシロムク
BALI MYNA
Leucopsar rothschildi
インドネシアのバリ島の雨林だけに見られる。印象的な鳥だが、生息地が破壊され、また捕獲されて取引されるために、絶滅の危機に瀕している。

25 cm
10 in

ヒタキ OLD WORLD FLYCATCHERS AND CHATS

ツグミ類に近縁なヒタキ科は2つのグループに分かれる。幅広いくちばしで飛んでいる昆虫を捕まえるヒタキ類 *flycatcher* と、コマドリ、ナイチンゲールなどを含むノビタキ類 *chat* である。鮮やかな体色の種もいるが、ほとんどは羽衣の大部分が灰色や茶色である。

オオルリ
BLUE-AND-WHITE FLYCATCHER
Cyanoptila cyanomelaena
熱帯アジアに生息する鮮やかな青いヒタキ類に属する。東アジアに生息する本種は林冠近くで採餌する。

18 cm
7 in

ノビタキ
COMMON STONECHAT
Saxicola torquatus
ノビタキ類の代表的な種。小型の昆虫食性の鳥で、直立姿勢で枝にとまり、小石をこすり合わせるような声で鳴く。ユーラシアとアフリカの草原に見られる普通種。

13 cm
5 in

赤褐色の尾のつけね

14 cm
5½ in

ヨーロッパコマドリ
EUROPEAN ROBIN
Erithacus rubecula
ノビタキ類に属する。低木の生け垣や疎林に見られ、ユーラシア西部とアフリカ北部に分布する。イギリスでは庭園でよく見られる。

14 cm
5½ in

ハシグロヒタキ
NORTHERN WHEATEAR
Oenanthe oenanthe
ノビタキ類のなかで、開けた土地に生息する胸の白いサバクヒタキ類に属し、ユーラシア各地に最も広く分布する。アフリカで越冬する。

15–16 cm
6–6½ in

アカハラガケビタキ
MOCKING CLIFFCHAT
Thamnolaea cinnamomeiventris
アフリカに生息する暗色のノビタキ類に属する。岩がちの藪に生息し、人里近くでは人馴れする。

19–21 cm
7½–8½ in

コバネヒタキ
WHITE-BROWED SHORTWING
Brachypteryx montana
ヒタキ科に分類される、地上を走るタイプの鳥。アジアの森林に見られる。本種はヒマラヤからインドネシアのジャワ島まで分布する。

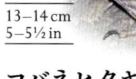

13–14 cm
5–5½ in

シロビタイジョウビタキ
COMMON REDSTART
Phoenicurus phoenicurus
ノビタキに似た鳥で、主にアジアで見られる。英名の *Redstart* は赤褐色の尾に由来。本種はユーラシア西部から中央部にかけて生息し、アフリカ東部に渡る。

14 cm
5½ in

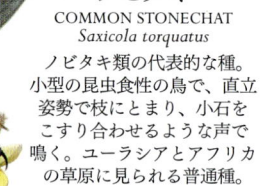

艶のある
青い体

ホシムクドリ
EUROPEAN STARLING
Sturnus vulgaris
ユーラシアに生息するが北アメリカに移入
されている。ムクドリ類の普通種で、群れを
なして空を飛び回った後、集団でねぐらにつく。

22 cm
9 in

セイキテリムク
SPLENDID GLOSSY STARLING
Lamprotornis splendidus
サハラ以南のアフリカに広く
分布している。メタリックに
輝く羽衣が特徴のアフリカに
生息するムクドリ類に属する。

30 cm
12 in

18 cm
7 in

18–19 cm
7–7½ in

エメラルド
テリムク
EMERALD STARLING
Lamprotornis iris
アフリカ西部に生息し、
体色は艶がある。餌は
主に果実、特にイチジク
類だが、アリも食べる。

チャバラテリムク
HILDEBRANDT'S STARLING
Lamprotornis hildebrandti
アフリカ東部に生息する艶の
あるムクドリ類で、樹木の
生えたサバンナに見られ、
地中の大型昆虫を獲物にして
いる。ほかのムクドリ類と
一緒に群れていることが多い。

ツグミとその仲間 THRUSHES AND RELATIVES
ツグミ科の鳥はほとんどが疎林に生息し、地上で獲物を探
し、ミミズやカタツムリ、昆虫などの無脊椎動物を食べる。
世界中に見られるが、大半は旧世界に分布する。音楽的
な歌を歌う種が多い。

22 cm
9 in

オレンジジツグミ
ORANGE-HEADED THRUSH
Geokichl citrina
旧世界のジツグミ属 *Geokichl* の一種で、
森林に生息し、ヒマラヤから
インドネシアのバリ島まで分布する。

16–21 cm
6½–8½ in

ルリツグミ
EASTERN BLUEBIRD
Sialia sialis
北アメリカ東部の鳥で、開けた疎林や
野原の普通種。キツツキのあけた古い
穴に営巣することがある。

オレンジ色の
胸に黒い帯

薄い斑点
のある胸

ムナオビツグミ
VARIED THRUSH
Ixoreus naevius
北アメリカ西部に分布し、針葉樹の極相林に
生息する。公園や庭で越冬する。ほかのツグ
ミ類と同様、落ち葉をかきわけて餌を探す。

19–26 cm
7½–10 in

青い喉に
赤か白の
斑が入る

コンヒタキ
WHITE-TAILED ROBIN
Myiomela leucura
川辺にある森林に生息し、
ヒマラヤからインドシナ半島
まで分布する。通常、驚かさ
れない限り地面近くにいる。

18 cm
7 in

オガワコマドリ
BLUETHROAT
Luscinia svecica
サヨナキドリに近縁。
ユーラシア北部で繁殖し、
アフリカや中東、東南アジアに
渡って越冬する。

20–23 cm
8–9 in

ウタツグミ
SONG THRUSH
Turdus philomelos
ヨーロッパからシベリアに
かけて分布。疎林や庭園で
見られる鳥で、硬い表面を
金床のように使って、
カタツムリの殻を割る。

20–28 cm
8–11 in

コマツグミ
AMERICAN ROBIN
Turdus migratorius
北アメリカに生息。
英名は Robin だが、
ヨーロッパコマドリ
European Robin と近縁
ではない。冬には何千羽も
集まって大集団でねぐらに
つくこともある。

13 cm
5 in

17 cm
6½ in

サヨナキドリ
（ナイチンゲール）
COMMON NIGHTINGALE
Luscinia megarhynchos
ユーラシア西部から中央部
にかけて分布し、低木密生
林に生息する茶色い鳥。
音量豊かな歌で有名。
夜に鳴くが昼間も鳴く。

マダラヒタキ
PIED FLYCATCHER
Ficedula hypoleuca
キビタキ属 *Ficedula* は大きな属で、
主にアジアに生息する。ヒタキ類
flycather の仲間に入れられているが、
実はノビタキ類 chat にかなり近縁で
ある。疎林に生息し、ヨーロッパ
からシベリアまで分布する。

クロウタドリ
EURASIAN BLACKBIRD
Turdus merula
ヨーロッパやアフリカ北部
からインドまで分布し、
疎林に生息する尾の長い
ツグミ。なわばり性が高く、
よく庭を訪れる。

24–29 cm
9½–11½ in

22–27 cm
9–10½ in

ノハラツグミ
FIELDFARE
Turdus pilaris
ユーラシア北部で繁殖し、南方に移動
して越冬する。越冬地では野原に
群れているのが見られる。

コノハドリ類 LEAFBIRDS

コノハドリ科の鳥は果実食性で、東南アジアの森林に見られる。先端が筆のようになった舌で花蜜を吸って食事を補う。雄は体色が特徴的な緑色で、喉は青か黒である。

アカハラコノハドリ
ORANGE-BELLIED LEAFBIRD
Chloropsis hardwickei
美しい声で鳴く鳥で、ヒマラヤ山脈からマレー半島まで分布し、標高の高い森林の林冠に生息する。

ホウオウジャクとその仲間
WHYDAHS AND RELATIVES

テンニンチョウ科には、アフリカに生息するテンニンチョウ類と、近縁のシコンチョウ類が含まれ、カッコウのようにカエデチョウ類の巣に托卵する。ヒナの口周辺の特徴や餌を求める行動が宿主のヒナに似ているため、宿主の親鳥はだまされてしまう。

12–38 cm
4¾–15 in

ホウオウジャク
EASTERN PARADISE WHYDAH
Vidua paradisaea
テンニンチョウ類の典型。繁殖期の雄は尾羽が途方もなく長く伸び、舞い上がってその尾羽をディスプレイする。

ハナドリ類 FLOWERPECKERS

ずんぐりしたハナドリ科の鳥は熱帯アジアとオーストラレーシアに生息するタイヨウチョウ類と近縁である。主に果実を食べるが、タイヨウチョウ類と同じく、花蜜も採る。くちばしが短いところがタイヨウチョウ類と違う。

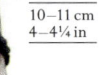

ヤドリギハナドリ
MISTLETOEBIRD
Dicaeum hirundinaceum
10–11 cm
4–4¼ in
オーストラリアに生息。腸が短く、ヤドリギの実がすぐに排泄され、寄生植物であるヤドリギの種子の散布に重要な役割を果たしている。

カエデチョウとその仲間
WAXBILLS AND RELATIVES

カエデチョウ科には、小型で集合性の高い種子食性の鳥が含まれる。鮮やかな色の種が多く、熱帯アフリカやアジア、オーストラリアに見られる。草原や開けた疎林で生活するものが多く、ドーム状の巣を作る。雌雄ともに子育てを行う。

10 cm
4 in

キンカチョウ
ZEBRA FINCH
Taeniopygia guttata
もともとオーストラリアの比較的乾燥した地域に生息。世界中で飼い鳥として親しまれている。

14 cm
5½ in

ムラサキトキワスズメ
PURPLE GRENADIER
Uraeginthus ianthinogaster
アフリカ東部の乾燥した疎林に生息。体の大部分が青いセイキチョウ属 *Uraeginthus* に属する。

10 cm
4 in

オトヒメチョウ
GREEN-BACK TWINSPOT
Mandingoa nitidula
アフリカ西部から南部にかけて見られ、低木密生林に生息する。下面に白い斑点があり、ほかのカエデチョウ類よりも人目につきにくい。

10 cm
4 in

オナガカエデチョウ
COMMON WAXBILL
Estrilda astrild
アフリカ各地に多数が生息する。小柄なカエデチョウ類で、近縁種と同様、せわしなく動きまわる鳥で、開けた土地に集まって草本の種子を食べる。

シマキンバラ
SCALY-BREASTED MUNIA
Lonchura punctulata
南アジアの低木林に普通に見られる。雌雄の外見に差はない。

黒っぽいくちばし

白黒の鱗模様のある腹

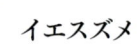

スズメ類 OLD WORLD SPARROWS

スズメ科の鳥はくちばしが太くて短く、種子を食べる。アフリカとユーラシア各地に見られる。いわゆるスズメ類のほかに、ピレネー山脈からチベットまでの山地に生息するユキスズメ類も含む。

15 cm
6 in

イエスズメ
HOUSE SPARROW
Passer domesticus
もともとユーラシアとアフリカ北部に生息していたが、現在は世界中、人間が定住しているところならどこでも生息している。

ブンチョウ
JAVA SPARROW *Lonchura oryzivora*
ジャワ島とバリ島に生息する危急種（訳注：野生では中期的に絶滅の恐れがある種）。農園に頻繁に出没し、穀物を食べるので、害鳥として、かつペット取引の対象として、捕獲され続けている。

16 cm
6½ in

♀

12 cm
4¾ in

♂

ニシキスズメ
GREEN-WINGED PYTILIA *Pytilia melba*
ニシキスズメ属 *Pytilia* の雄は翼の一部が赤く色づいている。本種はアフリカに生息し、ホウオウジャク（*Vidua paradisaea*）に托卵の標的とされる。

ヒノマルチョウ
RED-THROATED PARROTFINCH
Erythrura psittacea
本種が属するセイコウチョウ類は、体の大部分が緑色で、東南アジアから太平洋まで分布する。本種はニューカレドニア島の草原に見られる。

カワガラス類 DIPPERS

カワガラス科は、スズメ目では唯一、水中に潜ったり泳いだりするグループである。防水性の羽毛や、酸素を貯蔵する血液など、水中で過ごす生活様式に適応した形態を有する。

18 cm
7 in

ムナジロカワガラス
WHITE-THROATED DIPPER
Cinclus cinclus
ユーラシアの温帯地方各地に広く分布する。早瀬のそばで繁殖するが、冬には流れの遅い川に移動することもある。

イッコウチョウ
CUT-THROAT
Amadina fasciata
英名は雄の首にある赤い模様が由来。アフリカの乾燥した疎林の普通種で、人里近くでよく見られる。

何色にも彩られた体

紫色の胸

14 cm
5½ in

コキンチョウ
GOULDIAN FINCH
Erythrura gouldiae
セイコウチョウ類に近縁の鮮やかな色合いの鳥。オーストラリア北部に生息する放浪性の種で、絶滅が危惧されている。雄の顔は赤あるいは黒。

タヒバリ、セキレイ類
PIPITS AND WAGTAILS
セキレイ科の鳥は全ての大陸に存在している。開けた土地に生息し、昆虫を食べる。セキレイ類のほとんどは、地味な色合いのタヒバリ類に比べて鮮やかな色で、尾が長めである。セキレイ類のなかには水場のそばに生息するものがいる。

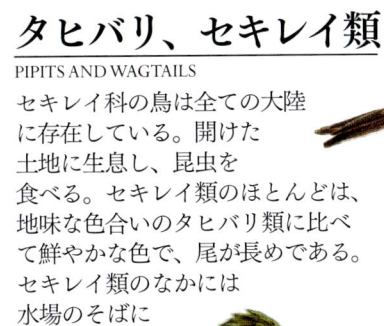

ムネアカタヒバリ
RED-THROATED PIPIT
Anthus cervinus
北極地方のツンドラで繁殖する。繁殖期には喉に色がつき、雄は赤褐色、雌はピンク色になる。

15 cm
6 in

マキバドリモドキ
GOLDEN PIPIT
Tmetothylacus tenellus
開けた低木地と草原に見られる。分布域は、アフリカ東部のスーダンからタンザニアにかけての地域に限られる。

オリーブ色の背中

16–17 cm
6½ in

ツメナガセキレイ
YELLOW WAGTAIL
Motacilla flava
ユーラシアに広く分布する種で、アフリカ、インド、オーストラリアで越冬する。多数の亜種が存在し、そのうちの多くは頭に灰色と黒の模様がある。

黄色の下面

15 cm
6 in

14–17 cm
5½–6½ in

アメリカタヒバリ
BUFF-BELLIED PIPIT
Anthus rubescens
地面を走り回る典型的なタヒバリ類。北極地方のツンドラで繁殖し、ずっと南へ渡って野原や海岸で越冬する。

17–20 cm
6½–8 in

ハクセキレイ
WHITE WAGTAIL
Motacilla alba
典型的なセキレイ類。ユーラシア各地に広く分布し、農地や街中でもよく見られる。

タイヨウチョウ SUNBIRDS
旧世界の熱帯地方に生息するタイヨウチョウ科は、小型で動きの速い花蜜食性の鳥である。アメリカのハチドリ類に似て、長いくちばしが下向きに曲がり、舌も長い。雄は通常、鮮やかな色で、メタリックな艶がある。激しくなわばりを防衛する。

18 cm
7 in

スジムネクモカリドリ
STREAKY-BREASTED SPIDERHUNTER
Arachnothera affinis
クモカリドリ類は地味な色のくちばしの長い鳥である。本種は東南アジアに生息し、この科のほかの鳥と同じように、花蜜を飲むだけではなく無脊椎動物も食べる。

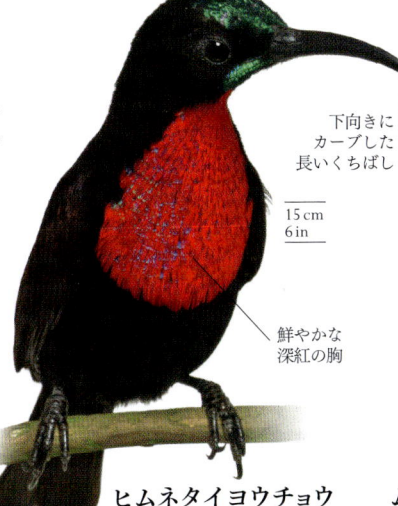

下向きにカーブした長いくちばし

15 cm
6 in

鮮やかな深紅の胸

10 cm
4 in

ヒムネタイヨウチョウ
SCARLET-CHESTED SUNBIRD
Chalcomitra senegalensis
サハラ以南のアフリカの多くの地域に分布する普通種。大型で、木の生えたさまざまな生息地に見られる。

ムラサキタイヨウチョウ
PURPLE SUNBIRD
Cinnyris asiaticus
南アジアに生息するほかのタイヨウチョウ類と同様、ヒナはほとんど昆虫で育てる。雄は繁殖期が過ぎると鮮やかな羽衣を失う。

ハタオリドリ類 WEAVERS
ハタオリドリ科は集合性が高い種子食性の鳥で、凝った巣を作りあげる。通常、巣作りを担当するのは雄だけだ。雌は巣をもとにしてつがいとなる相手を選ぶ。ほとんどの種はアフリカに生息するが、南アジアにも数種が見られる。

15 cm
6 in

クリイロハタオリ
CHESTNUT WEAVER
Ploceus rubiginosus
ハタオリ属 *Ploceus* はハタオリドリ科で最大の属である。本種はアフリカ東部に分布する。

11–13 cm
4⅓–5 in

コウヨウチョウ
RED-BILLED QUELEA
Quelea quelea
世界で最も個体数の多い鳥として広く知られている。アフリカに生息し、膨大な数の個体が群れをなし、作物に深刻な打撃を与えることもある。

アカエリホウオウ
RED-COLLARED WIDOWBIRD
Euplectes ardens
ホウオウ類の雄は繁殖期には体色が黒くなり、種によっては、長く伸びた尾を広げ、飛びながらディスプレイをする。本種はサハラ以南のアフリカに広く分布している。

15–40 cm
6–16 in

10–11 cm
4–4¼ in

オウゴンチョウ
YELLOW-CROWNED BISHOP
Euplectes afer
アフリカに生息し、ホウオウチョウ類に近縁。繁殖期の雄は強烈に鮮やかな模様になる。雌と非繁殖期の雄は、赤か黒の体色である。

イワヒバリ類 ACCENTORS
イワヒバリ科は大半が地上で生活する鳥で、くちばしが細く、ユーラシアに見られる。ほとんどの種は高地に適応し、昆虫を食べているが、冬には低地に降りてきて種子を食べ、餌不足を補う。

ヨーロッパカヤクグリ
DUNNOCK
Prunella modularis
イワヒバリ類には珍しく、低地に生息する。通常は群れになることはない。ユーラシアの温帯地方に広く分布している。

15 cm
6 in

鳥類・スズメ類

フィンチとその仲間
FINCHES AND RELATIVES

アトリ科のフィンチ類はユーラシア、アフリカ、
及び南北アメリカの熱帯地域で多様化している。
細いくちばしで花蜜を吸うものから、がっしり
したくちばしで種子を割って食べるイカル類や
シメ類まで、幅広い食性のものが含まれる。

12 cm
4¾ in

12–13 cm
4¾–5 in

15 cm
6 in

ゴシキヒワ
EURASIAN GOLDFINCH
Carduelis carduelis

ヒワ類は、細く先端が尖ったくちば
しで、アザミ類などの背丈の高い植
物の頭状花から種子を採って食べ
る。本種はユーラシアに広く分布し
ている。

オウゴンヒワ
AMERICAN GOLDFINCH
Carduelis tristis

鮮やかな黄色のヒワ類や
マヒワ類は新大陸、特に南アメリカ
で多様化している。本種は
北アメリカに生息する渡り鳥である。

ズアオアトリ
CHAFFINCH
Fringilla coelebs

ヨーロッパで最も普通に見られる
フィンチ類。北アジア各地にも見
られる。冬にはほかのフィンチ類
とともに餌を探すことが多い。

翼に大きな
白斑

17 cm
6½ in

12 cm
4¾ in

15–17 cm
6–6½ in

イスカ
RED CROSSBILL   *Loxia curvirostra*

イスカ類は、上下が交差した独特の
くちばしで球果（トウヒやマツなどの実）
から種子を取り出す。本種は北半球の
針葉樹林地帯に広く分布している。

キマユカナリア
YELLOW-FRONTED CANARY
Crithagra mozambicus

体の大部分が黄色いアフリカに生息
するカナリア類に属している。
サハラ砂漠の南側に普通に見られる。

ハイガシラハギマシコ
GREY-CROWNED ROSY FINCH
Leucosticte tephrocotis

ウソ類に近縁のハギマシコ類に
属している。北アメリカに生息し、
岩がちの高山に生息している。

キビタイシメ
EVENING GROSBEAK
Hesperiphona vespertina

シメ・イカル類はがっしりしたくちばしで
種子をくだいて食べる。ムネアカイカル類
なども同じ特徴をもつが、それほど近縁
ではない。本種は北アメリカに
生息する種である。

ムクドリモドキとその仲間
AMERICAN BLACKBIRDS AND RELATIVES

ムクドリモドキ科は強いくちばしをもつアメリカに生息する
鳥で、外見的にはクロウタドリに似ているが類縁関係はな
く、フィンチ類に近縁である。たくましいくちばしは開
く力が強いので、硬い食物をこじあけることができる。

21–26 cm
8½–10 in

17–24 cm
6½–9½ in

19–26 cm
7½–10 in

オオクロムクドリモドキ
COMMON GRACKLE
Quiscalus quiscula

北アメリカに生息し、適応能力
が高い。ゴミ捨て場やトウモロコ
シ畑を襲撃する。くちばしの内
側に竜骨状の突起があり、どん
ぐりに切り込みを
入れて割ること
ができる。

28–34 cm
11–13½ in

キガシラムクドリモドキ
YELLOW-HEADED BLACKBIRD
Xanthocephalus xanthocephalus

北アメリカ西部の湿地帯に生息する。
コロニーで繁殖し、おそらく捕食者を
避けるためだろうが、
水上で営巣する。

ハゴロモガラス
RED-WINGED BLACKBIRD
Agelaius phoeniceus

北アメリカの湿地の多い生息地に見られる。
コロニーで営巣する。大型で優位なキガシラ
ムクドリモドキと一緒に繁殖することが多い。

ヒガシマキバドリ
EASTERN MEADOWLARK
Sturnella magna

北アメリカ東部に分布し、開けた
土地に生息する。地上に巣を
作り、草の葉を屋根にする。

19–22 cm
7½–9 in

18–20 cm
7–8 in

黒い頭

15–20 cm
6–8 in

37–46 cm
14½–18 in

オレンジ
色の下面

コウウチョウ
BROWN-HEADED COWBIRD
Molothrus ater

北アメリカの鳥で、多数の卵をスズメ目
のほかの鳥の巣に産みつける。さまざま
な種の宿主がヒナの育て親になる。

ボルチモア
ムクドリモドキ
BALTIMORE ORIOLE
Icterus galbula

春と夏には昆虫やイモムシを
食べるが、冬には食性を変えて、
花蜜やベリー類などを
食べるようになる。

ボボリンク
BOBOLINK
Dolichonyx oryzivorus

地上で営巣する北アメリカの鳥。
空を飛びながら気泡がはじけるような
（「バブリング」）声で歌うことからこの
名がついた。南アメリカ中央部に渡る。

カンムリオオツリスドリ
CRESTED OROPENDOLA
Psarocolius decumanus

コロニーで繁殖する。熱帯アメリカに
生息するほかのオオツリスドリ類と同
様、開けた森林で、枝の先から
つり下がる長い巣を編んで作る。

黄色い額

11 cm
4¼ in

10 cm
4 in

ミドリフウキンチョウ
BLUE-NAPED CHLOROPHONIA
Chlorophonia cyanea
ミドリフウキンチョウ類は
果実食性で、緑色の部分が多い。
本種は南アメリカ各地の森林に
広く分布している。

オジロスミレフウキンチョウ
PURPLE-THROATED EUPHONIA
Euphonia chlorotica
スミレフウキンチョウ類は小柄な
鳥で、主に果実を食べ、特に
ヤドリギの実を好む。本種は
南アメリカ北部に分布する。

14 cm
5½ in

メキシコマシコ
HOUSE FINCH
Carpodacus mexicanus
北アメリカに生息する。
マシコ類はアジアの温帯地域で
特に多様化している。雄は
赤色か薄い色をしている。

20 cm
8 in

20 cm
8 in

ギンザンマシコ
PINE GROSBEAK
Pinicola enucleator
北半球の針葉樹林に見られる。
近縁のウソ類とくちばしの
形状が似ている。

ウソ
EURASIAN BULLFINCH
Pyrrhula pyrrhula
ウソ類はくちばしが短くて頑丈で、頭
ががっしりしている。本種はウソ類で
最も広く分布し、ユーラシアの温帯地
方各地の疎林に見られる。

15–16 cm
6–6½ in

14 cm
5½ in

ベニハワイミツスイ
（イーウィ）
IIWI *Drepanis coccinea*
長いくちばしで花蜜を吸う鳥で、ハ
ワイだけに分布している。山地森林
に適応しており、最大の個体群は
標高の高い地域に生息する。

22 cm
9 in

イカル
JAPANESE GROSBEAK
Eophona personata
目立つ配色の鳥。
シベリアと日本北部の
寒冷な北方林で繁殖し、
中国南部で越冬する。

アメリカムシクイ
AMERICAN WARBLERS

アメリカムシクイ科は昆虫
食性で、旧世界ムシクイ類と近縁ではなく、
フィンチ類に近縁である。南北アメリカ各地に
見られる。熱帯に生息する種は留鳥だが、温帯に
生息する種は渡り鳥である。雄の鮮やかな羽衣は
冬になると生え替わる。

全身が白黒の
縞模様

11–14 cm
4½–5½ in

シロクロアメリカ
ムシクイ
BLACK-AND-WHITE
WARBLER
Mniotilta varia
北アメリカに生息し、ゴジュ
ウカラ類のように木の幹を
登ったり降りたりする。後
趾のカギ爪が長く、樹皮に
しっかりつかまれる。

オオアメリカムシクイ
YELLOW-BREASTED CHAT
Icteria virens
北アメリカに生息し、アメリカ
ムシクイ類にしては大型。昼
間だけではなく夜間にも歌い、
ほかの鳥の鳴き声を真似する。

18 cm
7 in

黄色い体

14 cm
5½ in

13 cm
5 in

11–13 cm
4¼–5 in

キイロ
アメリカムシクイ
YELLOW WARBLER
Setophaga aestiva
北アメリカからカリブ海ま
で広く分布している。多数
の亜種が存在する。

クリイロ
アメリカムシクイ
BAY-BREASTED WARBLER
Setophaga castanea
北アメリカ東部のトウヒ類の森林で
繁殖する。餌であるハマキガ科の
ガの幼虫が豊富にいるかどうか
により、個体数が変動する。

クロズキンアメリカムシクイ
HOODED WARBLER
Setophaga citrina
米国東部の広葉樹林に生息する。
アメリカのジョウビタキ類と同様、
空を飛びながら飛んでいる
昆虫を捕まえて食べる。

ハゴロモムシクイ
AMERICAN REDSTART
Setophaga ruticilla
北アメリカに生息。オレンジ色と黒
の翼と尾をはためかせて昆虫を
追い立て、盛んに餌を集める。
空中でも獲物を捕まえる。

12 cm
4¾ in

12–13 cm
4¾–5 in

15 cm
6 in

13 cm
5 in

11–14 cm
4¼–5½ in

くすんだ
茶色の肢

キタミズツグミ
NORTHERN
WATERTHRUSH
Parkesia noveboracensis
大型で、断ち切られたような
短い尾の鳥。北アメリカに生息。
湿潤な疎林で積もった落葉を
かきわけて餌を探し、水場近く
の低木密生林で営巣する。

オウゴン
アメリカムシクイ
PROTHONOTARY WARBLER
Protonotaria citrea
木の密生した沼沢地に生息する。
アメリカムシクイ類にしては
珍しく、樹洞に巣を作る。
キツツキのあけた古い穴を
利用することもある。

カオグロ
アメリカムシクイ
COMMON
YELLOWTHROAT
Geothlypis trichas
湿地に生息する。北アメリカ
のほかのアメリカムシクイ類と
同じく渡り鳥で、カリフォルニ
アやメキシコで越冬する。

キンバネアメリカムシクイ
GOLDEN-WINGED WARBLER
Vermivora chrysoptera
北アメリカ東部に分布。低木の茂る
開けた土地や農地で繁殖するので
森林伐採による恩恵を受ける。

ホオジロとその仲間 BUNTINGS AND RELATIVES

ホオジロ科に属する旧世界ホオジロ類は、多くが地上で餌を探す種子食性の鳥だ。ホオジロによく似たツメナガホオジロ科の鳥は、新旧世界のどちらにも分布する。肢が短く地上で過ごすことが多く、平原やツンドラ地帯の開けた場所から山岳地帯まで広く生息する。

ズグロチャキンチョウ
BLACK-HEADED BUNTING
Emberiza melanocephala
低木やオリーブの木立に生息する。中東で繁殖しインドで越冬する。

17 cm
6½ in

雄は腹部が黄色く、頭部は黒い

ツメナガホオジロ
LAPLAND LONGSPUR
Calcarius lapponicus
旧世界ホオジロ類に属するツメナガホオジロ類は、後趾の爪が長いことからこの名がついた。本種は繁殖期には北極をとりまくように分布する。

15 cm
6 in

新世界ホオジロ類 AMERICAN SPARROWS

新世界に分布するホオジロ科のひとつ、ゴマフスズメ科の鳥は、実際のスズメ類よりも旧世界ホオジロ類に近い。その類似性はとりわけくちばしの構造に顕著だ。小ぶりで上くちばしが鋭く、種によっては縁が鋭利に尖っている。頭部に帯状の斑や細かい縞模様がある種が多いが、それ以外は体色に大きな違いはない。地上を飛び跳ねながら種子を探して食べる。

ダークグレーの体

ユキヒメドリ
DARK-EYED JUNCO
Junco hyemalis
ユキヒメドリ類は新世界ホオジロ類に属する灰褐色の鳥で、地上で群れる。本種は冬場、庭の餌台によくやってくる。

15–16 cm
6–6½ in

クロキモモシトド
YELLOW-THIGHED FINCH
Pselliophorus tibialis
熱帯に生息する新世界ホオジロ類で、コスタリカとパナマの山地多雨林にしか生息しない。

19 cm
7½ in

ホシワキアカトウヒチョウ
SPOTTED TOWHEE *Pipilo maculatus*
トウヒチョウ類は尾の長い新世界ホオジロ類である。本種は横腹が赤褐色で、北アメリカ各地の低木密生林に見られる。

22 cm
9 in

フウキンチョウ TANAGERS AND RELATIVES

フウキンチョウ科はフィンチ類に近縁な新大陸のグループで、南アメリカの熱帯地方の森林に見られる華やかな彩りのフウキンチョウ類からなる。果実や昆虫、種子や花蜜など、さまざまな食物資源を利用するように進化している。

ミナミカワリヒメウソ
VARIABLE SEED-EATER
Sporophila corvina
熱帯アメリカに生息する、くちばしの短い種子食性のグループに属する。本種は羽衣の模様に変異がある。

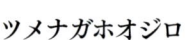

11 cm
4¼ in

マミジロシトド
BLACK-MASKED FINCH
Coryphaspiza melanotis
南アメリカ中央部の草原に生息し、地上で採餌する。本種はフウキンチョウ類に分類されている。

14 cm
5½ in

ズグロミツドリ
GREEN HONEYCREEPER
Chlorophanes spiza
ずんぐりした種で、林冠で生活し、下向きにカーブした丈夫なくちばしで果実を食べる。ほかのフウキンチョウ類との混群がよく見られる。

14 cm
5½ in

アカフウキンチョウ
SCARLET TANAGER
Piranga olivacea
フウキンチョウ属 *Piranga* のほとんどの種では、雄は繁殖期に赤くなる。北アメリカに生息する渡り鳥である。

18–19 cm
7–7½ in

ニシフウキンチョウ
WESTERN TANAGER
Piranga ludoviciana
北アメリカ西部で繁殖し、中央アメリカで越冬する。フウキンチョウ属 *Piranga* では唯一、繁殖期の雄は黄色の部分が広がる。

18 cm
7 in

オオガラパゴスフィンチ
LARGE GROUND FINCH
Geospiza magnirostris
ガラパゴス島に生息する種子食性の鳥。地上フィンチ類だが、地上ではあまり採餌しない

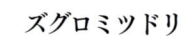

15 cm
6 in

キエリニジフウキンチョウ
GOLDEN-COLLARED TANAGER
Iridosornis jelskii
アンデスの森林に生息するグループに属し、頭に光ったような黄色い部分がある。ペルーとボリヴィアに分布する。

15 cm
6 in

アオバネヤマフウキンチョウ
BLUE-WINGED MOUNTAIN TANAGER
Anisognathus somptuosus
山地雨林に生息する。南アメリカ北部の山地に生息するフウキンチョウ類は、本種を含め、ほとんどは体色が青と黄色である。

18 cm
7 in

17–19 cm
6½–7½ in

ゴマフスズメ
FOX SPARROW
Passerella iliaca
北アメリカ各地に広く分布する大型の種。背中と胸に赤い縞模様が走る。通常、低い植生で採餌する。

目の上に薄灰色の帯が走る

カタジロクロシトド
LARK-BUNTING
Calamospiza melanocorys
北アメリカのプレーリー（平原）に生息する新世界ホオジロ類で、地上に営巣する。

18 cm
7 in

変異しやすい腹部の色。黒や茶、赤の細かい斑が混じる

13–14 cm
5–5½ in

縁が丸味を帯びた長い尾

17–19 cm
6½–7½ in

14–16 cm
5½–6½ in

ミヤマシトド
WHITE-CROWNED SPARROW
Zonotrichia leucophrys
北アメリカに生息し、通常は地面近くの植生や地上に見られる。頭の白黒模様が特徴。

ウタスズメ　SONG SPARROW　*Melospiza melodia*
北アメリカの普通種で、アラスカからメキシコまで分布する。多数の亜種が存在する。旋律的な歌が名前の由来。

チャガシラヒメドリ
CHIPPING SPARROW
Spizella passerina
頭頂部が赤褐色で、北アメリカ各地の開けた疎林に広く生息する。英名はトリルのかかった鳴き声から。

コウカンチョウ
RED-CRESTED CARDINAL
Paroaria coronata
コウカンチョウ属 *Paroaria* の鳥は南アメリカに分布する。本種は開けた疎林に生息する普通種である。

13 cm
5 in

19 cm
7½ in

繁殖期の雄は頭と下面が青い

ルリミツドリ
RED-LEGGED HONEYCREEPER
Cyanerpes cyaneus
熱帯アメリカに生息するルリミツドリ類は花蜜を餌とする。なかでも最も分布域が広い本種は、くちばしが下向きにカーブしている。繁殖期が終わると、雄は雌と同じようなくすんだ緑色の冬羽になる。

アオクビ
フウキンチョウ
BLUE-NECKED TANAGER
Tangara cyanicollis
南アメリカ北部の開けた森林に生息する。フウキンチョウ類のなかでもとりわけカラフルで、虹色に輝く羽衣をもつグループに属する。

13 cm
5 in

ショウジョウコウカンチョウとその仲間　CARDINALS AND RELATIVES
ショウジョウコウカンチョウ科の鳥の多くは太く短いくちばしを備え、ホオジロ類のように種子を食べる。またフウキンチョウ類のように鮮やかな体色の種が多い。ショウジョウコウカンチョウ類とホオジロ類、フウキンチョウ類は、アトリ類から派生して主に新世界に広がった大きなグループに属している。

18–21 cm
7–8½ in

ムネアカイカル
ROSE-BREASTED GROSBEAK
Pheucticus ludovicianus
アメリカに生息するムネアカイカル類に属する渡り鳥。がっしりしたくちばしで、大型の種子や甲虫などの昆虫を食べる。

21–23 cm
8½–9 in

ショウジョウコウカンチョウ
NORTHERN CARDINAL
Cardinalis cardinalis
米国東部とメキシコの留鳥。赤い色は餌から取り入れたカロテノイドという色素による。

緑色の背中

14 cm
5½ in

13 cm
5 in

ゴシキノジコ　PAINTED BUNTING　*Passerina ciris*
米国南部で繁殖し、中央アメリカとカリブ海で越冬する。3色に塗り分けられた派手な体色は雄だけのもの。

ルリノジコ
INDIGO BUNTING
Passerina cyanea
ルリノジコ類のなかで最も分布域が広い。カナダから南アメリカまでわたる。雄は繁殖期のみ青い羽衣をまとう。

哺乳類 MAMMALS

哺乳類は素晴らしい成功をおさめている動物群で、陸上の生息環境のほとんどに陣取り、また、息継ぎのために浮上しなくてはならないとはいえ、深い海まで進出している。だが、ずっと昔からこうだったわけではない。哺乳類が出現したのは2億1,000年前のことで、比較的新しいグループなのだ。

門	脊索動物門
綱	哺乳綱
目	28
科	160
種	約6,300

哺乳類の下顎は単一の骨からなり、頭骨に関節で直接つながっている。そのため、このタスマニアデビルのように、かむ力が強い。

クジラのヒゲ板はケラチンというタンパク質からできている。ヒゲクジラ類はこれを用いて海水を濾し、口の中に餌だけを残す。

母乳を飲むイボイノシシの子どもたち。母乳には、生まれてから最初の数週間に必要な栄養分が全て含まれている。

論点
有袋類は有胎盤類に劣らない

有袋類の特徴は原始的だと言われることがある。子どもが胚のような状態で生まれてきて袋の中で育つ有袋類は、普通の子どもを産む有胎盤類よりも進歩していないというわけだ。だが実際には、どちらの系統も約1億7,500万年前の同じ頃に出現したのである。

哺乳類は、地球の支配的動物として爬虫類に取って代わり、大成功している。この成功をもたらしたのは、複数の適応形質の取り合わせの妙である。爬虫類と同じように、哺乳類も空気呼吸をする。だが爬虫類と違って哺乳類は内温性であり、燃料（食物）を燃やして体温を一定に維持し、温かさを保つことができる。動物は体内で化学反応を行って生命を維持しているが、体温が安定していれば、太陽の熱を吸収して体温を上げたりしなくても、反応を最大効率で行うことができるのだ。また哺乳類特有の特徴として、体毛で体が覆われていることが挙げられる。体毛が熱の損失を抑えるので、寒冷な気候や夜でも活動できる。体毛は生え替わるので、季節に合わせた調節も可能だ。

主題の変奏

哺乳類の骨格は頑強だ。四肢が下にまっすぐ伸びて胴体を支えるので、歩き、走り、跳ねることができる。またこの基本構造をアレンジするとさまざまな適応が可能である。例えば、アザラシやクジラの骨格は遊泳用に、コウモリの骨格は飛翔用に、そして霊長類では木登りと腕渡りができるように特殊化している。頭骨には、強力な顎が備わっている。下顎は単一の骨で構成され、関節で頭骨に直接つながっている。歯については、種々雑多な食物に適応してさまざまなタイプが見られる。また、爬虫類では下顎を構成しているある骨が、哺乳類では新しい役割をもつようになった。耳小骨という3つの骨になったのだ。耳の奥にこの骨があるために、聴力は大いに高まった。頭骨には脳を保護する役割もある。哺乳類の脳はほかの動物よりも大きく、その分、情報処理能力が増大していると考えられる。大きな脳によって高い知性がもたらされるため、哺乳類では学習と記憶の能力はほかに類を見ないほど発達し、複雑な行動も可能になっている。

ただし、こういった能力はすぐに使えるようになるわけではなく、調整するには時間がかかる。哺乳類の子どもはほかの動物よりも長期にわたって親に世話をされ、その間、能力を発達させていくのだ。親の世話は母親が母乳を与えることから始まる。母乳を分泌する乳腺は哺乳類独自の構造で、皮脂腺に由来する。この皮脂腺はもともと分泌物で皮膚を良好な状態に保つためのものだったが、おそらく卵に水分を与える役割もあったと考えられる。母乳を与えるのは哺乳類全体の特徴であり、哺乳類という名前の由来でもある。

熱を逃さない毛皮 ＞
ラッコは冷たい水の中で生活しているが、密に生えた毛皮の中に空気の層が形成されて断熱材として機能し、体を冷やさないようになっている。

哺乳類に属するグループ
哺乳類は大きく3つのグループに分けられる。単孔類、有袋類、そして有胎盤類である。3つめのグループが最も多様性が高く、さらにいくつかのグループに分けられる。

単孔類 >> 508		齧歯類（ネズミの仲間）>> 533	
有袋類 >> 509		ツパイ >> 543	
ハネジネズミ >> 518		ヒヨケザル >> 543	
テンレックとキンモグラ >> 519		霊長類 >> 544	
ツチブタ >> 520		コウモリ >> 562	
ジュゴンとマナティー >> 521		ハリネズミ、トガリネズミ、モグラなど >> 570	
ハイラックス（イワダヌキ）>> 521		センザンコウ >> 573	
ゾウ >> 524		食肉類 >> 574	
アルマジロ >> 525		奇蹄類 >> 602	
ナマケモノ、アリクイ >> 528		偶蹄類 >> 608	
アナウサギ、ノウサギ、ナキウサギ >> 529		クジラとイルカ >> 628	

単孔類（卵を産む哺乳類） EGG-LAYING MAMMALS

単孔類に属する哺乳類は5種だけで、いずれも特殊な口吻をもち、卵を産む。

単孔類にはカモノハシとハリモグラ及びミユビハリモグラが含まれる。ニューギニア、オーストラリア、タスマニアに分布し、生息環境はさまざまだ。

カモノハシもハリモグラも柔らかい殻の卵を産み、卵は孵卵開始後約10日で孵化する。単孔類には乳首はないが母乳を分泌する乳腺はあり、子どもは乳を飲んで育つ。ハリモグラの子どもはしばらく母親の育児嚢の内で過ごし、針が生え始めるころに外に出て、その後はカモノハシの子どもと同様に数か月間を穴の中で過ごす。単孔類の口吻は餌を見つけて食べるのに特殊化している。カモノハシは部分的に水生で、カモのような平たいくちばし表面には感覚器が多数分布しており、濁った水中でも無脊椎動物の存在をつきとめることができる。ハリモグラは陸生で、円筒型の口吻と長い舌はアリやシロアリの巣を探し出して食べるのに最適だ。カモノハシにもハリモグラにも歯はないが、舌の表面に角質の棘があってものを砕くことができる。

名前の意味

「単孔」類というのは文字通り「孔が1つ」という意味で、消化管と泌尿生殖器が合流して総排泄腔という単一の開口部で外部につながっている。

門	脊索動物門
綱	哺乳綱
目	単孔目
科	2
種	5

カモノハシの水かきのある大きな前足は、泳ぐときに推進力を生み出す。後足と尾はかじの役目をする。

カモノハシ DUCK-BILLED PLATYPUS

カモノハシはカモノハシ科の唯一のメンバーである。カモノハシは半水生生活によく適応している。流線型の体は防水性の毛皮で覆われ、足には水かきがあり、尾は平たい。雄の左右の後足には有毒の蹴爪がある。

短い体毛が密に生える

小さな目

敏感なカモのようなくちばし

40—63cm
16—25in

オスには有毒な蹴爪がある

カモノハシ
DUCK-BILLED PLATYRUS
Ornithorhynchus anatinus
東オーストラリア及びタスマニアの川に生息する希少種。柔らかいくちばしの表面に広がる電気受容器を用いて無脊椎動物を狩る。

ハリモグラ ECHIDNAS

ハリモグラ科にはハリモグラとミユビハリモグラが含まれる。ずんぐりした体は毛と棘で覆われ、長い口吻でアリなどの昆虫やミミズを上手に見つけ出す。

身を守る鋭い棘

30—45cm
12—18in

48—63cm
19—25in

ハリモグラ
SHORT-BEAKED ECHIDNA
Tachyglossus aculeatus
オーストラリア、タスマニア、及びニューギニアに広く分布。腹部の育児嚢に卵を1個産む。

ヒガシミユビハリモグラ
EASTERN LONG-BEAKED ECHIDNA
Zaglossus bartoni
単孔類で最大の種。ニューギニア東部の高地森林に生息。

有袋類 POUCHED MAMMALS

有袋類は極めて未熟な子を産み、子は母親の腹部にある育児嚢で成長を完了するのが特徴だ。

有袋類は、砂漠や乾燥低木林から熱帯多雨林まで、さまざまな環境に生息する。ほとんどは陸生あるいは樹上性だが、滑空するものが数種、水生のものが1種、さらに地中生活をするフクロモグラ2種も含まれる。食性も生息環境同様に多岐にわたり、動物食性、昆虫食性、草食性、雑食性のものがいる。花の蜜や花粉を主食とする種もいる。体の大きさも幅広く、極小のプラニガーレは世界最小の哺乳類で体重わずか4.5g、一方、アカカンガルーのオスは90kgを超える。

初期の発生

有袋類の新生児は目も見えず毛も生えていない。母親の毛皮を自力でよじ登って乳首を見つけて吸いつく。約半数の種では、乳首は育児嚢の中にある。一度に1匹の子を産むものもあるが、最大で十数匹も産むものもいる。子が育児嚢内で過ごす期間は、有胎盤類での妊娠期間に当たる。

カンガルーやそのほか数種の有袋類では、育児嚢に既に子が入っている場合、胚の発生を停止させて子宮内への着床を遅らせることができる。育児嚢が空くと、発生が再開される。

7つの目

現在、有袋類は7つの目に分類されている。アメリカ産オポッサム類のオポッサム形目、少丘歯目、チロエオポッサム1種だけのミクロビオテリウム目、オーストラリア産動物食性有袋類のフクロネコ形目、バンディクート類のバンディクート形目、フクロモグラ類のフクロモグラ形目、コアラやウォンバット、オポッサム、ワラビー、カンガルーなど多くのオーストラリア産の種からなる有袋類最大のグループである双前歯目、の7目である。

門	脊索動物門
綱	哺乳綱
目	7
科	18
種	350以上

論点
それほど原始的ではない？

かつて有袋類は原始的だとみなされていた。子が母体内で胎盤を介して十分栄養を与えられるのではなく、発生初期の段階で産み落とされるからだ。だが最近ではこの繁殖戦略は有胎盤類に負けず劣らず進歩したものだと考えられるようになっている。カンガルーは発生段階の異なる胚を2個保持できる。もしもその2個に何か不都合が生じたら、次の受精卵がすぐに発生を開始できる。この戦略のおかげで、有袋類は厳しい環境条件下にあっても迅速に個体数を回復できるのだ。

ケノレステス SHREW OPOSSUMS

ケノレステス科は切歯の数が少ないことでほかのアメリカ産有袋類から区別される。8種はすべて南アメリカ西部のアンデスに生息する。

9–14 cm
3½–5½ in

エクアドルケノレステス
DUSKY SHREW OPOSSUMS
Caenolestes fuliginosus
コロンビア、エクアドル、ベネズエラの高地に分布。下顎の大きな切歯で獲物を殺す。

チロエオポッサム MONITO DEL MONTE

ミクロビオテリウム科の唯一のメンバーであるチロエオポッサムは、寒冷な気候によく適応している。気温が低いときや食物が不足する時には、デイリートーパー（日周期的に体温が低下すること）や季節的な休眠によってエネルギーを温存する。

8–13 cm
3¼–5 in

チロエオポッサム
MONITO DEL MONTE
Dromiciops gliroides
チリ及びアルゼンチンの冷涼な竹林や温帯雨林に分布。密な体毛で体温を保持する。

フクロモグラ MARSUPIAL MOLES

フクロモグラ科はオーストラリア産の2種からなる。短い四肢、強大な爪、角質化した鼻の先端は穴掘り用に特殊化したものだ。耳介はなく、目は機能していない。

11–14 cm
4½–5½ in

ミナミフクロモグラ
SOUTHERN MARSUPIAL MOLE
Notoryctes typhlops
オーストラリア中央部の砂漠や、イネ科スピニフェックス属の草原での地中生活に適応している。

オポッサム OPOSSUMS

オポッサム科に属する新世界オポッサムは、とがった鼻先に敏感なひげが生え、耳には毛がない。多くの種では尾が発達してものをつかめるようになっており、樹上で役に立つ。育児嚢のないオポッサムもいる。

キタオポッサム
VIRGINIA OPOSSUM
Didelphis virginiana
アメリカ産有袋類で最大の種。米国、メキシコ、中央アメリカに分布。草原や温帯林、熱帯林に生息する。

37–50 cm
14½–20 in

20–32 cm
8–12½ in

エクアドルウーリーオポッサム
BROWN-EARED WOOLLY OPOSSUM
Caluromys lanatus
樹上性で単独生活をする。南アメリカ西部及び中央部の湿潤林に生息。

16–28 cm
6½–11 in

ハダカオウーリーオポッサム
BARE-TAILED WOOLLY OPOSSUM
Caluromys philander
南アメリカ東部から中央部にかけて、湿潤な雨林帯に分布し、長く器用な尾を用いて林冠に生息する。

»

≫ オポッサム

11–14.5 cm
4¼–5¾ in

12–22 cm
4¾–9 in

大きな目の
周りは毛の
色が濃い

ものを
つかめる尾

ナミマウスオポッサム
LINNAEUS'S MOUSE OPOSSUM
Murinus murina
南アメリカの森林やパンパス、農場に広く
分布する。夜行性のすばしこい樹上生活者で、
ものをつかめる長い尾をもつ。

ワタゲマウスオポッサム
（マウスオポッサム属の一種）
WOOLLY MOUSE OPOSSUM　*Marmosa* sp.
中央及び南アメリカに生息。育児嚢はなく、体毛は
ウールのように厚い。樹上性で夜間に活動し、雑食性。

ミズオポッサム
WATER OPOSSUM
Chironectes minimus
唯一の水生有袋類で、中央及び南アメリカに生息。
雌雄両方に育児嚢があるのも他に類を見ない。ただ
し水中で密閉できるのは雌の育児嚢だけである。

26–40 cm
10–16 in

9–14 cm
3½–5½ in

エレガントマウス
オポッサム
ELEGANT FATTAILED
MOUSE OPOSSUM
Thylamys elegans
チリに分布。ほかのオポッ
サム数種と同様に、冬が
近づくと尾に脂肪を
蓄積する。

12–14.5 cm
4¾–5¾ in

パタゴニアオポッサム
PATAGONIAN OPOSSUM
Lestodelphys halli
アルゼンチンの低木林やサバ
ンナに生息。オポッサム類の
なかでは最も南に分布する。

親がかりの
子どもたち

目の上には
白い斑紋

20–33 cm
8–13 in

ヨツメオポッサム
GREY FOUR-EYED
OPOSSUM
Philander opossum
前頭部に白い斑紋があり、
目が４つあるように見え
る。メキシコ、中南米に
生息。

12–18 cm
4¾–7 in

ハイイロジネズミ
オポッサム
GREY SHORT-TAILED OPOSSUM
Monodelphis domestica
アルゼンチン、ブラジル、ボリ
ヴィア、パラグアイに分布する
尾の短いオポッサム。森林や
低木林、草原に生息するが、
人家で見られることもある。

フクロアリクイ　NUMBAT

フクロアリクイ科にはフクロアリクイ１種だけが含まれる。
縞模様がよく目立つ。力強い爪でシロアリの巣に穴を
あけ、長く伸びる舌を入れ、シロアリを
つり出して食べる。

フクロアリクイ
NUMBAT
Myrmecobius fasciatus
オーストラリア西部のユー
カリ林などの森林だけに分
布し、シロアリを食べる
のに特殊化している。昼行性。

22–29 cm
9–11½ in

ミミナガバンディクート　BILBIES

ミミナガバンディクート科には２種が含まれて
いたが、チビミミナガバンディクートが絶滅
したので、ミミナガバンディクート１種だ
けになった。乾燥地域に棲むが、食物から
水分を取り入れるので水は飲まなくても
すむ。夜行性。

ミミナガバンディクート
GREATER BILBY　*Macrotis lagotis*
オーストラリア中央部の砂漠に穴を
掘って生息する。絹のような体毛が生え、
３色の尾とウサギのような長い耳をもつ。

30–55 cm
12–22 in

フクロネコ、スミントプシスなど
QUOLLS, DUNNARTS, AND RELATIVES

フクロネコ科には、大型のものから小型のものまで、70種以上の肉食性有袋類が含まれる。強い顎と鋭い犬歯をもち、大きな親指以外の指には鋭いカギ爪がある。

腰と胸に白い帯がある

尾の付け根に脂肪を蓄える

9.5—10.5 cm
3¾—4¼ in

オブトアンテキヌス
FAT-TAILED FALSE ANTECHINUS
Pseudantechinus macdonnellensis
夜行性で昆虫を食べる。先細りの尾の付け根には脂肪を蓄積している。オーストラリア中央部及び西部、岩がちの乾燥した地域に生息。

7—14 cm
2¾—5½ in

チャアンテキヌス
BROWN ANTECHINUS
Antechinus stuartii
雄は最初の繁殖期が終わるとストレスと疲労で死ぬ。オーストラリア東部の森林だけに生息する。

タスマニアデビル
TASMANIAN DEVIL
Sarcophilus harrisii
肉食性の有袋類としては世界最大。タスマニアのさまざまな生息地に分布し、夜に狩りをする。

57—65 cm
22½—26 in

19—24 cm
7½—9½ in

ミスジフクロマウス属の一種
THREE-STRIPED DASYURE
Myoictis sp.
インドネシアとニューギニアの多雨林に生息。体色と模様がカムフラージュ効果を発揮し、林床に溶け込んで目立たない。

12—23 cm
4¾—9 in

ネズミクイ
CREST-TAILED MULGARA
Dasycercus cristicauda
オーストラリア中西部に分布。肉食性で、砂漠や荒れ地、草原などの、乾燥・半乾燥地域に生息。尾に脂肪を蓄える。

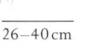

26—40 cm
10—16 in

オグロフクロネコ
WESTERN QUOLL
Dasyurus geoffroii
オーストラリア南西部に分布する夜行性のハンター。主に地上に棲むが木登りもできる。

アカオファスコガーレ
RED-TAILED PHASCOGALE
Phascogale calura
尾には黒いブラシのような毛が生え、付けねは赤い。肉食性で、オーストラリア南西部の森林地帯に分布する。

10.5—12.5 cm
4¼—5 in

5—7.5 cm
2—3 in

7—10 cm
2¾—4 in

フクロトビネズミ
KULTARR
Antechinomys laniger
大きな後足で機敏に跳躍して移動する。オーストラリア南部及び中央部の森林地帯や草原、半砂漠地帯に生息。

トガリプラニガーレ
NARROW-NOSED PLANIGALE
Planigale tenuirostris
平たい頭をしたネズミのような有袋類。夜行性で、オーストラリア南東部の低木地や乾燥した草原に棲む。

5—7.5 cm
2—3 in

ナイリクニンガウイ
INLAND NINGAUI
Ningaui ridei
トガリネズミのように鼻先がとがっている。夜行性で、乾燥したイネ科スピニフェックス属の草原で昆虫を狩る。オーストラリア中央部に分布。

6—9 cm
2¼—3½ in

オブトスミントプシス
FAT-TAILED DUNNART
Sminthopsis crassicaudata
オーストラリア南部の開けた草原に生息する夜行性の小型有袋類。尾に予備の脂肪を蓄える。

バンディクート BANDICOOTS

バンディクート科は雑食性で、オーストラリア及びニューギニアに生息する。後足の第2指と第3指が癒合し、下顎によく発達した切歯が3対あるのが特徴。体毛は短い棘状の剛毛である。

22.5—38 cm
9—15 in

トゲバンディクート
SPINY BANDICOOT
Echymipera kalubu
ニューギニアの森林に生息する。夜行性で昆虫を食べる。口吻は円錐状。体毛は棘状だが尾には毛が生えていない。

28—36 cm
11—14 in

黄色味を帯びた茶色の剛毛

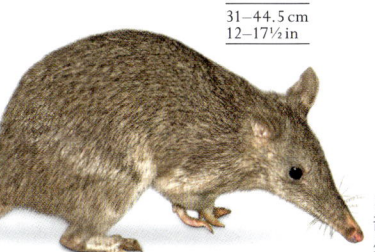

31—44.5 cm
12—17½ in

黒化型の個体

ハナナガバンディクート
LONG-NOSED BANDICOOT
Perameles nasuta
オーストラリア東海岸部の雨林や森林地帯に生息。夜行性で、穴を掘って昆虫を探す。

27—35 cm
10½—14 in

ヒガシシマバンディクート
EASTERN BARRED BANDICOOT
Perameles gunnii
名前の由来は、脇腹から背中にかけてあるクリーム色の縞模様。オーストラリアとタスマニアの草原及び草の多い森林地帯に生息。

チャイロコミミバンディクート
SOUTHERN BROWN BANDICOOT
Isoodon obesulus
バンディクートにしては口吻が短め。オーストラリア南部と、カンガルー島やタスマニアなどいくつかの島に分布。低木の生えた荒れ地に生息。

哺乳類・有袋類

コアラ KOALA

コアラ科唯一のメンバーであるコアラは、強力な前肢、前足・後足ともに向かい合わせになる指、曲がったカギ爪をもち、木登りに熟練している。餌とするユーカリの葉が栄養分に乏しいため、1日で最大20時間は寝ている。

白い耳は
大きくて丸い

密に生えた
体毛

65—82 cm
26—32 in

コアラ
KOALA
Phascolarctos cinereus
オーストラリア東部の森林や森林地帯に生息。ユーカリの葉以外のものはまず食べない。夜行性で、単独生活をする。

長く伸びる
曲がったカギ爪

ウォンバット WOMBATS

ウォンバット科の体はずんぐりして、四肢も尾も短い。大きな前足には長いカギ爪が生え、穴掘りが上手だ。餌にする草は硬いが、強力な顎ですりつぶし、長い腸で消化する。

光沢のある毛皮には
茶色と灰色の
斑点がある

ミナミケバナ
ウォンバット
SOUTHERN HAIRY-NOSED
WOMBAT
Lasiorhinus latifrons
オーストラリア中南部に生息。巣穴を掘って集団で生活するが、餌は単独で食べる。

ヒメウォンバット
COMMON WOMBAT
Vombatus ursinus
オーストラリア南東部の森林やヒースの生えた荒野、海岸部の低木林に見られる。長さ200mものトンネルを掘ることができる。

90—115 cm
35—45 in

84—111 cm
33—43 in

ブーラミス PIGMY POSSUMS

ブーラミス科は小型で夜行性の有袋類で、ものをつかめる尾をもつ。雑食性で、昆虫や果実、花の蜜、花粉などを餌にする。4種はオーストラリア固有種で、1種はオーストラリアとニューギニアに生息する。

10.5 cm
4¼ in

オナガフクロヤマネ
LONG-TAILED PYGMY
POSSUM
Cercartetus caudatus
ニューギニアとクイーンズランド州北東部の温帯雨林に見られる。樹上性。

10—13 cm
4—5 in

くすんだ灰褐色
の背面

ブーラミス
MOUNTAIN PYGMY
POSSUM
Burramys parvus
オーストラリア高地の岩の多い生息地に見られる。地上性。冬期の数か月間は雪に埋まって冬眠する。

リングテイル RINGTAILS AND RELATIVES

リングテイル科にはリングテイルと、キツネザルに似たフクロムササビが含まれる。すべて樹上性で、葉食に特化している。大腸の起点に大きな袋状の部分があり、餌に含まれるセルロースを発酵によって分解する。

ハイイロ
リングテイル
COMMON RINGTAIL
Pseudocheirus peregrinus
敏捷な有袋類で、オーストラリア東部とタスマニアの幅広い生息地に分布。ニュージーランドでは害獣とされている。

29—35 cm
11½—14 in

35—55 cm
14—22 in

トビリングテイル
LEMUROID RINGTAILED
POSSUM
Hemibelideus lemuroides
オーストラリアのクイーンズランド州北東部に分布し、雨林のごく限られた地域のみに見られる。夜行性。

クスクス CUCUS AND RELATIVES

クスクス科には、クスクスやフクロギツネなどが含まれる。多くの種は樹上性で、後足の親指はほかの指と向かい合い、尾でものをつかめる。クスクスの尾は、一部毛が生えていないところがあったり全く毛がはえてなかったりするが、フクロギツネの尾にはふさふさとした毛が生えている。

42–74 cm
16½–29 in

ブチクスクス
COMMON SPOTTED CUSCUS
Spilocuscus maculatus
性的二型（雌雄の外見が異なること）の見られるクスクスで、斑紋はオスだけにある。ニューギニアとオーストラリア北東部の雨林に生息。

強くて曲がったカギ爪

クロクスクス
SULAWESI BEAR CUSCUS
Ailurops ursinus
クスクス類中最大の種で、スラウェシ島などのインドネシア諸島の島々に生息。温帯雨林の林冠で生活する。

47–57 cm
18½–22½ in

大きな目で夜もよく見える

49–54 cm
19½–21½ in

マウンテンフクロギツネ
MOUNTAIN BRUSHTAIL POSSUM
Trichosurus cunninghami
オーストラリア南東部の湿潤な密林に生息。通常は標高300m以上で見られる。

毛のふさふさした尾

33–60 cm
13–23½ in

オポッサムモドキ
SCALY-TAILED POSSUM
Wyulda squamicaudata
オーストラリア北西部のキンバリー地方のみに見られる。夜行性で単独生活をし、1回の産仔数は1匹。

30–47 cm
12–18½ in

クスクス属の一種
CUSCUS
Phalanger sp.
クスクス属はニューギニアと近傍の島々に見られる。種によって生息地の標高が異なり、競争を避けている。

34–45 cm
13½–18 in

フクロムササビ
GREATER GLIDER
Petauroides volans
滑空する有袋類では最大。木から木へ100 m以上も滑空できる。オーストラリア東部に生息。

灰色の体毛

キミドリリングテイル
GREEN RINGTAIL
Pseudochirops archeri
分厚い体毛が黄緑色なのでこの名がついた。オーストラリアのクイーンズランド州北部の雨林のみで見られる。単独性。

32–40 cm
12½–16 in

デインツリーリバーリングテイル
DAINTREE RIVER RINGTAIL POSSUM
Pseudochirulus cinereus
キツネザルに似たリングテイルで、オーストラリアのクイーンズランド州北東部、デインツリー川地域の山地熱帯多雨林に生息。

ものをつかめる尾

34–37 cm
13½–14½ in

フクロモモンガとフクロシマリス
GLIDING AND STRIPED POSSUMS

フクロモモンガ科にはフクロモモンガとフクロシマリスが含まれる（左のフクロムササビや次ページのチビフクロモモンガは別科）。フクロモモンガの前肢と後肢の間には毛の生えた薄い膜がある。フクロシマリスは強烈な臭いを発し、細長く伸びた前足の第四指を木の穴に刺し込んで甲虫を探す。

24–28 cm
9½–11 in

フクロシマリス
STRIPED POSSUM
Dactylopsila trivirgata
外見も臭いもスカンクに似る。夜行性の樹上生活者で、オーストラリアのクイーンズランド州北東部及びニューギニアに生息する。

15–21 cm
6–8½ in

太い尾

体は灰色で、背中に色の濃いすじがある

15–17 cm
6–6½ in

フクロモモンガダマシ
LEADBEATER'S POSSUM
Gymnobelideus leadbeateri
オーストラリアのヴィクトリア州に分布し、高地の湿潤林に見られる。昆虫のほか、樹液や樹脂も食べる。

棍棒のように先が太くなった尾

フクロモモンガ
SUGAR GLIDER
Petaurus breviceps
ユーカリの木の甘い樹液が大好物で、オーストラリア北東部、ニューギニア及び近隣の島々に生息。

フクロミツスイ HONEY POSSUM

フクロミツスイ科唯一の種。ごく小柄で、オポッサムよりも歯の数が少なく、ブラシのようになった長い舌で花の奥を探る。

フクロミツスイ
HONEY POSSUM
Tarsipes rostratus

オーストラリア南西部の荒れ地や森林地帯に生息。花の蜜と花粉を餌とするように特殊化している。

6.5–9 cm
2½–3½ in

長くとがった口吻

チビフクロモモンガ
FEATHER-TAILED GLIDERS

チビフクロモモンガ科には、チビフクロモモンガとアクロバテス・フロンタリス（*Acrobates frontalis*）、ニセフクロモモンガの3種が含まれる。いずれも、尾の左右両側に硬い毛が羽状に生えている。

チビフクロモモンガ
FEATHER-TAILED GLIDER
Acrobates pygmaeus

滑空する有袋類としては最小。オーストラリア東部の森林に棲み、花の蜜を餌とする。

5–7 cm
2–2¾ in

カンガルー、ワラビー、ワラルーなど
KANGAROOS AND RELATIVES

カンガルー、ワラビー、ワラルーはカンガルー科に属する大型～中型の有袋類で、長い後肢でジャンプして移動する。後肢の第1指は退化消失している。第2指と第3指は肉質の鞘で覆われた短いカギ爪状になっていてグルーミングに用いられる。長く伸びた第4指と第5指が体重を支える。

66–92 cm
26–36 in

背中の体毛は赤茶色

アカカンガルー
RED KANGAROO
Osphranter rufus

現生のものとしては最大の有袋類。オーストラリア全土に広く分布し、サバンナや砂漠に生息。

0.7–1.4 m
2¼–4½ ft

ケナガワラルー
COMMON WALLAROO
Osphranter robustus

オーストラリア大陸のほとんどの地域に広く生息。岩が露出したところで日陰を求めているのがよく見られる。

57–108 cm
22½–42½ in

パルマワラビー
PARMA WALLABY
Notamacropus parma

オーストラリアの大分水嶺山脈の山地に分布し、森林地帯に生息。

45–53 cm
18–21 in

スナイロワラビー
AGILE WALLABY
Notamacropus agilis

ワラビーとしては珍しく、オーストラリアとニューギニアの両方に分布し、草原や開けた森林地帯に生息する。

60–85 cm
23½–34 in

アカクビワラビー
RED-NECKED WALLABY
Notamacropus rufogriseus

オーストラリア東南部、及びタスマニア諸島やバス海峡の島々に分布する。海岸地帯の森林や低木林に生息。

長い尾は、休息時には支えとなり、移動時にはバランスを取るのに用いられる

育児嚢の中の子ども

オオカンガルー
EASTERN GREY KANGAROO
Macropus giganteus

オーストラリア東部に広く分布し、乾燥した森林地帯や低木林、潅木地帯に生息。タスマニアに1亜種が分布。

0.9–2.3 m
3–7½ ft

クロカンガルー
WESTERN GREY KANGAROO
Macropus fuliginosus

着床遅延（胚が子宮に着床するのを遅らせること）の見られない唯一のカンガルー。カンガルー島を含めてオーストラリア南部に分布。

0.7–2.2 m
2¼–7¼ ft

ネズミカンガルー POTOROOS

小型の有袋類からなるネズミカンガルー科は、ネズミカンガルー科よりも大型のカンガルー科と多くの共通点をもつ。ただし、カンガルー科とは異なり、ネズミカンガルー科の成体では、鋸歯状の前臼歯は上顎・下顎ともに左右1本ずつである。

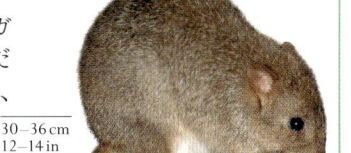

30–36 cm
12–14 in

26–41 cm
10–16 in

ハナナガネズミカンガルー
LONG-NOSED POTOROO
Potorous tridactylus
オーストラリア南東部の荒れ地や森林に分布。頑丈で曲がったカギ爪を用いて、地中の菌類を掘り出す。

フサオネズミカンガルー
BRUSH-TAILED BETTONG
Bettongia penicillata
オーストラリア南西部の森林や草原に生息。器用な尾で巣材をつかんで運ぶ。

ニオイネズミカンガルー RAT-KANGAROO

麝香の香りのするニオイネズミカンガルーは、1種でニオイネズミカンガルー科を構成する。ほかのカンガルーでは退化している後足の第1指をもつことから、比較的原始的だと考えられる。この第1指はほかの指と対向するため、後足でものをつかむことができる。

ニオイネズミカンガルー
MUSKY RAT-KANGAROO
Hypsiprymnodon moschatus
昼行性で、オーストラリアのクイーンズランド州北部の熱帯多雨林に生息し、落果や種子、菌類を食べる。

15–28 cm
6–11 in

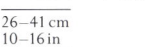

49–69 cm
19½–27 in

34–109 cm
13½–43 in

アカクビヤブワラビー
RED-NECKED PADEMELON
Thylogale thetis
オーストラリア東部の森林に生息するが、夜になると森の端まで出てきて、草や葉、芽を食べる。

29–63 cm
11½–25 in

筋肉質の大腿部

細長い足底

スナイロツメオワラビー
NORTHERN NAIL-TAILED WALLABY
Onychogalea unguifera
中型のカンガルーで、オーストリア北部に広く分布。

タヅナツメオワラビー
BRIDLED NAIL-TAIL WALLABY
Onychogalea fraenata
夜行性のワラビーで、一時は絶滅したと考えられていた。野生の個体群は、オーストラリアのクイーンズランド州の狭い地域に生息するもののみ。

粗く色の濃い体毛

66–85 cm
26–34 in

オグロワラビー
SWAMP WALLABY
Wallabia bicolor
ほかのワラビーに比べて体色が濃い。オーストラリア東部の温帯林、湿地に生息。

31–39 cm
12–15½ in

コシアカウサギワラビー
RUFOUS HARE-WALLABY
Lagorchestes hirsutus
かつてはオーストラリア大陸に分布していたが、現在ではオーストラリア西部にある2つの島に生息するのみ。

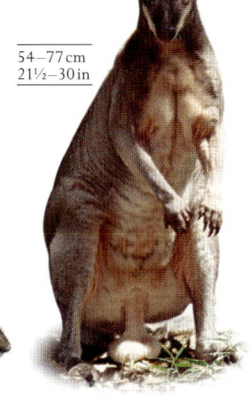

54–77 cm
21½–30 in

オオドルコプシス
BROWN DORCOPSIS
Dorcopsis muelleri
森林に生息する。ニューギニア西部及び3つの島の低地雨林の固有種。

40–54 cm
16–21½ in

クアッカワラビー
QUOKKA
Setonix brachyurus
小型の有袋類で、南東部海岸沖のロットネスト島とボールド諸島に分布。オーストラリア大陸でも希に見られる。

55–78 cm
22–30¾ in

ドリアキノボリカンガルー
DORIA'S TREE KANGAROO
Dendrolagus dorianus
キノボリカンガルーでは最も重く、頻繁に地面に降りてくる。ニューギニアの山地森林に生息。

51–62 cm
20–24 in

オグロイワワラビー
BRUSH-TAILED ROCK WALLABY
Petrogale penicillata
オーストラリア東南部に分布。後肢の足底はざらざらして分厚く、岩場でジャンプする際にグリップがしっかり利く。

赤茶色の背面

50–85 cm
20–34 in

尾でものをつかむことはできない

セスジキノボリカンガルー
GOODFELLOW'S TREE KANGAROO
Dendrolagus goodfellowi
ニューギニアの山地雨林に生息し、葉や果実を食べる。

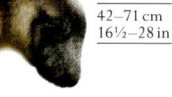

42–71 cm
16½–28 in

カオグロキノボリカンガルー
LUMHOLTZ'S TREE KANGAROO
Dendrolagus lumholtzi
最小のキノボリカンガルー。オーストラリアのクイーンズランド州北部の雨林に見られる。

∨ **ビッグ・ブーマー**
アカカンガルーの雄は「ブーマー」と呼ばれている。雌よりもかなり体が大きく、体重が2倍になることもある。アカカンガルーで赤いのは雄だけで、雌は「ブルー・フライヤー」と呼ばれ、体全体が青みがかった灰色である。雄が雌をめぐって闘っている様子はボクシングの試合のように見える。

ビロードのような鼻

雄は、首と胸の臭腺から出る黒っぽい分泌物をやぶにこすりつけ、優位さを主張する

暑い時は前腕をなめ、皮下の血液を冷やす

肢を曲げて弾力のある腱にエネルギーを蓄え、それを開放して跳躍する

哺乳類・有袋類

アカカンガルー　RED KANGAROO　*Osphranter rufus*

カンガルーはオーストラリアで進化し、ほかの地域ではレイヨウ（偶蹄類）などのグレーザーが占めたニッチを埋めることになった。レイヨウと同様に、カンガルーも胃が大きく大量の草を食べることが可能だ。開けた場所に棲むのはどんな草食動物にとっても危険なことで、カンガルーもレイヨウと同じような適応形質をもち捕食者を避けている。群れ（モブ）で生活し、鋭い感覚をもち、背の高さを生かして周囲の危険を見張るのだ。また、素晴らしいスピードで方向転換もできる。アカカンガルーは最大・最速のカンガルーであり、跳躍スピードは時速50km以上になる。雌だけが育児嚢をもち、子ども（「ジョーイ」と呼ばれる）は7か月間その中で暮らす。アカカンガルーは乾燥によく適応していて、ほかの動物にとっては有毒なアカザ科の塩性低木を餌にすることができる。

体　長	0.7 - 1.4m (2¼ - 4½ ft)
生息地	低木林、砂漠
分　布	オーストラリア
食　性	草食性

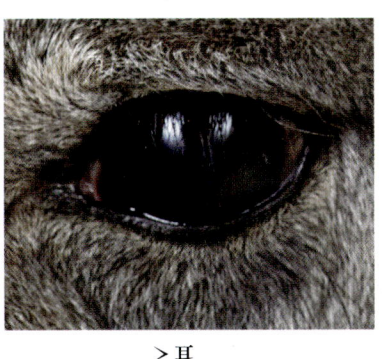

＜目
頭の側部に大きく離れてつき、極めて広い視野を確保する目は、捕食者の存在を感知するのに役立つ。

＞耳
大きな耳は感度がよく、左右を別の方向に回転させて危険が迫っているかどうかを聞き取る。

＜∨ てごわい闘士
オスの胸は幅広く筋肉質だ。闘いでは前肢でライバルにパンチを繰り込むが、最も威力があるのは両後足のダブルキックである。

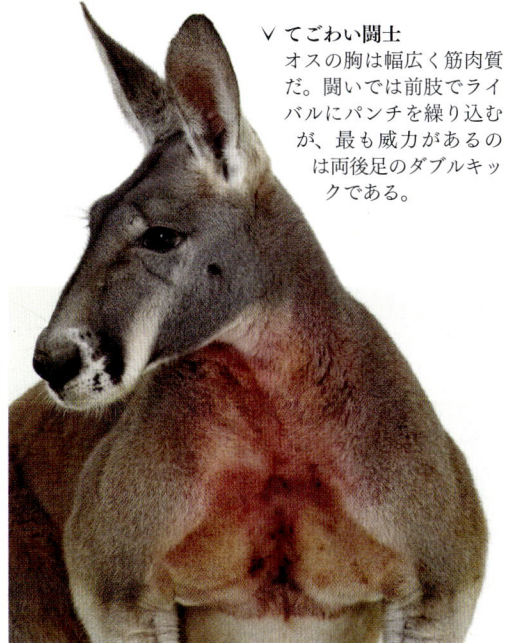

＜∨ 後足
後足には指が4本ある。外側の2本は体重を支え、内側の2本は毛づくろいに用いられる。

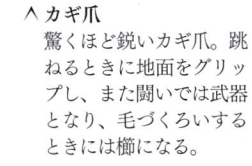

∧ カギ爪
驚くほど鋭いカギ爪。跳ねるときに地面をグリップし、また闘いでは武器となり、毛づくろいするときには櫛になる。

尾は跳躍時、おもりのようにバランスを保ち、立っている時には5番目の肢として体を支える

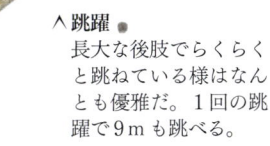

∧ 跳躍
長大な後肢でらくらくと跳ねている様はなんとも優雅だ。1回の跳躍で9mも跳べる。

ハネジネズミ　SENGIS

以前の英名は "elephant shrew"（直訳すると「ゾウトガリネズミ」）で、トガリネズミと同じグループに入れられたこともあったが、現在ではハネジネズミだけで独立の科を構成する。外見上はトガリネズミによく似ているが、類縁関係はない。

　ハネジネズミはよく動く長い鼻が特徴的で、小さな体に長い四肢と尾が備わっている。四つ足をついて歩いたり、特にスピードが要求される時は、跳ねて移動したりする。なわばりを作ってつがいで生活するが、雌雄の間にはほとんど交流がなく、別々の巣を構えることもある。雌雄ともになわばりを防衛し、それぞれ同性の侵入者を追い払う。たいていは日中に活動し、なわばり内に落葉をどかして掃除した通路網を作り、巡回して獲物を探す。この通路は危険が迫った時の逃げ道にもなる。

　アフリカだけに分布し、森林やサバンナから極度に乾燥した砂漠まで、さまざまな生息環境に見られる。岩の割れ目を隠れ家にしたり、乾燥した落葉で巣を作ったりする。大型の種は浅い穴を掘る。

　基本的に昆虫食性だが、クモ類やミミズを食べる種もいる。敏感な鼻で地面の上や落葉の下にある餌を探し当て、長い舌を伸ばして獲物をすくい取って食べる。

生まれてすぐに活動可能に

　種によって異なるが、ハネジネズミのつがいは1年に数回繁殖行動をする。1回に産まれる子の数は少なく、1〜3匹である。産まれた子はよく成熟していて、すぐに活動できるようになる。

門	脊索動物門
綱	哺乳綱
目	ハネジネズミ目
科	1
種	20

論点
独立した目に

以前、ハネジネズミはハリネズミやウサギ、有蹄類などと近縁とされていたが、現在では独立した目を成している。分子系統解析により、ハネジネズミ目に最も近縁なのはアフリカトガリネズミ目（テンレックやキンモグラなど）であると示唆されている。

ハネジネズミ　SENGIS

ハネジネズミ科はアフリカに分布し、砂漠から山地や森林までさまざまな生息環境に見られる。概して昆虫食性で、よく動く長い鼻で獲物を探し出し、舌を使ってひょいっと口に入れる。

前肢より長い後肢

11–12 cm
4½–4¾ in

ヤブハネジネズミ
BUSHVELD SENGI
Elephantulus intufi
アフリカ南部の乾燥した低木地に広く分布。広いなわばりを維持し、同性の侵入者を激しく追い払う。

長く毛の少ない尾

11–13 cm
4½–5 in

ニシイワハネジネズミ
WESTERN ROCK SENGI
Elephantulus rupestris
アフリカ南西部の岩がちな低木地に生息。活動するのは昼間で、隠れ家の岩の割れ目から出てきて獲物を探す。

10–20 cm
4–8 in

アカハネジネズミ
RUFOUS SENGI
Elephantulus rufescens
アフリカ南部と東部に見られる。赤みがかった砂色の長い毛が生え、尾の長さは頭胴長と同じぐらいである。

12.5–15 cm
5–6 in

クロアシハネジネズミ
DUSKY-FOOTED SENGI
Elephantulus fuscipes
アフリカ中央部の暑く乾燥した草原に生息。あまりよく知られていない種で、別属に分けられる可能性もある。

10–12 cm
4–4¾ in

アルジェリアハネジネズミ
NORTH AFRICAN SENGI
Petrosaltator rozeti
アフリカ北部に分布する唯一のハネジネズミ。砂漠に生息する。驚くと尾を打ち振って足を踏みならす。

16–21 cm
6½–8½ in

ヨツユビハネジネズミ
FOUR-TOED SENGI
Petrodromus tetradactylus
アフリカ中央部から南部にかけて分布。湿潤環境のさまざまな生息地に見られる。ハネジネズミのなかでは分布域の広さで1、2を争う。

25–29 cm
10–11½ in

クロアカハネジネズミ
BLACK AND RUFOUS SENGI
Rhynchocyon petersi
大型の種で、アフリカ東部の海岸林に生息する。頭のオレンジ色は、後ろに行くに従って深い赤色になり、尻は黒い。

コミミハネジネズミ
ROUND-EARED SENGI
Macroscelides proboscideus
中型のハネジネズミ。アフリカ南部に分布する。世界で最も乾燥した環境に生息する。厳格な単婚性で、雄は激しくつがいの雌を守る。

10–12 cm
4–4¾ in

丸い耳

テンレックとキンモグラ　TENRECS AND GOLDEN MOLES

アフリカトガリネズミ目は3つの科から成る。キンモグラ科はもっぱら土に潜ってすごす。テンレック科はさまざまなニッチに適応している。ポタモガーレ科は川岸や湿地で生活する。

　アフリカトガリネズミ目に属する種のほとんどはアフリカ本土が原産だが、テンレックはアフリカ以外にマダガスカルにも分布する。キンモグラはどの種も外見はよく似ていて、円筒形の体など、地中生活によく適応する解剖学的特徴を備えている。対照的に、テンレックには多様性が見られ、種によって異なる特徴を備えている。これはさまざまな生息環境に陣取っていることを反映したものだ。熱帯林にはさまざまなテンレックが見られ、地上性のものや半樹上性のもの、地中で生活するものがいる。ポタモガーレは水生で川で生活する。つい最近まで、テンレックとキンモグラは、昆虫食性で外見が似ていることを根拠として、モグラやトガリネズミ、ハリネズミと同じグループに分類されていた。現在では、アフリカトガリネズミ目は独立に進化してきたグループであり、また最も近縁なのはゾウやハイラックス、海牛類であることがわかっている。

珍しい特徴

　かつては、テンレックとキンモグラは原始的な特徴を備えていると考えられていた。例えば代謝率が低く体温が低いことなどだ。だが今では、原始的ではなく苛酷な環境への適応だと認識されている。休眠状態に入るのも同様の適応である。寒冷環境下では最大3日間活動をほぼ停止して、エネルギーを節約するのだ。また、高性能の腎臓を備えているので、水をあまり飲まずにすむ。

門	脊索動物門
綱	哺乳綱
目	アフリカトガリネズミ目
科	3
種	55

バッタをむさぼるサバクキンモグラ。夜に地表に出てきて餌を探す。主な獲物はシロアリだ。

キンモグラ　GOLDEN MOLES

キンモグラは、ヨーロッパ、アジア、北アメリカに分布するモグラ（モグラ科）にも、オーストラリアのフクロモグラ（ノトリクテス形目）にもよく似ている。いずれも穴を掘って地中で生活するという共通点をもっているからだ。キンモグラ科はアフリカ南部に分布し、短い四肢に強力な掘削用のカギ爪、湿気をよせつけない密な毛皮を備えている。皮膚は分厚く、特に頭部でそれが顕著である。目は皮膚に覆われいて全く機能していない。また、耳介はない。

9−11 cm
3½−4½ in

密に生えた
柔らかく
光沢のある毛

ジュリアナキンモグラ
JULIANA'S GOLDEN MOLE
Neamblysomus julianae
南アフリカの乾燥した高地の固有種。通常、砂地にいる。十分にかんがいされた庭に出没することが多い。

9−12 cm
3½−4¾ in

ケープキンモグラ
CAPE GOLDEN MOLE
Chrysochloris asiatica
人目につかないが、南アフリカの一部地域の普通種である。前足のよく発達した第2指を使って穴を掘る。

厚い皮が吻を
保護し地下に潜り
やすくする

7.5−8.5 cm
3−3¼ in

水かきのある足で
土を後方に蹴飛ばす

目は厚い皮膚に
覆われている

ホッテントットキンモグラ
HOTTENTOT GOLDEN MOLE
Amblysomus hottentotus
前足の巨大な第2指と第3指を駆使して、全長200mにも及ぶ複雑なトンネルを掘り、そこで生活する。

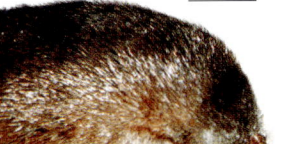

10−14 cm
4−5½ in

サバクキンモグラ
GRANT'S DESERT
GOLDEN MOLE
Eremitalpa granti
世界で最も乾燥した生息環境とも言えるアフリカ南西部の海岸砂丘に棲む。トンネルは掘らずに砂の中を「泳ぐ」ように移動する。

テンレック TENRECS

テンレック科はマダガスカルに分布する。体型はさまざまである。トガリネズミやネズミ、ハリネズミ、などと似るが、いずれとも類縁関係はない。小は5gから大は1kgのものまでいる。概して夜行性で視力は悪く、敏感なヒゲを用いて餌の昆虫を探し出す。

シマテンレック
LOWLAND STREAKED TENREC
Hemicentetes semispinosus

尾のないテンレックで、粗い棘のような毛が生え、体色ははっきりと2色に分かれている。体は黒地に黄色い縞模様、首回りと頭頂部に黄色い剛毛が生える。

10―18 cm
4―7 in

テンレック
COMMON TENREC
Tenrec ecaudatus

大型の陸生のテンレックで、赤茶色の毛と棘が全身に生える。雌には乳首が最大29個もあるが、これは哺乳類全体の最高記録である。

18―35 cm
7―14 in

ヒメハリテンレック
LESSER HEDGEHOG TENREC
Echinops telfairi

体毛が針に変化し、外見はハリネズミとそっくりである。体を丸めてボールのようになるという防衛方法も共通している。

10―17 cm
4―6½ in

先端の白い背中の棘

大きめの耳

コメテンレック属の一種
RICE TENREC
Oryzorictes sp.

地中生活をする種で、よく発達した前肢、長いカギ爪を備えている。目と耳は小さい。湿地や田んぼで大増殖することがある。

10―12 cm
4―4¾ in

ハリテンレック
GREATER HEDGEHOG TENREC
Setifer setosus

マダガスカルに広く分布し、街中でも見られる。食性は幅広く、昆虫やミミズから死体や果物まで餌にする。

14―23 cm
5½―9 in

鋭いカギ爪

ツチブタ AARDVARK

ツチブタ科唯一の種であるツチブタは、穴掘りに特化した特徴を備えている。背中は丸く、厚い皮膚に長い耳、鼻は筒状に伸びている。

ツチブタの指（前肢に4本、後肢に5本）には平たい爪が生えている。これを使って穴を掘り、昆虫の巣を発掘する。餌の居場所は鋭い嗅覚で感知する。

細長く薄い舌で一度に大量の昆虫を捕まえる。歯が極めて独特で、それが独立した目に分類される主な理由の1つである。生まれた時には顎の前方に切歯と犬歯があるが、そのうち抜け落ち、新しい歯は生えてこない。後方の歯はエナメル質を欠き、歯根がなく、一生涯伸び続ける。

門	脊索動物門
綱	哺乳綱
目	管歯目
科	1
種	1

ツチブタ AARDVARK

サハラ以南のアフリカに分布し、サバンナや低木林地に生息する。単独で行動し、夜行性である。強力な前肢には平たい爪が生え、それを使ってアリやシロアリの巣を発掘して食べる。

ツチブタ
AARDVARK
Orycteropus afer

本来の肌の色は黄色味がかっているが、穴を掘って餌を探すため、土にまみれて赤くなっていることが多い。皮膚には剛毛がまばらに生えている。

0.9―1.4 m
3―4½ ft

背中の部分は毛の色が比較的明るい

先の鈍いシャベルのような爪が長く伸びる

ジュゴンとマナティー
DUGONG AND MANATEES

海牛目は小さなグループで、完全に水生である。植物食性で、沼地や河川から干潟や海の沿岸部など、熱帯のさまざまな生息地に分布する。

海牛類は水中生活に最高に適応している。前肢は平たくかいのようで、かじ取りに適している。後肢は外からは見えず、痕跡的な骨が2本、筋肉中に残っているだけだ。体は流線型で、平たい尾で推進力を生み出す。皮下脂肪層が断熱材の役割をするが、脂肪による浮力は骨の密度が高いために相殺されている。肺と横隔膜は背骨の後端まで伸びている。その結果、海牛類の体は流体力学的に優れたものになり、動きはゆっくりしているが、水中での位置を細かく調整することができる。4種が現存するが、いずれも絶滅の危機に瀕している。

門	脊索動物門
綱	哺乳綱
目	海牛目
科	2
種	4

ハイラックス（イワダヌキ） HYRAXES

毛皮に包まれたずんぐりした体つきのハイラックス。現存するのはイワダヌキ目のハイラックス科だけだ。かつて、ハイラックスは旧世界で主要な陸生植物食性動物として栄えたが、現在ではわずか5種が残るのみだ。

ハイラックスの化石はアジア、アフリカ、ヨーロッパの各地から見つかっている。絶滅種では背中の高さが90cmを超えるものもあった。

門	脊索動物門
綱	哺乳綱
目	岩狸目
科	1
種	5

たいていのブラウザーやグレーザーとは異なり、ハイラックスは切歯ではなく臼歯で草を切断してから咀嚼する。比較的消化しにくい餌を食べるため、複雑だが効率的な消化系を備えており、硬い植物質は腸内のバクテリアが分解してくれる。

体温をあまりコントロールできないなど、原始的な哺乳類の性質を有する。また、ゾウと共通した特徴もいくつかある。上顎の切歯が短い牙のように伸びること、足裏が肉質のクッションになっていてかつ敏感なこと、脳の機能が優れていることなどである。

ジュゴン DUGONG

ジュゴン科に含まれるのは1種だけだ。ジュゴンは海に棲むゆったりした動きの植物食性動物で、餌場は海草（海中に生息する種子植物）の群落である。下向きになった筋肉質の吻で海草を引き抜いて食べる。

ジュゴン
DUGONG
Dugong dugon
インド太平洋海域、特にオーストラリア周辺に分布。体は円柱状で背鰭や後肢はない。尾には鯨に似た水平な尾鰭がある。

2.5－3 m
8¼－10 ft

マナティー MANATEES

マナティー科はジュゴン科よりも吻が短い。また尾の形も異なり、鯨型ではなく、かいのような形をしている。1日のほとんどを水中で眠って過ごし、20分ごとに浮上して呼吸をするというのんびりした生活を送っている。

アマゾンマナティー
AMAZONIAN MANATEE
Trichechus inunguis
淡水産のマナティーで、アマゾン流域に分布する。胸にはっきりした白斑があるのが特徴。

2－3 m
6½－10 ft

フロリダマナティー
FLORIDA MANATEE
Trichechus manatus latirostris
アメリカマナティーの亜種。海牛類で最大。米国南東部の淡水及び沿岸海域に生息する。海草を食べる。

2.5－3.9 m
8－12¾ ft

アンティルマナティー
ANTILLEAN MANATEE
Trichechus manatus manatus
アメリカマナティーの亜種。メキシコからブラジルにかけて分布。フロリダ産の亜種に比べて体が小さく、フロリダ産のものよりも海岸から奥に入り込む傾向がある。

2.5－3.9 m
8－12¾ ft

ハイラックス HYRAXES

イワダヌキ科（ハイラックス科）は、ずんぐりした体で尾の短い植物食性動物で、アフリカと中東に分布する。寒い時に日光浴をしているのがよく目撃される。寄り集まって暖をとっていることもある。暑い時には日陰に入る。このような行動で、体温調節を効果的に行っているのだ。

44－57 cm
17¼－22½ in

長く絹のような体毛

短い吻

ニシキノボリハイラックス
WESTERN TREE HYRAX
Dendrohyrax dorsalis
半樹上性のハイラックスで、体色は黒っぽいのが普通。アフリカ西部及び中央部に分布する。腰から尻にかけて目立つ白斑がある。

32－56 cm
12½－22 in

キボシイワハイラックス
BUSH HYRAX
Heterohyrax brucei
アフリカ各地の岩場に分布し、24の亜種がいる。餌は草や果実だが、小型の脊椎動物を捕まえて食べることもある。

32－60 cm
12½－23½ in

ミナミキノボリハイラックス
SOUTHERN TREE HYRAX
Dendrohyrax arboreus
アフリカ南部に分布。木登りが上手。たいてい木の洞に棲んでいる。夜、なわばりを主張して鋭い鳴き声を上げるので有名。

39－58 cm
15½－23 in

ケープハイラックス
ROCK HYRAX
Procavia capensis
アフリカと中東に分布。コロニーを作り、長時間、日光浴をする。分厚い足裏は湿って弾力があり、つるつるした岩の表面でも滑らない。

⌃ 高い知的能力
ゾウの記憶力が高いことは以前
から知られていたが、それだけで
はなく、問題解決能力があり、道
具を使い、感情を表出し、
他個体と協力することも
わかってきた。
陸生の動物のなかでも
知的能力の高さは
最高クラスである。

ゾウのよく動く
「鼻」は鼻と上唇が
長く伸びたものだ

アフリカゾウ（サバンナゾウ）

AFRICAN SAVANNA ELEPHANT *Loxodonta africana*

成熟した雄のアフリカゾウは陸上の哺乳類では最大であり、例外的なケースではあるが重さ10トンになることもある。頭部（脳や眼以外に鼻、耳、歯や牙を含む）だけでも400kgを超える。雌は雄よりも小柄で、優位の雌とその血縁個体や子どもを含む強く結びついた群れを形成する。雄は雄で年長者が率いる群れを形成するが、群れの結束力は弱い。繁殖期に発情すると雄は個別に行動する傾向が強くなり、受け入れてくれる雌をめぐって争うようになる。ゾウの寿命は長く、60歳をゆうに超えることもある。

眼 ∨
長いまつげで守られた小さな眼は、頭部の横についている。明視距離はわずか10mしかないが、他の感覚が補っている。

鼻の皮膚 ∨
鼻の皮膚には根元から先端部まで感覚毛が生え、触覚の精度を高めている。

耳 ＞
大きくて薄い耳介は体温調節に役立ち、また怒りなどの感情表現にも用いられる。

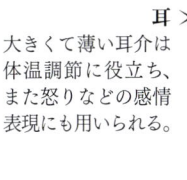

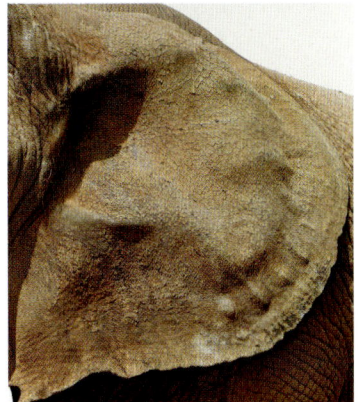

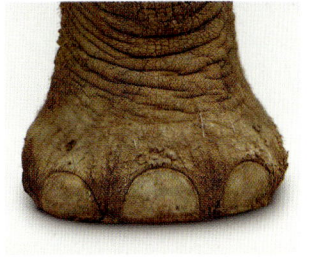

∧ 敏感で器用な鼻の先端
鼻の先端は上下が突出している。この部分は指のように非常に敏感かつ器用で、ピーナッツほど小さいものまでつまむことができる。

尾
＜ 昆虫を追い払うのに尾を使う。左右に振って空気の渦を作り、虫がゾウの皮膚にとまれないようにする。とまった虫は叩き潰す。

∧ 足
足の裏には感覚器官があり、遠く離れたところから地面を伝わってくる低周波をキャッチすることができる。

牙は第2切歯が長く伸びたものである

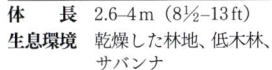

眼と耳の間にある臭腺はゾウ特有のもので、雌雄両方にある

体　　長	2.6–4m（8½–13ft）
生息環境	乾燥した林地、低木林、サバンナ
分　　布	主にサハラ以南のアフリカ東部及び南部
食　　性	葉、根、樹皮、果実、種子

巨体だが鈍重ではない ＞
大きな体がほぼまっすぐ下に伸びた四肢に支えられている。この体つきからすると動きは鈍そうに見えるが、時速24kmの速さで突撃することもできるのだ。

大きな腹腔には約19mの長さの腸が収まっている

ゾウ　ELEPHANTS

陸上の動物のなかでは最大のゾウ。巨大な体躯、長く器用な鼻、大きな耳、カーブを描く象牙が特徴だ。

　長鼻目唯一のメンバーであるゾウは、熱帯アフリカ及びアジアの草原や森林に生息している。時には5tを超える体重を支えるように、骨格は特殊化している。四肢の骨は極めて頑丈で、指は目一杯広げられ、足裏には結合組織が発達してクッションのようになっているのだ。巨体を維持するためには膨大な量の食物が必要で、ゾウは毎日16時間かけて250kgもの植物をたいらげる。

耳、鼻、口

　ゾウの筋肉質の「鼻」は、鼻と上唇が融合したものだ。驚くほど器用で、ほんの少しの食物を握ることもできる。また、水を吸い込んだり、泳ぐ時にはシュノーケルのようにも使える。鼻の感覚器官は臭いや震動などを感じ取り、コミュニケーションにも役立つ。大きな耳もまたコミュニケーションに使用される。例えば耳を広げるのは怒っているというサインである。ひっきりなしに耳をはためかせるのは熱を発散するためだ。牙は切歯が発達したもので、一生伸び続ける。牙は木の根や塩を掘り出したり、障害物をどけたり、なわばりをマーキングしたりするのに使われる。

社会構造

　ゾウは雌雄で社会的行動が異なっている。雌は血縁のある個体が集まって子どもを含めた血縁集団を形成する。年長の女家長がこの群れを率いる。雄は短期間に限り他個体と一緒に行動することもあるが、繁殖期には、ちょっとでも邪魔になるライバルがいると闘う。

門	脊索動物門
綱	哺乳綱
目	長鼻目
科	1
種	3

論点
2種、それとも1種？

従来、アフリカに生息するゾウは1種とされていたが、現在ではサバンナゾウとマルミミゾウの2種に分けられている。当初は身体的な相違点に基づいて別種とされたが、その後、分子系統解析による十分な証拠も得られている。だが、分布域が重なる地域では交雑もありうることを根拠として、2種への分割に異議を唱える研究者もいる。

ゾウ　ELEPHANTS

ゾウ科には絶滅したマンモスと現生のゾウが含まれる。巨大な植物食獣で、長い鼻と大きな耳を備え、皮膚は厚くて牙がある。鼻は餌を採ったり水を飲んだりするのに使われる。また水浴びや他個体との社会的なやりとりにも鼻が活躍する。ゾウはトランペットのような咆哮から超低周波の震動まで、多くの音を用いて遠く離れた相手とコミュニケーションをとる。

2.4—3.4 m
7¾—11 ft

半円形の爪

アジアゾウ
ASIATIC ELEPHANT　*Elephas maximus*
家畜化されて森林での作業や儀式などに使役される。アフリカのゾウに比べて耳が小さく、背中は腰が下がったカーブを描く。雌には普通、牙はなく、雄のなかにも牙のない個体がいる。

2.6—4 m
8½—13 ft

大きな耳

長くカーブした牙

アフリカゾウ（サバンナゾウ）
AFRICAN SAVANNA ELEPHANT
Loxodonta africana
アフリカに分布。陸上の動物としては世界最大。頭部と耳は巨大で、よく発達してカーブした牙は雌雄いずれにもある。

1.6—2.9 m
5¼—9½ ft

筋肉質の鼻

マルミミゾウ
AFRICAN FOREST ELEPHANT
Loxodonta cyclotis
前肢の爪は5つ、後肢の爪は4つある。アフリカゾウ（サバンナゾウ）よりも小柄で、牙は比較的まっすぐ伸びる。アフリカ中央部の熱帯林に生息する。

アルマジロ　ARMADILLOS

哺乳類には珍しいよろいのような鱗が特徴的なアルマジロ。形や大きさ、色の異なるさまざまな種が含まれる。全て南北アメリカ産である。

アルマジロは被甲目唯一のメンバーで、さまざまな生息環境に見られ、主に昆虫などの無脊椎動物を食べる。四肢は短いが走るのは速く、強力な爪で穴を掘って隠れ、捕食者を避ける。背面全体が、骨のように硬い鱗甲板からなるよろいで覆われている。たいていの種では、肩と腰の部分は固定した甲で覆われ、肩と腰の間には背中から脇腹にかけて数本の帯状の鱗甲板が走る。帯と帯との間は柔軟な皮膚がつないでいる。帯の数は種によって異なる。このような構造を生かしてボール状に体を丸め、毛の生えた傷つきやすい腹面を防

御する種もいる。アルマジロには天敵はほとんどいない。狩猟の対象とされ生息地が失われているのにもかかわらず、分布域を拡大している種もいる。

重いよろいをまとってはいるが、アルマジロは泳ぎが上手だ。胃腸に空気をためて浮力を増し、少々の水場なら渡れる。また、数分程度なら呼吸を止めて水中に潜れるので、泳ぐのではなく川床を歩いて渡ることもできる。

習性

ほとんどのアルマジロは夜行性だが、日中にもちょくちょく姿を見せる。概して単独行動で、他個体と交渉をもつのは繁殖期だけだ。雄はライバルに対する攻撃性を見せることもある。

門	脊索動物門
綱	哺乳綱
目	被甲目
科	2
種	20

一般に信じられているのとは違って、アルマジロならどれも、ボールのように丸まって防御するわけではない。この体勢がとれるのは、ミツオビアルマジロ属だけだ。

哺乳類・アルマジロ

アルマジロ　ARMADILLOS

被甲目のなかで現存しているのは南北アメリカに分布するアルマジロ科だけだ。骨のように硬い鱗甲板が背面を覆っている。鋭い爪を使って、地中の無脊椎動物を探したり穴を掘ったりする。約20種いるが、なかには危険が迫るとボール状に丸まって、柔らかくて傷つきやすい、毛が生えただけの腹部を守ろうとするものもいる。

尾は体に比例して長くなる

24－57 cm
9½－22½ in

ココノオビアルマジロ属の一種
LONG-NOSED ARMADILLO
Dasypus sp.
7種を含むこの属のアルマジロは日陰になった岩場に生息する。ほかのアルマジロと違い、荒く黄色味がかった毛が主に腹部に生える。

長く尖った鼻で餌を探す

よく発達した爪

20－30 cm
8－12 in

ケナガアルマジロ
ANDEAN HAIRY ARMADILLO
Chaetophractus vellerosus
よろいの間から多量の毛が生えるのが珍しい。南アメリカに分布し、標高の高い草原に棲む。肉とよろいのために狩猟の対象とされる。

26－40 cm
10－16 in

アラゲアルマジロ
LARGE HAIRY ARMADILLO
Chaetophractus villosus
南アメリカ南部の乾燥した生息地に分布。背中には18本ほどの帯状の鱗甲板があり、その間から粗く長い毛が生えている。

22－31 cm
9－12 in

ピチアルマジロ
PICHI
Zaedyus pichiy
小型で色の濃いアルマジロで、背中のよろいは厚い。脅かされると穴にはまり込み、のこぎりの歯のような鱗を見せて身を守る。

40－50 cm
16－20 in

ムツオビアルマジロ
SIX-BANDED ARMADILLO
Euphractus sexcinctus
ほかの多くのアルマジロに比べ、昼間の活動性が高い。茶色がかった黄色をしている。草原や森林で餌を探し、植物や動物を食べる。

鱗甲板の帯が並ぶ黒っぽい背面

11－15 cm
4½－6 in

ヒメアルマジロ
PINK FAIRY ARMADILLO
Chlamyphorus truncatus
アルゼンチン中央部に分布するごく小さなアルマジロ。主に地下で生活し、さらさらした砂の中を「泳ぐ」ように移動する。すりむけないように、頭もよろいで覆われている。

30－38 cm
12－15 in

ピンク色の丸い耳

パナマスベオアルマジロ
NORTHERN NAKED-TAILED ARMADILLO
Cabassous centralis
中央及び南アメリカ産。尾にはよろいがない。体を防御する分厚いよろいに頼って捕食者からの攻撃をかわすことが多い。

0.75－1 m
2¼－3¼ ft

オオアルマジロ
GIANT ARMADILLO
Priodontes maximus
最大のアルマジロで、丈夫なよろいをまとい、前足のカーブした長い第3指を使って、餌を掘り出したり身を守ったりする。

ムツオビアルマジロ
SIX-BANDED ARMADILLO *Euphractus sexcinctus*

名前は「ムツオビ」だが、胴体の中央部にある帯は6本とは限らず、7本あるいは8本になることもある。体の上部は頑丈な鱗甲板で覆われている。鱗甲板は、皮膚内に板状の骨ができ、その外側を角質層が覆ったものだ。帯状の鱗甲板は蛇腹のようになっていて可動性を与えている。アルマジロのなかには体を丸めて完全なボール状になる種もいるが、ムツオビアルマジロはそこまで丸くはなれない。昼行性で、明るいうちは自分のなわばり内をうろついて餌を探す。木の根や芽から無脊椎動物まで、さまざまなものを食べる。死体を食べることもある。

体　長	40-50cm（16-20in）
生息地	森林及びサバンナ
分　布	南アメリカ（主としてアマゾン川流域南部）
食　性	雑食性

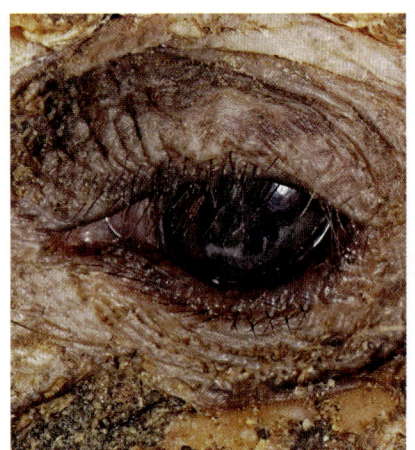

< 目にかぶさるよろい
頭部のよろいが目の上にかぶさっているため、視界が制限されている。だがいずれにせよ視力が悪いので、たいした違いはない。

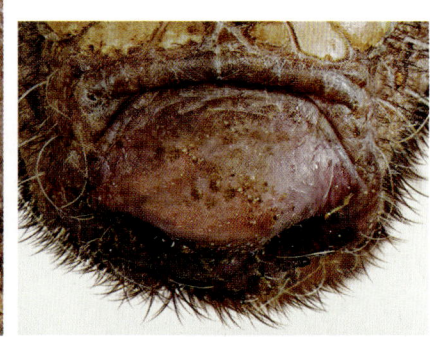

< 鼻
嗅覚は鋭い。ほとんどの場合、鼻を頼りに餌を探す。食物が地中に埋まっていても簡単に見つけ出す。

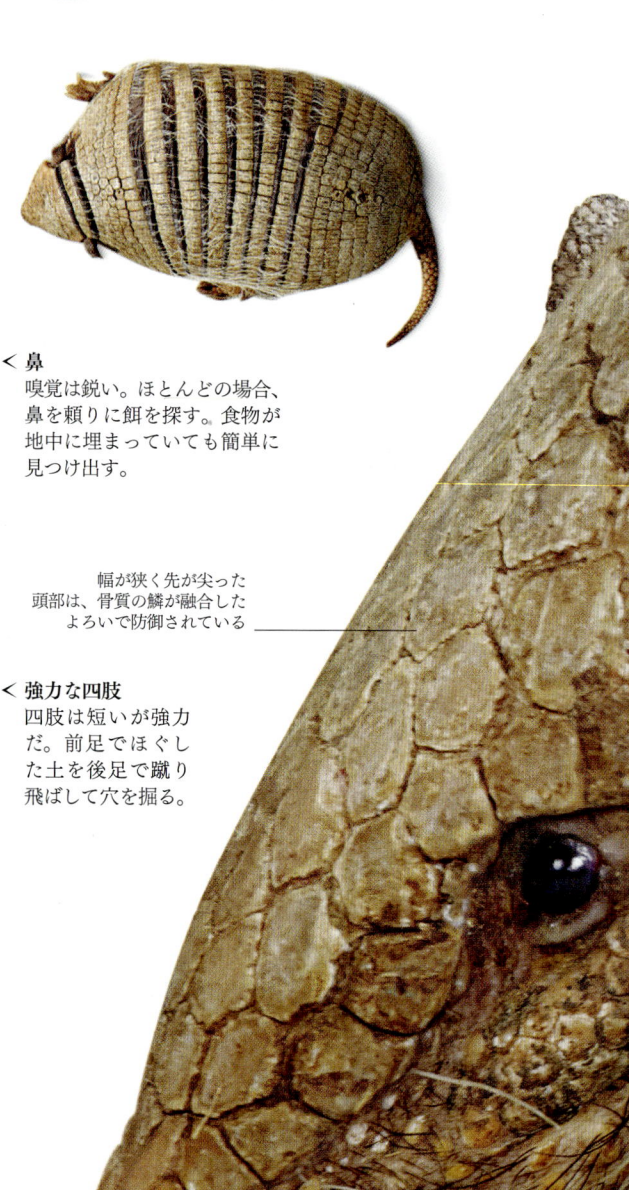

幅が狭く先が尖った頭部は、骨質の鱗が融合したよろいで防御されている

< 強力な四肢
四肢は短いが強力だ。前足でほぐした土を後足で蹴り飛ばして穴を掘る。

∧ 毛の生えた皮膚
肩と腰の鱗甲板の間には6〜8本の帯があり、帯と帯は柔軟な皮膚でつながっている。帯の間からは長い剛毛が伸びる。本種のほかにもアルマジロには毛の生えたものがいる。

尾 >
尾のつけねにある腺からの分泌物は鱗甲板に開いた小孔を通って出てくる。この分泌物でなわばりをマーキングする。

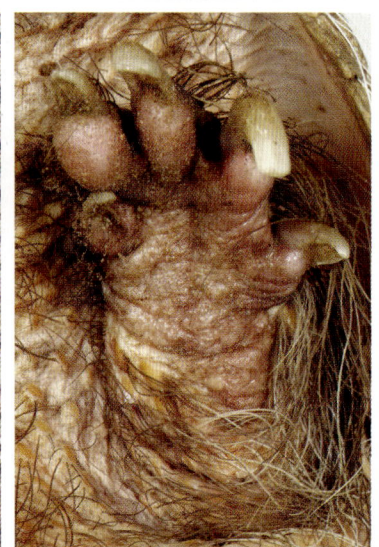

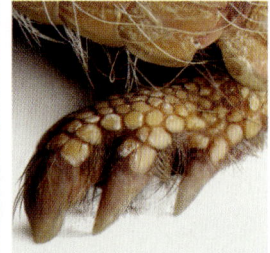

∧ カギ爪
長く強力なカギ爪で硬い地面でもまたたく間に穴を掘る。数分もあれば、自分がすっぽり身を隠すのに十分な塹壕を掘ることができる。

∨ **よろいをまとった穴掘りの名手**
発達したよろいは捕食者からの攻撃を避けるのに役立つが、
逃げられる状況なら走って逃げるほうが多い。よろいの
おかげで穴を掘るときも皮膚が傷つかずにすむ。穴を
掘るのは、餌（植物性のものも動物性のものも）を
探すためであり、すみかにしたり
隠れ場所にしたりする
ためでもある。

胴体には鱗甲板で覆われて
いない部分もあり、長い剛毛が
生えている

ナマケモノ、アリクイ SLOTHS AND ANTEATERS

体型も習性もかなり異なっているが、ナマケモノとアリクイには共通の特徴がある。普通の哺乳類と違って歯が発達していないのだ。

ナマケモノとアリクイは有毛目としてまとめられる。ほとんどの種は樹上性だが、オオアリクイ1種だけが例外的に地上性だ。全て中央及び南アメリカ原産である。

アリクイは2科に分かれ、アリやシロアリ、そのほかの昆虫を食べる。アリクイには歯がなく、長く伸びる粘着性の舌で昆虫を捕らえ、口にたぐりこんで飲み込む。

動きののろいナマケモノは植物食性である。切歯も犬歯もなく、円柱状で歯根のない多数の歯で咀嚼する。食べたものを完全に消化するには約1か月かかる。繊維に富む葉はいくつかにくびれた胃をゆっくりと通過し、バクテリアに分解される。

樹上の生活

アリクイのなかで樹上性の種はものをつかめる長い尾を備え、ナマケモノよりも活動的な生活を送る。樹上性のアリクイのなかには泳ぎが上手なものもいるが、どれも地上を移動するのはへたくそである。歩こうとすると、長く曲がって伸びたカギ爪が邪魔になるのだ。ナマケモノはこのカギ爪をフックのように枝にひっかけてぶら下がる。アリクイの場合、発達したカギ爪は前足だけにあって、昆虫の巣を壊して餌を得るために用いる。恐るべき武器として身を守るのにも使う。

門	脊索動物門
綱	哺乳綱
目	有毛目
科	4
種	16

後肢で立ち上がったコアリクイ属の一種。強力な前肢を振り回して身を守る。

ミユビナマケモノ THREE-TOED SLOTHS

ミユビナマケモノ科は樹上性で、ほとんど夜行性である。フタユビナマケモノよりも小型で動きが遅い。足にはそれぞれ3本ずつ指があり、長く湾曲したカギ爪をひっかけて枝にぶら下がる。長く伸びたぼさぼさの毛はところどころ緑色を帯びるが、これは藻類が毛に付着して成長しているからだ。

59–72 cm
23–28 in

タテガミナマケモノ
MANED SLOTH
Bradypus torquatus
ブラジル産の小型のナマケモノ。毛が長めで特に頭部と首回りは色が濃い。毛には藻類が生え、毛の中にはダニやガが潜んでいる。

ノドチャミユビナマケモノ
BROWN-THROATED SLOTH
Bradypus variegatus
中央及び南アメリカの森に生息。ミユビナマケモノ科のなかでは分布域が最も広い。雌はかん高い鳴き声で雄を引きつける。

52–54 cm
20½–21½ in

45–76 cm
18–30 in

粗いもじゃもじゃの毛皮

ノドジロミユビナマケモノ
PALE-THROATED SLOTH
Bradypus tridactylus
南アメリカの雨林に分布する。普通は単独で生活する。1日のうち18時間以上じっとしていることもある。

フタユビナマケモノ TWO-TOED SLOTHS

ミユビナマケモノと異なり、フタユビナマケモノ科の前足には指が2本しかない。口吻はミユビナマケモノより尖っている。尾はない。樹上性で主に夜行性である点は共通している。木から下りる時は頭を下にする。

前足の指は2本

ホフマンナマケモノ
LINNAEUS'S TWO-TOED SLOTH
Choloepus didactylus
南アメリカのオリノコ川とアマゾン川流域の森林に生息する。単独性で植物食性。林冠でほとんどの時間を眠ったり休息したりして過ごす。

54–88 cm
21½–35 in

ヒメアリクイ SILKY ANTEATERS

ヒメアリクイ科の化石種は多く知られているが、現生種は7種のみである。前足の湾曲した強力なカギ爪とものをつかめる尾を用いて樹上で暮らす。木の洞に巣を作る。餌はアリやシロアリ。

ヒメアリクイ属の一種
SILKY ANTEATER
Cyclopes sp.
樹上性で夜間活動する。動きはのろい。中央及び南アメリカの森林地帯に生息する。捕食者に攻撃された際は、鋭いカギ爪で効果的な一撃を見舞わせ、身を守る。

19–22 cm
7½–9 in

オオアリクイなど GIANT ANTEATER AND RELATIVES

アリクイ科は中央及び南アメリカ産である。長く伸びた口吻と長い舌を備え、強力なカギ爪でシロアリ塚やアリ塚を壊す。歯はなく、ねばねばの唾液をまとった棘だらけの舌で餌の昆虫を捕らえる。

47–77 cm
18½–30 in

ミナミコアリクイ
SOUTHERN TAMANDUA
Tamandua tetradactyla
単独行動をとる。尾でものをつかむことができる。餌を食べるのに決まった時間帯はなく、24 時間ごとに約 7 時間の活動時間がある。

長い毛の生えた巨大な尾

粗いわらのような毛

長く筒状に伸びる口吻

1–1.4 m
3¼–4½ ft

オオアリクイ
GIANT ANTEATER
Myrmecophaga tridactyla
最大のアリクイで、尾は胴体と同じぐらいの長さがある。長くねばねばした舌で 1 日に 3 万匹もの昆虫を捕まえて食べる。

アナウサギ、ノウサギ、ナキウサギ　RABBITS, HARES, AND PIKAS

兎目には植物食性の 2 つの科が含まれる。外見的に齧歯目（ネズミの仲間）に似ているのは、生活様式が共通しているためである。

　兎類は熱帯の森林から北極のツンドラまで、さまざまな生息環境に見られる。全てが陸生で、植物食性のブラウザーである。ものをかじる習性があり、多くの齧歯類と餌が共通している。齧歯類のように歯が一生伸び続け、ものをかじることですり減る。だが齧歯類とは根本的に異なる特徴がある。上顎の切歯が兎類では 4 本なのに対して、齧歯類では 2 本だけなのだ。
　比較的消化しにくい餌を食べるため、消化系が特殊化している。糞には 2 種類あって、柔らかいペレット状の糞は栄養分をさらに吸収するために自分で食べる。乾燥したペレット状の糞が排泄物である。

逃げ足の速さで捕食者をかわす

　兎類のなかで最も齧歯類に似ているナキウサギは、捕食者に襲われると鳴き声を上げ、穴や岩の割れ目に逃げ込む。一方、アナウサギやノウサギは長い耳で危険を感知し、強い脚力で走って逃げる。アナウサギとノウサギの目は大きく、頭部の両側の高い位置にあって、視角は 360 度に近い。捕食者を見つけたノウサギは、後足で地面を踏み鳴らして警報を発する。

門	脊索動物門
綱	哺乳綱
目	兎目
科	2
種	90 超

冬を生き抜くために、ナキウサギはさまざまな植物を集め、干し草を山のように作って乾燥食物とし、巣穴の中に蓄える。

アナウサギ、ノウサギ　RABBITS AND HARES

ウサギ科は世界各地に分布する。長くよく動く耳と発達した後肢を備え、捕食者の存在を感知して逃げる。目が大きいのは主に夜行性である習性を反映している。アナウサギは地中に複雑なトンネルを掘ってすみかとするが、単独性の強いノウサギは一時的な避難所として穴を掘るだけだ。

アナウサギ
EUROPEAN RABBIT
Oryctolagus cuniculus
イベリア半島原産。食肉用、毛皮用として世界中に移入され、移入先の生息地や在来生物に破壊的な影響を与えている。

13–18 cm
5–7 in

ドワーフ
DWARF RABBIT
Oryctolagus cuniculus
アナウサギの小型品種の 1 つ。体色や模様はさまざまである。丸っこい顔と小さな耳でペットとして人気がある。

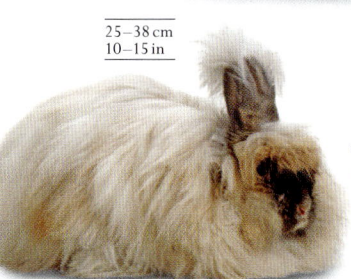

25–38 cm
10–15 in

アンゴラ
ANGORA RABBIT
Oryctolagus cuniculus
アナウサギの品種。長く柔らかい毛は毛糸として利用される。アナトリア（現在のトルコ）が原産地。

36–38 cm
14–15 in

毛の生えた足

15–30 cm
6–12 in

ロップイヤー
LOP-EARED RABBIT
Oryctolagus cuniculus
アナウサギの品種。19 世紀のイギリスで育種が始められた品種で、長い垂れ耳が特徴。体色にもサイズにもバリエーションがある。

≫

長く粗い上毛には縦に
複数本の溝が走ってい
る。毛は腹部から背中
に向かって生える

四肢は力強く、前肢と
後肢は同じぐらいの長さ

ひっくりかえって日を過ごす ＞
ホフマンナマケモノは林冠で逆さま
にぶら下がって日々を過ごし、3～
5日に一度、用を足す時以外は、林
床にほとんど降りてこない。フック
になったカギ爪のある力強い指のおか
げで、食事も交尾も出産もすべてこ
の姿勢で行う。眠る時もこのままだ。

ホフマンナマケモノ
LINNAEUS'S TWO-TOED SLOTH *Choloepus didactylus*

ホフマンナマケモノは小柄で樹上性である。巨大で地上性だった祖先が絶滅してから約1万年しかたっていないのに、随分かけ離れた姿になったものだ。ホフマンナマケモノは動きののろいことでは哺乳類随一といってもよく、睡眠時間は1日約13時間で、木の枝の股に体を丸めて眠ることが多い。夜になると起きだして葉を食べる。ナマケモノの毛皮は一つの生態系を支えているという点で独特である。他では見られない微生物や緑藻類、さまざまな昆虫が生活しているのだ。上毛は毛の溝に藻類が生育するため、湿った状態では緑色に見えることもある。

体　長	54-88cm (21½-35in)
生息環境	熱帯の低地林
分　布	南アメリカのオリノコ川、アマゾン川の流域
食　性	主に葉

眼 ＞
大きな眼が前方を向いているが、近視で色覚はなく、視力は悪い。

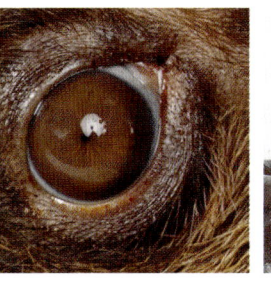

＜ 歯
上顎の第5歯と下顎の第4歯は釘のような形で、エナメル質を欠く。切歯はない。

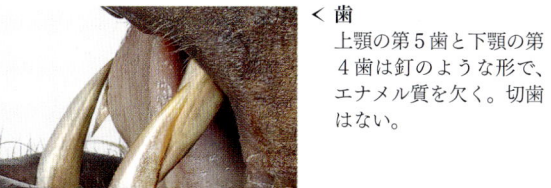

鼻 ＞
短い吻の先端にある大きく丸っこい鼻。嗅覚はとても優れている。

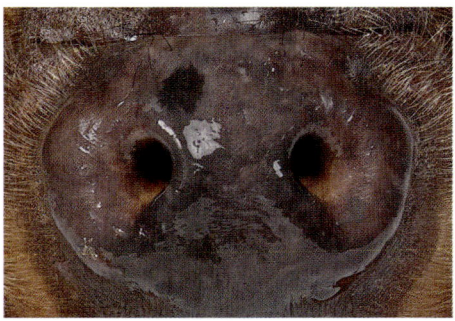

＜ 耳
聴力は弱く、低周波数の音しか聞こえない。耳介はとても小さく毛皮の中に埋もれている。

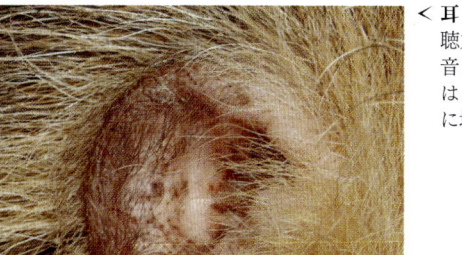

カギ爪 ∨ ＞
前肢には指が2本あり、それぞれ8〜10cmのフックのようになったカギ爪が生えている。後肢の指は3本でそれぞれカギ爪がある。

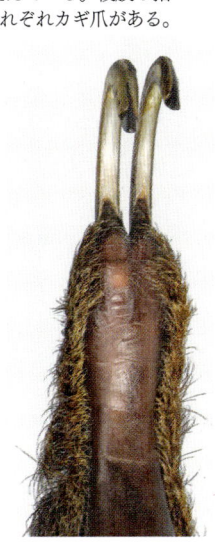

お腹で真ん中分け ＞
逆さまにぶら下がって生活するため、胸から腹にかけて正中線上に毛の分け目があり、毛は背中に向かって生えている。雨のしずくは自然に下に（背中側に）落ちることになる。

≫ アナウサギ、ノウサギ

茶色の毛は赤味
がかることもある

長く先端の黒い耳

50–70 cm
20–28 in

37–40 cm
14½–16 in

サバクワタオウサギ
DESERT COTTONTAIL
Sylvilagus audubonii
米国南西部とメキシコ北部及び中央部に分布する。巣は穴の中ではなく地上に作る。

ヒメヌマチウサギ
MARSH RABBIT
Sylvilagus palustris
北アメリカの湿地に生息する。泳ぎが上手。ほかのウサギとは違い、跳ねずに歩く。

ヤブノウサギ
EUROPEAN HARE
Lepus europaeus
夏はグレーザー、冬はブラウザーとして木の皮や芽を食べる。内気で単独行動をするが、春の求愛の時期には集まって「ボクシング」をする。雌は交尾の準備が整うまで雄を寄せつけない。

強力な後肢

42–44 cm
16½–17½ in

56–66 cm
22–26 in

オジロジャックウサギ
WHITE-TAILED JACKRABBIT
Lepus townsendii
北アメリカの西部に広く分布する。北部の個体群は冬に全身が白くなるが、南部の個体群では脇腹に白斑ができるだけ。

36–52 cm
14–20½ in

カンジキウサギ
SNOWSHOE HARE
Lepus americanus
北アメリカの厳しい冬に適応し、冬は体毛が白くなってカムフラージュする。後肢が発達し、柔らかい雪の上でも移動に困らない。

55–70 cm
22–28 in

ホッキョク
ノウサギ
ARCTIC HARE
Lepus arcticus
極地方や高山地域に適応した種。分厚い毛皮は冬に白くなる。雪に穴を掘ってシェルターとする。

52–61 cm
20½–24 in

オグロジャックウサギ
BLACK-TAILED JACKRABBIT
Lepus californicus
北アメリカ西部のプレーリーや農地に広く分布する。局地的に個体数が大きく変動する傾向がある。尾と耳の先端が黒い。

55–67 cm
22–26 in

51–55 cm
20–22 in

45–55 cm
18–22 in

アンテロープジャックウサギ
ANTELOPE JACKRABBIT
Lepus alleni
非常に長い耳と、光を反射し断熱効果のある毛皮とで、メキシコの砂漠や草原の生息地でも過熱せずに生息できる。

ユキウサギ
MOUNTAIN HARE
Lepus timidus
極地方からヨーロッパ及びアジアの山地まで分布する。冬には全身が白くなる。尾は一年中白い。

ケープノウサギ
CAPE HARE
Lepus capensis
アフリカや中東の開けた生息地によく見られる。ヤブノウサギとごく近縁でよく似ている。

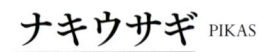
長い
四肢

ナキウサギ PIKAS

ナキウサギ科は小型で植物食性のウサギで、北アメリカやアジアの山岳地帯の岩場や開けたステップに生息する。捕食者に気がつくと高い警戒音を発し、岩の割れ目や穴の中に逃げ込む。

16–21 cm
6½–8½ in

アメリカ
ナキウサギ
AMERICAN PIKA
Ochotona princeps
北アメリカの小石がちな山地に分布。食物を日に当てて乾かし、冬に備えて巣穴に蓄える。

齧歯類（ネズミの仲間）　RODENTS

齧歯類は小さなマウスからブタほどに大きなものまでを含み、ほとんどどんな生息環境にも見られる。種数では哺乳類全体の半分近くを占める。

齧歯目のメンバーの特徴は、上顎下顎の各2本の切歯（オレンジ色か黄色であることが多い）が突き出ていて、一生の間伸び続けることだ。

硬いものをかじるという齧歯類に共通した特徴的な行動によって、歯は成長と同じ速さですり減っていく。齧歯類には犬歯はなく、切歯と3〜4本ある臼歯との間は大きく空いている。齧歯類の分類は、このほか、外面からは見えない歯や顎の特徴を根拠として行われている。

種の多様性

さまざまな生活様式に合致して、水かきのある足、大きな耳、長い後足で跳ねて移動するなど、齧歯類には特別な適応形質を備えたものが多い。地中に穴を掘るものもいれば、樹上や水中で生活するものもいるが、海中で生活するものはいない。砂漠地帯に生息する多くの種は、必要な水分は全て食物から得るため、水を全く飲まない。

齧歯類が与える影響

齧歯類のなかには死に至る感染症を媒介するものもおり、実際に多数の人が命を落としている。また、人間の保存食料を大量に食い荒らしたり汚染したりするものもいる。ハツカネズミは人間との深いかかわりを通して分布域を広げた。その結果、野生の哺乳類としては分布域は最大となっている。南極大陸以外のすべての大陸に生息し、鉱山や冷凍倉庫でも生き延びているのだ。齧歯類のなかには、作物や樹木にダメージを与えたり不都合な場所に穴を掘ったりするものもいる。ビーバーは生息環境全体を作りかえ、幾百というほかの動物や植物に影響を与える。

よい面もある。齧歯類は捕食者にとって重要な食物なのだ。国によっては人間の食物にもなる。また、ハムスターなど小型の齧歯類はペットとして繁殖が行われている。

門	脊索動物門
綱	哺乳綱
目	齧歯目
科	34
種	約2,500

論点
齧歯類を整理する

種が多く多様性に富む齧歯類の分類は一筋縄ではいかない。齧歯目の現存する34科は頭骨、歯、顎の違いにより2つの亜目に分けられる。1つはリス顎亜目で、世界中に広く分布し、リス、ビーバー、ネズミなどを含む。もう1つはヤマアラシ顎亜目で、モルモット、ヤマアラシ、カピバラなどを含み、大半が南半球の熱帯地域に分布している（訳注：リス形亜目、ビーバー形亜目、ネズミ形亜目、ウロコオリス形亜目、ヤマアラシ形亜目の4亜目に分類することもある）。

ヤマビーバー
MOUNTAIN BEAVER

かつては広く分布していたヤマビーバー科だが、現在ではわずか1種が含まれるだけだ。ヤマビーバーは北アメリカ西部の湿潤な森林や農場に穴を掘って棲む。

平たい頭部

30–40 cm
12–16 in

ヤマビーバー
MOUNTAIN BEAVER
Aplodontia rufa
現生の齧歯類のなかでは最も原始的なタイプで、カナダ及び米国西部の海岸部にある山地森林に生息する。

リス　SQUIRRELS AND CHIPMUNKS

リス科は、極地やオーストラリア、サハラ砂漠を除けば、熱帯雨林から北極圏のツンドラまで、ほとんどどこにでもいる。木のてっぺんから地下のトンネルまで、棲むところもさまざまだ。リス科には、樹上で生活する典型的なふさふさした尾のリスのほか、地中に穴を掘るジリス、シマリス、マーモットなどが含まれる。主に木の実や種子を食べる。

アメリカアカリス
AMERICAN RED SQUIRREL
Tamiasciurus hudsonicus
カナダや米国北部の針葉樹林では、このリスの鳴き声や鋭いほえ声がよく聞かれる。

23–30 cm
9–12 in

20–26 cm
8–10 in

トウブハイイロリス
GREY SQUIRREL
Sciurus carolinensis
米国東部でよく見られる。ヨーロッパの一部に移入され、じわじわと在来のアカリスに取って替わりつつある。

キタリス（エゾリス）
EURASIAN RED SQUIRREL
Sciurus vulgaris
耳の長い毛は、夏毛に変わると目立たなくなる。

17–20 cm
6½–8 in

アメリカモモンガ
SOUTHERN FLYING SQUIRREL
Glaucomys volans
米国東部原産。完全な夜行性で、木の洞や屋根裏部屋に棲む。冬には複数の個体が集まっていることが多い。

飛膜

11–14 cm
4½–5½ in

30–38 cm
12–15 in

クリームオオリス
PALE GIANT SQUIRREL
Ratufa affinis
オオリス属には4種が含まれるが、本種はマレー半島、ボルネオ、スマトラに分布する。

32–39 cm
12½–15½ in

シモフリオオリス
GRIZZLED GIANT SQUIRREL
Ratufa macroura
樹上性のリスでは世界最大級で、インド南部やスリランカに分布。果物や花、昆虫を食べる。

20–26 cm
8–10 in

ミケリス
PREVOST'S SQUIRREL
Callosciurus prevostii
17亜種が含まれる。マレーシア、ボルネオ、スマトラ、さらに近傍のスラウェシなどの島々に生息する。

哺乳類・齧歯類（ネズミの仲間）

>>

哺乳類・齧歯類（ネズミの仲間）

≫ リス

ふさふさした
長い尾

17－27 cm
6½－10½ in

ガンビアタイヨウリス
GAMBIAN SUN SQUIRREL
Heliosciurus gambianus

セネガルからジンバブエまで、アフリカの広い地域に分布し、サバンナの森林に普通に見られる。主にアカシアの木の種子を食べる。

22－28 cm
9－11 in

ケープアラゲジリス
CAPE GROUND SQUIRREL
Geosciurus inauris

毛の粗いリスで、南アメリカの半砂漠に生息し、穴に避難して極度の高温を避ける。

コロンビアジリス
COLUMBIAN GROUND SQUIRREL
Urocitellus columbianus

やや大きめの、ふさふさした尾のジリス。牧草地や森林のへりにコロニーを作って生息する。米国アイダホ州から北はカナダの西部にかけて分布。

15－20 cm
6－8 in

キンイロジリス
GOLDEN-MANTLED GROUND SQUIRREL
Callospermophilus lateralis

シマリスに似ているが本種のほうが大きい。米国西部の森林や山地でよく見られる。

25－30 cm
10－12 in

短くふさふさ
した尾

12－15 cm
4¾－6 in

12－15 cm
4¾－6 in

チビシマリス　LEAST CHIPMUNK　*Neotamias minimus*

24種を含むアメリカシマリス属は、1種を除き北アメリカに生息する。本種はこの属の最少の種で、北アメリカの北部及び中西部に広く分布している。

トウブシマリス
EASTERN CHIPMUNK
Tamias striatus

米国東部に分布。地上で生活するシマリスで、森林のキャンプ場でよく見られ、人によく馴れている。

ビーバー BEAVERS

ビーバー科に含まれるビーバーは2種だけだ。両種とも毛皮のために乱獲されている。1種は北アメリカに広く分布し、もう1種はヨーロッパ各地にところどころ分布している。いずれも石や泥、木を使ってダムを建設する。ビーバーのダムはほかの生物にも生息場所を提供するものだ。

ビーバー属の一種
BEAVER
Castor sp.

ヨーロッパのビーバーと北アメリカのビーバーは別種だが、どちらも河川や湖で半水生の生活を送る。

つやのある
茶色い毛

0.8－1.2 m
2½－4 ft

鱗のある
平たい尾

ヤマネ DORMICE

ヤマネ科は、ヨーロッパ全土、サハラ以南のアフリカ、及びところどころだが中央アジアに分布する。飛び石的に日本にも1種だけいる。小型で夜行性のリスに似ていて、1種を除いて柔らかい毛に覆われた樹上性の生きものである。個体数が減少し絶滅が危ぶまれている種が多い。

アフリカヤマネ属の一種
AFRICAN DORMOUSE
Graphiurus sp.

アフリカヤマネ属には15種が含まれる。いずれもよく似た外見で、サハラ以南のアフリカの森林地域に生息する。

ふさふさした尾

7－15 cm
2¾－6 in

ホリネズミ GOPHERS

ホリネズミ科の仲間は北アメリカに見られる。単独で浅い穴を掘って棲み、木の根や葉を食べる。頬袋に食物を詰め込んで運び、地下の貯蔵室に貯める。

8－20 cm
3¼－8 in

セイブホリネズミ
BOTTA'S POCKET GOPHER
Thomomys bottae

柔らかい土壌の草地に穴を掘って棲む小型の種。掘った土は地上に積み上げるため、農業機械の故障の原因となることもある。

ポケットマウス、カンガルーラット POCKET MICE AND KANGAROO RATS

ポケットマウス科はカナダから中央アメリカまで分布する。大部分は普通種だが、希少種も2、3含まれる。さまざまな生息地に見られるが、カンガルーラットは主に砂漠に棲む。ポケットマウスは四つ足をついて走るのが普通だが、カンガルーラットは大きな後肢で跳躍する。

35-50cm
14-20in

ショウガ色の毛

マーモット属の一種
MARMOT
Marmota sp.
マーモットの数種は北アメリカの山地草原や岩場に生息している。ユーラシア大陸に分布する種もいる。マーモットは種によっては最大8か月間冬眠する。

7-9cm
2¾-3½in

サバクポケットマウス
DESERT POCKET MOUSE
Chaetodipus penicillatus
米国南西部とメキシコ北部の広い砂漠に棲む。本種のほかにも、この砂漠には小型の夜行性齧歯類が多く生息している。

10cm
4in

尾の先端に生える長めの毛

メリアムカンガルーラット
MERRIAM'S KANGAROO RAT
Dipodomys merriami
北アメリカの砂漠に生息。夜行性。尾をぴんと伸ばしてぴょんぴょん跳ねていくさまは、ミニチュアのカンガルーのようだ。

32-40cm
12½-16in

オグロプレーリードッグ
BLACK-TAILED PRAIRIE DOG
Cynomys ludovicianus
多数の個体が群れを作って共有の穴を掘り、さながら「街」のような複雑なトンネルで生活する。日中活動する。

トビネズミ JUMPING MICE

トビネズミ科、トビハツカネズミ科、及びオナガネズミ科は、長い尾と強力な後肢をもち、カンガルーをミニチュアにしたように跳ね回る齧歯類である。

ハドソントビハツカネズミ
MEADOW JUMPING MOUSE
Zapus hudsonius
北アメリカ北部の冷涼な草原に生息する。アリゾナ州とニューメキシコ州の山地にも隔離された個体群が存在する。

7-11cm
2¾-4¼in

21-27cm
8½-10½in

ハリスレイヨウジリス
HARRIS'S ANTELOPE SQUIRREL
Ammospermophilus harrisii
ソノーラ砂漠とメキシコ北部に棲む。敏捷で、日中の暑さをものともせずに活動するが、寒い季節には冬眠する。

ヒメミユビトビネズミ
LESSER EGYPTIAN JERBOA
Jaculus jaculus
砂漠に生息する。アフリカ北部のセネガルからエジプトまで、南はソマリアまで、東はイランまで分布する。

11-13cm
4½-5in

ハムスター、ハタネズミ、レミング、マスクラット
VOLES, LEMMINGS, AND MUSKRATS

キヌゲネズミ科には、ハムスター、ハタネズミ、レミング、マスクラットなど、約765種の丸ぽちゃで尾の短い齧歯類が含まれる。ヨーロッパ西部からシベリアや太平洋沿岸まで、世界中に分布する。

小豆色の背中の毛

8-14cm
3¼-5½in

ヨーロッパヤチネズミ
BANK VOLE
Myodes glareolus
夕暮れから夜にかけて活動することが多い。低木地帯や森林、庭に生息する。ヨーロッパ西部のほとんどに分布し、東はロシアまで広がっている。

13-19cm
5-7½in

オオヤマネ
EDIBLE DORMOUSE *Glis glis*
ドイツでは Siebenschläfer (seven-sleeper) と呼ばれ、実際、6か月以上冬眠する。地中海沿岸地方のスロヴェニアなどでは食用にされる。

小さな耳

9-12cm
3½-4¾in

ユーラシアハタネズミ
COMMON VOLE
Microtus arvalis
草原に穴を掘って棲む。ヨーロッパ北部の大部分で普通に見られ、さらに東はロシアにも分布する。

12-23cm
4¾-9in

ミズハタネズミ
EURASIAN WATER VOLE *Arvicola amphibius*
イギリスやヨーロッパの一部では水場のそばの生息地で見られるが、ロシアやイランでは水場から離れたところに見られ、長く複雑な穴を掘る。

ヨーロッパヤマネ
COMMON DORMOUSE
Muscardinus avellanarius
木登りやジャンプがとても上手。夜に活動し、花や果実、昆虫を食べる。ヨーロッパ各地の低木の多い森林に生息する。

6-9cm
2¼-3½in

毛が密に生えた尾

11-15cm
4½-6in

ノルウェーレミング
NORWAY LEMMING *Lemmus lemmus*
ヨーロッパのツンドラ地帯の主な小型哺乳類。レミングの個体数の変動によって、北極圏に生息する捕食者たちの繁殖が成功するかどうかが左右される。

8-12cm
3¼-4¾in

ステップレミング
STEPPE VOLE
Lagurus lagurus
ステップレミング属は本種1種からなる。ウクライナからモンゴル西部まで広がる乾燥した草原に生息する。

25-30cm
10-12in

マスクラット
MUSKRAT
Ondatra zibethicus
河川や池、小川に生息する。北アメリカ原産だがヨーロッパに移入され、今では広範囲に分布している。

≫ ハムスター、ハタネズミ、
レミング、マスクラット

7〜12cm
2¾〜4¾ in

近縁種に比べ
やや長めの尾

バラブキヌゲネズミ
STRIPED DWARF HAMSTER
Cricetulus barabensis

作物を襲って種子や穀物を集めるため、農業地域では深刻な害獣になることもある。農民は地面を耕しながらこのネズミの巣穴を破壊する。

6〜8cm
2¼〜3¼ in

ロボロフスキーキヌゲネズミ
ROBOROVSKI'S DESERT HAMSTER
Phodopus roborovskii

中央アジアの乾燥した草原に生息する。ペットとして人気がある。繁殖シーズン中に3〜4回子どもを産むこともある。

17〜32cm
6½〜12½ in

クロハラハムスター
COMMON HAMSTER
Cricetus cricetus

地中に穴を掘って単独生活し、冬の間は地中で冬眠する。穴の中に最大で65kgもの食物を蓄える。

金色がかった
オレンジ色の毛

12〜17cm
4¾〜6½ in

ロングヘアー
LONG-HAIRED GOLDEN
HAMSTER
Mesocricetus auratus

ゴールデンハムスターの品種。人為的な交配によりゴールデンハムスターには多数の変わった品種が作出されている。このアルビノの品種も含め、おそらく自然界では生きていけないだろう。

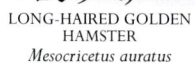

12〜17cm
4¾〜6½ in

ゴールデンハムスター
GOLDEN HAMSTER
Mesocricetus auratus

もともとの原産地であるシリアでは絶滅が危惧されているが、ヨーロッパや北アメリカではペットとしてポピュラーになっている。

9〜11cm
3½〜4¼ in

シロアシマウス
WHITE-FOOTED MOUSE
Peromyscus leucopus

よく見られる種で、適応力が高く、陸上ならおよそありとあらゆる生息環境に見られる。米国中央部及び東部に分布。

12〜20cm
4¾〜8 in

アラゲコトンラット
HISPID COTTON RAT
Sigmodon hispidus

植物食性で、草原の地表面に生息する寿命の短い種。米国南部とメキシコに分布。

ハツカネズミ（マウス）、ドブネズミ（ラット）など
MICE, RATS, AND RELATIVES

哺乳類全体の種のうち、5分の1はこのネズミ科に属する。ネズミ科はほとんど世界中に分布し、両極地方にも生息している。なかには深刻な感染症を媒介する種もあり、また害獣として農業に大打撃を与える種もある。だが一方では、医学研究に用いられペットとして飼育される種もネズミ科には含まれる。

10〜12cm
4〜4¾ in

カイロトゲマウス
NORTHEAST AFRICAN SPINY MOUSE
Acomys cahirinus

ほかのトゲマウスもそうだが、本種の体には硬い毛が生えて身を守っている。皮膚は非常に薄く、暑く乾燥した生息地で体を簡単に冷やすことができる。

8〜13cm
3¼〜5 in

アラビアトゲマウス
ARABIAN SPINY MOUSE
Acomys dimidiatus

紅海の東側に分布する。本種は最近までカイロトゲマウスと同種とされ、分布域が異なるだけだと考えられていた。

10〜18cm
4〜7 in

9〜14cm
3⅓〜5½ in

エジプトスナネズミ
SHAW'S JIRD
Meriones shawii

アフリカ北部と中東の砂漠に生息する普通種。冬眠はせず、巣穴の中に10kgもの食物を貯め込んで冬を生き延びる。

スナネズミ
MONGOLIAN JIRD
Meriones unguiculatus

野生では中央アジアの乾燥したステップに生息し、大きな群れを作って社会生活を送る。現在ではペットとして多く飼育されている。

9〜13cm
3½〜5 in

フラワーアレチネズミ
PALLID GERBIL
Gerbillus floweri

砂漠で生活する小型齧歯類はたいていそうだが、本種も体色が薄い。これは砂漠ではうまいカムフラージュとなる。アフリカ北部と中東に広く分布する。

10〜13cm
4〜5 in

オブトアレチネズミ
FAT-TAILED JIRD
Pachyuromys duprasi

尾に脂肪を貯蔵する。これは砂漠に棲む小型哺乳類にはよくあることだ。毛の生えていない尾には、体温が上がりすぎないように熱を発散する役割もある。

薄い地に灰茶色の斑紋

ウスイロ
ホソオクモネズミ
NORTHERN LUZON GIANT
CLOUD RAT
Phloeomys pallidus

ホソオクモネズミ属の
2種はフィリピンの高地森
林に生息するが、めったに
人目につかない。この属はネズ
ミ形の齧歯類のなかでは体
の大きさが最大である。

38–43 cm
15–17 in

39–44 cm
15½–17½ in

ホソオクモネズミ
SOUTHERN LUZON GIANT
CLOUD RAT
Phloeomys cumingi

同属のウスイロホソオクモ
ネズミよりも大型で分布域は
南寄り。両種ともに日中は
木や地中の穴で過ごし、
1回に産む子は1匹。

ハツカネズミ
HOUSE MOUSE
Mus musculus

小型ですんなりした体型のこの
ネズミは適応力が極めて高く、
人間の移動に伴って世界中に広がった。
亜南極地域にも生息している。

7–10 cm
2¾–4 in

アルビノ
ALBINO DOMESTIC MOUSE
Mus musculus

ハツカネズミの品種。人間の
管理下で繁殖し、ペットとして広
く飼育され、また医学研究や科学
研究に広く用いられている。

7–10 cm
2¾–4 in

9–13 cm
3½–5 in

キクビアカネズミ
YELLOW-NECKED FIELD MOUSE
Apodemus flavicollis

夜行性で森林地帯に棲む。
ヨーロッパの大部分ではモリアカ
ネズミと分布が重なっていて、
両者を区別するのは難しい。

9–11 cm
3½–4¼ in

白い腹部

モリアカネズミ
WOOD MOUSE
Apodemus sylvaticus

ヨーロッパの野生ネズミでは最も
数が多い。陸上のあらゆる生息地に
見られ、山地にも棲む。

小さな耳

カヤネズミ
HARVEST MOUSE
Micromys minutus

ヨーロッパでは最も小型の
マウス。葦原やトウモロコシ畑
など、草の生えるさまざまな生
息環境に分布する。

5–8 cm
2–3¼ in

鼻、目の上、頬には
長いひげが生える

がっしりした体

11–26 cm
4½–10 in

ドブネズミ
BROWN RAT
Rattus norvegicus

害獣として世界中に広がっている。
船に乗って移動し、離島にまで
進出し個体群を形成している。

灰色がかった
茶色の毛

クマネズミ
BLACK RAT
Rattus rattus

船によく棲みつくことから、別名フナネズミ
とも呼ばれる。本種に寄生するノミが
腺ペストを媒介する。

14–29 cm
5½–11½ in

9–14 cm
3½–5½ in

ホシフクサマウス
TYPICAL STRIPED GRASS MOUSE
Lemniscomys striatus

大振りな斑紋が目立つ。草原に生息する普通種で、
サハラ以南のアフリカの大部分に分布する。

30–35 cm
12–14 in

オオミミアシナガマウス
MALAGASY GIANT JUMPING RAT
Hypogeomys antimena

オオミミアシナガマウス属唯一の種。
マダガスカルで最大の齧歯類で、
西海岸の砂地森林だけに見られる。

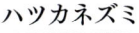

タケネズミ、メクラネズミなど
BAMBOO RATS AND RELATIVES

メクラネズミ科にはメクラネズミ、タケネズミ、モグラネズミなどが含まれる。メクラネズミは巨大な切歯が突き出ているのが特徴で、地下生活に適応して目や外耳はなくなっている。東アジアに分布するタケネズミには目がある。

17–35 cm
6½–14 in

15–26 cm
6–10 in

ロシアメクラネズミ
GREATER MOLE RAT
Spalax microphthalmus

盲目で、鼻から眼窩にかけて感覚毛が生えている。ウクライナとロシア東南部のステップが原産地。

コタケネズミ
LESSER BAMBOO RAT *Cannomys badius*

ネパールからベトナムにかけて分布。1属1種。森林や草原の地中深く穴を掘り、庭に穴を掘ることもある。

トビウサギ SPRINGHARES

トビウサギ科は大きさや習性がウサギに似ているが、1度に1匹ずつ子を産む点は異なる。年間通して繁殖するが、乾燥地帯の開けた生息地に棲んでいるので、捕食者に狙われやすい。

33–46 cm
13–18 in

ヒガシトビウサギ
EAST AFRICAN SPRINGHARE
Pedetes surdaster

トビウサギ類はカンガルーのように跳躍して夜行性の捕食者から逃げる。ミナミトビウサギほど普通種ではない。アフリカのセレンゲティ平原に生息する。

ミナミトビウサギ
SOUTH AFRICAN
SPRINGHARE
Pedetes capensis

夜に穴から出てきて草や茎をかじる。アフリカ南部の乾燥地域に見られる。

33–46 cm
13–18 in

長くふさ
ふさした尾

デバネズミ AFRICAN MOLE-RATS

デバネズミ科とハダカデバネズミ科は地中で生活する。突出した切歯をシャベルのように使い、砂地や柔らかい土壌にトンネルを掘って植物の根を探し出して食べる。上下の切歯は皮膚を突き抜けて出ているので、穴を掘っても口の中に土くずが入ることはない。

7–11 cm
2¾–4½ in

長く突出した
切歯

ハダカデバネズミ
NAKED MOLE-RAT
Heterocephalus glaber

高度に社会的で、コロニーを作って生活する。各個体は役割分担に従って行動し、コロニー全体の利益を図る。

円柱状の
長い尾

10–19 cm
4–7½ in

コツメデバネズミ
COMMON MOLE-RAT
Cryptomys hottentotus

タンザニアから南アフリカにかけて見られる普通種。柔らかい土壌や農地で生活し、主に植物の根を食べる。

ナマカデバネズミ
NAMAQUA DUNE MOLE-RAT
Bathyergus janetta

ナミビア及び南アフリカの南西部産。切歯ではなく前足を用いて穴を掘る。

17–24 cm
6½–9½ in

アメリカヤマアラシ
（新世界のヤマアラシ）
NEW WORLD PORCUPINES

アメリカヤマアラシ科は南北アメリカの森林に棲み、樹上で生活する。棘は短く、概して10cmに満たない。ほとんどの種が枝をつかめる器用な尾を備えている。

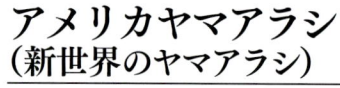

0.6–1.3 m
2–4¼ ft

カナダヤマアラシ
NORTH AMERICAN
PORCUPINE
Erethizon dorsatus

アラスカからメキシコまで北アメリカの各地に分布し、森林に生息する。棘はぼさぼさに伸びた毛の中に隠れている。

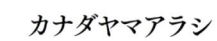

44–56 cm
17½–22 in

オマキヤマアラシ
BRAZILIAN PORCUPINE
Coendou prehensilis

夜行性の種で、南アメリカとトリニダードの森林地帯に生息する。日中は眠り、日が暮れると活動を始めて葉や芽を食べる。

ヤマアラシ（旧世界のヤマアラシ）
OLD WORLD PORCUPINES

ヤマアラシ科には11種が含まれ、アフリカのほとんどの地域と南アジアに見られ、穴の中で生活している。体は長く伸びた硬い棘で覆われ、たいていの捕食者を撃退することができる。攻撃されると棘を打ち鳴らすことがよくある。棘がいかに鋭くいかに難攻不落であるかを思いださせるのだ。

タテガミ
ヤマアラシ
CRESTED PORCUPINE
Hystrix cristata

45–93 cm
18–36½ in

サハラ砂漠以外のアフリカ北部に広く分布している。夜行性の齧歯類としておなじみだ。

棘は体毛が
変化したもの

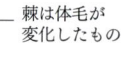

75–100 cm
30–39 in

ケープタテガミヤマアラシ
CAPE PORCUPINE
Hystrix africaeaustralis

アフリカ南部のサバンナに広く見られる。夜に単独あるいは群れで餌を探し、嗅覚で植物の根や果実を見つける。

ビスカーチャ、チンチラ
VISCACHAS AND CHINCHILLAS

チンチラ科に含まれる6種はいずれも南アメリカ産で、ふさふさした尾と大きな後肢が目立つ。群れを作って社会生活をするのが普通で、地中に掘った穴や岩の露頭に生息している。毛皮を採るためやペットとして売るために乱獲され、ほとんどの種が希少種となっている。

大きな耳は体温調節に役立つ

長いヒゲは空間知覚に役立つ

チンチラ属の一種
CHINCHILLA
Chinchilla sp.
質の良い毛皮で有名。繊細な毛が分厚く体を覆って熱を逃がさず、原産地であるアンデス山脈の寒さにも耐える。

22—38 cm
9—15 in

ふさふさした尾でバランスを取る

30—45 cm
12—18 in

チリヤマビスカーチャ
MOUNTAIN VISCACHA
Lagidium viscacia
敏捷な齧歯類で、分厚い毛皮をまとい、夜の寒さから身を守っている。岩がちの険しい山の斜面に生息する。

アフリカイワネズミ DASSIE RAT

アフリカイワネズミ科は1種からなり、南アメリカだけに分布する。特有の平たい頭骨と柔らかい肋骨は岩の割れ目や岩の下での生活への適応であり、この特徴からほかの齧歯類と区別される。

アフリカイワネズミ
DASSIE RAT
Petromus typicus
乾燥した岩がちの丘陵地に生息する。夜明け頃と日暮れ時に岩の割れ目から姿を現し、種子や芽を探して食べる。

13—25 cm
5—10 in

ヨシネズミ CANE RAT

ヨシネズミ科には2種が含まれる。いずれも薄茶色でぺったりとした荒毛が生え、乾燥した草やヨシの茎の中にうまく溶け込む。1年間に2回、よく発達した子を産む。産仔数は少ない。

ヨシネズミ属の一種
CANE RAT
Thryonomys sp.
ヨシネズミには2種あり、いずれもアフリカに分布する。1種はサバンナに、もう1種は葦原や沼地に生息する。

41—77 cm
16—30 in

パカラナ PACARANA

パカラナ科は1種からなる。臆病で大きな体をした動きののろい種だ。襲われても身を守る術をほとんどもたない。単独であるいはつがいで山地森林に棲むが、ジャガーや人間の獲物にされる。

パカラナ
PACARANA
Dinomys branickii
生息地である南アメリカの森林が消滅し食用として狩猟されたために個体数が減少した。絶滅危惧種。

70—80 cm
28—32 in

テンジクネズミ（モルモット）、マーラ、カピバラ
GUINEA PIGS, MARAS, AND CAPYBARA

テンジクネズミ科には、南アメリカの齧歯類のなかでも特に広く分布し個体数も多いものが含まれる。高山草原から熱帯の氾濫原まで生息し、年中通して繁殖する。マーラとカピバラ以外は四肢の短いずんぐりした体型である。

パンパステンジクネズミ
BRAZILIAN GUINEA PIG
Cavia aperea
テンジクネズミ（モルモット）の仲間はたいてい低地に生息するが、本種はペルーからチリにかけてアンデス山中にも見られる。

20—40 cm
8—16 in

ロゼット
ROSETTE GUINEA PIG
Cavia porcellus
モルモットの品種。ペットのモルモットには毛皮のバリエーションがいくつかある。この品種は全身で毛が大きな渦を巻いたようになっている。

20—40 cm
8—16 in

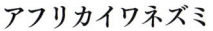

ロングヘアー
LONG HAIR GUINEA PIG *Cavia porcellus*
モルモットの品種。ペットとしてよく飼われている。長毛で、ブラッシングをしてやらないと毛がからまってしまう。

テンジクネズミ（モルモット）
SHORT HAIR GUINEA PIG *Cavia porcellus*
500年以上前に食用として家畜化され、後にペットとして人気が出て世界中に広まった。

20—40 cm
8—16 in

長い耳

60—80 cm
23½—32 in

マーラ
PATAGONIAN MARA
Dolichotis patagonum
四肢の長い齧歯類。複雑で大規模なトンネルを掘って共有し、群れで繁殖する習性があるなど、変わった特徴をいくつかもつ。

タテガミヤマアラシ

CRESTED PORCUPINE *Hystrix cristata*

危険な目に合うと先端の尖った太くて長い針を逆立てるタテガミヤマアラシは、獲物としてはかなり手ごわい相手だ。一度でも針がささって痛い思いをした捕食者は、二度と同じ轍を踏もうとはしない。ライオンやハイエナ、さらには人間でも、針が刺さった傷が化膿して死ぬことがある。このように防衛方法は派手だが、ヤマアラシは平和を好む動物である。やや神経質でちょっとしたことでも驚き、留まって闘うよりは危険から逃げ出す方が多い。単独であるいは血縁関係のある群れで生活し、大規模で複雑なトンネルを共有する。アフリカ北部の多くの地域に分布する。かつてはヨーロッパ南部にも広く分布していた。イタリアで個体群が見つかったが、これはかつて広く分布していたものの残存種かもしれない。あるいは比較的最近、おそらくローマ人が移入したものだという可能性もある。

体 長	45–93cm (18–36½ in)
生息地	サバンナ、疎林、岩の多い土地
分 布	アフリカ北部（南はタンザニアまで、サハラ砂漠以外）、イタリア
食 性	主に植物の根、果実、塊茎。死体も時々食す

< 針山のようなヘアスタイル
針を逆立てるのは体を大きく見せる効果がある。追い詰められたヤマアラシは堂々と立ち、はったりをかけて災難から逃れようとする。それでも駄目なら、相手に尾を向けて後ろ向きに突進する。棘だらけの尾を攻撃者の顔面に突きつけるのだ。

耳 >
耳は小さく、粗い毛の中にほとんど隠れている。ヤマアラシは優れた聴覚で危険を避ける。ほかの動物が近づいてくるのを聞きつけると、こっそりと夜の闇に紛れて隠れる。

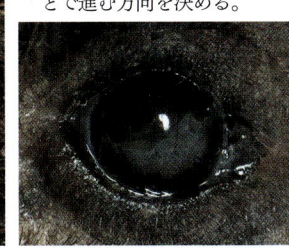

∨ 目
視力はよくないが、そもそもアフリカの夜の暗闇で見えるものはほとんどないだろう。ヤマアラシは鋭い聴覚と嗅覚とで進む方向を決める。

∨ 口と歯
齧歯類特有の出っ張った切歯で、で、硬い木の根や塊茎をかじりとる。顎を動かす筋肉は極めて強力だ。

震える針 >
ヤマアラシの針は毛が太くなったものだ。強力な立毛筋で逆立てることができる（私たちの皮膚にも非力だが立毛筋があって、鳥肌が立つのはこの筋肉の働きだ）。

まばらに生えた剛毛も警戒時には針と同じように逆立つ

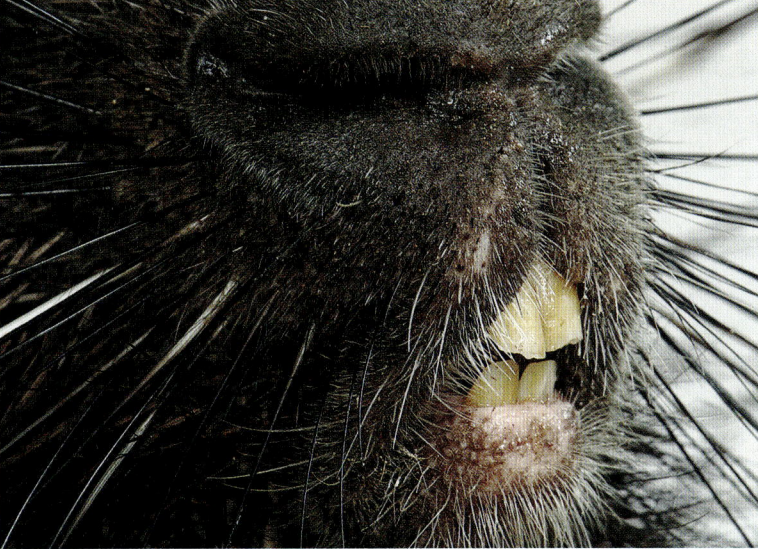

シャラシャラと音を立てる尾 ∧
尾には太く中空の針が生えている。驚いたヤマアラシがこの針を震わせるとシャラシャラと音がして、完全武装しているぞという警告を敵に与える。

< ∧ 足と爪
ヤマアラシは平たい足の裏をつけて歩く。ややぎこちない、よろめくような歩き方だ。足の裏には毛が生えず、皮膚が肉厚になっている。指は短く、穴掘りに適した強力なカギ爪が生えている。

カピバラ CAPYBARA

最大の齧歯類であるカピバラは、テンジクネズミ科のカピバラ亜科4種のうちの1種である。カピバラは普通1年に1回だけ繁殖する。子どもは雨季の終わりに生まれるが、この時期は餌の草が最も栄養分に富んでいる。最大寿命は6年である。

粗い毛は素速く乾く

カピバラ
CAPYBARA
Hydrochoeris hydrochaeris
世界最大の齧歯類で、大きさはブタと同じぐらい。南アメリカの沼地で半水生の生活を送る。

1—1.3 m
3¼—4¼ ft

小さな丸い耳

フチア、アメリカトゲネズミ、ヌートリア

HUTIAS, SPINY RATS, AND COYPU

中央及び南アメリカのアメリカトゲネズミ科にはさまざまな環境に生息する99種が含まれる。樹上性で穴も掘るアメリカトゲネズミ、半水生のヌートリアなどがいる。サイズも毛皮のタイプも、歯式も食性も異なっているが、分子系統解析により同じグループに属することが示唆されている。

16—30 cm
6½—12 in

ギアラトゲネズミ属の一種
SPINY RAT
Proechimys sp.
棘のような剛毛が身を守る。アフリカ産のトゲマウス（p.536）と似るが、独立して進化したもの。

30—43 cm
12—17 in

デマレフチア
DESMAREST'S CUBAN HUTIA
Capromys pilorides
キューバの普通種。ほかの生き残っているフチアは生息地の消滅と狩猟のため絶滅に瀕している。

出っ張った切歯

ヌートリア
COYPU
Myocastor coypus
ぼさぼさの毛とオレンジ色の巨大な歯が特徴。後足には水かきがあって泳ぐのが上手で、鱗で覆われた太い尾をもつ。

47—58 cm
18½—23 in

円柱状の長い尾

パカ PACAS

パカ科には中央及び南アメリカに分布する夜行性の2種が含まれる。果実や種子、木の根を探して林床をあさっている様は小型のブタのようだ。

50—75 cm
20—30 in

パカ
PACA
Cuniculus paca
主に森林に生息する。メキシコからパラグアイまで、中央及び南アメリカに分布。

デグー、チリアナネズミなど

DEGUS, ROCK RATS, AND RELATIVES

デグー科（Octodontidae）は小型のつやつやした毛並みのネズミである。白歯がすり減ると8の字のようなパターンが現れることから Octodontidae（octo=8、don=歯）と名付けられた。南アメリカの南部に広く分布している。

16—22 cm
6½—9 in

デグー
DEGU
Octodon degus
チリのアンデス山脈の西側斜面に見られる。捕食者に捕まると尾が簡単に切れる。

アグーチ AGOUTIS

アグーチ科は日中活動し、長い四肢で走り回るたいへん臆病な齧歯類だ。1年中繁殖するが、1回に生まれるのは2匹だけである。子どもは生後1時間もすれば走れようになる。

ウサギアグーチ
RED-RUMPED AGOUTI
Dasyprocta leporina
南アメリカの北東部と小アンティル諸島の森林地帯に見られる。腰の明るいオレンジ色で見分けられる。

48—60 cm
19—23½ in

48—60 cm
19—23½ in

43—58 cm
17—23 in

マダラアグーチ
CENTRAL AMERICAN AGOUTI
Dasyprocta punctata
メキシコ南部からアルゼンチンまでと広い範囲に分布している。餌は主に果実だが、カニも食べる。つがいは一生連れ添うと考えられている。

アザラアグーチ
AZARA'S AGOUTI
Dasyprocta azarae
ブラジル南部、パラグアイ、アルゼンチン北部の森に生息する。驚くとほえ声を上げる。さまざまな種子や果実を食べる。

ツパイ TREE SHREWS

ツパイは小型の哺乳類で、外見もふるまいもリスに似ている。日中活動し、ほとんどの時間を地上で餌を探すのに費やす。

ツパイは東南アジアの熱帯雨林に生息する。英名は tree shrew だが true shrew（トガリネズミ）と類縁関係にはなく、独立した目に分類される。全ての指に鋭いカギ爪があって素速く木に登ることができるが、ほとんどの種はいつも樹上で生活しているわけではない。餌はさまざまで、昆虫やミミズ、果実、時には小型の哺乳類や爬虫類、鳥類をも食べる。

ツパイのなかには単独性のものもいるが、つがいや群れで暮らすものもいる。繁殖は速く、子どもを木の割れ目や枝にしつらえた巣で育てる。雌は子どもをほとんど気遣うことなく、時折ちょっと巣によって乳を飲ませるだけだ。

門	脊索動物門
綱	哺乳綱
目	登攀目
科	2
種	23

ハネオツパイ PEN-TAILED TREE SHREW

ハネオツパイ科は東南アジアのハネオツパイ1種だけからなる。長い羽のような尾から名付けられた（英名のpenは羽ペンのこと）。この尾は木に登るときにバランスをとるのに使われる。

ハネオツパイ
PEN-TAILED TREE SHREW
Ptilocercus lowii
ハネオツパイの尾は細長く先端がブラシのようになっているが、ほかのツパイの尾は全体がブラシのようにぼさぼさしている。

13–15 cm
5–6 in

ツパイ TREE SHREWS

ツパイ科は長い口吻で昆虫などの無脊椎動物や果実、葉などを見つけ出す。全部の指に鋭いカギ爪があるので、素速く木に登ることができる。

長い口吻

17–21 cm
6½–8½ in

長く伸びた爪で木の枝につかまる

オオツパイ
LARGE TREE SHREW
Tupaia tana
ツパイは昼行性で東南アジアの森林に生息する。本種はボルネオとスマトラ、及び近傍の島々に生息する。

ヒヨケザル COLUGOS

皮翼目に含まれる2種のヒヨケザルは、空は飛ばないが滑空する。東南アジアの雨林に見られる。

首から指や尾の先まで、毛の生えた皮膜（「飛膜」と呼ばれる）が広がるのがヒヨケザルの特徴だ。四肢を四方に伸ばすとこの膜が広がり、木から木へと滑空することができる。1回の滑空距離は100mを超えることもある。林冠に棲み、昼間は枝から逆さにぶら下がっていたり、木の裂け目や洞に隠れていたりする。夜になると現れて果実や葉を食べる。地上ではほとんど移動することができない。

歯がほかの哺乳類と異なっていて、下顎の歯が櫛状になっている。この歯は採餌以外にグルーミングにも用いられると考えられている。

門	脊索動物門
綱	哺乳綱
目	皮翼目
科	1
種	2

ヒヨケザル FLYING LEMURS

ヒヨケザル科に含まれるの2種のヒヨケザルは、前方を向いた眼で奥行きを知覚できるため、木から木へ滑空する際に距離を判断することができる。また、下顎の櫛状に特殊化した歯で果実や花などをしごいて食べる。

マレーヒヨケザル
SUNDA COLUGO
Cynocephalus variegatus
単独であるいは小さなグループで生活する。木の洞の中にいたり、高い木のてっぺんで休んでいたりする。東南アジアとインドネシア諸島の熱帯林に生息。

毛の生えた飛膜

前方を向く大きな目

34–42 cm
13½–16½ in

フィリピンヒヨケザル
PHILIPPINE FLYING LEMUR
Cynocephalus volans
フィリピン南部の森だけに見られる在来種。主に若い葉を食べる。

34–42 cm
13½–16½ in

霊長類 PRIMATES

人間もその一員である霊長類は、体のサイズに対して脳が大きく、正面を向いた目で立体的にものを見ることができる。

人間など、数種の例外を除き、霊長類の分布は南北アメリカ、アフリカ及びアジアの熱帯、亜熱帯地域に限られている。小は体重30gのネズミキツネザルから、大は200kgのゴリラまで、幅広いサイズの種が含まれる。

霊長類は嗅覚よりも視覚に頼っている。樹上性のものが多く、立体視（木から木へ跳び移る時に距離を測る）、拇指対向性（親指がほかの指と向き合う）、枝をつかめる器用な尾、跳躍できる長い後肢、枝渡りのできる長い腕などの特徴がある。食性が特殊化したものもいるが、多くの種は雑食性である。

2つのグループ

霊長類（霊長目）は2つの亜目に分けられる。1つは曲鼻亜目で、キツネザル、ロリス、ガラゴなど主に夜行性のものが含まれる。いずれもほかの霊長類に比べ嗅覚がよく発達している。もう1つは直鼻亜目で、新世界ザルと旧世界ザル、類人猿が含まれる。昼行性のものが多く、曲鼻亜目よりも視覚に頼っている。

社会構造

霊長類のほとんどは社会性が高く、小さな家族集団や単雄のハーレム、雌雄を交えた大きな群れで生活する。雌をめぐる雄同士の競争が発達している種が多く、雌は最も大きなあるいは最も優勢な雄を好む。これを性選択といい、その結果、性的二型性が明瞭になっている。性的二型性とは体のサイズや犬歯など、雌雄間に相違が見られる現象を指す。雌雄の体色が異なることもあり、これも性的二型性の1つで、性的二色性と呼ばれる。

新世界ザルはほとんどが単婚性で、両親ともに子育てを行う。旧世界ザルには、血縁のある個体が群れを作って雌がリーダーとなる傾向があり、雄はほとんどあるいは全く子育てをしない。霊長類は概して成熟するのが遅く、繁殖できるようになるまで時間がかかるが、寿命は比較的長い。大型類人猿の野生環境での潜在的寿命は45年以上であり、飼育下ではもっと長生きする。

門	脊索動物門
綱	哺乳綱
目	霊長目
科	16
種	506

論点
霊長類のホットスポット

今日、科学者のあげる霊長類の種数は10年前と比べて増加している。種数が増えた主な原因は、亜種（地理的な変異体）が新種として認められたためだ。アマゾン盆地に生息するサルでは、川や山によって分断された個体群がそれぞれ微妙に異なり、染色体構造などに差異が見られる。何千年も前、地質学的な活動によって森林の生息地が隔離された時に個体群が分岐した、と考える科学者もいる。そのような森林は同様にして形成された多数の種を擁している可能性があり、そのため、生物多様性を保全しようとする動物保護団体にとっては注目すべき重要地域なのである。

ガラゴ GALAGOS

ガラゴ科はサハラ以南のアフリカが原産で、低木林や樹木の生えたサバンナを含め、森林や疎林の幅広い生息地に分布している。前肢よりも後肢が長く、地上を大きくジャンプしながら木から木へ移動する。ガラゴはよく自分の尿で手足を洗うが、おそらくそれで枝をしっかりつかめるようになるのだろう。また臭いでマーキングをする効果もある。ガラゴは全て夜行性である。

大きくて動く耳

厚い毛皮

巨大な目

28–47cm
11–18½ in

シルバーオオガラゴ
SILVERY GREATER GALAGO
Otolemur monteiri
オオガラゴと分布域が重なるが、本種のほうが密な植生を好む。名前に反して黒色型のほうが普通。

オオガラゴ
BROWN GREATER GALAGO
Otolemur crassicaudatus
最大のガラゴの一種。アフリカ南部のさまざまな森林に生息する。雑食性で、木から浸出する樹脂を櫛のような歯でこそげとって食べる。

26–40cm
10–16 in

ロリス、ポットー、アンワンティボ
LORISES, POTTOS, AND ANGWANTIBOS

ロリス科は夜行性で雑食性である。小型で尾が短く、前肢と後肢の長さは等しい。ほかの指と向き合う親指で枝をつかみ、ガラゴよりもゆっくりと、かつ悠然と森の中を移動する。木登りはするが跳躍はしない。

厚い毛皮

ホソロリス
RED SLENDER LORIS
Loris tardigradus
スリランカ原産のすらりとした種。長い四肢を用いて林冠をそろそろと移動していく。

ほかの指と向かい合う親指

巨大な目の周囲はリング状に色が濃い

18–21 cm
7–8½ in

30–34 cm
12–13½ in

20–23 cm
8–9 in

握力が強い

22–26 cm
9–10 in

スローロリス
SUNDA SLOW LORIS
Nycticebus coucang
名前から予想できるように、ゆっくりとした慎重な動きで森を移動する。東南アジアの熱帯林に生息。

ピグミースローロリス
PYGMY SLOW LORIS
Nycticebus pygmaeus
ラオス、カンボジア、ベトナム、及び中国南部に分布。密生した熱帯雨林や竹林に生息する。

30–40 cm
12–16 in

ポト
WEST AFRICAN POTTO
Perodicticus potto
臆病な種で、アフリカは赤道地帯の密生した雨林に生息する。うなじにある骨性の盾で捕食者から身を守る。

ゴールデンアンワンティボ
GOLDEN ANGWANTIBO
Arctocebus aureus
ゴールデンポットーとも呼ばれる。アフリカ西部と中央部の赤道地帯に分布。低地の湿潤な森林の低木層に棲む。

ショウガラゴ（セネガルガラゴ）
SENEGAL BUSHBABY
Galago senegalensis
アフリカ中央部と東アフリカの一部に広く分布。乾燥したサバンナ疎林に生息する。

12–20 cm
4¾–8 in

大きな耳

12–17 cm
4¾–6½ in

デミドフコビトガラゴ
DEMIDOFF'S BUSHBABY
Galagoides demidovii
雨林の林冠に棲み、長い後肢で跳躍して移動する。アフリカ西部及び中央部に分布。

12–17 cm
4¾–6½ in

モホールガラゴ
MOHOLI BUSHBABY
Galago moholi
アフリカ南部に分布する小型で臆病なガラゴ。小さな群れを作って生活する。しなやかかつ敏捷に跳躍しながら疎林を移動し、昆虫や木の樹脂を食べる。

長い尾

メガネザル TARSIERS

メガネザル科の Tarsiidae という学名は、かかとの骨（跗骨 tarsus）が極めて長く伸びていることに由来する。樹上性で四肢の骨や指が長く、尾も細長い。頭部は丸く、眼は非常に大きい。夜間、この眼を駆使して昆虫を探す。

絹のような毛

フィリピンメガネザル
PHILIPPINE TARSIER
Tarsius syrichta
フィリピンの固有種。雨林や低木林のさまざまな生息地に見られる。哺乳類のなかで、体に対する眼球のサイズが最も大きい。

11–14 cm
4½–5½ in

11–14 cm
4½–5½ in

ニシメガネザル
WESTERN TARSIER
Tarsius bancanus
木にしがみつき木から木へ跳躍するのに適応している。スマトラとボルネオの熱帯雨林に生息する。

細長く伸びた尾

キツネザル（レムール） LEMURS

キツネザル科はマダガスカル全土の森林に生息する。主に樹上性で、四足歩行をする。ほとんどは昼夜を問わず散発的に活動する周日行性である。種によっては雌雄の体色が異なっている。

38—40 cm
15—16 in

ウールのような
厚い毛皮

アラオトラ
ジェントルキツネザル
BANDRO
Hapalemur alaotrensis
絶滅寸前種。マダガスカル最大の湖であるアラオトラ湖周辺の、アシやヨシの生えた湿原だけに生息する。

体と同じくらいの長さの尾

39—42 cm
15½—16½ in

シロビタイ
キツネザル
WHITE-HEADED LEMUR
Eulemur albifrons
黒い顔のまわりを白い毛が囲むという目立つ体色は雄だけで、雌の顔は全体的に灰色である。

クロキツネザル
BLACK LEMUR
Eulemur macaco
雌雄の体色が異なる性的二色性が見られ、黒いのは雄だけである。雌は茶色がかった灰色で耳に白い房毛が生える。

♂

♀

38—45 cm
15—18 in

40—42 cm
16—16½ in

ヒロバナジェント
ルキツネザル
GREATER BAMBOO LEMUR
Prolemur simus
希少種の1つ。マダガスカル東南部に分布し、タケ以外のものはほとんど食べない。

39—46 cm
15½—18 in

ワオキツネザル
RING-TAILED LEMUR
Lemur catta
群れで生活する（群れの個体数は最大で25頭）。よく地上で過ごしている。果実や葉、樹液、樹皮を食べる。

40—50 cm
16—20 in

クロシロエリマキ
キツネザル
BLACK-AND-WHITE RUFFED LEMUR
Varecia variegata
キツネザル科では最大の種で、果実の餌に占める割合が高い。キツネザルには珍しく、葉で巣を作って子育てする。

35—42 cm
14—16½ in

アカハラキツネザル
RED-BELLIED LEMUR
Eulemur rubriventer
単婚性で、つがいと独り立ちする前の子どもからなる小さな群れで生活する。

アカエリキツネザル
RED COLLARED LEMUR
Eulemur collaris
手首に臭腺があり、それを長くふさふさした尾にこすりつけて臭いを付け、コミュニケーションに用いる。

38—42 cm
15—16½ in

32—37 cm
12½—14½ in

雄の頬には赤い部分がある

マングース
キツネザル
MONGOOSE LEMUR
Eulemur mongoz
乾季には基本的に夜行性だが、雨季が始まると昼行性の傾向が強くなる。

ものをつかめる手

ネズミキツネザル、コビトキツネザル、フォークキツネザル

MOUSE, DWARF, AND FORK-MARKED LEMURS

コビトキツネザル科は霊長類のなかでは最小の部類に入る。四肢は短く目が大きい。全て夜行性。樹上性で、マダガスカルの森に棲み、トーパー（低体温状態）に入って乾季をやり過ごす。

ニシフォークキツネザル
PALE FORK-MARKED LEMUR
Phaner pallescens
樹脂食に適応している。長い舌をもち大きな前白歯で樹皮をはぎ取る。

22–30 cm
9–12 in

26–30 cm
10–12 in

短い四肢

12–15 cm
4¾–6 in

ハイイロネズミキツネザル
GREY MOUSE LEMUR
Microcebus murinus
雑食性で、昆虫や花、果実などを食べる。雌は子どもを産むと数週間は口にくわえて運ぶ。

ブラウンネズミキツネザル
EASTERN RUFOUS MOUSE LEMUR
Microcebus rufus
森林のさまざまな生息環境に見られる。雑食性で、種々の果実、昆虫、樹脂などを食べる。

10–15 cm
4–6 in

オオコビトキツネザル
GREATER DWARF LEMUR
Cheirogaleus major
単独性で、主に果実と果汁を餌とする。雨季の間に尾に脂肪を蓄える。

イタチキツネザル科 SPORTIVE LEMURS

イタチキツネザル科はマダガスカルに分布する中型のキツネザルで、突き出た口吻と大きな目が目立つ。完全な樹上性かつ夜行性である。エネルギーに乏しい葉を餌とするため、霊長類全体の中では活動性が最も低い部類に入る。

23–26 cm
9–10 in

19–26 cm
7½–10 in

シロアシイタチキツネザル
WHITE-FOOTED SPORTIVE LEMUR
Lepilemur leucopus
背中は灰色で腹部は白い。食物を探しに時々出かける以外は、1日の大部分を木の幹に垂直にしがみついて過ごす。

セスジイタチキツネザル
BLACK-STRIPED SPORTIVE LEMUR
Lepilemur dorsalis
マダガスカル北西部と近傍の島々の湿潤な森林に棲む。口吻はあまり尖らず、目は小さい。

インドリ、シファカなど

SIFAKAS AND RELATIVES

インドリ科には、キツネザル類では最大のインドリとシファカ、そのほか、小さめのアバヒが含まれる。いずれもマダガスカルに生息し、強力な長い後肢で地上を跳躍して木から木へと移動する。インドリ以外は尾が長い。

顔にはほとんど毛が生えていないが、鼻筋には白い毛が生える

42–50 cm
16½–20 in

長い後肢

39–45 cm
15½–18 in

クロカンムリシファカ
CROWNED SIFAKA
Propithecus coronatus
マダガスカル北西部に見られるシファカで、乾燥した落葉樹林に棲む。主に木の葉を食べるが、芽や花、樹皮も食べる。

42–52 cm
16½–20½ in

64–72 cm
25–28 in

アイアイ AYE-AYE

アイアイ科にはマダガスカルのアイアイ1種だけが含まれる。夜行性で、毛の生えていない大きな耳、ぼさぼさの毛、極めて長い指を備える。切歯はずっと伸び続ける。

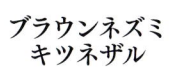

30–37 cm
12–14½ in

アイアイ
AYE-AYE
Daubentonia madagascariensis
細長く伸びた第3指を用い、朽ち木の中に潜む昆虫の幼虫を見つけて引っ張り出す。

ミルンエドワードシファカ
MILNE-EDWARD'S SIFAKA
Propithecus edwardsi
マダガスカル南東部に見られ、小さな家族集団で生活する。手の巨大な親指はほかの指と対向していて、木の幹にしっかりとしがみつける。

コクレルシファカ
COQUEREL'S SIFAKA
Propithecus coquereli
ほかのシファカと同様、腕でバランスを取りながら後肢で跳躍し、木の生えていないところを横切る。

インドリ
INDRI
Indri indri
キツネザル類のなかで最大の種。尾が短く痕跡的なのは本種だけ。

ホエザル、クモザル、ウーリーモンキー
HOWLER, SPIDER, AND WOOLLY MONKEYS

クモザル科はホエザル、クモザル、ウーリーモンキー、ムリキを含み、新世界ザルのなかで最大のグループだ。どの種もものをつかめる尾を備え、それを5番目の肢として用い森の中を渡っていく。クモザルはこの科のなかで最も四肢が長い。

48–63 cm
19–25 in

50–71 cm
20–28 in

ユカタンクロ ホエザル
GUATEMALAN BLACK HOWLER
Alouatta pigra
メキシコのユカタン半島、ベリーズ、グアテマラに分布。最大11頭の群れを形成する。

46–63 cm
18–25 in

マントホエザル
MANTLED HOWLER
Alouatta palliata
脇腹に長い剛毛が生えることからこの名がついた。中央アメリカと南アメリカ北部に生息する。

発達した喉頭でほえる

アカホエザル
VENEZUELAN RED HOWLER
Alouatta seniculus
喉の舌骨がよく発達し、数km先からでも聞こえるほど大きな声を出す。

30–64 cm
12–25 in

コロンビア クロクモザルの亜種
COLOMBIAN BLACK SPIDER MONKEY
Ateles fusciceps rufiventris
チャアタマクモザルの亜種。ほかのクモザルと同様、この亜種にも手の親指がない。コロンビアとパナマに生息。

31–63 cm
12–25 in

アカクモザル
GEOFFROY'S SPIDER MONKEY
Ateles geoffroyi
日中活動し、果実を食べる。比較的大きな群れを作り、最大35頭にもなる。中央アメリカの森林に広く分布する。

46–78 cm
18–31 in

ウーリークモザル（ムリキ）
SOUTHERN MURIQUI
Brachyteles arachnoides
ブラジルの森林で見られる。生息地の消失のため絶滅寸前である。

グレイウーリーモンキー
GREY WOOLLY MONKEY
Lagothrix cana
がっちりした体つきの種で、大きな群れをなし、ブラジル、ボリビア、ペルーの原生林で生活する。

フンボルト ウーリーモンキー
HUMBOLDT'S WOOLLY MONKEY
Lagothrix lagotricha
新世界ザルのなかでも最大級のサル。アマゾン川上流域の低地原生林に生息する。

尾の先には毛が生えていない

45–65 cm
18–26 in

46–65 cm
18–26 in

ヨザル NIGHT MONKEYS

ヨザル科は新世界で唯一の夜行性のサルである。体は小さく、平たく丸い顔にはウールのような毛が密に生え、目が大きい。嗅覚がよく発達している。

35—42 cm
14—16½ in

クロアタマヨザル
BLACK-HEADED NIGHT MONKEY
Aotus nigriceps

単婚性で、アマゾン川の中流から上流域の原生林や二次林に棲む。分布域はブラジル、ボリヴィア、ペルーにまたがっている。

30—38 cm
12—15 in

ミシマヨザル
NORTHERN NIGHT MONKEY
Aotus trivirgatus

月夜の晩に最も活動的になる。ヴェネズエラとブラジル北部の森林に棲む。

ティティ、サキ、ウアカリ
TITI, SAKI, AND UAKARI MONKEYS

サキ科には小型から中型までのサイズのサルが含まれる。昼行性で樹上生活を送り、社会的である。大きな犬歯が突き出るなど、歯の構造が共通している。この犬歯で硬い種子や果実も難なく食べることができる。

体毛は黒く、先端が白い

32—42 cm
12½—16½ in

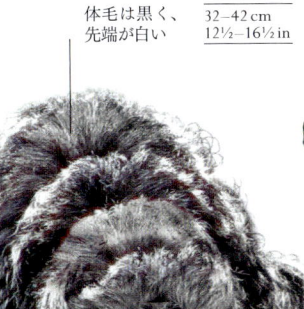

シロガオサキ
WHITE-FACED SAKI
Pithecia pithecia

雄は毛が黒く、顔が白っぽい毛で縁どられているが、雌は全身がほぼ灰褐色である。

34—42 cm
13½—16½ in

クロヒゲサキ
BLACK-BEARDED SAKI
Chiropotes satanas

アマゾン川流域南部で分布が確認されている。雄にはヒゲが生え、前頭部には大きくふくらんだ部分がある。

36—53 cm
14—21 in

37—48 cm
14½—19 in

モンクサキ
MONK SAKI
Pithecia monachus

ブラジル北西部、ペルー、コロンビア、及びエクアドルの森林に分布する臆病な種。林冠の高みで暮らす。

グレイサキ
RIO TAPAJÓS SAKI
Pithecia irrorata

ブラジル西部、ボリヴィア北部、及びペルー東部に生息する。種子が餌の大部分を占める。名前のグレイは色ではなくて命名者に由来する。

毛の生えていない赤い顔

長くぼさぼさの毛皮

31—42 cm
12—16½ in

クロビタイティティ
BLACK-FRONTED TITI
Callicebus nigrifrons

果実を食べる。ブラジル南東部のサンパウロ付近、大西洋岸の森林に棲む。

28—36 cm
11—14 in

エリマキティティ
COLLARED TITI MONKEY
Callicebus torquatus

ブラジルの砂混じりの土壌に形成された浸水しない森林を好む。主に果実や種子を食べる。

27—34 cm
10½—13½ in

ドウイロティティ
COPPERY TITI
Plecturocebus cupreus

アマゾン川流域南西部の雨林に見られる。単婚性でなわばり性である。主に果実を食べる。

35—56 cm
14—22 in

キンゴシウアカリ
SPIX'S BLACK-HEADED UAKARI
Cacajao ouakary

社会性が高く、30頭以上の個体が群れで暮らす。アマゾン川流域北西部に生息。

36—57 cm
14—22½ in

アカウアカリの亜種
RED BALD-HEADED UAKARI
Cacajao calvus rubicundus

アカウアカリにはほかにも数亜種が存在し、アマゾン川流域の季節的に浸水する森林に生息している。赤い顔は健康状態を示すシグナルだと考えられている。

マーモセット、タマリン

MARMOSETS AND TAMARINS

マーモセット科には比較的小型の社会性のサルが含まれる。南アメリカ中央部の熱帯・亜熱帯地域に広がる多様な森林に生息している。全て昼行性かつ樹上性である。目は正面を向き、口吻は短い。第3臼歯はない。尾は長いがものをつかむことはできない。平爪ではなくカギ爪をもつ。

19–25 cm
7½–10 in

20–23 cm
8–9 in

ゲルディモンキー（ゲルジザル）
GOELDI'S MONKEY
Callimico goeldii

アマゾン川上流域に分布。タケ林など密生した森林の下生えに生息し、果実を求めて林冠に進撃する。

シルバーマーモセット
SILVERY MARMOSET
Mico argentatus

樹脂食に特化したマーモセット。耳が大きい。幅の狭い顎に生えた短い犬歯で樹皮を切り裂く。

コモンマーモセット
COMMON MARMOSET
Callithrix jacchus

雌は2頭の雄と交尾するのが普通。通常、1産2仔で、2頭の雄はともに子育てを手伝う。

16–21 cm
6½–8½ in

長くカーブしたカギ爪

シロガオマーモセット
GEOFFROY'S TUFTED-EAR MARMOSET
Callithrix geoffroyi

樹脂を採るために樹皮に穴をあけるが、穴に臭いでマーキングし、ほかのものに利用されないようにする。

18–23 cm
7–9 in

20–23 cm
8–9 in

クロミミマーモセット
BLACK-TUFTED-EAR MARMOSET
Callithrix penicillata

単婚性の種。昼行性で、雨林に分布。林冠の高みに棲み、樹液を餌とする。

12–15 cm
4¾–6 in

ピグミーマーモセット
PYGMY MARMOSET
Cebuella pygmaea

世界最小のサル。アマゾン川上流域の季節的に浸水する森林地帯に生息し、樹脂を餌とする。

細く黄色味がかった背中の毛

23–26 cm
9–10 in

白い口ひげ

21–28 cm
8½–11 in

23–33 cm
9–13 in

エンペラータマリン
EMPEROR TAMARIN
Saguinus imperator

長く白い口ひげが特徴。ペルー、ブラジル、及びボリヴィアの熱帯林に生息する。

シロクチタマリン
WHITE-LIPPED TAMARIN
Saguinus labiatus

群れで優位な雌がフェロモンを放出して化学物質による信号を送り、その作用で、群れのほかの雌は繁殖が抑制される。

フタイロタマリン
BARE-FACED TAMARIN
Saguinus bicolor

ブラジルのマナウス付近のアマゾン川中流域に分布。低地森林で樹上生活をする。

20–25 cm
8–10 in

ミダス タマリン（ブラックタマリン）
GOLDEN-HANDED TAMARIN　*Saguinus midas*
南アメリカ北東部に見られる。手足が明るい
金色。足の親指は平爪だが、ほかの指は全て
カギ爪である。触れるもの全てを金に変えたと
いうミダス王の伝説にちなんで名付けられた。

21–28 cm
8½–11 in

ワタボウシタマリン
COTTON-TOP TAMARIN
Saguinus oedipus
コロンビア北西部とパナマの
非常に限られた地域に生息。
主に昆虫と果実を食べる。

20–27 cm
8–10½ in

縞模様の尾

**ゴールデンライオン
タマリン**
GOLDEN LION TAMARIN
Leontopithecus rosalia
類人猿以外の霊長類のなか
で絶滅危険度の最も高い部
類に入る。ブラジル南東部
の大西洋側海岸の森林だけ
に見られる。

26–33 cm
10–13 in

22–26 cm
9–10 in

セマダラ タマリン
SADDLE-BACK TAMARIN
Saguinus fuscicollis
アマゾン上流域の二次林内や
森林の縁に棲む。昆虫や果実、
果汁、樹液や樹脂を餌にする。

ドウグロ タマリン
GOLDEN-HEADED LION TAMARIN
Leontopithecus chrysomelas
ブラジル南東部のバイア州南部、大西洋岸
の森林だけに分布。危険な目に合うと、
たてがみを逆立てて自分を大きく見せる。

リスザル、オマキザル
SQUIRREL MONKEYS AND CAPUCHINS

以前、オマキザル科にはいくつかのグループが
含められていたが、現在、この科に残っている
のはリスザルとオマキザルのみである。眼が大
きく、尾は長く、前肢は後肢よりも
短い。リスザルの8種は中央
及び南アメリカに生息し、
リスザル属にまとめられ
る。オマキザルは尾に
房のあるフサオマ
キザル属と房のな
いオマキザル属に
分かれる。

毛の生えて
いない顔

33–45 cm
13–18 in

25–37 cm
10–14½ in

ノドジロオマキザル
WHITE-HEADED CAPUCHIN
Cebus capucinus
中央アメリカに分布する唯一の
オマキザル。ホンジュラスから
コロンビア及びエクアドルの海岸
まで分布を広げている。

ものを
つかめる尾

37–46 cm
14½–18 in

ナキガオオマキザル
WEEPER CAPUCHIN
Cebus olivaceus
南アメリカ北部から中央部
が原産地。尾で枝などをつ
かんで体を支えながら手で
餌を食べることがよくある。

明るい黄色
の四肢

平爪のある指

27–32 cm
10½–12½ in

ボリビアリスザル
BLACK-CAPPED SQUIRREL
MONKEY
Saimiri boliviensis
繁殖期、雄は首回りや肩の肉づきが
よくなり、雌をめぐって争う。

先端の黒い
長い尾

コモンリスザル
GUIANAN SQUIRREL MONKEY
Saimiri sciureus
群居性で、大きな群れを作って生活する。
南アメリカの北部から北東部にかけて
分布し、さまざまな森林に生息する。

哺乳類・霊長類

コモンリスザル
GUIANAN SQUIRREL MONKEY *Saimiri sciureus*

好奇心が強く知性が高いコモンリスザルは、霊長類のなかでは体重に対する脳の重量が最大である。社会性がとても高く、15〜50個体からなる雌雄混合の大きな群れで生活する。繁殖はいっせいに行われ、雨期（1月〜2月）中の1週間内にすべての出産が完了する。妊娠期間は約6カ月である。赤ん坊は最初は母親の腹部にぶら下がっているが、生後2週目に入る頃から背中に乗るようになる。発達は急速で、生後6カ月で離乳し、その4カ月後には完全に独り立ちする。寿命は最大で20年である。

体　長 25-37cm (10-14½ in)
生息地 低地の雨林、マングローブ林
分　布 仏領ギニア、ガイアナ、スリナム、ブラジルのアマゾン川北岸
食　性 主に昆虫、クモ、果実、花

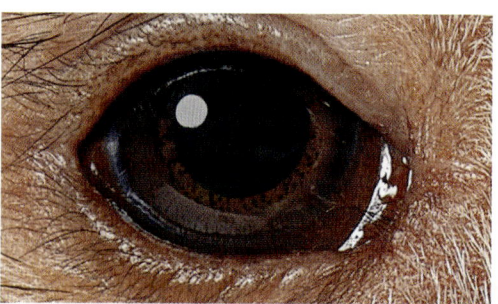

眼 ＞
眼は大きく、左右の眼は近接して前方を向いている。視力はよく、遠近感も優れている。ほとんどの時間を樹上ですごすサルにとって非常に重要な特徴である。

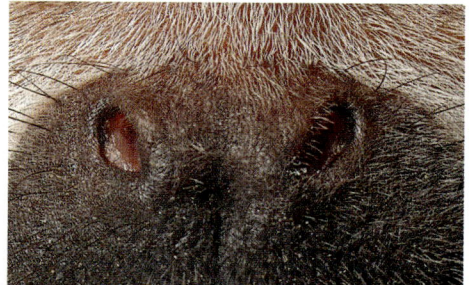

＜ 鼻
鼻孔は横向きに開き、左右の間隔が広い。鼻づらは短いが、すばらしい嗅覚をもっている。嗅覚は集団内の個体間でのコミュニケーションにとって重要であり、また、交配相手や迷子になった子どもを探すときにも役立つ。

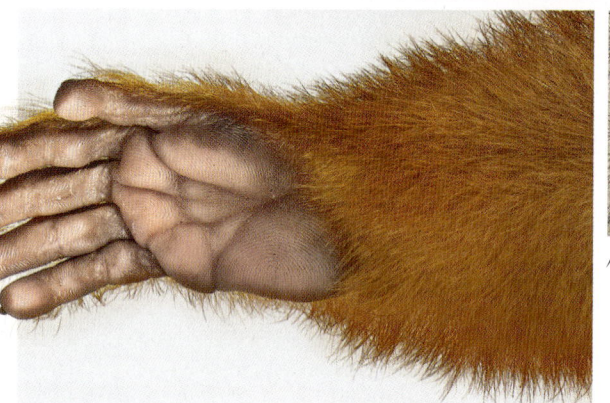

∧ 手
手で枝を握り、食物をつかみ、毛づくろいをするなどいろいろなことができるが、個々の指を別々に動かすことはできない。また親指はほかの指と向かい合わせにはできないため、ものをつまみあげることはできない。

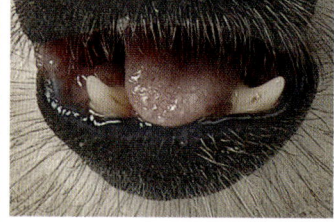

∧ 歯
36本の鋭い歯がある。犬歯は長くほかの歯よりも目立つ。雄の上顎の犬歯は雌よりも大きい。

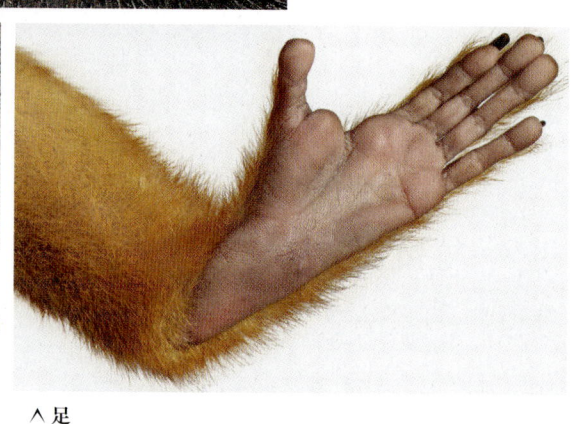

∧ 足
手と違って足の親指は大きく、ほかの指と向かい合わせにできる。この親指とほかの4本の指を効果的に用いて枝をつかむことができる。

尾でバランスをとる ＞
尾は少なくとも頭と胴体を合わせたのと同じくらいの長さがある。4本の手足を駆使して樹上で移動する際には尾でバランスをとる。

全身が短い毛で密に覆われている

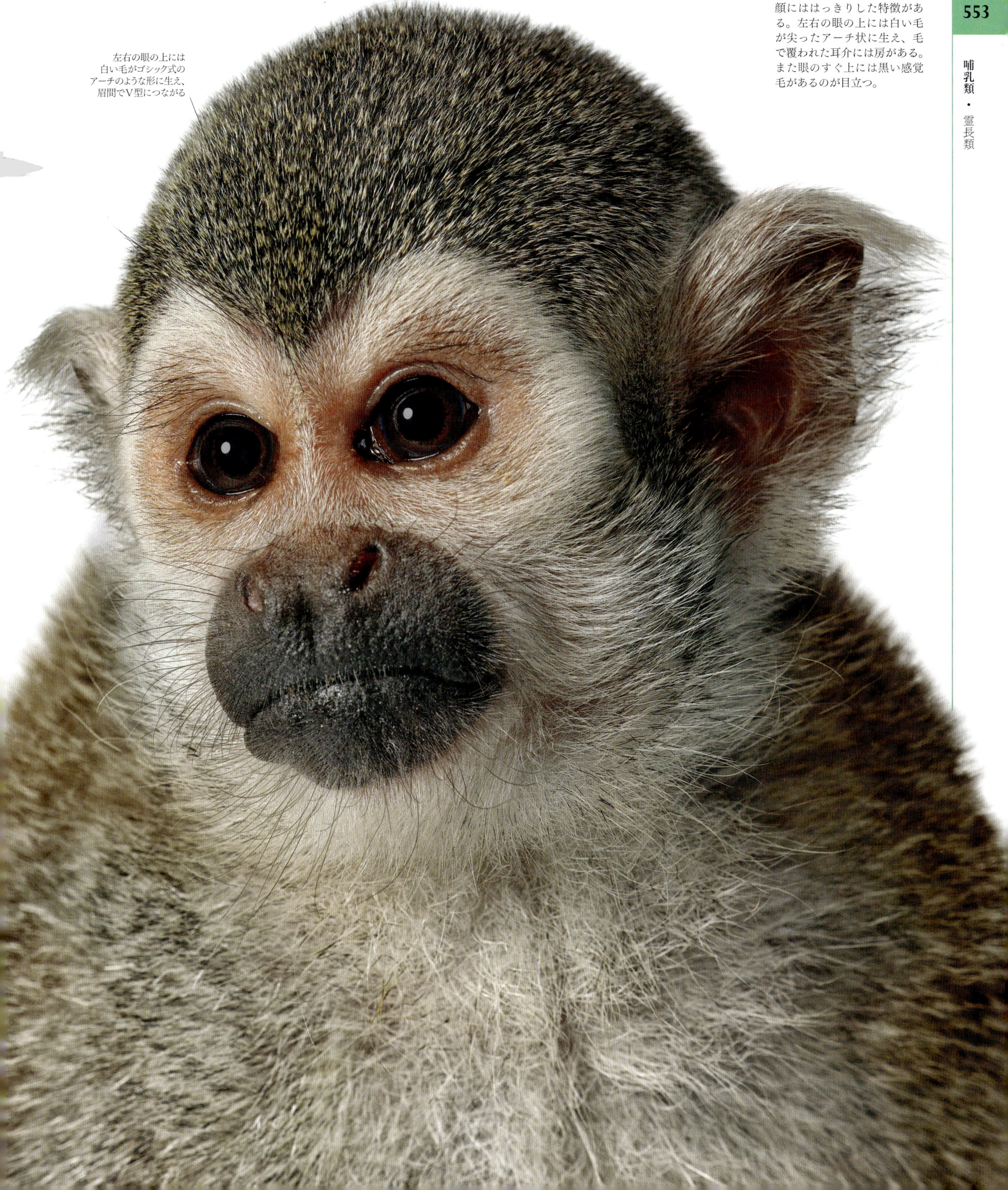

左右の眼の上には白い毛がゴシック式のアーチのような形に生え、眉間でV型につながる

∨ 顔の特徴
顔にははっきりした特徴がある。左右の眼の上には白い毛が尖ったアーチ状に生え、毛で覆われた耳介には房がある。また眼のすぐ上には黒い感覚毛があるのが目立つ。

旧世界ザル OLD WORLD MONKEYS

旧世界ザルのオナガザル科はアフリカやアジアに広く分布している。下向きの鼻孔は左右が近接し（「狭鼻猿類」に属する）、爪は平爪である。ほとんどが昼行性で樹上性だが、ヒヒは主に地上性である。グエノン、ヒヒ、マカクは雑食性で、力強い顎と頬袋を備え胃は単純である。コロブスとリーフモンキーは葉食性で、胃が複雑化し頬袋はもっていない。

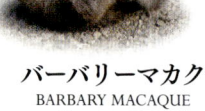

43–53 cm
17–21 in

トクモンキー
TOQUE MACAQUE
Macaca sinica
マカク属のなかでは最小。スリランカの湿潤森林の固有種。

正面を向いた両目で奥行きを知覚する

37–66 cm
14½–26 in

44–57 cm
17½–22½ in

クロザル
CELEBES CRESTED MACAQUE
Macaca nigra
インドネシアのスラウェシ島の固有種。毛の生えていないピンク色の尻だこがある。特に交尾可能になった雌では尻だこがよく目立つ。

54–64 cm
21½–25 in

バーバリーマカク
BARBARY MACAQUE
Macaca sylvanus
マカク属では唯一アジア以外に分布する。アルジェリア及びモロッコ高地のマツ林やオーク林に棲む。

31–63 cm
12–25 in

カニクイザル
CRAB-EATING MACAQUE
Macaca fascicularis
東南アジアに分布。名前の通りカニを餌にするが、それ以外に昆虫やカエル、果実、種子も食べる雑食性である。

ライオンのようなたてがみ

40–61 cm
16–24 in

シシオザル
LION-TAILED MACAQUE
Macaca silenus
インド南西部のガーツ山脈の固有種。樹上性で、主に湿潤なモンスーン林に棲む。

アカゲザル
RHESUS MACAQUE
Macaca mulatta
アフガニスタン西部からインド、タイ北部、中国まで分布する。開けた乾燥地域に棲む。成体は島から島へ、最大 0.8km の距離を泳いで渡る。

砂色の毛

48–65 cm
19–26 in

ベニガオザル
STUMP-TAILED MACAQUE
Macaca arctoides
樹上と地上の両方で生活する。東南アジアの熱帯及び亜熱帯の湿潤林に生息。

43−74 cm
17−29 in

後肢と長さの
変わらない前肢

ほかの指と
向かい合う
親指

ブタオザル
SOUTHERN PIG-TAILED MACAQUE
Macaca nemestrina
東南アジアに分布。雨林や
湿地などの湿度の高い地域に
棲む。主に果実を食べる。

35−60 cm
14−23½ in

厚い毛皮

ボンネットモンキー
BONNET MACAQUE
Macaca radiata
インド南部に分布。人里の
ごく近くで見られることが
多い。雑食性で、人間から
餌をもらうこともある。

46−65 cm
18−25½ in

ニホンザル
JAPANESE MACAQUE
Macaca fuscata
人間を除けば、霊長類のなかで
最も北の地域にまで生息する。
冬には温泉につかって暖をとる。

20−68 cm
8−27 in

サイクスモンキー
WHITE-THROATED GUENON
Cercopithecus albogularis
ザンジバルやマフィア諸島
など、アフリカ東部及び東
南部に分布。雑食性で、樹
上で生活する。

34−52 cm
13½−20½ in

アカオザル
RED-TAILED MONKEY
Cercopithecus ascanius
樹上性で、アフリカ中央部の湿潤な森林に
生息する。大きな頬袋に果実を貯め込む。

45−70 cm
18−28 in

ロエストモンキー
L'HOEST'S MONKEY
Allochrocebus lhoesti
樹上性のオナガザルで、
アフリカ中央部の高地に分布。
湿潤な原生林に棲む。

42−60 cm
16½−23½ in

毛の生えた
長い尾

40−58 cm
16−23 in

ダイアナモンキー
DIANA MONKEY
Cercopithecus diana
アフリカ西部に分布。原生林の
地上から遠く離れた林冠に生息し、
めったに地面に降りてこない。

ブラッザモンキー
DE BRAZZA'S MONKEY
Cercopithecus neglectus
半樹上性で、アフリカ中央部の沼
沢森林に棲む。雄は雌よりも体が
大きく、青い陰のうが目立つ。

39−71 cm
15½−28 in

ブルーモンキー
BLUE MONKEY
Cercopithecus mitis
アフリカ原産。社会的な群れを作る。
群れは最大で40頭からなり、
優位なアルファ雄1頭、雌数頭、
そして子どもたちが含まれる。

38−63 cm
15−25 in

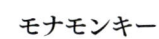

モナモンキー
MONA MONKEY
Cercopithecus mona
ガーナからカメルーンにかけ
て分布。樹上性で、雨林や
マングローブ林に生息する。

45−66 cm
18−26 in

ゴールデンマンガベイ
GOLDEN-BELLIED MANGABEY
Cercocebus chrysogaster
コンゴ川流域の雨林や湿地林に
生息し、主に地上で生活する。
少なくとも35個体からなる
集団で昼間に採食する。

55−85 cm
22−34 in

クロカンムリ
マンガベイ
NORTHERN BLACK-CRESTED MANGABEY
Lophocebus aterrimus
コンゴ民主共和国で見られる。
樹上性で、雨林を好む。

>>

≫ 旧世界ザル

ベルベットモンキー
VERVET MONKEY
Chlorocebus pygerythrus
エチオピアからアフリカ東部、アフリカ南部
まで分布。サバンナや開けた疎林に生息。

30—70 cm
12—28 in

グリベットモンキー
GRIVET
Chlorocebus aethiops
半地上性。アフリカ北東部に
分布。顔の上部の毛が緑色を
帯びているのが特徴。

40—66 cm
16—26 in

48—88 cm
19—35 in

パタスモンキー
PATAS MONKEY
Erythrocebus patas
四肢が長く指が短いのは走るのに
適応した形質である。アフリカ西部
から東部にかけて見られる。

コビトグエノン
（タラポワン）
ANGOLAN TALAPOIN
Miopithecus talapoin
旧世界ザルのなかでは最小の
種。樹上性で、アフリカ
西部及び中央部の湿潤な
沼沢森林に生息する。

26—45 cm
10—18 in

斑状のオリーブ
グレイの体毛

鼻の両側の
青い盛り上がり

55—110 cm
22—43 in

マンドリル
MANDRILL
Mandrillus sphinx
アフリカ中西部に
見られる。顔の配色が
目立つが、雌や子どもは
雄ほど派手ではない。

45—83 cm
18—33 in

折れ曲がったように見える
ヒヒ類の典型的な尾

ドリル
DRILL
Mandrillus leucophaeus
樹上性で、低地の老齢
雨林に生息する大型種。
カメルーン、ナイジェリア、
赤道ギニア共和国だけで
見られる。

オリーブグレイの
体毛

51—85 cm
20—34 in

50—114 cm
20—43 in

チャクマヒヒ
CHACMA BABOON
Papio ursinus
ヒヒのなかでは最大の部類
に入る。アフリカ南部に広
く分布し、森林やサバンナ、
ステップ、半砂漠、
山地に生息する。

キイロヒヒ
YELLOW BABOON
Papio cynocephalus
雑食性で、種子のさや、昆虫、ほかのサルなど、
その時食べられるものを何でも食べる。
アフリカ南部及び東部に分布。

赤茶色の顔

50—95 cm
20—37 in

マントヒヒ
HAMADRYAS BABOON
Papio hamadryas
アフリカ東部及び中央部、
特にエチオピアに見られ
る。雄には肩から背中に
かけて銀白色の長い毛が
はえ、ケープ（肩マント）
のように見える。

35—86 cm
14—34 in

ギニアヒヒ
GUINEA BABOON
Papio papio
ヒヒではほぼ最小。分布域も
ほぼ最小で、アフリカ赤道
地帯の西部に限られる。

四肢がたくましく
走るのが速い

50—90 cm
20—35 in

アヌビスヒヒ
OLIVE BABOON
Papio anubis
多くて100頭もの個体が群れ
を作り、サバンナやステップ
に生息。サハラ以南の
アフリカ中央部に分布。

50—75 cm
20—30 in

ゲラダヒヒ
GELADA
Theropithecus gelada
エチオピア高地の草原に生息するグレーザー。
胸に毛の生えていない部分がある。

**ゴールデンモンキー
（キンシコウ）**
GOLDEN SNUB-NOSED MONKEY
Rhinopithecus roxellana
厚い毛皮のおかげで高山の森林で生活できる。
中国西部及び中央部に分布。中国語名は金絲
猴。孫悟空のモデルだという説もある。

49—75 cm
19½—30 in

背中には
マントのような
白い毛

白い毛が
顎を覆う

47—83 cm
18½—33 in

61—76 cm
24—30 in

テングザル
PROBOSCIS MONKEY
Nasalis larvatus
泳ぎがたいへん上手で、ボルネオの
マングローブや低地の川辺にある森林に
生息する。雄の大きな鼻が名前の由来。

47—68 cm
18½—27 in

アンゴラコロブス
ANGOLA COLOBUS
Colobus angolensis
樹上にいることが圧倒的に
多い。アンゴラ、コンゴ、
及び隣接する国々のさま
ざまな森林に生息する。

**アビシニアコロブス
（ゲレザ）**
GUEREZA
Colobus guereza
アフリカ中央部及び東部の
湿潤な熱帯林に広く
分布している。

長い尾の先は
白い毛がふさ
ふさしている

41—78 cm
16—31 in

ハヌマンラングール
NORTHERN PLAINS GREY LANGUR
Semnopithecus entellus
灰色のサルで、インドやパキスタンなど
南アジアに見られる。

明るいオレンジ色
の体毛

43—65 cm
17—26 in

58—64 cm
23—25 in

フサグレイラングール
TUFTED GREY LANGUR
Semnopithecus priam
インド南東部及びスリランカに見られ、さま
ざまな生息地に棲む。主に木の葉を餌とする。

ジャワルトン
JAVAN LANGUR
Trachypithecus auratus
雌雄問わずほとんどの個体は
毛が黒いが、なかには、子ども
のころのオレンジ色の体色のま
ま成体になるものもいる。

マンドリル
MANDRILL *Mandrillus sphinx*

類人猿と人間を除けば、マンドリルは最大の霊長類である。雄の風貌は特に印象深い。群れで生活するが、群れを構成するのは優位な雄1頭、雌数頭、やかましい子どもたち、そして順位の低いさまざまな雄である。低位の雄たちは繁殖に参加しない。時には複数の群れが合体して200頭かそれ以上の大きな群れになることもある。マンドリルの社会には厳密な階層性があって、それぞれの個体は毛の生えていない顔の色鮮やかな部分や尻で自分の地位を喧伝する。優位な雄は凶暴な外見で、気性もそれに見合って激しい。皮膚の鮮やかな色はホルモンでコントロールされ、色合いは力の強さと凶暴さの目安となる。よほどの自信がなければ、そのような堂々とした相手に挑戦することなどできない。実力の伯仲するもの同士でなければまともな闘いにさえならないのだ。

体 長	55-110cm（22-43 in）
生息地	密生した雨林
分 布	アフリカ中西部のカメルーン南部からコンゴ共和国南西部まで
食 性	主に果実

∨ 遠くまで見渡す鋭い目
目は正面を向き、奥行きが知覚できる。フルカラーで見えるので、熟した果実を見つけやすく、またほかの個体が発する視覚的信号もキャッチできる。

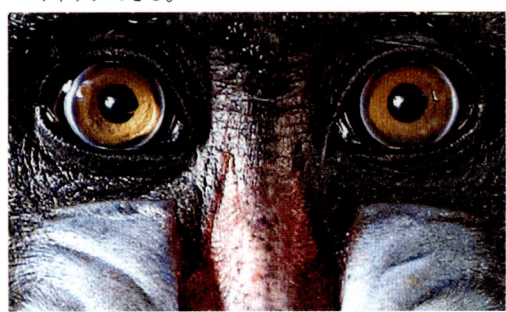

< 鼻孔
成熟した雄は鼻孔の周囲と鼻筋が緋色である。雌や若い個体の鼻は黒い。

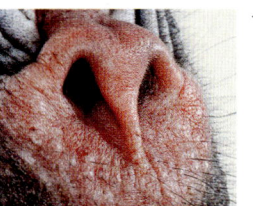

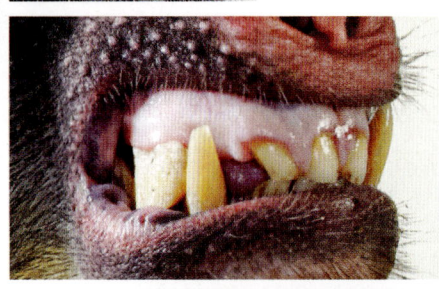

< 歯
長い犬歯は主に闘いとディスプレイに用いられる。臼歯は小さく、表面がでこぼこしていて、植物の餌をすりつぶすのに使われる。

鼻の左右に何本ものすじが通る —

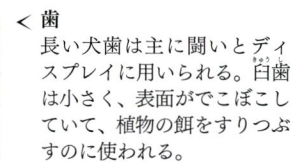

∧ 握る
手の親指は短いが、大型類人猿と同様に、完全にほかの指と向かい合う位置にあり、ものをつかんだりいじったりすることができる。ほかの指は長くてたくましく、がっしりした平爪が生えている。

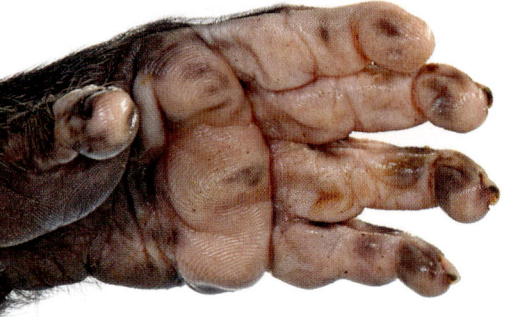

∧ 後足
後足は手に似て親指が長く、ものをつかむことができる。木登りが上手で、木の上で眠ることも多い。

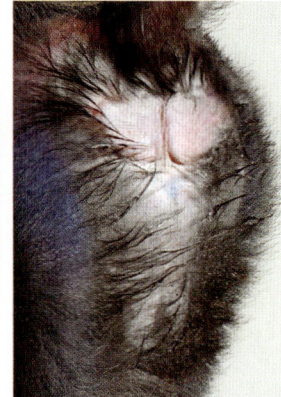
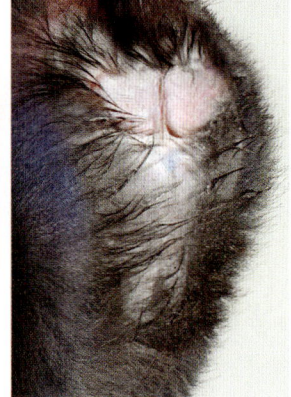

∧ 尻だこ
尾は短く、どの個体にも毛の生えていない尻だこがある。劣位雄のしりだこはアルファ雄よりも色が薄い。

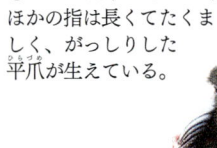
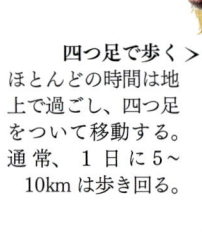

四つ足で歩く ＞
ほとんどの時間は地上で過ごし、四つ足をついて移動する。通常、1日に5～10kmは歩き回る。

短い房状の尾

腕より短い後肢

長くたくましい腕

アルファ雄 ＞
同じ個体でも、皮膚の色は繁殖にからんで、かつ気分に応じて変化する。アルファ雄（群れで最高順位の雄）は顔も尻だこも赤と青の色彩が最も鮮やかに出る。

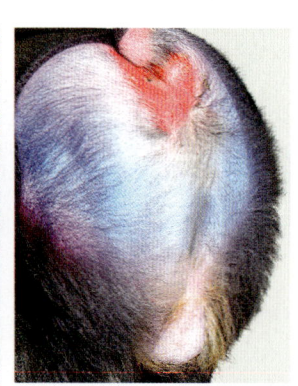

眉の部分が突き出て
覆い被さり、強い
日射しから目を守る

長い剛毛が全身に
生える

∧ **力強い横顔**
大きな頭部には強力な
顎の筋肉が納まってい
て、硬い種子をかみ砕
くことができる。耳は
小さめだが聴力は鋭
い。オレンジ色のヒゲ
は順位の高い雄だけに
生える。

テナガザル GIBBONS

小型類人猿のテナガザル科は霊長類としては中型で、果実を食べる。尾はなく、腕渡り（ブラキエーション）で移動するのが特徴的だ。極めて長い腕で木から木へスイングするように渡っていく。テナガザルは毎日、家族で歌を交わし、家族や雌雄ペアの絆を深める。歌にはなわばりを主張する働きもある。喉袋を備え声を大きく共鳴させる種もいる。

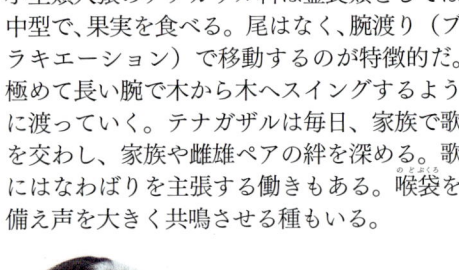

アジルテナガザル
AGILE GIBBON
Hylobates agilis

体色には個体変異があるが、どの個体も眉の部分は白い。雄は頬も白い。タイ、インドネシア、マレーシアに分布する。

45—64 cm
18—25 in

ワウワウテナガザル
SILVERY JAVAN GIBBON
Hylobates moloch

インドネシアのジャワ島西部の固有種。雄も雌も体色は銀白色で、頭部は黒い。

45—64 cm
18—25 in

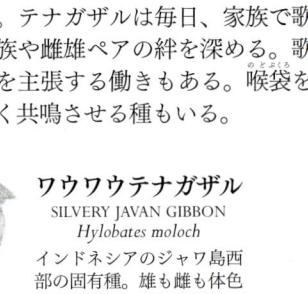

雌は頭頂部が黒い

ボウシテナガザル
PILEATED GIBBON
Hylobates pileatus

雌の体は銀白色で、顔と胸、頭は黒い。雄は全身が黒い。タイ、カンボジア、ラオスに分布。

44—64 cm
17½—25 in

44—64 cm
17½—25 in

ミュラーテナガザル
MÜLLER'S GIBBON
Hylobates muelleri

ボルネオに分布。単婚性で、つがいは毎日平均15分を費やしてデュエットする。

白い手足

81 cm
32 in

ニシフーロックテナガザル
WESTERN HOOLOCK GIBBON
Hoolock hoolock

雄は黒いが、雌は黄褐色で頬が茶褐色。中国、インド北部、ミャンマー北西部に分布する。

42—59 cm
16½—23 in

毛の生えていない手のひら

雄の毛は冠をかぶったように逆立つ

45—64 cm
18—25 in ♂

キタホオジロ
テナガザル
NORTHERN WHITE-
CHEEKED GIBBON
Nomascus leucogenys

生まれた時はクリーム色だが、2歳になる頃には色が変わる。

♀

キホオテナガザル
BUFF-CHEEKED CRESTED
GIBBON
Nomascus gabriellae

雄は全身が黒く頬は白い。雌は全身が淡黄褐色で頭が黒い。カンボジア、ラオス、ベトナムに分布。

45—64 cm
18—25 in

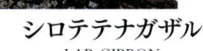

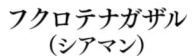

シロテテナガザル
LAR GIBBON
Hylobates lar

体色は個体によって異なる。タイ、マレーシア、スマトラ島、ミャンマー、ラオスに分布。

銀白色の毛が臀部から大腿にかけて生える

71—90 cm
28—35 in

フクロテナガザル
（シアマン）
SIAMANG
Symphalangus syndactylus

テナガザルでは最大の種。インドネシアのスマトラ島とマレー半島に分布。

人間と大型類人猿 HUMANS AND APES

ヒト科は最大の霊長類であり、大型類人猿とヒトを含む。オランウータンは樹上性だが、チンパンジーやゴリラ、ヒトはほとんどの時間を地上で過ごす。チンパンジーとゴリラは手足をついた「ナックル歩行」で移動する。尾はない。雄は一般的に雌よりも大きく、どの種も体の割に頭蓋が大きい。

ボルネオオランウータン
BORNEAN ORANGUTAN
Pongo pygmaeus
大型で樹上性。果実を食べる。ボルネオ島原生林の林冠に生息する。

72–97 cm
28–38 in

非常に長い腕

粗いぼさぼさの赤茶色の毛

手でも足でもものをつかめる

ヒガシゴリラ
EASTERN GORILLA
Gorilla beringei
最大の霊長類である。2亜種が含まれ、コンゴ民主共和国東部、ルワンダ、ウガンダに分布。山地の雲霧林や低地の森林に棲む。

101–120 cm
39–47 in

ドーム型の頭頂部

たくましい体

68–99 cm
27–39 in

スマトラオランウータン
SUMATRAN ORANGUTAN
Pongo abelii
樹上性の霊長類では最大。インドネシアのスマトラ島北部に分布し、分断された原生林だけに生息する。

70–83 cm
28–33 in

ボノボ
BONOBO
Pan paniscus
チンパンジーに比べてややきゃしゃ。コンゴ民主共和国の湿潤な熱帯林に生息する。

1.2–2.1 m
4–7 ft

ニシゴリラ
WESTERN GORILLA
Gorilla gorilla
2亜種が含まれる。アフリカ中西部の低地熱帯林や沼沢森林に棲む。雄の成体はシルバーバックと呼ばれる。

103–107 cm
40½–42 in

70–96 cm
28–38 in

がっしりした手足

チンパンジー
COMMON CHIMPANZEE
Pan troglodytes
4亜種が含まれる。アフリカ赤道地帯の乾燥森林や湿潤森林、サバンナの疎林に分布する。

ヒト
HUMAN
Homo sapiens
二足で直立する姿勢、体毛がないのが特徴。南極大陸を除き、陸上のあらゆる生息地に定住している。

コウモリ BATS

哺乳類で唯一、羽ばたいて飛翔することができるのがコウモリだ。コウモリは基本的に夜行性で、エコロケーション（反響定位）を用いて飛翔進路を決定したり餌を見つけたりする。

コウモリ（翼手目）は世界中に分布し、熱帯、亜熱帯、温帯の森林、サバンナ、砂漠、湿地など、さまざまな生息環境に見られる。オオコウモリは英語で fruit bat と呼ばれるように、その多くは果実を食べる。それ以外の小型のコウモリ（かつて「小コウモリ」としてまとめられていた）は、どれも主に昆虫を食べる。だが果実や昆虫だけではなく、花蜜や花粉を餌とするものもいるし、吸血性のものも数種存在する。また魚やカエル、ほかのコウモリなど、脊椎動物を食べるものもいる。

コウモリの腕や手、指は極めて長く伸びて弾力のある飛膜を支えている。また後肢の間に尾膜（腿間膜ともいう）があるものも多い。休息する時は、力強い足指の爪でぶらさがって上下逆さまになるのが普通だ。

エコロケーションによる知覚

オオコウモリは主に視覚と嗅覚に頼っているが、小型のコウモリはエコロケーションという特殊な方法を用い、暗闇の中でも障害物を回避して飛び、餌を見つけることができる。口や鼻からパルス状の音波を発し、帰ってくるエコー（反響音）により、目で見るかのように周囲の様子をとらえることができるのだ。鼻から音波を発する種には、鼻葉と呼ばれる複雑な構造をもち、音波を細く絞ってビーム状にするものが多い。コウモリの聴覚は極めて敏感で、特にエコーの周波数帯域をよく聞き取れるようになっている。獲物の発する音、例えば昆虫が葉の上を歩く時のカサコソいう音を聴き取れるコウモリもいる。

習性と適応

コウモリは高度に社会的で、何百何千、時には何百万という途方もない数の個体が集まってコロニーを作る。ねぐらにするのは木の枝や洞穴、建物の中、橋の下、鉱山の中などだ。温帯に生息する種は冬の間は暖かい地方へ移動するか、でなければ冬眠する。冬以外でも、餌が不足するとトーパーという状態（体温を下げて代謝速度を低くした状態）になることがある。繁殖の面では多くの興味深い適応が見られる。例えば精子貯蔵、受精遅延、着床遅延などがあり、そのおかげで一年のうちで最適な時期に子どもを生むことができる。

門	脊索動物門
綱	哺乳綱
目	翼手目
科	21
種	約 1,400

論 点
進化に関する論争

コウモリの各科間の類縁関係に関する形態学的な解析と分子系統学的な解析は必ずしも一致しない。分子系統学的な研究は、全てのコウモリが単一の共通祖先に由来し飛翔能力の進化が1回限りであることを示唆している。以前、コウモリはエコロケーションしないオオコウモリとエコロケーションする小型のコウモリとに二分されていた。ところが、分子系統学的な研究により、小型のコウモリの一部（キクガシラコウモリなど）が他の小型のコウモリよりもオオコウモリのほうに近縁であることがわかったのである。現在、翼手目は小型のコウモリの一部とオオコウモリからなるインプテロキロプテラ亜目と、残りの小型のコウモリからなるヤンゴキロプテラ亜目に分けられている。エコロケーションが2回進化した、あるいは1回進化した後にオオコウモリで失われた可能性がある。

オオコウモリ FRUIT BATS

オオコウモリ科のコウモリは旧世界の熱帯・亜熱帯地域に広く分布している。顔はイヌに似て、単純な形の耳、大きな目を備えている。ほとんどのオオコウモリは視覚と嗅覚に頼って餌を探すが、ルーセットオオコウモリ属は舌を鳴らしてクリック音を出しエコロケーションを行う。オオコウモリの餌は果実、花蜜、花粉である。前肢の第1指（親指）と第2指にはカギ爪がある。

5–7.5 cm
2–3 in

ミナミハナフルーツコウモリ
BLOSSOM BAT
Syconycteris australis
パプアニューギニアからオーストラリア東海岸まで分布。花蜜を餌とするように特殊化している。口吻が尖り、先端がブラシのようになった舌で花の中を探る。

弾力のある
皮膚の膜
（飛膜）

11–18 cm
4¼–7 in

フランケオナシケンショウコウモリ
FRANQUET'S EPAULETTED FRUIT BAT
Epomops franqueti
雄の高い鳴き声から singing fruit bat（歌うフルーツコウモリ）と呼ばれることもある。アフリカ西部及び中央部に分布する。

4–8 cm
1½–3¼ in

シタナガフルーツコウモリ
LESSER LONG-TONGUED FRUIT BAT
Macroglossus minimus
東南アジアに分布。長い舌で花の蜜と花粉を食べる。

8–11 cm
3¼–4½ in

コバナフルーツコウモリ
SHORT-NOSED FRUIT BAT
Cynopterus sphinx
オオコウモリ科では唯一、ヤシの葉をかんで垂れ下がらせテントを作る習性がある。東南アジアとインド亜大陸に広く分布する。

563

後肢のカギ爪を枝にひっかけて休息する

エジプトルーセットオオコウモリ
EGYPTIAN ROUSETTE
Rousettus aegyptiacus
舌を打ち鳴らしてクリック音を出し、エコロケーションを行う。サハラ砂漠を除くアフリカ全土と中東に分布。

13—20 cm
5—8 in

12—16 cm
4¾—6½ in

18—21 cm
7—8½ in

10—19 cm
4—7½ in

14—22 cm
5½—9 in

ウマヅラコウモリ
HAMMER-HEADED FRUIT BAT
Hypsignathus monstrosus
雄は雌よりもかなり体が大きく、また鼻面が巨大。アフリカ西部と中央部に分布。

ジョフロワルーセットオオコウモリ
GEOFFROY'S ROUSETTE
Rousettus amplexicaudatus
東南アジアに分布。ほかのルーセットオオコウモリと同じく果実や花蜜を餌にする。ねぐらは洞穴で、何千頭ものコロニーを作る。

オオケナシフルーツコウモリ
MOLUCCAN NAKED-BACKED FRUIT BAT
Dobsonia moluccensis
モルッカ諸島に広く分布する。オーストラリア北部でも希に見られる。

ワールベルクケンショウコウモリ
WAHLBERG'S EPAULETTED FRUIT BAT
Epomophorus wahlbergi
サハラ以南のアフリカに広く見られる。森林やサバンナに見られる。肩と目の上に白い斑紋がある。

ストローオオコウモリ
AFRICAN STRAWCOLOURED FRUIT BAT
Eidolon helvum
100万頭ものコロニーを作ることがある。季節移動を行い、サハラ以南のアフリカに広く分布する。

大きな目で飛翔進路を確認する

16—30 cm
6½—12 in

13—20 cm
5—8 in

15—20 cm
6—8 in

16—24 cm
6½—9½ in

オーストラリアオオコウモリ
LITTLE RED FLYING FOX
Pteropus scapulatus
オーストラリア産で、遊牧的に移動する種。主にユーカリの花から食物を得る。パプアニューギアでも時々見られる。

いっぱいに伸ばした指

足首まで厚い毛に覆われた後肢

ロドリゲスオオコウモリ
RODRIGUES FLYING FOX
Pteropus rodricensis
マングローブ林及び雨林に生息。インド洋のロドリゲス島だけに見られる。

ライルオオコウモリ
LYLE'S FLYING FOX
Pteropus lylei
カンボジア、タイ、ベトナムに分布。葉を落として裸にし、樹木に深刻なダメージを与えることがある。

22—29 cm
9—11½ in

22—25 cm
9—10 in

18—28 cm
7—11 in

23—30 cm
9—12 in

23—29 cm
9—11½ in

ジャワオオコウモリ
LARGE FLYING FOX
Pteropus vampyrus
コウモリ全体のなかで最大の種。東南アジアの本土及び島々に分布する。

インドオオコウモリ
INDIAN FLYING FOX
Pteropus medius
インド全土と東南アジアの一部に見られる。ねぐらは森林や湿地で、大きなコロニーを作る。

クロオオコウモリ
BLACK FLYING FOX
Pteropus alecto
翼を広げると差しわたし90cm以上になる。インドネシア、ニューギニア、及びオーストラリア北部に分布。

メガネオオコウモリ
SPECTACLED FLYING FOX
Pteropus conspicillatus
熱帯雨林の原生林と二次林に生息する。インドネシアのモルッカ諸島、ニューギニア、及びオーストラリアのクイーンズランド州北東部に分布。

ハイガシラオオコウモリ
GREY-HEADED FLYING FOX
Pteropus poliocephalus
オーストラリアで最大のコウモリ。雨林や疎林に集団でねぐらを作るさまは「キャンプ」と呼ばれる。

哺乳類・コウモリ

ライルオオコウモリ
LYLE'S FLYING FOX　*Pteropus lylei*

ライルオオコウモリは中型のコウモリで、旧世界に分布するオオコウモリ科の代表的な種である。オオコウモリは社会的な動物で、何百頭もの個体が木をねぐらにして集まり、昼間は休息やグルーミングをし、夕暮れ時には外を飛び回って熟れた果実を探す。樹木にダメージを与えることもあるが、熱帯の植物にとって、オオコウモリの多くは花粉の媒介者かつ種子の散布者として重要である。人間のつくる作物も例外ではない。オオコウモリ類はアフリカやアジア、オーストラリアの熱帯地域に見られるが、本種はカンボジア、タイ、ベトナムだけに分布する。マングローブ林や果樹園など、森林地帯に生息する。

体　長	16-24cm（6½ - 8½ in）
生息地	森林
分　布	東南アジア及び東アジア
食　性	果実と葉

どのコウモリも前肢の親指にカギ爪があるが、第2指にもカギ爪があるのは旧世界のオオコウモリ類だけ

∨ イヌのような顔
飛翔進路を決定する眼、果実や花粉、花蜜などを嗅ぎつける大きな鼻を備え、イヌに似た顔をしている。エコロケーションを行う種は耳が大きく眼が小さい。

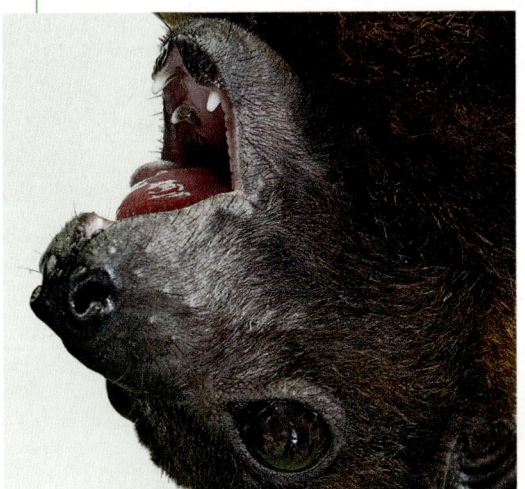

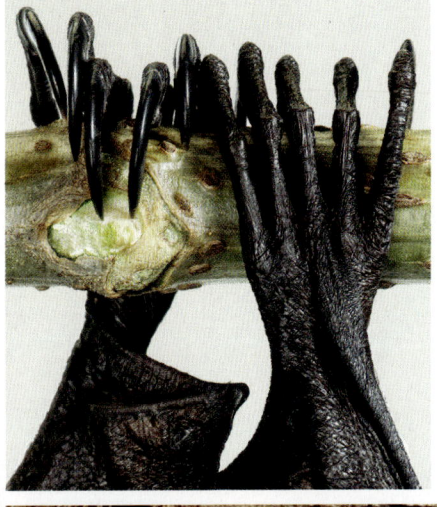

＜ カギ爪でぶら下がる
カーブした鋭いカギ爪は木の枝にぶら下がるのにうってつけだ。ねぐらで休息する際は腱がロックして、筋肉を収縮させなくてもカギ爪が曲がったまま固定されるようになっている。

∧ 手で支える翼
薄くて弾力に富む膜が脇腹から広がり、それを細長く伸びた前腕と指の骨が支えている。翼の表面積は大きく、飛翔時に揚力を発生する。

∧ 尾の有無
オオコウモリ属には尾はないが、足の間に部分的な膜のある種もいる。この膜は足首から突き出す距と呼ばれる軟骨製の突起に支えられている。

逆さまに歩く ＞
前肢の親指にある大きなカギ爪を使い、ねぐらとする木の枝を伝って移動する。果実を食べるときにもこのカギ爪を使う。

∧ すっぽり包む
オオコウモリの多くは、休息時、逆さまにぶら下がって皮の翼で体をくるむ。露出した場所をねぐらにするコウモリは、暑い時には加熱の危険があるため、体を冷やすために翼をはためかせたり唾液を体の表面に塗ったりする。

キツネのような
赤茶色の毛

< **ぶら下がる**
ほとんどのコウモリは地
上ではまともに移動でき
ず、ましてや平らな面か
ら飛び立つこともできな
い。素速く飛び立てるの
は逆さまにぶら下がって
いるからだ。日中はぶら
下がって眠り、暖を求め
て皆で集まる。

視力のよい大きな目。
特に夜間よく見えるように
適応している

キツネのような立ち耳で
人間には聞こえない
超音波も感知する

キクガシラコウモリ HORSESHOE BATS

キクガシラコウモリ科のコウモリはヨーロッパ南部、アフリカ、アジア、及びオーストラリアに分布している。馬蹄型の鼻葉が特徴的だ。コウモリのなかでも最もエコロケーション能力が発達していて、音波発信と受信の方法は高度に特殊化している。

鼻葉

3.5−4.5 cm
1½−1¾ in

ヒメキクガシラコウモリ
LESSER HORSESHOE BAT
Rhinolophus hipposideros
ヨーロッパ全土、アフリカ北部、西アジアに見られる。世界最小級のコウモリ。

長く伸びた指の骨

比較的幅が狭く高さの高い翼

5.5−7 cm
2¼−2¾ in

メヘリーキクガシラコウモリ
MEHELY'S HORSESHOE BAT
Rhinolophus mehelyi
洞穴に住む中型のコウモリ。ヨーロッパ南部と東部、及び中東にところどころ分布している。

4−6.5 cm
1½−2½ in

キクガシラコウモリ
GREATER HORSESHOE BAT
Rhinolophus ferrumequinum
ヨーロッパのキクガシラコウモリのなかで最大。ヨーロッパから東方面、アジアの日本まで分布域が広がっている。

カグラコウモリ LEAF-NOSED BATS

カグラコウモリ科は旧世界に分布し、アフリカ、アジア、及びオーストラリアのほとんどの地域に見られる。鼻葉は複雑な構造で、キクガシラコウモリもそうだが後肢の発達が悪く、四つ足で歩くことはできない。

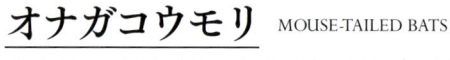

10−11 cm
4−4½ in

オオカグラコウモリ
COMMERSON'S LEAF-NOSED BAT
Hipposideros commersoni
森林に棲み、木の洞をねぐらとする。マダガスカル島に分布する。カグラコウモリのなかでは最大級で、体重は最大で180gになる。

4−6 cm
1½−2¼ in

サンデバルカグラコウモリ
SUNDEVALL'S LEAF-NOSED BAT
Hipposideros caffer
サバンナで生活し、洞穴や建物の中をねぐらにする。アフリカに分布し、サハラ砂漠と中央の森林地帯を除いて広く見られる。

オナガコウモリ MOUSE-TAILED BATS

オナガコウモリ科のコウモリは、尾が体と同じぐらい長いのが特徴である。鼻先が肉質で、左右の耳がつけねで接するのも特徴的だ。

5−9 cm
2−3½ in

オナガコウモリ属の一種
MOUSE-TAILED BAT
Rhinopoma sp.
オナガコウモリ属には6種が含まれ、アフリカ北部、中東、及びインドに分布する。乾燥・半乾燥地域に生息。飛ぶのが速く、昆虫を食べる。

第1指（親指）

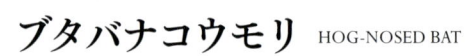

ブタバナコウモリ HOG-NOSED BAT

ブタバナコウモリ科は1種だけからなる。翼は長く幅もあり、空中でホバリングができる。尾も距（足首の軟骨性突起）もない。

3−3.5 cm
1−1¼ in

キティブタバナコウモリ
KITTI'S HOG-NOSED BAT
Craseonycteris thonglongyai
世界最小級の哺乳類の1つで、bumblebee bat（クマバチコウモリ）とも呼ばれる。タイとミャンマーの川辺の洞穴に棲む。

アラコウモリ MEGADERMATIDAE

アラコウモリ科は、エコロケーションをするコウモリとしてはかなり大型のコウモリ6種からなる。肉食性のものと昆虫食性のものがいる。耳と眼は大きく、尾膜（腿間膜）は大きいが尾はない。

10−13 cm
4−5 in

オーストラリアオオアラコウモリ
GHOST BAT
Macroderma gigas
オーストラリア北部の固有種で、小翼手亜目のなかでは最大級。カエルやトカゲなど、脊椎動物を食べる。

サシオコウモリ
SHEATH-TAILED BATS

サシオコウモリ科のコウモリは尾の
先端が尾膜から突き出ていて、
棘か何かが突き刺さったように
(あるいは小ぶりの剣が鞘に
おさまったように)見える。
翼に翼嚢という袋状の
臭腺がある。

7.5−8.5 cm
3−3¼ in

ケニアツームコウモリ
HILDEGARDE'S TOMB BAT
Taphozous hildegardeae
洞穴内をねぐらとする。ケニアと
タンザニアに分布し、海岸地帯の
森林で昆虫を獲物にする。

4−5 cm
1½−2 in

モリサシオコウモリ
LESSER SHEATH-TAILED BAT
Emballonura monticola
短い尾は後肢を伸ばす
と尾膜の中に引っ込む。
インドネシア、マレー
シア、ミャンマー、
及びタイに分布。

3.5−5 cm
1½−2 in

ハナガサシオコウモリ
PROBOSCIS BAT
Rhynchonycteris naso
昼間は木をねぐらとして集団で枝に
ぶら下がって休息する。中央アメリカ
及び南アメリカの熱帯林に生息する。

4.5−6 cm
2−2¼ in

オオシマサシオコウモリ
GREATER SAC-WINGED BAT
Saccopteryx bilineata
雄は、翼嚢から出る刺激臭のある
分泌物で雌を引きつける。中央
アメリカ及び南アメリカに分布する。

ヘラコウモリ NEW WORLD LEAF-NOSED BATS

ヘラコウモリ科には米国南西部からアルゼンチン
北部にかけて分布する種が含まれる。ほとんどの
種は大きな耳と鼻葉を備える。鼻葉はヤリの
穂先のような形状で、エコロケーションの
効果を上げる。

6.5−10 cm
2½−⁴ in

5.5−7.5 cm
2¼−3 in

4.5−7 cm
2−2¾ in

4.5−6 cm
2−2¼ in

ハイイロアメリカ フルーツコウモリ
GERVAIS' FRUIT-EATING BAT
Artibeus cinereus
ヤシの木をねぐらにするのを
好む。ヴェネズエラ、ブラジル、
ギニアを含む南アメリカに分布。

セバタンビヘラコウモリ
SEBA'S SHORT-TAILED BAT
Carollia perspicillata
中央アメリカ及び南アメリカの
多くの地域に分布し、湿潤な常緑
樹林や乾燥した落葉樹林に棲む。
果実ならなんでも食べる。

ウスイロオオヘラコウモリ
PALE SPEAR-NOSED BAT
Phyllostomus discolor
鼻から音波を発してエコロケー
ションを行う。中央アメリカ及び
南アメリカ北部に見られる。

テントコウモリ
COMMON TENT-MAKING BAT
Uroderma bilobatum
メキシコから南アメリカ中
央部まで分布し、低地森林
に生息。ヤシやバナナの
葉を噛んでテントのように
垂らし、隠れ場所を作る。

8−10.5 cm
3¼−4¼ in

ハナナガヘラコウモリ
GEOFFROY'S TAILLESS BAT
Anoura geoffroyi
花蜜を食するように特殊化し、
鼻づらが長く、細長い臼歯、
先端がブラシのようになった
舌を備える。中央アメリカ
及び南アメリカに生息する。

6−7.5 cm
2¼−3 in

タンビヘラコウモリ
SILKY SHORT-TAILED BAT
Carollia brevicaudum
中央アメリカとアマゾン
川流域に広く分布する。
果樹の種子を分散し、
損傷した森林の復活に
一役かう。

4.5−6 cm
2−2¼ in

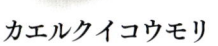

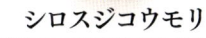

7−9.5 cm
2¾−3¾ in

カエルクイコウモリ
FRINGE-LIPPED BAT
Trachops cirrhosus
鳴き声を聞きつけてカエル
を獲物とする。中央アメリ
カ及び南アメリカ北部の
熱帯林に生息。

シロスジコウモリ
WHITE-LINED BROAD-NOSED
BAT
Platyrrhinus lineatus
顔と背中に走る白い筋が名前
の由来。鼻が大きい。
南アメリカ中央部の湿潤な
森林をねぐらとする。

7−9.5 cm
2¾−3¾ in

6−8 cm
2¼−3¼ in

カリフォルニア オオミナガコウモリ
CALIFORNIAN LEAF-NOSED
BAT
Macrotus californicus
エコロケーションでは
なく視覚によって主にガを
狩る。メキシコ北部と
米国南東部に生息する。

ナミチスイコウモリ
COMMON VAMPIRE BAT
Desmodus rotundus
ほかの哺乳類の血を吸うことで
有名。メキシコ及び中央アメリ
カと南アメリカのさまざまな
生息環境に見られる。

哺乳類・コウモリ

クチビルコウモリ　MORMOOPIDAE

クチビルコウモリ科にはケナシコウモリ属とクチビルコウモリ属が含まれる。種によっては、左右の飛膜のつけねが背中でつながり、鼻の周囲に硬い毛がふさになって生える。

ケナシコウモリ
DAVY'S NAKEDBACKED BAT
Pteronotus davyi

4.5−6 cm
2−2¼ in

たいていのコウモリと異なり、左右の飛膜が背中でつながっている。メキシコから南アメリカまでに見られる。

ウオクイコウモリ　NOCTILIONIDAE

ウオクイコウモリ科には2種が含まれる。後肢が長く大きな足には長いカギ爪が生える。唇が発達し、頬袋があって飛行中も食物を蓄えておける。

8−10 cm
3¼−4 in

ウオクイコウモリ
GREATER BULLDOG BAT
Noctilio leporinus

水面から魚をカギ爪でひっかけてさらえるように特殊化している。中央アメリカ及び南アメリカの熱帯に分布。

アシナガコウモリ　NATALIDAE

アシナガコウモリ科のコウモリは小型のほっそりとした体に大きな耳が備わる。雄の成体の額にはこの科特有の感覚器官がある。

3.8−4.3 cm
1½−1¾ in

メキシコアシナガコウモリ
MEXICAN FUNNEL-EARED BAT
Natalus mexicanus

昆虫食性のコウモリで、中央アメリカと南アメリカに分布する。通常のねぐらは洞穴だが、廃鉱をねぐらとすることもある。

ミゾコウモリ　SLIT-FACED BATS

ミゾコウモリ科の顔には、両目の間にある孔と鼻孔とをつなぐ溝がある。尾の先端の軟骨はY字型をしている。

6.5−7.5 cm
2½−3 in

スンダミゾコウモリ
MALAYAN SLIT-FACED BAT
Nycteris tragata

顔の溝は、エコロケーションの際、方向を定めて音波を発するのに役立っている。ミャンマー、マレーシア、スマトラ及びボルネオの熱帯林に見られる。

ツギホコウモリ　MYSTACINIDAE

現生のツギホコウモリ科のある種は、手と足の親指に余分な蹴爪が生えている。丈夫な皮の翼を体に巻き上げて、地上を移動することができる。

6−8 cm
2¼−3¼ in

ツギホコウモリ
LESSER NEW ZEALAND SHORT-TAILED BAT
Mystacina tuberculata

地上でも敏捷に活動し、林床の落ち葉の中にいる獲物を嗅ぎ当てる。

スイツキコウモリ　THYROPTERIDAE

スイツキコウモリ科には翼に吸盤のある5種が含まれる。吸盤は手首と足首にあり、熱帯植物のつるつるした表面に吸着して休息する。

4−5 cm
1½−2 in

スピックススイツキコウモリ
SPIX'S DISK-WINGED BAT
Thyroptera tricolor

メキシコ南部からブラジル南東部にかけて分布。低地森林に生息し昆虫を食べる。巻き上がった葉の中をねぐらにして休む。

オヒキコウモリ　MOLOSSIDAE

オヒキコウモリ科のコウモリは、尾が尾膜の端から後方に突き出ているのが特徴である。ずんぐりした頑丈な体つきで、長く幅の狭い翼で高速飛行する。飛膜も尾膜も特に厚くて丈夫である。

8−9 cm
3¼−3½ in

11−14 cm
4½−5½ in

4.5−6.5 cm
2−2½ in

ジャイアントオオミミオヒキコウモリ
LARGE-EARED FREE-TAILED BAT
Otomops martiensseni

アフリカ産。このコウモリもユーラシアオヒキコウモリも、コウモリにしては珍しく、低い周波数でエコロケーションを行う。その発する音波は可聴域で、人間の耳にもはっきり聞こえる。

メキシコオヒキコウモリ
BRAZILIAN FREE-TAILED BAT
Tadarida brasiliensis

米国テキサス州やメキシコに分布。洞穴や橋の下をねぐらとし、百万単位の個体が集まることもある。

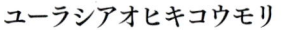

ユーラシアオヒキコウモリ
EUROPEAN FREE-TAILED BAT
Tadarida teniotis

ヨーロッパに生息する唯一のオヒキコウモリ。地中海沿岸から南アジア、東南アジアまで分布域が広がっている。

7−8 cm
2¾−3¼ in

ミラーオヒキコウモリ
MILLER'S MASTIFF BAT
Molossus pretiosus

メキシコからブラジルにかけて分布。低地乾燥林や開けたサバンナ、サボテンの繁みに生息し、昆虫を食べる。

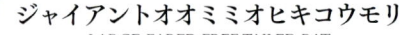

ヒナコウモリ VESPERTILIONIDAE

ヒナコウモリ科はコウモリのなかで最も大きな科で、496種を含む。人間にも馴染みが深く、両極地方を除いて世界中に分布している。ほとんどが昆虫食性である。鼻は特に複雑な構造ではなく、眼が小さいのが普通。

ユビナガコウモリ
SCHREIBER'S
BENT-WINGED BAT
Miniopterus schreibersii
指の骨が長く翼の幅が広い。ヨーロッパ南西部とアフリカ北部及び西部に、ところどころ分布する。

5—6 cm
2—2¼ in

左右の耳はつけねでつながる

6—9 cm
2¼—3½ in

**グレーウサギ
コウモリ**
GREY LONG-EARED BAT
Plecotus austriacus
大きな耳は体と同じくらいの長さがある。ヨーロッパ南部及び中央部、アフリカ北部に分布する。

1½—2¼ in

5—8.5 cm
2—3¼ in

オオクビワコウモリ
BIG BROWN BAT
Eptesicus fuscus
建物の中をねぐらにしていることもよくある。昆虫食性。カナダ南部からブラジル北部にかけて分布する。カリブ諸島にも見られる。

**ヨーロッパ
コヤマコウモリ**
COMMON NOCTULE
Nyctalus noctula
黒褐色の細長い翼で速くかつ力強く飛ぶ。ヨーロッパ北東部各地とアジアの一部に分布。

4.5—6.5 cm
2—2½ in

ヨーロッパヒナコウモリ
EUROPEAN PARTICOLOURED BAT
Vespertilio murinus
腹部は明るい色、背中は暗い色に色分けされている。ヨーロッパ東部及び中央部からアジアに分布し、山地やステップ、森林で生活する。

4—5 cm
1½—2 in

タイリクノレンコウモリ
NATTERER'S BAT
Myotis nattereri
アフリカ北西部からヨーロッパを横切ってアジア南西部にまで分布する。ゆっくりとホバリングしながら飛行し、縁取りのある尾膜で昆虫を捕まえる。

4—5 cm
1½—2 in

3.5—5.5 cm
1½—2¼ in

4.5—5.5 cm
1¾—2¼ in

**フリルホオヒゲ
コウモリ**
FRINGED MYOTIS
Myotis thysanodes
尾膜の縁がフリル状になっているのが名前の由来。北アメリカ西部に生息。

4.5—6 cm
2—2¼ in

4.5—5.5 cm
2—2¼ in

**アメリカトウブ
アブラコウモリ**
EASTERN PIPISTRELLE
Perimyotis subflavus
冬は岩の割れ目や鉱山、洞窟で冬眠する。分布域はカナダ南部からホンジュラス北部までの北アメリカ東側。

ヨーロッパアブラコウモリ
COMMON PIPISTRELLE
Pipistrellus pipistrellus
ヒナコウモリ科では最も分布域が広く、ヨーロッパ西部から極東やアフリカ北部まで見られる。

ナトゥージウスアブラコウモリ
NATHUSIUS' PIPISTRELLE
Pipistrellus nathusii
長距離を大移動するコウモリで、春と秋には1,900km以上も旅することがある。主にヨーロッパ東部と中央部で見られる。

**ドーベントン
コウモリ**
DAUBENTON'S BAT
Myotis daubentonii
ユーラシア大陸に分布する。体に比べて大きな足で、水の表面から飛び立つ昆虫を捕まえる。

ハリネズミ、トガリネズミ、モグラなど　HEDGEHOGS, MOLES, AND RELATIVES

2目4科が新たに真無盲腸目としてまとめられた。この目のメンバーはどれも小型で吻が長く、主に昆虫食性である。

真無盲腸目には、ハリネズミ科（ハリネズミ、ジムヌラ）、ソレノドン科（ソレノドン）、モグラ科（モグラ、デスマン）、トガリネズミ科（トガリネズミ、ジネズミ）の4科が含まれる。ハリネズミ科のほとんどは体表に針のような棘があり（ジムヌラには棘ではなく普通の被毛がある）、主に地上性で夜行性である。ソレノドン科はこの目のなかでは最も種数の少ない科であり、カリブ海域諸島に生息する2種からなるが、2種ともにこの目のなかでは大型である。モグラ科は4科のうちで最も多様性に富み、54種からなる。地中に潜るいくつかのタイプのモグラと半水生のデスマンが含まれる。トガリネズミ科は目内で最大の科で約450種からなり、なかには最少

の哺乳類であるコビトジャコウネズミも含まれる。

有毒な唾液

トガリネズミ、モグラ、デスマン、ソレノドンは昆虫食によく適応しており、細長く伸びたよく動く軟骨性の吻をもつ。ソレノドンには先の尖った単純な歯が多数ある。この吻や歯を用い、ミミズなどの無脊椎動物や小型の脊椎動物を捕まえて殺す。唾液が有毒なものもいる。ソレノドンが獲物に噛みつくと、下顎の切歯にある溝を伝って毒液が注入される。大きめな動物でも毒で動けなくして殺すことができる。ハリネズミはこれと対照的で、唾液に毒性はないが、種によってはヘビ毒に免疫がある。

門	脊索動物門
綱	哺乳綱
目	真無盲腸目
科	4
種	530

ヘビの毒に対する免疫があるので、ハリネズミは自分を餌食にしようと近寄ってくるヘビを逆に食べてしまう。

ハリネズミとジムヌラ
HEDGEHOGS AND GYMNURES

長く敏感な鼻と短い毛の生えた尾を備えたハリネズミ科のメンバーは、無脊椎動物や果実から鳥の卵や死肉まで、ほとんど何でも食べる。ユーラシアとアフリカに分布するハリネズミは体を覆う鋭い棘で身を守る。東南アジアに分布するジムヌラには普通の毛が生えていて、むしろネズミやオポッサムに似ている。ジムヌラでは特に臭腺が発達していて、ニンニクのような強烈な臭いでなわばりをマーキングする。

17–19 cm
6½–7½ in

ケープハリネズミ
SOUTHERN AFRICAN HEDGEHOG
Atelerix frontalis
アフリカ南部の草原や藪、庭に生息する。額がはちまき状に白く、黒い顔とコントラストを成している。

20–27 cm
8–10½ in

アルジェリアハリネズミ
NORTH AFRICAN HEDGEHOG
Atelerix algirus
地中海地域のさまざまな生息地に見られる。四肢が長く顔と腹部が白っぽい。頭頂部には針の生えていない「分け目」がある。

ナミハリネズミ
WEST EUROPEAN HEDGEHOG
Erinaceus europaeus
ヨーロッパ西部全土を通じて見られる。疎林や農地、庭に生息する。冷涼な地域では、葉と草で巣を作って冬眠する。

20–25 cm
8–10 in

明るい色に暗い縞のある針

14–26cm
5½–10 in

ヨツユビハリネズミ
AFRICAN PYGMY HEDGEHOG
Atelerix albiventris
ほかのハリネズミは後肢の指は5本あるが、このハリネズミの後肢は親指が退化してほとんど消失しており、4本しかない。

13–24 cm
5–9½ in

エチオピアハリネズミ
DESERT HEDGEHOG
Paraechinus aethiopicus
アフリカと中東に分布する小型のハリネズミ。ヘビやサソリの毒に免疫があり、それらが餌の大部分を占める。

科と科の関係

分子系統学的解析により、真無盲腸目に属する科は共通祖先に由来し、自然群となることが示唆された。また、従来から考えられていたように、トガリネズミ科はハリネズミ科に近縁であり、モグラ科やソレノドン科とはやや離れていることも示唆されている。だが、モグラ科と、トガリネズミ科やハリネズミ科の関係はまだよくわかっていない。

オオミミハリネズミ
COMMON LONG-EARED HEDGEHOG
Hemiechinus auritus
長い耳は熱を放散して加熱するのを防ぐ。夜行性で、アフリカ北部と中央アジアの砂漠に生息する。

16–28 cm
6½–11 in

25–46 cm
10–18 in

ジムヌラ
MOONRAT
Echinosorex gymnurus
大型のネズミに似ている。夜行性で白い毛が生えている。マレーシアの湿原そのほかの湿潤な生息地に見られる。

9–16 cm
3½–6½ in

チビオジムヌラ
SHORT-TAILED GYMNURE
Hylomys suillus
東南アジア産で、下生えが密生する森林地帯に生息する。通常は単独性。長い可動性の吻を用いて無脊椎動物を探して食べるが、果実も食べる。

ソレノドン SOLENODONS

ソレノドン科は現生の真無盲腸目のなかで最も古い系統であり、約7500万年前にほかの科から分岐したと考えられている。細長くてよく動く軟骨性の吻、毛は生えず鱗で覆われた長い尾、小さな眼を備え、黒っぽくて粗い毛で覆われている。哺乳類にしては珍しく、有毒な唾液を分泌する。この唾液で無脊椎動物から小型の爬虫類に至るまで、さまざまな獲物を動けなくする。

27–49 cm
10½–19½ in

20–36 cm
8–14 in

ハイチソレノドン
HISPANIOLAN SOLENODON
Solenodon paradoxus
現存するソレノドン科は2種を含む。本種はキューバの東側にあるヒスパニオラ島というカリブ海の島だけで生息が確認されている。

キューバソレノドン
CUBAN SOLENODON
Solenodon cubanus
ハイチソレノドンに比べて毛が長く細い。夜行性。穴を掘って地中で生活する臆病な種で、20世紀半ばまで絶滅したものと信じられていたが、間違いだった。

ぼさぼさで茶色の体毛

モグラ、デスマン MOLES AND DESMANS

モグラ科は小さなずんぐりした体の動物で、体表には短く黒っぽい毛が密生している。細長く伸びた無毛の鼻面は極めて敏感だ。モグラは穴を掘って地中に潜るという生活様式にたいへんよく適応している。前肢には強力なカギ爪が生え、てのひらは外向きに固定されシャベルのような形をしている。モグラ科でも水生のデスマンはこれと対照的で、剛毛で縁取られた水かきのある手足、長く扁平な尾といった泳ぎに適した特徴をもつ。

ホシバナモグラ
STAR-NOSED MOLE
Condylura cristata
北アメリカに分布する半水生のモグラ。吻の先端には、肉質でピンク色の触手が11対広がっている。これを敏感な触角センサーとして用い、餌を見つけ出す。

9.5–13 cm
3¾–5 in

11–16 cm
4¼–6½ in

アズマモグラ
SMALL JAPANESE MOLE
Mogera imaizumii
日本産の小型のモグラ。柔らかい土壌の地中深くに見られる。歯の特徴から近縁種と区別される。

ヨーロッパモグラ
EUROPEAN MOLE
Talpa europaea
穴を掘って地中で暮らすという生活様式のために人目につかないが、複雑なトンネル網を構築して永続的に使用する。土の表面が盛り上がってモグラ塚になることも多い。

10–15.5 cm
4–6¼ in

密度の高い防水性の毛皮

19–24 cm
7½–9½ in

ロシアデスマン
RUSSIAN DESMAN
Desmana moschata
モグラ科では最大の種。水かきのある後足や扁平な尾は、水中を泳いで餌を探すのに適している。

11–16 cm
4¼–6½ in

13–15.5 cm
5–6¼ in

トウブモグラ
EASTERN MOLE
Scalopus aquaticus
北アメリカに分布。普通、湿った砂地に穴を掘る。耳と目はそれぞれ皮膚と毛皮に覆われている。

ピレネーデスマン
PYRENEAN DESMAN
Galemys pyrenaicus
ピレネー山脈の川で獲物を探す。穴を掘ることはめったにない。岩の割れ目や、ミズハタネズミの巣穴に身を隠す。

トガリネズミ、ジネズミ、ジャコウネズミ SHREWS

尖った鼻先、ビロードのような毛皮、長い尾、そして単純な形態の鋭い歯を備えたトガリネズミ科は、概して昆虫食性だが、種子や果実、死肉も食べる。ほとんどが地上性で活動性が非常に高く、1日に自分の体重の少なくとも80%の重さの餌を食べる必要がある。視力は悪いが聴覚と嗅覚に優れ、エコロケーションを行って進路を決める。

コジネズミ
LESSER WHITE-TOOTHED SHREW
Crocidura suaveolens

トガリネズミの多くは歯に鉄が沈着して先端が赤くなっているが、本種を含めジネズミ属ではそのような沈着は見られない。ヨーロッパに分布する。

4.5—8 cm
2—3¼ in

6.5—9.5 cm
2½—3¾ in

アカチャジネズミ
REDDISH-GREY SHREW
Crocidura cyanea

アフリカ南部の森林に分布。オスは麝香のような強烈な臭いでなわばりをマーキングする。

色の薄い足

9—16 cm
3½—6½ in

ジャコウネズミ
HOUSE SHREW
Suncus murinus

全身が灰茶色の毛で覆われる。南アジア原産だが、アジアやアフリカにも移入されている。適応力が高く、人家に現れることもよくある。

3.5—5 cm
1½—2 in

9—11.5 cm
3½—4¾ in

5—7 cm
2—2¾ in

ブラリナトガリネズミ
NORTHERN SHORT-TAILED SHREW
Blarina brevicaudus

北アメリカに分布する大きめで有毒な種。地中に掘ったトンネルの中や落葉や雪の下で餌を探す。地上で餌を探すことはあまりない。

サバクトガリネズミ
CRAWFORD'S GREY SHREW
Notiosorex crawfordi

北アメリカの乾燥地帯に分布。水を飲まなくても生きていける。水分を保持するために濃縮率の非常に高い尿を排出する。

5.5—8 cm
2¼—3¼ in

コビトジャコウネズミ
ETRUSCAN SHREW
Suncus etruscus

哺乳類では最小の部類に入り、重さはわずか2gしかない。ヨーロッパ南部と中東に分布する。アジアに近縁種が生息する。

6—7.5 cm
2¼—3 in

ヨーロッパトガリネズミ
COMMON SHREW
Sorex araneus

ヨーロッパ北部で最も普通に見られるトガリネズミ。1年中、昼も夜も餌を探して活動する。

ヨーロッパヒメトガリネズミ
PYGMY SHREW
Sorex minutus

ヨーロッパトガリネズミと同じ地域で見られることもあるが、本種は体が小さく、尾が長いので毛が多めに生えていることで区別できる。

4—6.5 cm
1½—2½ in

短い毛が密に生えたビロードのような毛皮

アルプストガリネズミ
ALPINE SHREW *Sorex alpinus*

ヨーロッパ中央部に分布する黒い種。尾が頭胴長と同じぐらい長く、木に登る時にはバランスをとるのに役立つ。

ミズトガリネズミ
EURASIAN WATER SHREW
Neomys fodiens

手足や尾に剛毛が生え、泳ぎの効率を高めている。大きめな種で、体毛はくっきりと2色に分かれている。主に水中で狩りをする。

7.5—10.5 cm
3—4¼ in

5—7 cm
2—2¾ in

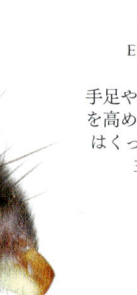

ヒメコミミトガリネズミ
NORTH AMERICAN LEAST SHREW
Cryptotis parvus

残忍なハンターで、様々な獲物を襲う。トカゲの尾にも噛みつく。尾は自切してはずれるので、お手軽な食事になるというわけだ。

センザンコウ　PANGOLINS

大きな角質の鱗で体が覆われたセンザンコウ。外見と食性から、英語では scaly anteater（鱗の生えたアリクイ）と呼ばれることもある。

　センザンコウは主に夜行性で目は小さいが、優れた嗅覚で餌を探し出す。アメリカ大陸のアルマジロ（被甲目）と外見や食性が似てはいるが、センザンコウはアルマジロとは別の鱗甲目に分類され、類縁関係が最も深いのは食肉目である。
　体表を全面的に覆う角質の鱗は体重の5分の1にもなる重いものだ。ところがどうしてセンザンコウは泳ぎがうまい。地上性の種と樹上性の種がいて、前者は穴の奥深くで、後者は木にあいた穴を見つけて暮らす。
　センザンコウは強力なカギ爪で昆虫の巣を発掘する。獲物は歯のない口から40cmも伸びるねばねばした舌で捕まえる。前足のカギ爪が大きいので、歩く時は指を丸め込んで爪をかばい、手首だけを地面について進む。

攻撃を避ける

　全身を覆うよろいが捕食者から身を守ってくれる。脅かされた時や眠る時は体を丸めるので、防衛効果はさらに上がる。それでも駄目なら、肛門腺から悪臭に満ちた化学物質を発するという防衛術もある（この化学物質はなわばりのマーキングにも使われる）。それにもかかわらず、肉や鱗のために、あるいは漢方薬の原料として高く取引され、激しく乱獲されている。

門	脊索動物門
綱	哺乳綱
目	鱗甲目
科	1
種	8

アフリカ産のサバンナセンザンコウ。長いねばねばした舌は、昆虫を捕まえるだけではなく水を飲む時にも使われる。

センザンコウ科　MANIDAE

　センザンコウ科には8種が含まれ、アフリカ及びアジアの熱帯に分布している。哺乳類としては珍しく、全身が大きな角質性の鱗で覆われている。脅かされるとボール状に体を丸めることもでき、そうすると鱗が逆立って鋭い縁がさらに防衛効果を高める。前足の巨大で強力なカギ爪は、アリ塚やシロアリ塚を掘り崩して獲物を探すのに使われる。餌を見つけると、ねばねばした唾液にまみれた舌を長く伸ばして捕まえる。

40−65 cm
16−26 in

尾は30列の鱗で覆われる

肉質の長い口吻

マレーセンザンコウ
SUNDA PANGOLIN
Manis javanica
半樹上性のアジア産センザンコウ。雌は通常1頭の子を産む。生後2、3日後から子どもを尾にしがみつかせて移動する。

キノボリセンザンコウ
AFRICAN TREE PANGOLIN
Manis tricuspis
樹上性のセンザンコウで、アフリカの赤道地帯に分布する。薄い色の毛が生えていて、鱗の縁に尖ったところが3か所あるのが特徴だが、尖った先端は年を取るとともに摩耗していく。

25−43 cm
10−17 in

オナガセンザンコウ
LONG-TAILED PANGOLIN
Manis tetradactyla
アフリカ西部に分布する小さなセンザンコウ。高い林冠に生息する。全長の3分の2を占める尾はものをつかむことができる。

30−40 cm
12−16 in

51−75 cm
20−30 in

インドセンザンコウ
INDIAN PANGOLIN
Manis crassicaudata
重なりあった鱗と有毒な液体を放つという防衛手段のため、トラでさえこのセンザンコウに手を出そうとはしない。

平たい円形の鱗

サバンナセンザンコウ
GROUND PANGOLIN
Manis temminckii
アフリカ南部及び東部に分布する唯一のセンザンコウ。夜行性で、たいへん臆病。通常は四足で歩くが、食物をあさる際に二足歩行になることもある。

45−55 cm
18−22 in

食肉類 CARNIVORES

食肉目は肉を餌にすることが圧倒的に多い。狩りをするのに適応した体つきをし、歯は獲物を捕まえ殺すために特殊化している。

現在知られている最古の食肉目はおよそ5500万年前のものだ。ネコのような姿をした小柄な樹上生活者だったが、その子孫には地球で最大級の捕食者も含まれる。形態も生活様式もさまざまなものへと多様化し展開したのだ。小は体長（頭と胴体の長さ）26cmのイイズナから、大は鼻先から尾の先端まで5mのミナミゾウアザラシまで、食肉目には幅広いサイズの動物が含まれる。陸生動物としては世界最速のチーターや、愛くるしさで有名なジャイアントパンダも食肉目である。ほとんどの大陸にもとから生息していた食肉目だが、唯一オーストラリア大陸にはもともと存在せず、人間によって導入された。食肉目が分布するのは陸上だけではない。海で暮らす34種の鰭脚類（アザラシ、アシカ、セイウチ）も食肉目である。

特徴

あまりにもさまざまなものが含まれるため、食肉目の動物全体の特徴を挙げるのはけっこう難しい。共通の特徴として最も重要なのは、歯列である。食肉類の動物はいずれも、4本の長い犬歯と数本の臼歯を備え、臼歯の一部は特殊化して肉を引き裂く裂肉歯となっている。これは縁の鋭い歯で、顎を開閉すると上下の歯がハサミの刃のように肉を切り裂くのだ。

たいていの食肉目は少なくともある程度は肉を食べるが、肉しか食べないものはほとんどいない。キツネやアライグマなどは雑食性で、植物性や動物性のさまざまなものを餌とする。ジャイアントパンダは唯一、ほぼ完全な植物食性で、主にタケを食べる。

単独性あるいは社会性

イタチの多くやクマのように単独生活をするものもいれば、オオカミやライオン、ミーアキャットのように高度に社会的なものもいる。後者に属するものは、高度に組織化された群れを作って共同生活をする。狩りや子育て、なわばり防衛などの責任を分担するのだ。アザラシやアシカは一般的に繁殖期には陸上に戻ってコロニーを作り、子どもを産む。種によっては何百、時には何千という個体がお気に入りの海岸に大挙して集まる。

門	脊索動物門
綱	哺乳綱
目	食肉目（ネコ目）
科	16
種	288

論点
鰭脚類は食肉類に含まれるのか？

水中で暮らすアザラシやアシカ、セイウチは鰭脚類に属する。文字通り足が鰭状になっていて、イタチやヤマネコと同じグループに入るとは思えないだろう。だが頭骨や歯列の構造、さらにDNAの遺伝情報を考慮すれば、話は違ってくる。鰭脚類の四肢は遊泳に適した形に変化しているが、クジラとは違い、完全な水生というわけではなく、繁殖のためには陸上に戻って来なければならない。化石や分子の証拠からは、約2300万年前にほかの食肉類から分岐したクマ、あるいはイタチのような姿をした動物が存在し、それを共通の祖先として、アザラシやアシカ、セイウチが進化してきたと考えられる。

イヌ、キツネなど DOGS, FOXES, AND RELATIVES

イヌ科は中型で四肢の長い動物で、毛のふさふさした尾と直立した耳を備えるものが多い。敏速で賢い捕食者だが、植物を餌とするものも多い。高度に社会的なタイリクオオカミ（ハイイロオオカミ）を祖先として、1万4000年以上前に家畜化されたのがイヌだが、今や大きさも形態も異なる膨大な品種が存在している。

50–75 cm
20–30 in

ホッキョクギツネ
ARCTIC FOX
Alopex lagopus
がっしりしたキツネで、世界最北端の地域に生息する。季節によって毛色が変わり、冬毛は雪のような白色である。

短く鼻先の尖った顔

38–80 cm
15–32 in

大きな耳

ブランフォードギツネ
BLANFORD'S FOX
Vulpes cana
完全な夜行性。アラビア半島と中東のステップに生息する。無脊椎動物と果実を餌にする。

黄色味がかった白い腹

45–60 cm
18–23½ in

ベンガルギツネ
BENGAL FOX
Vulpes bengalensis
機敏な雑食性のキツネで、ネパールやインドの開けた土地に生息する。雌雄のペアはつがい関係を持続し、毎年、一緒に数匹の子を育てる。

39–57 cm
15½–22½ in

コサックギツネ
CORSAC FOX　*Vulpes corsac*
社会性で、「パック」と呼ばれる群れで生活する。アジアのステップに分布。何でもその時に食べられる小動物を餌にする。植物性の餌も食べる。

48–52 cm
19–20½ in

キットギツネ
KIT FOX
Vulpes macrotis
米国南西部に見られる。穴掘りの名手で、入り口が20か所もある穴を掘って家族で生活する。

スウィフトギツネ
SWIFT FOX
Vulpes velox

47—55 cm
18½—2² in

キットギツネの近縁種で、米国中央部に見られる。カナダでは 1938 年に絶滅したが、再導入された。

フェネックギツネ
FENNEC FOX
Vulpes zerda

33—41 cm
13—16 in

耳が目立つ小柄な夜行性のキツネ。アフリカ北部に分布。耳は鋭い聴覚を発揮するだけではなく、過剰な熱を逃がしてオーバーヒートを避けるという役割もある。

背面が黒い尖った耳

オジロスナギツネ
RÜPPELL'S FOX
Vulpes rueppellii

35—55 cm
14—22 in

アフリカ北部からパキスタンまで分布する。小型で社会性。植物動物を問わずいろいろなものを食べ、砂漠の厳しい環境を生き抜く。

アカギツネ
RED FOX
Vulpes vulpes

59—90 cm
23—35 in

46—60 cm
18—23½ in

適応力の高いハンター兼スカベンジャー。食肉類のなかで分布域が最も広く、北半球の大部分の地域に見られる。

手先と足先は黒い

先端の白い、大きくふさふさした尾

オオミミギツネ
BAT-EARED FOX
Otocyon megalotis

アフリカ南部及び東部に分布し、開けた草原やサバンナの藪に生息する。社会性で、主にシロアリや甲虫を食べる。

パンパスギツネ
PAMPAS FOX
Lycalopex gymnocercus

南アメリカの温帯草原が原産地。単独性で、さまざまな小動物を狩る。ヒツジを襲うこともある。

60—74 cm
23½—29 in

ハイイロギツネ
NORTHERN GREY FOX
Urocyon cinereoargenteus

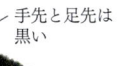

54—66 cm
21½—26 in

南北アメリカを通じ、森林地帯では比較的普通に見られるが、コヨーテやボブキャットの生息する地域は避けている。

茶褐色の体毛

49—70 cm
19½—28 in

クルペオギツネ
CULPEO
Pseudalopex culpaeus

45—92 cm
18—36 in

大型で単独性。南アメリカの高地に生息する。ほかのキツネよりも大型の獲物を狙う傾向がある。

カニクイイヌ
CRAB-EATING FOX
Cerdocyon thous

57—77 cm
22½—30 in

南アメリカの草原や温帯及び熱帯林に見られる。雑食で適応力が高く、果実や死体、小動物を食べる。

タヌキ
RACCOON DOG *Nyctereutes procyonoides*

イヌ科らしくない体つきの動物で、日本を含め東アジアに分布する。山地や草原の水辺近くに棲む。木登りが上手。イヌ科では唯一、冬ごもりをする。

>>

ショウガ色の耳

65–105 cm
26–41 in

65–90 cm
26–35 in

65–78 cm
26–30¾ in

キンイロジャッカル
GOLDEN JACKAL
Canis aureus

イヌ科の祖先に近いと言われる
こともある。社会性で、足が速く、
選り好みせずに狩りをしたり
餌を探したりする。アフリカ
およびアジアに広く分布する。

セグロジャッカル
BLACK-BACKED JACKAL
Lupulella mesomelas

アフリカのジャッカルでは最大。雑食性で
適応力が高く、血縁集団で生活する。
昼間も夜間も活動する。

ヨコスジジャッカル
SIDE-STRIPED JACKAL
Lupulella adusta

アフリカに広く分布するジャッカルで、夜行性のスカベン
ジャー兼ハンターである。農民に迫害されることが多い。

コヨーテ
COYOTE
Canis latrans

北アメリカ及び中央アメリカ
原産で、広く分布する普通種。
パックという群れで長距離を
移動する。タイリクオオカミと
交尾することもある。

74–94 cm
29–37 in

84–101 cm
33–39 in

アビシニアジャッカル
ETHIOPIAN WOLF
Canis simensis

イヌ科動物としては現時点で
最希少種で、絶滅が危惧されて
いる。エチオピアの隔離された
高地だけに生き残っている。

87–130 cm
3½–5⅓ in

1–1.2 m
3¼–4 ft

アメリカアカオオカミ
RED WOLF
Canis lupus rufus

タイリクオオカミの亜種で、
米国東南部に分布する。
絶滅の危険性がかなり高い。
1980年代に捕獲して繁殖
させる作戦が採られ、特別
保護区で生き残っている。

ホッキョクオオカミ
ARCTIC WOLF
Canis lupus arctos

タイリクオオカミの亜種。白い体色が
特徴で、カナダの一部、アラスカ、
グリーンランドに生息する。

体温を逃がさ
ない厚い毛皮

0.9–1.6 m
3–5¼ ft

鋭い歯

ヨーロッパオオカミ
GREY WOLF
Canis lupus

タイリクオオカミの亜種。適応力が高く
北半球のほとんどの地域に広く分布
している。イヌの祖先。

カギ爪の生えた
大きな足

112–117 cm
44–46 in

ディンゴ
DINGO
Canis familiaris

イヌが野生化したもので、
4000年ほど前にオーストラリアに移入され、
すぐさま捕食者の頂点に納まった。

ゴールデン・レトリーバー
GOLDEN RETRIEVER
Canis familiaris
狩猟の獲物を回収してくる
ように改良されたイヌの品
種で、スコットランド原産。
忠実で賢く、最高のペット
になる。水に入るのが好き。

85–100 cm
2¾–3¼ ft

バセット・ハウンド
BASSET HOUND
Canis familiaris
動物の後をつけるように改良
されたイヌの品種。四肢が
短いので植物が密生している
薮でも楽に移動できる。

60 cm
23½ in

63–79 cm
25–31 in

ダルメシアン
DALMATIAN
Canis familiaris
当初は番犬や狩猟犬として
作出された品種だが、その
後、馬車馬の引率役になっ
た。今日ではペットとして
飼われている。

羽根飾りの
ような尾

分厚い体毛

79–96 cm
31–38 in

マラミュート
MALAMUTE
Canis familiaris
アラスカでソリ犬として改良された品種。
祖先であるオオカミによく似ている。
最も初期に家畜化された系統かもしれない。

タテガミオオカミ
MANED WOLF
Chrysocyon brachyurus
雑食性で選り好みをせずに
何でも食べる。南アメリカ
のサバンナに生息する。四
肢が長いので丈の高い草原
でも遠くまで見渡せる。

よく動く直立
した大きな耳

黒っぽい口吻

95–115 cm
37–4⁵ in

四肢が長いため
「竹馬に乗ったキツネ」
と呼ばれることもある

49 cm
19½ in

スムース・フォックス・テリア
SMOOTH FOX TERRIER
Canis familiaris
熱狂的に穴を掘り、小さな体を生かして
キツネ穴に入る。農場を害獣から守るよ
うに改良された活発な品種。

粗い上毛の下に綿毛
のような下毛がある

ラフ・コリー
ROUGH COLLIE
Canis familiaris
スコットランド高地原産の品種。牧羊犬として
改良されたのが発端である。厚い毛に隠れて
見えないが、体つきはかなりがっしりしている。

20–30 cm
8–12 in

チワワ
CHIHUAHUA
Canis familiaris
メキシコ原産で、イヌ
の品種のなかで最小だ
が、体に似合わず性格
は大胆。ほとんど全て
の毛色がそろっている。

67–85 cm
26–34 in

0.8–1.4 m
2½–4½ ft

57–75 cm
22½–30 in

0.9–1.4 m
35–55 in

ドール
DHOLE
Cuon alpinus
アジアに広く分布し、獰猛な捕食者として
知られている。パック（群れ）で生活し、
シカやヤギなど大型の哺乳類を襲う。

リカオン
AFRICAN WILD DOG
Lycaon pictus
高度に組織化されたパックで生活し、
狩りや子育てを協力して行う。病気や怪我を
した血縁個体の世話もする。絶滅危惧種。

ヤブイヌ
BUSH DOG
Speothos venaticus
四肢の短い特異な体つきはほかと見まが
いようがない。アマゾン川流域に生息
する捕食者で、主に齧歯類を餌とする。
単独であるいはパックで行動する。

哺乳類・食肉類

ホッキョクグマ
POLAR BEAR *Ursus maritimus*

ほかのクマと異なり、鼻はややカーブした「ローマ鼻」である

陸上も海中も得意な堂々たる動物。地上の捕食者としては世界最大であり、巨体故にぎこちない印象もあるが、水中にあっては、優雅な動きを見せる生きものへと変貌する。放浪性で、1年のほとんどを陸地から遠く離れて暮らし、凍った北極海の氷上を彷徨する。氷の溶ける夏には陸上へ戻らざるを得ないが、その際、人間と接触することもある。子どもは冬ごもり中の母親の巣内で生まれる。出産時も母親は冬ごもりから目覚めることはほとんどない。眠りながらも、自身の体をやつして栄養たっぷりの脂肪分豊富な母乳を与えること3か月にわたる。春になる頃、子どもたちは出産時に比べて劇的に体重を増やしているが、母親はほとんど餓死寸前である。母親は2年を費やし、泳ぎやアザラシの狩り、身を守る方法、雪の中に巣を作る方法などを子どもに教える。気候の変動によりホッキョクグマの生息地や摂食習性が脅かされており、絶滅の恐れがある。

体 長	1.8 – 2.8m (6 – 9¼ft)
生息地	北極海の氷上
分 布	北極海(ロシア、アラスカ、カナダ、ノルウェイ、グリーンランドの北極圏内)
食 性	主にアザラシ類

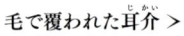

毛で覆われた耳介 >
小さな耳は凍傷にならないように毛で完全に覆われている。聴力はよいが、獲物を見つけるのは主に嗅覚に頼る。

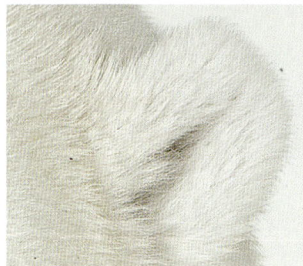

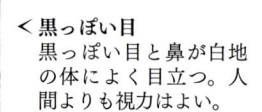

< 黒っぽい目
黒っぽい目と鼻が白地の体によく目立つ。人間よりも視力はよい。

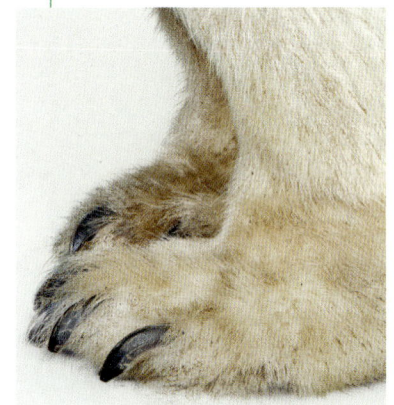

∧ 破壊的な一撃
獲物を片づける際の主な武器は前足だ。優れた嗅覚で氷の奥の巣穴にいる若いアザラシを嗅ぎつけると、後肢で立ちあがって前足を氷に叩きつけて割り、アザラシをつかんでひきずり出す。

∧ 防寒仕様の足裏
足の裏には毛が生えて足が冷えるのを防いでいる。この毛は氷上を歩く時の滑り止めにもなる。

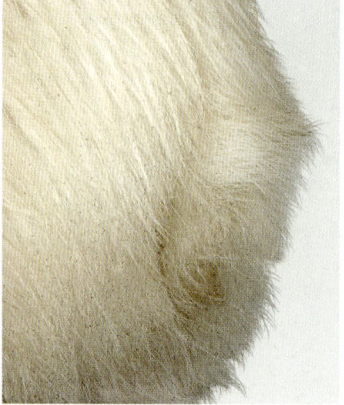

∧ 短い尾
尾は長くても役に立たないので、最小限まで切り詰められている。長い毛の中にほとんど隠れてしまうほどだ。

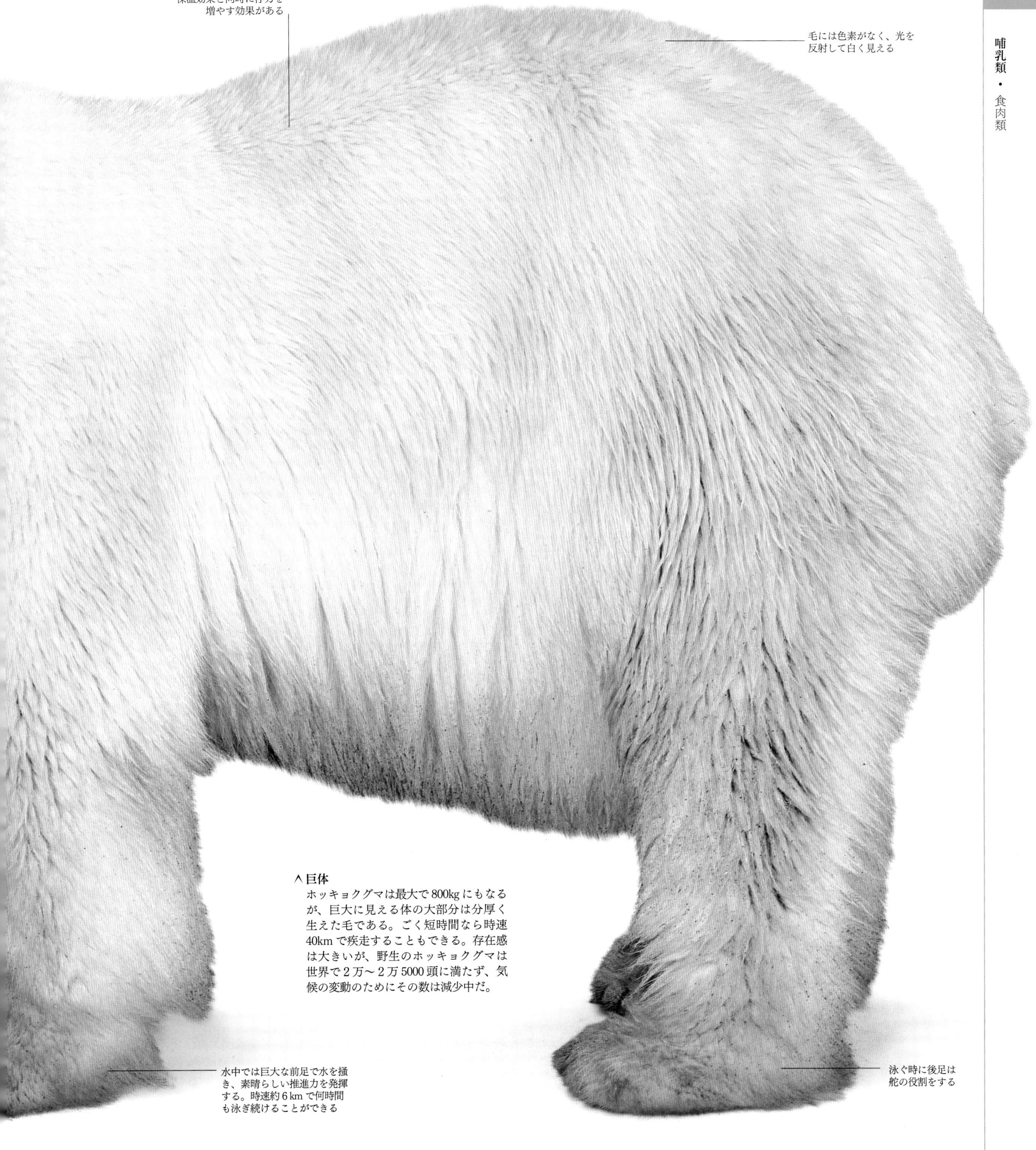

毛の1本1本が中空になって
いて内部に空気を保ち、
保温効果と同時に浮力を
増やす効果がある

毛には色素がなく、光を
反射して白く見える

∧ 巨体

ホッキョクグマは最大で800kgにもなる
が、巨大に見える体の大部分は分厚く
生えた毛である。ごく短時間なら時速
40kmで疾走することもできる。存在感
は大きいが、野生のホッキョクグマは
世界で2万〜2万5000頭に満たず、気
候の変動のためにその数は減少中だ。

水中では巨大な前足で水を搔
き、素晴らしい推進力を発揮
する。時速約6kmで何時間
も泳ぎ続けることができる

泳ぐ時に後足は
舵の役割をする

クマ BEARS

クマ科の動物は大型でずんぐりしているが、動きは素速い。ヨーロッパ、アジア、南北アメリカに分布する。ほとんどのクマは雑食性で餌の大半は植物質だが、ホッキョクグマは肉食に特化している。また、ジャイアントパンダはほとんど植物食性である。クマは子育て中の母親を除き、単独で生活する。

ヒグマ
BROWN BEAR
Ursus arctos

北アメリカ、ヨーロッパ北部、及びアジアという広大な地域に分布していることから、食性の順応性が高いことがよくわかる。ベリー類や産卵のために遡上してきたサケなど、その季節に手に入るものを食べる。

1.2–1.8 m
4–6 ft

1.5–2.8 m
5–9¼ ft

白い顔は目の周りと耳が黒い

5本のカギ爪は最大で長さ10cmになる

ジャイアントパンダ
GIANT PANDA
Ailuropoda melanoleuca

中国中央部の森林に生息。絶滅の危機に瀕している。食肉類でありながら餌のほとんどはタケである。タケには栄養分が不足しているので、エネルギーを節約した生活を送る。

アシカ、トド、オットセイ EARED SEALS

アシカ科は、小さな耳介があることと陸上でも四肢を使って移動できることから、アザラシと区別できる。いささか不格好だとはいえ、アシカは鰭になった四肢で陸上を歩けるのだ。泳ぎは非常にうまいが、潜水時間や潜水深度ではアザラシに負ける場合もある。北大西洋以外のほとんどの海域に分布する。

トド
STELLER'S SEA LION
Eumetopias jubatus

北太平洋に分布。アシカ科のなかで最大。主に魚を食べるが、自分より小さなアシカを食べることもある。

太い首

2–3.3 m
6½–11 ft

黒い鰭

幼獣

成獣

子どもは暗褐色か黒色

ニュージーランドアシカ
NEW ZEALAND SEA LION
Phocarctos hookeri

ニュージーランド周辺の海域だけに見られる希少種。沖にあるごくわずかの島で繁殖する。

1.8–2.7 m
6–8¾ ft

1.3–2.5 m
4¼–8¼ ft

オーストラリアアシカ
AUSTRALIAN SEA LION
Neophoca cinerea

比較的希少種。繁殖コロニーはオーストラリア西部及び南部だけに限定される。繁殖期以外でも小さな群れで生活する。

1.8–2.6 m
6–8½ ft

オタリア
SOUTHERN SEA LION
Otaria byronia

がっしりした体に丸っこい顔をした種。南アメリカ及び南大西洋のフォークランド諸島沿岸に生息。しばしば協力して狩りをする。魚を探して川に上がってくることもある。

肩から尾にかけて細くなる流線型の体

2–2.4 m
6½–7¾ ft

ヒゲの生えたイヌのような口元

カリフォルニアアシカ
CALIFORNIA SEA LION
Zalophus californianus

「芸をするアシカ」としてよく知られている。陸上でも水中でも機敏に動き、水面からジャンプすることもある。

キタオットセイ
NORTHERN FUR SEAL
Callorhinus ursinus

繁殖期以外は北太平洋の遠洋で生活する。雄の体重は雌の5倍になることもある。

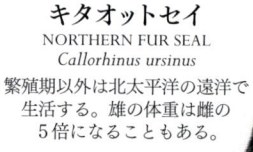

1.5–2.1 m
5–7 ft

アメリカグマ
（アメリカクロクマ）
AMERICAN BLACK BEAR
Ursus americanus

1.2–1.9 m
4–6¼ ft

北アメリカのさまざまな生息地に約85万〜95万頭が暮らし、世界で最も個体数の多いクマといえる。茶色や金色の個体もいる。

ツキノワグマ
ASIATIC BLACK BEAR
Ursus thibetanus

1.1–1.9 m
3½–6¼ ft

森林に広く分布し、生息地も外見や行動も多様である。熱帯では妊娠した雌だけが休眠する。

全身が白い

長めの首

1.8–2.8 m
6–9¼ ft

ホッキョクグマ
POLAR BEAR
Ursus maritimus

陸上の捕食者では最大級。水中でも達者に活動する。一生のほとんどを北極海の氷上で過ごす。

手のひらには肉球があって部分的に毛が生え、氷上でも滑りにくい

ナマケグマ
SLOTH BEAR
Melursus ursinus

1.4–1.9 m
4½–6¼ ft

毛のぼさぼさしたインド産のクマで、多様な生息環境に見られる。巨大なカギ爪でシロアリ塚に穴をあけ、あわてて走り回るシロアリを吸い込むように食べる。

マレーグマ
SUN BEAR
Helarctos malayanus

1–1.5 m
3¼–5 ft

東南アジアに分布する臆病な種。昆虫や蜂蜜、果実、植物の芽を食べる。日中活動するが、生活を乱されると夜行性になる。

メガネグマ
SPECTACLED BEAR
Tremarctos ornatus

1.3–1.9 m
4¼–6¼ ft

アンデスの雲霧林に生息する危急種（中期的に絶滅の恐れがある種）。木登りがうまい。餌はさまざまで、果実や木の芽、肉などを食べる。

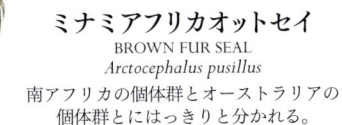

ミナミアフリカオットセイ
BROWN FUR SEAL
Arctocephalus pusillus

南アフリカの個体群とオーストラリアの個体群とにはっきりと分かれる。いずれも乱獲によって苦しめられている。

1.2–2.3 m
4–7½ ft

ビロードのような毛が皮膚のすぐ外側に暖かい空気の層を保つ

1.1–1.6 m
3½–5¼ ft

ガラパゴスオットセイ
GALAPAGOS FUR SEAL
Arctocephalus galapagoensis

アシカ科のなかでは最小。雌雄の差も最小で、雄は雌よりもほんの少し大きいだけ。

尖った鼻先

ニュージーランドオットセイ
NEW ZEALAND FUR SEAL
Arctocephalus forsteri

ニュージーランド及びオーストラリアの岩石海岸で繁殖する。現在、法律によって狩りが禁止され、個体数は増加している。

グアダルーペオットセイ
GUADALUPE FUR SEAL
Arctocephalus townsendi

長く先細りの鼻が特徴。海側からしか到達できない岩石海岸や洞穴で繁殖する。

1.1–2 m
3½–6½ ft

1.5–1.9 m
5–6¼ ft

長めの粗い毛が生えた太い首

1.2–2 m
4–6½ ft

ミナミアメリカオットセイ
SOUTH AMERICAN FUR SEAL
Arctocephalus australis

1.5–1.9 m
5–6¼ ft

魚やイカ、甲殻類を貪欲に捕食する。南アメリカ及びフォークランド諸島の岩石海岸で繁殖する。

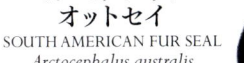

ナンキョクオットセイ
ANTARCTIC FUR SEAL
Arctocephalus gazella

南洋（オーストラリア南方のインド洋）に散らばる島々で繁殖する。過去に乱獲されて個体数が減少したが、現在は回復しつつある。

前鰭（フリッパー）

カリフォルニアアシカ
Zalophus californianus

カリフォルニアアシカは北極圏から温帯、亜熱帯の海域と陸上に生息しているため、幅広い環境条件に合わせてやっていく必要がある。獲物を狩る水中は冷たいが、繁殖する陸上は暑いこともあるので、体温を調節しなくてはならない。2.5cmの皮下脂肪が断熱層として働き、水中で狩りをする時にも体が冷えない。また、陸上が暑すぎる場合は水中に戻れば体を冷やすことができる。ほとんど毛が生えずまた脂肪層がない鰭（フリッパー）には熱交換システムがあり、鰭の根元で動脈と静脈間で熱を交換し、また皮下の血流を調節して、放熱量を減らしたり増やしたりすることができる。前鰭を空中で振るのも体を冷やすのに役立つ。実際、水中でも陸上でも前鰭を振る行動が見られる。カリフォルニアアシカはサメやシャチの獲物になる。

しなやかな背中を生かして小回りを利かせ、機敏に泳いで魚を狩る

流線型の体は水の抵抗を減らす

緩やかなカーブを描く前頭部

黒い皮で覆われた鼻づら

耳 >
アザラシとは異なり、アシカの頭部には小さな耳介がある。耳介は根元から折れ、尖った先端が斜め下向きになっている。

∧ 潜水
1回に最大10分潜水する。潜水時には心拍数が低下して1分間に20回ほどになる。

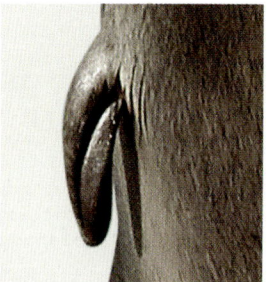

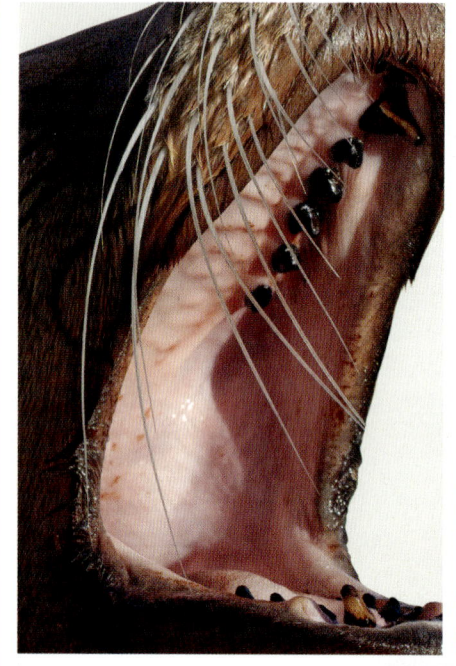

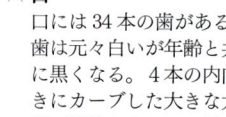
∧ 口
口には34本の歯がある。歯は元々白いが年齢と共に黒くなる。4本の内向きにカーブした大きな犬歯で獲物をくわえて離さない。

∧ 鼻
鼻孔は呼吸する時だけ開く。感覚毛は水中でものものサイズや形を探るのに役立つ。

∨ 前鰭
水中では長い前鰭が推進力を生み出す。時速21km以上出すことができる。

後鰭 >
水中では後鰭は体の後方に伸ばして舵取りに使うが、陸上では前方へ向け、前鰭とともに移動に用いる。

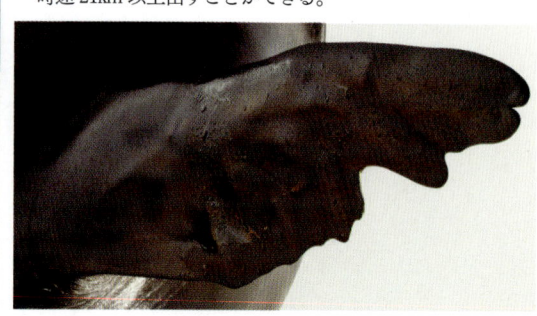

> 雌のアシカ
カリフォルニアアシカには性的二型が見られる。雌は雄よりも体が小さく、筋肉も少なく、特に首や肩のあたりが雄に比べてすんなりしており、毛皮も薄い。また雄の前頭部は比較的まっすぐだが、雌の前頭部はゆるやかなカーブを描く。

体　長　2–2.4m（6½–7¾ft）
生息地　海岸及び沖合
分　布　太平洋東北部
食　性　主に魚

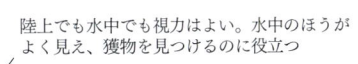

陸上でも水中でも視力はよい。水中のほうが
よく見え、獲物を見つけるのに役立つ

短く粗い被毛

感覚毛は最長で
20cm になる

哺乳類・食肉類

セイウチ WALRUS

セイウチ科には北極海に分布するセイウチだけが含まれる。巨大な体躯には脂肪がたっぷりつまり、雌雄ともに長い牙が生えている。口元にびっしり生えた敏感なヒゲで餌を感知する。何千頭というセイウチが海岸や浮氷に上がり、密集して大きな塊になっていることがよくある。

象牙のような
長い牙

2.5〜3.5 m
8〜11 ft

セイウチ
WALRUS
Odobenus rosmarus
北極海の浅瀬によく集まっている。雄は雌の2倍のサイズになる。雄は水中で教会の鐘の音のような鳴き声を上げて雌を引きつける。

しわの寄った
厚い皮膚

パドルの
ような前鰭

ずんぐりした体は
尾に向かって
細くなる

アザラシ EARLESS SEALS

アザラシ科の動物は、近縁のアシカやセイウチよりも水中での生活によく適応している。頭の横の耳介があるはずのところには小さな穴がある。鰭は陸上では役に立たないが、水中では推進力を生み出し、高速かつ機敏な泳ぎを可能にする。ほとんどが冷帯や極海域に分布し、魚や無脊椎動物を餌にするが、ヒョウアザラシはペンギンを襲って食べる。

1.7〜2.5 m
5½〜8¼ ft

ロスアザラシ
ROSS SEAL
Ommatophoca rossii
泳ぎの速い希少種で、一生の大半の時間を費やし、南極の積氷の下でイカを追う。雄は雌よりも小さい。

小さな頭

短い後鰭

2.8〜3 m
9¼〜10 ft

ヒゲは短く
本数が少ない

ウェッデルアザラシ
WEDDELL SEAL
Leptonychotes weddellii
野生の哺乳類としては最も南に生息する。潜水の名手で、南極の氷棚の下深く、長時間潜る。雌が雄よりも大きいこともある。

2.5〜3.4 m
8¼〜11 ft

ヒョウアザラシ
LEOPARD SEAL
Hydrurga leptonyx
恐るべき捕食者である。南極の積氷の縁で待ち伏せし、自分より小さなアザラシのほか、魚やペンギンを襲うことがほとんどだが、オキアミも食べる。

1.6〜2.3 m
5¼〜7½ ft

ハイイロアザラシ
GREY SEAL
Halichoerus grypus
北大西洋に生息し、カナダのノヴァスコシア州沖にある小島に多数が集まって繁殖する。雄は雌の3倍の体重がある。

2〜2.6 m
6½〜8½ ft

アゴヒゲアザラシ
BEARDED SEAL
Erignathus barbatus
大型の種で北極海に生息。海底に棲む魚や無脊椎動物を食べる。長く硬いヒゲで触って餌を見つけたりする。

1.8〜2.4 m
6〜7¾ ft

1.6〜1.7 m
5¼〜5½ ft

短い後鰭

ハワイモンクアザラシ
HAWAIIAN MONK SEAL
Monachus schauinslandi
モンクアザラシ属で生き残っているのは2種だけだが、いずれも絶滅の危険性が高く、保護されている。本種の個体数は1,000頭に満たない。

タテゴトアザラシ
HARP SEAL *Pagophilus groenlandicus*
小型のアザラシ。北極の積氷の後を追って、にぎやかな群れで冬には南へ・夏には北へ移動し、氷の上で休息する。

2–2.4 m
6½–7¾ ft

カニクイアザラシ
CRABEATER SEAL
Lobodon carcinophaga
南極に生息する敏捷なアザラシ。名前に反し、主な餌はオキアミである。特殊化した歯で水からオキアミを濾し取って食べる。

2–2.7 m
6½–8¾ ft

ズキンアザラシ
HOODED SEAL
Cystophora cristata
北極海に生息する単独性のアザラシ。口に覆いかぶさる独特な鼻は膨らますことができる。子どもは生まれてわずか5日で独り立ちする。

雄の鼻は膨らますことができる

2.1–4 m
7–13 ft

3–5 m
10–16 ft

ミナミゾウアザラシ
SOUTHERN ELEPHANT SEAL
Mirounga leonina
巨大な雄はゾウを思わせる鼻を備え、体重は最高3,000kgにもなり、食肉目のなかで最大である。

♀

♂

キタゾウアザラシ
NORTHERN ELEPHANT SEAL
Mirounga angustirostris
北太平洋に分布する大型のアザラシ。雄はゾウを思わせる長い鼻をもつ。ミナミゾウアザラシと同じく人間に狩られて絶滅寸前だったが、近年は回復しつつある。

1.5–1.8 m
5–6 ft

ゴマフアザラシ
SPOTTED SEAL
Phoca largha
小型のアザラシで、主にシベリアやカナダのユーコン州北部の沖に浮かぶ氷上に見られる。成体は安定したつがいを形成する。

斑点やリング状の模様が散らばった体

大きな目がはまった頭部

1.2–2 m
4–6½ ft

ゼニガタアザラシ
COMMON SEAL
Phoca vitulina
きゃしゃなアザラシで、温帯の沿岸に広く分布する。砂浜や、陸地からは近づきにくい岩礁に上がって休息する。

1.1–1.6 m
3½–5¼ ft

ワモンアザラシ
RINGED SEAL *Pusa hispida*
小型のアザラシで、主に北極海の氷棚に生息する。捕食者を避け、氷の中に巣穴を掘って子どもを産む。

1.2–1.5 m
4–5 ft

バイカルアザラシ
BAIKAL SEAL
Pusa sibirica
シベリアのバイカル湖に生息する小型の淡水生アザラシ。冬には歯や爪を使って氷に呼吸孔を開ける。

1.5 m
5 ft

カスピカイアザラシ
CASPIAN SEAL *Pusa caspica*
小型のアザラシで、カスピ海に10万頭ほどが生息する。ほかのアザラシとは異なり雄同士で争うことはなく、一夫一妻制だと考えられている。

スカンクなど SKUNKS AND RELATIVES

スカンク科はネコほどのサイズの哺乳類からなる小さなグループで、南北アメリカに分布する。攻撃者に対して悪臭に満ちた液を噴射する行動が特徴的で、科名 Mephitidae もそこからつけられている（ラテン語で「悪臭」という意味）。

パラワンアナグマ
PALAWAN STINK BADGER
Mydaus marchei
アメリカ産のスカンクに近縁だが地味な外見の種で、フィリピン諸島のパラワン島とカラミアン諸島だけに見られる。主に無脊椎動物を食べる。
32–49 cm
12½–19½ in

フンボルトスカンク
HUMBOLDT'S HOG-NOSED SKUNK
Conepatus humboldtii
チリ南部とアルゼンチンが原産の小型のスカンク。地下の無脊椎動物を嗅ぎ当てて掘り出し、餌食にする。
20–32 cm
8–12½ in
28–31 cm
11–12 in

マダラスカンク
EASTERN SPOTTED SKUNK
Spilogale putorius
小さめのイタチのようなスカンク。米国東部に分布。ほかのスカンクよりも動きが素速く、木登りがうまい。
19–33 cm
7½–13 in

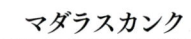

セジロスカンク
HOODED SKUNK
Mephitis macroura
中央アメリカに広く分布し、多様な生息環境に見られる。果実や卵、小動物を食べる。

白い帯で、悪臭ある液体の分泌を捕食者に警告する

シマスカンク
STRIPED SKUNK
Mephitis mephitis
カナダからメキシコにかけて分布する夜行性で雑食性の種。冬には冬眠はしないが、体温が低下してトーパー（鈍磨状態）になる。

尾や背中の長い毛は警戒すると逆立つ

17–40 cm
6½–16 in

アライグマなど
RACCOONS AND RELATIVES

アライグマ科にはアライグマ、キンカジュー、オリンゴなど新世界の敏捷な食肉類が含まれる。ほとんどは雑食性で、主に植物性の餌（特に果実）を食べ、ほかには昆虫、カタツムリ、小鳥、哺乳類を餌にする。アライグマが科のなかでは一番大きい。

アカハナグマ
SOUTH AMERICAN COATI
Nasua nasua
優位の雌が率いる緩いコロニーで生活する。敏捷で木登りがうまく、主に果実を食べる。果実のない季節には動物を餌とする。
43–68 cm
17–27 in
43–58 cm
17–23 in

ハナジロハナグマ
WHITE-NOSED COATI
Nasua narica
中央アメリカに分布する社会性のハナグマ。雑食性で、日中、地上で餌を漁って過ごす。木登りが上手で、木の上で眠ることもよくある。

尾には色のやや濃いリング状の模様がある

レッサーパンダ RED PANDA

レッサーパンダは植物食性で樹上生活をする。レッサーパンダだけでレッサーパンダ科とされる。以前はクマに近いと考えられていたが、現在ではスカンクやアライグマ、イタチなどを含むグループに最も近縁だと考えられている。

レッサーパンダ
RED PANDA
Ailurus fulgens
アライグマに似ている。ヒマラヤ山脈の温帯林に生息する。竹、果実、小型の動物、鳥の卵などを食べる。
51–78 cm
20–30¾ in

イタチなど WEASELS AND RELATIVES

イタチ科の動物はユーラシア、アフリカ、及び南北アメリカの各大陸に広く分布している。しなやかな胴体と短い四肢が特徴だが、アナグマやクズリは比較的がっしりした体つきである。ほとんどは活動的な捕食者で、泳ぎの名手でもある。

20–36 cm
8–14 in

ヨーロッパミンク
EUROPEAN MINK
Mustela lutreola
半水生の捕食者。かつてはヨーロッパ中央部や西部に広く分布していたが、今では、移入種であるアメリカミンクよりもかなり数が少ない。

30–43 cm
12–17 in

アメリカミンク
AMERICAN MINK
Neovison vison
獰猛な捕食者で密やかに獲物に迫る。泳ぎがうまい。毛皮を採る目的で世界中に移入されている。

尾の先端の黒い部分が目立つ

キンカジュー
KINKAJOU
Potos flavus
中央アメリカ及び南アメリカに分布する。夜行性で、樹上で生活する。長い舌で果実をむしったりハチの巣から蜂蜜を集めたりする。

ものをつかめる尾

41–76 cm
16–30 in

30–40 cm
12–16 in

オリンギート
OLINGUITO
Bassaricyon neblina
オリンゴ属4種のうちの1種。臆病な夜行性の動物で、果実食性である。エクアドルとコロンビアにまたがるアンデス山脈の雲霧林に生息する。

灰色混じりの長い毛

アライグマ
NORTHERN RACCOON
Procyon lotor
適応力が高く何でも餌にする。北アメリカ全土に分布し、森林地帯や低木地帯を好むが、都市でゴミを漁ることもよくある。

黒い「泥棒のようなマスク」が眼を覆う

44–62 cm
17½–24 in

30–37 cm
12–14½ in

カコミスル
RINGTAIL
Bassariscus astutus
中央アメリカに分布する。敏捷で雑食性。夜間、なわばりを巡回して果実や小動物などの餌を探しながら、しばしば立ち止まって臭いでマーキングする。

20–46 cm
8–18 in

ヨーロッパケナガイタチ
EUROPEAN POLECAT
Mustela putorius
活動的な夜行性の種で、ヨーロッパ中央部と西部の森林や牧草地に見られる。ペットのフェレットは本種を元に作り出された。

とがった鼻面

20–26 cm
8–10 in

すんなりと細長い首

11–26 cm
4¼–10 in

イイズナ
LEAST WEASEL
Mustela nivalis
食肉類では最小だが獰猛な捕食者で、狩りの効率はかなり高い。獲物は小型ネズミが専門。

19–34 cm
7½–13½ in

オコジョ
STOAT
Mustela erminea
しなやかかつ残忍な小型の捕食者。北半球の多くの地域に見られる。北の地方に分布する個体群は冬に白くなる。

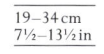

40–50 cm
16–20 in

クロアシイタチ
BLACK-FOOTED FERRET
Mustela nigripes
すんなりした体つきで地中に穴を掘る。20世紀後半に野生では絶滅したが、米国中西部の保護区に再導入された。

オナガオコジョ
LONG-TAILED WEASEL
Mustela frenata
南北アメリカに広く分布する。ネズミやモグラを狩る。北の地方に生息する個体は冬に白くなる。

>> イタチなど

ブタバナアナグマ
HOG BADGER
Arctonyx collaris
東南アジア原産。細長い鼻面で林床を掘り返してごちそうを探す。

55–70 cm
22–28 in

頭から尾まで走る
4本の白い帯

アメリカアナグマ
AMERICAN BADGER
Taxidea taxus
北アメリカ中央部の草原や疎林に穴を掘って棲む。植物も動物も含め、多様な餌を食べる。

42–72 cm
16½–28 in

鼻から始まり背中を通って腰まで続く白いすじ

56–90 cm
22–35 in

アナグマ
EUROPEAN BADGER
Meles meles
ずんぐりしたアナグマで、ヨーロッパ及びアジアの広い地域に分布し、森林地帯に生息する。「セット」と呼ばれる複雑なトンネルシステムを作って共同生活をする。

74–96 cm
29–38 in

ラーテル
HONEY BADGER   *Mellivora capensis*
アジア西部と南部、及びアフリカに分布する。とんでもなく攻撃的な動物で、蜂蜜目当てにハチの巣を襲うほか、シロアリやサソリ、ヤマアラシを食べる。

47–55 cm
18½–22 in

⇐ **グリソン**
GREATER GRISON
Galictis vittata
雑食性で適応力が高く、顔にアナグマのような模様がある。中央アメリカ及び南アメリカの熱帯林や草原に見られる。

クロテン ⇨
SABLE   *Martes zibellina*
シベリアや中国、日本の森林に生息する獰猛な捕食者だが、絹のような柔らかく華やかな毛皮のために、人間の獲物にされる。

35–56 cm
14–22 in

65–105 cm
26–41 in

クズリ
WOLVERINE
Gulo gulo
イタチ科にしては大型で、北アメリカ及びユーラシアに広く分布する。貪欲に餌を喰う様子から「グラトン（大食家）」と呼ばれることもある。

扁平で先細りの尾

密に生えた暗褐色の毛

45–65 cm
18–26 in

フィッシャー
FISHER   *Martes pennanti*
北アメリカの密生した森林に見られる。イタチ科としては大型で、魚を食べることはめったにない。ヤマアラシに挑む数少ない捕食者である。

45–58 cm
18–23 in

マツテン
EUROPEAN PINE MARTEN
Martes martes
ヨーロッパ全土の森林に生息する。活動的なハンターだが、夜行性で人間を警戒するため人目につくことはほとんどない。

40–54 cm
16–21½ in

ムナジロテン
BEECH MARTEN
Martes foina
ユーラシアに広く分布する。夕暮れになると岩の割れ目や木の洞から現れて、小型の哺乳類や鳥、季節によっては果実を探す。

ゾリラ
AFRICAN ZORILLA
Ictonyx striatus
縞模様のイタチ類で、アフリカ産。夜にさまざまな獲物を狩る。日中は木の洞や地中の穴で休息している。

28–38 cm
11–15 in

背中を走る2本のすじは尾のつけねで一緒になる

24–33 cm
9½–13 in

ゾリラモドキ
AFRICAN STRIPED WEASEL
Poecilogale albinucha
アフリカ中央部と南部に見られる。自分で掘った穴の中に棲む。夜になると現れて、臭いを頼りに小型の動物（特に齧歯類）を追跡して狩る。

前足の長いカギ爪で地面から昆虫を掘り出す

オオカワウソ
GIANT OTTER
Pteronura brasiliensis
南アメリカに分布する。1日あたり3kgの魚を捕食する。絶滅の危機にあり、残っている個体数は約1,000〜5,000頭。

1–1.3 m
3¼–4¼ ft

73–88 cm
29–35 in

ツメナシカワウソ
AFRICAN CLAWLESS OTTER
Aonyx capensis
サハラ以南のアフリカの広い地域に分布する大型のカワウソで、森林や湿地の水場の近くに見られる。主にカニやカエル、魚を食べる。

36–47 cm
14–18½ in

顔や喉に灰白色の斑点がある

コツメカワウソ
ASIAN SMALL-CLAWED OTTER
Aonyx cinereus
世界最小のカワウソ。インドや東南アジアの湿地に棲む。生息地の消失や汚染により脅かされている。

短く先の鈍いカギ爪

50–82 cm
20–32 in

58–73 cm
23–29 in

1–1.2 m
3¼–4 ft

ユーラシアカワウソ
EURASIAN OTTER
Lutra lutra
飲んだり体を洗うための淡水がありさえすれば、川でも海岸でも生活できる。

カナダカワウソ
NORTH AMERICAN RIVER OTTER
Lontra canadensis
北アメリカに広く分布し、水生植物の多い川や湖の岸辺に生息する。主に魚やザリガニを食べるが、陸生の動物も獲物にする。

ラッコ
SEA OTTER
Enhydra lutris
北太平洋の冷たい海で生活し、魚や貝類を捕って食べる。驚くほど分厚い毛は体温を逃がさない。

ネコ CATS

ネコ科のメンバーは食肉目のなかでも肉食を専門とする傾向が最も強く、植物性の餌を全く食べない種も多い。優れた運動能力が特徴で、しなやかで筋肉質の体は走れば速く木に登るのもうまい。ジャンプや水泳にもよく適応している。短い顎には、特殊化した鋭い歯が収まっている。突き刺すための犬歯と引き裂くための裂肉歯だ。カギ爪は引っ込めることができる。

ヒョウ
LEOPARD
Panthera pardus
極めて適応力の高い大型ネコで、アフリカ全土及び南アジアに広く見られる。よく獲物を木に引きずり上げて隠し、ほかのハンターに奪われないようにする。
0.9–1.9 m
3–6¼ ft

ウンピョウ
INDOCHINESE
CLOUDED LEOPARD
Neofelis nebulosa
東南アジアの森林に生息する夜行性の大型種。雲のような模様がある。狩猟や生息地の消滅により個体数が減っている。
67–107 cm
26–42 in

クロヒョウ
BLACK LEOPARD
Panthera pardus
ヒョウの突然変異個体。メラニン色素の形成過多による黒化はヒョウでは珍しくない。東南アジアの密生した湿潤林に主に見られる。
0.9–1.9 m
3–6¼ ft

ジャガー
JAGUAR
Panthera onca
新大陸唯一の大型ネコ類。木登りも水泳も上手。シカやカメ、魚を基本に獲物の対象は幅広い。
1.2–1.7 m
4–5½ ft

トラ
TIGER
Panthera tigris
世界最大のネコ科ハンターで、こっそり忍び寄り、ウシほどの大きな獲物でも仕留める実力者。アジアの野生個体は3,900頭に満たない。
1.4–2.9 m
4½–9½ ft

ライオン
LION
Panthera leo
アフリカの捕食者の頂点に立つ。「プライド」と呼ばれる血縁集団で暮らす。雌は協力してシマウマやアンテロープ（レイヨウ）などの獲物を倒す。
♂
♀
1.6–2.5 m
5¼–8¼ ft

豊かなたてがみ

0.9–1.2 m
3–4 ft

ユキヒョウ
SNOW LEOPARD
Uncia uncia
中央アジアの辺鄙な高山に生息する。単独で
生活し、野生のヒツジやヤギ、マーモットを狩る。

80–110 cm
32–43 in

オオヤマネコ
EURASIAN LYNX
Lynx lynx
大型のヤマネコで、
小型のシカを襲うのに
十分な大きさである。
獲物を1頭仕留めれば
ヤマネコ1頭が1週間
は食うに困らない。

68–82 cm
27–32 in

**スペイン
オオヤマネコ**
IBERIAN LYNX
Lynx pardinus
スペインに分布。人間
の保護下で繁殖して
はいるが、野生の個体
は400頭も残ってお
らず、ネコ科ではおそ
らく最も絶滅の危険
性が高い種である。

長い毛の生えた耳

61–106 cm
24–42 in

カラカル属の一種
CARACAL
Caracal sp.
夜行性で、ハイラックスや
小型のアンテロープなど、
中型サイズの獲物を狙う。
アフリカやアジア南西部の
乾燥した低木地に見られる。

短い尾

65–105 cm
26–41 in

ボブキャット
BOBCAT   *Lynx rufus*
高い適応力を誇る捕食者で、獲物に忍び寄って急襲する。
「ボブ」はもともとショートヘアの意味で、この場合は短い
尾を指す。北アメリカ全土に分布し、主にウサギを狩る。

53–67 cm
21–26 in

ボルネオヤマネコ
BAY CAT
Catopuma badia
珍しい種で、灰色のものと赤褐色の
ものがいる。赤褐色のほうが普通。
ボルネオ島だけで見られる。

76–107 cm
30–42 in

頭は小ぶりで、
目が高い位置にある

**アジアゴールデン
キャット**
ASIAN GOLDEN CAT
Catopuma temminckii
金茶色の大型ヤマネコ。
斑紋があることも多い。
東南アジアの森林地帯に
生息する。つがいが協力
して狩りをし子育てをする。

66–105 cm
26–41¼ in

カナダオオヤマネコ
CANADIAN LYNX
Lynx canadensis
密生した森林やツンドラに
生息する。好んで獲物と
するカンジキウサギの
個体数変動により、本種の
個体数も変動する。

チーター
CHEETAH
Acinonyx jubatus
四足動物としては世界最
速で、最高時速は
102km。アフリカのサバ
ンナで俊足を生かしてア
ンテロープを捕まえる。

1.2–1.5 m
4–5 ft

バランスをとるのに
役立つ長い尾

毛の生えた耳介は左右が
独立して動き、周囲の獲物や
危険の存在を感知する

トラ
TIGER *Panthera tigris*

大型ネコのなかで最大かつ最も印象的なトラは、強力な捕食者であり、ほとんどこの世のものとは思えないほどの優雅さと敏捷さを兼ね備えている。本来の生息地は、インドネシアの熱帯のジャングルから雪一面のシベリアまで広がり、シベリアでは最大の個体が見つかっている。成長しきった雄は体重300kgほどになるが、これほどの巨体にもかかわらず、一跳びで10mもかせぐ。成体は単独で生活するが、子育て中の母親は別だ。母親は2年かそれ以上子どもの面倒を見て、生きていくのに必要な技能を教え込む。

体 長	1.4 – 2.9m (4½ – 9½ ft)
生息地	森林、沼地、低木林、サバンナ、岩石地帯
分 布	インドから中国、シベリア、マレー半島、スマトラ
食 性	主にシカやブタなどの有蹄類。小型哺乳類や鳥を捕まえることもある

嗅覚は驚くほど鈍いが、なわばりを示すために臭いでマーキングする

丸い瞳孔 >
小型ネコ類の瞳孔は縦長のスリット状だが、トラの瞳孔は常に丸い。夜には拡大して優れた視力を提供し、明るい光の下では針の穴ほどに縮小する。

耳の白斑による速報 ∨
耳の背面には目立つ白斑があるが、これはコミュニケーションに役立つと考えられている。母親の後をついて歩く子どもたちは、母親の耳の動きで危険を察知しているのかもしれない。

長いヒゲのおかげで、密生した下生えの中を完全な暗闇でも進んでいける

前肢 >
長い四肢に大きな手足を生かし、高速で走り大きく跳躍する。ウシのような大きな獲物でも一振りで殴り倒す。

∧ 突き刺し、引き裂く
4本の長い犬歯は獲物に致命傷を与え、縁が刃のように鋭い裂肉歯は肉をやすやすと引き裂く。

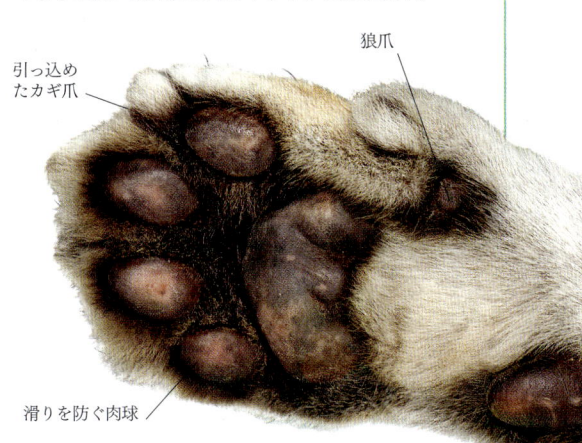

引っ込めたカギ爪
狼爪
滑りを防ぐ肉球

∧ 肉球のある手のひら
前足には指が5本ある。4本で地面を踏み、もう1本は地に届かない狼爪である。カギ爪は使わない時には完全に格納される。

< 縞模様の殺し屋
炎のようなオレンジ色の地に黒い縞模様が大胆に配された毛皮。日に照らされてまだらの陰が落ちる林や草原を移動する際、この毛皮は優れたカムフラージュ効果を発揮する。動物園にいるホワイトタイガーは飼育下で生まれたものであり、野生の個体ではほとんど存在しない。実際、トラ自体が人間に狩猟されてほとんど絶滅寸前である。世界全体で野生のトラは3,900頭も残っていないのだ。

< 尾の先端
長い尾を下に垂らし、地面の上でくるっとカーブさせるというのがよく見られる状態。獲物を追いかけたり木に登ったりする時には尾でバランスをとる。

哺乳類・食肉類

シャム
SIAMESE CAT
Felis catus
タイで生まれた優雅で社交的なネコの品種。生まれた時は全身がクリーム色だが、成長するにしたがって手足や尾の先端、鼻先や耳の色が濃くなっていく。

35–50 cm
14–20 in

タビー
TABBY CAT
Felis catus
タビーは多くの品種に共通して見られる縞模様の配色パターンのことだ。タビーという品種があるわけではない。ネコの先祖であるヤマネコの模様と似ている。

35–50 cm
14–20 in

スフィンクス
SPHYNX CAT
Felis catus
産毛がわずかに生える以外は体毛のないネコ。カナダで作出された品種。寒さに弱いため、家の中で飼われることが多い。

35–50 cm
14–20 in

コーニッシュ・レックス
CORNISH REX
Felis catus
上毛がなく下毛だけが生える。縮れた毛は突然変異で生じたもの。

35–50 cm
14–20 in

ヨーロッパヤマネコ
EUROPEAN WILD CAT
Felis silvestris silvestris
神出鬼没の獰猛な捕食者だが、迫害や生息地の消失、野生化したイエネコとの交雑により個体数は減少しつつある。

47–66 cm
18½–26 in

ペルシャ
PERSIAN CAT
Felis catus
歴史が古く人気のある品種。長い体毛と短い鼻面が特徴。

35–50 cm
14–20 in

マンクス
MANX CAT
Felis catus
尾のほとんどないネコの品種。300年以上前にマン島に自然発生した。この形質は島の小さな個体群に急速に広がった。

35–50 cm
14–20 in

ステップヤマネコ
INDIAN DESERT CAT
Felis lybica ornata
小型のネコ。リビアヤマネコの亜種で、アジアに分布する。アフリカに分布する亜種と違って、明るい黄土色の毛皮に斑点模様があるのが特徴。

47–74 cm
18½–29 in

黄色味がかった灰色ないし赤茶色の体毛

ジャングルキャット
JUNGLE CAT
Felis chaus
エジプトからインドネシアにかけて分布する大型のヤマネコで、比較的よく見られる。名前はジャングルだが草原や沼地を好む。

61–85 cm
24–34 in

スナネコ
SAND CAT
Felis margarita
39–52 cm
15½–20½ in
アフリカ北部、アラビア、カザフスタンに分布する小型種。砂漠の生活に特化している。アレチネズミなどの夜行性の齧歯類を狩る。

クロアシネコ
BLACK-FOOTED CAT
Felis nigripes
36–52 cm
14–20½ in
さまざまな餌を選り好みせずに食べる単独性のハンター。アフリカ南部原産だが、迫害や生息地の消失により脅かされている。

マヌルネコ
PALLAS'S CAT
Otocolobus manul
46–65 cm
18–26 in
四肢の短いヤマネコで、中央アジアの岩の多い砂漠に生息する。毛皮のカムフラージュ効果を生かして、ナキウサギやアレチネズミ、ライチョウを追跡する。

サーバル
SERVAL
Leptailurus serval
59–92 cm
23–36 in
アフリカ各地の草原に見られる印象的な風貌のヤマネコ。敏捷な捕食者で、小型哺乳類を獲物にする。

マーブルキャット
MARBLED CAT
Pardofelis marmorata
45–62 cm
18–24 in
東南アジアの森林に生息する希少種。樹上生活に適応している。木登りの名手で主に鳥を捕って食べる。

サビイロネコ
RUSTY-SPOTTED CAT
Prionailurus rubiginosus
35–48 cm
14–19 in
インドやスリランカに分布する活動的なヤマネコ。地上で獲物を追跡することがほとんどだが、木登りも非常にうまい。

尖った耳

出し入れできる爪

スナドリネコ
FISHING CAT
Prionailurus viverrinus
57–115 cm
22½–45 in
南アジアと東南アジアのところどころに分布する大型のヤマネコ。絶滅が危惧されている。魚のほかに水禽や陸生の動物も食べる。

マライヤマネコ
FLAT-HEADED CAT *Prionailurus planiceps*
45–52 cm
18–20½ in
水が好きな変わったヤマネコで、東南アジアに分布する。主に魚や甲殻類を餌にするが、顔を水に突っ込んだり手で水中を探ったりして獲物を見つける。

砂色の体毛

丸い頭に立ち耳

巨大な犬歯で
獲物を殺す

49—83 cm
19½—33 in

0.9—1.6 m
2¾—5¼ ft

長い後肢を生かして
高速で疾走し大きく
跳躍する

ピューマ
PUMA
Puma concolor
クーガー、マウンテンライオンとも呼ばれる。
分布域は広大でカナダからアルゼンチンにまで
わたる、荒涼とした地域に君臨する。

ジャガランディ
JAGUARUNDI *Herpailurus yagouaroundi*
南アメリカのヤマネコでは大型の部類に入り、
分布域の広さも1、2を争う。昼間に活動し、
さまざまな生息環境で小型哺乳類を狩る。

ハイエナ、アードウルフ HYENAS AND AARDWOLF

ハイエナ科は小さな科で、スカベンジャーのハイエナ3種と、
もっぱら昆虫を食べるアードウルフが含まれる。ハイエナはず
んぐりしたイヌのような体つきで後肢が短く、骨まで砕く強力
な顎が特徴である。ハイエナはかなり知能が高く、「クラン」
と呼ばれる血縁集団で生活する。

アードウルフ
AARDWOLF
Proteles cristata
ハイエナに近縁だが、体つきは
きゃしゃで顎も弱く、昆虫ばか
り食べる。アフリカ南部及び東
部に分布し、シロアリが好む乾
燥した草原に生息する。

55—80 cm
22—31in

頑丈な首と肩

ブチハイエナ
SPOTTED HYENA
Crocuta crocuta
有能なスカベンジャーだ
が、ハンターとしても敏
腕であり、偶蹄類を獲物
とする。サハラ以南のア
フリカの、樹木で覆われ
ていない地域で生活する。

1.3—1.6 m
4¼—5¼ ft

シマハイエナ
STRIPED HYENA
Hyaena hyaena
小型のハイエナで、アフリカ北部からイン
ドにかけて分布し、開けた土地で見られる。
餌はさまざまで、腐肉を漁ったり小型の
獲物を狩ったりする。果実も食べる。

1—1.2 m
3¼—4 ft

カッショクハイエナ
BROWN HYENA
Hyaena brunnea
アフリカ南部に分布する社会性のスカ
ベンジャーで、夜に餌を漁り、不足分
は水気のある果実を食べて補う。

1.1—1.4 m
3½—4½ ft

コロコロ
COLOCOLO
Leopardus colocolo
主に夜行性。かなり適応力が高く、南アメリカの森林から草原や湿地まで、さまざまな生息環境に見られる。

42–79 cm
16½–31 in

58–64 cm
23–25 in

斑紋のある毛皮の地の色は、灰色から金色まで個体によって異なる

43–88 cm
17–35 in

アンデスネコ
ANDEAN CAT
Leopardus jacobita
極めて珍しい種で、分布は辺鄙な高地に限られる。人間の目に触れることはほとんどない。ビスカーチャというチンチラに似た齧歯類を食べる。

ジョフロワネコ
GEOFFROY'S CAT
Leopardus geoffroyi
適応力の高いハンターで、小型哺乳類、魚、鳥を獲物とする。ボリヴィアからアルゼンチン南部にかけて分布し、草原や森林、湿地をこっそりと動きまわる。

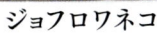

38–56 cm
15–22 in

43–79 cm
17–31 in

夜行性の生活に適応した大きな目

木登りに適応したしなやかな体

マーゲイ
MARGAY
Leopardus wiedii
個体数が少なく密生した森林に覆われたところを好むため、滅多に見られない。メキシコから南アメリカ北部にかけて分布する。

ジャガーネコ（オンキラ）
ONCILLA *Leopardus tigrinus*
コスタリカからアルゼンチンにかけて広く分布する。森林に生息し、齧歯類、オポッサム、鳥を狩る。単独性で夜間活動する。

72–100 cm
28–39 in

オセロット
OCELOT
Leopardus pardalis
中央アメリカや南アメリカの森林に生息する。夜間に狩りをし、陸上や水中で齧歯類などの獲物を捕まえる。

鋭い爪は柔らかい鞘の中に格納される

マダガスカルの食肉類 MALAGASY CARNIVORES

マダガスカルは大きな島で、約8800万年前に大陸から分離し、そのため島内では哺乳類が独自の進化をとげた。マダガスカル原産の食肉類は現在ではマダガスカルマングース科という独立した科に分類される。さまざまな外見のものが含まれるのは、ほかの地域ではネコやイタチ、マングースが占める種々のニッチを埋めるように多様化した結果である。

ずんぐりした体

フォッサ
FOSSA
Cryptoprocta ferox
ネコに似た動物で、マダガスカルの食肉類で最大。主にキツネザルを狩るが、捕まえられる小動物なら何でも食べる。

60–80 cm
23½–32 in

30–38 cm
12–15 in

40–45 cm
16–18 in

キツネに似て尖った鼻先

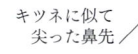

45–50 cm
18–20 in

マダガスカルジャコウネコ
SPOTTED FANALOKA
Fossa fossana
小型のジャコウネコのような動物で、マダガスカルの湿潤森林に生息する。陸上及び水中で無脊椎動物を狩る。

コバマングース
FALANOUC
Eupleres goudotii
森林の地上で生活する夜行性の動物。穴掘りの名手で、大きな足で無脊椎動物の獲物を掘り出す。

ワオマングース
RING-TAILED VONTSIRA
Galidia elegans
マダガスカル版のマングース。活動的で、森林で生活する。植物性のものでも動物性のものでも、食べられるものをほとんど何でも食べる。

破壊の名手

ハイエナは強靭なスカベンジャーで、数分もあれば死体を片づけてしまう。ほかのスカベンジャーがやって来ないうちに肉の大きな塊を飲み込もうとするが、時間が許せば死体をばらばらにして近くに隠す。獲物がアンテロープなどの草食獣だった場合、後に残るのは緑色をした腸の内容物だけ、ということもよくある。

背筋に沿って生える長い毛は、ハイエナがリラックスしている時はぺったり寝ている

上半身はがっしりしているが後肢が短いために腰が下がり、こそこそしているような印象を与える

体 長	1–1.2 m（3¼–4 ft）
生息地	開けた土地、サバンナの草原、低木林、半砂漠
分 布	アフリカ北部と東部、中東からインド東部まで
食 性	主に死肉

肩と首の筋肉が発達し、自分と
同じ重さの死体を運んだり
引きずったりできる

大きな耳はよく動き
全方位から物音を拾う

シマハイエナ
STRIPED HYENA *Hyaena hyaena*

俗に「こそこそと立ち回る臆病なスカベンジャー」などと中傷されているが、ほとんどのハイエナは生まれながらに熟練したハンターである。近縁のブチハイエナに比べ、シマハイエナはそれほど大胆でも社会的でもなく、少なくともアフリカの個体は繁殖期以外は単独生活をする傾向が強い。イスラエルやインドなどアフリカ以外では、シマハイエナも成体の優位雌1頭が率いる血縁集団で生活することが多い。餌の大半を占めるのは死肉だが、特にメロンなどの果実も食べて貴重な水分を補給する。シマハイエナは農民には評判が悪い。家畜が襲われたり作物を傷められたりするのを恐れているのだ。だがシマハイエナを保護する必要性は高まる一方だ。野生の個体数はおそらく1万頭も残っていないのである。

∨ 喉
喉の黒い模様はおそらくカムフラージュに役立つのだろう。この部位にほかの部位よりも毛が密に生えているのは、戦う時に致命傷を受けないように保護する役割があるのかもしれない。

∧ 問題は鼻で感知
嗅覚はハイエナにとって重要な感覚である。行動圏内を巡回しながら、しばしば立ち止まっては尾の下にある臭腺の分泌物を岩や繁みに塗りつけるのがハイエナの日課だ。

∧ 口と歯
頑丈な顎を途方もなく強力な筋肉で開閉する。大きな臼歯と前臼歯で骨でも簡単にかみ砕く。

< 体毛
シマハイエナはブチハイエナやカッショクハイエナよりも小さく、四肢や脇腹に黒い縞模様があるのが特徴。ほこりっぽい生息環境ではこの縞模様はカムフラージュに役立つ。

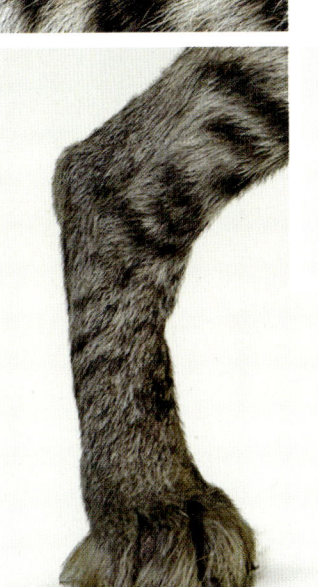

<∧ 四肢と手足
前肢は後肢よりも長く、小振りな前足には4本の指がある。カギ爪はイヌのカギ爪に似ており、短めで先端は鋭くない。爪を引っ込めることはできない。

マングース MONGOOSES

マングース科は小型ですんなりした体の食肉類で、ほとんどが地上で生活する。アフリカやユーラシアの暖温帯から熱帯地域に分布する。複雑な社会的な群れで生活する種もいる。マダガスカルの食肉類と共に、ハイエナに近縁だと考えられている。

くさび形の頭部

26–46 cm
10–18 in

キイロマングース
YELLOW MONGOOSE
Cynictis penicillata

アフリカ南部の乾燥したサバンナに生息。優位な雄に率いられた群れで生活するが、餌は各自別々に漁る。

鋭い爪は引っ込められない

シロオマングース
WHITE-TAILED MONGOOSE
Ichneumia albicauda

アフリカやアラビア半島南部の乾燥した生息地に見られる大型種。昆虫食性だが脊椎動物や熟れたベリー類も食べる。

47–69 cm
18½–27 in

ホソマングース
SLENDER MONGOOSE
Galerella sanguinea

アフリカに広く分布する種。一般的に単独で生活する。日中活動するが特に夕暮れ直前に最も活発になる。

32–34 cm
12½–13½ in

尖った鼻

ミーアキャット
（スリカータ）
MEERKAT
Suricata suricatta

半砂漠地帯に群れで棲む。子どもの世話やトンネル整備を全員で協力して行い、採食時は交代で見張りに立つ。

24–29 cm
9½–11½ in

コビトマングース
COMMON DWARF MONGOOSE
Helogale parvula

小型のエネルギッシュな食肉類で、パックと呼ばれる群れを作り、アフリカの草原、疎林、低木の茂みが広がる地域に生息する。コオロギやサソリなど大きめの無脊椎動物を食べる。

16–23 cm
6½–9 in

クシマンセ
COMMON CUSIMANSE
Crossarchus obscurus

アフリカ西部の森林に生息し、群れで放浪しながら狩りをする。最高のペットになると言われる。

30–37 cm
12–14½ in

シママングース
BANDED MONGOOSE
Mungos mungo

サハラ以南の疎林に生息し、群れで生活する。穴に棲むが、シロアリ塚を発掘して巣穴にすることが多い。群れが雌や雄に率いられ、交尾機会を求めて隣接する群れの行動圏に深く入り込むことがある。

30–40 cm
12–16 in

エジプトマングース
EGYPTIAN MONGOOSE
Herpestes ichneumon

灰色の毛がごま塩状に混じる。エジプトに限らずスペインからアフリカ南部まで分布し、開けた草原に生息する。

56–61 cm
22–24 in

体にはうっすらと縞模様がある

45–53 cm
18–21 in

ハイイロマングース
INDIAN GREY MONGOOSE
Urva edwardsii

インドを中心に分布。森林や農場によく出現する。人里近くで狩りをすることが多く、ネズミを殺して人間の役に立っている。

33–48 cm
13–19 in

インドトビイロマングース
INDIAN BROWN MONGOOSE
Urva fusca

インド南部及びスリランカのジャングルに陣取る珍しい種。ほかのマングース同様にヘビも殺せるが、もっと簡単に仕留められる獲物を好む。

39–47 cm
15½–18½ in

アカマングース
RUDDY MONGOOSE
Urva smithii

インドの森林に生息するが、ほとんど知られていない。鳥や爬虫類、小さめの哺乳類を狩る。尾が体よりも長いこともある。

細長い尾

キノボリジャコウネコ AFRICAN PALM CIVET

夜行性で人目につかないキノボリジャコウネコは、キノボリジャコウネコ科の唯一のメンバーである。ジャコウネコやネコに似た祖先から、4450万年前に分岐したと考えられている。

42–71 cm
16½–28 in

キノボリジャコウネコ
AFRICAN PALM CIVET
Nandinia binotata
アフリカ中央部に分布する。樹上性で、よく見られるが臆病な種。雑食性だが果実を食べることが多い。

ジャコウネコ、リンサン

CIVETS, GENES, AND LINSANGS

ジャコウネコやジェネットなど（ジャコウネコ科）とリンサン（オビリンサン科）の多くは、大胆な模様の毛皮をもつ。尾の長いネコのように見えるが、ネコほど肉食専門というわけではない。いずれも夜行性で臆病な動物で、襲われると尾のつけね近くにある臭腺から悪臭に満ちた液体を噴出する。

61–97 cm
24–38 in

ビントロング
BINTURONG
Arctictis binturong
東南アジアに分布。枝をつかめる尾を生かして林冠を移動し、入念に果実や小動物を探す。

67–84 cm
26–33 in

アフリカジャコウネコ
AFRICAN CIVET
Civettictis civetta
雑食性で何でも食べる。大きめの地上種で、単独で生活し、麝香のような強い臭いでなわばりをマーキングする。

51–87 cm
20–34 in

ハクビシン
MASKED PALM CIVET
Paguma larvata
敏捷な単独性の種で、インドシナ原産。樹上生活者で、果実や昆虫、小型脊椎動物を食べる。

42–71 cm
16½–28 in

パームシベット（マレージャコウネコ）
ASIAN PALM CIVET
Paradoxurus hermaphroditus
自然分布はパキスタンからインドネシアまで広がる。果実が好きで、ヤシやバナナを栽培する農場では害獣とみなされている。

長い尾でバランスをとって木に登る

黒い斑紋が並ぶ

49–68 cm
19½–27 in

コジャコウネコ
SMALL INDIAN CIVET
Viverricula indica
小型の地上性のジャコウネコ。パキスタンから中国及びインドネシアにかけて分布し、森林や草原、竹藪に生息する。

46–52 cm
18–20½ in

ヨーロッパジェネット
COMMON GENET
Genetta genetta
アフリカ及びヨーロッパ南部に広く分布する。低木林や森林に陣取り、小型哺乳類や鳥を捕食する。

43–58 cm
17–23 in

オオブチジェネット
CAPE GENET
Genetta tigrina
南アフリカ東部とレソトに見られる。餌のほとんどは無脊椎動物だが、ガンぐらいの大きさの獲物も襲う。

柔らかいビロードのような毛

大きな目で暗闇でもよく見える

長く太い尾

オビリンサン
BANDED LINSANG
Prionodon linsang
臆病な種で、東南アジアのジャングルに分布し、木の洞に棲む。ネズミやリス、トカゲ、鳥を狩る。

38–45 cm
15–18 in

54–77 cm
21½–30 in

ジャワジャコウネコ
MALAY CIVET
Viverra tangalunga
マレーシア、インドネシア及びフィリピンの熱帯林だけに分布する。夜行性で、主に地上で獲物を襲う。

奇蹄類 ODD-TOED UNGULATES

奇蹄目に属する動物は植物を食べるブラウザーかグレーザーである。共通の特徴はほとんどないように見えるが、絶滅した中間的な形態の動物を間に並べるとつながりが見えてくる。

現生の奇蹄目には、優美なウマもいれば、ブタに似たバクや、重量感のあるサイもいる。偶蹄類と異なり、奇蹄類の消化器は比較的単純で、盲腸（大腸の一部が発達して大きな袋状になった部分）や結腸内のバクテリアの助けを借りて植物のセルロースを分解している。

太古の昔、奇蹄類は植物食性の哺乳類として最重要であり、草原や森林の生態系において優勢な植物食性動物になることもあった。偶蹄類との競争など理由はさまざまあるが、奇蹄類のほとんどは絶滅して化石しか残っていない。

指先で支える体重

奇蹄類は主に第3指に体重をかけている。実際、ウマ科はほかの指を全て失い、1本だけ残った第3指は角質のよく発達したひづめで守られている。ほかの2つの科ではもう少し指が残っている。サイの場合はそれぞれの足に3本、バクの場合は後足に3本、前足に4本の指がある。

馬力

かつて北極南極を除いて世界中に分布していた奇蹄類だが、現在では主にアフリカとアジアにしか残っていない。南北アメリカにはバク科の数種が見られるのみだ。ウマ科は南北アメリカ大陸で進化したが、1万年ほど前の更新世の終わりには絶滅してしまった。スペインの征服者が現生種の家畜化されたウマを新大陸に再導入したのは15世紀のことだった。

ウマの家畜化には長い歴史がある。ウマは特に乗用や荷役用として使われ、また農業や林業に労働力を提供してきた。ウマ科の動物で最初に家畜化されたのはロバで、約5,000年前のことだと考えられている。その後、約4,000年前にはウマが家畜化された。今日、ウマには世界中で250品種以上がいる。

門	脊索動物門
綱	哺乳綱
目	奇蹄目（ウマ目）
科	3
種	18

クロサイはブラウザーであり、上くちびるを器用に動かして枝や葉をつまみとって食べる。

サイ RHINOCEROSES

サイ科には5種が含まれる。いずれも体は重量級の樽型で、大きな頭には1〜2本の角が生え、ほかの動物と見間違いようはない。巨大な角と防御力の強い皮膚のおかげで天敵はほとんどいない。だが、このほとんど単独性の動物は狩猟や生息地の破壊によって脅かされている。大腸内で食物を発酵させることができるので、葉以外に木も食べることができる。

ほとんど毛の生えていない粗い皮膚

1–1.5 m
3¼–5 ft

スマトラサイ
SUMATRAN RHINOCEROS
Dicerorhinus sumatrensis
絶滅寸前種で、東南アジアの森林に生息する最小のサイ。角は2本生えるが、小さい方は単なるこぶでしかないのが普通。

前方の角は長い

1.4–1.7 m
4½–5½ ft

ものをつまめる上くちびる

クロサイ
BLACK RHINOCEROS
Diceros bicornis
シロサイよりも体は小さいが攻撃性は高い。絶滅寸前種で、サハラ以南のアフリカに分布する。器用に動く上くちびるで枝や葉をつまみとって口に入れる。

バク TAPIRS

バク科は東南アジアと中央及び南アメリカに分布し、熱帯雨林に生息する。大型の草食獣で、柔軟な鼻（鼻と上唇が伸びたもの）を自在にあやつり、高い所にある葉もむしりとって食べる。水中ではこの鼻はスノーケルのように使うこともできる。短い尾があり後方に突き出た尻も特徴的だ。若い個体には縞模様と斑点がある。ひづめの生えた指が前足に4本、後足に3本ある。ひづめは外向きに広がっているので、柔らかい地面の上でも歩ける。

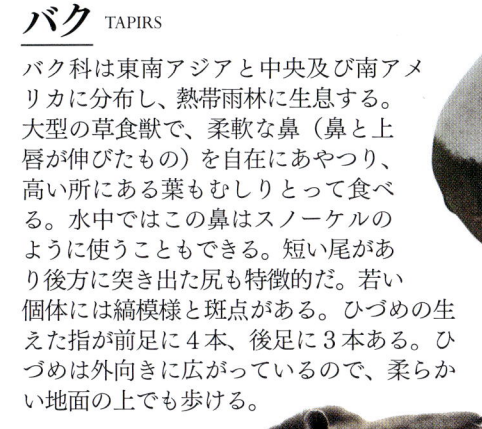

2色に分かれた毛色はカムフラージュに役立つ

マレーバク
MALAYAN TAPIR
Tapirus indicus

大胆な色分けのこのバクはバク科では最大で、アジアに分布する唯一の種である。東南アジアの雨林に生息する。単独でなわばりを守って巡回するが、雌雄の巡回路は重なり合う。

1–1.3 m
3¼–4¼ ft

鞍型の白い模様

よく動く長い鼻

アメリカバク
SOUTH AMERICAN TAPIR
Tapirus terrestris

大きさのわりに臆病で人目につかない。ジャングルの下生えの中を苦もなく移動する。クロコダイルが好んで餌にする。

0.8–1.2 m
2½–4 ft

0.8–1.2 m
2½–4 ft

ベアードバク
BAIRD'S TAPIR
Tapirus bairdii

南アメリカの陸上では最大の哺乳類。密生したジャングルや湿地の水辺を好み、泳いだり水たまりで転げ回ったりする。

.80–90 cm
32–35 in

ヤマバク
MOUNTAIN TAPIR
Tapirus pinchaque

バク科のなかで最小の種で、アンデス山脈北部の山地雲霧林に生息する。ウールのような毛が厚く生え、下唇が白い。

肩の前方にある特徴的なこぶ

1.5–1.8 m
5–6 ft

長い頭部

シロサイ
WHITE RHINOCEROS
Ceratotherium simum

アフリカのサバンナに見られる社会性のサイ。サイのなかで最も体重が重い。英名の「white」は「wide」の聞き間違い。実際は、地上の草を食べるのに適した四角く幅広い口を指したものだった。

四角く幅広い口

足には指が3本

1.7–2 m
5½–6½ ft

インドサイ
INDIAN RHINOCEROS
Rhinoceros unicornis

インド及びネパールに分布し、草原や森林、湿地に棲む単独性のサイ。角は1本しかない。首のまわりの皮がひだをなしている。

1.5–1.7 m
5–5½ ft

ジャワサイ
JAVAN RHINOCEROS
Rhinoceros sondaicus

かつては東南アジアに広く分布していた種。単独性で、夜行性のブラウザー。世界でも最高に珍しい動物の1つ。角は小さく、長さ20cmを超えることはない。

シロサイ
WHITE RHINOCEROS *Ceratotherium simum*

アフリカの平原に暮らす巨大な動物。強面で恐怖を誘うが、実は気性の穏やかなベジタリアンである。大きな角は自分や子どもの身を守るため以外にはほとんど使わない。サイの成体は通常単独で生活するが、採食域を共有する緩い群れができることもある。雄にはなわばり行動が見られ、刺激臭のある尿や糞でなわばりをマーキングする。雌とつがいになる権利をめぐって闘うこともあるが、ほとんどの場合、誇示行動をひとしきり行った後、弱い雄が引き下がって争いに決着がつく。シロサイは狩猟と生息地の消失のために個体数も分布域も激しく減少している。

体　高	1.5–1.8m (5–6ft)
生息地	サバンナ
分　布	アフリカ中央部及び南部
食　性	草本

∨ 近眼
サイはいわば近眼のようなものだ。目が頭の左右についているので視界は広いが、真正面はかえって見にくい。

∨ 毛の生えた耳
耳はサイの体の中でも毛が一番よく生えているところだ。聴覚は鋭く、左右の耳が独立に動いて全方位の音をキャッチする。

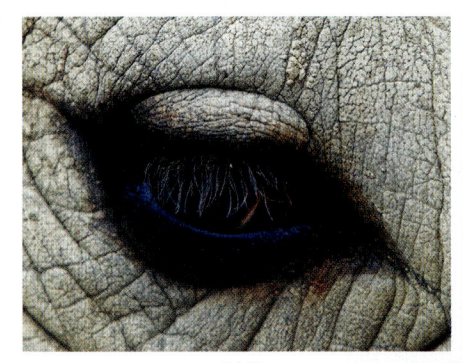
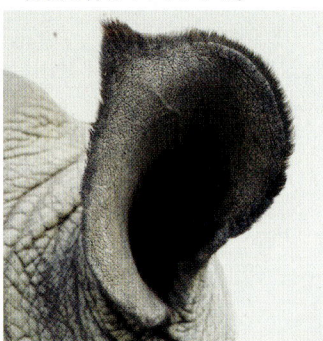

幅広い口 >
シロサイは草だけを食べて生きる動物としては最大である。幅広いまっすぐな口は、丈の低い草を効率よく食べるのに最適な形状である。

< 毛でできた角
サイの角はケラチンというタンパク質でできている。この物質は毛や爪にも含まれている。実は、サイの角は大量の毛がぎゅっと凝縮されたようなものなのだ。

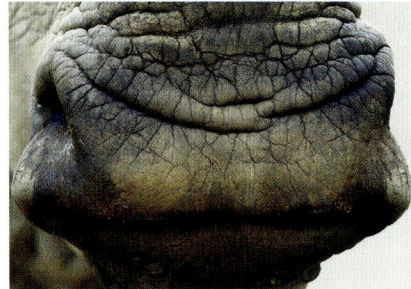

< 背中
名前とは裏腹に、シロサイの丈夫でしわのよった背中は白ではなく灰色である。厚さ最大2cmの皮膚は、縦横に走って幾層にも重なるコラーゲン繊維でできている。

成熟したシロサイの前方の角は長さ1.5mにもなる

< 足の裏側
サイの足は独特の形をしているので、足跡を辿るのはそう難しいことではない。熟練した専門家なら、足跡を見ただけで個体識別することも可能だ。

> 心優しい巨人
気が短いなどと言われることもあるが、不当な非難である。実際は、平和を愛するむしろ臆病な動物なのだ。通常の状況下では、挑発されたりちょっかいをかけられたりしない限り、突進することはない。クロサイのほうはかなり攻撃的である。

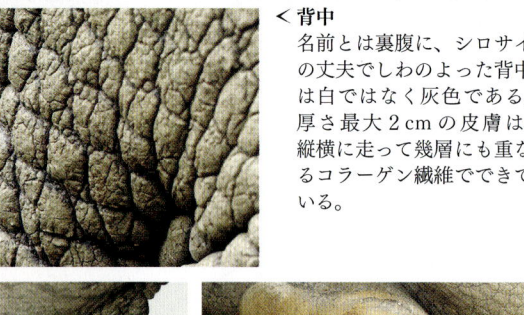
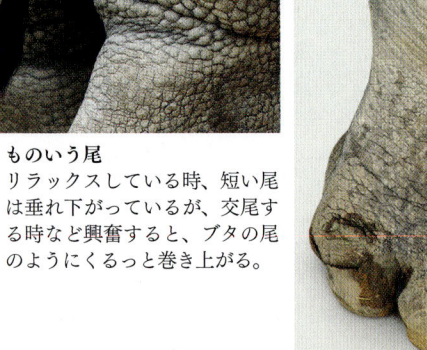

∧ ものいう尾
リラックスしている時、短い尾は垂れ下がっているが、交尾する時など興奮すると、ブタの尾のようにくるっと巻き上がる。

< 3本の指
サイの足には指が3本ずつある。体重のほとんどは真ん中の指で支え、左右の小さめの指でバランスをとり、かつ滑らないようにする。

大きな鼻孔と優れた嗅覚で、
弱い視力を補う

ウマの仲間 HORSES AND RELATIVES

化石記録で見るとウマ科は大きなグループだが、現生のものはウマとロバとシマウマだけで、合わせてわずか9種しか残っていない。恒久的あるいは一時的な群れを成し、開けた草原や砂漠に生息する。周囲を見渡す広い視界と可動性の敏感な耳で捕食者の存在を感知する。走るのが速く、すらりと伸びた足は1本指で、ひづめが生えている。被毛は短いが、たてがみと尾には長い毛が生える。

黒い縞の間にある薄い縞（影縞）

縞模様のある粗いたてがみ

のど袋が目立つ

1.2–1.5 m
4–5 ft

ヤマシマウマ
MOUNTAIN ZEBRA
Equus zebra
アフリカ南西部に分布。乾燥した岩の多い山地に生息する。臀部には太い縞模様があり、ほかの部分の細い縞模様と対照的である。

1.3–1.4 m
4¼–4½ ft

チャップマンシマウマ
CHAPMAN'S ZEBRA
Equus quagga antiquorum
サバンナシマウマの亜種で、アフリカ南部に生息する。黒い縞と薄い縞（影縞）が交互に並ぶのが特徴。

1.3–1.4 m
4¼–4½ ft

グラントシマウマ
GRANT'S ZEBRA *Equus quagga boehmi*
サバンナシマウマの6亜種のなかで最小。縞は太くくっきりしている。アフリカ東部のサバンナ原産。

グレビーシマウマ
GREVY'S ZEBRA
Equus grevyi
ウマ科の野生種のなかで最大の種。耳が大きい。東アフリカに分布する。縞は細く個体変異が大きい。腹部は白い。

1.5–1.6 m
5–5¼ ft

1.2–1.3 m
4–4¼ ft

インドノロバ
KHUR
Equus hemionus khur
アジアノロバの亜種。アジアの乾燥した草原に生息する。足が速い。現在、野生の個体はインドのグジャラートにある保護区にしかいない（訳注：「ノロバ」の「ノ」は「野」の意味）。

背中にすじがある

1.2–1.3 m
4–4¼ ft

クーラン
KULAN
Equus hemionus kulan
アジアノロバの亜種。ほかのロバより少し大型。背中に黒いすじがあって白く縁取りされている。たてがみは短く直立する。

1.2–1.5 m
4–5 ft

オナガー
（ペルシャノロバ）
PERSIAN ONAGER
Equus hemionus onager
アジアノロバの亜種。アジアの分布域の大半で絶滅し、現在はイランの一部のみに見られる。背中に茶色のすじがある。

1.3–1.4 m
4¼–4½ ft

キャン
KIANG
Equus kiang
野生ロバのなかでは最大。チベット高原に生息する。体色は栗色で、アジア産の野生ロバのなかで最も色が濃い。冬毛はウールのように密生して生える。

灰褐色の体毛

縞模様の四肢

1.2–1.4 m
4–4½ ft

ソマリノロバ
SOMALI WILD ASS
Equus africanus somalicus
アフリカノロバの亜種で、家畜ロバの祖先である。アフリカ北東部に分布。短い体毛は灰色で、四肢にはシマウマのような縞模様がある。

0.9–1.7 m
3–5½ ft

ロバ
DONKEY
Equus asinus
アフリカノロバを元に家畜化されたもの。乗用や荷役用として世界中で飼養されている。

モウコノウマ
PRZEWALSKI'S HORSE
Equus przewalskii

真性の野生ウマとしては最後の生き残り。四肢にうっすらと縞模様が出ることが多い。一時は飼育個体だけになったが、現在ではモンゴルと中国の野生環境に再導入されている。

色の薄い鼻面

1.2—1.5 m
4—5 ft

黄色味がかった明るい茶色の脇腹

四肢は茶色で、うっすらと縞模様が出ることが多い

ひづめで覆われた1本指

エクスムア・ポニー
EXMOOR PONY
Equus caballus

家畜ウマの希少な古い品種。イギリスのエクスムア地方に半野生状態の群れが存在する。体はたくましく、毛色は焦げ茶か鹿毛、茶色で、黒い模様がある。

1.27—1.3 m
4—4¼ ft

シャイヤー
SHIRE HORSE
Equus caballus

大型で力の強い家畜ウマの品種。ドイツの系統をもとにイギリスで作出された。現在でも、農業や林業で力仕事に使役されている。

1.7—1.9 m
5½—6¼ ft

アラブ
ARAB HORSE
Equus caballus

足の速い砂漠のウマ。この品種は現代的な競走馬の開発に大きな影響を与えた。

中がくぼんだ顔が特徴

1.5 m
5 ft

ペイント
PAINT HORSE
Equus caballus

アメリカ産の品種。栗色ないし黒色の部分と白い部分がある。模様の形はさまざま。

1.5—1.6 m
5—5¼ ft

絹のようなたてがみ

体色はさまざま

1—1.3 m
3¼—4¼ ft

ラバ
MULE
Equus asinus × *E. caballus*

雄ロバと雌ウマの雑種。体つきはウマだが、頭部と長い耳はロバ。一般的に不稔性。力が強く荷役に用いられる。

1.25—1.8 m
4—6 ft

ケッテイ
HINNY
Equus caballus × *E. asinus*

雄ウマと雌ロバの雑種。ロバのような体つきに、ウマのような頭部と耳、たてがみをもつ。

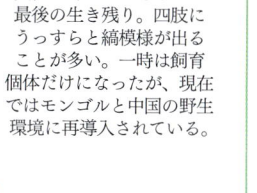

>>

偶蹄類 EVEN-TOED UNGULATES

有蹄類（ひづめのある哺乳類）は奇蹄目と偶蹄目の2目に分かれる。偶蹄目の指の数は偶数で、2本ないし4本である。ほとんどは植物食性で、数室に分かれた発酵機能をもつ胃を備えている。

偶蹄類はひづめが割れた動物とも呼ばれる。2本ないし4本あるそれぞれの指先に、厚い爪で覆われた硬く弾力性のあるひづめがあるからだ。ひづめはだんだんすり減っていくが、常に伸び続ける。ラクダにはひづめと言えるものはなく、小さな爪の生えた2本指で歩く。

反芻する

ひづめで保護された長い四肢をもつ偶蹄類は、草原や森林地帯に餌を求めて広大な地域を移動することが多い。ほとんどの科は草を食べるグレーザー、あるいは芽や木の葉を食べるブラウザーである。消化系は硬い植物質を消化できるようによく適応している。胃は3室か4室に分かれ、内部のバクテリアが発酵により植物の細胞壁に含まれるセルロースを分解し、栄養分として使える形にしてくれる。これに加え、半ば消化された胃内容物（食い戻し）が口に戻されて再び咀嚼される。反芻という過程である。大きな臼歯で硬い食物をよくすりつぶし、さらに、長い腸が消化作業を続行する。イノシシとペッカリーはほかの偶蹄類とは若干異なっている。反芻を行わず、歯はあまり特殊化しておらず、雑食傾向が強い。また種によっては犬歯が大きく牙のように伸び、防衛や闘い、あるいは餌を掘り出すのに使われる。

家畜化

偶蹄類はオーストラレーシアにも移入されていて、南極大陸を除き全ての大陸に生息している。姿や大きさはさまざまで、肩の高さ20cmのマメジカから同じく4mのキリンまで含まれる。食物として人間に狩られる野生動物も多いが、家畜化された経済的に重要な種も多い。ウシやラマ、ヒツジ、ブタは食肉とされ、皮を利用され、ウールや乳製品の原料の供給源であり、乗用にもなる。家畜化により、それぞれの用途に応じた特徴的な姿の品種が作られている。

門	脊索動物門
綱	哺乳綱
目	偶蹄目
科	10
種	384

論点

1種にまとめるか、それとも複数に分けるか？

過去10年間で新たに記載されたウシ科の動物は100種以上に上る。その多くは、それまで亜種として扱われてきたものが種に引きあげられたものである。分子系統学的な研究が新たな分類の根拠として用いられる（逆に反論するのに用いられることもある）。例えばキリンは以前から多数の亜種を含む1種とされてきたが、近年の分子系統学的研究を元に、マサイキリン（*Giraffa tippelskirchi*）、アミメキリン（*G. reticulata*）、キタキリン（*G. camelopardalis*；3亜種を含む）、ミナミキリン（*G. giraffa*；2亜種を含む）の4種に分けることが提案されている。

ペッカリー PECCARIES

南北アメリカ大陸に分布するペッカリー科には、ブタと共通の特徴がいくつかある。目が小さいことや、鼻の先が軟骨で支えられて円盤状になっていることなどである。だがブタよりも複雑な数室に分かれた胃をもち、牙はブタより短くまっすぐである。

首に白い帯

52–69 cm
20½–27 in

チャコペッカリー
CHACOAN PECCARY
Catagonus wagneri

南アメリカ中央部のチャコ地域に見られる大型のペッカリー。最初に化石が発見されて種として記載され、遅まきながら1975年に現生種が存在していることが発見された。

40–60 cm
16–23½ in

30–50 cm
12–20 in

長い鼻面

クチジロペッカリー
WHITE-LIPPED PECCARY
Tayassu pecari

中央及び南アメリカに分布し、大きな群れで生活する。捕食者に対し一団となって対決する傾向があるが、逃げ足の速さを発揮することもある。

クビワペッカリー
COLLARED PECCARY
Pecari tajacu

南北アメリカの熱帯・亜熱帯地域に広く分布している。昼行性で、社会性がきわめて高い。農業地帯では作物を襲うために害獣とみなされている。

イノシシ、ブタ PIGS

旧世界に分布するイノシシ科は、偶蹄目のなかでは珍しく指の数が4本である。ただし接地するのは中央の2本だけだ。また、ほかの偶蹄類では胃が複数の室に分かれているが、イノシシ科では分かれていない。概して雑食性で、鼻先と牙で餌を掘り出す。体毛は粗く、短い尾の先端には長い毛が房状に伸びる。

65—80cm
26—32in

バビルーサ
MOLUCCAN BABIRUSA
Babyrousa babyrussa

雄には目立つ牙が生える。上顎の犬歯が上向きに伸び、皮膚を突き破って外に出て、後ろ向きにカーブしているのだ。インドネシア諸島の複数の島が原産である。

609

ぼさぼさのたてがみ

55—85cm
22—34in

75—110cm
2½—3½ft

モリイノシシ
GIANT FOREST HOG
Hylochoerus meinertzhageni

大型の夜行性種。アフリカに分布する。ほかのほとんどのブタと違い、黒色とショウガ色の厚い毛で覆われている。

丸みのある背中

60—85cm
23½—34in

イボイノシシ
COMMON WARTHOG
Phacochoerus africanus

顔に疣（いぼ）があり、牙は2対である。前肢だけ座った姿勢で草を食べることが多い。走る時は尾がぴんと立つ。

ヤブイノシシ
BUSHPIG
Potamochoerus larvatus

アフリカの森林やヨシ湿原に見られる。体毛は茶色で、たてがみの色は明るい。警戒態勢になるとたてがみが逆立つ。

90cm
35in

アカカワイノシシ
RED RIVER HOG
Potamochoerus porcus

中央アメリカに分布する鮮やかな色のイノシシ。鼻に1対のこぶがあり、顔の白斑が目立つ。

20—25cm
8—10in

コビトイノシシ
PYGMY HOG
Porcula salvania

小型で茶褐色のイノシシ。鼻先がきゅっと細くなっている。かつてはインドからネパールにかけて分布していたが、現在では絶滅の危機に瀕している。

ヴィサヤイボイノシシ
VISAYAN WARTY PIG
Sus cebifrons

顔に3対の肉質の突起があり、雄同士が闘う時に相手の牙から身を守るのに役立つ。

55—80cm
22—32in

ヒゲイノシシ
BEARDED PIG
Sus barbatus

東南アジアの森林に見られる。群れで移動することが多い。顔に白い「ヒゲ」があり、また尾の房が目立つ。

90cm
35in

幅狭くたてがみ状に生えた長い毛

70—80cm
28—32in

60—80cm
23½—32in

イノシシ
WILD BOAR
Sus scrofa

ユーラシアに広く分布する剛毛の生えたイノシシ。家畜ブタの主な祖先である。子どもの体には縞模様があって、密生した藪の中でカムフラージュに役立つ。

55—110cm
22—43in

長い鼻の先は軟骨で支えられて大きな円板状になる

ピエトレン
PIÉTRAIN PIG
Sus scrofa domesticus

ベルギー産のブタの品種で、質の良い赤味肉がとれる。体に大きな斑紋があり、その中に濃い色の斑点がある。

中ヨークシャー
MIDDLE WHITE PIG
Sus scrofa domesticus

イギリスで食肉用に改良されたブタの品種。色素がなく、丸っこい体つきと短く上を向いた鼻が特徴。

ジャコウジカ MUSK DEER

ジャコウジカ科は主にアジアの山地森林に見られる。単独性で夜間に活動する。雄の成体にある麝香腺が名前の由来である。ずんぐりした小ぶりの体で、上顎の犬歯が大きく発達する。前肢よりも後肢のほうが長く、起伏の多い地形を楽に登れる。

飴色に近い砂茶色の体毛

牙のように長く伸びた犬歯で闘う

50–60 cm
20–23½ in

ヤマジャコウジカ
ALPINE MUSK DEER
Moschus chrysogaster
中国東南部からインド北部にかけて分布し、高地森林に生息する。ジャコウジカのなかでは大きめの種で、耳がウサギのように長い。雄は麝香腺から麝香を分泌してなわばりをマーキングする。

マメジカ CHEVROTAINS

アフリカ及びアジアの熱帯林に見られるマメジカ科は、小型のシカのような姿だが、角は生えない。雄は上顎の犬歯が伸びて下顎の左右に突き出ている。ブタやイノシシのように指の数は4本で、四肢は短め。胃は数室に分かれ、硬い植物質を発酵させて消化する。

25–30 cm
10–12 in

インドマメジカ
WHITE-SPOTTED CHEVROTAIN
Moschiola meminna
夜行性の臆病なマメジカ。インドとスリランカに分布。体に白い斑点と白いすじがある。

はっきりした模様

30–36 cm
12–14 in

ミズマメジカ
WATER CHEVROTAIN
Hyemoschus aquaticus
大きめのマメジカで、すじと斑点がよく目立つ。アフリカ西部と中央部の森林に分布する。泳ぎと潜水が得意。

30–35 cm
12–14 in

オオマメジカ
GREATER INDO-MALAYAN CHEBROTAIN
Tragulus napu
アジアのマメジカのなかでは最大だが、それでも小さい。頭部は先細りで、大きな目と黒い鼻の間に黒い帯が走る。

20–35 cm
8–14 in

ジャワマメジカ JAVA CHEBROTAIN *Tragulus javanicus*
有蹄類としては世界最小。東南アジアの森林に生息するほかのマメジカとの類縁関係はほとんどわかっていない。

シカ DEER

シカ科はほぼ世界中に分布しているが、アフリカにはほとんど存在しない。オーストラリアにはもともといなかったが導入された。森林や開けた土地に生息するが、両環境が移行する地帯を好む種が多い。種によって、枝角の大きさや形はそれぞれ異なっている。アンテロープ類のように枝角が恒久的に生えているものとは異なり、シカ科の動物の雄では枝角は毎年脱落して生え替わる。雌は1種を除いて枝角は生えないが、短い突起が見られる場合もある。

1.1–1.6 m
3½–5¼ ft

95–110 cm
37–43 in

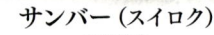

ルサジカ
RUSA DEER
Rusa timorensis
インドネシアの森林に生息するシカだが、オーストラリアの乾燥した低木地に導入されて定着している。体に比して耳と枝角が大きい。

サンバー（スイロク）
SAMBAR
Rusa unicolor
大型の茶褐色のシカで、たてがみがよく目立つ。ヒマラヤ前山まで、アジア南部に広く分布し、疎林で草を食べる。

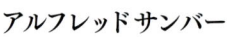

65–75 cm
26–30 in

アルフレッドサンバー
VISAYAN SPOTTED DEER
Rusa alfredi
フィリピンの固有種。夜行性。四肢が短く、うずくまるような姿勢と白斑がたくさん散らばっているのが特徴。

短い尾

45–50 cm
18–20 in

キョン（タイワンキョン）
REEVES' MUNTJAC
Muntiacus reevesi
東アジア原産だが、ヨーロッパ西部に導入されている。小型だが、草や木の葉を食べて疎林に損傷を与える。

50–70 cm
20–28 in

すんなり伸びた長い肢

ホエジカ（インドキョン）
RED MUNTJAC
Muntiacus muntjak
南アジアに分布。短い枝分かれのない枝角と長く伸びた上顎の犬歯で、捕食者から身を守り、ライバルからなわばりを防衛する。

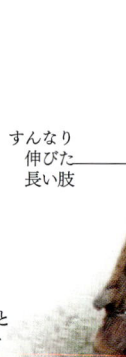

シフゾウ
PÈRE DAVID'S DEER
Elaphurus davidianus
飼育下の個体群しか知られていない。
フランス人宣教師のアルマン・
ダヴィド神父が 1865 年に記載した。
中国に再導入されている。

1.1–1.4 m
3½–4½ ft

アクシスジカ
AXIS DEER
Axis axis
インドの森林に生息する
普通種だが、オーストラ
リアと北アメリカに移入
された。堅琴のリラのよ
うな形の枝角が生える。
トラが好んで獲物にする。

70–95 cm
28–37 in

ホッグジカ
HOG DEER　*Axis porcinus*
アジアの森林に見られる。「ホッ
グ」はブタのこと。障害物を跳び
越えるのではなく、頭を下げて
下をくぐり抜ける様がブタに
似ているとして名付けられた。

55–75 cm
22–30 in

手のひら状
の枝角

下面の
白い尾

75–95 cm
30–37 in

バラシンガジカ
（ヌマジカ）
BARASINGHA
Rucervus duvaucelii
湿地帯に生息するインド産のシカ
で、狩猟用に米国に移入された。
雄に生える先の尖った枝
分かれの多い枝角が珍重される。

1.2–1.4 m
4–4½ ft

長く先の
尖った枝角

50–70 cm
20–28 in

マエガミジカ
TUFTED DEER
Elaphodus cephalophus
アジアの山地森林に生息
する小型のシカ。雄には
小さな枝角と短い牙が
あり、額に黒い毛が前髪
のように生えている。

ダマジカ
COMMON FALLOW DEER
Dama dama
鹿肉用に多く家畜化されている。
体の斑点模様と平たい手のひら状の
枝角が特徴。

アカシカ
WESTERN RED DEER
Cervus elaphus
ヨーロッパやトルコ、
北アメリカに分布する。
体の大きさや枝角のサイ
ズ、たてがみの生え具合
は産地によって異なる。

0.95–1.3 m
3–4¼ ft

ワピチ
WAPITI
Cervus canadensis
北アメリカとアジアに分布する。
アカシカによく似ているが、
独立した種であることが分子系
統分析により確認されている。

ぼさぼさの
毛が生えた首

赤褐色の
体毛

ニホンジカ
SIKA DEER
Cervus nippon
上向きの太い枝角が特徴。東アジア原産
だが、移入先ではアカシカと交雑する。

60–115 cm
23½–45 in

灰茶色の体毛

ミュールジカ
MULE DEER
Odocoileus hemionus
北アメリカの西部に分布し、
オジロジカと分布域が重なるが、
尾の先端が黒く、フォークのよう
な枝角をもつことから区別できる。

75–105 cm
30–41¼ in

オジロジカ
WHITE-TAILED DEER
Odocoileus virginianus
カナダからペルーにかけて分布す
る。ヨーロッパやニュージーランド
に移入されている。危険を感知する
と尾の白い下面をひらめかせる。

55–105 cm
22–41¼ in

1.3–1.7 m
4¼–5½ ft

哺乳類・偶蹄類

≫ シカ

ノロ（ノロジカ）
EUROPEAN ROE DEER
Capreolus capreolus
ヨーロッパ産の小型種で、低木地や森林に生息する。夏毛は赤茶色だが、冬毛はかなり色が濃く、ほとんど黒に近い。

65–84 cm
26–33 in

枝角の形は個体変異が大きい

前方に張り出した平たい部分で雪をかきわける

太い首

毛の生えた鼻

トナカイ（カリブー）
REINDEER
Rangifer tarandus
冬にはひづめが硬く引き締まり、氷上をすべらずに歩くことができる。

0.7–1.4 m
2¼–4½ ft

アメリカヌマジカ
MARSH DEER
Blastocerus dichotomus
南アメリカで最大のシカ。湿地に適応している。泳ぎがうまく、2本の指の間に膜があって柔らかい地面も歩ける。

1.1–1.3 m
3½–4¼ ft

ヘラジカ
MOOSE
Alces americanus
世界最大のシカ。北アメリカの森林に生息する。雄の枝角は掌状で、左右それぞれ最大で20個の突起が縁を取り巻き、差し渡しは2 m（6½ ft）になることもある。

1.8–2.1 m
6–7 ft

アカマザマ
COMMON RED BROCKET
Mazama americana
南アメリカのジャングルに生息する小型で単独性のシカ。木の葉よりも果実を好む。雄には短い枝分かれのしない角が生える。

60–80 cm
23½–32 in

ハイイロマザマ
COMMON BROWN BROCKET
Mazama gouazoubira
中央及び南アメリカの低木地や密林に生息する。単独性。餌は主に果実だが乾期にはサボテンも食べる。

50–65 cm
20–26 in

パンパスジカ
PAMPAS DEER
Ozotoceros bezoarticus
南アメリカの草原及び湿地に棲むほっそりしたシカ。後肢で立ち上がって木の枝の葉を食べる。

60–70 cm
23½–28 in

プーズー
SOUTHERN PUDU
Pudu puda
世界最小級のシカ。ずんぐりした体つきで、アルゼンチンやチリの温帯雨林に生息する。

30–40 cm
12–16 in

キバノロ
CHINESE WATER DEER
Hydropotes inermis
雌雄ともに角が生えない唯一のシカ。上顎の犬歯が牙のように伸び、雄では最大8 cmの長さになる。

50–55 cm
20–22 in

プロングホーン PRONGHORN

プロングホーン科は北アメリカの広い地域で化石として見つかっている。化石種には、枝角の形が独特なものや本数の多いものが含まれる。現生種はプロングホーン1種のみである。ウシ科のアンテロープ（レイヨウ）と体つきやひづめの形状が似ているが、プロングホーンには外側の指がなく、指の数は2本である。枝角は繁殖期以外の時期に毎年抜け替わる。

首に白い帯がある

プロングホーン
PRONGHORN
Antilocapra americana
新世界では最速の哺乳類。開けた草原に大きな群れで生息する。旧世界のアンテロープ（レイヨウ）類と同じニッチを占める。

86–88 cm
34–35 in

ウシの仲間 BOVIDS

ウシ科は大きな科で南極大陸以外のどの大陸にも
分布している。さまざまな種が含まれるが、以下の
ような共通点をもつ。雄は（種によっては雌も）枝
分かれしない角をもち、角は抜け替わることはない。
角はねじれていたり溝があったりするものが多い。
また4室に分かれた複雑な胃をもち、反芻する。

イランド（エランド）
COMMON ELAND
Taurotragus oryx
エチオピアから南アフリカまでの
開けた草原に分布する最大のアンテ
ロープ。角はねじれている。雄には
脇腹に白いすじが現れることがある。

1.3–1.8 m
4¼–6 ft

のど袋が
目立つ

ゆるく
ねじれた角

ニルガイ
NILGAI
Boselaphus tragocamelus
アジア産のアンテロープでは最大。
体つきはがっしりして、肩から腰に
かけて傾斜する。雄は青灰色で
雌は黄茶色である。

1.2–1.4 m
4–4½ ft

大きな耳

55–66 cm
22–26 in

ヨツヅノレイヨウ
FOUR-HORNED ANTELOPE
Tetracerus quadricornis
アジアの森林に分布。単独性。
角が2対あるのが普通で、1対は
耳の間に、もう1対は額に生える。

ニアラ
NYALA
Tragelaphus angasii
アフリカ南部の森林に分布。角はねじれている。
体色は暗褐色で、脇腹に白い縦すじが入る。

82–121 cm
32–47½ in

首のつけね
の白い斑紋

61–100 cm
23¾–39 in

ブッシュバック
CAPE BUSHBUCK
Tragelaphus sylvaticus
サハラ以南の森林に広く分布。個体に
よって異なるが、すじや斑点が特に
顔や耳、尾に出ることがある。

栗色の地に白いすじ

1.2–1.3 m
4–4¼ ft

ザンベジシタツンガ
ZAMBEZI SITATUNGA
Tragelaphus selousi
アフリカ南部の沼地に生息。泳ぎの
名手で、捕食者に襲われると水の
中に逃げ込むことが多い。

0.9–1.3 m
3–4¼ ft

レッサークーズー
SOUTHERN LESSER KUDU
Ammelaphus australis
アフリカ北東部の乾燥した
低木地に生息するアンテロープ。
雌雄ともに体に7〜14本ほどの
白いすじが走る。

ボンゴ
BONGO
Tragelaphus eurycerus
アフリカ西部及び中央部の密生
した森林に生息し、体色でよく
カムフラージュされる。雌は雄
よりも体色が明るいのが普通。
雌雄ともにねじれた角が生える。

ザンベジクーズー
ZAMBEZI KUDU
Strepsiceros zambesiensis
雄の角はアンテロープの
なかで最も立派とも
いえる。成長しきった
角は2回半ねじれている。

1.2–1.6 m
4–5¼ ft

1–1.1 m
3¼–3½ ft

≫ ウシの仲間

アフリカスイギュウ
AFRICAN BUFFALO
Syncerus caffer
気まぐれかつ危険な
動物で、家畜化はできな
い。草原に生息する型は
森林に生息する型よりも
大型で、かつ角が
よく曲がっている。

1.5—1.8 m
5—6 ft

アジアスイギュウ
ASIAN WATER BUFFALO
Bubalus bubalis
大部分は家畜化され、力仕事用や
乳用にされている。野生の
個体群（*B. arnee*）は南アジアに
いくつか残っているだけである。
体色や角の形状には変異が見られる。

1.5—1.9 m
5—6¼ ft

60—100 cm
23½—39 in

アノア
（ヘイチスイギュウ）
LOWLAND ANOA
Bubalus depressicornis
野生ウシのなかで最小。
スラウェシ島の雨林が原産
地。角はほかの野生ウシに
比べてまっすぐ伸びる。

肩には大きな
こぶが目立つ

カーブした
短い角

毛の短い
後ろ半身

大きな頭部

ぼさぼさの
茶色い毛

1.5—2 m
5—6½ ft

アメリカバイソン
AMERICAN BISON
Bison bison
かつては大きな群れが北
アメリカを闊歩していた。
現在、わずかに残っている
野生の個体は、肉や皮用に
飼育され体が小さくなった
個体群の末裔である。

ヨーロッパバイソン
WISENT
Bison bonasus
アメリカバイソンよりも毛
が短めで角は長い。現在は
ヨーロッパ東部とロシアの
原生林だけに分布している。

1.5—2 m
5—6½ ft

バンテン
BANTENG
Bos javanicus
東南アジア原産で、牽引用とし
て現地で家畜化されてきた。
体色は茶色で、四肢の先と鼻面、
腰、目の周囲に白い部分がある。

1.6 m
5¼ ft

ヤク
YAK
Bos mutus
中央アジアの山地帯に生息する。
長いふさふさの毛は保温効果がある。
野生のヤクの体色は黒っぽいが、
家畜化されたものは体色がさまざまで、
白い模様のあるものも多い。

1.4—2 m
4½—6½ ft

ガウア
GAUR *Bos gaurus*
筋肉質で、野生ウシのなかで
は最大の種。アジアの森林に
生息する。体色は暗褐色だが、
鼻面や四肢の先は白っぽい。

1.7—2.2 m
5½—7¼ ft

テキサス・ロングホーン
TEXAN LONGHORN
Bos taurus taurus

家畜ウシの品種。体色は
変異が大きく、横に張り
出した角が印象的。丈夫
で、大規模な放牧システ
ムに適合している。

1.2–1.5m
4–5ft

品種名のもとになった
長い角

ヘレフォード
HEREFORD　*Bos taurus taurus*

イギリスで肉用に作られた
家畜ウシの品種。上半身が分厚く
筋肉質で、性格は従順。

1.4–1.5m
4½–5ft

アンコール
ANKOLE
Bos taurus taurus

アフリカ原産の家畜ウシの品種。
角が太くかつ長く、最大 1.8m に
もなるが、これには暑い気候で
加熱を防ぐ役割がある。

1.2–1.5m
4–5ft

マクスウェルダイカー
MAXWELL'S DUIKER
Philantomba maxwellii

アフリカ西部の雨林に分布する灰
褐色の小型種。顔に色の薄い部分
がある以外はほとんど特徴がない。

35–42cm
14–16½in

アオダイカー
ZIMBABWE BLUE DUIKER
Philantomba bicolor

アフリカ東南部産の小型種で、
森林に生息する。小さな円錐状の
角がある。主な食物は落ちた
ばかりの葉や果実、種子だが、
手近にあれば昆虫や菌類も食べる。

30–40cm
12–16in

シマダイカー
ZEBRA DUIKER
Cephalophus zebra

ダイカーのなかで体の大部分に模様のある
唯一の種。アフリカ西部の森林の縁に生息し、
縞模様にはカムフラージュ効果がある。

40–50cm
16–20in

ジャージー
JERSEY
Bos taurus taurus

家畜ウシの品種。濃厚でクリーミーな牛乳で有名。
フランスから輸入したウシを元にイギリスの
ジャージー島で改良された。

1.2–1.3m
4–4¼ft

コシキダイカー
WESTERN YELLOW-BACKED DUIKER
Cephalophus silvicultor

アフリカ西部から中央部にかけて見られる
大型のダイカー。暗褐色の地に、背中の
白あるいは黄色の斑紋が目立つ。

65–85cm
26–34in

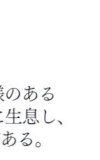

ズグロダイカー
BLACK-FRONTED DUIKER
Cephalophus nigrifrons

アフリカ中央部の森林に生息。
顔の模様が特徴的で、額と目の近辺
の顔面腺が黒く、目の上部の明るい
部分とくっきり色が分かれている。

54–58cm
21½–23in

ブラーマン
BRAHMAN
Bos taurus indicus

アジア原産の家畜ウシの亜種。
現在は熱帯地方で広く飼育
されている。ゼブー（コブウシ）
としても知られ、背中に
こぶがあるのが特徴。

1.2–1.4m
4–4½ft

オギルビーダイカー
OGILBY'S DUIKER
Cephalophus ogilbyi

アフリカ西部の雨林に分布。
後半身がよく発達し、
腰は赤茶色。

55–56cm
21½–22in

サバンナダイカー
COMMON DUIKER
Sylvicapra grimmia

サハラ以南のアフリカに広く分布する。
角は小さい。さまざまな環境に生息し、
落ちた果実をよく漁っている。

39–68cm
15½–27in

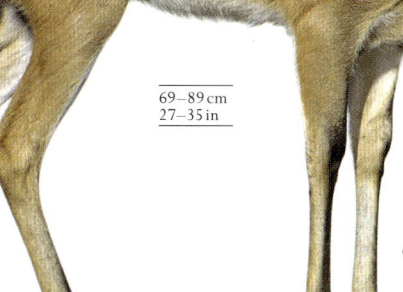

69–89cm
27–35in

ボホール
リードバック
BOHOR REEDBUCK
Redunca bohor

アフリカ中央部の起伏
の多い草原地帯に分布。
雌はほっそりしている
のに対し、雄は首が
太く角が生えている。

リードバック
SOUTHERN REEDBUCK
Redunca arundinum

中央アフリカの南部に分
布し、草原に生息するた
くましいアンテロープ。
前肢に黒い斑紋がある。
雄だけに角が生える。

65–150cm
26–59in

≫ ウシの仲間

1.2—1.4 m
4—4½ ft

1.2—1.4 m
4—4½ ft

コモン ウォーターバック
COMMON WATERBUCK
Kobus ellipsiprymnus ellipsiprymnus

アフリカに分布するウォーターバックの亜種。名前とは裏腹にサバンナや疎林で生活し、捕食者に追われると水中に逃げることもある。

シンシン ウォーターバック
DEFASSA WATERBUCK
Kobus ellipsiprymnus defassa

アフリカ西部及び中央部に分布するウォーターバックの亜種。コモンウォーターバックは尾の左右が三日月状に白いが、本亜種は尻全体が白い。

リーチュエ
RED LECHWE *Kobus leche*

中央アフリカの南部に分布。群居性の高い種で、湿地帯を好む。四肢が長く水かさが浅いところならららくらくと走る。

87—112 cm
34—44 in

82—100 cm
32—39 in

ウガンダコーブ
UGANDA KOB
Kobus thomasi

コーブの亜種。アフリカ東部に分布する社会性のアンテロープ。喉の白斑が目立つ。雄にはうねのあるリラ型の角がある。

77—94 cm
30—37 in

プークー
PUKU
Kobus vardonii

アフリカ中央部に分布する。コーブによく似ているが、本種のほうがやや小型でずんぐりしている。

ローンアンテロープ
ROAN ANTELOPE
Hippotragus equinus

サハラ以南のサバンナに分布。うねのある角が緩やかなカーブを描いて伸びる。顔の白黒の模様が特徴。

126—145 cm
49½—57 in

95—115 cm
37—45 in

細長いカーブした角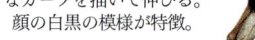

アダックス
ADDAX
Addax nasomaculatus

サハラ砂漠に生息するアンテロープ。絶滅が危惧されている。長い角は2～3回ねじれている。体色は明るい砂色あるいは白色。

シロオリックス
SCIMITAR-HORNED ORYX
Oryx dammah

以前はサハラ砂漠に広く分布していた。狩猟のために20世紀にはほとんど絶滅に追い込まれたが、いくつかの地域に再導入されている。

135—140 cm
53—55 in

0.8—1 m
2½—3¼ ft

セーブルアンテロープ
SOUTHERN SABLE ANTELOPE
Hippotragus niger

がっしりしたアンテロープで、体色は濃く、顔の白斑が目立つ。角は大きく長さ1m以上になることもある。

アラビアオリックス
ARABIAN ORYX
Oryx leucoryx

被毛が白く、まっすぐ伸びる長い角をもつ。最近、以前の分布域であった中東に再導入された。

1—1.3 m
3¼—4¼ ft

首から胸にかけては赤さび色

比較的短くたくましい四肢

ガラオリックス
GALLA ORYX
Oryx gallarum

アフリカ東部の砂漠に分布。被毛は灰茶色で、顔と尾、脇腹、前肢に黒い模様がある。たいへん長い角はほとんどカーブしていない。

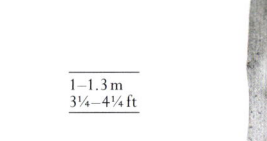

1—1.25 m
3¼—4 ft

112—125 cm
44—49 in

オリックス（ゲムズボック）
GEMSBOK
Oryx gazella

最大のオリックス。アフリカ南部の乾燥地帯に多く分布しているが、北アメリカにも定着している。

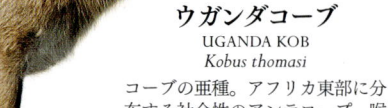

ハーテビースト
WESTERN HARTEBEEST
Alcelaphus major
大型で顔の長いアンテロープ。
アフリカ東部の開けた草原に
生息。ハーテビースト類には
体色や角の形状の異なる
複数の種が含まれる。

143 cm
56 in

1.2—1.3 m
4—4¼ ft

カーマハーテビースト
RED HARTEBEEST
Alcelaphus caama
被毛は栗茶色で顔と尾は
色が濃い。夜明け時と
日没時に活動する。

クリップスプリンガー属の一種
KLIPSPRINGER
Oreotragus sp.
アフリカーンス語で「岩場でジャンプ
するもの」を意味する名前の通り、
岩が露出した地域に生息し、体高の
10倍以上の距離をジャンプできる。

42—57 cm
16½—22½ in

コンジハーテビースト
LICHTENSTEIN'S HARTEBEEST
Alcelaphus lichtensteinii
先端が内向きに強く湾曲し
た角が特徴。アフリカ中央
部のサバンナや氾濫原
草原に見られる。

1.2—1.4 m
4—4½ ft

51—64 cm
20—25 in

オリビ
CENTRAL ORIBI
Ourebia hastata
アフリカ東部からアン
ゴラにかけて分布する、
首の長い優雅なアンテ
ロープ。目の上部が白く、
大きな顔面腺は黒い。

後方に反る
がっしりした角

傾斜する背中

黒い顔

喉に黒く長い
毛が生える

80—100 cm
32—39 in

ボンテボック
BONTEBOK
Damaliscus pygargus dorcas
顔に目立つ白斑がある。アフリカ南部に分
布していたが、狩猟によりほぼ絶滅した。
現在では保護区で見られるのみである。

茶褐色の被毛

コリガムダマリスクス
TOPI *Damaliscus jimela*
アフリカ東部の草原に分布。雄はよく
シロアリ塚の上に登っている。なわばりを
防衛し、捕食者を見はるための行動である。

1.3—1.6 m
4¼—5¼ ft

オグロヌー
BLUE WILDEBEEST
Connochaetes taurinus
オグロヌーの亜種。群居性が高い。
アフリカ南部のサバンナに見られる。

1.1—1.3 m
3½—4¼ ft

≫ ウシの仲間

ごつごつとした
うねのある角

77–87 cm
30–34 in

53–67 cm
21–26 in

60–85 cm
23½–34 in

カラハリスプリングボック
KALAHARI SPRINGBOK
Antidorcas hofmeyri

リラ形の角の生えた敏捷なアンテロープ。
アフリカ南部の乾燥地帯で草を食べる。
狩猟のために個体数が著しく減少している。

ニアンザトムソンガゼル
SERENGETI THOMSON'S GAZELLE
Eudorcas nasalis

アフリカ東部の平原で
最も個体数の多いガゼル。
脇腹に太い黒帯がある。

ブラックバック
BLACKBUCK
Antilope cervicapra

インド及びパキスタンの草
原や開けた疎林に生息する。
最高時速80kmに達する。

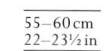

55–60 cm
22–23½ in

サンドガゼル
SAND GAZELLE
Gazella marica

中央アジア産のガゼル。近縁のコウジョ
ウセンガゼル（*G.subguttorosa*）と同じく、
ガゼルとしては珍しく雄だけに角がある。

55–65 cm
22–26 in

60–65 cm
23½–26 in

ドルカスガゼル
DORCAS GAZELLE
Gazella dorcas

アフリカ北部から中東にかけ
て分布し砂漠に生息する小型
のガゼル。水を飲まなくても
餌の水分だけで生きていける。

マウンテンガゼル
MOUNTAIN GAZELLE
Gazella gazella

中東の山地や平原に分布
する。隔離された亜種個体
群が複数存在し、なかには
極めて希少で密猟により
脅かされているものもある。

35–45 cm
14–18 in

38–43 cm
15–17 in

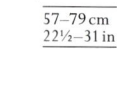

57–79 cm
22½–31 in

ギュンター
ディクディク
GÜNTHER'S DIK-DIK
Madoqua guentheri

アフリカ東部の半砂漠に
生息。長い鼻面には弾力が
あり、膨らませて体温調節
に役立てることができる。

ダマラディクディク
DAMARA DIK-DIK
Madoqua damarensis

小型のアンテロープ。ディ
クディクという名は警戒時
に上げる鋭い鳴き声に由来
する。鼻面は長く伸びよく
動く。つがいとなって
なわばりを守る。

サイガ
WESTERN SAIGA
Saiga tatarica

現在、絶滅の危機に瀕しており、
西アジアのみに見られる。
大きな鼻面は動かすことができ、
冬には冷たい空気を暖め、
夏にはほこりのフィルターの
役目をする。

80–105 cm
32–41 in

ジェレヌク
SOUTHERN GERENUK
Litocranius walleri

アフリカ東部に分布。
首が長く、後肢で立ち上がれる
ので、ほかのアンテロープの届
かない葉を食べることができる。

スニ
COASTAL SUNI
Neotragus moschatus

小型の赤味を帯びたアンテ
ロープで、アフリカ東南部
に分布。夜行性で、ほとん
どの時間は密生した低木の
茂みに隠れている。

33–36 cm
13–14 in

四肢の先には
筋肉がない

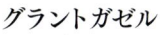

1–1.2 m
3¼–4 ft

ダマガゼル
DAMA GAZELLE
Nanger dama
サハラ砂漠に生息する
希少種。体色ははっきり
2色に分かれている。
白い部分の割合は各種間で
異なっているが、
いずれも喉には白斑がある。

75–94 cm
30–37 in

グラントガゼル
GRANT'S GAZELLE
Nanger granti
アフリカ東部の平原によく
見られる。水を飲まずに
生きていけるので、多くの
近縁種のように季節移動を
しなくてすむ。

60–90 cm
24–35 in

ゼメリングガゼル
SOEMMERRING'S GAZELLE
Nanger soemmerringii
アフリカ東部に分布。グラントガ
ゼルによく似ているが、本種の個
体数はかなり少ない。顔の模様が
はっきりしているのと尻の白斑が
大きいことで区別できる。

45–60 cm
18–23½ in

スタインボック
STEENBOK
Raphicerus campestris
アフリカ東部に分布し
低木林で生活する小型の
アンテロープ。特別大き
な耳には白線があり、
縁は黒くて内部は白い。

45–60 cm
18–24 in

86–98 cm
34–39 in

シャープ
グリスボック
SHARPE'S GRYSBOK
Raphicerus sharpei
アフリカ東部に分布する
臆病な単独性のアンテ
ロープ。夜行性。短くずん
ぐりした角が生える。捕食
者に襲われるとツチブタ
の巣穴に逃げ込む。

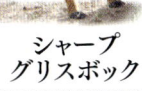

インパラ
COMMON IMPALA
Aepyceros melampus
アフリカの平原に生息する。
雄にはリラ形の角がある。
大型ネコ類の食物として重要。

シャモア
ALPINE CHAMOIS
Rupicapra rupicapra
ヨーロッパ南部および小ア
ジアの高原地帯に分布し、
高山の岩場で生活する。
隔離された個体群がいくつ
か存在し、それぞれ外見が
微妙に異なっている。

70–85 cm
28–34 in

57–78 cm
22½–31 in

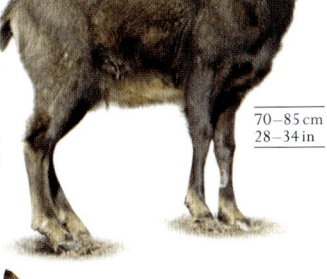

ゴーラル
HIMALAYAN BROWN GORAL
Naemorhedus goral
毛の粗いヤギのような
ブラウザー。ヒマラヤの森林に
小さな群れで生活する。

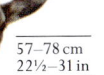

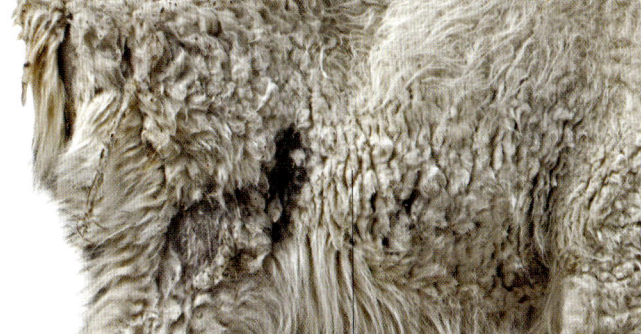

0.9–1.1 m
3–3½ ft

体毛は白く、
下毛が密生して
体温を逃がさない

シロイワヤギ
（アメリカヤギ）
MOUNTAIN GOAT
Oreamnos americanus
ロッキー山脈北部に生息する山
登りのベテラン。ウールのよう
な白い毛が密生し、寒さと強い
風から身を守っている。

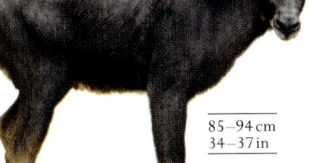

85–94 cm
34–37 in

チュウゴクカモシカ
INDOCHINESE SEROW
Capricornis maritimus
毛が粗くてたてがみの目立つ
カモシカ。普通は木の葉や
芽を食べるが、丈の低い草
を食べることもある。

≫ ウシの仲間

バーバリーシープ
BARBARY SHEEP
Ammotragus lervia

アフリカ北部の乾燥した山岳地帯が
原産地。危険が迫るとじっと動かずに
立ち、存在を悟られないようにする。

0.8–1.1 m
2½–3½ft

カーブした角

喉と前肢には
長い毛が
生える

ジャコウウシ
MUSKOX
Ovibos moschatus

北極地方のツンドラに生息する。
ぼさぼさの毛の下にはウールの
ような下毛が密生して生え、
苛酷な環境から身を守っている。

1.2–1.5 m
4–5 ft

ブータンターキン
BHUTAN TAKIN
Budorcas whitei

インド東北部、中国及びブータンの
山地森林に小さな群れで生活する。
ぼさぼさの毛が生え、鼻面は幅広く弓形。

1.1–1.4 m
3½–4½ft

ヒマラヤタール
HIMALAYAN TAHR
Hemitragus jemlahicus

ヒマラヤの岩だらけの斜面に生息する。
ひづめには弾力があり、険しく不安定な
足場でもしっかりグリップが効く。

65–100 cm
26–39 in

バーラル（ブルーシープ）
BHARAL
Pseudois nayaur

チベット高原の岩がちの砂漠か
ら山の斜面に分布。捕食者から
逃れるために崖の縁にいる。

78–92 cm
31–36 in

ワリアアイベックス
WALIA IBEX
Capra walie

エチオピアの山地に生息
する。季節変化がないため、
ほかのアイベックスとは
異なり一年中繁殖する。

65–100 cm
26–39 in

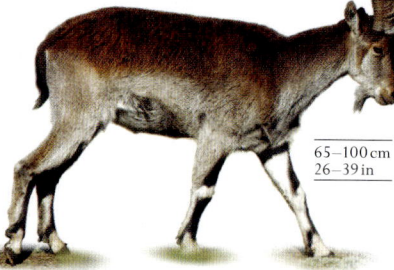

アイベックス
ALPINE IBEX
Capra ibex

アルプスの森林限界より上
に棲む。後方に反った角は
最大で1mにもなる。特に
雄は角がよく発達する。

65–95 cm
26–37 in

ヌビアアイベックス
NUBIAN IBEX
Capra nubiana

中東の山岳砂漠に生息する。
成熟した雄は雌の2倍以上
の体重になる。

65–110 cm
26–43 in

マーコール
MARKHOR
Capra falconeri

野生ヤギでは最大。中央アジ
アの山地に生息するが、コル
クスクリューのような立派な
角と肉のために狩猟され、
絶滅の危機にさらされている。

65–104 cm
26–41 in

アンゴラ
ANGORA GOAT　*Capra hircus*

トルコ原産の家畜ヤギの品種。
アンゴラの毛は、丈夫で絹の
ような繊維であるモヘアの
原料として、高い価値がある。

0.9–1.1 m
3–3½ft

バゴット
BAGOT GOAT　*Capra hircus*

家畜ヤギには300以上の品種が
ある。本品種は、13世紀に十
字軍が連れ帰ったものを元に、
イギリスで作出された。

70–100 cm
28–39 in

ゴールデン・ガーンジー
GOLDEN GUERNSEY GOAT
Capra hircus

家畜ヤギの希少品種。小型で、毛は長い
ことが多い。乳用やショー用として飼育さ
れている。イギリスのチャンネル諸島の
ガーンジー島で作られた。

70–90 cm
28–35 in

アジアムフロン
MOUFLON
Ovis aries orientalis
小アジア原産の家畜ヒツジの亜種。
赤みを帯びた地に鞍状の白斑がある。
新石器時代に地中海の島々で確立された。

65—80 cm
26—32 in

マンクス・ロフタン
MANX LOAGHTAN SHEEP
Ovis aries
マン島原産の家畜ヒツジの品種。原始的
で頑丈。肉用に飼われる。被毛は茶色で、
角は4本あるのが普通。

65—100 cm
26—39 in

コッツウォルド
COTSWOLD SHEEP
Ovis aries
イギリス原産の家畜ヒツジの品種で、
顔が白い。丈夫で、長い羊毛と肉を
とるために兼用で飼養される。

65—80 cm
26—32 in

ヤコブ
JACOB SHEEP
Ovis aries
家畜ヒツジの古い品種で丈夫。
ブチ模様がある。パレスチナ
原産だと言われている。
角は多くて3対生える。

90—100 cm
35—39 in

0.9—1.2 m
3—4 ft

パミールアルガリ
MARCO POLO ARGALI
Ovis polii
学名の *polii* は、中央アジア産の
ヒツジ野生種について初めて
記述したマルコ・ポーロ（1254年
頃〜1324年）にちなんだもの。
雄はアルガリ各種のなかでも
最大の角をもつ。

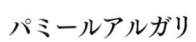

65—110 cm
26—43 in

カーブする
どっしりとした角

ファットテイル
FAT-TAILED SHEEP
Ovis aries
アフリカやアジアで主に見ら
れる家畜ヒツジの品種。膨れ
た尾や後半身に脂肪を蓄え、
乾燥した環境でもよく耐える。

79—109 cm
31—43 in

ドールビッグホーン（ストーンシープ）
DALL SHEEP　*Ovis dalli*
カナダ及びアラスカの亜北極の山地に
生息する。体色はクリームホワイトあるいは
茶色で、カーブした角は黄色である。

短い四肢

ビッグホーン
BIGHORN SHEEP
Ovis canadensis
北アメリカの山地や砂漠に見られる。
雄は見事な角を使って闘い、その結果で
順位が決まる。ランクの高い雄だけが
雌と交渉できる。

76—112 cm
30—44 in

シベリアビッグホーン
SNOW SHEEP
Ovis nivicola
シベリア産。被毛は白っぽく
四肢は黒い。ごつごつした
山地で極めて敏捷に素速く
移動できる。

90—107 cm
35—42 in

哺乳類・キリン

ウガンダキリン
ROTHSCHILD'S GIRAFFE *Giraffa camelopardalis rothschildi*

ウガンダキリンはキタキリンの亜種である。雄あるいは雌のみからなる小さな群れで生活している。雌は群れを離れて別の群れに入ることがしばしばある。一方、雄の成体は単独になることもある。雌雄が交流するのは交尾のときだけである。妊娠期間は約450日で、1回に1頭の子が生まれ、子どもは約12カ月で離乳する。キリンの歩法は常歩（ウォーク）か襲歩（ギャロップ）だけで、速歩（トロット）はできない。また泳ぐこともできない。常歩の際、前肢と後肢の同じ側が同時に前方へ動く。側対歩という歩き方である。側対歩の1サイクル（左の前後肢を前方へ、右の前後肢を前方へ、という2回の動きで1サイクル）で、成体では4.5m進む。ライオンやリカオンなどの捕食者からギャロップで逃れるときには、速さは時速55kmにも達する。

体 長	1.5–1.7m（5–5½ft）
生息地	開けた林地、サバンナ
分 布	南スーダン、ケニア、ウガンダ
食 性	木の葉や芽、種子、果実

角は皮膚に覆われている。雄の成体では先端の毛がなくなるが、雌では先端に黒っぽい毛が生えている

大きくてよく動く耳で、周囲を警戒する

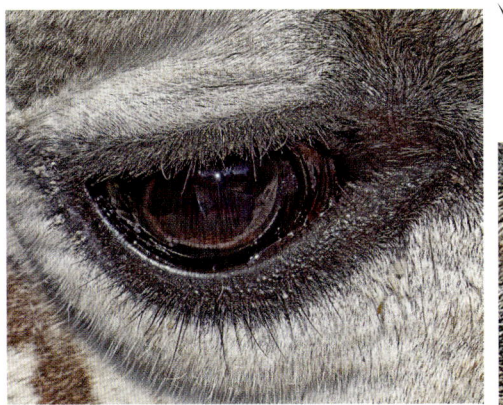

眼
大きな眼は頭部側方にある。広い視界と良い視力、背の高さを生かして、遠くにいる捕食者を見つけだすことができる。

鼻
鼻孔は閉じることができる。風が強いときには砂やほこりが鼻腔内に入るのを防ぎ、採餌中にはアリが入ってくるのを防ぐ。

器用な舌
舌はくるりと巻くこともできる。器用な舌と上唇で、木の枝から葉をむしったり、棘の間にある芽をつまみ取ったりする。

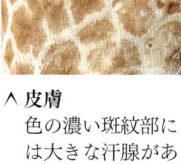

皮膚
色の濃い斑紋部には大きな汗腺があり、放熱によって体温を一定に保持するのに役立つ。

尾
尾の長さは最大で2.5m。先端に生えた房状の毛は昆虫を追いやるのに役立つ。

足
四肢は手首や足首から先が長く伸びており、先端には二つに分かれた蹄があって体重を支える。

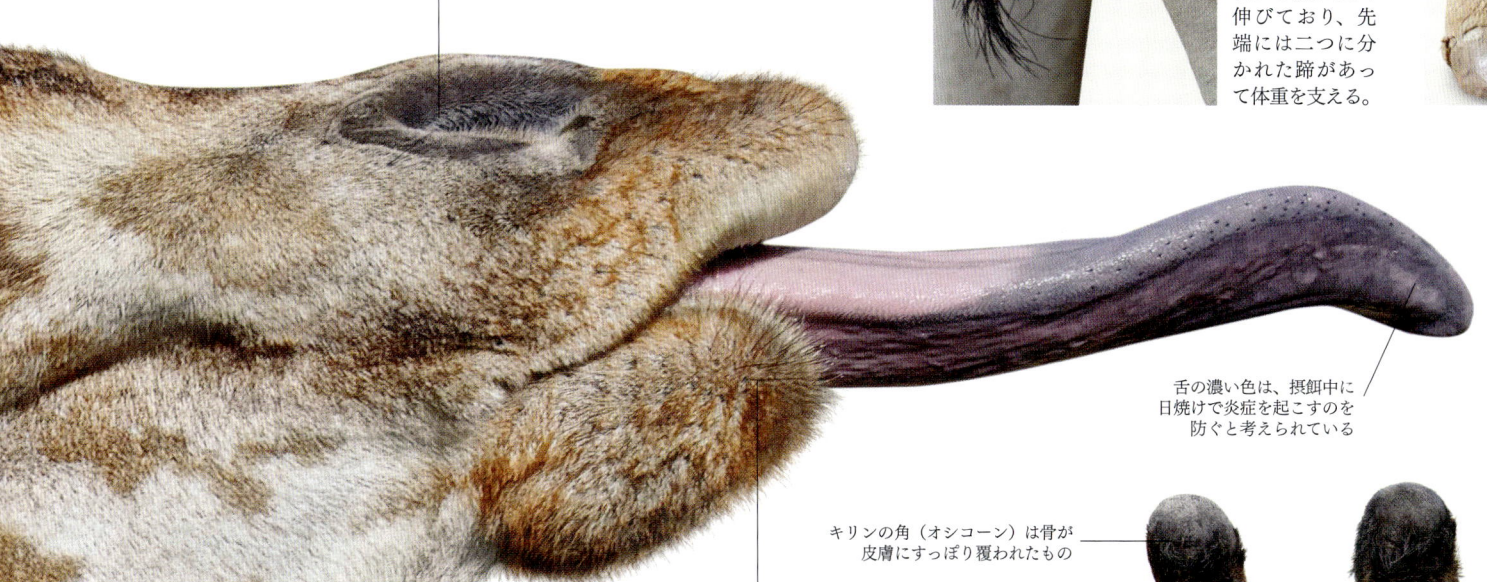

嗅覚は鋭い

舌の濃い色は、摂餌中に日焼けで炎症を起こすのを防ぐと考えられている

キリンの角（オシコーン）は骨が皮膚にすっぽり覆われたもの

顎と鼻に生える長く粗い毛は特殊な毛で、神経に情報を伝える

斑模様の色や形は個体差が大きく、雄では加齢につれて濃くなる傾向がある

首をぐっと伸ばして
首と頭部が長く、舌も長いため、ほとんどの哺乳類が届かない高さにある木の葉を食べることができる。

首筋には耳の後ろから肩まで短く直立したたてがみが生える

頭部
キリンには最低2本の角がある。「オシコーン」と呼ばれるこの角は出生時には柔らかいが、成長するにつれカルシウムが沈着して硬くなる。雄のウガンダキリンには額に3本目の小さなオシコーンができる。

キリン、オカピ GIRAFFES AND OKAPI

キリン科は多様な化石が見つかっているが、現在ではわずか5種がサハラ以南のアフリカに生息するのみである。キリンとオカピは生息環境こそ異なるが、複数の共有形質をもつ。長く黒っぽい舌、皮膚に覆われた角（オシコーン）、葉状の犬歯などである。その他の形質はウシ科に似ており、割れたひづめをもち、胃は4室に分かれ、上顎には切歯のかわりに歯床板という弾性線維の厚い塊がある。

1.5–1.7m
5–5½ft

オカピ
OKAPI
Okapia johnstoni
分布はアフリカ中央部の雨林に限られる。長い首とよく動く青い舌は明らかにキリンとよく似ている。

皮膚がかぶさった短い角

大きな耳

上向きに生えた短いたてがみ

腰に向かって傾斜する短い胴体

2.7–3m
8¾–10ft

ウガンダキリン
ROTHSCHILD'S GIRAFFE
Giraffa camelopardalis rothschildi
キタキリンの亜種。ほかのキリンと異なりキタキリンの足先には斑紋はなく、白い靴下をはいているように見える。

2.7–3m
8¾–10ft

マサイキリン
MASAI GIRAFFE
Giraffa tippelskirchi
キリンの亜種。首の長さは肩から最大2.4mもある。キリンは哺乳類のなかでは一番背が高い。

不規則な形の斑紋

2.7–3m
8¾–10ft

2.7–3m
8¾–10ft

アミメキリン
RETICULATED GIRAFFE
Giraffa reticulata
ケニア北部からエチオピアにかけて分布するキリン。白っぽい地を背景に大きな多角形の斑紋がある。斑紋の中心に白い部分があることも多い。

アンゴラキリン
ANGIOLAN GIRAFFE
Giraffa giraffa angolensis
ミナミキリンの2亜種のうちの一つ。ナミビア、ザンビア、ボツワナ、ジンバブエに分布する。

哺乳類・偶蹄類

ラクダの仲間 CAMELS AND RELATIVES

ラクダ科の動物の指は2本である。ほかの偶蹄類とは異なりひづめがなく、指先には小さな爪と柔らかい足底球（肉球）がある。足に体重をかけると指がやや広がるため、山岳地帯では足場をしっかりと踏みしめ、柔らかい砂地では沈まずに歩ける。歯列は独特で、楕円形の赤血球をもち、胃は3室に分かれている。また、四肢の構造もほかの偶蹄類とは違い、ひじとひざの両方を地面につけて休むことができる。

ヒトコブラクダ
DROMEDARY
Camelus dromedarius

アラビア産で、砂漠での生活に極めて適応しており、乾燥地域で乗用として用いられてきた。オーストラリアに導入されて野生化した個体群以外は野生のものは現存しない。

85–90 cm
34–35 in

1.8–2 m
6–6½ ft

フタコブラクダ
BACTRIAN CAMEL
Camelus bactrianus

フタコブラクダはほとんどが家畜化されている。野生種（*Camelus ferus*）はアジアの砂漠に小さな個体群がいくつか残っているだけだ。

1.8–2 m
6–6½ ft

ラマ（リャマ）
LLAMA
Lama glama

グアナコの家畜化によって産出されたもの。荷役用としても食肉用としても価値のある家畜である。アンデス原産だが、今ではヨーロッパや北アメリカにも広く分布している。

102–106 cm
40–42 in

羊毛のような
長い体毛

グアナコ
GUANACO
Lama guanicoe

南アメリカの乾燥した山地が原産。血液中のヘモグロビンは酸素との結合能力がかなり高く、かなりの標高でも生きていける。

90–130 cm
35–51 in

指先の小さな爪

ビクーニャ
VICUÑA
Vicugna vicugna

アンデスに生息する野生のラクダ科2種のうち、小さいほうがビクーニャである。質の良い毛糸を産するため家畜化され、アルパカの産出にもつながった。

85–90 cm
34–35 in

アルパカ
ALPACA
Vicugna pacos

アンデスの高地に放牧されて草を食む。毛糸の重要な供給源として、今や世界中で飼育されている。

カバ HIPPOPOTAMUSES

偶蹄目のなかで、カバ科は4本の指を全て地につけて歩くという点で特別である。胴体は巨大なたる型で、四肢は短いががっしりとし、頭部は大きい。牙のような犬歯の生えた口は大きく開き、採食以外に闘争や防衛にも用いられる。水陸両生の生活様式を反映して、鼻孔と目は頭部の上方にあり、皮膚は滑らかで汗腺はない。

コビトカバ
PYGMY HIPPOPOTAMUS
Choeropsis liberiensis

アフリカ西部の樹木の生えた沼沢地に生息する。カバと同じような体つきをしているが、全体的に小さく、また鼻面が体に比べて小さい。

75–100 cm
30–39 in

1.5–1.65 m
5–5½ ft

カバ
COMMON HIPPOPOTAMUS
Hippopotamus amphibius

夜は単独で草を食べ、昼は集団で生活し泥の中を転げ回る。現在では主にアフリカ東部と南部に見られる。

フタコブラクダ

BACTRIAN CAMEL *Camelus bactrianus*

フタコブラクダは並外れて頑丈な動物である。南アジアの砂漠地帯は夏には40℃、冬にはマイナス29℃にはなるが、フタコブラクダはその苛酷な環境下で生き抜くようにできている。困難な地形をはるばると長距離移動し食物を探すのに適応しているのだ。餌になるのは草や木の葉、藪などだが、いずれもそう簡単には見つからない。水が飲める時には10分間で100リットル以上も飲み干すことができる。必要ならば塩水を飲んでも生きていける。フタコブラクダのほとんどは家畜化されている。野生の個体は1,000頭に満たず、中国やモンゴルの人里離れた荒涼たる地域に生息するのみだ。家畜化された2種（ヒトコブラクダとフタコブラクダ）の遺伝的な距離はかなり前からわかっていたが、分子系統解析により野生のフタコブラクダ（*Camelus ferus*）が独立した種であると認識されたのはごく最近のことである。

開閉可能な鼻孔は砂が入るのを防ぐ

毛の生えた小さな耳

厚い毛は体温を保つと同時に日焼け防止の効果もある

ぼさぼさの毛

体 高	1.8–2m（6–6½ ft）
生息地	石の多い砂漠やステップ、岩石の多い平原
分 布	アジア
食 性	植物食性

まつげ
まつげは何列もびっしりと生え、強い日射しや、風で飛んでくる砂やちりから目を守っている。涙を流さずにすむので貴重な水の節約にもなる。

座りだこ
ラクダは肢を折り曲げて体の下にたくしこみ、ひじとひざを地面につけて休息する。ひじもひざも肉厚のパッドで保護されている。

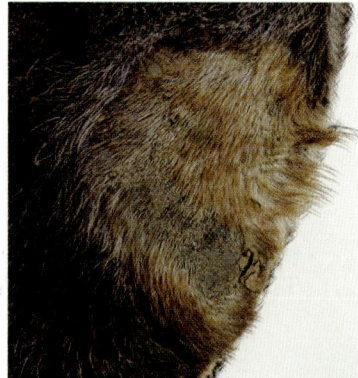

歯
食物は丸ごと飲み込み、消化するために吐き戻して改めて咀嚼する。飢えたラクダはロープや皮といった消化しにくいものでも食べるのが知られている。

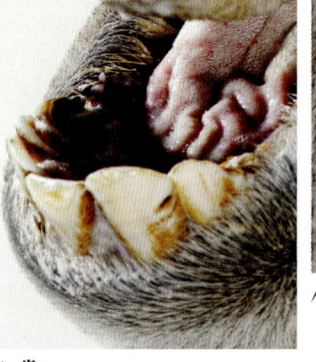

口
左右に分かれた上唇はそれぞれ独立に動かすことができる。棘の多い植物を舌を使わずにうまくつみ取れるため、水分を失わずにすむと考えられる。

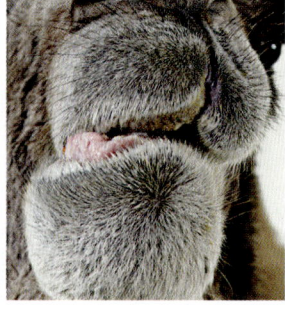

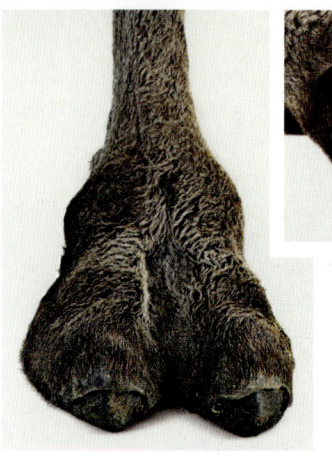

足
足にはそれぞれ2本の指と丈夫な足底球があり、ごつごつした石だらけの地面でも厚い砂地でも、固まった雪でも難なく歩くことができる。

こぶには脂肪が
蓄えられている

大きな後ろのこぶ

ひじの座りだこ

日焼けする心配のない
腹部は毛が薄く、
熱を放散しやすく
なっている

手首の座りだこ

∧ 砂漠の旅
ラクダは足の長い放浪者で、1日に50kmは移
動でき、水や食料がなくても1週間、あるいは
それ以上もつ。この並外れた耐久性のために、
乾燥地帯では理想的な荷役動物として利用され
ている。フタコブラクダは植物性の餌を幅広く
食べ、3室からなる大きな胃で硬い餌をゆっく
りと消化する。十分に餌がない場合は、こぶが
やせてくる。蓄えた脂肪が使われるためだ。

2本の指

クジラとイルカ WHALES, PORPOISES, AND DOLPHINS

クジラとイルカは鯨目としてまとめられる。完全に水生の哺乳類で、6種を除き、全て沿岸や外洋などの海に生息している。

鯨目は水中生活に完璧に適応し、流線型の体は尾に向かって細くなり、前肢はパドル状の胸鰭になっている。後肢は全く見当たらないが、体の後端には水平な尾鰭があって推進力を加える。背鰭のある種も多い。皮膚にはほとんど毛は生えず、皮下にある脂皮という脂肪層が熱を逃がさないようにしている。寒冷な海域で生活する種は特に脂皮が厚い。

呼吸とコミュニケーション

鯨類は酸素を筋肉中に蓄えることができるので、かなりの深度まで、かつ長時間の潜水が可能だが、水面に上がってきて呼吸をしなければならない。呼吸は鼻孔を通して行う。鯨類の鼻孔は噴気孔と呼ばれ、頭頂部に位置している。噴き出される呼気(噴気)には水蒸気が多量に含まれていて、潮を吹いているようにも見える。この噴気の大きさや角度、形状により、本体がほとんど水面下にあっても種の識別が可能なこともある。

鯨類はほとんどみな音を発する。一連のクリック音を発してエコロケーション(反響定位)を行うものがいる。近くに物体があるとクリック音が反射するので、行く先にどんな障害物があってもすぐにわかるのだ。声を出して仲間とコミュニケーションするものもいる。口笛のような音やギーギーいう音でやりとりしたり、また大型クジラの多くは複雑な歌を歌ったりもする。鯨類の聴覚は優れているが、外から見ると、目の後方に小さな穴が開いているだけだ。流線型の輪郭を完成するには耳介がないほうがよいし、また、水は音をよく伝える媒質であるため耳介は不必要なのだ。

ハンターとフィルターフィーダー

鯨類は食性により大きく2つのグループに分けられる。ハクジラ類は捕食者である。魚や大型の無脊椎動物、海鳥、アザラシなど、時には自分より小型の鯨類を獲物とし、鋭い歯で捕まえて咀嚼せずに丸のみする。一方、ヒゲクジラ類はフィルターフィーダーである。上顎からぶらさがった繊維質のヒゲ板がふるいの役割をする。無脊椎動物や小型の魚を含む海水を口の中に取り込み、舌で圧力をかけてヒゲ板の間から水だけを押し出すと、餌の生物だけが残るという寸法だ。

門	脊索動物門
綱	哺乳綱
目	鯨目
科	14
種	約90

論点
陸上で生活していた先祖

鯨目の分類的な位置づけは長らく論争の種だった。水中生活へ完全に適応して形態が過激に変化した結果、ほかの目と共有しているはずの解剖学的な形質がわかりにくくなっているためだ。今日では、鯨類は偶蹄類(特にカバ科)に最も近縁だということでおおかた落ち着いている。そして、鯨類と偶蹄類をひとまとめにし、鯨偶蹄目あるいは鯨偶蹄上目とすることになった。主な証拠は遺伝子や分子レベルの研究で提出されたものだが、解剖学的な面からも、裏付けとなる知見が1つならず見出されている。例えば、クジラの祖先動物の化石と現生偶蹄類の骨格を比べると、かかとの骨にかなりの共通点が認められることなどだ。

セミクジラ RIGHT WHALES

セミクジラ科は冷温帯や極周辺の海域に生息する。人間が近づきやすく、沿岸に出現することも多く、また寒冷な水中環境への適応として分厚い脂肪層(脂皮)があることなどから、捕獲対象としてまさに最適(right)であるとされた。セミクジラとホッキョククジラには背鰭がなく、喉に畝はない。極端に湾曲した顎が、クジラのなかでも最長のヒゲ板を支えている。

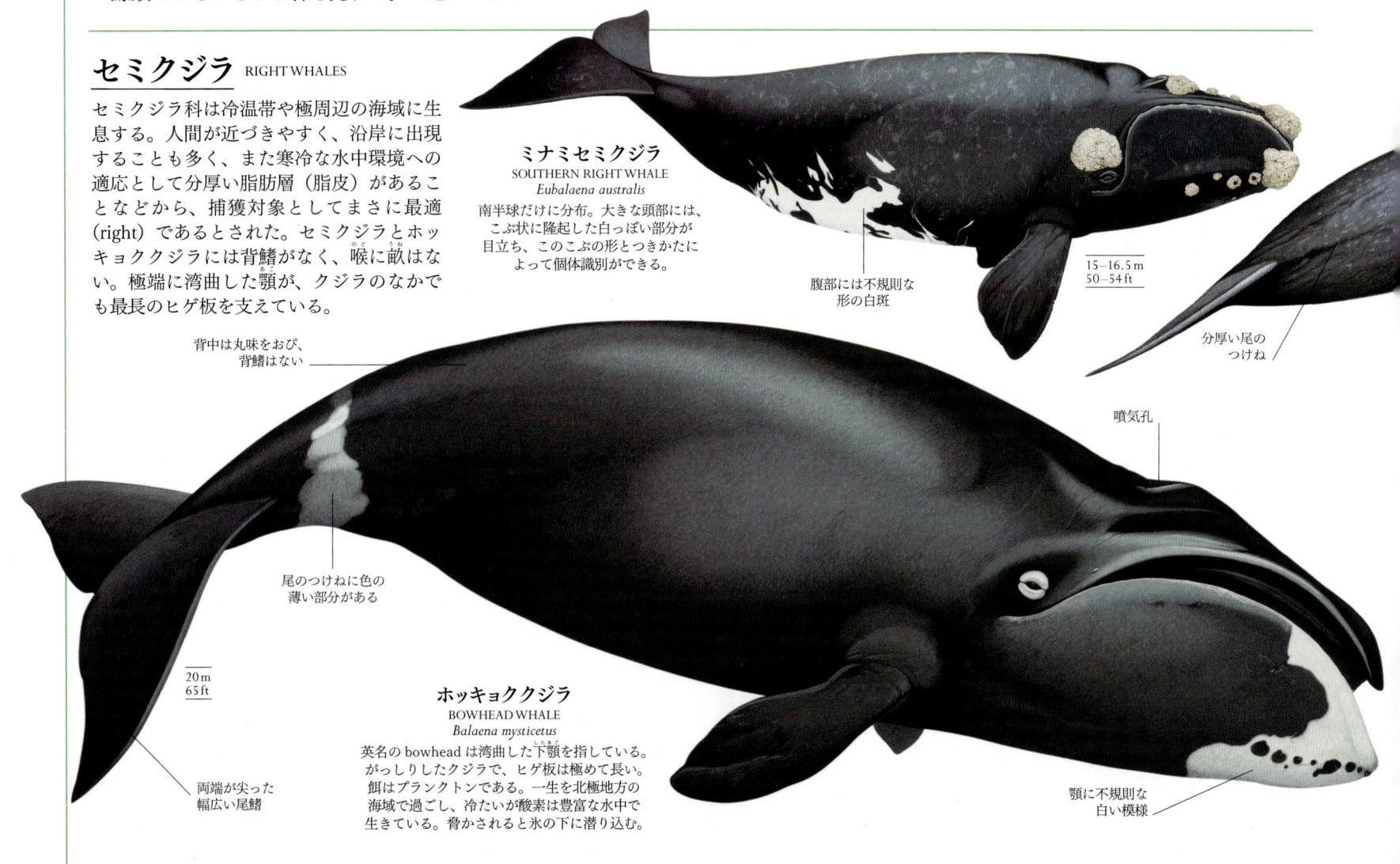

ミナミセミクジラ
SOUTHERN RIGHT WHALE
Eubalaena australis
南半球だけに分布。大きな頭部には、こぶ状に隆起した白っぽい部分が目立ち、このこぶの形とつきかたによって個体識別ができる。

腹部には不規則な形の白斑

15–16.5 m
50–54 ft

分厚い尾のつけね

噴気孔

背中は丸味をおび、背鰭はない

尾のつけねに色の薄い部分がある

20 m
65 ft

ホッキョククジラ
BOWHEAD WHALE
Balaena mysticetus
英名の bowhead は湾曲した下顎を指している。がっしりしたクジラで、ヒゲ板は極めて長い。餌はプランクトンである。一生を北極地方の海域で過ごし、冷たいが酸素は豊富な水中で生きている。脅かされると氷の下に潜り込む。

両端が突った幅広い尾鰭

顎に不規則な白い模様

コセミクジラ PYGMY RIGHT WHALE

コセミクジラ科は1種だけで構成され、分布域は南半球だけである。セミクジラ科とは異なり、小さいがはっきりした背鰭をもち、また頭部にこぶ状の突起はない。ヒゲ板は象牙色である。

5.9—6.5 m
19—21 ft

コセミクジラ
PYGMY RIGHT WHALE
Caperea marginata
最小のヒゲクジラ。個体数がかなり少ないため、あまりよくわかっていない。胸鰭は短く、顎はそれほど湾曲していない。

ナガスクジラ RORQUALS

ナガスクジラ科はヒゲクジラ類で最大の科である。英名はノルウェー語で「畝のある鯨」という意味。フィルターフィーディングをする際、縦に走る喉の畝が蛇腹のように広がり、口内に大量の海水を取り込むことができる。ナガスクジラ科の大半は温帯の海域で繁殖し、夏には極地方の餌場へと移動する。体型はすんなりとした流線型で、胸鰭が長く、背中の後方に背鰭がある。

15—17 m
50—56 ft

頭と下顎にこぶ状の突起

長い胸鰭

ザトウクジラ
HUMPBACK WHALE
Megaptera novaeangliae
独特なクジラで、たいへん活動的。尾鰭を見せることがよくあるが、その模様で個体識別が可能である。気泡を吐き出して獲物を囲むバブルネットフィーディングという方法で狩りをすることがある。

長い流線型の体

ナガスクジラ
FIN WHALE
Balaenoptera physalus
泳ぎが速いので「海のグレイハウンド」と呼ばれたりもする。顎の左右非対称の模様が目立つ。群れになることが多く、最大6頭あるいはそれ以上の個体が一緒に行動しているのが見られる。

喉に多数の畝が走る

22—27 m
72—89 ft

13—14.5 m
43—47½ ft

ニタリクジラ
BRYDE'S WHALE
Balaenoptera edeni
世界中の熱帯・亜熱帯の浅い海域に見られる。口吻部に3本の稜線があるのが特徴。

小さな短い背鰭

幅広く平たい頭部

31.5—35 m
103—115 ft

シロナガスクジラ
BLUE WHALE
Balaenoptera musculus
現生の動物では世界最大。大型クジラのなかでも最も細長く伸びた先細りの体型で、小さな背鰭がある。

喉からへそまで伸びる畝

17—20 m
56—65 ft

イワシクジラ
SEI WHALE   *Balaenoptera borealis*
温帯海域によく見られる。泳ぎが速い。背面はダークグレーで腹は白っぽい。ナガスクジラ科のほかのクジラに比べて背鰭が直立し、大きくカーブしている。

ミンククジラ
MINKE WHALE
Balaenoptera acutorostrata
ナガスクジラ科では最小。噴気孔から尖った吻端まで1本の稜線が走る。胸鰭に白い模様があるのが普通。

6.5—8.5 m
21—27 ft

コククジラ GRAY WHALE

コククジラ科は1種だけからなり、大西洋では捕鯨のため絶滅してしまったため、現在の分布は北太平洋に限られる。毎年、大規模な季節移動（回遊）を行い、ベーリング海から亜熱帯海域、特にメキシコのバハカリフォルニア（カリフォルニア半島）まで移動して繁殖する。哺乳類では最長の移動距離である。

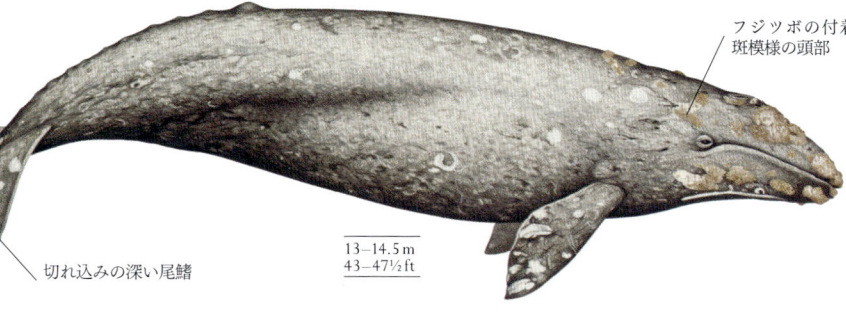

フジツボの付着した斑模様の頭部

コククジラ
GRAY WHALE
Eschrichtius robustus
背鰭はないが、背中の後半分にこぶ状の隆起が並ぶ。喉の畝はあまり発達しない。

切れ込みの深い尾鰭

13—14.5 m
43—47½ ft

アカボウクジラ BEAKED WHALES

アカボウクジラ科は外洋に見られ、小さな群れが海底の峡谷周囲に集まっているのが普通。1時間近く、あるいはそれ以上潜水し、海底付近で餌を食べる。吻はくちばし状に突き出し、1対か2対の歯があるが、歯はディスプレイに使うだけで、食物は吸い込んで食べる。この科には22種が含まれるが、生息域が外洋であり、かつ深く潜水することができるため、よく知られているものはほとんどいない。なかには生きた個体が目撃されていない種もある。

4.5—5 m
15—16 ft

ミナミオウギハクジラ
GRAY'S BEAKED WHALE
Mesoplodon grayi

南半球に広く分布する。アカボウクジラ科にしては珍しく、歯の数が多い。細長く伸びる吻は白いことが多い。

4.3—4.8 m
14—15¾ ft

コブハクジラ
BLAINVILLE'S BEAKED WHALE
Mesoplodon densirostris

弓状に隆起した下顎と平たい前頭部が特徴で、分布域は広いがアカボウクジラ科のなかでもかなり識別しやすい。

ヒモハクジラ
STRAP-TOOTHED WHALE
Mesoplodon layardii

南半球に生息。模様がはっきりしている。雄にはカーブした長い歯が生え、上顎の上で左右が接することもある。

4.7—5.3 m
15—17¼ ft

顔は黒い

腹に楕円形の白斑があり前方に細く伸びる

5.5—6.3 m
18—20½ ft

イチョウハクジラ
⇐ GINKGO-TOOTHED BEAKED WHALE
Mesoplodon ginkgodens

太平洋及びインド洋に分布する。主に座礁(浜に打ち上げられること。ストランディングともいう)で知られている。雄には三角形の目立つ歯がある(訳注:和名は歯の形がイチョウの葉に似ていることから)。

4.7—5.3 m
15—17¼ ft

ハッブスオウギハクジラ
HUBBS' BEAKED WHALE
Mesoplodon carlhubbsi

北太平洋に生息すると考えられているが、ほとんど目撃例はない。吻と頭に白い模様がある。雄では1対の歯が突き出ている。

4.2—5 m
13¾—16 ft

ジェルヴェオウギハクジラ
GERVAIS' BEAKED WHALE
Mesoplodon europaeus

ほっそりしたクジラで、大西洋のカナリア諸島周辺でよく目撃される。雄の吻の先端には小さな歯がある。

マッコウクジラ SPERM WHALE

マッコウクジラ科は下顎が小さくて前頭部が丸く、頭のボリュームが大きいのが特徴。巨大な頭部には、ろう状の脳油という物質(鯨蝋ともいう)のつまった脳油器官があるが、これは潜水時の浮力調節と、エコロケーションで獲物を見つけるのに使われる。餌はかなり深いところで捕り、特にイカを好む。鼻骨は左右非対称で、噴気孔は頭部の左側にある。

11—15 m
36—50 ft

幅の広い三角形の尾鰭

マッコウクジラ
SPERM WHALE *Physeter catodon*
歯の生えた動物としては現生種で最大。歯は下顎のみにある。マッコウクジラは全海域に見られる。巨大な三角形の尾鰭を一振りして見せ、海中深く潜っていく。

しわのある独特の皮膚

ネズミイルカ PORPOISES

ネズミイルカ科はマイルカ科に比べ、概して小ぶりだが太めの体つきで、頭部は丸く吻は突き出していない。背鰭は後方に向かってあまりカーブしない三角形である。最大の特徴は、歯の先端が尖らず、すきのような形をしていることだ。ネズミイルカは活発な捕食者で、魚やイカ、甲殻類を獲物とする。音を出して獲物を見つけ、また音によってコミュニケーションも行う。7種が含まれ、沿岸部の浅い海域に主に見られる。

イシイルカ
DALL'S PORPOISE
Phocoenoides dalli

たいへん活発なネズミイルカで、北太平洋に分布する。ずんぐりした体は白黒に色分けされている。頭は小さい。外洋を好む。

1.7—2.5 m
5½—8 ft

背筋に沿って走る隆起

丸味のある大きな背鰭

尾鰭

1.5—2.5 m
5—8 ft

年とともに白い部分の面積は大きくなることも

メガネイルカ
SPECTACLED PORPOISE
Phocoena dioptrica

亜南極海域に分布する。ほとんど目撃されないが、模様の境界がはっきりしているのが特徴的であり、識別するのは難しくない。背面は青灰色で、上から見ると存在がわかりにくい。

1.4—1.7 m
4½—5½ ft

スナメリ
INDIAN FINLESS PORPOISE
Neophocaena phocaenoides

アジアの沿岸域に広く分布し、中国には淡水域に生息する個体群がいる。明瞭な背鰭のかわりに背中に一条の隆起がある。

スレート
グレーの体色

細長い紡錘型の体

膨らんだ
前頭部

ツチクジラ
BAIRD'S BEAKED WHALE
Berardius bairdii

10–12 m
33–40 ft

北太平洋に見られる。吻が長いが、
下顎のほうが上顎よりも前方に突き出し、
下顎前方の歯が常に見えている。

6–10 m
20–33 ft

キタトックリクジラ
NORTHERN BOTTLENOSE WHALE
Hyperoodon ampullatus

北大西洋に分布する。背鰭は小さく、後方に向かってカーブする。前頭部
がふくらみ、細長い吻があるが、吻の色は雄では白色、雌では灰色である。

頭部と吻、頬は
白っぽい

6–7 m
20–23 ft

タスマニアクチバシクジラ
SHEPHERD'S BEAKED WHALE
Tasmacetus shepherdi

主にオーストラレーシアや南アメリカでの座礁例で
知られている。クリーム色の模様が体中に広がる。
多数の小さな歯が生えている。

主に腹面にある斑点

幅広く後縁が
凹型になった尾鰭

6–7 m
20–23 ft

アカボウクジラ
CUVIER'S BEAKED WHALE
Ziphius cavirostris

世界中で見られる。アカボウクジラ科のなかでは吻が最も
短い。体色には変異があるが、頭部と背中は白っぽい。

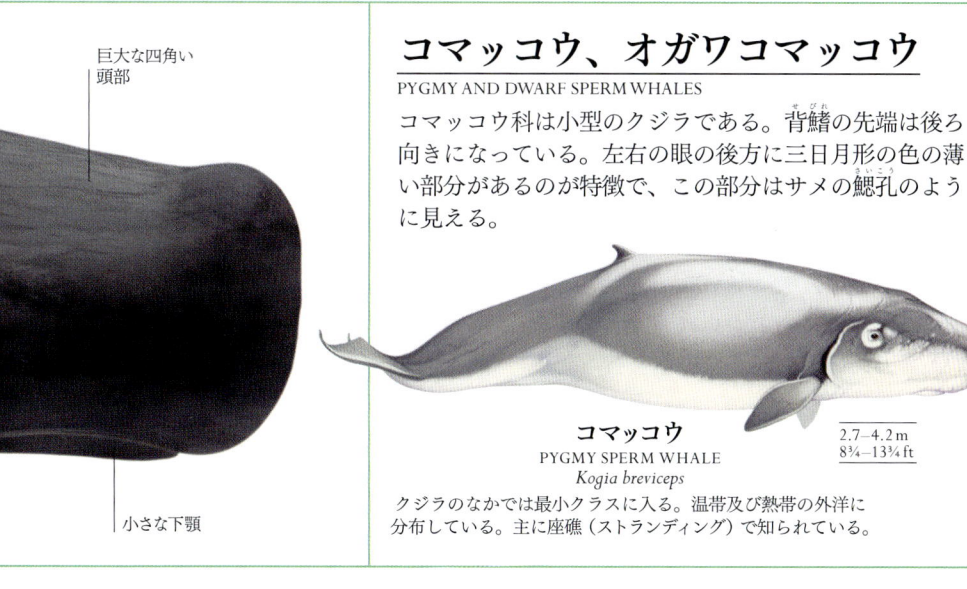

巨大な四角い
頭部

コマッコウ、オガワコマッコウ
PYGMY AND DWARF SPERM WHALES

コマッコウ科は小型のクジラである。背鰭の先端は後ろ
向きになっている。左右の眼の後方に三日月形の色の薄
い部分があるのが特徴で、この部分はサメの鰓孔のよう
に見える。

小さな下顎

2.7–4.2 m
8¾–13¾ ft

コマッコウ
PYGMY SPERM WHALE
Kogia breviceps

クジラのなかでは最小クラスに入る。温帯及び熱帯の外洋に
分布している。主に座礁（ストランディング）で知られている。

イッカク、シロイルカ
NARWHAL AND BELUGA

イッカク科は小さな科で、北極地方に生息する独特な
外見の中型イルカ2種が含まれる。群居性が高く、湾や
河口、フィヨルドや積氷の縁あたりにいるが、数百個体
が集まっていることもある。2種ともに明瞭な背鰭は
ない。丸く膨れた頭部は音を出す時に形が変わる。
さまざまな音を出すことが知られている。

雄は上顎から牙が
突き出る

3.7–5 m
12–16 ft

イッカク
NARWHAL
Monodon monoceros

灰色と茶色の斑模様がある。歯は2本しかなく、
成体の雄では片方の歯が長く伸びてねじれた
牙状になり、最大3mにもなる。

ホッキョクグマに
やられた傷跡

成体

若い個体

3–5 m
10–16 ft

シロイルカ（ベルーガ）
BELUGA
Delphinapterus leucas

北極地方や亜北極地方に分布する。冬は積氷の
周辺や下で過ごす。成体が全身白い唯一の鯨類。

1.3–2 m
4¼–6½ ft

ネズミイルカ
HARBOUR PORPOISE
Phocoena phocoena

北半球に広く分布し、人間に
最もなじみのあるイルカの1つ。
よく河口で見られるが、川を
さかのぼっていくこともある。

1.5–2 m
5–6½ ft

コハリイルカ
BURMEISTER'S PORPOISE *Phocoena spinipinnis*

色の黒いネズミイルカ。背鰭は後方に
向かって尖っている。南アメリカ海岸で
最も個体数の多い鯨類の一種。

1.2–1.5 m
4–5 ft

コガシラネズミイルカ
VAQUITA *Phocoena sinus*

コルテス海（カリフォルニア湾）だけに分布。ネズミイル
カのなかでは体が最も小さく、最希少種である。水深が
浅く背中が海面から出てしまうような礁湖によくいる。

マイルカ OCEANIC DOLPHINS

マイルカ科は世界中に分布し、大陸棚の浅い海域でよく見られる。典型的なマイルカは背鰭がカーブし、吻が突き出ていて、前頭部は膨れている。サイズは小型から中型までで、体色や模様はさまざま。ほとんどの種は主に魚を食べ、「ポッド」と呼ばれる群れで旅をする。大型の数種はゴンドウクジラとして知られている。

ダンダラカマイルカ
HOURGLASS DOLPHIN
Lagenorhynchus cruciger
亜南極海域に分布するがほとんど目撃されない。体の側面に大きな葉状の白斑が2つある。ナガスクジラと一緒にいることが多いので、クジラを探す捕鯨船員に重宝される。
1.6–1.9 m
5¼–6¼ ft

ハナジロカマイルカ
WHITE-BEAKED DOLPHIN
Lagenorhynchus albirostris
北大西洋に分布する。船の航行で発生する波に乗って、たいへん身軽な動きを見せることが多い。背鰭は後方に大きくカーブし、吻は白く分厚い。
2.4–3.1 m
7¾–10 ft

タイセイヨウカマイルカ
ATLANTIC WHITE-SIDED DOLPHIN
Lagenorhynchus acutus
北大西洋の寒冷な海域に限って分布する。黒、白、灰色の明瞭な色分けに加え、後半身の側面に黄色の帯がある。
2.5–2.8 m
8–9¼ ft

ハラジロカマイルカ
DUSKY DOLPHIN
Lagenorhynchus obscurus
南半球の沿岸部に広く分布し、群で生活する。たいへん身軽で、採食中によくジャンプしている。
1.6–2.1 m
5¼–7 ft

鎌状の背鰭

ハナゴンドウ
RISSO'S DOLPHIN
Grampus griseus
頭部が丸く、体の大部分が灰色なのが特徴。体色は年とともに明るくなり、傷跡が目立ってくる。吻は突き出さず、背鰭は鎌状である。
3.8–4.1 m
12–13 ft

色が濃く幅広い尾鰭
傷跡の目立つ体

ミナミカマイルカ
PEALE'S DOLPHIN
Lagenorhynchus australis
南アメリカ南部の海岸部に見られる。胸鰭のつけねに白い模様があるのはイロワケイルカ属*Cephalorhyncus*と共通した特徴であり、類縁関係があるのかもしれない。
2–2.2 m
6½–7¼ ft

イロワケイルカ
COMMERSON'S DOLPHIN
Cephalorhynchus commersonii
小柄な白黒模様のイルカで、吻は突き出さない。南アメリカ南部の周辺海域やインド洋に分布する。泳ぎとジャンプの名手。尾鰭は幅広く後縁は緩やかなカーブを描く。
1.5 m
5 ft

サラワクイルカ
FRASER'S DOLPHIN
Lagenodelphis hosei
群生性の高い種で、南半球の外洋に分布する。ずんぐりした体つきで、胸鰭や背鰭、突き出た吻部は体の割に小さい。
2.4–2.7 m
7¾–8¾ ft

セッパリイルカ
HECTOR'S DOLPHIN
Cephalorhynchus hectori
ニュージーランド近海だけに分布する。マイルカ科のなかでは最小の種。背鰭は丸く、後方のつけねが切れ込んでいる。
1.4–1.5 m
4½–5 ft

コビトイルカ
TUCUXI
Sotalia fluviatilis
アマゾン盆地の川に棲んでいるが、アマゾンカワイルカ科やカワイルカ科ではなくマイルカ科に属する。小型版のハンドウイルカのような体型をしている。
1.5 m
5 ft

マイルカ
SHORT-BEAKED COMMON DOLPHIN
Delphinus delphis
大群をなすことがよくある。体の側面に特徴的な砂時計型の模様があり、水面からジャンプするとよく見える。
1.6–2.3 m
5¼–7½ ft

アマゾンカワイルカ RIVER AND ESTUARINE DOLPHINS

アマゾンカワイルカ科には3種、ラプラタカワイルカ科には1種が含まれる。この2つの科の特徴は、小さな目と膨らんだ前頭部、長く突き出た吻である。吻が細長く伸びるのは南アジアのカワイルカ科と共通の特徴だが、カワイルカ科は口を閉じても歯が見えるのに対し、アマゾンカワイルカ科とラプラタカワイルカ科は口を閉じると歯が見えない点が異なる。

アマゾンカワイルカ
AMAZON RIVER DOLPHIN
Inia geoffrensis
川に生息するイルカのなかでは最大。背鰭がなく、体色がしばしばピンク色であることから見分けられるかもしれない。コビトイルカと分布域が重なる。
2.2–2.6 m
7¼–8½ ft

やや下向きにカーブした細長い吻

シワハイルカ
ROUGH-TOOTHED DOLPHIN
Steno bredanensis
暖かい海域に広く分布する。頭部は円錐状で、細長い吻部と段差無くつながる。背鰭はつけねの幅が広く先端が尖っている。

2.6–2.8 m
8½–9¼ ft

ハンドウイルカ（バンドウイルカ）
BOTTLENOSE DOLPHIN
Tursiops truncatus
分布域の広いイルカで、人間とかかわることも多い。外洋の個体群は沿岸部の個体群に比べて体が大きくて体色が濃く、鰭や吻が短い。

1.9–3.9 m
6¼–13 ft

吻は突き出るが短い

すらりとした長い胸鰭

タイセイヨウマダライルカ
ATLANTIC SPOTTED DOLPHIN
Stenella frontalis
大西洋の熱帯及び亜熱帯域に分布。腹面には黒い斑点、背面には白い斑点がある。斑点は成熟するに従って数が増えてくる。

1.9–2.3 m
6¼–7½ ft

スジイルカ
STRIPED DOLPHIN
Stenella coeruleoalba
世界中の温帯及び熱帯域に見られる身軽な種。頭から後方に伸びる帯と、背鰭に向かうすじ状の青い模様がよく目立つ。

2.2–2.6 m
7¼–8½ ft

シロハラセミイルカ
SOUTHERN RIGHT WHALE DOLPHIN
Lissodelphis peronii
南半球の寒冷な海域に広く生息する。生息域では背鰭のない唯一のイルカである。黒と白の色分けがはっきりしている。

3 m
10 ft

高さのある背鰭

オキゴンドウ
FALSE KILLER WHALE
Pseudorca crassidens
全身が黒色。温帯及び熱帯の浅い海域に広く分布する。主に大型の魚やイカを餌にするが、イルカを襲うこともある。

5.1–6.1 m
16½–20 ft

カズハゴンドウ
MELON-HEADED WHALE
Peponocephala electra
熱帯の外洋に生息する。頭部は丸く、高さのある背鰭は先端が尖っている。全身が灰色で、顔の部分は色が濃い。

2.8 m
9¼ ft

ユメゴンドウ
PYGMY KILLER WHALE
Feresa attenuata
熱帯周辺に分布する、小型で色の濃いたくましい種。吻は突き出さない。たいへん攻撃的になることがあり、ほかのイルカを襲って食べる。

2.1–2.6 m
7–8½ ft

シャチ
ORCA
Orcinus orca
はっきりした模様、高さのある背鰭が特徴。海の食物連鎖の頂点に立つ。餌は魚、アザラシ、サメで、さらにほかのイルカやクジラも食べる。

7–9.8 m
23–32 ft

白い腹面

大きな幅広い胸鰭

マゴンドウクジラ
LONG-FINNED PILOT WHALE
Globicephala melas
社会性の種で、温帯海域に広く分布する。よく集団座礁をする。膨らんだ頭部を水面から上げ、あたりを見回すことがある。

5.7–6.7 m
18½–22 ft

ラプラタカワイルカ
FRANCISCANA
Pontoporia blainvillei
南アメリカ東部の河口や沿岸部に棲んでいる。突き出した吻部の長さは全長の15%になり、体との比率からすると鯨目のなかで最も長い。

1.2–1.4 m
4–4½ ft

比較的幅の広い尾鰭

南アジアのカワイルカ
SOUTH ASIAN RIVER DOLPHIN

カワイルカ科に含まれるのは1種だけで、インダス川とガンジス川に生息する2亜種がいるが、両亜種はほとんど区別がつかない。長い歯は口を閉じても外から見える。小さな目は水晶体を欠き、事実上、盲目である。

ガンジスカワイルカ
SOUTH ASIAN RIVER DOLPHIN　*Platanista gangetica*
体色は灰色から薄い青あるいは茶色である。くちばし状に長く伸びた吻が目立つ。胸鰭は大きく、背中には三角形のこぶがある。エコロケーションで進路決定や狩りをする。

全身同じ色のずんぐりした体

鋭い歯

1.7–2.6 m
5½–8½ ft

用語解説

DNA（デオキシリボ核酸）
DNA (Deoxyribonucleic Acid)
地球上の全生物の細胞内にある物質で、遺伝子の本体。

あ

脂鰭 adipose fin
魚類の背鰭の後方にある小さな鰭。大部分は脂肪組織からなり、皮膚に覆われている。鰭条はない。

アルカロイド alkaloid
ある種の植物や菌類がつくる化学物質で、苦味をもつものが多い。有毒なものもある。

一年生植物 annual (plant)
種子が発芽して成長し、開花・結実して種子を残すまでの生活環を1年以内に終え、種子を残して枯死する植物。

遺伝子 gene
生物の遺伝情報を構成する因子。DNAの塩基配列のうち、タンパク質のアミノ酸配列を指定する部分を指すのが普通。

隠蔽色 cryptic coloration
動物を背景に溶け込ませる体色や模様。捕食者は獲物に見つからずに忍びよることができ、被食者はこれで捕食者の目を逃れることができる（この場合は特に保護色ともいう）。

羽衣 plumage
鳥の体につく羽毛の総称。羽衣は、飛翔、体温保持、色彩や模様によるコミュニケーションなど、鳥の生活において重要な役割を果たす。

浮袋 swim bladder
硬骨魚類の多くが備える浮力調節器官で、風船のような袋に気体がつまったもの。袋内部の気圧を調節して中性浮力を保ち、水中での位置を維持することができる。

エコロケーション echolocation
反響定位ともいう。動物が音波を発し、その反響によって周囲にあるものを感知すること。障害物や他の動物に反射して返って来た音波をキャッチすることで、周囲の空間の状況を認知する。コウモリや洞窟に住む鳥類、イルカなどが行う。

枝角 antler
シカ類の雄の頭部にある骨質の角。ウシやサイなどの角と違って、枝角は名前の通り枝分かれする。性ホルモンの血中濃度上昇に伴って成長し、濃度が低下すると脱落する。成長と脱落は毎年繰り返され、枝角サイクルと呼ばれる。

鰓 gill
魚類、両生類、甲殻類、軟体動物など、水中で生活する動物の呼吸器官。水中の酸素を取り込んで体内で発生した二酸化炭素を排出するガス交換を行う。魚類の場合、鰓は鰓裂の奥にあるが、動物によっては体外に突出することもある。

鰓蓋 operculum
硬骨魚類の鰓裂（鰓に通じるスリット）の外側を覆って保護する器官。「さいがい」と読むこともある。軟骨魚類では鰓蓋は発達しない。

大顎 mandible
節足動物の口器の一部で、左右一対からなる。付属肢の一種。

雄しべ stamen
花の雄性生殖器官。葯と、それを支える花糸で構成される。葯の中で花粉が形成される。

か

外温性 ectothermy
動物が主に環境から得られる熱エネルギーによって体温を維持すること。外温動物は体内に体温調節機能がないが、日光浴をしたり日陰に入ったりといった行動で、ある程度の体温調節を行う。外温動物は、行動による調節ができなければ外界の気温に従って体温が変化してしまうので、変温動物とも呼ばれる。

外骨格 exoskeleton
動物体の外側を覆って体を支持し保護する構造。最も複雑なのは節足動物の外骨格で、各体節を覆う薄い板が柔軟につながれて保護と可動性を両立させている。外骨格は成長できないため、定期的に脱ぎ捨てて（＝脱皮）、新たなものを生成しなければならない。→内骨格、脱皮

外被膜 veil
菌類の若い子実体を覆って保護する膜状または網状の組織。

外部寄生 ectoparasitism
ある生物（寄生者）が他の生物（宿主）の体の表面に取りついて寄生すること。寄生者のなかには宿主の表面上で一生を過ごすものもいるが、ノミやダニなど、別の場所で幼虫や幼生の時期を過ごした後、宿主にとりつくものも多い。

花冠 corolla
萼の内側にある、複数の花弁が輪状に並んだもの。

核 nucleus (pl. nuclei)
真核生物の細胞内にある、核膜に囲まれた構造で、内部には染色体がある。

萼 calyx
花冠の最も外側にあるカップ状の部分で、萼片からなる。

角閃石 amphibole
岩石を構成する鉱物の一群で、広く分布している。化学組成の複雑なものが多い。大半は鉄やマグネシウムのケイ酸塩からなる。

萼片 sepal
花の構成要素で、萼の一部。通常は小さな薄片状。開花前のつぼみは萼片に包まれている。

学名 scientific name
生物の種や上位分類群に対する学術的な名称。命名規約に基づいて命名される。ラテン語、あるいはラテン語化したものが用いられる。種の学名は基本的に属名＋種小名の組み合わせ、すなわち二名法で表される。→和名

化合物 compound
2種以上の元素の化学結合により構成される物質。

果実 fruit
花の子房が発達して生じる多肉質の構造で、内部に種子を含む。1つの花の子房からなる単花果と複数の花の子房からなる複花果に分けたり、果皮の形態から乾果と液果に分けたり、さまざまな分類のしかたがある。→偽果

花序 inflorescence
花軸につく花の配列状態。単一花序と複合花序がある。

火成岩 igneous rock
火山から噴出した溶岩やマグマが冷えて固結した岩石。

化石 fossil
地層中に保存された過去の生物のあらゆる痕跡。骨や貝殻など生物の体の一部だけではなく、足跡や排泄物、土壌にあけた穴など、生活の痕跡も含む。

仮足 pseudopod
一時的に形成される細胞質の突起。原生生物のアメーバなど、変形する細胞でみられる。移動時のほか、餌などを細胞内に取り入れる際にも活躍する。偽足ともいう。

家畜 domestic animal
生活のすべて、ないし一部を人間の管理下で過ごす動物。野生個体と家畜個体とがあまり変わらないものもいるが、多くは人為的につくりだされた変種であり、自然界には存在しない。

花被 perianth
花の外側にある萼（萼片の集まったもの）と、その内側にある花冠（花弁の集まったもの）の総称。特に萼片と花弁の分化が不完全な時に用いられる。

花被片 tepal
花の外周部にあって、萼片と花弁の分化が不完全なものをいう。花被片の全体は花被と呼ばれる。

花粉 pollen
種子植物の雄しべの葯内で形成される小さな粒子。花粉が雌しべの柱頭に付着（＝受粉）すると花粉管が伸びて胚珠へと向かう。花粉管内に生じた精細胞が胚珠内の卵細胞と受精する。

花弁 petal
花冠を構成する1枚の花びらのこと。鮮やかな色をしていることが多く、花粉媒介用の昆虫を引きつける。

カムフラージュ camouflage
動物が背景に溶け込むような体色や形態をとること。捕食者から身を守ったり、あるいは逆に捕食者が獲物に近づくときに身を隠すのに役立つ。

換羽、換毛 moult, molt
鳥類では羽毛が、哺乳類では体毛が抜け落ちて、新しく生え替わること。これにより、季節に合わせて断熱性を調節することができる。また特に鳥類の雄では、繁殖期には派手な羽う衣、非繁殖期には地味な羽衣に換羽する。→羽衣

岩石 rock
1種ないし複数種の鉱物からなる物質。

偽果 accessory fruit
子房に隣接する部分（花の基部）が発達して果実のようになるもの。リンゴやイチジクの可食部など。→果実

器官 organ
多細胞生物において特有の機能を果たす構造のこと。例えば動物では心臓や皮膚など、植物では葉などが器官である。

気管系 tracheal system
陸生の節足動物（特に昆虫）にある呼吸系。空気は気門と呼ばれる体表の開口部から体内に入り、気管という枝分かれした細管のネットワークを通じ、個々の細胞へと運ばれる。→気門

気孔 stoma (pl. stomata)
植物の表皮にある微小な開口部で、状況により開閉する。光合成と呼吸のためのガス交換や蒸散が行われる。

寄生 parasitism
異種間の相互作用の一種で、ある生物が他の生物の体表面や体内に生息し、自身は栄養を摂取するなど利益を受ける一方で相手に害を及ぼすこと。利益を得る側を寄生者、害を受ける側を宿主と呼ぶ。寄生者の多くは宿主よりもかなり小さく、生活環は複雑で、極めて多数の子を作り出す。寄生者の存在により宿主の健康状態が悪化することもしばしばあるが、通常は死ぬまでには至らない。

擬態 mimicry
動物の形態や色彩が、別の動物、あるいは小枝や葉のような物体に似ること。昆虫によくみられる。実際には無害でありながら、噛んだり刺したりする危険な昆虫（ハチなど）に似ている昆虫も多い。

キチン chitin
菌類の細胞壁や、節足動物の外骨格などに含まれる強固な多糖類。

基部被子植物 basal angiosperms
被子植物のうち、原始的な特徴をもつ5目をまとめたもの。主流のグループから早い時期に分岐したと考えられる。スイレン目などが含まれる。

気門 spiracle
陸生の節足動物（昆虫やクモ類など）にみられる、体表に開いた空気の取り入れ口。胸部や腹部の各体節の左右側面にある。気門は気管という枝分かれした細管のネットワークに続き、気門から取り入れられた空気は気管を辿って体の奥まで到達する。→気管系

球果 cone
球果植物（針葉樹）の果実状の構造。木化あるいは肉質化した鱗片が集まって球形（あるいは楕円体）となったもの。受精前の若いものは雄花と呼ばれ、雌性球花と雄性球花があり、受精後に雌性球花が熟してできるのが球果である。マツ類の球果はいわゆる松ぼっくりである。

球茎 corm
植物の栄養貯蔵器官で、地下茎が肥大して球形になったもの。

臼歯 molar (tooth)
哺乳類の顎の後方に生える歯。前臼歯に対して後臼歯ともいう。草食動物の臼歯は平たい臼状で植物質の餌をすりつぶすが、肉食動物の臼歯には鋭い縁で肉を引き裂く裂肉歯になっているものもある。

共生 symbiosis
異種間の相互作用の一種で、異種生物が作用しあいながら共に生活する現象。互いの利害関係によって、相利共生と片利共生に分けられる。寄生を共生に含めることもある。

胸部 thorax
節足動物では、頭部と腹部に挟まれた部域全体のことで、脚や翅を動かせる強力な筋肉がある。脊椎動物では、胴体前半の部域の下面（ヒトでは前面）のこと。

菌根 mycorrhiza (pl. mycorrhizae)
菌類が植物の根に侵入することで形成される構造。菌類と植物は共生関係にあり、菌類は菌根の外部に伸びた菌糸束で無機塩類を取り込んで植物に供給し、植物は菌類に炭水化物を供給する。

菌糸 hypha (pl. hyphae)
菌類の体の基本構造で、細長い細胞が連なって糸状になったもの。多くの菌糸が集合して菌糸体を形成する。

菌糸体 mycelium
細い糸状の菌糸が集合したもの。菌類の栄養体を構成する。

偶蹄類 artiodactyl, even-toed ungulate
指の数が偶数（2本あるいは4本）で、ひづめのある哺乳類。イノシシ、シカ、ウシ、アンテロープ、キリン、ラクダなど。体重を支えるのは主に第3指と第4指で、この2本の先端部の周囲をそれぞれ取り巻くようにひづめが発達している。

くちばし beak, bill
鳥類やカモノハシ、イルカなどにみられる、上下の顎が細く突出した部分。角質の鞘に覆われている。カメの上下の顎の角質化した部分（突出はしていない）や頭足類の口器もくちばしと呼ばれる。

グレーザー grazer
草食哺乳類（偶蹄類など）のなかで、ウシやウ

マなど、主に地上付近にあるイネ科の草本を、草本の種類や器官を選択せずに食べるもの。付着藻類を食べる水生生物を指す場合もある。→ブラウザー

クローン clone
遺伝子構成が完全に等しい生物の集団。

クロロフィル chlorophyll
葉緑素ともいう。葉緑体内にある緑色の色素。光合成において光エネルギーを吸収する。

群体 colony
刺胞動物や苔虫動物などで見られる生活形態で、分裂や出芽により生じた新個体が分離せず、体の一部がつながったまま集団になって共同生活を送っているもの。

結晶 crystal
原子が規則正しく配列している固体。特有の外形や一定の物理的・光学的性質の要因となる。

ケラチン keratin
毛、爪、角などの成分となる強固な構造タンパク質。

堅果 nut
堅く乾燥した殻に包まれた果実。通常、種子を1つ含む。ナッツ、殻斗果ともいう。

原核生物 prokaryote
核膜に覆われた核のない細胞を原核細胞といい、原核細胞からなる生物を原核生物という。アーキア（古細菌）とバクテリア（細菌）に分けられる。

犬歯 canine (tooth)
哺乳類がもつ鋭く尖った歯で、特に食肉類（イヌ類やネコ類など）では発達した牙になり、獲物を切り裂いたり、噛みついてしっかりくわえたりするのに用いられる。顎の前面の側方に上下それぞれ1対、計4本ある。

元素 element
厳密には化学元素。化学的にそれ以上小さく分割することができない物質。例えば、水素、ヘリウム、リチウム、ナトリウムなど。

甲、甲羅 shell
動物の外表を覆う硬い外皮。カメ類の甲は背甲と腹甲が箱状の外骨格を形成している。背甲も腹甲も、多数の骨が縫合して板状になり（骨質甲板）、その上を角質化した表皮（角質甲板）が覆っている。いわゆる亀甲模様は角質甲板の鱗のパターンである。節足動物甲殻類では、頭胸部を覆う1枚の厚い殻を甲羅、あるいは甲皮とも呼ぶ。軟体動物頭足類のコウイカ類の体内にある骨格も甲という。

光合成 photosynthesis
生物が光エネルギーを利用して炭水化物を合成すること。植物、藻類、多くの微生物が光合成を行う。通常、光合成の副産物として酸素が生成する。

鉱床 ore deposit
地殻中に、特定の元素や化合物が特に集合しているもの。

酵素 enzyme
細胞内で生産されて化学反応を促進する触媒。光合成、好気呼吸、発酵、発光、消化など、生体内で行われる化学反応のほとんどが酵素反応である。

光沢 lustre, luster
鉱物の表面が光を受けたときの反射光による輝きかた。

鉱物 mineral
天然に産する無機物で、一定の化学組成と規則正しい原子構造をもつ物質。

高木 tree
樹木のうち背丈が高いもの。1本の明確な幹（主幹）が樹冠を支える。喬木と呼ぶこともある。→低木

固有種 endemic species
特定の地域（島や森、高山、あるいは州や国など）に分布が限定される種。

コロニー colony
空間的に集合している同種の動物の集団。集団内に役割分担がみられることもある。協力して餌を集めるものや、単独で採餌するが同じ巣内で生活するものなど、集団を構成する個体間の関係は、動物の種によりさまざまである。

根茎 rhizome
地上や地中を横に走る茎。葉をつけて新しいシュート（苗条）を伸ばすこともある。

痕跡器官 vestigial organ
退化した、または機能していない器官。ヒトの動耳筋やクジラの後肢の骨など。

根粒 root nodule
マメ科植物の根に根粒菌が侵入してできる小さなこぶ状の構造。根粒菌は窒素固定を行い、マメ科植物に窒素源を供給する。

さ

細胞 cell
地球上の生物の構造的・機能的な基本単位。多細胞生物を構成する細胞でも、適当な条件が与えられれば単独で生存することが可能である。

細胞質 cytoplasm
真核細胞の原形質のうち、核膜で覆われた核以外の部分。原核細胞には核膜がないので、原形質全体が細胞質にあたる。

細胞小器官 organelle
細胞内にみられる構造体で、一定の機能をもつように分化したもの。ミトコンドリアや葉緑体、核など。

雑食動物 omnivore
動物と植物の両方を主な餌とする動物。

蛹 pupa (pl. pupae)
完全変態をする昆虫において、幼虫の体が破壊されて成虫の器官が構成される時期。蛹は食物を採らず、普通は動かないが、触れると体をくねらせるものもある。蛹は硬い表皮に保護されているが、さらに絹糸でできたまゆに包まれるものもある。

産卵管 ovipositor
昆虫などの動物の雌の体から長く突き出した、卵を産むための管。ハチ類の針はこの産卵管が特殊化したもの。

子宮 uterus
哺乳類の雌の体の内部生殖器官で、通常この中で胎児が育つ。有胎盤類（単孔類と有袋類以外の哺乳類）では、胎児は臍帯で胎盤とつながり、母体から栄養と酸素を供給される。

子実体 fruitbody
菌類において胞子をつくる菌糸組織の総称。担子菌類では多肉質で、キノコ形や張り出し棚形のものが多い。子嚢菌類では顕微鏡的な大きさであることが多い。

子嚢 ascus (pl. asci)
子嚢菌の有性生殖で生じるごく微小な袋状の構造。内部に子嚢胞子を生ずる。

雌雄異株 dioecism
種子植物において、雌花と雄花を別の株につけるもの。苔類や蘚類、シダ類などでは、造卵器と造精器が別個体につくられるものを指す。

シュート shoot
1本の茎とその茎につく葉のひとまとまりのこと。苗条あるいは若枝ともいう。

雌雄同株 monoecism
種子植物において、雌花と雄花を同じ株につけるもの。苔類や蘚類、シダ類などでは、造卵器と造精器が同一個体につくられるものを指す。

雌雄同体 hermaphrodite
1個体が雄性生殖器官と雌性生殖器官をともにもつ動物。動物ではカタツムリなど。植物の場合は特に雌雄同株という。

宿主 host
寄生の対象となり、寄生者に食物を供給する生物。体表に寄生される場合（外部寄生）と体内に寄生される場合（内部寄生）とがある。

種子 seed
種子植物において、受精後形成される構造。胚と胚乳を種皮が包んだもの。

樹上性 arboreal
生活のすべて、ないし一部を木の上で過ごすこと。

受精 fertilization
精子（あるいは精細胞）が卵細胞と合体すること。受精後、受精卵は発生を開始して新個体となる。

蒸発残留岩 evaporite deposit
鉱物を含む水（通常は海水）が蒸発したために形成された堆積岩。

常緑樹 evergreen tree
1年を通して葉を全て落とすことがなく、常に生きた葉の生えている樹木。球果植物（針葉樹）はほとんどが常緑樹である。被子植物ではクスノキ、ツバキなど。→落葉樹

食虫類 insectivore
モグラなど、昆虫を餌とする哺乳類。

食物連鎖 food chain
生態系内の生物の、捕食・被食の関係による連鎖的なつながり。

触角 antenna (pl. antennae)
節足動物や軟体動物など一部の無脊椎動物の頭部にある、対になった感覚器官。接触刺激や音、熱や味を受容する。触角の使いかた、大きさや形は種によって変化に富む。

尻鰭 anal fin
魚類の体の後部、肛門の後方に位置する鰭で、対をなさない。

真核生物 eukaryote
真核細胞（核膜で覆われた核を有する細胞）で構成される生物。原生生物、菌類、植物、動物が含まれる。

真正双子葉植物 eudicots (eudicotyledons)
被子植物の双子葉植物から基部被子植物とモクレン類を除いたグループ。

心皮 carpel
花の雌しべを構成する特殊化した葉。子房、花柱、柱頭に分かれる。

生活環 life cycle
生物の生活史を環状につないだもの。接合子（配偶子が受精した場合は受精卵にあたる）から出発して次代の接合子に至るまでの連続的な過程を表す。

生態系 ecosystem
ある地域に生息する生物の集団と、それを取り巻く非生物的環境（物理・化学的環境）とを総体的にとらえたもの。

性的二型 sexual dimorphism
雄と雌の外見（形態、色彩、模様など）に大きな差異がみられること。雌雄異体の動物の場合、雄と雌の姿には違いがあるのが普通だが、その差が著しいものを性的二型という。ゾウアザラシのように、外見が大きく異なるだけでなく、極端な体格差があるものもいる。

生物発光 bioluminescence
生物体が光を発する現象。動物・植物・菌類・微生物に広くみられる。

精包 spermatophore
動物の雄がつくる、精子を入れたカプセル。雄から雌に直接渡される場合と間接的に渡される場合がある。両生類のイモリ類、軟体動物のイカ類、一部の節足動物などで見られる。

節 node
植物の茎で、葉やシュート、枝、花がつく部分のこと。

切歯 incisor (tooth)
門歯ともいう。哺乳類の顎の前面に生える扁平な歯で、物を噛み切ったり、かじったりする際に用いる。

背鰭 dorsal fin
魚や他の水生動物の背中にある対をなさない鰭。

セルロース cellulose
植物細胞の細胞壁の成分である多糖類。加水分解されにくく、動物は自力では分解できない。草食動物は消化管内に生息する微生物の力を借りてセルロースを消化している。

前臼歯 premolar (tooth)
哺乳類の顎の前方に生える歯で、犬歯と臼歯（後臼歯）の間にある。肉食動物の前臼歯には鋭い縁で肉を引き裂く裂肉歯になっているものもある。

前胸背板 pronotum
昆虫の第1胸節（＝前胸）の背面を覆う表皮が硬化して殻のようになったもの。

染色体 chromosome
細胞内に存在する微細な糸状の構造体で、遺伝情報を担っている。DNAとタンパク質からなる。

双子葉植物 dicots (dicotyledons)
被子植物のうち、子葉が2枚（双葉）のグループ。

草食動物 herbivore
植物や藻類を主な餌とする動物。植食動物ともいう。

総排泄腔 cloaca
消化管の終末部に泌尿生殖器官（輸尿管と輸精管あるいは輸卵管）が合流して開口する腔所。脊椎動物では軟骨魚類、両生類、爬虫類、鳥類にみられる。哺乳類では単孔類だけが総排泄腔をもつ。一部の無脊椎動物にもみられる。

草本 herb (herbaceous plant)
草本植物ともいう。木部があまり発達しない植物。通常、木本よりも背が低く、寿命も短い。→木本

相利共生 mutualism
異種間の相互作用の一種で、双方が利益を得る関係。例えば、被子植物と花粉媒介者の昆虫などがこの関係にある。

た

大移動 migration
動物が方向性をもってある生息場所から他の生息場所へ長距離を移動すること。繁殖期には繁殖に適した場所を求め、また冬には越冬のために、季節によって大移動するものが多い。鳥類の場合は「渡り」、魚類やクジラなど水生動物の場合は「回遊」と呼ばれる。

体外受精 external fertilization
卵と精子が親の体外で受精すること。通常は水中で行われる。硬骨魚類の多くは体外受精をする。

対趾足 zygodatyl feet
鳥類の足指配置の特殊なパターン。第二趾と第三趾が前方を向き、第一趾と第四趾が後方

用語解説

に向く、というように2本ずつに分かれて配置する。木の幹など垂直な面を登ったり止まったりするのに適応した形質である。オウム・インコ類やカッコウ類、フクロウ類、オオハシ類、キツツキ類などに見られる。

代謝 metabolism
生体内で行われるあらゆる化学反応の総称。例えば、生体を構成する細胞はそれぞれ、有機物を分解してエネルギーを取り出し、そのエネルギーを消費して、物質の合成や筋収縮などを行っている。植物細胞は光エネルギーを吸収して炭水化物を合成する光合成を行っている。

胎生 viviparity
母体内で胚に栄養や酸素を供給し、ある程度成長させてから体外に産出する繁殖形態。

堆積岩 sedimentary rock
既存の岩石片、生物の死骸やその他の物質が沈殿堆積し、圧力を受けて固結した岩石。

体内受精 internal fertilization
雌の体内で受精が起こること。体内受精は、昆虫や一部の脊椎動物など陸生動物の特徴だが、水生動物にも体内受精を行うものは少なくない。軟骨魚類は全て体内受精を行う。

胎盤 placenta
哺乳類で、母体由来の組織と胚由来の組織が密着してできる器官。胎盤を介して、胚は母体の動脈血から栄養分や酸素を受け取り、老廃物や二酸化炭素を母体に受け渡す。

脱皮 moult, molt, ecdysis
昆虫や甲殻類などの節足動物や線形動物などが、外骨格を脱ぎ捨てて成長すること。脱皮に伴って変態が起こることもある。脱皮する前に、古い殻の下には新しい殻がある程度形成されている。脊椎動物の爬虫類や両生類などに見られる皮膚の更新も脱皮という。

多年生植物 perennial, perennial plant
草本のなかで、2年以上生存する植物のこと。

単為生殖 parthenogenesis
卵細胞が受精せずに発生を始めて新個体となる生殖方法。ミツバチでは、雄は単為生殖で生まれる。アブラムシでは、春から夏までは単為生殖で雌だけが生まれ、秋になると雌雄が出現し、その後両性生殖(受精による生殖)が行われる。単為生殖は無脊椎動物でよくみられるが、脊椎動物でも、魚類や爬虫類のなかに単為生殖するものが存在している。鳥類でもまれだが報告がある。

単婚性 monogamy
一夫一妻性。1回の繁殖期ないし全生涯を通じ、単一の固定したパートナーとだけつがうこと。子どもの世話をする動物には単婚性のものがよくみられる。

担子器 basidium (pl. basidia)
担子菌類において、担子胞子を生成する微小な構造あるいは細胞。通常、棍棒型をしている。

単子葉植物 monocots (monocotyledons)
被子植物のうち、子葉が1枚のグループ。

炭水化物 carbohydrate
グルコースやデンプンなど、炭素・水素・酸素からなる有機化合物の総称。細胞のエネルギー源や生体の構成物質となる。

タンパク質 protein
生物体の主要な構成成分である高分子化合物。アミノ酸が多数ペプチド結合でつながったもので、DNAの遺伝情報をもとにして細胞内で合成される。細胞の構成物質や酵素の主成分などとして、重要な生命現象に深くかかわっている。

単葉 simple leaf
裂け目がなく連続した面からなる葉のこと。深い切れ込みがあっても、葉身が全裂しなければ、単葉という。

地衣類 lichen
菌類と藻類とが共生している生物。菌類は藻類に無機塩類を供給し、藻類は光合成によって生産した糖類を菌類に与える。

窒素固定 nitrogen fixation
空気中の分子状窒素を細胞内に取り込み、還元してアンモニアに変換する反応経路。ある種のアンモニアは窒素同化(無機窒素化合物からアミノ酸を合成する反応経路)の材料として用いられる。

着床遅延 delayed implantation
哺乳類では、通常、受精後に間を置かずに発生が始まり、胞胚まで発生が進んだところで子宮内膜に定着(=着床)する。有袋類や齧歯類、クマなどでは、受精卵が発生を開始せずに雌の体内にしばらくとどまったり、発生が途中で停止したりして、受精から着床に至るまでの時間が極端に長くなることがあり、これを着床遅延という。授乳中の新生子がいる場合や、交尾の時期と分娩・子育てに最適な時期とが離れている場合などに見られる。遅延着床ともいう。

着生植物 epiphyte
土壌に根をおろさず、他の木の上や岩盤の表面などに根を張って生きる植物。藻類や地衣類などにも例がある。着生する相手から栄養分を吸収することはないので、寄生ではない。

沖積堆積物 alluvial (deposit)
岩石が風化作用によって破壊されたり分解されたりしたものが集まって、川底に堆積したもの。

角 horn
哺乳類のウシやシカなどの頭部にある突起。ウシなどでは頭蓋骨の突起部を角質の角鞘が覆い、中空である。サイの角は角質化した表皮だけでできている。シカの角は骨質で、分枝して枝角と呼ばれる。→枝角

つぼ volva
菌類の子実体の柄の基部にできる、外被膜が残存した袋状の構造。

低木 shrub
樹木のうち背丈の比較的低いもの。複数の幹で樹冠を支える。灌木とも呼ばれる。→高木

冬眠 hibernation
動物が冬の低温期に活動をほとんど停止した状態になること。冬眠中は、エネルギー源を節約するために代謝が著しく低下する。

トーパー torpor
内温動物において、代謝が正常時に比べて著しく不活発で、体温が大幅に低下した状態になること。外見的には眠っているようにも見える。極端な寒さや餌不足など、体温の維持が困難な状況をやり過ごすために、この状態に陥る。冬眠は季節的なトーパーの一種である。鈍磨状態ともいう。

な

内温性 endothermic
体内に体温調節機能を備え、外部環境にかかわりなく常に体温をほぼ一定に保持できる性質。内温性の動物を内温動物(恒温動物)と呼び、哺乳類と鳥類がこれに該当する。

内骨格 endoskeleton
体内にあって動物体の支持や保護をする硬質の構造。脊椎動物のほか、海綿動物や棘皮動物にもみられる。→外骨格

内部寄生 endoparasitism
ある生物(寄生者)が別の生物(宿主)の体内に寄生すること。寄生者は宿主の組織を直接の栄養源としたり、宿主の餌を奪ったりして生きる。寄生種の生活環は複雑で、複数種の宿主を必要とするものが多い。

なわばり territory
テリトリーともいう。動物の個体あるいは集団が保持し、同種他個体(あるいは他集団)の侵入をはばむ排他的占有地域。なわばりは食物などの資源確保のための空間であることが多く、繁殖期に雄が雌を引き寄せるために必要となることもある。

軟骨 cartilage
脊椎動物でよく発達している弾力性に富む組織で、硬骨と共に骨格系を構成する。胸郭壁や気管、耳や鼻などにも存在する。軟骨魚類では骨格全体が軟骨から構成されている。

肉食動物 carnivore
生きている動物の肉を主な餌とする動物全般のこと。狭義には、哺乳類の食肉目を指す。

ニッチ niche
生態的地位。ある生物の生活場所や活動時間、食物連鎖での位置、他の生物に与える影響など、生態系においてどのような役割を果たしているかを総体的にとらえたもの。2つの種が同じ生息地を共有することは可能だが、その生息地で同じニッチを共有し続けることはできない。

二年生植物 biennial (plant)
1回の生活環(種子が発芽して成長し、開花・結実して種子を残すまで)が完了して枯死するまでに1年以上2年以内を要する植物。1年目に栄養分を蓄えて越冬し、2年目に開花・結実した後に枯れるというのが典型的。

妊娠期間 gestation (period)
哺乳類など胎生の動物で、受精してから出産するまでの期間。

熱水鉱床 hydrothermal vein
地中の火成活動による熱水溶液から交代ないし沈殿した鉱物が集合した鉱床。

は

胚 embryo
動物や植物において、個体発生のごく初期段階にある個体。

媒介者 vector
ベクターともいう。ある宿主から別の宿主へ病原体を運んで感染症を媒介する生物のこと。

配偶子 gamete
有性生殖の生殖細胞。動物では精子と卵細胞のこと。

背甲 carapace
動物の背部を覆う固い外被。甲殻類、クモ類、一部の爬虫類などに見られる。カメ類の甲は背甲と腹甲からなる。背甲は背側の角質化した皮膚と皮骨、脊椎骨や肋骨が融合したものである。→腹甲

胚珠 ovule
種子植物において、卵細胞を含む部分。被子植物では子房に包まれているが、裸子植物では雌しべにむき出しでついている。受精後、胚珠は種子になる。

発芽 germination
種子や胞子が成長を開始すること。

花 flower
種子植物の生殖器官。被子植物でよく発達し、通常、萼片、花弁、雄しべ、心皮で構成される。

腹鰭 pelvic fin
魚類の2対の対鰭のうち、胸鰭よりも後方にある鰭。通常は体のごく下部にあり、頭部の近くに位置することもあるが尾鰭近辺にあるほうが一般的。安定装置として用いられるのが一般的。

反芻 ruminant
偶蹄類にみられる特殊な消化方法で、胃でいったん処理された食物を口に戻して再度咀嚼すること。反芻類(ウシなど)では胃が複数に分

かれている。第一胃と第二胃には数多くの微生物が存在し、植物のセルロースを分解する。この2つの胃の内容物が口腔に吐き戻され、再度咀嚼された後に嚥下され、第三胃を経て第四胃に送られる。

ヒゲ板 baleen
鯨鬚とも呼ぶ。ヒゲクジラ類が海水から食物を濾し取る際に用いる器官。上顎から何枚もぶらさがった繊維質の板状構造で、先端は繊維がばらけている。口内に海水を取り込んで水だけをヒゲ板のすきまから押し出し、餌をヒゲ板でとらえて飲み込む。

被子植物 angiosperm
種子をつくる植物のうち、胚珠が子房に保護されている植物の総称。重複受精を行う。子房は受精後に発達して果実となり、その中に種子が形成される。→裸子植物

尾状花序 catkin
花の配列状態の一種で、単性花(雄しべか雌しべかどちらか片方だけがある花)が数多く密集して穂状に垂れ下がったもの。

ひだ gill
ハラタケ目などの担子菌類において、子実体の傘の裏側にある薄い板状の構造で、子実体の柄から放射状に広がっている。ここで胞子がつくられる。

フェロモン pheromone
動物が体内で生産して体外に放出し、同種他個体に影響を与える化学物質。フェロモンの多くは揮発性であり、空気中に拡散して、遠く離れた場所にいる他個体の反応を引き起こす。

複眼 compound eye
小さな個眼が多数集合して1つの視覚器として機能しているもの。個眼にはそれぞれレンズが備わっている。1つの複眼を構成する個眼の数は、数個(ある種のアリ)から数万個(トンボ)までさまざまである。節足動物のほか、環形動物多毛類や軟体動物二枚貝類などにもみられる。

腹甲 plastron
カメ類の腹部を覆う固い外被。カメ類の甲は背甲と腹甲からなる。腹甲は腹側の角質化した皮膚といくつかの骨が融合したものである。

複婚 polygamy
1回の繁殖期に、雄1個体が複数の雌と、あるいは雌1個体が複数の雄と交尾する配偶システム。

腹部 abdomen
節足動物では、胸部の後方にある部域全体のこと。脊椎動物では、胴体後半の部域の下面(ヒトでは前面)のこと。

複葉 compound leaf
1枚の葉が複数の小葉に分かれているもの。→単葉

冬羽 eclipse plumage
ある種の鳥類(水鳥など)で、雄が冬場にまとう羽衣。夏の繁殖期、雄は派手な羽衣で雌にアピールするが、繁殖期が過ぎると換羽して、地味な冬羽になる。

ブラウザー browser
草食哺乳類(偶蹄類など)のなかで、主に木本の葉や芽など、植物体の比較的高いところにある部分を選択的に食べるもの。ゾウ、キリンなど。→グレーザー

プランクトン plankton
浮遊生物。海洋や湖沼、河川などに生息する水生生物のうち、浮遊生活をするものを指す。水面近くによくみられる。遊泳能力がないか、あっても体のサイズが小さいために水流に逆らって移動することができないものが多い。動物プランクトン、植物プランクトン(藻類)、細菌プランクトンなどに分けられる。また、顕微鏡レベルの極小サイズから数十cm以上

の大きなもの(クラゲなど)まで、さまざまな
サイズのものが存在する。

ブロメリア bromeliad
ブロメリア科の被子植物。特に熱帯アメリカ
の熱帯雨林に育つ着生植物を指す。雨林の木々
の枝に付着するが、木から栄養分を吸収せず
に成長する。多くはロゼットを形成し、そこ
に雨水がたまる。木のてっぺんにできるこの
小さなプールは、昆虫の幼虫やカエルのオタ
マジャクシのための貴重な「育児室」となる。

吻 proboscis
動物の口やその周辺から突出した管状構造の
こと。口吻ともいう。液体(蜜や樹液、動物の
体液など)を餌とする昆虫には細長い吻があ
るものが多い。チョウやガでは、使わない時
はコイル状に巻かれる。哺乳類の細長く伸び
た鼻先も吻と呼ぶことがある。

ベリー(漿果) berry
1つの子房に由来する液果(多肉質あるいは
液質で裂開しない果実)のなかで、中心部に
硬い核のある石果(ウメなど)以外の果実のこ
と。種子を数多く含む。ミカンやウリも漿果
に分類されるが、「ベリー」とは呼ばれないの
が普通。一般に「ベリー」と呼ばれるものの
なかには、真のベリーではない複果も多く含
まれている(ラズベリーなど)。

変成岩 metamorphic rock
既存の岩石が、熱もしくは圧力、あるいはそ
の双方による変成作用を受け、鉱物の種類や
組織が変化してできた岩石。

変態 metamorphosis
動物の個体発生において、幼生の体形や構造
が著しく変化して、次の段階の幼生や蛹に、
あるいは成体になること。脊椎動物では両生
類にみられ、無脊椎動物でも変態を行うもの
は多い。昆虫には完全変態するものと不完全
変態するものがある。完全変態では成虫にな
る前に蛹という動かない段階がある。不完全
変態では劇的な変化はみられず、幼虫は翅が
ない以外は成虫とほぼ同じ体型で、何度も脱
皮を繰り返して成長する。

鞭毛 flagellum (pl. flagella)
細胞の外に鞭のように伸びる糸状の構造で、
推進力を生み出す。原生生物の鞭毛虫類の主
な運動器官である。

片利共生 commensalism
異種間の相互作用の一種で、共生する2種の
生物のうち、片方が利益を得るが、他方には
利害がない場合を指す。

胞子 spore
菌類や藻類、植物がつくる無性生殖の生殖細
胞。受精してから発生する配偶子とは異なり、
単独で発生して多細胞の新個体になる。減数
分裂によって生じる真正胞子と体細胞分裂に
よって生じる栄養胞子がある。

胞子体と配偶体 sporophyte and gametephyte
植物の生活環に見られる2種類の多細胞体。
胞子体が形成した胞子が発芽して配偶体とな
り、配偶体が形成した配偶子が受精して受精
卵となり、それが発生して胞子体となる。

苞葉 bract
1つの花や花序の基部にできる特殊化した葉
で、明るい色のものが多い。苞ともいう。

抱卵 incubation
動物(特に鳥類)の親が卵の上に乗って温め、
ヒナにかえすこと。抱卵期間は最短で14日以
下、最長だと数か月にも及ぶ。

母指対向性 thumb opposability
多くの霊長類に見られる形質で、母指が他の
四指と向かい合い、その結果として、ものを
つかむことができること。

捕食者 predator
別種の動物を殺して食う動物のこと。食われ
るほうを被食者と呼ぶ。待ち伏せ型の捕食者

もいるが、たいていは積極的に被食者を追い
詰めて捕らえる。

ホルモン hormone
動物体内の各種内分泌細胞でつくられ、血液
によって全身に運ばれ、特定の細胞(標的細
胞)に情報を伝達し、その活動を変化させる化
学物質。

ま

マグマ magma
地下で岩石が溶融状態になったもの。

マメ科植物 legume
被子植物に属する1科。根に根粒菌が入り込
んで根粒をつくり、そこで大気中の窒素を取
り込む窒素固定を行う。生態系内での窒素の
循環において、マメ科植物と根粒菌の存在は
重要な要素である。

まゆ cocoon
動物の卵や幼虫、蛹、あるいは活動停止状態
の個体を包んで保護する覆い。カイコガなど
では、終齢に達した幼虫が絹糸を分泌してま
ゆをつくり、その中で蛹になる。また、アフ
リカ産の肺魚は、生息する湖が干上がると泥
に潜ってまゆを形成する。

ミトコンドリア
mitochondrion (pl. mitocondria)
真核生物の細胞小器官。呼吸を行い、酸素を
用いて有機物を無機物にまで分解し、生命活
動に必要なエネルギーを取り出す。

無機物 inorganic compound
無機化合物の略。炭素を含まない化合物(ただ
し二酸化炭素や一酸化炭素などは、炭素を含
むが無機化合物として扱われる)。

虫こぶ gall
虫癭とも呼ぶ。植物体内に昆虫などが寄生し
て、組織の一部が腫瘍のように異常発育して
できるこぶ状の構造。虫こぶの形成により、
寄生者は、安全な隠れ場所かつ、お手軽な栄
養源を手に入れることになる。バクテリアや
菌類の寄生によるものは菌癭で、虫こぶと合
わせて癭癪と呼ばれる。

無性生殖 asexual reproduction
生殖方法のひとつで、単独の親から遺伝的に
同一の子(クローン)が生じること。微生物や
植物にはごく普通にみられる。

胸鰭 pectoral fin
魚類には対になった鰭が2対あるが、そのう
ち前方に位置するほうが胸鰭である。頭のす
ぐ後方にある場合も多い。胸鰭は可動性が高
いことが多く、制動装置として用いられる。

猛禽類 raptor
主に他の脊椎動物を捕食する鳥。狭義にはタ
カ目(ワシ・タカ類)のことを指すが、広義に
はハヤブサ目とフクロウ目も含む。

盲腸 caecum, cecum
脊椎動物の消化管で、小腸から大腸への移行
部にある袋状の部分。草食動物では、盲腸内
の共生微生物の働きにより、植物質の食物が
消化されるものが多い。

木本 woody plant
木本植物ともいう。成長により大量の木部が
形成され、その細胞壁が木化して強固になっ
た植物。→草本

モクレン類 magnoliids
被子植物のなかの1グループで、モクレン目
など4目からなる。花被は花被片から構成さ
れ、萼片と花弁の分化が不完全であるなど、
原始的な特徴をもつ。

や

葯 anther
被子植物の雄しべの先端にある袋状の部分で、

ここで花粉ができる。

野生化 feralization
人間の管理下にあった家畜や家禽が逃げ出し、
あるいは野に放たれて、自然界で生きるよう
になること。ドバト(家禽化されたカワラバト
が野生化したもの)やノネコ(イエネコが野生
化したもの)、野生ウマなど。

有機物 organic compound
有機化合物の略。炭素を含む化合物(ただし二
酸化炭素、一酸化炭素などは含まない)。

有蹄類 ungulate
指の爪がひづめになっている哺乳類。偶蹄類
と奇蹄類が含まれる。かつては有蹄目として
まとめられていたが、両者は別系統であるこ
とが判明し、現在は別の目に分けられている。

溶岩 lava
火山から噴出する溶融状態にある岩石、およ
び、それが冷えて固結したもの。

幼生 larva (pl. larvae)
動物の個体発生の途中で、成体と著しく異なっ
た形態や生活様式をとり、独立して生活する
段階にあるもの。昆虫などでは幼虫と呼ばれ
る。幼生は変態して成体になるが、昆虫の多
くは幼虫が蛹というほとんど動かない時期を
経て成体になる。これを完全変態という。→
変態

葉柄 petiole
葉と茎をつなぐ細い柄のこと。

葉緑体 chloroplast
真核生物の細胞小器官で、光合成を行う。→
光合成

よじ登り植物 climber
巻きひげや付着根を使って、岩や木の表面に
沿って垂直方向に成長する植物。よじ登り植
物はほかの植物から栄養分を受け取ることは
ないが、光を遮断するので自分を支える植物
を弱らせることもある。つる植物ともいう。

ら

落葉樹 deciduous tree
一定の季節に葉を全て落とす樹木。例えば、
温帯では冬になると葉を落とすものが多い。
→常緑樹

裸子植物 gymnosperm
種子植物のうち、子房をもたず胚珠が露出し
ているもの。ソテツ類、イチョウ類、グネツ
ム類、球果植物が含まれる。球果植物では、
種子は球果の中に形成される。→被子植物

卵生 oviparity
動物の有性生殖において、子を卵の形で産む
こと。

陸生 terrestrial
全生活あるいは生活の大半を地上で過ごすこ
と。

立体視 stereoscopic vision
両眼視ともいう。左右2つの眼で同時に見て、
左右の視野を重ね合わせることにより、奥行
き知覚を得ること。物体の立体的な形状や、
距離を把握することができる。

竜骨突起 keel
鳥類の胸骨の隆起した部分。強力な飛翔筋の
付着点となる。

鱗茎 bulb
地下茎の一種(園芸では球根と呼ばれたりも
するが、茎であって根ではない)で、特殊化し
て多肉になった葉(鱗片葉)が多数重なって塊
状になったもの。休眠器官として栄養分を蓄
える。また、むかごを生じて無性生殖を行う。

鱗甲板 scute
哺乳類のアルマジロ(被甲目)の背面を覆う硬
い鱗。皮膚内に形成された板状の骨(皮骨)の

外側を角質層が覆ったもの。

類
語尾につけてそれが単にグループであること
を表す。英語でいえば複数形を表す語尾の「s」
のようなもの。例えば「哺乳類」は哺乳綱、「食
肉類」は食肉目のこと。分類階梯を問わずに
使用可能である。

レック lck
特に鳥類において、求愛期間中に雄が集団で
求愛行動(ディスプレイ)をすること、または
その場所。決まった場所が数年にわたって使
用されることも多い。

裂肉歯 carnassial (tooth)
哺乳類の食肉目(イヌ、ネコ、ハイエナなど)
にみられる歯で、鋭い縁でハサミのように肉
を切り裂く。上顎第4前臼歯と下顎第1後臼
歯からなる。

若虫 nymph
トンボやバッタなど不完全変態をする昆虫の
幼虫。外見は成虫に似ているが、翅や生殖器
官はないか、あっても不完全である。若虫は
数回の脱皮を繰り返して、段階的に成虫化す
る。→変態

和名 Japanese name
生物の種や上位分類群につけられた日本名の
こと。学名のような統一された命名規約はな
い。地方名や、特定の業界で用いられる名称
なども含む。種の和名のうち、学名と一対一
対応し、学術的に広くコンセンサスが得られ
ているものを特に標準和名と呼ぶ。長年使用
されて定着した和名が標準和名的に用いられ
ていることも多い。日本人研究者が新種を発
見して記載する場合、学名を命名すると同時
に和名を提唱するのが普通である。記載者に
より提唱された和名は基本的に標準和名とし
て扱われる。分類群によっては、和名目録の
作成や既存の和名の表記検討、ガイドライン
の作成などが学会主導によって行われている。
外国産の生物には和名のないもののほうが多
い。和名のないものは、英名や学名のカタカ
ナ表記を和名のかわりに用いたりするが、こ
れはあくまで暫定的なものである。化石生物
には和名はつけず、かわりに学名のカタカナ
読みを用いるのが一般的である。→学名

和名索引

〈鉱物・岩石〉

学名索引

参考文献

「*Biology and Evolution of the Mollusca* で提唱された軟体動物の分類体系と和名の対応」福田宏（2021）
　軟体動物多様性学会
『愛蔵版 楽しい鉱物図鑑』堀秀道、門馬綱一（2019）草思社
『新しい植物分類学Ⅰ』日本植物分類学会（監修）（2012）講談社
『新しい植物分類学Ⅱ』日本植物分類学会（監修）（2012）講談社
『新しい植物分類体系』伊藤元己・井鷺裕司（2018）文一総合出版
『新しい霊長類学』（ブルーバックス）京都大学霊長類研究所（2009）講談社
『イカ・タコガイドブック』土屋光太郎、山本典暎、阿部秀樹（2002）阪急コミュニケーションズ
『イソギンチャクガイドブック』内田紘臣、楚山いさむ（2001）阪急コミュニケーションズ
『イルカ・クジラ学』村山司、中原史生、森恭一（編著）（2002）東海大学出版会
『岩波 生物学辞典 第5版（CD-ROM版）』巌佐庸、倉谷滋、斎藤成也、塚谷裕一（編集）（2013）岩波書店
『岩波科学ライブラリー122 クマムシ?! 小さな怪物』鈴木忠（2006）岩波書店
『岩波科学ライブラリー181〈生きもの〉ヒドラ』山下桂司（2011）岩波書店
『岩波科学ライブラリー306 カイメン すてきなスカスカ』椿玲未（2021）岩波書店
『ウニ学』本川達雄（編著）（2009）東海大学出版会
『ウミウシガイドブック3 バリとインドネシアの海から』殿塚孝昌（2003）阪急コミュニケーションズ
『海の動物百科2 魚類Ⅰ』松浦啓一（訳）（2007）朝倉書店
『海の動物百科3 魚類Ⅱ』松浦啓一、渋川浩一、今村央（訳）（2007）朝倉書店
『海の動物百科4 無脊椎動物Ⅰ』今島実（監訳）（2007）朝倉書店
『海の動物百科5 無脊椎動物Ⅱ』今島実（監訳）（2007）朝倉書店
『エコロン自然シリーズ 海岸動物』内海冨士夫（監修）、西村三郎、鈴木克美（著）（1996）保育社
『海岸動物の生態学入門』日本ベントス学会（編）（2020）海文堂
『海藻ハンドブック』横浜康継（2013）文一総合出版
『改訂版 魚類図鑑 南日本の沿岸魚』益田一、荒賀忠一、吉野哲夫（1980）東海大学出版会
『貝のミラクル 軟体動物の最新学』奥谷喬司（編著）（1997）東海大学出版会
『海洋生物ガイドブック』益田一（1999）東海大学出版会
『貝類学』佐々木猛智（2010）東京大学出版会
『化石図鑑─地球の歴史をかたる古生物たち』中島礼、利光誠一（2011）誠文堂新光社
『極地研ライブラリー アイスコア 地球環境のタイムカプセル』藤井理行、本山秀明（編著）（2011）成山堂書店
『魚類寄生虫学』小川和夫（2005）東京大学出版会
『クモ学』小野展嗣（2002）東海大学出版会
『クラゲガイドブック』並河洋、楚山勇（2000）TBSブリタニカ
『鯨類学』村山司（編著）（2008）東海大学出版会
『原色化石図鑑』益富寿之助、濱田隆士（1966）保育社
『原色魚類検索図鑑Ⅰ』阿部宗明（1989）北隆館
『原色魚類検索図鑑Ⅱ』阿部宗明、落合明（1989）北隆館
『原色魚類検索図鑑Ⅲ』阿部宗明、落合明（1989）北隆館
『原色鉱石図鑑』木下亀城（1957）保育社
『原色新海藻検索図鑑』新崎盛敏、徳田広（編著）（2002）北隆館
『原生動物図鑑』猪木正三（1981）講談社
『甲殻類学 エビ・カニとその仲間の生物学』朝倉彰（編著）（2003）東海大学出版会
『コウモリ学』舩越公威（2020）東京大学出版会
『最新 地学事典』地学団体研究会（2024）平凡社
『魚学入門』岩井保（2005）恒星社厚生閣
『魚の科学事典』谷内透、中坊徹次、他（編集）（2005）朝倉書店
『サメ・ウォッチング』V・スプリンガー、J・ゴールド（1992）平凡社
『サメ 軟骨魚類の不思議な生態』矢野和成（1998）東海大学出版会
『サメガイドブック』A & A・フェッラーリ（著）、谷内透（日本語版監修）（2001）TBSブリタニカ
『サメの自然史』谷内透（1997）東京大学出版会
『サルの百科』杉山幸丸（1996）データハウス
『樹木学事典』堀大才（編著）（2018）講談社
『小学館の図鑑NEO 魚』井田齊、松浦啓一（監修・執筆）（2003）小学館
『商用魚介和名ハンドブック3訂版』社団法人日本水産物貿易協会（編）（2005）成山堂書店
『植物名の英語辞典 Plant Dictionary』副島顕子（2011）小学館
『知られざる動物の世界1 食虫動物・コウモリのなかま』前田喜四雄（監訳）（2011）朝倉書店
『知られざる動物の世界2 原始的な魚のなかま』中坊徹次（監訳）（2011）朝倉書店
『知られざる動物の世界3 エイ・ギンザメ・ウナギのなかま』中坊徹次（監訳）（2011）朝倉書店
『知られざる動物の世界5 単細胞生物・クラゲ・サンゴ・ゴカイのなかま』林勇夫（監訳）（2011）朝倉書店
『知られざる動物の世界6 エビ・カニのなかま』青木淳一（監訳）（2011）朝倉書店
『知られざる動物の世界7 クモ・ダニ・サソリのなかま』青木淳一（監訳）（2011）朝倉書店
『シリーズ進化学1 マクロ進化と全生物の系統分類』佐藤矩行 他（2004）岩波書店
『新・生命科学シリーズ 動物の系統分類と進化』藤田敏彦（2010）裳華房
『新 日本両生爬虫類図鑑』日本爬虫両棲類学会（編集）（2021）サンライズ出版
『新維管束植物分類表』米倉浩司（2019）北隆館
『深海魚 暗黒街のモンスターたち』尼岡邦夫（2009）ブックマン社
『新図説 動物の起源と進化─. 書きかえられた系統樹』長谷川政美（2011）八坂書房
『新訂 原色昆虫大図鑑Ⅰ 蝶・蛾篇』矢田脩（監修）（2007）北隆館
『新訂 原色昆虫大図鑑Ⅱ 甲虫篇』森本桂（監修）（2007）北隆館
『新版 クジラとイルカのフィールドガイド』大隅清治（監修）（2009）東京大学出版会
『新版 鉱物分類図鑑323』青木正博（2021）誠文堂新光社
『新版 魚の分類の図鑑』上野輝彌、坂本一男（2005）東海大学出版会
『新ヤマケイポケットガイド9 海辺の生き物』小林安雅（2010）山と渓谷社
『水産総合研究センター叢書 東北フィールド魚類図鑑：沿岸魚から深海魚まで』北川大二、今村央、後藤友明、
　石戸芳男、藤原邦浩、上田祐司（2008）東海大学出版会
『図説 植物用語事典』清水建美（2001）八坂書房
『世界カエル図鑑300種』クリス・マチソン（著）、松井正文（監修・訳）（2008）ネコ・パブリッシング
『世界サメ図鑑』スティーブ・パーカー（著）、仲谷一宏（日本語版監修）（2008）ネコ・パブリッシング
『世界チョウ図鑑500種』マフハム（2006）ネコ・パブリッシング

『世界の発光生物』大場裕一（2022）名古屋大学出版会
「世界哺乳類標準和名リスト 2021年度版」川田伸一郎、他（2021）日本哺乳類学会
　（https://www.mammalogy.jp/list/index.html）
『続原色鉱石図鑑』木下亀城、湊秀雄（1983）保育社
『多足類読本 ムカデとヤスデの生物学』田辺力（2001）東海大学出版会
『淡水微生物図鑑』月井雄二（2010）誠文堂新光社
『地球自然ハンドブック 完璧版 貝の写真図鑑』ピーター・ダンス（1994）日本ヴォーグ社
『地球自然ハンドブック 完璧版 昆虫の写真図鑑』ジョージ・C・マクガヴァン（2000）日本ヴォーグ社
『地球動物図鑑』フレッド・クック（監修）、山極寿一（日本版監修）（2006）新樹社
『地の再発見双書99 ダーウィン 進化の海を旅する』パトリック・トール（2001）創元社
『蝶と蛾の写真図鑑』デービッド・カーター（1996）日本ヴォーグ社
『土の中の小さな生き物ハンドブック』皆越ようせい（2005）文一総合出版
『動物系統分類学9（下A2）脊椎動物（Ⅱa2）両生類Ⅱ』岩澤久彰、倉本満（1997）中山書店
『動物生理学』シュミット＝ニールセン（2007）東京大学出版会
『動物大百科1 食肉類』D・W・マクドナルド（編集）（1986）平凡社
『動物大百科2 海生哺乳類』D・W・マクドナルド（編集）（1986）平凡社
『動物大百科3 霊長類』D・W・マクドナルド（編集）（1986）平凡社
『動物大百科4 大型草食獣』D・W・マクドナルド（編集）（1986）平凡社
『動物大百科5 小型草食獣』D・W・マクドナルド（編集）（1986）平凡社
『動物大百科6 有袋類ほか』D・W・マクドナルド（編集）（1986）平凡社
『動物大百科10 家畜』D・M・ブルーム（1987）平凡社
『動物大百科12 両生・爬虫類』T・R・ハリディ、K・アドラー（編）（1987）平凡社
『動物大百科14 水生動物』A・キャンベル（1987）平凡社
『動物大百科15 昆虫』C・オトゥール（1987）平凡社
『動物の事典』末光隆志（編集）（2020）朝倉書店
『ナマコガイドブック』本川達雄、今岡亨、楚山いさむ（2003）阪急コミュニケーションズ
『日本海草図譜 改訂版』大場達之、宮田昌彦（2020）北海道大学出版会
『日本魚類館』中坊徹次（2018）小学館
『日本淡水産動植物プランクトン図鑑［第2版］』田中正明（2022）名古屋大学出版会
『日本動物大百科3 鳥類Ⅰ』樋口広芳、山岸哲、森岡弘之（編集）（1996）平凡社
『日本動物大百科4 鳥類Ⅱ』樋口広芳、山岸哲、森岡弘之（編集）（1996）平凡社
『日本動物大百科6 魚類』日高敏隆（監修）、中坊徹次、望月賢二（編集）（1998）平凡社
『日本動物大百科7 無脊椎動物』日高敏隆（監修）、奥谷喬司、武田正倫、今福道夫（編集）（1997）平凡社
『日本のきのこ』（山溪カラー名鑑）今関六也、大谷吉雄、本郷次雄（編著）（1988）山と渓谷社
『ネイチャーウォッチングガイドブック ウミウシ』加藤昌一（著）、小野篤司（監修）（2009）誠文堂新光社
『ネイチャーガイド 日本のクモ』新海栄一（2006）文一総合出版
『ネイチャーガイド 海の甲殻類』峯水亮（著）、武田正倫、奥野淳兒（監修）（2000）文一総合出版
『バイオディバーシティ・シリーズ1 生物の種多様性』岩槻邦男、馬渡峻輔（編集）（1996）裳華房
『バイオディバーシティ・シリーズ5 無脊椎動物の多様性と系統』白山義久（編集）（2000）裳華房
『バイオディバーシティ・シリーズ6 節足動物の多様性と系統』石川良輔（編集）（2008）裳華房
『バイオディバーシティ・シリーズ7 脊椎動物の多様性と系統』松井正文（編集）（2006）裳華房
『爬虫・両生類ビジュアルガイド オオトカゲ＆ドクトカゲ』Go!! Suzuki（著）、クリーパー編集部（編）
　（2006）誠文堂新光社
『爬虫類・両生類ビジュアル大図鑑』海老沼剛（2009）誠文堂新光社
『爬虫類・両生類800種図鑑』千石正一（監修）、長坂拓也（編著）（1996）ピーシーズ
『爬虫類と両生類の写真図鑑』オシー、ハリディ（著）、太田英利（日本語版監修）（2001）日本ヴォーグ社
『爬虫類の進化』疋田努（2002）東京大学出版会
『ピーシーズ生態写真図鑑シリーズ1 日本産淡水貝類図鑑1 琵琶湖・淀川産の淡水貝類』紀平肇、
　松田征也、内山りゅう（2003）ピーシーズ
『ピーシーズ生態写真図鑑シリーズ2 日本産淡水貝類図鑑2 汽水域を含む全国の淡水貝類』増田修、
　内山りゅう（2004）ピーシーズ
『微生物─その驚異と脅威』杉山政則、重中義信（2003）三共出版
『ヒトデガイドブック』佐波征機、入村精一、楚山勇（2002）阪急コミュニケーションズ
『ヒトデ学 棘皮動物のミラクルワールド』本川達雄（編著）（2001）東海大学出版会
『フィールドベスト図鑑16 日本の水生動物』武田正倫（監修）（2004）Gakken
『フィールド図鑑 造礁サンゴ（増補版）』西平守孝（1994）東海大学出版会
『フィールド図鑑 海岸動物（増補第2版）』益田一、林公義、中村宏治、小林安雅（編）（2001）
　東海大学出版会
『哺乳類の進化』遠藤秀紀（2002）東京大学出版会
『ミクロワールド微生物大図鑑』宮澤七郎、洲崎敏伸、医学生物学電子顕微鏡技術学会（2024）小峰書店
『ミミズ 嫌われもののはたらきもの』渡辺弘之（2003）東海大学出版会
『虫の名、貝の名、魚の名 和名にまつわる話題』青木淳一、奥谷喬司、松浦啓一（編著）（2002）
　東海大学出版会
『猛毒動物の百科』今泉忠明（1994）データハウス
『野外観察ブック 校庭のクモ・ダニ・アブラムシ 改訂版』浅間茂、石井規雄、松本嘉幸（2001）
　全国農村教育協会
『野生ネコの百科』今泉忠明（1992）データハウス
『山溪フィールドブックス8 海辺の生きもの』奥谷喬司（編著）、楚山勇（写真）（1994）山と渓谷社
『山溪フィールドブックス9 サンゴ礁の生きもの』奥谷喬司（編著）、楚山勇（写真）（1994）山と渓谷社
『陸上植物の形態と進化』長谷部光泰（2020）裳華房
『両生類の進化』松井正文（1996）東京大学出版会
『ワニと龍 恐竜になれなかった動物の話』青木良輔（2001）平凡社

執筆協力者・図版出典 一覧

スミソニアン協会の顧問：

Dr Don E. Wilson, Senior Scientist/Chair of the Department of Vertebrate Zoology;
Dr George Zug, Emeritus Research Zoologist, Department of Vertebrate Zoology, Division of Amphibians and Reptiles;
Dr Jeffrey T. Williams: Collections Manager, Department of Vertebrate Zoology

Dr Hans-Dieter Sues, Curator of Vertebrate Paleontology/Senior Research Geologist, Department of Paleobiology

Paul Pohwat, Mineral Collection Manager, Department of Mineral Sciences;
Leslie Hale, Rock and Ore Collections Manager, Department of Mineral Sciences;
Dr Jeffrey E. Post, Geologist/Curator, National Gem and Mineral Collection, Department of Mineral Sciences

Dr Carla Dove, Program Manager, Feather Identification Lab, Division of Birds, Department of Vertebrate Zoology

Dr Warren Wagner, Research Botanist/ Curator, Chair of Botany, and Staff of the Department of Botany

Gary Hevel, Museum Specialist/Public Information Officer, Department of Entomology;
Dana M. De Roche, Department of Entomology

Department of Invertebrate Zoology:
Dr Rafael Lemaitre: Research Zoologist/ Curator of Crustacea;
Dr M. G. (Jerry) Harasewych, Research Zoologist;
Dr Michael Vecchione, Adjunct Scientist, National Systemics Laboratory, National Marine Fisheries Service, NOAA;
Dr Chris Meyer, Research Zoologist;
Dr Jon Norenburg, Research Zoologist;
Dr Allen Collins, Zoologist, National Systemics Laboratory, National Marine Fisheries Service, NOAA;
Dr David L. Pawson, Senior Research Scientist;
Dr Klaus Rutzler, Research Zoologist;
Dr Stephen Cairns, Research Scientist / Chair

スミソニアン協会以外の顧問：

Dr Diana Lipscomb, Chair and Professor Biological Sciences, George Washington University

Dr James D. Lawrey, Department of Environmental Science and Policy, George Mason University

Dr Robert Lücking, Research Collections Manager/Adjunct Curator, Department of Botany, The Field Museum

Dr Thorsten Lumbsch, Associate Curator and Chair, Department of Botany, The Field Museum

Dr Ashleigh Smythe, Visiting Assistant Professor of Biology, Hamilton College

Dr Matthew D. Kane, Program Director, Ecosystem Science, Division of Environmental Biology, National Science Foundation

Dr William B. Whitman, Department of Microbiology, University of Georgia

Andrew M. Minnis: Systematic Mycology and Microbiology Laboratory, USDA

Dorling Kindersley 社は以下の本書への協力者に謝意を表します：
David Burnie, Kim Dennis-Bryan, Sarah Larter, and Alison Sturgeon for structural development; Hannah Bowen, Sudeshna Dasgupta, Jemima Dunne, Angeles Gavira Guerrero, Cathy Meeus, Andrea Mills, Manas Ranjan Debata, Paula Regan, Alison Sturgeon, Andy Szudek, and Miezan van Zyl for additional editing; Avanika, Helen Abramson, Niamh Connaughton, Sonali Jindal, Anita Kakkar, Nayan Keshan, Chhavi Nagpal, Manisha Majithia, and Claire Rugg for editorial assistance; Sudakshina Basu, Steve Crozier, Clare Joyce, Edward Kinsey, Amit Malhotra, Pooja Pipil, Aparajita Sen, Neha Sharma, Nitu Singh, Sonakshi Sinha, and George Thomas for additional design; Amy Orsborne for jacket design; Richard Gilbert, Ann Kay, Anna Kruger, Constance Novis, Nikky Twyman, and Fiona Wild for proofreading; Sue Butterworth for the index; Claire Cordier, Laura Evans, Rose Horridge, and Emma Shepherd from the DK picture library; Syed Mohammad Farhan, Vijay Kandwal, Ashok Kumar, Nityanand Kumar, Pawan Kumar, Mrinmoy Mazumdar, Shanker Prasad, Mohd Rizwan, Vikram Singh, Bimlesh Tiwary, Anita Yadav, and Tanveer Zaidi for technical support; Mohammad Usman for production; Stephen Harris for reviewing the plants chapter; Dr Gregory Kenicer for his taxonomic advice on plants; and Derek Harvey, for his tremendous knowledge and unstinting enthusiasm for this book.

Dorling Kindersley 社は本書に快く写真を提供してくださった以下の会社に謝意を表します：
Anglo Aquatic Plant Co Ltd, Strayfield Road, Enfield, Middlesex EN2 9JE, http://angloaquatic.co.uk; **Cactusland,** Southfield Nurseries, Bourne Road, Morton, Bourne, Lincolnshire PE10 0RH, www.cactusland.co.uk; **Burnham Nurseries Orchids**, Burnham Nurseries Ltd, Forches Cross, Newton Abbot, Devon TQ12 6PZ, www.orchids.uk.com; **Triffid Nurseries**, Great Hallows, Church Lane, Stoke Ash, Suffolk IP23 7ET, www.triffidnurseries.co.uk; **Amazing Animals**, Heythrop, Green Lane, Chipping Norton, Oxfordshire OX7 5TU, www.amazinganimals.co.uk; **Birdland Park and Gardens**, Rissington Rd, Bourton-on-the-Water, Gloucestershire GL54 2BN, www.birdland.co.uk; **Virginia Cheeseman F.R.E.S.**, 21 Willow Close, Flackwell Heath, High Wycombe, Buckinghamshire HP10 9LH, www.virginiacheeseman.co.uk; **Colchester Zoo**, www.colchester-zoo.com; **Cotswold Falconry Centre**, Batsford Park, Batsford, Moreton in Marsh, Gloucestershire GL56 9AB, www.cotswold-falconry.co.uk; **Cotswold Wildlife Park**, Burford, Oxfordshire OX18 4JP, www.cotswoldwildlifepark.co.uk; **Emerald Exotics; Shaun Foggett**, www.crocodilesoftheworld.co.uk.

写真出典
Alamy Images: agefotostock / Marevision 111fbl, 343cra, The Africa Image Library 557, Amazon Images 549, Arco Images GmbH / Huetter C 601, Art Directors & TRIP 143, blickwinkel 144, 146, 188, 307, 325, 326, 569, 615, blickwinkel / Hartl 336clb, Christian Hütter 379bc, Design Pics Inc / Milo Burcham 5ca, 249br, 323br, 506–507, Steffen Hauser / botanikfoto 142, 159tc, Penny Boyd 600, Brandon Cole Marine Photography 521, BSIP SA 93, James Caldwell 267, Rosemary Calvert 20, CuboImages srl 147, Andrew Darrington 291, Danita Delimont 151, Garry DeLong 105, Paul Dymond 458, Emilio Ereza 348, David Fleetham 324, Florapix 148, Florida Images 148, FLPA 547cl, Frank Hecker 328tl, Minden Pictures 621cla, Paulo Oliveira 328cla, 339tr, Poelzer Wolfgang 343cr; Jane Gould 22–23b, Martin Fowler 182, Les Gibbon 305, Rupert Hansen 29, Chris Hellier 143, Imagebroker / Arco / G. Lacz 596cr, Imagebroker / Florian Kopp 580, Indiapicture / P S Lehri 611, Interphoto 29, T. Kitchin & V. Hurst 23, Chris Knapton 27, S & D & K Maslowski / FLPA 28, Carver Mostardi 567, Tsuneo Nakamura / Volvox Inc 585, The Natural History Museum, London 258, Nature Picture Library / Sue Daly 252cb, National Geographic Image Collection / Joel Sartore 571br, Nic Hamilton Photographic 29, Pictorial Press Ltd, 28, Matt Smith 166, Stefan Sollfors 266, Sylvia Cordaiy Photo Library Ltd 17, Natural Visions 149, Joe Vogan 576, Wildlife GmbH 28, 130, 151, WoodyStock 155; **Maria Elisabeth Albinsson:** CSIRO 95cr, 100bc; **Algaebase.org:** Robert Anderson 104bc, Colin Bates 104tr, Mirella Coppola di Canzano (c) University of Trieste 104cla, Prof MD Guiry 103clb, 104, Razy Hoffman 103bc, E.M.Tronchin & O.De Clerck 104crb; **Ardea:** Ian Beames 545, John Cancalosi 394, John Clegg 259, 272, Steve Downer 316, 566, Jean-Paul Ferrero 274, 511, 601, Kenneth W Fink 563, 612, Francois Gohier 612, Joanna Van Gruisen 610, Steve Hopkin 259, 263, 303, Tom & Pat Leeson 589, Ken Lucas 34, 273, 304, 317, Ken Lucas 595, Thomas Marent 596, John Mason 291, Pat Morris 35, 519, 567, 572, Pat Morris 507, 595, Gavin Parsons 270, David Spears (Last Refuge) 265, David Spears / Last Refuge 271, Peter Steyn 519, Andy Teare 589, Duncan Usher 267, M Watson 374, 610, 624; **Australian National Botanic Gardens:** © M.Fagg 169, B. Fuhrer 111cla; **Nick Baker, ecologyasia:** 566; **Jón Baldur Hlíðberg (www.fauna.is)**: 327cr, 338br, 339, 341br, 344c, 509; **Bar Aviad:** Bar Aviad 574; **Michael J Barritt:** 511; **Dr. Philippe Béarez / Muséum national d'histoire naturelle, Paris:** 336tr; **Photo Biopix.dk**: N. Sloth 105, 105, 113, 115, 261, 265, 267, 271, 273, 275, 279, 285, 286, 288, 294, 302; **Biosphoto:** Jany Sauvanet 539; **Ashley M. Bradford:** 293cl; **(c) Brent Huffman / Ultimate Ungulate Images:** Brent Huffman 610, 621; **David Bygott:** 35, 521; **Ramon Campos:** 510; **David Cappaert:** 284tc; **CDC:** Courtesy of Larry Stauffer, Oregon State Public Health Laboratory 93bc, Dr Richard Facklam 93cla, Janice Haney Carr 32cr, 93tc, Segrid McAllister 93cra; **Tyler Christensen:** 302; **Josep Clotas:** 328; **Patrick Coin:** Patrick Coin 263; **Niall Corbet:** 538; **caronsteelephotography.com:** © 6–7; **Corbis:** 13, 22, Theo Allofs 19, 122, 408, Alloy 12, Steve Austin 122, Hinrich Baesemann 424, Barrett & MacKay / All Canada Photos 29, 31, E. & P. Bauer 471, Tom Bean 14, Annie Griffiths Belt 432, Biodisc 33, 238, Biodisc / Visuals Unlimited 286, Jonathan Blair 38, Tom Brakefield 21, 24, 29, Frank Burek 19, Janice Carr 90, W. Cody 19, 107, 118, Brandon D. Cole 321, Richard Cummins 20, Tim Davis 31, Renee DeMartin 24, Dennis Kunkel Microscopy, Inc / Visuals Unlimited 33, 100, Dennis Kunkel Microscopy, Inc. 33, 93, DLILLC 24, 31, 416, 442, Pat Doyle 26, Wim van Egmond 98, Ric Ergenbright 13, Ron Erwin 24, Eurasia Press / Steven Vidler 411, Neil Farrin / JAI 27, Andre Fatras 26, Natalie Fobes 211, Patricia Fogden 354, Christopher Talbot Frank 16, Stephen Frink 350, Jack Goldfarb / Design Pics 19, C. Goldsmith / BSIP 22, Mike Grandmaison 118, Franck Guiziou / Hemis 19, Don Hammond / Design Pics 19, Martin Harvey / Gallo Images 19, 31, Helmut Heintges 24, Pierre Jacques / Hemis 19, Peter Johnson 18, 456, Don Johnston / All Canada Photos 264, Mike Jones 408, Wolfgang Kaehler 18, 26, 238, Karen Kasmauski 27, Steven Kazlowski / Science Faction 16, Layne Kennedy 38, Antonio Lacerda / EPA 15, Frans Lanting 14, 18, 19, 23, 31, 249, 250, 376, 425, 460, 507, Frederic Larson / San Francisco Chronicle 20, Lester Lefkowitz 18, Charles & Josette Lenars 21, Library of Congress - digital ve / Science Faction 28, Wayne Lynch / All Canada Photos 528, Bob Marsh / Papilio 212, Chris Mattison 374, Joe McDonald 354, 533, Momatiuk / Eastcott 31, moodboard 16, 323, 375, Sally A. Morgan 25, Werner H. Mueller 19, David Muench 108, NASA 13, David A. Northcott 389, Owaki - Kulla 15, 19, William Perlman 32, Photolibrary 30, Patrick Pleau / EPA 19, Louie Psihoyos / Science Faction 16, Ivan Quintero / EPA 20, Radius Images 107, 112, Lew Robertson 19, Jeffrey Rotman 19, 332, Kevin Schafer 27, David Scharf / Science Faction 28, Dr. Peter Siver 89, 91, Paul Souders 13, 19, 24, Keren Su 18, Glyn Thomas / moodboard 19, Steve & Ann Toon / Robert Harding World Imagery 415, Craig Tuttle 323, 409, Jeff Vanuga 22, Visuals Unlimited 14, 33, 92, 98, 100, Kennan Ward 13, Michele Westmorland 18, Stuart Westmorland 507, Ralph White 90, Norbert Wu 325, 332, Norbert Wu / Science Faction 320, 323, Yu Xiangquan / Xinhua Press 21, Robert Yin 274, Robert Yinn 322, Frank Young 239, Frank Young / Papilio 211; **Alan Couch:** 511; **David Cowles:** David Cowles at http: / / rosario.wallawalla. edu / inverts 258; **Dick Haaksma:** 111ca; **Greg Kenicer:** 111br; **Whitney Cranshaw:** 290cl; **Alan Cressler:** 262; **Craig Jackson, PhD:** 519cr; **CSIRO:** 336cra; **Matt Carter:** 481bl; **Michael J Cuomo:** www.phsource.us 258; **Ignacio De la Riva:** 365c; **Frank Steinmann:** 362tr; **Dr Frances Dipper:** 252, 253, 253cla; **Jane K. Dolven:** 98bc; **Stepan Koval:** 111cra; **Dorling Kindersley:** Andy and Gill Swash 409cb/Hoatzin, Blackpool Zoo, Lancashire, UK 582–583 (all images), Centre for Wildlife Gardening / London Wildlife Trust 172bc, 174–175 (all images), Colchester Zoo 522–523 (all images), Demetrio Carrasco / Courtesy of Huascaran National Park 145, Frank Greenaway / Natural History Museum, London 291cr, George Lin 409bl, Greg Dean / Yvonne Dean 409cb, 409cb/Cuckoo, Hanne Eriksen / Jens Eriksen 409crb, Jan-Michael Breider 409ca, Natural History Museum, London 284, Roger Charlwood / Liz Charlwood 409c, Roger Tidman 409clb; **Dreamstime.com:** 614, Allnaturalbeth 350cr, Amskad 303, Anolis01 549bl, Amwu 393tr, Anton Zhuravkov 618cb, Antos777 343crb, John Anderson 348, Argestes 162, Michael Blajenov 611, Mikhail Blajenov 619, Steve Byland 534, Bibek Basumatary 149cr, Bluehand 349cb, Bonita Chessier 548, Musat Christian 556, Mzedig 618clb, Clickit 613, Colette6 611, Chonticha Wat 538cla, Ambrogio Corralloni 532, Cosmln 302, David Havel 474–475c, Davthy 547, Dbmz 301, Destinyvispro 621, Docbombay 534, Edurivero 612, Henketv 26–27t, Katharina Notarianni 532tl, Stefan Ekernas 557, Stefan Ekernas 507, Michael Flippo 615, Joao Estevao Freitas 263, Geddy 272, Eric Geveart 560, Daniel Gilbey 618, Katerynakon 96cb, Maksum Gorpenyuk 611, Jeff Grabert 597, Morten Hilmer 584, Iorboaz 610, Eric Isselee 35, 529, 533, 535, 542, 614, 615, 617, Industryandtravel 385br, Isselee 536, 577br, Jontimmer 612, Jemini Joseph 611, Juliakedo 618, Valery Kraynov 33, 162, Adam Larsen 509, Sonya Lunsford 611, Stephen Meese 609, Milosluz 263, Jason Mintzer 532, Mlane 170, Nina Morozova 133, 148, Derrick Neill 532, Duncan Noakes 619, outdoorsman 394cb, 591, Pancaketom 569, Pipa100 339clb, Planetfelicity 328cl, 339crb, Natalia Pavlova 581, Shane Myers 323bl, 374–375, Susan Pettitt 603, Xiaobin Qiu 580, Rajahs 584, Laurent Renault 548, Derek Rogers 584, Dmitry Rukhlenko 614, Sdecoret 22bl, Steven Russell Smith Photos 569, Ryszard 303, Benjamin Schalkwijk 556, Olga Sharan 609, Paul Shneider 611, Sloth92 555, 556, Smellme 547, 620, Tatiana Belova 345ca, Nico Smit 596, 617, Nickolay Stanev 617, Tampatra1 12–13c, Vladimirdavydov 294, Oleg Vusovich 585, Leigh Warner 595, Worldfoto 563, Judy Worley 602, Zaznoba 555; **Shane Farrell:** 264cr, 284br; **Carol Fenwick (www.carolscornwall.com):** 104br; **Hernan Fernandez:** 510; **Flickr.com:** Ana Cotta 549, Pat Gaines 586, Sonnia Hill 152, Barry Hodges 131, Emilio Esteban Infantes 131, Marj Kibby 136, Kate Knight 170, Ron Kube, Calgary, Alberta, Canada 587, John Leverton 603, John Merriman 170, Moonmoths 297br, Marcio Motta MSc. Biologist of Maracaja Institute for Mammalian Conservation 597, Jerry R. Oldenettel 161, Jennifer Richmond 159; **Florida Museum of Natural History:** Dr Arthur Anker 518; **Fotolia:** poco_bw 337c; **FLPA:** 30, Nicholas and Sherry Lu Aldridge 105, Ingo Arndt / Minden Pictures 211, 245, 320, Fred Bavendam 313, 328, Fred Bavendam / Minden Pictures 272, 275, 313, 318, 319, Stephen Belcher / Minden Pictures 275, Neil Bowman 563, Jim Brandenburg 575, Jonathan Carlile / Imagebroker 271, Christiana Carvalho 513, B.

672

執筆協力者・図版出典一覧

Borrell Casals 266, Nigel Cattlin 260, 265, Robin Chittenden 312, Arthur Christiansen 535, Hugh Clark 569, D.Jones 272, 312, Flip De Nooyer / FN / Minden 203, Tiu De Roy / Minden Pictures 584, Tui De Roy / Minden Pictures 404, 410, 612, Dembinsky Photo Ass 572, Reinhard Dirscher 313, Jasper Doest / Minden Pictures 378, Richard Du Toit / Minden Pictures 35, 507, 518, Michael Durham / Minden Pictures 525, 569, Gerry Ellis 513, 570, Gerry Ellis / Minden Pictures 567, Suzi Eszterhas / Minden Pictures 600, Tim Fitzharris / Minden Pictures 31, Michael & Patricia Fogden 117, Michael & Patricia Fogden / Minden Pictures 354, 519, 535, 567, Andrew Forsyth 506, Foto Natura Stock 35, 539, 539, 563, Tom and Pam Gardner 514, Bob Gibbons 137, 184, Michael Gore 546, 573, 615, Christian Handl / Imagebroker 612, Sumio Harada / Minden Pictures 529, Richard Herrmann / Minden Pictures 345, Paul Hobson 613, David Hoscking 568, 569, Michio Hoshino / Minden Pictures 31, David Hosking 545, 566, 567, David Hosking 123, 262, 411, 520, 535, 537, 538, 555, 557, 572, 576, 580, 581, 586, 600, 610, 614, 615, 619, Jean Hosking 144, David Hoskings 585, G E Hyde 572, Imagebroker 35, 143, 146, 147, 182, 329, 370, 411, 428, 532, 533, 534, 539, 569, 576, 585, 586, 588, 611, 612, 616, 621, 624, 625, Mitsuaki Iwago / Minden Pictures 557, D Jones 262, 266, D. Jones 264, Donald M. Jones / Minden Pictures 532, Gerard Lacz 34, 411, 585, 588, Frank W Lane 518, 538, 549, 562, Mike Lane 550, 575, 588, Hugh Lansdown 554, Frans Lanting 251, 543, 545, 548, 573, Albert Lleal / Minden Pictures 264, 278, Thomas Marent / Minden Pictures 33, 34, 135, 262, 265, 275, 520, 549, 560, 561, Colin Marshall 258, S & D & K Maslowski 251, 535, Chris Mattison 322, 355, 375, Rosemary Mayer 190, Claus Meyer / Minden Pictures 550, 567, Derek Middleton 572, 589, Hiroya Minakuchi / Minden Pictures 254, Minden Pictures 587, Yva Momatiuk & John Eastcott / Minden Pictures 616, Geoff Moon 568, Piotr Naskrecki 358, Piotr Naskrecki / Minden Pictures 263, Chris Newbert / Minden Pictures 253, 307, Mark Newman 589, Flip Nicklin / Minden Pictures 272, 506, Dietmar Nill / Minden Pictures 566, R & M Van Nostrand 35, 545, 618, 620, Erica Olsen 548, Pete Oxford / Minden Pictures 321, 597, 606, P.D.Wilson 271, Panda Photo 254, 572, Philip Perry 600, 601, Fritz Polking 374, Fabio Pupin 375, R.Dirscherl 338, Mandal Ranjit 573, Len Robinson 514, Walter Rohdich 312, L Lee Rue 586, Cyril Ruoso / Minden Pictures 548, 556, Keith Rushforth 124, SA Team / FN / Minden 378, 542, 567, Kevin Schafer / Minden Pictures 528, Malcolm Schuyl 251, 585, Silvestris Fotoservice 122, 568, Mark Sisson 135, Jurgen & Christine Sohns 149, 182, 312, 506, 515, 542, 549, 574, 586, 603, 615, Egmont Strigl / Imagebroker 584, Chris and Tilde Stuart 35, 518, 538, 570, 572, 609, 621, Krystyna Szulecka 163, Roger Tidman 345, Steve Trewhella 212, 254, 272, Jan Van Arkel / FN / Minden 261, Peter Verhoog / FN / Minden 253, Jan Vermeer / Minden Pictures 31, Albert Visage 570, Tony Wharton 113, Terry Whittaker 551, 581, 595, 610, Hugo Willcox / FN / Minden 535, D P Wilson 34, 253, 261, 305, P.D. Wilson 271, Winifred Wisniewski 602, Martin B Withers 507, 510, 511, 514, 515, 532, 568, 600, 615, Konrad Wothe 575, 590, Konrad Wothe / Minden Pictures 375, 507, 538, Norbert Wu 338, Norbert Wu / Minden Pictures 253, 270, 342, 567, Shin Yoshino / Minden Pictures 508, Ariadne Van Zandbergen 613, Xi Zhinong / Minden Pictures 21; **Dr Peter M Forster:** 333crb; **Getty Images:** 3D4Medical.com 95, 97, Doug Allan 351, Pernilla Bergdahl 107, 123, Dr. T.J. Beveridge 33, 92, Tom Brakefield 507, 577, Brandon Cole / Visuals Unlimited 251, Robin Bush 427, David Campbell 535, Carson 92, Brandon Cole 34, 323, Comstock 556, Alan Copson 37, 63, Bruno De Hogues 429, De Agostini Picture Library 34, 252, Dea Picture Library 340, Digital Vision 561, Georgette Douwma 23, 334, Guy Edwardes 507, Stan Elems 270, Raymond K Gehman / National Geographic 584, Geostock 424, Larry Gerbrandt / Flickr 320, Daniel Gotshall 34, 305, James Gritz 251, Martin Harvey 107, 116, 477, Kallista Images 265, Tim Jackson 122, Adam Jones / Visuals Unlimited 195, Barbara Jordan 29, Tim Laman 251, Mauricio Lima 323, Jen & Des Bartlett 573, O. Louis Mazzatenta / National Geographic 23, Nacivet 494, National Geographic 35, 317, 520, 524, 532, 533, 554, Photodisc 35, 525, 557, 612, Radius Images 37, 39, 108, Jeff Rotman 324, Martin Ruegner 107, Alexander Safonov 324, Kevin Schafer 425, David Sieren 107, 111, Doug Sokell 317, Carl de Souza / AFP 550, David Aaron Troy / Workbook Stock 22, James Warwick 410; **Terry Goss:** 325tr, 329crb, 329br; **Michael Gotthard:** 278; **Dr Brian Gratwicke:** 339c; **Agustin Camacho Guerrero:** 510; **Antonio Guillén Oterino:** 33cb, 105fbr; **Jason Hamm:** 338tc; **David Harasti:** 342cra, 349cb; **Martin Heigan:** 281cr; **R.E. Hibpshman:** 340br; **Pierson Hill:** 344tc; **Karen Honeycutt:** 334crb; **Russ Hopcroft / UAF:** 311; **David Iliff:** 333bl; **Laszlo S. Ilyes:** 333cra; **imagequestmarine.com:** 132, 252, 254, 255, 257, 340, 341, Peter Batson 261, 271, 316, Alistair Dove 258, Jim Greenfield 255, 257, 270, Peter Herring 272, 319, David Hosking 275, Johnny Jensen 35, 273, Andrey Necrasov 272, Peter Parks 309, Photographers / RGS 34 (Ribbon worm), 304, Tony Reavill 319, RGS 253, Andre Seale 256, 317, Roger Steene 272, 275, 319, Kåre Telnes 254, 257, 304, 305, 320, Jez Tryner 255, 257, 321, Masa Ushioda 275, Carlos Villoch 257; **Imagestate:** Marevision 323; **Institute for Animal Health, Pirbright:** 293bc; **iStockphoto.com:** Antagain 323bc, 408–409c, E+ / Mlenny 624br, Arsty 34 (Sea Lamprey), 326, micro_photo 105cra, Tatiana Belova 333, Nancy Nehring 101; **It's a Wildlife:** 511, 515; **Iziko Museums of SA:** Hamish Robertson 519clb; **Valter Jacinto:** 303cl; **Courtnay Janiak:** 103br; **Dr. Peter Janzen:** 355, 356, 359, 360, 361, 362, 364, 365, 368; **www.jaxshells.org:** Bill Frank 312; **Johnny Jensen:** 34 (Lungfish), 353tl; **Guilherme Jofili:** 567; **Brian Kilford:** 294tc; **Stefan Köder:** 529; **Ron Kube:** 535; **Jordi Lafuente Mira (www.landive.es):** 333cla; **Daniel Lahr:** Image by Sonia G.B.C Lopes and 96cb; **Klaus Lang & WWF Indonesia:** 603; **Richard Ling:** 313; **Lonely Planet Images:** Karl Lehmann 520; **Frédéric Loreau:** Frédéric Loreau 259; **marinethemes.com:** 328c, Kelvin Aitken 34 (Frilled Shark), 327cb, 327br; **Marc Bosch Mateu:** 349cr; **M. Matz:** Harbor Branch Oceanographic Institution / NOAA Ocean Exploration program 99bc; **Joseph McKenna:** 341bl; **Dr James Merryweather:** 33 (Glomeromycota); **micro*scope:** Wolfgang Bettighofer (http: / / www.protisten.de) 33ca, 96ftr, William Bourland 33bl, 33br, 96br, 99cb, 99br, 100tl, 100tc, 100fcla, Guy Brugerolle 97c, Aimlee Laderman 99clb, Charley O'Kelly 97ftr, David J Patterson 33fcl, 95ftr, 96tl, 96tc, 96cra, 96cl, 96bc, 97tl, 97tc, 97tr, 97cr, 98c, 99cr, 100ftl, David Patterson and Aimlee Ladermann 99tc, David Patterson and Bob Andersen 33c, 33fbl, 99bl, 99fcl, 100c, 100crb, 100bl, David Patterson and Mark Farmer 33fcra, David Patterson and Michele Bahr 99tl, 99tr, David Patterson and Wie-Song Feng 101bl, David Patterson, Linda Amaral Zettler, Mike Peglar and Tom Nerad 33fclb, 95cra, 98tc, 99cla, David Patterson, Shauna Murray, Mona Hoppenrath and Jacob Larsen 100fbr, Hwan Su Yoon 99cra; **Michael M. Mincarone:** 339br; **Michael C. Schmale, PhD:** 341c; **Nathan Moy:** 534; **Andy Murch / Elasmodiver.com:** 332c, 333clb, 341cr; **NASA:** Reto Stockli 10; **Courtesy, National Human Genome Research Institute:** 510; **The Natural History Museum, London:** 25, 293; **naturepl.com:** 252, Eric Baccega 560, Niall Benvie 261, Mark Carwardine 563, Pete Oxford 409tr, Bernard Castelein 560, 574, Brandon Cole 318, Sue Daly 34, 304, 316, Bruce Davidson 545, 601, Suzi Eszterhas 555, Jurgen Freund 255, 319, Nick Garbutt 588, Chris Gomersall 408, Nick Gordon 542, Willem Kolvoort 160, 255, 310, Fabio Liverani 275, Neil Lucas 137, Barry Mansell 568, 572, Luiz Claudio Marigo 525, 549, Nature Production 123, 125, 312, 316, 326, 571, NickGarbutt 601, Pete Oxford 470br, 509, 538, 549, 601, Doug Perrine 507, 521, Reinhard / ARCO 205, Michel Roggo 336, Jeff Rotman 316, 319, Anup Shah 554, 611, 620, David Shale 255, Sinclair Stammers 258, Kim Taylor 253, 260, 263, 271, Dave Watts 511, 512, 515, Staffan Widstrand 549, Mike Wilkes 538, Rod Williams 545, 555, 595, Solvin Zankl 255; **Natuurlijkmooi.net (www.natuurlijkmooi.net):** Anne Frijsinger & Mat Vestjens 104cr; **New York State Department of Environmental Conservation. All rights reserved.:** 338tl; **NHPA / Photoshot:** A.N.T. Photo Library 259, 509, 511, 512, 513, 562, Bruce Beehler 508, George Bernard 284, Joe Blossom 609, Mark Bowler 551, Paul Brough 618, Gerald Cubitt 619, Stephen Dalton 568, 613, Manfred Danegger 588, Nigel J Dennis 589, 615, Patrick Fagot 619, Nick Garbutt 35, 543, 547, 601, Adrian Hepworth 587, Daniel Heuclin 511, 512, 515, 537, 539, 542, 543, 571, 608, 610, 620, Daniel Heuclin / Photoshot 586, David Heuclin 573, Ralph & Daphne Keller 513, Dwight Kuhn 571, NHPA / Photoshot 606, Michael Patrick O'Neil / Photoshot 581, Haroldo Palo JR 510, 575, Photo Researchers 570, 571, 572, 601, Steve Robinson 617, Andy Rouse 609, Jany Sauvanet 525, 542, 597, John Shaw 587, David Slater 513, Morten Strange 567, Dave Watts 515, Martin Zwick / Woodfall Wild Images / Photoshot 581; **NOAA:** 253bc, Andrew David / NMFS / SEFSC Panama City; Lance Horn, UNCW / NURC - Phantom II ROV operator 349bc, NMFS / SEFSC Pascagoula Laboratory, Collection of Brandi Noble 348crb; **Filip Nuyttens:** 103bl; **Dr Steve O'Shea:** 313; **OceanwideImages.com;** : 326–327c, 515, Gary Bell 34, 270, 273, 320, Chris & Monique Fallows 332crb, Rudie Kuiter 325crb, 328bl, 353bl; **Thomas Palmer:** 103tr; **Papiliophotos:** Clive Druett 536; **Naomi Parker:** 100cl; **E. J. Peiker:** 409; **Philip G. Penketh:** 295tl; **Otus Photo:** 510; **Photo courtesy of the Spencer Entomological Collection, Beaty Biodiversity Museum, UBC:** Don Griffiths 288fcrb; **Photolibrary:** 88, 95, 251, 327, 537, age fotostock 252, 253, 306, 307, 548, 612, age fotostock / John Cancalosi 591, age fotostock / Nigel Dennis 35, 573, All Canada Photos 533, Amana Productions 124, Animals Animals 532, 551, 612, Sven-Erik Arndt / Picture Press 586, Kathie Atkinson 34, 305, Marian Bacon 571, Roland Birke 101, Roland Birke / Phototake Science 271, Ralph Bixler 319, Tom Brakefield / Superstock 606, Juan Carlos Calvin 352, Scott Camazine 33, 101, Corbis 161, Barbara J. Coxe 159, De Agostini Editore 156, Nigel Dennis 507, Design Pics Inc 318, 563, Olivier Digoit 264, 349, Reinhard Dirscheri 307, Guenter Fischer 286, David B Fleetham 318, Fotosearch Value 162, Borut Furlan 313, Garden Picture Library 147, Garden Picture Library / Carole Drake 131, Peter Gathercole / OSF 272, Karen Gowlett-Holmes 257, 320, Christian Heinrich / Imagebroker 178, Imagebroker 180, 513, 525, 534, 620, Imagestate 617, Ingram Publishing 92tr, Tips Italia 547, Japan Travel Bureau 588, Chris L Jones 114, Mary Jonilonis 311, Klaus Jost 327, Juniors Bildarchiv 535, 588, 591, 614, Manfred Kage 101, 102, 265, Paul Kay 304, 309, 321, 333, Dennis Kunkel 35, 102, 259, Dennis Kunkel / Phototake Science 255, Gerard Lacz 411, 507, Werner & Kerstin Layer Naturfotogr 574, Marevision 312, 321, 345, Marevision / age fotostock 275, Luiz C Marigo 509, MAXI Co. Ltd 335, Fabio Colombini Medeiros 34, 260, Darlyne A Murawski 101, 101, 265, Tsuneo Nakamura 585, Paulo de Oliveira 34, 313, 339, 341, OSF 270, 306, 511, 512, 518, 519, 528, 538, 539, 567, 610, 618, OSF / Stanley Breeden 610, Oxford Scientific (OSF) 252, 265, 600, P&R Fotos 267, Doug Perrine 352, Peter Arnold Images 147, 169, 510, 547, 550, 560, 561, 563, 596, 601, Photosearch Value 256, Pixtal 535, Wolfgang Poelzer / Underwater Images 304, Mike Powles 273, Ed Reschke 96, Ed Reschke / Peter Arnold Images 255, 312, Howard Rice / Garden Picture Library 157, Carlos Sanchez Alonso / OSF 572, Kevin Schafer 595, Alfred Schauhuber 286, Ottfried Schreiter 338, Science Foto 104, Secret Sea Visions 321, Lee Stocker / OSF 570, Superstock 568, James Urback / Superstock 585, Franklin Viola 319, Toshihiko Watanabe 152, WaterFrame / Underwater Images 252, 253, Mark Webster 257, Doug Wechsler 507, White 563, 613, 617; **Bernard Picton:** 103ftr; **Linda Pitkin / lindapitkin.net:** 34, 34, 252, 253, 254, 255, 256, 257, 258, 259, 260, 261, 271, 273, 274, 275, 311, 313, 316, 318, 319, 320, 321, 325, 329, 337, 338, 340, 343, 344, 345, 348, 349, 350, 351, 352; **Marek Polster:** 334cra, 507, 537, 550; **Premaphotos Wildlife:** Ken Preston-Mafham 265, Rod Preston-Mafham 266; **Sion Roberts:** 103fcl, 103fcrb; **Malcolm Ryen:** 518; **Jim Sanderson:** 591, 595, 597; **Ivan Sazima:** 328cra; **Scandinavian Fishing Year Book (www.scandfish.com):** 350cb; **Science Photo Library:** 17, 25, 212, Wolfgang Baumeister 92, Dr Tony Brain 94, Dee Breger 89, 95, Clouds Hill Imaging Ltd 258, CNRI 92, 93, 259, Frank Fox 4cra, 89br, 94–95, Jack Coulthard 145, A.B. Dowsett 93, Eye of Science 92, 93, 97, 238, 244, Steve Gschmeissner 34, 261, Lepus 94, 100, Dr Kari Lounatmaa 92, 93, LSHTM 100, Meckes / Ottawa 94, Pasieka 92, Maria Platt-Evans 29, Simon D. Pollard 267, Dr Morley Read 35, 260, 260, Dr M. Rohde, GBF 92, Professor N. Russell 93, SCIMAT 92, Scubazoo 374, Nicholas Smythe 525, Sinclair Stammers 272, M.I. Walker 259, Kent Wood 259; **Shutterstock.com:** LesiChkalll27 4fcra, 107br, 122–123, muhamad mizan bin ngateni 571bl; **SuperStock:** Scott Leslie / Minden Pictures 105ca, Tui De Roy / Minden Pictures 587tl; **Michael Scott:** 107fclb, 111bl, 208; **SeaPics.com:** 34 (Milkfish), 326, 336, 521, Mark V. Erdmann 353, Hirose / e-Photography 332, Doug Perrine 351; **Victor Shilenkov:** photographer: Sergei Didorenko 345cra; **Vasco García Solar:** 509; **Dennis Wm Stevenson, Plantsystematic.org:** 111bc, 124; **Still Pictures:** R. Koenig / Blickwinkel 149, WILDLIFE / D.L. Buerkel 340; **Malcolm Storey, www.bioimages.org.uk:** 244; **James N. Stuart:** 536; **Dr. Neil Swanberg:** 98tr; **Tom Swinfield:** 510; **Tom Murray:** 295cb; **Muséum de Toulouse:** Maud Dahlem 571; **Valerius Tygart:** 507, 521; **Uniformed Services University, Bethesda, MD:** TEM of D. radiodurans acquired in the laboratory of Michael Daly; http: / / www.usuhs.mil / pat / deinococcus / index_20.htm 92ca; **United States Department of Agriculture:** 259; **University of California, Berkeley:** mushroomobserver.org / Kenan Celtik 33tc; **US Fish and Wildlife Service:** Tim Bowman 424cb; **USDA Agricultural Research Service:** Scott Bauer 281crb, Eric Erbe, Bugwood.org 92–93c; **USDA Forest Service (www.forestryimages.org):** Joseph Berger 295cla, James Young, Oregon State University, USA 285c; **Ed Uthman, MD:** 100tr; **www.uwp.no:** Erling Svenson 328ca, 340cr, Rudolf Svenson 326–327b, 338cl; **Ellen van Yperen, Truus & Zoo:** 556; **Koen van Dijken:** 292cra; **Erik K Veland:** 515; **Luc Viatour:** 344bl; **A. R. Wallace Memorial Fund:** 290bc; **Thorsten Walter:** 338bl; **Wikipedia, The Free Encyclopedia:** 130, Graham Bould 317, From Brauer, A., 1906. Die Tiefsee-Fische. I. Systematischer Teil.. In C. Chun. Wissenschaftl. Ergebnisse der deutschen Tiefsee-Expedition 'Valdivia', 1898–99. Jena 15:1-432 339clb, Shureg / http: / / commons.wikimedia.org / wiki / File:Leishmania_amastigotes.jpg 33cl, 97bc, Siga / http: / / commons.wikimedia.org / wiki / File:Anobium_punctatum_above.jpg 288cla; **D. Wilson Freshwater:** 104tc, 104c, 104clb; **Carl Woese, University of Illinois:** 29; **Alan Wolf:** 568; **WorldWildlifeImages.com/Greg & Yvonne Dean:** 34, 35, 409, 413, 414, 429, 434, 435, 438, 445, 452, 456, 457, 461, 462, 463, 464, 465, 466, 467, 468, 470, 472, 473, 475, 476, 477, 479, 483, 484, 485, 486, 487, 489, 490, 498, 504, 507, 514, 520, 521, 528, 534, 535, 538, 542, 544, 547, 549, 550, 551, 555, 556, 563, 566, 575, 586, 588, 589, 591, 597, 600, 601, 602, 606, 608, 609, 613, 614, 615, 616, 617, 618, 619, 624; **WorldWildlifeImages.com/Andy & Gill Swash:** 388, 413, 417, 418, 433, 435, 436, 450, 460, 464, 465, 466, 468, 469, 470, 471, 472, 473, 474, 475, 476, 482, 483, 484, 485, 486, 487, 488, 489, 492, 504, 505, 533, 554, 557, 568, 576; **Dr. Daniel A. Wubah:** 33ftr; **Tomoko Yuasa:** 98br, 98ftr; **Bo Zaremba:** 292cl; **Zauber :** 35, 507, 543

All other images © Dorling Kindersley
For further information see:
www.dkimages.com